AF550502

Ludger Bode • Volker Frank • Christian Kemper
Paul Müller • Gerhard Sandbrink • Robert Wirtz

Christiani - advanced
Mechatronik

2. Auflage 2020

Dr.-Ing. Paul Christiani GmbH & Co. KG

Hinweise auf DIN-Normen in diesem Werk entsprechen dem Stande der Normung bei Abschluss des Manuskriptes. Die Normen sind wiedergegeben mit Erlaubnis des DIN Deutsches Institut für Normung e.V. Maßgebend für das Anwenden der Norm ist deren Fassung mit dem neuesten Ausgabedatum, die bei der Beuth Verlag GmbH, Burggrafenstr. 6, 10787 Berlin erhältlich ist.

Umschlaggestaltung: Dr.-Ing. Paul Christiani GmbH & Co. KG, Konstanz
Umschlagfoto: fotolia, Bild Nr.: 19017249

Best.-Nr. **94823**
ISBN 978-3-95863-294-3

2. Auflage 2020

Dieses Buch ist anders!

Das primäre Ziel der Ausbildung, den erfolgreichen Abschluss der Prüfung, steht im Vordergrund. Dies gilt für Theorie und Praxis, sofern diese beiden Teile bei den aktuellen Prüfungen überhaupt noch voneinander zu trennen sind.

Erkennbar ist dies vor allem an der Vielzahl von prüfungsrelevanten Aufgabenstellungen, deren Lösungen unter www.christiani-berufskolleg.de zu finden sind.

Kein technisches Verständnis ohne Quantifizierung. Ausführliche Beispiele vermitteln ein Gefühl für Größenordnungen, ein häufig erkennbares Defizit, vor allem in den situativen Gesprächsphasen.

Konsequente Einbindung des Tabellenbuches von Anfang an. Besonders wichtig, weil das Tabellenbuch in Prüfungen als Informationsquelle uneingeschränkt zur Verfügung steht. Die Erarbeitung technischer Inhalte ohne Tabellenbuch ist daher ineffektiv.
Vorbereitung auf die situativen Gesprächsphasen der Prüfung. Die eindeutige Verknüpfung von Theorie und Praxis. Hier kann der Prüfungsbewerber den Prüfern Fachkompetenz vermitteln, wodurch das Prüfungsergebnis sicherlich ganz wesentlich beeinflusst wird.

Die am Ende des Buches aufgenommenen prüfungsrelevanten Aufgabenstellungen ermöglichen eine optimale Wiederholung, festigen die erarbeiteten Inhalte und sind somit relevant für die Prüfungsvorbereitung in Theorie und Praxis.

Bedeutung der Piktogramme

	Projekt: Konkreter Arbeitsauftrag, für den die Informationen relevant sind.
	Information: Kurze zumeist strukturierte Übersicht.
	Praxis: Praxisrelevante Inhalte.
TB	**Tabellenbuch:** An dieser Stelle sollte bzw. muss unbedingt auf das Tabellenbuch zurückgegriffen werden.
z.B.	**Beispiel:** Dient im Wesentlichen der Quantifizierung und Vertiefung.
	Englisch: Wichtige Fachbegriffe werden übersetzt.

Unser besonderer Dank gilt den folgenden Firmen für die Bereitstellung von Informationen, technischen Daten sowie Bildmaterial.

Aaronia AG, Strickscheid

ABB Stotz-Kontakt GmbH, Heidelberg

Albright Deutschland GmbH, Bremen

Aventics GmbH, Laatzen

Balluff GmbH, Neuhausen

BARTEC Top Holding GmbH, Bad Mergentheim

Baumer Holding AG, Frauenfeld

Blecher Motoren GmbH, Maintal/Dörnigheim

Bosch Rexroth AG, Lohr

Bürklin GmbH & Co. KG, Oberhaching

Busch-Jaeger Elektro-GmbH, Lüdenscheid

Carl Rehfuss GmbH & Co. KG, Albstadt

DMG MORI Europe Holding AG, Winterthur

EAS GmbH, Rheinberg

Eaton Industries GmbH, Bonn

Elektromotorenwerk Grünhain GmbH, Grünhain-Beierfeld

Elektrotechnische Werke Fritz Driescher & Söhne GmbH, Moosburg

Festo AG & Co. KG, Esslingen

Fluke Deutschland GmbH, Clottertal

Gebr. Titgemeyer GmbH & Co. KG, Osnabrück

GENOMA Normteile GmbH, Hameln

GESIPA Blindniettechnik GmbH, Mörfelden-Walldorf

Hager group, Blieskastel

Hans Turck GmbH & Co. KG, Mülheim

HBM - Hottinger Baldwin´Messtechnik GmbH, Darmstadt

HEDELIUS Maschinenfabrik GmbH, Meppen

Heinrich Kopp GmbH, Kahl

Helukabel GmbH, Hemmingen

HPM-Capacitor GmbH (Enerlux), Essenbach

IHK Ostwestfalen zu Bielefeld, Bielefeld

Leuze electronic GmbH & Co. KG, Owen

ME-Messsysteme GmbH, Henningsdorf

NARVA Lichtquellen GmbH & Co. KG, Brand Erbisdorf

Nexans Deutschland GmbH, Hannover

K. A. Schmersal Holding GmbH & Co. KG, Wuppertal

Kjellberg Finsterwalde Schweißtechnik und Verschleißsysteme GmbH, Finsterwalde

Klaus Fischer Dreh- und Presstechnik GmbH, Mönchengladbach

KOMET GROUP GmbH, Besingheim

Liebherr-Verzahntechnik GmbH, Kempten

Maschinenfabrik Berthold Hermle AG, Gosheim

MISUMI Europa GmbH, Schwalbach

Osram GmbH, München

Phoenix Contact GmbH & Co. KG, Blomberg

PLANAM Arbeitsschutz Vertriebs GmbH, Herzebrock-Clarholz

Radium Lampenwerke GmbH, Wipperfürth

Rapp instruments, München

RWE Service GmbH, Essen

RAFI GmbH & Co. KG, Berg

Robert Bosch GmbH, Gerlingen

Sandvik Tooling Deutschland GmbH, Düsseldorf

SEW-EURODRIVE GmbH & Co. KG, Bruchsal

Siemens AG, München

Tandler Zahnrad- und Getriebefabrik GmbH & Co. KG, Bremen

TELENOT ELECTRONIC GMBH, Aalen

TDK KABEL GmbH, Nettetal

WAGO Kontakttechnik GmbH & Co. KG, Minden

Walter Stauffenberg GmbH & Co. KG, Werdohl

Walther-Werke Ferdinand Walther, Eisenberg

Wilhelm Böllhoff GmbH & Co. KG, Bielefeld

Wolfgang Bott GmbH & Co. KG, Mössingen

XBK-Kabel Xaver Bechthold GmbH, Rottweil

1 Das Projekt

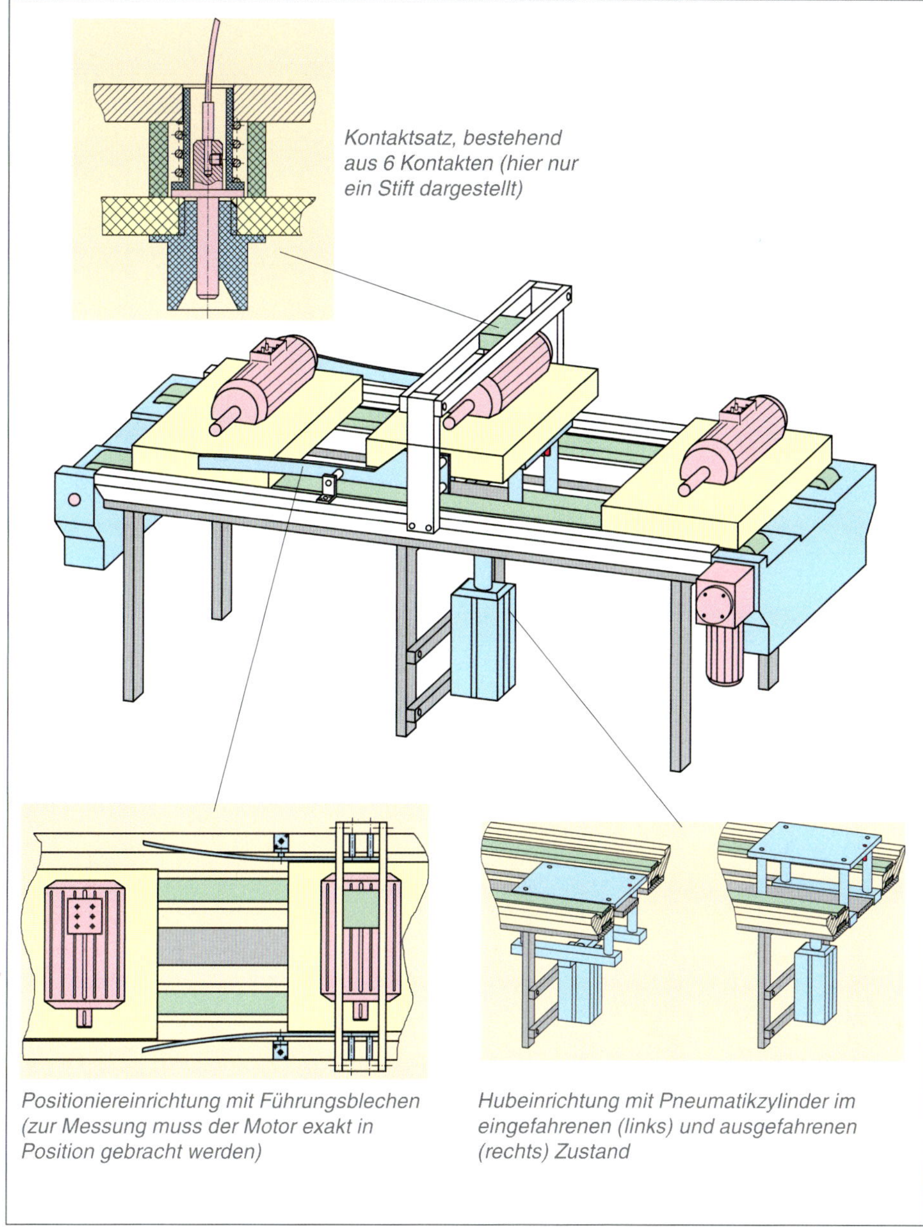

1 Transportband mit Hubeinrichtung (siehe Basics Mechatronik)

Projektdarstellung

→ basics Mechatronik

Kontaktsatz

Der Kontaktsatz kontaktiert beim Anheben des Motors die 6 Klemmen der Motorwicklungen.

Dies ist notwendig, um die Widerstandswerte der Wicklungen zu erfassen.

Erweiterungsauftrag

Das Projekt „Prüfung von Elektromotoren" (siehe Mechatronik basics) soll erweitert werden.

- **Ausgangssituation**
  Elektromotoren werden über Transportbänder transportiert und automatisiert *geprüft*. Dabei wird der zu prüfende Motor *pneumatisch angehoben* und gegen einen *Kontaktsatz* gedrückt.

  Die diesbezüglichen *Schaltpläne* wurden bereits erarbeitet (siehe Mechatronik basics).

- **Erweiterungen**
  1. Das Transportsystem soll um ein weiteres Band erweitert werden.

  2. Zwischen Band 3 und Band 4 soll eine *Wendestation* (angetriebenes Band und *pneumatischer Drehantrieb*) installiert werden.

  Die Elektromotoren von Band 4 und Wendestation sind in die Steuerung einzubinden. Dies gilt auch für den pneumatischen Drehantrieb.

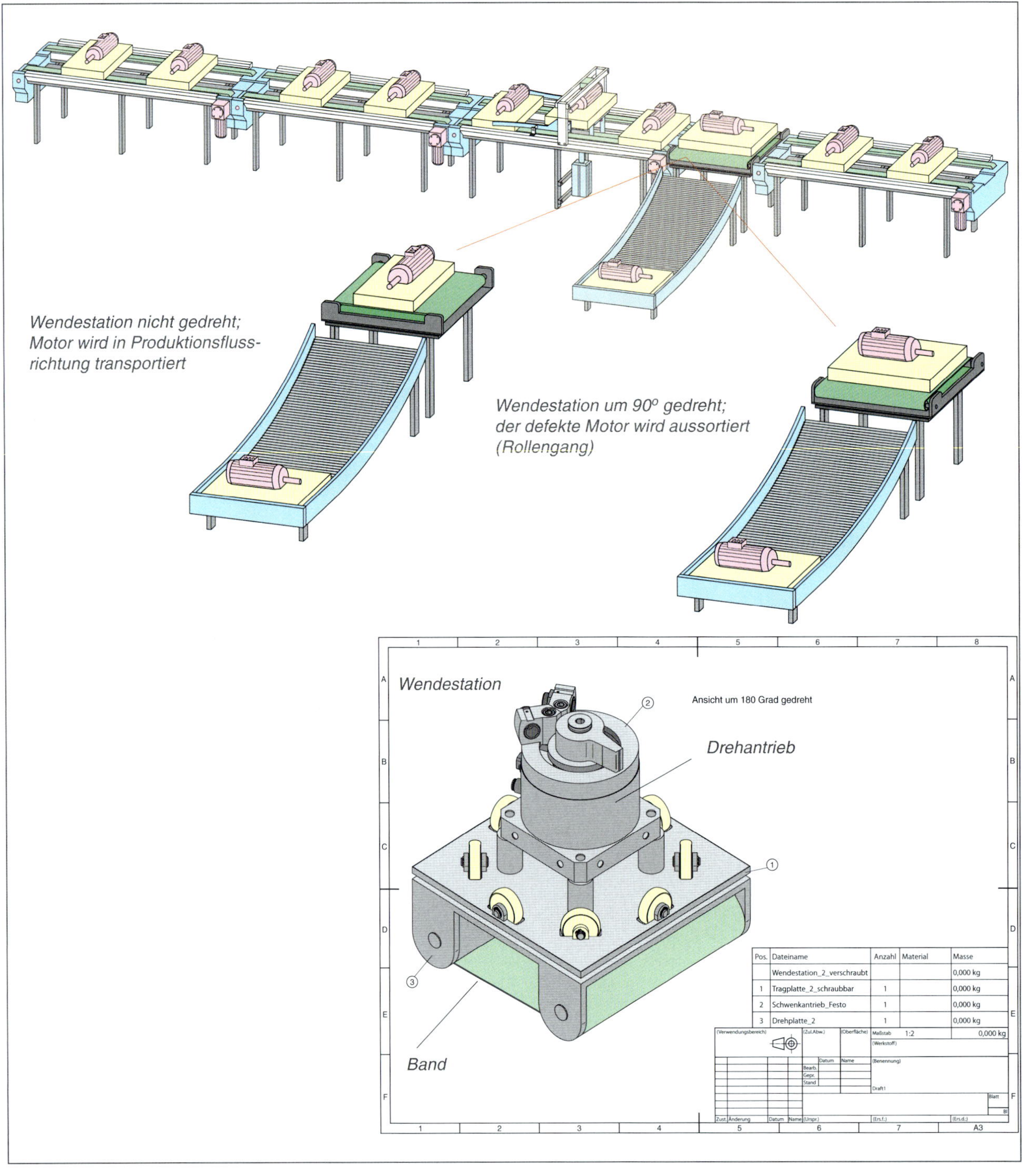

Pos.	Dateiname	Anzahl	Material	Masse
	Wendestation_2_verschraubt			0,000 kg
1	Tragplatte_2_schraubbar	1		0,000 kg
2	Schwenkantrieb_Festo	1		0,000 kg
3	Drehplatte_2	1		0,000 kg

2 Erweitertes Projekt, Technologieschema

Forderung:
Wenn ein Motor bei der Prüfung als *Ausschuss* erkannt wird, wird er von der Wendestation auf den antriebslosen Rollengang geschoben.

3. Die Auswertung der *Widerstandsmessergebnisse* wird von der SPS durchgeführt.

Der gemessene Widerstandswert wird Analogeingängen der SPS zugeführt und ausgewertet.

Wenn *Toleranzgrenzen* über- oder unterschritten werden, soll der Motor als *Ausschuss* ausgesondert werden.

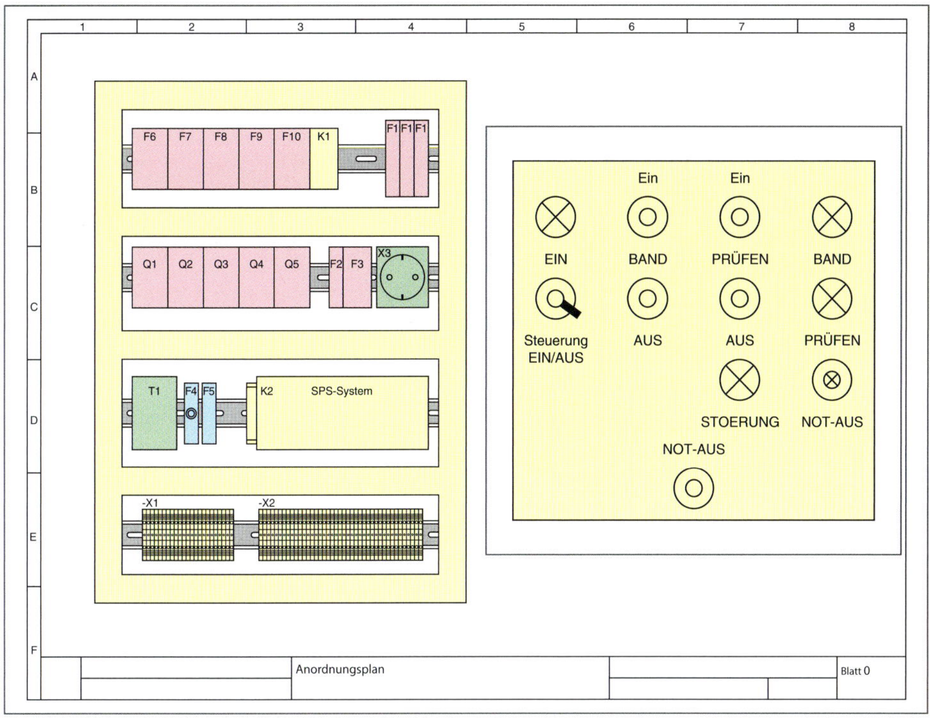

3 Bestückungsplan und Bedienteil der erweiterten Anlage

Stückliste Bedienteil

Anzahl	Bezeichnung	Daten
1	Schalter (Einbau)	1 NO, schwarz
2	Taster	1 NO, grün
2	Taster	1 NC, rot
1	Leuchtmelder	LED, 24 V, weiß
2	Leuchtmelder	LED, 24 V, grün
1	Leuchtmelder	LED, 24 V, rot
1	Leuchtdrucktaster	2 NO, LED 24 V, blau
1	Not-Aus	2 NC

Stückliste Pneumatik

Anzahl	Bezeichnung	Daten
1	Pneumatikzylinder	doppelt-wirkend
1	Drehantrieb	
4	Drosselrückschlagventil	
2	5/2-Wegeventil	elektromagnetisch betätigt
1	3/2-Wegeventil	Handbetätigung
1	Wartungseinheit	
5	Schalldämpfer	
4	Positionsschalter	Reed-Kontakt, NO

■ **Anordnungsplan**

Der Anordnungsplan ist nur als Beispiel anzusehen.

Stückliste Montageplatte

Anzahl	Bezeichnung	Daten
1	Schaltkasten	B/HIT 500/700/250
1	Not-Aus-Schaltgerät	PSR-ES M4
1	Hauptschalter	400 V, 4-polig, rot-gelb
3	NH-Sicherung mit Sicherungsunterteil	25 A, NH 00
5	Hauptschütz	24 V DC, Kennzahl 11, 16 kW
4	Motorschutzschalter	25 A, 2,5 bis 4 A, 1 NO
1	Motorschutzschalter	25 A, 1,0 bis 1,6 A, 1 NO
1	Leitungsschutzschalter	B10A
1	Leitungsschutzschalter	C4A
1	Schmelzsicherungssystem	Neozed, 6 A
1	RCD	25 A/30 mA, 2-polig
1	Netzgerät	230 V AC/24 V DC/5 A
1	Steckdose	230 V/16 A, Hutschienenmontage
1	SPS	S7-300, CPU 313 C
	Leitungskanal	geschlitzt, H = 45 mm, B = 30 mm

■ **CPU**

Bei Auswahl der CPU ist darauf zu achten, dass 3 Analogeingänge benötigt werden.

Prüfung

1. Beschreiben Sie die Wirkungsweise der Hubeinrichtung.

2. Welchen Zweck hat die Positioniereinrichtung?

3. Erläutern Sie die Aufgabe der Wendestation.
Warum wird hier ein pneumatischer Drehantrieb verwendet?

4. Worauf ist bei der Montage der Wendestation zu achten?

5. Welche Bestimmung gilt für die Farbwahl von Drucktastern und Meldelampen?

6. Drucktaster sind doppelt-unterbrechend.
Welchen Sinn hat das?

7. Eingesetzt werden Gleichstromschütze DC 24 V.
Worauf ist bei Verwendung von DC-Schützen zu achten?

8. Ein Hauptschütz hat die Kennzahl 22. Was bedeutet das?

9. Ist der Leitungsschutzschalter C4A zwingend notwendig?

10. Erläutern Sie die Wirkungsweise einer Fehlerstrom-Schutzeinrichtung.

11. Die Steckdose im Schaltschrank wird durch eine Fehlerstromschutzeinrichtung 25 A/30 mA geschützt.
Ist das zwingend notwendig?

12. Worin besteht bezüglich der Anwendung der Unterschied zwischen einem Schmelzsicherungssystem und einem Leitungsschutzschalter?

@ Interessante Links

- christiani-berufskolleg.de

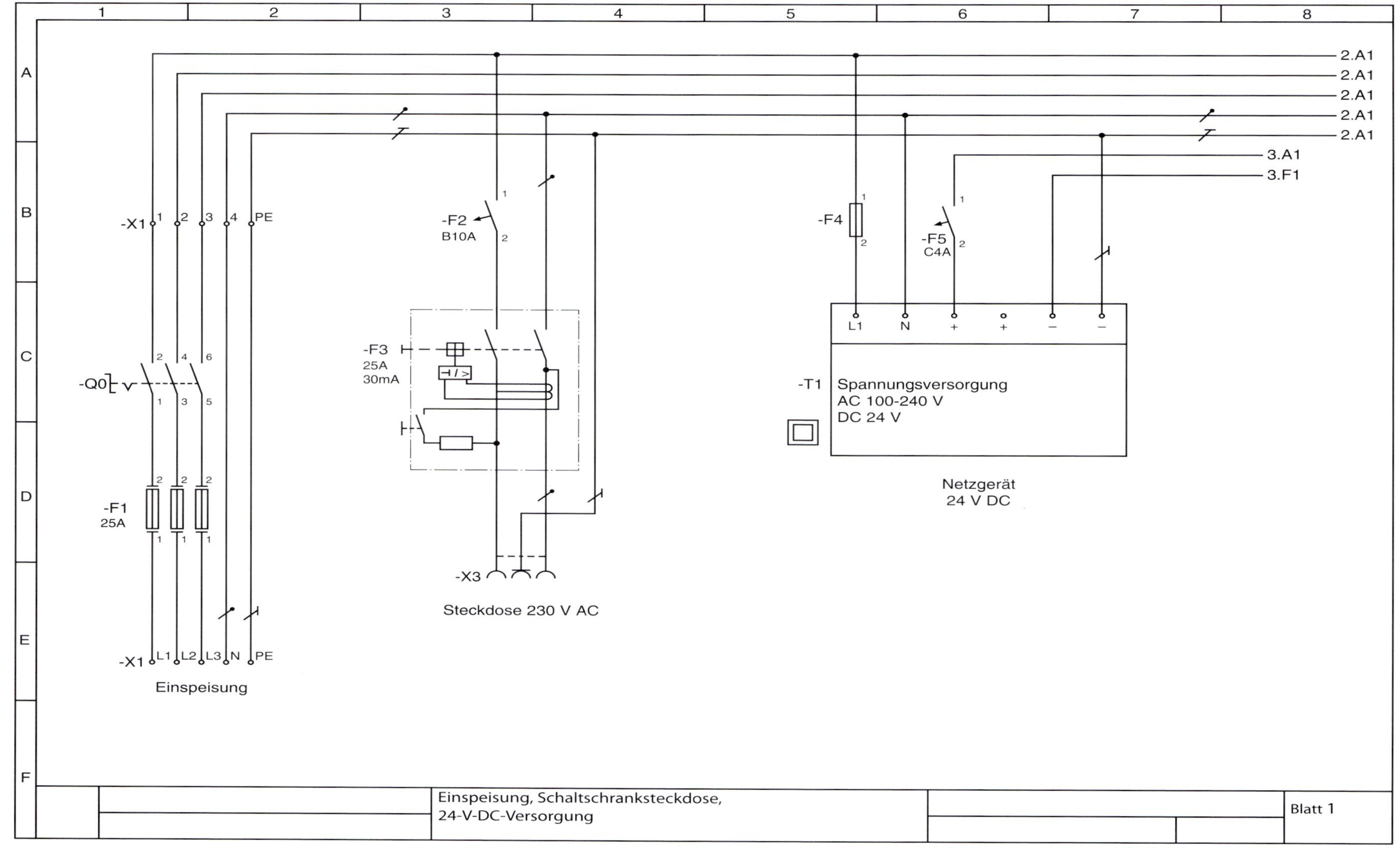

2.A1
2.A1
2.A1
2.A1
2.A1
3.A1
3.F1
-X1
PE
-Q0
-F1
25A
-X1
L1
L2
L3
N
PE
Einspeisung
-F2
B10A
-F3
25A
30mA
-X3
Steckdose 230 V AC
-F4
-F5
C4A
L1
N
+
+
–
–
-T1
Spannungsversorgung
AC 100-240 V
DC 24 V
Netzgerät
24 V DC
Einspeisung, Schaltschranksteckdose,
24-V-DC-Versorgung
Blatt 1

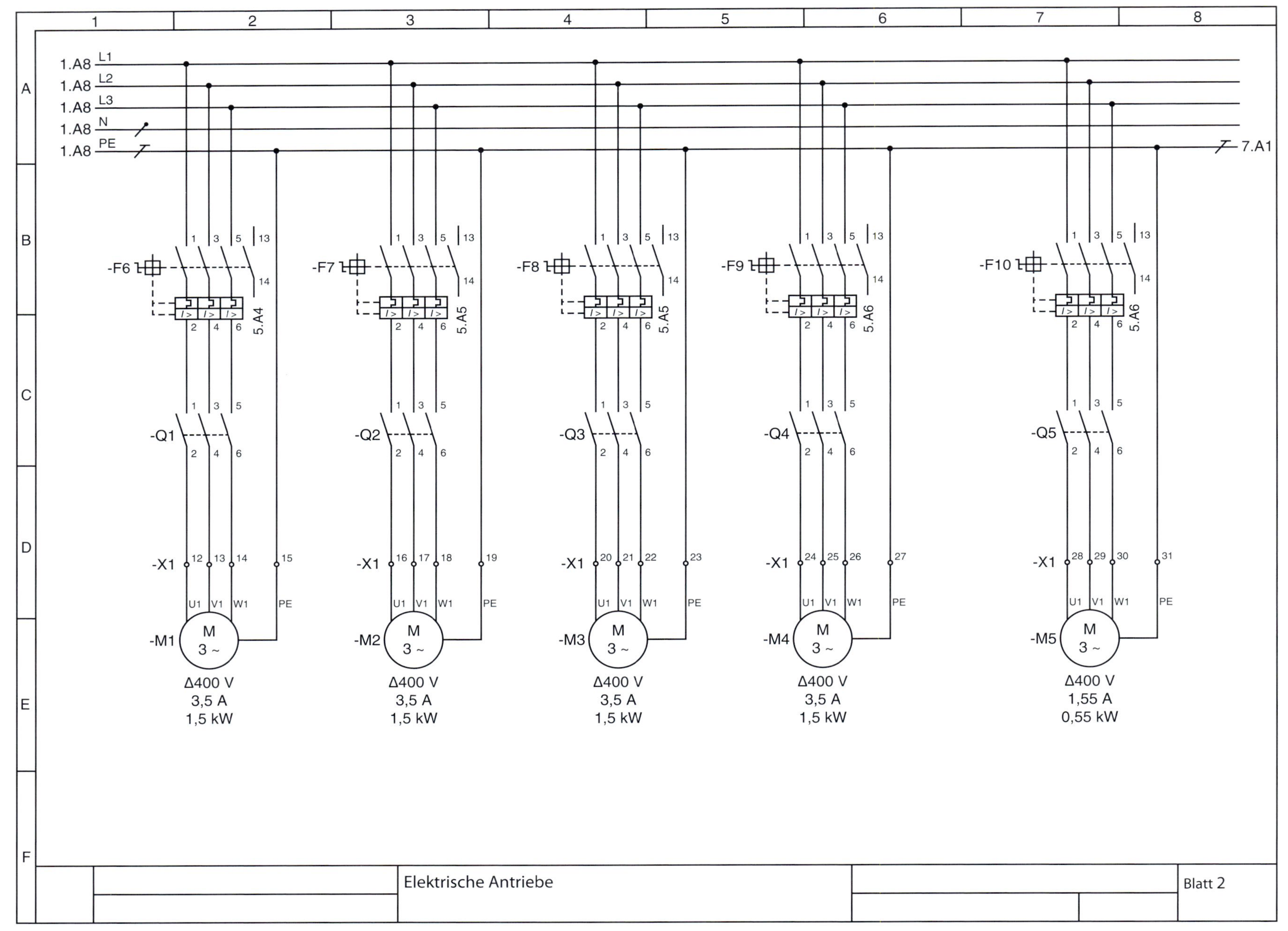

1.A8 L1
1.A8 L2
1.A8 L3
1.A8 N
1.A8 PE
7.A1
-F6
-F7
-F8
-F9
-F10
5.A4
5.A5
5.A5
5.A6
5.A6
-Q1
-Q2
-Q3
-Q4
-Q5
-X1
U1 V1 W1 PE
-M1
-M2
-M3
-M4
-M5
M
3 ~
Δ400 V
3,5 A
1,5 kW
Δ400 V
1,55 A
0,55 kW
Elektrische Antriebe
Blatt 2

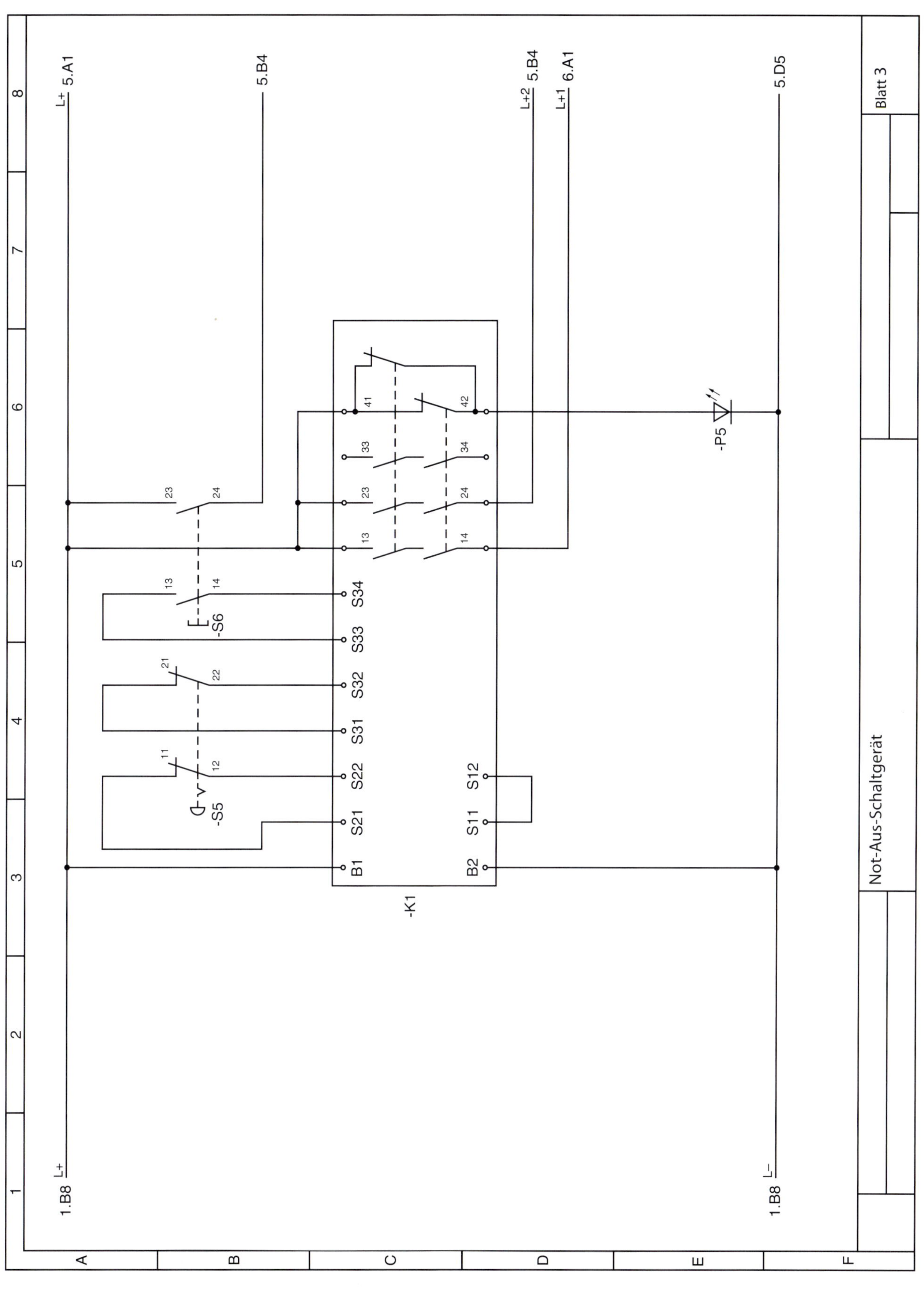
L+ 5.A1
5.B4
L+2 5.B4
L+1 6.A1
5.D5
Blatt 3
-K1
-S5
-S6
-P5
B1
B2
S11
S12
S21
S22
S31
S32
S33
S34
Not-Aus-Schaltgerät
L+ 1.B8
L– 1.B8
A
B
C
D
E
F
1
2
3
4
5
6
7
8

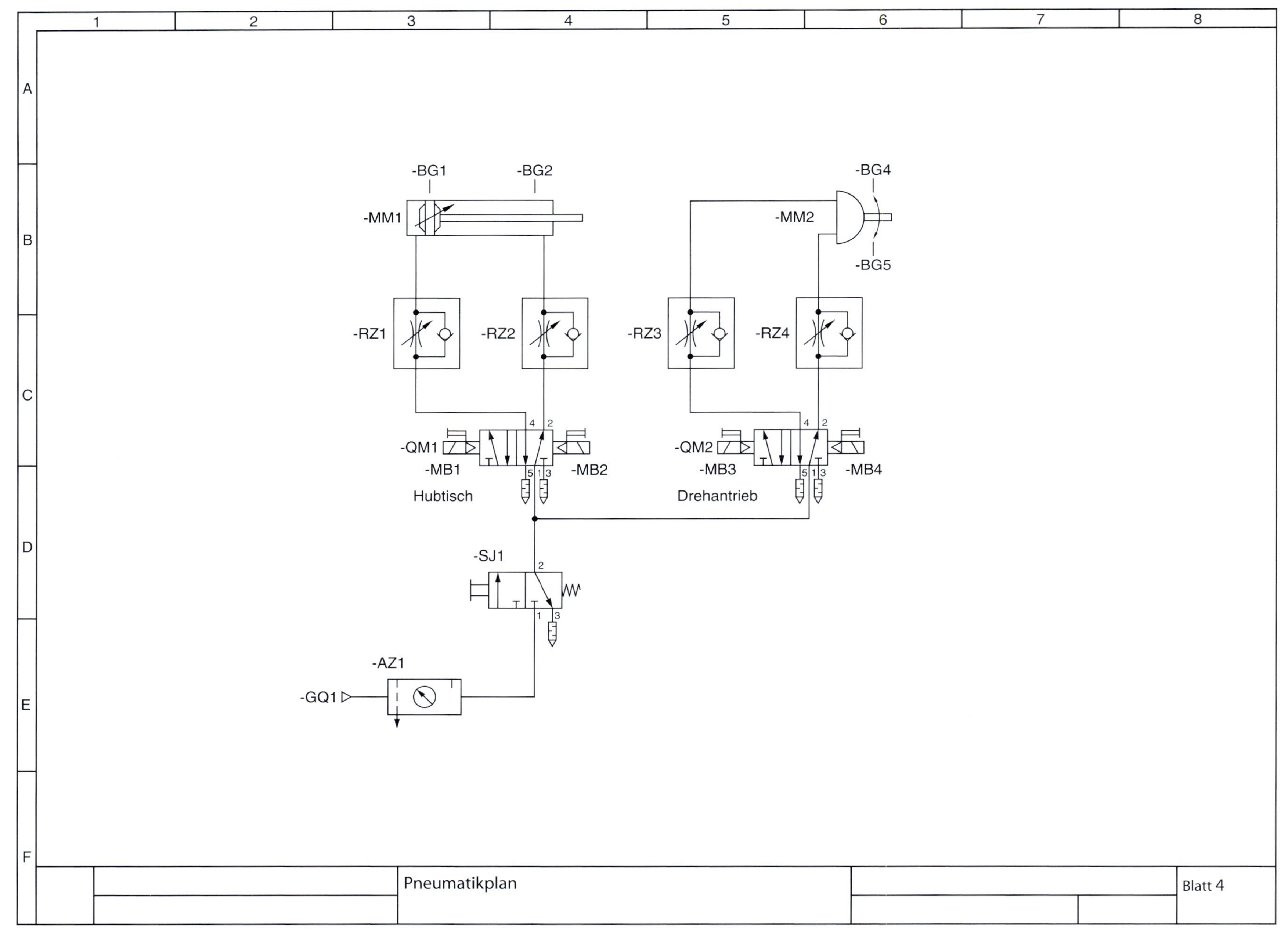

-BG1
-BG2
-MM1
-BG4
-MM2
-BG5
-RZ1
-RZ2
-RZ3
-RZ4
-QM1
-MB1
Hubtisch
-MB2
-QM2
-MB3
Drehantrieb
-MB4
-SJ1
-AZ1
-GQ1
Pneumatikplan
Blatt 4

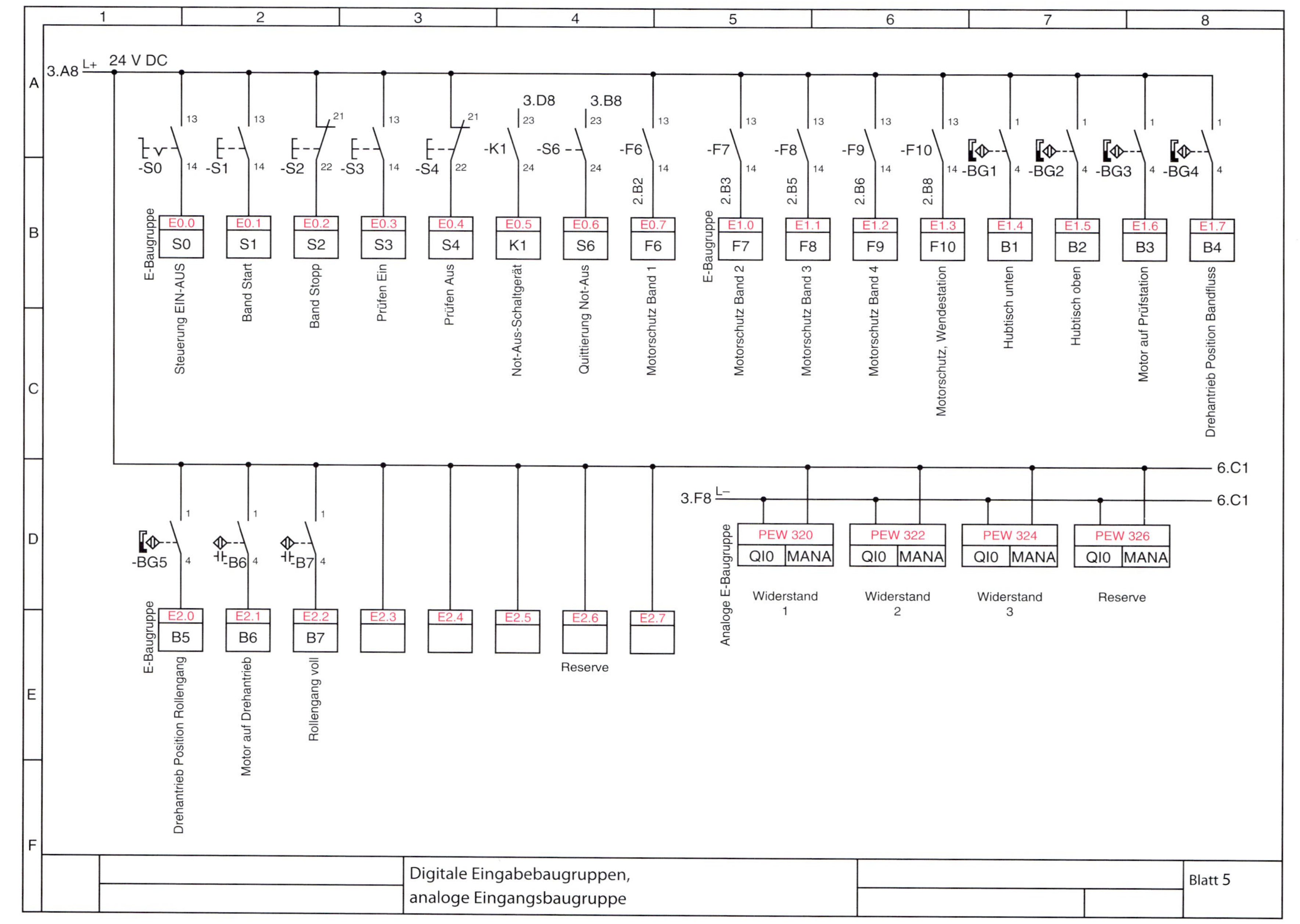
3.A8
L+
24 V DC
3.D8
3.B8
-S0
-S1
-S2
-S3
-S4
-K1
-S6
-F6
-F7
-F8
-F9
-F10
-BG1
-BG2
-BG3
-BG4
2.B2
2.B3
2.B5
2.B6
2.B8
E-Baugruppe
E0.0 S0 Steuerung EIN-AUS
E0.1 S1 Band Start
E0.2 S2 Band Stopp
E0.3 S3 Prüfen Ein
E0.4 S4 Prüfen Aus
E0.5 K1 Not-Aus-Schaltgerät
E0.6 S6 Quittierung Not-Aus
E0.7 F6 Motorschutz Band 1
E-Baugruppe
E1.0 F7 Motorschutz Band 2
E1.1 F8 Motorschutz Band 3
E1.2 F9 Motorschutz Band 4
E1.3 F10 Motorschutz, Wendestation
E1.4 B1 Hubtisch unten
E1.5 B2 Hubtisch oben
E1.6 B3 Motor auf Prüfstation
E1.7 B4 Drehantrieb Position Bandfluss
6.C1
3.F8
L−
6.C1
-BG5
-B6
-B7
E-Baugruppe
E2.0 B5 Drehantrieb Position Rollengang
E2.1 B6 Motor auf Drehantrieb
E2.2 B7 Rollengang voll
E2.3
E2.4
E2.5
E2.6
E2.7
Reserve
Analoge E-Baugruppe
PEW 320 QI0 MANA Widerstand 1
PEW 322 QI0 MANA Widerstand 2
PEW 324 QI0 MANA Widerstand 3
PEW 326 QI0 MANA Reserve
Digitale Eingabebaugruppen,
analoge Eingangsbaugruppe
Blatt 5

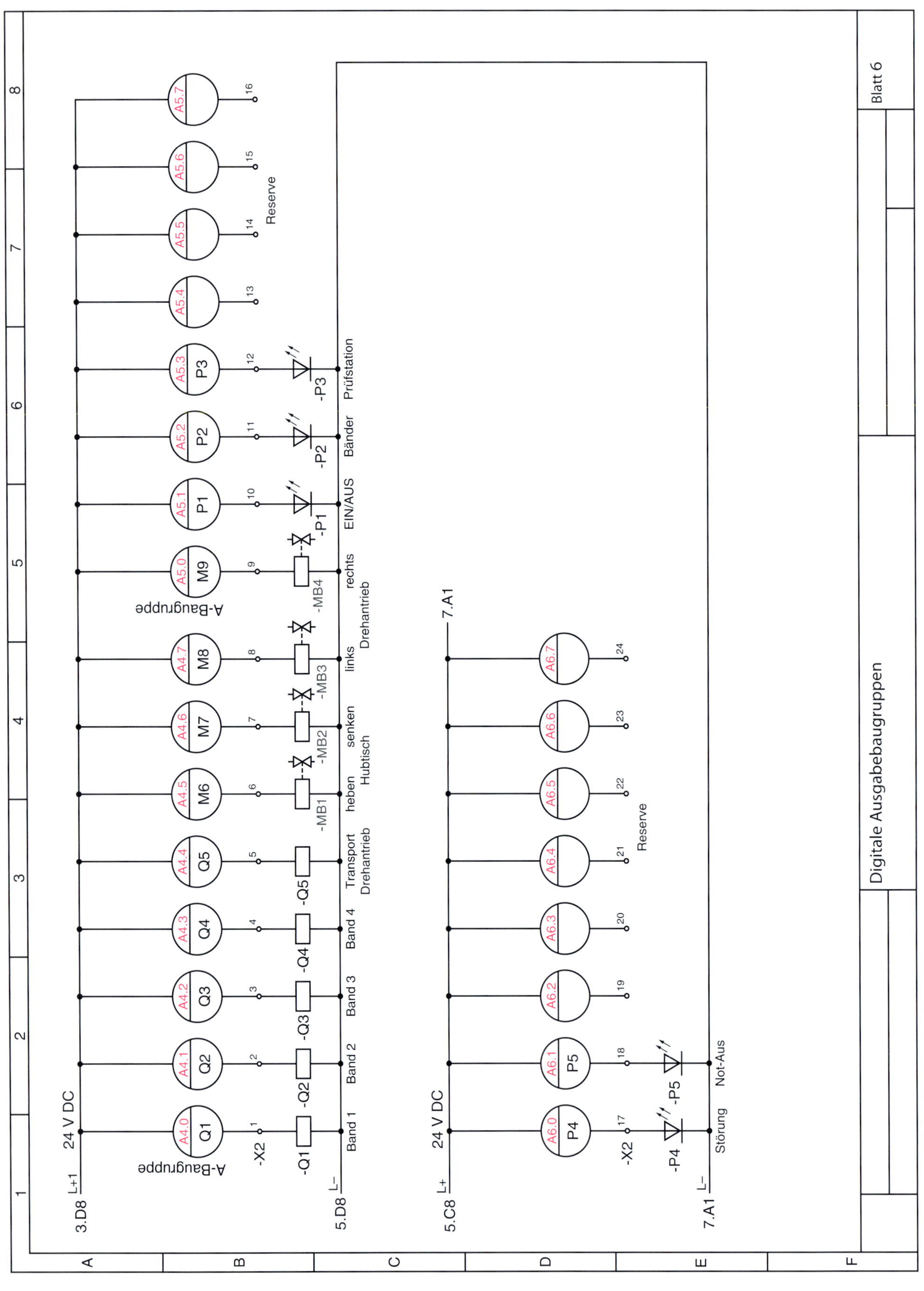
3.D8
L+1
24 V DC
A-Baugruppe
-X2
-Q1
-Q2
-Q3
-Q4
-Q5
L–
5.D8
Band 1
Band 2
Band 3
Band 4
Transport
Drehantrieb
heben
senken
Hubtisch
links
rechts
Drehantrieb
EIN/AUS
Bänder
Prüfstation
-MB1
-MB2
-MB3
-MB4
-P1
-P2
-P3
A4.0 Q1
A4.1 Q2
A4.2 Q3
A4.3 Q4
A4.4 Q5
A4.5 M6
A4.6 M7
A4.7 M8
A5.0 M9
A5.1 P1
A5.2 P2
A5.3 P3
A5.4
A5.5
A5.6
A5.7
Reserve
5.C8
L+
24 V DC
A6.0 P4
A6.1 P5
A6.2
A6.3
A6.4
A6.5
A6.6
A6.7
Reserve
7.A1
-P4
-P5
Störung
Not-Aus
L–
7.A1
Digitale Ausgabebaugruppen
Blatt 6

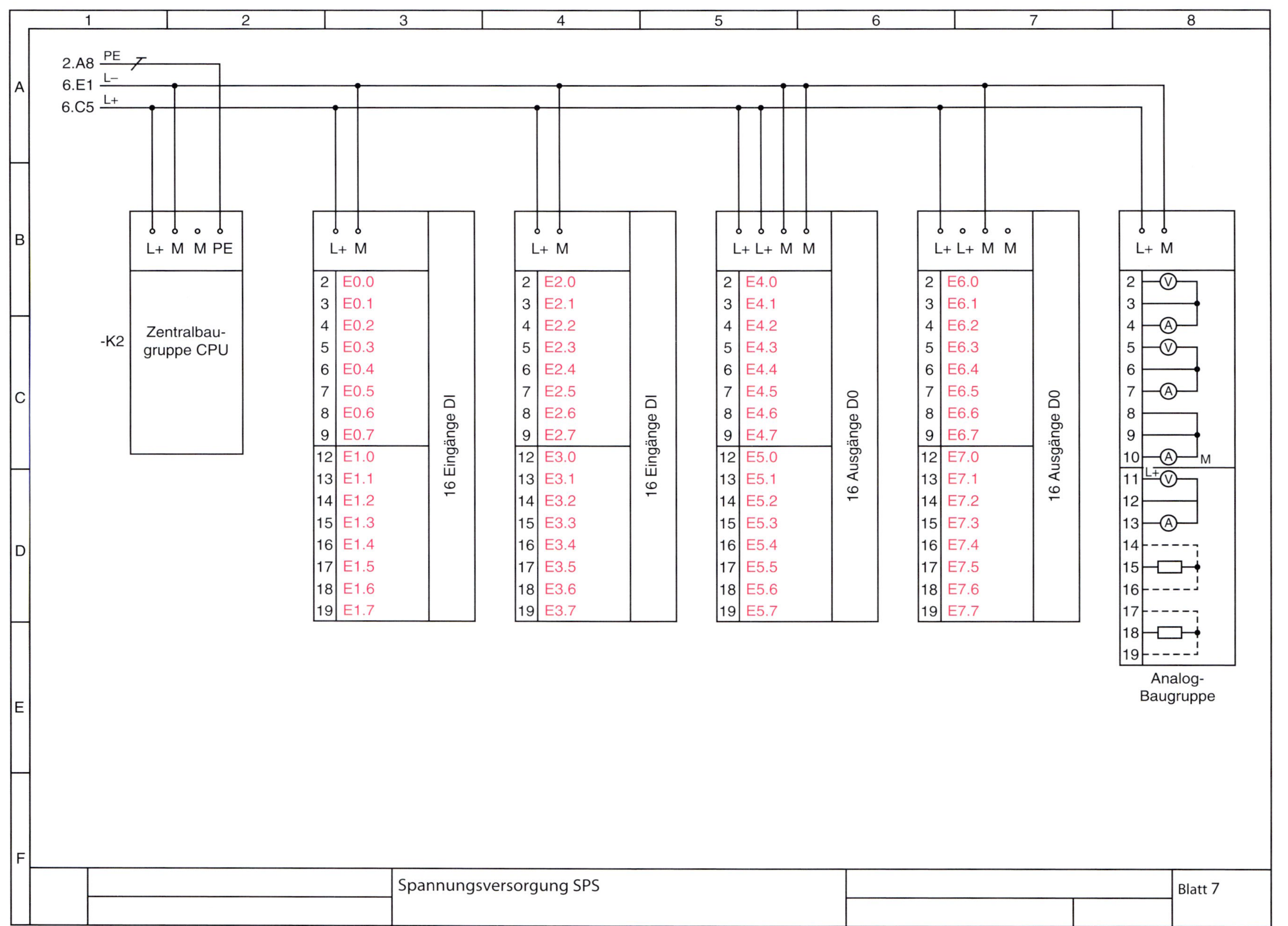
1 2 3 4 5 6 7 8
A B C D E F
2.A8
6.E1
6.C5
PE
L–
L+
-K2
L+ M M PE
Zentralbau-
gruppe CPU
L+ M
E0.0 E0.1 E0.2 E0.3 E0.4 E0.5 E0.6 E0.7
E1.0 E1.1 E1.2 E1.3 E1.4 E1.5 E1.6 E1.7
16 Eingänge DI
L+ M
E2.0 E2.1 E2.2 E2.3 E2.4 E2.5 E2.6 E2.7
E3.0 E3.1 E3.2 E3.3 E3.4 E3.5 E3.6 E3.7
16 Eingänge DI
L+ L+ M M
E4.0 E4.1 E4.2 E4.3 E4.4 E4.5 E4.6 E4.7
E5.0 E5.1 E5.2 E5.3 E5.4 E5.5 E5.6 E5.7
16 Ausgänge DO
L+ L+ M M
E6.0 E6.1 E6.2 E6.3 E6.4 E6.5 E6.6 E6.7
E7.0 E7.1 E7.2 E7.3 E7.4 E7.5 E7.6 E7.7
16 Ausgänge DO
2 3 4 5 6 7 8 9 12 13 14 15 16 17 18 19
L+ M
2 3 4 5 6 7 8 9 10 11 12 13 14 15 16 17 18 19
M
L+
Analog-
Baugruppe
Spannungsversorgung SPS
Blatt 7

Symbol	Adresse	Datentyp	Kommentar
steuerung_ein_aus	E0.0	BOOL	Steuerung Ein/Aus, Schalter, NO
band_start	E0.1	BOOL	Start der Bandantriebe, Taster, NO
band_stop	E0.2	BOOL	Stopp der Bandantriebe, Taster, NC
pruefen_ein	E0.3	BOOL	Prüfstation einschalten, Taster, NO
pruefen_aus	E0.4	BOOL	Prüfstation ausschalten, Taster NC
not_halt_schaltgerät	E0.5	BOOL	Signal vom Not-Halt-Schaltgerät, NO
not_halt_quittierung	E0.6	BOOL	Quittierung Not-Halt-Fall, NO
mot_schutz_band_1	E0.7	BOOL	Motorschutzschalter, Band 1, NO
mot_schutz_band_2	E1.0	BOOL	Motorschutzschalter, Band 2, NO
mot_schutz_band_3	E1.1	BOOL	Motorschutzschalter, Band 3, NO
mot_schutz_band_4	E1.2	BOOL	Motorschutzschalter, Band 4, NO
mot_schutz_drehtisch	E1.3	BOOL	Motorschutzschalter, Antrieb Drehtisch, NO
hubtisch_unten	E1.4	BOOL	Hubtisch eingefahren, NO
hubtisch_oben	E1.5	BOOL	Hubtisch ausgefahren, NO
motor_pruef_station	E1.6	BOOL	Motor hat Prüfstation erreicht, NO
drehantri_pos_bandfluss	E1.7	BOOL	Drehantrieb in Position Bandfluss, NO
drehantri_pos_rollengang	E2.0	BOOL	Drehantrieb in Position Rollengang, NO
motor_auf_drehantrieb	E2.1	BOOL	Motor hat Drehantrieb erreicht, NO
rollengang_voll	E2.2	BOOL	Rollengang vollständig gefüllt, NO
widerstand_wicklung_U	PEW320	INT	Messung Wicklung U1 – U2
widerstand_wicklung_V	PEW322	INT	Messung Wicklung V1 – V2
widerstand_wicklung_W	PEW324	INT	Messung Wicklung W1 – W2
BAND_1	A4.0	BOOL	Bandantrieb 1
BAND_2	A4.1	BOOL	Bandantrieb 2
BAND_3	A4.2	BOOL	Bandantrieb 3
BAND_4	A4.3	BOOL	Bandantrieb 4
BAND_DREHANTRIEB	A4.4	BOOL	Bandantrieb Drehantrieb
HUBTISCH_HEBEN	A4.5	BOOL	Hubtisch nach oben fahren, Messung
HUBTISCH_SENKEN	A4.6	BOOL	Hubtisch nach unten fahren
DREHANTRIEB_LINKS	A4.7	BOOL	Drehantrieb in Richtung Bandfluss
DREHANTRIEB_RECHTS	A5.0	BOOL	Drehantrieb in Richtung Rollengang
MELD_EIN_AUS	A5.1	BOOL	Meldelampe „Steuerung Ein/Aus“
MELD_BAENDER	A5.2	BOOL	Meldelampe „Bänder eingeschaltet“
MELD_PRUEFSTATION	A5.3	BOOL	Meldelampe „Prüfstation eingeschaltet“
MELD_STOERUNG	A6.0	BOOL	Störungsmeldung
MELD_NOT_HALT	A6.1	BOOL	Meldung Not-Halt betätigt

Bausteine

OB1		AWL	Organisationsbaustein
FC1	Sicherheitsbaustein	FUP	Funktion
FC2	Bandsteuerung	FUP	Funktion
FC3	Hubtisch heben/senken	FUP	Funktion
FC4	Analogwerte einlesen	FUP	Funktion
FC5	Drehantrieb rechts/links	FUP	Funktion
FC6	Meldungen	FUP	Funktion
FC7	Befehlsausgabe	FUP	Funktion
FC105	Scalierbaustein, Wicklung U	AWL	Funktion
FC115	Scalierbaustein, Wicklung V	AWL	Funktion
FC125	Scalierbaustein, Wicklung W	AWL	Funktion

Steuerungsprogramm

Organisationsbaustein OB1

Netzwerk 1: Aufruf der Funktionen

```
call FC1 //Sicherheitsbaustein
call FC2 //Bandsteuerung
call FC3 //Hubtisch heben/senken
call FC4 //Analogwerte einlesen
call FC5 //Drehantrieb rechts/links
call FC6 //Meldungen
call FC7 //Befehlsausgabe
```

4 SPS-System

■ **Strukturierte Programmierung**

Das Programm wird in einzelne Bausteine (hier Funktionen FC) unterteilt, die vom Organisationsbaustein OB1 aufgerufen werden.

■ **OB1**

→ 243

■ **Funktion FC**

→ 243

■ **Hinweis**

Die zum Verständnis des Programms notwendigen Inhalte werden im Kapitel Automatisierungstechnik schrittweise erarbeitet.

Hier ist das Programm zur besseren Übersicht zusammengefasst dargestellt.

■ **Binäre Verknüpfungssteuerungen**
→ 224

■ **Flankenbildung**
→ basics Mechatronik

FC1: Sicherheitsbaustein

Netzwerk 1: Not-Halt / Motorschutzschalter / Startmerker

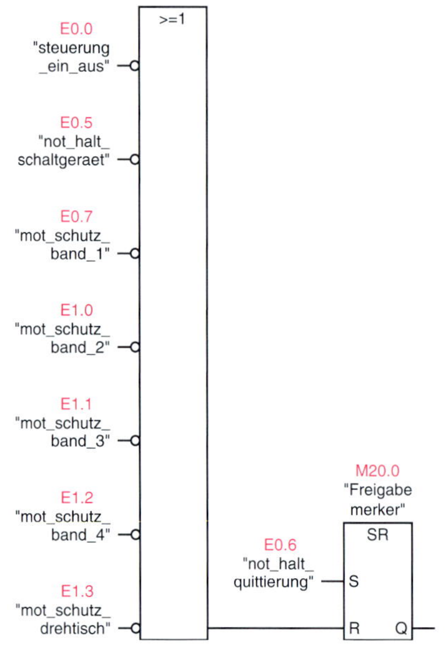

FC2: Bandsteuerung

Netzwerk 1: Band 1

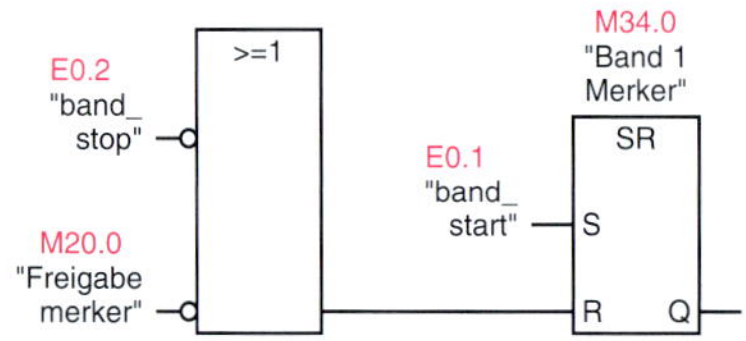

Netzwerk 2: Band 2

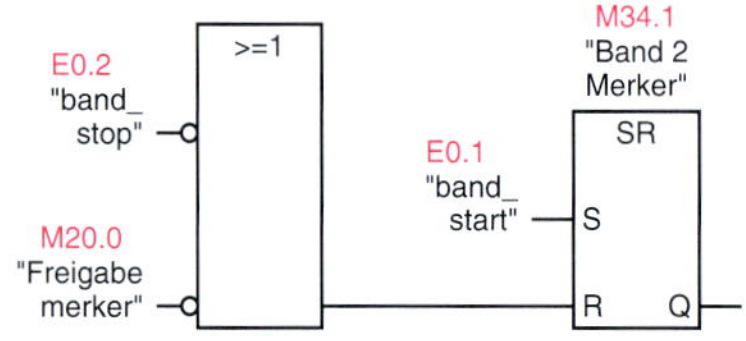

Netzwerk 3: Band 3

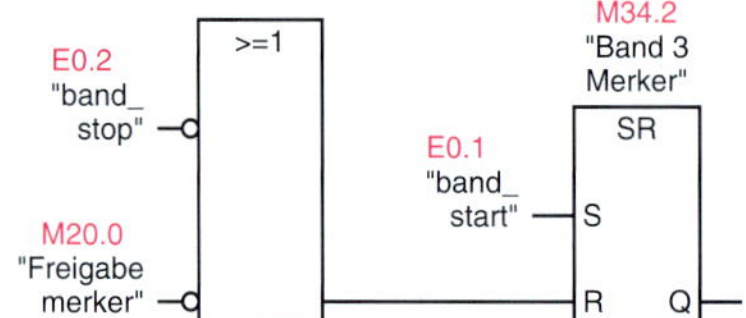

Netzwerk 4: Band 4

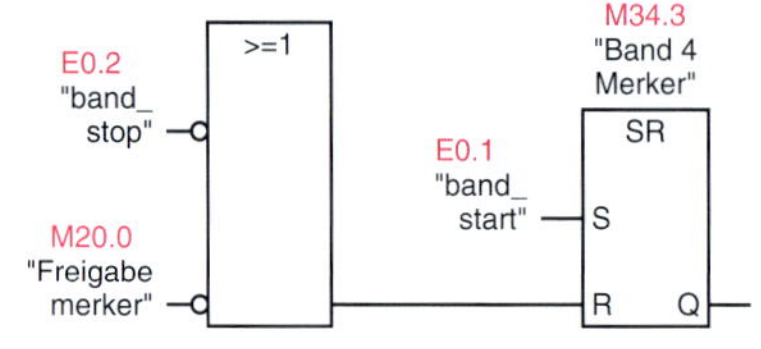

Netzwerk 5: Band Drehantrieb

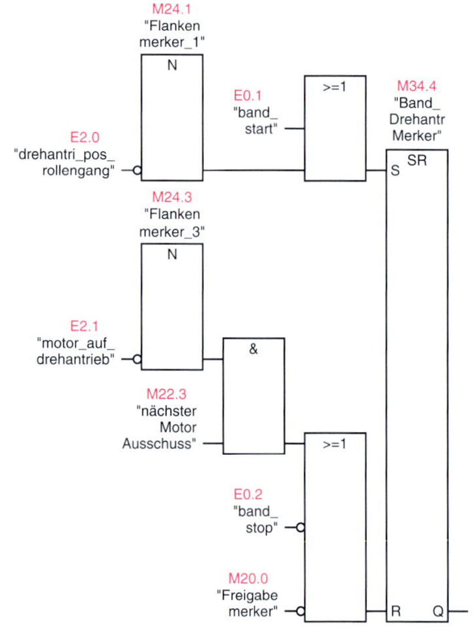

FC3: Hubtisch heben/senken

Netzwerk 1: Prüfen Ein / Aus

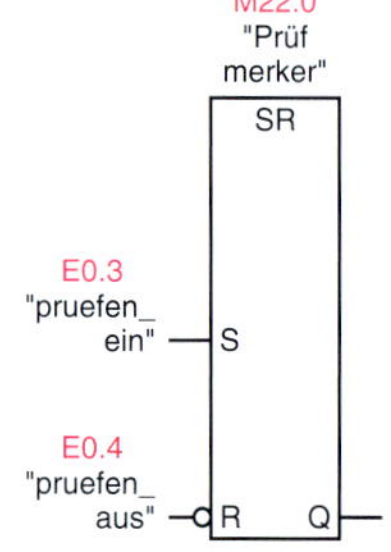

Netzwerk 2: Hubtisch heben

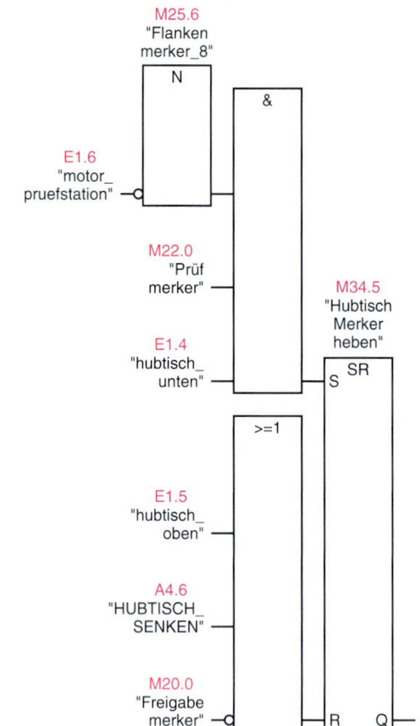

Netzwerk 3: Hubtisch senken

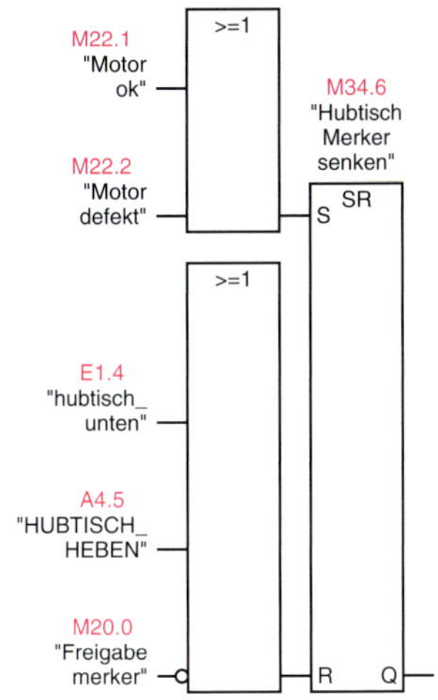

M22.1 "Motor ok"
M22.2 "Motor defekt"
>=1
M34.6 "Hubtisch Merker senken"
SR
S
E1.4 "hubtisch_ unten"
A4.5 "HUBTISCH_ HEBEN"
M20.0 "Freigabe merker"
>=1
R Q

FC4: Analogwerte einlesen

Netzwerk 1: Messung

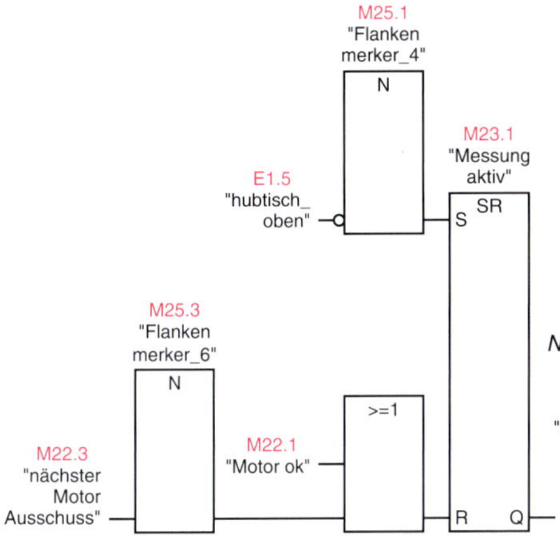

M25.1 "Flanken merker_4"
N
E1.5 "hubtisch_ oben"
M23.1 "Messung aktiv"
SR
S
M25.3 "Flanken merker_6"
N
M22.3 "nächster Motor Ausschuss"
M22.1 "Motor ok"
>=1
R Q

Netzwerk 2: Motorwicklung U1 - U2

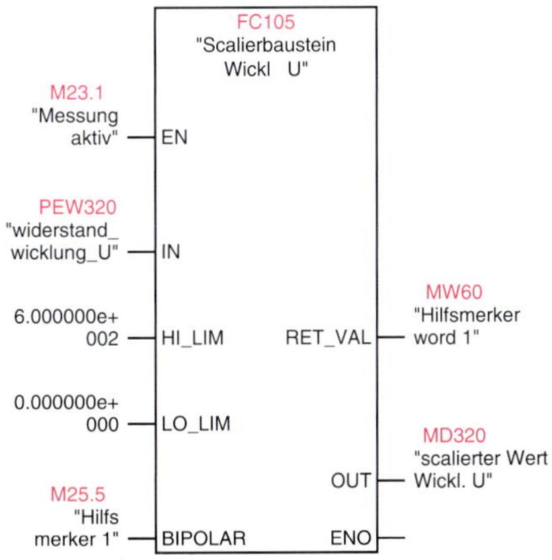

FC105 "Scalierbaustein Wickl U"
M23.1 "Messung aktiv" — EN
PEW320 "widerstand_ wicklung_U" — IN
6.000000e+002 — HI_LIM
0.000000e+000 — LO_LIM
M25.5 "Hilfs merker 1" — BIPOLAR
RET_VAL — MW60 "Hilfsmerker word 1"
OUT — MD320 "scalierter Wert Wickl. U"
ENO

Netzwerk 3: Wicklung V1 - V2

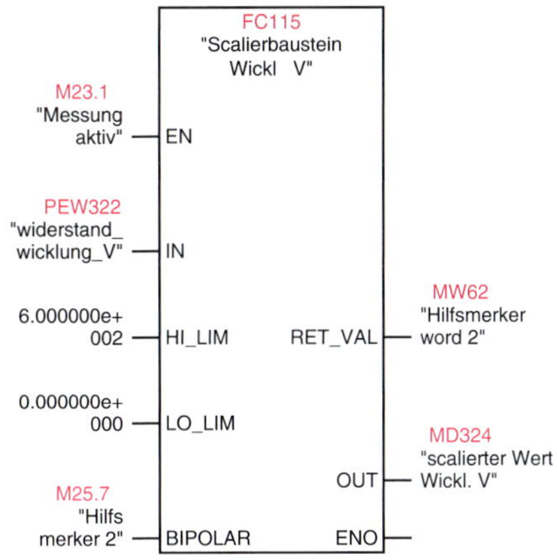

FC115 "Scalierbaustein Wickl V"
M23.1 "Messung aktiv" — EN
PEW322 "widerstand_ wicklung_V" — IN
6.000000e+002 — HI_LIM
0.000000e+000 — LO_LIM
M25.7 "Hilfs merker 2" — BIPOLAR
RET_VAL — MW62 "Hilfsmerker word 2"
OUT — MD324 "scalierter Wert Wickl. V"
ENO

Netzwerk 4: Wicklung W1 - W2

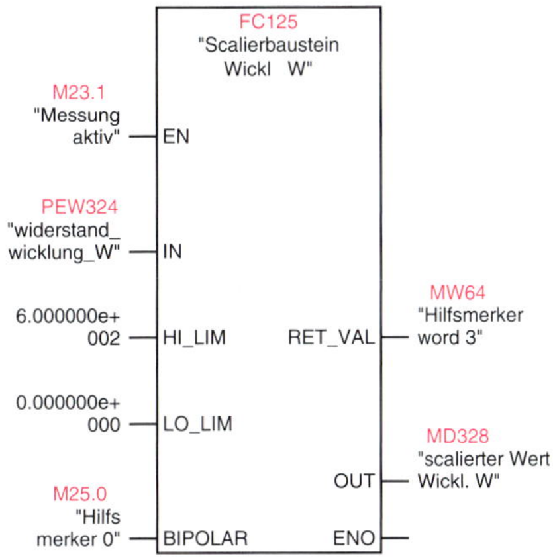

FC125 "Scalierbaustein Wickl W"
M23.1 "Messung aktiv" — EN
PEW324 "widerstand_ wicklung_W" — IN
6.000000e+002 — HI_LIM
0.000000e+000 — LO_LIM
M25.0 "Hilfs merker 0" — BIPOLAR
RET_VAL — MW64 "Hilfsmerker word 3"
OUT — MD328 "scalierter Wert Wickl. W"
ENO

Netzwerk 5: Auswertung Wicklung U, Widerstand im Bereich

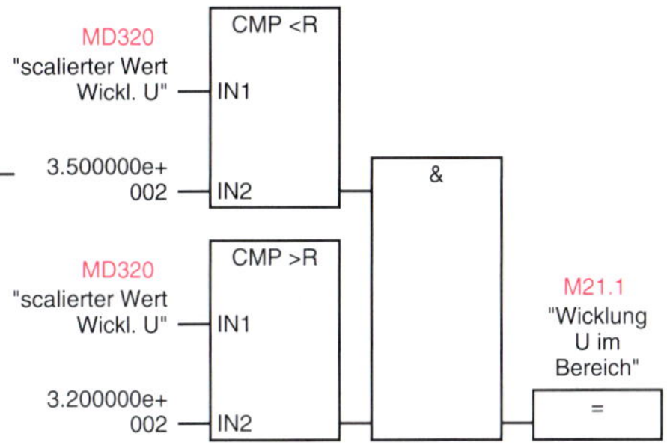

CMP <R
MD320 "scalierter Wert Wickl. U" — IN1
3.500000e+002 — IN2
CMP >R
MD320 "scalierter Wert Wickl. U" — IN1
3.200000e+002 — IN2
&
M21.1 "Wicklung U im Bereich"
=

Netzwerk 6: Auswertung Wicklung V, Widerstand im Bereich

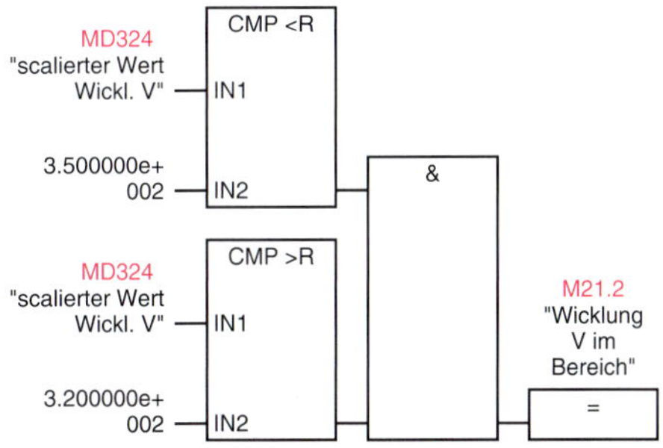

CMP <R
MD324 "scalierter Wert Wickl. V" — IN1
3.500000e+002 — IN2
CMP >R
MD324 "scalierter Wert Wickl. V" — IN1
3.200000e+002 — IN2
&
M21.2 "Wicklung V im Bereich"
=

■ SCALE-Baustein
→ 288

■ Zahlendarstellung
Exponentendarstellung
→ 284

■ Vergleichsfunktionen
→ 266

Netzwerk 7: Auswertung Wicklung W, Widerstand im Bereich

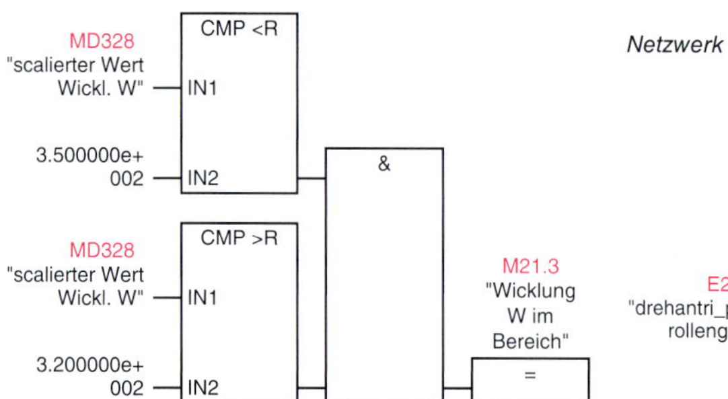

Netzwerk 8: Wicklung ok

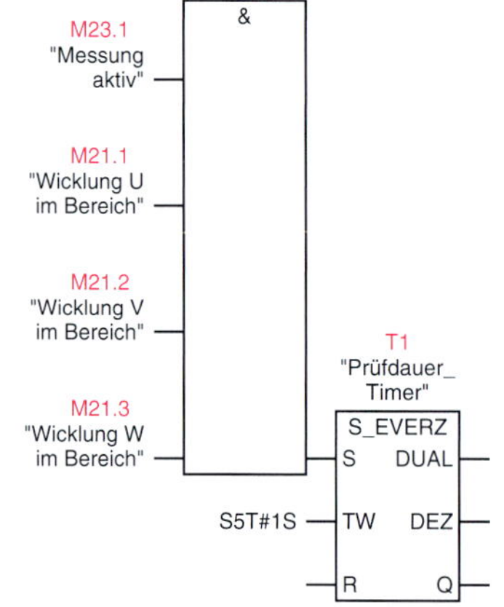

■ **Zeitfunktionen**
→ 228

Netzwerk 9: Motor kein Ausschuss

T1
"Prüfdauer_
Timer"
&
M23.1
"Messung
aktiv"
M22.1
"Motor ok"
SR
S
E1.4
"hubtisch_
unten"
>=1
M22.2
"Motor
defekt"
R Q

■ **Konnektor**
→ 279

Netzwerk 10: Messung / defekte Wicklung

M23.1
"Messung
aktiv"
&
M22.1
"Motor ok"
T2
"Mot.
defekt"
S_EVERZ
S DUAL
S5T#2S
TW DEZ
R Q
M22.2
"Motor
defekt"
SR
S
M24.0
"Imp.
Rollengang"
>=1
M22.1
"Motor ok"
R Q

Netzwerk 11: Nächster Motor Ausschuss

M25.4
"Flanken
merker_7"
N
E2.0
"drehantri_pos_
rollengang"
M22.3
"nächster
Motor
Ausschuss"
SR
M22.2
"Motor
defekt"
S
R Q

FC5: Drehantrieb rechts/links

Netzwerk 1: Drehantrieb rechts

M22.0
"Prüf
merker"
&
E2.1
"motor_auf_
drehantrieb"
M22.3
"nächster Motor
Ausschuss"
M34.6
"Merker_
drehantr_
rechts"
SR
S
>=1
E2.0
"drehantri_pos_
rollengang"
M20.0
"Freigabe
merker"
M34.7
"Merker_dreh
antr_links"
R Q

Netzwerk 2: Drehantrieb links

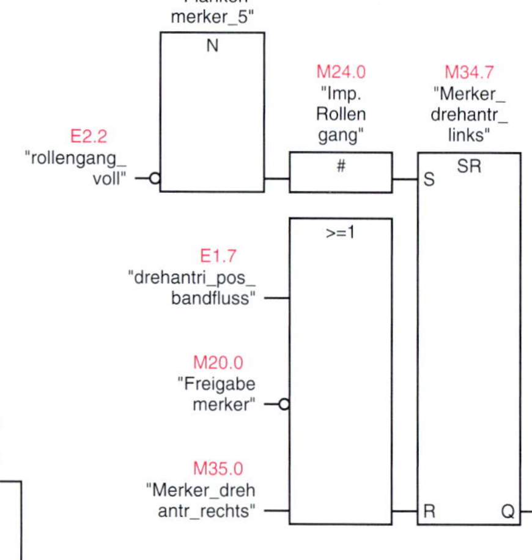

FC6: Meldungen

Netzwerk 1: Ein / Aus

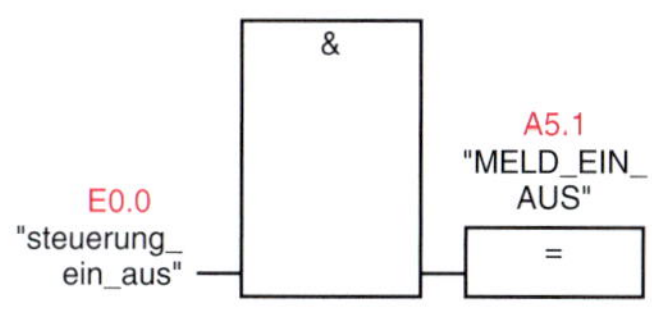

Netzwerk 2: Bänder

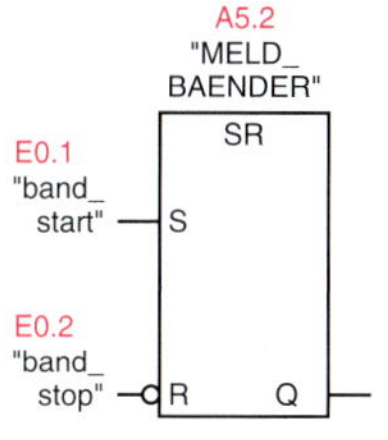

Netzwerk 3: Prüfstation Ein / Aus

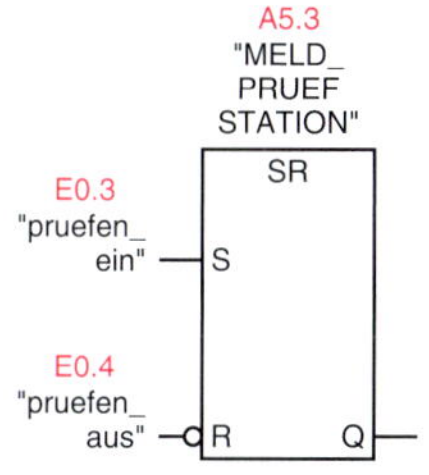

Netzwerk 4: Störungsmeldung

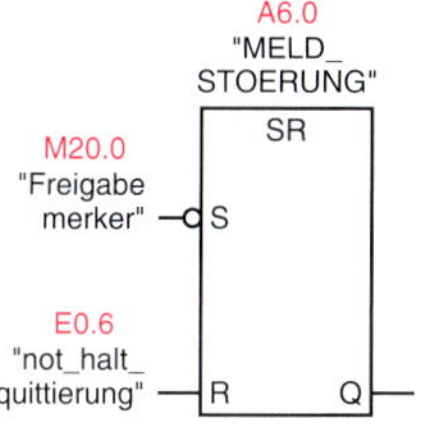

Netzwerk 5: Not-Halt-Meldung

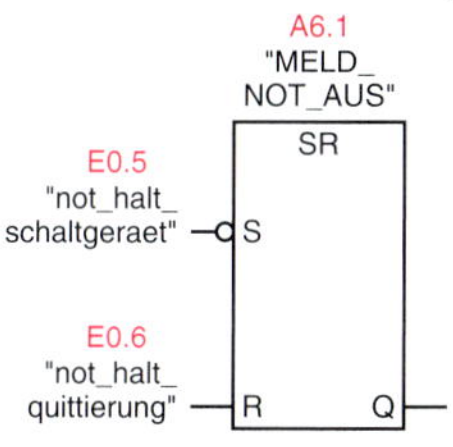

FC7: Befehlsausgabe

Netzwerk 1: Band 1

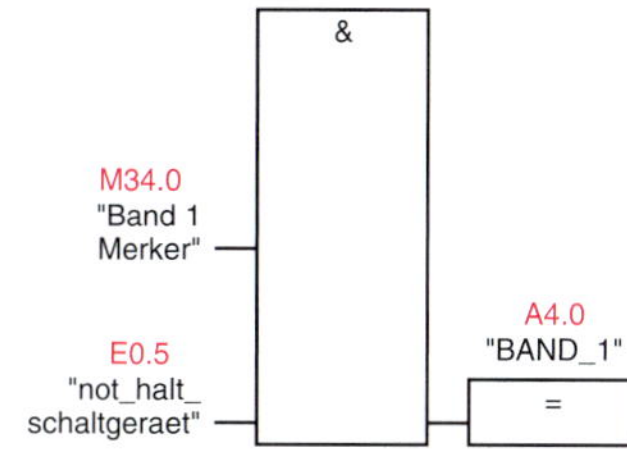

Netzwerk 2: Band 2

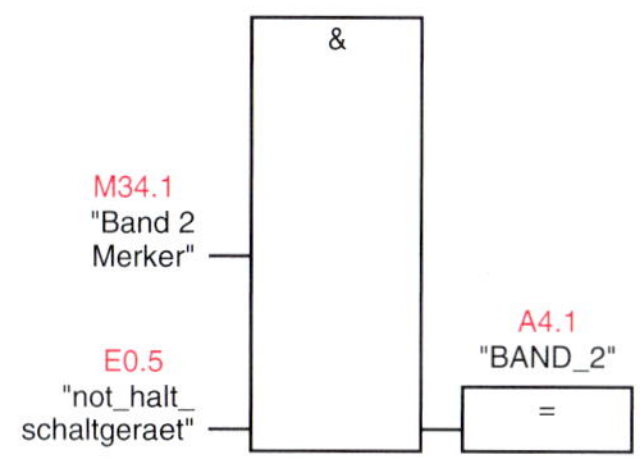

Netzwerk 3: Band 3

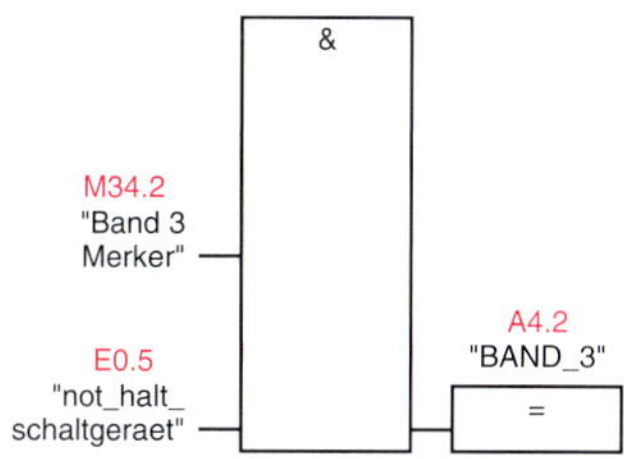

Netzwerk 4: Band 4

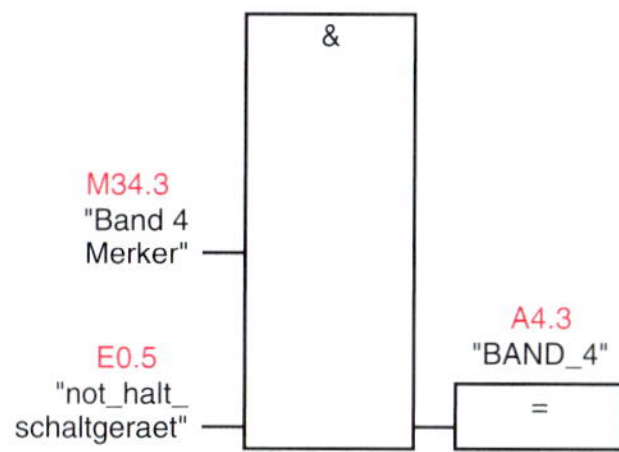

Netzwerk 5: Transport Drehantrieb

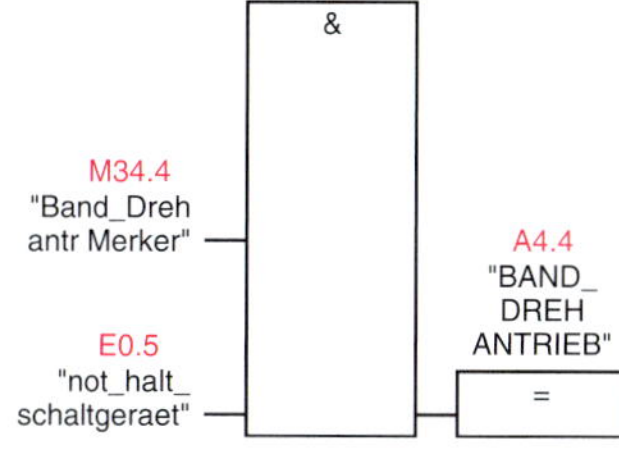

Netzwerk 6: Hubtisch heben

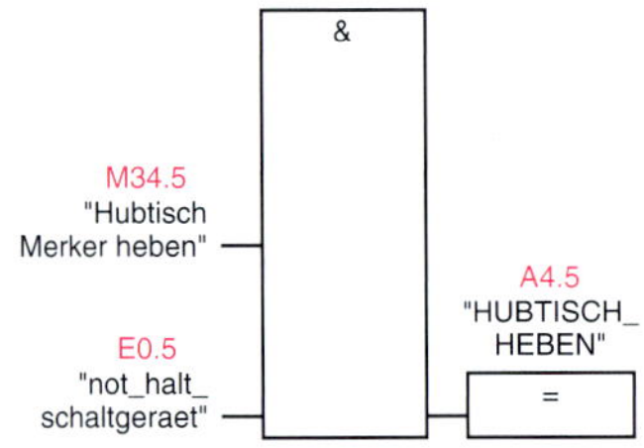
&
M34.5
"Hubtisch
Merker heben"
E0.5
"not_halt_
schaltgeraet"
A4.5
"HUBTISCH_
HEBEN"
=

Netzwerk 7: Hubtisch senken

&
M34.6
"Hubtisch
Merker senken"
E0.5
"not_halt_
schaltgeraet"
A4.6
"HUBTISCH_
SENKEN"
=

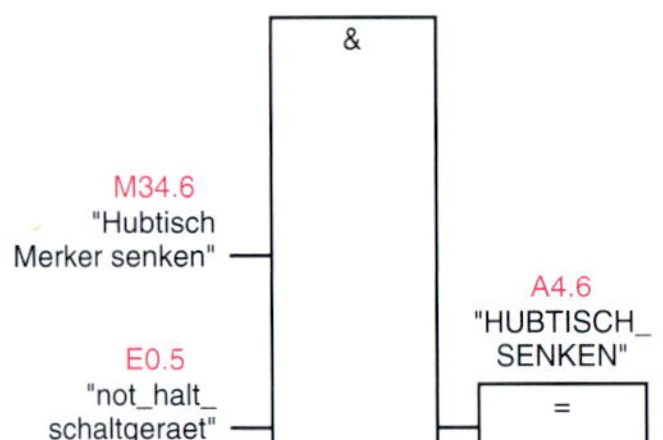

Netzwerk 8: Drehantrieb rechts in Richtung Ausschuss

&
M34.7
"Merker_dreh
antr_links"
E0.5
"not_halt_
schaltgeraet"
A4.7
"DREHANTRIEB
LINKS"
=

Netzwerk 9: Drehantrieb links

&
M35.0
"Merker_dreh
antr_rechts"
E0.5
"not_halt_
schaltgeraet"
A5.0
"DREHANTRIEB
RECHTS"
=

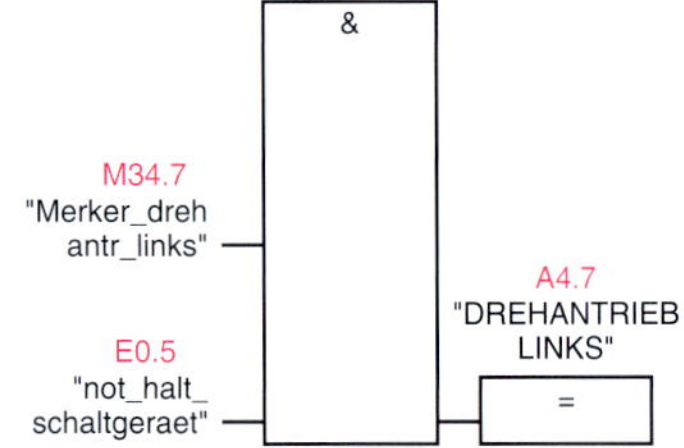

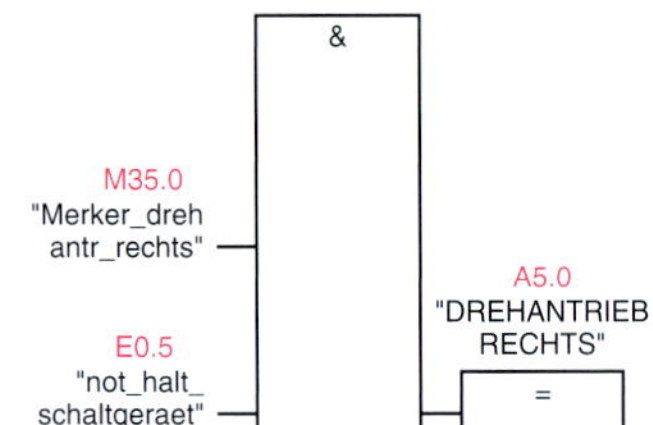

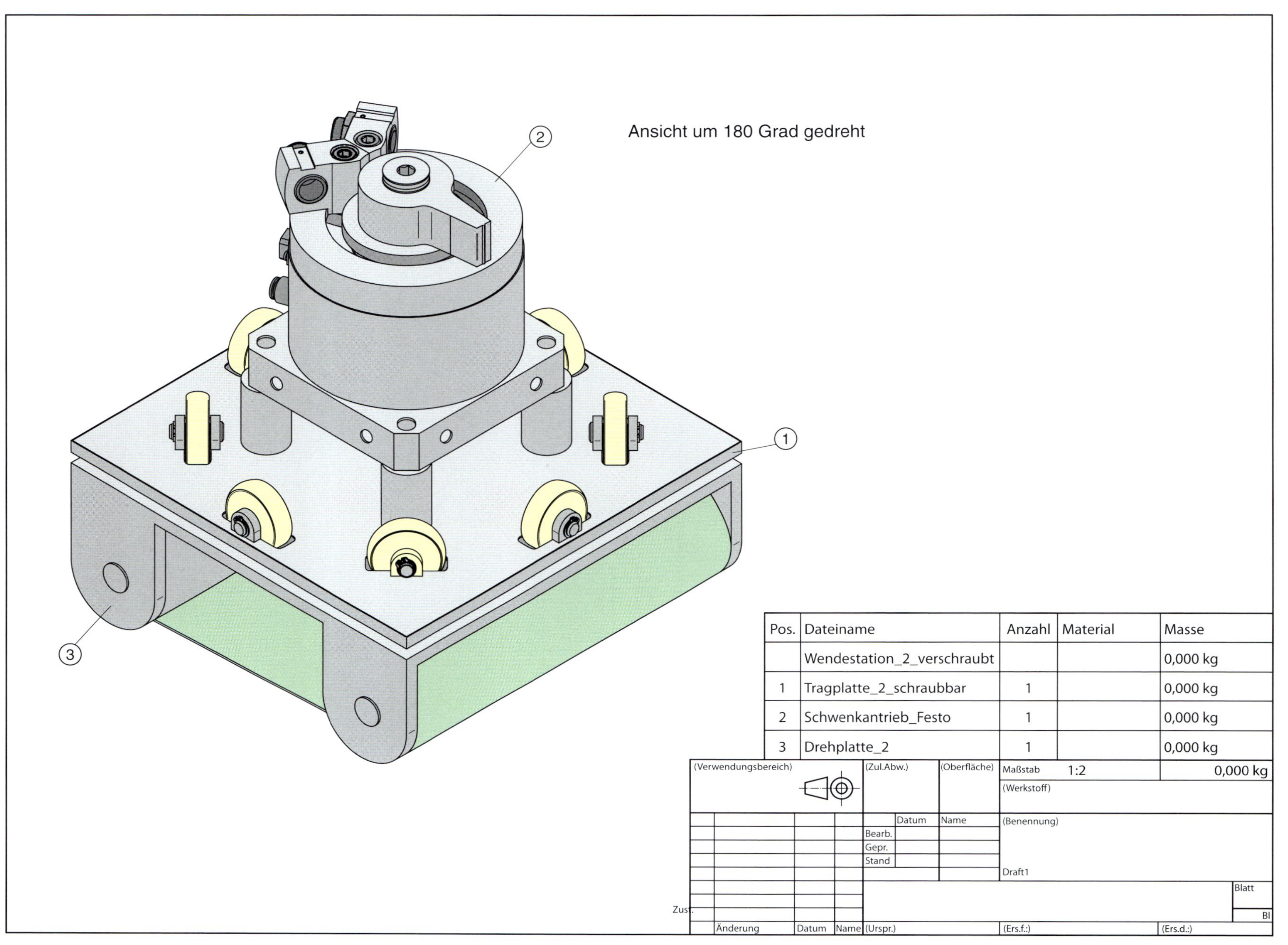

Ansicht um 180 Grad gedreht
2
1
3
Pos. | Dateiname | Anzahl | Material | Masse
Wendestation_2_verschraubt | 0,000 kg
1 | Tragplatte_2_schraubbar | 1 | 0,000 kg
2 | Schwenkantrieb_Festo | 1 | 0,000 kg
3 | Drehplatte_2 | 1 | 0,000 kg
(Verwendungsbereich)
(Zul.Abw.)
(Oberfläche)
Maßstab 1:2
0,000 kg
(Werkstoff)
Datum
Name
Bearb.
Gepr.
Stand
(Benennung)
Draft1
Blatt
Bl
Zus.
Änderung
Datum
Name
(Urspr.)
(Ers.f.:)
(Ers.d.:)

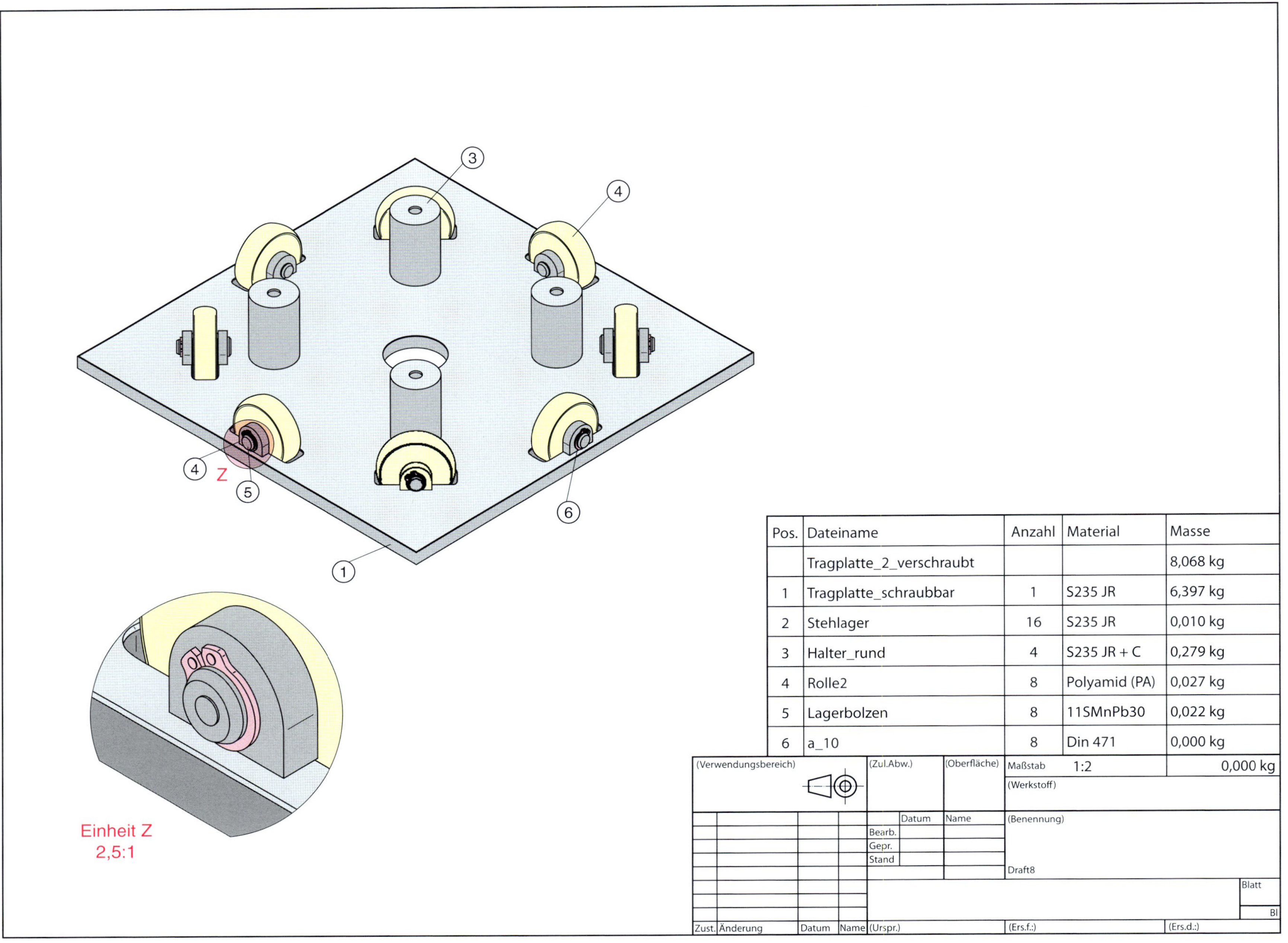

Pos.	Dateiname	Anzahl	Material	Masse
	Tragplatte_2_verschraubt			8,068 kg
1	Tragplatte_schraubbar	1	S235 JR	6,397 kg
2	Stehlager	16	S235 JR	0,010 kg
3	Halter_rund	4	S235 JR + C	0,279 kg
4	Rolle2	8	Polyamid (PA)	0,027 kg
5	Lagerbolzen	8	11SMnPb30	0,022 kg
6	a_10	8	Din 471	0,000 kg

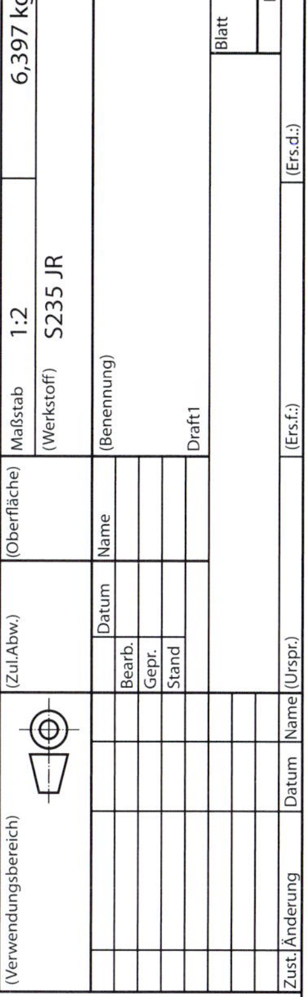
6,397 kg
Maßstab 1:2
(Werkstoff) S235 JR
(Benennung)
Draft1
(Oberfläche)
(Zul.Abw.)
(Verwendungsbereich)
Datum
Name
Bearb.
Gepr.
Stand
Zust.
Änderung
Datum
Name
(Urspr.)
(Ers.f.:)
(Ers.d.:)
Blatt
Bl

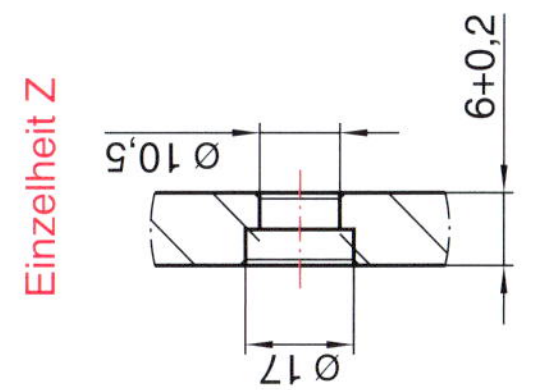
Einzelheit Z
Ø 10,5
Ø 17
6+0,2

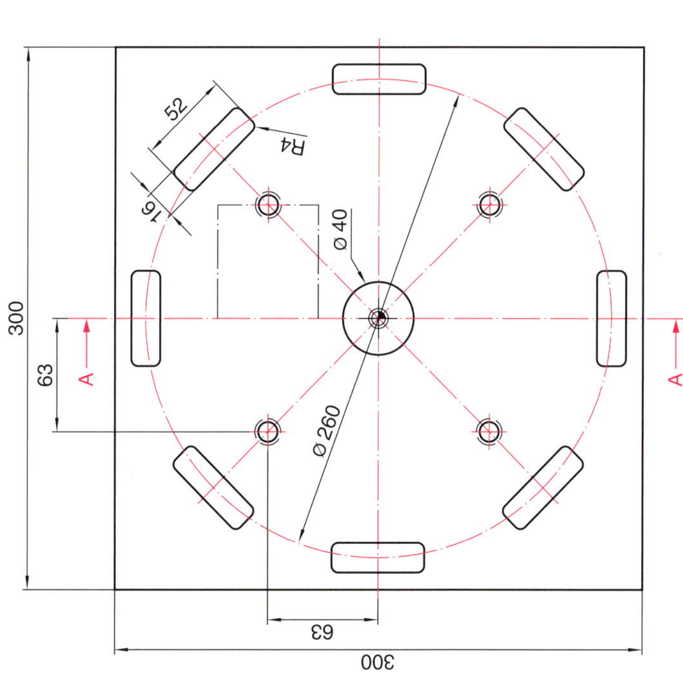
A-A
10
Z
300
300
63
63
A
A
52
R4
16
Ø 40
Ø 260

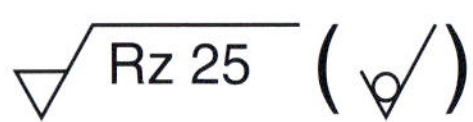

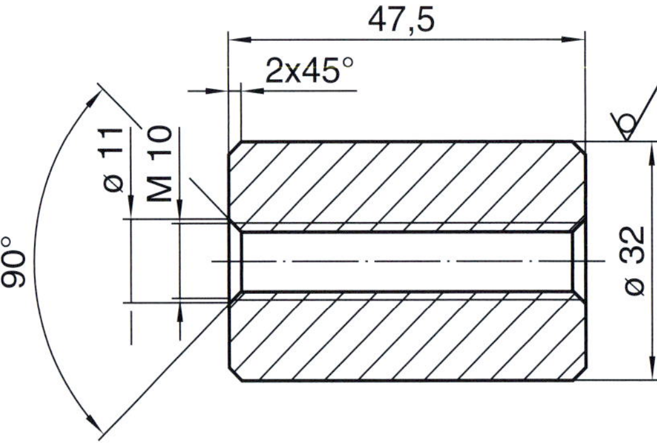

16 x mit Tragplatte verschweißt

(Verwendungsbereich)	(Zul.Abw.)	(Oberfläche)	Maßstab	1:1	0,279 kg
			(Werkstoff)	S235 JR + C	

					Datum	Name	(Benennung)
				Bearb.			
				Gepr.			
				Stand			
							Draft1
							Blatt
							Bl
Zust.	Änderung	Datum	Name	(Urspr.)	(Ers.f.:)		(Ers.d.:)

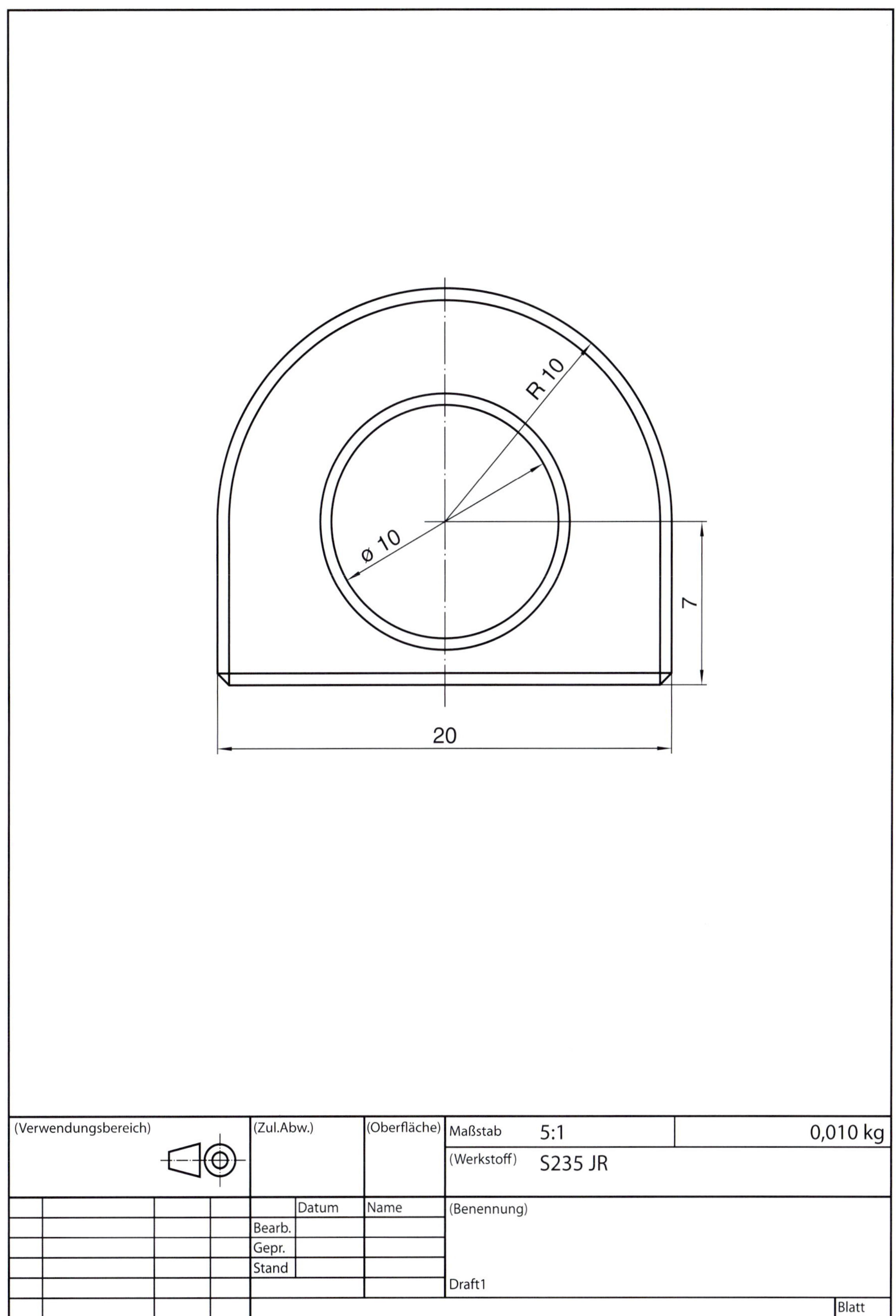
R 10
ø 10
7
20
(Verwendungsbereich)
(Zul.Abw.)
(Oberfläche)
Maßstab 5:1
0,010 kg
(Werkstoff) S235 JR
Datum
Name
Bearb.
Gepr.
Stand
(Benennung)
Draft1
Blatt
Bl
Zust. Änderung Datum Name
(Urspr.)
(Ers.f.:)
(Ers.d.:)

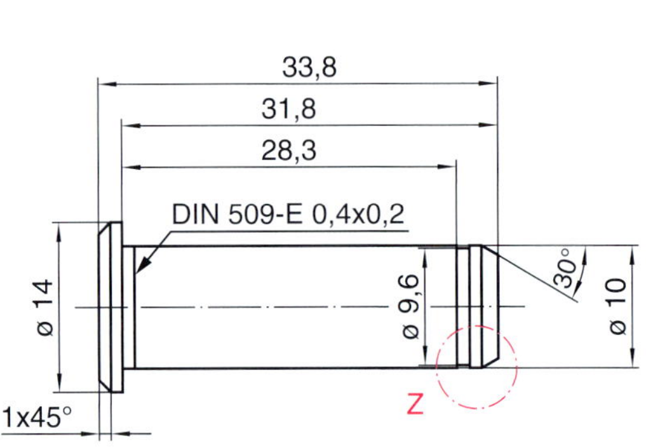

Einzelheit Z 5:1

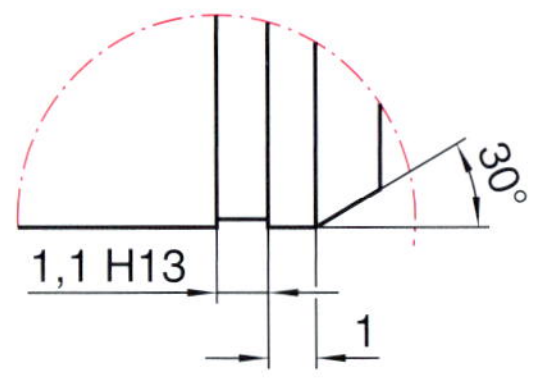

(Verwendungsbereich)	(Zul.Abw.)	(Oberfläche)	Maßstab 2:1	0,022 kg
			(Werkstoff) 1.0718	

					Datum	Name	(Benennung)
				Bearb.			
				Gepr.			
				Stand			Draft1
							Blatt
							Bl
Zust.	Änderung	Datum	Name	(Urspr.)	(Ers.f.:)		(Ers.d.:)

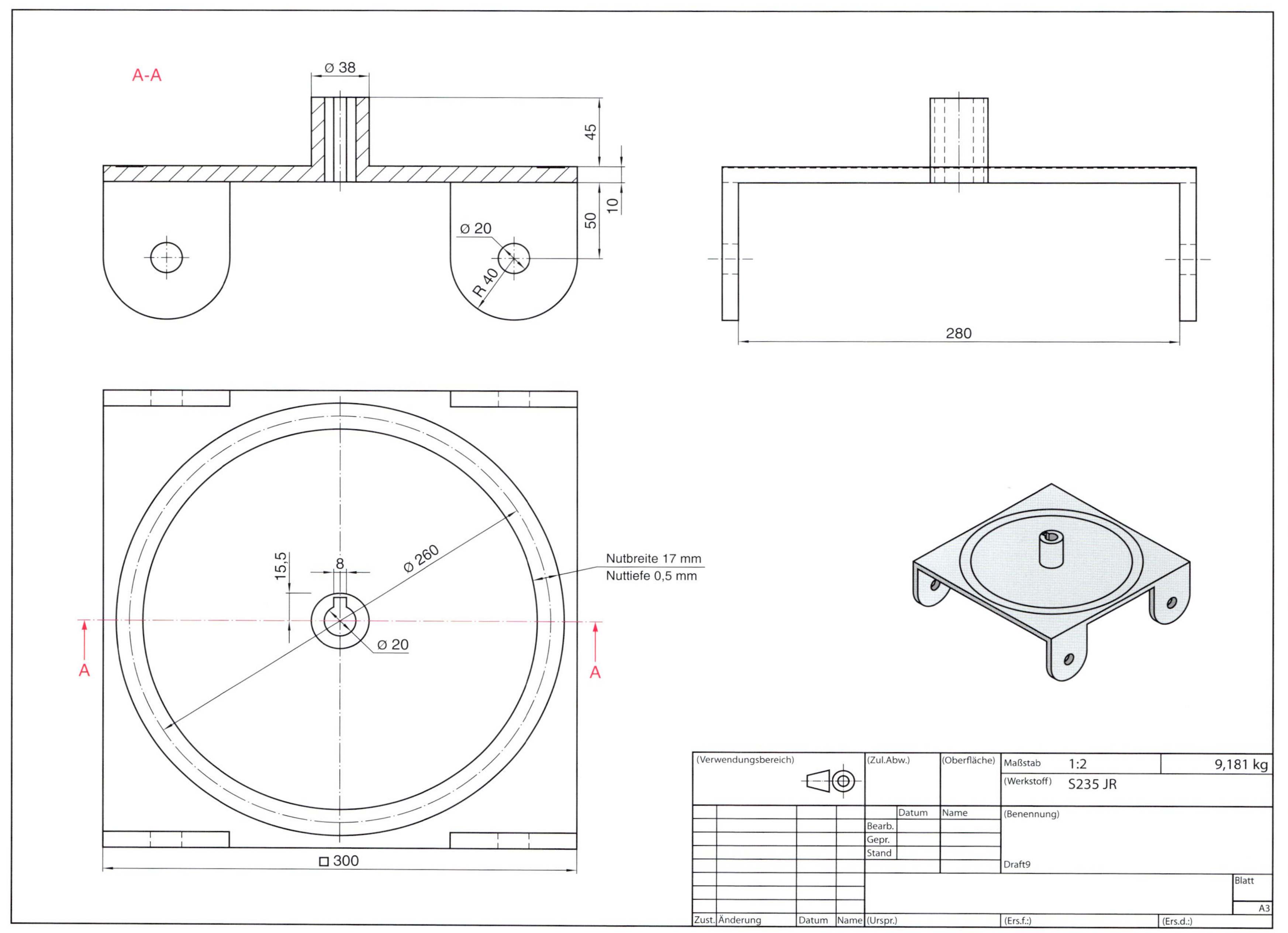
A-A
Ø 38
45
10
50
Ø 20
R 40
280
15,5
8
Ø 260
Ø 20
Nutbreite 17 mm
Nuttiefe 0,5 mm
A
A
□ 300
(Verwendungsbereich)
(Zul.Abw.)
(Oberfläche)
Maßstab 1:2
9,181 kg
(Werkstoff) S235 JR
Datum
Name
Bearb.
Gepr.
Stand
(Benennung)
Draft9
Blatt
A3
Zust. Änderung
Datum
Name
(Urspr.)
(Ers.f.:)
(Ers.d.:)

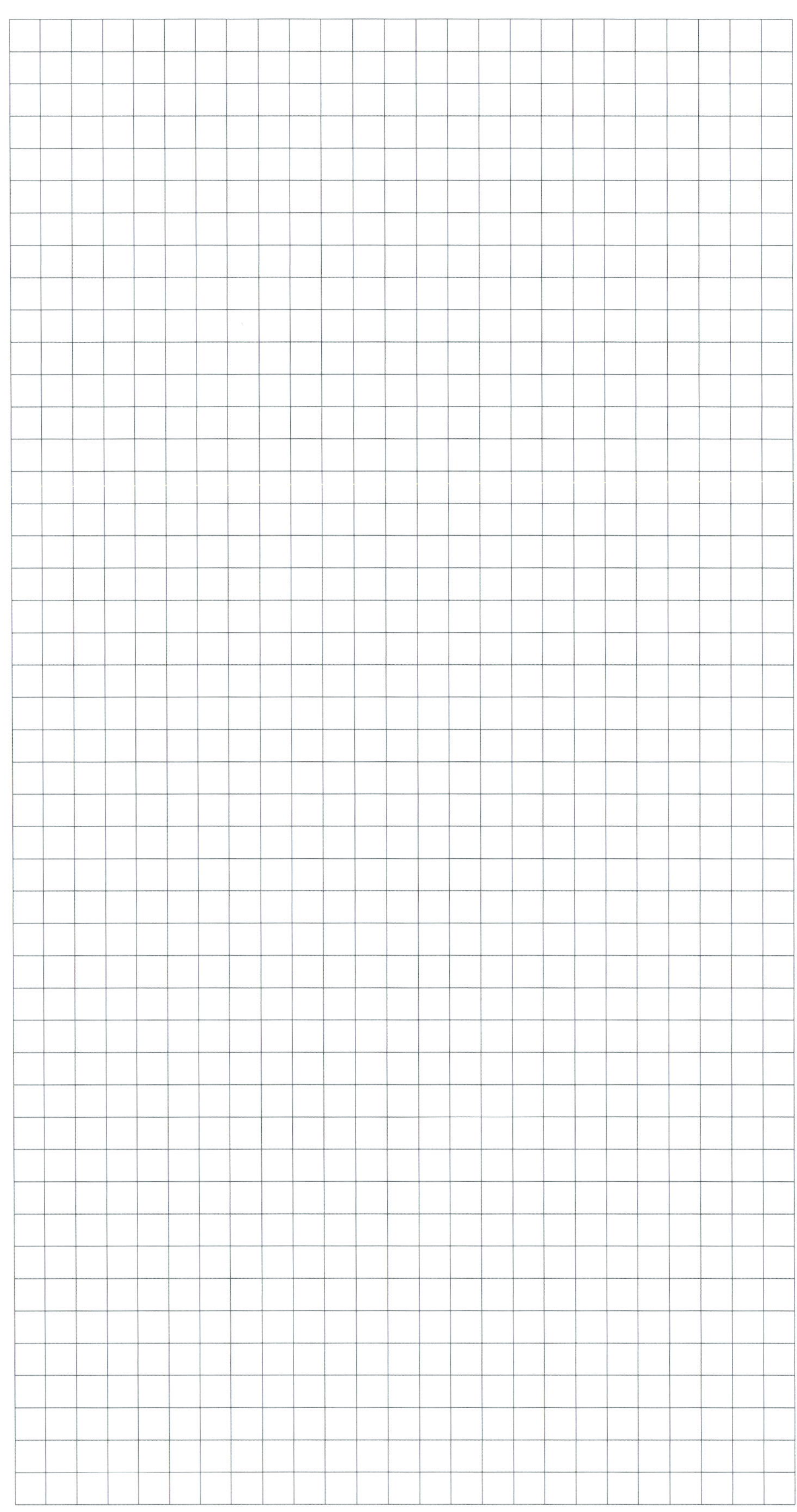

2 Sichere Energieversorgung

2.1 TN-System

Der Schaltschrank (Seite 21) benötigt eine Spannungsversorgung. Er wird mit einem TN-S-System eingespeist.

Die Einspeisung erfolgt über Klemmen im Schaltschrank und wird dort mit NH-Sicherungen (Größe 00) abgesichert.

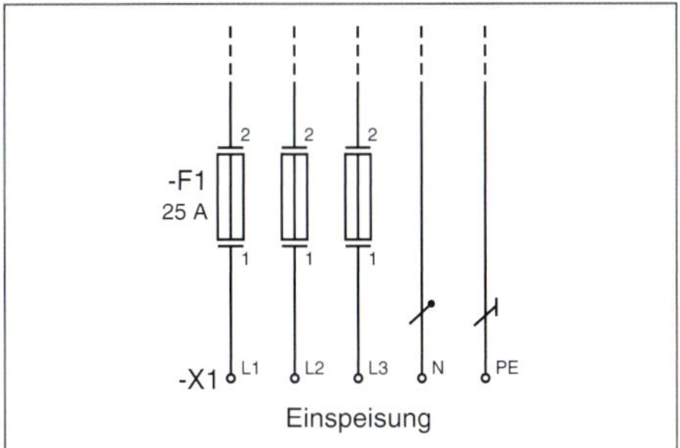

1 Einspeisung des Schaltschranks

Merkmal des *TN-Systems* ist die Übernahme von

- ***Personenschutz im Fehlerfall***
- ***Überlastschutz***
- ***Kurzschlussschutz***

durch **Überstromschutzorgane** (Schmelzsicherung, Leitungsschutzschalter usw.).

Dies ist eine sehr *preiswerte* Lösung. Sie setzt allerdings voraus, dass im *Fehlerfall* ein so hoher Strom fließt, dass die **Abschaltbedingung**

$Z_S \cdot I_a \leq U_0$

eingehalten werden kann.

Z_S Schleifenimpedanz in Ω
I_a Abschaltstrom des Überstromschutzorgans in A
U_0 Spannung gegen Erde in V

Da im Körperschlussfall der *Fehlerstrom* ausschließlich über *Kupfer* fließen kann, können geringe **Schleifenimpedanzen** erreicht werden.

Die von $U_0 = 230$ V getriebenen **Fehlerströme** müssen zur *Abschaltung* des Überstromschutzorgans in festgelegten *Zeiten* führen. Höchstzulässige **Abschaltzeiten** im TN-System siehe Seite 44.

Der *Nachweis der Wirksamkeit* der Schutzmaßname (Schutz durch automatisches Abschalten der Stromversorgung) kann durch die **Schleifenimpedanzmessung** erbracht werden.

Eventuell wird die *niederohmige Durchgängigkeit des Schutzleiters* gemessen.

NH-Sicherungen

Sicherungen schützen Leitungen vor Überlastung und Kurzschluss → *basics*.

Niederspannungs-Hochleistungssicherungen (NH-Sicherungen) bestehen aus dem Unterteil und dem Schmelzeinsatz.

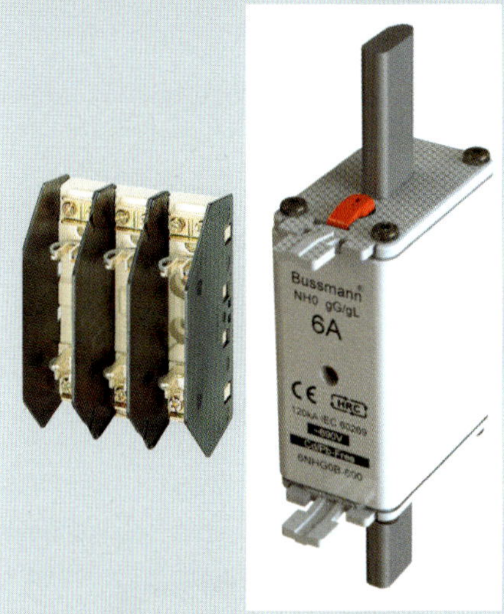

Bei belasteten Stromkreisen kann ein gefährlicher Lichtbogen gezogen werden.

NH-Sicherungsgrößen (GG)

Größe	Bemessungsstrom in A
00	2 – 100
0	2 – 160
1	80 – 250
2	125 – 400
3	315 – 630
4	500 – 1250

Schaltvermögen: ca. 100 kA
Bemessungsspannung: 400 V

NH-Sicherungssysteme dürfen nicht von elektrotechnischen Laien bedient werden.

Möglichst nur in *unbelasteten* Stromkreisen die Sicherungen *einsetzen* oder *herausnehmen*.

Aufsteckgriff mit Armschutz benutzen und Helm mit Gesichtsschutz tragen.

NH-Sicherungen

haben keinen Schutz gegen direktes Berühren. Die Grifflaschen der Sicherung stehen unter Spannung.

Hochleistung

durch größeres Volumen und größeren Kontaktabstand (Lichtbogenbeherrschung) als bei Schraubsicherungen.

NH-Sicherung
low voltage high breaking capacity fuse

Netzsysteme
network types

Einspeisung
feeding, fuse cut-out

Überstromschutz
over-current protection

Schaltschrank
switchgear cabinet

NH-Sicherungen

Messung der Schleifenimpedanz

→ 93

Messung der niederohmigen Durchgängigkeit

→ 91, basics Mechatronik

Trenner
air-break disconnector

Lasttrenner
air-break switch disconnector

Lasttrennschalter
switch disconnector, load-break switch

Abschaltstrom
turn-off current density

Abschalteinrichtung
switching device

Strombelastbarkeit
current carrying capacity

@ Interessante Links

Schaltgeräte

- www.eaton.de
- www.siemens.de
- www.driescher.de

Strombelastbarkeit von Leitungen

Höchstzulässige Abschaltzeiten der Netzsysteme (auch DC-Kreise)

Sicherungstrenner

Zum Schalten im stromlosen Zustand geeignet, Kombination von Trennschalter und NH-Sicherung.

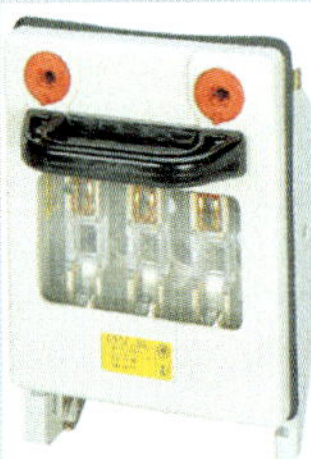

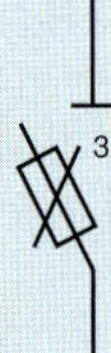

Sicherungslasttrenner

Zum Schalten unter Last geeignet, da mit Funkenlöscheinrichtungen ausgerüstet.

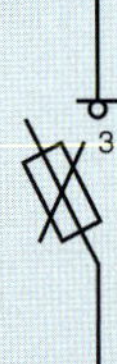

Lasttrennschalter

Lasttrennschalter können Bemessungsströme schalten.

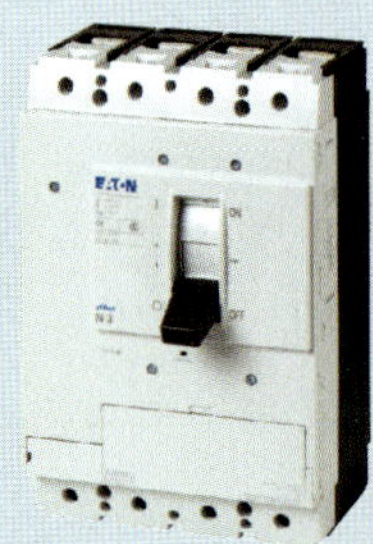

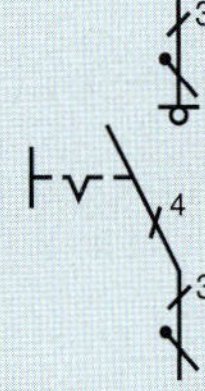

Hinweis

Trennschalter müssen *alle* nachgeschalteten Strompfade vom Netz trennen. Dabei muss die Trennung *angezeigt* werden. Außerdem muss ein vorgeschriebener *Kontaktabstand* eingehalten werden.

Höchstzulässige Abschaltzeiten im TN-System (DIN VDE 0100-410)

Steckdosenstromkreise, ortsveränderliche Betriebsmittel	$U_0 \leq 230$ V $U_0 > 120$ V	$t_a \leq 0{,}4$ s
	$U_0 \leq 400$ V $U_0 > 230$ V	$t_a \leq 0{,}2$ s
Endstromkreise mit festem Anschluss von Handgeräten, ortsveränderliche Geräte der Schutzklasse I	$U_0 > 500$ V	$t_a \leq 0{,}1$ s
Endstromkreise mit ortsfesten Verbrauchsmitteln, Verteilungsstromkreise in Gebäuden	$U_0 \leq 400$ V	$t_a \leq 5$ s

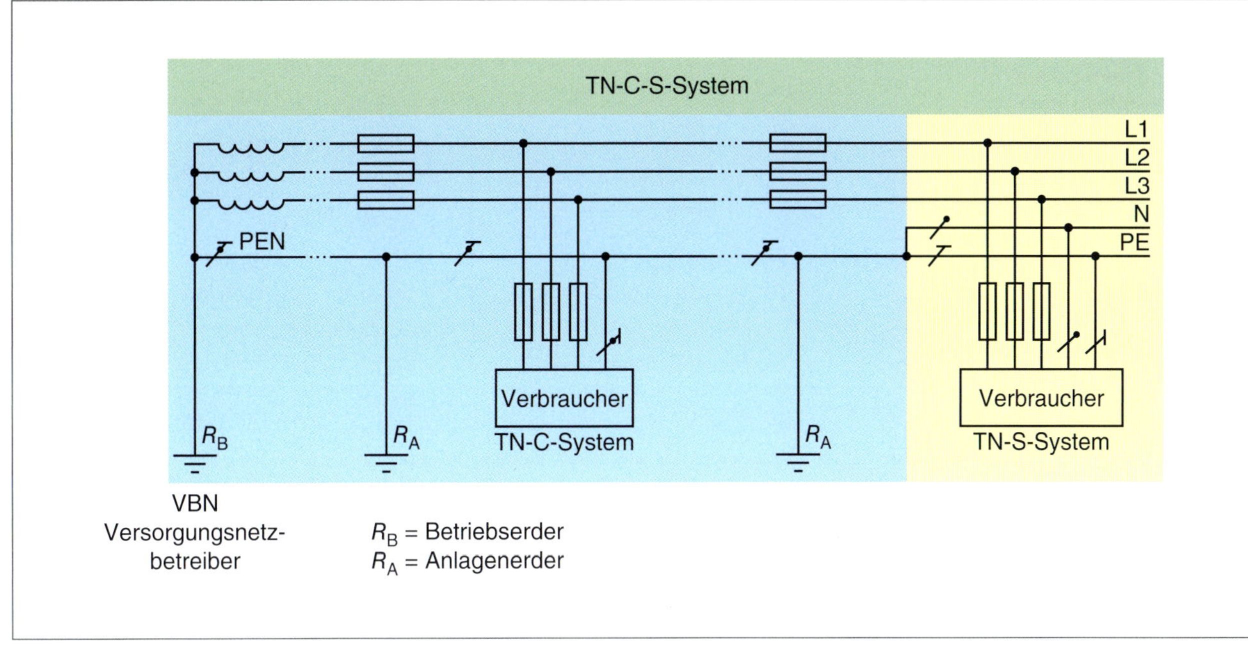

2 TN-C-S-System, heute in der Industrie noch weit verbreitet

Zwischen Unterverteilung und Schaltschrank ist eine 27 m lange Leitung in Rohr verlegt.

In der Unterverteilung ist die Leitung mit NH-Sicherungen 63 A abgesichert. Verwendung findet ein Sicherungslasttrennschalter, Netzsystem TN-S.

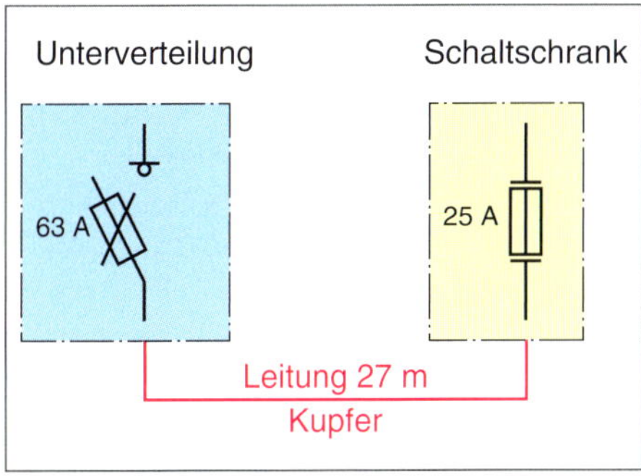

3 Energieversorgung des Schaltschranks

Der Querschnitt der Leitung ist unter Berücksichtigung der Bedingungen zu ermitteln. Dann ist die Entscheidung zu treffen, mit welcher Bemessungsstromstärke die Leitung maximal abgesichert werden darf.

Umgebungstemperatur 25 °C, eine Leitung im Installationsrohr, Verlegeart B2, 3 belastete Adern. Wenn 16-mm²-Cu-Leitung verlegt wird, beträgt die Strombelastbarkeit 66 A.

Die Leitung darf also mit 63 A abgesichert werden.

z.B.

Welche Leistung kann bei einem Strom von 63 A maximal übertragen werden?

Drehstromleitung: 400 V, 50 Hz.
Maximale Leistung bei Leistungsfaktor $\cos\varphi = 1$.

$$P = \sqrt{3} \cdot U \cdot I \cdot \cos\varphi$$

$$P_m = \sqrt{3} \cdot U \cdot I$$

$$P_m = \sqrt{3} \cdot 400\ \text{V} \cdot 63\ \text{A} = 43{,}6\ \text{kW}$$

Die Drehstromleitung ist 27 m lang. Sie wird bei einem Leistungsfaktor von $\cos\varphi = 0{,}85$ mit $I = 63$ A belastet.
Welcher Spannungsfall tritt auf der Leitung auf?

Drehstromleitung: 400 V, 50 Hz
Spannungsfall auf Drehstromleitungen:
$q = 16\ \text{mm}^2$

$$\Delta U = \frac{\sqrt{3} \cdot I \cdot l \cdot \cos\varphi}{\gamma \cdot q}$$

$$\Delta U = \frac{\sqrt{3} \cdot 63\ \text{A} \cdot 27\ \text{m} \cdot 0{,}85}{56\ \frac{\text{m}}{\Omega \cdot \text{mm}^2} \cdot 16\ \text{mm}^2}$$

$$\Delta U = 2{,}8\ \text{V}$$

Prozentualer Spannungsfall in Bezug auf $U = 400$ V:

$$p_u = \frac{\Delta U}{U} \cdot 100\ \%$$

$$= \frac{2{,}8\ \text{V}}{400\ \text{V}} \cdot 100\ \% = 0{,}7\ \%$$

Maximal zulässig: $p_u = 3\ \%$

Spannungs- und Leistungsverlust auf Drehstromleitungen

Welcher Leistungsverlust tritt auf der Leitung (siehe Seite 45) auf?

z.B.

Leistungsverlust auf Drehstromleitungen:

$$P_V = \frac{3 \cdot I^2 \cdot l}{\gamma \cdot q}$$

$$P_V = \frac{3 \cdot (63\ \text{A})^2 \cdot 27\ \text{m}}{56\ \frac{\text{m}}{\Omega \cdot \text{mm}^2} \cdot 16\ \text{mm}^2} = 358{,}8\ \text{W}$$

Prozentualer Leistungsverlust

$$p_P = \frac{P_V}{P} \cdot 100\ \% = \frac{358{,}8\ \text{W}}{43\,600\ \text{W}} \cdot 100\ \%$$

$$p_P = 0{,}823\ \%$$

Schleifenimpedanz

Summe aller Impedanzen (Scheinwiderstände) im geschlossenen Stromkreis, der bei einem Isolationsfehler in einem elektrischen Verbrauchsmittel und bei Körperschluss vom Fehlerstrom durchflossen wird.

Eine Schleifenimpedanzmessung in der Unterverteilung ergibt $Z_S = 0{,}8\ \Omega$.
Die Messung der niederohmigen Durchgängigkeit des Schutzleiters zwischen Verteilung und Schaltschrank ergibt 72 mΩ.
Mit welchem Fehlerstrom ist dann zu rechnen?

Spannung gegen Erde: $U_0 = 230$ V.
Die gemessene Schleifenimpedanz erhöht sich um den Widerstandswert 72 mΩ = 0,072 Ω.

$$I_F = \frac{U_0}{0{,}872\ \Omega} = \frac{230\ \text{V}}{0{,}872\ \Omega}$$

$$I_F = 263{,}8\ \text{A}$$

Prüfung

1. Warum werden NH-Sicherungen statt Schraubsicherungen eingesetzt?
Beschreiben Sie das Auswechseln einer NH-Sicherung.

2. Sicherungen haben Funktionsklassen und Betriebsklassen.
Was wird hierdurch ausgesagt?

3. Was sind Ganzbereichssicherungen?

4. Beschreiben Sie den Aufbau eines TN-Systems.

5. Warum ist es wichtig, dass die Schleifenimpedanz des TN-Systems möglichst gering ist?
Aus welchen Größen setzt sich die Schleifenimpedanz zusammen?
Skizzieren Sie das Ersatzschaltbild.

6. Welche maximalen Abschaltzeiten gelten für das TN-System?

7. Ein Steckdosenstromkreis 230 V wird mit einem B16-Leitungsschutzschalter abgesichert.
Die Schleifenimpedanz beträg 1,72 Ω.
Wie beurteilen Sie dies?

8. Ist die Abschaltbedingung des Motorstromkreises (siehe rechts) erfüllt? Begründen Sie Ihre Antwort.
Was ist zu tun, wenn die Abschaltbedingung nicht erfüllt ist.

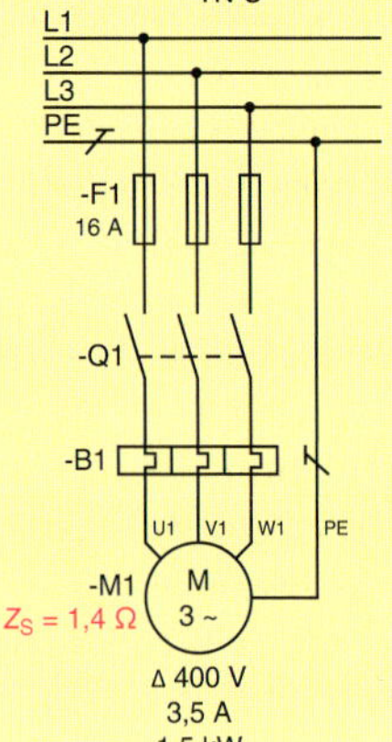

9. Skizzieren Sie den grundsätzlichen Aufbau eines TN-C-Systems, TN-C-S-Systems und TN-S-Systems.
Ab welchem Leitungsquerschnitt ist das TN-C-System nur möglich?

10. Der Leistungsverlust auf einer Leitung ist sehr hoch.
Welche Auswirkungen hat das? Welcher Zusammenhang besteht zwischen dem Spannungsfall auf der Leitung und dem Leistungsverlust?

@ Interessante Links

- christiani-berufskolleg.de

Spannungsfall
voltage drop

Leistungsverlust
lost of power

Leistungsfaktor
power factor

Schleifenimpedanz
loop resistance

Schutzgerät
protective device

Schmelzsicherung
fuse

Schmelzstrom
fusing current

Fehlerstrom
fault-current

Körperschluss
body contact

Belastung des N-Leiters

Vor dem Einsatz von Betriebsmitteln der Leistungselektronik (z. B. Frequenzumrichter, Softstarter) konnte davon ausgegangen werden, dass im N-Leiter bei *symmetrischer Belastung kein Strom fließt.*

Heute kann der Strom im N-Leiter hingegen Werte annehmen, die der *Summe der drei Außenleiterströme* entsprechen.

Es ist also besonders auf die *Belastung* des N-Leiters zu achten.

Gerade in Verbindung mit *Systemen der Informationstechnik* sind die *Netzsysteme* **TN-C** und **TN-C-S** problematisch.

Der *PEN* ist eine Kombination von *Schutzleiter* PE und *Neutralleiter* N. Er ist mit *Erdungssystemen* und mit dem *Potenzialausgleich* verbunden.

Der im *Neutralleiter fließende Strom* kann sich deshalb über sämtliche *Erdungssysteme* und *Potenzialausgleichsleitungen* und *Abschirmungen* von Leitungen ausbreiten. Man spricht von **vagabundierenden Strömen**.

Vagabundierende Ströme haben unangenehme Folgen:

- PEN bzw. N führen nicht mehr den gesamten Rückstrom. Dadurch heben sich die zugehörigen Magnetfelder nicht mehr auf. Ein resultierendes *magnetisches Feld* ist die Folge.
- Die vagabundierenden Ströme bewirken Magnetfelder, die *Störungen* verursachen können.
- Eine starke Überlastung des N-Leiters ist möglich, wodurch Brandgefahr hervorgerufen wird.
- In Rohrleitungssystemen mit stehendem Wasser kann es zur Korrosion kommen.
- Schnittstellen der informationstechnischen Systeme können zerstört werden.

Beim **TN-S-System** ist der Neutralleiter (N) nur an einer *zentralen Stelle* mit dem *PE/PA-System* verbunden. Zum Beispiel in der Niederspannungs-Hauptverteilung. Somit können im PE *keine* Betriebsströme mehr fließen.

Das TN-S-System ist also zu bevorzugen.

EMV und TN-System

EMV: Elektromagnetische Verträglichkeit
Hierunter versteht man die Fähigkeit eines Geräts oder einer elektrischen Anlage, in einer *elektromagnetischen Umgebung* einwandfrei zu funktionieren, ohne andere Geräte oder Anlagen zu stören.

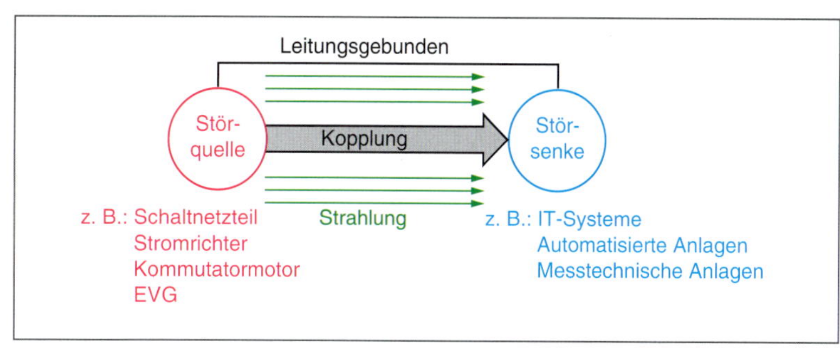

4 Ursachen und Ausbreitung von Störungen

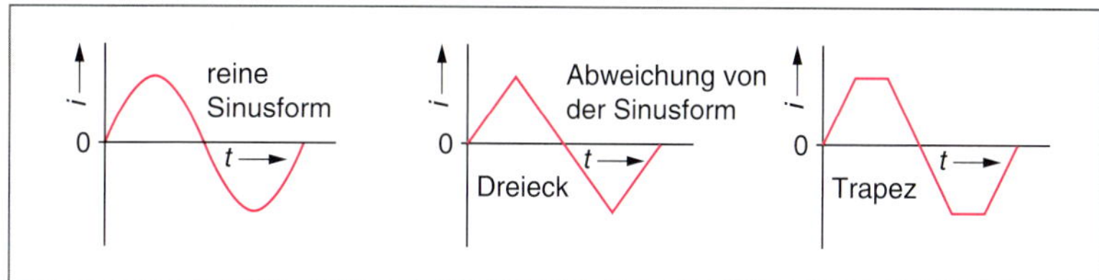

5 Kurvenform von Wechselgrößen

Störungen können sich *leitungsgebunden* oder durch *elektromagnetische Strahlungen* ausbreiten.

Elektromagnetische Störungen werden am erfolgreichsten an der **Störquelle** bekämpft.

Oberschwingungen

Wenn der Verlauf von Spannung und Strom *rein sinusförmig* ist, kommt es *nicht* zur Bildung von Oberschwingungen.

Weicht hingegen die periodische Kurvenform von der Sinusform ab, kommt es zu Oberschwingungen (Bild 5).

In der Natur kommen nur *harmonische Sinusschwingungen* vor, zum Beispiel bei Pendelvorgängen. Alle davon abweichenden Schwingungsformen sind *künstlich* erzeugt, technisch *erzwungen.*

Sämtliche Kurvenformen von Schwingungen bestehen aus einer *Vielzahl von Sinusschwingungen*, die *gemeinsam* die jeweilige Kurvenform der Schwingung ergeben.

Die erste sich hieraus ergebende Schwingung ist die **Grundschwingung**. Sie hat die gleiche Frequenz wie die nicht sinusförmige Schwingung.
Alle weiteren Schwingungen, die die nichtsinusförmige Größe bilden, haben höhere Frequenzen. Jede Frequenz ist ein *ganzzahliges Vielfaches* der Grundschwingung.

Zur Verdeutlichung: Werden die *Augenblickswerte* der *Grundschwingung* und der *Oberschwingungen* addiert, ergibt sich hieraus der Kurvenverlauf der nicht sinusförmigen Schwingung (Bild 7, Seite 48).

Oberschwingung
harmonic

Harmonische
harmonic

Phasenverschiebung
phase displacement

Frequenzspektrum
frequency spectrum

Ordnungszahlen
ordinal number

EMV (EMC)
electromagnetic compatibility

■ **Oberschwingungen**

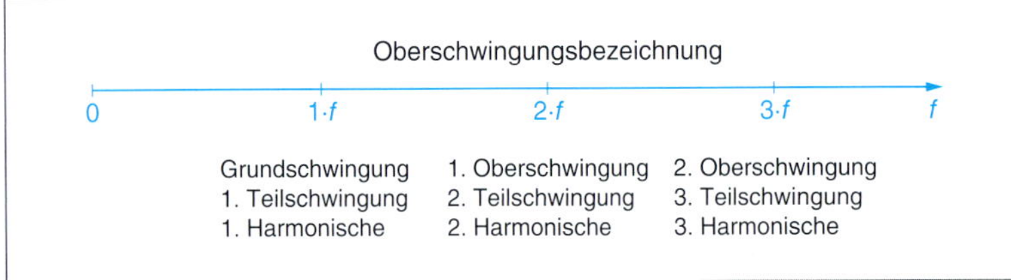

6 *Bezeichnung der Oberschwingungen*

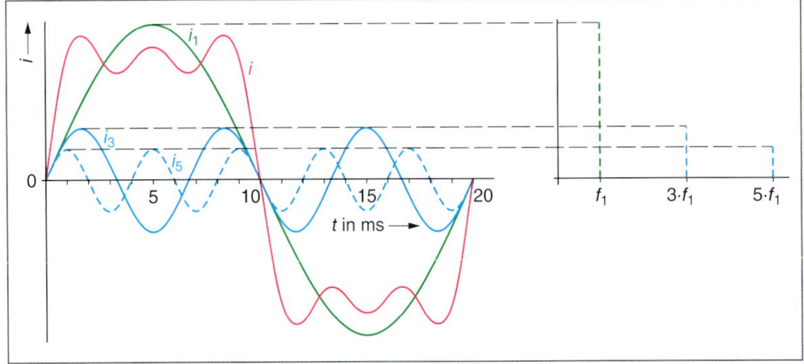

7 *Bildung einer Rechteckschwingung aus Sinusschwingungen*

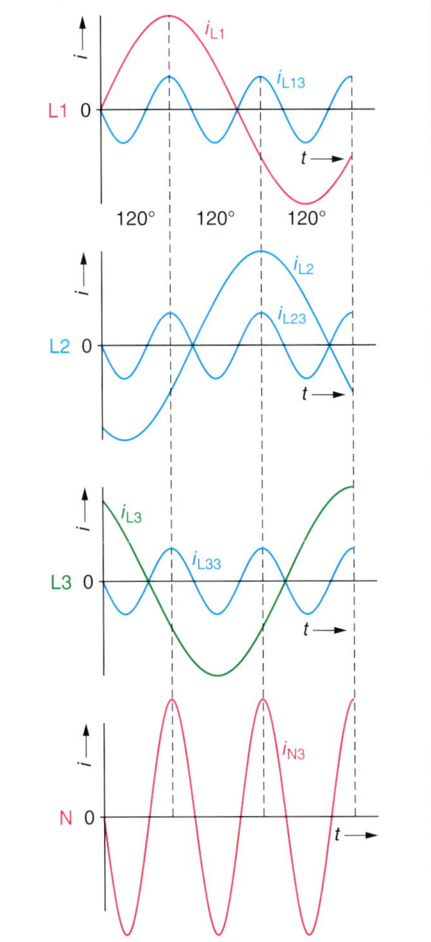

8 *Stromaddition im N-Leiter*

■ **Strombelastbarbeit von Leitungen bei Oberschwingungen**

Zu Bild 7:

i_1 Grundschwingung 50 Hz
i_2 3. Oberschwingung 150 Hz
i_3 5. Oberschwingung 250 Hz

Obgleich nur die *Grundschwingung* sowie die *3. und 5. Oberschwingung* addiert wurden, deutet sich schon der *rechteckförmige* Verlauf von *i* an (Bild 7). Würden alle Oberschwingungen addiert, ergäbe sich der exakte Verlauf der Rechteckschwingung.

Erzeugung von Oberschwingungen

- Elektronische Vorschaltgeräte
- Haushaltsgeräte
- Computer, Drucker, Kopierer
- Elektronische Netzteile
- Stromrichter Frequenzumrichter, Gleichstromsteller

Besonders die *3. Harmonische* verursacht erhebliche *Störungen* und kann sogar *Brände* hervorrufen. In Summe kann sie den N-Leiter überlasten.

Sie wird vor allem durch Verbrauchsmittel mit *elektronischen Netzteilen* hervorgerufen, die i. Allg. im Eingang über ein Netzgerät mit *kapazitiver Glättung* betrieben werden.

Die Ströme der *Grundschwingung* sind um 120° phasenverschoben. Sie heben sich daher im N-Leiter auf.

Die Ströme *der 3. Harmonischen* (i_{L13}, i_{L23}, i_{L33}) sind *nicht* phasenverschoben. Sie *addieren* sich im N-Leiter (Bild 8).

Der Strom i_{N3} im N-Leiter ist daher *größer* als der Stromstärkewert der Grundschwingung in den Außenleitern.

Oberschwingungsströme können sich im N-Leiter addieren und zu einer Überlastung des N-Leiters führen. Dies gilt ganz besonders für die 3. Harmonische.

In diesem Fall muss bei Kabeln und Leitungen von *4 belasteten Adern* ausgegangen werden.

Hierfür gibt DIN VDE 0298-4 einen *Umrechnungsfaktor* an, der allerdings die Kenntnis der Oberschwingungsstromstärke voraussetzt.

Mögliche Auswirkungen

- Qualität der Netzspannung wird gemindert (Abflachung der Sinuskurve).
- Zunehmende Verluste durch Schein- und Blindleistung.

- Zunahme der Wirbelstromverluste im Eisen.
- Datenverlust.
- Funktionsausfälle.
- Unzulässige Erwärmung von Leitungen und Kondensatoren.
- Reduzierte Lebensdauer von Geräten (z. B. Personalcomputern, Schnittstellen).

Messung von Oberschwingungen

Verwendung finden i. Allg. *Oberschwingungsmessgeräte*. Aber auch mithilfe einer Stromzange ist eine große Abschätzung möglich, Echteffektivwertanzeige notwendig.

Die Messungen müssen unter *Betriebsbedingungen* erfolgen. Daher sind die Vorschriften für das Arbeiten an unter Spannung stehenden Teilen zu beachten.

> Wenn die Messung nachweist, dass der Strom im N-Leiter größer als der größte Unterschied zwischen den Außenleiterströmen ist, kann man von Oberschwingungen ausgehen.

Zum Beispiel

$I_{L1} = 58$ A, $I_{L2} = 64$ A, $I_{L3} = 78$ A, $I_N = 59$ A

Größter Unterschied zwischen den Außenleiterströmen: 78 A – 58 A = 20 A.

Der Strom im N-Leiter (59 A) ist nicht durch eine unsymmetrische Last erklärbar. Es muss von *Oberschwingungen* ausgegangen werden (150-Hz-Problem).

Oberschwingungsmessgeräte verfügen über genormte Schnittstellen zum Personalcomputer. Die Messergebnisse lassen sich somit verarbeiten und dokumentieren.

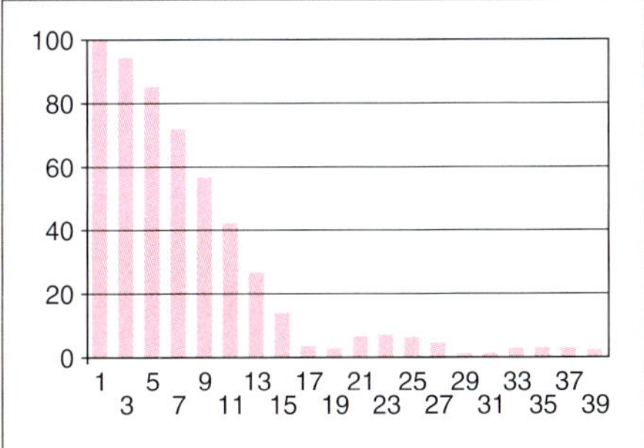

9 Frequenzspektrum eines Stromes

2.2 Fehlerstrom-Schutzeinrichtung

- Schutz gegen das Bestehenbleiben zu hoher Fehlerströme (10 bis 500 mA).
- Schutz gegen Entstehung elektrisch gezündeter Brände (max. 300 mA).
- Schutz bei direktem Berühren (max. 30 mA).

Arbeitsweise der Fehlerstrom-Schutzeinrichtung siehe basics Elektrotechnik.

Voraussetzung für den *Einsatz* einer Fehlerstrom-Schutzeinrichtung ist die *Erdung* des Sternpunkts des speisenden Netzes.

RCDs sollen keine Überströme abschalten. Daher müssen sie mit geeigneten Überstrom-Schutzeinrichtungen geschützt werden. Sie müssen sicher auslösen, wenn ein pulsierender Gleichfehlerstrom zur Erde abfließt.

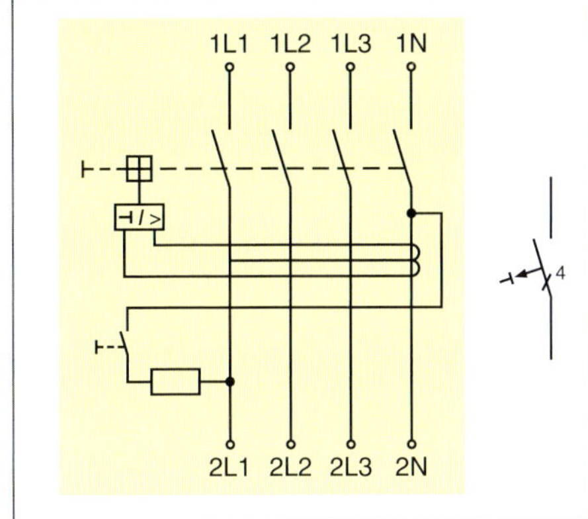
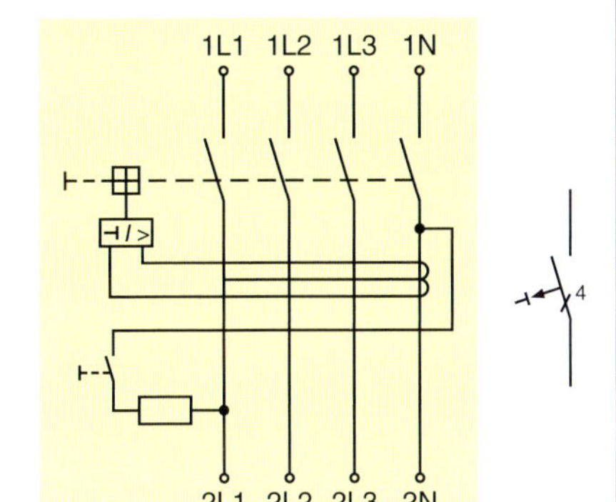

10 Vierpoliger RCD

Fehlerstrom-Schutzeinrichtungen dürfen nicht unerwünscht abschalten.

Unter Umständen ist eine *Aufteilung* der Stromkreise auf mehrere Fehlerstrom-Schutzeinrichtungen notwendig, damit in jedem Fall der Strom $\leq 0{,}4 \cdot I_{\Delta n}$ ist.

Aus *Brandschutzgründen* wird ein **selektiver zeitverzögerter** RCD mit $I_{\Delta n} \leq 300$ mA vorgeschaltet. Solche RCDs haben eine Abschaltzeit von $t_a \leq 1$ s.

RCD-Typen

RCDs werden nach der *Art der Fehlerströme* ausgewählt, die zu schützende Verbrauchsmittel im Fehlerfall bewirken können.

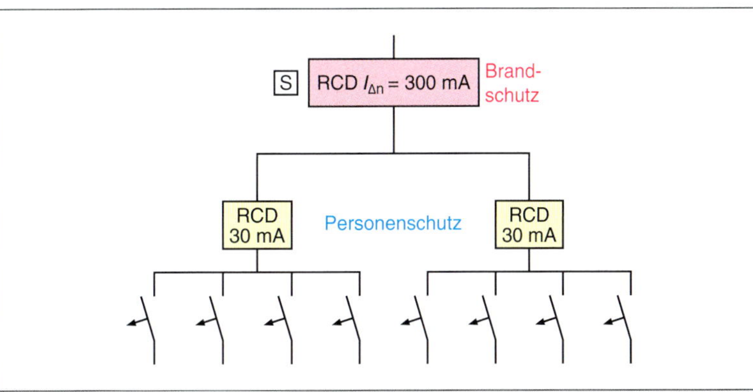

11 Anlage mit Fehlerstrom-Schutzeinrichtungen

Oberschwingung
harmonic

Oberschwingungsanteil
harmonic content

Oberschwingungsspannung
harmonic voltage

Oberschwingungsunterdrückung
harmonic supression

RCD
residual current protective device

■ **RCD**
→ basics Mechatronik

Typ	Zeichen	Bezeichnung	Eigenschaft
AC	[~]	wechselstromsensitiv	Nur anwendbar bei sinusförmigen Wechselströmen. In Deutschland nicht zugelassen.
A	[pulsstrom]	pulsstromsensitiv	Nur anwendbar bei Wechselströmen und pulsierenden Gleichströmen. Wenn im Fehlerfall keine glatten Gleichströme auftreten.
B	[pulsstrom] [gleichstrom] [hochfrequenz]	allstromsensitiv	Bei sinusförmigen Wechselströmen und pulsierenden Gleichströmen der Bemessungsfrequenz und Wechselströmen bis mind. 1 kHz und bei glatten Gleichfehlerströmen.
B+	[pulsstrom] [gleichstrom] [kHz]	Wie B, jedoch bei Wechselströmen bis 20 kHz mit maximalem Auslösewert von 420 mA.	
F	[pulsstrom] [hochfrequenz]	Bei sinusförmigen Wechselströmen und pulsierenden Gleichströmen der Bemessungsfrequenz und einem Gemisch von Wechselströmen unterschiedlicher Frequenzen. RCDs vom Typ F erfassen keine glatten Gleichströme und dürfen B und B+ nicht ersetzen.	

■ **Schutz durch RCD**
ist nicht als alleinige Maßnahme zum Schutz gegen elektrischen Schlag erlaubt. Ist nur eine zusätzliche Maßnahme und kein Ersatz für Schutzmaßnahmen.

Sinnbilder

Bild	Bedeutung
V D E	VDE-Prüfzeichen
6000	Überstrom-Schutzeinrichtung ist vorzuschalten, kurzschlussfest bis z. B. 6000 A.
-25	Geeignet für Betrieb bei tiefen Temperaturen, z. B. – 25 °C.
S	Bauart S, selektiver RCD, Auslösung zeitverzögert.
K	Kurzverzögerte Abschaltung, minimale Auslöseverzögerung von 10 ms.

■ **RCD-Einsatz**
Vorgeschrieben z. B. in Baderäumen, Steckdosenstromkreisen, Baustellenverteilern, landwirtschaftlichen und gartenbaulichen Betriebsstätten.

■ **Abschaltbedingungen**

RCD vom Typ B, B+

Allstromsensitive RCDs haben *zwei* **Summenstromwandler**, durch die alle aktiven Leiter geführt werden.
Der erste Summenstromwandler erfasst die *sinusförmigen Wechselströme* und die *pulsartigen Gleichströme.*

Im zweiten Summenstromwandler ist die Sekundärwicklung mit einem *Frequenzgenerator* gekoppelt. Dabei wird ein wechselmagnetischer Zustand hervorgerufen. Eine Änderung des Gleichstroms hat Einfluss auf den wechselmagnetischen Zustand und bewirkt über die Elektronikeinheit die allpolige Abschaltung.

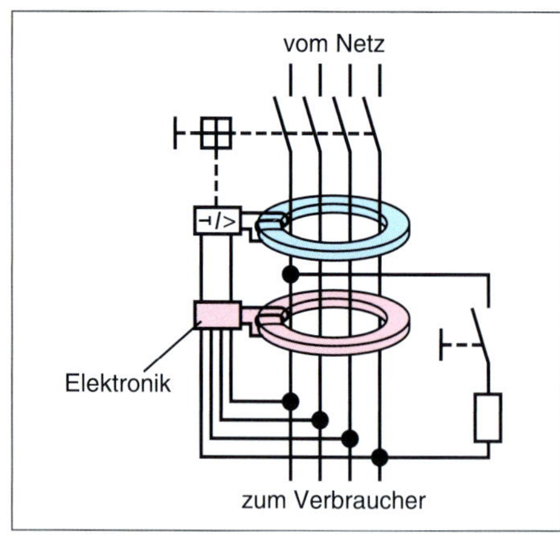

12 *Allstromsensitiver RCD*

Abschaltung

Zwischen 0,5 und 1 · $I_{\Delta n}$.

Wechselfehlerstrom	Gleichfehlerstrom, pulsierend	Auslösezeit
$I_{\Delta n}$	$1{,}4 \cdot I_{\Delta n}$	≤ 300 ms
$5 \cdot I_{\Delta n}$	$5 \cdot 1{,}4 \cdot I_{\Delta n}$	≤ 40 ms

Selektive RCDs

Wechselfehlerstrom	Gleichfehlerstrom, pulsierend	Auslösezeit
$I_{\Delta n}$	$1{,}4 \cdot I_{\Delta n}$	130 – 500 ms
$2 \cdot I_{\Delta n}$	$2 \cdot 1{,}4 \cdot I_{\Delta n}$	60 – 200 ms
$5 \cdot I_{\Delta n}$	$5 \cdot 1{,}4 \cdot I_{\Delta n}$	50 – 150 ms

Minimalverzögerung bei der Auslösung:

Bei $I_{\Delta n}$ müssen sie innerhalb von 0,5 s abgeschaltet haben. Die Auslösezeit von 0,2 s wird erst bei 2 · $I_{\Delta n}$ erreicht.

Bezeichnungen

RCCB
Residual **C**urrent **C**ircuit-**B**reaker
Fehlerstrom-Schutzschalter ohne integrierten Überstromschutz.

RCU
Residual **C**urrent **U**nit
Fehlerstromeinheit zum Anbau an LS-Schalter.

RCBO
Residual **C**urrent operated Circuit-**B**reaker with integral **O**vercurrent Protection.
Fehlerstrom-Schutzschalter mit integriertem Überstromschutz (LS-Schalter).

CBR
Circuit **B**reaker incorporating **R**esidual Device
Leistungsschalter mit Fehlerstromschutz.
Einsatz im Industriebereich, wenn wegen des hohen Bemessungsstroms ein RCCB nicht verwendet werden kann.

SRCD
fixed **S**ocket-outlet with **R**esidual **C**urrent **D**evice
Ortsfeste Fehlerstrom-Schutzeinrichtung in Steckdosenausführung zur Schutzpegelerhöhung.
Nicht verwendbar zur automatischen Abschaltung der Stromversorgung, da der Verbraucher nicht vom speisenden Netz getrennt wird.

PRCD
Portable **R**esidual **C**urrent **D**evice
Ortsveränderliche Fehlerstrom-Schutzeinrichtung ohne integrierten Überstromschutz.

Dienen nur der Schutzpegelerhöhung bei Anwendung ortsveränderlicher Verbrauchsmittel an einer fest installierten Steckdose.

Schutzpegelerhöhung ist ein ergänzender Schutz, der eine eventuell erforderliche Schutzmaßnahme (z. B. automatische Abschaltung der Stromversorgung) *nicht ersetzt.*

RCM
Residual **C**urrent **M**onitor
Differenzstrom-Überwachungseinrichtung; überwacht auftretende Differenzströme in Anlagen, zeigt den augenblicklichen Wert an und *meldet* Grenzwertüberschreitung.

Eine Abschaltung muss dabei nicht zwingend stattfinden. Sie ist als *Ergänzung* zu herkömmlichen Schutzeinrichtungen anzusehen.

Anwendung bei USV-Anlagen, EDV-Anlagen, medizinischen Einrichtungen sowie frequenzgesteuerten Betriebsmitteln.

Trennereigenschaft
RCDs dürfen zum *Freischalten* von Stromkreisen eingesetzt werden, *keinesfalls* aber zum betriebsmäßigen Schalten.

■ **RCD**

■ **RCDs**
werden nach der Art der Fehlerströme, die durch fehlerhafte elektrische Betriebsmittel hervorgerufen werden, bestimmt.
Hier muss sehr sorgfältig vorgegangen werden.

Freischalten
disconnection, clearing, clear-down

Trenner
air-break disconnector

Schalten
switch connect (bei Herstellung einer Verbindung)

Schalter *(große Leistungen)*
circuit breaker

Gekapselter Schalter
enclosed switch

RCD und Leistungselektronik

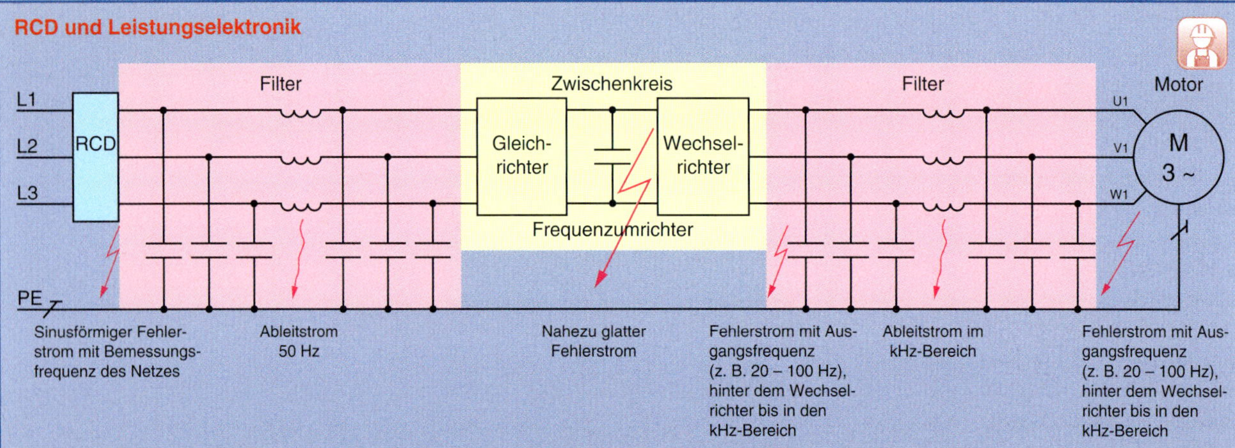

Fehlerstrom über geerdetes Gehäuse. Fehlerströme können unterschiedliche Frequenzen haben.

- *Pulsstromsensitive RCDs (Typ A)*
  Geeignet für Wechselströme und pulsierende Gleichströme. Bei reinen Gleichströmen kommt es zu einer magnetischen Sättigung des Stromwandlers. Auch 50-Hz-Fehlerströme werden nicht mehr zum Abschalten führen.
- *Allstromsensitive RCDs (Typ B)*
  Schalten auch bei Gleichfehlerströmen und Fehlerströmen hoher Frequenz zuverlässig ab. Oberhalb von 100 Hz steigt der Auslösestrom auf bis zu 300 mA. Dadurch ergibt sich eine Unempfindlichkeit gegen hochfrequente Ableitströme.

Ableitströme

In den Filtern sind *Kondensatoren* zwischen Außenleitern und Schutzleiter geschaltet.
Die hierüber fließenden *Ableitströme* nehmen mit der Frequenz zu.

Ableitströme fließen über den *Schutzleiter* zurück. Vom RCD werden sie als *Fehlerstrom* angesehen.
Summieren sich die Ableitströme, kann ungewollt abgeschaltet werden.

Abhilfe:

- *Mehrere RCDs einsetzen, sodass sich die Ableitströme aufteilen.*
- *Spezielle RCDs vom Typ B einsetzen, die mit steigender Frequenz unempfindlicher werden (über 1 kHz ist der Auslösestrom 300 mA).*

Prüfung

1. Unter der Annahme rein sinusförmiger Ströme fließt im N-Leiter bei symmetrischer Belastung kein Strom. Der N-Leiter ist stromlos. Warum ist das so?

2. Erläutern Sie den Begriff „vagabundierende Ströme“.

3. Unter welchen Voraussetzungen muss mit vagabundierenden Strömen gerechnet werden? Welche Folgen haben diese Ströme?

4. Warum ist das TN-S-System zu bevorzugen?

5. Auf welche Weise können sich Störungen ausbreiten?

6. Wie werden elektromagnetische Störungen erfolgreich bekämpft?

7. Wie kommt es zur Bildung von Oberschwingungen?

8. Warum macht die 3. Harmonische besonders Probleme hinsichtlich von Störungen und Verursachung von Bränden?

9. Was versteht man unter einem selektiven RCD? Wie ist er gekennzeichnet? Welchen technischen Zweck hat er?

10. Erläutern Sie Aufbau und Einsatzmöglichkeiten von allstromsensitiven RCDs.

@ Interessante Links

- christiani-berufskolleg.de

2.3 TT-System

Einsatz im Wohnungsbau, auf Baustellen und Teilbereichen der Industrieanlagen. *Schutzeinrichtungen* sind *RCDs* und *Überstrom-Schutzeinrichtungen.*

Der *Transformator* ist wie beim TN-System *geerdet.* Körper der Verbrauchsmittel und Schutzkontakte der Steckdosen werden über einen Schutzleiter an einen *gemeinsamen Erder* angeschlossen.

Dabei müssen *gleichzeitig* berührbare Körper an *denselben* Erder angeschlossen werden, damit keine gefährliche Potenzialdifferenz am Erdreich überbrückt werden kann.

Bei **Körperschluss** fließt ein Fehlerstrom I_F über den Schutzleiter und Anlagenerder R_A ab. Da kein RCD installiert ist, muss das vorgeschaltete Überstrom-Schutzorgan das defekte Verbrauchsmittel vom Netz trennen (Bild 13).

Da der Fehlerstrom über das *Erdreich* zwischen R_A und R_B zum Sternpunkt des Transformators zurückfließen muss, ist wegen dieses hohen *Erdungswiderstands* von einem Ansprechen der vorgeschalteten Überstrom-Schutzeinrichtung nicht auszugehen.

Erdungswiderstand

$$R_A \leq \frac{U_L}{I_a}$$

R_A Erdungswiderstand in Ω
U_L höchstzulässige Berührungsspannung in V
I_a Auslösestrom der Schutzeinrichtung in A

Im Allgemeinen sind ausreichend niedrige Erdungswiderstände nicht zu erreichen. Daher ist der Einsatz von Fehlerstrom-Schutzeinrichtungen zwingend.

$$R_A \leq \frac{U_L}{I_{\Delta n}}$$

$I_{\Delta n}$ Bemessungs-Differenzstrom (RCD) in A

Zulässige Erdungswiderstände R_A bei Einsatz von RCDs

Bemessungs-Differenzstrom $I_{\Delta n}$	Erdungswiderstand R_A
10 mA	5000 Ω
30 mA	1666 Ω
100 mA	500 Ω
300 mA	166 Ω
500 mA	100 Ω

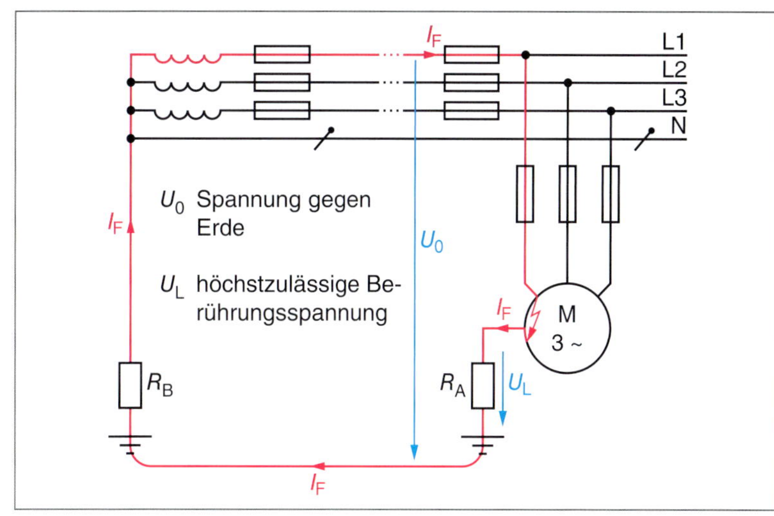

13 Fehlerstromkreis im TT-System

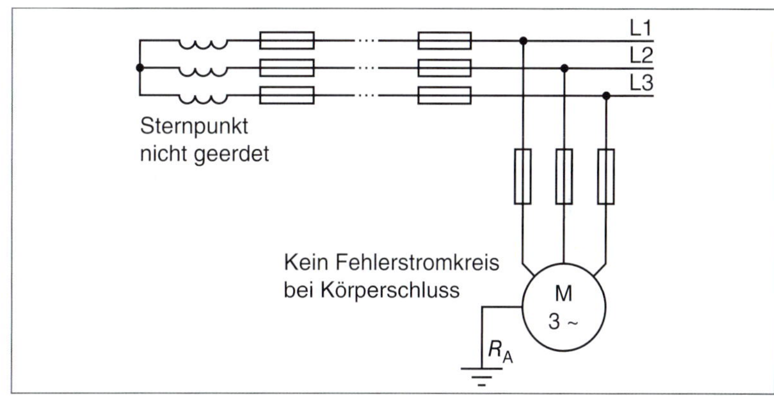

14 Aufbau des IT-Systems

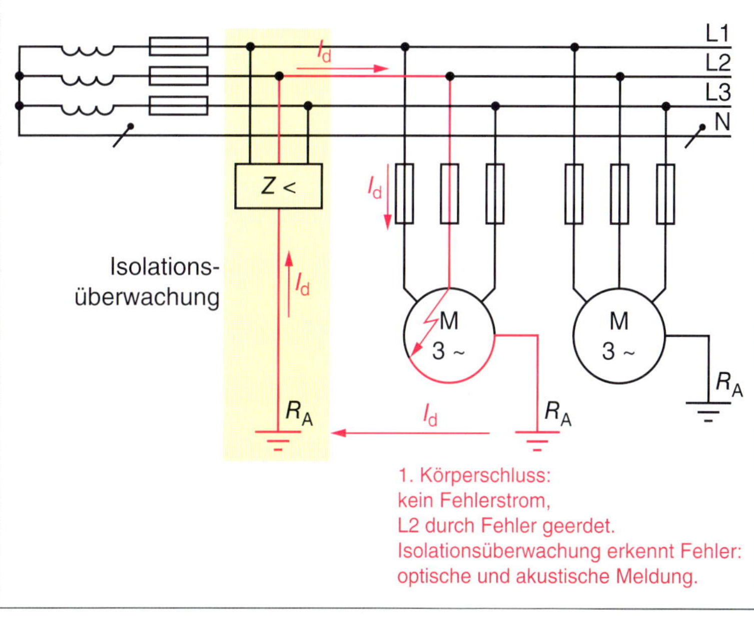

15 IT-System, ein Körperschluss

■ **IT-Trenntransformator**

Zwischen Primär- und Sekundärwicklung ist eine Schirmwicklung angebracht. Dadurch werden Spannungsüberschläge verhindert.

■ **Netzsysteme und Abschaltbedingungen**

2.4 IT-System

Grundforderungen: Beim *ersten* Fehler (Körperschluss) muss das fehlerhafte Verbrauchsmittel in Betrieb bleiben.

Bei *einem* Fehler darf keine Gefahr für Personen und Sachmittel hervorgerufen werden.

Damit der *erste* Fehler *nicht* zur Abschaltung führt, darf kein Fehlerstromkreis aufgebaut werden.

Der Sternpunkt des speisenden Transformators wird nicht geerdet (Bild 14, Seite 53).

Die Betriebsmittel sind über einen Schutzleiter geerdet.

Anwendung findet das IT-System, wenn die **Versorgungssicherheit** im Vordergrund steht: Chemische Industrie, Ersatzstromversorgung, Intensivstationen.

Wenn der *erste* Fehler auftritt, muss er durch ein *optisches* und *akustisches Signal* gemeldet werden. Er ist dann schnellstens zu beheben.

Zur Erde hin existiert ein Isolationswiderstand. Der kann durch ein Isolations-Überwachungsgerät kontrolliert werden (Bild 15, Seite 53).

Es fließt ein geringer Fehlerstrom I_d, der allerdings ungefährlich ist und die Überstrom-Schutzorgane auch nicht zum Ansprechen bringt.

Die Bedingung

$R_A \cdot I_d \leq 50\ V$

wird sicher eingehalten.

Der Schutzleiter nimmt das Potenzial des fehlerhaften Leiters an. In Bild 15 (Seite 53) ist dies der Außenleiter L2.

Da alle Körper dann über den Schutzleiter das *gleiche Potenzial* annehmen, besteht keine Gefahr.

Wenn nun ein *zweiter* Fehler auftritt, kann zwischen den Gehäusen (Körpern) der fehlerhaften Verbrauchsmittel eine gefährlich hohe Spannung auftreten (Bild 16). Es entsteht ein *Fehlerstromkreis*.

Das IT-System arbeitet jetzt wie ein TT-System. Ist der Fehlerstrom I_a hinreichend groß, schaltet das Überstrom-Schutzorgan ab.

Die Abschaltung kann auch durch Fehlerstrom-Schutzeinrichtungen oder Isolationsüberwachungseinrichtungen erfolgen.
Eine gefährlich hohe Berührungsspannung kann nicht bestehen bleiben.

Erdungsbedingungen IT-System

$R_A \cdot I_d \leq 50\ V$

R_A Widerstand des Schutzpotenzialausgleichleiters, des Schutzleiters und des Anlagenerders

I_d Fehlerstrom nach Auftreten des ersten Fehlers

Erdungswiderstand

$$R_A \leq \frac{U_L}{I_a}$$

U_L höchstzulässige Berührungsspannung

I_a Fehlerstrom nach Auftreten des zweiten Fehlers

Schutzeinrichtungen IT-System

- Isolationsüberwachungseinrichtungen
- Überstrom-Schutzeinrichtungen
- Differenzstrom-Überwachungseinrichtungen
- Fehlerstrom-Schutzeinrichtungen

Einzelerdungen

Die Bilder 15 (Seite 53) und 16 zeigen *Einzelerdungen* der Verbrauchsmittel (Motoren).

Dies ist zulässig, wenn der Abstand der Verbrauchsmittel ≥ 2,5 m ist.

Gemeinsame Erdung

Fremde leitfähige Teile (z. B. Rohrleitungen, Trägersysteme) werden einbezogen.

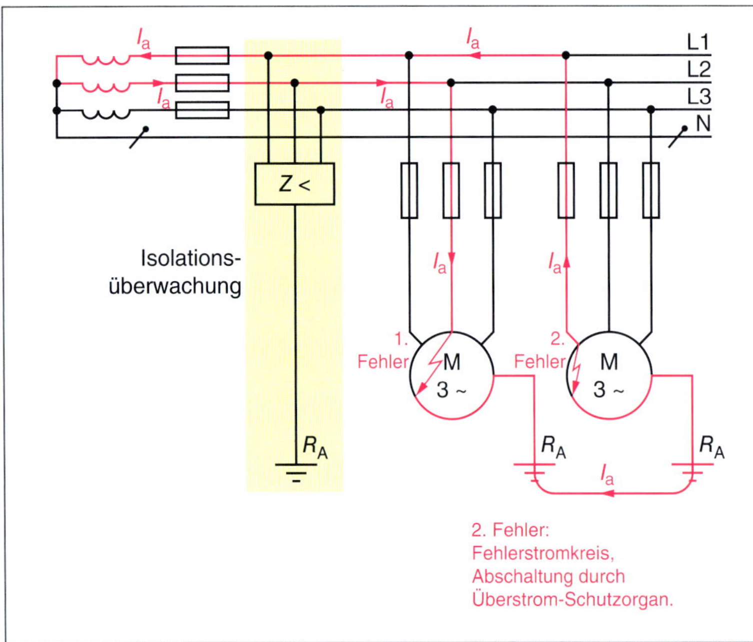

16 *IT-System, zwei Fehler*

Anforderungen an das Isolationsüberwachungsgerät

- Messspannung $U \leq 25$ V
- Messstrom im Fehlerfall $I_d \leq 1$ mA
- Anzeige, wenn $R_{iso} < 50$ kΩ
- $R_i \geq 100$ kΩ

Zulässige Schleifenimpedanz

- *IT-System ohne N-Leiter*

$$Z_S \leq \frac{U}{2 \cdot I_a}$$

- *IT-System mit N-Leiter*

$$Z_S \leq \frac{U_0}{2 \cdot I_a}$$

Z_S Schleifenimpedanz in Ω
U Außenleiterspannung in V
U_0 Spannung zwischen Außenleiter und N-Leiter in V
I_a Abschaltstrom (Abschaltung innerhalb der vorgeschriebenen Zeit)

Abschaltzeiten IT-System

Bemessungsspannung U_0/U	max. Abschaltzeit ohne N	max. Abschaltzeit mit N
230/400 V	0,4 s	0,8 s
400/690 V	0,2 s	0,4 s
580/1000 V	0,1 s	0,2 s

Bei Verwendung von RCDs: 0,3 s

Selektive RCDs: 1 s

Sind die angegebenen Abschaltzeiten *nicht* erreichbar, ist ein zusätzlicher **Schutzpotenzialausgleich** durchzuführen. Hierzu sind alle gleichzeitig berührbaren *fremde leitfähigen Teile* einzubeziehen.

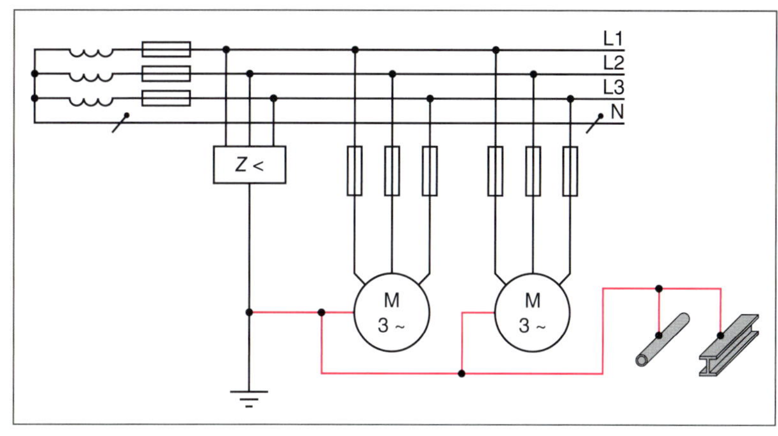

17 Gemeinsame Erdung

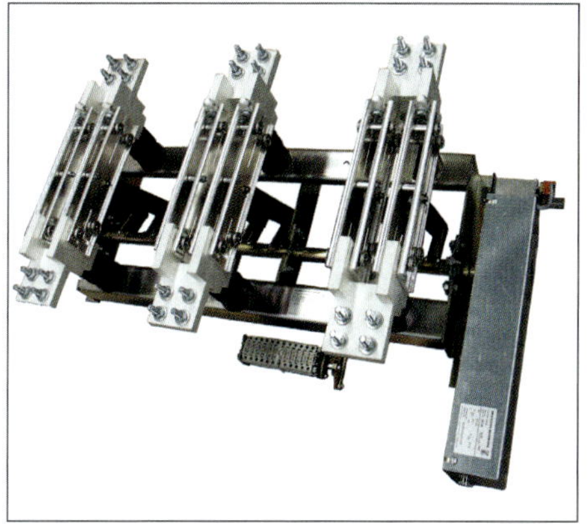

18 Trennschalter

■ **Abschaltzeiten in den Netzsystemen**

2.5 Schaltanlagen

In Schaltanlagen wird zwischen *Trennschaltern*, *Lastschaltern* und *Leistungsschaltern* unterschieden.

Trennschalter

Sie sollen Anlagenteile *spannungsfrei* schalten. Die *Unterbrechungsstelle* soll *sichtbar* sein oder zuverlässig durch *Schaltstellungsanzeige* erkennbar sein.

Sie sind *nicht* mir einer Lichtbogenlöschung ausgestattet, müssen aber kleine Ströme löschen können.

Das Schalten von kleinen Strömen ist problemlos, wenn dabei kein *nennenswerter Spannungsunterschied* auftritt: Umschalten auf verschiedene belastete parallel geschaltete Sammelschienen.

Das Problem der Trennschalter besteht in der *Erwärmung* der Kontaktstellen und dem *Abheben* der Schaltstücke bei stoßartigen Kurzschlussbeanspruchungen.

Handantrieb und *Motorantrieb* möglich.

■ **Trennschalter**

1 3 5
2 4 6

Erdungsschalter

Geeignet zum nahezu stromlosen Schalten zwecks *Erden* und *Kurzschließen* ausgeschalteter Anlagenteile.

Häufig sind *Trennschalter* und *Erdungsschalter* zu *einem* Gerät zusammengefasst. Oftmals sind Erdungsschalter und Trennschalter verriegelt.

Vor dem Erden ist die *Spannungsfreiheit* zu prüfen.

■ **Lasttrennschalter**

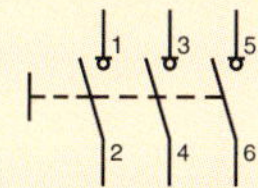

Lasttrennschalter

Lasttrennschalter stellen nach dem Ausschalten eine *sichtbare Trennstrecke* her.

■ **Leistungsschalter**

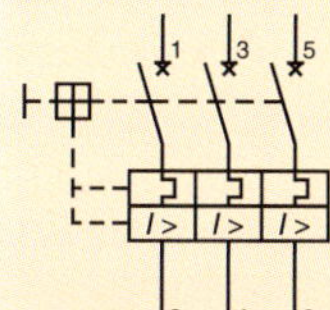

■ **Selektivität**
→ 57

■ **Sprungantrieb**
Um einer Lichtbogenbildung entgegenzuwirken, ist eine sehr schnelle Trennung der Kontaktstücke notwendig.

■ **SF6**
Schwefelhexafluorid, nicht brennbares, farbloses und ungiftiges Isoliergas.

■ **Schaltspiel**
Ein- und Ausschaltvorgang.

@ **Interessante Links**

- www.siemens.de
- www. driescher.de

Sie werden zum Schalten von Umspannern, Freileitungen und Kabeln verwendet. Sie sind mit einem *Federspeicherantrieb* (Sprungantrieb) ausgestattet.

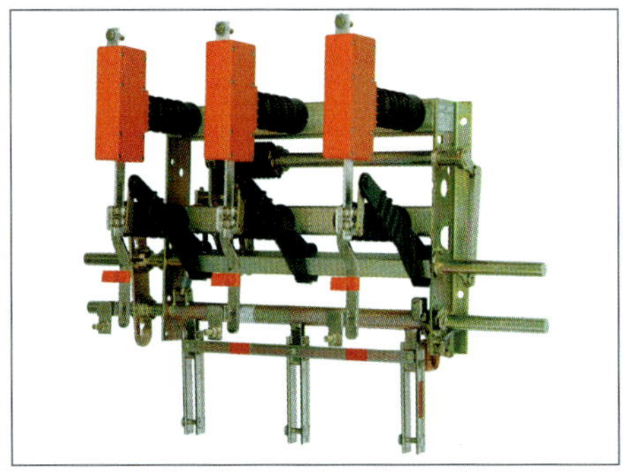

19 Lasttrennschalter

Sicherungslasttrennschalter

Lasttrennschalter, die zusätzlich mit Kontakten und Auslösevorrichtungen für HH-Sicherungen ausgestattet sind.
Wenn eine HH-Sicherung anspricht, wird der Schalter durch die Freiauslösung des Federspeicherantriebs abgeschaltet.

Leistungsschalter

Leistungsschalter können Anlagenteile im *ungestörten* und *gestörten* Zustand (z. B. Kurzschluss) sicher schalten.

Leistungsschalter können *schützen* und *schalten* und lösen stets *dreipolig* aus.

Die *Schaltgeschwindigkeit* beträgt 2 bis 10 m/s. Die *Schaltkräfte* werden von Federspeicher-, Druckluft- oder Hydraulikantrieben aufgebracht.

- *Ein eingeschalteter Schalter muss stets ausschaltbereit sein.*
- *Ein begonnener Einschaltvorgang muss bis zum Ende durchgeführt werden.*

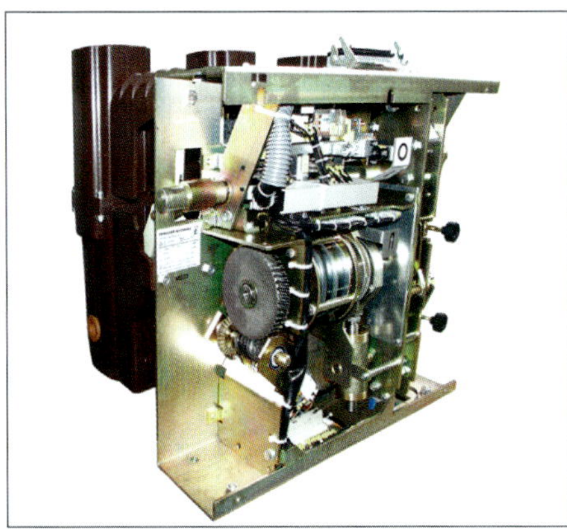

20 Leistungsschalter

Das *Ausschaltvermögen* bemisst sich nach dem Effektivwert des Kurzschlussstroms am Einbauort. Bemessungsströme bis 2500 A, Schaltvermögen bis 160 kA.

Der thermische und elektromagnetische Auslöser ist *getrennt* einstellbar. Dadurch kann *Selektivität* zu anderen Schutzeinrichtungen erreicht werden.
Unerwünschte Hand- oder Fernbedienung lässt sich durch *Bügelschlösser* unterbinden.

Bezüglich der *Lichtbogenlöschung* werden Leistungsschalter mit *Nullpunktlöschung* und mit *Kurzschlussstrombegrenzung* unterschieden.

- *Nullpunktlöschung*
  Löschung des Lichtbogens im Stromnulldurchgang.
- *Kurzschlussstrombegrenzung*
  Begrenzung des Kurzschlussstroms auf einen kleinen Durchlassstrom.

Unterscheidung nach Lichtbogenlöschmittel

- **Druckluft- oder Druckgasschalter**
  Unabhängig von der Stromstärke strömt Löschmittel in den Lichtbogenraum. Nach der Löschung baut das kalte Gas unter hohem Druck eine spannungsfeste Schaltstrecke auf. Eingesetzt wird das ungiftige, geruchlose, nicht brennbare Gas SF_6, das eine gute Wärmeleitung hat.
  Es werden kompakte Schalterabmessungen ermöglicht, die mit hoher Schalthäufigkeit betrieben werden können.

- **Vakuumschalter**
  Eingesetzt in Niederspannungs- und Mittelspannungsanlagen. *Wartungsarm* und hohe Anzahl an *Schaltspielen*.
  Da kein Löschmittel verwendet wird, kommt es zu Kontaktverschleiß und Abbrand. Die Auswirkungen werden durch schräge Schlitzung der Kontakte minimiert.
  Kupfer-Chrom-Legierungen erzeugen Metalldampfmengen und halten den Abrissstrom gering.

Technische Eigenschaften

- kein offener Lichtbogen
- sehr zuverlässig
- hohe Lebensdauer
- sofort wieder einschaltbereit
- hohes Kurzschluss-Ausschaltvermögen
- wartungsarm

HH-Sicherungen

Hochspannungs-Hochleistungs-Sicherungen schützen Anlagenteile vor den Auswirkungen von Kurzschlussströmen, die bereits im *Entstehen* ausgeschaltet werden.

HH-Sicherungen werden in Mittelspannungsnetzen verwendet.

21 HH-Sicherung

HH-Sicherungen werden z. B. vor Transformatoren, Kabelabzweigen und Kondensatoren eingebaut.

In einem röhrenförmigen Porzellangehäuse sind mehrere parallel angeordnete *Schmelzleiter* aus Silber (in Quarzsand eingebettet) untergebracht. Der Quarzsand dient der *Lichtbogenlöschung*.

Beim Ansprechen schmelzen die *Schmelzleiter* und der *Haltedraht*. Der Haltedraht gibt einen *Schlagbolzen* frei, der eine Meldeeinrichtung oder den Sicherungslasttrennschalter auslöst.

Hohe Kurzschlussströme steigen *nicht* bis zum Scheitelwert an. Sie werden bereits beim Anstieg in der ersten Halbwelle in der Höhe begrenzt.

Bei vorgeschalteten HH-Sicherungen können Schaltgeräte mit *kleinerem Schaltvermögen* auch in Netzen *höherer Kurzschlussleistung* eingesetzt werden.

Schmelzzeitkennlinien von Hochspannungs-Hochleistungssicherungen

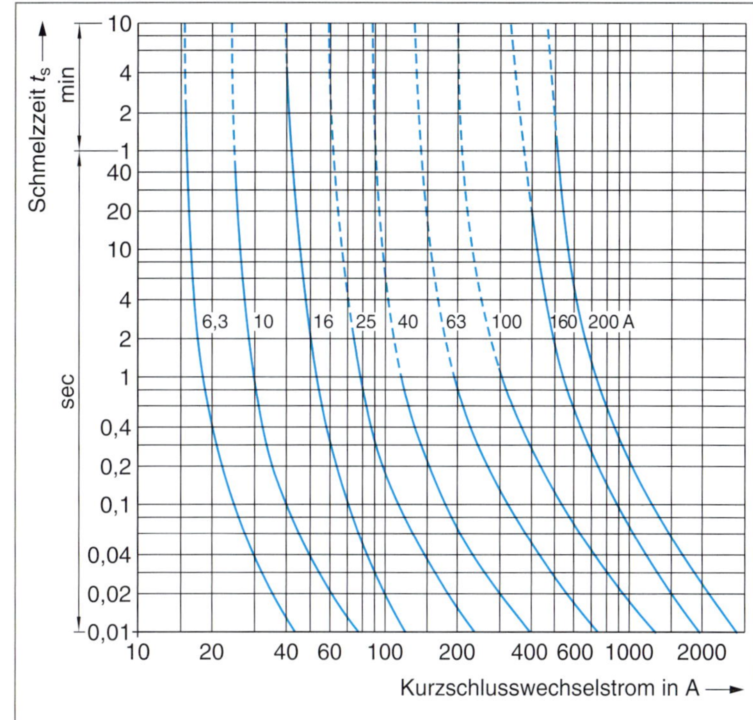

22 Schmelzzeitkennlinien, HH-Sicherungen

Zu Bild 22

Die ausgezogene Kennlinie zeigt den Bereich der Ausschaltströme.

Die Grenze zwischen voller und gestrichelter Linie gibt den jeweils kleinsten Ausschaltstrom I_{min} an.

Die gestrichelte Linie kennzeichnet den Bereich ohne verlässlichen Schutz.

HH-Sicherung
h.v.h.b.c fuse (high-voltage high breaking-capacity-fuse)

Lastschalter
load interrupter switch

Lasttrennschalter
switch disconnector

Leerschalter
off-load-switch

Leertrennschalter
off-load disconnector

Leistungsschalter
circuit breaker

Ölarme Leistungsschalter
circuit-breaker, small-oil-volume

Leistungsselbstschalter
automatic circuit breaker

Schaltvermögen
switching capacity

Selektivität

Man spricht von **Selektivität**, wenn nur das der Fehlerstelle *direkt vorgeschaltete* Überstrom-Schutzorgan anspricht. Dabei wird unterschieden zwischen

- **Stromselektivität**
  Kann durch unterschiedlich hohe Auslöseströme der Schutzorgane erreicht werden.
- **Zeitselektivität**
  Das Ansprechen der vorgeschalteten Schutzorgane wird zeitlich verzögert.
- **Zonenselektivität**
  Ist zwischen zwei in Reihe geschalteten Leistungsschaltern möglich. Kommunikation durch Verbindung der Leistungsschalter.

Selektivität von Schmelzsicherungen

- Die vorgeschaltete Schmelzsicherung muss mindestens den 1,6-fachen Bemessungsstrom der nachgeschalteten Sicherung haben.
- Abweichungen der Streubänder variieren um ± 7 %.

Selektivität von Leistungsschaltern

- Ausschaltzeit des nachgeordneten Leistungsschalters muss geringer als die Befehlsmindestdauer der vorgeschalteten Leistungsschalter sein.
- Abschaltstrom ist 1,2-mal so groß wie der Einstellstrom.

■ **Leistungsselbstschalter**
werden kurz als Leistungsschalter bezeichnet.

■ **Leertrennschalter**
werden kurz Trennschalter genannt.

■ **Beachten Sie:**
Leerschalter schalten unbelastete Leistungen.

Lastschalter schalten Bemessungsströme.

Leistungsschalter schalten Kurzschlussströme.

@ Interessante Links
- christiani-berufskolleg.de

■ **Schaltgeräte**

Schaltgeräte

in Stromlaufplänen	in Übersichts- und Installationsplänen	Beschreibung
		Trennschalter
		Lastschalter
		Lasttrennschalter
		Sicherungs-Lasttrennschalter
		Lasttrennschalter mit selbsttätiger Auslösung durch den Schaltbolzen jeder einzelnen Sicherung
		Leistungsschalter ohne Auslöseeinrichtung
		Leistungstrennschalter mit thermischer und magnetischer Auslösung
		Überspannungsableiter mit Anschluss an die Schutzerde

- Kurzschlussstrom ist 12-mal so groß wie der Bemessungsstrom.
- Am Einbauort muss der maximale Kurzschlussstrom beherrschbar sein.
- Strom- oder Zeitstaffelung möglich.
- Die Staffelzeit zwischen einem Leistungsschalter und einer Schmelzsicherung muss mindestens 100 ms betragen.
- Selektivität ist im Überlastbereich nur möglich, wenn die Sicherungskennlinie die Kennlinie des Leistungsschalters nicht berührt.
- Stromselektivität lässt sich durch Staffelung der Ansprechströme der unverzögerten Kurzschlussauslöser erreichen.

Prüfung

1. Beschreiben Sie den Aufbau eines TT-Systems.

2. Warum ist praktisch der Einsatz einer Fehlerstrom-Schutzeinrichtung im TT-System zwingend?

3. Wie groß darf der Erdungswiderstand bei Verwendung eines 300-mA-RCD maximal sein?

4. Wozu werden Erdungsschalter eingesetzt?

Lichtbogen

Beim Öffnen eines stromführenden Schaltkontakts entsteht durch die starke *Erwärmung* der Fußpunkte des Stroms bei hohem Übergangswiderstand ein *Lichtbogen*.

Er wird anschließend von der Spannung zwischen den Kontakten aufrecht erhalten.

U
R
Lichtbogenlänge
Plasma
Katode
Anode
Spannung
Anoden-fall
Katoden-fall
0
Lichtbogenlänge

Aus der heißen *Katode* treten *Elektronen* aus.

Sie werden durch das elektrische Feld beschleunigt und zur Anode transportiert.

Dabei kommt es zu Zusammenstößen zwischen den Elektronen und Atomen (der Luft).

Die Atome werden dadurch *ionisiert*. Die Ionen wandern langsam zur Katode, die Elektronen schnell zu Anode.

Vor der *Katode* bildet sich eine *Ionenwolke*, vor der *Anode* eine *Elektronenwolke*. Die *Lichtbogensäule* dazwischen besteht aus neutralem Plasma.

Positive Ionen und die negative Katode bilden den *Katodenfall*. Die hohen Feldstärken ziehen weitere Elektronen aus der Katode und beschleunigen sie. Der Lichtbogen brennt.

Bei *Niederspannungs-Schaltgeräten* ist der Katodenfall relevant. *Mittel- und Hochspannungsgeräte* arbeiten z. B. mit gekühltem Lichtbogen.

Wird der Lichtbogen in *Teillichtbögen* aufgeteilt (durch Doppelunterbrechung der Kontakte oder Löschkammer), vervielfacht sich der Katodenfall.

Die Lichtbogenlöschung wird dadurch begünstigt.

Lichtbogenlöscheinrichtung bei einem LS-Schalter

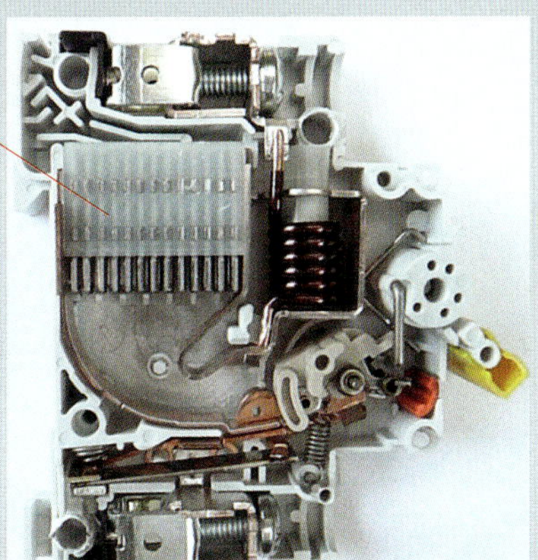

Kühlung des Lichtbogens kann durch *Verlängerung* (thermisch oder magnetisch), *Beblasung* mit Luft oder Gas sowie *Wärmeentzug* durch Öl erfolgen.

Prüfung

1. Wie ist ein IT-System aufgebaut? Worin besteht der wesentliche Vorteil des IT-Systems?

2. Welche Aufgabe hat die Isolationsüberwachung beim IT-System?

3. Unter welcher Voraussetzung ist im IT-System ein zusätzlicher Schutzpotenzialausgleich durchzuführen?

Lichtbogen
arc

Lichtbogenabbrand
arc erosion

Lichtbogenentladung
arc discharge

Lichtbogenkammer
arc chamber

Lichtbogenlöscheinrichtung
arc quenching device, arc control device

Ionisierung
ionization

Katodenfall
cathode drop (fall)

Lichtbogenlöschung
arc extinction

Kühlung
cooling

Plasma

ist ein Teilchengemisch auf atomar-molekularer Basis, dessen Bestandteile zum Teil geladene Teilchen, Ionen und Elektronen sind.

Das Plasma enthält freie Ladungsträger, ist somit elektrisch leitfähig.

@ Interessante Links

- christiani-berufskolleg.de

Abbrand
burn-up

Kontaktverschweißen
contact welding

Niederspannung
low voltage, l. v.

Niedersspannungsanlage
low-voltage system

Mittelspannung
medium voltage, medium-high voltage

Hochspannung
high voltage, h. v.

Schalterantrieb

Der brennende Lichtbogen führt zu Kontaktabbrand und bei geschlossenen Systemen zu einem Druckanstieg im Gehäuse.
Es kommt also darauf an, den Ausschaltvorgang *schnellstmöglich* auszuführen.
Verwendet werden *Schaltantriebe* mit pneumatischen, hydraulischen und mechanischen Komponenten. Der Einsatzbereich richtet sich nach der Spannungshöhe.

Antrieb und Einsatz

	Federkraft	Druckluft	Stickstoff	Magnet [1)]
Mechanik	NS MS HS			MS
Pneumatik		MS, HS		
Hydraulik	MS HS		HS	

NS: Niederspannung
MS: Mittelspannung
HS: Hochspannung

[1)] Magnetantrieb

Zwei Dauermagnete arretieren den Schalter in Ein- oder Ausstellung. Zum Schalten wird von einer Spule ein Magnetfeld erzeugt, das dem Feld des Dauermagneten entgegenwirkt.

Ist die Haltekraft des Dauermagneten unterschritten, bewegt sich der Magnet zum anderen Pol des Dauermagneten. Dieser Antrieb ist sehr wartungsarm.

Schaltvorgang

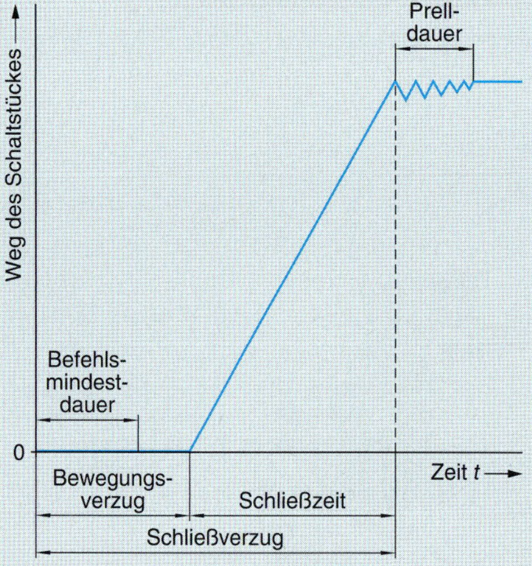

Bewegungsverzug
Zeit zwischen Befehlsgabe (z. B. Spannung an Schutzspule) und Bewegungsbeginn des Schaltstücks.

Schließzeit
Das Schaltstück schließt erstmalig.

Schließverzug
Bewegungsverzug und Schließzeit.

Prellen (Prelldauer)

Kontaktwerkstoffe sind elastisch: *schließen, öffnen, schließen* bei der Kontaktgabe.

Dabei entstehen *Lichtbögen*, die Kontaktabbrand bewirken.

Ein möglichst hoher *Kontaktdruck* verringert die Prelldauer.

Allerdings wird der Kontaktdruck durch den Werkstoff der Kontaktstücke begrenzt.

Die Schaltstücke sollen nicht verformt werden, was durch *geringe Massen* und *kleine Geschwindigkeiten* erreicht werden kann.

Aber die Geschwindigkeit kann nicht beliebig verringert werden. Ist sie zu gering, kann *vor* dem Schließen der Kontakte ein *Lichtbogen* entstehen.

Das kann zu *Abbrand* und Kontaktverschweißen führen.

2.6 Erdungsanlagen

Erdungsanlagen verhindern gefährlich hohe Berührungsspannungen zwischen dem geerdeten Anlagenteil und dem Erdreich. Sie bestehen aus dem **Erder** und der **Erdungsleitung**.

Erder sind *blanke* Leiter, die in das Erdreich eingebettet sind und mit dem Erdreich in leitender Verbindung stehen.

Erdungsleitungen verbinden die zu erdenden Anlagenteile mit dem Erder.

Auswahl und *Anordnung* der Erder sind abhängig von den *örtlichen Verhältnissen*, der *Bodenbeschaffenheit* und dem zulässigen *Ausbreitungswiderstand.*

Der **Erdungswiderstand** besteht aus *Widerstand der Erdungsleitung* und dem *Erdausbreitungswiderstand.*

Erder, Mindestquerschnitte und Werkstoff

Bandstahl, feuerverzinkt, 90 mm^2, 3 mm Mindestdicke

Kupferband, 50 mm^2, 2 mm Mindestdicke

Rundkupfer, 25 mm^2

Durchschnittswerte von Erdern

Erdreich	spezifischer Erdwiderstand Ω · m	Ausbreitungswiderstand R_A, Banderder 20 m Ω
Moorboden	30	3
Lehm-, Ton-, Ackerboden	100	10
Sand, feucht	200	20
Sand, trocken	1000	100

Mindestquerschnitte von Erdungsleitern in Erde

Erdungsleiter	Mindestquerschnitt in mm^2			
	mechanisch geschützt		mechanisch ungeschützt	
	Cu	Stahl	Cu	Stahl
mit Korrosionsschutz	2,5	10	16	16
ohne Korrosionsschutz	25	50	25	50

Zuordnung Schutzleiter und Erdungsleiter zum Außenleiter

Querschnitt des Außenleiters Cu q in mm^2	Mindestquerschnitt der Schutz- und Erdungsleiter Cu q_{min} in mm^2
kleiner 16	wie Außenleiterquerschnitt
16 bis 35	16
über 35	0,5 · Außenleiterquerschnitt

Oberflächenerder

Werden in geringer Tiefe (< 1 m) im Erdreich eingebracht.

Möglich sind *Strahlenerder, Ringerder, Maschenerder.*

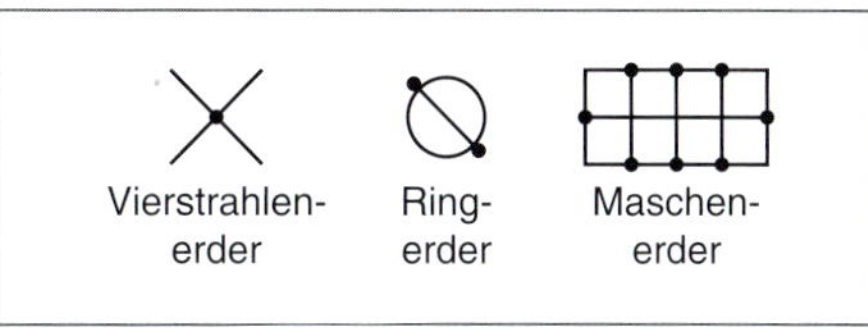

23 Oberflächenerder

Tiefenerder

Werden senkrecht in größere Tiefen eingebracht. Einzelstablänge ca. 1,5 m. Beim Eintreiben verbinden sich die Einzelstäbe selbsttätig. Material: Stahl oder Kupfer, Durchmesser 16 mm, 20 mm, 30 mm.

Banderder

Band, Rundmaterial oder Seil. Lassen sich auch im Beton des Gebäudefundaments einbetten (Fundamenterder).

Staberder

Rohr oder Profilstahl. Werden senkrecht in das Erdreich eingetrieben. Bei mehreren Erdern Mindestabstand doppelte Erderlänge.

Prüfung

1. Beschreiben Sie den Aufbau von Erdungsanlagen.

2. Warum ist es wichtig, den Mindestquerschnitt von Erdungsleitungen einzuhalten?

3. Aus welchen Werkstoffen bestehen Erder?

■ Erdungsanlagen

Aufgabe von Erdungsanlagen ist es, zwischen der geerdeten Anlage und dem Erdreich eine unzulässig hohe Berührungsspannung zu verhindern.

Erder
earth electrode

Erdschluss
earth fault

Erdung
earthing

Erdungsanlage
grounding system

Erdungsleitung
earthing conductor

Erdungswiderstand
earthing resistance

@ Interessante Links

- christiani-berufskolleg.de

Betriebserder
signal ground

Anlagenerder
system earthing device

Erder-Schleifenwiderstand
earth loop resistance

Sonde
(sensing) probe, measuring probe

Betriebserder R_B, Anlagenerder R_A

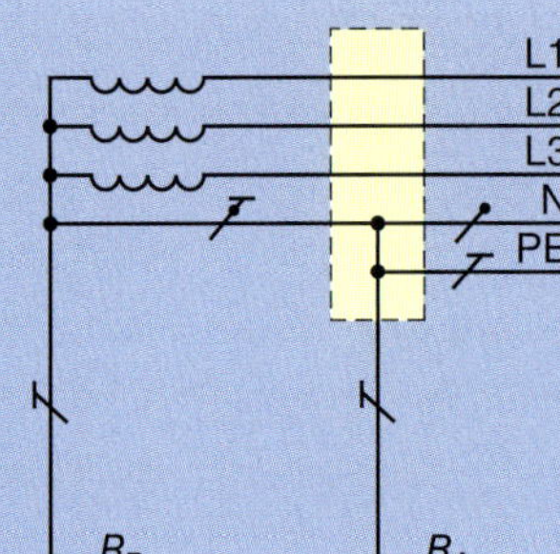

Betriebserder R_B

Erdung eines Punktes (Sternpunkt Trafo) im Energieverteilungsnetz.

Erdung des PEN-Leiters an verschiedenen Stellen im Netz verringert den Erdungswiderstand des Betriebserders (Parallelschaltung).

Wirkung: Im Fehlerfall soll die Fehlerspannung am PEN-Leiter möglichst gering sein.

$$\frac{R_B}{R_E} \leq \frac{U_L}{U_0 - U_L}$$

R_B Gesamtwiderstand aller Betriebserder in Ω

R_E kleinster Erdungswiderstand von leitfähigen, nicht mit dem Schutzleiter verbundenen Teilen, über die ein Erdschluss entstehen kann in Ω
$R_E \geq 3{,}6 \cdot R_B$

U_L höchstzulässige Berührungsspannung in V

U_0 Spannung gegen Erde in V

Anlagenerder R_A

Je geringer der Widerstand des Anlagenerders, umso höher ist der Erdschlussstrom.

Dadurch wird die Abschaltung der Schutzeinrichtung erleichtert.

Schwankungen des Widerstandswerts je nach Bodenbeschaffenheit und Jahreszeit: ± 30 %.

■ **Messung des Erdungswiderstands**

Messung des Erdwiderstands

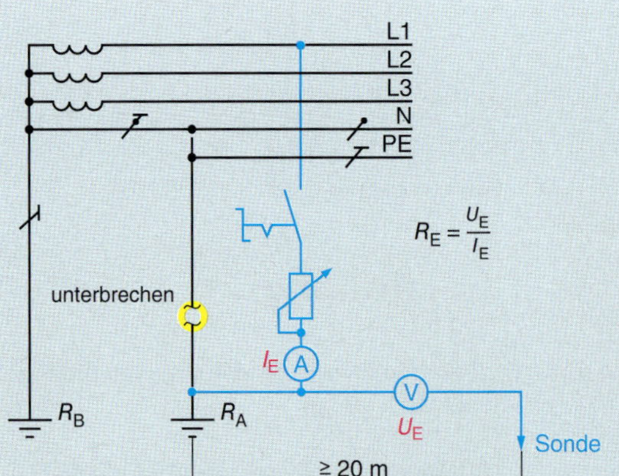

Diese Messung ist wegen der Einbringung einer *Sonde* (Abstand mindestens 20 m vom Anlagenerder) aufwendig.

Messung des Erdungswiderstands

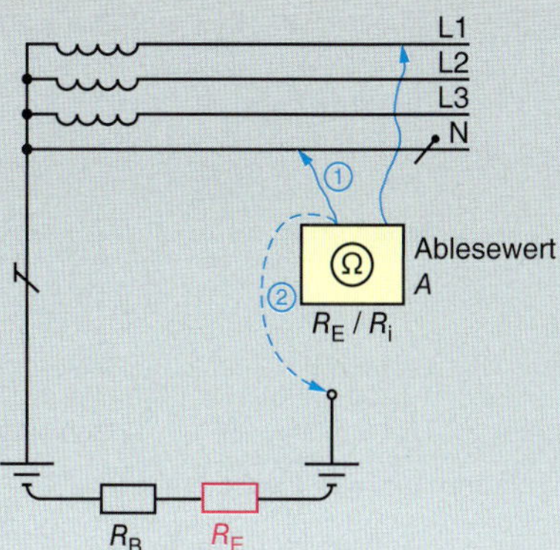

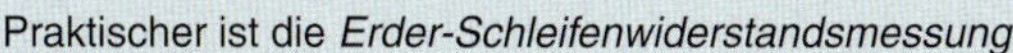

Praktischer ist die *Erder-Schleifenwiderstandsmessung*.
Sie kann mit einem herkömmlichen *Schleifenimpedanzmessgerät* durchgeführt werden.

Der gemessene *Erder-Schleifenwiderstand* setzt sich zusammen aus dem:

- *zu bestimmenden Erdungswiderstand*
- *Betriebserdungswiderstand*
- *Widerstand der Trafowicklung*
- *Widerstand des Außenleiters*

Vom Messwert A wird der Widerstand des Betriebserders und der Trafowicklung abgezogen.

$$R_E \approx A - \frac{R_i}{2}$$

2.7 Blindleistungskompensation

Für die Niederspannung ist eine **Blindleistungskompensation** durchzuführen.

Der Transformator wird mit einer Wirkleistung von 960 kW bei einem Leistungsfaktor von $\cos \varphi_1 = 0{,}8$ belastet.

Der Leistungsfaktor soll auf $\cos \varphi_2 = 0{,}86$ verbessert werden.

Blindleistungskompensation bedeutet eine Verbesserung des Leistungsfaktors.
Je größer der Leistungsfaktor, umso besser wird die Scheinleistung ausgenutzt.

$$\cos \varphi = \frac{P}{S}$$

$\cos \varphi = 1$ bedeutet: $P = S$, die Scheinleistung wird zu 100 % ausgenutzt.

Die Kompensation induktiver Blindleistung erfolgt durch Zuschalten von *Kondensatoren*.

Dabei werden folgende Kondensatoren verwendet:

- **MPP (MKV)-Kondensatoren**
  Elektroden: Beidseitig metallisiertes Papier.
  Dielektrikum: Polypropylenfolie.
- **MKP (MKK, MKF)-Kondensatoren**
  Die Polypropylenfolie wird direkt bedampft (metallisiert). Dadurch ergeben sich geringere Abmessungen und eine höhere Spannungsfestigkeit.

24 Kondensatoren

Die Kondensatoren sind *selbstheilend*.

Kommt es zu einem Durchschlag, dann verdampft die dünne Metallschicht und die Isolation baut sich wieder auf.

■ **Messung des Erdungswiderstands**

Blindleistung
reactive power

Blindleistungskompensation
power-factor compensation, reactive power

Leistungsfaktor
power factor

Blindstrom
reactive current, reactive amperage

Wirkstrom
acitve current, in-phase current

Kondensator
capacitor, condenser

Kondensatorbatterie
capacitor bank

■ **Kondensatoren**

→ basics Mechatronik

@ Interessante Links

Kondensatoren

- www.hmp-capacitor.com

Spannungsfestigkeit bei 230 V (Sternschaltung)

$\sqrt{2} \cdot 230\ \text{V} = 325{,}22\ \text{V}$

Kompensationskondensatoren werden i. Allg. in *Dreieck* geschaltet.

Dann kommt man mit *einem Drittel* des Kapazitätswerts aus, der bei Sternschaltung erforderlich wäre. Die höhere *Spannungsfestigkeit* von $\sqrt{2} \cdot 400\ \text{V} = 566\ \text{V}$ stellt praktisch kein Problem dar.

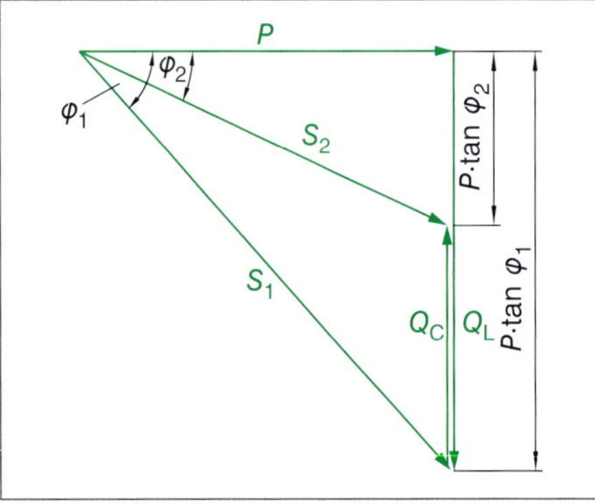

25 *Zeigerbild bei Kompensation*

$$Q_C = P \cdot \tan\varphi_1 - P \cdot \tan\varphi_2$$
$$Q_C = P \cdot (\tan\varphi_1 - \tan\varphi_2)$$

Diese kapazitive Blindleistung Q_C muss zur Kompensation aufgewendet werden.

$$Q_C = \frac{U^2}{X_C} = U^2 \cdot \omega \cdot C$$

$$C = \frac{Q_C}{\omega \cdot U^2}$$

Pro Strang ist also ein Drittel dieses Kapazitätswerts notwendig.

$$C_\Delta = \frac{Q_C}{3 \cdot \omega \cdot U^2} = \frac{P \cdot (\tan\varphi_1 - \tan\varphi_2)}{3 \cdot \omega \cdot U^2}$$

■ **Kompensation einer induktiven Blindleistung von 1 kvar**

Benötigte Kondensatorkapazität:
- 230 V/50 Hz: 60 µF
- 400 V/50 Hz: 20 µF

Kondensatoren sind Energiespeicher.

Auch nach dem Abschalten vom Netz können an den Kondensatoren *Restspannungen* auftreten. Bei Berührung sind kräftige, kurzzeitige Körperströme möglich.

Wenn die Kondensatorspannung innerhalb von 5 Sekunden nicht auf einen Wert von maximal 60 V abgesunken ist, sind *Warnhinweise* notwendig.

Zum Beispiel:
„Entladezeit länger als 20 Sekunden".

Im Allgemeinen sind die Kondensatoren mit *Entladewiderständen* ausgerüstet.

Blindleistungsregler

Die Kondensatorkapazität muss den *wechselnden Belastungsfällen* der Anlage angepasst werden. Sonst besteht die Gefahr der *Überkompensation*.

Dann wäre Q_C größer als Q_L und der Leistungsfaktor ist *kapazitiv*. Dadurch kann eine Erhöhung der Netzspannung hervorgerufen werden.

Die **Blindleistungs-Kompensationsanlage** (Bild 27, Seite 57) besteht somit aus mehr *Komponenten* als den Kondensatoren.

- Kondensatoren
- Blindleistungsregler
- Überstrom-Schutzeinrichtungen
- Schaltgeräte
- Einrichtung zum Entladen der Kondensatoren

Aufgabe des Blindleistungsreglers ist das *automatische Zu- und Abschalten* der Kondensatoren. Ziel: Bedarfsgerechte Anpassung der Kondensatorkapazität.

■ **Leistungsfaktor**

Die Versorgungsnetzbetreiber fordern einen $\cos\varphi$ von mindestens 0,9.

Beachtet werden müssen die Technischen Anschlussbedingungen (TAB).

Eine Kompensation bis $\cos\varphi = 1$ ist nicht ratsam, da dann Resonanzerscheinungen auftreten können.

■ **Resonanz**

→ basics Mechatronik

$P = 960\ \text{kW}$; $\cos\varphi_1 = 0{,}8$; $\cos\varphi_2 = 0{,}96$; $U = 400\ \text{V}$; $f = 50\ \text{Hz}$
Zu ermitteln ist die Kapazität der in Dreieck geschalteten Kompensationskondensatoren.

Einzusetzen ist die *elektrische* Leistung *P*. Die ist hier aber bereits gegeben.

Ermittlung der Tangenswerte:

Kreisfrequenz $\omega = 2\pi \cdot f$;
bei 50 Hz ist $\omega = 314\ \frac{1}{\text{s}}$.

Es werden also drei Kondensatoren von je 2,9 mF benötigt, die in Dreieck geschaltet sind.

$$C_\Delta = \frac{P \cdot (\tan\varphi_1 - \tan\varphi_2)}{3 \cdot \omega \cdot U^2}$$

$\cos\varphi_1 = 0{,}8 \rightarrow \varphi_1 = 36{,}9^\circ \rightarrow \tan\varphi_1 = 0{,}75$

$\cos\varphi_2 = 0{,}96 \rightarrow \varphi_2 = 16{,}3^\circ \rightarrow \tan\varphi_2 = 0{,}29$

$$C_\Delta = \frac{960000\ \text{W} \cdot (0{,}75 - 0{,}29)}{3 \cdot 314\ \frac{1}{\text{s}} \cdot (400\ \text{V})^2}$$

$$C_\Delta = 2{,}9 \cdot 10^{-3}\ \text{F} = 2{,}9\ \text{mF}$$

Annähernd symmetrische Belastung:
Blindleistung wird in einem Außenleiter gemessen.

Unsymmetrische Belastung:
Blindleistung wird in allen drei Außenleitern gemessen.

Regleranschluss

Bei falschem Anschluss werden schon bei geringer induktiver Belastung alle Kondensatoren zugeschaltet. Die Kompensation wird für den Wandler nämlich nicht wirksam.

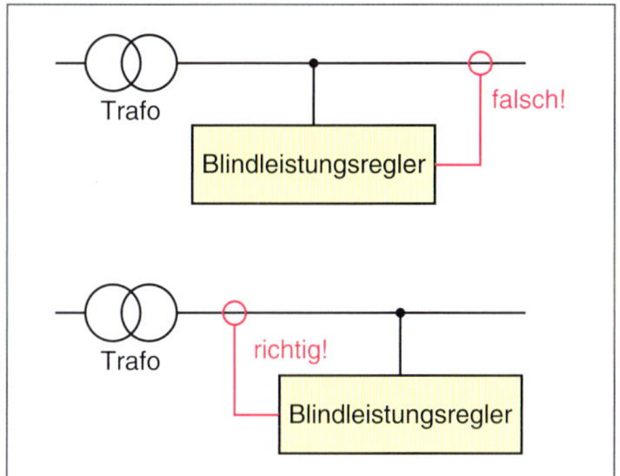

28 Anschluss des Blindleistungsreglers

Kompensationsarten

Dargestellt ist eine *Zentralkompensation*.

Daneben gibt es noch die *Einzelkompensation* und die *Gruppenkompensation*.

- **Einzelkompensation**
  Kompensation erfolgt direkt an den induktiven Verbrauchsmitteln durch Einzelkondensatoren.
  Vorteil:
  Das Betriebsnetz wird von Blindstrom entlastet.
  Nachteil:
  Hoher Installationsaufwand, teuer.

- **Gruppenkompensation**
  Induktive Verbrauchsmittel werden in Gruppen zusammengefasst und gemeinsam kompensiert.
  Vorteil:
  Wirtschaftlicher als Einzelkompensation.
  Nachteil:
  Die zu Gruppen zusammengeschalteten Verbrauchsmittel müssen gemeinsam betrieben werden. Sonst besteht die Gefahr von Überkompensation.

- **Zentralkompensation**
  Gemeinsame Kompensation aller induktiven Verbrauchsmittel an einer zentralen Stelle (z. B. Niederspannungs-Hauptverteilung).

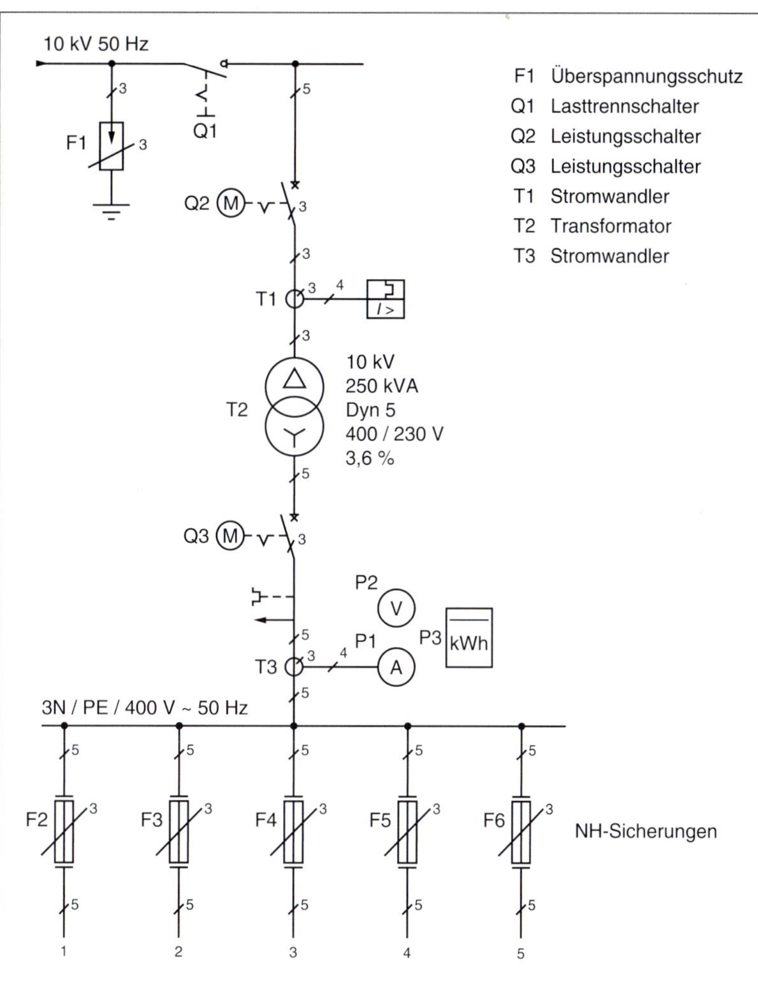

26 Transformatoranlage

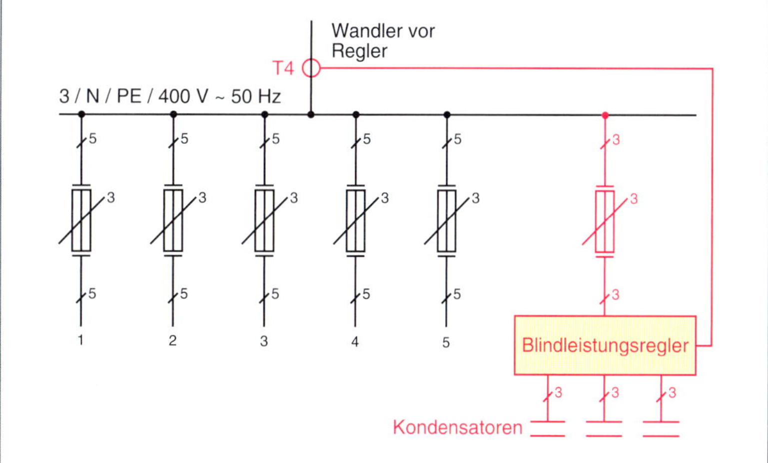

27 Blindleistungskompensationsanlage

- *Vorteil:*
  Wirtschaftlichkeit.
  Nachteil:
  Betriebsnetz nicht von Blindleistung entlastet.

Um induktive Blindleistung von $Q_L = 1$ kvar zu kompensieren, benötigt man näherungsweise eine Kapazität von 60 µF.

$$\frac{C}{Q_C} = 60\ \frac{\mu F}{kvar}$$

Verdrosselte Kondensatoren

Verdrosselte Kondensatoren

Bei verdrosselten Kompensationsanlagen wird zu jedem Kondensator eine Drossel in Reihe geschaltet.

Zur Kompensation in Netzen mit *Oberschwingungen* müssen die Kondensatoren *verdrosselt* werden.

Die Ströme der Oberschwingungen belasten das Netz zusätzlich und können die Kondensatoren überlasten. Von besonderer Gefahr ist dabei der *Resonanzfall.*

Resonanzfrequenz

→ basics Mechatronik

Für die *Resonanzfrequenz* gilt:

$$f_0 = \frac{1}{2\pi \cdot \sqrt{L \cdot C}}$$

Verdrosselungsfaktor

Verhältnis von X_L zu X_C in Prozent.

Kondensator-Blindleistung: $Q_C = 150$ kvar (installiert)

Netzinduktivität (gemessen): $L = 45{,}1$ µH

Resonanzfrequenz

$$Q_C = 150\ \text{kvar} \rightarrow C = \frac{60\ \mu F}{kvar} \cdot 150\ \text{kvar}$$

$$= 9000\ \mu F$$

$$f_0 = \frac{1}{2\pi \cdot \sqrt{L \cdot C}}$$

$$= \frac{1}{2\pi \cdot \sqrt{45{,}1 \cdot 10^{-6}\ H \cdot 9000 \cdot 10^{-6}\ F}}$$

$$f_0 = 250\ Hz$$

250 Hz ist die Frequenz der *5. Oberschwingung.* Bei dieser Frequenz sind *induktive* und *kapazitive* Blindwiderstände *gleich groß.* Sie heben sich wegen der Phasenverschiebung von 180° völlig auf.

Dann ist nur der ohmsche Widerstand (Annahme 120 mΩ) wirksam.

Die Spannung bei Resonanzfrequenz darf 3 % von 230 V betragen.

U_0 ist 3 % von 230 V → $U_0 = 6{,}9$ V.

Die Stromstärke beträgt dann

$$I_0 = \frac{U_0}{R} = \frac{6{,}9\ V}{0{,}12\ \Omega} = 57{,}5\ A$$

Mit diesem Strom werden die Kondensatoren zusätzlich belastet.

Kondensatorblindleistung und Netzresonanzfrequenz

Q_C in kvar	f_0 in Hz
50	724
100	512
150	418
200	362
250	324
300	295

Es kommt nun darauf an, die Resonanzfrequenz des Netzes *zu niedrigeren Frequenzen* hin zu verschieben.

Hierzu werden **Drosseln** in Reihe mit den Kompensationskondensatoren geschaltet, um **Resonanzfrequenzen** zwischen 134 Hz und 214 Hz zu erreichen.

Verdrosselungsfaktor

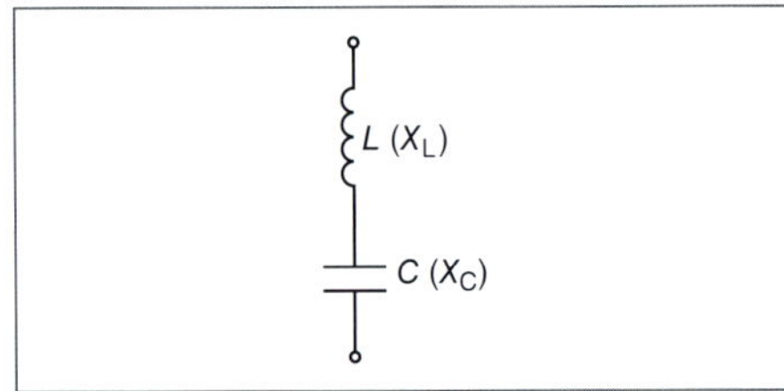

29 Verdrosselter Kondensator

$$p = \frac{X_L}{X_C} \cdot 100\ \%$$

p Verdrosselungsfaktor in %
X_L induktiver Widerstand in Ω
X_C kapazitiver Widerstand in Ω

Resonanzfrequenz

$$f_0 = f_{Netz} \cdot \sqrt{\frac{1}{p}}$$

f_0 Resonanzfrequenz in Hz
f_{Netz} Netzfrequenz in Hz
p Verdrosselungsfaktor

Zu jedem Kondensator wird eine Drossel *in Reihe* geschaltet. Der **Verdrosselungsfaktor** ist das prozentuale Verhältnis von X_L und X_C.

Für die **Verdrosselung** werden Standardwerte verwendet.

Drosseln
chokes

Verdrosselung
choking

Verdrosselungsfaktor
choking factor

Verdrosselungsfaktoren (Standardwerte)

Verdrosselungsfaktor p in %	Resonanzfrequenz f_0 in Hz
5,5	214
7,0	189
8,0	176
12,5	141
14,0	134

Verdrosselungsfaktor p

$$p = \frac{X_L}{X_C} \qquad X_L = \omega \cdot L \qquad X_C = \frac{1}{\omega \cdot C}$$

$$p = \omega \cdot L \cdot \omega \cdot C = \omega^2 \cdot L \cdot C$$

$$f_0 = \frac{1}{2\pi \cdot \sqrt{L \cdot C}} \rightarrow L \cdot C = \frac{1}{\omega_0^2}$$

$$p = \frac{\omega^2}{\omega_0^2} = \frac{f^2}{f_0^2} \rightarrow f_0 = f \cdot \sqrt{\frac{1}{p}}$$

f_0 Resonanzfrequenz
f Netzfrequenz

Unterschied unverdrosselter, verdrosselter Kondensator

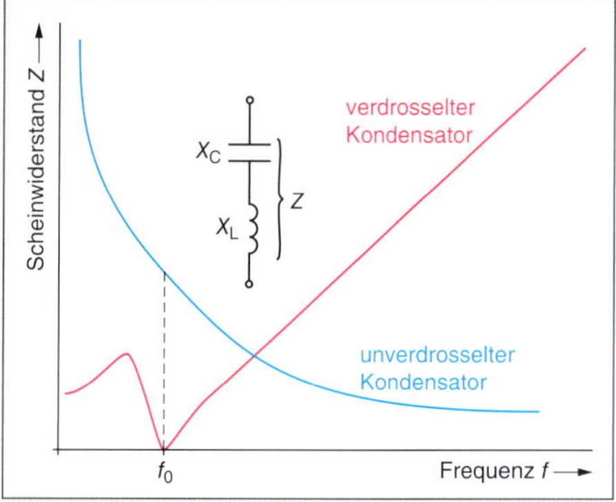

30 Scheinwiderstand und Frequenz

Ab der Resonanzfrequenz f_0 nimmt der Scheinwiderstand Z mit steigender Frequenz zu.

Bei f_0 hat der Scheinwiderstand sein Minimum. Oberschwingungen in diesem Bereich werden stark **bedämpft**, was zu einer Steigerung der Netzqualität führt.

2.8 Überspannungsschutz

Überspannungen, die aus *Schalthandlungen* in elektrischen Anlagen oder aus *Blitzentladungen* entstehen, zerstören oder beschädigen elektrische und elektronische Einrichtungen.

Aufstellung von Kompensationskondensatoren

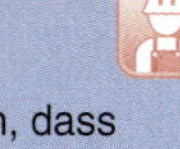

Die Aufstellung muss sicherstellen, dass eine *maximale Gehäusetemperatur* von 70 °C nicht überschritten wird.

Mindestabstand gegenseitig und zur Wand mindestens 100 mm.

Schalten von Kompensationskondensatoren

Beim *Einschalten* muss mit einem *Vielfachen des Bemessungsstroms* gerechnet werden.

Überstrom-Schutzorgane müssen mindestens dem 1,5 – 2 Fachen des Kondensatorstroms entsprechen. LS-Schalter und träge Schmelzsicherungen sind geeignet.

Schaltgeräte müssen den hohen Einschaltstrom sicher beherrschen. Zum Einsatz kommen spezielle Schaltgeräte für Kondensatoren oder herkömmliche Schaltgeräte der nächstgrößeren Baureihe.

Entladezeit der Kondensatoren

Übersteigt die Entladezeit 1 Minute, ist ein Warnschild anzubringen:

„Entladezeit länger als 1 Minute".

Vor Berühren der Kondensatorklemmen sind diese zu erden und kurzzuschließen.

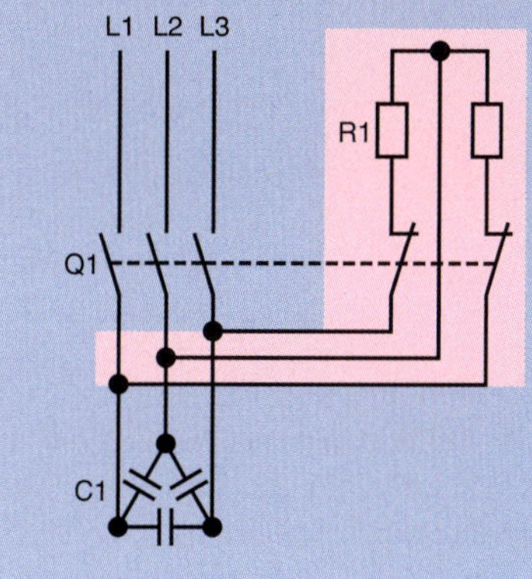

Kondensatoren mit Entladewiderständen

Schädliche Überspannungen sind Spannungserhöhungen, die zur Überschreitung der oberen Toleranzgrenze der Bemessungsspannungen führen.

Überspannungsschäden können verhindert werden, indem die Leiter, an denen solch hohe Spannungen auftreten, in sehr kurzer Zeit *kurzgeschlossen* werden. Aber nur für den Augenblick, in dem die Überspannung ansteht.

Hierzu können Bauelemente wie *Luftfunkenstrecken*, *gasgefüllte Überspannungsableiter*, *Varistoren* oder *Suppressordioden* eingesetzt werden.

■ **Schalten von Kondensatoren**
→ basics Mechatronik

Verdrosselte Kondensatoren verschieben die Netzresonanzfrequenz und führen zu einer Qualitätsverbesserung der Netzspannung.
Man spricht von einer Netzreinigung.

Überspannungsschutz
overvoltage protection

Blitzentladung
lightning discharge

Blitzschutz
lightning protection

Blitzschutzanlage
lightning arrester

Kopplung
coupling, interconnection

galvanisch
galvanic

induktiv
inductive

kapazitiv
capacitive

Impedanz
impedance, apparent resistance

Mehrstufige Kompensationsanlage

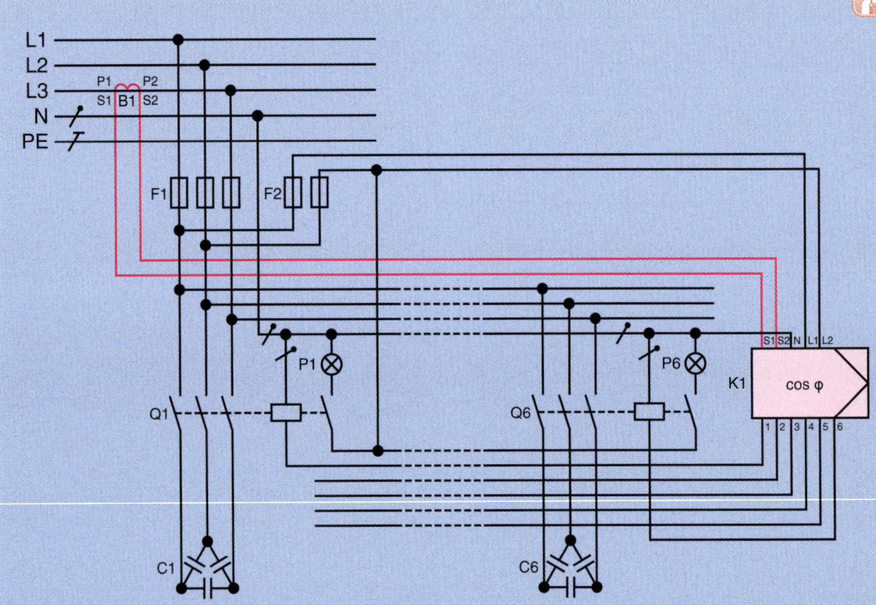

Kondensatorstufe kvar	Schaltstufe 0	1	2	3	4	5	6	7
10		X	X	X	X	X	X	X
10			X	X	X	X	X	X
10				X	X	X	X	X
10					X	X	X	X
10						X	X	X
10							X	X
10								X
Stufenleistung kvar	0	10	20	30	40	50	60	70

Kondensatorstufe kvar	Schaltstufe 0	1	2	3	4	5	6	7
10		X		X		X		X
20			X	X			X	X
40					X	X	X	X
Stufenleistung kvar	0	10	20	30	40	50	60	70

Auch *Kombinationen* dieser Bauelemente sind sinnvoll, da jedes Bauelement *spezifische Eigenschaften* hat, die sich nach folgenden Punkten unterscheiden.

- *Ableitvermögen*
- *Ansprechverhalten*
- *Löschverhalten*
- *Spannungsbegrenzung*

Gründe für Überspannungen

Galvanische Einkopplung

Wegen gemeinsamer Impedanzen kopppeln Überspannungen galvanisch von der Störquelle in die Störsenke ein.

Die hohe Stromsteilheit ruft eine Überspannung hervor, die zum überwiegenden Teil auf die induktive Komponente

$$u = L \cdot \frac{\Delta i}{\Delta t}$$

zurückzuführen ist.

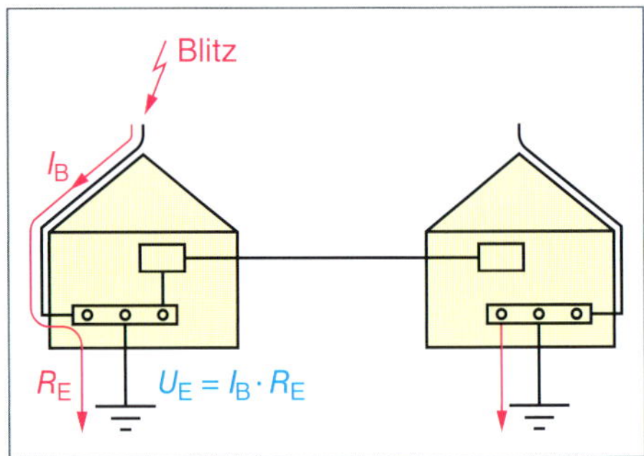

31 Galvanische Einkopplung

Über den *Potenzialausgleich* kann die Überspannung in die angeschlossenen Leitungen *eingekoppelt* werden.

Induktive Einkopplung

Der hohe Strom ruft ein starkes Magnetfeld hervor. Dadurch werden in elektrischen Stromkreisen Spannungsspitzen induziert.

■ **Überspannungsschutz**

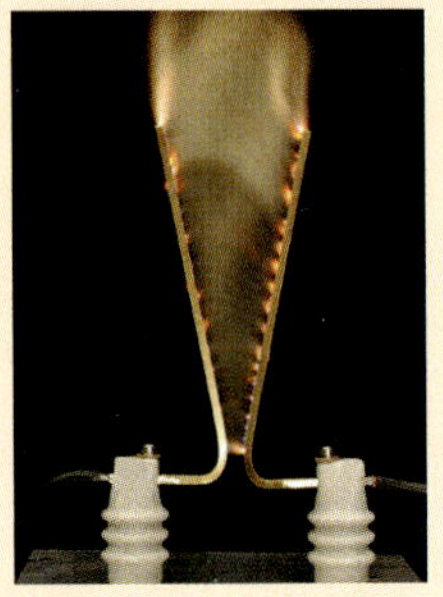

@ Interessante Links

Überspannungsschutz
- www.phoenixcontact.com
- www.rapp-instruments.de

Bauelemente des Überspannungsschutzes

Bauelement	Beschreibung	Kennlinie
Überspannungsableiter, gasgefüllt	Grobschutzelement, kann Ströme bis 10 kA (8/20) μs ableiten. Nachteilig sind das zeitabhängige Zündverhalten und der eventuell auftretende Netzfolgestrom.	
Funkenstrecke	Zwei sich gegenüberstehende Funkenhörner werden von einem Isoliersteg auf Abstand gehalten. Unterhalb des Isolierstegs erfolgt die Entladung im Überspannungsfall. Vorteilhaft ist die deutliche Erhöhung des Netzfolgestrom-Löschvermögens.	
Varistor	Zum Herunterpegeln der verbleibenden Restspannung, nachdem die größten Ströme abgeleitet sind. Varistoren reagieren deutlich schneller als Ableiter und haben keinen Netzfolgestrom. In Schutzschaltungen werden Varistoren mit Ableitströmen von 2,5 bis 5 kA (8/20) μs eingesetzt. Nachteilig sind die Alterung und die relativ hohe Kapazität.	
Suppressordiode	Einsatz als Feinschutzelement, sehr kurze Reaktionszeit von ps. Spannungsbegrenzung liegt beim 1,8 Fachen der Bemessungsspannung. Nachteilig sind die geringe Strombelastbarkeit und die relativ hohe Kapazität.	

Ableiter
arrester

Funkenstrecke
sparc arrester

Varistor
varistor,
voltage-dependent resistor

μs
Mikrosekunde 10^{-6} s

ns
Nanosekunde 10^{-9} s

ps
Pikosekunde 10^{-12} s

Überspannungs-Schutzgeräte müssen *vor* den elektrischen Verbrauchsmitteln installiert werden.

Überspannungs-Schutzgeräte können in Verteilern, Steckdosen oder als Steckereinsatz angeschlossen werden.

Bauelemente des Überspannungsschutzes

Bauelement	Schaltung und Beschreibung
Kombinierte Schutzbeschaltung	Um die Vorteile der einzelnen Bauelemente ausnutzen zu können, arbeitet man mit indirekten Parallelschaltungen der Bauelemente unter Verwendung von Entkopplungsimpedanzen. Beim Auftreten einer Überspannung spricht die Suppressordiode als schnellstes Bauelement zuerst an. Bevor die Suppressordiode zerstört wird, kommutiert der Ableitstrom auf den Gasableiter. $u_s + \Delta u \geq u_G$ u_s Spannung Suppressordiode Δu Differenzspannung über Entkopplungsinduktivität u_G Ansprechspannung des Gasableiters *Vorteil der Schaltung:* Schnelles Ansprechen des Ableiters bei niedriger Spannungsbegrenzung und hohem Ableitvermögen. ΔU, IN, U_G, U_S, OUT

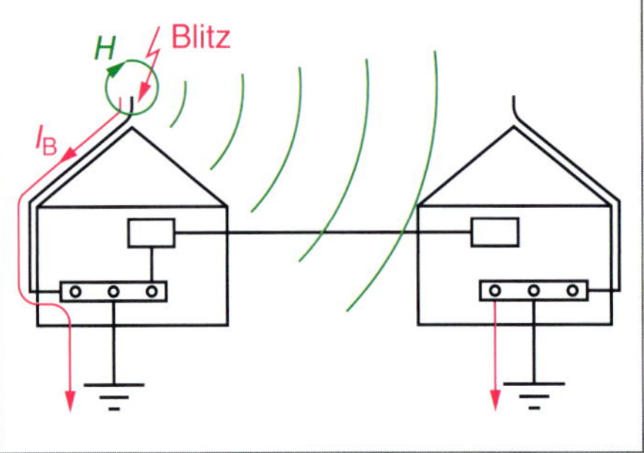

32 Induktive Einkopplung

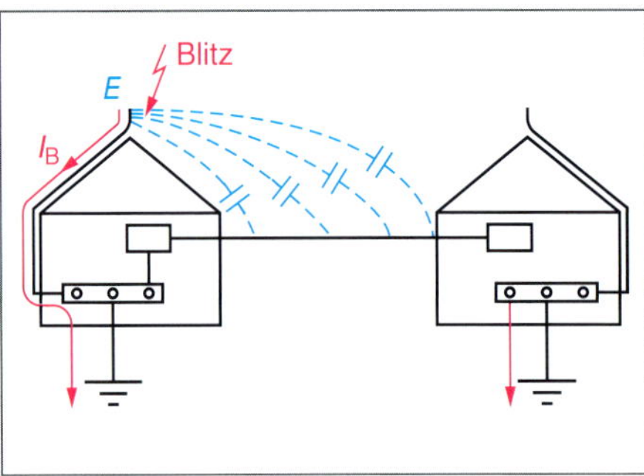

33 Kapazitive Einkopplung

Kapazitive Einkopplung

Durch Entladung einer Spannung von einem Leiter auf einen anderen Leiter werden hohe Potenzialunterschiede hervorgerufen.

■ **Innerer Blitzschutz**
Blitzstromableiter und Überspannungsschutzgeräte

Innerer Blitzschutz

Zum Schutz der elektrischen Anlage müssen besondere Maßnahmen ergriffen werden, die als *innerer Blitzschutz* bezeichnet werden.

Ihren Anforderungen an den Installationsorten werden die Schutzgeräte in die **Typenklassen** 1, 2 und 3 unterteilt.

Typ 1

Blitzstromableiter: Höchste Anforderung hinsichtlich Ableitvermögen, Einsatz hinter der Eintrittsstelle der Energieleitung des Versorgungsnetzbetreibers.

Das Eindringen der Blitzströme in die elektrische Gebäudeanlage wird begrenzt.

Typ 2

Überspannungsschutzgerät: Schutz vor Überspannungen in der elektrischen Anlage. Notwendiges Ableitvermögen von mehr als 10 kA in (8/20) µs.

Typ 3

Überspannungsschutzgerät: Ableitungen von Überspannungen, die zwischen Außenleiter und N-Leiter auftreten. Solche Überspannungen werden in der Regel durch Schalthandlungen hervorgerufen.

Installationsort so nah wie möglich am zu schützenden Objekt.

Prüfung

1. Wie kann der Erdwiderstand gemessen werden?

Beschreiben Sie das in der Praxis einfachste Verfahren.

2. Unterscheiden Sie zwischen Betriebserder und Anlagenerder.

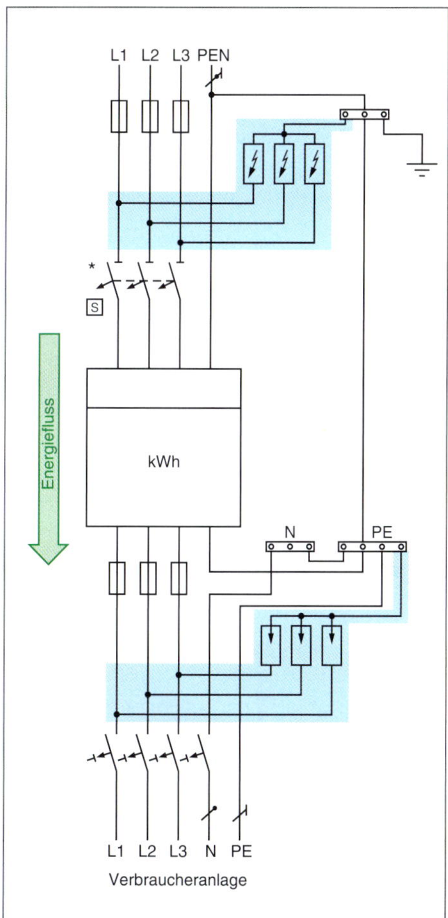

34 Überspannungsschutz im TN-System

Blitzschutzzonen

Äußere Zonen

LPZ[1] 0_A

Gefährdung durch direkte Blitzeinschläge (Blitzstrom, elektromagnetisches Feld) des Blitzes.

LPZ 0_B

Geschützt gegen Blitzeinschlag. Gefährdung durch anteiligen Blitzstrom und durch das volle elektromagnetische Feld des Blitzes.

Innere Zonen (Gegen Blitzeinschlag geschützt)

LPZ 1

Begrenzung der Blitzströme durch Stromaufteilung und durch Überspannungs-Schutzgeräte an den Zonengrenzen.

LPZ 2

Weitere Begrenzung durch Stromaufteilung und Überspannungsschutzgeräte an den Zonengrenzen.

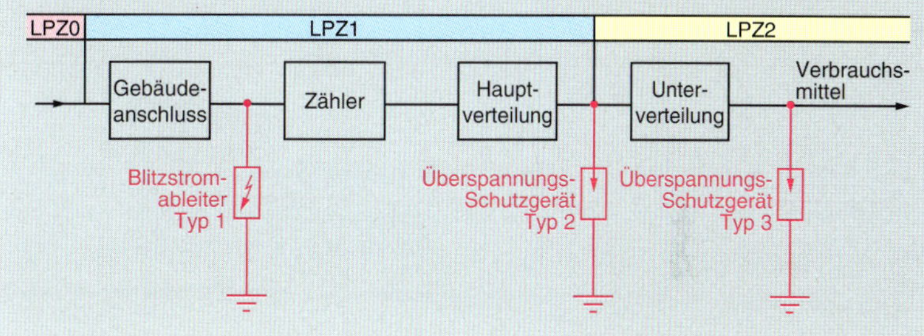

Prüfung

3. Welche Aufgabe hat die Blindleistungskompensation?

4. Warum soll man nicht bis $\cos \varphi = 1$ kompensieren?

5. Welche Kompensationskondensatoren finden Anwendung?

6. Was bedeutet es, wenn Kondensatoren selbstheilend sind?

7. Warum ist die Schaltung von Kompensationskondensatoren in Dreieckschaltung sinnvoll?

8. Wie verändert sich die Stromstärke durch Kompensation?

9. Warum verwendet man häufig die Zentralkompensation?

Welchen Nachteil hat die Zentralkompensation?

10. Warum werden Kompensationskondensatoren mit Entladewiderständen ausgerüstet?

@ Interessante Links

- christiani-berufskolleg.de

@ Interessante Links
- christiani-berufskolleg.de

35 *Überspannungsschutz im TT-System*

Prüfung

11. Wozu dient der Blindleistungsregler bei Kompensationsanlagen?

12. Erklären Sie den Begriff „verdrosselte Kondensatoren".

Welchen Zweck verfolgt man mit der Verwendung solcher Kondensatoren?

13. Der Verdrosselungsfaktor beträgt 8,0 %.

Erläutern Sie die Angabe.

14. Elektrische Anlage $P = 100$ kW, $\cos \varphi_1 = 0{,}78$ (400 V/50 Hz). Der Leistungsfaktor soll auf $\cos \varphi_2 = 0{,}96$ verbessert werden. Die Kompensationskondensatoren sind in Dreieck zu schalten.

Bestimmen Sie die Kapazität der Kondensatoren.

15. Worauf ist bei der Auswahl von Schaltgeräten für Kondensatoren besonders zu achten?

16. Welchem Zweck dient der Überspannungsschutz?

Nennen Sie Gründe für Überspannungen.

17. Welche Bauelemente können für den Überspannungsschutz verwendet werden?

18. Beschreiben Sie die Angabe LPZ1.

Überspannungsschutz

TB

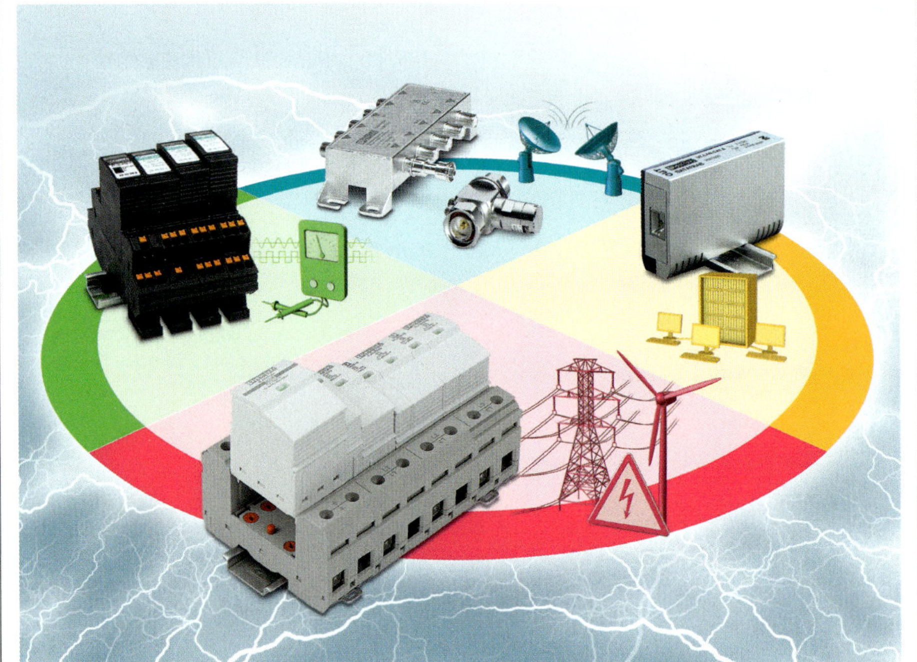

36 *Überspannungsschutz*

Schutzpotenzialausgleich

Durch den *Schutzpotenzialausgleich* sollen *Potenzialunterschiede* zwischen leitfähigen Anlageteilen verhindert werden.

So können keine gefährlichen hohen Berührungsspannungen zwischen diesen Teilen auftreten.

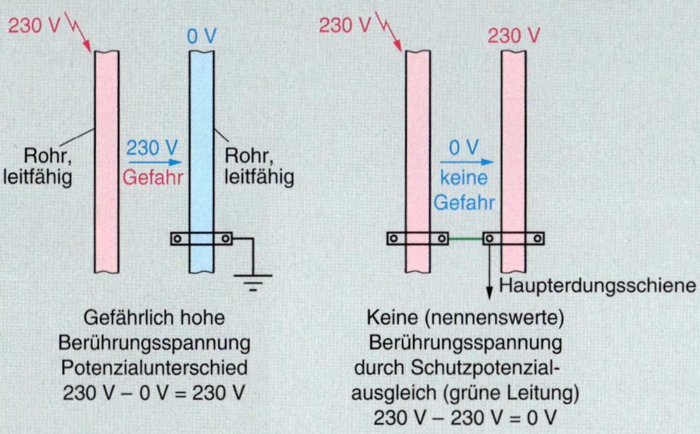

Der Leitungswiderstand des *Schutzpotenzialausgleichsleiters* darf natürlich nicht so groß sein, dass ein nennenswerter Spannungsfall an ihm auftritt.

Dieser Spannungsfall könnte dann nämlich vom Menschen überbrückt werden.
Deshalb sind *Mindestquerschnitte* des Schutzpotenzialausgleichsleiters vorgeschrieben.

- 6 mm² Kupfer
- 16 mm² Aluminium
- 50 mm² Stahl

Gültig für die Verbindung mit der Haupterdungsschiene.

Beispiel für Schutzpotenzialausgleich

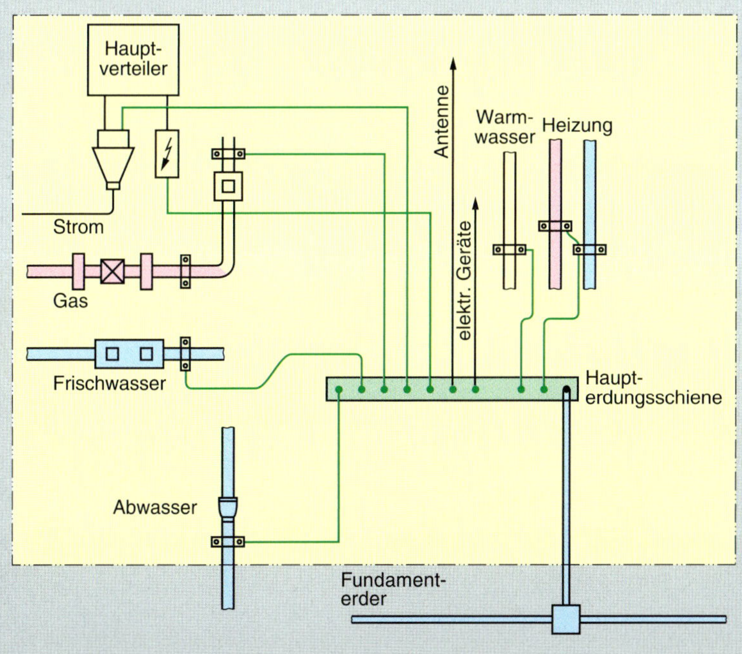

■ **Potenzialausgleich**

→ basics Mechatronik

Schutzsystem
protection system

Potenzialausgleichsleiter
equipotential bonding conductor

Schutzleiter
protective conductor

Erder
earth(ing) electrode

Schutzpotenzialausgleich
safety potential equalization

Zusätzlicher Schutzpotenzialausgleich
additional safety potential equalization

Erdfreier, örtlicher Schutzpotenzialausgleich
safety potential equalization, floating, local

Bei unbewölktem Himmel und senkrechter Sonneneinstrahlung beträgt die Energieeinstrahlung in Deutschland ca. 1000 Watt/m^2.

■ **Wafer**
Ausgangsmaterial für Chips.

Solarzelle
soral cell

Solarmodul
solar module

Solargenerator
solar generator

Sonnenenergie
solar energy

@ Interessante Links

Erneuerbare Energien
- www.rwe.com

2.9 Erneuerbare Energiequellen

Fossile Energieträger (Kohle, Öl, Gas) sind erschöpflich. Sie setzen zudem hohe Mengen an Schadstoffen bei der Energieumwandlung frei und begünstigen die globale Erderwärmung mit ihren katastrophalen Folgen.

Für **erneuerbare Energiequellen** trifft dies nicht zu. Die *Energiequellen* sind praktisch unerschöpflich, da sie ihren Energieinhalt im Wesentlichen aus der Sonnenenergie, der Rotationsenergie der Erde oder aus der geothermischen Energie (Erdwärme) beziehen.

Man spricht von **regenerativen Energien** (regenerieren: sich erneuern).

Fotovoltaik

Hier wird Sonnenenergie *direkt* in elektrische Energie umgewandelt.

Grundelement ist die **Solarzelle**. Grundstoff ist *Silizium*.

Gereinigtes Silizium wird eingeschmolzen und erstarrt je nach Verfahren als **Einkristall** (monokristallin) oder mit Bereichen unterschiedlicher Kristallorientierung (polykristallin).

Danach wird das Produkt in quadratische Scheiben (Dicke ca. 0,2 mm) geschnitten, den sogenannten **Wafers**.

In der **Dünnschichttechnologie** werden Siliziumschichten aufgedampft (Dicke nur wenige µm). Ein Laser strukturiert und kontaktiert sie nach dem Aufdampfen.

37 Solarmodule installieren

Erzeugung elektrischer Energie aus regenerativen Energiequellen

- **Windenergie**
  Mehr als 40 % der erneuerbaren Energien wird aus *Windenergie* erzeugt. Dies gelingt bei *Windgeschwindigkeiten* ab etwa 2 m/s. Die Rotorblätter treiben über ein mehrstufiges Getriebe einen Generator an. Eine *Windrichtungsführung* optimiert die Energieausbeute, schaltet auch bei zu hohen Windgeschwindigkeiten die Energieerzeugung ab (dreht das Windrad aus dem Wind).
  Der *Wirkungsgrad* liegt bei etwa 60 %, die *Anlagenleistung* bei 5 MW.

- **Fotovoltaik**
  Direkte Umwandlung der Energie des Sonnenlichts in elektrische Energie. Verwendet werden *Solarzellen*, die zu *Solarmodulen* zusammengeschaltet werden. Mehrere Solarmodule bilden einen *Solargenerator*.
  Die Solarenergie kann in *Akkumulatoren gespeichert* oder über einen *Wechselrichter* in das Energieverteilungsnetz *eingespeist* werden. Der *Wirkungsgrad* liegt bei etwa 25 %, ein Modul hat eine *Leistung* von etwa 300 W.

- **Bioenergie**
  Biomasse ist gespeicherte Sonnenenergie. Allerdings unterliegt sie nicht dem stark schwankenden Energieaufkommen.
  Unterschieden wird zwischen *primärer Biomasse* (schnell wachsenden Pflanzen) und *sekundärer Biomasse* (Gülle, Klärschlamm, Stallmist).
  Biomasse wird *verbrannt*, *vergärt* oder *vergast*. Dabei entsteht *Wärme*, die eine Dampfturbine zur Stromerzeugung antreibt.
  Der *Wirkungsgrad* liegt bei etwa 85 %, die *Anlagenleistung* etwa bei 5 MW.

- **Geothermie**
  Auch *Erdwärmevorkommen* lassen sich zu den regenerativen Energiequellen zählen.
  - *Thermalwasserfelder*
    Warmes Wasser mit Temperaturen unter 100 °C.
  - *Nassdampffelder*
    Wasser-Dampf-Gemisch, Temperaturen von deutlich über 100 °C möglich.
  - *Heißdampffelder*
    Dampf mit Temperaturen von 120 °C bis ca. 250 °C.
  - *Geokomprimierte Heißwasserfelder*
    Unterirdische Wasservorkommen, die unter sehr hohem Druck stehen. Temperaturen zwischen 150 °C und 200 °C. Besonders gut zur Energiegewinnung geeignet.
    Wirkungsgrad etwa 40 %, *Leistung pro Anlage* ca. 5 MW.

Monokristalline Solarzelle
- Hat den höchsten Wirkungsgrad (ca. 20 %).
- Herstellungsverfahren ist materialintensiv und teuer.

Multikristalline Solarzelle
- Hat das beste Preis-Leistungs-Verhältnis.
- Wirkungsgrad etwa 15 %.
- Hoher Materialverlust bei der Wafer-Herstellung.

Dünnschichtsolarzelle
- Sehr dünne Siliziumschicht (das 0,01- bis 0,02-Fache der monokristallinen oder polykristallinen Zelle).
- Relativ geringer Aufwand bei der Fertigung.
- Wirkungsgrad bei etwa 10 %.

Strom-Spannungs-Kennlinie (Bild 38)

Bei *konstanter Sonneneinstrahlung* kann die Solarzelle im **Arbeitspunkt MPP** (**M**aximum **P**ower **P**oint) die *maximale Leistung* abgeben.

Der *Kurzschlussstrom* I_K der Zelle ist nur unwesentlich höher als der *Bemessungsstrom* I_{MPP} im Arbeitspunkt.

Wirkungsgrad

Gibt die nutzbare elektrische Leistung in Bezug auf das Produkt der Solarzellenfläche A und der einfallenden Sonnenenergie E pro m² an.

$$\eta = \frac{P_{MPP}}{A \cdot E}$$

$$P_{MPP} = U_{MPP} \cdot I_{MPP}$$

Füllfaktor

Die nutzbare Leistung P_{MPP} wird ins Verhältnis zur Leistung aus Leerlaufspannung U_0 und Kurzschlussstrom I_K gesetzt.

$$f = \frac{P_{MPP}}{U_0 \cdot I_K}$$

Der *Füllfaktor f* liegt im Bereich 0,7 bis 0,85.

Solarzelle, Solarmodul

Die *Spannung* einer Solarzelle ist abhängig von der *Beleuchtungsstärke* und der *Zellentemperatur*. Bei Silizium gilt ein Höchstwert von ca. 0,5 V.

Solarzellen werden zu **Solarmodulen** zusammengeschaltet.

Ein Solarmodul besteht i. Allg. aus 36 bis 40 *in Reihe* geschalteten Zellen. Die Spannungen der einzelnen Zellen addieren sich dann zur Gesamtspannung (Bild 39).

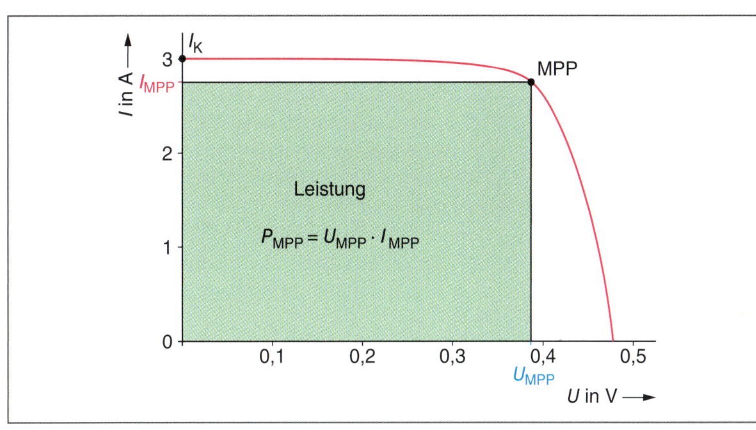

38 *Strom-Spannungs-Kennlinie einer Solarzelle*

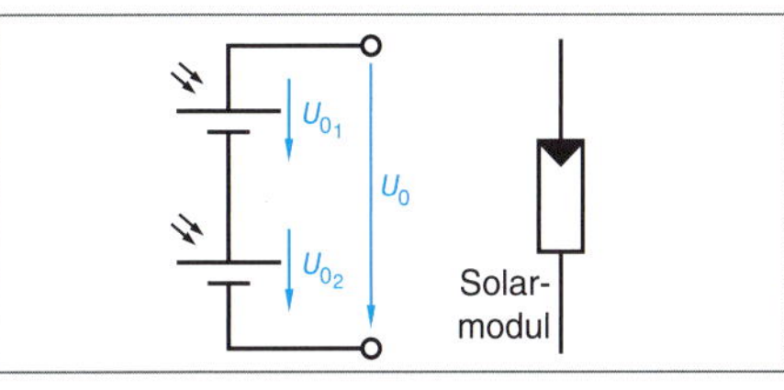

39 *Solarzellen, Solarmodul*

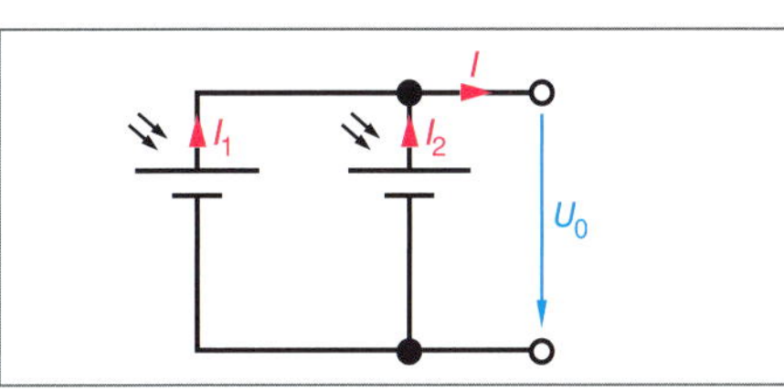

40 *Parallelschaltung von Solarzellen*

Solarzellen können auch *parallel geschaltet* werden.

Dabei addieren sich die Ströme der einzelnen Zellen (Bild 40). Einer Zelle kann ein Strom von maximal 3 A entnommen werden.

41 *Solardach*

Schon geringfügige Beschattung von Solarmodulen bewirken einen erheblichen Leistungsverlust.

Parallelschaltung von Reihensträngen (Strings)

Dadurch wird die Erzeugung *höherer Systemleistungen* von einigen Kilowatt bis in den Gigawattbereich ermöglicht.

Schaltung von Solarmodulen

Reihenschaltung zur *Spannungserhöhung*, Parallelschaltung zur *Stromerhöhung*.

- *Spitzenleistung eines Solarmoduls*

$$P_M = G'_N \cdot \eta_M$$

- *Spitzenleistung eines Solargenerators*

$$P_G = G'_N \cdot A_G \cdot \eta_G$$

- *Anzahl der Solarmodule*

$$n = \frac{P_G}{P_M}$$

P_M Spitzenleistung eines Solarmoduls
P_G Spitzenleistung eines Solargenerators
G'_N globale Bestrahlungsstärke $\left(1\ \frac{kW}{m^2}\right)$
A_G Gesamtfläche des Solargenerators
η_M Wirkungsgrad Solarmodul
η_G Wirkungsgrad Solargenerator
n Anzahl der Solarmodule

Hinweis: Bei Reihenschaltung von Solarmodulen bestimmt die *am wenigsten bestrahlte* Solarzelle die **Gesamleistung** der Anlage.

Durch abnehmende Sonneneinstrahlung nimmt insbesondere die Stromstärke ab. Dabei wirken *beschattete Solarzellen* als *Verbraucher* und würden sich durch den Strom unzulässig erwärmen.

Daher werden **Bypassdioden** parallel zu den Solarzellen geschaltet.

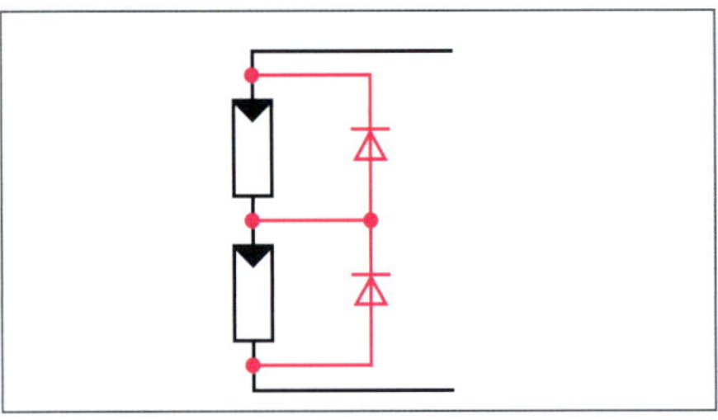

42 Bypassdiode

Wechselrichter

Wechselrichter wandeln den erzeugten Gleichstrom der Solaranlage in Wechselstrom um.

Die Ausgangsspannung ist i. Allg. 230 V oder 400 V.

■ **Modulwechselrichter**

Jedes Solarmodell hat einen eigenen integrierten Wechselrichter. Dann entfallen die Gleichstrom-Hauptleitungen.

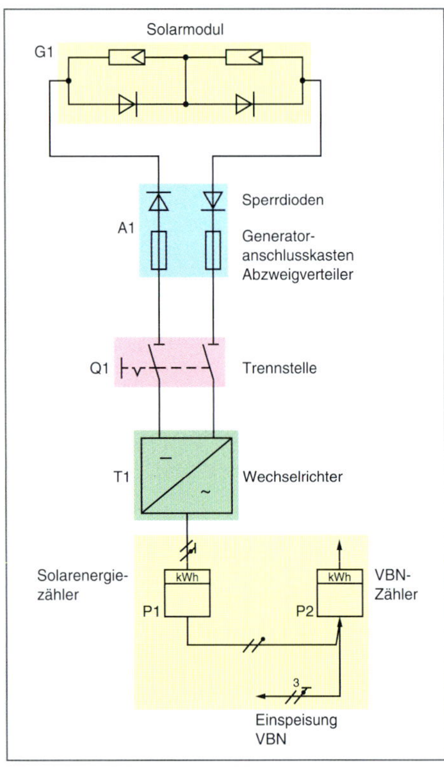

43 Aufbau einer Solaranlage

44 Wechselrichter

Bei *Inselbetrieb* werden **selbstgeführte** *Wechselrichter* und bei *Einspeisung* ins Versorgungsnetz **netzgeführte** *Wechselrichter* eingesetzt.

Aufgaben des Wechselrichters

- Der *Eingangsgleichstrom* kann entweder *direkt gleichstromseitig* oder durch einen Transformator *wechselstromseitig* an die Netzspannung angepasst werden.
- Die *Wechselrichterbrücke* wandelt den Gleichstrom in einen netzsynchronen Wechselstrom um (einphasig oder dreiphasig).
- Abhängig von der Sonneneinstrahlung wird der optimale Arbeitspunkt (MMP) ermittelt und nachgeführt.
- Frequenz, Spannung und Impedanz des Netzes werden überwacht. Im Fehlerfall wird der Wechselrichter allpolig von Netz getrennt.

Leitungen

Der *Leiterquerschnitt* bestimmt sich durch den *Bemessungsstrom* des Fotovoltaik-Generators und dem *höchstzulässigen Spannungsfall* von 1 %.

Da der Kurzschlussstrom I_K nur wenig größer als der Bemessungsstrom ist, kann auf einen *Überlastschutz* der Gleichstromhauptleitung verzichtet werden, wenn die Dauerbelastbarkeit der Leitung den 1,25-fachen Wert des Kurzschlussstroms hat.

Anforderungen an die Leitungen

- *Flammwidrig und halogenfrei*
- *UV- und witterungsbeständig*
- *Temperaturbereich –40 °C bis 120 °C*
- *Spannungsfestigkeit bis 2 kV*
- *Kurz- und erdschlusssicher*

Schutzmaßnahmen

Schutz gegen direktes Berühren und bei indirektem Berühren (Basisschutz und Fehlerschutz) durch *SELV, PELV* und *Schutz durch verstärkte oder doppelte Isolierung.*

Wenn die Leerlaufspannung eines Moduls oder Strangs 120 V DC überschreitet, sollen Module der *Schutzklasse II* verwendet werden.

Bei Anlagen ohne einfache Trennung zwischen Gleich- und Wechselstromseite ist auf der Wechselstromseite eine *Fehlerstrom-Schutzeinrichtung* vom Typ B zu installieren.

Auf der Gleich- und Wechselstromseite sind *Trenneinrichtungen* zu installieren.

In Anlagen mit *Schutzpotenzialausgleich* sollen die Schutzpotenzialleitungen *parallel mit geringem Abstand* zu den Gleich- oder Wechselspannungsleitungen verlegt werden.

Unterbrechungsfreie Stromversorgung (USV)

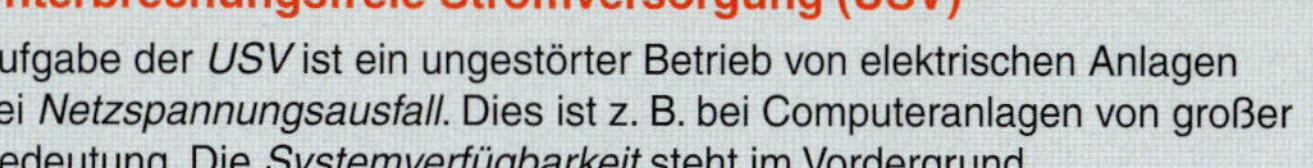

Aufgabe der *USV* ist ein ungestörter Betrieb von elektrischen Anlagen bei *Netzspannungsausfall.* Dies ist z. B. bei Computeranlagen von großer Bedeutung. Die *Systemverfügbarkeit* steht im Vordergrund.

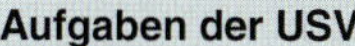

Aufgaben der USV:

- *Unterbrechungsfreie Versorgung bei Ausfall der Netzspannung.*
- *Verbesserung der Spannungsqualität.*

Beeinträchtigt wird die *Spannungsqualität* durch Störungen, die von *außen* über das *Energieverteilungsnetz* eingeschleppt oder durch *Verbrauchsmittel selbst* verursacht werden.

Der *Ausgangs-Spannungsqualität* entsprechend, wird die USV in verschiedene *Klassen* eingeteilt.

- *Stufe 1*
  Abhängigkeit der Ausgangsspannung der USV von der Eingangsspannung.
- *Stufe 2*
  Kurvenform der Ausgangsspannung.
- *Stufe 3*
  Dynamisches Ausgangs-Toleranzverhalten.

Codierung der Kurvenform (Stufe 2)

S	Sinusform, Verzerrungsfaktor kleiner 8 % bei linearer und nicht linearer Belastung
X	keine Sinusform, Verzerrungsfaktor größer 8 % bei nicht linearer Belastung
Y	keine Sinusform, Überschreitung der Grenzwerte

Codierung des Toleranzverhaltens (Stufe 3)

1	maximal ± 30 %, nach maximal 0,1 s ±10 %
2	nach 1 ms maximal +100 % nach 10 ms maximal +20 % bis – 100 % nach 100 ms maximal ±10 %
3	nach 1 ms maximal +100 % nach 10 ms maximal +20 % bis –100 % nach 100 ms maximal +10 % bis –20 %
4	Hersteller legt Eigenschaften fest

Prüfung

1. Welche wesentlichen Kriterien sind bei der Planung einer Solaranlage zu berücksichtigen?
2. Wie kann die Leistungsfähigkeit einer Solarzelle bestimmt werden?
3. Wie wird der Wirkungsgrad einer Solarzelle ermittelt?
4. Was versteht man unter dem Füllfaktor *f* einer Solarzelle?
5. Erklären Sie den Begriff Inselbetrieb.
6. Wie ist ein Solarmodul aufgebaut?
7. Welche Aufgaben haben Wechselrichter bei Fotovoltaikanlagen?

Leitungen für Fotovoltaikanlagen

- *Modulanschlüsse Solarflex -X-PV1-F*
- Gleichstromhauptleitung
  NYM-0
  NYY-0

@ Interessante Links

- christiani-berufskolleg.de

Ausfallstatistik

- Totalausfall des Energieversorgungsnetztes: 3 %.
- Leitungsgebundene Störungen: 97 %.

USV
uninterruptiable power suply

Systemverfügbarkeit
system availability

Bezeichnung der USV-Klasssen

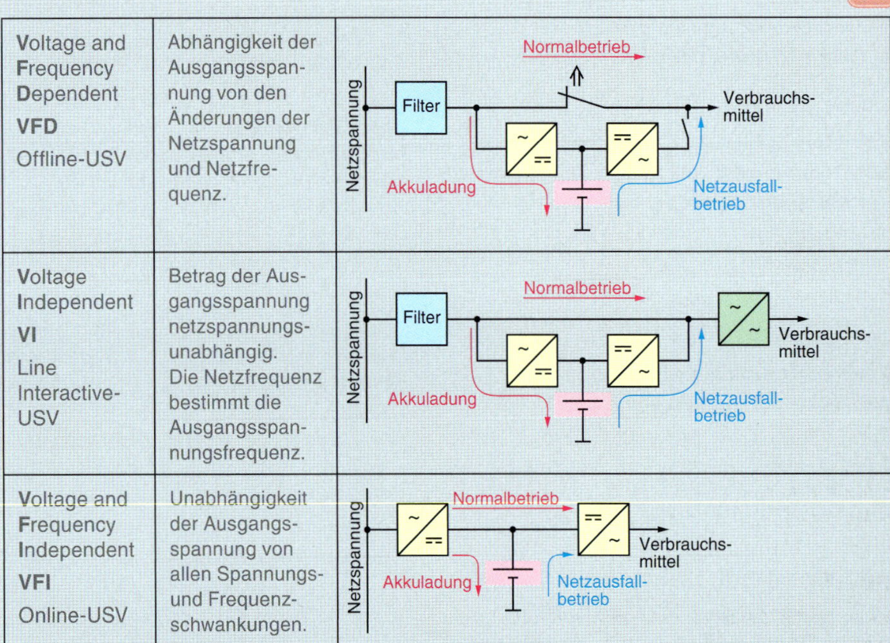

Voltage and Frequency Dependent **VFD** Offline-USV	Abhängigkeit der Ausgangsspannung von den Änderungen der Netzspannung und Netzfrequenz.	Netzspannung, Filter, Normalbetrieb, Verbrauchsmittel, Akkuladung, Netzausfallbetrieb
Voltage Independent **VI** Line Interactive-USV	Betrag der Ausgangsspannung netzspannungsunabhängig. Die Netzfrequenz bestimmt die Ausgangsspannungsfrequenz.	Netzspannung, Filter, Normalbetrieb, Verbrauchsmittel, Akkuladung, Netzausfallbetrieb
Voltage and Frequency Independent **VFI** Online-USV	Unabhängigkeit der Ausgangsspannung von allen Spannungs- und Frequenzschwankungen.	Netzspannung, Normalbetrieb, Verbrauchsmittel, Akkuladung, Netzausfallbetrieb

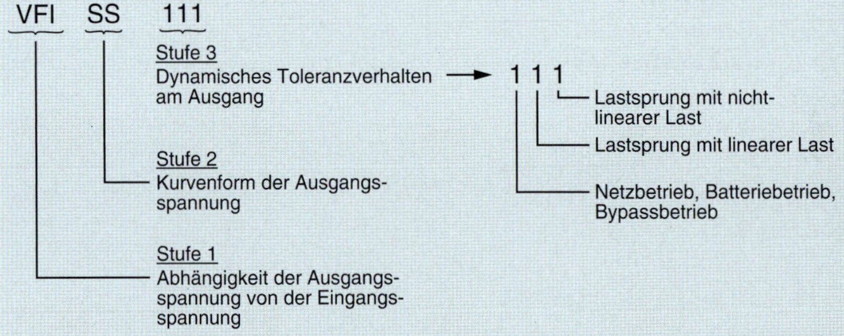

Technischer Einsatz der USV

Störung	VFD	VI	VFI
Netzspannungsausfall	•	•	•
Schwankung der Spannung	•	•	•
Spannungsspitzen	•	•	•
Überspannung		•	•
Unterspannung		•	•

z.B.

Für eine elektrische Anlage mit der Wirkleistung $P = 10$ kW soll eine USV geplant werden.
Welche Leistung muss die USV-Anlage haben?

Die Leistung einer USV wird i. Allg. in kVA angegeben (Scheinleistung). Umrechnungsfaktor (Praxis): 1,4.	$S = 1{,}4 \cdot P$ $S = 1{,}4 \cdot 10\ \text{kW}$ $S = 14\ \text{kVA}$
In der Regel wird die ermittelte Scheinleistung um 40 % erhöht (Reserve).	$S' = 1{,}4 \cdot 14\ \text{kVA}$ $S' = 19{,}6\ \text{kVA} \approx 20\ \text{kVA}$

Leistungsmessung

Mithilfe eines Leistungsmessers kann die *Wirkleistung* direkt gemessen werden. Gemessen werden Stromstärke und Spannung.

Die Produktbildung ergibt die Wirkleistung: $P = U \cdot I$.

Strompfad
Spannungspfad
P
1 2 3 5
L1 (L+)
N (L–)
Messobjekt

Messvorgang

- *Messobjekt freischalten.*
- *Messwerte mit Strombereichs- und Spannungsbereichsschalter einstellen.*
- *Messartschalter auf AC oder DC einstellen.*
- *Messobjekt einschalten.*
- *Messung durchführen.*
- *Messobjekt freischalten.*
- *Messgerät abklemmen und abschalten.*

Hinweis:

Stromstärke und Spannung müssen vor der Messung bekannt sein.
Eventuell durch Kontrollmessung (Spannung, Stromstärke) zuvor ermitteln.
Strom- und *Spannungspfad* des Leistungsmessers dürfen *nicht überlastet* werden.

Beispiel:

Einstellung am Leistungsmesser: 3 A, 100 V
Messbereich 3 A · 100 V = 300 W
Anzeigewert 250 W

Der Messbereichsendwert 300 W wird nicht erreicht (250 W).
Trotzdem ist der Strompfad überlastet (5 A).

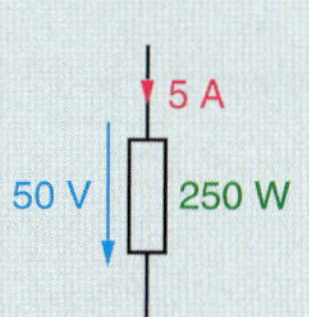

Leistungsmessung im Drehstromnetz

- *Symmetrisch belastetes Vierleiternetz*
  Ein Leistungsmesser reicht zur Messung aus: $P_{ges} = 3 \cdot P$.

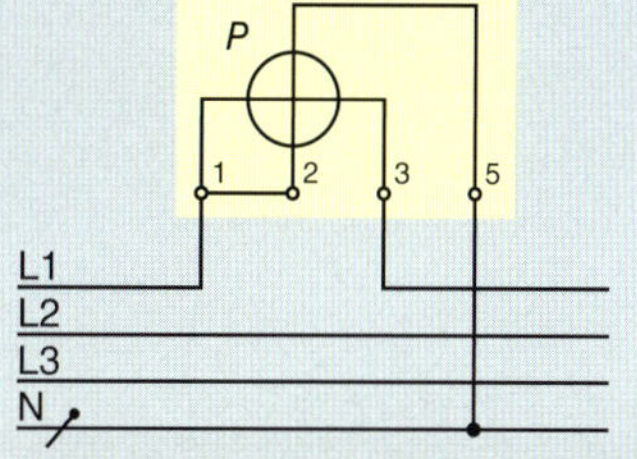

- *Symmetrisch belastetes Dreileiternetz*
  Künstlicher Sternpunkt mit Widerständen. Widerstand des Spannungspfades und der in Reihe geschaltete Widerstand R_1 müssen zusammen so groß wie jeder der beiden anderen Widerstände R_2 und R_3 sein. $P_{ges} = 3 \cdot P_1$.

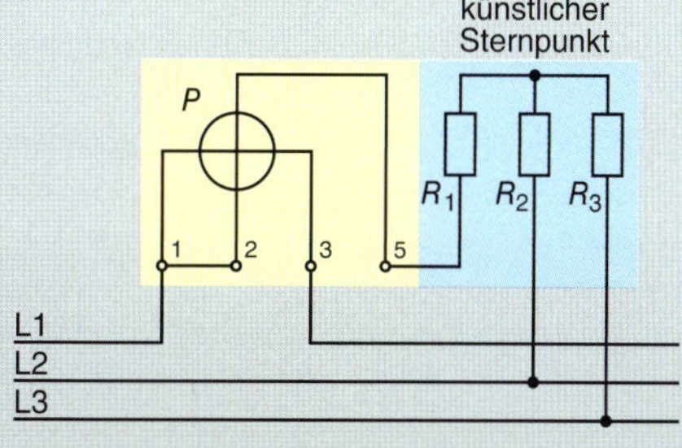

■ **Leistung**
→ basics Mechatronik

■ **Wirkleistung**

- Gleichstrom
  $P = U \cdot I$
- Einphasen-Wechselstrom
  $P = U \cdot I \cdot \cos\varphi$
- Drehstrom
  $P = \sqrt{3} \cdot U \cdot I \cdot \cos\varphi$

Leistung
power, wattage

Leistungsmessung
power measurement

Drehstromnetz
three-phase system

Dreileitersystem
three-wire-system

Vierleitersystem
four-wire system

- *Unsymmetrisch belastetes Vierleiternetz*
  Es werden drei Leistungsmesser benötigt. Die Messwerke sind miteinander gekoppelt. Es wird die Summe der drei Außenleiterleistungen angezeigt.

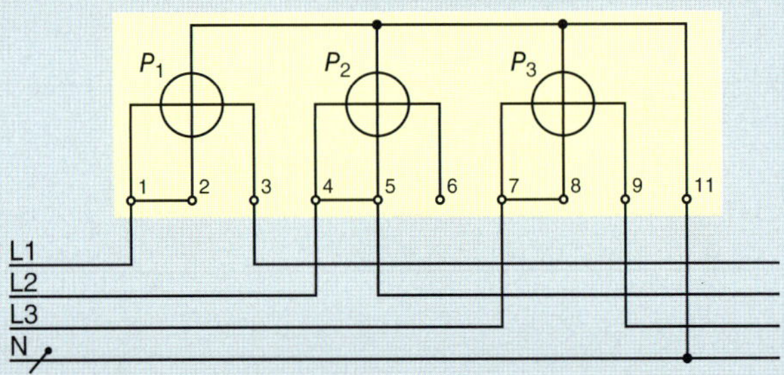

- *Unsymmetrisch belastetes Dreileiternetz*
  Bildung eines künstlichen Sternpunkts durch drei Widerstände.

■ **Wandler**
→ 154

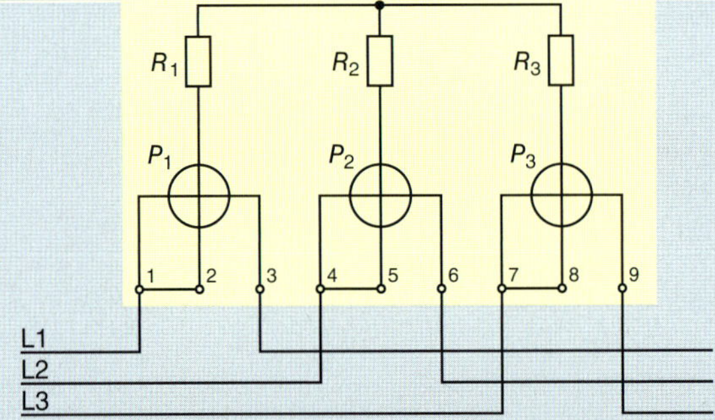

Vorsicht!
In Netzen über 650 V darf die Leistungsmessung nur über Strom- und Spannungswandler erfolgen.

Prüfung

1. Welche Aufgaben hat eine USV?

2. Erklären Sie den Begriff „Spannungsqualität".

3. Wie kann die Qualität einer USV beschrieben werden?

4. Worauf ist bei der Leistungsmessung besonders zu achten?

5. In einem symmetrisch belasteten Drehstromsystem soll die Leistung gemessen werden. Entscheiden Sie sich für eine wirtschaftliche Lösung.

6. Wie kann die Leistung in einem unsymmetrisch belasteten Dreileiternetz gemessen werden?

@ Interessante Links
- christiani-berufskolleg.de

2.10 Elektromagnetische Verträglichkeit (EMV)

Elektromagnetische Verträglichkeit (EMV) ist die Fähigkeit eines Systems, in einer elektromagnetischen Umgebung *einwandfrei* zu arbeiten, ohne selbst elektromagnetische Störungen hervorzurufen, die *definierte Grenzwerte* überschreiten.

In diesem Sinne ist **EMV** ein *Qualitätsmerkmal* eines Systems. Um dieses Qualitätsmerkmal zu erfüllen, ist es wichtig, dass

- die *Störfestigkeit* des Systems den Anforderungen genügt.
- die *Störaussendung* anderer Systeme nicht festgelegte Grenzwerte überschreiten.
- konstruktive Merkmale der Systeme die *Ausbreitung* bzw. *Kopplung* der *Störgrößen* nicht unzulässig begünstigen.

Elektromagnetische Störgröße

Kann in der *elektromagnetischen Umgebung* den bestimmungsgemäßen Betrieb eines Systems beeinträchtigen.

Elektromagnetische Störung

Beeinträchtigung der Funktion eines *Systems* oder eines *Übertragungswegs*, die durch eine elektromagnetische Störgröße hervorgerufen wird.

Die **Störenergie** kann auf unterschiedliche Weise *übertragen* werden. Man spricht dabei von **Kopplungspfaden** (Bild 45).

- Leitungsgebundene galvanische Kopplung. Vorherrschend bei Störgrößen im Frequenzbereich von 9 kHz bis 30 MHz.
- Kapazitive Kopplung (elektrisches Feld).
- Induktive Kopplung (magnetisches Feld).
- Elektromagnetische Kopplung (elektromagnetisches Feld).

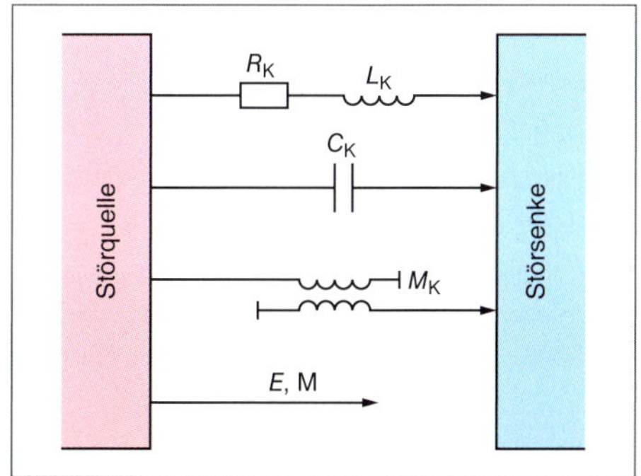

46 Kopplungsarten

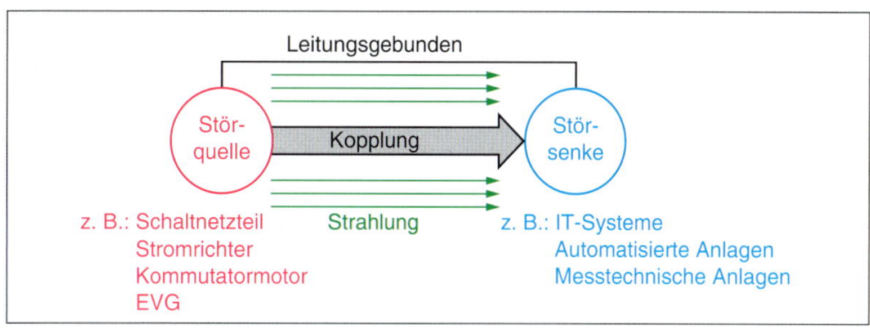

45 Ausbreitung von Störungen

Galvanische Kopplung

Wirksam im Bereich *niedriger* und *hoher* Frequenzen.

Tritt auf, wenn mehrere Stromkreise eine *gemeinsame Spannungsquelle* haben oder einen Leiter als *gemeinsamen Stromweg* verwenden.

Einflussfaktoren sind die *Stromänderungsgeschwindigkeit* ($\Delta i/\Delta t$), Länge und Querschnitt der gemeinsam genutzten Anschlussleitungen.

Die beeinflussende **Störgröße** ist der Strom.

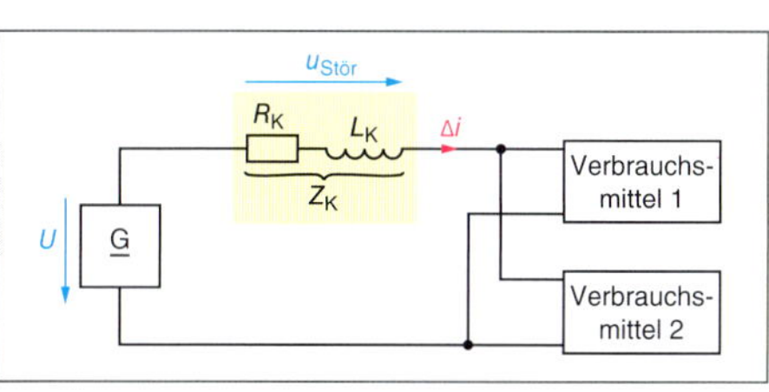

47 Galvanische Kopplung, Beispiel

Eingekoppelte **Störspannung** $u_{Stör}$:

$$u_{Stör} = \sqrt{(U_{R\,Stör})^2 + (U_{L\,Stör})^2}$$

$$U_{R\,Stör} = \Delta i \cdot R_K \qquad U_{L\,Stör} = L_K \cdot \frac{\Delta i}{\Delta t}$$

Bei Verdrahtungsleitungen beträgt die *Induktivität* etwa 1 µH pro Meter Leitungslänge.

$$\left(L \approx 1\,\frac{\mu H}{m}\right)$$

EMV
electro-magnetic compatibility

EMV-Maßnahmen
EMC measure

Störfestigkeit
interference resistance

Störaussendung
transient emission

Elektromagnetische Störung
electromagnetic interference (EMI)

Störungsunterdrückung
interference suppression

Annahme: Leitungslänge 2,6 m; $R_K = 0{,}8\ \Omega$; $\Delta i = 1{,}5$ A; $\Delta t = 50$ ns

Spannungsfall am ohmschen Kopplungswiderstand (siehe Bild 47).

$$u_{R_{Stör}} = \Delta i \cdot R_K$$
$$u_{R_{Stör}} = 1{,}5\ \text{A} \cdot 0{,}8\ \Omega = 1{,}2\ \text{V}$$

Spannungsfall am induktiven Kopplungswiderstand (siehe Bild 47).

$$u_{L_{Stör}} = L_K \cdot \frac{\Delta i}{\Delta t}$$
$$U_{L_{Stör}} = 2{,}6 \cdot 10^{-6}\ \text{H} \cdot \frac{1{,}5\ \text{A}}{50 \cdot 10^{-9}\ \text{s}}$$
$$u_{L_{Stör}} = 78\ \text{V}$$

$$L_K = 2{,}6\ \text{m} \cdot 1\,\frac{\mu\text{A}}{\text{m}} = 2{,}6\ \mu\text{H} = 2{,}6 \cdot 10^{-6}\ \text{H}$$

$$50\ \text{ns} = 50 \cdot 10^{-9}\ \text{s}$$

■ **EMV-Gesetz**

Vom 20.04.2012 schreibt vor, dass die Funktion von Geräten nicht durch elektromagnetische Störungen beeinträchtigt werden darf.

Auch vom Gerät selbst dürfen keine funktionsbeeinflussenden Störungen ausgehen.

■ **Skin-Effekt**

→ 162

Der ohmsche und induktive Anteil der Störspannung müssen *geometrisch* addiert werden.

Im Beispiel ist aber erkennbar, dass der ohmsche Anteil gegenüber dem induktiven Anteil *vernachlässigbar* ist.

Eine weitere Schlussfolgerung kann aus dem Beispiel gezogen werden: Die *galvanisch* eingekoppelte Störspannung *sinkt* mit geringer werdenden Werten von R_K und L_K.

Folgerung: *Möglichst kurze Leitungslängen* bei *möglichst großem Leiterquerschnitt.*

Allerdings gilt das nur bei Gleichstrom und bei Wechselstrom bis in den Kilohertz-Bereich.

Bei höheren Frequenzen macht sich der Einfluss des **Skineffekts** auf den *ohmschen Leiterwiderstand* bemerkbar.

Kopplungsimpedanz

$$Z_K = \sqrt{R_K^2 + X_{L_K}^2} \qquad X_{L_K} = 2\pi \cdot f \cdot L_K$$

Bei *niedrigen Frequenzen* (und die überwiegen in herkömmlichen elektrischen Anlagen) kann der *ohmsche* Kopplungswiderstand R_K nicht vernachlässigt werden.

Denken Sie an die *galvanische Kopplung* beim **PEN-Leiter**, der den betriebsbedingten Strom führt und zusätzlich als Massepunkt der übrigen Anlage benutzt wird.

Hier überwiegt eindeutig der *ohmsche Kopplungswiderstand.* Ströme auf Abschirmungen von Leitungen sind z. B. die Folge.

Maßnahmen zur Verringerung bzw. Vermeidung galvanischer Kopplung

- Vermeidung unnötiger galvanischer Verbindungen zwischen voneinander unabhängigen Stromkreisen und Systemen.
- Minimierung des Koppelwiderstands durch getrennte Betriebsspannungsversorgung zu einzelnen Verbrauchsmitteln.
- Impedanzarme (vor allem induktivitätsarme) Ausführung von Leitungen (Bezugspotenzialleiter, Erdungsleitungen, Stromversorgungsleitungen, die zu mehreren Stromkreisen gehören).
- Potenzialtrennung durch Trenntransformatoren, Lichtwellenleitern und Optokopplern.
- Verzicht auf gemeinsame Rückleiter (z. B. PEN).
- Vermeidung von Koppelimpedanzen zwischen Leistungs- und Signalstromkreisen.
- Sternförmige Zusammenführung der Bezugspotenziale mehrerer Verbrauchsmittel sowie des Schutzleitersystems und Erdungssystems.
- Sternförmige Verdrahtung der Stromversorgung.

Kapazitive Kopplung

Parallel verlaufende Leiter oder *Leiterbahnen* bilden faktisch einen *Kondensator.*

Da dies technisch nicht beabsichtigt ist, spricht man von **parasitären Kapazitäten**.

Bei kapazitiver Kopplung ist der Kopplungspfad nicht an diskrete Bauteile gebunden. Es kommt zur Kopplung, wenn sich die *Spannung* und damit das *elektrische Feld ändert.* *Wechselspannungen* oder *Spannungsimpulse* werden dann auf andere Stromkreise übertragen.

Einflussfaktoren auf den Störstrom

- *Leitungsabstand*
  Mit zunehmendem Leitungsabstand nimmt die Kapazität ab und der Störstrom wird geringer.
- *Länge der parallel geführten Leitungen*
  Mit zunehmender Länge nimmt die Kapazität zu.
- *Dielektrikum*
  Üblicherweise Luft oder die Isolation der Leiter.
- *Frequenz, Änderungsgeschwindigkeit*
  Mit steigender Frequenz wird die Änderungsgeschwindigkeit $\Delta u_{C_K}/\Delta t$ größer. Der Störstrom nimmt dann zu.

$$i_{Stör} = C_K \cdot \frac{\Delta u_{C_K}}{\Delta t}$$

- *Spannungshöhe*
  Mit zunehmender Spannung nimmt das elektrische Feld und damit der Störstrom zu.

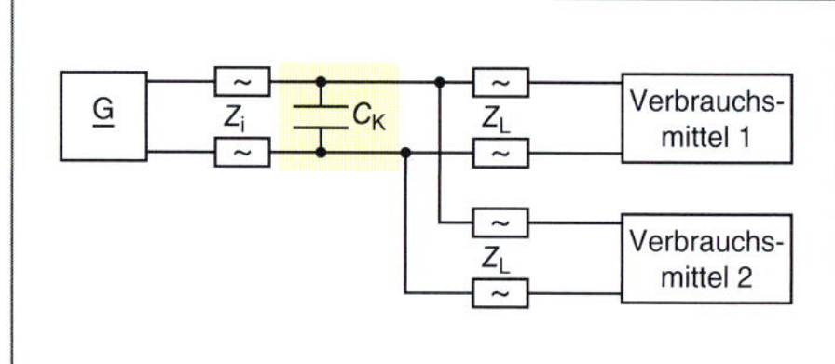

48 Kapazitive Kopplung, Beispiel

Maßnahmen zur Verringerung der kapazitiven Kopplung.

- Möglichst kurze Leitungslängen.
- Möglichst große Abstände zwischen den Leitungen.
- Schirmung:
- Leitungen nach Möglichkeit nicht parallel führen.

Induktive Kopplung

Der elektrische Strom ruft ein Magnetfeld hervor. Wenn sich dieses Magnetfeld zeitlich ändert ($\Delta\Phi/\Delta t$), induziert es in leitfähigen Teilen eine Spannung (Induktion).

Ursache der Magnetfeldänderung ist eine *zeitliche Stromänderung* $\Delta i/\Delta t$.

Einflussfaktoren auf die Störspannung

- *Magnetfeldstärke*
  Ist abhängig von der Stromstärke, die das magnetische Störfeld hervorruft. Mit zunehmendem Strom nimmt die Magnetfeldstärke ebenfalls zu.
- *Abstand zwischen Störquelle und Störsenke*
  Mit zunehmendem Abstand nimmt die Störspannung ab.
- *Leiterschleifenfläche*
  Mit zunehmender Fläche nimmt der umfasste Magnetfluss zu; die Störspannung wird größer.
- *Frequenz, Änderungsgeschwindigkeit*
  Eine Zunahme der Stromänderungsgeschwindigkeit ($\Delta i/\Delta t$) vergrößert die induzierte Spannung.

Die Magnetfeldstärke kann durch **Schirmung** verringert werden.

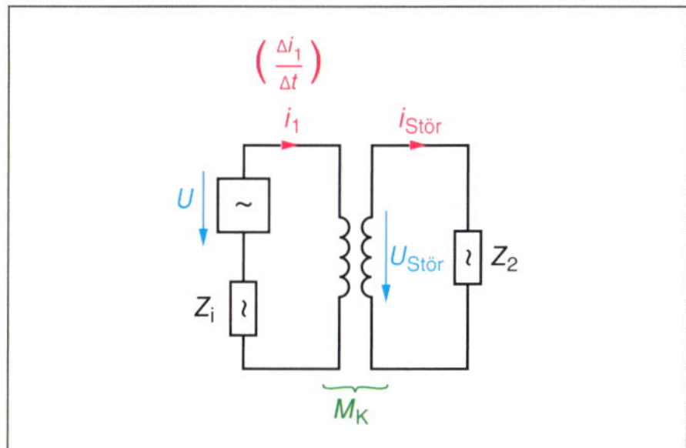

49 Induktive Kopplung

$$u_{\text{Stör}} = M_K \cdot \frac{\Delta i}{\Delta t} = \frac{\Delta\Phi}{\Delta t}$$

M_K ist die **Gegeninduktivität**, deren Größe von der Geometrie der Leiteranordnung abhängig ist.

Maßnahmen zur Verringerung der magnetischen Kopplung

- Höhe und Steilheit der Stromänderung so gering wie möglich halten.
- Die Leitungen verdrillen.
- Abschirmung:
- Größtmögliche Abstände einhalten.
- Systeme möglichst konzentriert und räumlich voneinander getrennt aufbauen.

Strahlungskopplung

Mit *zunehmender Frequenz* der Störsignale nimmt die Gefahr zu, dass sich die Störgröße nicht nur *leitungsgebunden*, sondern auch durch **Abstrahlung** im Raum ausbreitet.

Dann kann die **Störsenke** die elektromagnetische Störstrahlung wie eine **Antenne** aufnehmen.

Die *Driftgeschwindigkeit* der Elektronen im *Gleichstromkreis* ist sehr gering (mm/s). Der *Bewegungsimpuls* pflanzt sich aber nahezu mit *Lichtgeschwindigkeit* fort.

Lichtgeschwindigkeit

$$c_0 = 300\,000\ \frac{\text{km}}{\text{s}}$$

Bei *Wechselstrom* bewegen sich die *Augenblickswerte* der Wechselgrößen fast mit Lichtgeschwindigkeit durch den Leiter.

Trotzdem tritt z. B. zwischen dem positiven Scheitelwert *am Anfang* und *am Ende* der Leitung eine *Zeitdifferenz* (Verzögerung) auf.

> Die Länge, bei der die gleichen Augenblickswerte der Wechselgröße wieder gleich verlaufen, ist die *Wellenlänge* λ.
>
> Sie ist abhängig von der Geschwindigkeit (Frequenz), mit der sich die Augenblickswerte der Wechselgröße auf dem Leitungsweg ändern.

Zurückgelegter Weg = Geschwindigkeit · Zeit

$s = v \cdot t$

$v \rightarrow c_0$ (Lichtgeschwindigkeit)

$s \rightarrow \lambda$ (Wellenlänge)

$t \rightarrow T$ (Periodendauer)

$$\lambda = c_0 \cdot T = \frac{c_0}{f}$$

λ Wellenlänge in m
c_0 Lichtgeschwindigkeit in $\frac{\text{m}}{\text{s}}$
T Periodendauer in s
f Frequenz in Hz

Die *50-Hz-Energieversorgungsleitungen* erreichen kaum eine Länge von 6000 km (siehe Beispiel Seite 76).

Dann kann an jeder Stelle der Leitung die Wechselgröße gleiche Augenblickswerte annehmen. Alle Elektronen entlang des Leitungsverlaufs verhalten sich gleich.

Bei einer *1-GHz-Wechselgröße* beträgt die *Wellenlänge*

$$\lambda = \frac{c_0}{f} = \frac{3 \cdot 10^8\ \frac{\text{m}}{\text{s}}}{1 \cdot 10^9\ \frac{1}{\text{s}}} = 0{,}3\ \text{m} = 30\ \text{cm}$$

■ **Oberschwingungen**
→ 47

TB

In Bild 49 sind die beiden Stromkreise über den magnetischen Fluss Φ miteinander gekoppelt.

Bei Änderung von i_1 ändert sicht auch der magnetische Fluss.

Im zweiten Stromkreis wird dann eine Störspannung induziert, die einen Störstrom hervorruft.

Die Störspannung ist abhängig von der Stromänderungsgeschwindigkeit und der Gegeninduktivität (Kopplungsinduktivität).

Entstörmaßnahmen halten Störungen vom Gerät fern und unterbinden die Aussendung unzulässiger Störungen.

Ultrakurzwelle (UKW): Frequenz 100 MHz
Wechselspannung: Frequenz 50 Hz
Zu ermitteln sind die Wellenlängen.

Lichtgeschwindigkeit
$300\,000\,\frac{\text{km}}{\text{s}} = 3 \cdot 10^5\,\frac{\text{km}}{\text{s}} = 3 \cdot 10^8\,\frac{\text{m}}{\text{s}}$
$100\text{ MHz} = 100 \cdot 10^6\text{ Hz}$

$\lambda = \frac{c_0}{f}$

$f = 100\text{ MHz}$

$$\lambda = \frac{3 \cdot 10^8\,\frac{\text{m}}{\text{s}}}{100 \cdot 10^6\,\frac{1}{\text{s}}} = 3\text{ m}$$

Eine hohe Frequenz bedeutet eine geringe Wellenlänge und umgekehrt.

$f = 50\text{ Hz}$

$$\lambda = \frac{3 \cdot 10^8\,\frac{\text{m}}{\text{s}}}{50\,\frac{1}{\text{s}}} = 6 \cdot 10^6\text{ m} = 6000\text{ km}$$

Leitungsschirmung

Störströme werden über den mit dem Gehäuse leitend verbundenen Schirm zur Erde abgeleitet.

Dabei muss die Schirmung *impedanzarm* ausgeführt werden.
Technisch sinnvoll ist der Einsatz von *Schirmgeflecht* (Deckungsdichte ≥ 80 %).

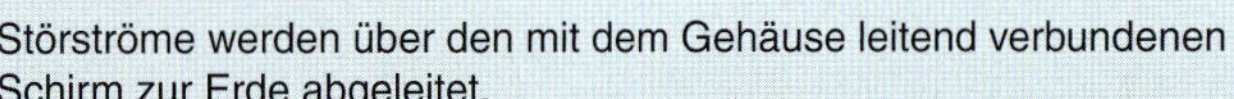

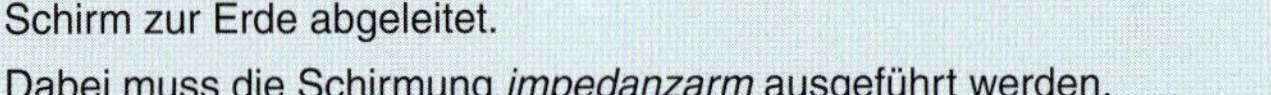

- **Schirmanschluss einseitig aufgelegt**

Ausreichend gegen *elektrische* Felder.
Verhindert, dass unterschiedliche Potenziale miteinander verbunden werden können (Netzsystem beachten).

Die Übertragung empfindlicher *Analogsignale* (mV, µA) erfordert einen *einseitig aufgelegten* Schirmanschluss.

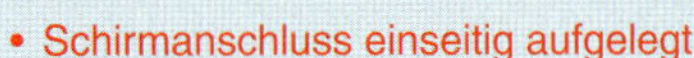

- **Schirmanschluss beidseitig aufgelegt**

Wirksam bei elektrischen und magnetischen Feldern.
Es dürfen aber keine unterschiedlichen Potenziale durch den Leitungsschirm überbrückt werden. Störungen und unzulässige Erwärmung könnten die Folge sein.

Man könnte jedoch einen der beiden Schirmanschlüsse mit einem Kondensator beschalten.

Bei entsprechender Wahl der Kondensatorkapazität ist der Schirm nur für hochfrequente magnetische Störgrößen beidseitig wirksam.

Möglich ist auch die Verwendung eines Doppelschirms. Der innere Schirm wird einseitig, der äußere beidseitig aufgelegt. Der Schirmstrom muss aber gefahrlos geführt werden können.

Der Schirm sollte möglichst nah am Potenzialausgleichssystem verlegt werden. Dadurch wird die Schleifenbildung zwischen Schirm und Potenzialausgleichssystem minimiert. Abgeschirmte Leitung auf Metalltrassen oder Kanälen verlegen.

Auf häufige Verbindung mit dem Potenzialausgleichssystem achten.

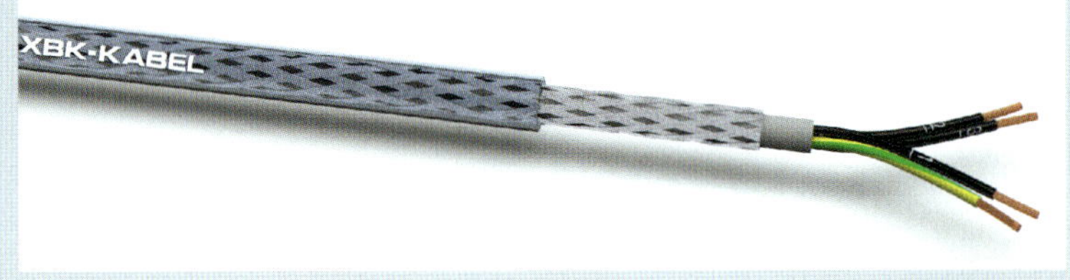

Leitungslängen können dann der Wellenlänge λ entsprechen. Dann wirken die Leitungen als *Antennen*. Elektromagnetische Energie wird *abgestrahlt*.

Maßnahmen zur Verringerung der Abstrahlung

- Kurze Leitungslängen:
- Verdrillen:
- Schirmung:
- Vom Stromkreis umschlossene Fläche minimieren.

Prüfung

1. Störungen sollen möglichst an der Störquelle bekämpft werden.
Begründen Sie diese Forderung.

2. Ein Gerät trägt das CE-Kennzeichen.
Was bedeutet das hinsichtlich der EMV?

3. Auf welche Weise kann Störenergie übertragen werden?

4. Beschreiben Sie die Maßnahme Abschirmung.

5. Worauf achten Sie beim Anschluss geschirmter Leitungen besonders?

6. Unterscheiden Sie zwischen leitungsgebundenen und abgestrahlten Störungen.

Filter

Ein *Filter* wirkt stets in *beide* Richtungen. Dadurch wird die *Störfestigkeit* erhöht und die *Störaussendung* auf der gefilterten Leitung vermindert.

- *Filter können direkt an der Durchführung der gefilterten Leitung in das Metallgehäuse eingebaut werden.*
- *Filter können direkt am zugehörigen Gerät eingebaut werden.*
- *Filter verwenden Ableitkondensatoren gegen Erde. Deshalb ist eine einwandfreie Erdung wichtig für die Filterwirkung. Eine gemeinsame metallische Montageplatte oder eine geschirmte Leitung zwischen Filter und Störquelle sind sehr wirkungsvoll.*
- *Gefilterte und ungefilterte Leitungen sind in größtmöglicher Entfernung zueinander zu verlegen.*
- *Filter müssen einen ausreichenden Abstand zwischen den Frequenzspektren der Nutz- und Störsignale haben. Die Störungsdämpfung soll nämlich ohne Beeinträchtigung des Nutzsignals erfolgen.*
- *Filterschaltungen sind Vierpole, die mit den Impedanzen von Störquelle und Störsenke einen frequenzabhängigen Spannungsteiler bilden.*

Filterschaltungen

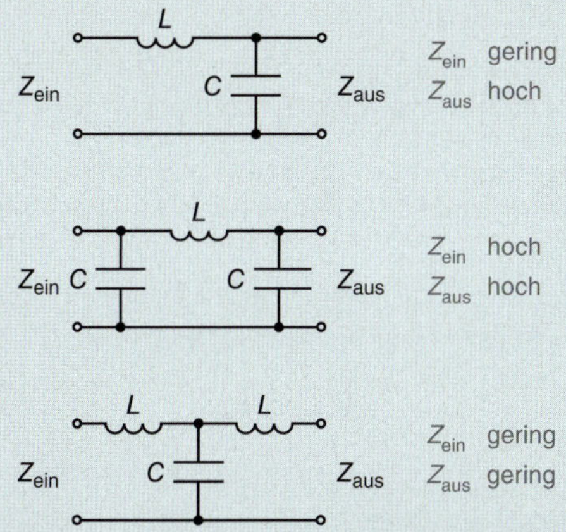

Z_{ein} gering
Z_{aus} hoch

Z_{ein} hoch
Z_{aus} hoch

Z_{ein} gering
Z_{aus} gering

Filterauswahl

Eine genaue Filterauswahl ist nur durch Messung möglich. Die Filterhersteller gehen bei ihren Angaben von einer Impedanz 50 Ω (Ein- und Ausgang) aus. In der Praxis treten aber auch andere Impedanzen auf.

Netzfilter

Die vom Frequenzumrichter erzeugten Störspannungen werden von *Netzfiltern* bedämpft. Netzfilter sind so nah wie möglich am Umrichter zu installieren. Die Gehäuse von Filter und Umrichter müssen HF-gerecht geerdet und über eine Montageplatte miteinander verbunden sein.

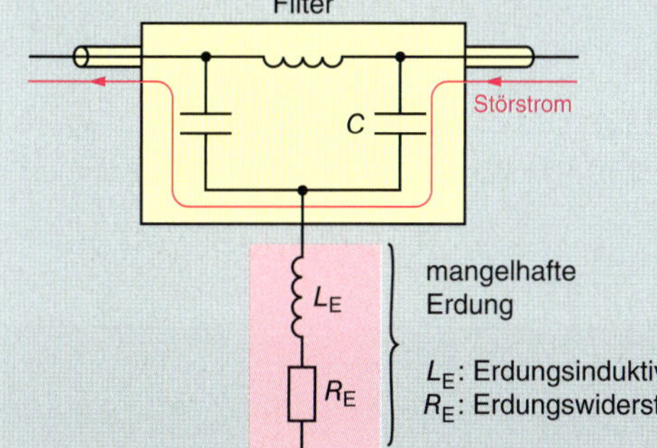

Sind L_E und R_E zu groß, kann die Störspannung durch die Ableitkondensatoren nicht mehr kurzgeschlossen werden. Dadurch kann der Störstrom ungefiltert „am Filter vorbei" fließen.

■ **Passive Filter**
bestehen aus Spulen und Kondensatoren.

■ **Filter**
können Ströme bestimmter Frequenzen sperren oder ableiten. Man spricht dann von Sperrkreis oder Saugkreis.

Ableitstromarme Netzfilter

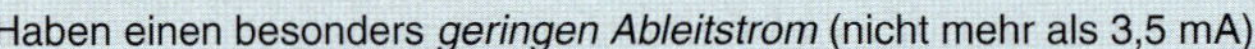

Haben einen besonders *geringen Ableitstrom* (nicht mehr als 3,5 mA).

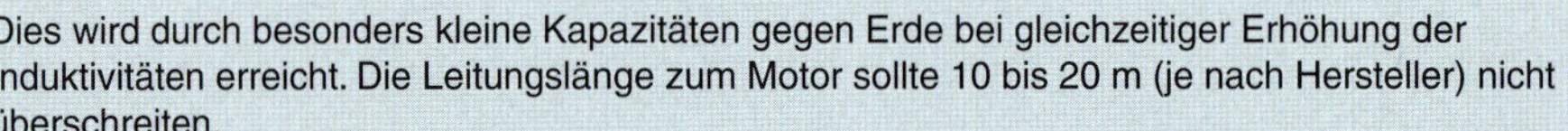

Dies wird durch besonders kleine Kapazitäten gegen Erde bei gleichzeitiger Erhöhung der Induktivitäten erreicht. Die Leitungslänge zum Motor sollte 10 bis 20 m (je nach Hersteller) nicht überschreiten.

150-Hz-Kompensationsfilter

Die *150-Hz-Oberschwingungskomponente* stellt einen großen Anteil des Ableitstroms dar. Netzfilter wirken erst oberhalb von 1000 Hz, bei 150 Hz haben sie keinen dämpfenden Einfluss. Notwendig ist eine *150-Hz-Kompensation.*

- Passive 150-Hz-Kompensation
  Sinnvoll, wenn die Kompensation direkt im Zwischenkreis des Umrichters erfolgt. Die frequenzabhängigen Widerstände sperren Oberschwingungsstrom einer bestimmten Frequenz (180 Hz). Der N-Leiter wird dadurch entlastet.

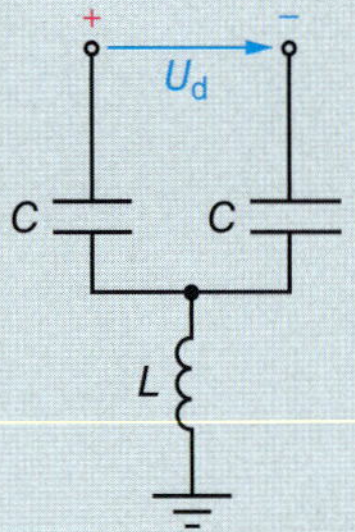

- Aktive 150-Hz-Kompensation
  Der Oberschwingungsstrom wird ständig analysiert und ein entsprechender Kompensationsstrom hervorgerufen. Beide Ströme heben sich gegenseitig auf. Es verbleibt dann praktisch nur noch der 50-Hz-Strom. Vorteilhaft ist, dass auf unterschiedliche Betriebszustände des Umrichters reagiert werden kann.

■ **Aktive Filter**
bereinigen das mit Oberschwingungen behaftete Versorgungsnetz.

Stromwandler misst den mit Oberschwingungen belasteten Strom

Verbrauchsmittel

$I + I_H$

I_H

I

Netzeinspeisung

aktives Filter

Aktives Filter ermittelt die vorhandenen Oberschwingungsströme.
Ein Wechselrichter speist die ermittelten Oberschwingungströme gegenphasig ins Netz ein.
Ergebnis ist ein Strom mit praktisch reiner Sinusform.

Sinusfilter

Die geschirmte Leitung zwischen Umrichter und Motor ist eine ganz wesentliche Ursache für Ableitströme.

Die Kapazität zwischen Schirm und aktiven Leitern ist beträchtlich. Schon aus diesem Grund sollte die Motorzuleitung so kurz wie möglich sein.

Bei Verwendung von *Sinusfiltern* kann die Störabstrahlung der Motorleitung wesentlich verringert werden, sodass auf eine Abschirmung verzichtet wird.

Die Leitung zwischen dem Sinusfilter und dem Motor ist nicht mehr stark oberschwingungsbelastet, sondern weitgehend der Sinusform angenähert. Auch dadurch lassen sich Ableitströme reduzieren.

Sinusfilter

Sinusfilter mit Rückführung zum Zwischenkreis des FU, ohne Abschirmung der Motorleitung.

Sinusfilter sind für den *Bemessungsstrom* und die *Bemessungsspannung* auszuwählen.

Werden mehrere Motoren *parallel* betrieben, muss die Summe der einzelnen Motorströme berücksichtigt werden.

- *Am Filter tritt ein Spannungsfall auf.*
- *Ein Teil des Ausgangsstroms geht im Filter verloren.*

Ausgangsdrossel

Gemeinsam mit den Kapazitäten von Leitungen, Motorwicklungen und Schirmung bilden Ausgangsdrosseln ein Tiefpassfilter.

Dadurch werden die Rechteckimpulse abgerundet.

Ausgangsdrosseln werden z. B. dann eingesetzt, wenn weder Spannungsfall noch Stromverlust (Sinusfilter) zulässig sind.

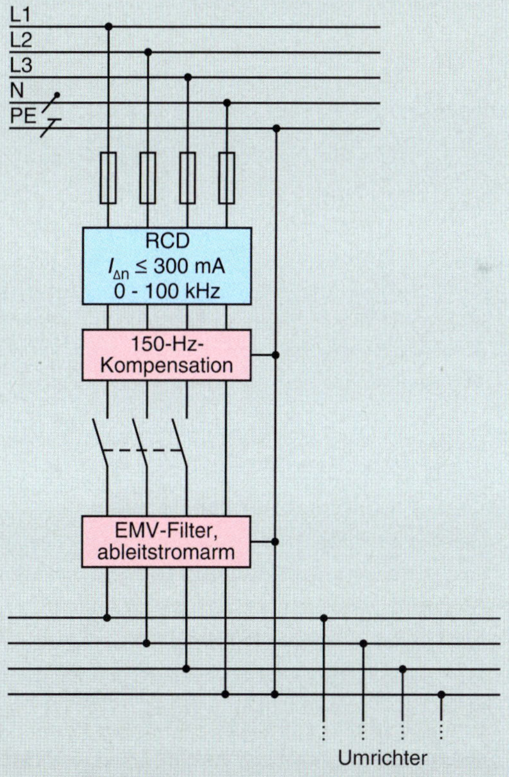

Filtereinsatz bei Umrichterantrieben

FU
Frequenzumrichter
→ 197, 209

Statt eines Netzfilters für jeden Umrichter kann auch ein gemeinsames Filter für den gesamten Schaltschrank eingesetzt werden.

Dann muss es auf den Summenstrom der Umrichter ausgelegt werden.

Wichtig ist ein eng vermaschter Schutzpotenzialausgleich zwischen allen metallenen Elementen, Gehäusen und Anlageteilen.

Große Leiterschleifen sind zu vermeiden, stromführende Leitungen sind so nah wie möglich am Bezugspotenzial zu verlegen.

Metallteile im Schaltschrank sind großflächig und leitend miteinander zu verbinden.

Schaltschrank

- *Verwendung von metallischen Schaltschränken.*
- *Verwendung von verzinkten Montageplatten.*
- *Lackierte Metalloberflächen vermeiden oder Lackschicht großflächig entfernen.*
- *Zur Korrosionsmeidung an Verbindungsstellen elektrisch leitendes Fett verwenden.*
- *Schirm von abgeschirmten Leitungen mit geeignetem Befestigungsmaterial niederohmig mit der Bezugspotenzialfläche verbinden.*
- *Bei Kunststoffgehäusen eine verzinkte Montageplatte verwenden und mit dem Massebezugspotenzial (Erdpotenzial) verbinden.*

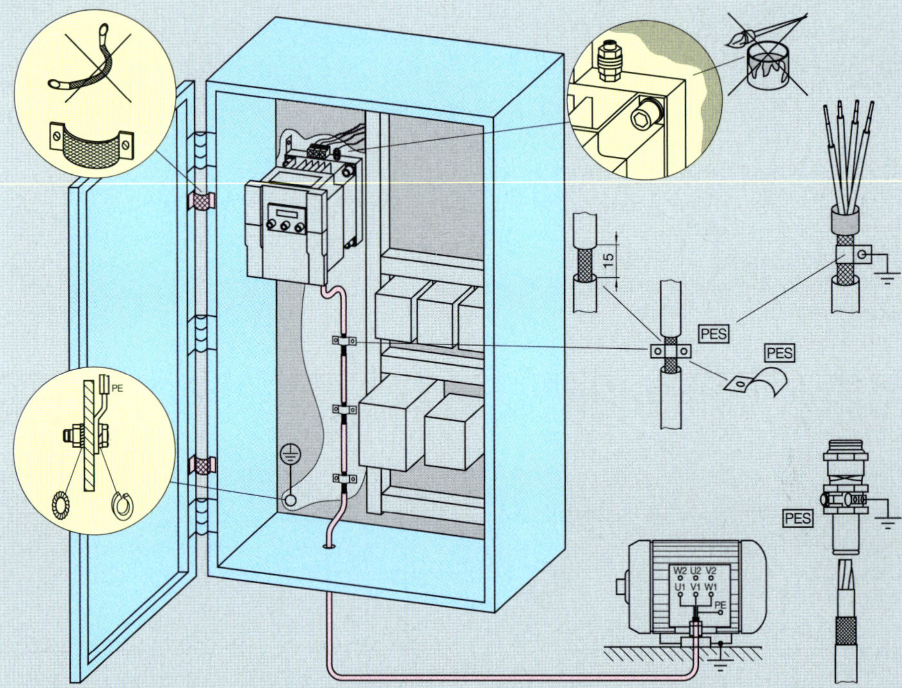

- *Gleich- und Wechselstromleitungen getrennt verlegen.*
- *Abstand zwischen Starkstromleitungen und digitalen Signalleitungen mindestens 10 cm.*
- *Abstand zwischen Starkstromleitungen und analogen Signalleitungen mindestens 30 cm.*
- *Keine Leitungen mit unterschiedlichen Potenzialen und Funktionen parallel führen. Leitungskreuzungen solcher Leitungen möglichst rechtwinklig ausführen.*
- *Verwendung abgeschirmter Leitungen.*
- *Hin- und Rückleitungen eventuell verdrillen.*
- *Leitungsschirm auf Masse legen. Schirme getrennt bis zum zentralen Massepunkt verlegen.*
- *Leitungsschirm unmittelbar an die Geräteklemme heranführen.*
- *Geschirmte Leitungen nicht über Klemme führen.*
- *Unbenutzte Adern einer abgeschirmten Leitung beidseitig auf Masse legen.*
- *Schirm von Busleitungen beidseitig auf Masse legen.*
- *Schirm vom Analogleitungen einseitig auf Masse legen, wenn kein ausreichender Potenzialausgleich zwischen Anfang und Ende der Leitung vorhanden ist. Ansonsten beidseitig auf Masse legen.*
- *Leitungsschirm nicht als Potenzialausgleich zwischen zwei Erdungsstellen verwenden. Haben zwei Erdungsstellen unterschiedliches Potenzial, ist eine zusätzliche Potenzialausgleichsleitung mit einem Mindestquerschnitt von 10 mm² zu verlegen.*
- *Bei Schützen, Motorschutzeinrichtungen und Klemmen in der Motorleitung müssen die Schirme der Betriebsmittel durchverbunden und großflächig mit der Montageplatte verbunden werden.*

Schaltschrank

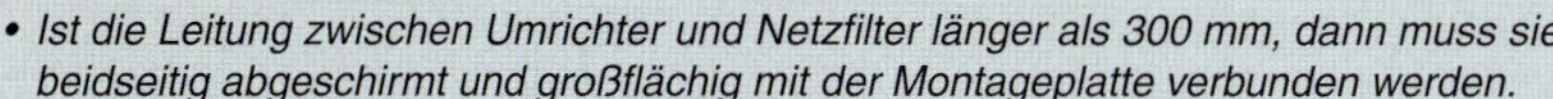

- *Ist die Leitung zwischen Umrichter und Netzfilter länger als 300 mm, dann muss sie beidseitig abgeschirmt und großflächig mit der Montageplatte verbunden werden.*

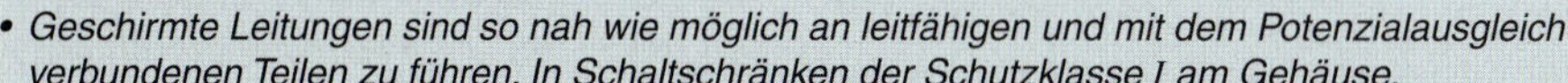

- *Geschirmte Leitungen sind so nah wie möglich an leitfähigen und mit dem Potenzialausgleich verbundenen Teilen zu führen. In Schaltschränken der Schutzklasse I am Gehäuse.*
- *Auf geringe Abstände zwischen zusammengehörenden aktiven Leitern ist zu achten. Eine Verdrillung sämtlicher ungeschirmter Leitungen ist sinnvoll.*
- *Schutzleiterschienen müssen großflächig mit den Tragholmen verbunden sein. Störströme und Fehlerströme werden über eine externe Leitung ($\geq$ 10 mm²), die an das Schutzleitersystem angeschlossen sind, abgeleitet.*
- *Schirmschienen sind großflächig mit den Tragholmen zu verbinden. Die Tragholme sind großflächig mit dem Schaltschrankgehäuse zu verbinden. Die Verbindungen sind gegen Korrosion zu schützen (z. B. mit Fett).*
- *Ist eine PEN-Schiene im Schaltschrank installiert, muss sie gegen das Schaltschrankgehäuse isoliert werden. Sie darf nur einmal mit der PE-Schiene verbunden werden.*

Mit zunehmender Frequenz des elektromagnetischen Störfeldes wirken sich Gehäuseöffnungen nachteilig aus.

Ungenutzte Leiter sollten mit dem Gehäuse verbunden werden.

Anordnung im Schaltschrank (Zonenkonzept)

Schon in der Planungsphase ist auf die *räumliche Trennung* von *Störquellen* und *Störsenken* zu achten.

Störquellen
Umrichter, Schütze

Störsenken
Automatisierungsgeräte, Sensoren

Die Anlage wird in *EMV-Zonen* eingeteilt und die einzelnen Betriebsmittel werden diesen Zonen zugeordnet.

Jede Zone ist durch bestimmte Anforderungen bezüglich *Störaussendung* und *Störfestigkeit* gekennzeichnet.

Eine räumliche Trennung der Zonen durch *Metallgehäuse* oder *geerdete Trennbleche* ist sinnvoll.

An den Schnittstellen zwischen den Zonen können *Filter* eingesetzt werden

Energieverteilungsnetz
Einspeisung
Filter
Zone A
Zone B
SPS
Zone C
brake
FU
Sensorik
Zone D
M 3~
Zone E
Mechanik

Zone A
Einspeisung und Filter

Zone B
Netzdrosseln, Frequenzumrichter, Bremsmodul, Schütze

Zone C
Steuerspannung, SPS

Zone D
Übergangsbereich der Signal- und Steuerleitungen.

Zone E
Drehstrommotor, Pneumatik, Mechanik

Mindestabstand der Zonen: 20 cm.

Optimal ist die Entkopplung über geerdete Trennbleche.

Leitungen, die verschiedenen Zonen zugeordnet sind, dürfen nicht in gemeinsamen Kabelkanälen verlegt werden.

An den Zonen-Verbindungsstellen eventuell Filter einbauen. Innerhalb eine Zone sind ungeschirmte Signalleitungen möglich.

Die in DIN VDE 0100-600 sind Mindestanforderungen, sie müssen vom Errichter der Niederspannungsanlage erfüllt werden.

Prüfungen nach DIN VDE 0100-600 umfassen alle Maßnahmen, die nachweisen, dass die gesamte Anlage den Normanforderungen der Reihe VDE 0100 entspricht.

2.11 Schutzmaßnahmenprüfung

Es liegt in der Verantwortung des *Arbeitgebers* oder *Anlagenbetreibers*, dass sich die *elektrischen Anlagen* und *Betriebsmittel* in einem technisch *einwandfreien* Zustand befinden.

Dies ist in regelmäßigen Abständen zu überprüfen. Dadurch wird gewährleistet, dass von elektrischen Anlagen und Geräten *keine Gefahr für Personen, Nutztiere ausgeht* und elektrisch gezündete *Brände* verhindert werden.

Energiewirtschaftsgesetz, Betriebssicherheitsverordnung

Elektrische Anlagen und Betriebsmittel dürfen nur im *ordnungsgemäßen* Zustand *in Betrieb genommen* werden und müssen danach in diesem Zustand *erhalten* bleiben.

Hersteller und Betreiber elektrischer Anlagen sind verpflichtet, vor Inbetriebnahme, nach Änderung, Erweiterung und Instandsetzung Prüfungen durch eine Elektrofachkraft durchführen zu lassen.

Erstprüfungen DIN VDE 0100-600

Vor dem Betrieb einer elektrischen Anlage muss die *Erstprüfung* deren Sicherheit gewährleisten. Die *Prüfungen nach DIN VDE 0100-600* sind von einer *Elektrofachkraft* durchzuführen.

Die **Erstprüfung** besteht aus der **Besichtigung** und anschließender **Erprobung** und **Messung**.

Es dürfen nur **zugelassene Messgeräte** nach DIN EN 61557-3 (DIN VDE 0413) und den Messkategorien CAT III und CAT IV verwendet werden. Die Messungen sind i. Allg. mit *einem* Messgerät durchführbar.

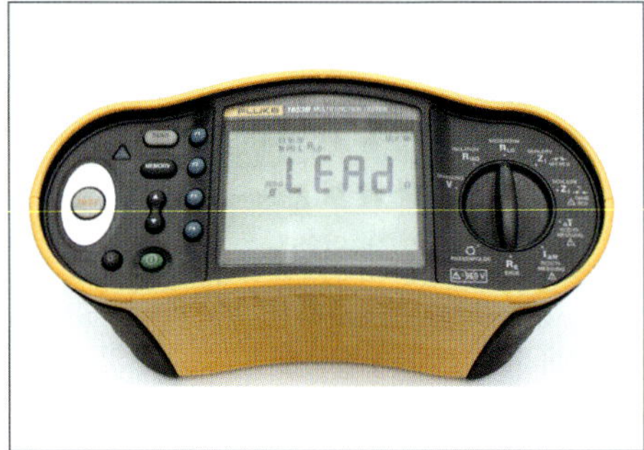

50 Messgerät nach DIN VDE 0413

Prüfung
test(ing), inspection, audit

Prüfverfahren
test(ing), method

Prüfvorschrift
test specification

Prüfzeichen
test mark

Messung
measurement, metering

Messwert
measurement value

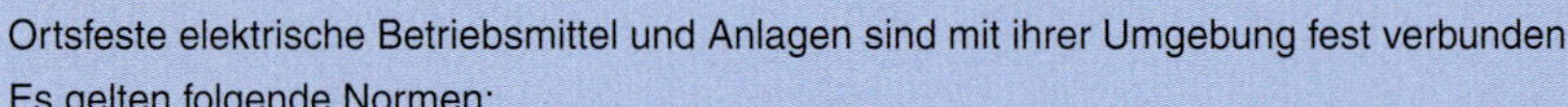

Prüfungen

Ortsfeste elektrische Betriebsmittel und Anlagen sind mit ihrer Umgebung fest verbunden.

Es gelten folgende Normen:

- DIN VDE 0100-600
  Errichtung von Niederspannungsanlagen, Erstprüfungen nach Änderung, Erweiterung, Instandsetzung.
- DIN VDE 0105-100
  Betrieb elektrischer Anlagen, Wiederkehrende Prüfungen.

Ortsfeste und ortsveränderliche elektrische Betriebsmittel können im Betriebszustand leicht bewegt werden. Es gilt folgende Norm:

- DIN VDE 0701-702

Elektrische Maschinen
Sicherheit von Maschinen, elektrische Ausrüstung von Maschinen. Es gilt folgende Norm:

- DIN EN 60204-1 (DIN VDE 0113)

Der *Arbeitgeber* muss für die elektrische Anlage und die elektrischen Betriebsmittel eine *Gefährdungsbeurteilung* erstellen und die hieraus resultierenden Maßnahmen durchführen lassen (Betriebssicherheitsverordnung, Arbeitsschutzgesetz).

Gefährdungen

Mechanische Gefährdung, elektrische Gefährdung, thermische Gefährdung, Brand- und Explosionsgefährdungen.

Vorgehensweise:

- Gefährdungen bewerten
- Entsprechende Maßnahmen ergreifen
- Wirkung der Maßnahmen überprüfen

Besichtigung

Besichtigt wird *vor* dem Erproben und Messen. Vielfach schon während der Installationsarbeiten.

Es ist der Nachweis zu erbringen, dass die elektrischen Betriebsmittel *richtig ausgewählt* wurden, *keine Schäden* aufweisen und *fachgerecht installiert* sind.

Maßgeblich hierfür sind die *Normen*, die für die Errichtung der Anlage gelten.

Erproben und Messen

Niederohmmessung

Schutzleiter, Schutzpotenzialausgleichsleiter und Erdungsleiter sind auf *niederohmigen Durchgang* zu prüfen.

Sinn der Prüfung ist es z. B., die Einhaltung der **Abschaltbedingung** der verwendeten Überstrom-Schutzorgane zu gewährleisten.

Voraussetzungen

- Messspannung 4 – 24 V
- Messstrom ≥ 200 mA
- Bei Messung mit Gleichstrom Polarität wechseln (Diodeneffekt durch elektrochemische Korrosion).
- Verwendet wird ein Messgerät nach DIN VDE 0413.

Vorbereitung der Messung

- Gerät einschalten
- Niederohmmessung wählen
- Messspitzen zusammenhalten
- Kalibrieren (Messleitungswiderstand berücksichtigen)

Durchführung der Messung (Beispiel)

- Messleitung mit Schutzleiterschiene im Verteiler verbinden.
- Mit der anderen Messleitung die Schutzkontakte der zu prüfenden Anlage kontaktieren.
- Messleitung von Schutzleiterschiene entfernen und mit dem bereits geprüften Schutzkontakt verbinden.
- Mit der anderen Messleitung den nächst erreichbaren Schutzkontakt kontaktieren, usw.

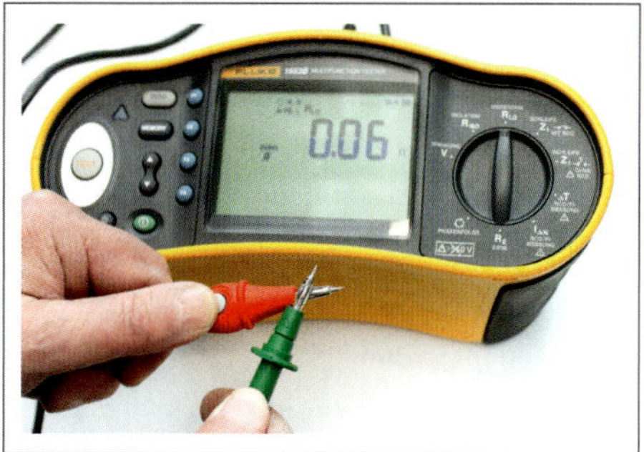

51 Messgerät kalibrieren (Niederohmmessung)

Der **plausible Wert** muss von der Elektrofachkraft vor der Messung ermittelt werden.

Bedenken Sie, dass in der betrieblichen Praxis sehr unterschiedliche *Leitungsquerschnitte* und *Leitungslängen* zum Einsatz kommen.

> Die Messung wird im spannungsfreien Zustand der Anlage durchgeführt.

Entspricht der gemessene Widerstandswert annähernd dem plausiblen Wert, dann wird er als *durchgängig* bezeichnet.

Isolationswiderstandsmessung

Wenn zwischen zwei Leitern einer Leitung aufgrund mangelhafter Isolation ein Strom fließt, kann es zu einer Erwärmung und damit zu **Brandgefahr** kommen.

Zu beachten ist, dass der Strom keinesfalls so groß sein muss, dass er vom Überstrom-Schutzorgan abgeschaltet wird.

Der **Isolationswiderstand** von Leitungen ist also zu messen.

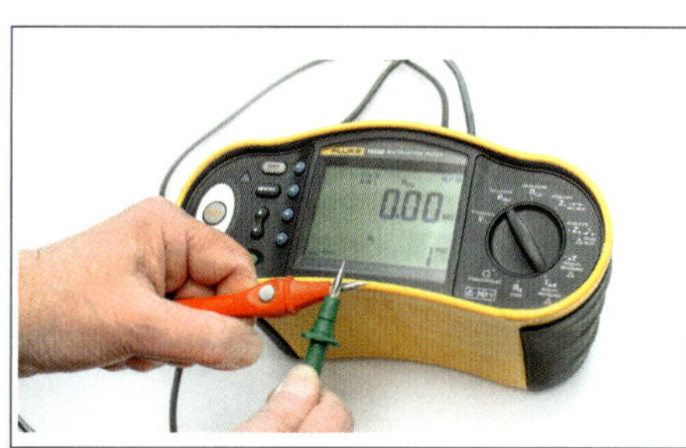

52 Prüfung des Messgeräts

z. B.

Gemessener Schutzleiter: Länge 10 m, Querschnitt 4 mm²
Leiterwiderstand:

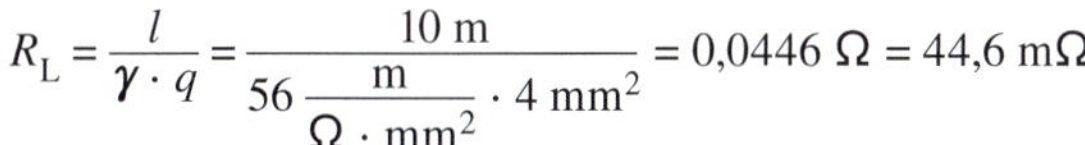

$$R_L = \frac{l}{\gamma \cdot q} = \frac{10\ \text{m}}{56\ \frac{\text{m}}{\Omega \cdot \text{mm}^2} \cdot 4\ \text{mm}^2} = 0{,}0446\ \Omega = 44{,}6\ \text{m}\Omega$$

Werden dazu noch die unvermeidlichen Übergangswiderstände berücksichtigt, ergibt sich der *plausible Wert*.

Im Rahmen der europäischen Harmonisierung wurde die Dreiteilung Besichtigung, Erprobung, Messung nicht mehr verwendet.
Die aktuelle Normfassung kennt nur die beide Begriffe Besichtigung, Erprobung und Messung.

Erprobung und Messung ist im englischen testing enthalten.
Die bewährte Dreiteilung ist in der Praxis aber noch immer üblich.

■ Wichtiger Hinweis

Vor den Messungen ist die Funktion des Messgeräts zu überprüfen.

■ Niederohmmessung

Kalibrieren, um den Leitungswiderstand herauszurechnen.

■ Besichtigung, Messungen

→ basics Mechatronik

Durchführung von Messungen

– Warum wird gemessen (Zweck)?

– Wie wird das Messobjekt vorbereitet?

– Wie wird das Messgerät vorbereitet?

– Welches Messergebnis wird erwartet?

Voraussetzungen

- *SELV, PELV*
  Messgleichspannung 250 V
  Isolationswiderstand ≥ 0,5 MΩ
- *Anlagen in trockenen und feuchten Räumen $U_0 \leq 500$ V*
  Messgleichspannung 500 V
  Isolationswiderstand ≥ 1 MΩ
- Messung im spannungsfreien Zustand.
- Gemessen werden alle aktiven Leiter gegen den Schutzleiter.
- Vorhandene Schalter müssen geschlossen sein. Sonst müssten Teilabschnitte gemessen werden.
- Bei Stromkreisen mit elektronischen Einrichtungen sollen Außenleiter und N-Leiter während der Messung verbunden sein. Dadurch können Zerstörungen vermieden werden.
- Mögliche Betriebsmessabweichung des Messsgeräts ± 30 %.

53 Messung des Isolationswiderstandes

Vorbereitung der Messung

Vor Durchführung der Messung ist das Messgerät zu prüfen.

- Messspitzen zusammen halten und Messung einleiten → Anzeigewert 0 Ω.
- Messspitzen auseinander halten und Messung einleiten → Anzeigewert z. B. 500 MΩ.

Damit ist nachgewiesen, dass das Messgerät *kleine* und *große* Widerstände messen kann.

Wichtiger Hinweis

Funktion des Messgeräts vor Messung unbedingt prüfen.

Bei der Isolationsmessung im **PELV-Stromkreis** muss zunächst die **Erdungstrennklemme** *unterbrochen* werden, damit die Verbindung zwischen L- und PE aufgehoben wird.

- Messungen zwischen L+ und PE sowie L– und PE
- Messspannung 250 V
- Mindestwert 500 kΩ

Wenn der Messkreis *elektronische Bauelemente* enthält, ist darauf zu achten, dass die hohe Messspannung keine Beschädigung der Bauelemente hervorruft.

Überspannungsschutzgeräte sind vor der Messung auszubauen, da sie das Messergebnis beeinträchtigen können.

Gegebenenfalls ist eine *vereinfachte Messung des Isolationswiderstands* sinnvoll.

Mithilfe eines *Messadapters* werden mehrere Leiter miteinander verbunden und gleichzeitig gemessen.

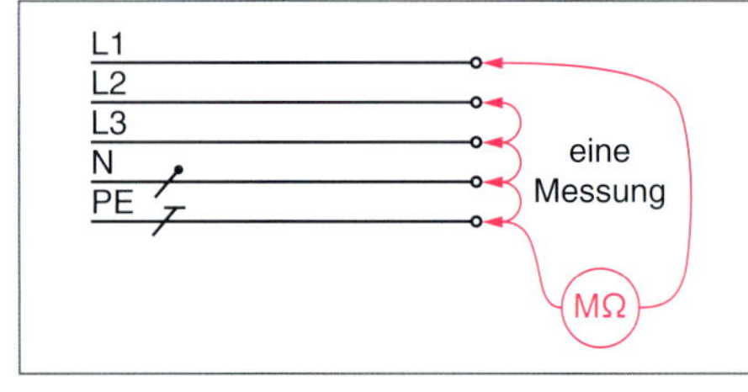

54 Vereinfachte Messung

Eine elektrische Gefährdung durch die Isolationswiderstandsmessung ist ausgeschlossen, da der Messstrom auf 12 mA begrenzt ist.

Prüfung

1. Welche Vorbereitungen sind zu Beginn der Isolationswiderstandsmessung zu treffen?

2. Was gilt bei der Isolationswiderstandsmessung in Kleinspannungsstromkreisen?

3. Welchen Zweck hat die Isolationswiderstandsmessung von Leitungen?

@ Interessante Links

- christiani-berufskolleg.de

Ein gewisser „Leckstrom“ wird als zulässig angesehen.

Er ist so gering, dass keine Gefahr für Mensch, Nutztier oder Sache hervorgerufen werden kann.

z.B.

Gemessen wird ein Isolationswiderstand von 250 MΩ.
Die Messspannung beträgt 500 V.
Wie groß ist der Ableitstrom zwischen den gemessenen Leitungsadern?

$1\ \text{M}\Omega = 10^6\ \Omega = 1\,000\,000\ \Omega$

$250\ \text{M}\Omega = 250 \cdot 10^6\ \Omega$

$1\ \mu\text{A} = 10^{-6}\ \text{A}$

$I = \frac{U}{R_{iso}}$

$I = \frac{500\ \text{V}}{250\ \text{M}\Omega} = 2 \cdot 10^{-6}\ \text{A} = 2\ \mu\text{A}$

Schleifenimpedanzmessung

Schleifenimpedanz Z_S ist der Widerstand des *Fehlerstromkreises* im TN-System (Bild 55).

Elemente der Schleifenimpedanz

- Widerstand des Schutzleiters zwischen Verbrauchsmittel und Verteilung (nur dieser Widerstandswert wird bei der Niederohmmessung ermittelt).
- Widerstand des Schutzleiters zwischen Verteilung und Trafosternpunkt.
- Widerstand der Trafowicklung.
- Widerstand des Außenleiters zwischen Trafo und Verteilung.
- Widerstand des Außenleiters zwischen Verteilung und Verbrauchsmittel.

Fazit: Der Fehlerstrom kann ausschließlich über *Kupfer* fließen. Es ist also mit einer *niedrigen Schleifenimpedanz* und damit mit einem *hohen Fehlerstrom* zu rechnen.

Dieser **Fehlerstrom** muss das vorgeschaltete **Überstrom-Schutzorgan** innerhalb der vorgeschriebenen **maximalen Abschaltzeit** zum Ansprechen bringen. Dann ist die **Abschaltbedingung** des TN-Systems erfüllt.

Ziel der Schleifenimpedanzmessung ist der Nachweis, dass das vorgeschaltete Überstrom-Schutzorgan das fehlerhafte Verbrauchsmittel innerhalb der vorgeschriebenen Abschaltzeit abschaltet.

Dann kann der Körperschluss keine Gefährdung hervorrufen. Schutz durch automatische Abschaltung.

Schleifenimpedanz

$$Z_S \leq \frac{U_0}{I_a}$$

Z_S Schleifenimpedanz in Ω
U_0 Spannung gegen Erde (230 V)
I_a Abschaltstromstärke in A

Überstromschutzorgane, Abschaltstrom

Überstrom-Schutzorgan	Abschaltstromstärke
Schmelzsicherung, gL	$8 \cdot I_n$
LS-Schalter, Z	$2 \cdot I_n$
LS-Schalter, B	$5 \cdot I_n$
LS-Schalter, C	$10 \cdot I_n$
LS-Schalter, D	$20 \cdot I_n$
LS-Schalter, K	$12 \cdot I_n$

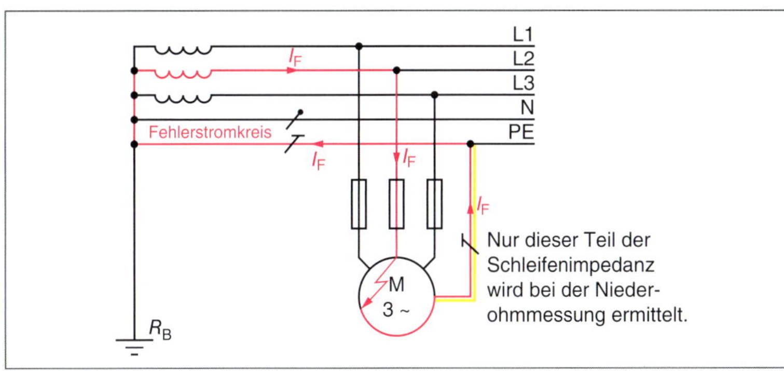

55 *Schleifenimpedanz des Fehlerstromkreises im TN-System*

Es wird die Schleifenimpedanz $Z_S = 0{,}8\ \Omega$ gemessen. Mit welchem Fehlerstrom ist zu rechnen?

Der Fehlerstrom wird von der Spannung gegen Erde $U_0 = 230$ V durch den Fehlerstromkreis getrieben.

Der Widerstand des Fehlerstromkreises beträgt 0,8 Ω.

$$I_F = \frac{U_0}{Z_S}$$

$$I_F = \frac{230\ \text{V}}{0{,}8\ \Omega} = 287{,}5\ \text{A}$$

Schmelzsicherung, gL, 16 A (Kennfarbe grau)
Abschaltstromstärke $I_a = 8 \cdot I_n = 8 \cdot 16\ \text{A} = 128\ \text{A}$
Die Schleifenimpedanz Z_S muss also so gering sein, dass ein Fehlerstrom von mindestens $I_a = 128$ A zum Fließen kommt. Der Maximalwert der Schleifenimpedanz ist dann

$$Z_S = \frac{U_0}{I_a} = \frac{230\ \text{V}}{128\ \text{A}} = 1{,}8\ \Omega$$

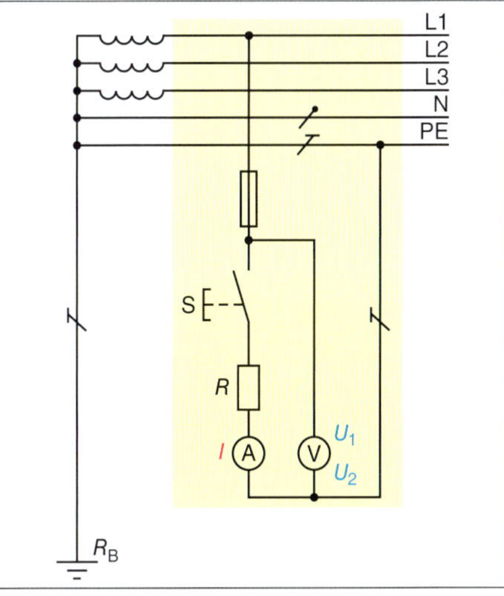

56 *Schleifenimpedanzmessung, Prinzip*

Zu Bild 56:

S *offen:* U_1 messen, S *geschlossen:* U_2 messen

■ **Schleifenimpedanz**

Schleifenimpedanzmessung umfasst sämtliche Widerstände der Fehlerstromschleife.

Diese Widerstände bestimmen den Fehlerstrom der von der Spannung gegen Erde $U_0 = 230$ V durch den Fehlerstromkreis getrieben wird.

■ **Spannung gegen Erde**

Im 400/230-V-Drehstromsystem $U_0 = 230$ V.

Die Schleifenimpedanz wird mit der Schaltung nach Bild 56 gemessen. Dabei ergeben sich die Messwerte: $U_1 = 236$ V, $U_2 = 218$ V, $I = 8$ A. Wie groß ist die Schleifenimpedanz?

Die Spannung 236 V – 218 V = 18 V liegt an der Schleifenimpedanz. Sie wird vom Strom 8 A hervorgerufen.

$$Z_S = \frac{U_1 - U_2}{I}$$

$$Z_S = \frac{236\text{ V} - 218\text{ V}}{8\text{ A}}$$

$$Z_S = 2{,}25\ \Omega$$

■ **Abschaltbedingung im TN-System**

→ 44

Vorbereitung der Messung

- Vor Messung der Schleifenimpedanz ist die *Durchgängigkeit* zwischen dem Schutzleiter des speisenden Netzes und den Körpern zu prüfen.
- Bei der Schleifenimpedanzmessung kann die *Betriebsmessabweichung* ± 30 % betragen. Dies ist bei der Beurteilung des Messergebnisses zu berücksichtigen.
- Wenn die Messung bei einer Umgebungstemperatur von 20 °C erfolgt, ist das Messergebnis auf 80 °C umzurechnen. Der *Korrekturfaktor* ist dabei 1,24. Zu bedenken ist, dass sich der Leitungswiderstand und damit die Schleifenimpedanz mit der Temperatur erhöht.

■ **Schleifenimpedanzmessung**

Im Unterschied zur Niederohmmesseung ist die Schleifenimpedanzmessung bei eingeschalteter Netzspannung durchzuführen.

Eingesetzte Messgeräte müssen die Norm DIN EN 61557-3 (VDE 0413-3) erfüllen.

Von der Messung darf keine Gefahr für Personen, Nutztiere und Sachen ausgehen.

Das Messgerät muss sicherstellen, dass der Schutzleiter keine Spannung ≥ 50 V annimmt (Abschaltautomatik).

- Die Schleifenimpedanz wird nur einmal an der entferntesten Stelle im Stromkreis gemessen. An allen weiteren Stellen ist die Durchgängigkeit des Schutzleiters nachzuweisen.
- Damit Messfehler durch Netzspannungsschwankungen vermieden werden, sind unter Umständen mehrere Messungen durchzuführen, aus denen der Mittelwert gebildet wird.

@ Interessante Links

- christiani-berufskolleg.de

Prüfung

1. An der Netzeinspeisung des Prüfstücks sollen Sie eine Schleifenimpedanzmessung durchführen.

Beschreiben Sie genau Ihre Vorgehensweise.

Erdungswiderstandsmessung

Die Wirksamkeit vieler Schutzmaßnahmen setzt die Erreichung bestimmter Werte des **Erdungswiderstands** voraus.

Bei einem Fehler in einer geerdeten Anlage fließt der Strom über den Erder in das Erdreich ab. Hier breitet sich der Strom in alle Richtungen aus.

In *Erdernähe* ist die *Stromdichte* maximal, um mit zunehmender Entfernung vom Erder abzunehmen. Die *Spannungsfälle* je Meter Abstand vom Erder nehmen ebenfalls mit zunehmendem Abstand vom Erder ab. **Schrittspannung** ist die Spannung, die von einem Menschen mit seiner Schrittweite überbrückt werden kann.

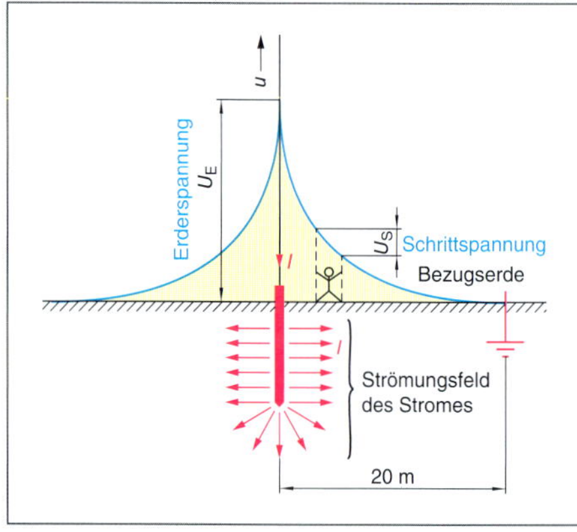

57 Spannungsverlauf in Erdernähe

Wenn der **Ausbreitungswiderstand** bestimmt werden soll, ist ein Stromfluss über den Erder notwendig. Dieser Strom wird gemessen, ebenso der *Spannungsfall*, den dieser Strom hervorruft. Spannungsquelle für die Messung ist die Netzspannung. In etwa 20 m Entfernung vom Erder wird eine **Sonde** eingebracht.

Erdungswiderstand

$$R_E = \frac{U}{I}$$

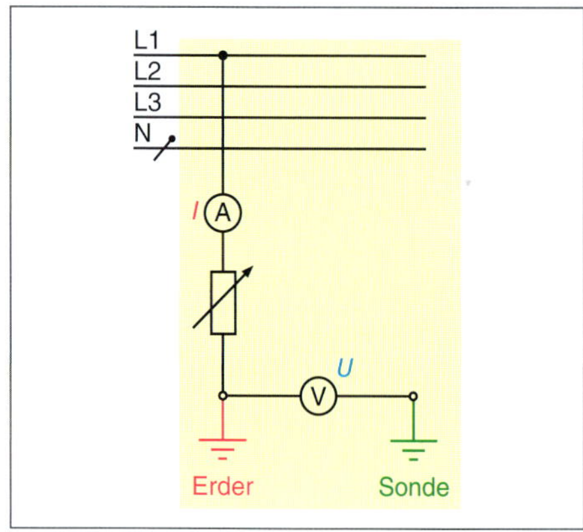

58 Messung des Erdungswiderstands

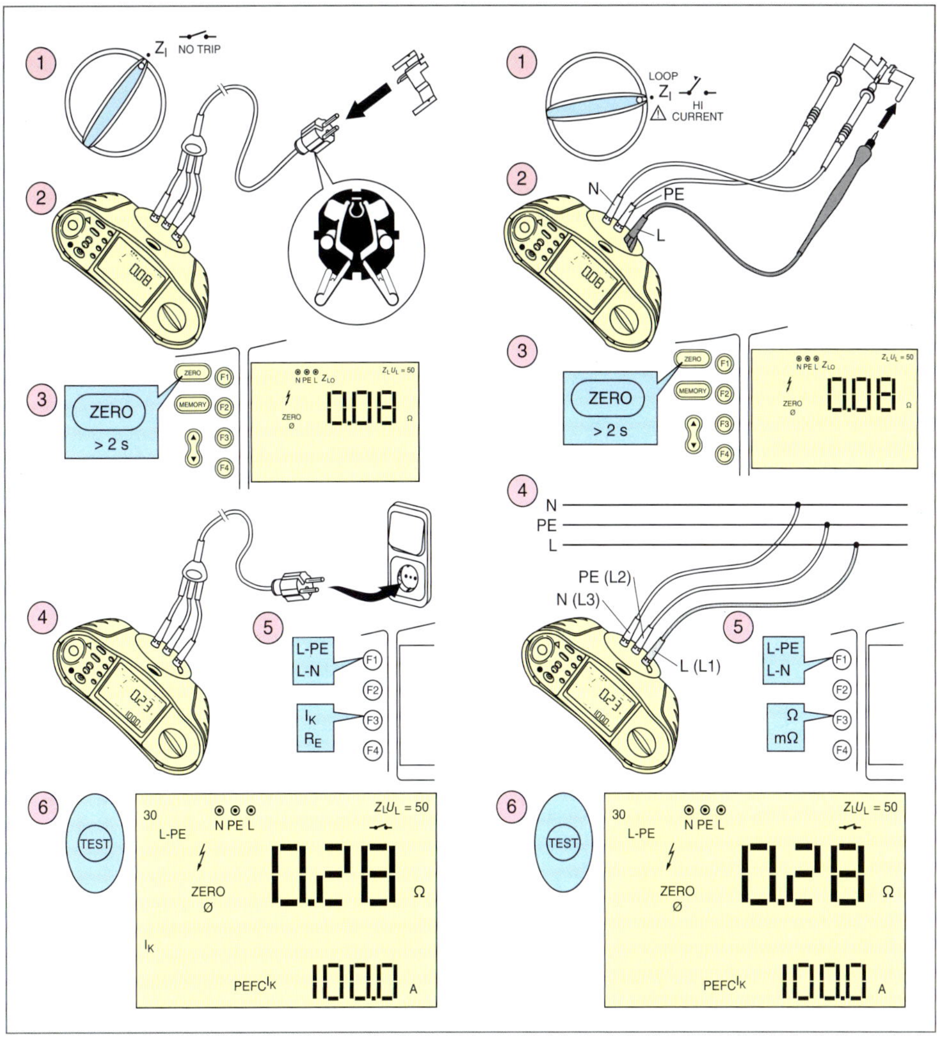

59 *Schleifenimpedanzmessung*

■ **Wichtiger Hinweis**

Machen Sie sich unbedingt mit dem von Ihnen verwendeten Messgerät vertraut.

■ **Schleifenimpedanz, Schleifenwiderstand**

Handelsübliche Messgeräte messen nur den ohmschen Anteil der Fehlstromschleife.

Der Messstrom I ist so zu begrenzen, dass die Spannung 50 V nicht überschreitet.

- Zu prüfenden Erder vom Schutzleiter oder PEN-Leiter abklemmen.
- Zwischen dem Erder und einer anderen niederohmigen Erdungsanlage (z. B. PEN-Leiter) wird der Widerstand gemessen.

Dreileitermessung (Bild 61, Seite 96)

Verwendet werden hier *zwei Erdspieße* (Hilfssonde H und Sonde S) im Abstand von mindestens 20 m.

Der Messstrom wird zwischen Hilfserder und Erder eingespeist.

Der Spannungspfad wird zwischen Erder und Sonde gemessen. Der Messleitungswiderstand wird einbezogen.

Messung ohne Sonde

Wenn die Verwendung einer Sonde nicht möglich ist, kann der PEN-Leiter als „Sonde" verwendet werden.

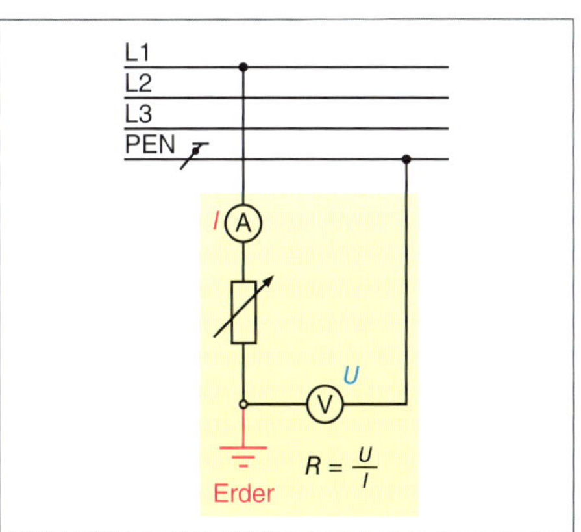

60 *Messung ohne Sonde*

■ **Wichtiger Hinweis**

Machen Sie sich unbedingt mit dem von Ihnen verwendeten Messgerät vertraut.

■ **Erdungswiderstandsmessung mittels Schleifenmethode (Bild 62)**

Gemessen wird der Erdungswiderstand der Gesamtschleifenimpedanz.

Zur Durchführung der Messung können drei Messleitungen oder die Netz-Messleitung verwendet werden.

– Messleitung kompensieren.

– Messablauf wie bei der Schleifenimpedanzmessung

@ Interessante Links

Messgerät

• www.fluke.de

Digital anzeigende Schleifenimpedanz-Messgeräte haben i. Allg. nur einen eingeschränkten Anzeigebereich (z. B. 19,99 Ω).

Dann können auch nur Erdungswiderstände in diesem Bereich gemessen werden. Im TT-System sind die Erdungswiderstände wesentlich größer.

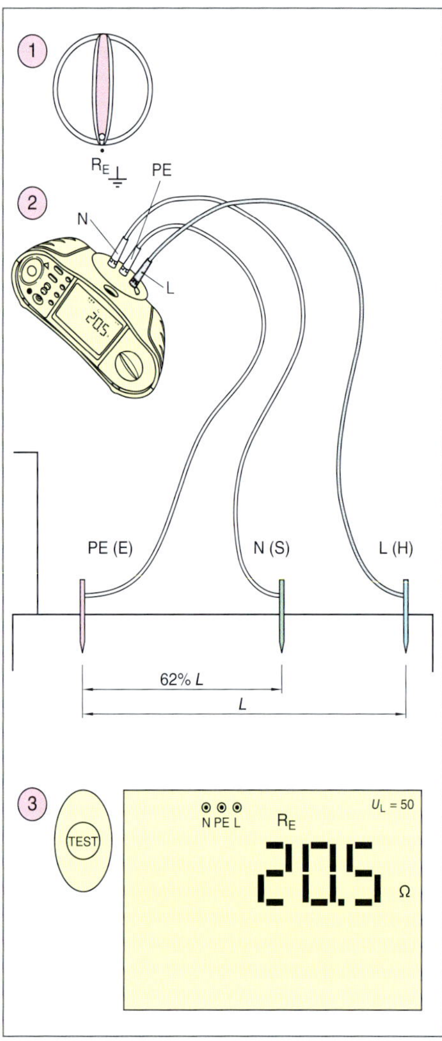

61 *Messung des Erdungswiderstands*

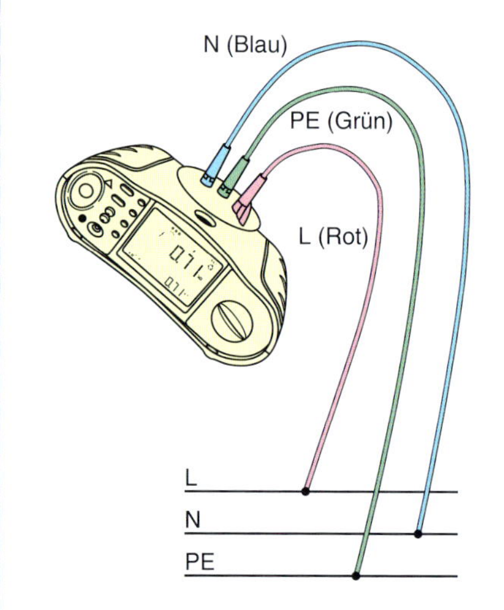

Messung des Erdungswiderstands mit der Schleifenmethode in Stromkreisen mit RCD:

1. Drehschalter in die Position Z_I NO TRIP bringen.
2. Auf (F1) drücken, um L-PE auszuwählen.
3. (F3) drücken, um R_E (Edungswiderstand) auszuwählen.
4. Auf (TEST) drücken und loslassen. Warten, bis die Messung endet.

   Obere Anzeige: Schleifenimpedanz

   Untere Anzeige: Erdungswiderstand

62 *Erdungswiderstandsmessung ohne Sonde*

Näherungsverfahren zur Ermittlung des Erdungswiderstands

Gemessen wird die *Schleifenimpedanz* Z_S über einen Außenleiter und den zu prüfenden Erder. Darin ist der zu messende **Erdungswiderstand** eingeschlossen.

Da der Widerstand der **Betriebserdung** R_B und der Widerstand des Außenleiters Z_L nur geringe Werte haben, wird der Messfehler nicht zu groß.

Die gemessene Spannung am Prüfwiderstand R_P sollte 180 V nicht überschreiten, damit das Neutralleiterpotenzial nicht auf unzulässige Werte angehoben wird (Bild 63).

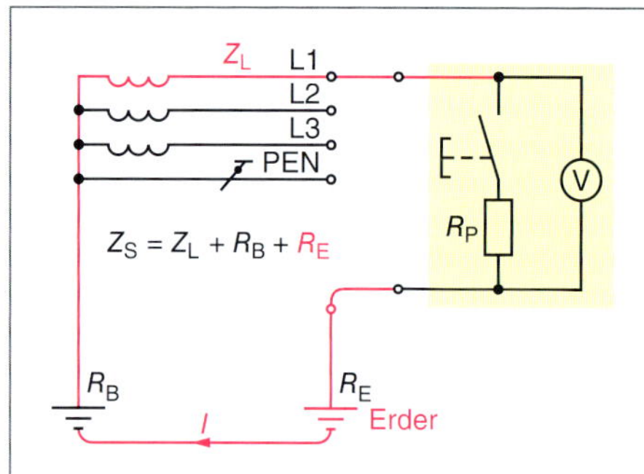

63 *Näherungsverfahren, Erdungswiderstand*

Netzinnenwiderstandsmessung

Nicht *zwingend* vorgeschrieben zur Prüfung der Wirksamkeit der Schutzmaßnahmen. Hilfreich bei der Fehlersuche als Vergleichswert.

Die R_i-Messung kann mit der *Schleifenimpedanzmessung* verglichen werden.

Gemessen zwischen Außenleiter und Neutralleiter (Bild 64, Seite 97).

Bedeutung der R_i-Messung

• *Schleifenimpedanz*: Ist Z_S zu groß, kann die Innenwiderstandsmessung an gleicher Stelle Anhaltspunkte zur Fehlersuche liefern.

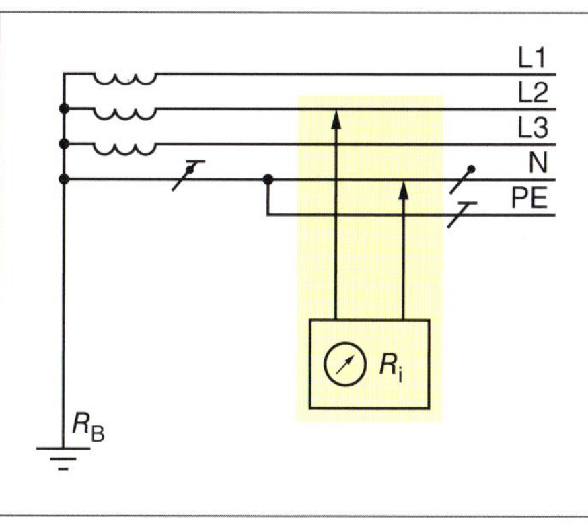

64 Netzinnenwiderstand, Messung

Zum Beispiel
- R_i groß: Zu hoher Übergangswiderstand im Außenleiter.
- R_i klein: Zu hoher Widerstand des Schutzleiters.

- *Fehlerstrom-Schutzeinrichtung*:
  Bei Vertauschung von Neutral- und Schutzleiter bewirkt die R_i-Messung das Auslösen des RCD, da dann ein Strom über den Schutzleiter fließt.

- *Zulässiger Spannungsfall*:
  Maximaler Spannungsfall zwischen Hausanschluss und Verbrauchsmittel 4 % (DIN VDE 0100-520). Wenn R_i ermittelt wurde, kann die Einhaltung des Spannungsfalls leicht überprüft werden.

Prüfung

1. Nennen Sie einige Punkte, die bei der Besichtigung wichtig sind.

2. Zu welchem Zeitpunkt führen Sie die Besichtigung i. Allg. durch.

3. Machen Sie sich mit dem Besichtigungsprotokoll der Facharbeiterprüfung vertraut.

Prüfung der Fehlerstrom-Schutzeinrichtung

Die Wirksamkeit der Schutzmaßnahme ist nachzuweisen. Dabei sind *drei Messgrößen* von Bedeutung.

- Maximal zulässige Berührungsspannung.
- Fehlerstrom, bei dem der RCD anspricht, und Zeit, in der der RCD anspricht.

Voraussetzungen

- RCDs müssen bei Erreichen des Bemessungs-Differenzstroms $I_{\Delta n}$ innerhalb von 0,3 s ansprechen.
- RCDs müssen bei einem Fehlerstrom von $5 \cdot I_{\Delta n}$ innerhalb von 40 ms ansprechen.
- RCDs dürfen bereits ab einem Fehlerstrom von $0{,}5 \cdot I_{\Delta n}$ ansprechen.
- Durch Erzeugung eines Fehlerstroms hinter dem RCD wird nachgewiesen, dass der RCD spätestens bei Erreichen des Bemessungs-Differenzstroms $I_{\Delta n}$ anspricht und die zulässige Berührungsspannung U_L dabei nicht überschritten wird.

Ein 30-mA-RCD darf im Bereich 15 – 30 mA ansprechen. Bei 30 mA muss er spätestens ansprechen.

Prüfung mit ansteigendem Prüfstrom

Der *Prüfstrom* wird langsam gesteigert. Erst nach einigen Sekunden erreicht er seinen Bemessungswert. Beim Auslösen des RCD werden *Fehlerstrom* und *Berührungsspannung* gemessen und gespeichert.

Vorteilhaft ist die Anzeige der tatsächlichen Auslösewerte. Nachteilig ist, dass die Prüfung immer zu einer Auslösung führt.

Prüfung mit Impulsmessung

Die auftretende Berührungsspannung wird mit einem fest eingestellten Prüfstrom während des Impulses gemessen.

Wenn die Höhe des Stromimpulses unterhalb der Auslöseschwelle des RCD liegt, so führt diese Methode nicht zum Ansprechen des RCD. Übliche Prüfströme sind 0,3 bis $0{,}5 \cdot I_{\Delta n}$.

Im TN-System ist die gemessene Berührungsspannung sehr gering. An einer geringen Schleifenimpedanz (typisch für TN-System) kann nur eine kleine Spannung anliegen.

@ Interessante Links
- christiani-berufskolleg.de

In einem Stromkreis 230 V, der mit 16 A abgesichert ist, wird der Netzinnenwiderstand $R_i = 0{,}34\ \Omega$ gemessen.

Maximal zulässiger Spannungsfall bei 4 %:

$$\Delta U = U \cdot \frac{4\ \%}{100\ \%}$$

$$\Delta U = 230\ \text{V} \cdot \frac{4\ \%}{100\ \%} = 9{,}2\ \text{V}$$

Spannungsfall bei Netzinnenwiderstand 0,34 Ω:

$$\Delta U = I_n \cdot R_i$$

$$\Delta U = 16\ \text{A} \cdot 0{,}34\ \Omega = 5{,}44\ \text{V}$$

Der Spannungsfall liegt unter dem höchstzulässigen Wert.

In den Prüfungen wird erprobt, wenn Spannung auf die Anlage (das Prüfstück) gegeben wurde.

Daher die Abweichung von der in VDE festgelegten Reihenfolge.

- Besichtigen
- Erproben
- Messen

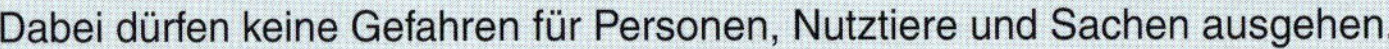

Erprobung

Die *Erprobung* weist die Wirksamkeit von Schutz- und Meldeeinrichtungen nach.

Dabei dürfen keine Gefahren für Personen, Nutztiere und Sachen ausgehen.

Neben der Betätigung der Prüftaste des RCD umfasst das Erproben auch den Funktionsnachweis von Not-Aus-Einrichtungen sowie von Anzeige- und Meldeeinrichtungen.

Drehfeldprüfung

Zu überprüfen ist die Drehfeldrichtung (Rechtsdrehfeld). Dadurch wird die Inbetriebnahme von Drehstromverbrauchern erleichtert.

Spannungsmessung

Gemessen werden die *Außenleiterspannungen*

- L1 – L2
- L1 – L3
- L2 – L3

und die *Strangspannungen*

- L1 – N
- L2 – N
- L3 – N

Diese Spannungen werden zweckmäßigerweise mit dem *zweipoligen Spannungsprüfer* nachgewiesen, der das Messobjekt bei der Messung belastet.

Das *Multimeter* wird für die Spannungsmessung N – PE und die 24-V-Gleichspannung verwendet.

Hinweis

Wenn die drei Außenleiterspannungen gemessen wurden, kann der N-Leiter durch *eine* Messung nachgewiesen werden.

Prüfung

1. Ihr Prüfstück hat eine Anschlussleitung mit Stecker.
Beschreiben Sie genau die Vorbereitung und Durchführung der Messung des niederohmigen Durchgangs des Schutzleiters. Wie ermitteln Sie den plausiblen Wert?

2. Sie können die Niederohmmessung mit Gleichspannung durchführen.
Worauf ist zu achten?

3. Wie bereiten Sie Schaltung und Messgerät für die Isolationswiderstandsmessung vor?

4. Gemessen werden soll zwischen allen aktiven Leitern und PE.
Welche Messungen sind das?

5. Warum muss die Isolationsswiderstandsmessung z. B. mit 500 V DC durchgeführt werden?

6. Bei der Messung der Wirksamkeit der Schutzmaßnahme mit RCD (30 mA) ergeben sich folgende Messwerte:

$U_B = 1$ V
$I_a = 22$ mA
$t_a = 19$ ms

Bitte beurteilen Sie die Messwerte.

7. Zur Erprobung wird die Prüftaste des RCD betätigt. Er löst aus.
Welche Vorgänge führen zur Auslösung?

8. Warum ist es sinnvoll, die Spannungen im Bereich 400 V/230 V mit dem zweipoligen Spannungsprüfer und die 24-V-DC-Spannungen mit dem Multimeter zu messen?

@ Interessante Links

- christiani-berufskolleg.de

Dokumentation, Prüfbericht

Prüfergebnisse sind zu *dokumentieren*. Der Prüfer muss einen *Prüfbericht* erstellen (Seite 102)

Der **Prüfbericht** muss Angaben zum *geprüften Anlagenumfang* und die Ergebnisse der *Besichtigung*, *Erprobung* und *Messung* enthalten.

- Ergebnisse der Besichtigung.
- Benennung der geprüften Stromkreise (zugehörige Schutzeinrichtung angeben).
- Aufzeichnung der einzelnen Prüfergebnisse.

Wenn während der Inbetriebnahme *Fehler* erkannt werden, müssen diese unverzüglich behoben werden, bevor die Prüfung fortgesetzt wird.
Der Prüfbericht muss von einer *erfahrenen Person* unterschrieben oder in anderer Form bestätigt werden.
Er ist dem *Anlagenbetreiber* zu übergeben, der den Bericht aufzubewahren hat.

Der *Auftraggeber* bestätigt durch seine Unterschrift, dass ihm die Anlage funktionsfähig übergeben wurde.

2.12 Wiederkehrende Prüfungen

Grundlage der *Wiederkehrenden Prüfungen* von *elektrischen Anlagen* und *ortsfesten Betriebsmitteln* ist die Norm DIN EN 501-10-1 (VDE 0105-1).

Es ist der Nachweis zu erbringen, dass die Anlage oder das ortsfeste Betriebsmittel den *Anforderungen der Sicherheitsvorschriften* und den zum Zeitpunkt der Anlagenerrichtung gültigen *Errichtungsnormen noch* entspricht (DIN VDE 0105-100).

Das *Prüfungsergebnis* ist zu *dokumentieren*. Eventuelle *Mängel* müssen *beseitigt* werden.

„*Wiederkehrende Prüfungen sollen Mängel aufdecken, die nach der Inbetriebnahme aufgetreten sind und den Betrieb behindern oder Gefährdungen hervorrufen können.*"

DIN VDE 0105-100

Der **Prüfer** muss nach Abschluss der Prüfung fachlich fundiert die Aussage treffen können, dass *das Prüfobjekt zum Zeitpunkt der Prüfung einen sicheren Betrieb gestattet und erfahrungsgemäß die Gewähr bietet, dass dies bei bestimmungsgemäßer Anwendung bis zum nächsten Prüftermin gewährleistet ist.*

Die Prüfung muss von einer **Elektrofachkraft** durchgeführt werden. Sie trifft die Entscheidung:

- was ein Mangel ist,
- ob der Mangel eine Gefährdung bewirken kann,
- ob der Mangel sofort, unverzüglich oder demnächst behoben werden soll.

Der *Umfang* der Wiederkehrenden Prüfung orientiert sich an der *Erstprüfung*. Die einzuhaltenden Anforderungen sind aber etwas anders.

Durch **Messung** ist auch hier nachzuweisen, dass

- die niederohmige Durchgängigkeit des Schutzleiters,
- die Schleifenimpedanz,
- der zulässige Auslösestrom der Fehlerstrom-Schutzeinrichtung,
- die Abschaltzeiten bei Stromkreisen mit RCD

den normativen Anforderung entsprechen.

Ablauf der Wiederholungsprüfung

Besichtigung

Der *Besichtigung* kommt hier noch größere Bedeutung als bei der Erstprüfung zu, da sich die Anlage im gebrauchten Zustand befindet.

Zunächst einmal gelten alle Kriterien der *Erstprüfung*. Außerdem ist zu prüfen:

Schutzmaßnahmen gegen direktes Berühren

- Schutz noch gewährleistet?
- Schutz entspricht den aktuellen Anforderungen der Norm?

Schutzmaßnahmen bei indirektem Berühren

- Anforderungen der Einrichtungsnormen noch erfüllt?

Schutzmaßnahmen der Schutzklasse I

- Alle Leiter haben den geforderten Querschnitt?
- Alle Leiter richtig verlegt, angeschlossen und gekennzeichnet?
- Schutzkontakte der Steckvorrichtungen noch einwandfrei wirksam?
- Keine Schutzeinrichtungen im Schutz- oder PEN-Leiter?
- Schutz- oder PEN-Leiter nicht schaltbar? Schutzeinrichtungen vorhanden und einwandfrei?

Schutzmaßnahmen ohne Schutzleiter

- Sämtliche Schutzmaßnahmen den Errichtungsnormen entsprechend ausgeführt?

■ **Basisschutz**

Schutzmaßnahmen gegen direktes Berühren

■ **Fehlerschutz**

Schutzmaßnahmen bei indirektem Berühren

■ **Wiederkehrende Prüfung**

Die Wiederkehrende Prüfung ist ein wesentlicher Bestandteil der Wartung.

Man verschafft sich Informationen über den Zustand der elektrischen Anlage und ermöglicht ihren problemlosen weiteren Betrieb.

@ Interessante Links

Prüfprotokoll

- www.ostwestfalen.ihk.de

Erst- und Wiederholungsprüfung elektrischer Anlagen
Prüf- und Messprotokoll

Nur für Ausbildungs- und Prüfungszwecke zu verwenden!

Nr.	Blatt von	Kunden-Nr.:
Auftraggeber:	Auftrags-Nr.:	Auftragnehmer:
Anlage:		Prüfer/-in:

Prüfung nach: DIN VDE 0100-600 ☐ DIN VDE 0105 ☐ BGV A3 ☐ ☐

Neuanlage ☐ Erweiterung ☐ Änderung ☐ Instandsetzung ☐ Wiederholungsprüfung ☐

Netz: ______ / ______ V ______ Hz Netzsystem: TN-C ☐ TN-S ☐ TN-C-S ☐ TT ☐ IT ☐

Verteilungsnetzbetreiber:

Besichtigen	i.O.	n.i.O.		i.O.	n.i.O.		i.O.	n.i.O.
Auswahl der Betriebsmittel	☐	☐	Kennzeichnung der Stromkreise und Betriebsmittel	☐	☐	Zugänglichkeit der Betriebsmittel	☐	☐
Trenn- und Schaltgeräte	☐	☐	Kennzeichnung N- und PE-Leiter	☐	☐	Hauptpotenzialausgleich	☐	☐
Brandabschottungen	☐	☐	Leiterverbindungen	☐	☐	Zus. örtl. Potenzialausgleich	☐	☐
Gebäudesystemtechnik	☐	☐	Schutz- und Überwachungsgeräte	☐	☐	Dokumentation/Warnhinweise	☐	☐
Kabel, Leitungen und Stromschienen	☐	☐	Schutz gegen direktes Berühren	☐	☐		☐	☐

Erproben	i.O.	n.i.O.		i.O.	n.i.O.		i.O.	n.i.O.
Funktion der Anlage	☐	☐	Rechtsdrehfeld der Drehstromsteckdosen	☐	☐	Gebäudesystemtechnik	☐	☐
Funktion der Schutz-, Sicherheits- und Überwachungseinrichtungen	☐	☐	Drehrichtung der Motoren	☐	☐		☐	☐

Messen Stromkreisverteiler-Nr.:

Sicherung/Stromkreis Nr.	Zielbezeichnung	Leitung/Kabel Typ	Leiter An-zahl	Quer-schnitt (mm^2)	Überstrom-Schutzeinrichtung Art/Typ Charak-teristik	I_n (A)	Schleifenwiderstand, Kurzschlussstrom Z_s (Ω)	I_k (A)	Isolationswiderstand R_{iso} (MΩ) ohne 1 mit 2 Verbraucher		Fehlerstrom-Schutzeinrichtung (RCD) I_n / Art (A)	$I_{\Delta n}$ (mA)	I_{mess} (mA)	Auslösezeit t_A (ms)	Berührungsspannung $U_L \leq$ ___ V AC ☐ DC ☐ U_{mess} (V)	Schutzleiterwiderstand $R_{PE\ low}$ (Ω)
			x							1						
										2						
			x							1						
										2						
			x							1						
										2						
			x							1						
										2						
			x							1						
										2						
			x							1						
										2						
			x							1						
										2						
			x							1						
										2						
			x							1						
										2						

Durchgängigkeit des Potenzialausgleichs Erdungswiderstand: R_E = Ω

Fundamenterder	☐	Hauptwasserleitung	☐	Heizungsanlage	☐	EDV-Anlage	☐	Antennenanlage/BK	☐
Potenzialausgleichsschiene	☐	Hauptschutzleiter	☐	Klimaanlage	☐	Telefonanlage	☐	Gebäudekonstruktion	☐
Wasserzwischenzähler	☐	Gasinnenleitung	☐	Aufzugsanlage	☐	Blitzschutzanlage	☐		☐

Verwendete Messgeräte	Fabrikat: Typ:	Fabrikat: Typ:	Fabrikat: Typ:

Prüfergebnis: keine Mängel festgestellt ☐ Mängel festgestellt ☐ | Prüfplakette erteilt: ja ☐ nein ☐ | Nächster Prüftermin: Monat: Jahr:

Mängel/Bemerkungen:

Die elektrische Anlage entspricht den anerkannten Regeln der Elektrotechnik. Ein sicherer Gebrauch bei bestimmungsgemäßer Anwendung ist gewährleistet. ja ☐ nein ☐

Auftraggeber:

Ort Datum Unterschrift

Prüfer/-in:

Ort Datum Unterschrift

PAL-Stuttgart 2010

Prüffristen für elektrischen Anlagen

Anlage Betriebsmittel	Prüffrist	Art der Prüfung	Prüfer
Elektrische Anlagen, ortsfeste Betriebsmittel	4 Jahre	Ordnungsgemäßer Zustand	Elektrofachkraft
Elektrische Anlagen, Betriebsmittel in Betriebsstätten, Räumen und Anlagen besonderer Art	1 Jahr	Ordnungsgemäßer Zustand	Elektrofachkraft
Schutzmaßnahmen mit RCD in nichtstationären Anlagen	1 Monat	Wirksamkeit	Elektrofachkraft oder unterwiesene Person
RCD in stationären Anlagen nichtstationären Anlagen	6 Monate arbeitstäglich	Ordnungsgemäßer Zustand, Betätigung der Prüfeinrichtung	Benutzer

Prüffristen für elektrische Betriebsmittel

Arbeitsmittel	Prüffrist	Art der Prüfung	Prüfer
Ortsfeste elektrische Arbeitsmittel	4 Jahre	Nach geltenden Regeln	Befähigte Person
Ortsveränderliche Arbeitsmittel in Gebäuden, in Verteilungen, auf Baustellen Verlängerungs-, Geräteanschlussleitungen mit Steckvorrichtungen	1 Jahr 2 Jahre 3 Monate 6 Monate	Sichtprüfung, Funktionsprüfung, Messung	Befähigte Person
Fehlerstrom-Schutzeinrichtungen	1 Monat, Baustellen arbeitstäglich	Prüftaste betätigen	Benutzer

- Steckvorrichtungen nicht für andere Spannungen verwendbar?
- Aktive Teile von SELV nicht mit Erde, Schutzleiter oder anderen Stromkreisen verbunden?
- Bei Schutzklasse II keine leitfähigen berührbaren Teile an den Schutzleiter angeschlossen?
- Bei Schutztrennung keine Verbindung des Sekundärstromkreises mit Erde oder anderen Stromkreisen?
- Wenn Schutztrennung zwingend vorgeschrieben ist, nur ein Verbrauchsmittel angeschlossen oder anschließbar?
- Bei Schutztrennung und mehreren Verbrauchsmitteln Verbindung der Körper über einen isolierten, ungeerdeten Potenzialausgleich?
- Schutzpotenzialausgleich fachgerecht ausgeführt?
- Zusätzlicher Schutzpotenzialausgleich fachgerecht ausgeführt?
- Trennvorrichtungen in den Erdungsleitern noch zugänglich?
- Erdungsanlagen in einwandfreiem Zustand?
- Alle notwendigen Dokumentationen vorhanden?

Erproben

Nachweis der Funktionsfähigkeit aller *sicherheitsrelevanten* Stromkreise und Betriebsmittel. Hierzu zählen Fehlerstrom-Schutzeinrichtungen, Not-Aus-Einrichtungen, Verriegelungen, Anzeige- und Meldeeinrichtungen.

Messen

Ermittelt werden sämtliche Werte, die zur Beurteilung des *Schutzes unter Fehlerbedingungen* von Bedeutung sind:
Niederohmiger Durchgang des Schutzleiters, Isolationswiderstand, Schleifenimpedanz, Fehlerstrom für die Auslösung.

Es gelten die gleichen Voraussetzungen wie bei der Erstprüfung. Bei der *Isolationswiderstandsmessung* sind hier folgende *Grenzwerte* einzuhalten (DIN VDE 0105-100).

■ **Ordnungsgemäßer Zustand**

Sicherheit, Zuverlässigkeit, zweckmäßige und optische Gestaltung.

■ **Schutztrennung**

→ basics Mechatronik

■ **Erstprüfung**

→ 90

Messungen, Grenzwerte

Messung	Grenzwert
Isolationswiderstandsmessung mit angeschlossenen und eingeschalteten Verbrauchern	$> 300\ \frac{\Omega}{V}$
Isolationswiderstandsmessung ohne Verbraucher	$> 1000\ \frac{\Omega}{V}$
Isolationswiderstandsmessung im Freien oder in feuchten Betriebsstätten • mit Verbraucher	$> 150\ \frac{\Omega}{V}$
• ohne Verbraucher	$> 500\ \frac{\Omega}{V}$
Isolationswiderstandsmessung SELV/PELV (Messspannung 250 V)	> 250 kΩ

■ **$1000\ \frac{\Omega}{V}$**

Für den Menschen gerade noch ungefährlich, da ein maximaler Berührungsstrom von

$\frac{230\ V}{230\ k\Omega} = 1\ mA$

fließen kann.

Doch Vorsicht!
Eine solche Anlage kann nicht als „einwandfrei" angesehen werden.

Der Messwert ist mit vergleichbaren Anlagen zu vergleichen. Wenn er geringer ist, dann muss Ursachenforschung betrieben werden.

Bei *Fehlerstrom-Schutzeinrichtungen* ist die *Abschaltzeit* nachzuweisen. Dabei sollte mindestens mit einem Prüfstrom von $5 \cdot I_{\Delta n}$ gemessen werden.

Dokumentation, Prüfbericht

Umfang und *Ergebnis* der Wiederkehrenden Prüfung ist zu dokumentieren.

Der Inhalt des Prüfberichts ist genormt.

- Anlagenteile
- Eventuelle Einschränkungen der Prüfung.
- Dokumentation zur Besichtigung, Erprobung und Messung.
- Ermittelte Gefahrenquellen sowie Verschlechterungen in Bezug auf den Anfangszustand.
- Fehler und Mängel, die bei der Prüfung erkannt werden.
- Empfehlungen für notwendige Instandsetzungsmaßnahmen.
- Zeitraum bis zur nächsten Prüfung.
- Benennung der für die Prüfung verantwortlichen Person.

Der Prüfbericht ist dem Auftraggeber auszuhändigen. Er muss von einer fachkundigen Person autorisiert sein.

2.13 Prüfung elektrischer Geräte

Nach Instandsetzung oder Änderung eines Geräts muss der *gleiche Sicherheitsstandard* wie im neuen Zustand erreicht werden.

Der Nachweis der *elektrischen Sicherheit* ist zu erbringen.

Die normative Grundlage ist bei dieser Prüfung DIN VDE 0701/702.

Prüfung

1. Warum ist die Prüfung der Schutzmaßnahmen wichtig?

2. Wer ist für die Durchführung der Prüfungen vor Inbetriebnahme, nach Änderung, Erweiterung und Instandsetzung verantwortlich?

3. Mit welchem Messgerät werden die Messungen durchgeführt?

4. Nennen Sie Beispiele für die Besichtigung Ihres Prüfstücks.

5. Welche Fragen stellen Sie sich vor der Durchführung einer Messung?

6. Die Anschlussleitung des Prüfstücks hat eine Länge von 2,5 m. Der Querschnitt beträgt 2,5 mm^2.

Bestimmen Sie den plausiblen Wert für die Niederohmmessung.

7. Worin bestehen die Unterschiede zwischen Niederohmmessung und Schleifenimpedanzmessung?

8. An einer 230-V-Steckdose wird eine Schleifenimpedanz von 0,76 Ω gemessen.

Sie dient zur Speisung einer 75 m langen Verlängerungsleitung mit dem Querschnitt 1,5 mm^2.

Abgesichert ist die Steckvorrichtung mit einem B16-Leitungsschutzschalter.

Beurteilen Sie die Situation.

9. Sie sollen beurteilen, ob eine gemessene Schleifenimpedanz in Ordnung ist.

Welche fachlichen Überlegungen sind dabei anzustellen?

@ Interessante Links

- christiani-berufskolleg.de

Die verwendeten **Messgeräte** müssen für diese Messungen geeignet sein und folgende **Messungen** ermöglichen:

- *Messung des Schutzleiterstroms oder Berührungsstroms*
- *Messung des Schutzleiterwiderstands*
- *Messung des Isolationswiderstands*

Geräte mit Schutzleiter (Schutzklasse I), Prüfablauf

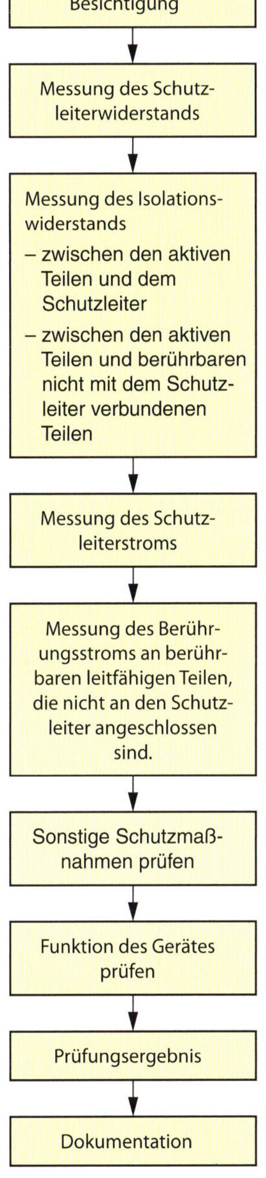

Geräte ohne Schutzleiter, Prüfablauf

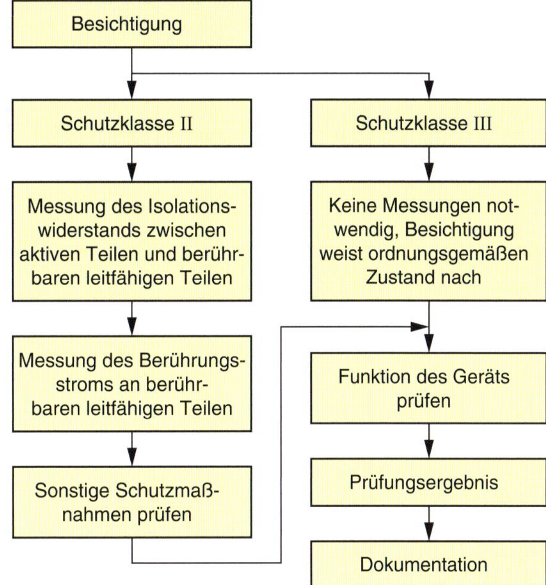

Hinweise

- Durch Besichtigung, Messung und Erprobung der Schutzmaßnahmen werden der *einwandfreie Allgemeinzustand* und das *Isoliervermögen* (Schutz gegen elektrischen Schlag, Brandschutz) nachgewiesen.
- Die Messungen des Isolationswiderstands, des Schutzleiter- und Berührungsstroms müssen bei *allen Schalterstellungen* durchgeführt werden.

Besichtigung

Die **Besichtigung** ist der wichtigste Prüfvorgang. Sie beinhaltet zunächst die Feststellung, ob Geräteteile defekt oder verschlissen sind bzw. unsachgemäße Veränderungen vorgenommen wurden.

Danach folgt die Beurteilung, ob alle sicherheitsrelevanten Teile in Ordnung sind und wirksam werden können.

Prüfpunkte

- CE-Kennzeichnung vorhanden (erst ab 1997 Pflicht)
- GS-Zeichen vorhanden
- Vorgenommene Veränderungen
- Lüfteröffnungen
- Beschädigung des Gehäuses
- Schmutz, eingedrungene Nässe
- Zustand der Leitungen sowie Zugentlastungen und Steckvorrichtungen
- Einhaltung der Schutzart
- Beschriftungen vorhanden und lesbar

usw.

■ **Prüfung elektrischer Geräte**

DIN VDE 0701/702

■ **Prüfung**

umfasst nach DIN VDE 0701/70 alle Maßnahmen, die elektrische Sicherheit eines Geräts zu ermitteln.

Die Reihenfolge der einzelnen Prüfschritte ist unbedingt einzuhalten.

Das Öffnen eines zu prüfenden Geräts ist zur Prüfungsdurchführung nicht vorgesehen.

Zu Bild 65 (oben)
Wenn das Prüfgerät eine Verbindung zwischen dem Schutzkontakt und dem netzseitigen Schutzleiter herstellt, ist das zu prüfende Gerät isoliert aufzustellen.

Zu Bild 65 (unten)
Es kann notwendig sein, den Schutzleiter an den Netzanschlussstellen abzutrennen.

Es ist auf die Eignung des Geräts für den vorgesehenen Verwendungszweck am vorgesehen Einsatzort zu achten.

Die verwendeten Messverfahren sind einfache Widerstands- und Strommessungen.

Anschlussleitung, Absicherung bis 16 A

Bis 5 m Leitungslänge 0,3 Ω.

Pro 7,5 m zusätzliche Leitungslänge +0,1 Ω, aber nicht mehr als 1 Ω.

Absicherung über 16 A oder Querschnitt über 1,5 mm²: plausibler Wert durch Rechnung.

Manchmal liegen die Messwerte noch im zulässigen Bereich, können aber bereits auf entstehende Mängel hinweisen.

Erfahrungen und Vergleichsmöglichkeiten sind dann wichtig.

Bei der Prüfung ist auch auf den Verwendungszweck des Geräts zu achten, sowie die Einsatzumgebung.
Auch bei allen weiteren Prüfvorgängen sollte das Gerät weiter „mit allen Sinnen bewusst betrachtet" werden, um das Verhalten beim Messen und Erproben zu erkennen.

Messung

Ziel der Messung ist es, äußerlich *nicht* erkennbare Schäden und Mängel festzustellen und die einwandfreie Funktion der Schutzmaßnahmen zu überprüfen.

Dabei sind die *normativen Grenzwerte* unbedingt zu beachten.

Schutzleiterwiderstand messen

(Schutzklasse I)

Normative Vorgabe:

- Schutzleiterwiderstand bei Geräten mit Anschlussleitungen bis 5 m Länge: 0,3 Ω.
- Zusätzlich 0,1 Ω für jede weitere 7,5 m Leitungslänge, höchstens jedoch 1 Ω.

Beim *Bewegen der Anschlussleitung* (bei Prüfung zwingend notwendig) darf sich der Schutzleiterwiderstand nicht ändern. Die Messung sollte an *allen leitfähigen berührbaren Teilen* des Geräts erfolgen. Wenn an mehreren Stellen gemessen wird, dann ist der *höchste* Messwert maßgeblich. Lackschichten sind mit der Prüfspritze zu durchstoßen.

Bei *einwandfreien Schutzleiterverbindungen* liegt der Widerstand zwischen 0,1 und 0,2 Ω.

Im Einzelfall errechnet sich der Widerstand mit

$$R_L = \frac{l}{\gamma \cdot q} + 0{,}1\ \Omega$$

(Grenzwert, 0,1 Ω = Kontaktübergangswiderstand).

Die Leerlaufspannung des Messgeräts darf nicht kleiner als 4 V und nicht größer als 24 V AC oder DC sein.

Im Messbereich 0,2 Ω bis 1,99 Ω muss der Messstrom mindestens 0,2 A betragen.

Wenn das Prüfgerät eine Verbindung zwischen dem Schutzkontakt und dem netzseitigen Schutzleiter herstellt, dann muss das zu prüfende Gerät isoliert aufgestellt werden.

Es kann notwendig sein, den Schutzleiter an den Netzanschlussstellen abzutrennen.

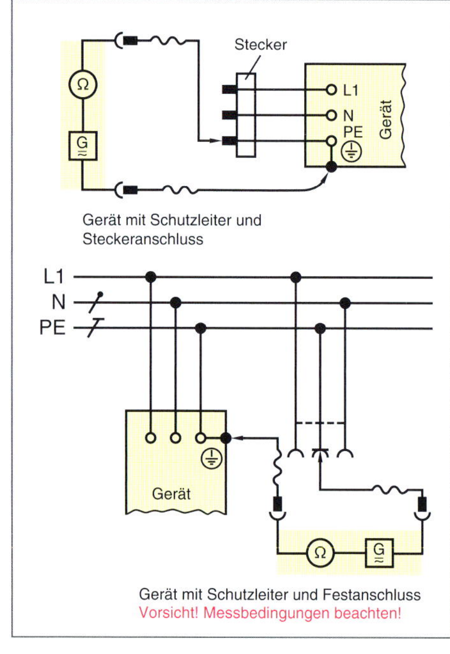

65 Messung des Schutzleiterwiderstands

Hinweise

- Bei der Bewertung des Widerstandswerts sind auch die *Übergangswiderstände* an den Steckkontakten zu berücksichtigen.
- Parallele *Erdverbindungen* (z. B. über den Aufstellungsort) können das Messergebnis beeinflussen oder einen Schutzleiter vortäuschen.
- Zur Minimierung von *Übergangswiderständen* sollte die Messstelle gesäubert werden. Vor allem bei kleinen Messströmen.
- Wird der Grenzwert überschritten, ist zu prüfen, ob durch *Herstellerangaben* oder Produktnormen andere Grenzwerte gelten.
- Zur Prüfung des Schutzleiters wird *keine* Schutzleiterverbindung gelöst und keine Abdeckung entfernt.
- Bei der Messung ist die Leitung über die gesamte Länge zu bewegen.
- Um stromrichtungsabhängige Übergangswiderstände zu erfassen, sollte in zwei Stromrichtungen gemessen werden.
- Zur Messung an Geräten mit *Drehstromanschluss* ist entweder ein entsprechendes Prüfgerät oder ein Prüfadapter zu benutzen.
- Bei *informationstechnischen Gründen* kann über die Abschirmung eine Schutzleiterverbindung vorgetäuscht werden. Daher sollten geschirmte Datenleitungen während der Prüfung abgeklemmt sein.
- Bei *Funktionserdungen* (z. B. zum Ableiten von Ableitströmen) muss der Grenzwert des Schutzleiterwiderstands *nicht* eingehalten werden.

Isolationswiderstandsmessung

Die Messung muss den Nachweis erbringen, dass kein *berührbares leitfähiges Teil* durch einen *Isolationsfehler* direkt oder indirekt mit *aktiven Teilen* in Verbindung steht.

Diese Messung ist bei Geräten *sämtlicher Schutzklassen* möglich. Bei Schutzklasse II ist sie die *erste* durchzuführende Messung. Diese Geräte haben nämlich keinen Schutzleiter.

Zur Prüfung muss das Gerät vom Netz getrennt werden.

Verschmutzte Geräte sollen vor der Messung gereinigt werden.

Gemessen wird mit einer Gleichspannung von mindestens 500 V, bei Geräten der Schutzklasse III mit 250 V.

Folgende **Grenzwerte** dürfen nicht unterschritten werden.

Schutzklasse des Geräts	Grenzwert Isolationswiderstand	Höhe der Prüfspannung
I	1 MΩ	500 V DC
II	2 MΩ	500 V DC
III	0,25 MΩ	250 V DC

Sonderfall: Geräte mit Heizelementen

- *Allgemein*: Grenzwert 0,3 MΩ
- *Gesamtleistung > 3,5 kW*: Schutzleiterstrom nicht größer als 1 mA pro Kilowatt Heizleistung.

Hinweise

- Bei informationstechnischen Geräten darf die Isolationswiderstandsmessung entfallen (Schutzleiter- oder Berührungsstrom messen).
- Die Messung darf entfallen, wenn das Gerät dadurch beschädigt werden könnte oder bei elektronischen Schaltern nur bis zum Schalter durchgeführt werden kann.
- Bei Drehstromgeräten dürfen alle Versorgungsleitungen parallel geschaltet werden.
- Geräte mit Schutzimpedanzen zwischen den aktiven Teilen und dem Schutzleiter haben den Widerstandswert dieser Impedanzen als Grenzwert.

Schutzleiterstrommessung

Notwendig bei allen *Geräten mit Schutzleiter*. Es ist der Nachweis zu erbringen, dass keine Gefahr bringenden Ströme *über den Schutzleiter* oder *berührbare leitfähige Teile* abfließen.

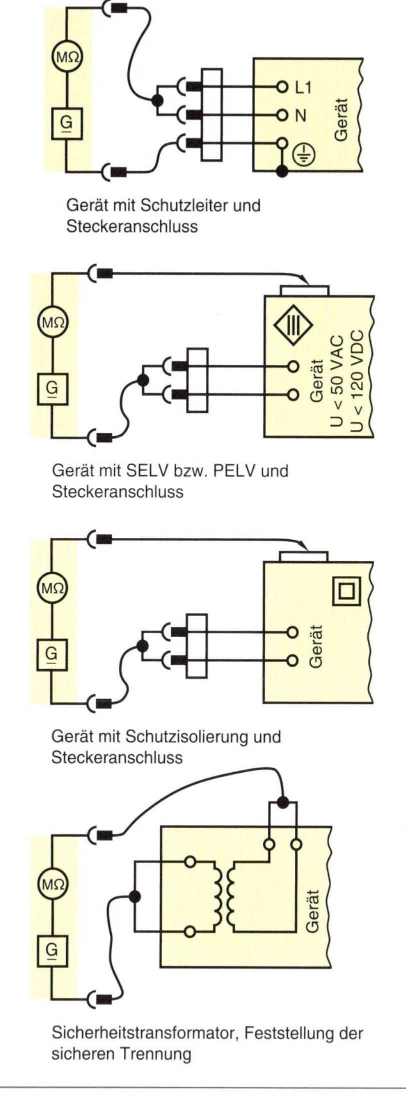

66 Isolationswiderstandsmessung

Prüfung

1. Warum ist die Sichtprüfung hier von so großer Bedeutung?

2. Worauf ist bei der Sichtprüfung besonders zu achten?

3. Nach der Reparatur sollen Sie den Schutzleiterwiderstand einer 25 m langen Verlängerungsleitung messen.

Wie groß ist der Grenzwert nach DIN VDE 0701-702? Beschreiben Sie die Vorgehensweise bei der Messung.

4. Sie sollen den Isolationswiderstand einer Handbohrmaschine messen.

Wie gehen Sie dabei vor? Welcher Grenzwert darf nicht unterschritten werden?

■ **Isolationswiderstandsmessung**

Gemessen wird von den kurzgeschlossenen Außenleitern gegen die berührbaren leitfähigen Teile.
Um innere Fehler zu ermitteln, muss der Netzschalter eingeschaltet werden.

Bei Wärmegeräten diese vor der Messung kurzzeitig in Betrieb nehmen, um Einflüsse wie Luftfeuchtigkeit zu minimieren.

■ **Geräte mit Überspannungsableitern**

Die Spannung von 500 V kann die Ableiter gegen Erde durchschalten.
Dann würde ein zu geringer Wert des Isolationswiderstands angezeigt werden.

Reduzierte Prüfspannung 250 V.

@ Interessante Links

- christiani-berufskolleg.de

Schutzleiterstrom

Ein unzulässig hoher Schutzleiterstrom kann gefährliche Körperströme oder Brandgefahr hervorrufen.

Folgende *Messverfahren* sind möglich.

- *Direkte Messung*
- *Differenzstrom-Messverfahren*
- *Ersatz-Ableitstrom-Messverfahren*, wenn zuvor eine Isolationswiderstandsmessung durchgeführt wurde und das Gerät keine netzspannungsabhängigen Schalteinrichtungen hat.

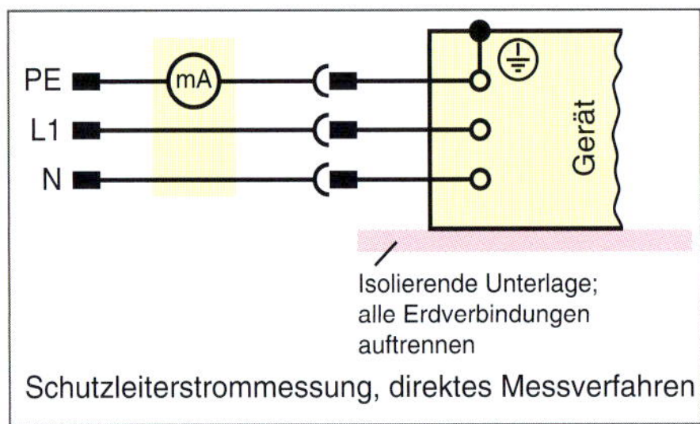

67 Messung des Schutzleiterstroms

Geräte, die einen betriebsbedingt höheren Ableitstrom führen, müssen entsprechend gekennzeichnet werden.

- Bei der Messung muss der Netzstecker umgepolt werden.
- Alle Stromkreise müssen eingeschaltet sein. Eventuell sind mehrere Messungen in mehreren Schalterstellungen durchzuführen.
- Der höchste Messwert ist als Messergebnis anzunehmen.
- Bei Verlängerungsleitungen, mobilen Mehrfachsteckdosen ohne elektronische Bauelemente zwischen aktiven Leitern und Schutzleiter sowie abnehmbaren Geräteanschlussleitungen darf die Messung entfallen.
- Bei ungepolten Anschlusssteckern sowie Anschlussleitungen ohne Stecker ist die Messung in allen Positionen des Steckers bzw. der Anschlussleitungen durchzuführen.
- Sämtliche Schalter und Regler müssen geschlossen sein, damit alle aktiven Teile erfasst werden.

Nicht notwendig ist die Schutzleiterstrommessung bei

- *Verlängerungsleitungen*
- *abnehmbaren Geräteanschlussleitungen*
- *Mehrfachsteckdosenleisten*

Höchstwerte des Schutzleiterstroms

- *Gerät, allgemein*: 3,5 mA
- *Geräte mit Heizelementen* ($P > 3{,}5$ kW): 1 mA/kW bis max. 10 mA

Strom	Isolationswiderstand
0,5 mA	460 kΩ
3,5 mA	66 kΩ
10 mA	23 kΩ

Wenn die angegebenen Grenzwerte *überschritten* werden, ist zu prüfen, ob durch *Herstellerangaben* oder *Produktnormen andere* Grenzwerte gelten.
Geräte sind in *allen Funktionen*, die den *Schutzleiterstrom* beeinflussen, zu prüfen.

Der *höchste Wert* ist zu dokumentieren und die Bedingungen sind anzugeben.

Wenn der Schutzleiterstrom durch **direkte Messung** ermittelt wird, darf das leitende Gehäuse des Geräts während der Messung *keinen* Kontakt zu einem mit **Erdpotenzial** verbundenen Teil haben.

Messung des Schutzleiterstroms mit einer Leckstromzange

Messung nach dem **Differenzstromverfahren**. Ein Auftrennen des Schutzleiters ist hier nicht notwendig.

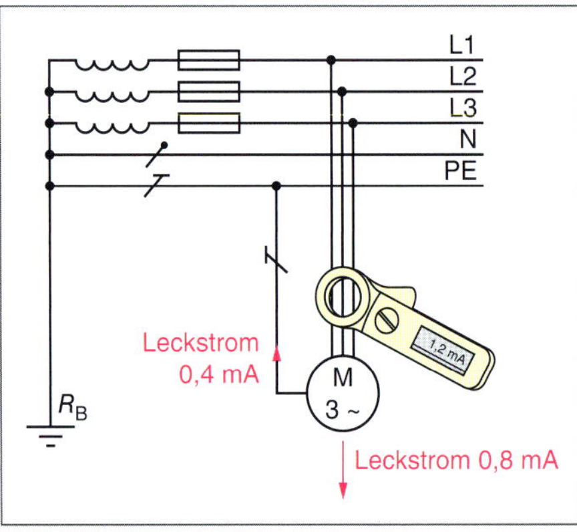

68 Messung mit Leckstromzange

Hinweis:
Der **Ersatz-Ableitstrom** ist kein charakteristischer Kennwert, sondern die Benennung des mit einer *Ersatzschaltung* ermittelten Ableitstroms.

Berührungsstrom messen

Wird bei Geräten der *Schutzklasse II und III* gemessen. Dieser Strom kann im Augenblick des Berührens fließen.

Zu prüfen ist die Einhaltung des *Grenzwerts* ≤ 0,5 mA.

Messverfahren (Bild 69)

- *Direkte Messung*
- *Differenzstrom-Messverfahren*
- *Ersatz-Ableitstrom-Messverfahren*, wenn zuvor eine Isolationswiderstandsmessung durchgeführt wurde und das Gerät über keine netzspannungsabhängigen Schalteinrichtungen verfügt.

Hinweise:

- Bei der *direkten Messung* ist das Gerät von Erdpotenzial zu trennen.
- Der *höchste* Messwert ist als Messergebnis anzusehen.

- Bei Messung mit dem *Differenzstromverfahren* ist bei einem Gerät mit Schutzleiter im Messergebnis ein *anteiliger Schutzleiterstrom* enthalten.

  Wird dann der Grenzwert überschritten, kann das *direkte* Messverfahren angewendet werden, wenn keine Erdverbindungen vorhanden sind.

  Oder das Ersatz-Ableitstrom-Messverfahren, wenn keine spannungsabhängigen Beschaltungen existieren und vorher eine Isolationswiderstandsmessung durchgeführt wurde.

- Bei *ungepolten Anschlusssteckern* sowie *Anschlussleitungen ohne Stecker* ist die Messung des Berührungsstroms in allen Positionen des Steckers bzw. der Anschlussleitung durchzuführen.

- Sämtliche Schalter und Regler müssen *geschlossen* sein, damit alle aktiven Teile erfasst werden.

- Wenn berührbare leitfähige Teile unterschiedlichen Potenzials gemeinsam mit einer Hand berührt werden können, dann ist der *Messwert* die *Summe* ihrer Berührungsströme.

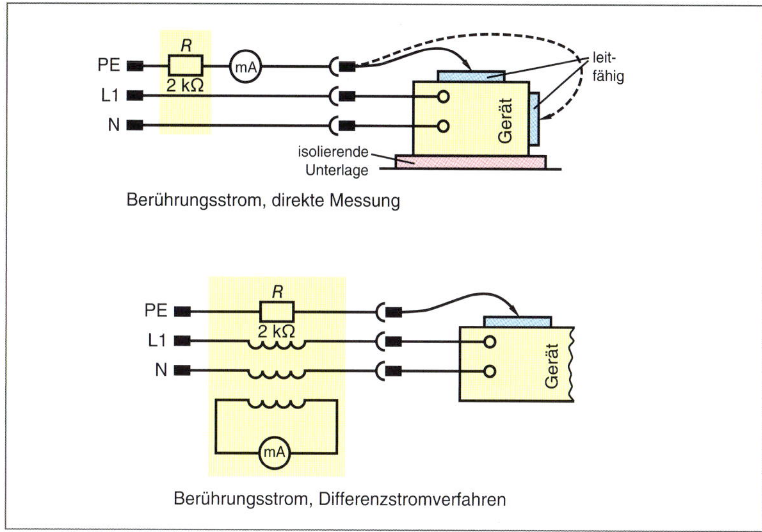

69 Berührungsstrommessung

Ebenso ist zu beachten, dass bei Geräten mit **Heizelementen** das Verfahren nicht angewendet werden darf, wenn der Grenzwert des Isolationswiderstands *nicht* erreicht werden konnte.

Eine *isolierte* Aufstellung des Prüflings ist *nicht* notwendig (galvanische Trennungen der Prüfspannung).

Hinweise:

- Das Gerät wird im spannungsfreien Zustand geprüft.
- Geräte mit netzspannungsabhängigen Schaltern können nicht vollständig geprüft werden.

Nachweis der sicheren Trennung vom Versorgungsstromkreis bei SELV/PELV

Notwendig bei Geräten, die durch einen *Sicherheitstransformator* oder ein *Schaltnetzteil* eine SELV/PELV-Spannung erzeugen.

Prüfung durch:

- Nachweis der Übereinstimmung der Bemessungsspannungen mit den Vorgaben für SELV bzw. PELV.
- Messung des Isolationswiderstands zwischen Primär- und Sekundärseite der Spannungsquelle.
- Messung des Isolationswiderstands zwischen aktiven Teilen des SELV- bzw. PELV-Ausgangsstromkreises und berührbaren leitfähigen Teilen.

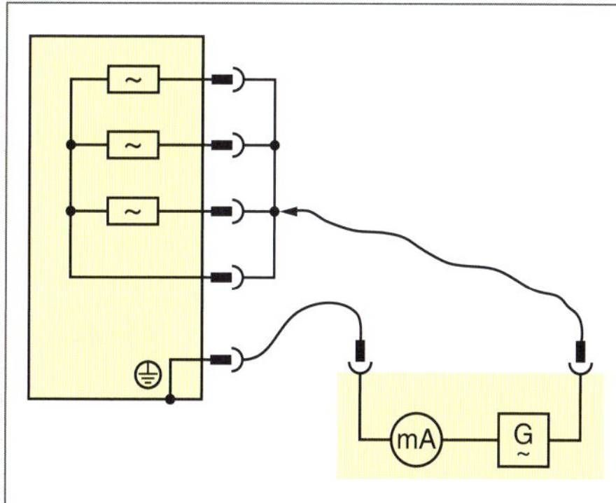

70 Ersatz-Ableitstrommessung

Ersatz-Ableitstrom-Messung

Das zu prüfende Gerät wird mit einer Prüfspannung von mindestens 25 V AC bis höchstens 250 V AC gespeist. Auch batteriebetriebene Prüfgeräte sind erhältlich.

Dieses Verfahren ist nur zulässig, wenn zuvor eine umfassende Isolationswiderstandsmessung durchgeführt wurde.

Prüfung

1. Worauf beruht die Sonderstellung der Geräte mit Heizelementen bezüglich Ableitstrom und Isolationswiderstand?

■ Ersatz-Ableitstrommessung

Der Prüfling kann nicht im Betriebszustand geprüft werden.
Geräte mit netzspannungsabhängigen Schaltern werden nur unvollständig geprüft.

■ Vorsicht bei Geräten mit Filtern

Der Ableitstrom, gemessen mit Ersatzableitstrommessung, kann doppelt so groß sein wie z. B. bei der direkten Messung.

@ Interessante Links

- christiani-berufskolleg.de

■ **Hinweis**
Für viele Geräte gelten spezielle Grenzwerte, die von den Prüfgeräten nicht berücksichtigt werden.

Funktionsprüfung

Es gibt Fehler, die messtechnisch *nicht* oder zumindest *nicht vollständig* ermittelt werden können.
Allerdings können die *menschlichen Sinne* eine Vielzahl von Fehlern erkennen. Zum Beispiel:

- **Hören**
  Klappern, Schleifen
- **Fühlen**
  Erwärmen, Vibrieren
- **Riechen**
  Schmoren
- **Sehen**
  Beschädigungen, Rauch, Bürstenfeuer

Zielsetzung

- Die *elektrische Sicherheit* ist auch im bestimmungsgemäßen Betriebszustand gegeben.
- Die *mechanische Sicherheit* ist gegeben.
- Das Gerät arbeitet nach der Prüfung einwandfrei. Gefahren für den Anwender sind nicht zu erwarten.

Bewertung und Dokumentation

Nach Abschluss der Prüfung muss der Prüfer entscheiden, ob das Gerät weiter benutzt werden darf oder nicht. Diese Entscheidung muss *dokumentiert* werden.

- *Prüfung nicht bestanden*
  Das Gerät darf nicht mehr benutzt werden.
- *Prüfung bestanden*
  Das Gerät wird bis zu dem angegebenen Zeitpunkt als sicher angesehen, wenn es bestimmungsgemäß verwendet wird. Dabei muss der Prüfer einen Termin nennen, zu dem das Gerät erneut zu prüfen ist.

Die Form der Dokumentation schreibt die Norm nicht vor. Es werden aber Prüfprotokolle zur Verwendung angeboten.

■ **Schutzklassen**
→ basics Mechatronik

Prüfung eines Geräts der Schutzklasse I

- *Besichtigung*
- *Messung des Schutzleiterwiderstands*
- *Messung des Isolationswiderstands*
- *Messung des Schutzleiterstroms*
- *Funktionsprüfung*
- *Dokumentation*

Prüfung eines Geräts der Schutzklasse II oder III

- *Nachweis der Schutzleiterverbindung nur in Sonderfällen*
- *Messung des Isoliervermögens durch*
  - *Isolationswiderstandsmessung*
  - *Messung des Berührungsstroms*
- *Funktionsprüfung*
- *Dokumentation*

Der Prüfer legt einen Termin fest, an dem das Gerät erneut geprüft werden muss. Der Termin ist so wählen, dass bei bestimmungsgemäßem Betrieb bis zu diesem Zeitpunkt wahrscheinlich kein Fehler auftritt.

Grenzwerte DIN VDE 0701-702

Messgröße	Schutzklasse I	Schutzklasse II	Schutzklasse III
Isolationswiderstand; aktive Teile gegen berührbare leitfähige Teile	≥ 2 MΩ	≥ 2 MΩ	Aktive Teile des Nicht-SELV- bzw. -PELV-Kreises gegen berührbare leitfähige Teile des SELV-, PELV-Kreises ≥ 2 MΩ
Nachweis der sicheren Trennung	Wenn SELV- oder PELV-Kreis vorhanden ≥ 2 MΩ	Wenn SELV- oder PELV-Kreis vorhanden ≥ 2 MΩ	> 2 MΩ
Schutzleiterstrom	≤ 3,5 mA	–	–
Berührungsstrom	≤ 0,5 mA	≤ 0,5 mA	–

3 Baugruppen

3.1 Feldeffekttransistoren

Bei **Feldeffekttransistoren** (kurz FETs) erfolgt die *Steuerung des Stromflusses* durch ein senkrecht zur Strombahn wirkendes *elektrisches Feld.* Je nach Ausführung wandern die Ladungsträger entweder durch *N-dotiertes* oder *P-dotiertes* Halbleitermaterial. Man spricht von einem **unipolaren Transistor**.

Durch eine Steuerspannung werden Feldeffekttransistoren leistungslos gesteuert.
Ihr Eingangswiderstand ist daher sehr hoch.

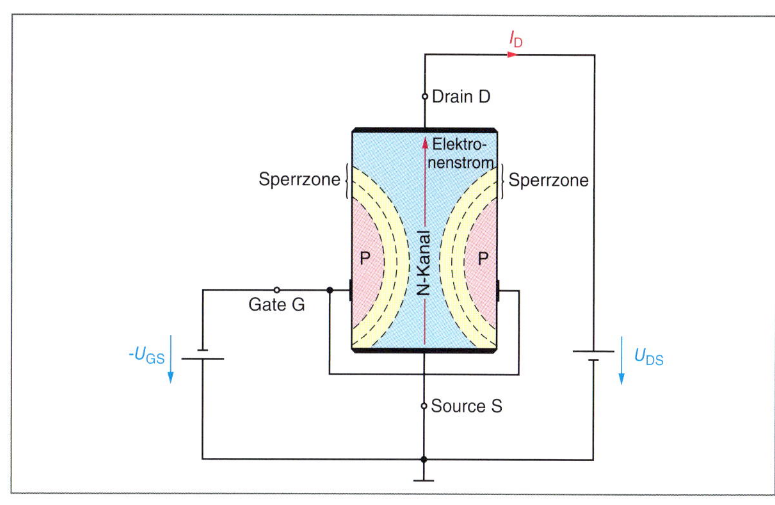

1 N-Kanal-Sperrschicht-FET

Aufbau und Wirkungsweise

Sperrschicht-Feldeffekttransistoren bestehen aus einem *stabförmig* ausgebildeten Halbleitermaterial.

Dies ist entweder *N-dotiertes* oder *P-dotiertes* Silizium. An den *Stirnseiten* des Stabes sind *sperrschichtfreie* Kontaktflächen angebracht.

Spannung an Anschlüsse D und S: → Durch den N-Kanal fließt ein Elektronenstrom I_D. Bei Schaltung nach Bild 1 von S nach D.

Spannung an den Anschlüssen G und S ($-U_{GS}$): → PN-Übergänge in *Sperrrichtung* betrieben. Kein Stromfluss über die Sperrzonen möglich.

Sperrzone breitet sich im N-Kanal aus: → Querschnitt des N-Kanals wird verringert.

Die Breite der Sperrzone ist abhängig von der Spannung $-U_{GS}$. Wenn $-U_{GS}$ so groß ist, dass die beiden Sperrzonen aneinander stoßen, kann kein *Drainstrom* I_D mehr fließen.

Der Drainstrom I_D wird durch die Spannung $-U_{GS}$ praktisch leistungslos gesteuert. Bei einem in Sperrrichtung betriebenen PN-Übergang fließt nur ein sehr geringer Reststrom.

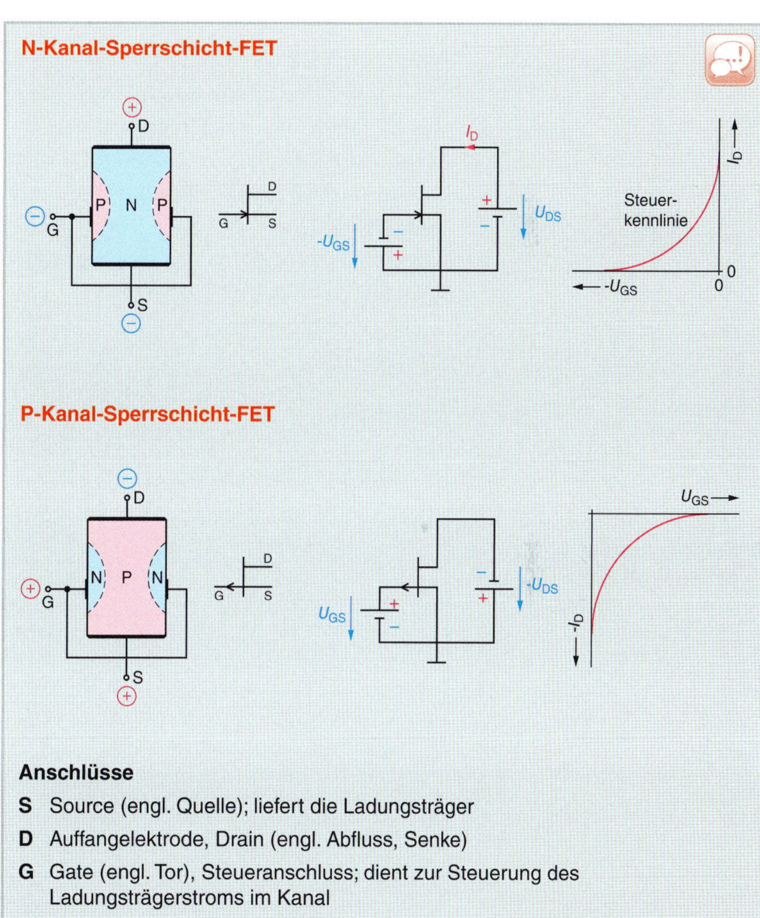

Anschlüsse

S Source (engl. Quelle); liefert die Ladungsträger

D Auffangelektrode, Drain (engl. Abfluss, Senke)

G Gate (engl. Tor), Steueranschluss; dient zur Steuerung des Ladungsträgerstroms im Kanal

Beim **Sperrschicht-FET** werden die PN-Übergänge immer in *Sperrrichtung* betrieben.

Den Elektronen des Stroms I_D steht nur der **Kanal** als *Strömungsweg* zur Verfügung.

Durch die Steuerspannung des FET lassen sich **Kanalquerschnitt** und damit **Kanalwiderstand** beeinflussen.

Kennlinien

Der Strom I_D nimmt bei niedrigen Betriebsspannungen (U_{DS}) proportional mit der Spannung zu. Wenn die **Abschnürspannung** U_P erreicht wird, ist der **Kanalquerschnitt** nur noch sehr gering.

Daher nimmt der Strom I_D bei weiter steigender Spannung praktisch nicht mehr zu.

Wenn die Abschnürspannung erreicht ist, bleibt der Strom praktisch konstant.
Der zugehörige Strom wird Sättigungsstrom genannt.

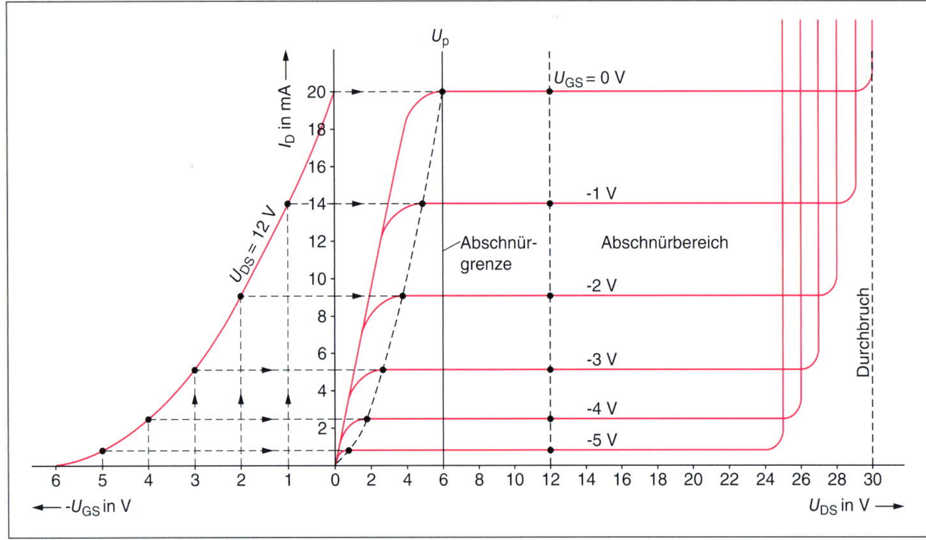

2 Kennlinien eines Sperrschicht-FETs

■ **Feldeffekttransitoren**
sind unipolare Transistoren, da im Transistor nur eine Trägerart (N oder P) auftritt.

Spannung zu hoch → Sperrzone des Transistors wird durchbrochen → steiler Stromanstieg.

Gesperrter PN-Übergang:
Gate-Restströme sind temperatur- und spannungsabhängig.

Gate-Reststrom bestimmt den **Eingangswiderstand** (im Gigaohmbereich bei 20 °C).

■ **Selbstleitender N-Kanal-MOS-FET**

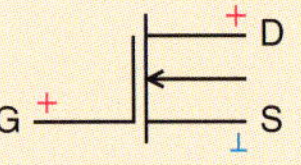

Steilheit

$$\text{Steilheit } S = \frac{\text{Änderung des Drainstroms } \Delta I_D}{\text{Gatespannungsänderung } \Delta U_{GS}}$$

bei *konstanter* Spannung U_{DS}.

■ **Selbstleitender P-Kanal-MOS-FET**

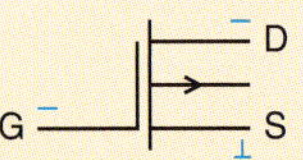

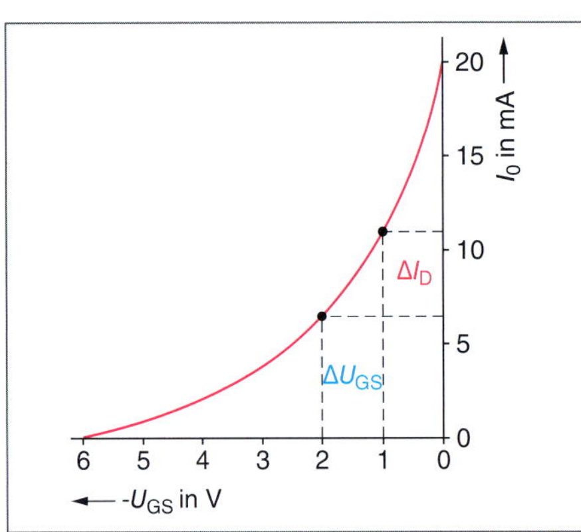

3 Steilheit beim FET

■ **MOS**
engl.: Metal-Oxide-Semiconductor, Metalloxid-Halbleiter

Beim selbstleitenden MOS-FET wird der Drainstrom I_D durch eine positive oder negative Gatespannung gesteuert.

Isolierschicht-FET

Zwischen Gatezone und dem Stromkanal liegt eine *Isolierschicht*, z. B. eine Metalloxidschicht. Im *Stromkanal* kann eine weitere Dotierung eingebaut werden, die den Transistor sperrt, wenn keine Spannung am *Gate* anliegt. Man spricht von *selbstsperrenden* Transistoren.

MOS-FET: **M**etall-**O**xide-**S**emiconductor

Verwendet wird auch die Bezeichnung IFET und IGFET für isoliertes Gate.

Selbstleitende MOS-FETs

In ein *P-dotiertes Siliziumplättchen* werden zwei *hochdotierte N-Zonen* eindiffundiert und mit *sperrschichtfreien* Drain- und Sourceanschlüssen ausgestattet. Zwischen den beiden Zonen befindet sich ein dünner, schwach *N-dotierter Kanal* als leitende Verbindung zwischen Source und Drain (Bild 4).

Der Kanal ist durch eine Isolierschicht aus Siliziumdioxid abgedeckt, auf die eine Elektrode als Gateanschluss aufgebracht ist.

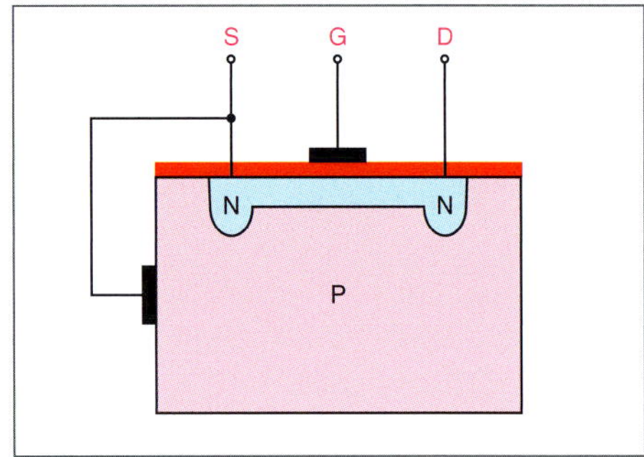

4 Selbstleitender P-Kanal-MOS-FET

Wenn keine Spannung am Gate anliegt, fließt der Drainstrom I_D.

Die Anschlüsse des MOS-FET tragen die gleichen *Bezeichnungen* wie beim Sperrschicht-FET: **SOURCE** (S), **DRAIN** (D) und **GATE** (G).

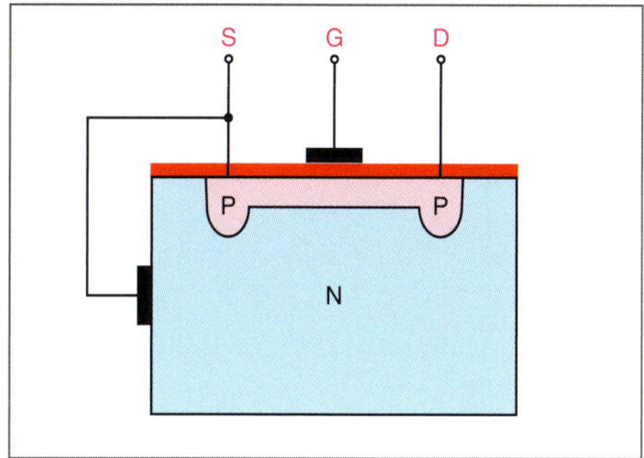

5 Selbstleitender P-Kanal-MOS-FET

Darüber hinaus hat der MOS-FET noch eine weitere Elektrode, die **Bulk-** oder **Substratanschluss** genannt wird.

Dieses Substrat oder Bulk (Masse) bildet mit dem Kanal-Halbleitermaterial einen PN-Übergang.

Dieser kann als *zweite Steuerelektrode* verwendet werden, wenn er aus dem Gehäuse herausgeführt ist.

Manchmal ist der Substratanschluss aber im Gehäuse mit dem Sourceanschluss verbunden, dann entfällt die zusätzliche Steuerungsmöglichkeit.

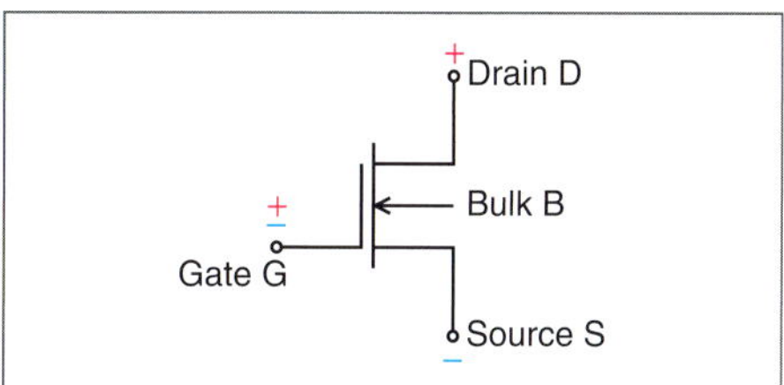

6 N-Kanal-MOS-FET

N-Kanal-MOS-FETs sind von großer praktischer Bedeutung. Betrieben werden sie mit einer positiven *Drain-Source-Spannung*.

Die Steuerung des Drainstroms I_D erfolgt durch eine positive oder negative *Gatespannung*.

- **Negative Gatespannung gegen Source S**
  Aus der Brücke werden Elektronen abgestoßen. Der Brückenwiderstand nimmt zu.
- **Positive Gatespannung gegen Source S**
  In der Brücke nimmt die Elektronendichte zu. Der Brückenwiderstand verringert sich.

Der Eingangswiderstand des MOS-FET ist noch erheblich größer als der des Sperrschicht-FETs. Werte um 10^{12} Ω sind möglich.

Wegen des hohen Eingangswiderstands ist das MOS-FET sehr empfindlich gegen *statische Aufladungen*.

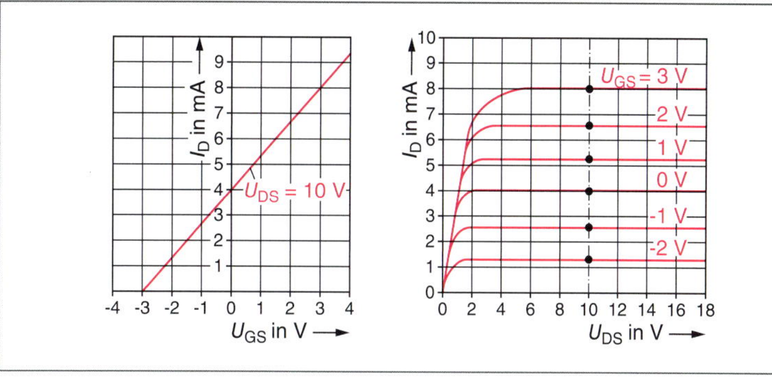

7 Selbstleitender MOS-FET, Kennlinien

Dadurch kann die Isolierschicht durchschlagen werden, was den Transistor zerstört. Deshalb:

- MOS-FETs in antistatischem Material lagern und transportieren.
- Bauelemente durch Schutzbeschaltung schützen.
- Personen mit einer ableitfähigen Verbindung zum Erdpotenzial ausrüsten.

Selbstsperrende MOS-FETs
Der Aufbau ähnelt dem selbstleitenden Typ.

Ohne äußere Feldeinwirkung existiert aber kein leitfähiger Kanal. Bei $U_{GS} = 0$ fließt kein Drainstrom (Bild 8).
Um den Drain- und Sourceanschluss befinden sich zwei *N-dotierte Inseln* in einem schwach *P-dotierten Substrat*. Dadurch bilden sich zwei PN-Übergänge.

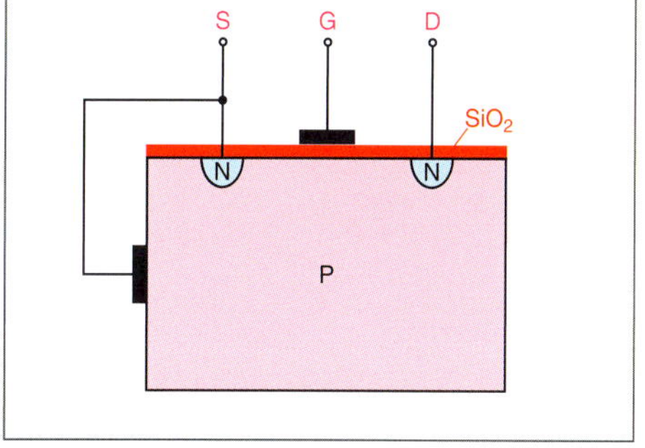

8 Selbstsperrender-MOS-FET

Bei $U_{GS} = 0$ wird eine *positive* Drain-Source-Spannung (U_{DS}) angelegt:
Die Sperrschicht um die Draininsel wird in Sperrrichtung betrieben.
Es ist kein Stromfluss zwischen Drain und Source möglich. Der Transistor bleibt *gesperrt*.

Zwischen Gate und Source wird eine *positive* U_{GS} angelegt:
Elektronen aus dem P-dotierten Substrat werden in Richtung Gate transportiert.

■ **Anreicherungstyp**
Den selbstsperrenden MOS-FET nennt man auch Anreicherungstyp.

Erst wenn sich die Zone unterhalb der Isolierschicht mit Ladungsträgern angereichert hat, kann ein Drainstrom fließen.

Feldeffekttransistor
field-effect transistor, unipolar transistor

Anreicherungstyp
enhancement-mode MOS transistor

Verarmungstyp
depletion type MOS transistor

■ **Spannungen beim MOS-FET**

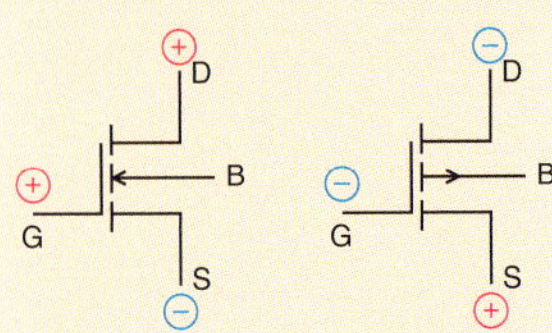

■ **Dual-Gate-MOS-FET N-Kanal-Typ, selbstsperrend**

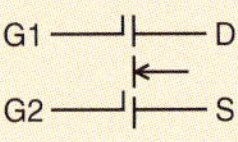

■ **N-Kanal-Typ, selbstleitend**

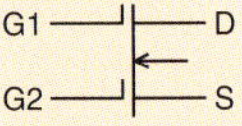

■ **P-Kanal-Typ, selbstleitend**

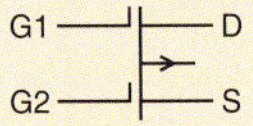

■ **P-Kanal-Typ, selbstsperrend**

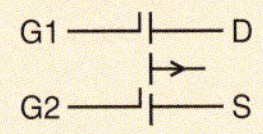

Operationsverstärker
operational amplifier, op-amp

Beschaltung
wiring

Es bildet sich ein leitfähiger Kanal zwischen Drain und Source aus. Es kann ein *Drainstrom* I_D fließen.

Der Drainstrom ist abhängig von der positiven Gate-Source-Spannung + U_{GS}.

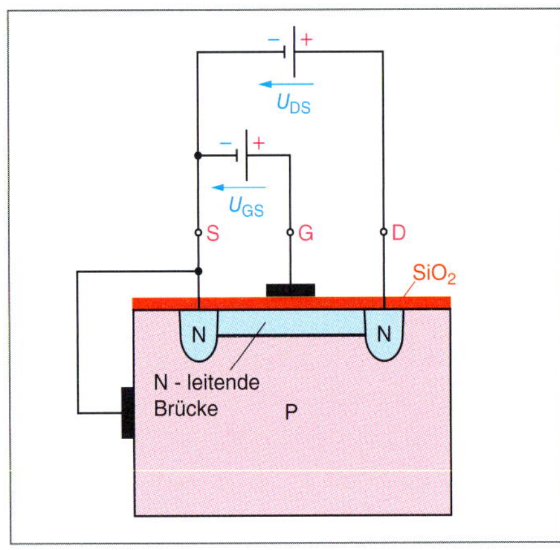

9 Selbstsperrender P-Kanal-MOS-FET

Dual-Gate-MOS-FET

Ein solcher Transistor hat *zwei* Gates. Jedes Gate steuert einen *Brückenbereich*. Dies erfolgt *unabhängig* voneinander.

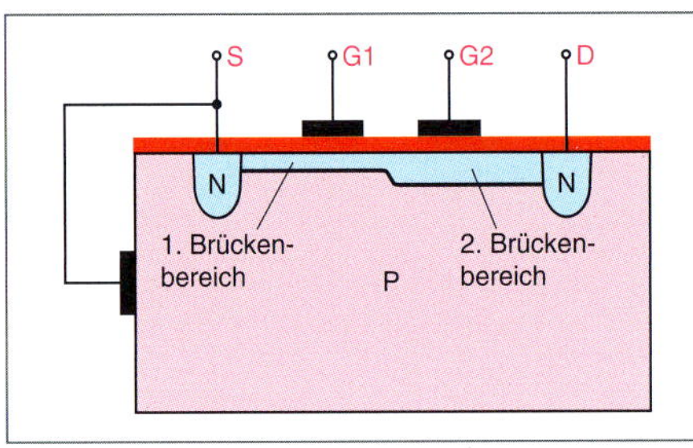

10 Dual-Gate-MOS-FET

Geeignet für Verstärker, deren *Verstärkungsfaktor veränderbar* sind.

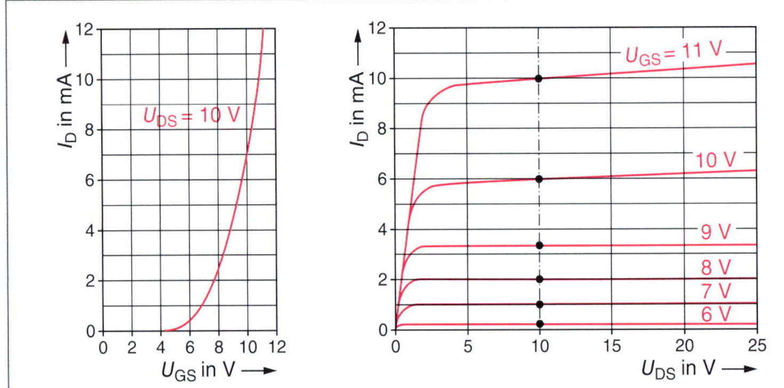

11 Selbstsperrender MOS-FET, Kennlinien

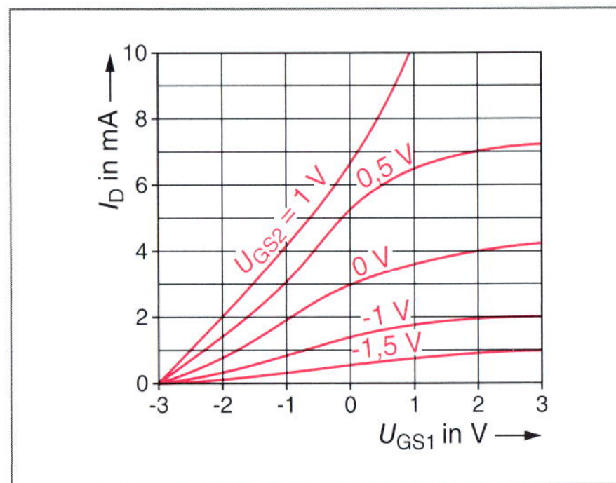

12 Dual-MOS-FET, Kennlinien

3.2 Operationsverstärker

Die Bezeichnung „Operationsverstärker" begründet sich auf den ersten Anwendungsbereichen dieser integrierten Verstärkerbausteine.

In der *Regelungstechnik* und in der *Rechentechnik* wurden mit ihnen *Rechenoperationen* ausgeführt.

Ihr Anwendungsspektrum ist jedoch vielseitiger: Sie können als *Gleich-* und *Wechselspannungsverstärker*, als *Schwellwertschalter* usw. eingesetzt werden.

Bei der *integrierten Schaltungstechnik* sind auf einem einzigen Chip eine Vielzahl von Bauelementen untergebracht.

Das Verhalten und damit die Einsatzmöglichkeit wird wesentlich durch die *externe Beschaltung* bestimmt.

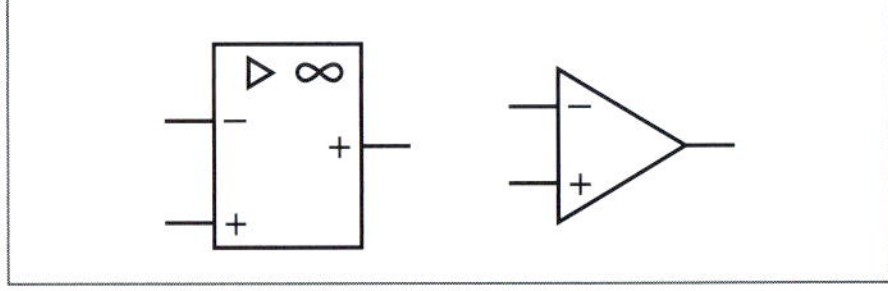

13 Schaltzeichen eines Operationsverstärkers

Operationsverstärker werden i. Allg. mit *zwei symmetrischen Betriebsspannungen* ± U_b betrieben. Diese Betriebsspannungsanschlüsse sind in den Schaltungen aber oftmals nicht eingezeichnet.

Wenn der **nicht invertierende Eingang** E2 angesteuert wird, wird am Ausgang ein *gleichphasiges verstärktes* Ausgangssignal hervorgerufen (Bild 14).

Wenn der Eingang E2 angesteuert wird, hat das verstärkte Ausgangssignal eine *Phasenverschiebung* von 180 °C.

Die Eingangsspannung wird *invertiert*.

Der Eingang E2 wird **invertierender Eingang** genannt.

Technische Daten von Operationsverstärkern

- Spannungsverstärkung 10^3 bis 10^8
- Eingangswiderstand 10^5 bis 10^{15} Ω
- Ausgangswiderstand 15 Ω bis 3 kΩ
- Frequenzbereich 0 Hz bis 1 MHz
- Betriebsspannung ± 4 V bis ± 30 V

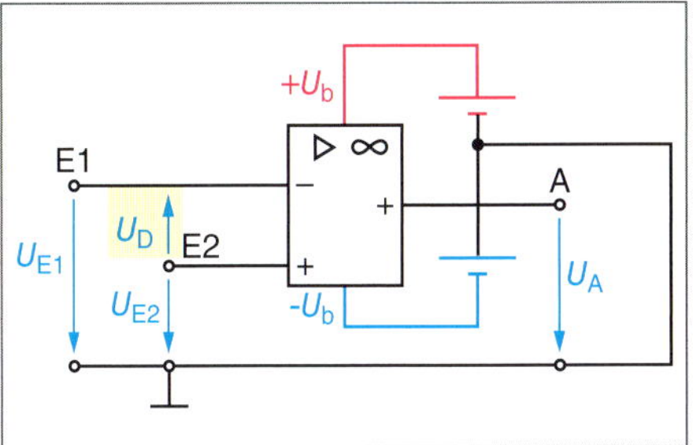

14 Spannungen beim Operationsverstärker

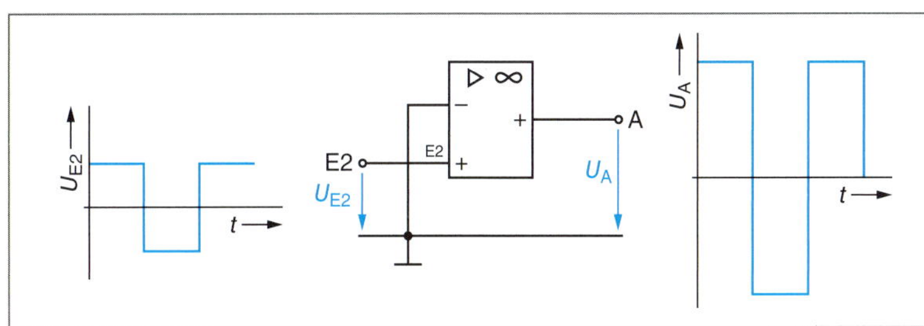

15 Operationsverstärker, nicht invertierend

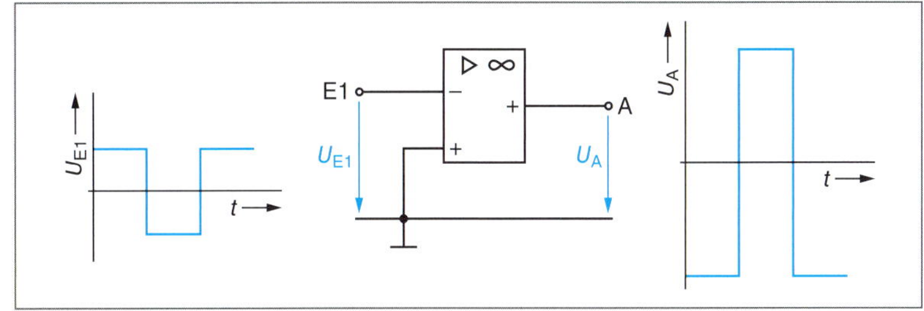

16 Operationsverstärker, invertierend

Zur **Spannungsversorgung** benötigt der Operationsverstärker *zwei* gleich große Betriebsspannungen + U_b und – U_b.

+ **Nicht invertierender Eingang**
  Wenn an diesem Eingang ein Signal angelegt wird, erscheint es am Ausgang mit der gleichen Phasenlage.

– **Invertierender Eingang**
  Das Signal an diesem Eingang erscheint am Ausgang invertiert, d. h. um 180° phasenverschoben.

Die Spannungen des OPs werden *auf Masse bezogen*. Die *Differenz* zwischen den beiden Eingangsspannungen U_{E1} und U_{E2} (bezogen auf Masse) ist die **Differenz-Eingangsspannung** U_D.

Nur diese Differenz-Eingangsspannung U_D wird vom OP verstärkt. Der OP ist ein Differenzverstärker.

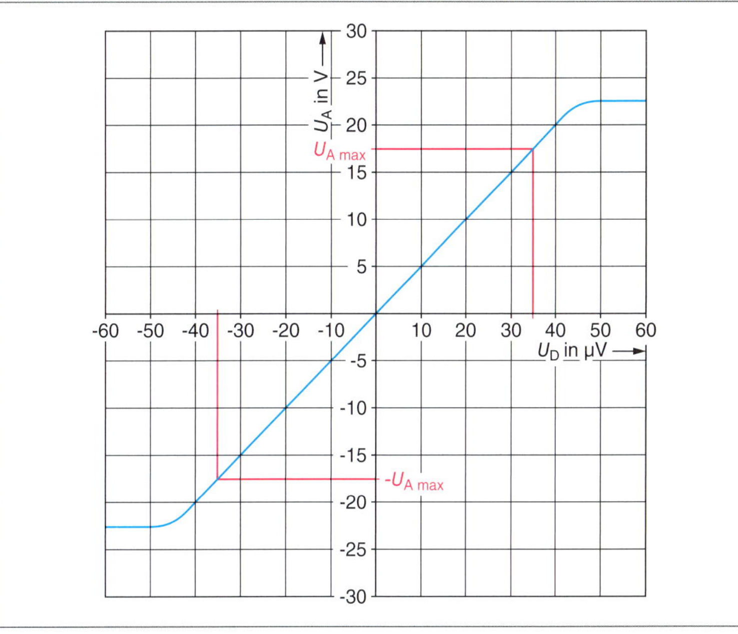

17 Übertragungskennlinie eines Operationsverstärkers

Differenz-Eingangsspannung

$U_D = U_{E1} - U_{E2}$

Leerlauf-Ausgangsspannung

$U_A = V_0 \cdot U_D$

V_0: Leerlaufverstärkung des OP

Die **Differenzspannung** U_D kann positiv und negativ sein. Somit kann auch die *Ausgangsspannung* positiv oder negativ sein.

Der *unbeschaltete* OP hat eine *sehr hohe* **Leerlaufverstärkung**. Somit können bereits sehr kleine Eingangssignale zu einer **Übersteuerung** führen.

Die **Phasenlage** *des Ausgangssignals* hängt vom *größeren* der beiden Eingangssignale ab.

Wenn das größere Signal am nicht invertierenden Eingang (+) anliegt, ist die Phasenverschiebung 0°.

Wenn das Signal am invertierenden Eingang (–) größer ist, beträgt die Phasenverschiebung von U_A 180°.

In einem bestimmten Bereich von U_D arbeitet der OP nahezu *linear*. In diesem Bereich ist die **Leerlaufverstärkung** V_0 konstant.

■ **Operationsverstärker**
sind Differenzverstärker, da die Differenzspannung $U_D = U_{E1} - U_{E2}$ verstärkt wird.

Offsetspannung

Die Offsetspannung wird durch Toleranz der Transistordaten innerhalb der Integrierten Schaltung bewirkt.

Liegen beide Eingänge an Masse und sind die Basis-Emitter-Spannungen der beiden Eingangstransistoren unterschiedlich, dann wirkt die dadurch bewirkte Spannungsdifferenz wie eine Steuerspannung.

Differenzspannung
difference voltage

Leerlauf
no-load running

Übersteuerung
overload

Gleichtaktunterdrückung
common-mode rejection

Offsetspannung
offset voltage

Eingangs-Offsetstrom
input-offset current

Störgröße
disturbing quantity

Frequenzgang
frequency response

Grenzfrequenz
limiting frequency

Bandbreite
bandwith

Für den Einsatz des **Analogverstärkers** ist nur der *lineare Bereich* der Übertragungskennlinie nutzbar.

Die Grenzen $+U_{A\max}$ und $-U_{A\max}$ geben die **Ansteuerbarkeit** eines OPs an.

Offsetspannung

Die Übertragungskennlinie Bild 17 zeigt, dass bei $U_D = 0$ auch die Ausgangsspannung $U_A = 0$.

Diese Annahme gilt allerdings nur für den **idealen Operationsverstärker**.

Real tritt allerdings bei $U_D = 0$ eine Ausgangsspannung von einigen Millivolt auf.

Diese Abweichung von $U_D = 0$ muss i. Allg. *kompensiert* werden. Dazu wird an einem OP-Eingang eine zusätzliche Spannung angelegt. Man nennt diese Spannung **Offsetspannung** U_0.

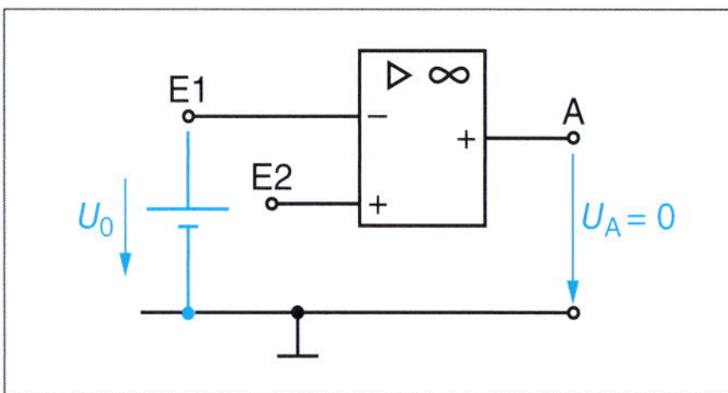

18 Offsetspannungskompensation

Oftmals kann durch *externe Beschaltung* des OPs die Offsetspannung über die *interne Schaltung* kompensiert werden.

Durch das **Potenziometer** R wird der Wert $U_A = 0$ eingestellt.

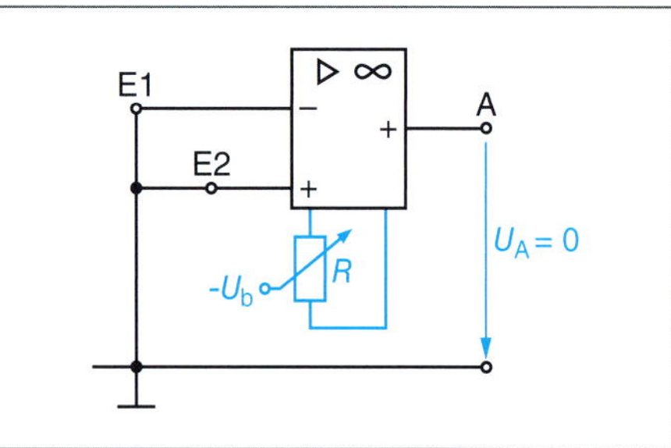

19 Externe Offsetspannungskompensation

Gleichtaktverstärkung V_{GL}

Als technisch unerwünschte Größe soll die **Gleichtaktverstärkung** beim OP möglichst gering sein.

$$V_{GL} = \frac{\Delta U_A}{\Delta U_{GL}}$$

Sie wird durch Unterschiede in den Kennlinien der internen Transistoren bewirkt.

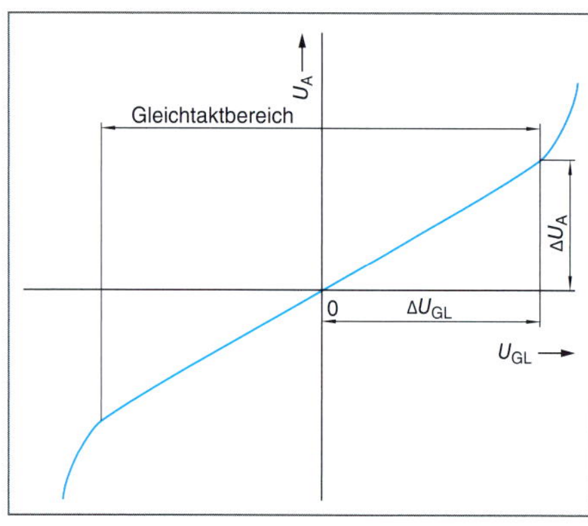

20 Gleichtaktbereich eines OPs

Datenblätter der Hersteller geben die **Gleichtaktunterdrückung** G an.

$$G = \frac{V_0}{V_{GL}}$$

G Gleichtaktunterdrückung
V_0 Leerlaufverstärkung
V_{GL} Gleichtaktverstärkung

Beim *idealen OP* ist G unendlich groß ($G = \infty$).

Eingangsströme

Es fließen die **Eingangsruheströme** I_{E1} und I_{E2}.

Eingangsruhestrom I_E

$$I_E = \frac{I_{E1} + I_{E2}}{2}$$

Der Eingangsstrom ist vom **Eingangswiderstand** abhängig. Der Eingangswiderstand ist von der Technologie des OP abhängig.

- **Bipolare Eingangstransistoren**
  Eingangswiderstand bis $10^6\ \Omega$,
  Eingangsruhestrom im nA-Bereich.
- **MOS-Eingangstransistoren**
  Eingangswiderstand bis $10^{15}\ \Omega$,
  Eingangsruhestrom im pA-Bereich.

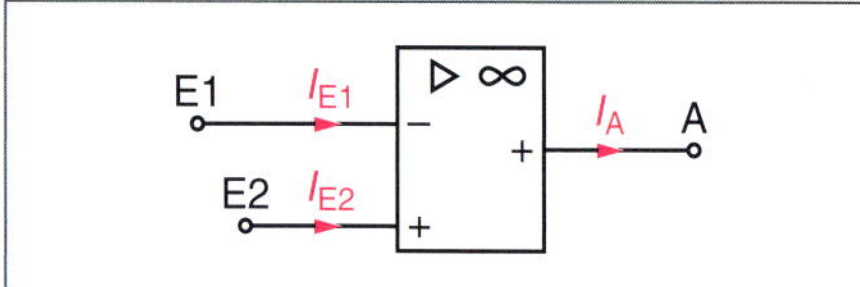

21 Ströme beim Operationsverstärker

Wegen der *Unsymmetrien* im OP-Aufbau tritt ein **Eingangs-Offsetstrom** I_0 auf.

$$I_0 = I_{E2} - I_{E1}$$

Der Eingangs-Offsetstrom I_0 kann als **Störgröße** betrachtet werden. Im Allgemeinen sind die OPs noch mit externen Widerständen an den Eingängen E1 und E2 beschaltet.

Wegen I_0 treten an den Widerständen unterschiedliche Spannungsfälle auf, die wie eine *Offsetspannung* wirken.

Ausgangsstrom

OPs haben im Ausgang häufig Leistungsendstufen, die **Ausgangsströme** bis etwa 25 mA liefern können.

Die **Ausgangswiderstände** liegen dabei zwischen 30 Ω und 1000 Ω.

Bei OPs für höhere Ausgangsströme ist der Kollektor des Ausgangstransistors *direkt herausgeführt*. Man spricht dann von einem **offenen Kollektor**.

Der Lastwiderstand ist dann extern anzuschließen. So sind **Ausgangsströme** bis über 100 mA erreichbar.

Frequenzgang

Operationsverstärker sind **Gleichspannungsverstärker**.

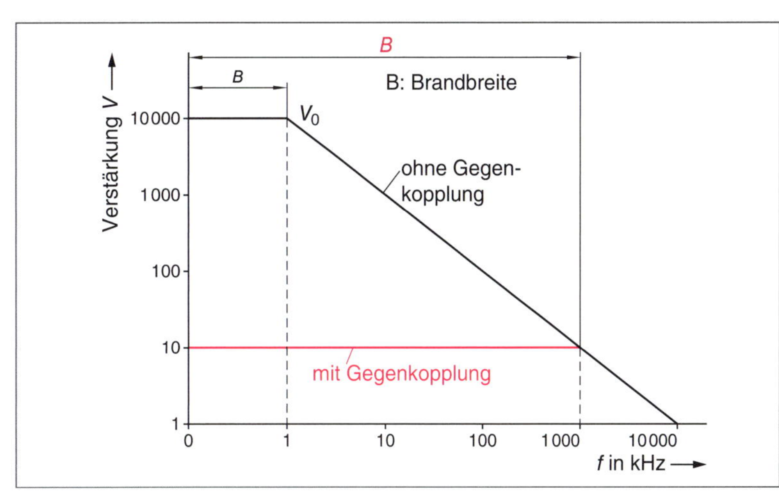

22 Frequenzgang eines Operationsverstärkers

Daher liegt ihre **untere Grenzfrequenz** bei $f_{gu} = 0$ Hz.

Die **obere Grenzfrequenz** f_{g0} liegt im Bereich von ca. 1 kHz, was relativ gering ist.

Durch **Gegenkopplung** wird die Verstärkung stark herabgesetzt. Die Grenzfrequenz f_{g0} nimmt aber zu. Der Verstärker hat dann eine höhere Bandbreite B.

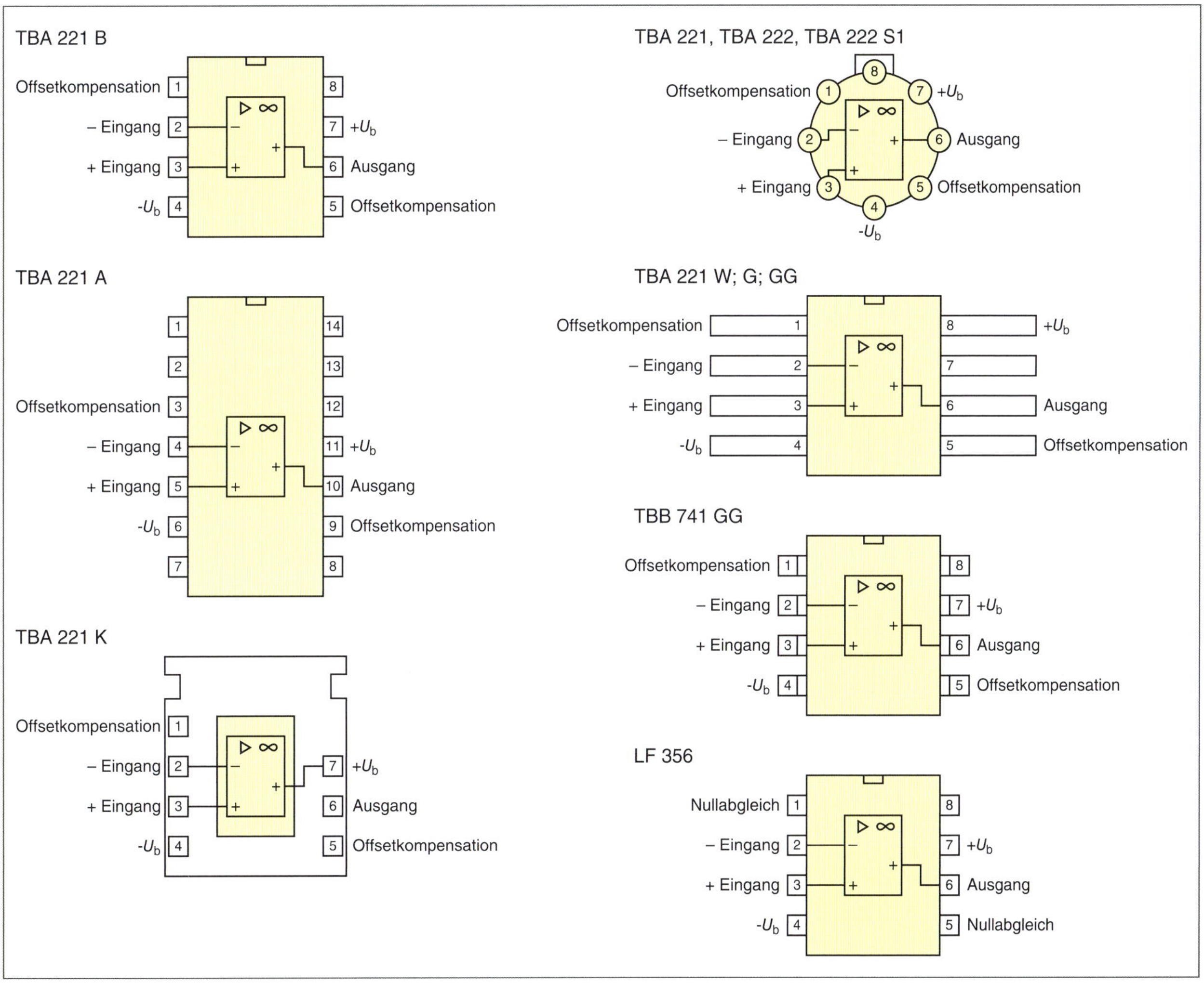

TBA 221 B

Offsetkompensation 1, – Eingang 2, + Eingang 3, $-U_b$ 4, 8, 7 $+U_b$, 6 Ausgang, 5 Offsetkompensation

TBA 221, TBA 222, TBA 222 S1

8, Offsetkompensation 1, 7 $+U_b$, – Eingang 2, 6 Ausgang, + Eingang 3, 5 Offsetkompensation, 4 $-U_b$

TBA 221 A

1, 2, Offsetkompensation 3, – Eingang 4, + Eingang 5, $-U_b$ 6, 7, 14, 13, 12, 11 $+U_b$, 10 Ausgang, 9 Offsetkompensation, 8

TBA 221 W; G; GG

Offsetkompensation 1, – Eingang 2, + Eingang 3, $-U_b$ 4, 8 $+U_b$, 7, 6 Ausgang, 5 Offsetkompensation

TBB 741 GG

Offsetkompensation 1, – Eingang 2, + Eingang 3, $-U_b$ 4, 8, 7 $+U_b$, 6 Ausgang, 5 Offsetkompensation

TBA 221 K

Offsetkompensation 1, – Eingang 2, + Eingang 3, $-U_b$ 4, 7 $+U_b$, 6 Ausgang, 5 Offsetkompensation

LF 356

Nullabgleich 1, – Eingang 2, + Eingang 3, $-U_b$ 4, 8, 7 $+U_b$, 6 Ausgang, 5 Nullabgleich

23 Gehäuseformen und Anschlüsse bei Operationsverstärkern

■ **Äußere Beschaltung**
beeinflusst Eingangswiderstand und Frequenzgang.

Anwendungen des Operationsverstärkers

Invertierender Verstärker

Durch *äußere Beschaltung* des Operationsverstärkers werden

- Spannungsverstärkung
- Eingangswiderstand
- Frequenzgang

beeinflusst.

Die **Leerlaufverstärkung** V_0 muss wesentlich herabgesetzt werden, wenn der OP des linearen Verstärkers betrieben werden soll.

Dies geschieht durch **Rückführung** einer Teilspannung vom Ausgang auf den invertierenden Eingang (Bild 24).

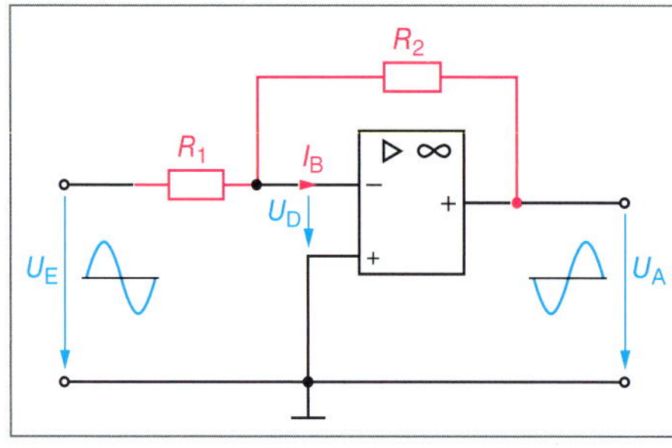

24 Invertierender Operationsverstärker

Bei **Kleinsignalverstärkern** liegt R_1 im Bereich 10 kΩ bis 100 kΩ.

Der Wert für R_2 ergibt sich aus der gewünschten **Spannungsverstärkung**.

Die **Eingangsspannung** U_E wird um 180° *phasengedreht* und je nach den Widerstandswerten von R_1 und R_2 erhöht oder verringert.

$$U_D \approx 0 \quad I_B \approx 0$$

$$I_{R1} = -I_{R2}$$

$$V_U = \frac{U_A}{U_E} = -\frac{R_2}{R_1}$$

Ein *positives Eingangssignal* führt zu einem *negativen Ausgangssignal*, ein *negatives Eingangssignal* führt zu einem *positiven Ausgangssignal*. Man spricht von einem **Invertierer**.

Nicht invertierender Verstärker

Der Verstärker wird über den *nicht invertierenden* Eingang angesteuert (Bild 25).

Ein Teil der Ausgangsspannung wird auf den Eingang zurückgeführt. Diese Schaltung hat einen *sehr hohen Eingangswiderstand.*

Abhängig vom *Widerstandsverhältnis* R_2/R_1 wird ein Teil der Ausgangsspannung auf den invertierenden Eingang *rückgekoppelt.*

Bei Kleinsignalverstärkern liegt R_1 im Bereich 10 kΩ bis 100 kΩ. Ein- und Ausgangsspannung sind *gleichphasig.*

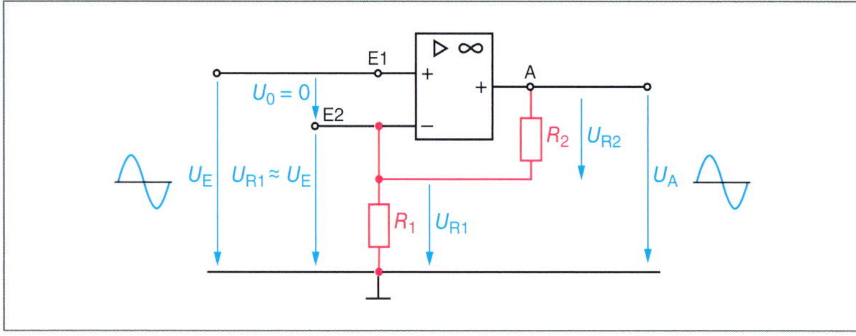

25 Nicht invertierender Operationsverstärker

$$U_D \approx 0$$

$$U_A = U_{R1} + U_{R2}$$

$$U_E \approx U_{R1}$$

$$V_U = \frac{U_A}{U_E} = \frac{U_{R1} + U_{R2}}{U_{R1}} = \frac{R_1 + R_2}{R_1}$$

$$V_U = 1 + \frac{R_2}{R_1}$$

z.B.

Der invertierende Verstärker nach Bild 24 soll ein Eingangssignal von U_E = 250 mV so verstärken, dass am Ausgang U_A = – 2,8 V auftritt.
R_1 = 15 kΩ.
Bestimmen Sie die Verstärkung V_U und den Widerstand R_2.

Bestimmung der Spannungsverstärkung:
250 mV = 0,25 V

$$V_U = \frac{U_A}{U_E}$$

$$V_U = \frac{2{,}8\ \text{V}}{0{,}25\ \text{V}} = 11{,}2$$

Aus der Spannungsverstärkung kann der Widerstand R_2 ermittelt werden.
Es reicht, mit dem Betrag zu arbeiten.

$$V_U = \frac{R_2}{R_1}$$

$$R_2 = V_U \cdot R_1 = 11{,}2 \cdot 15\ \text{k}\Omega = 168\ \text{k}\Omega$$

Impedanzwandler

Der Operationsverstärker hat einen *hohen Eingangswiderstand* und einen *niedrigen Ausgangswiderstand*. Er kann als **Impedanzwandler** verwendet werden.

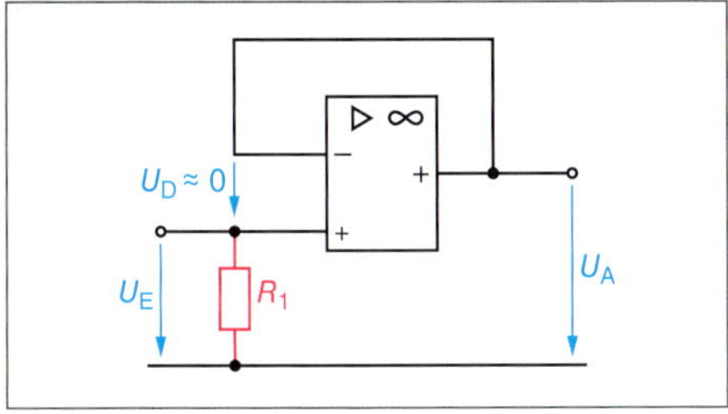

26 Impedanzwandler

R_1 hat je nach OP Werte zwischen 10 kΩ und 10 MΩ.
Die *Spannungsverstärkung* ist 1 ($V_U = 1$).

Integrierer

Im *Rückkopplungszweig* des Operationsverstärkers wird ein Kondensator eingebaut (Bild 28). Damit wird die Verstärkung *frequenzabhängig*.

Ohne OP eilt die Ausgangsspannung der Eingangsspannung um 90° nach.

Wird ein OP beim Integrierer verwendet, erfolgt eine Phasendrehung zwischen U_A und U_E um 180°.

$$\frac{u_{Ass}}{u_{Ess}} = -\frac{X_C}{R} = -\frac{1}{2\pi \cdot f \cdot C \cdot R}$$

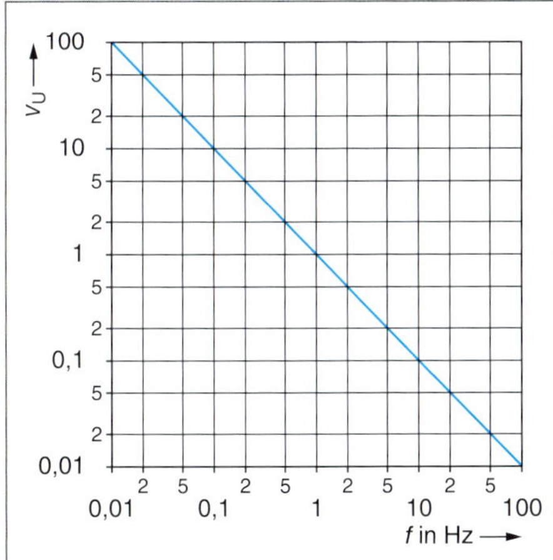

27 Frequenzgang des Integrierers

Wenn die Eingangsspannung *konstant* ist, ändert sich die Ausgangsspannung *linear* mit der Zeit
Ist die Eingangsspannung *nicht konstant*, wird der *Mittelwert durch* **Integration** *gebildet*.

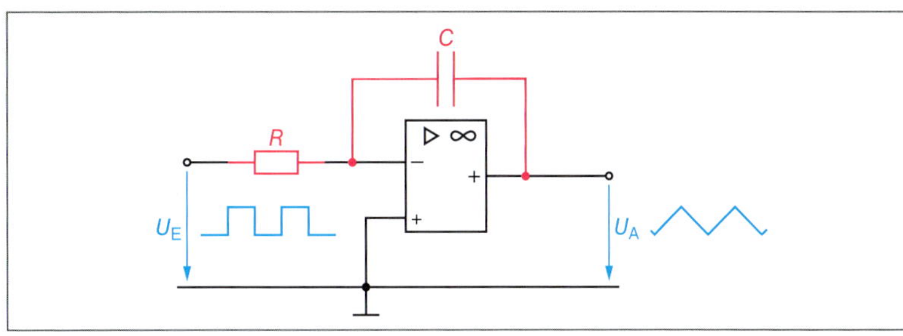

28 Integrierer

Eine *sinusförmige* Eingangsspannung ruft eine *sinusförmige* Ausgangsspannung hervor. Die *Verstärkung* nimmt mit zunehmender Frequenz ab.

Differenzierer

Eine Ausgangsspannung tritt nur auf, wenn sich die Spannung am Eingang *ändert*.

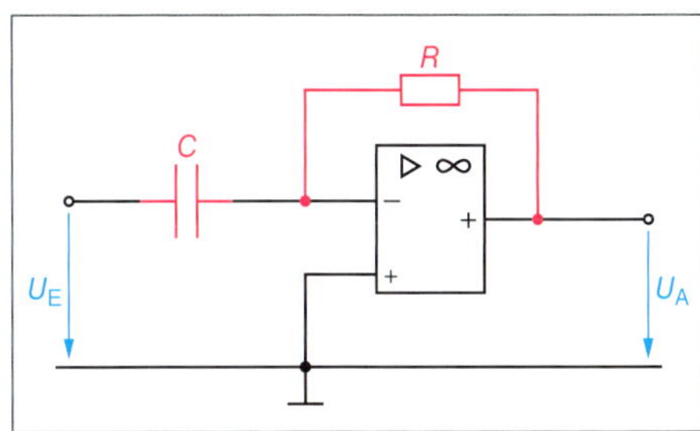

29 Differenzierer

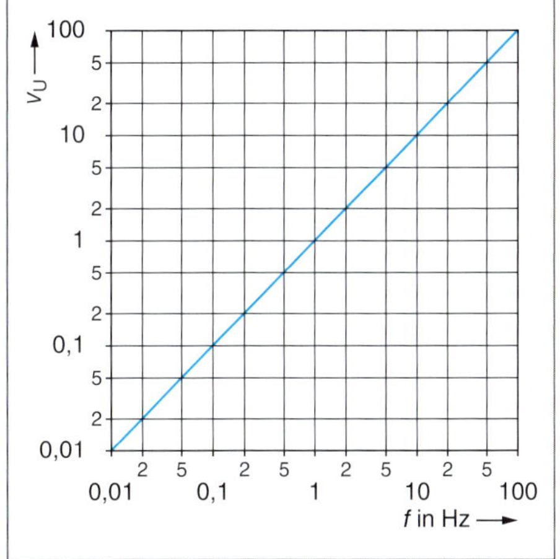

30 Frequenzgang des Differenzierers

Wenn die Eingangsspannung *linear steigt* oder fällt, ist die Ausgangsspannung *konstant*.
Die Ausgangsspannung hängt von der **Anstiegsgeschwindigkeit** $\Delta u_E/\Delta t$ der Eingangsspannung ab.

- Verringerung der Eingangsspannung → Ausgangsspannung ist positiv.
- Vergrößert sich die Eingangsspannung → Ausgangsspannung ist negativ.

Impedanzwandler
impedance transformer

Integrierer
integrator

Differenzierer
differentiator

■ Integrierer

Wenn U_E *konstant* ist, ändert sich die Ausgangsspannung linear mit der Zeit.

■ Differenzierer

Wenn sich die Eingangsspannung U_E *ändert*, wird am Ausgang eine Spannung hervorgerufen.

Thyristor
thyristor, silicon controlled rectifier, SCR

Thyristorzündung
thyristor firing

Vierschichtdiode
four-layer diode, p-n-p-n-diode

Thyristordioden

haben zwei Anschlüsse. Beim Einrichtungsbetrieb kann der Strom nur in einer Richtung durch das Bauelement fließen.

@ Interessante Links

- christiani-berufskolleg.de

Schaltspannung

Der Wert der Schaltspannung ist dotierungsabhängig (üblich: 20 bis 200 V).

Liegen *rechteckige* Spannungen am Eingang an, werden am Ausgang **Nadelimpulse** hervorgerufen.
Wenn die Eingangsspannung *sinusförmig* ist, dann ist die Ausgangsspannung auch sinusförmig.

Mit zunehmender Frequenz steigt die Verstärkung an, da der Blindwiderstand des Kondensators niederohmiger wird.

$$\frac{u_{Ass}}{u_{Ess}} = -\frac{R}{X_C} = -R \cdot 2\pi \cdot f \cdot C$$

Prüfung

1. Erläutern Sie Aufbau und Wirkungsweise von Sperrschicht-Feldeffekttransistoren.

2. Worin besteht der wesentliche Unterschied zwischen Feldeffekttransistoren und bipolaren Transistoren.

3. Wie kann der Drainstrom beim selbstleitenden MOS-FET gesteuert werden?

4. Der Operationsverstärker ist ein Differenzverstärker.
Was bedeutet das?

5. Wovon ist beim Operationsverstärker die Phasenlage des Ausgangssignals abhängig?

6. Was versteht man unter Offsetspannung beim Operationsverstärker?
Wie kommt diese Spannung zustande?

7. Für welche Zwecke können Operationsverstärker eingesetzt werden?

8. Ein Operationsverstärker soll als Impedanzwandler verwendet werden.
Wie ist er zu beschalten?

3.3 Thyristoren

Thyristoren sind **Mehrschichthalbleiter** (mit mehr als drei Schichten). Sie haben drei oder mehr *PN-Übergänge* und ein ausgeprägtes **Schaltverhalten**.

Thyristoren sind **elektronische Schalter** mit den Schaltzuständen EIN und AUS.

- **Zünden**
  Übergang vom gesperrten in den leitenden Zustand.
- **Löschen**
  Übergang vom leitenden in den gesperrten Zustand.

Einrichtungs-Thyristordiode (Vierschichtdiode)

Das Siliziumkristall besteht aus *vier Schichten* unterschiedlicher Dotierung. Daher die Bezeichnung **Vierschichtdiode**.

Die *Zonenfolge* ist PNPN. An den äußeren Zonen sind die Anschlüsse **Anode** (A) und **Katode** (K) angebracht (Bild 31).

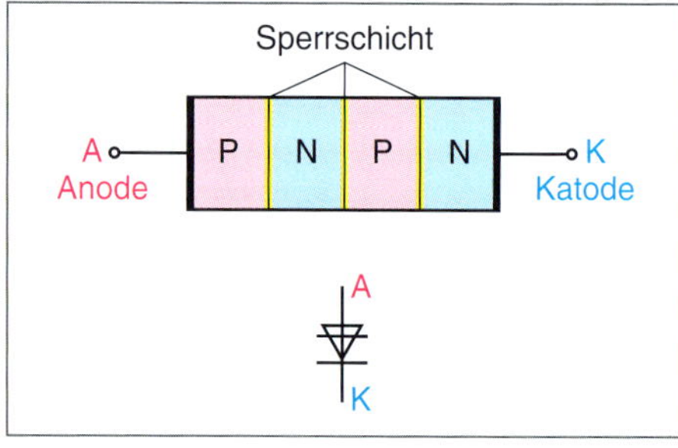

31 Vierschichtdiode

Funktion
Wenn Spannung angelegt wird (Bild 32), bilden sich *zwei Sperrschichten (a, c)* aus. Die Vierschichtdiode *sperrt* dann. Es fließt nur ein sehr kleiner **Sperrstrom**.

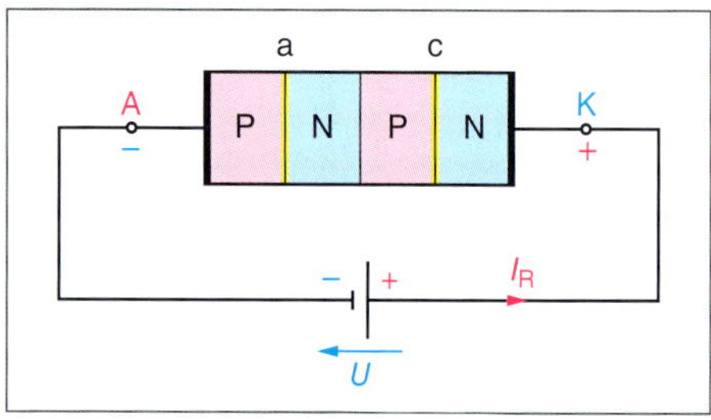

32 PN-Übergang a und c in Sperrrichtung

Wird die Spannungsversorgung umgepolt, ist nur noch der PN-Übergang *b* in *Sperrrichtung* betrieben (Bild 33).

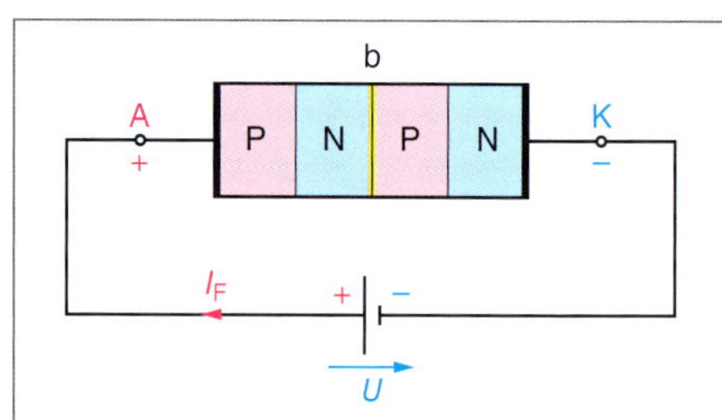

33 PN-Übergang b in Sperrrichtung

Wird die Spannung zwischen Anode und Katode erhöht, schaltet die Vierschichtdiode bei einem bestimmten Spannungswert in den *niederohmigen* Zustand.

Diese Spannung heißt **Kippspannung** oder **Schaltspannung**.

Bei *Sperrschichtdurchbruch* fließt ein sehr stark ansteigender Strom. Daher werden Vierschichtdioden mit **Vorwiderstand** betrieben.

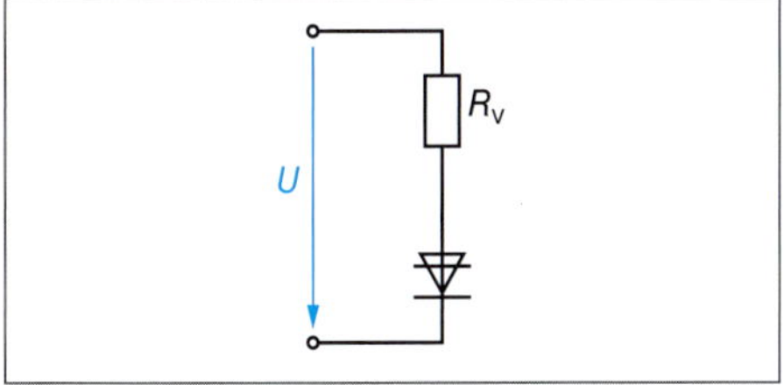

34 Vierschichtdiode mit Vorwiderstand

Kennlinie (Bild 35)
Wenn der **Haltestrom** I_H unterschritten wird, kippt die Diode wieder in den **Sperrzustand** zurück. Dazu ist aber eine geeignete schaltungstechnische Maßnahme erforderlich.

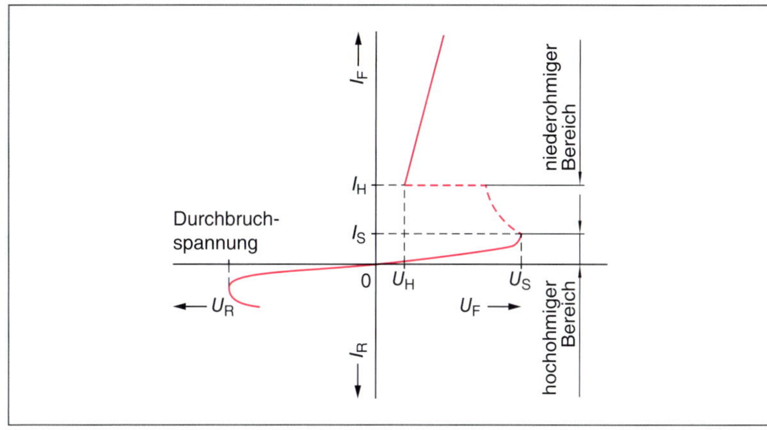

35 Kennlinie einer Vierschichtdiode

Zweirichtungs-Thyristordiode (Diac)

Vierschichtdioden haben den Nachteil, dass sie nur gezündet werden können, wenn die Anode *positiver* als die Katode ist. Sie können nur in **Vorwärtsrichtung** gezündet werden.

Diesen Nachteil haben **Diacs** nicht. Sie können auch in **Rückwärtsrichtung** gezündet werden. Dann ist die Anode *negativ* gegenüber der Katode.

Der Diac ist faktisch eine *Antiparallelschaltung* von zwei Vierschichtdioden. Die notwendigen Kristallstrecken sind in *einem* einzigen Kristall aufgebaut (Bild 36).

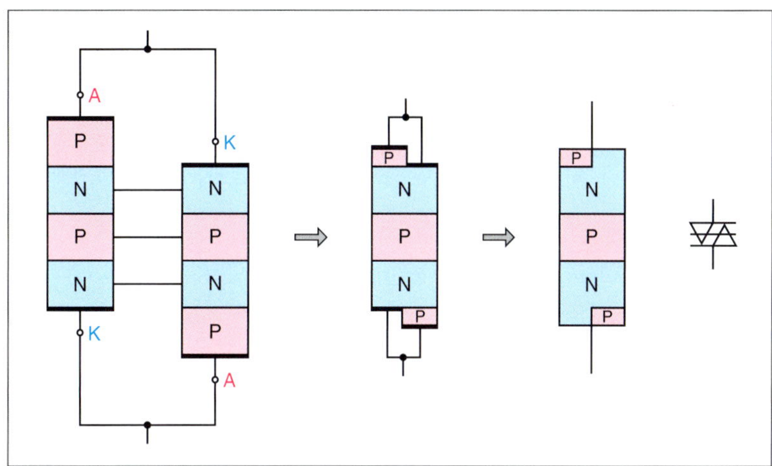

36 Aufbau eines Diacs

Der Kennlinienverlauf (Bild 37) entspricht im *Vorwärtsbereich* einer Vierschichtdiode.

Wenn die **Schaltspannung** U_S überschritten wird, fließt ein Strom, der durch einen Vorwiderstand begrenzt werden muss.

Im *Rückwärtsbereich* hat die Kennlinie wegen der Antiparallelschaltung einen spiegelbildlichen Verlauf.

Wenn $-U_S$ überschritten wird, fließt ein Strom, der ebenfalls durch einen Vorwiderstand zu begrenzen ist.

Bei Unterschreitung des **Haltestroms** (I_H, $-I_H$) sperrt der Diac wieder.

Praktisch sind die Werte von negativer und positiver Schaltspannung nicht genau gleich groß. Die Differenz von ca. ± 4 V wird **Symmetrieabweichung** genannt.

Anwendung findet der Diac z. B. zur Ansteuerung von Triacs.

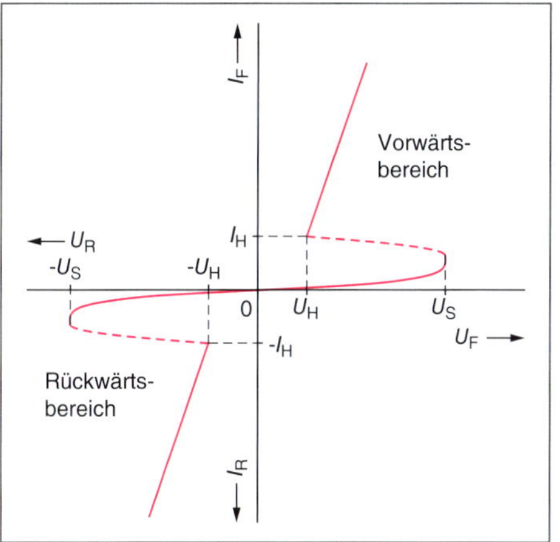

37 Kennlinie eines Diacs

Zweirichtungsdiode

Ein PN-Übergang ist immer in *Sperrrichtung* geschaltet. Bei Erreichen der Schalt- oder Durchbruchspannung bricht der gesperrte PN-Übergang durch. Die Zweirichtungsdiode wird niederohmig.

■ **Diac**
Diode
alternating current switch
Dioden-Wechselstrom-schalter.

Der Diac arbeitet im Vorwärts- und Rückwärtsbereich.

Das Bauelement hat eine positive und eine negative Schaltspannung.

■ **Diac, Symbol**

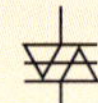

Weitere Symbole

Sperrschicht
barrier layer

löschen
quenching

zünden
ignite, fire

Sperrwiderstand
clocking resistance

Durchlasswiderstand
on-state resistance

Zündimpuls
ignition pulse, starting pulse

■ **Thyristordioden**

haben drei Anschlüsse. Der Steueranschluss wird mit Gate (G) bezeichnet.

Wegen der höheren Stromverstärkung des NPN-Transistors, überwiegt der Einsatz des katodenseitig gesteuerten Thyristors. Er benötigt einen geringeren Steuerstrom.

@ Interessante Links

- christiani-berufskolleg.de

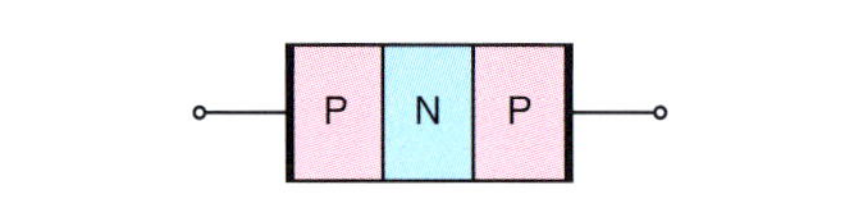

38 Zweirichtungsdiode

Der Wert der **Schalt-** oder **Durchbruchspannung** hängt von der *Dotierung* der Halbleiterzonen ab.

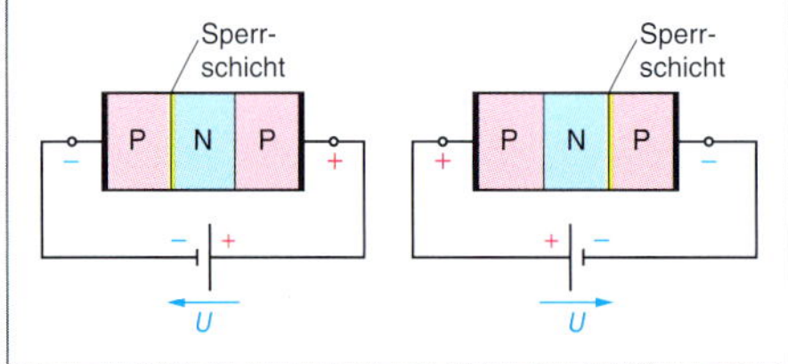

39 Spannung an der Zweirichtungsdiode

Wenn nach dem *Durchbruch* die **Haltespannung** U_H *unterschritten* wird, baut sich die Sperrschicht erneut auf und die Zweirichtungsdiode wird *hochohmig* (Bild 40).

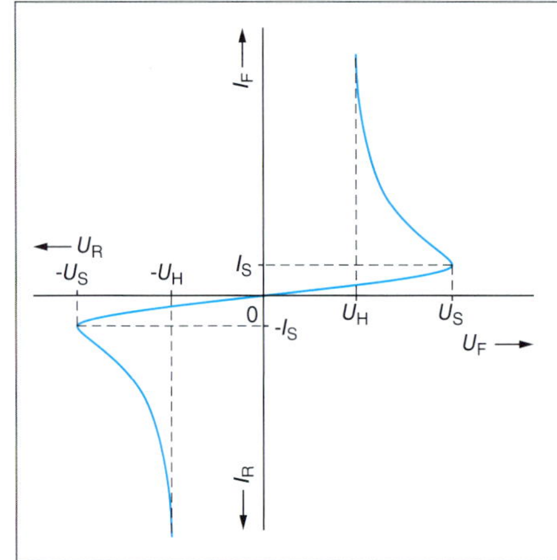

40 Kennline einer Zweirichtungsdiode

Einrichtungs-Thyristortriode (Thyristor)

Thyristoren (engl. Kurzbezeichnung **SCR**; **S**ilicon **C**ontrolled **R**ectifier) sind *steuerbare elektronische Schalter*. Sie können einen *hochohmigen* und einen *niederohmigen* Zustand annehmen.

Aufbau

Siliziumkristall mit 4 Zonen (wie Vierschichtdiode), Anschlüsse **Anode** A und **Katode** K.

Über diese Anschlüsse fließt der Betriebsstrom.

Zusätzlich ist noch ein **Steueranschluss** (Gate G genannt) vorhanden.

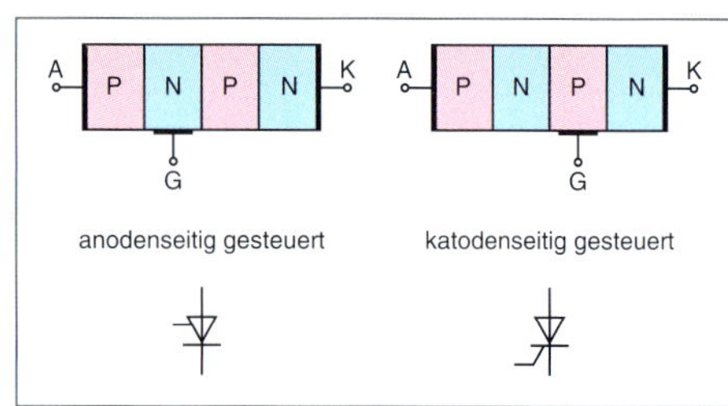

41 Unterschiedlicher Steueranschluss

Nach Anbringung des Steueranschlusses (Bild 41) spricht man von einem

- **anodenseitig** gesteuerten Thyristor (N-Steuerung).
- **katodenseitig** gesteuerten Thyristor (P-Steuerung).

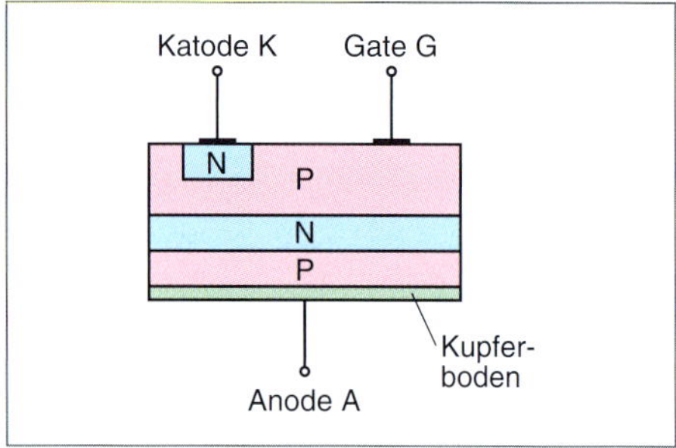

42 Aufbau eines Thyristors

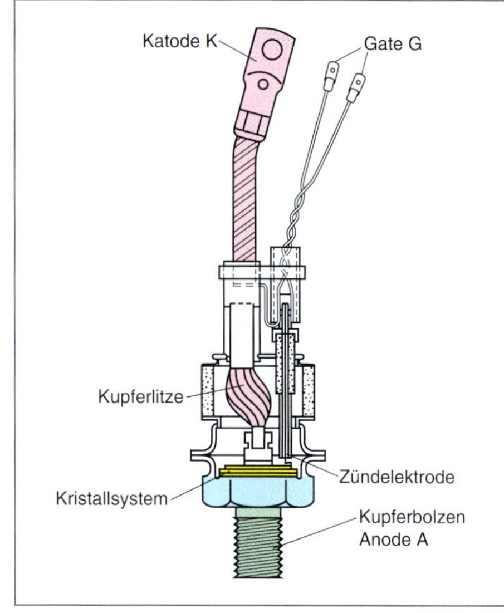

43 Thyristor

Prüfung

1. Erläutern Sie die Arbeitsweise eines Triacs.
2. Erläutern Sie die Arbeitsweise eines Diacs.

Thyristor in Sperrrichtung betreiben
Es bilden sich *zwei* Sperrschichten aus, sodass nur ein sehr kleiner Sperrstrom I_R über den Thyristor fließen kann (Bild 45).

Thyristor in Durchlassrichtung betrieben
Es bildet sich nur noch *eine* Sperrschicht aus.

Wenn über den Gateanschluss Ladungsträger zugeführt werden, wird die Sperrschicht abgebaut.

Es kommt zu einem Durchbruch und ein Strom I_F fließt über den gesamten Kristall (Bild 46).

Der Thyristor kann über den **Gateanschluss** in den *leitenden* Zustand gebracht werden.

Zurück in den *hochohmigen* Zustand lässt sich der Thyristor durch *Abschalten* oder *Umpolen* der *Betriebsspannung* oder durch *Unterschreiten* des Mindestwerts des Betriebsstroms (*Haltestrom* I_H) versetzen.

Wenn ein Thyristor mit *sinusförmiger Wechselspannung* betrieben wird, dann erfolgt die *Löschung* bei jedem *Nulldurchgang* der Spannung, weil dann der *Haltestrom* unterschritten wird.

In **Rückwärtsrichtung** verhält sich der Thyristor ähnlich wie eine Diode (Bild 47).

Wenn die *zulässige maximale Sperrspannung* $U_{BR,R}$ nicht überschritten wird, fließt nur der geringe Sperrstrom I_R. Eine Erhöhung der Spannung darüber hinaus führt zur *Zerstörung* des Thyristors.

Betrieb in Vorwärtsrichtung
Von $U_F = 0$ ausgehend, sperrt der Thyristor zunächst noch (Vorwärts-Sperrbereich).

Ein PN-Übergang ist nämlich noch in Sperrrichtung gepolt. Die Stromstärke I_F ist gering.

Wird U_F weiter erhöht, kommt es bei der **Nullkippspannung** $U_{B0,0}$ zu einem Durchbruch des bislang gesperrten PN-Übergangs.

Der Thyristor zündet und wird leitend. Der Strom I_F steigt stark an. Eine Strombegrenzung ist notwendig (Bild 47).

Der Verlauf der Kennlinie im *Übergangsbereich* hängt von verschiedenen, nicht genau erfassbaren Einflüssen beim Zündvorgang ab. Dieser Kennlinienteil ist gestrichelt gezeichnet.

In der Praxis wird der Thyristor nicht durch sogenannte **Überkopfzündung** in den leitenden Zustand gebracht, sondern durch *Ansteuerung des Gates.*

Eine Sicherheit gegen *unerwünschtes* **Überkopfzünden** ist gegeben, wenn $U_F < 0{,}66 \cdot U_{B0,0}$.

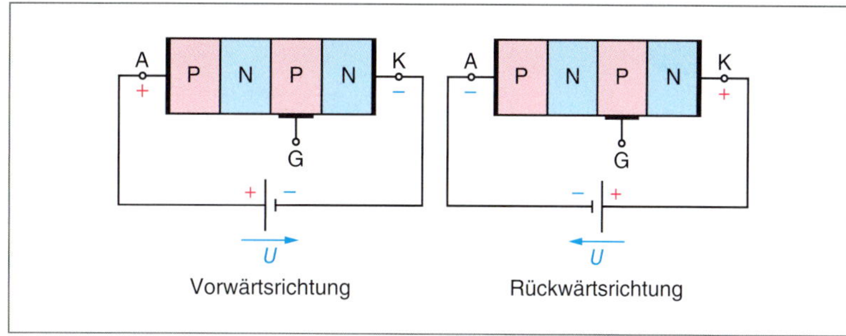

44 Polung von Thyristoren

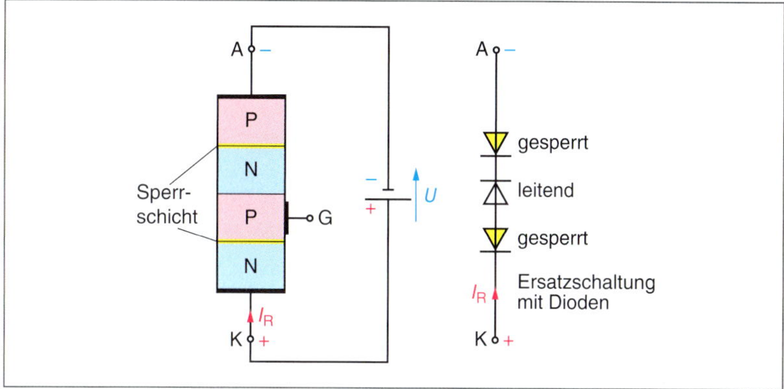

45 Thyristor in Sperrrichtung

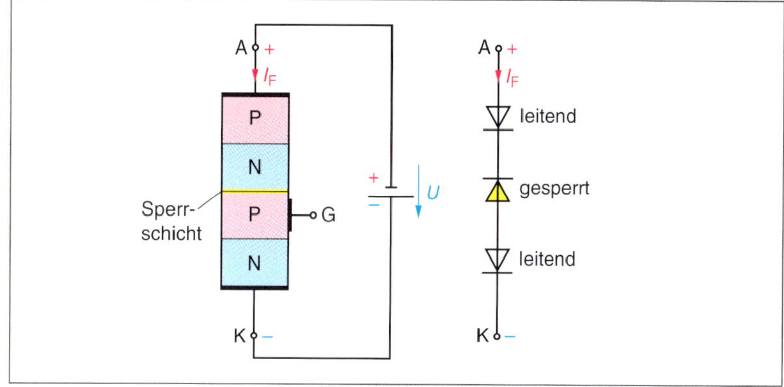

46 Thyristor in Durchlassrichtung

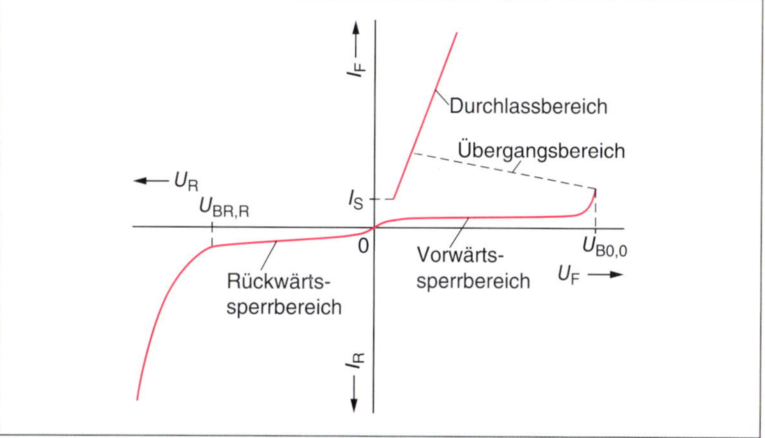

47 Kennline eines Thyristors bei offenem Gate

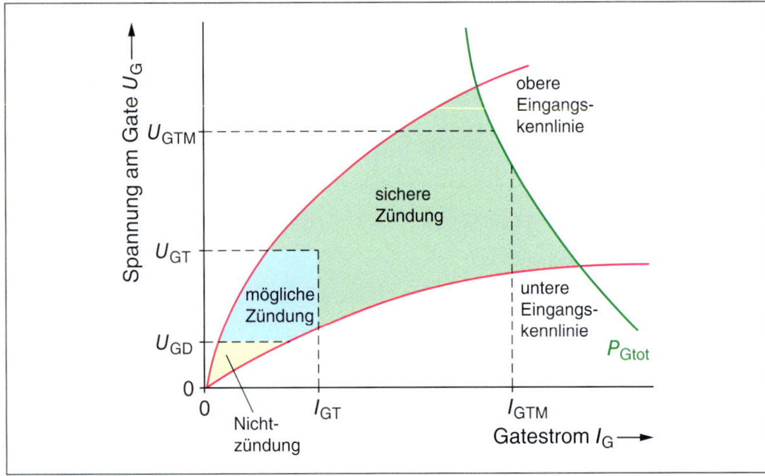

48 Zünddiagramm für Thyristoren

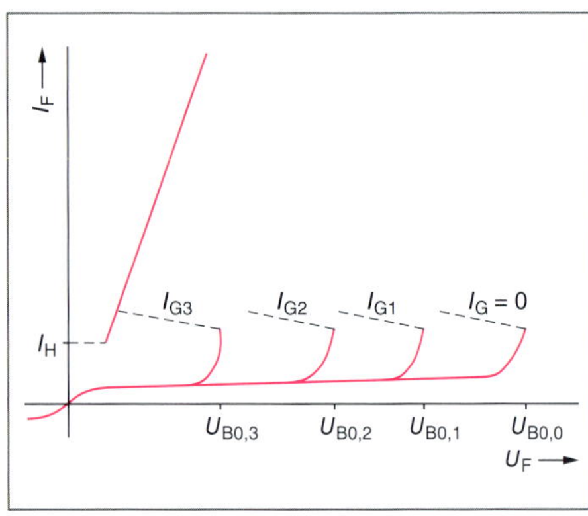

50 Ansteuerung über das Gate

In **Rückwärtsrichtung** können Thyristoren nicht gezündet werden.

In **Vorwärtsrichtung** können sie durch einen Gate-Impuls gezündet werden.

Zünddiagramm für Thyristoren

Unterhalb der Spannung U_{GD} ist der Thyristor gesperrt, Eine Zündung ist nicht möglich.

Oberhalb von U_{GD} ist eine Zündung möglich, aber nicht sicher.

Erst wenn die Gatespannung größer als U_{GT} und der Zündstrom größer als I_{GT} sind, ist eine sichere Zündung des Thyristors möglich.

Die Werte U_{GTM}, I_{GTM} und die maximale Gate-Verlustleistung P_{Gtot} dürfen nicht überschritten werden.

Zündung von Thyristoren

Die Zündung erfolgt durch Ansteuerung des Gates G. Bei *katodenseitig* gesteuerten Thyristoren ist eine *positive* Zündspannung U_G notwendig. Der Gatestrom fließt dann in den Thyristor hinein.

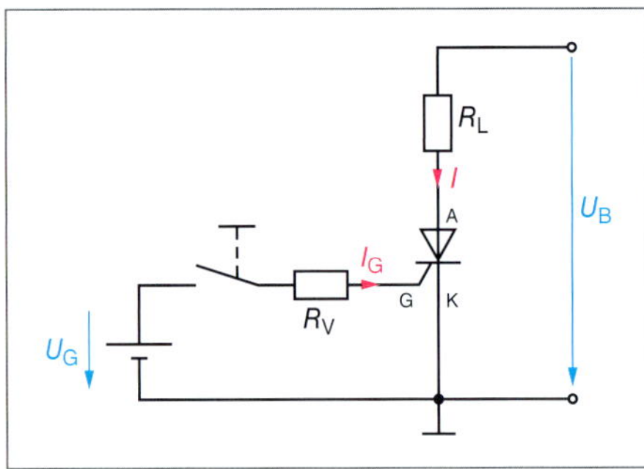

49 Zündung von Thyristoren

Schalter offen → Thyristor gesperrt

Schalter geschlossen → Ein Gatestrom I_G fließt durch den Thyristor.

Der Thyristor wird *gezündet*. Die Höhe des Gatestroms bestimmt den Zündvorgang.

Je höher der Gatestrom, umso kleiner ist die Spannung, bei der die Zündung erfolgt.

Der Thyristor wird durch die Zündung schlagartig niederohmig und kann dann einen hohen Arbeitsstrom führen, der sich selbst aufrecht erhält.

Am Thyristor fällt dabei nur eine geringe Schleusenspannung ab. Bei Unterschreitung des Haltestroms wird der Thyristor wieder hochohmig.

Charakteristische Werte für Zündstrom und Zündspannung

I_G = 20 bis 40 mA

U_G = 1,5 bis 3 V

I_H = 10 bis 40 mA

Thyristor an Wechselspannung

Nur in *Vorwärtsrichtung* (Anode positiver als Katode) kann ein Thyristor *gezündet* werden.

Dazu muss die *positive Halbwelle* der Wechselspannung an der Thyristorschaltung anliegen.

Die Zündung ist mit der anliegenden Wechselspannung zu *synchronisieren*, sodass nach jedem *Nulldurchgang* erneut gezündet werden kann.

In der Darstellung nach Bild 52 beträgt der **Zündverzögerungswinkel** $\varphi_Z = 90°$.

Zweirichtungsthyristor (Triac)

Damit *beide* Halbwellen dem Lastwiderstand zugeführt werden, können *zwei* Thyristortrioden in *Antiparallelschaltung* verwendet werden.

Beim **Triac** ist diese Antiparallelschaltung in *einem Kristall* vorgenommen. Ein Thyristor wird *katodenseitig*, der andere *anodenseitig* angesteuert.

Es können *Zündimpulse* beliebiger Polarität verwendet werden.

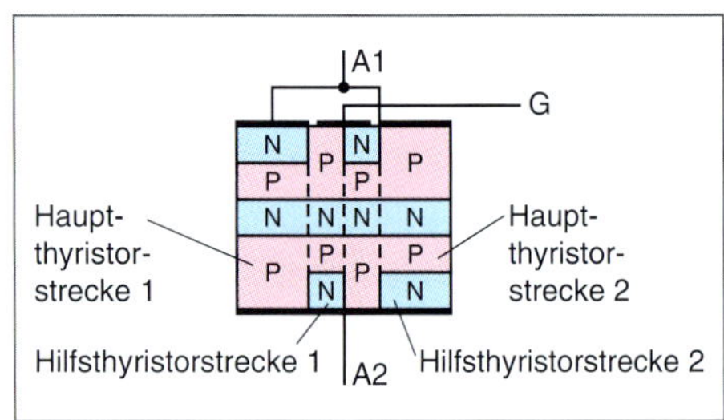

51 Triac, Aufbau

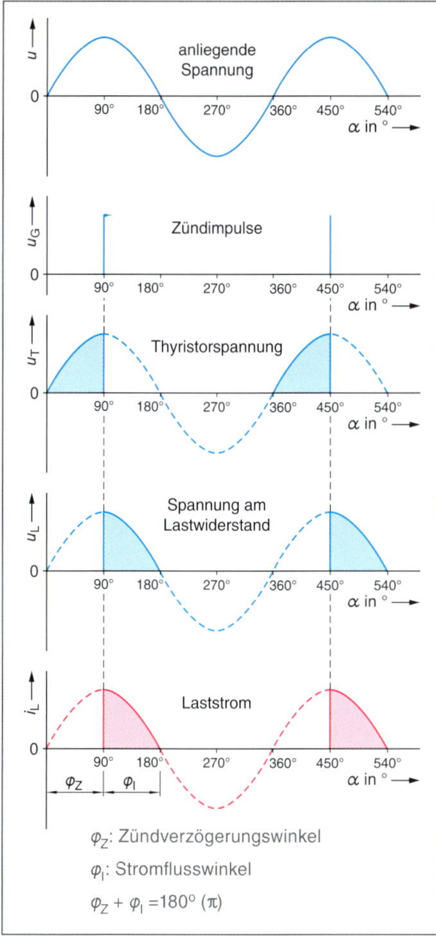

52 *Impulszündung, Halbwellenbetrieb*

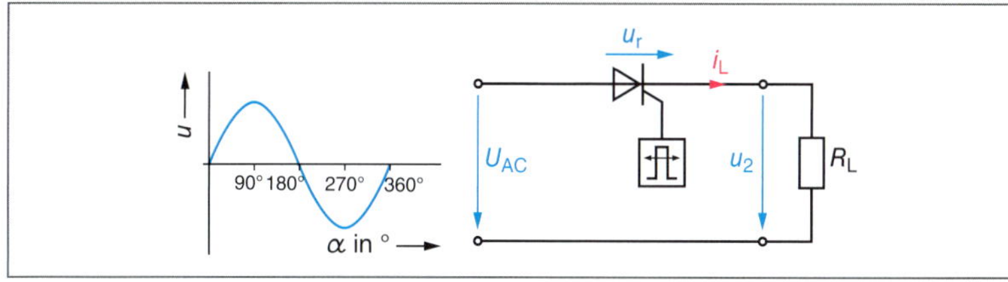

53 *Thyristor an Wechselspannung*

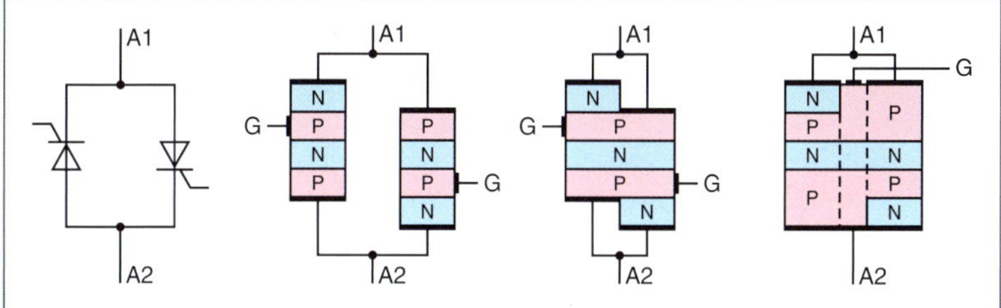

54 *Zweirichtungsthyristor, prinzipieller Aufbau*

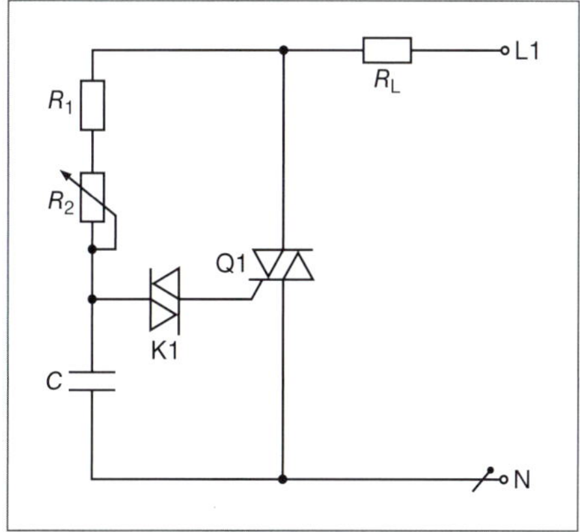

55 *Phasenanschnittsteuerung*

Phasenanschnittsteuerung

Die *Triggerdiode* K1 ist stromrichtungsunabhängig.

Sie liefert einen *pulsartigen* Steuerstrom, da sie ihren Widerstand sehr schnell verringert, wenn die **Nullkippspannung** überschritten wird.

Eine Teilladung des Kondensators C fließt in den *Steueranschluss* des Triacs Q1. Der schaltet durch und bleibt bis zum nächsten Nulldurchgang des Stroms im durchgeschalteten Zustand.

Die *Triggerdiode* K1 wird wieder hochohmig, da der Spannungsfall am Triac nach dem Durchschalten sehr klein ist.

Der Kondensator C wird über die Widerstände R_1 und R_2 entladen.

Wenn der Laststrom seinen Nulldurchgang hat, wird der Triac Q1 hochohmig. Der Kondensator lädt sich mit entgegengesetzter Polariät auf.

K1 und Q1 zünden erneut, wenn die *Nullkippschaltung* überschritten wird.

Es kann wieder ein Laststrom fließen.

Wenn $R_1 + R_2$ einen hohen Widerstandswert hat, wird die Nullkippspannung an C später erreicht, als wenn der Widerstandswert geringer ist.

Mit R_2 kann also der **Zündverzögerungswinkel** beeinflusst werden (Bild 55).

Die **Leistung** des Lastwiderstands wird bei der Phasenanschnittsteuerung durch den **Stromflusswinkel** φ_Z gesteuert (Bild 57).

Prüfung

1. Wie kann ein Thyristor im Gleichspannungsbetrieb gelöscht werden?

2. Wie wird ein Thyristor gezündet?

3. Beschreiben Sie die Wirkungsweise der Phasenanschnittsteuerung

Thyristoren sind kontaktlose Schalter. Bei Gleichstrombetrieb muss das Problem des Ausschaltens beachtet werden.

Bei Wechselstrombetrieb erfolgt die Löschung im Stromnulldurchgang.

@ Interessante Links

- christiani-berufskolleg.de

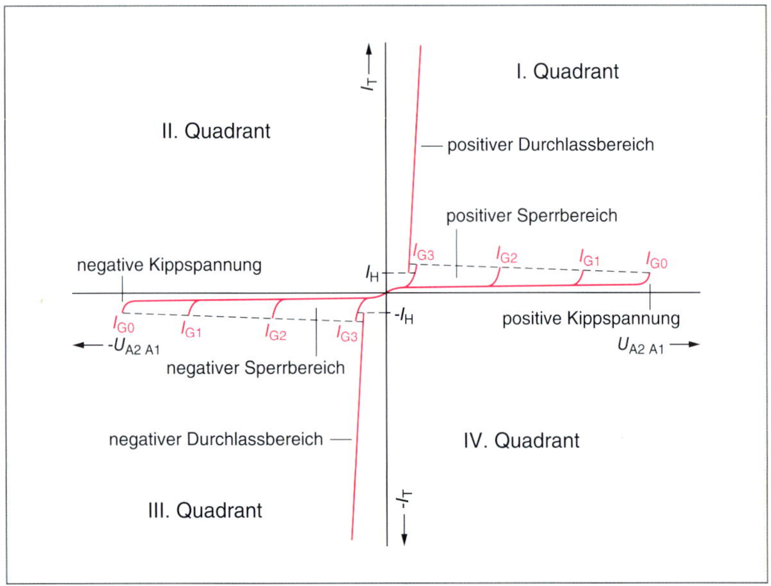

56 Kennline eines Triacs

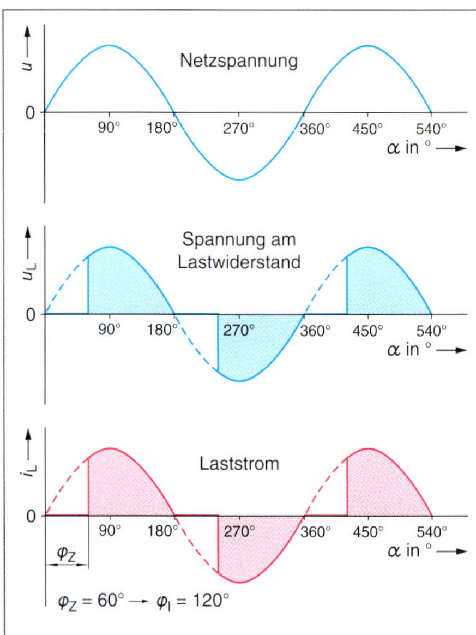

57 Phasenanschnittsteuerung

Phasenanschnittsteuerung
phase fired control

Zündstrom
ignition current

Zündspannung
trigger voltage

Steuerleistung
control power

■ **Triac**
ist zum Schalten von Wechselströmen geeignet.

Steuerungsarten des Triac

Schaltung	Steuerung	Schaltung	Steuerung
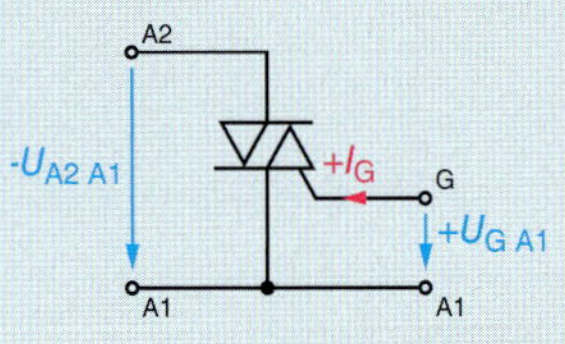 A2, A1, G, A1; $-U_{A2\,A1}$, $+I_G$, $+U_{G\,A1}$	III⁺-Steuerung II. Quadrant	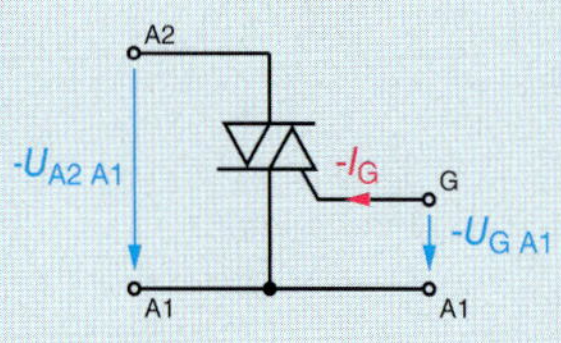 A2, A1, G, A1; $-U_{A2\,A1}$, $-I_G$, $-U_{G\,A1}$	III⁻-Steuerung III. Quadrant
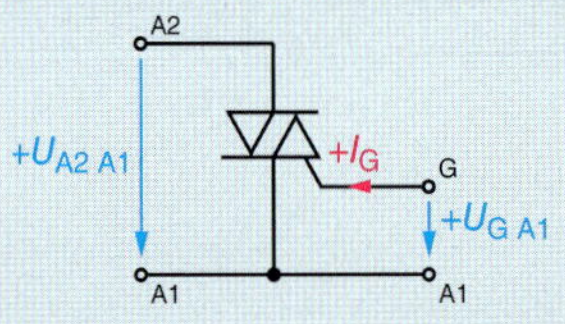 A2, A1, G, A1; $+U_{A2\,A1}$, $+I_G$, $+U_{G\,A1}$	I⁺-Steuerung I. Quadrant	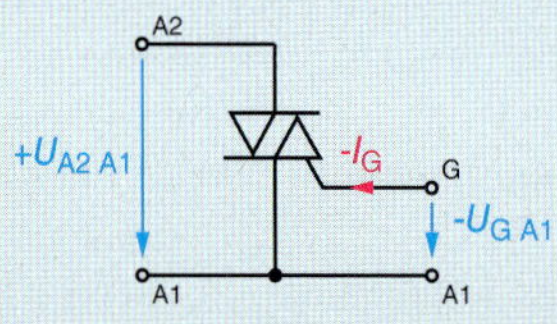 A2, A1, G, A1; $+U_{A2\,A1}$, $-I_G$, $-U_{G\,A1}$	I⁻-Steuerung IV. Quadrant

I. Quadrant	A2 ist positiv gegenüber A1. Triac kann mit positiver Gatespannung gezündet werden. Ein Strom fließt in das Gate hinein.
II. Quadrant	A2 ist negativ gegenüber A1. Triac kann mit positiver Gatespannung gezündet werden. Ein Strom fließt über das Gate hinein.
III. Quadrant	A2 ist negativ gegenüber A1. Triac kann mit negativer Gatespannung gezündet werden. Ein Strom fließt aus dem Gate heraus.
IV. Quadrant	A2 ist positiv gegenüber A1. Triac kann mit negativer Gatespannung gezündet werden. Ein Strom fließt aus dem Gate heraus.
Im Allgemeinen werden Triacs mit der I⁺-Steuerung und der III⁻-Steuerung betrieben, da dann eine geringe Steuerleistung benötigt wird.	

Antiparallelschaltung von Thyristoren

Mit dieser Schaltung ist ein **Phasenanschnitt** der positiven und der negativen Halbwelle möglich. Ein solcher **Wechselstromsteller** ermöglicht eine *verstellbare* Wechselspannung.

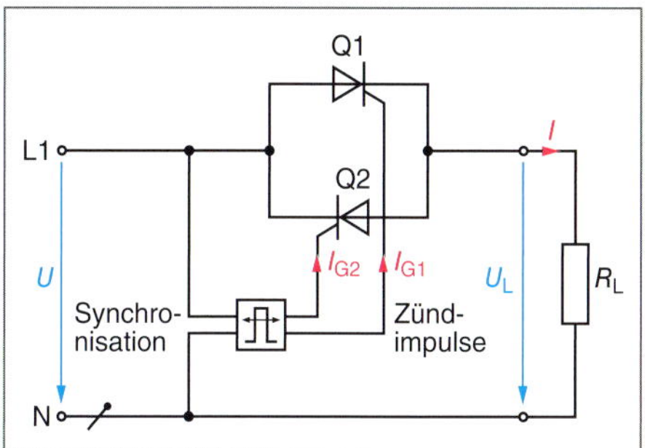

58 Wechselwegschaltung, ohmsche Belastung

Die *netzsynchronen Zündimpulse* sind um 180° versetzt.
Bei *ohmscher Belastung* hat der Strom den gleichen zeitlichen Verlauf wie die Spannung.
Bei *Veränderung* des **Zündwinkels** φ_Z kann der **Effektivwert** am Lastwiderstand R_L eingestellt werden.

Zündwinkel φ_Z = 90°, ohmsche Last

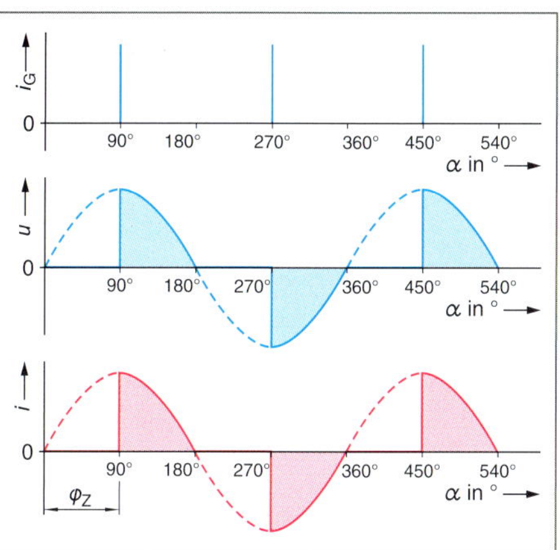

59 Ohmsche Last, Zündwinkel 90°

Rein induktive Last

Phasenverschiebung zwischen Spannung und Strom 90°.
Jeder Thyristor kann erst 90° nach dem *Nulldurchgang* der Spannung gezündet werden. Der Strom fließt nämlich zuvor in Gegenrichtung.
Von φ_Z = 90° bis 180° lassen sich Spannung und Strom von ihren *Höchstwerten* bis auf *null* stellen.

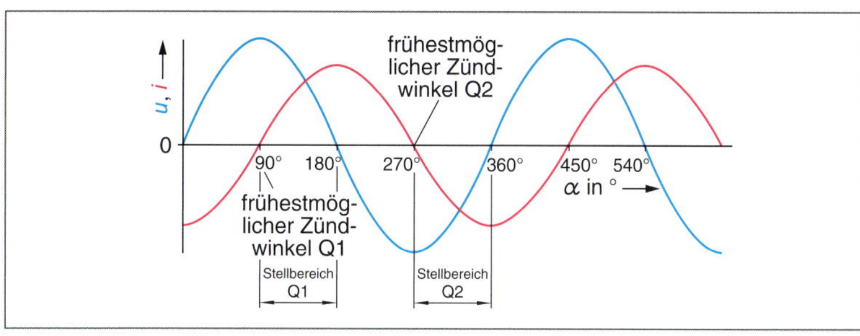

60 Zündwinkel bei induktiver Last

Der *Bereich der Zündung* ist eingeschränkt auf

$\varphi_Z = 180° - \varphi$

φ_Z Zündverzögerungswinkel
φ Phasenwinkel zwischen Spannung und Strom

Ohmsch-induktive Last

Die Phasenverschiebung zwischen Spannung und Strom ist *kleiner* als 90°.

Ohmsch-induktive Belastung ist die Regel in der Technik. Ein Beispiel hierfür ist der Elektromotor.
Der *mögliche Zündbereich* ist *größer* als bei rein induktiver Belastung. Der Strom wird nämlich früher zu Null.

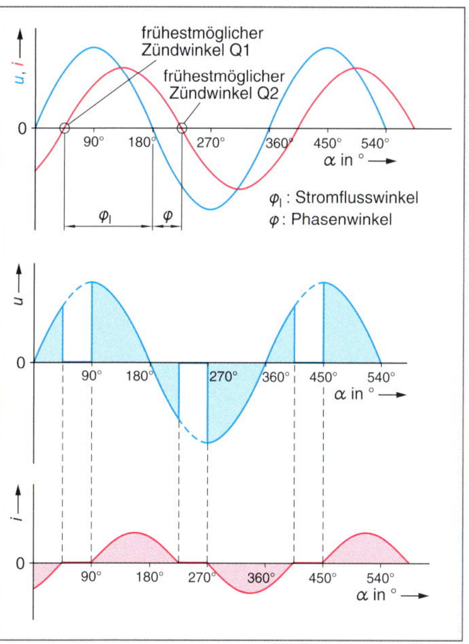

61 Ohmsche Last, Zündwinkel 90°

z.B.

Phasenwinkel 45°

Frühester Zündzeitpunkt bei 45° nach Spannungs-Nulldurchgang.

Stellbereich:
$\varphi_I = 180° - \varphi = 180° - 45° = 135°$.

■ **Wechselstromsteller**

Phasenanschnitt der positiven und negativen Halbwelle möglich.
Am Verbraucher liegt dann eine verstellbare Wechselspannung.

Solche Wechselstromsteller werden z. B. in Sanftanlaufgeräten (Softstarter) eingesetzt (Seite 126).

Wechselstromsteller im Sanftanlaufgerät

Drei *Wechselstromsteller* bilden einen *Drehstromsteller*.

Phasenanschnitt ermöglicht die Herabsetzung der Spannung beim Anlauf des Motors.

Der Motor kann zum Beispiel mit 20 % der Netzspannung (0,2 · U_N) angelassen werden und in einer parametrierbaren *Rampenzeit* an Netzspannung U_N gelegt werden.

Nullspannungsschalter *zero voltage switch*

Elektronisches Relais *solid state relay*

Elektronisches Schalten *electronic switching*

kontaktlos *contactless, non-contacting*

Schaltspiel *switching cycle*

Lebensdauer *lifetime*

Kühlkörper *cooling attachment*

Nullspannungsschalter

Wenn Verbrauchsmittel durch Schaltgeräte *direkt eingeschaltet* werden, so geschieht dies zufallsbedingt bei *beliebigen Phasenwinkeln* der Netzspannung.

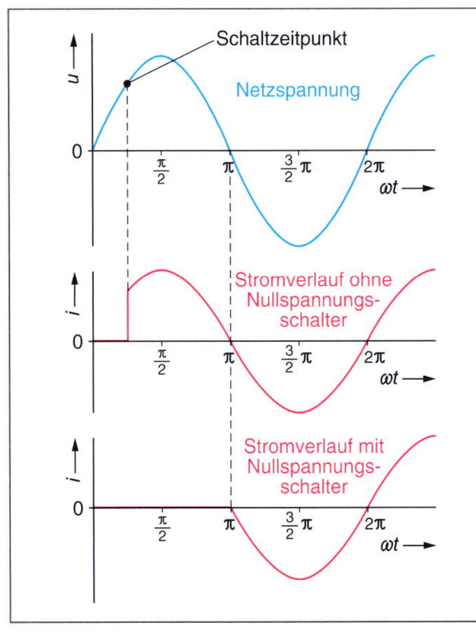

62 Einschaltvorgang eines Verbrauchsmittels

Dabei können *hohe Einschaltströme* auftreten, die nachteilige Auswirkungen auf Verbrauchsmittel und Netz haben.

Hinzu kann noch die Verursachung von *Hochfrequenzstörungen* kommen.

Daher ist es sinnvoll, Verbrauchsmittel erst beim *nächsten Nulldurchgang* an Spannung zu legen. Und dies unabhängig davon, zu welchem Zeitpunkt geschaltet wurde.

Solche elektronischen Schalter werden **Nullspannungsschalter** genannt.

Nullspannungsschalter mit Gleichstromzündung

Nur wenn der Transistor K1 *gesperrt* ist, kann die Steuerspannung U_{St} am Gate wirksam werden (Bild 63).

Wenn K1 *durchschaltet*, wird die Gatespannung kurzgeschlossen. Der Thyristor Q1 kann dann nicht gezündet werden, obgleich der Taster S1 betätigt wird.

Die Basisspannung des Transistors wird durch den Basisspannungsteiler R_1, R_2 gewonnen.

Die Spannung des Basisspannungsteilers liegt am Thyristor Q1. Der Transistor ist hochohmig, wenn $U_{BE} < 0{,}7$ V. Dies trifft aber nur kurz und nach dem Nulldurchgang der Netzspannung zu.

Nach Betätigung des Taster S1 kann die Steuerspannung immer erst im Bereich des nächsten Nulldurchgangs als Gatespannung wirken. Erst dann wird der Thyristor Q1 gezündet.

Wenn S1 betätigt ist, wird in jeder Halbwelle zum gleichen Zeitpunkt gezündet.

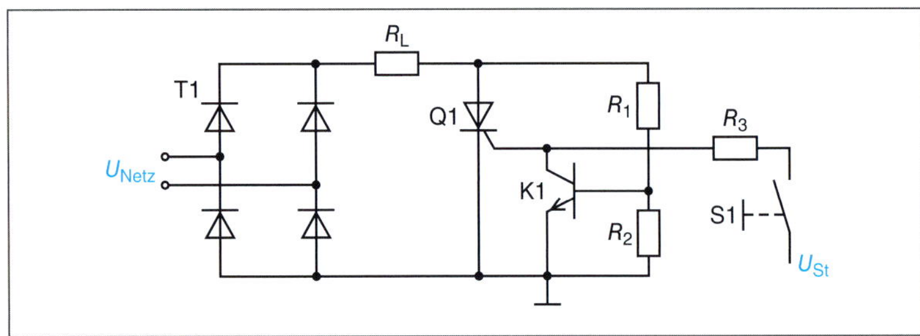

63 Nullspannungsschalter mit Gleichstromzündung

Nachteilig ist, dass die Steuerspannungsquelle bei Betätigung von S1 ständig belastet wird.

Entweder mit dem Gatestrom oder mit dem Kollektorstrom des Transistors.

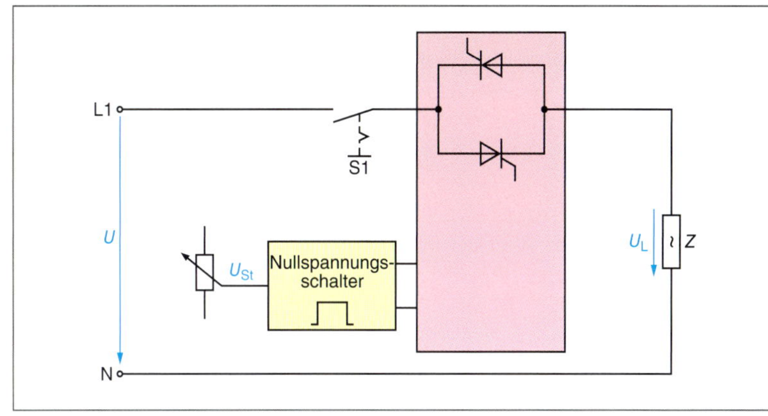

65 *Nullspannungsschalter mit Impulszündung*

Nullspannungsschalter mit Impulszündung

Eingesetzt werden i. Allg. *integrierte Ansteuerschaltungen* (Bild 65).

Die Potenziometereinstellung muss bewirken, dass die Zündverzögerung stets 0° beträgt.

Der Zündimpuls muss so lange anstehen, bis der Haltestrom unterschritten ist.

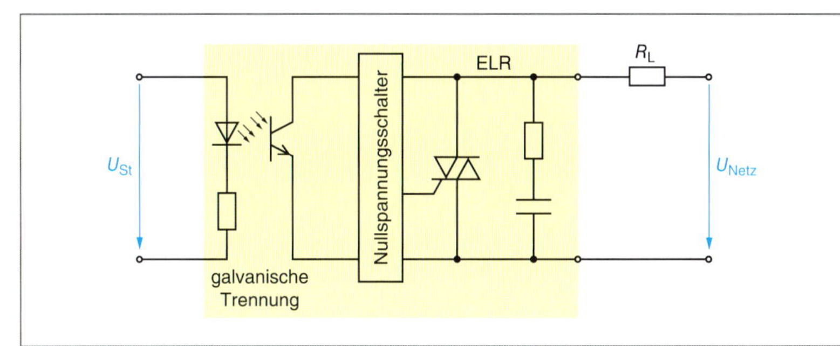

66 *Elektronisches Lastrelais*

Elektronisches Lastrelais

Komplett verschaltete elektronische *Nullspannungsschalter* werden unter der Bezeichnung **elektronisches Lastrelais** (ELR) angeboten.

Elektronisches Lastrelais mit Selbsthaltung

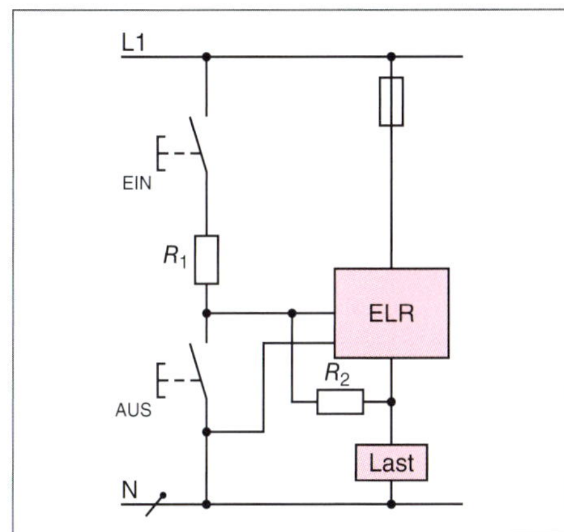

64 *Schaltung eines ELR*

Es können nur ELR verwendet werden, die im Steuereingang einen *Energiespeicher* haben. Dieser Speicher übernimmt die Funktion der *Selbsthaltung*.

Wenn der *Austaster* betätigt wird, baut sich die im Energiespeicher gespeicherte Steuerenergie ab (Bild 64).

Das ELR bleibt dann ausgeschaltet, bis der *Eintaster* erneut betätigt wird.

Anwendungen und Merkmale

- Kontaktloses Schalten von ohmschen und induktiven Lasten.
- Hohe Anzahl von Schaltspielen bei langer Lebensdauer.
- Keine Schaltgeräusche.
- Hohe Wiederholgenauigkeit.
- Geringe Ansprechzeit ($t < 10$ ms).
- Keine sichere Trennung wie beim doppeltunterbrechenden kontaktbehafteten Schütz. Daher zusätzlich trennende Schalter notwendig.
- Steuerspannung 10 – 240 V (AC, DC).
- Direkte Ansteuerung von einer SPS möglich.
- Bei kleiner Leistung ist kein Kühlkörper notwendig.
- Wegen Überstromempfindlichkeit sind Überstromschutzorgane vom Typ Z und i. Allg. getrennte Bimetallrelais notwendig.

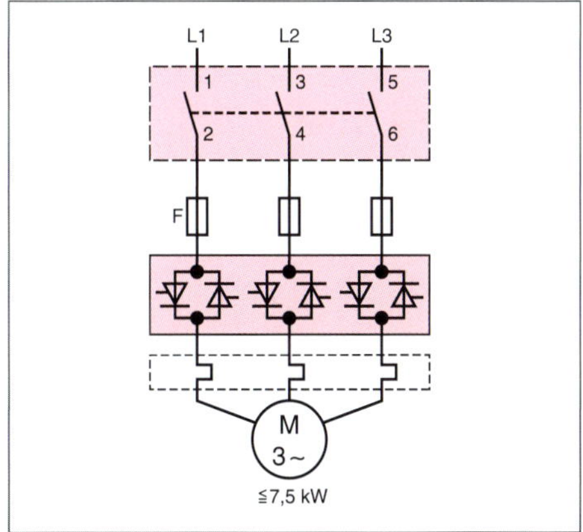

67 *Halbleiterschütz*

■ **Elektronische Relais**

haben nur eine Schließerfunktion (NO).

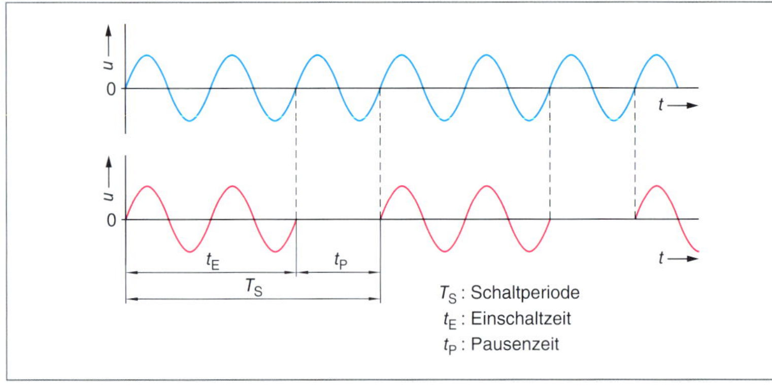

68 *Schwingungspaketsteuerung*

Die Schwingungspaketsteuerung verändert dabei den durch den Lastwiderstand fließenden **Effektivwert** des Stroms.

Die Steuerung arbeitet *nahezu verlustlos.*

z.B.

$P_{max} = 1\ \text{kW}$, $T_S = 50\ \text{ms}$,
$t_E = 30\ \text{ms}$, $t_P = 20\ \text{ms}$

Leistung:

$$P = P_{max} \cdot \frac{t_E}{T_S} = 1\ \text{kW} \cdot \frac{30\ \text{ms}}{50\ \text{ms}}$$
$$= 0{,}6\ \text{kW}$$

Schwingungspaketsteuerung
multicycle control

Rechteckgenerator
square-wave generator

Periode
period, cycle (of oscillation)

@ Interessante Links

- christiani-berufskolleg.de

Schwingungspaketsteuerung

Bei der *Schwingungspaketsteuerung* wird ein Verbrauchsmittel im Wechsel für eine *bestimmte Anzahl von Perioden* ein- und ausgeschaltet (Bild 68).

Das Schalten erfolgt jeweils im Nulldurchgang der Netzspannung.

Prinzipiell besteht eine **Schwingungspaketsteuerung** aus einem **Nullspannungsschalter** und einem **Rechteckgenerator** konstanter Periodendauer. Dabei ist das **Impuls-Pausen-Verhältnis** in weiten Grenzen variabel.

Das Verhältnis t_E/T_S bestimmt, um welchen Faktor die *Leistung* durch die Schwingungspaketsteuerung *kleiner* als die *maximal mögliche* Leistung ist.

$$P = P_{max} \cdot \frac{t_E}{T_S}$$

P Leistung durch Schwingungspaketsteuerung
P_{max} maximale mögliche Leistung
t_E Einschaltzeit
T_S Schaltperiode

Sehr gut geeignet ist die Schwingungspaketsteuerung für die Steuerung (Regelung) der **Heizleistung** elektrischer Heizgeräte.

Hinweis

Die *thermische Zeitkonstante* der Heizung bestimmt die Dauer der *Schaltperiode* T_S.

Die Schaltperiode sollte mehrere Sekunden betragen.

Auch bei *minimaler* Einschaltzeit (geringste Leistung) soll die Last immer noch für *mehrere* Perioden eingeschaltet bleiben.

Andererseits sollte auch bei *Ausschaltdauer* t_P (maximale Leistung) die Last für *mehrere* Perioden ausgeschaltet bleiben.

Zu Bild 70, Seite 121

Oben (a)

Geringe Pausendauer, Last wird über längere Zeit Leistung zugeführt.

Unten (b)

Große Pausendauer, Last wird nur kurz eingeschaltet.

Die *Regelspannung* ist eine veränderliche Gleichspannung. Ihr ist die Sägezahnspannung des Taktgenerators überlagert.

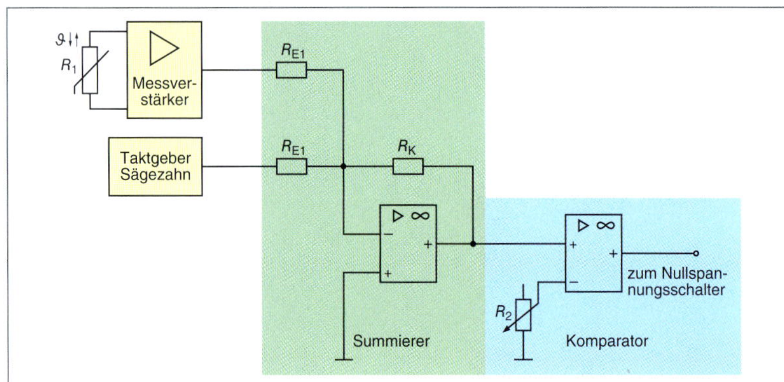

69 *Schaltung einer Schwingungspaketsteuerung*

Prüfung

1. Beschreiben Sie die Arbeitsweise einer Phasenanschnittsteuerung.
2. Was versteht man unter einer Wechselwegsteuerung?
3. Wozu kann ein Nullspannungsschalter verwendet werden?
4. Wie arbeitet eine Schwingungspaketsteuerung?
5. Welche Vorteile und welche Nachteile hat ein Elektronisches Lastrelais?

3.4 Stromrichter

Stromrichter steuern oder *formen* elektrische Energie um. Dazu werden Dioden, Transistoren und Thyristoren eingesetzt.

- **Gleichrichter**
  Wechselgrößen werden in Gleichgrößen umgeformt.

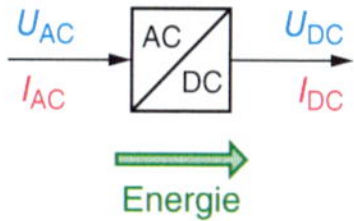

- **Wechselrichter**
  Gleichgrößen werden in Wechselgrößen umgeformt.

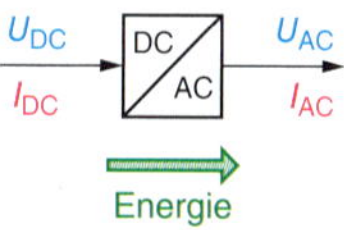

- **Wechselstromumrichter**
  Wechselstromsystem mit gegebener Spannung, Frequenz und Phasenzahl wird in ein Wechselstromsystem mit abweichender Spannung, Frequenz und Phasenzahl umgewandelt.

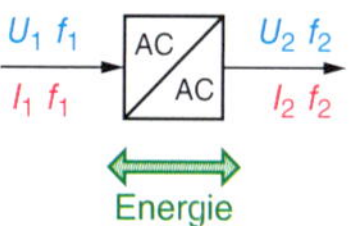

- **Gleichstromrichter**
  Ein Gleichstromsystem mit vorgegebener Spannung wird in ein Gleichstromsystem mit abweichender Spannung umgewandelt.

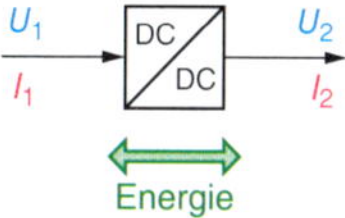

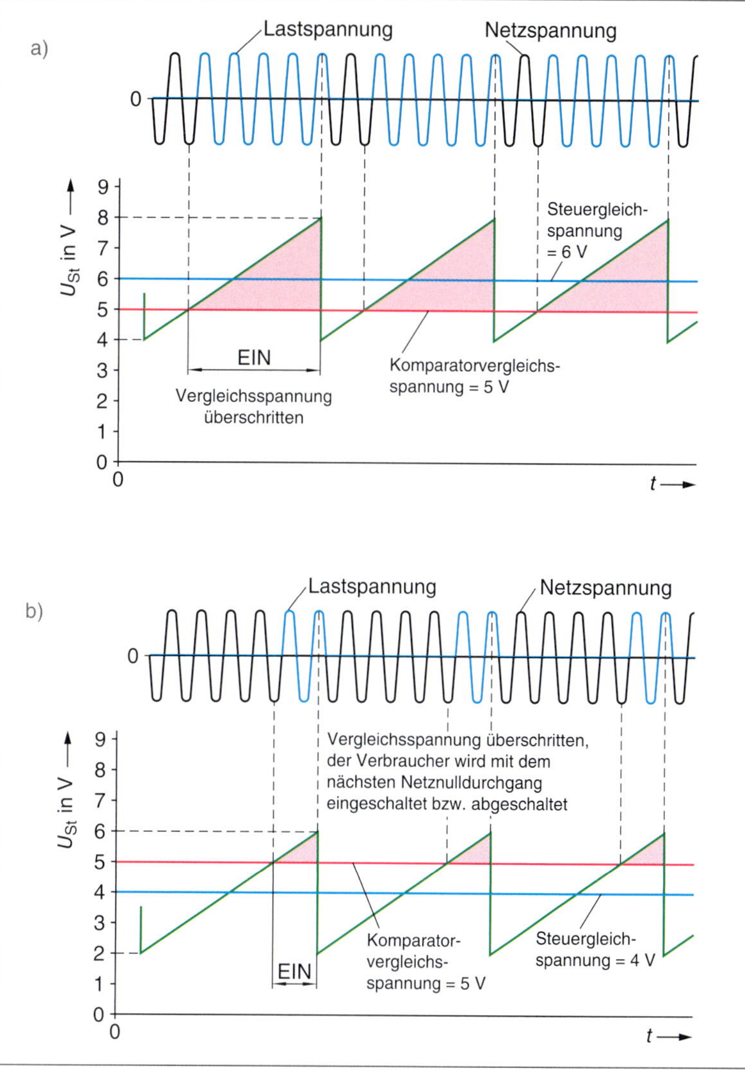

70 Schwingungspaketsteuerung

Ungesteuerte Stromrichter
Verhältnis von Eingangsspannung und Ausgangsspannung ist *konstant*. **Gleichrichter** sind *ungesteuerte* Stromrichter.

Gesteuerte Stromrichter
Die Ausgangsspannung ist *einstellbar*.

4-Quadranten-System
Elektrische Maschinen können als *Motor* oder als *Generator* betrieben werden.

- **Motorbetrieb**: Stromfluss vom Netz zur elektrischen Maschine. Dabei sind *Rechtslauf* und *Linkslauf* möglich.
- **Generatorbetrieb**: Die elektrische Maschine wird von der Arbeitsmaschine angetrieben. Man spricht von *Nutzbremsung*. Stromfluss von der Maschine zum Netz. Allerdings muss der Stromrichter für *Rückspeisung* geeignet sein.

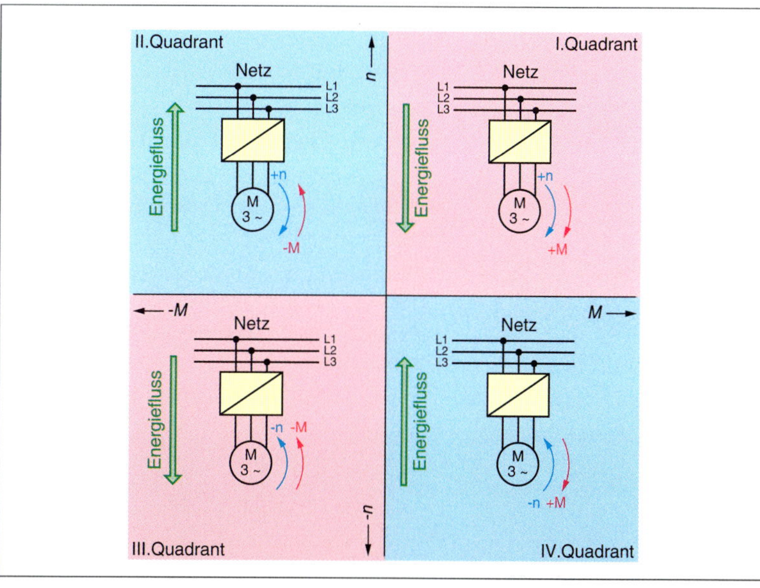

71 4-Quadranten-System

Beim Abschalten induktiver Lasten entstehen Spannungsspitzen, die der Netzspannung überlagert sind.

Der Thyristor kann dann unkontrolliert einschalten.

RC-Kombinationen unterdrücken diese Spannungsspitzen.

Schutzmaßnahmen

Thyristoren müssen gegen *Überspannung, Überströme* sowie gegen hohe *Anstiegs*geschwindigkeiten von Strom und Spannung geschützt werden.

- *Niemals Thyristoren ohne Last betreiben.*
- *Superflinke Sicherungen zum Kurzschlussschutz einsetzen.*
- *Zur Unterdrückung von Spannungsspitzen werden RC-Kombinationen verwendet.*
- *Auch Varistoren (VDR) können zum Überspannungsschutz verwendet werden.*

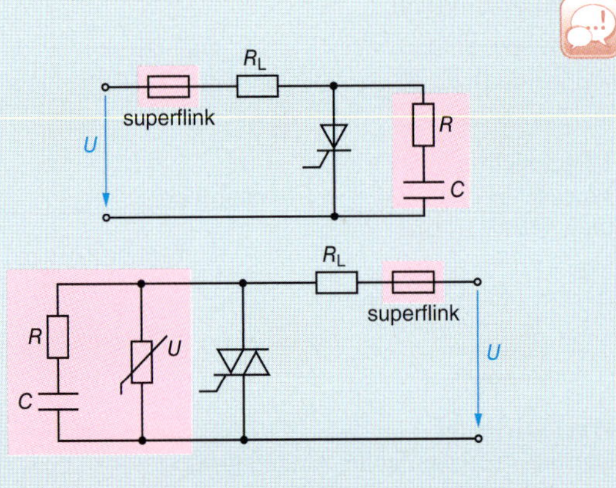

TSE-Beschaltungen

Durch den *Träger-Speichereffekt* schaltet der Thyristor verspätet ab. Dies wird durch die Ladungsträger in der mittleren Sperrschicht bewirkt.

Nulldurchgang des Stroms, Polaritätswechsel des Stroms, der Thyristor ist noch nicht gelöscht, weil Sperrschicht noch Ladungsträger enthält. Wenn dann der Strom doch unterbrochen wird, erzeugen die Induktivitäten hohe Spannungsspitzen, die der Netzspannung überlagert sind.

Im **4-Quadranten-System** werden die unterschiedlichen *Betriebsarten* dargestellt.

- Wenn *Drehmoment* und *Drehrichtung gleiche Vorzeichen* haben, wird Energie aus dem Netz *entnommen*. (Motorbetrieb).
- Wenn *Drehmoment* und *Drehrichtung unterschiedliche Vorzeichen* haben, wird dem Netz Energie *zugeführt* (Generatorbetrieb).

Gesteuerte Stromrichter

Werden die Dioden von ungesteuerten Stromrichtern (Gleichrichterschaltungen) ganz oder teilweise durch *Thyristoren* ersetzt, kann durch Wahl des *Zündzeitpunkts* die Ausgangsspannung verändert werden.

Gesteuerte Einpuls-Mittelpunktschaltung

Der Thyristor kann nur in der *positiven Halbwelle* gezündet werden. Das ergibt einen **Zündwinkel** von 0 – 180°.

■ **Zündwinkel**
auch Steuerwinkel und Zündverzögerungswinkel genannt.

- **Zündwinkel $\alpha = 0$:** Ausgangsspannung erreicht Maximalwert 0,45 · *U*.
- **Zündwinkel $\alpha = 180°$**: Ausgangsspannung ist null.

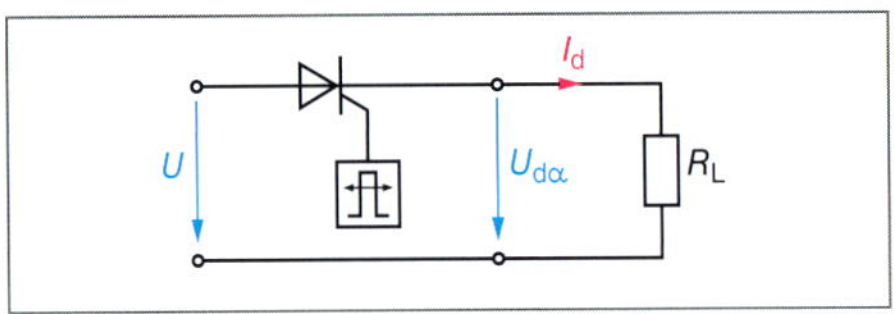

72 Einpuls-Mittelpunktschaltung, gesteuert

Es wird eine *wellige Gleichspannung* erzeugt, was diese Schaltung in der Praxis wenig brauchbar macht.

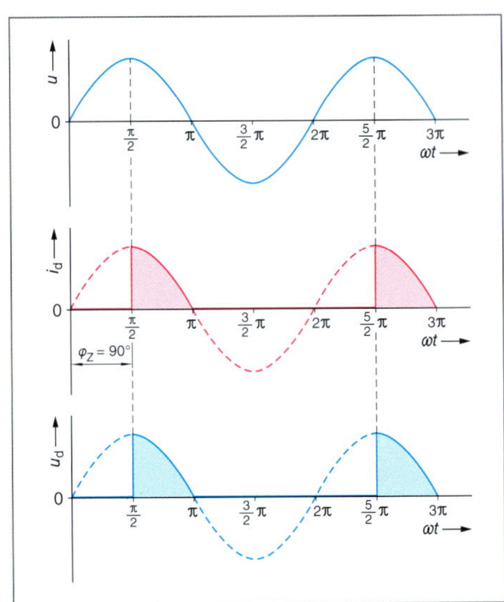

73 Ohmsche Belastung

Der Thyristor wird während der *positiven* Spannungshalbwelle *gezündet*. Der Strom nimmt zu. Spannung und Strom haben die gleiche Richtung. Die Induktivität bezieht Energie aus dem Netz.

Ändert sich die *Polarität* der Netzspannung, bleibt die Stromrichtung gleich. Der Thyristor bleibt weiter im *leitenden* Zustand.

Unter der Annahme einer *idealen Induktivität* (verlustlos) sind *Energieaufnahme* und *Energieabgabe* der Induktivität gleich groß.

Die *Spannungszeitflächen* im positiven und negativen Bereich sind dann gleich groß.

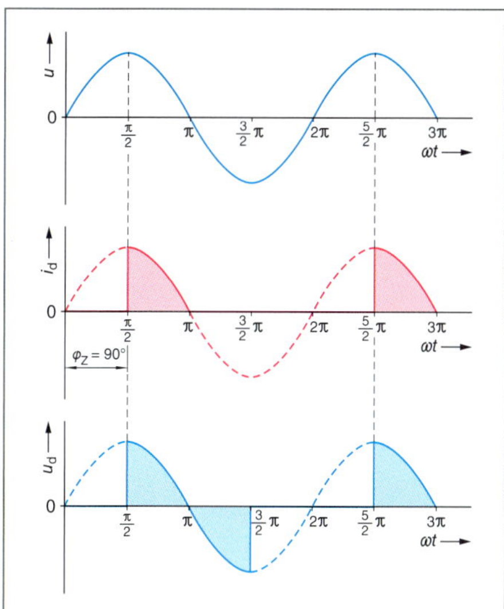

74 *Belastung mit idealer Induktivität*

Ideale Induktivitäten sind eine rein *theoretische* Annahme. Induktivitäten sind stets *verlustbehaftet.*

Sie geben weniger Energie ans Netz zurück als sie dem Netz entnehmen. Die *negative Spannungszeitfläche* ist demnach *kleiner* als die *positive Spannungszeitfläche* (Bild 75).

Die Spannung hängt vom *Zündwinkel* ab.

$$U_d = U_{d_0} \cdot \left(\frac{1 + \cos \varphi_Z}{2}\right)$$

$$U_{d_0} = 0{,}45 \cdot U$$

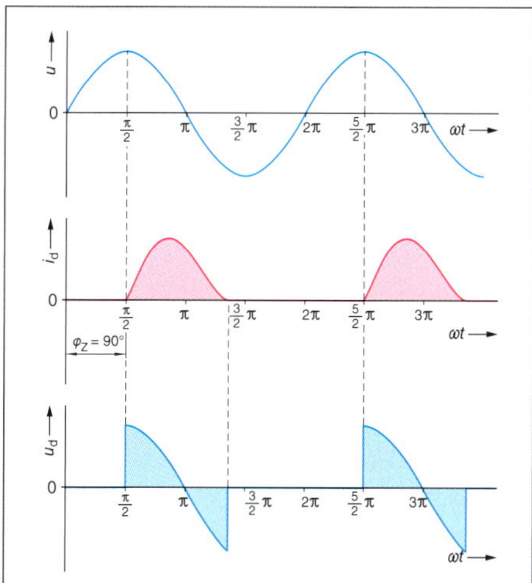

75 *Belastung mit realer Induktivität*

Gesteuerte Zweipuls-Brückenschaltung

Die Schaltung besteht aus 4 Thyristoren, von denen 2 *gleichzeitig leitend* geschaltet werden müssen.

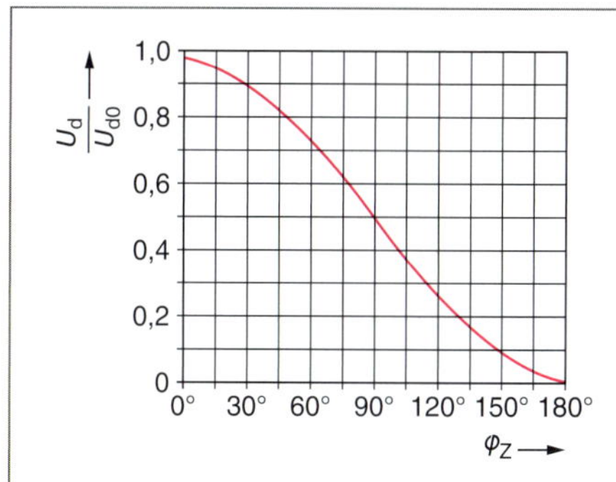

76 *Steuerkennlinie*

Gesteuerte Einpuls-Mittelpunktschaltung: $U = 230$ V, $\varphi_Z = 60°$.
Wie groß ist die Spannung U_d bei $\varphi_Z = 60°$?

Bestimmung von U_{d_0}:	$U_{d_0} = 0{,}45 \cdot U = 0{,}45 \cdot 230\ \text{V} = 103{,}5\ \text{V}$
Spannung bei $\varphi_Z = 60°$:	$U_d = U_{d_0} \cdot \left(\frac{1 + \cos \varphi_Z}{2}\right)$
$\cos 60° = 0{,}5$	$U_d = 103{,}5\ \text{V} \cdot \left(\frac{1 + \cos 60°}{2}\right)$
Bei $\varphi_Z = 60°$ beträgt die Spannung 77,63 V.	$U_d = 77{,}63\ \text{V}$

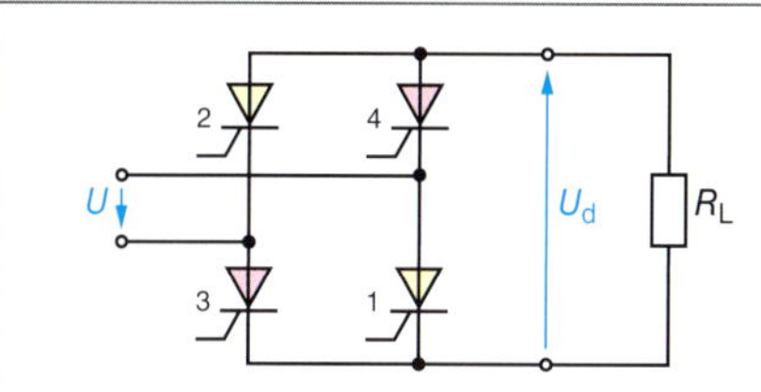

77 *Gesteuerte Zweipuls-Brückenschaltung*

Positive Halbwelle der Wechselspannung: Thyristoren 1 und 2 leitend.

Negative Halbwelle der Wechselspannung: Thyristoren 3 und 4 leitend.

Jeweils zwei Thyristoren müssen *gleichzeitig gezündet* werden. Der Impulsgeber muss deshalb zwei um 180° phasenverschobene Zündimpulspaare erzeugen.

Ohmsche Belastung

Bei 180° (π) wird die Gleichspannung null.

$$U_d = 0{,}5 \cdot U_{d_0} \cdot (1 + \cos \varphi_Z)$$

$$U_{d_0} = 0{,}9 \cdot U$$

Schon bei Steuerwinkeln von $\varphi_Z > 0°$ tritt *Lückbetrieb* von Gleichspannung und Gleichstrom auf. Lückbetrieb bedeutet, dass Gleichspannung bzw. Gleichstrom zwischenzeitlich zu null werden (Bild 78).

■ **Gesteuerte Einpuls-Mittelpunktschaltung**
M1C

■ **Zweipuls-Brückenschaltung**
ist für den direkten Netzanschluss (ohne Transformator) geeignet.

■ **Gesteuerte Zweipuls-Brückenschaltung**
B2C

■ **Steuerkennlinie**

Mithilfe der Steuerkennlinie kann die Spannung an der Last in Abhängigkeit vom Zündwinkel bestimmt werden.

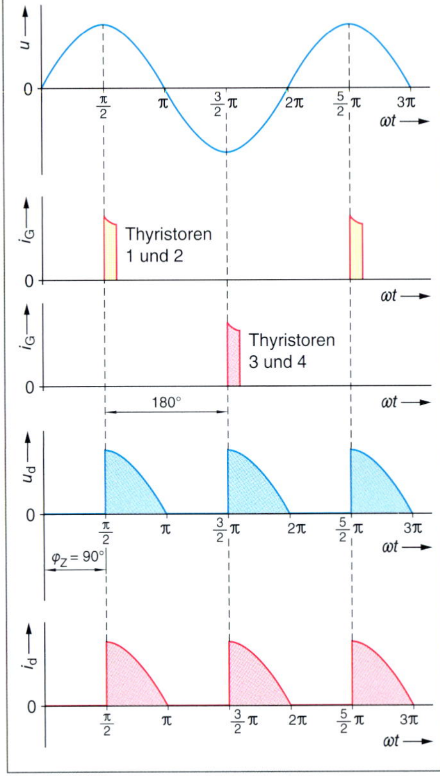

78 Ohmsche Belastung

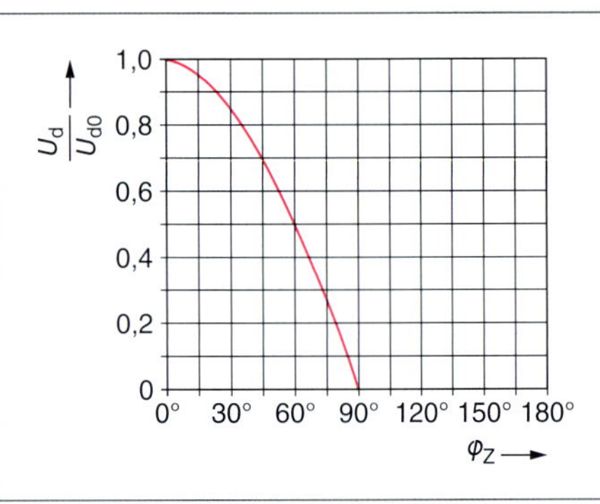

80 Steuerkennlinie für induktive Last

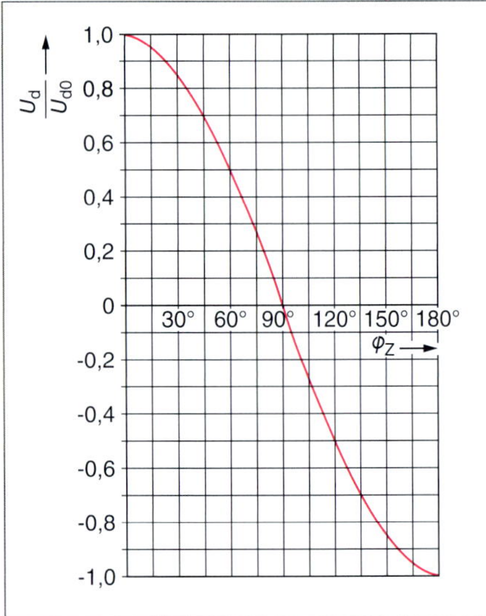

81 Steuerkennline für aktive Last

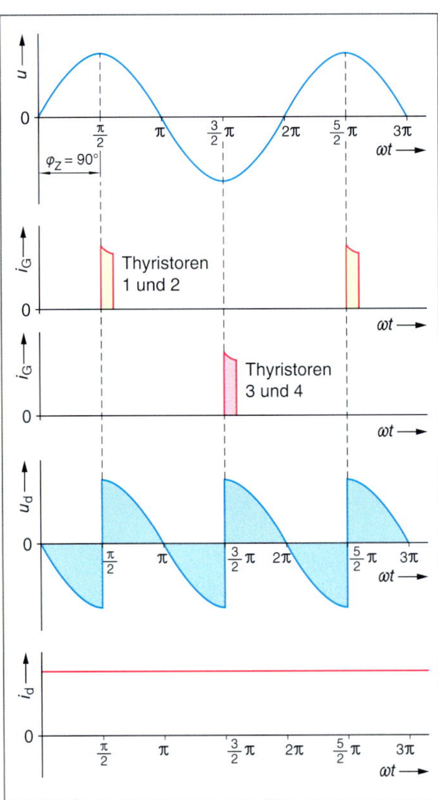

79 Induktive Belastung

Induktive Belastung

Ab einem *Zündwinkel* von 90° wird die Gleichspannung *null*.

$U_d = U_{d_0} \cdot \cos \varphi_Z$

$U_{d_0} = 0{,}9 \cdot U$

Bei $\varphi_Z = 0$ sind *positive* und *negative* Spannungszeitflächen gleich groß (Bild 79).

Bei *aktiver Last* kann die Gleichspannung bei Zündverzögerungswinkeln $\varphi_Z > 90°$ negativ werden.

■ **Gesteuerte Dreipuls-Mittelpunktschaltung**

M3C

Gesteuerte Dreipuls-Mittelpunktschaltung

Der *Impulsgeber* erzeugt drei um 120° versetzte Impulse je Periode. Die Impulse können dem gewünschten *Steuerbereich* entsprechend *verschoben* werden.

Zu beachten ist, dass der Thyristor nur im *Steuerbereich* gezündet werden kann. Die Spannung u_1 ist hier vom natürlichen *Kommutierungszeitpunkt* ausgehend bis zum Schnittpunkt mit u_3 *positiver* als u_3.

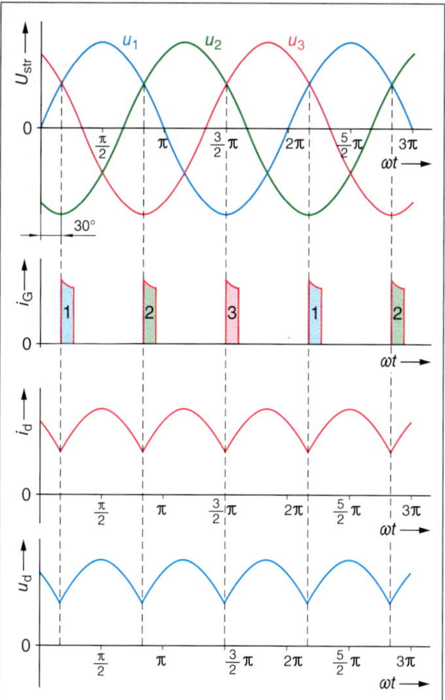

82 Ohmsche Belastung, $\varphi_Z = 0^\circ$

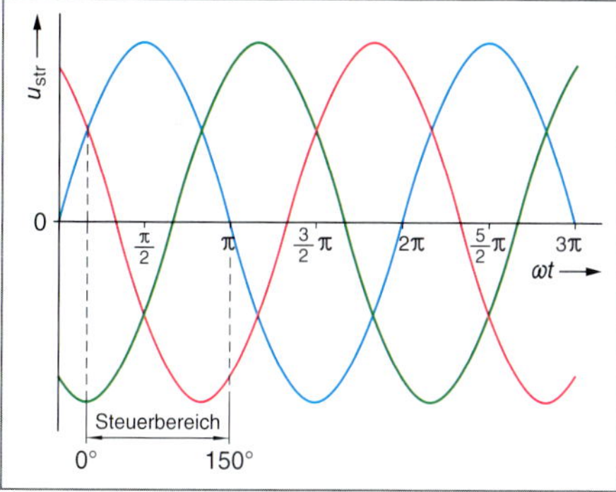

83 Steuerbereich

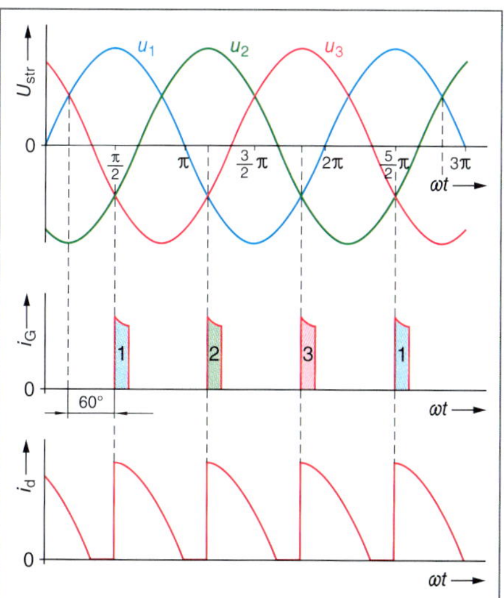

84 Ohmsche Belastung, $\varphi_Z = 60^\circ$

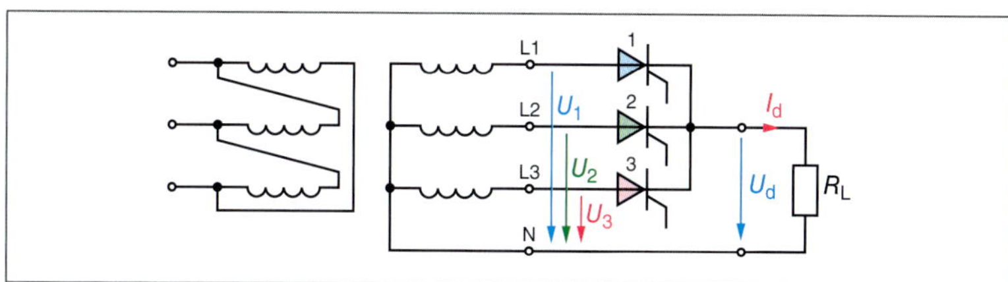

85 Gesteuerte Dreipuls-Mittelpunktschaltung

Induktive Belastung

Der Thyristor 3 bleibt nur bis zur Zündung von Thyristor 1 durchgeschaltet. Der Steuerbereich beträgt 0° bis 150°.

Bei Winkeln über 30° beginnt der Strom zu *lücken.*

Mit zunehmendem Winkel nehmen Gleichspannung und Gleichstrom ab. Bei 150° sind Strom und Spannung null.

Bei *rein induktiver* Belastung fließt ein ideal geglätteter Gleichstrom. Die *Induktivität* hat eine *Speicherwirkung*, sodass auch dann noch ein Strom fließt, wenn die Spannung bereits negativ geworden ist.

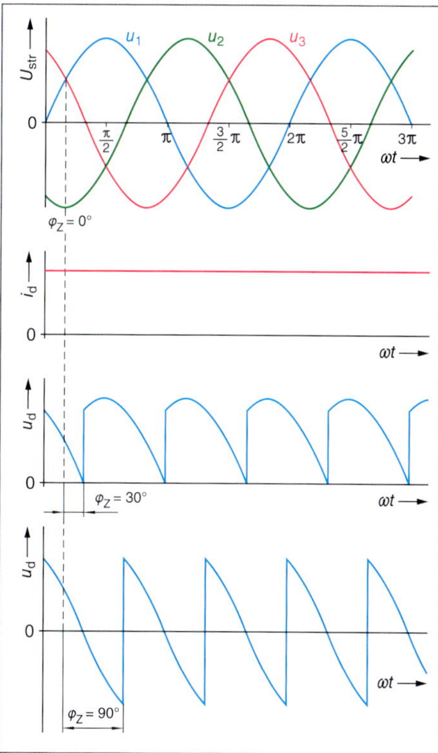

86 Induktive Belastung, Steuerwinkel 90°

Überschreitet der Steuerwinkel bei induktiver Last 30°, entsteht eine *negative* Spannungszeitfläche. Die Spannungswerte sind bei induktiver Last und Winkeln über 30° geringer als bei ohmscher Last. Bei 90° ist die Spannung null.

Vollgesteuerte Stromrichter
fully-controlled power converters

Halbgesteuerte Stromrichter
half-conrolled power converters

Zweipuls-Brückenschaltung
twopulse bridge circuit

Dreipuls-Mittelpunkt-schaltung
three-pulse center-zap connection

Sechspuls-Brücken-schaltung
six-pulse bridge connection

Wechselrichter
inverter

Wechselwegschaltung
antiparallel arms circuit

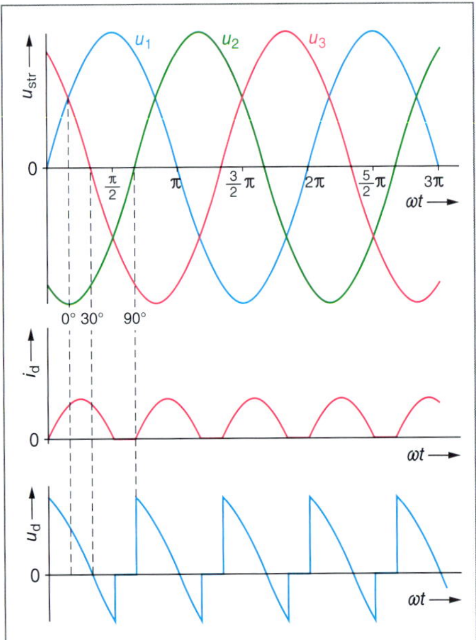

87 Ohmsch-induktive Belastung

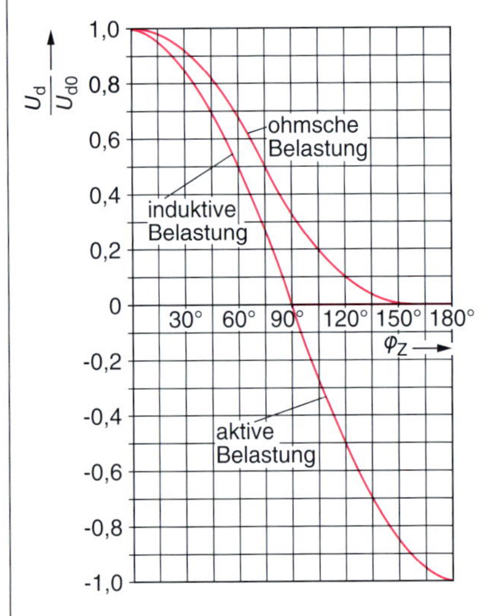

88 Steuerkennline

■ **Lücken**

Der Stromfluss bleibt so lange aufrecht erhalten, bis die in der Induktivität gespeicherte Energie an das Netz abgegeben wurde. Danach beginnt der Strom zu „lücken".

@ Interessante Links

• christiani-berufskolleg.de

Die *Gleichspannung* ist im Bereich 0° bis 30° *unabhängig* von der *Lastart*. Das heißt, dass auch bei reiner Widerstandslast frühestens bei 30° der *Lückbetrieb* beginnt.

Der natürliche Zündzeitpunkt der M3-Schaltung liegt bei 30° $\left(\frac{\pi}{6}\right)$.

Somit stimmt der Zündwinkel $\varphi_Z = 30°$ mit $\omega t = \frac{\pi}{3}$ (60°) der Wechselspannung überein.

Man nennt diesen *Steuerwinkel* auch den **kritischen Steuerwinkel** (φ_{Krit}).

Bis zu $\varphi_{Krit} = 30°$ gilt für die Gleichspannung

$U_d = U_{d_0} \cdot \cos \varphi_Z$

$U_{d0} = 0{,}676 \cdot U$

Bei *induktiver Last* gilt die Gleichung auch für den Steuerbereich 0° bis 90°. Von 90° bis 180° ist die Gleichspannung bei induktiver Last stets null.

Nur bei *aktiver Last* kann die Gleichspannung auch *negative* Werte annehmen.

Von $\varphi_{Krit} = 30°$ an liegt bei Widerstandslast *Lückbetrieb* vor. Dann gilt für die Gleichspannung

$U_d = 0{,}577 \cdot U_{d_0} \cdot [1 + \cos(\varphi_Z + 30°)]$

$U_{d0} = 0{,}676 \cdot U$

$\varphi_Z = 30°$ bis 150°

M3C-Stromrichter im Wechselrichterbetrieb

Der Stromrichter wird mit einer *aktiven Last* betrieben; z. B. mit einem Gleichstrommotor.

Wird der Motor *abgebremst,* soll über den Stromrichter *Energie* an das speisende Netz *zurückgeliefert* werden (Nutzbremsung).

Im **Wechselrichterbetrieb** arbeitet der Gleichstrommotor als *Generator.*

Dann ist $U_d < U_0$, wenn U_0 die Leerlaufspannung des Motors ist. Dabei kehrt sich die Stromrichtung von I_d um.

Ein Stromrichter kann aber *nur in einer Richtung* Strom führen. Also müsste der Ankerkreis des Motors *manuell* umgeschaltet werden (Schütze). Nach der Umpolung fließt dann I_d in Durchlassrichtung durch die Thyristoren des Stromrichters (Bild 90, Seite 136).

Prüfung

1. Skizzieren Sie eine B2C-Schaltung und erklären Sie die Arbeitsweise.
Skizzieren Sie die Steuerkennlinie für induktive Last.

2. Begründen Sie, dass der Steuerbereich bei der M3C-Schaltung und induktiver Belastung 0° – 150° beträgt.

3. Beschreiben Sie die Begriffe Kommutierung und Freiwerdezeit.

4. Ein M3C-Stromrichter wird am Drehstromnetz 400/230 V/50 Hz betrieben.
Bestimmen Sie die Gleichspannung bei 90°, 120° und 135°.

5. Beschreiben Sie den Kommutierungsvorgang beim M3C-Stromrichter.

Kommutierung

Kommutierung bedeutet *Stromübergabe*, hier von einem Thyristor auf den nächsten Thyristor. Hier wird die Kommutierung von 1 auf 2 beispielhaft betrachtet.

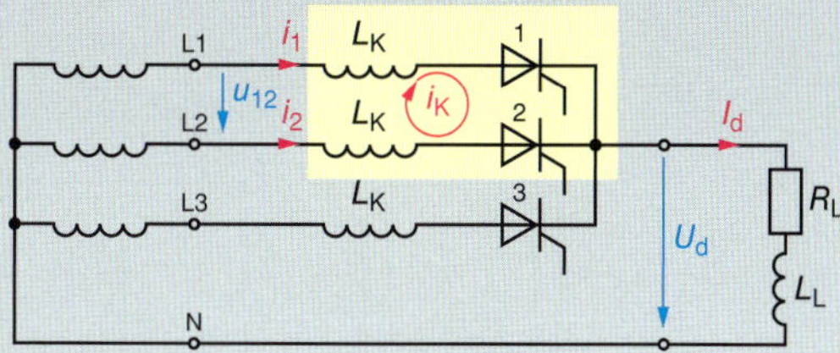

Thyristor 1 ist gezündet.

Thyristor 2 wird gezündet.

Zwei Stränge werden kurzgeschlossen.

Es fließt der *Kommutierungsstrom* i_K, dessen Wert vom Augenblickswert der Außenleiterspannung u_{12} abhängt.

Strombegrenzend wirken nur die *Kommutierungsdrosseln* L_K und die *Trafowicklungen*.

$i_2 = I_d - i_1$ (Knotenpunkt)

i_K hat einen sinusförmigen Verlauf und eilt u_{12} um 90° nach.

Wenn $i_2 = I_d$ und $i_1 = 0$, ist der Kommutierungsvorgang beendet.

Solange beide Thyristoren durchgeschaltet sind, liegt an jedem der beiden Zweige die Spannung

$\frac{u_1 + u_2}{2}$ (Strangspannungen)

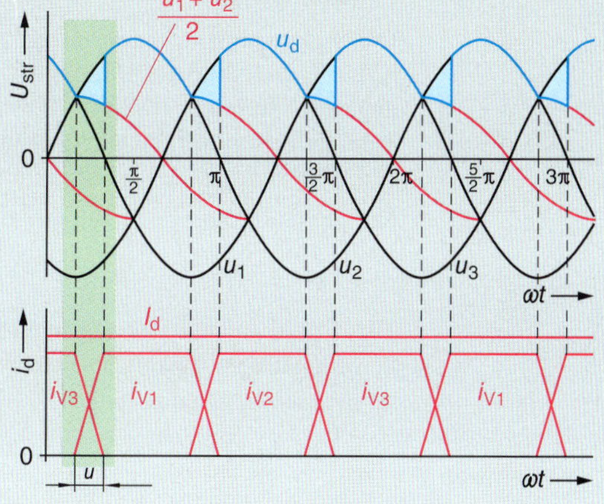

u: Überlappungswinkel (hier sehr groß dargestellt)

Prüfung

1. Skizzieren Sie die Ausgangsspannung einer M1C-Schaltung bei ohmscher Belastung und $\varphi_z = 60°$. Wie groß ist die Spannung U_2, wenn $U = 230$ V?
Skizzieren Sie die Steuerkennlinie.

2. Was versteht man unter dem Begriff Lückbetrieb?

■ Überlappungswinkel

Der Überlappungswinkel gibt an, in welchem Bereich *beide* Thyristoren leitend sind.

Durch die Kommutierung wird ein Gleichspannungsverlust bewirkt.

Man spricht von einem *induktiven Gleichspannungsfall.*

@ Interessante Links

- christiani-berufskolleg.de

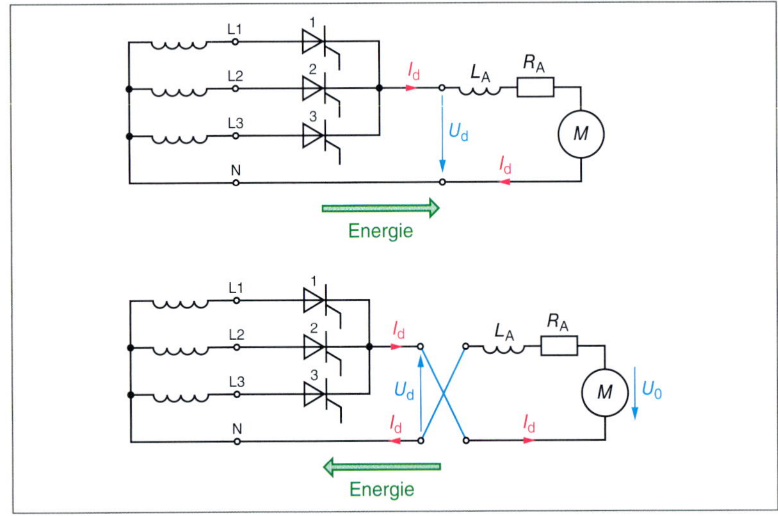

89 *Wechselrichterbetrieb, Prinzip*

Ansonsten bleibt der abgebende Thyristor im *durchgeschalteten* Zustand.

Wenn der Stromrichter bisher eine *negative* Spannung lieferte, liefert er dann eine *positive* Spannung. Die Stromstärke nimmt dann erheblich zu.

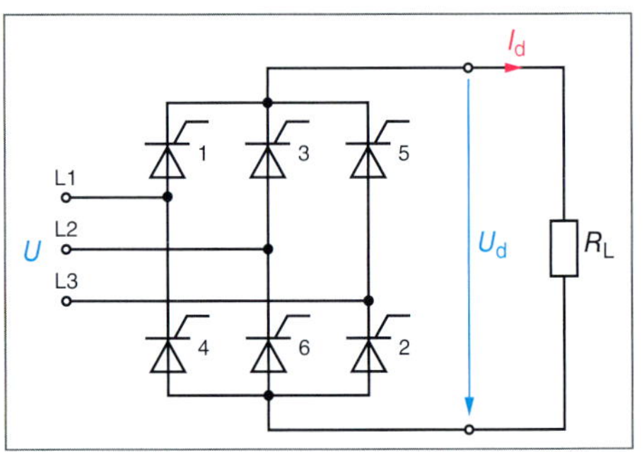

91 *Drehstrom-Brückenschaltung*

■ **Nutzbremsung**

Wenn ein Motor als Generator arbeitet, spricht man von einer Nutzbremsung.

Wechselrichterbetrieb ist nur möglich, solange die Last Energie abgeben kann. Die von der Last erzwungene Spannung muss größer als die Netzspannung sein, wenn der Strom in der ursprünglichen Richtung weiterfließen soll.

■ **Gesteuerte Drehstrom-Brückenschaltung**

B6C

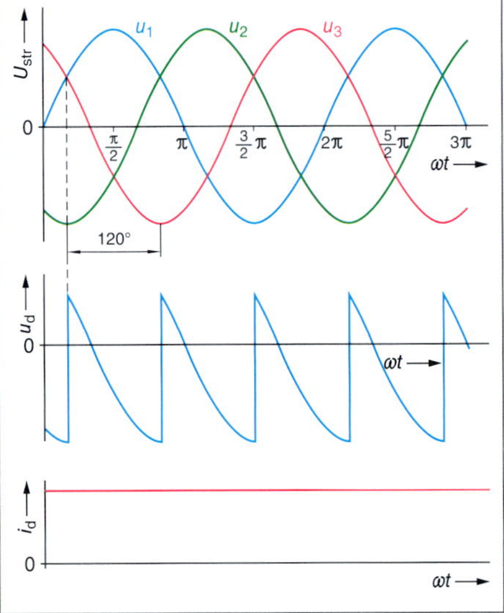

90 *Wechselrichterbetrieb*

Wechselrichterbetrieb ist nur möglich, solange die Last *Energie abgeben* kann. Der *Steuerwinkel* muss größer als 90° sein. Dann ist U_d negativ. Der Motor arbeitet als Generator.

Es handelt sich hier um einen **netzgeführten Wechselrichter**. Gewählt wird ein *Steuerwinkel* zwischen 90° und 150°.

180° soll vermieden werden, da ein **Wechselrichterkippen** hervorgerufen werden kann, dass wie ein Kurzschluss wirkt. Dies liegt an der **Kommutierungszeit** und **Freiwerdezeit** des Thyristors. Es gilt nämlich:

- Die *Kommutierungszeit* des übernehmenden Thyristors muss beendet sein,
- Die *Freiwerdezeit* des abgebenden Thyristors muss verstrichen sein, bevor die stromtreibende Spannung wieder positive Werte erreicht.

Drehstrom-Brückenschaltung

Dies ist die am häufigsten in der Praxis angewendete Stromrichterschaltung (Bild 91).

Im Unterschied zur M3C-Schaltung fließt *Wechselstrom* in den *Netzzuleitungen*, wodurch eine bessere *Ausnutzung* des *Transformators* ermöglicht wird.

Die Drehstrom-Brückenschaltung kann als *Reihenschaltung* von zwei *Mittelpunktschaltungen* angesehen werden.
Jede der beiden Mittelpunktschaltungen hat einen *natürlichen Zündwinkel* von 30°.

Die phasenverschobenen Teilspannungen ergeben eine *sechspulsige* Ausgangsspannung (Bild 92).

Dies liegt daran, dass die Scheitelwerte der beiden dreipulsigen Spannungen um 60° bzw. $\frac{\pi}{6}$ gegeneinander versetzt sind.

$u_d = u_I - u_{II}$ (Bild 92)

Für U_d findet alle 60° eine **Kommutierung** statt. Der **natürliche Zündzeitpunkt** liegt bei 60°, bezogen auf den positiven Nulldurchgang der Strangspannung.

Auch bei *ohmscher Belastung* tritt bis 60° *kein Lückbetrieb* auf. Bis zu diesem Zündwinkel gilt also ganz allgemein für *alle Lastarten*:

$$U_d = U_{d_0} \cdot \cos\alpha$$

$$U_{d_0} = 1{,}35 \cdot U$$

Bei *induktiver Last* wird U_d bis 90° ebenfalls nach obigen Gleichungen bestimmt. Von 90° bis 180° ist U_d bei induktiver Last null.

Bei *aktiver Last* sind auch negative Werte für u_d möglich.

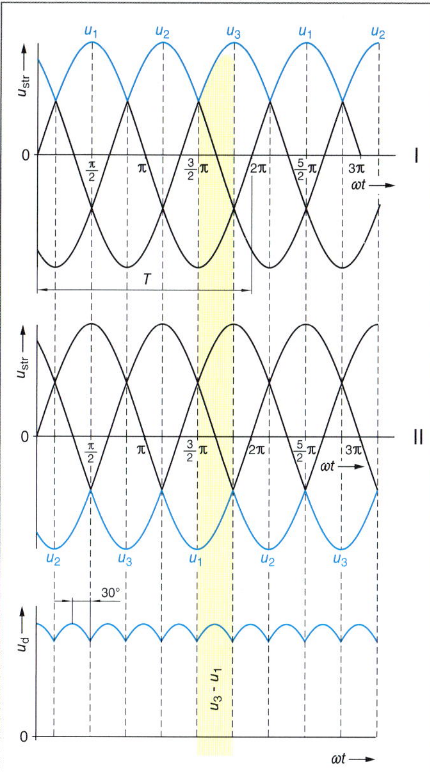

92 *Sechspulsige Gleichspannung*

Im Bereich 60° bis 120° tritt **Lückbetrieb** bei *Widerstandslast* auf. Es gilt dann:

$U_d = 0{,}5 \cdot U_{d_0}\,[1 + 1{,}54 \cdot \cos(\varphi_Z + 30°)]$

Zwischen 120° und 180° ist bei *Widerstandslast* $U_d = 0$.

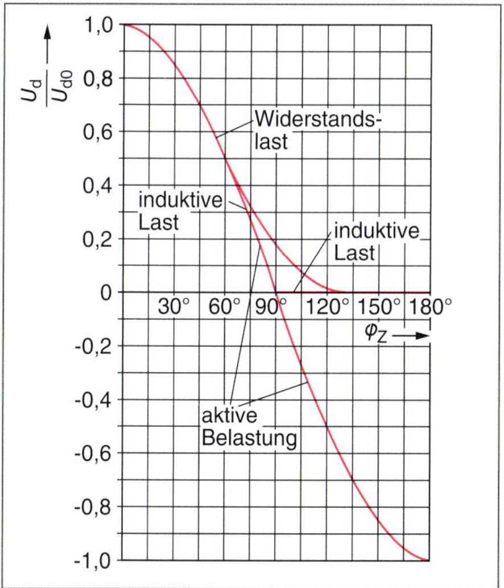

93 *Lastabhängige Steuerkennlinie*

Zündimpulse der B6C-Schaltung

Jede der beiden M3C-Schaltungen benötigt *drei* um 120° versetzte *Zündimpulse*.

Wegen der in 60°-Abständen aufeinanderfolgenden Nulldurchgänge der drei Leiterspannungen ist dann auch alle 60° ein *Zündimpuls* notwendig.

Bei der Brückenschaltung müssen aber immer *zwei* Thyristoren *gleichzeitig* durchgeschaltet sein.

Daher sind *sechs Langzeitimpulse* mit der Impulsdauer T/6 notwendig (Impulswinkel 60°).

Dadurch ist auch eine hinreichende **Impulsüberdeckung** für das Einschalten der Brückenschaltung gewährleistet.

Das oben beschriebene Verfahren ist allerdings recht *verlustbehaftet*.

Günstiger ist die Verwendung von **Doppelimpulsen** für jeden Thyristor, die in 60°-Abständen aufeinander folgen. Man spricht dann von **Hauptimpulsen** und **Folgeimpulsen** (Bild 94).

ωt_1: Thyristoren 1 und 6 werden gezündet.
60° danach muss der Strom von Thyristor 6 auf Thyristor 2 übergehen. Thyristor 2 erhält dann seinen Hauptimpuls, Thyristor 1 seinen *Folgeimpuls*.

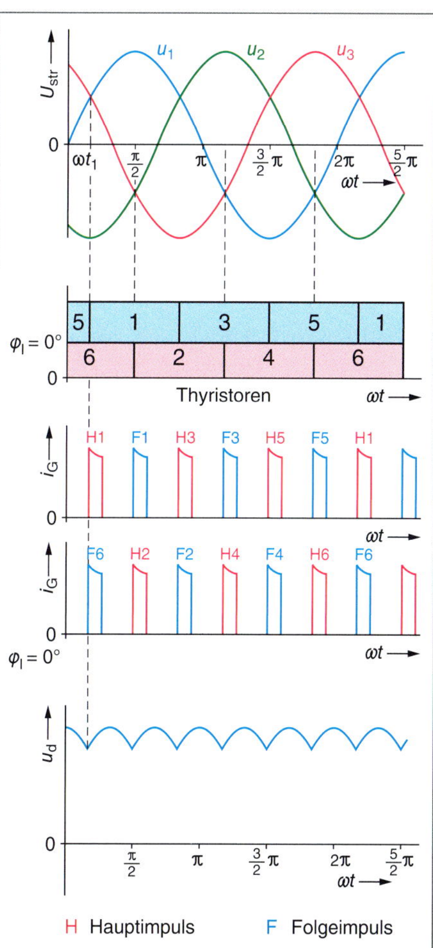

94 *B6C-Schaltung, φ_Z = 0°, Durchschalten*

$T \triangleq 360°$

$\frac{T}{6} \triangleq 60°$

Immer in Abständen von 60° erfolgt eine neue *Kommutierung*. Jeder Thyristor verbleibt über 120° im *durchgeschalteten* Zustand.

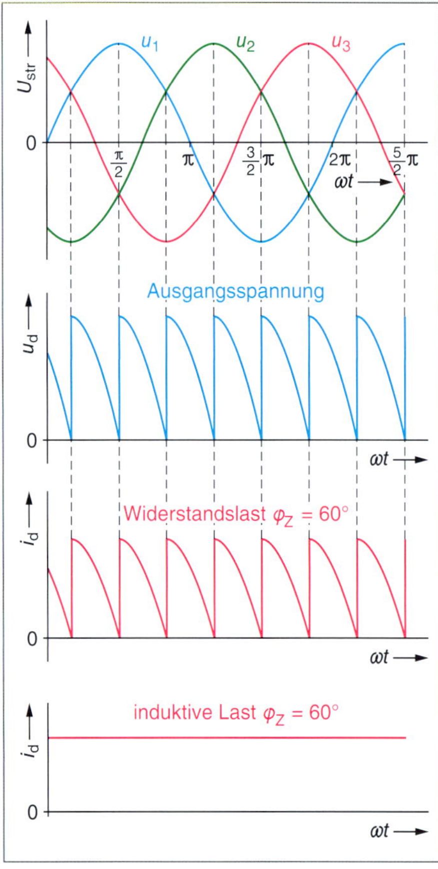

95 Drehstrom-Brückenschaltung

Bei *ohmscher Belastung* ermöglicht die Drehstrom-Brückenschaltung *nur Gleichrichterbetrieb. Negative* Spannungszeitfäden sind *nicht* möglich. Ab 60° beginnt der **Lückbetrieb**.

Bei 90° kommt es zu großen Stromlücken. Über 120° wird der Strom null, da die Spannung null wurde.

Bei *induktiver Belastung* und 90° sind die *positiven* und *negativen* Spannungszeitflächen gleich groß. Die Gleichspannung ist dann *null*.

Bei Winkeln über 90° wird eine *negative* Gleichspannung erzeugt.

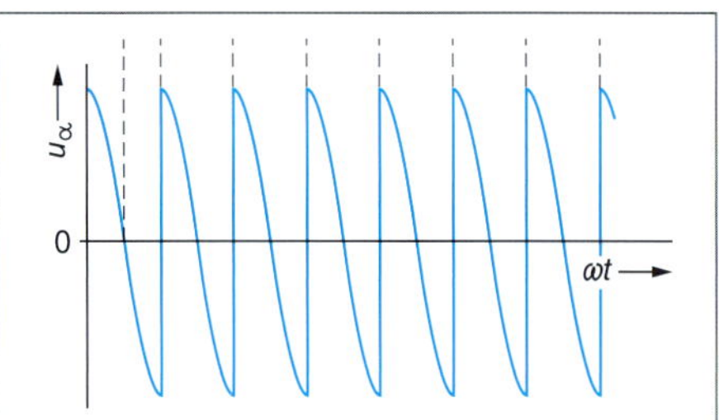

96 90° und induktive Last

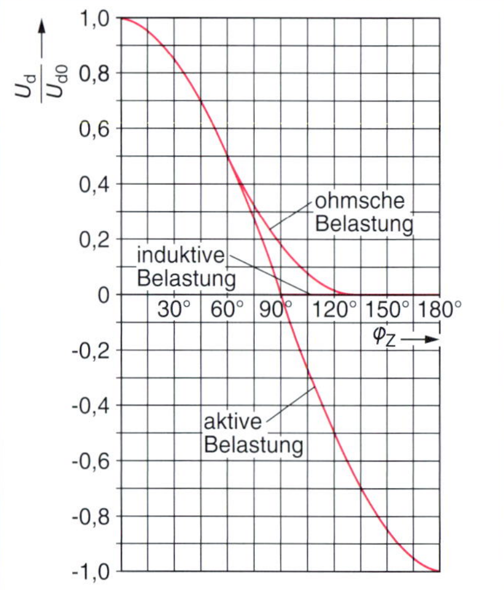

97 Steuerkennlinie

Halbgesteuerte Stromrichter

Bei diesen Stromrichtern besteht eine Hälfte aus *Thyristoren* und die andere Hälfte aus *Dioden*. Dadurch lässt sich der *Blindleistungsbedarf* des Stromrichters halbieren.

Halbgesteuerte Zweipuls-Brückenschaltung

Zwei Bauformen werden unterschieden.

B2HZ: Beide Thyristoren in einem Stromrichterzweig angeordnet.

B2HK: Beide Thyristoren sind *katodenseitig* zusammengeschaltet.

■ **Halbgesteuerte Schaltungen**

sind nicht für Wechselrichterbetrieb geeignet, da negative Spannungs-Zeitflächen nicht möglich sind.

Prüfung

1. Welche Vorteile hat eine vollgesteuerte Drehstrom-Brückenschaltung?

2. Skizzieren Sie den Verlauf der Ausgangsspannung einer Drehstrom-Brückenschaltung bei φ_Z = 0° und φ_Z = 70°.

3. Welche Bedeutung hat der Begriff „Wechselrichtertrittgrenze“?

4. Beschreiben Sie das Verhalten der B6C-Schaltung bei induktiver Last.

5. Erläutern Sie die Steuerkennlinie der B6C-Schaltung.

@ Interessante Links

- christiani-berufskolleg.de

Ungesteuerter Teil des Stromrichters:

$$U_{d_1} = U_{d_{01}} = 0{,}5 \cdot U_{d_0}$$

Gesteuerter Teil des Stromrichters:

$$U_{d_2} = U_{d_{02}} \cdot \cos \varphi_I = 0{,}5 \cdot U_{d_0} \cdot \cos \varphi_I$$

$$U_d = U_{d_1} + U_{d_2}$$

$$U_d = U_{d_{01}} + U_{d_{02}} \cdot \cos \varphi_I$$

$$U_{d_{01}} = U_{d_{02}} = 0{,}5 \cdot U_{d_0}$$

$$U_d = 0{,}5 \cdot U_{d_0} \cdot (1 + \cos \varphi_I)$$

$$\frac{U_d}{U_{d_0}} = \frac{1 + \cos \varphi_I}{2}$$

Beim *gesteuerten* Stromrichterteil ist die **Wechselrichtertrittgrenze** einzuhalten.

Der *maximale Steuerwinkel* ist damit also 150°.

Die Ausgangsspannung kann nicht mehr null werden. Eine *Freilaufdiode* im Lastkreis kann dies aber vermeiden.

Bei einem Winkel von 60° treten im Unterschied zur vollgesteuerten Schaltung keine negativen Spannungszeitflächen auf. Die liegt am *Freilaufkreis* mit den Dioden 1 und 4 der B2HZ-Schaltung.

Bei 60° kommt es zur Zündung des Thyristors 2. Der Strom fließt über diesen Thyristor, die Last und die Diode 1.

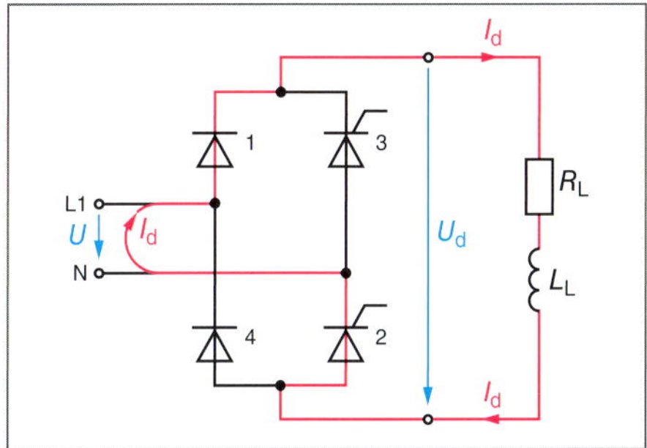

98 Freilaufkreis

Wenn die Spannung *U* ihren *negativen Nulldurchgang* hat, liegt am Thyristor 2 zwischen Anode und Katode eine *negative* Spannung an. Der Thyristor 2 sperrt.

Wegen der *Induktivität* L_L fließt weiter Strom durch den *Freilaufkreis*, der von den beiden Dioden 1 und 4 aufgebaut wird.

Der Thyristor 3 wird *gezündet*. Der Strom fließt über Thyristor 3, Last und Diode 4.

Nach dem *positiven Nulldurchgang* der Spannung *U* geht Thyristor 3 in den *Sperrzustand*.

Der Strom wird dann erneut vom *Freilaufkreis* übernommen.

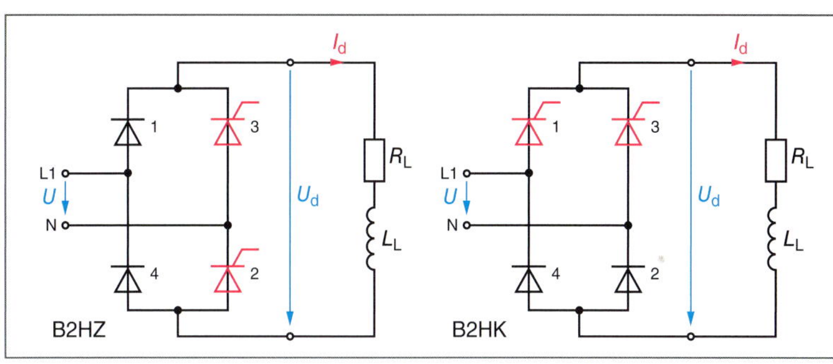

99 Halbgesteuerte Zweipuls-Brückenschaltungen

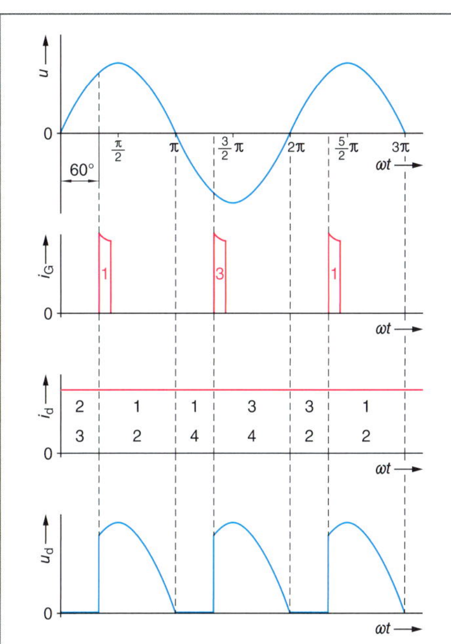

100 B2HK-Schaltung

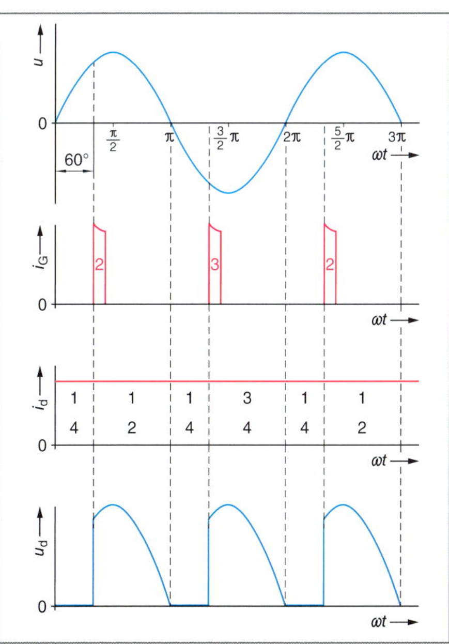

101 B2HZ-Schaltung

■ **Wechselrichtertrittgrenze**

Vom theoretisch möglichen Zündwinkel wird ein „Sicherheitsabstand" eingehalten.

Dieser Abstand wird Wechselrichtertrittgrenze genannt und beträgt etwa 20° bis 30°.

Theoretisch möglicher Zündwinkel 180°, praktischer Zündwinkel ca. 150°.

■ **Freilaufdiode**

verhindert das Wechselrichterkippen, die Diode übernimmt den Strom im Nulldurchgang der Spannung.

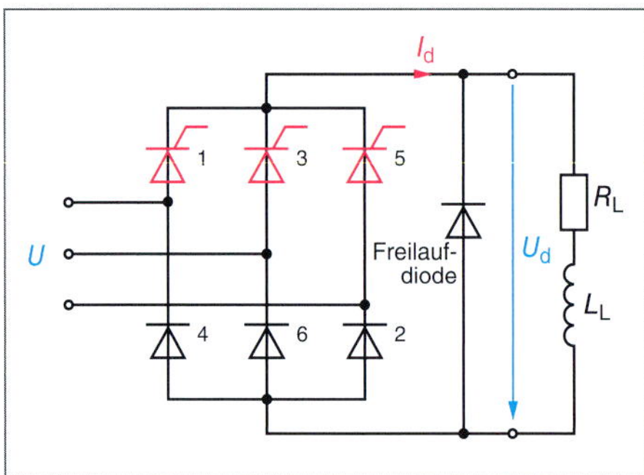

102 Drehstr.-Brückenschaltung, halbgesteuert

Auch bei dieser Schaltung ist *kein Wechselrichterbetrieb* möglich.

Ausgangsspannung:

$$U_d = \frac{1 + \cos \varphi_I}{2} \cdot U_{d_0}$$

$$U_{d_0} = 1{,}35 \cdot U$$

Wesentlich ist, dass diese Schaltung nur für *Steuerwinkel* unter 60° sechspulsiges Verhalten zeigt.

Bei Ansteuerung mit größeren Steuerwinkeln als 60° ist die Gleichspannung U_d dreipulsig.

Im Steuerbereich 180° kann **Wechselrichterkippen** auftreten, obwohl ein halbgesteuerter Stromrichter *nicht* als Wechselrichter arbeiten kann.

Die *Freilaufdiode* übernimmt den Strom im Nulldurchgang der Spannung und verhindert das Wechselrichterkippen.

Die Gleichspannung des Stromrichters wird durch *Überlagerung* der Ausgangsspannungen der beiden Stromrichterteile gebildet.

Bei Steuerwinkeln über 60° beginnt die Ausgangsspannung zu **lücken**.

Um einen **natürlichen Freilaufkreis** zu erreichen, ist eine *induktive* Last notwendig.

Wenn die Thyristoren 3 und 5 während des Spannungsnulldurchgangs wegen der Zündverzögerung noch nicht gezündet werden, muss Thyristor 1 im leitenden Zustand bleiben.

Bei ansteigender Spannung sperrt Diode 6 und Diode 4 übernimmt I_d.

Bis zur Zündung des nächsten Thyristors fließt der Strom I_d über 4, 1 und die Last (Bild 104).

Jedes *Zweigpaar* bildet einen *Freilaufkreis* der bei Steuerwinkeln über 60° wirksam ist.

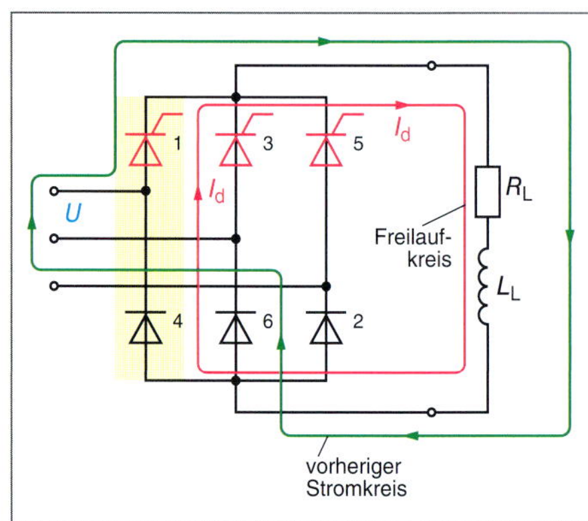

104 Natürlicher Freilaufkreis

103 Halbgesteuerte Drehstrom-Brückenschaltung

Prüfung

1. Worin besteht der Vorteil halbgesteuerter Stromrichterschaltungen?

2. Welche Aufgabe hat der Freilaufkreis?

3. Beschreiben Sie den Begriff „natürlicher Freilaufkreis“.

Ungesteuerte Stromrichter

Ungesteuerte Stromrichter sind **Gleichrichter**. Bei hohen Leistungen werden **Drehstrom-Gleichrichter** eingesetzt.

Dreipuls-Mittelpunktschaltung

Der *Transformator* muss sekundärseitig in Stern geschaltet sein (Bild 105).

Die Katoden der drei Gleichrichter liegen auf gleichem Potenzial. Sie dürfen demnach miteinander verbunden werden.

Die Last wird zwischen diesem Verbindungspunkt und dem Trafo-Sternpunkt angeschlossen (Bild 105).

Eine Diode wird in *Durchlassrichtung* betrieben, wenn ihre Anode *positiver* als die Katode ist.

Im gelb hervorgehobenen Zeitbereich ωt_1 bis ωt_2 hat die Strangspannung u_1 das positivste Potenzial.

Am Ende dieses Zeitbereichs wird u_2 positiver als u_1 und Diode 2 übernimmt von Diode 1 den Strom. Man spricht von **Kommutierung**.

Kommutierung ist der Stromübergang von einem Ventilzweig auf einen anderen.

In Abständen von 120° übernimmt jeweils eine andere Diode die Stromführung. Der **Stromflusswinkel** ist dann 120°.

Da die **Kommutierung** durch die *Netzspannung* eingeleitet wird, spricht man von einem **netzgeführten Stromrichter**.

Die Stromübernahme des nächsten Zweigs erfolgt jeweils 30° nach dem Nulldurchgang der zugehörigen Spannung.

In jedem Zweig des Gleichrichters fließt der Strom

$$I_Z = \frac{I_d}{3}$$

Der Transformator wird *schlecht ausgenutzt*, da er nur mit Stromblöcken in *einer* Richtung belastet wird.

$$\frac{\text{Bauleistung Trafo}}{\text{Gleichstromleistung}} = 1{,}5$$

$$\frac{U_d}{U_{Str}} = 1{,}17 \qquad \frac{U}{U_d} = 1{,}48$$

U_d arithmetischer Mittelwert der Gleichspannung
U_{Str} Strangspannung
U Außenleiterspannung

Welligkeit der Schaltung

$w = 18{,}7\ \%$

Periodische Spitzensperrspannung Dioden

$U_{RMM} = 1{,}63 \cdot U$

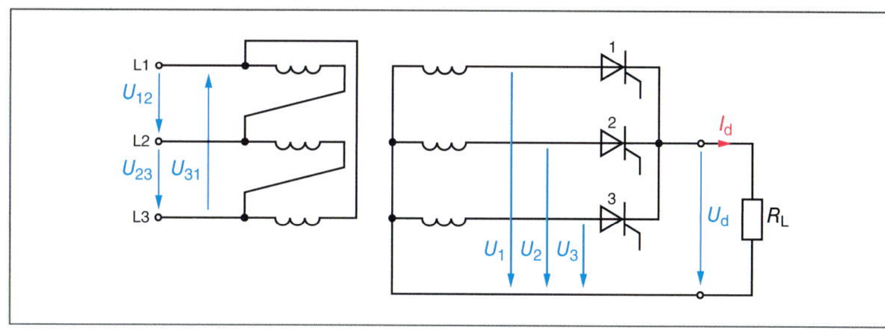

105 Dreipuls-Mittelpunktschaltung, ungesteuert

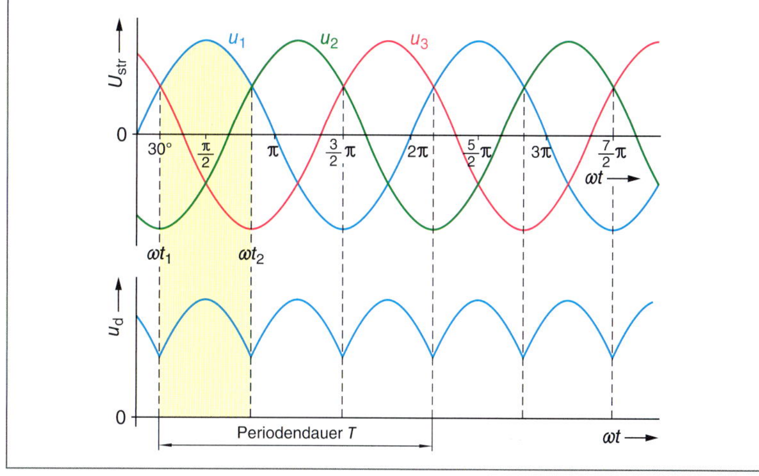

106 Ausgangs-Gleichspannung, dreipulsig

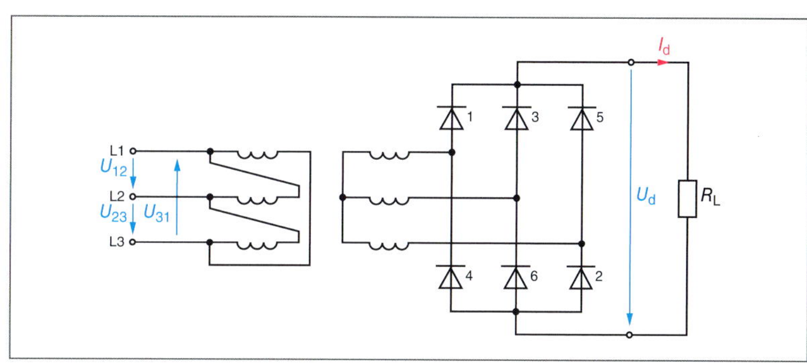

107 Drehstrom-Brückenschaltung, ungesteuert

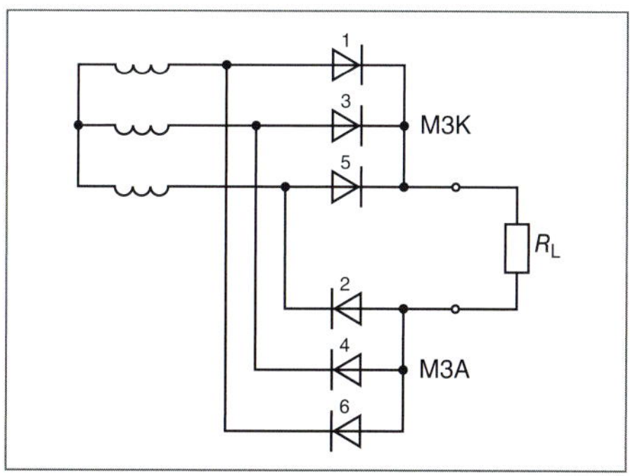

108 Reihenschaltung, zwei M3-Schaltungen

- **Gleichrichtung, Gleichrichter**
→ basics Mechatronik

- **Technische Daten ungesteuerter Stromrichter**

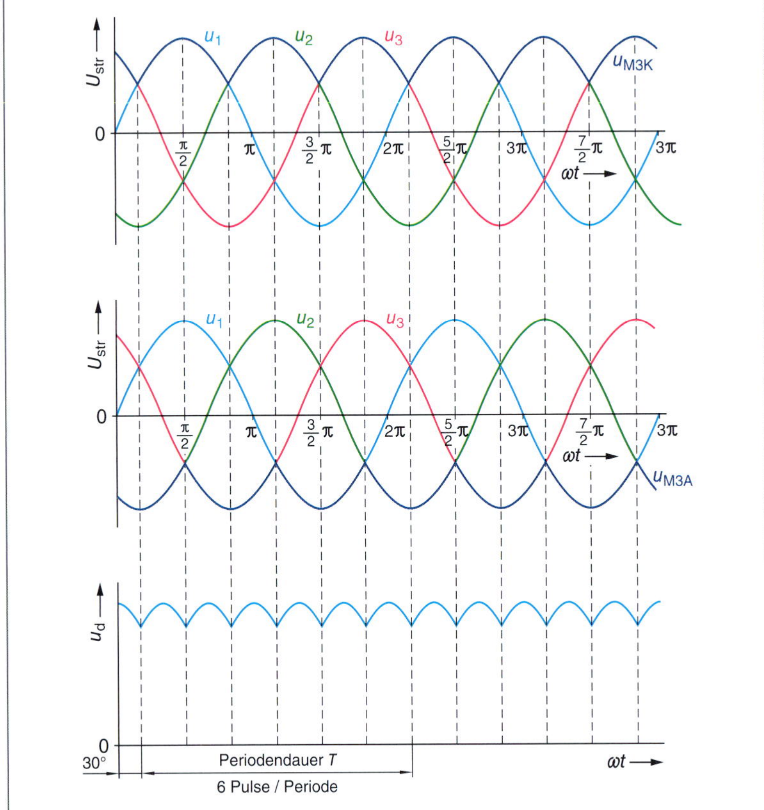

109 Drehstrom-Brückenschaltung, Ausgangsspannung

Welligkeit

$w = 4{,}2\ \%$

Spitzensperrspannung

$U_{RRM} = u_S$

$\frac{U_{RRM}}{U_d} = 1{,}05$

Die Scheitelwerte der beiden dreipulsigen Spannungen der M3-Schaltungen sind um 60° gegeneinander versetzt.

Beide Spannungen gemeinsam ergeben eine **sechspulsige** Gleichspannung.

Die Spannungskuppen der Gleichspannung sind gegenüber den Scheitelwerten der M3-Spannungen um 30° phasenverschoben.

So erfolgt die Stromübernahme der Diode 1 30° nach dem Nulldurchgang der Strangspannung u_1. Über Diode 6 fließt der Strom zurück, da u_3 ein positiveres Potenzial als u_2 hat.

Danach erfolgt die **Kommutierung** von Diode 1 auf Diode 3. Der **Stromflusswinkel** beträgt 120°.

$\frac{U_d}{U_{Str}} = 2{,}34 \qquad \frac{U}{U_d} = 0{,}74$

U_d arithmetischer Mittelwert der Gleichspannung
U_{Str} Strangspannung
U Außenleiterspannung

Stromstärke *im Zweig*

$I_Z = \frac{I_d}{3}$

$\frac{\text{Bauleistung Transformator}}{\text{Gleichstromleistung}} = 1{,}05$

■ **Stromrichter**

für große Leistungen werden für den Anschluss an das Drehstromnetz gebaut. Hierbei hat sich die Brückenschaltung als besonders vorteilhaft erwiesen.

@ Interessante Links

- christiani-berufskolleg.de

Prüfung

1. Ein Gleichstrommotor hat eine Bemessungsleistung von 2200 W an 220 V.
Er wird über eine B2C-Stromrichterschaltung an das 230 V/50 Hz-Netz angeschlossen.

a) Stromflusswinkel 180°.
Wie groß ist der Steuerwinkel?

b) Wie groß ist der Effektivwert der Stromaufnahme des Gleichrichters?

c) Welcher Strom fließt in jedem Brückenzweig?

2. Ein Gleichstrommotor gibt bei $n = 1440\ \frac{1}{\text{min}}$ das Drehmoment $M = 80$ Nm ab.
Der Wirkungsgrad beträgt $\eta = 91\ \%$.

Der Motor wird über eine vollgesteuerte 6-pulsige Brückenschaltung gespeist.

a) Welche Leistung gibt der Motor ab?
Welche Leistung wird dem Stromrichter entnommen?

b) Stromflusswinkel 180°, Motorstrom 30 A.
Wie groß ist die abgegebene Gleichspannung?

c) Welcher Strom fließt in jedem Thyristorzweig?

4 Elektrische Maschinen und Antriebe

4.1 Transformator

Magnetischer Hauptfluss

Der Sekundärstrom I_2 bewirkt einen magnetischen Fluss, der dem Fluss der Primärwicklung entgegengerichtet ist.

Dadurch wird der magnetische Gesamtfluss geschwächt, wodurch der Primärstrom zunimmt. Und zwar so lange, bis der ursprüngliche Magnetfluss wieder erreicht ist.

Magnetischer Streufluss

Teil des Magnetflusses, der (auch) außerhalb des Eisenkerns verläuft.

Unbelasteter Transformator

Primärwicklung an Wechselspannung → Leerlaufstrom I_{10} → Leerlaufdurchflutung $\Theta_{10} = I_{10} \cdot N_1$.

Im Eisenkern wird der magnetische Wechselfluss Φ_1 hervorgerufen.

In der Primärwicklung wird die Spannung U_{10} induziert, die der angelegten Spannung entgegengerichtet ist.

Auch die Sekundärwicklung wird vom Wechselfluss durchsetzt. In ihr wird die Spannung U_{20} induziert. Beim unbelasteten Transformator ist $U_2 = U_{20}$.

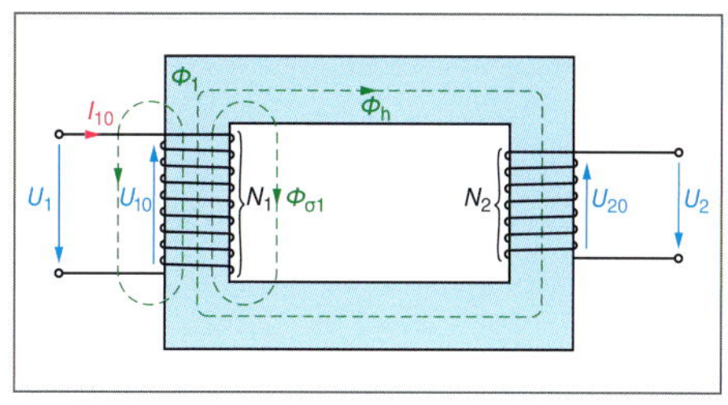

1 Unbelasteter Transformator

Φ_1 ist der gesamte, von der Primärwicklung hervorgerufene Magnetfluss.

Ein Teil dieses Flusses schließt sich über Luft (Streufluss $\Phi_{\sigma 1}$).

Der **magnetische Hauptfluss** Φ_n ist um den Streufluss $\Phi_{\sigma 1}$ kleiner als Φ_1.

Hauptfluss: $\Phi_h = \Phi_1 - \Phi_{\sigma 1}$.

Induktionsspannungen

$U_{10} = 4{,}44 \cdot f \cdot N_1 \cdot B_{1S} \cdot A$

$U_{20} = 4{,}44 \cdot f \cdot N_2 \cdot B_{2S} \cdot A$

U Spannung in V
f Frequenz in Hz
N Windungszahl
B Flussdichte (Scheitelwert) in T
A Eisenquerschnitt in m²

■ **Grundlagen des Transformators**
→ basics Mechatronik

■ **Frequenz**
von Primär- und Sekundärspannung stimmen überein.

■ **Primärwicklung**
Eingangswicklung

■ **Sekundärwickung**
Ausgangswicklung

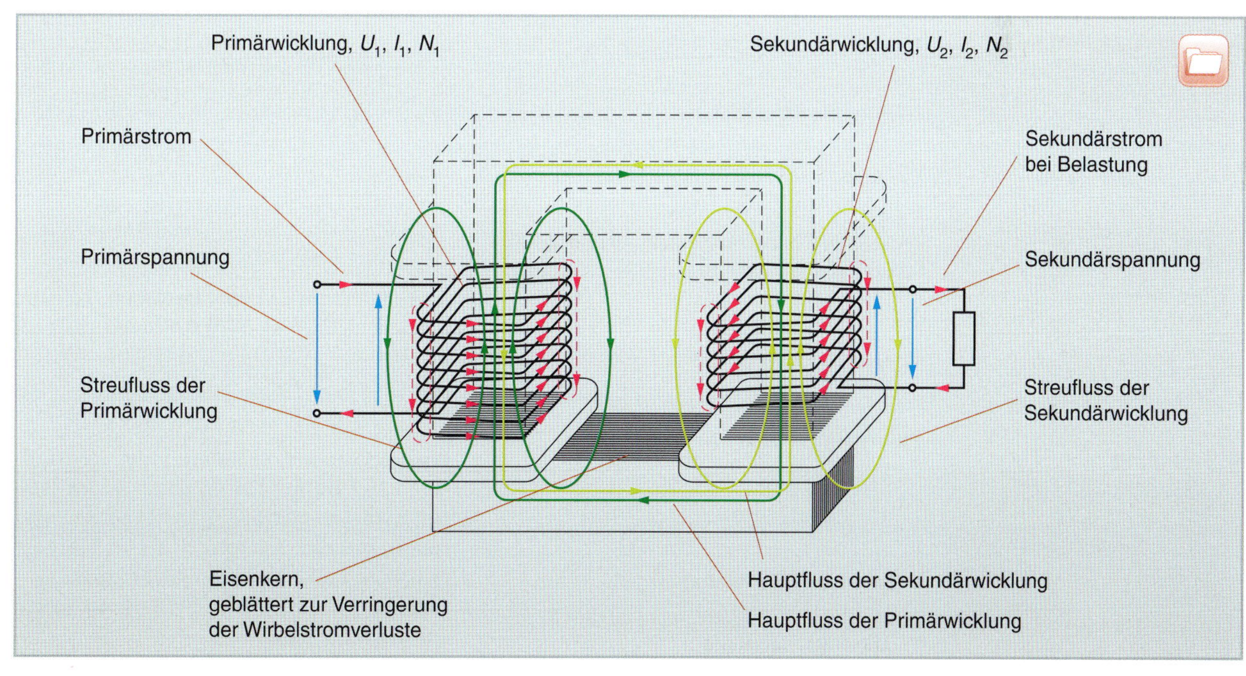

z.B.

Ein Transformatorkern hat den Eisenquerschnitt $A = 15\ \text{cm}^2$.
Die maximale magnetische Flussdichte im Kern beträgt 0,8 T.
Wie groß ist die Spannung pro Spulenwindung bei der Frequenz $f = 50$ Hz?

Ermittelt werden soll die Induktionsspannung pro Windung (U_0/N).

$$U_0 = 4{,}44 \cdot f \cdot N \cdot B_S \cdot A$$

$$\frac{U_0}{N} = 4{,}44 \cdot f \cdot B_S \cdot A$$

$1\ \text{T (Tesla)} = 1\ \frac{\text{Vs}}{\text{m}^2}$

$$\frac{U_0}{N} = 4{,}44 \cdot 50\ \text{Hz} \cdot 0{,}8\ \frac{\text{Vs}}{\text{m}^2} \cdot 15 \cdot 10^{-4}\ \text{m}^2$$

$1\ \text{cm}^2 = 10^{-4}\ \text{m}^2$

$$\frac{U_0}{N} = 0{,}266\ \text{V/Windung}$$

■ **Leerlauf**
Ausgangswicklung (Sekundärwicklung) ist stromlos.
Im Leerlauf ist der Leistungsfaktor sehr gering ($\cos\varphi \approx 0{,}2$).

■ **Idealer Transformator**
Der ideale Transformator wird als verlustlos angenommen.
Dann verhalten sich die Spannungen proportional zu den Windungszahlen.
Die Ströme verhalten sich umgekehrt proportional zu den Windungszahlen.

■ **Realer Transformator**
ist verlustbehaftet, die Ströme verhalten sich nur annähernd umgekehrt proportional.

■ **Sättigung**
→ basics Mechatronik

Belasteter Transformator

In der Sekundärwicklung fließt Strom (I_2).

Auch dieser Strom bewirkt ein Magnetfeld, dessen magnetischer Fluss Φ_{2h} dem Fluss Φ_{1h} entgegenwirkt. Φ_{1h} wird *geschwächt*, die induzierte Spannung in der Primärwicklung nimmt ab.

Die Differenz zwischen Netzspannung U_1 und Induktionsspannung U_{10} wird größer. Somit steigt der Primärstrom an.

Dies führt zu einer Zunahme von Φ_{1h}. Die Schwächung wird dadurch weitgehend ausgeglichen. Damit bleibt dann auch die Sekundärspannung weitgehend konstant.

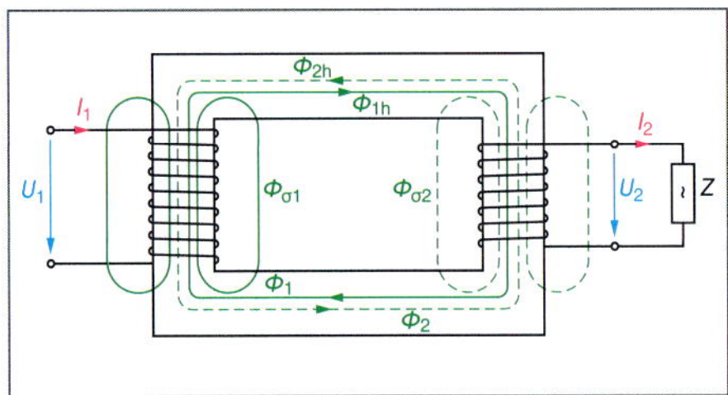

2 Belasteter Transformator

Wenn der Belastungsstrom I_2 zunimmt, steigt auch der Primärstrom I_1 an.

Die *primäre* Scheinleistung S_1 und *sekundäre* Scheinleistung S_2 stimmen annähernd überein.

$$S_1 \approx S_2$$

$$U_1 \cdot I_1 \approx U_2 \cdot I_2 \rightarrow \frac{U_1}{U_2} \approx \frac{I_2}{I_1}$$

Übersetzungsverhältnis

$$\ddot{u} = \frac{U_1}{U_2} = \frac{N_2}{N_1} = \frac{I_2}{I_1}$$

Widerstandsübersetzung

Auch Widerstandswerte werden durch einen Transformator übersetzt.

$$S_1 = S_2$$

$$\frac{U_1^2}{Z_1} = \frac{U_2^2}{Z_2} \rightarrow \frac{U_1^2}{U_2^2} = \frac{Z_1}{Z_2}$$

$$\frac{U_1}{U_2} = \ddot{u}, \quad \frac{U_1^2}{U_2^2} = \ddot{u}^2$$

$$\ddot{u}^2 = \frac{Z_1}{Z_2} \rightarrow \ddot{u} = \sqrt{\frac{Z_1}{Z_2}}$$

Transformator im Leerlauf

Leerlauf: Der Sekundärwicklung wird kein Strom entnommen. Der Trafo ist unbelastet.

Die Primärwicklung nimmt den Leerlaufstrom I_0 auf. Dessen überwiegender Teil ist ein Magnetisierungsstrom I_μ zum Magnetfeldaufbau.

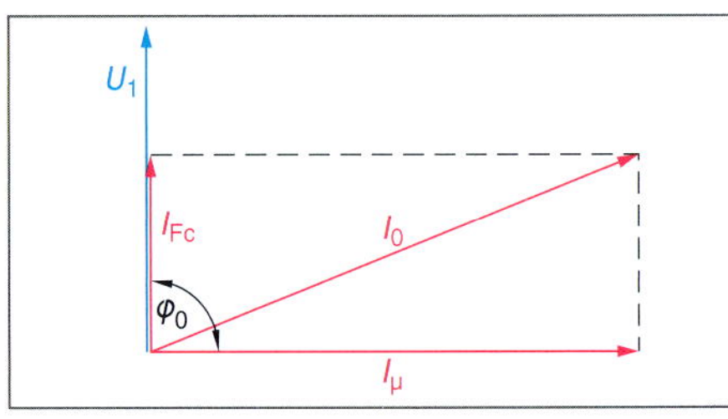

3 Transformator im Leerlauf, Zeigerbild

Auch bei *unbelastetem* Transformator wird elektrische Energie in Wärmeenergie umgewandelt.

Die *Wicklungsverluste* sind in Bezug auf die *Eisenverluste* aber vernachlässigbar klein.

Eisenverluste sind unabhängig von der Belastung des Trafos. Eisenverluste setzen sich aus **Wirbelstromverlusten** und **Ummagnetisierungsverlusten** zusammen. Beide Verluste nehmen mit der magnetischen Flussdichte zu.

Oberhalb der Sättigung wird sich der Eisenkern sehr stark erwärmen.

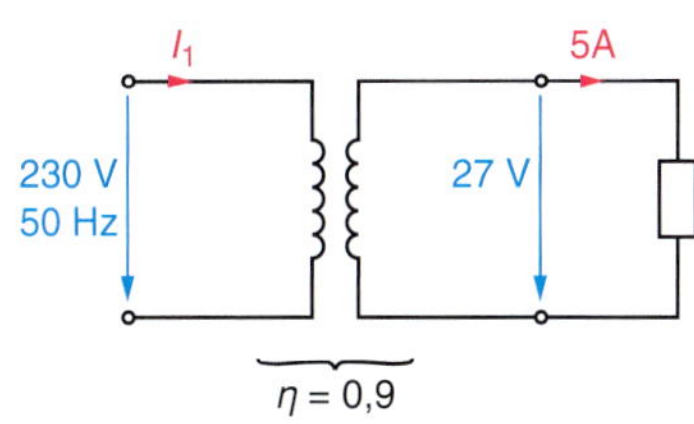

Wie groß ist der Primärstrom I_1?

Wirkungsgrad η:	$\eta = \frac{S_2}{S_1} \rightarrow S_1 \cdot \eta = S_2$
Primäre Scheinleistung S_1:	$S_1 = U_1 \cdot I_1$
Sekundäre Scheinleistung S_2:	$S_2 = U_2 \cdot I_2$
Formeln einsetzen:	$U_1 \cdot I_1 \cdot \eta = U_2 \cdot I_2$
Gleichung nach I_1 umstellen:	$I_1 = \frac{U_2 \cdot I_2}{\eta \cdot U_1} = \frac{27\ \text{V} \cdot 5\ \text{A}}{0{,}9 \cdot 230\ \text{V}}$
	$I_1 = 653\ \text{mA}$

Transformator:
Übersetzungsverhältnis $ü = 6$,
sekundärseitig mit $Z_2 = 20\ \Omega$ belastet.
Welcher Widerstand ist auf der Primärseite wirksam?

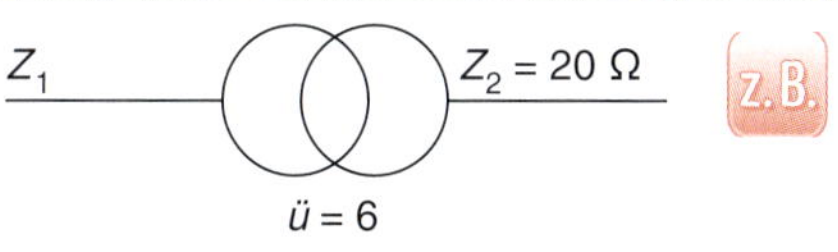

Die Gleichung wird nach Z_1 umgestellt. Sie wird dazu beidseitig quadriert, um die Quadratwurzel zu eliminieren.

$$ü = \sqrt{\frac{Z_1}{Z_2}}$$

$$ü^2 = \frac{Z_1}{Z_2} \rightarrow Z_1 = ü^2 \cdot Z_2$$

$$Z_1 = 6^2 \cdot 20\ \Omega = 720\ \Omega$$

■ **Verluste**

Eisenverluste:
- Ummagnetisierungsverluste
- Wirbelstromverluste treten schon im Leerlauf auf.

Kupferverluste:
Stromwärmeverluste sind belastungsabhängig.

■ **Hinweis**

$\eta = \frac{S_2}{S_1} \rightarrow S_2 = \eta \cdot S_1$

Belasteter Transformator

Die Sekundärwicklung wird belastet.

Es fließt ein Strom I_2. An den ohmschen Wicklungswiderständen beider Spulen fallen Spannungen ab, die *Wicklungsverluste* verursachen. Man nennt sie **Kupferverluste** (V_{Cu}).

$V_{Cu} = I_1^2 \cdot R_1 + I_2^2 \cdot R_2$

Kurzschlussspannung

Ein Maß für die bei Belastung auftretende *Spannungsänderung* der Sekundärspannung gegenüber dem Leerlauffall ist die Kurzschlussspannung U_K.

Man kann auch sagen, dass U_K ein *Maß für den Innenwiderstand* des Transformators ist.

- U_K groß → Innenwiderstand groß
- U_K klein → Innenwiderstand klein

Je größer U_K (Innenwiderstand), umso größer der *Spannungseinbruch* bei Belastung. U_K ist von der *Bauart* des Transformators (Streuung) abhängig.

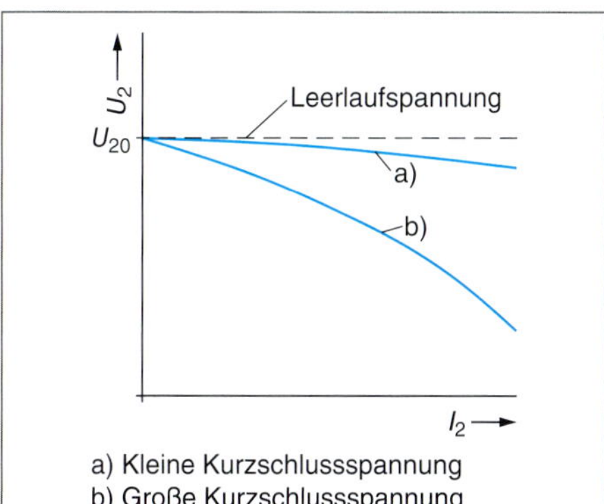

4 Transformator im Leerlauf, Zeigerbild

Mit zunehmender Kurzschlussspannung sinkt die Ausgangsspannung bei Belastung des Transformators.

■ **Kurzschlussspannung**

→ basics Mechatronik

Transformatoren mit niedriger Kurzschlussspannung sind *spannungssteif*.

Transformatoren mit hoher Kurzschlussspannung sind *spannungsweich*.

Transformator
transformer

Primärwicklung
primary winding

Sekundärwicklung
secondary winding, transformer secondary

Scheinleistung
apparent power

Bemessungsleistung
rated power, nominal power

Kurzschluss
short circuit

Kurzschlussspannung
short-circuit voltage

Kurzschlussstrom
short-circuit current

Spannungsänderung zwischen Leerlauf und Belastung mit Bemessungsstrom:

$$\Delta U = \frac{U_{2N} \cdot u_K}{100\ \%}$$

ΔU Spannungsänderung in V
U_{2N} sekundäre Bemessungsspannung in V
u_K relative Kurzschlussspannung in %

Spannungsänderung in Abhängigkeit von der Belastungsart

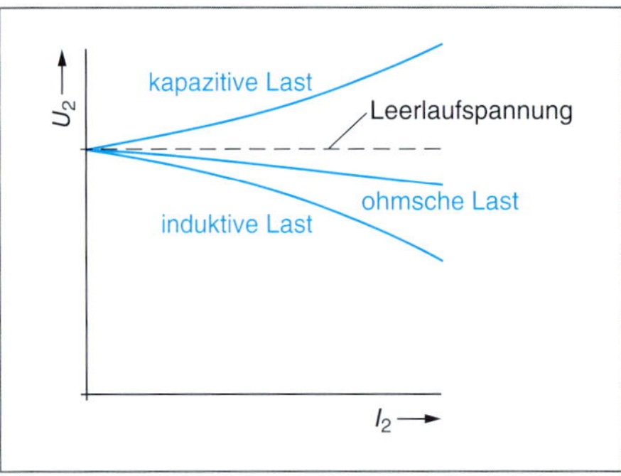

5 Belastungsart eines Transformators

Die Sekundärspannung des Transformators ist abhängig von
- der Höhe der Belastung
- der Art der Belastung
- der relativen Kurzschlussspannung

Kurzschlussstrom beim Transformator

Wenn die Sekundärwicklung eines Transformators bei Bemessungsspannung *kurzgeschlossen* wird, können die Wicklungen mit sehr hohen **Kurzschlussströmen** belastet werden.

Dauerkurzschlussstrom

Der einige Perioden nach Eintritt des Kurzschlusses fließende Strom wird **Dauerkurzschlussstrom** genannt. Begrenzt wird er nur durch den *Innenwiderstand* des Trafos.

$$I_{KD} = \frac{I_N}{u_K} \cdot 100\ \%$$

I_{KD} Dauerkurzschlussstrom in A
I_N Bemessungsstrom in A
u_K relative Kurzschlussspannung in %

Stoßkurzschlussstrom

Unmittelbar nach Eintritt des Kurzschlusses fließt der **Stoßkurzschlussstrom**. Er kann größer als der Dauerkurzschlussstrom sein.
Bei **Leistungstransformatoren** gilt:

$$I_S \approx 1{,}8 \cdot I_{KD}$$

Durch diesen Strom wird der Transformator mechanisch stark belastet.

Die größte mechanische Belastung tritt im *Scheitelwert* des Stoßkurzschlussstroms auf.

$$I_{SS} = \sqrt{2} \cdot 1{,}8 \cdot I_{KD} = 2{,}54 \cdot I_{KD}$$

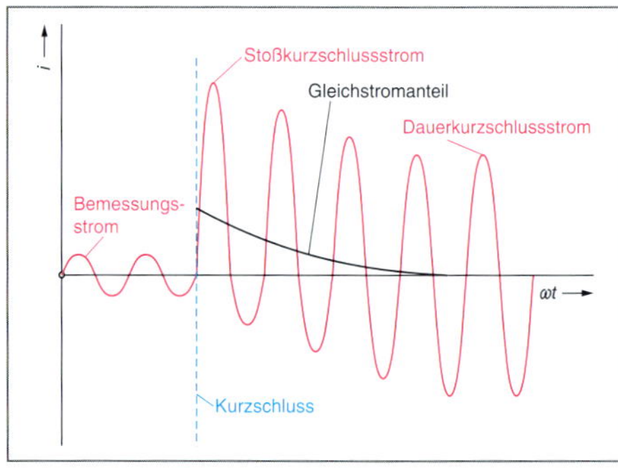

6 Kurzschlussstrom beim Transformator

Einschaltstrom

Selbst beim unbelasteten Transformator können beim Einschalten *große Ströme* fließen. Mehr als das *10-Fache* des Bemessungsstroms.

Besonders ungünstig sind die Verhältnisse, wenn im Einschaltaugenblick die Netzspannung den *Nulldurchgang* hat und im Eisenkern ein *Restmagnetismus* verbleibt.

Um eine Gegenspannung hervorzurufen, muss sich der magnetische Fluss bei ansteigender Spannung ändern.

Wenn dieser Fluss die gleiche Richtung wie der *Remanenzfluss* hat, wird das Eisen sehr schnell *gesättigt*. Dann kann die erforderliche Gegenspannung nur von *sehr großen Magnetisierungsströmen* erzeugt werden.

Der Bemessungsstrom von Überstrom-Schutzorganen auf der Primärseite eines Transformators muss ca. doppelt so groß wie der Bemessungsstrom des Trafos sein.

Wirkungsgrad

Die dem Transformator *zugeführte Leistung* ist die Summe der *abgegebenen Leistung* und der *Eisen- und Kupferverlustleistung*.

$$P_1 = P_2 + V_{Fe} + V_{Cu}$$

Damit gilt für den *Wirkungsgrad* η:

$$\eta = \frac{P_2}{P_2 + V_{Fe} + V_{Cu}}$$

Ein 50-kVA-Transformator hat eine Eisenverlustleistung von 1 kW und eine Wicklungsverlustleistung von 5 kW. Er ist 4000 Stunden im Jahr in Betrieb. Er wird dabei mit einem Leistungsfaktor von $\cos\varphi = 0{,}8$ voll belastet. Die verbleibende Zeit arbeitet er im Leerlauf. Bestimmen Sie den Jahreswirkungsgrad.

z.B.

Jährliche Arbeitsabgabe berechnen:

$t_J = 365 \cdot 24\ \text{h} = 8760\ \text{h}$

1 Jahr hat 8760 Stunden.

$P_2 = S_2 \cdot \cos\varphi = 50\ \text{kVA} \cdot 0{,}8 = 40\ \text{kW}$

$W_2 = P_2 \cdot t = 40\ \text{kW} \cdot 4000\ \text{h} = 160\ \text{MWh}$

$W_{Fe} = V_{Fe} \cdot t_J = 1\ \text{kW} \cdot 8760\ \text{h} = 8{,}76\ \text{MWh}$

$W_{Cu} = V_{Cu} \cdot t_J = 5\ \text{kW} \cdot 8760\ \text{h} = 43{,}8\ \text{MWh}$

Jahreswirkungsgrad berechnen:

$$\eta_J = \frac{W_2}{W_2 + W_{Fe} + W_{Cu}}$$

$$\eta_J = \frac{160\ \text{MWh}}{160\ \text{MWh} + 8{,}76\ \text{MWh} + 43{,}8\ \text{MWh}}$$

$$\eta_J = 0{,}587 = 58{,}7\ \%$$

Ist die Belastung des Transformators *nicht rein ohmsch*, so kann aus der Bemessungs-Scheinleistung S_N die vom Trafo *abgegebene Wirkleistung* $P_2 = S_N \cdot \cos\varphi$ bestimmt werden.

Jahreswirkungsgrad

Transformatoren bleiben häufig im *belastungslosen* Zustand eingeschaltet. Dies wird durch den *Jahreswirkungsgrad* berücksichtigt.

$$\eta_J = \frac{W_2}{W_2 + W_{Fe} + W_{Cu}}$$

$$W_1 = W_2 + W_{Fe} + W_{Cu}$$

Prüfung

1. Beschreiben Sie den grundsätzlichen Aufbau eines Transformators.

2. Warum ist der Eisenkern von Transformatoren geblättert? Was versteht man unter Blätterung?

3. Unterscheiden Sie zwischen Hauptfluss und Streufluss.

4. Dargestellt sind unterschiedliche Wicklungsanordnungen auf dem Eisenkern. Beschreiben Sie die elektrischen Unterschiede dieser Transformatoren.

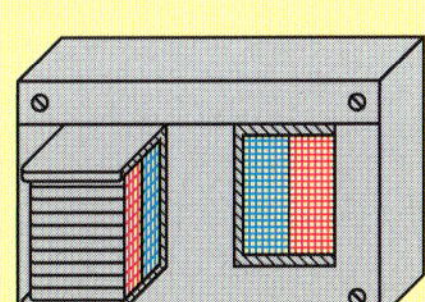

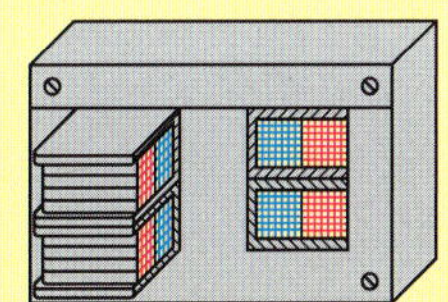

5. $N_1 = 1000$, $N_2 = 250$, $U_1 = 230\ \text{V}$

a) Wie groß ist U_2?

b) Primärstrom 1 A. Wie groß ist der Strom in der Sekundärwicklung?

c) Der Transformator wird mit 35 Ω belastet. Welcher Widerstand ist auf der Primärseite wirksam?

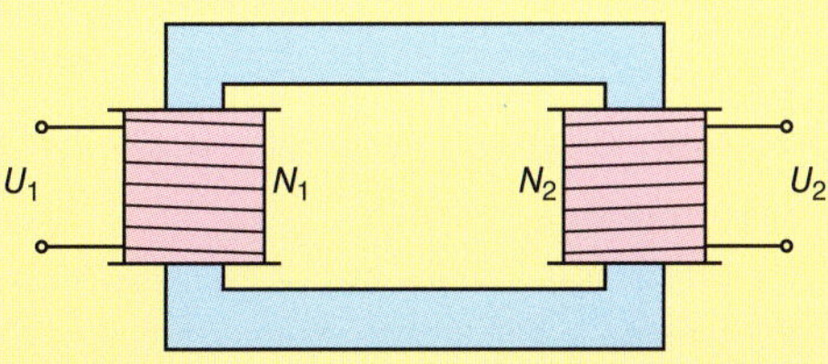

Dauerkurzschlussstrom
sustained short-circuit current

Stoßkurzschlussstrom
peak short-circuit current

Wirkungsgrad
efficiency (faktor)

Eisenverlust
iron loss, core loss

Kupferverlust
copper loss

Drehstromtransformator
three-phase transformer

Oberspannung
high-side voltage, upper voltage

Oberspannungsseite
high-voltage side

Unterspannung
undervoltage

Fe
Eisen

Cu
Kupfer

@ Interessante Links

- christiani-berufskolleg.de

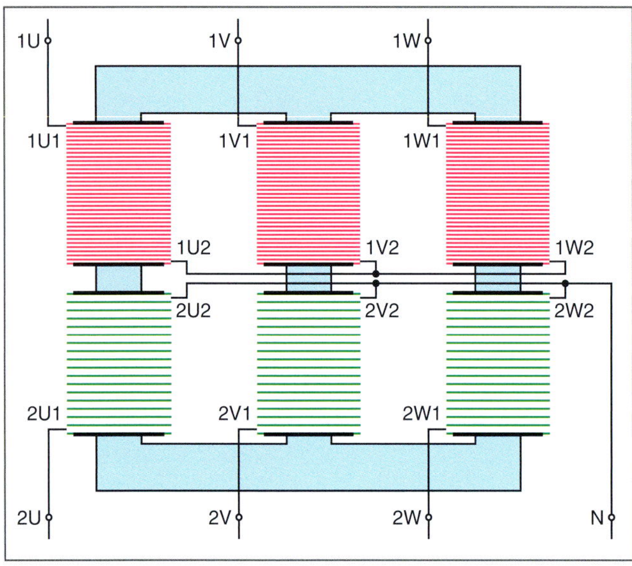

7 Drehstromtransformator, grundsätzlicher Aufbau

8 Drehstromtransformator, praktische Ausführung

■ **Drehstromtransformatoren**
in der Energieverteilung haben eine geringe Kurzschlussspannung (z. B. $u_K = 4$ %).

■ **Einphasentransformator**
→ basics Mechatronik

Drehstromtransformator

Ein großes Anwendungsgebiet von Transformatoren ist die elektrische *Energieversorgung*. Hier sind *Dreiphasen-Wechselspannungen* zu transformieren. Es kommen **Drehstromtransformatoren** zum Einsatz.

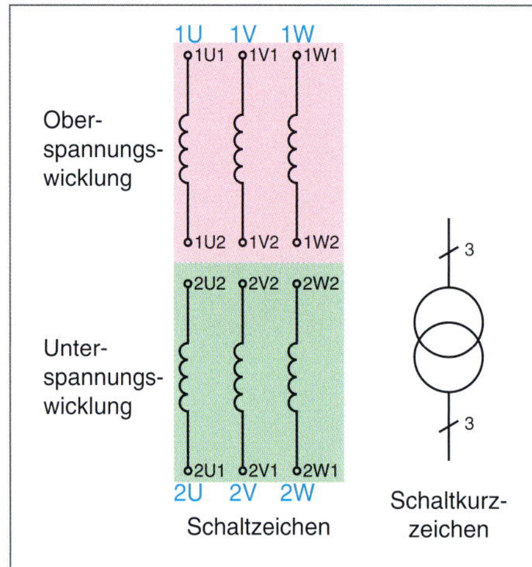

9 Schaltzeichen und Schaltkurzzeichen

Der Drehstromtransformator hat *sechs Wicklungen*. Jeweils zwei Wicklungen für einen Außenleiter.

Auf einem Schenkel des Eisenkerns sind jeweils eine **Oberspannungs**- und eine **Unterspannungswicklung** aufgebracht.

In Bezug auf die *Spannungs*- und *Stromtransformation* gelten die gleichen Beziehungen wie beim Einphasentransformator, wenn *zwei Wicklungen* eines Strangs betrachtet werden.

Das **Übersetzungsverhältnis** entspricht dem *Verhältnis der Außenleiterspannungen*.

Schaltung von Drehstromtransformatorwicklungen

Oberspannungswicklung: Kann in *Stern* oder *Dreieck* geschaltet werden.

Unterspannungswicklung: *Stern-*, *Dreieck-* und *Zickzackschaltung* sind möglich.

Dreieck-Stern-Schaltung

Oberspannungswicklung in *Dreieck* (D), Unterspannungswicklung in *Stern* (Y) geschaltet. N-Leiter herausgeführt. Einsetzbar im *Vierleiter-Drehstromnetz*.

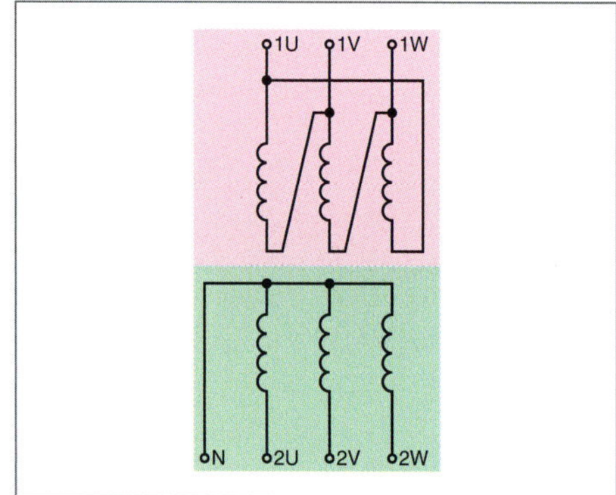

10 Dreieck-Stern-Schaltung

Schieflastgeeignet; mit **Schieflast** wird eine *unsymmetrische Belastung* des Transformators bezeichnet.

Auf der Oberspannungsseite wird ein Belastungsausgleich erreicht.

Dadurch ergibt sich eine *gleichmäßige Verteilung des magnetischen Flusses* auf die Transformatorschenkel.

Dann wird in allen Strängen der Unterspannungswicklung eine *gleich große Spannung* induziert.

Die Stränge der *Oberspannungswicklung* werden *im gleichen Verhältnis* wie die Stränge der *Unterspannungsseite* belastet.

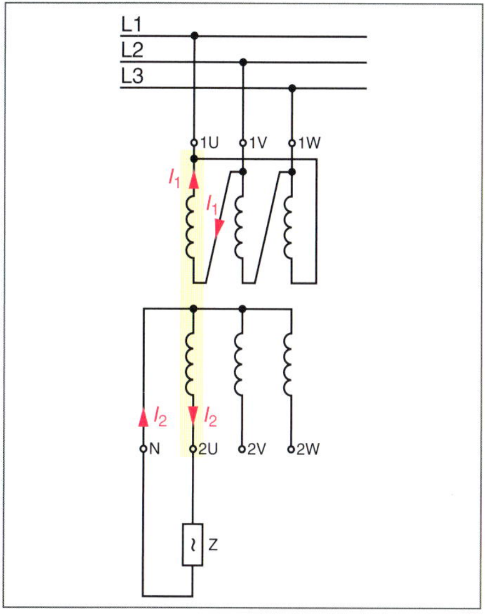

11 Unsymmetrische Belastung der Trafos

Stern-Stern-Schaltung ohne N-Leiter

Ungeeignet für die Speisung von Drehstrom-Vierleiternetzen, da der N-Leiter *nicht* herausgeführt ist.

Bevorzugt für die *Leistungstransformatoren* in *Energieverteilungsanlagen* eingesetzt.

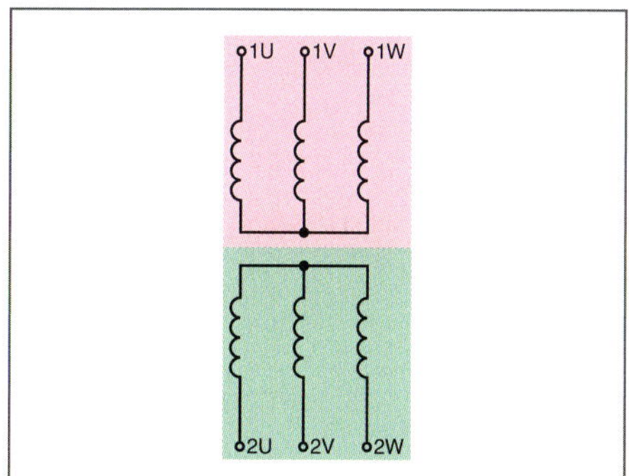

12 Stern-Stern-Schaltung ohne N-Leiter

Die Stern-Stern-Schaltung ohne angeschlossenen N-Leiter ist *schieflastgeeignet*, da die Wicklungsstränge der Oberspannungsseite im gleichen Verhältnis wie die Wicklungsstränge der Unterspannungsseite belastet werden.

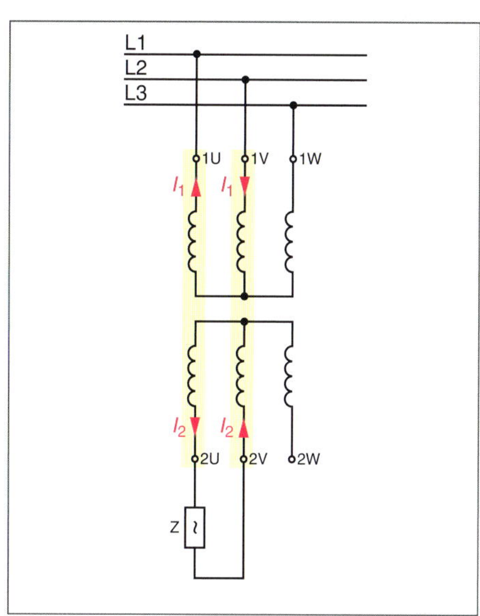

13 Unsymmetrische Belastung des Trafos

Stern-Stern-Schaltung mit N-Leiter

Nicht für *Schieflast* geeignet.

Die Oberspannungswicklungen sind *ungleichmäßig* belastet.

Zwei Stränge der Unterspannungswicklung sind *überhaupt nicht* belastet.

Das magnetische Gleichgewicht ist gestört.

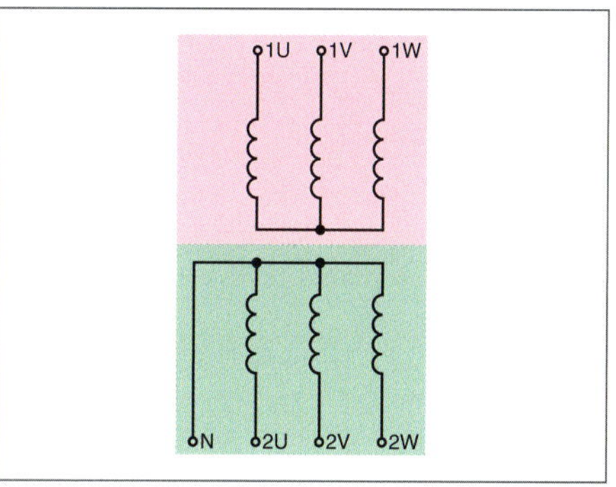

14 Stern-Stern-Schaltung mit N-Leiter

Prüfung

1. Ein Transformator hat die Kurzschlussspannung $u_K = 8\ \%$.

Welche Schlussfolgerung können Sie daraus ziehen?
Ist der Transformator kurzschlussfest?
Begründen Sie Ihre Antwort.

2. Ein Transformator hat einen Nennstrom von 46 A. Seine Kurzschlussspannung beträgt 12 %.

Bestimmen Sie den Dauerkurzschlussstrom I_{KD}.

- **Oberspannungswicklung**
  OS; Wicklung für die eingangsseitige Bemessungsspannung.

- **Unterspannungswicklung**
  US; Wicklung für die ausgangsseitige Bemessungsspannung.

- **Symmetrische Belastung**
  Die Ströme in den drei Außenleitern sind annähernd gleich groß.

@ Interessante Links

- christiani-berufskolleg.de

Schaltgruppe
vector group

Sternschaltung
star connection

Dreieckschaltung
delta connection

Zickzackschaltung
zigzag connection

Phasenverschiebung
phase shift

Schieflast
asymmetric load

Kennziffer
index, characteristic

@ Interessante Links

- christiani-berufskolleg.de

In den Schenkeln des Eisenkerns, die die *unbelasteten* Unterspannungswicklungen tragen, nimmt der magnetische Fluss zu.

Dadurch wird in diesen Wicklungen eine höhere Spannung induziert, die Spannung an der belasteten Wicklung nimmt ab.

Praktisch darf der N-Leiter-Strom maximal 10 % des Bemessungsstroms des Transformators betragen.

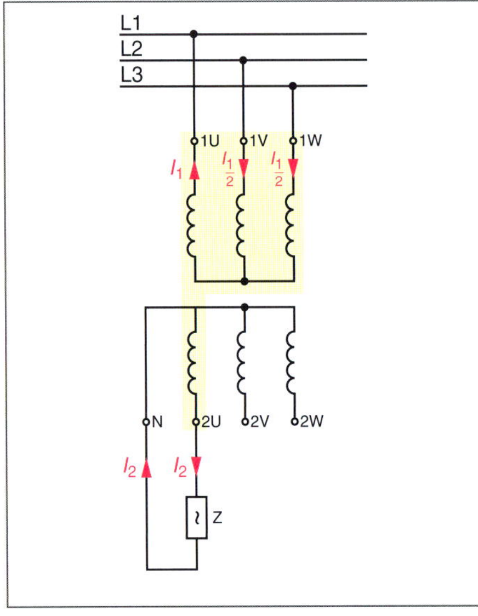

15 Unsymmetrische Belastung des Trafos

Zickzackschaltung

Ausschließlich für die *Ausgangswicklung* des Transformators anwendbar. Jeder Strang der Sekundärwicklung wird *gleichmäßig* auf *zwei Transformatorenschenkel* verteilt.

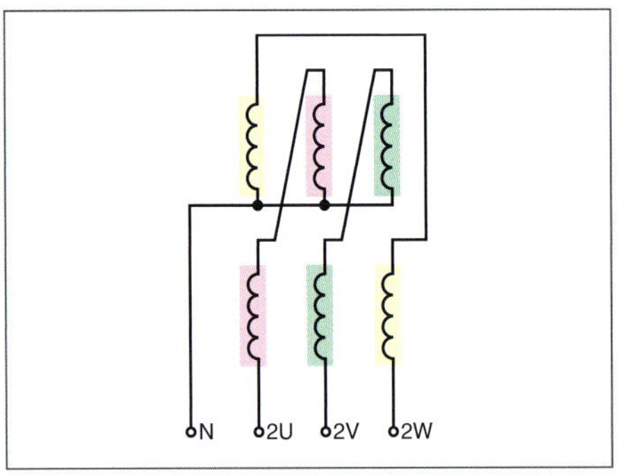

16 Zickzackschaltung

Die geometrische Summe von *zwei phasenverschobenen Teilspannungen* ergibt die Ausgangsspannung.

Gegenüber der Sternschaltung sinkt die Spannung bei **Zickzackschaltung** auf den 0,866-fachen Wert ab.

Für die gleiche Ausgangsspannung muss die Windungszahl um etwa 15 % in Bezug auf die Sternschaltung erhöht werden.

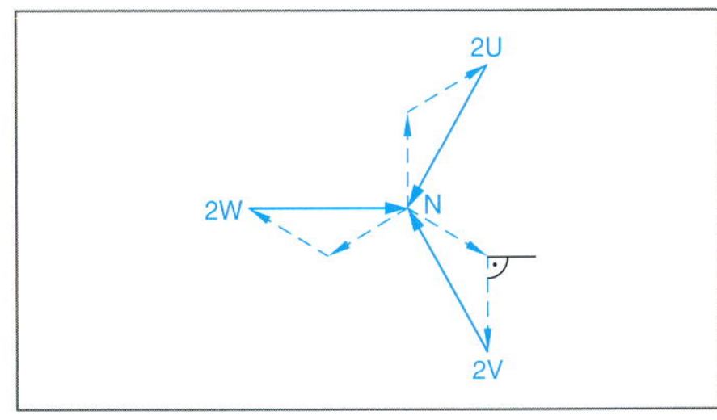

17 Zickzackschaltung, Spannungsdreieck

Bei *unsymmetrischer Belastung* durchfließt der Strangstrom I_2 der Unterspannungswicklung zwei Strangteile, die auf *zwei unterschiedlichen* Eisenkernschenkeln aufgebracht sind.

In diesen Schenkeln wird der magnetische Fluss geschwächt. Da aber gleichzeitig in den entsprechenden Strängen der Oberspannungswicklung ein höherer Strom fließt, wird das *magnetische Gleichgewicht* sofort wieder hergestellt.

Anwendung: Verteilungstransformatoren, bei denen mit einer **Schieflast** oder sogar **unsymmetrischer Belastung** gerechnet werden muss.

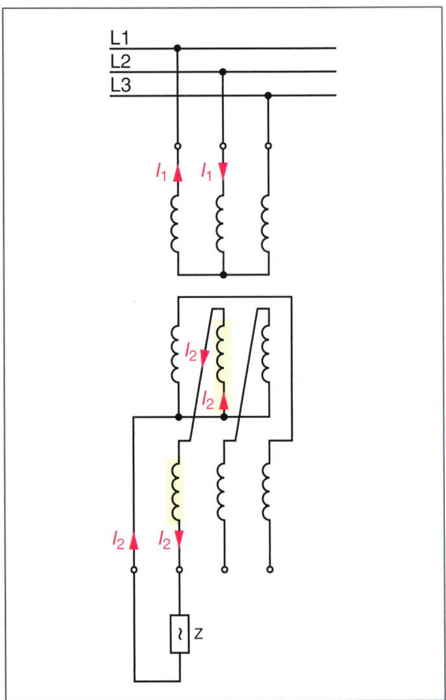

18 Unsymmetrische Belastung des Trafos

Prüfung

1. Beim Einschalten eines Transformators spricht das Überstrom-Schutzorgan an. Woran liegt das?

Schaltgruppen von Transformatoren

Wicklungen auf der *Oberspannungsseite* und *Unterspannungsseite* des Transformators können unterschiedlich geschaltet sein.

Dadurch werden *unterschiedliche Phasenlagen* der Unterspannung in Bezug auf die Oberspannung bewirkt.

Dies ist bei **Parallelschaltung** von Transformatoren von Bedeutung.

Die *Schaltungsmöglichkeiten* der Wicklungen von Drehstromtransformatoren sind in **Schaltgruppen** geordnet.

Die Schaltung der *Oberspannungswicklung* wird durch *Großbuchstaben* gekennzeichnet:

D: Dreieckschaltung, **Y**: Sternschaltung.

Die Schaltung der *Unterspannungswicklung* wird durch *Kleinbuchstaben* gekennzeichnet:

d: Dreieckschaltung, **y**: Sternschaltung,
z: Zickzackschaltung.

Die *Kombination* beider Buchstaben beschreibt die *Schaltungsart* des Drehstromtransformators.

- **Yy** Oberspannungswicklung Dreieck, Unterspannungswicklung Stern
- **Dy** Oberspannungswicklung Dreieck, Unterspannungswicklung Stern
- **Yz** Oberspannungswicklung Stern, Unterspannungswicklung Zickzack

Die Sternspannungen des Drehstromsystems sind gegenüber den Dreieckspannungen um 30° phasenverschoben.
Den Buchstaben wird eine *Zahl* angehängt. Diese Zahl wird mit 30° multipliziert.

Dadurch wird der *Winkel* angegeben, um den die Unterspannung gegenüber der Oberspannung *nacheilt*. Möglich sind die Ziffern 0, 5, 6 und 11.

- **Yd5** Stern, Dreieck, Phasenverschiebung $5 \cdot 30° = 150°$
- **Dyn11** Dreieck, Stern (N-Leiter herausgeführt), Phasenverschiebung $11 \cdot 30° = 330°$

Ermittlung der Kennziffer

Das Zeigerbild der Spannungen der Oberspannungswicklung wird mit dem *Ziffernblatt einer Uhr* derart zur Deckung gebracht, dass der Zeiger der Klemme 1V1 auf die Ziffer 12 zeigt.

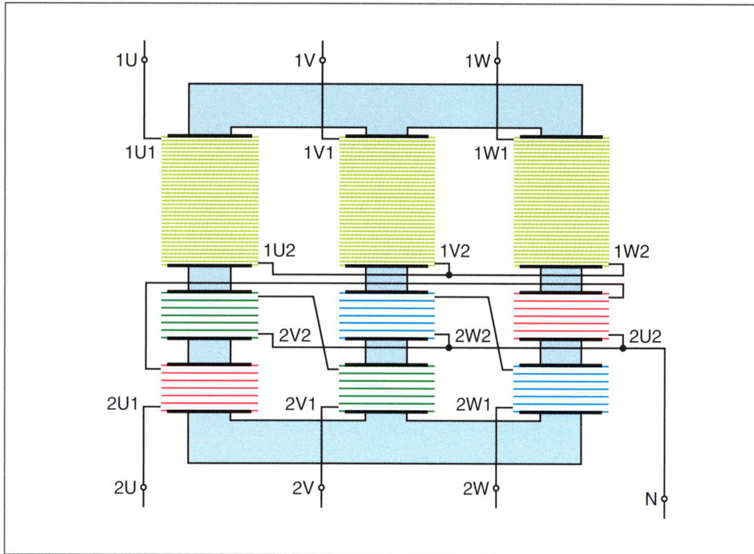

19 Wicklungen eines Transformators in Zickzackschaltung

Mit dem Spannungszeiger der Klemme 2V1 der Unterspannungswicklung kann dann die *Phasenverschiebungsziffer* ermittelt werden.

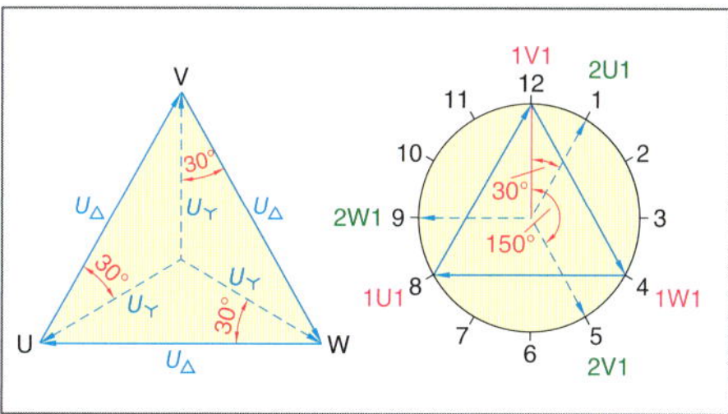

20 Schaltgruppen von Transformatoren

Schaltgruppe:
Dy5: $\mathbf{5} \cdot 30° = 150°$ Phasenverschiebung

Prüfung

1. Beschreiben Sie kurz den Aufbau eines Drehstromtransformators.

2. Was bedeutet die Angabe Yd5?

3. Sie sollen einen Drehstromtransformator auswählen, der für stark unsymmetrische Belastung (Schieflast) geeignet ist.

Worauf achten Sie dabei?

4. Um welchen Transformator handelt es sich: Yzn5?

5. Sie sollen zwei Einphasen-Transformatoren parallel schalten.

Beschreiben Sie, worauf Sie dabei besonders achten.

■ **Schaltgruppe**

ist auf dem Leistungsschild des Transformators angegeben.

@ Interessante Links

- christiani-berufskolleg.de

Das Übersetzungsverhältnis

$$ü = \frac{N_1}{N_2}$$

gilt bei Drehstromtransformatoren nur bei gleicher Schaltung von Ober- und Unterspannungsseite.

Gebräuchliche Schaltgruppen

Yy0

Dyn5

Yd5

Yzn5

Bezeichnung	Zeigerbild		Schaltungsbild		Übersetzung
Schaltgruppe	OS	US	OS	US	$U_1 : U_2$
Yy0	1V, 1U, 1W	2V, 2U, 2W	1U, 1V, 1W	2U, 2V, 2W	$\frac{N_1}{N_2}$
Dy5	1V, 1U, 1W	2U, 2W, 2V	1U, 1V, 1W	2U, 2V, 2W	$\frac{N_1}{\sqrt{3}\,N_2}$
Yd5	1V, 1U, 1W	2U, 2W, 2V	1U, 1V, 1W	2U, 2V, 2W	$\frac{\sqrt{3}\,N_1}{N_2}$
Yz5	1V, 1U, 1W	2U, 2W, 2V	1U, 1V, 1W	2U, 2V, 2W	$\frac{2N_1}{\sqrt{3}\,N_2}$
Yy6	1V, 1U, 1W	2W, 2U, 2V	1U, 1V, 1W	2U, 2V, 2W	$\frac{N_1}{N_2}$
Dy11	1V, 1U, 1W	2V, 2W, 2U	1U, 1V, 1W	2U, 2V, 2W	$\frac{N_1}{\sqrt{3}\,N_2}$
Yd11	1V, 1U, 1W	2V, 2W, 2U	1U, 1V, 1W	2U, 2V, 2W	$\frac{\sqrt{3}\,N_1}{N_2}$

Wenn die parallel geschalteten Transformatoren die gleichen Kurzschlussspannungen haben, so verteilt sich die Gesamtbelastung im Verhältnis der Bemessungsleistung der parallel geschalteten Transformatoren.

@ Interessante Links

- christiani-berufskolleg.de

Parallelschaltung von Transformatoren

Die *Parallelschaltung* von Transformatoren dient der *Leistungserhöhung*. Dabei ist darauf zu achten, dass

- *Ausgleichsströme zwischen den Transformatoren vermieden werden.*
- *Ungleiche Lastverteilungen der Transformatoren verhindert wird.*

Diese Forderungen führen zu *Bedingungen* für den Parallelbetrieb:

- Die *Kennziffern* der Schaltgruppen müssen gleich sein.
- Die *Übersetzungsverhältnisse* müssen übereinstimmen.
- Die *Bemessungsspannungen* auf der Ober- und Unterspannungsseite müssen gleich sein.
- Die *Kurzschlussspannungen* (Innenwiderstände) müssen annähernd übereinstimmen.
- *Nennleistungen* sollten möglichst im Bereich 3 : 1 stehen, um annähernd gleiche Spannungsänderung zu erreichen.

Prüfung

1. Unter welchen Voraussetzungen dürfen Drehstromtransformatoren parallel geschaltet werden?

2. Warum sollen die parallel geschalteten Transformatoren annähernd die gleiche Kurzschlussspannung haben?

Leistungsschild

Bemessungsleistung (Scheinleistung S), Produkt von Bemessungsspannung und Bemessungsstrom, bei Drehstromtransformatoren *Verkettungsfaktor* $\sqrt{3}$ berücksichtigen.

Auf dem Leistungsschild ist die *abgegebene Bemessungsleistung* angegeben.

Bemessungsspannung wird für Ober- und Unterspannungsseite getrennt angegeben.

Die angegebene Bemessungsspannung für die Unterspannungsseite ist die *Leerlaufspannung* des Transformators.

Art des Transformators:

LT: Leistungstransformator

ZT: Zusatztransformator

Betriebsart
S1: Dauerbetrieb
S2: Kurzzeitbetrieb

Einteilung von Transformatoren

- Einteilung nach *Phasenzahl*: Einphasentransformatoren, Dreiphasentransformatoren (Drehstromtransformatoren)
- Einteilung nach *Spannung*: Niederspannungstransformatoren, Hochspannungstransformatoren
- Einteilung nach *Leistung*: Kleintransformatoren (bis 16 kVA), Großtransformatoren (bis 1000 MVA)
- Einteilung nach *Kühlung*: Trockentransformatoren (Luftkühlung), flüssigkeitsgekühlte Transformatoren

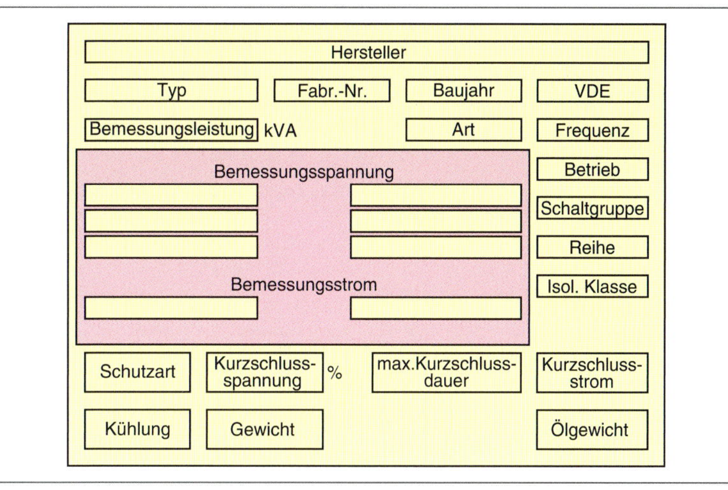

21 Leistungsschild eines Drehstromtransformators

Kühlung von Transformatoren

Beim Betrieb von Transformatoren entstehen **Verluste**, die in Form von **Wärme** an die Umgebung abgegeben werden.

Die eingesetzten **Kühlmittel** haben bei *Leistungstransformatoren* im Wesentlichen zwei Aufgaben:

1. Kühlung

Bei den verwendeten Bauteilen und Materialien des Trafos sind **Temperaturobergrenzen** einzuhalten. Das **Kühlmittel** leitet die Wärme an die Kesseloberfläche. Die dabei entstehende Strömung der Kühlflüssigkeit ermöglicht einen kontinuierlichen Temperaturausgleich zwischen Wärmequellen und Kesseloberfläche.

2. Isolation

Das Kühlmittel isoliert die unter Spannung stehenden Teile des Transformators.

Wesentliche Kriterien sind: Durchschlagsfestigkeit, spezifischer Widerstand, Wärmeleitfähigkeit, Entflammbarkeit, Umweltverträglichkeit.

Kühlmittel	Eigenschaften
Isolieröl	relativ hohe Umweltverträglichkeit
	große Durchschlagsfestigkeit
	leicht entflammbar
Silikonöl	eingeschränkte Umweltverträglichkeit
	große Durchschlagsfestigkeit
	schwer entflammbar
Askarel/ Clophen (synthetische Isolierflüssigkeit)	Umweltbelastend (PCB-haltig)[1]
	alterungsbeständig
	große Durchschlagsfestigkeit
	schwer entflammbar

[1] PCB-haltige Kühlmittel sind nicht mehr erlaubt.

Spartransformator

Beim Spartransformator sind Eingangs- und Ausgangswicklung *nicht galvanisch getrennt.*

Eingangs- und Ausgangswicklung werden durch eine *gemeinsame* Wicklung gebildet. Es wird eine Wicklung mit *Anzapfung* verwendet.

Es gelten die Gesetzmäßigkeiten des *Einphasentransformators* mit galvanischer Trennung.

Übersetzungsverhältnis

$$\frac{U_1}{U_2} = \frac{N_1}{N_2} = \frac{I_2}{I_1}$$

■ **Schutz von Leistungstransformatoren**

Kurzschlussschutz:
Oberspannungsseite HH-Sicherungen.

Überlastschutz:
Niederspannungsseite NH-Sicherungen, thermische Überstromauslöser.

Temperaturüberwachung durch Thermoelemente in den Wicklungen.

■ **Spartransformatoren**

haben keine galvanische Trennung, eine niedrige Kurzschlussspannung und einen hohen Wirkungsgrad. Sie sind nicht zur Erzeugung von Kleinspannung geeignet.

Spartransformatoren
auto-transformer

Durchgangsleistung
throughput power

Bauleistung
rated perfomance

Beim Spartransformator werden Eisenmaterial und Wicklungsdraht eingespart. Dieser Spareffekt gibt dem Transformator seinen Namen.

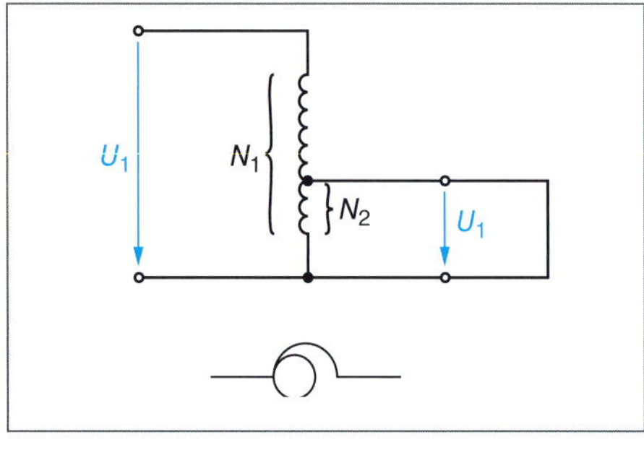

22 Spartransformator

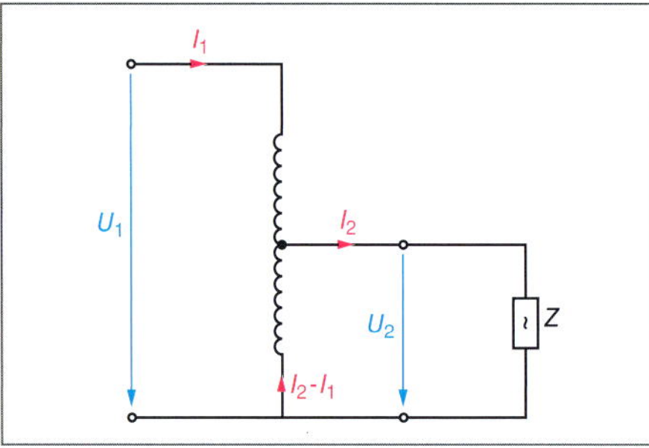

23 Belasteter Spartransformator

Bei *Belastung* des Spartransformators fließt im gemeinsamen Wicklungsteil nur die *Differenz* von Primär- und Sekundärstrom ($I_2 - I_1$).

Für diesen Wicklungsteil kann also ein erheblich geringerer Querschnitt verwendet werden.

Zweifacher Spareffekt: Einsparung von Werkstoff und geringere Verluste.

Der Strom im gemeinsamen Wicklungsteil wird umso geringer, je näher das Übersetzungsverhältnis am Wert $ü = 1$ liegt.

Bauleistung, Durchgangsleistung

Die Unterscheidung zwischen *Bauleistung* und *Durchgangsleistung* ist notwendig, weil beim Spartransformator ein Teil des Ausgangsstroms I_2 *galvanisch* vom Wicklungsdraht der Eingangsspule abgenommen werden kann.

Nur noch ein Teil der Leistung wird mithilfe des magnetischen Flusses über den Eisenkern übertragen. Es gilt: $S_B < S_D$.

$$S_B = S_D \cdot \left(1 - \frac{U_2}{U_1}\right)_{U_1 > U_2}$$

$$S_B = S_D \cdot \left(1 - \frac{U_1}{U_2}\right)_{U_2 > U_1}$$

S_B Bauleistung in VA
S_D Durchgangsleistung in VA
U_1 Primärspannung in V
U_2 Sekundärspannung in V

Der **Wirkungsgrad** ist gut, die *Kurzschlussspannung* relativ gering.

Somit ist die *Ausgangsspannung* bei Belastung relativ *konstant*.

Messwandler

Hohe Spannungen und Stromstärken werden *nicht* direkt gemessen. Hier kommen **Messwandler** zum Einsatz. Unterschieden wird zwischen Strom- und Spannungswandlern.

Messwandler

sind Transformatoren geringer Leistung zum Anschluss einer Messlast (Bürde).

Spannungswandler

Spannungsmesser haben einen hohen Innenwiderstand. Der Spannungswandler wird daher nahezu im *Leerlauf* betrieben.

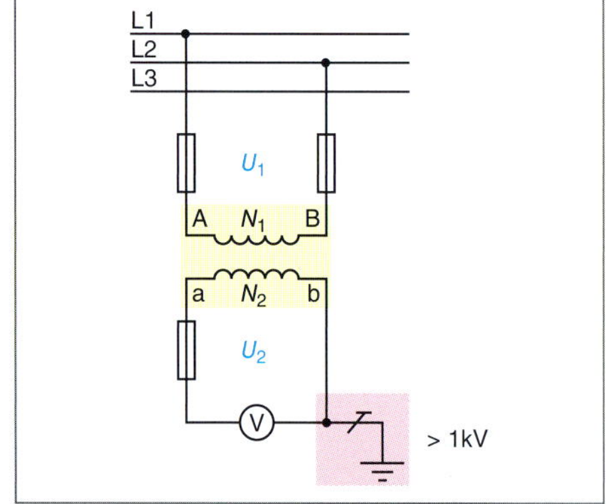

24 Schaltung eines Spannungswandlers

Übersetzungsverhältnis

$$\frac{U_1}{U_2} = \frac{N_1}{N_2}$$

Spannungswandler sind nur für eine *sehr geringe Belastung* gebaut. Der Messkreis wird durch ein Überstrom-Schutzorgan geschützt.

> Niemals die Ausgangsklemmen des Spannungswandlers kurzschließen.

Nach ihrer **Genauigkeit** werden Messwandler in **Klassen** eingeteilt; bei Spannungswandlern 0,1 bis 3.

Wichtige Angaben

- Bemessungsspannungen
- Maximale, dauernd zulässige Betriebsspannung der Primärseite
- Prüfspannungen
- Bemessungsleistungen
- Klassen
- Thermischer Grenzstrom (max. Strom in Sekundärwicklung)

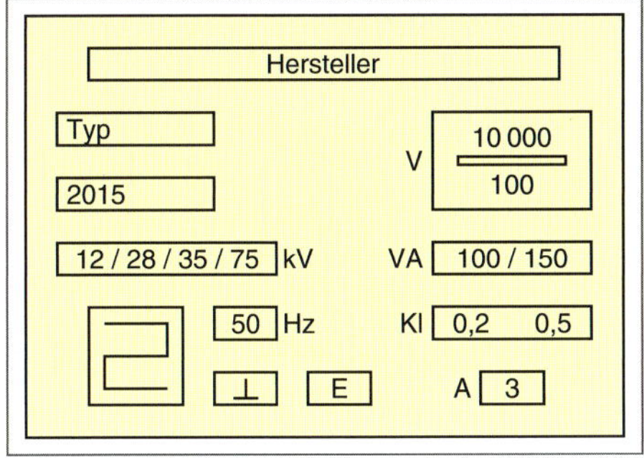

25 *Leistungsschild eines Spannungswandlers*

Bei Anschluss von Messgeräten zu *Verrechnungszwecken*:

- Maximaler Spannungsfall zwischen Wandler und Messgerät: 0,05 %.
- Keine sekundärseitige Absicherung.

Stromwandler

Eingesetzt bei Messströmen ab ca. 50 A. **Stromwandler** sind Transformatoren, die nahezu im *Kurzschluss* betrieben werden, da der Innenwiderstand von Strommessern sehr gering ist.

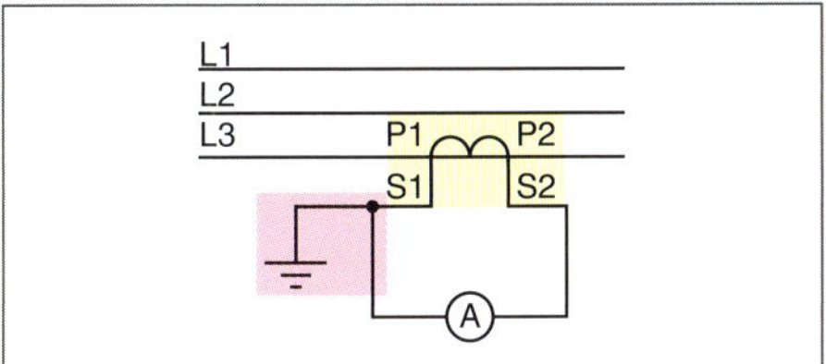

26 *Schaltung eines Stromwandlers*

Eine Sekundärwicklungsklemme ist *geerdet*, damit der Messkreis gegen Durchschläge im Messwandler geschützt ist.

Einen Stromwandler niemals im Leerlauf betreiben. Somit auch den Messkreis niemals absichern.

Vor Ausbau des Messgeräts sind die Klemmen der Sekundärwicklung kurzzuschließen.

Würde der von der Sekundärwicklung hervorgerufene magnetische Fluss null, steigt der Magnetfluss im Wandlerkern stark an, da der Gegenfluss der Ständerwicklung entfällt. Zerstörung des Wandlers wäre die Folge.

Wichtige Angaben

- Stromübersetzungsverhältnis (300 A/6 A = 50).
- Sekundäre Scheinleistung.

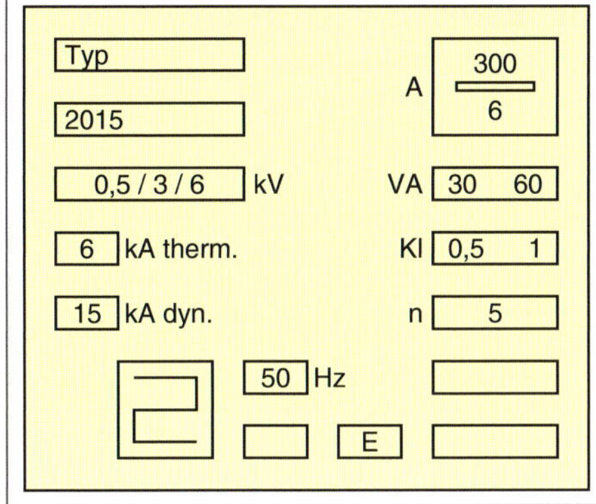

27 *Leistungsschild eines Stromwandlers*

- Klassengenauigkeit.
- Thermischer Bemessungs-Kurzzeitstrom (muss Wandler 1 s aushalten, ohne sich zu überhitzen).
- Dynamischer Bemessungsstrom.
- Überstromfaktor *n* gibt an, bis zum wievielfachen Bemessungsstrom der Messwandler für Schutzzwecke (Auslösung eines Schutzrelais) verwendet werden kann.

Prüfung

1. Wozu sind Messwandler erforderlich?

2. Worauf ist bei Spannungswandlern und Stromwandlern besonders zu achten?

3. Der Jahreswirkungsgrad eines Transformators beträgt 50 %.
Was bedeutet das?

4. Was versteht man unter Streufeldtransformatoren.
Nennen Sie Anwendungsbeispiele.

5. Zeigen Sie den Zusammenhang zwischen magnetischer Streuung und Innenwiderstand von Transformatoren auf.

6. Ein Transformator hat die Kurzschlussspannung $u_K = 8$ %.
Welche Schlussfolgerung können Sie daraus ziehen?
Ist der Transformator kurzschlussfest? Begründen Sie Ihre Antwort.

7. Ein Transformator hat einen Nennstrom von 46 A. Seine Kurzschlussspannung beträgt 12 %.
Bestimmen Sie den Dauerkurzschlussstrom I_{KD}.

Spannungswandler nur mit geringer Belastung oder im Leerlauf betreiben.

Stromwandler nur mit kurzgeschlossener oder niederohmig belasteter Ausgangswicklung betreiben.

Messwandler
measuring transformer

Spannungswandler
voltage transformer

Stromwandler
current transformer

Bürde
apparent ohmic resistance

- christiani-berufskolleg.de

4.2 Elektromotoren

■ **Magnetisches Feld**

→ basics Mechatronik

■ **Magnetischer Fluss Φ**

→ basics Mechatronik

Elektromotoren beruhen auf der technischen Anwendung des **Elektromagnetismus**. Zwei Magnetfelder wirken aufeinander ein.

Zur Erzeugung der Magnetfelder dienen i. Allg. **Spulen** in Verbindung mit Eisen.

Eisen verstärkt die magnetische Wirkung ganz wesentlich.

Die Spulen werden entweder mit **Gleichstrom** oder mit **Wechselstrom** gespeist und erzeugen entsprechende Magnetfelder.

Speisung mit **Gleichstrom** → **magnetisches Gleichfeld** (wie beim Dauermagneten).

Die **magnetische Polarität** ändert sich *nicht*. Ein magnetisches *Gleichfeld* bleibt *zeitlich konstant*.

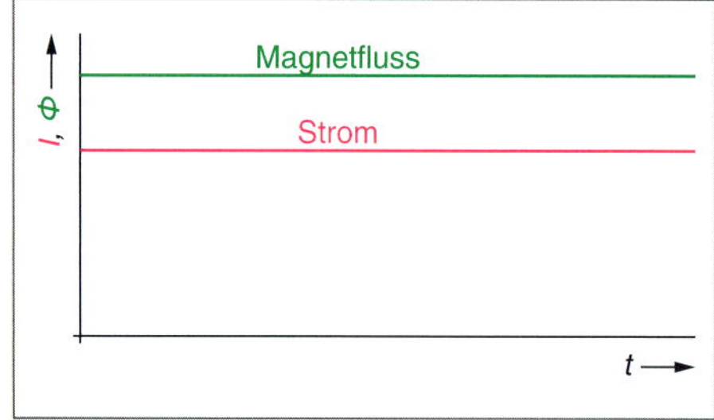

28 Gleichstrom und magnetisches Gleichfeld

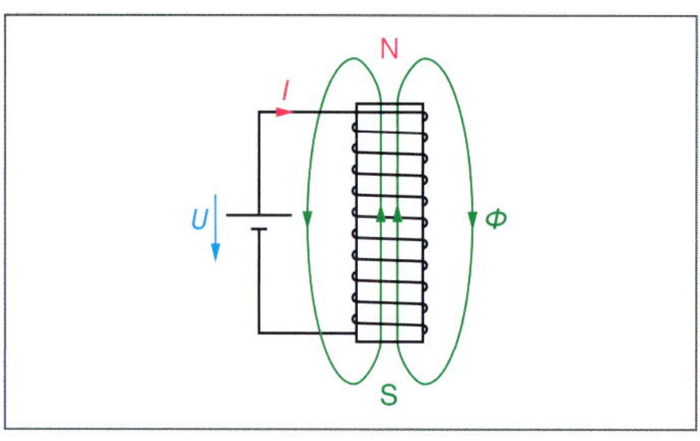

29 Magnetisches Gleichfeld (siehe Bild 28)

Speisung mit **Wechselstrom** → **magnetisches Wechselfeld**

Ändert *periodisch* **Betrag** und **Richtung**, wichtig zur technischen Anwendung der **Induktion**.

Ein **magnetisches Wechselfeld** entsteht, wenn eine *ruhende* Spule von *Wechselstrom* durchflossen wird.

Das Magnetfeld ändert sich in gleicher Weise wie der Wechselstrom.

Strom und Magnetfluss sind in Phase. Auch der Magnetfluss hat einen sinusförmigen Verlauf.

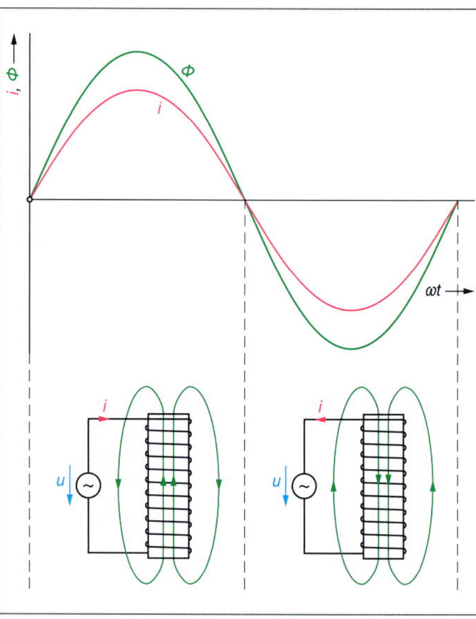

30 Magnetisches Wechselfeld

Man spricht von einem **magnetischen Wechselfeld**. Die magnetische **Polarität** ändert sich *periodisch*.

Magnetisches Drehfeld

Drei Spulen mit Eisenkern werden *um 120° versetzt* angeordnet und in *Sternschaltung* an ein Drehstromnetz angeschlossen. In Spulenmitte wird eine *Magnetnadel* eingebracht.

Wird die Magnetnadel in angegebener Richtung angestoßen, dreht sie sich mit hoher Drehzahl.

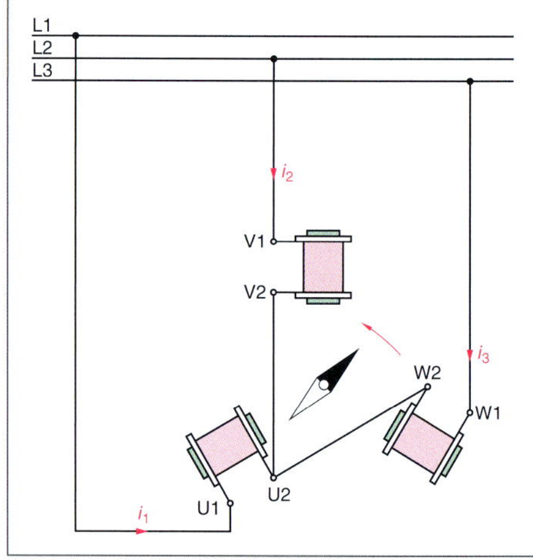

31 Magnetisches Drehfeld

In jedem Strang ruft der Strom ein magnetisches Wechselfeld hervor. Die Strangflüsse haben den gleichen zeitlichen Verlauf wie die erzeugenden Strangströme.

Gleichfeld
constant field

Wechselfeld
alternating field

Drehfeld
rotating field

Strang
phase winding

Polarität
polarity

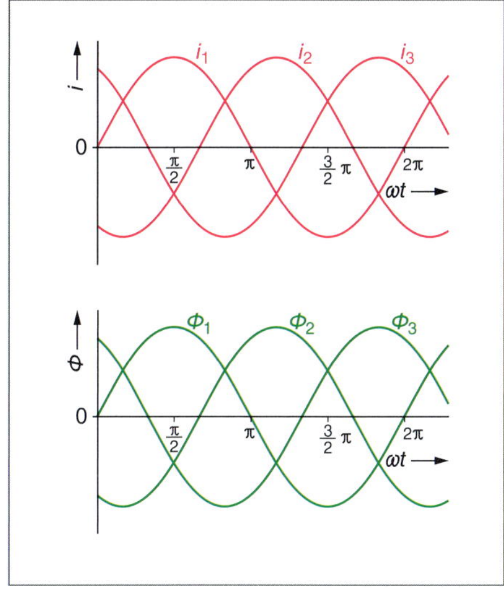

32 Strom und Magnetfluss beim Drehfeld

Die Strangströme sind jeweils um 120° phasenverschoben (Bild 32).

Die drei magnetischen Wechselfelder rufen ein **magnetisches Drehfeld** hervor (Bilder 32, 33).

Der *Betrag* (die Zeigerlänge) des magnetischen Flusses bleibt gleich. Dargestellt ist ein **Rechtsdrehfeld** (Uhrzeigersinn).

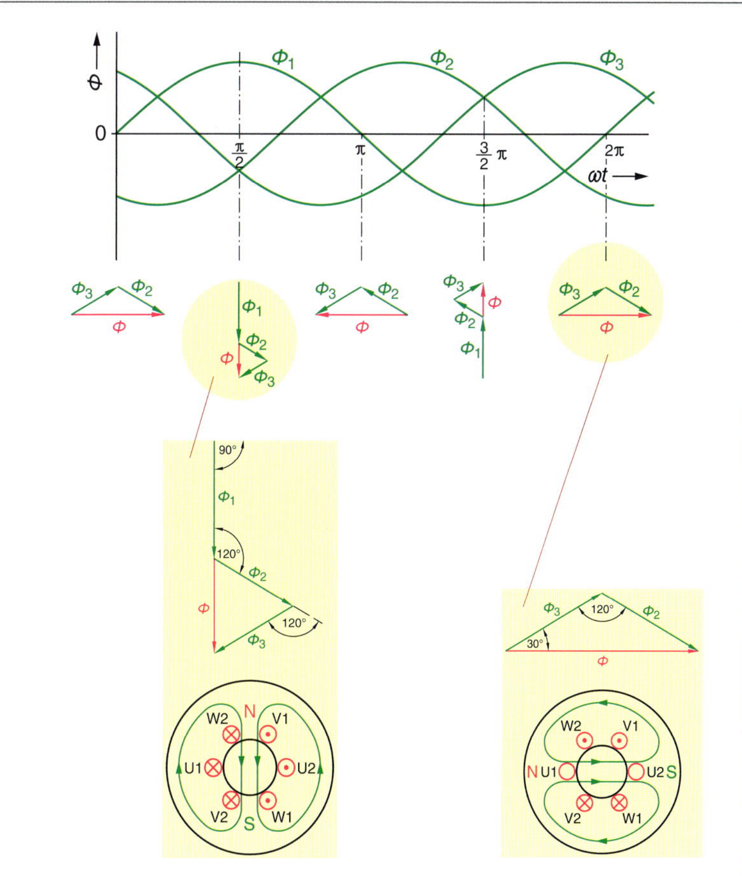

33 Magnetisches Drehfeld, Entstehung

Drehfelddrehzahl

Die Drehfelddrehzahl hängt von der **Frequenz** und der **Polpaarzahl** ab.

$$n = \frac{f}{p}$$

n Drehfelddrehzahl in $\frac{1}{s}$
f Frequenz in Hz
p Polpaarzahl

z. B.

Alle Strangwicklungen haben die Polpaarzahl $p = 1$. Die Frequenz der Dreiphasen-Wechselspannung beträgt $f = 50$ Hz.
Wie groß ist die Drehfelddrehzahl n?

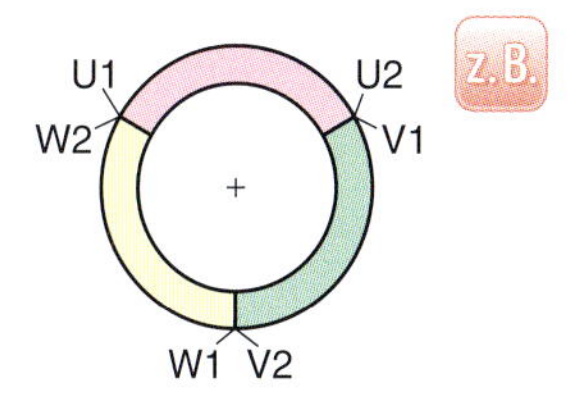

Die Drehzahl ergibt sich in der Einheit $\frac{1}{s}$.
Wenn die Einheit $\frac{1}{min}$ gewünscht wird, muss mit dem Faktor 60 multipliziert werden.

1 min = 60 s

$$n = \frac{f}{p}$$

$$n = \frac{50\ \text{Hz}}{1} = 50\ \frac{1}{s}$$

$$n = \frac{f \cdot 60}{p} = \frac{50\ \text{Hz} \cdot 60}{1}$$

$$n = 3000\ \frac{1}{min}$$

Prüfung

1. Wie kann ein magnetisches Gleichfeld erzeugt werden?

2. Wie kann ein magnetisches Wechselfeld erzeugt werden?

3. Wie kann ein magnetisches Drehfeld erzeugt werden?

4. Wicklung $p = 4$, Frequenz $f = 50$ Hz. Berechnen Sie die Drehfelddrehzahl.

5. Von welchen Größen ist die Drehfelddrehzahl abhängig?

6. Welchen Einfluss hat es auf die Drehfelddrehzahl, wenn die Frequenz um 25 % abnimmt?

7. Wieso hat der Magnetfluss den gleichen zeitlicher Verlauf wie der Strom?

■ Polpaarzahl *p*

Ein magnetisches Feld hat immer 2 Pole (= 1 Polpaar).

Ständer eines Drehstrommotors

Käfigläufer

34 Kurzschlussläufermotor; Ausführungsbeispiel und Aufbau

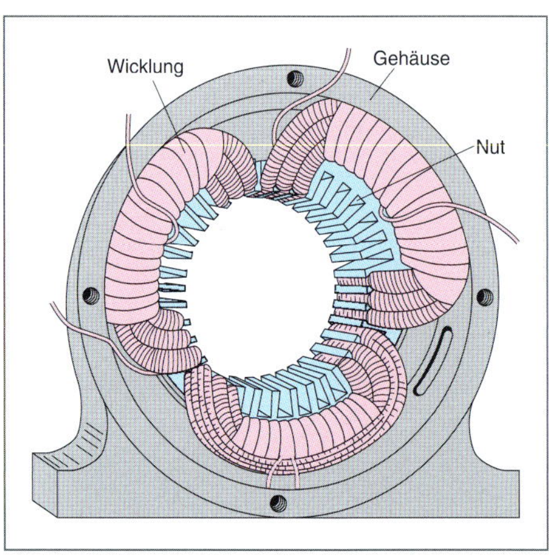

35 Ständer eines Kurzschlussläufermotors

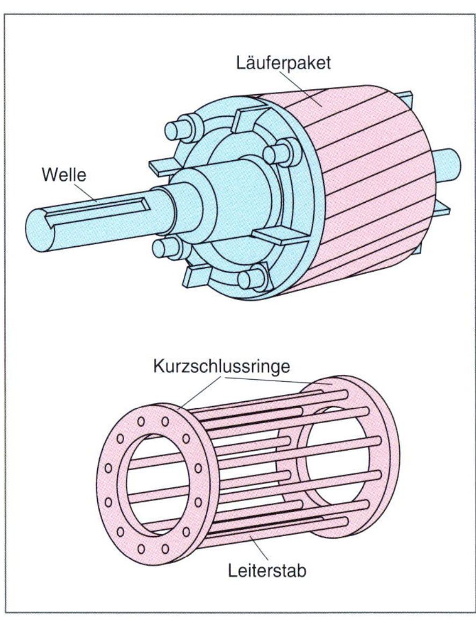

36 Läufer eines Kurzschlussläufermotors

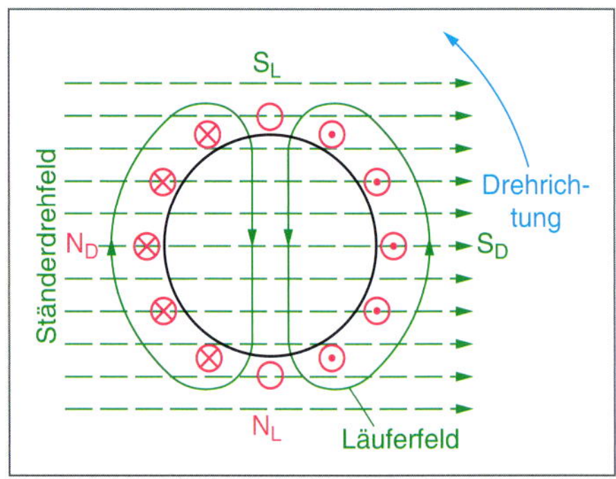

37 Drehmomentbildung, zwei Magnetfelder

Polzahl
pole pait

Polpaarzahl
pair of poles

Kurzschlussläufermotor
squirrel cage rotor motor

Läufer
rotor

Ständer
stator

Drehmoment
torque, moment of couple

Drehmomentbildung

Zur Drehmomentbildung sind immer zwei Magnetfelder notwendig, die in geeigneter Weise aufeinander einwirken.

@ Interessante Links

- christiani-berufskolleg.de

Kurzschlussläufermotor

Ständer

Feststehendes Teil des Motors. In den **Nuten** des **Ständerblechpakets** ist die **Drehstromwicklung** untergebracht.

Das **Eisen** ist *geblättert*, um die **Wirbelstromverluste** möglichst gering zu halten.

Unterschiedliche **Polpaarzahlen** der Ständerwicklung sind möglich. Sie bestimmen die Drehzahl des Motors.

Läufer

In den Nuten des **Läuferblechpakets** (geblättert) befinden sich **Leiterstäbe**, die an den Stirnseiten durch **Kurzschlussringe** verbunden sind.

Da die Leiterstäbe mit den Kurzschlussringen einem **Käfig** ähneln, spricht man von einem **Kurzschlussläufer** oder auch **Käfigläufer**.

Der Motor hat einen einfachen Aufbau und ist entsprechend robust.

Wirkungsweise

In der *Ständerwicklung* erzeugt der Drehstrom ein **magnetisches Drehfeld**. Die Feldlinien dieses Drehfelds schneiden die Leiterstäbe des Läufers.

In den Leiterstäben wird eine Spannung induziert. Die induzierte Spannung ruft einen **Läuferstrom** hervor. Der Läuferstrom bewirkt ein **Magnetfeld** (Läuferfeld).
Drehfeld und Läuferfeld verursachen ein **Drehmoment**. Der Läufer bewegt sich im *gleichen Drehsinn* wie das **Drehfeld** des Ständers (Bild 37).

Prüfung

1. Beschreiben Sie den Aufbau eines Kurzschlussläufermotors.

- **Motor eingeschaltet, Drehzahl noch null**
  Die Leiterstäbe werden von den meisten Feldlinien geschnitten (Bild 38).

  $n_1 = 3000 \frac{1}{\text{min}}$, $n_2 = 0$

  → Wirksam für die Induktionsspannung im Läufer: $n_1 - n_2 = 3000 \frac{1}{\text{min}}$.

  Flussänderungsgeschwindigkeit $\Delta\Phi/\Delta t$ und Induktionsspannung sind maximal.

  Die hohe Induktionsspannung bewirkt einen hohen Läuferstrom. Dadurch wird der Ständerstrom steigen → hoher Einschaltstrom. Der hohe Läuferstrom bewirkt ein starkes Läuferfeld. Daher entwickelt der Motor ein kräftiges Anzugsmoment.

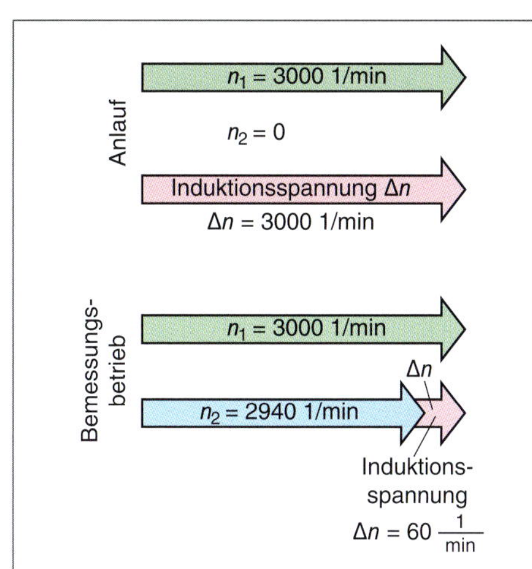

38 Hochlaufen des Motors

- **Motor hat Bemessungsdrehzahl erreicht**
  Die Leiterstäbe werden nur noch von relativ wenigen Feldlinien geschnitten (Bild 38).

  $n_1 = 3000 \frac{1}{\text{min}}$, $n_2 = 2940 \frac{1}{\text{min}}$

  → Wirksam für die Induktionsspannung im Läufer: $n_1 - n_2 = 60 \frac{1}{\text{min}}$.

  Flussänderungsgeschwindigkeit $\Delta\Phi/\Delta t$ und Induktionsspannung sind relativ gering.

  Zu beachten ist, dass hierbei die Bemessungsdaten des Leistungsschilds erreicht werden.

Die **Läuferdrehzahl** n_2 kann niemals die Drehfelddrehzahl n_1 erreichen:
Keine Feldlinien schneiden die Läuferstäbe → keine Induktionsspannung im Läufer → kein Läuferstrom → kein Magnetfeld → kein Drehmoment.

Der Läufer kann aus eigener Kraft niemals die Drehfelddrehzahl erreichen. Der Läufer läuft **asynchron**.

Die Differenz zwischen Drehfelddrehzahl n_1 und Läuferdrehzahl n_2 nennt man **Schlupfdrehzahl** n_s.

Schlupfdrehzahl

$n_s = n_1 - n_2$

Sinnvoll wird die Schlupfdrehzahl n_s auf die Drehfelddrehzahl n_1 bezogen und in Prozent angegeben. Dies nennt man den **Schlupf** s des *Asynchronmotors*.

$$s = \frac{n_s}{n_1} \cdot 100\ \% = \frac{n_1 - n_2}{n_1} \cdot 100\ \%$$

s Schlupf in %
n_s Schlupfdrehzahl in $\frac{1}{\text{min}}$
n_1 Drehfelddrehzahl in $\frac{1}{\text{min}}$
n_2 Läuferdrehzahl in $\frac{1}{\text{min}}$

Im *Leerlauf* ist der Schlupf gering. Er wird mit zunehmender Motorbelastung größer.

Frequenz der Läuferspannung
(Netzfrequenz $f_1 = 50$ Hz)

Motor eingeschaltet (Läufer steht noch):
Frequenz $f_2 = 50$ Hz.
Der Motor verhält sich praktisch wie ein Transformator. Läuferspannung und *Läuferfrequenz* sind jetzt am größten.

z.B.

Ein 1,5-kW Drehstrommotor hat eine Drehzahl von $1390 \frac{1}{\text{min}}$.
Wie groß sind Schlupfdrehzahl und Schlupf?

Leistungsschildangabe: $1390 \frac{1}{\text{min}}$.

Es handelt sich um einen Motor mit 2 Polpaaren/Strang ($p = 2$).

Die Drehfelddrehzahl an 50 Hz ist also $1500 \frac{1}{\text{min}}$.

$n_s = n_1 - n_2$

$n_s = 1500 \frac{1}{\text{min}} - 1390 \frac{1}{\text{min}} = 110 \frac{1}{\text{min}}$

$$s = \frac{n_s}{n_1} \cdot 100\ \% = \frac{110 \frac{1}{\text{min}}}{1500 \frac{1}{\text{min}}} \cdot 100\ \%$$

$s = 7{,}33\ \%$

Schlupf
slip, slippage

Schlupfdrehzahl
asynchronous speed

Leistungsschild
rating plate

Anzugsmoment
initial torque, starting torque, locked-rotor torque

Sattelmoment
cogging torque

Kippmoment
break-down torque, pall-out torque

Energieeffizenz

Elektrische Antriebe werden nach ihrer Energieeffizienz unterscheiden.

Die Steigerung der Effizienz kann durch Verwendung von verlustärmeren Magnetmaterial (Elektroblech) und durch Kupfer statt Aluminium beim Läuferkäfig erreicht werden.

Die Motoren

- U_N bis 1000 V,
- Leistung: 0,75 bis 375 kW,
- Polzahl: 2, 4, 6 (50/60 Hz),
- S1, 33 mit ED ab 80 %,

werden in die Klassen IE1 bis IE4 eingeteilt.
Dabei haben Motoren mit Klasse IE4 den höchsten Wirkungsgrad.

Neu auf den Markt gebrachte Motoren (0,75 bis 375 kW) müssen mindestens der Klasse IE3 entsprechen; oder IE2, wenn sie in Verbindung mit Umrichtern betrieben werden.

Der Wirkungsgrad (meist bei Volllast) ist auf dem Leistungsschild anzugeben.

Teillastwirkungsgrade sind der Dokumentation zu entnehmen.

Asynchronmotoren

sind Induktionsmotoren. Der Strom im Läufer wird durch Induktion bewirkt. Zum Betrieb benötigen diese Motoren einen Schlupf.

Zunehmende Läuferdrehzahl

Läuferspannung und Läuferfrequenz nehmen ab, da die *Drehzahldifferenz* zwischen n_1 und n_2 geringer wird. Die Läuferstäbe werden dann weniger oft vom Ständerdrehfeld überholt und geschnitten.

$f_2 = s \cdot f_1$

f_2 Läuferfrequenz in Hz
f_1 Ständerfrequenz in Hz
s Schlupf

Mit zunehmender Läuferdrehzahl nehmen *Betrag* und *Frequenz* der *induzierten Läuferspannung* stark ab.

Bei *Bemessungsdrehzahl* liegt die **Läuferfrequenz** je nach Motor zwischen 2 und 5 Hz.

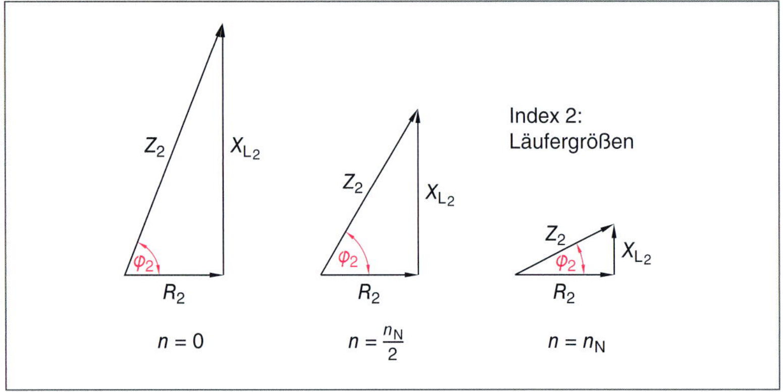

39 Hochlauf des Kurzschlussläufermotors

Betriebsverhalten Rundstabläufer

Rundstabläufer: Läuferkäfig aus nahezu runden Stäben (Kreisquerschnitt) aufgebaut.

- Ohmscher Widerstand sehr gering.
- Beim Einschalten ist der induktive Widerstand ($X_L = 2\pi \cdot f \cdot L$) relativ groß (Frequenz mit 50 Hz maximal).
- Somit ist der Anlaufstrom überwiegend ein Blindstrom, der nicht drehmomentbildend wirkt.
- Rundstabläufer entwickeln bei hohem Anzugsstrom nur ein geringes Anzugsmoment.

Drehmomentkennlinie

Unterschieden wird zwischen folgenden Drehmomenten (Bild 41, Seite 161):

M_A Anlaufmoment
M_S Sattelmoment
M_N Bemessungsmoment
M_K Kippmoment
M_0 Leerlaufmoment

Sattelmoment

Kleinstes Drehmoment nach dem Anlauf.

Durch schräg oder gestaffelt angeordnete Läuferstäbe, unterschiedliche *Nutzahlen* in Ständer und Läufer, optimierte Wicklungsausführung kann es praktisch vermieden werden.

Kippmoment

Maximales Drehmoment, das der Motor an der Welle abgeben kann.

Mit zunehmender Drehzahl nimmt die Frequenz der induzierten Läuferspannung ab.

Motor nach Beispiel auf Seite 159.
Wie groß ist die Frequenz der Läuferspannung bei Bemessungsdrehzahl?

Schlupf $s = 7{,}33\ \%$

$$s = \frac{7{,}33\ \%}{100\ \%} = 0{,}0733$$

$f_2 = s \cdot f_1$

$f_2 = 0{,}0733 \cdot 50\ \text{Hz}$

$f_2 = 3{,}67\ \text{Hz}$

Drehstromberechnung

Beachten Sie:
n in $\frac{1}{s}$
P in W
einsetzen.
1 Nm = 1 Ws
1 W = 1 $\frac{\text{Nm}}{\text{s}}$

Welches Drehmoment (Bemessungsmoment M_N) entwickelt der 1,5-kW-Motor an der Welle? $n_N = 1390\ \frac{1}{\text{min}}$

Bemessungsleistung in Watt (W) und Drehzahl in $\frac{1}{s}$ einsetzen.

$P_N = 1500\ \text{W}$ (Wellenleistung)

$$n_N = \frac{1390\ \frac{1}{\text{min}}}{60\ \frac{\text{s}}{\text{min}}} = 23{,}16\ \frac{1}{\text{s}}$$

$$M_N = \frac{P_N}{2\pi \cdot n_N}$$

$$M_N = \frac{1500\ \text{W}}{2\pi \cdot 23{,}16\ \frac{1}{\text{s}}}$$

$M_N = 10{,}3\ \text{Nm}$

Somit wird X_{L_2} geringer, während R_2 unverändert bleibt. Der Leistungsfaktor $\cos\varphi_2$ nimmt zu, die Wirkleistung steigt (Bild 39, Seite 160).

Danach wirkt sich das Absinken des Läuferstroms deutlich aus und verringert das Drehmoment des Motors.

Bemessungsmoment

Bei seinen *Bemessungsdaten* (Leistungsschildangaben) gibt der Motor sein Bemessungsmoment ab. Er läuft dann mit der **Bemessungsdrehzahl**.

Nebenschlussverhalten

Eine erhebliche Änderung der Belastung ΔM bewirkt nur eine relativ geringe Änderung der Drehzahl Δn. Man spricht von einem *harten Betriebsverhalten* des Motors.

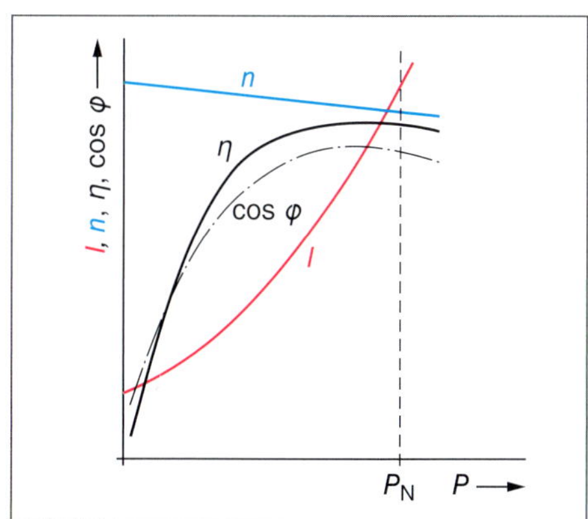

40 Betriebskennlinien

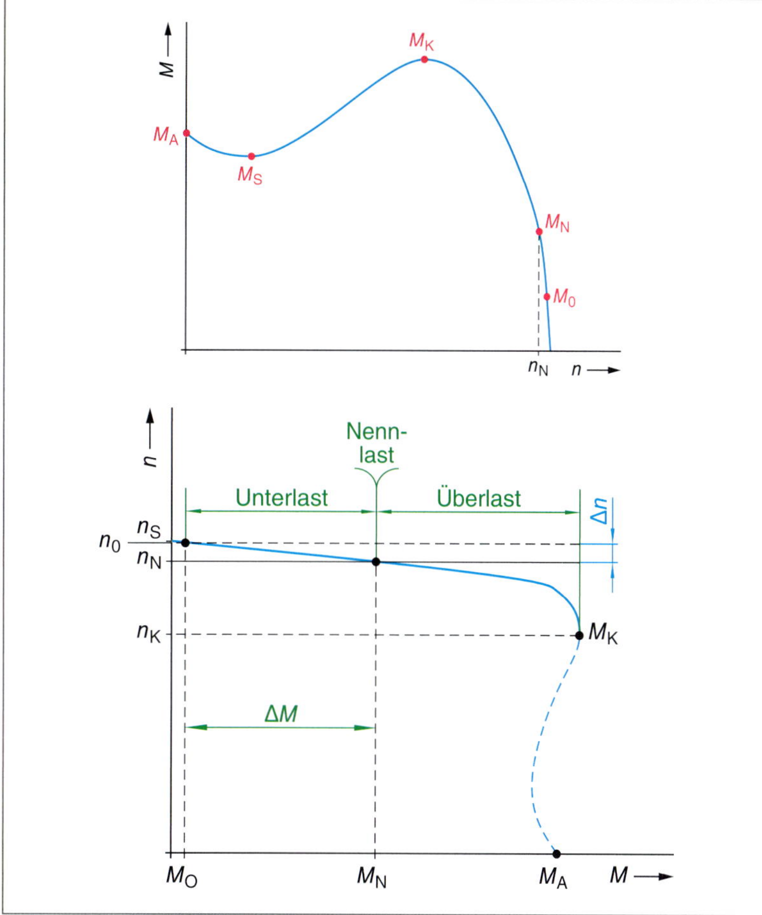

41 Drehmomentkennlinie des Kurzschlussläufermotors

Stromverdrängungsläufer

Technische Daten eines Motors.

$n_1 = 1500$ 1/min, $U_N = 400$ V, $f_N = 50$ Hz

P_N kW	n_N 1/min	I_N A	$\frac{I_A}{I_N}$	M_N Nm	$\frac{M_A}{M_N}$	$\frac{M_K}{M_N}$	$\cos\varphi$	η %
4	1410	8,7	5,8	27,1	2,3	2,5	0,81	82

P_N: Abgegebene Wellenleistung (*mechanische* Leistung). Die aufgenommene *elektrische Leistung* P_{el} ist größer.

- **Aufgenommene Leistung ermitteln**

1. Möglichkeit (Leistungsschildangaben)

$U_N = 400$ V, $I_N = 8{,}7$ A, $\cos\varphi = 0{,}81$

$P_{el} = \sqrt{3} \cdot U \cdot I \cdot \cos\varphi$

$P_{el} = \sqrt{3} \cdot 400\text{ V} \cdot 8{,}7\text{ A} \cdot 0{,}81 \approx 4{,}9\text{ kW}$

2. Möglichkeit (Wirkungsgrad)

$P = 4$ kW, $\eta = 0{,}82$

$$\eta = \frac{P}{P_{el}} \rightarrow P_{el} = \frac{P}{\eta} = \frac{4\text{ kW}}{0{,}82} = 4{,}9\text{ kW}$$

Anzugsstrom des Motors

$$\frac{I_A}{I_N} = 5{,}8 \rightarrow I_A = 5{,}8 \cdot I_N = 5{,}8 \cdot 8{,}7\text{ A} = 50{,}5\text{ A}$$

- **Anzugsmoment des Motors**

$$\frac{M_A}{M_N} = 2{,}3 \rightarrow M_A = 2{,}3 \cdot M_N$$
$$= 2{,}3 \cdot 27{,}1\text{ Nm} = 62{,}3\text{ Nm}$$

Beim *Anlauf* kann der Motor ein *kräftiges Anzugsmoment* entwickeln.

Die Angabe $M_A/M_N = 2{,}3$ besagt, dass der Motor (kurzzeitig) um 230 % *über Bemessungsmoment* belastbar ist.

Wie ist dieses kräftige Anzugsmoment zu erklären?

Der Läufer des Motors müsste *zwei getrennte Wicklungen* haben:

1. Für den *Einschaltmoment* eine Kurzschlusswicklung mit *möglichst hohem ohmschen Widerstand*. Wegen der *geringen Phasenverschiebung* (dem guten Leistungsfaktor) könnte der Motor ein *kräftiges Anzugsmoment* entwickeln.

■ **Motor, technische Daten**

■ **Idealfall beim Anlauf**

Läuferwicklung hat einen
- hohen ohmschen Widerstand.
- einen geringen induktiven Widerstand.

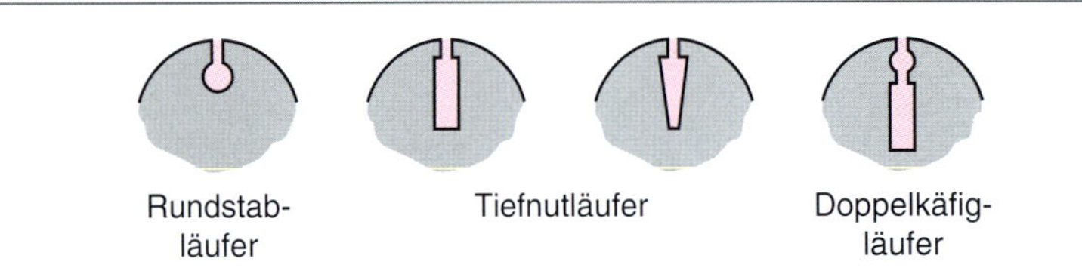

42 Stromverdrängungsläufer, Beispiele für Läuferformen

Stromverdrängungsläufer

Ziel: Hohes Anzeigemoment bei geringem Anzugsstrom.

2. Im *Betriebszustand* eine Kurzschlusswicklung mit *geringem ohmschen Widerstand* (geringe Verluste).

Das Ergebnis dieser Überlegungen sind **Stromverdrängungsläufer**. Dabei werden verschiedene *Läuferformen* verwendet (Bild 42).

Um den Läuferstab herum ruft der Läuferstrom ein *magnetisches Streufeld* hervor. Zum *Leitermittelpunkt* hin nimmt die Streufeldstärke zu.

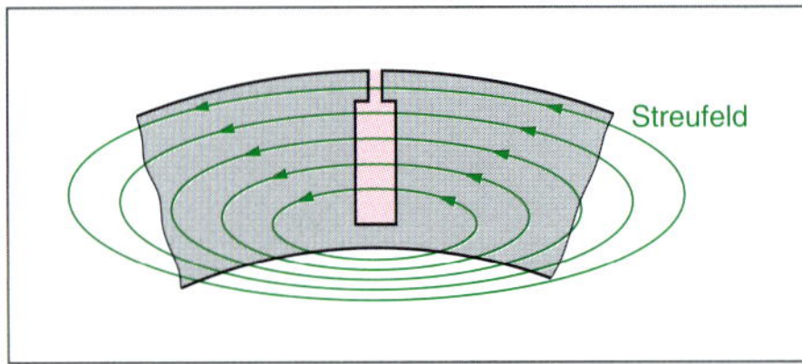

43 Magnetisches Streufeld

Wenn die Nut in die Tiefe verlängert wird, nutzt der Läuferstrom wegen des **Skineffekts** den Teil des Stabquerschnitts, der zur Nutöffnung hinliegt.

Durch den *geringen genutzten Leiterquerschnitt* wird der *Leiterwiderstand* größer.

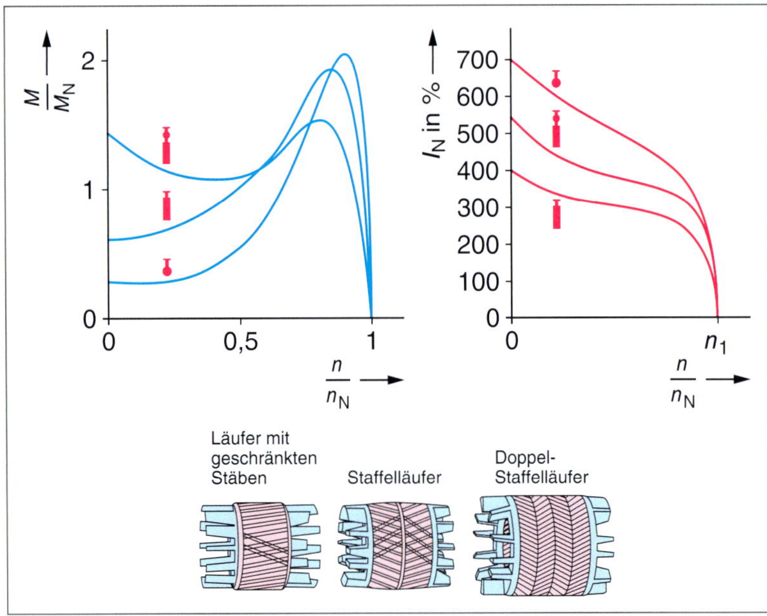

44 Stromverdrängungsläufer, Drehmoment und Stromaufnahme

Skineffekt

Ursache jedes Magnetfelds ist der bewegte Ladungsträger.

Somit ruft ein bewegter Ladungsträger (durch Induktion hervorgerufen) ebenfalls ein Magnetfeld hervor.

Beide Magnetfelder wirken auf den Ladungsträger ein und drängen ihn an die Leiteroberfläche (Skineffekt).

Dadurch nimmt der wirksame Leiterquerschnitt ab und der Widerstand des Leiters wird größer.

Dieser *Skineffekt* nimmt mit steigender Frequenz zu.

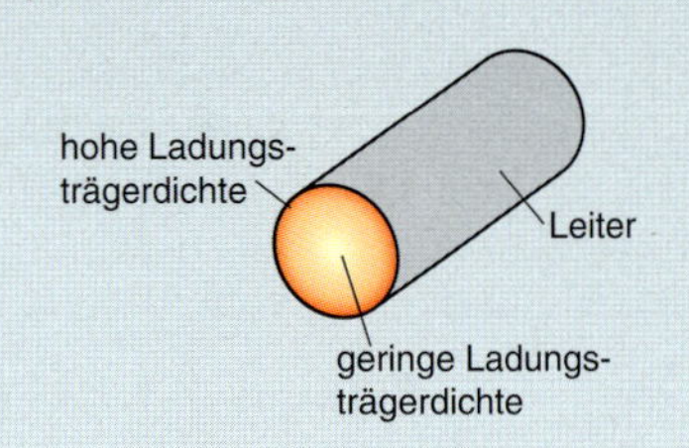

Beim *Hochlaufen* des Motors nimmt das Magnetfeld des Läufers ab, somit wird auch das *Streufeld* geringer. Der *genutzte Leiterquerschnitt* nimmt zu und der *Leiterwiderstand* sinkt.

Genutzt wird dabei die Tatsache, dass die Frequenz der Läuferspannung beim Hochlaufen von 50 Hz auf etwa 2 – 5 Hz sinkt.

Die *Ausführung der Läuferstäbe* hat Einfluss auf die **Hochlaufkennlinien** des Motors. Dies gilt für den Verlauf von *Drehmoment* und *Stromaufnahme* (Bild 44).

Die *Optimierung* des *Käfigläufers* hat die Betriebseigenschaften des Motors im Laufe der Zeit wesentlich verbessert.

Betriebskennlinie

Die Drehzahl *n* fällt bei Belastung nur geringfügig ab. Der Motor hat **Nebenschlussverhalten**.

Wirkungsgrad η und **Leistungsfaktor** $\cos \varphi$ sind stark belastungsabhängig.

Der Motor ist so ausgelegt, dass bei **Bemessungsbetrieb** das Produkt von η und $\cos \varphi$ möglichst groß wird.

Folgerung: Die Bemessungsleistung des Antriebsmotors sollte dem Leistungsbedarf der Arbeitsmaschine möglichst genau angepasst werden.

Beispiel für Idealfall

- Leistungsbedarf Arbeitsmaschine: $M_L = 11$ kW
- Bemessungsleistung Antriebsmotor: $M_N = 11$ kW

Der Drehstrommotor sollte mit *Volllast* betrieben werden. Dann arbeitet er mit *optimalem Leistungsfaktor* und *Wirkungsgrad*. Er hat dann die *geringsten* Verluste.

Außerdem nimmt der **Leistungsfaktor** mit Motorleistung und Motordrehzahl zu.

Schnelllaufende Motoren haben einen *besseren* Leistungsfaktor als langsam laufende.

Leistungsschild

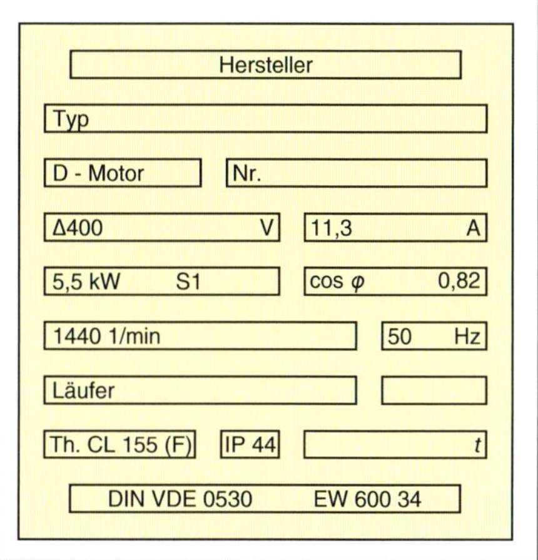

45 Drehstrom-Käfigläufermotor

Hinweis

Die Angabe **Δ 400 V** besagt, dass die zulässige Spannung an einem *Wicklungsstrang* der Ständerwicklung 400 V betragen darf. Dies wäre bei *Dreieckschaltung* der Fall.

Bei *Sternschaltung* würde sich die *Strangspannung* auf 230 V verringern. Der Motor könnte also in *Stern-Dreieck-Anlassschaltung* betrieben werden.

Spannungsangabe **YΔ 400/230 V**:

Die *maximal zulässige* Strangspannung beträgt 230 V (bei Δ).

Am *400-V-Netz* muss dieser Motor in *Stern* angeschlossen werden, damit die zulässige Strangsspannung nicht überschritten wird.

Bei *zwei* Spannungsangaben ist die *kleinere* Spannungsangabe die *zulässige* Strangspannung der Ständerwicklung.

Prüfung

1. Beschreiben Sie den Aufbau eines Käfigläufermotors.

Welche Vorteile hat dieser Motor?

2. Erläutern Sie die Begriffe Asynchronmotor und Induktionsmotor.

3. Betriebsbedingt haben Asynchronmotoren einen Schlupf.

Was bedeutet das?

4. Drehfelddrehzahl 1500 $\frac{1}{\text{min}}$, Läuferdrehzahl 1440 $\frac{1}{\text{min}}$.

Wie groß sind Schlupf und Läuferfrequenz?

5. Beschreiben Sie die Wirkungsweise von Stromverdrängungsläufern.

Welche Vorteile haben Sie?

6. Bei welcher Leistungsabgabe werden Drehstrommotoren mit Käfigläufer mit den geringsten Verlusten betrieben?

Welche Folgerung ziehen Sie daraus für die Praxis?

Energiesparmotoren

benötigen bei gleicher Bemessungsleistung weniger elektrische Energie als herkömmliche Motoren.
Verwendung von Elektroblechen mit geringeren Verlusten.

Kupfergussläufer statt Aluminumgussläufer.

Wirkungsgradverbesserungen schon im Teillastbereich.

TB

@ Interessante Links

- christiani-berufskolleg.de

Stern-Dreieck-Anlassschaltung

→ basics Mechatronik

TB

- Motor 1: $P_N = 11$ kW; $n_N = 2930\,\frac{1}{\text{min}}$; $\cos\varphi = 0{,}87$; $\eta = 0{,}89$
- Motor 2: $P_N = 11$ kW; $n_N = 750\,\frac{1}{\text{min}}$; $\cos\varphi = 0{,}72$; $\eta = 0{,}87$

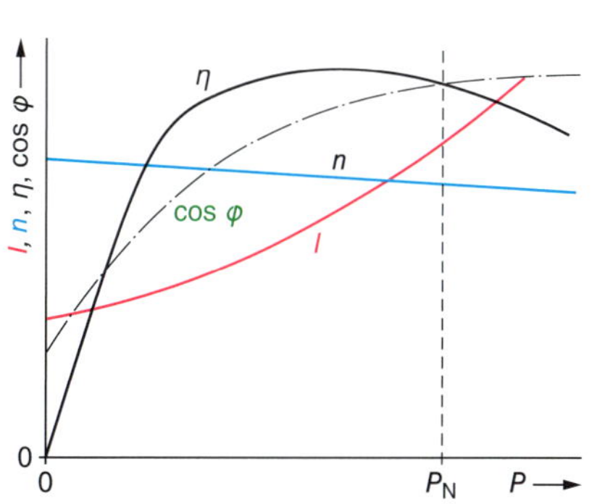

Leistungsschild des Motors (Seite 163).
a) Bestimmen Sie den Wirkungsgrad des Motors.
b) Wie groß ist das Bemessungsmoment?
c) Wie groß ist die Stromaufnahme bei Sternschaltung?

z.B.

a) Die aufgenommene elektrische Leistung P_{el} wird berechnet.

$P_{el} = \sqrt{3} \cdot U \cdot I \cdot \cos\varphi$

$P_{el} = \sqrt{3} \cdot 400\ \text{V} \cdot 11{,}3\ \text{A} \cdot 0{,}82$

$P_{el} = 6{,}4\ \text{kW}$

Berechnung des Wirkungsgrads (abgegebene/aufgenommene Leistung):

$\eta = \frac{P}{P_{el}} = \frac{5{,}5\ \text{kW}}{6{,}4\ \text{kW}} = 0{,}86$

b) Maßgeblich ist die (abgegebene) Wellenleistung.

$5{,}5\ \text{kW} = 5500\ \text{W}$

$1440\ \frac{1}{\text{min}} = 24\ \frac{1}{\text{s}}$

$M_N = \frac{P_N}{2\pi \cdot n_N}$

$M_N = \frac{5500\ \text{W}}{2\pi \cdot \frac{1440}{60}\ \frac{1}{\text{s}}}$

$M_N = 36{,}5\ \text{Nm}$

c) Die Stromaufnahme ist bei Sternschaltung erheblich geringer. Dies kann zum Anlassen des Motors genutzt werden. Allerdings nehmen auch Bemessungsleistung und Bemessungsmoment dabei ab.

$I_Y = \frac{I_\Delta}{3} = \frac{I_N}{3}$

$I_Y = \frac{11{,}3\ \text{A}}{3} = 3{,}8\ \text{A}$

$P_Y = \frac{P_\Delta}{3} = \frac{P_N}{3}$

$M_Y = \frac{M_\Delta}{3} = \frac{M_N}{3}$

■ **Sternschaltung**

Bei Sternschaltung gibt der Motor nur ein Drittel seiner Bemessungsleistung ab.

Der Außenleiterstrom ist bei Sternschaltung nur ein Drittel seines Wertes bei Dreieckschaltung.

Leistungsschild des Motors (Seite 163).
Bestimmen Sie die Blindleistung und Scheinleistung des Motors.

z.B.

$\cos\varphi = 0{,}82 \rightarrow \varphi = 34{,}9^\circ \rightarrow \sin\varphi = 0{,}572$

Die Blindleistung dient zum Auf- und Abbau der Magnetfelder.

Allgemein gilt:

$S = \sqrt{3} \cdot U \cdot I = \sqrt{P^2 + Q_L^2}$

$P = S \cdot \cos\varphi$

$Q_L = S \cdot \sin\varphi$

$Q = \sqrt{3} \cdot U \cdot I \cdot \sin\varphi$

$Q = \sqrt{3} \cdot 400\ \text{V} \cdot 11{,}3\ \text{A} \cdot 0{,}572 = 4{,}5\ \text{kvar}$

$S = \sqrt{3} \cdot U \cdot I$

$S = \sqrt{3} \cdot 400\ \text{V} \cdot 11{,}3\ \text{A} = 7{,}8\ \text{kVA}$

Prüfung

1. Erläutern Sie die Leistungsschildangaben eines Käfigläufermotors.

2. Auf dem Leistungsschild steht u. a. die Spannungsangabe 400/690 V. Ist der Motor für Stern-Dreieck-Anlauf geeignet?

3. Drehstrommotor mit Käfigläufer 132S, $P_N = 5{,}5$ kW. Gesucht: Bemessungsstrom, Bemessungsmoment, Kippmoment, Anzugsmoment, Anzugsstrom.

4. Ein Käfigläufermotor wird während des Betriebs kurzzeitig stark belastet ($M = 1{,}9 \cdot M_N$). Beschreiben Sie die Vorgänge.

@ **Interessante Links**

• christiani-berufskolleg.de

Gleichstrommotoren

Zum Betrieb des **Gleichstrommotors** werden *zwei Magnetfelder* benötigt.

Erregerfeld
Magnetfeld kann von einem *Permanentmagneten* oder häufiger durch einen Erregerstrom, der durch eine **Erregerwicklung** (Feldwicklung) fließt, hervorgerufen werden.

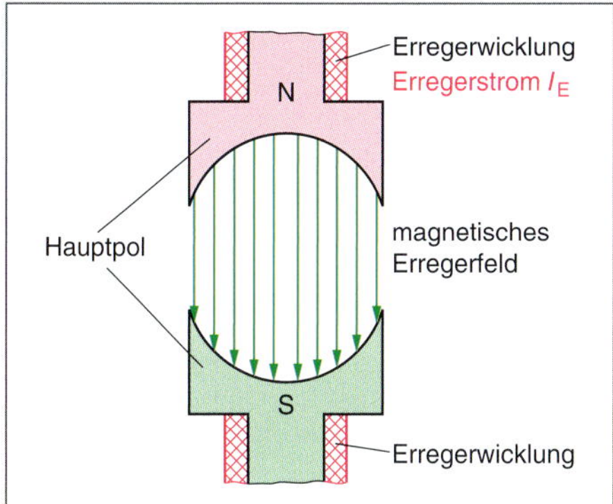

46 *Erregerwicklung (Feldwicklung)*

Ankerfeld
In den Ankerblechnuten wird die **Ankerwicklung** untergebracht. Die Leiterenden der Ankerwicklung werden in die Segmente des **Stromwenders** eingelötet. Auf dem Stromwender gleiten **Bürsten** und ermöglichen die Stromversorgung des Ankers.

Der **Ankerstrom** ruft ebenfalls ein *Magnetfeld* (Ankerfeld) hervor (Bild 47).

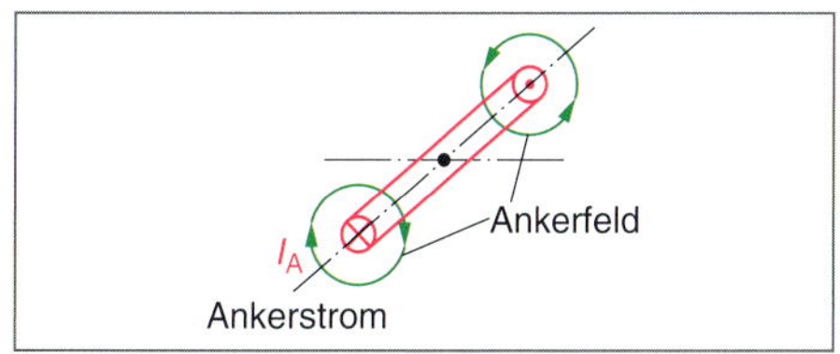

47 *Ankerstrom und Ankerfeld*

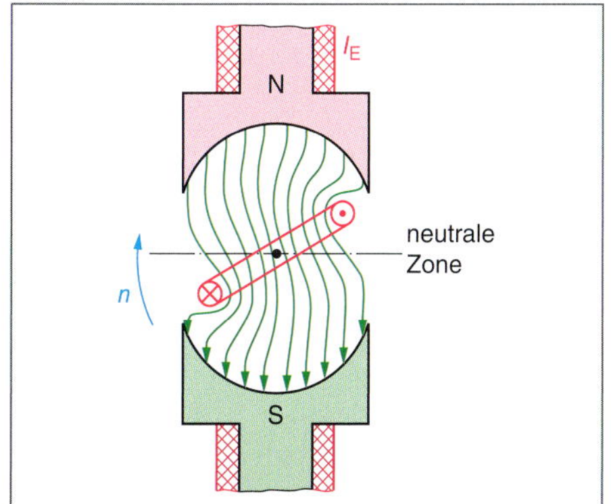

48 *Erregerfeld und Ankerfeld, Drehmoment*

49 *Gleichstrommotor, Ausführungsbeispiel*

Beide Magnetfelder rufen *gemeinsam* ein *Drehmoment* hervor. Erregerfeld und Ankerfeld bewirken ein *resultierendes Magnetfeld*.

Der Anker dreht sich im Uhrzeigersinn (Bild 48).

Die Drehbewegung endet in der **neutralen Zone**. Dort haben Anker- und Erregerfeld die *gleiche Richtung*. Das Drehmoment wir null (Bild 50).

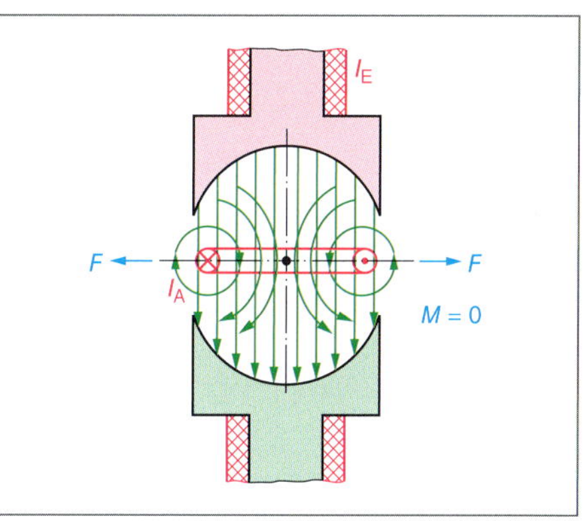

50 *Drehmoment ist null (neutrale Zone)*

Damit eine *kontinuierliche Drehbewegung* erreicht werden kann, muss die *Stromrichtung* in der *Ankerwicklung umgepolt* werden, damit das Ankerfeld seine *Polarität* ändert. Für die Umpolung wird ein **Stromwender** (Kommutator) verwendet.

Stromwendung beim Gleichstrommotor

Die *Spulenseiten* der Ankerwicklung *unter demselben Magnetpol* haben stets die *gleiche Stromrichtung*.

■ **Gleichstrommotoren**
zählen zu den Stromwendermaschinen.

■ **Permanentmagnet**
Dauermagnet

Gleichstrommotor
d. c. motor

Anker
armature

Ankerwicklung
armature winding

Ankerspannung
armature voltage

Feldwicklung
field winding

Erregerwicklung
excisting winding

Erregerspule
excisting field,
excisting coil

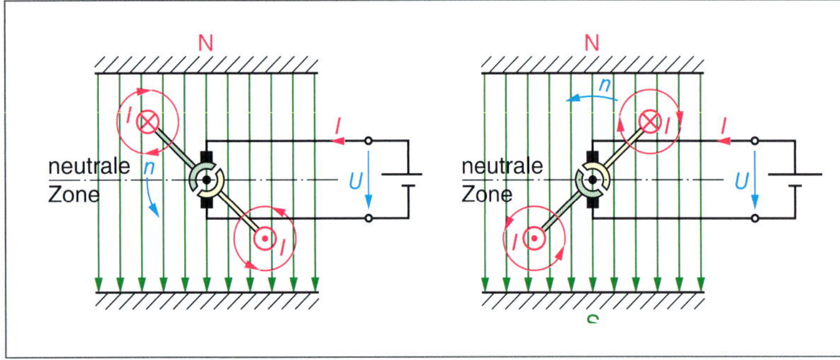

51 Prinzip der Stromwendung

Stromwender
commutator, collector

Stromwendung
commutation

Dies wird durch den **Stromwender** erreicht. Er kehrt die Stromrichtung im Anker um.

Die Drehbewegung des Ankers kann dadurch fortgesetzt werden. Wegen der Stromwendung fließt in der Ankerwicklung ein *Wechselstrom*.

Damit ein *gleichmäßiges Drehmoment* erreicht werden kann, werden *mehrere Wicklungen* gleichmäßig auf den Ankerumfang verteilt.

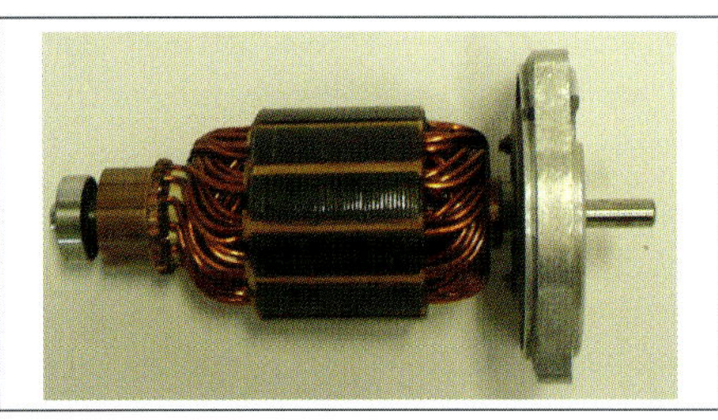

52 Anker eines Gleichstrommotors

Bei Betrieb entwickelt der Gleichstrommotor ein *vom Strom abhängiges Drehmoment*.

Außerdem bewegt sich der Anker im Magnetfeld der Erregerwicklung. In den Ankerspulen wird daher eine *Spannung induziert*. Die induzierte Spannung ist der am Motor angelegten Spannung *entgegengerichtet*.

Elektromagnetische Induktion

→ basics Mechatronik

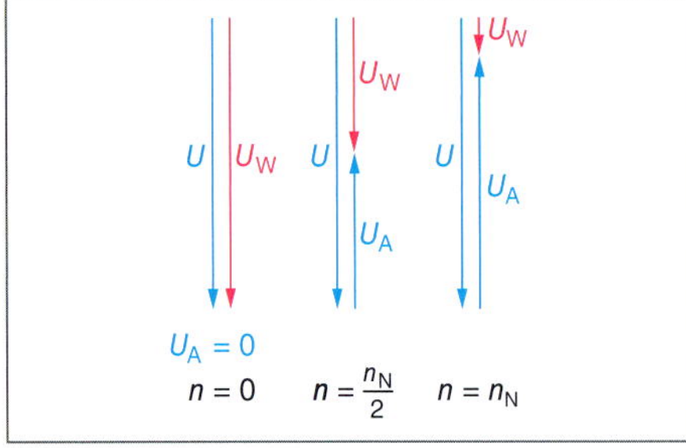

53 Spannungen beim Gleichstrommotor

- **Motor eingeschaltet, Drehzahl noch null ($n = 0$)**
  Da die Ankerwicklungen noch keine Feldlinien schneiden, wird im Anker keine Spannung induziert (Ankerspannung $U_A = 0$).
  Die stromtreibende (wirksame) Spannung U_W ist so groß wie die angelegte Spannung U.
  Die Folge wird ein *sehr hoher Anlaufstrom* sein.

- **Motor hat die halbe Bemessungsdrehzahl erreicht ($n = n_N/2$)**
  Im Anker wird eine der Drehzahl entsprechende Ankerspannung induziert.
  Die wirksame Spannung wird geringer, der Motorstrom sinkt.

- **Motor hat die Bemessungsdrehzahl erreicht ($n = n_N$)**
  Die induzierte Ankerspannung steigt noch mal an, wodurch sich die wirksame Spannung weiter verringert. Der Motor nimmt nun den *Bemessungsstrom* auf.

Die induzierte Ankerspannung U_A kann niemals den gleichen Betrag wie die angelegte Spannung U annehmen.

In dem Falle wäre nämlich $U_W = 0$.

Es würde dann kein Strom mehr fließen → kein Magnetfeld → kein Drehmoment.

Die *induzierte Ankerspannung* U_A ist um den Spannungsfall im Anker kleiner als die angelegte Spannung U.

$$U_A = U - I_A \cdot R_A$$

Ankerstrom:

$$I = \frac{U - U_A}{R_A}$$

- **Motor läuft mit Bemessungsdrehzahl ($n = n_N$), Belastung steigt**
  Höheres Drehmoment → Drehzahl sinkt → Ankerspannung U_A sinkt (da weniger Feldlinien geschnitten werden) → wirksame Spannung U_W steigt → Strom steigt → Anpassung an veränderte Belastung.

- **Motor läuft mit Bemessungsdrehzahl ($n = n_N$), Belastung sinkt**
  Geringes Drehmoment → Drehzahl steigt → Ankerspannung U_A steigt (da mehr Feldlinien geschnitten werden) → U_W nimmt ab → Strom sinkt → Anpassung an veränderte Belastung.

Gleichstrommotor: $U = 220$ V, Ankerwiderstand $R_A = 0{,}12\ \Omega$,
Stromaufnahme: $I = 40$ A.
Wie groß ist die induzierte Ankerspannung?

Die wirksame (stromtreibende) Spannung beträgt dann $U_W = 4{,}8$ V.

$$U_0 = U - I \cdot R_A$$

$$U_0 = 220\ \text{V} - 40\ \text{A} \cdot 0{,}12\ \Omega$$

$$U_0 = 215{,}2\ \text{V}$$

Wirksame Spannung ist vergleichsweise gering. Dies gilt aber nur, wenn sie eine Ankerinduktionsspannung aufbauen konnte.

Bei Anlauf des Motors ist die wirksame Spannung groß, was einen hohen Einschaltstrom zur Folge hat.

Der Ankerwiderstand ist sehr gering.

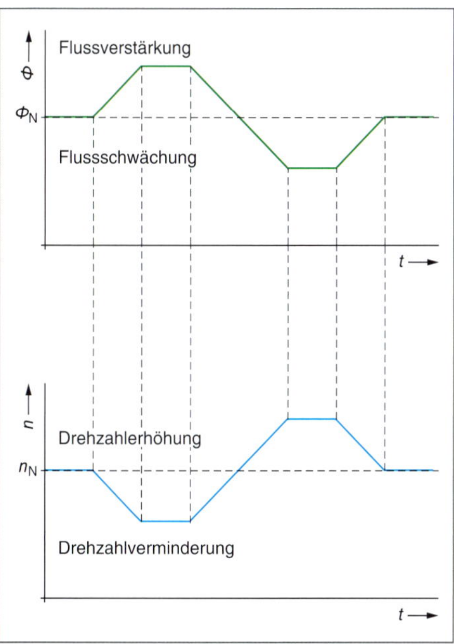

54 Drehzahlsteuerung durch Erregerfeld

Drehzahlsteuerung durch Erregerfeld

Verstärkung des Erregerfelds → bereits bei niedrigen Drehzahlen kann eine hohe Ankerspannung U_A induziert werden.

Schwächung des Erregerfelds

Zur Induktion der Ankerspannung ist eine höhere Drehzahl erforderlich.

Die Drehzahlerhöhung wird i. Allg. durch eine Schwächung des Erregerfelds (Feldschwächung) erreicht.

■ **Feldschwächung**
Drehzahlzunahme

Drehzahlsteuerung durch Spannung *U*

Erhöhung der Spannung → Induktionsspannung U_A im Anker nimmt zu → Drehzahl steigt an.

Verringerung der Spannung

Induktionsspannung U_A im Anker kann bereits bei niedrigen Drehzahlen erreicht werden → Drehzahl sinkt.

Die Drehzahlverringerung erfolgt i. Allg. durch Verringerung der Spannung.

■ **Ankerspannungsverringerung**
Drehzahlabnahme

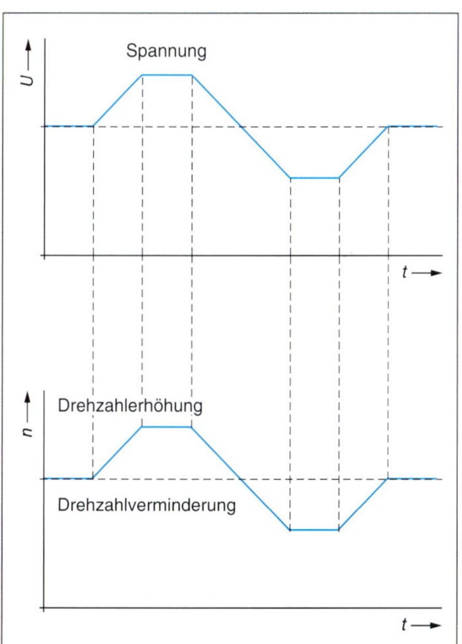

55 Drehzahlsteuerung durch Ankerfeld

Einschaltstrom

Gleichstrommotoren haben einen *sehr hohen Einschaltstrom.* Nur leistungsschwache Motoren bis etwa 500 W dürfen direkt am Versorgungsnetz eingeschaltet werden. Sonst ist stets ein **Anlasser** zur Begrenzung des Einschaltstroms notwendig.

Ankerquerfeld, Ankerrückwirkung

Im Gleichstrommotor werden zwei Magnetfelder aufgebaut: das **Erregerfeld** Φ_E und das **Ankerfeld** Φ_A.

Werden diese Felder *getrennt* voneinander betrachtet, haben sie den in Bild 56 gezeigten Verlauf.

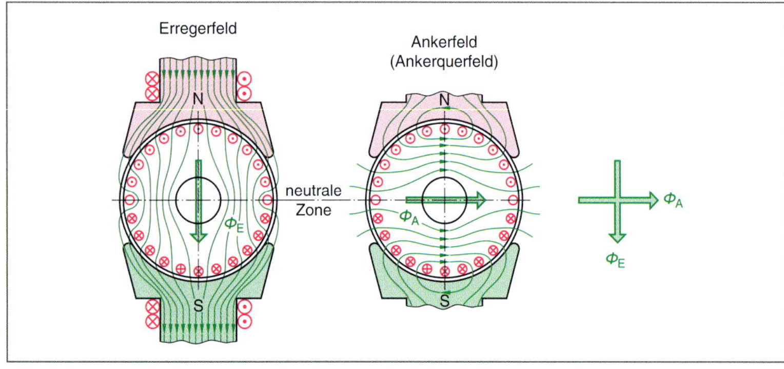

56 Erregerfeld und Ankerfeld

■ **Ankerrückwirkung**

Das Ankerfeld bewirkt eine Verschiebung der neutralen Zone und eine Schwächung des Erregerfelds. Das sich ergebende resultierende Feld ist verzerrt.

Erregerfeld und Ankerfeld stehen *senkrecht* aufeinander (Ankerquerfeld).

Nun können aber an einem Ort nicht zwei Magnetfelder unabhängig voneinander existieren.

Sie *überlagern* sich zu einem *resultierenden* (gemeinsamen) Magnetfeld (Bild 57).

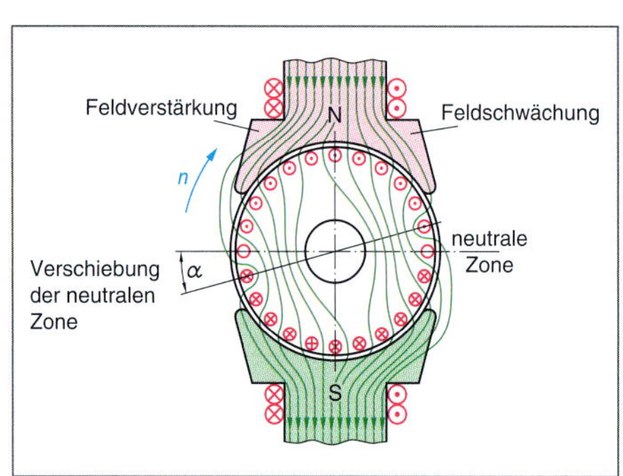

57 Resultierendes Magnetfeld

Dadurch wird das Feld an der *anlaufenden* Polkante *verstärkt* und an der *ablaufenden* Polkante *geschwächt*. Dies wird **Ankerrückwirkung** genannt.

Das Ankerfeld wirkt auf das Erregerfeld zurück (verzerrt es).

Neutrale Zone

Im *unbelasteten* Zustand des Motors liegt die *neutrale Zone* waagerecht auf der Mitte zwischen den beiden Polen.

Bedingt durch die **Ankerrückwirkung** hat das resultierende Magnetfeld einen *verzerrten* Verlauf.

Die neutrale Zone *verschiebt* sich um den Winkel α *gegen* die Drehrichtung.

Die neutrale Zone steht stets *senkrecht* auf der magnetischen Hauptachse. Also senkrecht (90°) auf den magnetischen Feldlinien.

Problem Stromwendung

Die Kohlebürsten sind *breiter* als eine Lamelle des Stromwenders.

Bei der Stromwendung werden die betroffenen Ankerspulen also kurzzeitig *kurzgeschlossen*.

Die auftretende Induktionsspannung bewirkt einen hohen Strom durch die Ankerspule. Es tritt starkes **Bürstenfeuer** auf.

In der *neutralen Zone* ist die Wirkung der Induktionsspannung zu vernachlässigen. Daher soll die *Stromwendung* in der *neutralen Zone* erfolgen.

Da sich aber die Lage der neutralen Zone mit der Motorbelastung ändert, müssten die Bürsten entsprechend um den Winkel α verschoben werden. Das ist aber praktisch keine gute Lösung.

Wendepole

Besser ist der Einsatz von **Wendepolen**. Sie unterstützen die Stromwendung.

Zwischen den Hauptpolen wird eine zusätzliche Wicklung eingebaut. Man nennt sie **Wendepolwicklung**. Diese Wicklung wird vom Ankerstrom durchflossen. Ihre magnetische Wirkung wirkt dem *Ankerquerfeld* entgegen.

Bei zunehmender Belastung ändert sich das Wendepolfeld in gleicher Weise wie das Ankerquerfeld.

Im Bereich der Stromwendung ist der Raum dann nahezu *feldfrei*. Und das unabhängig von der Motorbelastung. Die Stromwendung erfolgt problemlos.

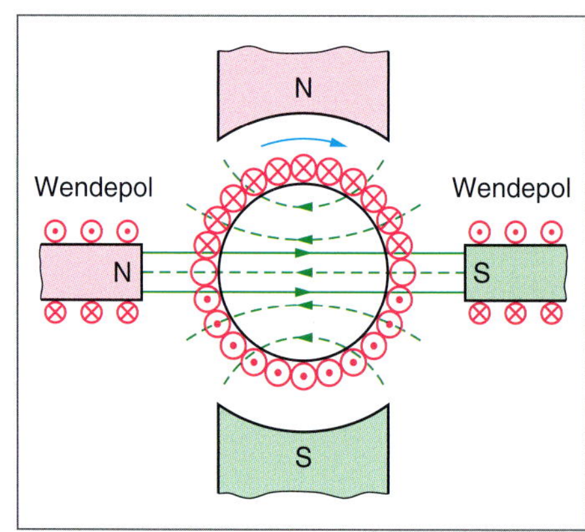

58 Wendepole

Kompensationswicklung

Auch *direkt unter den Polschuhen* tritt eine *Verzerrung* des Magnetfelds auf.

Zusätzlich zur Erregerwicklung kann in den Polschuhen eine **Kompensationswicklung** eingelegt werden.

Sie ist *in Reihe* mit der *Ankerwicklung* geschaltet. Hat somit auch eine belastungsabhängige Wirkung.

Aufgabe der Kompensationswicklung ist es, die *Feldverzerrung unter den Polschuhen* aufzuheben.

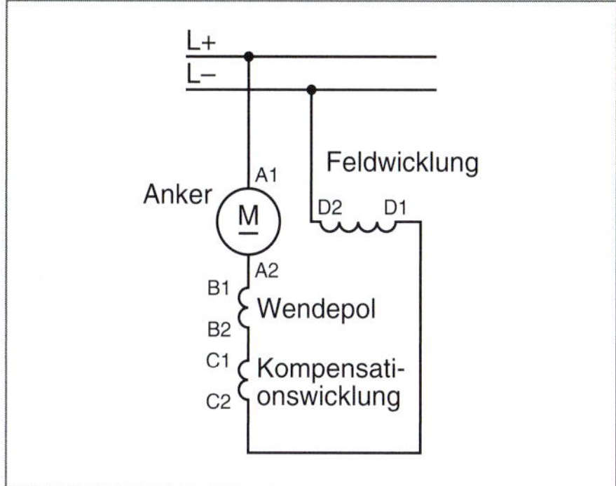
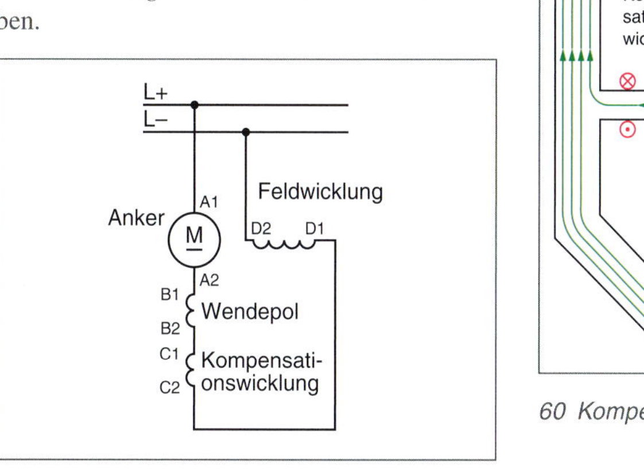

59 *Schaltung eines Gleichstrommotors*

Prüfung

1. Beschreiben Sie den Aufbau eines Gleichstrommotors.

2. Wie kommt es beim Gleichstrommotor zu einer Drehmomentbildung?

3. Welche Aufgabe hat der Stromwender (Kommutator)?

4. Wie kann die Drehzahl eines Gleichstrommotors über Bemessungsdrehzahl und unter Bemessungsdrehzahl gesteuert werden?

5. Warum hat der Gleichstrommotor einen sehr hohen Einschaltstrom?

6. Ein Gleichstrommotor arbeitet mit Bemessungsdrehzahl n_N. Er wird plötzlich stark belastet.

Welche Vorgänge laufen dann ab?

7. Beschreiben Sie die Wirkungsweise der Wendepole und der Kompensationswicklung.

8. Handwerkzeuge (z. B. Bohrmaschinen) werden faktisch durch Gleichstrommotoren angetrieben; Stromwendermotoren für Wechselstrombetrieb, Wechselspannung 230 V/50 Hz.

Was passiert, wenn dieser Motor an eine Gleichspannung von 220 V angeschlossen wird?

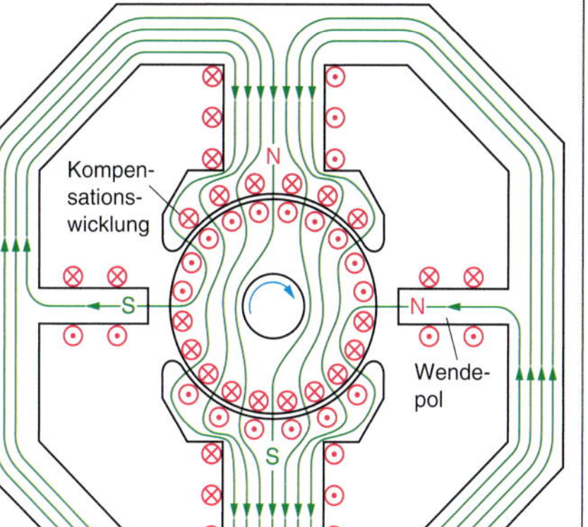

60 *Kompensationswicklung und Wendepole*

Schaltung von Gleichstrommotoren

Zwei Grundschaltungen: **Reihenschlussmotor** und **Nebenschlussmotor**.

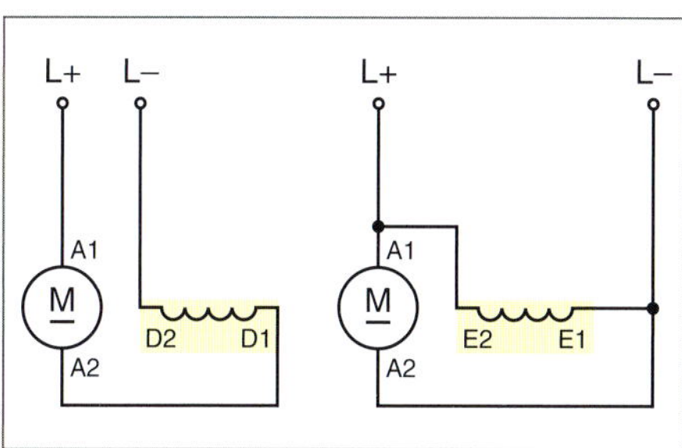

61 *Reihenschlussmotor, Nebenschlussmotor*

Der Unterschied besteht in der Schaltung der *Erregerwicklung* (Feldwicklung).

Reihenschluss: Erregerwicklung D1 – D2 *in Reihe* mit Ankerwicklung A1 – A2.

Nebenschluss: Erregerwicklung E1 – E2 *parallel* (neben) zur Ankerwicklung A1 – A2.

Das **Betriebsverhalten** beider Schaltungen ist sehr unterschiedlich.

Problem Nebenschlussmotor

Die *Nebenschlusswicklung* liegt an der *vollen Netzspannung* (220 V, 440 V).

Wenn zum Beispiel ein *Erregerstrom* von 2 A erreicht werden soll, dann muss der *ohmsche Widerstand* der Erregerwicklung

$$R = \frac{220\ \text{V}}{2\ \text{A}} = 110\ \Omega$$

$$R = \frac{440\ \text{V}}{2\ \text{A}} = 220\ \Omega$$

betragen.

Anlasswiderstand
starting resistor

Wendepolwicklung
commutating winding

Kompensationswicklung
compensating winding

Feldverzerrung
field distortion

Polschuh
pole shoe

Reihenschlussmotor
serial wound motor, series motor

Nebenschlussmotor
shunt-wound motor, self-excited motor

Fremderregter Motor
separately excited DC motor

■ **Klemmenbezeichnung von Gleichstrommotoren**

@ Interessante Links

- christiani-berufskolleg.de

■ **Reihenschlussverhalten**
Das Betriebsverhalten des Gleichstrom-Reihenschlussmotors.

■ **Nebenschlussverhalten**
Das Betriebsverhalten des Gleichstrom-Nebenschlussmotors.

■ **Fremderregte Motoren**
haben Nebenschlussverhalten.

Reihenschlussmotor

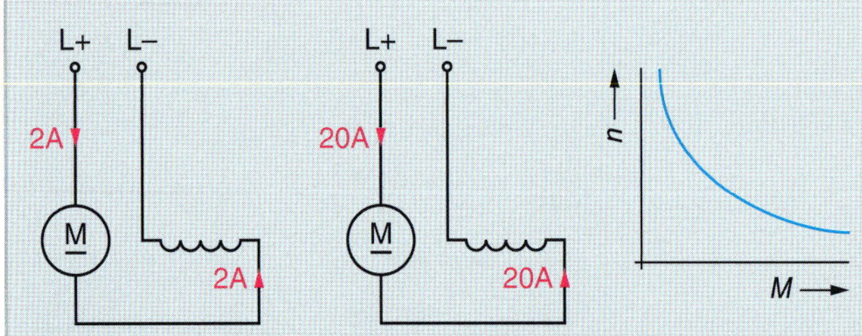

Beide Wicklungen werden von 2 A durchflossen und rufen entsprechende Magnetfelder hervor.

Durch Belastung steigt der Strom in beiden Wicklungen auf 20 A an.
Beide Magnetfelder werden entsprechend stärker.
Das Drehmoment nimmt erheblich zu, da *zwei* Feldverstärkungen Einfluss nehmen.

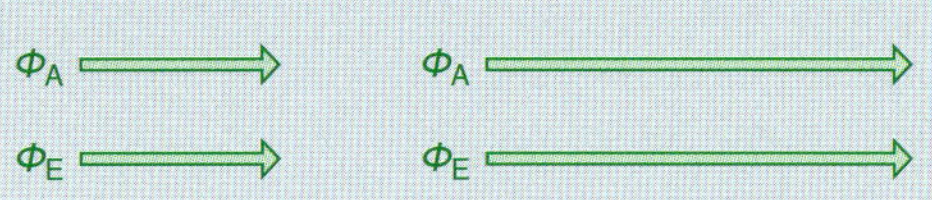

Nebenschlussmotor

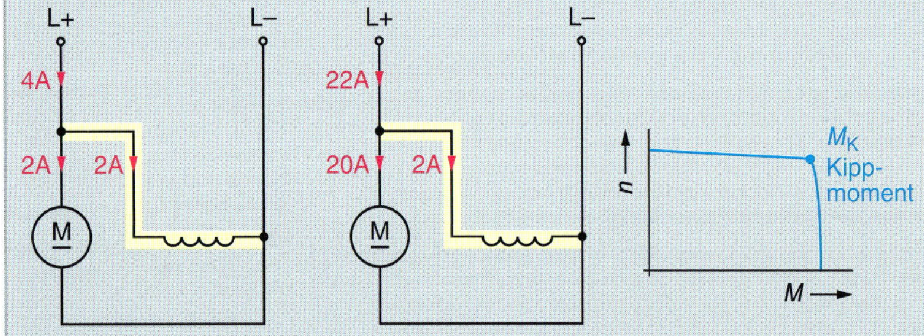

Da die Erregerwicklung an Netzspannung liegt, ist der Erregerstrom *belastungsunabhängig.*
Das Erregerfeld bleibt *konstant* (wie bei einem Dauermagneten).
Bei Belastungszunahme steigt *nur* der Ankerstrom an. Nur das Ankerfeld wird dadurch verstärkt. Das hat Einfluss auf das Drehmomentverhalten.

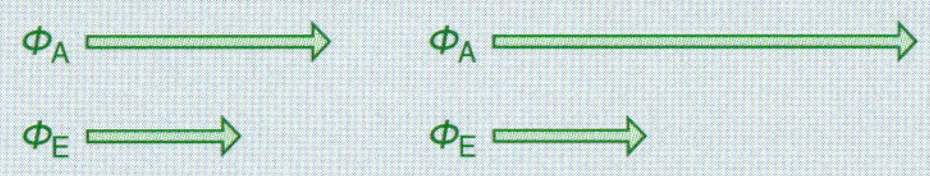

Bei Anschluss an *Gleichspannung* begrenzt nur der ohmsche *Widerstand* den Spulenstrom.
Um die notwendigen *Widerstandswerte* zu erreichen, ist eine sehr große *Drahtlänge* erforderlich. Die Erregerwicklung hat dann eine sehr *hohe Windungszahl* und damit eine *sehr hohe Induktivität*.

Fremderregter Motor

Wenn die Erregerwicklung nicht von der Netzspannung, sondern von einer *separaten Gleichspannungsquelle* gespeist wird, kann die Windungszahl herabgesetzt werden. Die Erzeugung dieser *separaten Gleichspannung* ist durch *Leistungselektronik* möglich.

Der *fremderregte Motor* hat das gleiche Drehzahlverhalten wie der Nebenschlussmotor.

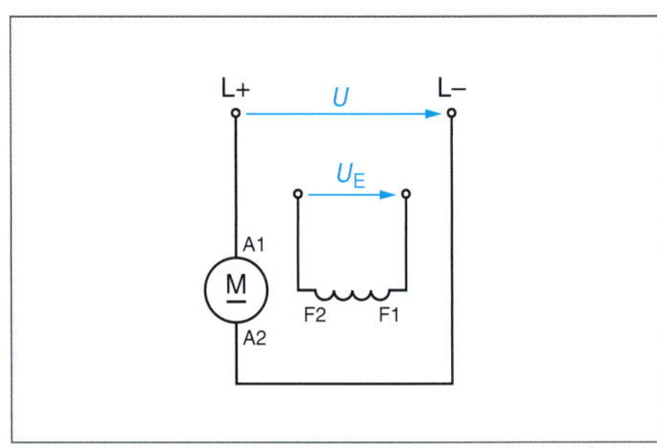

62 Fremderregter Motor

Drehzahlsteuerung von Gleichstrommotoren

Die *Motordrehzahl* ist in *weiten Bereichen* veränderlich.

Drehzahländerung durch

- Änderung der Klemmenspannung
- Schwächung des Erregerfeldes
- Schwächung des Ankerfeldes

Klemmenspannungsänderung

Die Drehzahl *steigt* mit der Klemmenspannung und *sinkt* mit der Klemmenspannung. Hierzu werden **Gleichstromsteller** eingesetzt.

Erregerfeldschwächung

Bei *Schwächung* des Erregerfelds nimmt die Leerlaufdrehzahl zu. Aber das Anzugsmoment wird kleiner. Zur Drehzahlsteuerung kann ein Widerstand im Erregerstromkreis geschaltet werden (Feldsteller).

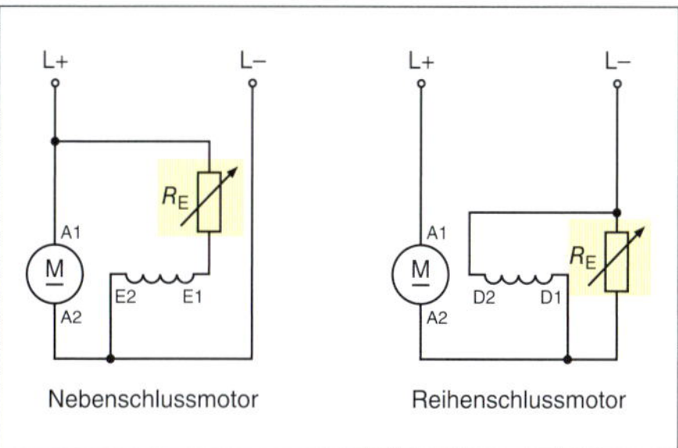

63 Erregerfeldschwächung

Ankerfeldschwächung

Im Ankerkreis wird ein Widerstand eingeschaltet. Die Leerlaufdrehzahl bleibt konstant, das Anzugsmoment wird verringert.

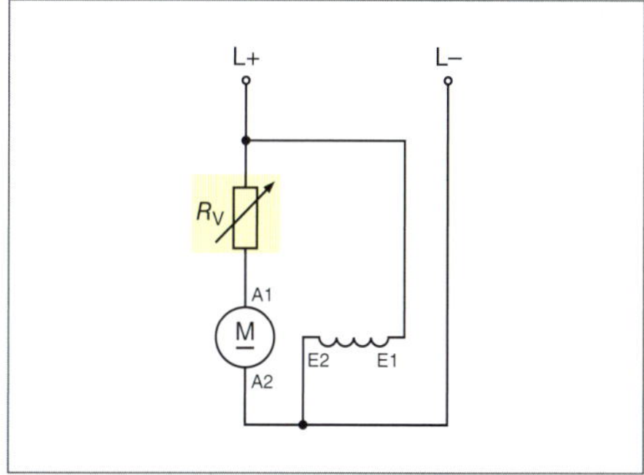

64 Ankerfeldschwächung

Gleichstrommotoren haben einen *großen Drehzahlsteuerbereich* und können mithilfe von *Stromrichtern* verlustarm gesteuert werden. Bei *niedrigen* Drehzahlen haben sie sehr gute *Rundlaufeigenschaften*.

Fremderregte Gleichstrommotoren haben ein gutes *Regelverhalten*, da das Drehmoment dem Ankerstrom proportional ist.

Drehrichtung

Rechtslauf, wenn der Strom in *gleicher* Ziffernfolge (1 → 2, 2 → 1) durch die Wicklungen fließt.

Linkslauf, wenn die Stromrichtung in *einer* Wicklung geändert wird.

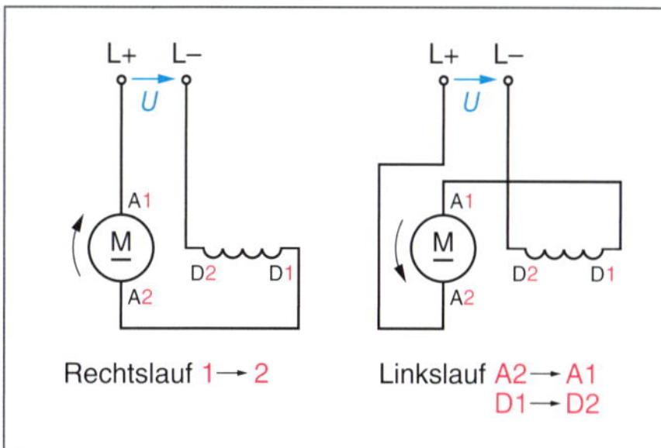

65 Drehrichtung bei Gleichstrommotoren

Leistungsschild (Beispiel Nebenschlussmotor)

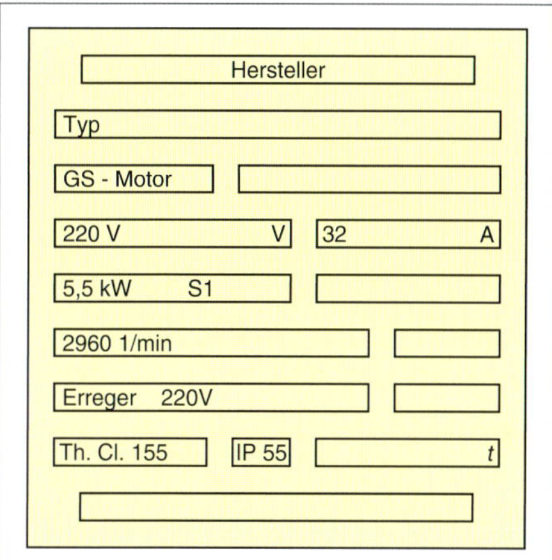

66 Leistungsschild Nebenschlussmotor

Prüfung

1. Bei einem Gleichstrommotor kommt es zu starkem Bürstenfeuer.
Woran kann das liegen?

2. Erläutern Sie die Wirkungsweise der Schaltungen nach Bild 63.

3. Das Läufereisen von Gleichstrommotoren ist geblättert.

a) Wozu dient die Blätterung des Eisenmaterials bei elektrischen Maschinen?

b) Warum ist die Blätterung bei Gleichstrommotoren erforderlich?

Drehrichtungsänderung

Vorzugsweise wird der Strom im Ankerkreis umgepolt. Dadurch werden Unterbrechungen des Erregerfelds vermieden. Beachten Sie, dass die Nebenschlusswicklung wegen der hohen Windungszahl eine hohe Induktivität hat.

Bemessungsspannungen

220 V, 440 V

Anlassen von Gleichstrommotoren

@ Interessante Links

- christiani-berufskolleg.de

Prüfung

1. Warum darf ein Reihenschlussmotor nicht über Zahnriemen, Keilriemen oder Flachriemen mit der Arbeitsmaschine gekuppelt werden?

2. Was bedeutet es, wenn ein Motor Nebenschlussverhalten bzw. Reihenschlussverhalten hat?

3. Erläutern Sie, warum der Reihenschlussmotor ein sehr kräftiges Drehmoment entwickeln kann.

4. Nennen Sie Anwendungsbeispiele für den Reihenschluss- und den Nebenschlussmotor.

5. Wie kann die Drehzahl von Gleichstrommaschinen gesteuert werden?

6. Erklären Sie den Begriff Feldschwächung. Welche Auswirkung hat Feldschwächung auf die Drehzahl des Motors?

7. Ein Gleichstrom-Reihenschlussmotor soll im Linkslauf betrieben werden. Wie schließen Sie den Motor an?

8. Durch Messung der Wicklungswiderstände eines Gleichstrommotors sollen Sie feststellen, ob es sich um einen Reihenschluss- oder Nebenschlussmotor handelt. Wie gehen Sie dabei vor?

@ Interessante Links
- christiani-berufskolleg.de

Synchronmotor

Auch **Synchronmotoren** sind Drehfeldmaschinen. Im **Stator** ist eine *Dreiphasenwicklung* untergebracht. Sie wird mit *Drehstrom* gespeist, wodurch sich ein *magnetisches Drehfeld* ausbildet.

Magnetisches Drehfeld
→ 156

Der **Läufer** (Polrad) trägt eine Gleichstrom-Erregerwicklung. Man unterscheidet **Vollpolläufer** oder **Schenkelpolläufer**. Bei geringen Leistungen (etwa bis 100 W) ist auch eine Dauermagneterregung möglich.

Synchronmotor
synchronous motor

Vollpolläufer
solid pole rotor

Schenkelpolläufer
salient pole rotor

- **Schenkelpolläufer:** Langsam laufende Maschinen.
- **Vollpolläufer:** Schnell laufende Maschinen.

Der zur Magnetfelderzeugung notwendige *Erregerstrom* wird den Läuferwicklungen über **Schleifringe** und **Bürsten** zugeführt.

Wirkungsweise
Die **Ständerwicklung** erzeugt ein **Drehfeld**. Der **Erregerstrom** ruft im *Läufer* ein Magnetfeld hervor. Beide Magnetfelder wirken aufeinander ein.

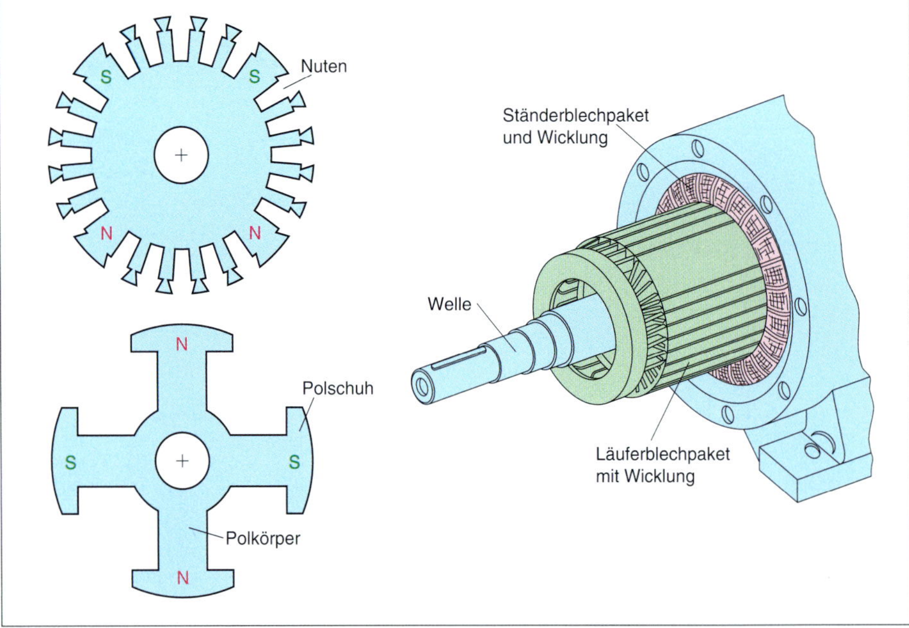

67 Synchronmotor, Aufbau

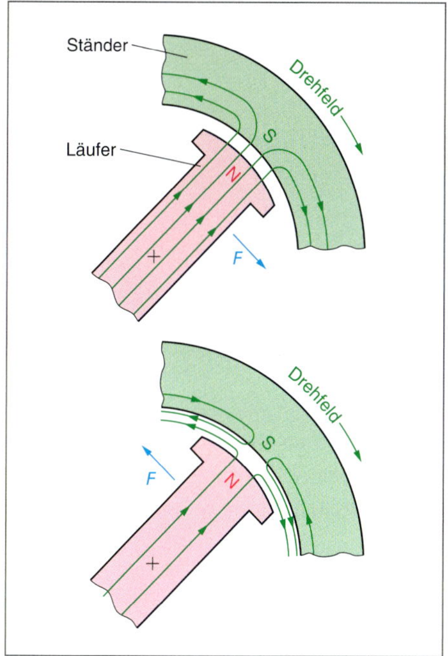

68 *Kraftwirkung auf einen ruhenden Läufer*

Das **Ständerdrehfeld** läuft mit hoher Geschwindigkeit an den Polen des Läufers vorbei. Je nach *Polarität* des Drehfelds ist die auf den Läufer ausgeübte *Kraftrichtung* verschieden.

Der Läufer kann diesem Kraftrichtungswechsel nicht folgen; er bleibt stehen.

Synchronmotoren können nicht aus eigener Kraft anlaufen. Notwendig sind Anlasshilfen. Solche Anlasshilfen sind asynchrone Anlaufverfahren, Hilfsmotoren oder Frequenzumrichter.

Der *Läufer* wird durch die **Anlasshilfe** in Bewegung gesetzt, bis er sich etwa so schnell wie das Ständerdrehfeld bewegt.

Dann wird er vom *Drehfeld mitgenommen*, da die Polarität von Ständerfeld und Ankerfeld in Bezug auf die jeweilige Läuferstellung gleich bleibt.

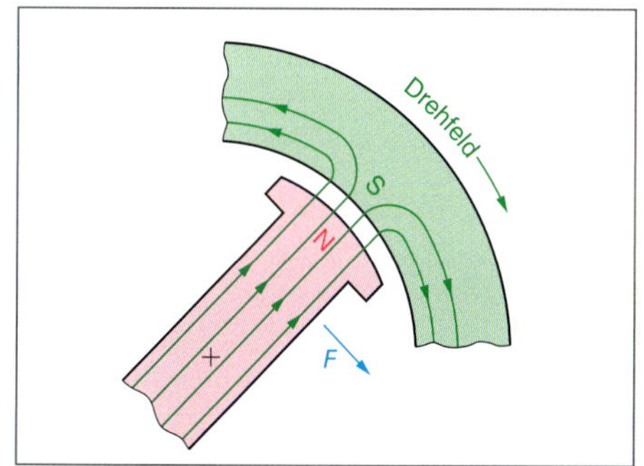

69 *Synchroner Lauf*

Die auf den Läufer ausgeübte Kraft wirkt dann ständig in *eine* Richtung.

Der Läufernordpol folgt dem Südpol des Drehfeldes. Der Läufer dreht sich *synchron* mit dem Ständerdrehfeld (Bild 69).

Läuferdrehzahl

$$n = \frac{f}{p}$$

n Drehzahl des Motors in 1/s
f Frequenz in Hz
p Polpaarzahl

Drehrichtungsänderung

Vertauschung von zwei Außenleitern zur Änderung der Drehfeldrichtung.

Der **Leerlaufstrom** I_0 des Synchronmotors hängt vom Erregerstrom I_E ab. Man spricht von einer **V-Kurve**. Im *Arbeitspunkt A* ist der Leerlaufstrom minimal. Der Motor nimmt nur Wirkstrom auf. Der Erregerstrom beträgt I_E^*.

- **Untererregung**
  U größer U_0, der aufgenommene Strom eilt der Spannung nach. Der Motor zeigt induktives Verhalten.
- **Übererregung**
  U_0 größer U, der aufgenommene Strom eilt der Spannung voraus. Der Motor zeigt kapazitives Verhalten.

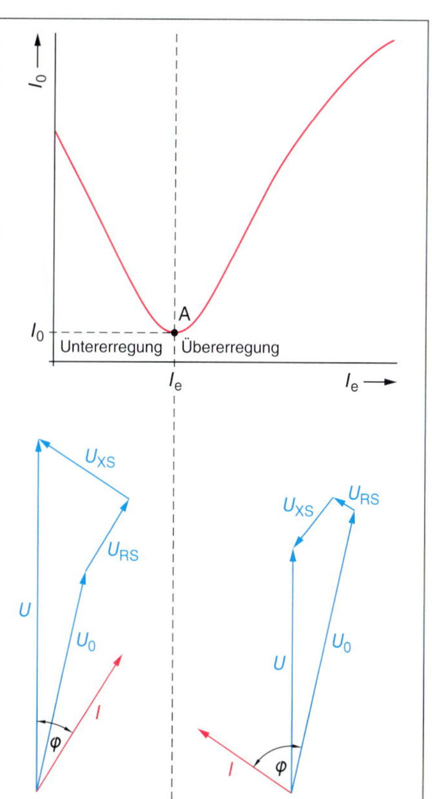

70 *Betriebsverhalten des Synchronmotors*

■ **Polrad**
Dauermagnet oder Gleichstrom-Erregerwicklung.

Übererregung
over excitation

Untererregung
underexcitation

Anlasshilfe
starting device

Betriebsverhalten
(operational) behaviour

Der Synchronmotor kann kapazitive Blindleistung abgeben. Er wirkt dann wie ein Kondensator. Man spricht dann von Phasenschieberbetrieb bei Einsatz zur Blindstromkompensation.

Phasenschieber

Mithilfe eines Synchronmotors kann der *Leistungsfaktor verbessert* werden. Dazu wird er in **Übererregung** betrieben (Bild 71).

Er kann dann wie Kompensationskondensatoren zur Verbesserung des Leistungsfaktors einer elektrischen Anlage eingesetzt werden.

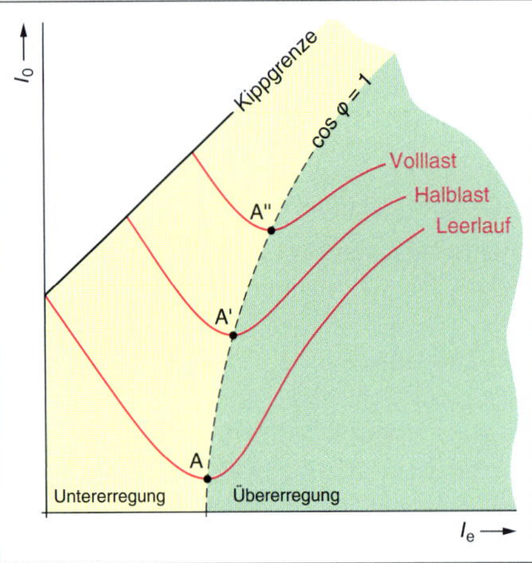

71 *Phasenschieberbetrieb*

Betriebsverhalten

Leerlauf: Der Läufer rotiert mit Drehfelddrehzahl.

Belastung: Der Polabstand von Läufer und Ständerdrehfeld nimmt um den **Lastwinkel** (Polradwinkel) ϑ zu. Der Läufer dreht aber weiterhin mit Drehfelddrehzahl (Bild 72).

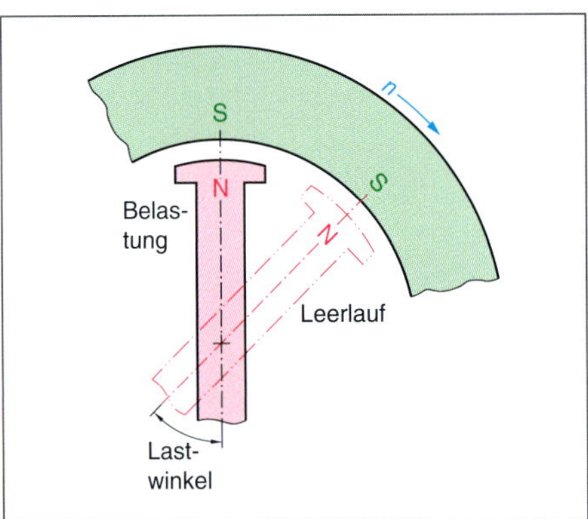

72 *Synchronmotor bei Belastung, Lastwinkel*

Bei zunehmendem *Lastwinkel* nimmt die Kraftwirkung zwischen den Magnetpolen stark ab.

Das **Kippmoment** (im Allgemeinen $2 \cdot M_N$) liegt zwischen zwei Polen der Ständerwicklung.

Das *Kippmoment* tritt bei einem **Lastwinkel** von 90° auf.

Bei *Lastwinkeln* über 90° fällt der Motor *außer Tritt* und bleibt stehen (Bild 73).

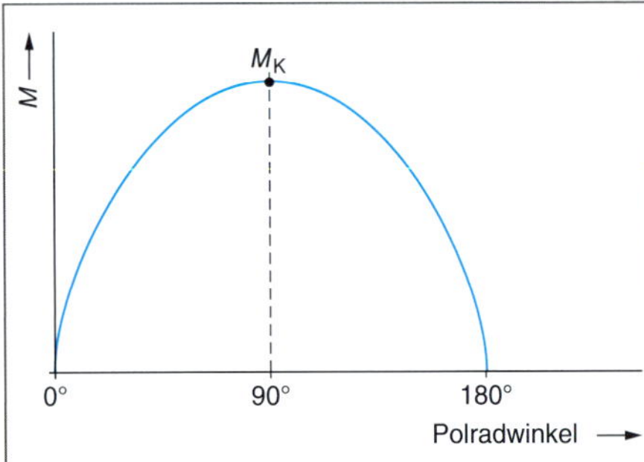

73 *Drehmomentverlauf, Synchronmotor*

Synchronmotoren höherer Leistung werden durch **Anwurfmotoren** hochgefahren.

Motoren kleinerer Leistung tragen i. Allg. eine **Anlasswicklung**, einen **Dämpferkäfig**.

Der Anlauf erfolgt dann wie beim Käfigläufermotor. Allerdings ohne Gleichstromerregung und bei verbundenen Erregungswicklungsanschlüssen.

Anwendung findet der Synchronmotor im höheren Leistungsbereich (10 bis 1000 kW), zum Beispiel bei Pumpen und Kompressoren.

Synchronkleinmotoren

Diese Motoren haben **Permanentmagnetläufer** und werden als *Kleinantriebe mit konstanter Drehzahl* (Uhren, Programmschaltwerke) eingesetzt.

Prüfung

1. Erklären Sie den Aufbau eines Synchronmotors.

2. Wozu wird der Vollpolläufer bevorzugt eingesetzt?

3. Beschreiben Sie die Wirkungsweise des Synchronmotors.

4. Bei welchem Lastwinkel erreicht der Synchronmotor sein Kippmoment?

5. Der Synchronmotor kann als Phasenschieber eingesetzt werden. Was bedeutet das?

@ Interessante Links

- christiani-berufskolleg.de

Spaltpolmotor

Die **Ständerpole** sind durch *Spalte* in zwei unterschiedlich breite Teile **gespalten**. Die schmaleren Polteile werden von **Kurzschlussringen** umschlossen.

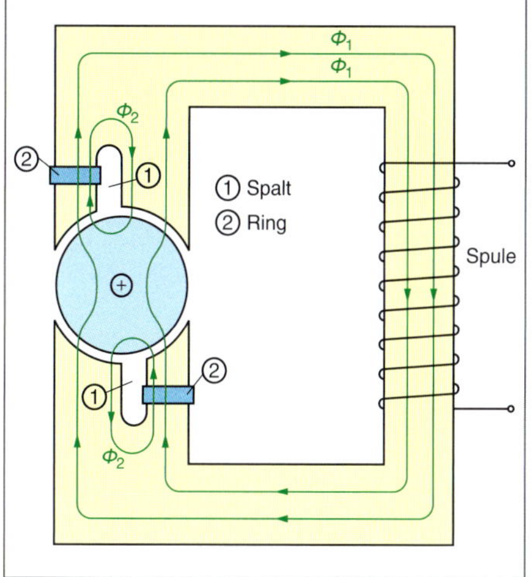

74 Aufbau eines Spaltpolmotors

Die Spule ruft den magnetischen Fluss Φ_1 hervor. Auch die *Kurzschlussringe* werden von diesem Fluss durchsetzt.

In den *Ringen* wird somit eine Spannung induziert, die einen *Strom im Kurzschlussring* hervorruft.

Der Strom im Ring bewirkt einen magnetischen Fluss Φ_2 der gegenüber Φ_1 *phasenverschoben* ist.

Dadurch wirken die *Kurzschlussringe* wie eine *Hilfswicklung* (Kondensatormotor, basics). Das resultierende Gesamtfeld bildet ein *elliptisches Drehfeld*.

Der Motor kann *selbsttätig* anlaufen.

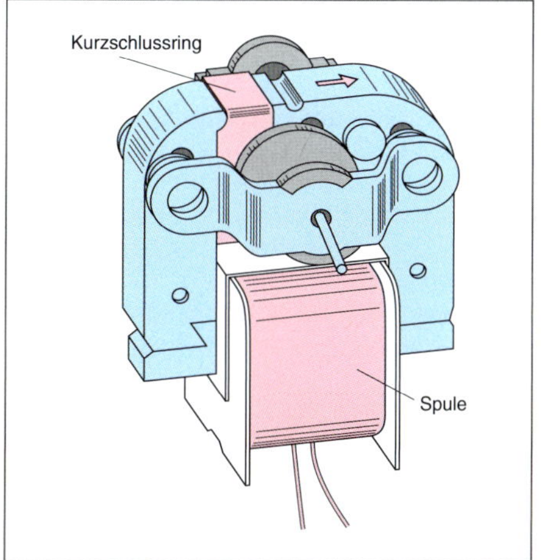

75 Spaltpolmotor

Eigenschaften

- Sehr *geringer Wirkungsgrad* (ca. 30 %) wegen Verluste in der kurzgeschlossenen Hilfswicklung (Kurzschlussring).
- Keine elektrische Drehrichtungsänderung möglich. Hierzu muss der Läufer ausgebaut und in Gegenrichtung wieder eingebaut werden.

Anwendung

- Antriebe kleiner Leistung (ca. 5 bis 300 W).
- Heizlüfter, Schaltschranklüfter, Laugenpumpen

Langsamlaufende Spaltpolmotoren

Solche Motoren verfügen z. B. über 10 oder 16 Pole und haben dementsprechend eine *sehr geringe Drehzahl*.

Sie arbeiten als *Synchronmotoren* mit Leistungen von 1 bis 3 W und finden bei Programmsteuerungen, Uhren und schreibenden Messgeräten Anwendung.

Universalmotor

Wenn bei einem *Gleichstrom-Reihenschlussmotor* die *Polarität* der Anschlussleitung geändert wird, bleibt die *Drehrichtung* gleich.

Grundsätzlich kann der Reihenschlussmotor mit *Gleich- und Wechselspannung* betrieben werden. Einen solchen Motor nennt man **Universalmotor**.

Zu beachten ist jedoch, dass bei Betrieb an Wechselspannung der *induktive Spulenwiderstand* X_L zusätzlich wirkt. Die *Stromaufnahme* des Motors wird dadurch geringer. Das *Drehmoment* nimmt ab.

Wenn dies nicht akzeptiert werden kann, muss durch *Umschaltung* die *Windungszahl* der Erregerwicklung bei *AC-Betrieb verringert* werden.

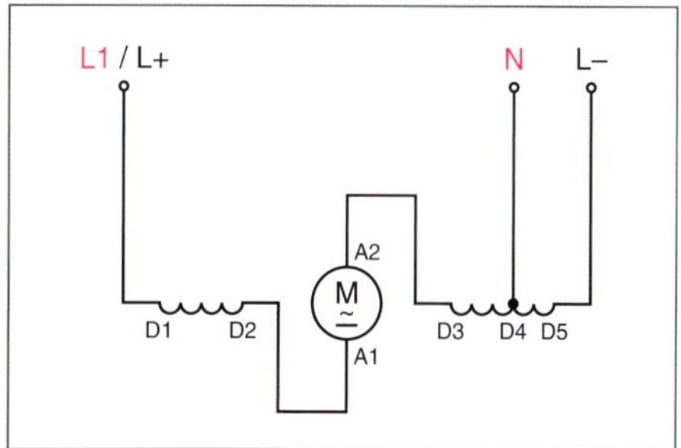

76 Universalmotor

■ **Spaltpolmotor**

Der magnetische Fluss in der Spule nimmt zu.
Das Magnetfeld im Spaltpol hebt sich durch den Induktionsstrom auf.

Der von der Spule erzeugte magnetische Fluss ist null.
Im Spaltpol ist nur noch das durch den Induktionsstrom hervorgerufene Magnetfeld wirksam.

Der Strom in den Kurzschlussringen ist stets so gerichtet, dass sein Magnetfeld der magnetischen Flussänderung entgegenwirkt.

■ **Kondensatormotor**

→ basics Mechatronik

Universalmotor
Wechselstrom-Reihenschlussmotor geringerer Leistung. Er hat Reihenschlussverhalten.

Betriebsverhalten

Entspricht dem *Gleichstrom-Reihenschlussmotor.*

Motordrehzahl ist *unabhängig* von der Frequenz. Verbindung mit Getriebe/Lüfter verhindern ein *Durchgehen* im Leerlauf.

Drehzahl stark *lastabhängig*, großes *Anzugsmoment*.

Einsatz

- Leistungsbereich 50 bis 2000 W.
- Elektrowerkzeuge, Haushalts- und Gartengeräte.

- **Drehzahlsteuerung**
  Durch Verringerung der Betriebsspannung (Phasenanschnittsteuerung).

  Die *Stromwendung* ruft *elektromagnetische Störungen* hervor. Aus Gründen der Funkenstörung wird die Erregerwicklung geteilt und symmetrisch zum Anker angeschlossen. Die Drosselwirkung der Erregerwicklung für die Störfrequenzen kann durch eine *Kondensatorbeschaltung* verbessert werden.

Phasenanschnittsteuerung
→ 123

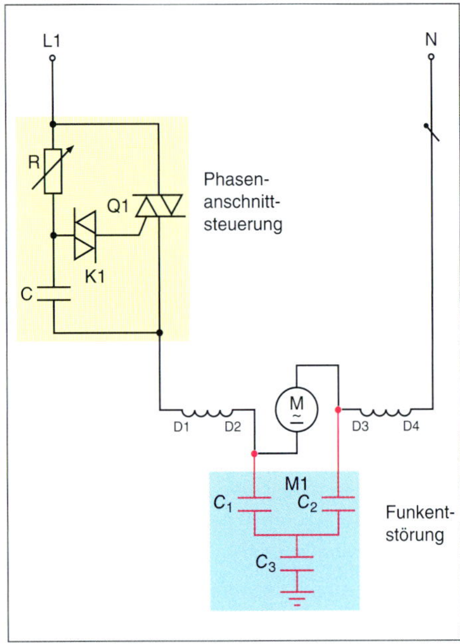

77 Drehzahlsteuerung durch Ankerfeld

Prüfung

1. Warum sind die Anwendungsmöglichkeiten eines Spaltpolmotors eingeschränkt?

2. Wie kann erreichet werden, dass der Universalmotor für Gleich- und Wechselspannung geeignet ist?

Schrittmotor

Schrittmotoren ermöglichen eine *mikrometergenaue Positionierung*. Dabei bewegt sich der **Rotor** in kleinen Schritten. Wie viele Schritte eine komplette *Rotorumdrehung* ergeben, hängt vom Aufbau des Motors ab.

Die **Schrittweite** kann in *Winkelgraden* angegeben werden. Zum Beispiel 1,8°/Schritt.

$$\frac{360^\circ}{1{,}8^\circ/\text{Schritt}} = 200 \text{ Schritte/Umdrehung}$$

Durch entsprechende Ansteuerung kann ein Schrittmotor auch eine *kontinuierliche* Drehbewegung ausführen.

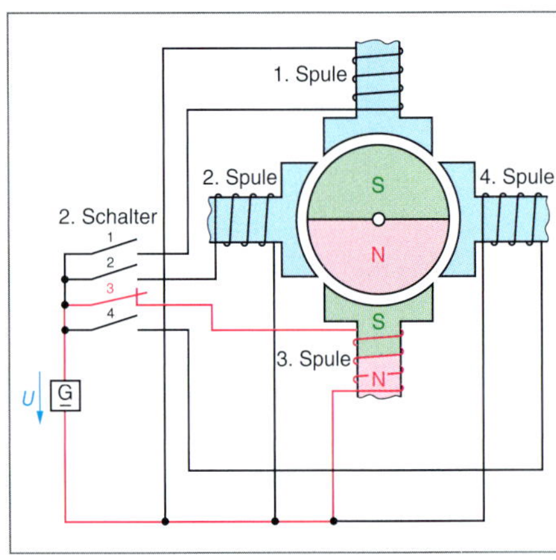

78 Schrittmotor, Prinzipielle Wirkungsweise

79 Schrittmotoren

Durch Schalten der einzelnen Spulen können *Drehzahl* und *Drehrichtung* des Motors gesteuert werden.

Schrittmotor
Die Erregerspulen müssen nach einem Programm angesteuert werden.

Funktion (Bild 78)
Schalter 3 geschlossen: Der Nordpol des Läufers dreht sich zum Südpol der 3. Spule usw.

Schrittwinkel

$$\alpha = \frac{360^\circ}{2 \cdot p \cdot m}$$

α Schrittwinkel
p Polpaarzahl des Läufers
m Phasenzahl des Stators

@ Interessante Links
- christiani-berufskolleg.de

Zur *Verringerung des Schrittwinkels* wird i. Allg. die *Polpaarzahl* des Läufers erhöht.

Läufer besteht aus zwei versetzten Einzelzahnrädern (Nordpol- und Südpolrad), die um eine halbe Polteilung zueinander verschoben sind.

Bei Änderung des Statorspulenfelds wird das Polrad jeweils um den Schrittwinkel α weitergedreht.

Angesteuert werden Schrittmotoren durch elektronische Schaltungen.

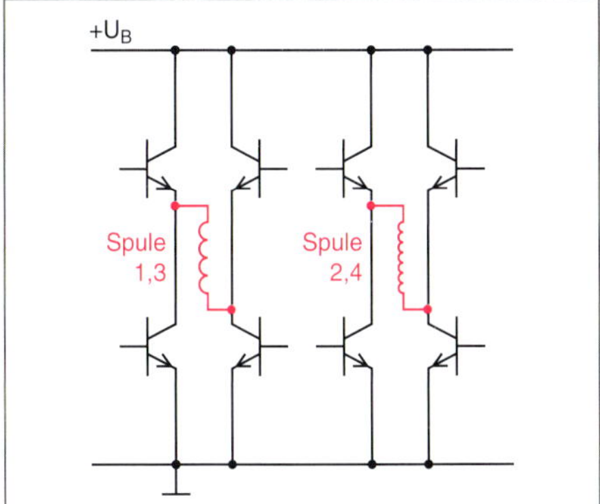

80 *Steuerschaltung für Schrittmotor*

- Impulsanzahl Ständerwicklung → Schrittfolge im Läufer.
- Wegstrecke oder Drehwinkel durch Zählen der Schritte.
- Hohe Stellgenauigkeit bei Verzicht auf Sensorik.

Servomotor

Servomotoren haben im Wesentlichen *Positionierungsaufgaben*. Ihr bevorzugtes Einsatzgebiet sind *Werkzeugmaschinen* und *Industrieroboter*.

Anforderungen

- Sehr hohe Positioniergenauigkeit
- Hohe Drehzahlgenauigkeit
- Großer Drehzahlstellbereich (0,01 bis 10000 1/min)
- Hohes Drehmoment
- Stillstandsmoment
- Hohe Überlastbarkeit
- Hohe Dynamik (Beschleunigungsmomente)

Servomotoren benötigen zum Betrieb eine *spezielle Stromversorgung* und *elektronische Regelsysteme*. Sie werden als *Wechselstrom-* oder *Gleichstrommotoren* mit *Bemessungsleistungen* bis ca. 50 kW angeboten.

Servosystem: Steuerung, Servoumrichter, Servomotor.

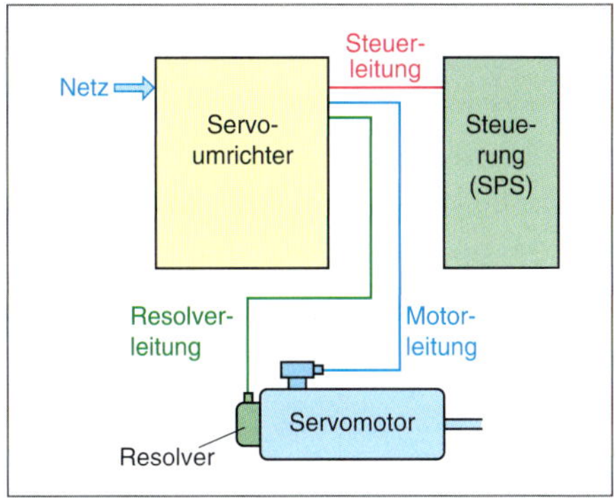

81 *Servosystem*

82 *Servomotor*

Servoumrichter

- Leistungselektronik sowie Regelung für Position, Drehzahl und Drehmoment.
- Überwachung von Kurzschluss, Überlastung und Grenztemperaturen.
- Motorbremse für Stillstand.

DC-Servomotor

Erregung durch **Dauermagnete** im Stator. Der Ankerstrom wird über Kohlebürsten zugeführt.

Drehmoment ist dem *Ankerstrom* proportional.

Drehzahl ist der *Ankerspannung* proportional.

Bei niedrigen Drehzahlen im *Kurzzeitbetrieb* kann ein Drehmoment von bis zu $4 \cdot M_N$ abgegeben werden.

Schlankläufer: Geringer Läuferdurchmesser, geringes **Trägheitsmoment**.

Scheibenläufer: Eisenlose Läufer, geringe Masse, sehr hohe Dynamik.

Scheibenläufermotoren verfügen über Läuferscheiben ohne Eisenkern. Wegen der *geringen Läufermasse* können sie sehr schnell ihre *Drehzahl ändern*.

Erregung durch Dauermagnete auf Weicheisen-Jochringen.
Auf der *Läuferscheibe* sind beidseitig Leiterbahnen aus *Kupferfolie* aufgebracht.

Schrittmotor
stepping motor

Spaltpolmotor
shaded-pole motor

Universalmotor
commutator motor, universal motor

Servomotor
servomotor, servo

Resolver
resolver

Trägheitsmoment
moment of inertia

Umrichter
converter

■ **Servo**

lat. servus, Diener, Helfer

Servomotoren
benötigen spezielle Stromversorgungen und elektronische Regelsysteme.

Drehstrom-Servosystem
besteht aus Motor mit Gebersystem und Servoumrichter.

Stromzuführungen über Kohlebürsten i. Allg. direkt auf die Leiterbahnen, die zugleich als **Stromwender** arbeiten.

- Leistungen: ca. 20 W bis 10000 W
- Hohe Beschleunigungs- und Bremsfähigkeit
- Kurzzeitig stark überlastbar
- Hohe Positioniergenauigkeit

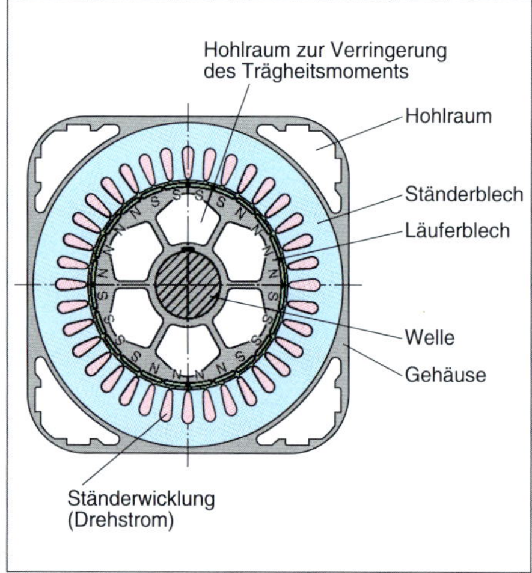

83 Schnitt durch einen AC-Servomotor

Drehstrom-Servomotoren

Im Allgemeinen *permanenterregte* Synchronmotoren. Im **Ständer** ist eine dreiphasige Drehstromwicklung untergebracht.

Die auf dem **Läuferblechpaket** aufgebrachten **Permanentmagneten** (i. Allg. Seltenerdmetalle-Magnete, SE-Magnete) haben hohe Magnetkräfte. Dadurch *geringe Rotorabmessungen* und ein *kleines Trägheitsmoment des* Läufers.

Das **Statordrehfeld** wird durch einen Wechselrichter erzeugt. Dem Spulensystem werden drei um 120° phasenverschobene Ströme zugeführt.

Die Drehzahl des Statordrehfelds bestimmt die Läuferdrehzahl.

Der **Servoumrichter** ermöglicht es, die Drehzahl stufenlos von $n = 0$ auf beliebige Werte zu bringen. Wenn die Frequenz des Statordrehfelds auf 0 Hz gebracht wird, bremst der Motor schnell ab.

Um *Positionen* anfahren zu können, muss der Motor in einer bestimmten *Lage* halten. Dazu wird eine *Gleichspannung* an die Drehstromwicklung angelegt (bremsen).

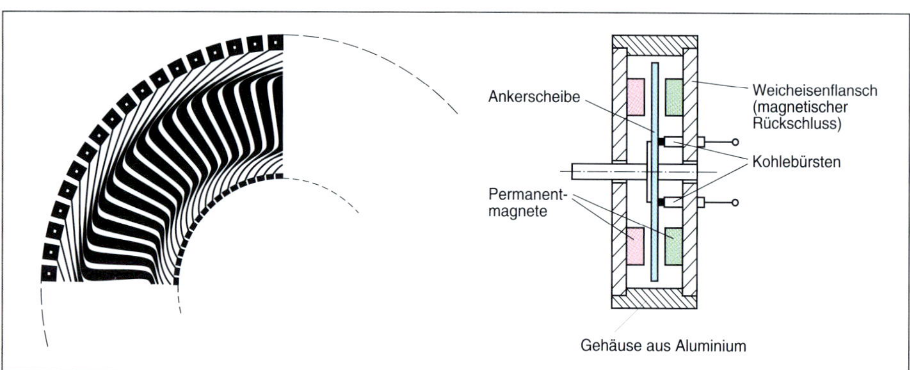

84 Anker und Aufbau eines Scheibenläufermotors

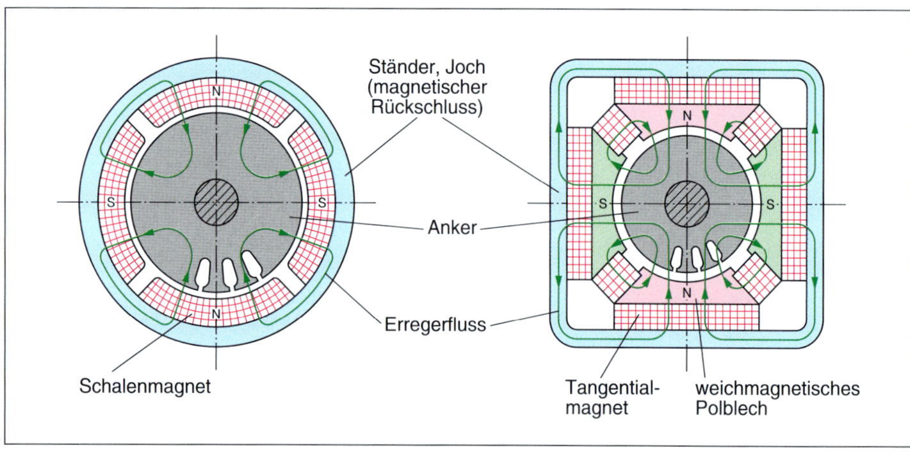

85 Permanenterregter Servomotor

DC-Servomotor

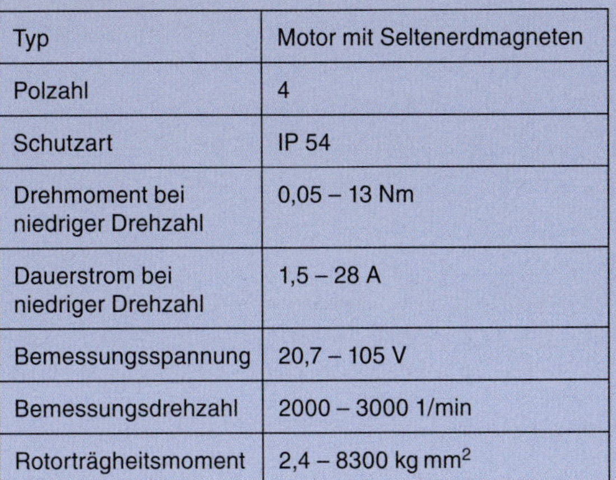

Typ	Motor mit Seltenerdmagneten
Polzahl	4
Schutzart	IP 54
Drehmoment bei niedriger Drehzahl	0,05 – 13 Nm
Dauerstrom bei niedriger Drehzahl	1,5 – 28 A
Bemessungsspannung	20,7 – 105 V
Bemessungsdrehzahl	2000 – 3000 1/min
Rotorträgheitsmoment	2,4 – 8300 kg mm^2

Wesentliche Eigenschaften

- kompakt
- langlebig
- sehr gute Funktion bei niedrigen Drehzahlen
- Hochleistungseigenschaften

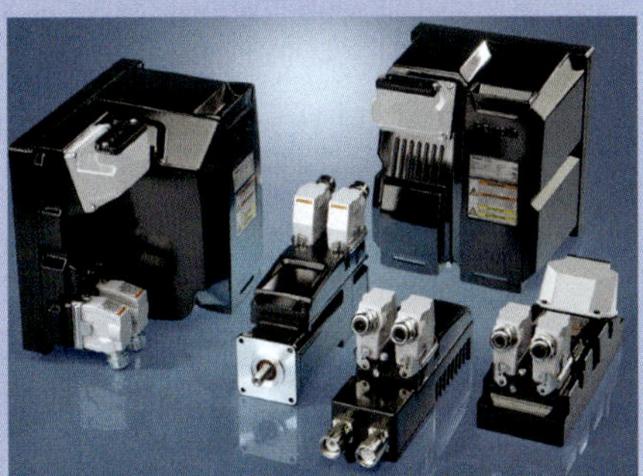

DC-Scheibenläufer-Servomotor

Bemessungsmoment	0,14 – 19,2 Nm
Bemessungsstrom	6,4 – 44 A
Sollspannung	14 – 178 V
Bemessungsdrehzahl	3000, 4800 1/min
Trägheit	29 – 7400 kg mm^2

Wesentliche Eigenschaften

- sehr gute Regelung bei niedrigen Geschwindigkeiten
- geringes Rotor-Trägheitsmoment
- wartungsfrei
- hohe Dynamik

■ Positioniervorgang mit Servosystem

Positionierungsdifferenz wird durch Lageregler erkannt. Drehzahlregler ermittelt die notwendige Drehzahl.

Stromregler bewirkt das notwendige Drehmoment.

Servoantrieb

Neben dem Servomotor besteht der Servoantrieb aus weiteren Komponenten.

- **Filter** (Netzfilter)
  Filtert mithilfe von Drosseln und Kondensatoren die *Oberschwingungen* heraus. Entlastet das Erregerversorgungsnetz von Störungen.
- **Servoumrichter**
  Gleichstromsteller, dreiphasiger Wechselrichter mit Bremschopper oder Zwischenkreisgleichrichter (rückspeisungsfähig). Fahren, Stoppen und Halten des Servomotors wird über die Steuerung/Regelung gesteuert.

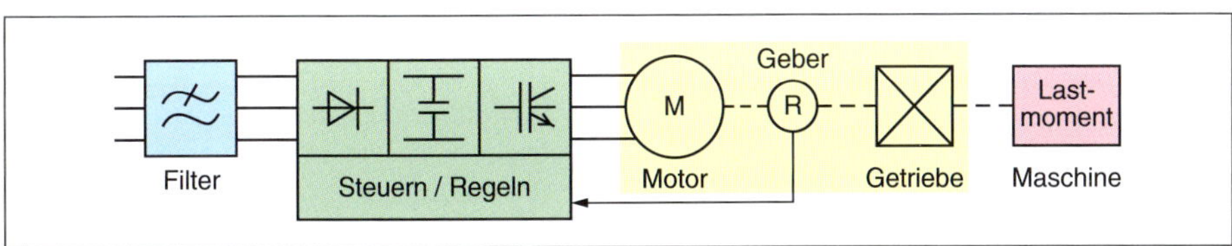

86 Komponenten eines Servoantriebs

Anschlussbelegung, Leitungsstecker und Signalstecker
(nach Herstellerunterlagen)

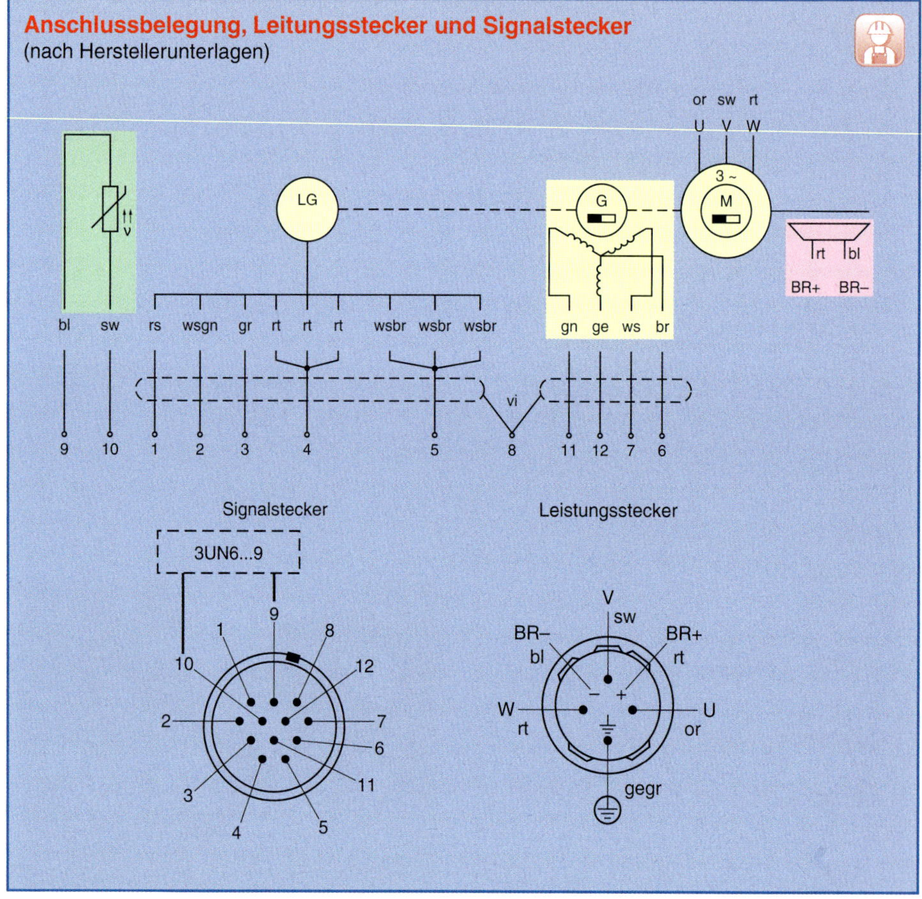

Resolver
→ 183

Parametrierung

- *Motordaten*
- *Geberdaten*
- *Drehzahlen*
- *Rampen*
- *Grenzwerte für Ströme und Drehzahlen*
- *Bremswerte*

Gebersystem
erfasst Drehzahl, Drehsinn und Winkelpositionen. Meldet die Position des Läufers an den Servoregler im Servoumrichter zurück.

Geber

Tachosystem

- *Bürstenloses analoges Gebersystem*
- *Tacho für die Drehzahlerfassung*
- *Trapezförmiges Signal vom Trafo*
- *Absolutsignal für die Rotorlage*

Inkrementalgeber

Dienen zur Erfassung von *rotierenden* oder *linearen Lageänderungen*, von *Wegstrecken* und *Wegrichtungen*. Häufig werden *optische* Geber verwendet. Die Anzahl der *Hell-Dunkel-Impulse* wird gezählt und ausgewertet.

Resolver

Der *Resolver* (engl. Koordinatenwandler) wandelt die *Winkellage* eines Rotors in ein elektrisches Signal um (Bild 87, Seite 183).

Der *Stator* des Resolvers enthält zwei um 90° versetzte Spulen. Die *Rotorwicklung* wird über Schleifringe und Bürsten nach außen geführt.

Häufiger werden heute *bürstenlose Resolver* eingesetzt. Die Rotorinformation wird dann *induktiv* übertragen.

Geliefert wird ein *absolutes Winkelsignal*, sodass im Unterschied zum Inkrementalgeber *kein Referenzpunkt* notwendig ist.

Der *Rotorwicklung* wird eine *sinusförmige Wechselspannung* zugeführt.

Dadurch werden in den beiden Spulen Spannungen induziert, deren Höhe von der *Lage des Rotors* zur Spule 1 und Spule 2 abhängig ist.

Die *Amplituden* der in den Spulen induzierten Spannungen entsprechen dem Sinus bzw. Cosinus der *Winkellage* des Rotors.

$$\alpha = \arctan \frac{\alpha_1}{\alpha_2}$$

Technische Daten (Herstellerunterlagen)

Technische Daten	Kurzzeichen	Einheit	Wert
Projektierungsdaten			
Bemessungsdrehzahl	n_N	1/min	6000
Bemessungsdrehmoment (100 K)	$M_{N\,(100\,K)}$	Nm	0,76
Bemessungsstrom	I_N	A	1,5
Stillstandsdrehmoment (60 K)	$M_{0\,(60\,K)}$	Nm	0,7
Stillstandsdrehmoment (100 K)	$M_{0\,(100\,K)}$	Nm	0,9
Stillstandsstrom (60 K)	$I_{0\,(60\,K)}$	A	1,2
Stillstandsstrom (100 K)	$I_{0\,(100\,K)}$	A	1,6
Trägheitsmoment (mit Bremse)	J_{mot}	10^{-4} kgm^2	0,74
Trägheitsmoment (ohne Bremse)	J_{mot}	10^{-4} kgm^2	0,67
Grenzdaten			
Maximale Drehzahl	n_{max}	1/min	9000
Maximaldrehmoment	M_{max}	Nm	3,6
Maximalstrom	I_{max}	A	6,5
Grenzdrehmoment	M_{grenz}	Nm	1,4
Physikalische Konstanten			
Drehmomentkonstante	k_T	Nm/A	0,58
Spannungskonstante	k_E	V/1000 $^{1/min}$	70
Wicklungswiderstand	R_{str}	Ohm	16,3
Drehfeldinduktivität	L_D	mH	21,8
Elektrische Zeitkonstante	T_{el}	ms	1,3
Mechanische Zeitkonstante	T_{mech}	ms	6,5
Thermische Zeitkonstante	T_{th}	min	40
Gewicht mit Bremse	m	kg	2,6
Gewicht ohne Bremse	m	kg	2,4

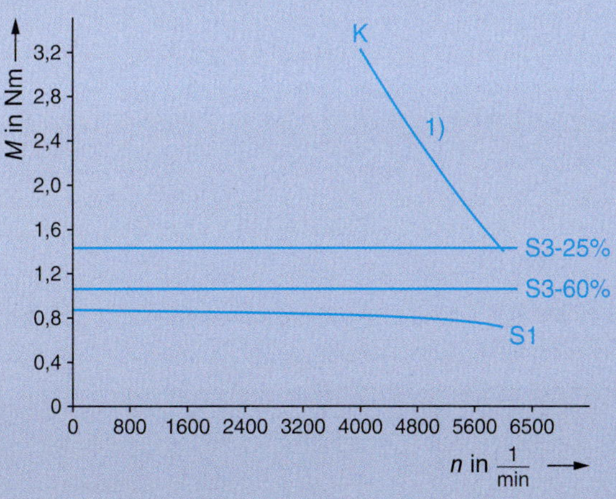

Inkrementalgeber
Drehzahl wird in eine diskrete Impulsanzahl umgewandelt.

Inkrementalgeber, technische Daten

Mechanische Drehzahl Elektrische Drehzahl Betriebsspannung Stromaufnahme Frequenzbereich	max. 8500 1/min abhängig von Strichzahl DC 5 V ± 5 % ≤ 150 mA (ohne Last) 0 bis 300 kHz
Flankenabstand Verzögerung U_{a0} zu U_{a1} und U_{a2} Ausgangsbelastbarkeit	$a \geq 420$ ns $t_d \leq 50$ ns $I_{high} \leq$ DC 20 mA $I_{low} \leq$ DC 20 mA, $C_{Last} \leq 1000$ pF
Kurzschlussfestigkeit	kurzzeitig alle Ausgänge gegen 0 V, 1 Ausgang dauernd bei 25 °C
Lichtquelle	Schwingungsfeste LED
Arbeitstemperatur	–30 °C bis +100 °C
Eigenträgheitsmoment	$0{,}035 \cdot 10^{-4}$ kgm²
Masse	0,25 kg

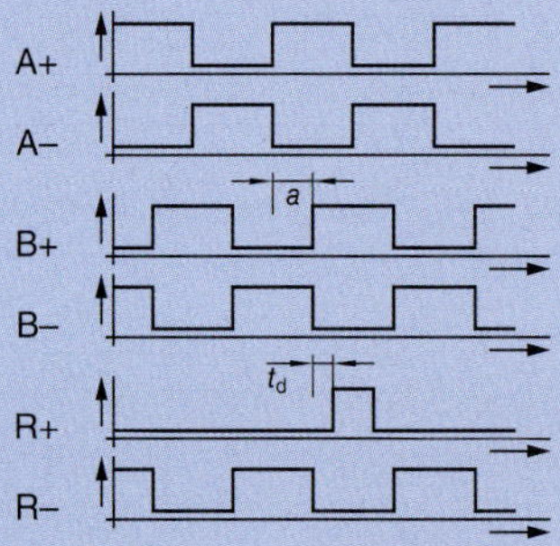

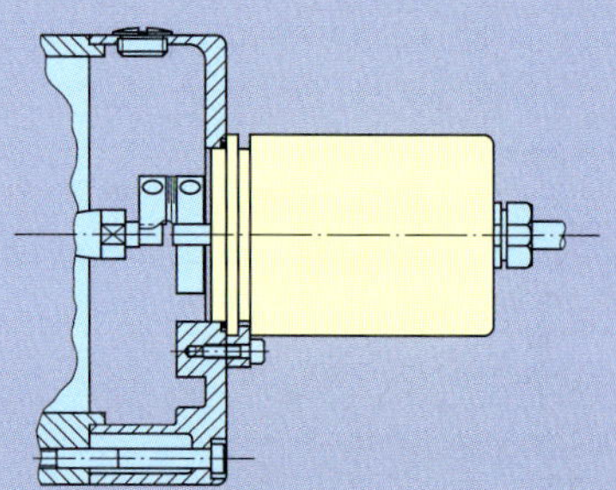

Servomotor mit Drehgeber

Bremse

Die *Arbeitsbremse* arbeitet nach dem *Ruhestromprinzip*. Im stromlosen Zustand ist die Bremse geschlossen.

Technische Daten

- Anschluss: 24 V DC über Klemmkasten
- Schutzart IP54

Bremsmoment *M* bei Drehzahl *n* [Nm]	[1/min]	max. Drehzahl [1/min]	Höchstschaltleistung [kJ/h]	Bemessungsleistung [W]	Verknüpfungszeit [ms]	Trägheitsmoment [10^{-4} kgm²]	Höchstschaltarbeit (Richtwert) [MJ]
32	250	4000	460	38	40	5	175
60	250	3500	570	60	85	14	345
130	125	3000	640	75	100	38	440

Bremse

Haltebremse

Über eine Einstellung kann das Bremsmoment um bis zu 50 % reduziert werden.

Haltemomente M_4 [1)] [Nm]		Dyn. Moment M_{1m} [Nm]	Gleich-strom [A]	Leistungs-aufnahme [W]	Öffnungs-zeit t_2 [1)] [ms]	Schließ-zeit [1)] [ms]	Trägheits-moment [10^{-4} kgm^2]	Höchst-schalt-arbeit [2), 4)] [J]
20 °C	120 °C	120 °C						
Standardmotoren, fremdbelüftet								
1,2	1,0	0,75	0,3	7,5	20	10	0,07	24
2,0	1,5	1,3	0,6	13	40	20	0,4	122
12	10	7	0,7	16	55	15	1,1	291
28	23	13	0,93	22	100	30	7,6	1005
100	80	43	1,4	32	180	20	32	2150 [3)]
200	140	60	1,7	40	260	70	76	9870

[1)] Standardisiert nach VDE 0580 mit Widerstand und Diode

[2)] Je Notstopp mit $n = 3000$ 1/min

[3)] Je Notstopp mit $n = 2000$ 1/min

[4)] $W = 1/2 \cdot J_{ges} \cdot \omega^2$, J_{ges} in [kgm^2], ω in [1/s], W in [J]

Servomotor

Der Begriff *Servomotor* stammt von seinem früheren Einsatzgebiet als *Hilfsantrieb* (servus: lat. Diener).

Ein *Servoantrieb* (Servomotor und Servoregler) kann unterschiedliche *Motorprinzipien* enthalten (DC-Motor, Asynchronmotor, Synchronmotor). *Unterscheidungsmerkmal* ist nicht der Motor selbst, nur die *Ansteuerung*, die in einem *Regelkreis* betrieben wird.

Jeder Servomotor verfügt über eine *Messeinrichtung*, wodurch die *augenblickliche Position* des Motors bestimmt wird.

Dieses Positionssignal wird mit einem vorgegebenen Sollwert verglichen. Abweichungen werden ausgeglichen. Auch Geschwindigkeiten oder Drehmomente können geregelt werden.

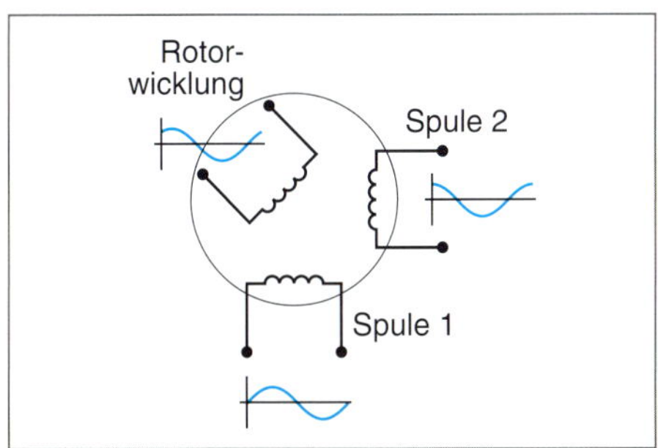

87 Resolver

88 Resolver, technische Ausführung

■ **Resolver**

→ 180

Die Resolversignale werden in einem Resolver-Digital-wandler in digitale Zählwerte umgewandelt.

Prüfung

1. Für welche Anwendungszwecke eignen sich Servomotoren besonders?

2. Nennen Sie die wesentlichen Eigenschaften von Servomotoren.

3. Worin liegt der besondere Vorteil von Scheibenläufermotoren?

@ Interessante Links

- christiani-berufskolleg.de

■ **Parametersatz Servoantriebe**

- Prozesswerte während des Betriebs
  - Strom
  - Drehzahl
  - Temperatur
  - Position
- Sollwerte
  - Drehzahlregelung Momentregelung Positionsregelung
  - Sollwertquelle Feldbus Analogeingang PC-Schnittstelle
  - Strombegrenzung
  - Rampenzeiten
- Regelparameter
  - Verstärkung P-Regler
  - Integrationszeit I-Regler
  - Verstärkungsfaktor des D-Reglers
- Begrenzungen Drehzahl Maximalstrom Stillstandsmoment
- Bremsen

Gebersysteme

Absolute Messwerterfassung

Feste Zuordnung zwischen Messwert und Messgröße durch Codierung jeder Größe auf der Messscheibe.

- *Jeder Messwert ist direkt ablesbar*
- *nullspannungssicher*
- *hoher Codierungsaufwand*
- *aufwendige mechanische und optische Komponenten*
- *hohe Kosten*

Inkrementale Messwerterfassung

Messsignale werden gezählt und von einem Bezugspunkt vorzeichenrichtig addiert.

- *preiswert*
- *einfach und robust*
- *nicht nullspannungssicher (Referenzpunkt anfahren)*
- *Fehlimpulse verfälschen den Istwert*

Absolute Messwerterfassung (Beispiel)

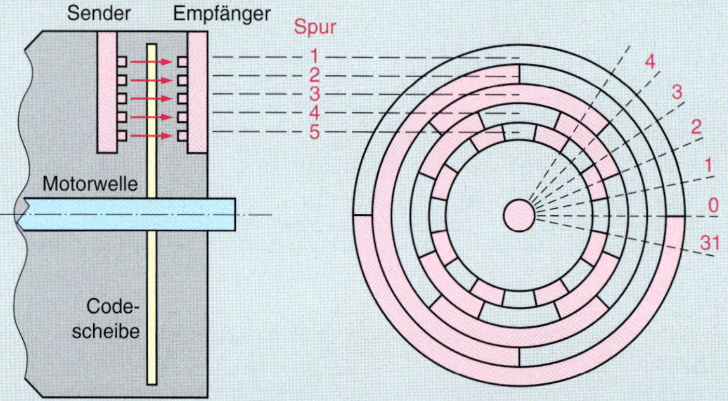

Codierung im *Gray-Code*. Dieser *einschrittige* Code reduziert Messfehler.

Inkrementale Messwerterfassung (Beispiel)

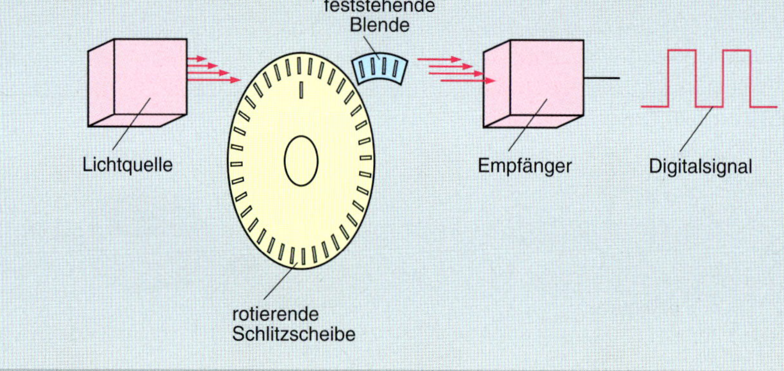

Prüfung

1. Aus welchen Komponenten besteht ein komplettes Servosystem?

5. Wie erfolgt der Positioniervorgang beim Servoantrieb?

6. Welche Gebersysteme finden bei Servoantrieben Anwendung?

7. Was versteht man unter einem Resolver?

@ Interessante Links

- christiani-berufskolleg.de

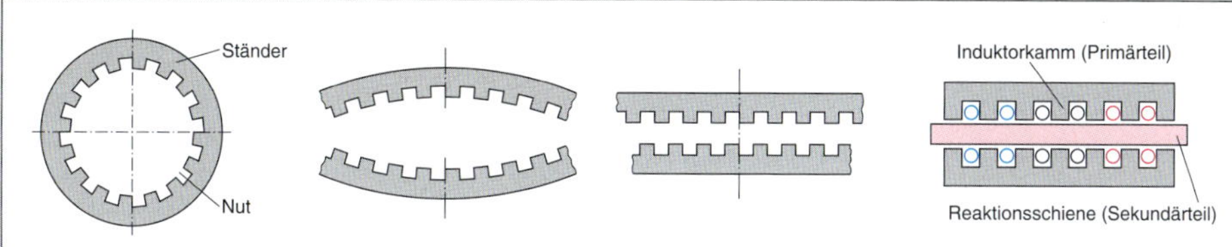

89 *Linearmotor, „Entstehung"*

Linearmotor

Linearmotoren rufen *geradlinige* Bewegungen hervor.

- *Primärteil:* Stator-Induktorkamm
- *Sekundärteil:* Läuferschiene (Reaktionsschiene)

Wenn man sich einen rotierenden Motor *aufgeschnitten* und in die *Länge gezogen* vorstellt, ergibt sich der *grundsätzliche Aufbau* des Linearmotors (Bild 89).

Es entsteht ein *doppelseitiges flaches Eisenpaket*. Die Nuten der *Ständerpakethälften* (Doppel-Induktorkamm) tragen die **Ständerwicklung**. Es handelt sich um eine Drehstromwicklung.

Das **Sekundärteil** kann unterschiedlich aufgebaut sein:

- Besteht ausschließlich aus Magneteisen.
- Besteht aus Magneteisen und leitendem Material.
- Besteht ausschließlich aus leitendem Material.
- Besteht aus Magneteisen mit eingelegter Käfigwicklung.

Gebaut werden auch Linearmotoren mit **Einfach-Induktorkamm**. Die elektrischen und mechanischen Bedingungen sind hierbei allerdings ungünstiger.

90 *Linearantrieb*

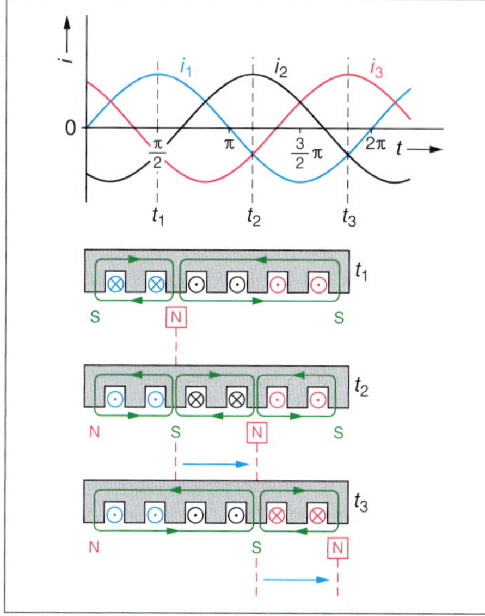

91 *Entstehung eines Wanderfelds*

Wirkungsweise

Das **Primärteil** wird an *Drehstrom* angeschlossen. Es entsteht ein **Wanderfeld**, das sich in linearer Richtung fortbewegt.

Im **Sekundärteil** induziert das Wanderfeld eine Spannung. Es wird ein **Wirbelstrom** hervorgerufen, der seinerseits ein Magnetfeld bewirkt.

Auf die **Reaktionsschiene** wird eine Kraft in Richtung des Wanderfelds ausgeübt.

- **Induktorkamm befestigt:** Bewegliche Reaktionsschiene bewegt sich in *gleicher Richtung* wie das Wanderfeld.
- **Reaktionsschiene befestigt:** Induktorkamm bewegt sich in *entgegengesetzter Richtung* wie das Wanderfeld.

Synchrone translatorische Geschwindigkeit

$$v = 2 \cdot \tau_P \cdot f$$

v synchrone translatorische Geschwindigkeit in $\frac{1}{s}$
τ_P Polteilung
f Frequenz in Hz = $\frac{1}{s}$

Auch beim Linearmotor tritt ein **Schlupf** auf. Die Motorgeschwindigkeit ist geringer als die synchrone translatorische Geschwindigkeit. Der Schlupf kann Werte von bis zu 50 % erreichen.

■ **Linearmotor**
Beim Linearmotor kann der Induktor oder der Anker bewegt werden. Wirksam ist ein magnetisches Wanderfeld.

■ **Schubkraft**
Die größte Schubkraft entwickelt der Linearmotor beim Anfahren. Sie nimmt danach mit wachsender Geschwindigkeit ab.

@ Interessante Links

- christiani-berufskolleg.de

Drehrichtungsänderung durch Umpolung des Wanderfelds. **Frequenzänderung** beeinflusst die *Geschwindigkeit.*

Betriebsverhalten

Beim *Anfahren* wird eine hohe **Schubkraft** entwickelt, die mit zunehmender Geschwindigkeit stark abnimmt.

Dies wird durch den größeren Luftspalt und höheren Ankerwiderstand des Linearmotors (im Vergleich zum herkömmlichen Asynchronmotor) hervorgerufen.

- **Vorteile**
  - Keine Getriebe notwendig
  - Keine Kühlprobleme
- **Nachteile**
  - Relativ hohe Verluste
  - Hoher Materialaufwand
  - Anpassung an Aufgabenstellung notwendig
- **Anwendungsbeispiele**
  - Transportsysteme
  - Türantriebe
  - Vorschubantriebe
  - Kranfahrwerke
  - Versetzeinrichtungen
  - Schneideanlagen

Prüfung

1. Erläutern Sie das grundsätzliche Arbeitsprinzip eines Elektromotors.

2. Ein Drehstrommotor mit Käfigläufermotor hat Nebenschlussverhalten.

Was bedeutet das?

3. Erklären Sie die Begriffe Asynchronmotor und Induktionsmotor.

4. Der Schlupf eines 4-poligen Asynchronmotors beträgt 6 %.

Was bedeutet diese Angabe?

5. Warum haben Gleichstrommotoren einen sehr hohen Anzugsstrom?

6. Ein Gleichstrom-Reihenschlussmotor wird stark belastet.

Welche Auswirkungen hat das?

7. Vergleichen Sie Spaltpolmotor und Kondensatormotor miteinander:

Aufbau, Betriebsverhalten, technische Daten, Anwendung.

4.3 Elektrische Antriebstechnik

Der **Antriebsmotor** muss den *Leistungsbedarf* der angetriebenen **Arbeitsmaschine** *in jedem Drehzahlbereich* decken.

Er soll aber auch *nicht zu groß* gewählt werden, da dann *Leistungsfaktor* $\cos\varphi$ und *Wirkungsgrad* η sich verschlechtern.

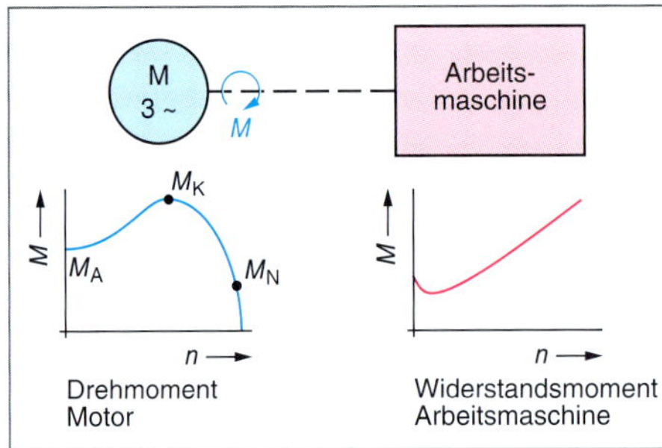

92 Elektrischer Antrieb

Der Motor gibt ein Drehmoment ab (Motormoment), die Arbeitsmaschine nimmt ein Drehmoment auf (Widerstandsmoment).

Die *Differenz* zwischen **Motormoment** und **Widerstandsmoment** ist das **Beschleunigungsmoment** M_b (Abb 93).

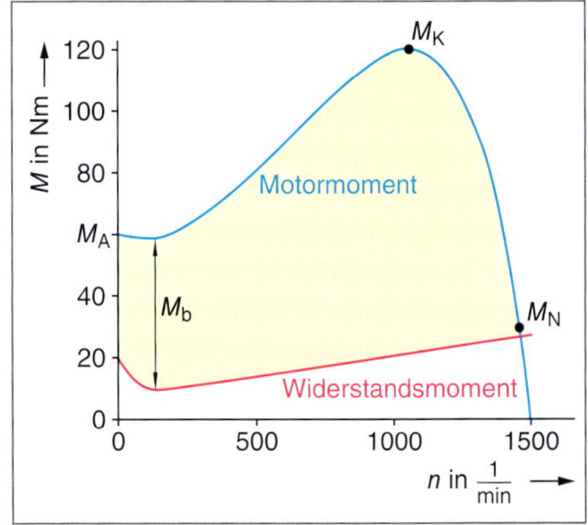

93 Beschleunigungsmoment

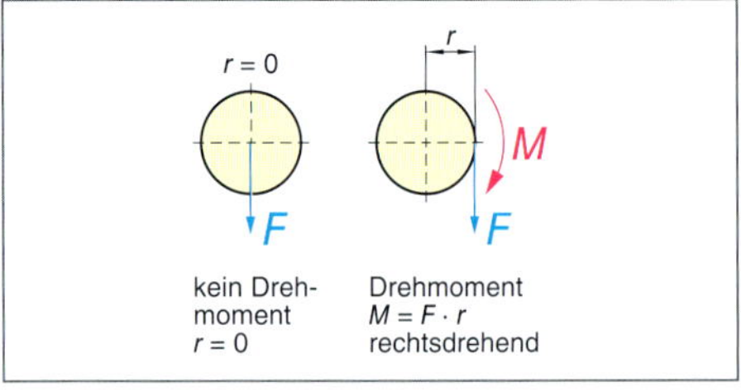

94 Drehmoment

Drehmoment

Wenn die Wirkungslinie einer Kraft F außerhalb des Mittelpunkts liegt, entwickelt die Kraft ein *Drehbestreben*. Dieses Drehbestreben nennt man **Drehmoment** M.

$M = F \cdot r$

M Drehmoment in Nm
F Kraft in N
r Radius in m

Mechanische Leistung

$$P = \frac{W}{t} = \frac{F \cdot s}{t}$$

Geschwindigkeit

$$v = \frac{s}{t} \rightarrow P = F \cdot v$$

Drehgeschwindigkeit

$$v = 2\pi \cdot r \cdot n \rightarrow P = F \cdot 2\pi \cdot r \cdot n$$

Drehmoment

$$M = F \cdot r \rightarrow P = 2\pi \cdot M \cdot n$$

$$M = \frac{P}{2\pi \cdot n}$$

M Drehmoment in Nm
P Leistung in W
n Drehzahl (Drehfrequenz) in $\frac{1}{s}$

Hinweis

$$\text{Nm} = \frac{\text{W}}{\frac{1}{\text{s}}} = \text{Ws}$$

Beachten Sie: 1 Nm = 1 Ws

Ein sicheres **Hochlaufen** des Motors ist nur möglich, wenn das *Drehmoment* des Motors ständig *größer* ist als das *Widerstandsmoment* der Last.

Zum sicheren Motoranlauf ist ein **Beschleunigungsmoment** M_b notwendig.

Wenn das Beschleunigungsmoment *zu gering* ist, *verlängert* sich die *Anlaufzeit* und die *Stromaufnahme* des Motors. Dabei kann sich der Motor *überhitzen*.

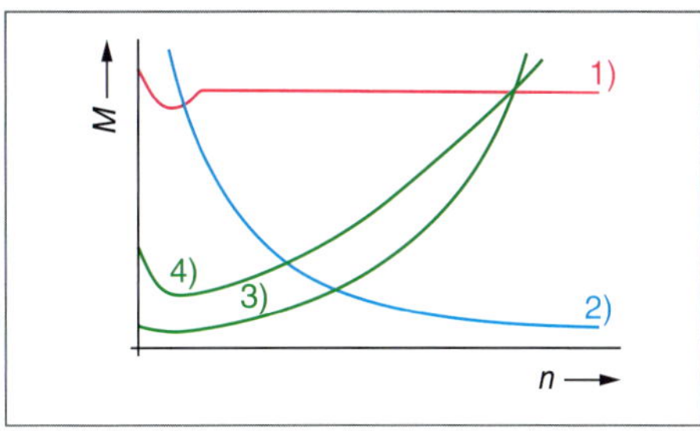

95 Widerstandsmoment von Arbeitsmaschinen

Zu Bild 95:

1) Kolbenpumpen, Hebezeuge, Werkzeugmaschinen
2) Wickelantriebe
3) Kreiselpumpen, Fahrantriebe
4) Kalender, Motorgeneratoren

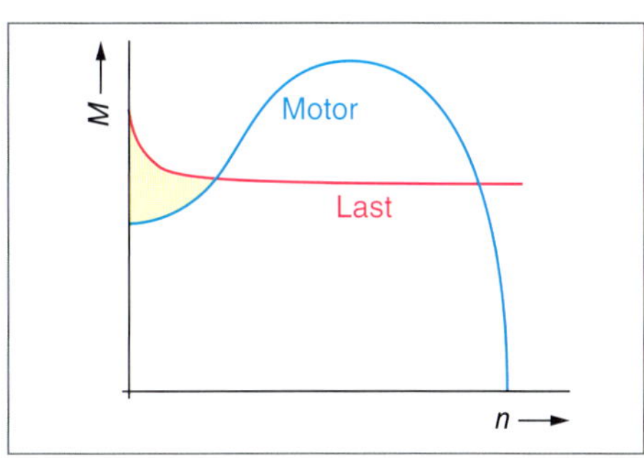

96 Hochlaufkennlinie

Zu Bild 96:

Der Motor kann *nicht hochlaufen*, da das Motormoment das Widerstandsmoment nicht im gesamten Drehzahlbereich decken kann.

■ **Widerstandsmoment**
(Lastmoment)

Bei Dauerbetrieb (S1) ist der aus dem Lastmoment der Arbeitsmaschine ermittelte Leistungsbedarf gleich der Bemessungsleistung des Antriebsmotors.

Bei S3- und S4-Betrieb ist die Zahl der Anläufe des Motors ausschlaggebend und nicht der Leistungsbedarf. Bei häufigen Anläufen erwärmt sich der Motor stark. Kann die Wärme nicht abgeführt werden, dann erwärmen sich die Wicklungen unzulässig.

■ **Betriebsarten**

■ **Wärmeklassen**

z.B.

Ein Elektromotor $P = 22$ kW (Wellenleistung) hat die Drehzahl $n = 975 \frac{1}{\text{min}}$.
Bestimmen Sie das Drehmoment.

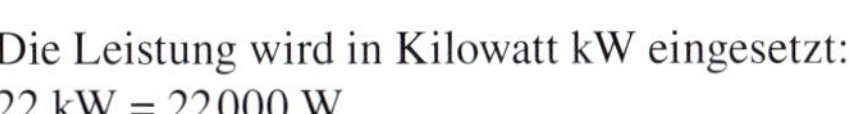

Die Leistung wird in Kilowatt kW eingesetzt:
22 kW = 22000 W.

Die Drehzahl wird in $\frac{1}{s}$ eingesetzt:

$$975 \frac{1}{\text{min}} = \frac{975}{60} \frac{1}{\text{s}} = 16{,}25 \frac{1}{\text{s}}$$

$$M = \frac{P}{2\pi \cdot n}$$

$$M = \frac{22000\ \text{W}}{2\pi \cdot 16{,}25 \frac{1}{\text{s}}}$$

$$M = 215{,}6\ \text{Nm}$$

Betriebsarten

Bauform

Schutzart

Auswahl des Antriebsmotors

Arbeitsmaschine, Erfordernisse	– Betriebsart – Drehmoment – Drehzahl – Anlaufverhalten
Aufstellung	– Bauform – Schutzart – Kopplung mit Arbeitsmaschine
Netz	– Spannung – Frequenz
Motordaten	Drehmoment Drehzahl Bemessungsspannung

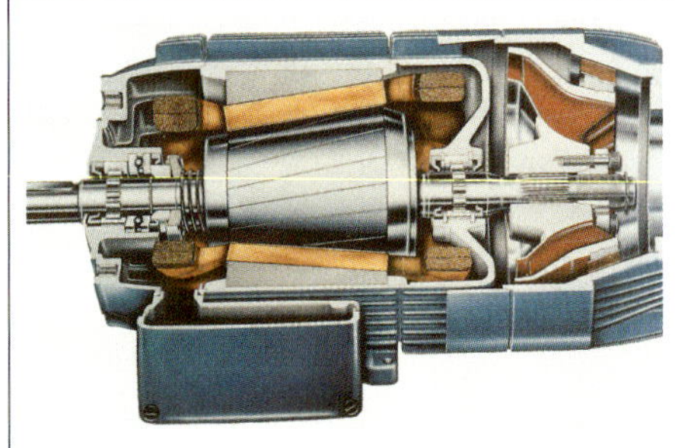

97 *Bremsmotor*

98 *Federdruckbremse*

Bremsen von Drehstrommotoren

Da in einem rotierenden Läufer *mechanische Energie* gespeichert ist, kommt ein Motor nicht direkt nach dem Abschalten zum Stillstand.

Wenn ein rascher Stillstand erreicht werden soll, muss die mechanische Energie in eine andere Energieform *umgewandelt* werden.

1. Umformung in Wärmeenergie

- *Mechanische Bremsverfahren* (Bremslüfter, Bremsmotor)
- *Elektrische Bremsverfahren* (Gegenstrombremsung, Gleichstrombremsung)

nullspannungssicher
Auch bei ausgefallener Spannung kann der Bremsvorgang ausgeführt werden.

Nachteilig bei mechanischen Bremsverfahren ist der hohe Verschleiß.

Vorteilhaft ist die Nullspannungssicherheit.

2. Umformung in elektrische Energie

- *Generatorisches Bremsverfahren*
  Die mechanische Energie wird in elektrische Energie umgewandelt und in das speisende Netz zurückgespeist.

Mechanische Bremsverfahren

Bremsmotoren
werden auch unter Sicherheitsgesichtspunkten eingesetzt, z. B. Haltebremsen bei Hubantrieben.

- *Bremsmotor*
  Ständer und Läufer sind *konisch* aufgebaut.
  Beim Einschalten zieht sich der Läufer aus der Bremsstellung.
  Beim Ausschalten verschiebt die Bremsfeder den Läufer und drückt ihn dabei gegen die Bremsfläche des Motors.

- *Bremslüfter*
  Im *spannungslosen Zustand* drücken *Bremsfedern* die Bremsbeläge gegen die Ankerscheibe (nullspannungssicher).
  Bei Erregung des Bremslüftmagneten wird die Ankerscheibe gegen die Federkraft magnetisch angezogen.
  Solche Bremsen arbeiten nach dem *Ruhestromprinzip*. Sie sind *nullspannungssicher*. Bei *Abschalten* oder *Ausfall* der Spannung erfolgt der Bremseingriff.

@ Interessante Links

- christiani-berufskolleg.de

Prüfung

1. Wie wird ein Antriebsmotor fachgerecht ausgewählt?

2. Erklären Sie den Begriff Beschleunigungsmoment.

3. Was ist ein Drehmoment?
Von welchen Größen ist das Drehmoment abhängig?

4. Unter welcher Voraussetzung läuft ein Antrieb problemlos hoch?

5. Welchen Vorteil und welchen Nachteil haben mechanische Bremsverfahren?

6. Wie funktionieren Gegenstrombremsung und Gleichstrombremsung?

7. Die Spannung am Drehstromotor mit Käfigläufer sinkt um 12 %.
Welchen Einfluss hat das auf das Drehmoment, das an der Welle des Motors abgegeben wird?

Elektromagnet-Scheibenbremse

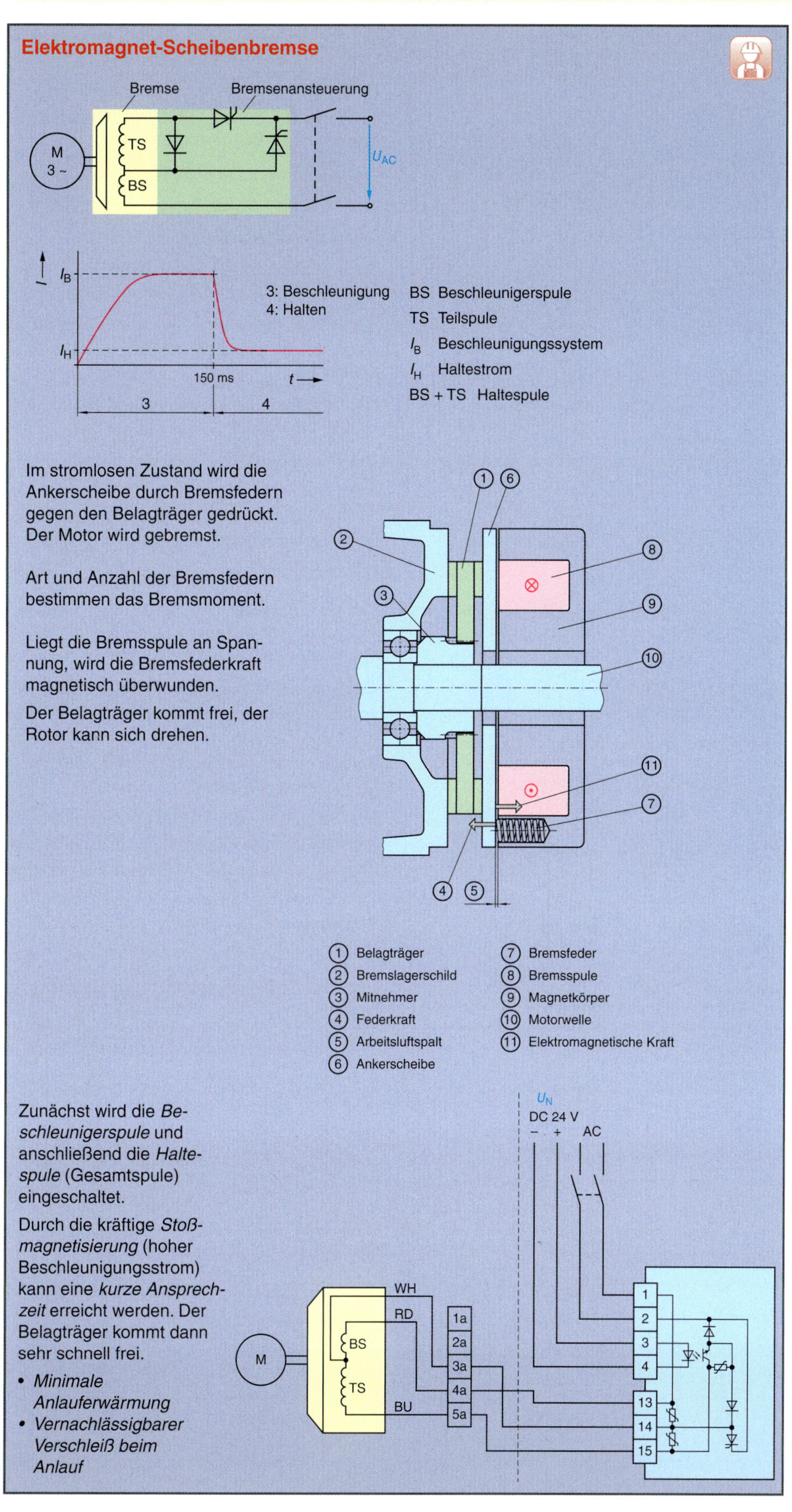

Im stromlosen Zustand wird die Ankerscheibe durch Bremsfedern gegen den Belagträger gedrückt. Der Motor wird gebremst.

Art und Anzahl der Bremsfedern bestimmen das Bremsmoment.

Liegt die Bremsspule an Spannung, wird die Bremsfederkraft magnetisch überwunden.

Der Belagträger kommt frei, der Rotor kann sich drehen.

Zunächst wird die *Beschleunigerspule* und anschließend die *Haltespule* (Gesamtspule) eingeschaltet.

Durch die kräftige *Stoßmagnetisierung* (hoher Beschleunigungsstrom) kann eine *kurze Ansprechzeit* erreicht werden. Der Belagträger kommt dann sehr schnell frei.

- *Minimale Anlauferwärmung*
- *Vernachlässigbarer Verschleiß beim Anlauf*

Bremsansteuerung

ist entweder im Motoranschlussraum oder im Schaltschrank untergebracht.

Die Versorgungsspannung für Bremsen mit AC-Betrieb wird entweder von außen zugeführt oder im Anschlussraum von der Motorspannung abgenommen.

Bremsschütze

Zu schaltende Gleichspannung und hohe Stromstoßbelastung bei induktiver Belastung sind entweder spezielle Gleichstromschütze oder Wechselstromschütze der Gebrauchskategorie AC3.

Bei 24 V DC ist das Schütz für DC3-Betrieb auszulegen.

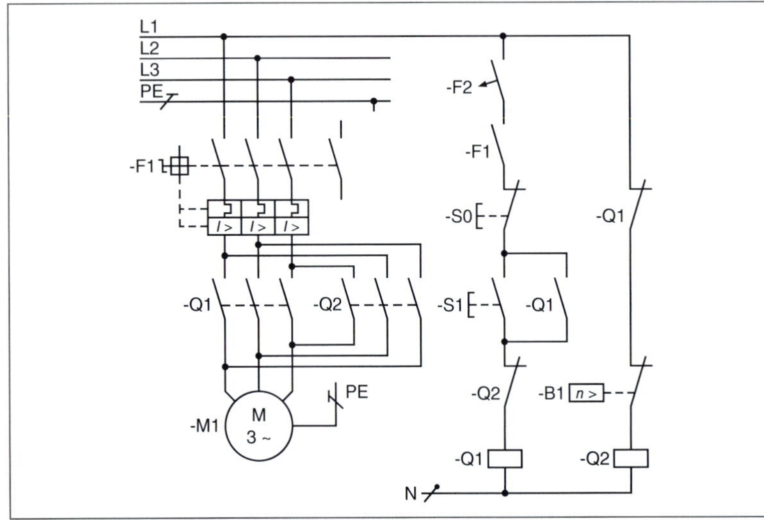

99 Gegenstrombremsung

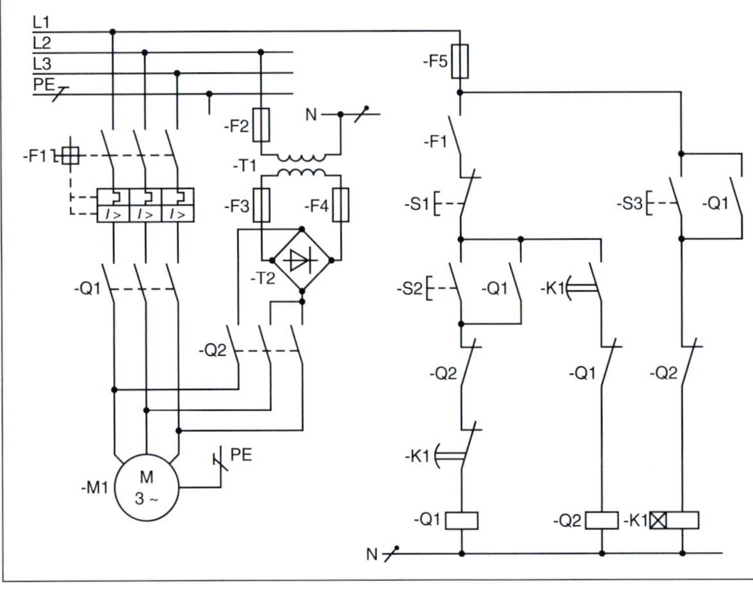

100 Gleichstrombremsung

■ **Wendeschaltung**
→ basics Mechatronik

Elektrische Bremsverfahren

Gegenstrombremsung (Bild 99)

Unmittelbar nach dem Abschalten wird der Drehstrommotor mit *zwei vertauschten Außenleitern* wieder eingeschaltet. Dabei wird der Läufer stark abgebremst.

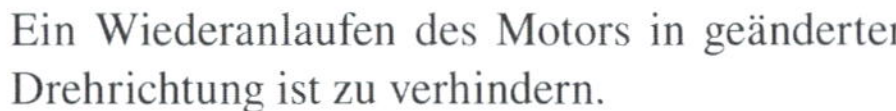

Ein Wiederanlaufen des Motors in geänderter Drehrichtung ist zu verhindern.

Bei dieser Bremsung wird der Motor *thermisch stark belastet*, da der Anlaufstrom des Motors größer als der Bemessungsstrom ist.

Die Bremse ist *nicht nullspannungssicher.*

Gleichstrombremsung (Bild 100)

Nach Abschalten des Motors wird die *Ständerwicklung* an *Gleichspannung* angeschlossen.

Dadurch wird ein magnetisches *Gleichfeld* erzeugt, das im rotierenden Läufer *Wirbelströme* hervorruft.

Die Wirbelströme bewirken ebenfalls ein Magnetfeld. Der Motor wird abgebremst.

Das *Bremsmoment* ist vom Bremsstrom abhängig.

Nach Ablauf der eingestellten *Bremszeit* wird die Gleichspannung wieder abgeschaltet.

Bild 102 zeigt den *Motoranschluss* bei Gleichstrombremsung.

Widerstandsbremsung (Bild 101)

Elektromotoren können auch als *Generatoren* arbeiten. Wenn sich der Anker des Motors *nach dem Abschalten* weiter dreht (ausläuft) und im Ständer ein Magnetfeld erzeugt wird, dann wird im Anker eine Spannung induziert.

Die Spannung ruft im geschlossenen Stromkreis mit **Bremswiderstand** einen Strom hervor, der elektrische Energie in Wärme umwandelt.

Der Anker des Motors wird *abgebremst.* Das **Bremsmoment** ist abhängig vom *Bremswiderstand.*

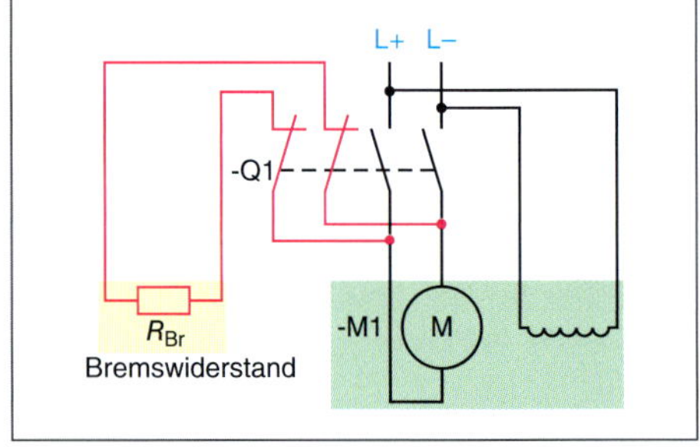

101 Widerstandsbremsung

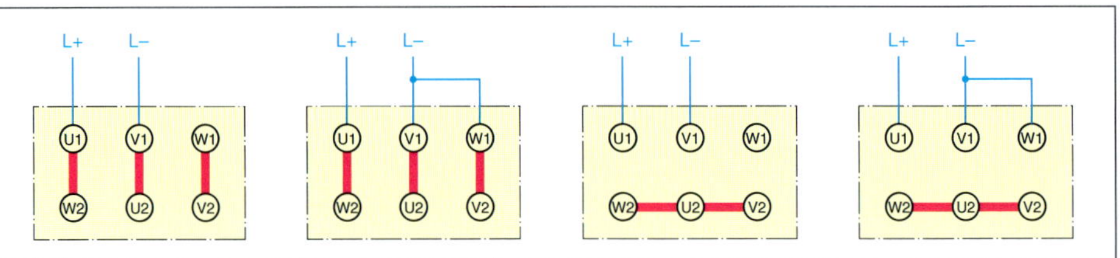

102 Anschluss bei Gleichstrombremsung

Prüfung

1. Nennen Sie Punkte, die Sie bei der Auswahl eines Antriebsmotors berücksichtigen.

2. Unter welchen Bedingungen ist ein Motor optimal an die Arbeitsmaschine angepasst?

3. Wie ist der Drehsinn eines Antriebsmotors definiert?

4. Erläutern Sie folgende Leistungsschildangaben: Δ 400 V; S2; IP 54.

5. Welchen Vor- und Nachteil haben mechanische Bremsverfahren von Elektromotoren?

6. Erläutern Sie den Begriff Bremslüfter.

7. Beschreiben Sie die Wirkungsweise einer Gegenstrombremsung.
Worin besteht der wesentliche Nachteil?

8. Wie arbeitet die Gleichstrombremsung?
Worin besteht der Vorteil gegenüber der Gegenstrombremsung?
Beschreiben Sie die Funktion der Steuerung auf Seite 182, Bild 100.

9. Was versteht man unter einer Widerstandsbremsung?

@ Interessante Links

- christiani-berufskolleg.de

Anlassen von Elektromotoren

Anlassen von Motoren

Das *Anlassen* von Elektromotoren kann folgende *Probleme* verursachen:

- **Netzrückwirkung**
  Ein *hoher Anzugsstrom* kann zu *Netzspannungseinbrüchen* führen.
- **Stoßbelastung**
  Ein *hohes Anlaufmoment* kann die Arbeitsmaschine *mechanisch stark belasten*.

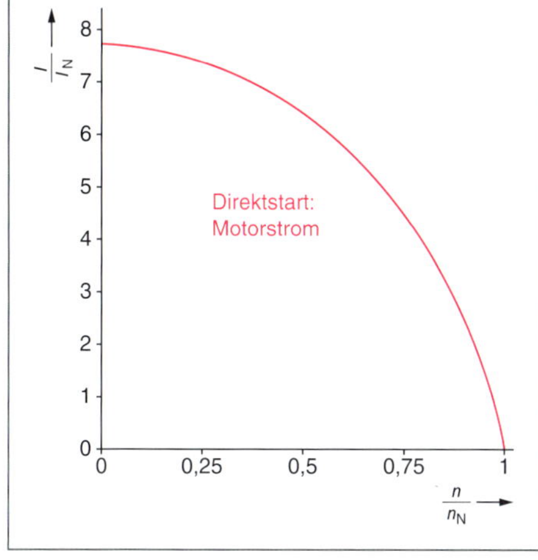

103 Motorstrom bei Direktstart

Anlassen von Drehstrom-Asynchronmotoren

- Hoher Anzugsstrom
- Hohes Anzugsmoment

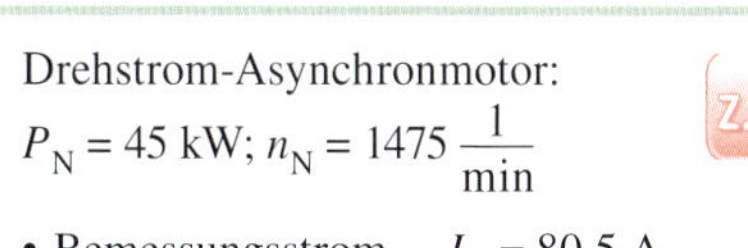

Drehstrom-Asynchronmotor:
$P_N = 45\ \text{kW};\ n_N = 1475\ \frac{1}{\text{min}}$

z.B.

- Bemessungsstrom $I_N = 80{,}5\ \text{A}$
- Bemessungsmoment $M_N = 291\ \text{Nm}$
- Anzugsstrom
  $\frac{I_A}{I_N} = 7{,}7 \rightarrow I_A = 7{,}7 \cdot 80{,}5\ \text{A} = \mathbf{620\ A}$ (!)
- Anzugsmoment
  $\frac{M_A}{M_N} = 2{,}3 \rightarrow M_A = 2{,}3 \cdot 291\ \text{Nm}$
  $= \mathbf{670\ Nm}$ (!)

Der Motor darf *nicht direkt angelassen* werden!

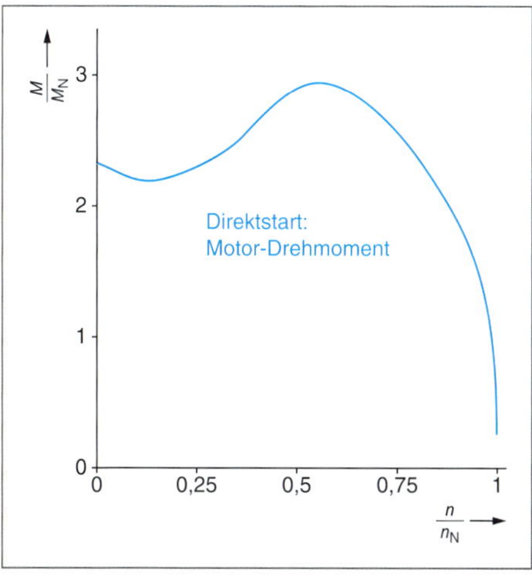

104 Drehmoment bei Direktstart

Bei Drehstrommotoren mit Anlassströmen über 60 A sind Anlassverfahren notwendig. Dies entspricht einer Scheinleistung von 5,2 kVA.

Drehstrommotoren über 5,2 kVA dürfen nicht direkt angelassen werden.

Anlassen von Motoren

Anlassen *starting (operation)*

Anlasser *starter, motor starter*

Anlassvorrichtung *starting device*

Anlaufstrom *starting current*

Stern-Dreieck *star-delta, wye-delta*

Stelltransformator *adjustable transformer, adjusting transformer*

Direktstart *auto cue*

Sanftanlauf *soft start*

Sanftanlaufgerät *soft starter*

Bremsbetrieb *brake operation*

Bremslüfter *centrifuger brake operator*

Bremsmagnet *brake magnet*

Bremsmotor *brake motor*

Wenn beim *Anlassen* des Motors die *Spannung verringert wird*, nimmt das **Anzugsmoment** erheblich ab. Außerdem *sinkt* der **Anzugsstrom**.

$M \sim U^2$

Wenn die Spannung *U halbiert* wird, sinkt das Drehmoment *M* auf $\frac{1}{4}$ ab.

Technische Möglichkeiten

- **Stern-Dreieck-Anlassschaltung**
  Festgelegte Einschaltspannung (230 V). Wenn von Stern auf Dreieck umgeschaltet wird, kommt es zu hohen Umschaltströmen und *Drehmomentstößen*.
- **Anlassen mit Stelltransformatoren**
  Sehr teure Lösung, hohe Umschaltströme und Umschaltdrehmomente.
- **Sanftanlaufgeräte** (Softstarter)
  Die Spannung beim Anlassen des Motors wird mithilfe der Leistungselektronik verringert. Dadurch kann Einfluss auf Anzugsstrom und Anzugsmoment genommen werden. Start- und Bremsvorgänge können den Erfordernissen angepasst werden.

Mithilfe von *Sanftanlaufgeräten* (Softstarter) kann die Ständerspannung von Drehstrommotoren stufenlos geändert werden.

Die verwendeten *Drehstromsteller* arbeiten nach dem *Phasenanschnittsverfahren*.

Sanftanlaufgerät

Die wesentliche Komponente eines **Sanftanlaufgeräts** (Softstarters) ist ein **vollgesteuerter Drehstromsteller**, der aus drei **Wechselwegschaltungen** aufgebaut ist.

Für den *Sanftanlauf* wird durch Phasenanschnitt die *Motorspannung verringert*.

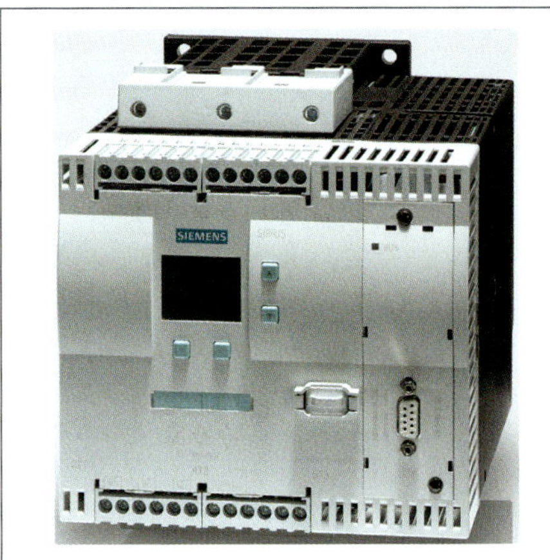

105 *Sanftanlaufgerät (Softstarter)*

Ausgehend von einer *parametrierbaren* **Startspannung** (z. B. 0,2 · U_N) wird durch Veränderung des **Phasenanschnittswinkels** innerhalb einer ebenfalls *parametrierbaren* **Rampenzeit** (z. B. 4 s) die *Motorspannung* von 0,2 · U_N auf U_N gesteigert.

Bei der Wahl der *Startspannung* ist darauf zu achten, dass der Motor das *Anzugsmoment* aufbringen kann.

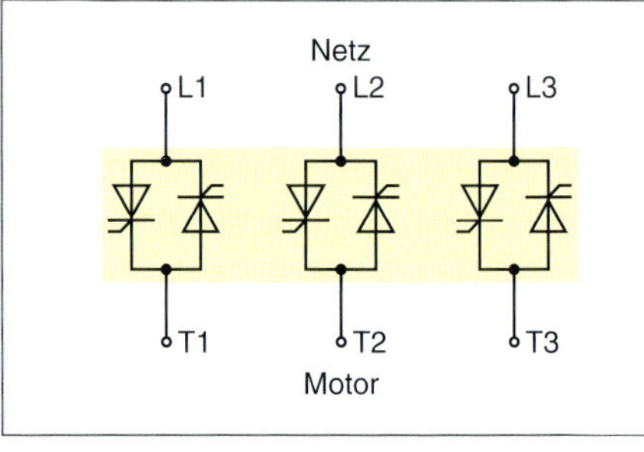

106 *Wechselwegschaltung (Drehstromsteller)*

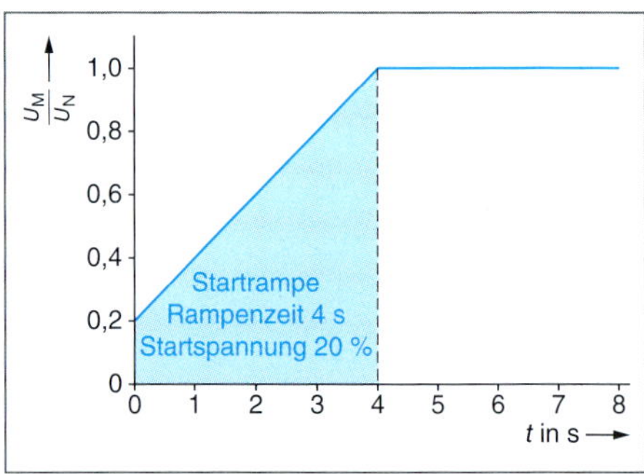

107 *Startrampe des Softstarters*

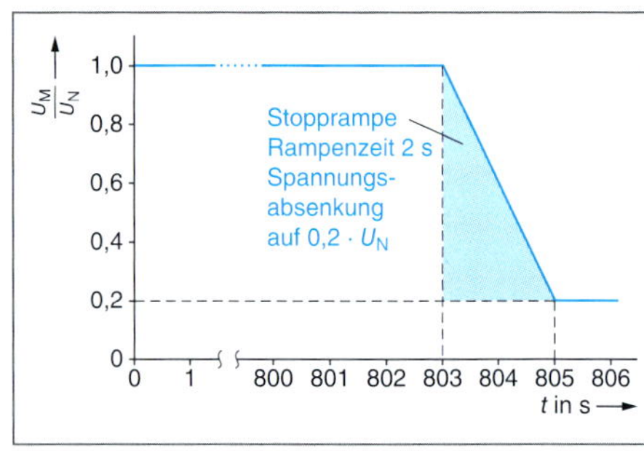

108 *Bremsrampe des Softstarters*

Nicht nur die **Startrampe** (Bild 107) ist *parametrierbar*, sondern auch eine **Stopprampe** (Bild 108).

Beim **Stopp** des Motors wird die *Motorspannung* U_N auf einen parametrierbaren Wert *abgesenkt*.

Drehstromsteller

→ 126

Wechselwegschaltung

→ 126

Sanftanlaufgerät (Softstarter)

Wirtschaftliche Lösung zur Verringerung von *elektrischen* und *mechanischen Anlassproblemen* von Elektromotoren.

- *Stoßfreier und gleichbleibender Drehmomentanstieg*
- *Einstellbares Anzugsmoment*
- *Einfacher Einbau in die elektrische Steuerungstechnik*
- *Preisgünstige Problemlösung*

Symbol

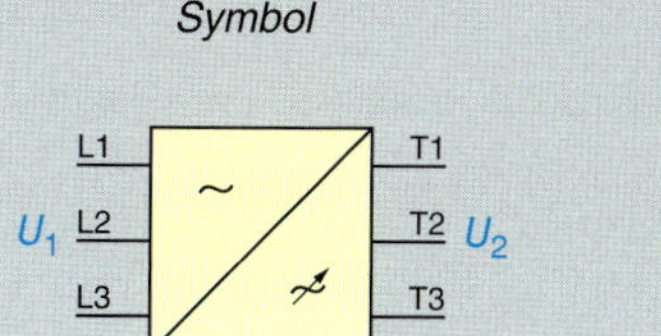

Grundlegende Wirkungsweise

Drehmoment eines Drehstrommotors hängt *quadratisch* von der Spannung ab.

$M \sim U^2$

Das bedeutet:
Eine Verringerung der Spannung bedeutet eine sehr viel größere Verringerung des Drehmomentes.

$\frac{U_N}{2} \rightarrow \frac{M_N}{4}$ $\frac{U_N}{4} \rightarrow \frac{M_N}{16}$

Wenn nun die Motorspannung langsam ansteigt (Rampe), ist eine Drehzahlzunahme im gleichen Verhältnis wie die Spannungszunahme möglich.

Somit wird der *Motorstrom* während des gesamten Anlassvorgangs begrenzt.

Dies gilt allerdings auch für das *Drehmoment*.

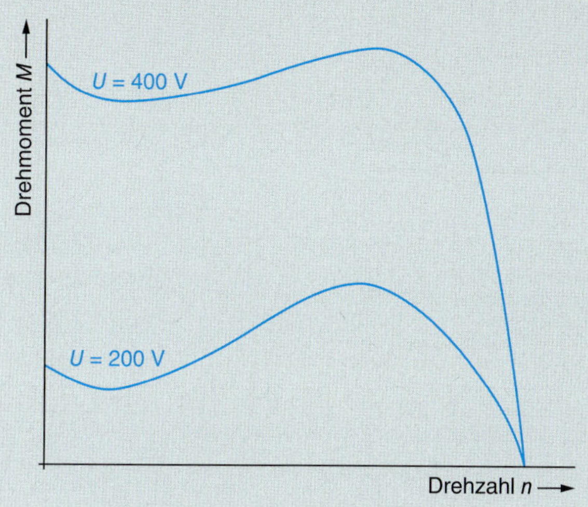

Spannungsabhängiger Drehmomentverlauf

Wenn der Softstarter mit einer Regelung ausgerüstet ist, kann die Motorspannung so gesteigert werden, dass die Stromstärke einen Sollwert nicht überschreitet.

Dadurch ändert sich die Stromaufnahme des Motors nur langsam.

Wegen der Auswirkung auf das Drehmoment können sich aber hohe Anlaufzeiten ergeben.

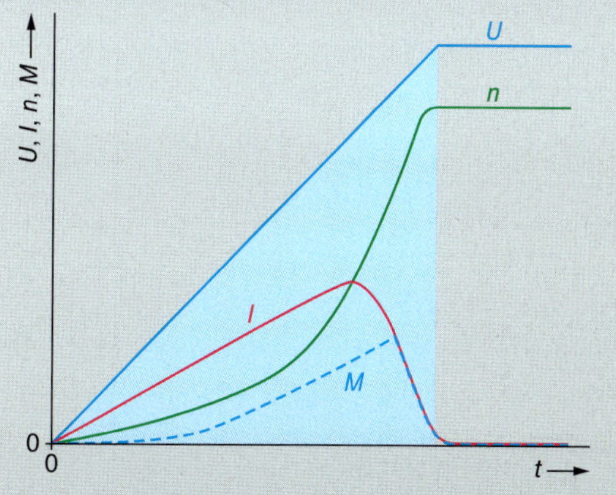

Motoranlauf mit Spannungsrampe

Hinweis!

Sanftanlaufgeräte (Softstarter) sind nicht für Schweranlauf geeignet, da sie das Drehmoment während des Anlaufs verringern.

Schaltungen des Softstarters

Standardschaltung

Häufig wird der Softstarter in die *Motoranschlussleitungen* eingeschaltet. Dabei ist der Verdrahtungsaufwand minimal.

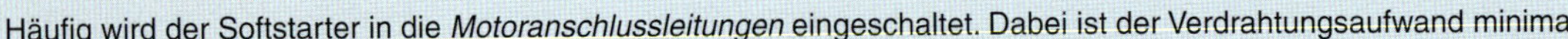

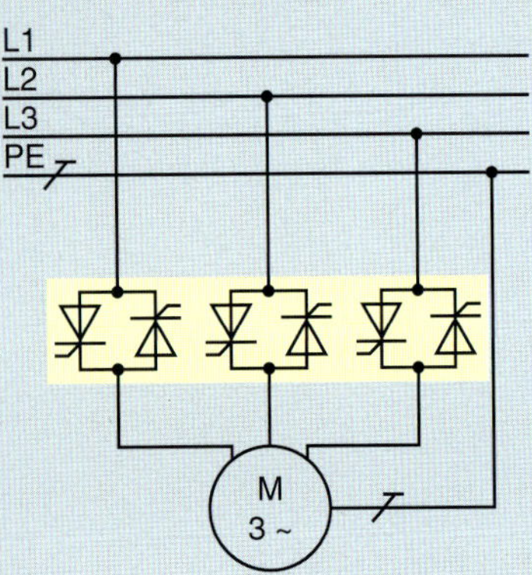

√3-Schaltung

In den Motorsträngen fließt nur 58 % des Bemessungsstroms.

$$I_{Str} = \frac{I_{Leiter}}{\sqrt{3}} = 0{,}58 \cdot I_{Leiter}$$

Dadurch können die *Kosten* des Softstarters verringert werden. Allerdings ist die *doppelte Leiteranzahl* zu verlegen.

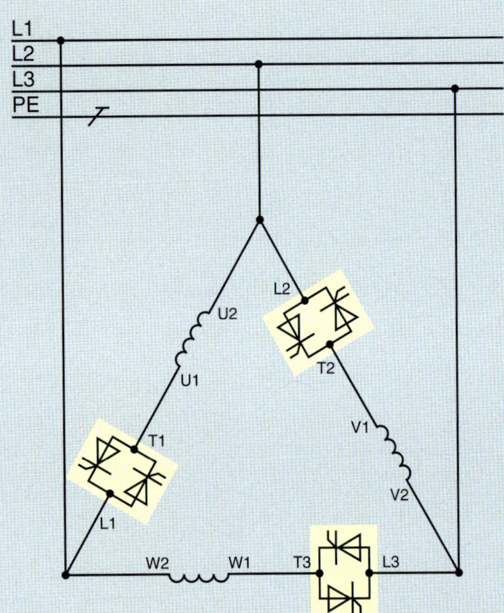

Praktischer Anschluss √3-Schaltung

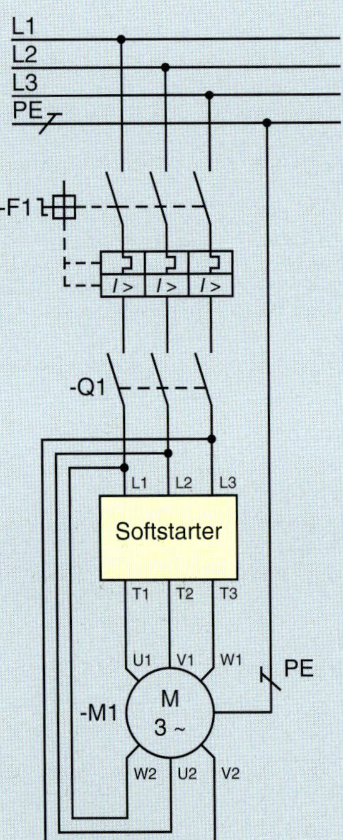

Bypassschaltung

Ein *Bypassschütz* schaltet *nach dem Anlassen* des Motors den Motor *direkt* ans Netz.

Die Leistungshalbleiter des Softstarters sind dann überbrückt und so entstehen keine weiteren *Verluste* im Softstarter.

Das Bypassschütz kann entweder extern installiert werden oder es ist im Softstarter integriert.

Das *Bypassschütz* wird vom Softstarter gesteuert.
Damit ist sichergestellt, dass seine Kontakte im *stromlosen* Zustand geschaltet werden.

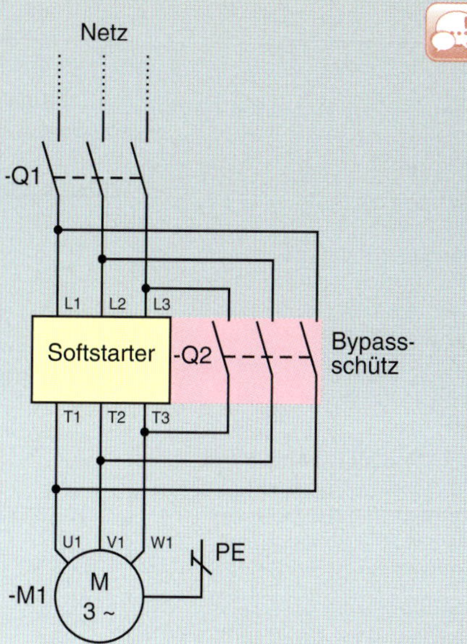

Kaskadenschaltung

Ein Softstarter kann *mehrere* Elektromotoren *nacheinander* anlassen. Während der Rampenzeit entsteht eine hohe *Verlustleistung*. Rampen- und Pausenzeiten sind demnach entsprechend zu parametrieren.

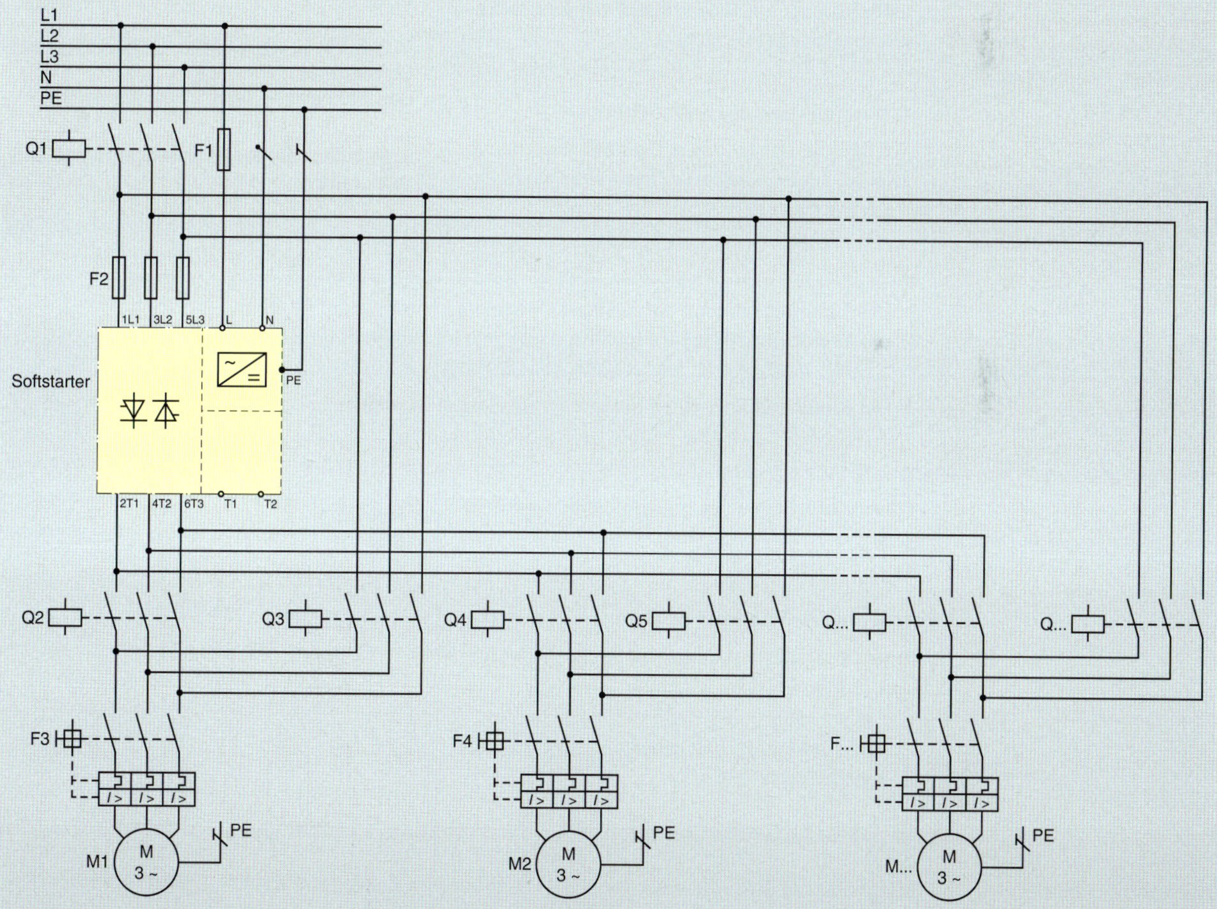

Kaskadenschaltung mit Bypassschütz (nach Herstellerunterlagen)

Wenn der Softstarter mit einer Strommessung und einer internen Regelung ausgerüstet ist, kann die Spannung so erhöht werden, dass ein gewählter Strom fließt.

Die Stromstärke wird dann auf einen Sollwert geregelt, der gemäß einer parametrierten Rampe langsam zunimmt.

Dadurch lassen sich Beeinträchtigungen der Spannungsqualität vermeiden.

@ Interessante Links

- christiani-berufskolleg.de
- www.eaton.de
- www.sew-eurodrive.de
- www. siemens.de

Parametrierung des Softstarters

Zur Anpassung an die jeweilige Antriebsaufgabe ermöglicht der Softstarter unterschiedliche Einstellungen durch den Anwender. Man nennt dies Parametrierung.

Wichtige Einstellungen

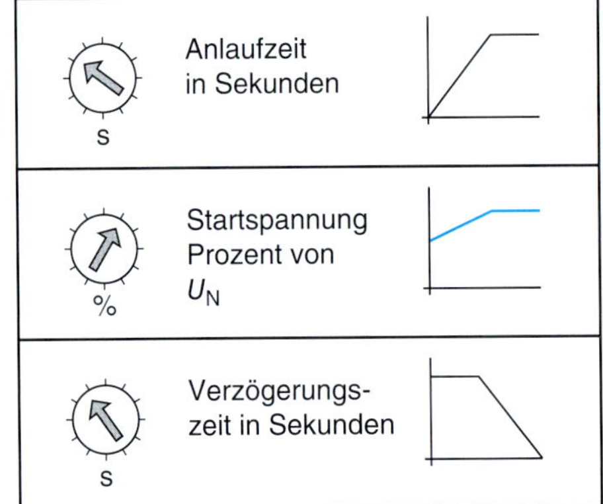

Bei der Auslieferung sind wichtige **Parameter** bereits mit einer **Werkseinstellung** versehen.

Über ein **Bedienmodul** oder ein **Schnittstellenmodul** können diese *Voreinstellungen* vom Anwender geändert werden.

Schutzfunktion des Softstarters

Werden die einstellbaren **Grenzwerte** erreicht, schaltet der Softstarter ab bzw. kann nicht gestartet werden.

Zum Beispiel:

- *Temperatur des Motors*
- *Temperatur des Softstarters (Kühlkörper)*
- *Zweiphasenlauf*
- *Zu geringer Strom (z. B. Riemenriss)*
- *Zu hoher Strom (z. B. Blockade)*
- *Überlastung*

In jedem Fall ist es notwendig, sich mit den *technischen Hinweisen* des jeweiligen Herstellers vertraut zu machen.

Prüfung

1. Welche Probleme können beim Anlassen von Elektromotoren auftreten?

2. Unter welchen Voraussetzungen darf ein Drehstrommotor direkt angelassen werden?

3. Was geschieht, wenn beim Anlassen die Spannung an den Strängen der Ständerwicklung verringert wird?

4. Was versteht man unter einem Sanftanlaufgerät (Softstarter)? Welche Aufgaben hat dieses Gerät?

5. Was ist die wesentliche Komponente eines Softstarters? Beschreiben Sie deren Wirkungsweise.

6. Erläutern Sie die Begriffe Startrampe und Stopprampe.

Das Lastmoment einer Arbeitsmaschine beträgt beim Anlauf 57,6 Nm.
Ein Drehstrom-Asynchronmotor hat folgende Leistungsschildangaben:
5,5 kW; 1440 $\frac{1}{\text{min}}$; 11,3 A; $\cos\varphi = 0{,}82$; Δ 400 V.
Der Motor soll über einen Softstarter angelassen werden.
Welche Startspannung parametrieren Sie mindestens?

Dem Tabellenbuch kann entnommen werden:

$$\frac{M_A}{M_N} = 2{,}7 \rightarrow M_A = 2{,}7 \cdot M_N$$

$$M_A = 2{,}7 \cdot 36{,}5\ \text{Nm} = 98{,}5\ \text{Nm}$$

Das Bemessungsmoment M_N kann ebenfalls dem Tabellenbuch entnommen werden.

Anlassstrom I_{Anl} berechnen:
Tabellenbuch:

$$\frac{I_A}{I_N} = 7{,}2 \rightarrow I_A = 7{,}2 \cdot I_N$$

$$I_A = 7{,}2 \cdot 11{,}3\ \text{A} = 81{,}4\ \text{A}$$

TAB-Anlaufbedingungen $I_{Anl} < 60$ A werden nicht ganz eingehalten!

$$U_{Start} = U_N \cdot \sqrt{\frac{M_{AStart}}{M_A}}$$

$$U_{Start} = 400\ \text{V} \cdot \sqrt{\frac{57{,}6\ \text{Nm}}{98{,}5\ \text{Nm}}}$$

$$U_{Start} = 306\ \text{V}$$

$$I_{Anl} = I_A \cdot \frac{U_{Start}}{U_N}$$

$$I_{Anl} = 81{,}4\ \text{A} \cdot \frac{306\ \text{V}}{400\ \text{V}}$$

$$I_{Anl} = 62{,}3\ \text{A}$$

Prüfung

7. Welche Vorteile hat der Einsatz eines Softstarters?

8. Welchen Vorteil hat der Einsatz der $\sqrt{3}$-Schaltung?

9. Wozu wird ein Bypassschütz eingesetzt?

10. Ein Softstarter kann in Kaskadenschaltung betrieben werden. Erläutern Sie dies.

11. Erklären Sie die nebenstehende Parametrierung.

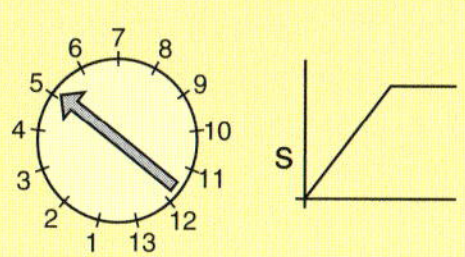

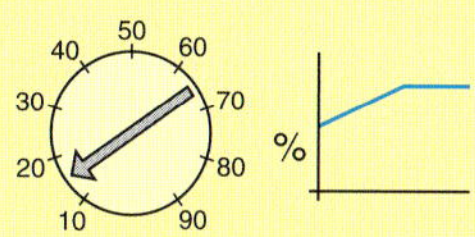

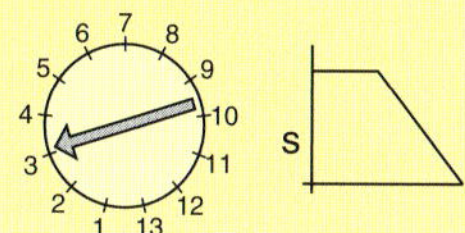

12. Drehstrom-Asynchronmotor:

$P_N = 30$ kW; $n_N = 1465\ \frac{1}{\text{min}}$; $I_N = 56{,}6$ A; $I_A/I_N = 7$;

$M_A/M_N = 2{,}4$; $M_N = 195$ Nm.

Angetrieben werden soll eine Arbeitsmaschine mit einem Anlaufmoment von 275 Nm.

a) Bestimmen Sie die Startspannung.

b) Wird die TAB-Anlaufbedingung eingehalten?

c) Beurteilen Sie den Antrieb.

@ Interessante Links

- christiani-berufskolleg.de

Frequenzumrichter

Frequenzumrichter (FU) erzeugen aus einem Wechselstrom- oder Drehstromsystem *fester Spannung* und *fester Frequenz* ein Wechsel- oder Drehstromsystem mit *variabler Spannung* und *variabler Frequenz*.

Frequenzumrichter ermöglichen eine *stufenlose Drehzahlsteuerung* bzw. *Drehzahlregelung*.

Weitere Merkmale sind:

- *Gleichbleibendes Drehmoment bis zur Bemessungsdrehzahl.*
- *Drehmoment und Drehzahl können geregelt werden.*
- *Hohe Dynamik.*
- *Einfache und rasche Inbetriebnahme.*
- *Kommunikation mit Automatisierungssystemen; z. B. Bussystemen.*

109 Frequenzumrichter, Ausführungsbeispiel

■ **Drehzahl**

$n = \frac{f}{P}$

Neben der Polpaarzahl kann die Drehzahl durch die Frequenz beeinflusst werden.

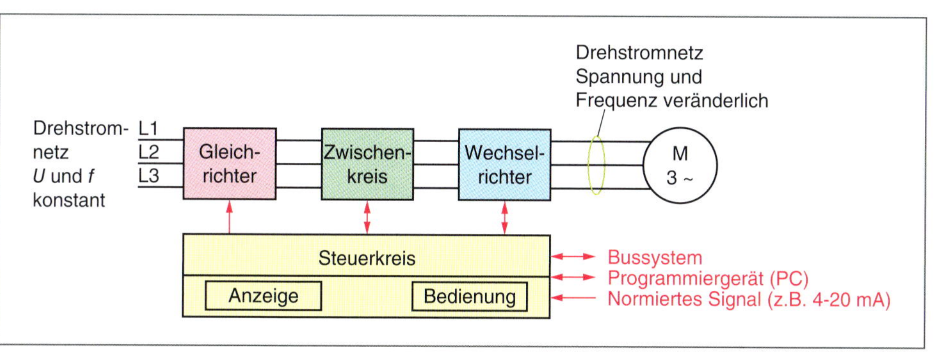

110 Aufbau eines Frequenzumrichters (Blockschaltbild)

■ **Ungesteuerte Gleichrichter**

→ 141, basics Mechatronik

■ **Induktiver Widerstand**

→ basics Mechatronik

Frequenzumrichter
frequency converter

Gleichrichter
rectifier

Wechselrichter
inverter,
inverted rectifier

Steuerkreis
control circuit

Steuerung
control, open-loop control

Freilaufdiode
free-wheeling diode

Aufbau des Frequenzumrichters

Ein *Frequenzumrichter* kann in vier *Hauptkomponenten* unterteilt werden (Bild 110).

- **Gleichrichter**

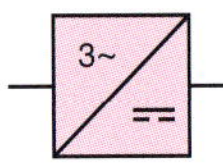

Formt die Speisespannung (230 V, 400 V AC) in eine feste Gleichspannung um. Im Allgemeinen werden ungesteuerte Gleichrichter verwendet.

- **Zwischenkreis**

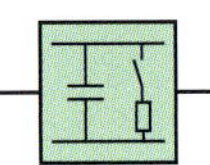

Drei Ausführungsformen des Zwischenkreises:

- Die Spannung des Gleichrichters wird in einen Gleichstrom umgeformt.
- Die pulsierende Gleichspannung wird stabilisiert und geglättet.
- Die konstante Gleichspannung wird variabel gemacht.

- **Wechselrichter**

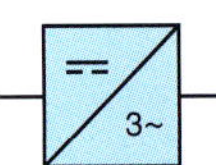

Der Wechselrichter steuert die Frequenz der Motorspannung bzw. formt die konstante Gleichspannung in eine veränderliche Wechselspannung um.

- **Steuerkreis**
Signale an Gleichrichter, Zwischenkreis und Wechselrichter können abgegeben bzw. empfangen werden. Die Halbleiter des Wechselrichters werden geöffnet und geschlossen.

U_1 konstant
f_1 konstant
L1
L2
L3
~
U, f
T1
T2
T3
$U_2 = 0$ bis U_{max}
$f_2 = 0$ bis f_{max}

Drehzahl eines Drehstrommotors

Synchrone Drehzahl

$$n_1 = \frac{f \cdot 60}{p}$$

Wenn bei einem Drehstrommotor mit vorgegebener Polpaarzahl p die Frequenz f verändert wird, dann ändert sich die Drehzahl des Ständerfelds.

- f = Bemessungsfrequenz → Bemessungsdrehzahl n_N
- $f <$ Bemessungsfrequenz → Drehzahl $< n_N$
- $f >$ Bemessungsfrequenz → Drehzahl $> n_N$

Frequenzänderungen haben aber auch Auswirkungen auf die **Betriebsdaten** des Motors. Ein Motor ist ein *induktives Betriebsmittel*.

Der *induktive Widerstand*

$$X_L = \omega \cdot L = 2\pi \cdot f \cdot L$$

ist frequenzabhängig. Und damit ist es auch der *Scheinwiderstand* (Z) der Strangwicklungen.

$$Z = \sqrt{R^2 + X_L^2} = \frac{U}{I}$$

- **Frequenz der Motorspannung wird verringert** ($f < f_N$)
Der *induktive Widerstand* X_L nimmt proportional mit der Frequenz ab. Der *Scheinwiderstand* der Strangwicklungen wird kleiner.

Bei gleichbleibender Spannung würde die *Stromaufnahme* des Motors zunehmen.

Der Motor ist aber für die *Bemessungsstromstärke* I_N ausgelegt. I_N darf nicht überschritten werden.
Daher muss mit *sinkender Frequenz* die *Motorspannung abgesenkt* werden. Diese Aufgabe übernimmt der Frequenzumrichter.

Es gilt:

$$\frac{\text{Spannung}}{\text{Frequenz}} = \frac{U}{f} = \text{konstant}$$

Bremsmodul

Der Frequenzumrichter kann Drehstrommotoren *abbremsen*. Im Betriebszustand des Motors fließt die elektrische Energie vom Netz über Gleichrichter, Zwischenkreis und Wechselrichter zum Motor.

Beim **Bremsen** des Motors kehrt sich der Energiefluss um. Der Motor arbeitet *generatorisch* und gibt elektrische Energie ab.

Wenn der Wechselrichter im Gleichrichterbetrieb arbeitet, kann die **Bremsenergie** in den *Zwischenkreis* übertragen werden. Dies wird durch die parallel zu den Schalttransistoren geschalteten *Freilaufdioden* ermöglicht.

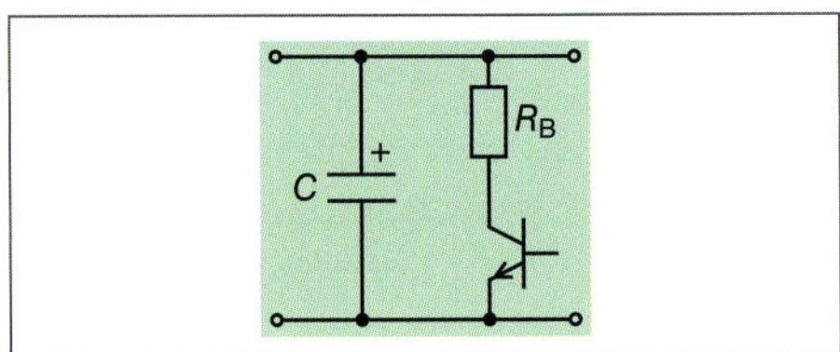

111 Bremsmodul

Drehstrommotor: $P_N = 15$ kW; $n_N = 970 \frac{1}{\text{min}}$; $I_N = 28{,}5$ A; $\cos\varphi = 0{,}85$; $\eta = 0{,}89$

Polpaarzahl des Motors:
$p = 3$, Drehfelddrehzahl $1000 \frac{1}{\text{min}}$.

Angegebene Daten gelten für Dreieckschaltung: :Δ 400 V.

Strangstrom = Außenleiterstrom/$\sqrt{3}$

Strang:

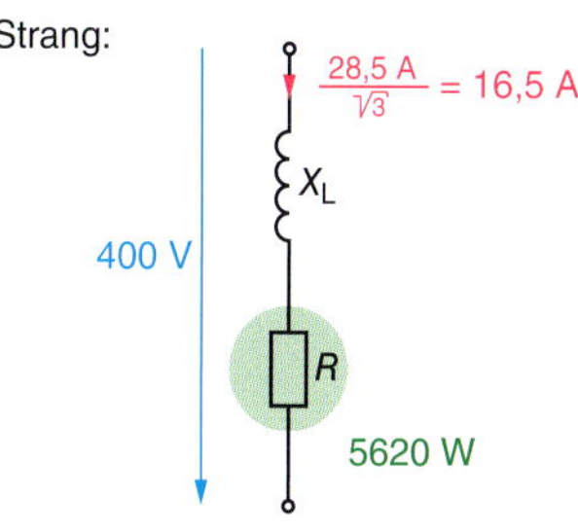

Elektrische Leistungsaufnahme:

$$P_{el} = \frac{P_N}{\eta} = \frac{15\text{ kW}}{0{,}89} = 16{,}85\text{ kW}$$

Strangleistung bei symmetrischem Verbraucher:

$$P_{Str} = \frac{P_{el}}{3} = \frac{16{,}85\text{ kW}}{3} = 5{,}62\text{ kW}$$

Wirkleistung wird nur im Wirkwiderstand umgesetzt:

$$P_{Str} = I^2 \cdot R \rightarrow R = \frac{P_{Str}}{I^2}$$

$$R = \frac{5620\text{ W}}{(16{,}5\text{ A})^2} = 20{,}6\ \Omega \text{ (Strangwiderstand)}$$

Scheinwiderstand Z des Strangs:

$$Z = \frac{U}{I} = \frac{400\text{ V}}{16{,}5\text{ A}} = 24{,}24\ \Omega$$

Induktiver Widerstand des Strangs:

$$Z = \sqrt{R^2 + X_L^2} \rightarrow X_L = \sqrt{Z^2 - R^2}$$

Die ermittelten Werte gelten bei 50 Hz.

$$X_L = \sqrt{(24{,}24\ \Omega)^2 - (20{,}6\ \Omega)^2} = 12{,}8\ \Omega$$

Nun wird die Frequenz auf 25 Hz eingestellt. Der ohmsche Widerstand R ändert sich dadurch nicht. Der induktive Widerstand halbiert sich bei Halbierung der Frequenz.

$f = 25$ Hz:

$$X_{L25} = \frac{X_L}{2} = \frac{12{,}8\ \Omega}{2} = 6{,}4\ \Omega$$

Scheinwiderstand bei 25 Hz:

$$Z' = \sqrt{R^2 + X_{L25}^2} = \sqrt{(20{,}6\ \Omega)^2 + (6{,}4\ \Omega)^2}$$

$$Z' = 21{,}6\ \Omega$$

Strangstrom bei 25 Hz:
Die Stromstärke hat sich bei Frequenzverringerung erhöht.

$$I' = \frac{U}{Z'} = \frac{400\text{ V}}{21{,}6\ \Omega} = 18{,}5\text{ A}$$

50 Hz: $I = 16{,}5$ A
25 Hz: $I' = 18{,}5$ A

Wenn die Frequenz von 50 Hz auf 25 Hz verringert (also halbiert) wird, halbiert sich auch die Leerlaufdrehzahl des Motors.

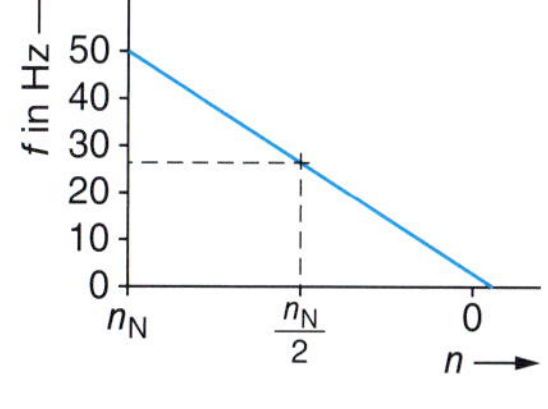

Die Frequenz wird auf 80 Hz eingestellt.

$$\frac{X_{L80}}{X_{L50}} = \frac{80\text{ Hz}}{50\text{ Hz}} \rightarrow X_{L80} = X_{L50} \cdot \frac{80\text{ Hz}}{50\text{ Hz}}$$

Der ohmsche Widerstand R ändert sich nicht. Der induktive Widerstand X_L nimmt zu.

$$X_{L80} = 12{,}8\ \Omega \cdot \frac{80\text{ Hz}}{50\text{ Hz}} = 20{,}5\ \Omega$$

Bremswiderstand

Im Bremswiderstand wird die gesamte Bremsenergie in Wärme umgewandelt. Belastungsdauer und Bemessungsleistung sind daher wichtige Kenngrößen. Dennoch erwärmt sich der Bremswiderstand im Betriebszustand erheblich!

@ Interessante Links

- www.eaton.de
- www.sew-eurodrive.de
- www. siemens.de

Strangstrom bei 80 Hz:
Die Stromstärke hat sich bei Frequenzerhöhung verringert.
Die Motordrehzahl nimmt zu.
Die Leerlaufdrehzahl verhält sich proportional zur Frequenz der Spannung.

Scheinwiderstand bei 80 Hz:

$Z'' = \sqrt{R^2 + X_{L80}^2} = \sqrt{(20{,}6\ \Omega)^2 + (20{,}5\ \Omega)^2}$

$Z'' = 29{,}1\ \Omega$

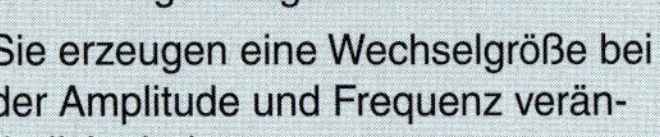

$I'' = \frac{U}{Z''} = \frac{400\ \text{V}}{29{,}1\ \Omega} = 13{,}75\ \text{A}$

B2- oder B6-Gleichrichter, je nach speisender Netzspannung (230 V, 400 V).

Ungesteuerter Gleichrichter (Dioden) oder gesteuerter Gleichrichter (Thyristoren).

Bei gesteuerten Gleichrichtern kann die Zwischenkreisspannung durch Phasenanschnitt verändert werden.

Zwischenkreis kann als Speicher angesehen werden, aus dem der Motor seine Energie bezieht.
Er liefert entweder
- einen variablen Gleichstrom,
- eine variable Gleichspannung,
- eine konstante Gleichspannung.

Wechselrichter besteht aus gesteuerten Halbleitern, die paarweise in drei Zweigen angeordnet sind.

Sie erzeugen eine Wechselgröße bei der Amplitude und Frequenz veränderlich sind.

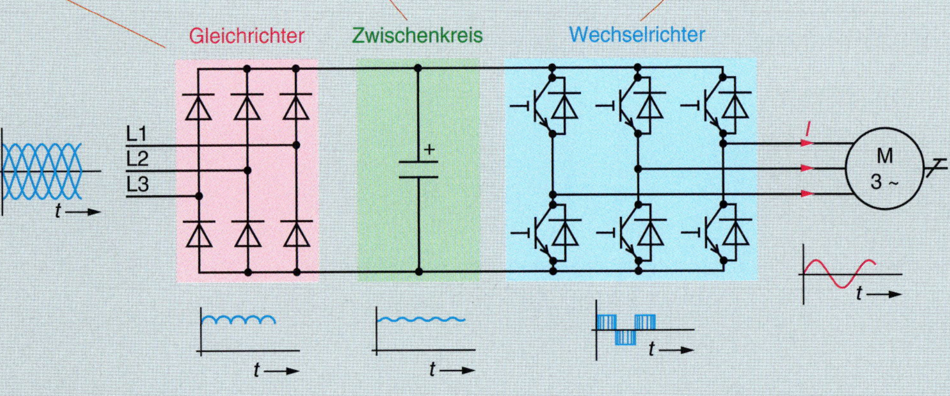

Dreiphasige Wechselspannung wird in eine pulsierende Gleichspannung umgewandelt.

Pulsierende Gleichspannung wird geglättet und stabilisiert.

Konstante Gleichspannung wird in dreiphasige Wechselspannung umgewandelt; Spannung und Frequenz sind veränderlich.

Kühlkörper
cooling attachment

Sinusform
sinusoidal wave shape

Bei hohen Motorleistungen und sehr kurzen Bremszeiten steigt die Spannung im Zwischenkreis stark an. Ein **Bremsmodul** (Bremschopper) im *Zwischenkreis* kann dies verhindern.

Beim Anstieg der Spannung wird der Transistor angesteuert und die *Bremsenergie* kann im **Bremswiderstand** R_B in Wärme umgewandelt werden.

Bei höheren Motorleistungen kann ein **externer Bremswiderstand** an den Frequenzumrichter angeschlossen werden.

Bei der Auswahl von Bremswiderständen ist auf die Bemessungsleistung und die Belastungsdauer zu achten.

Der Bremswiderstand kann sehr hohe Temperaturen annehmen. **Kühlkörpermontage** ist daher die Regel.

Beim *gesteuerten* Frequenzumrichter kann die *Bremsenergie* in das *Versorgungsnetz* zurückgeliefert werden.

Transistoren Q1 und Q4 leitend (Bild 113)
An der Belastung liegt die Spannung $U_B = +U_Z$. Es fließt der Strom I.

Transistoren Q1 und Q4 sperren (Bild 114)
Die Dioden R2 und R3 ermöglichen weiterhin einen Stromfluss. Da nun $U_B = -U_Z$, nimmt die Stromstärke ab.

I-Umrichter

Der Zwischenkreis besteht aus einer Spule. Die Induktivität der Spule formt durch ihre Speicherwirkung bei Belastung die pulsierende Gleichspannung in einen geglätteten Strom um. Je größer der Strom, umso stärker die Glättungswirkung. Vorzugsweise bei Frequenzumrichtern großer Leistungen eingesetzt.

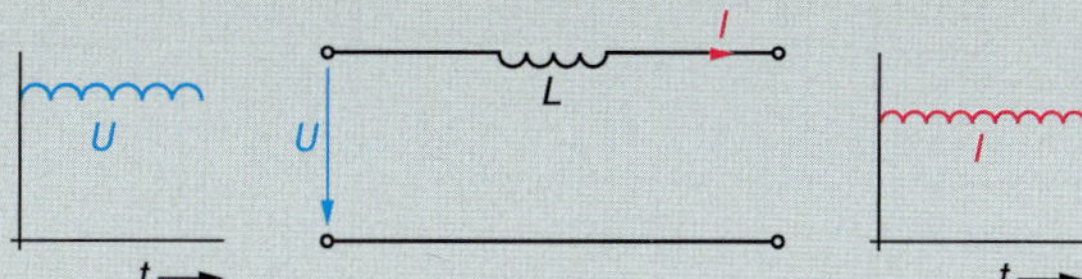

Der Zwischenkreis kann aus einer Kombination von Spule und Kondensator bestehen.

- Hohe Last → Spule übernimmt Glättung.
- Geringe Last→ Kondensator übernimmt Glättung.

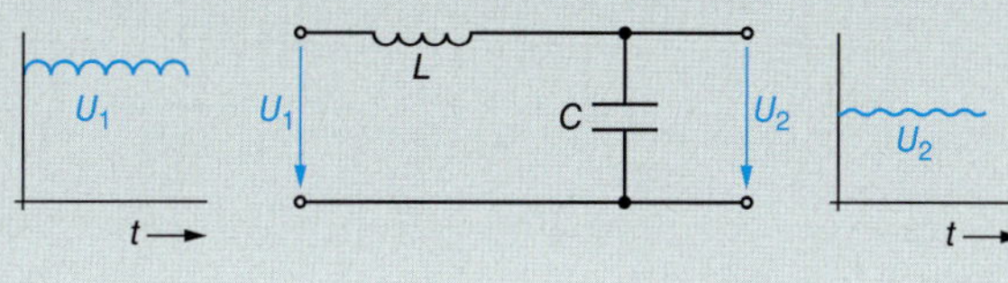

Wenn I negativ wird, übernehmen die Transistoren Q2 und Q3 den Strom.

Die Transistoren *wechseln* ihren *Schaltzustand* sehr schnell (z. B. 12 kHz).

Dabei wird die Zeit, in der $+U_Z$ bzw. $-U_Z$ an der Belastung anliegt, verändert.

Ein *Filter* am Ausgang des Frequenzumrichters bildet aus der rechteckförmigen Spannung einen *Mittelwert* (Bild 115, Seite 194).

Die *Spannung*, *Frequenz* und *Kurvenform* am Ausgang kann durch *Veränderung des Mittelwertes* beeinflusst werden.

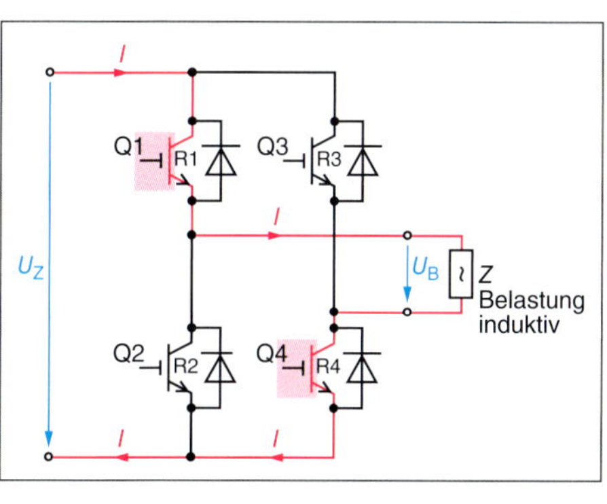

113 Q1 und Q4 leiten

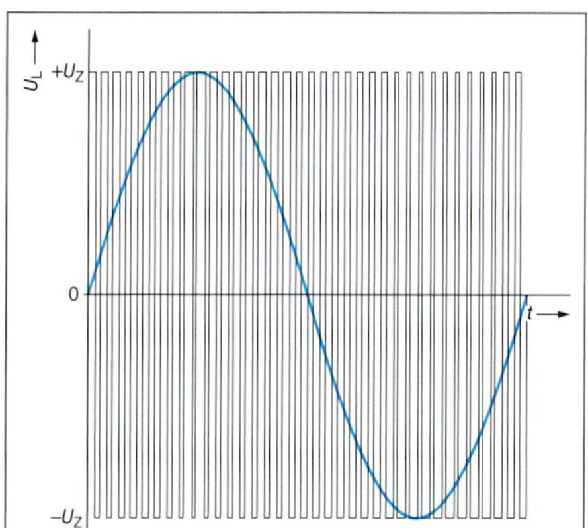

112 Sinusförmige Kurvenform

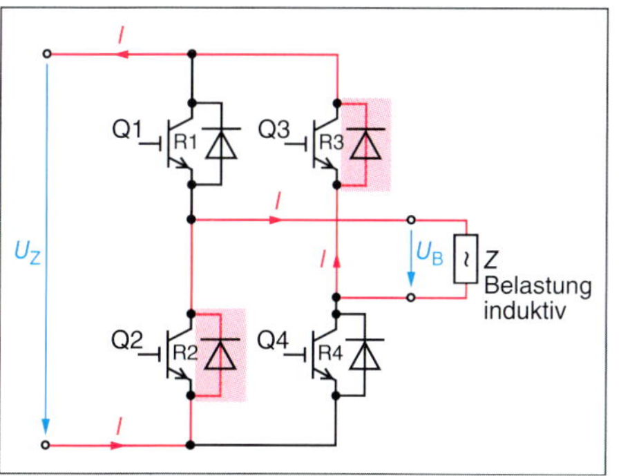

114 Q1 und Q4 sperren

Im Allgemeinen wird eine *sinusförmige* Kurvenform gewünscht (Bild 112).

Wenn eine *dreiphasige* Wechselspannung erzeugt werden soll, muss der *Wechselrichter drei* Pfade haben.

Die *drei Wechselspannungen* sind dann um 120° phasenverschoben.

Leistungselektronik

→ 109

Frequenzumrichter

verändern Frequenz und Spannung am Ausgang. Wenn die Frequenz abnimmt, muss die Spannung verringert werden.

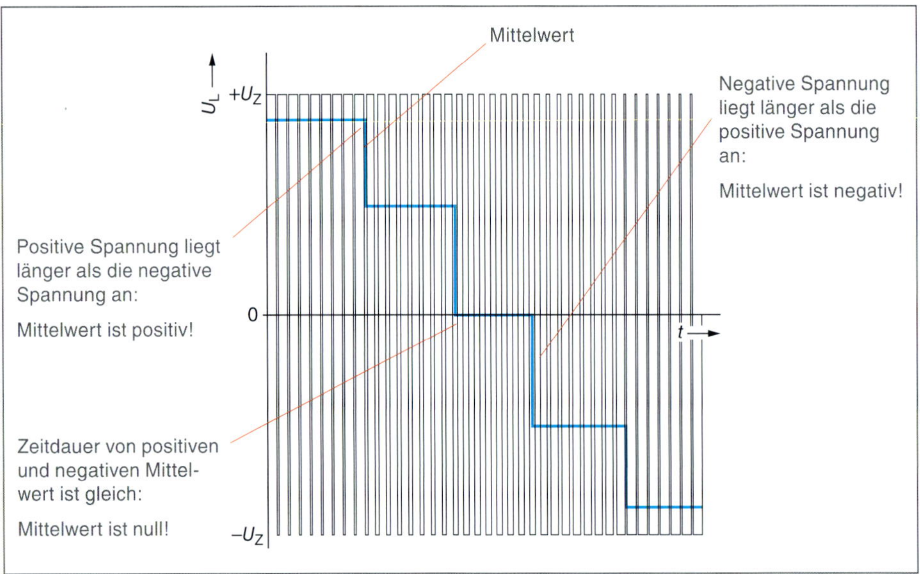

115 Beeinflussung des Mittelwertes von U_Z

■ **PWM**

Puls-Weiten-Modulation

Sinusförmiger Strom durch PWM

Wechselrichter bestehen aus Transistoren, die hohe **Schaltfrequenzen** ermöglichen.

Pulsung der Spannungsblöcke ermöglicht es, die Ausgangsspannung in eine *Folge schmalerer Einzelimpulse* mit dazwischen liegenden *Pausen* zu zerlegen.

Durch **Puls-Weiten-Modulation** (PWM) kann ein *annähernd sinusförmiger* Motorstrom erreicht werden (Bild 116).

Wegen der *Induktivität* des Motors *verzögern* sich Stromanstieg und Stromabfall.

Mit zunehmender **Schaltfrequenz** nähert sich der Stromverlauf immer mehr der **Sinusform** an (Bild 117).

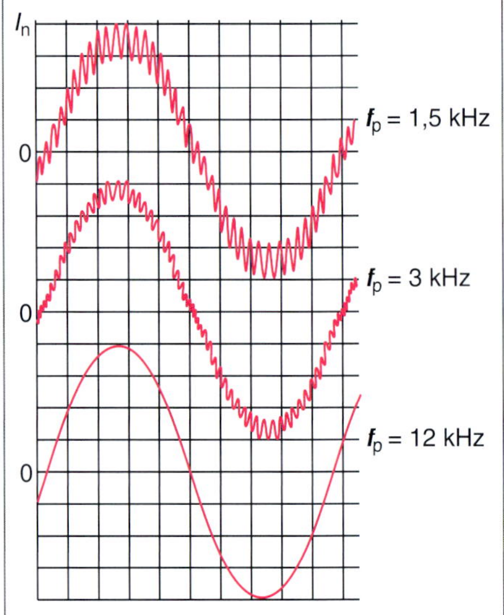

117 Einfluss der Schaltfrequenz auf Motorstrom

Einfluss der Schaltfrequenz auf den Motorstrom

- **Niedrige Schaltfrequenz**
  Relativ hohe Verluste im Motor, Motorgeräusche; relativ geringe Verluste im Frequenzumrichter.
- **Hohe Schaltfrequenz**
  Relativ geringe Verluste im Motor, geringe Motorgeräusche, höhere Verluste im Frequenzumrichter.

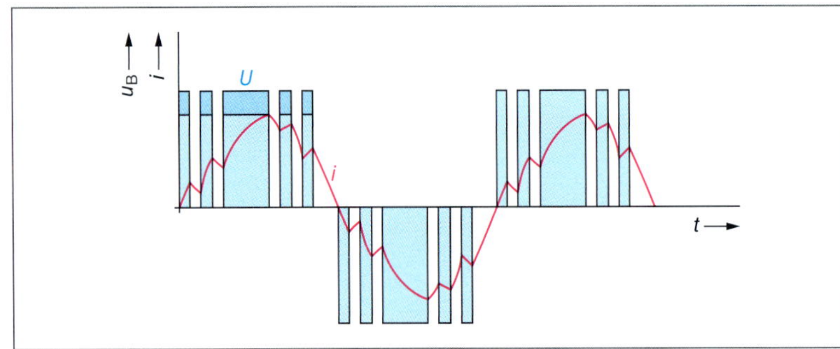

116 Wirkung der PWM auf den Motorstrom

Drehzahländerung des Drehstrommotors

Läuferdrehzahl

$$n_2 = \frac{f_1 \cdot 60}{p} \cdot (1 - s)$$

n_2 Läuferdrehzahl in $\frac{1}{\text{min}}$
f_1 Netzfrequenz in Hz
p Polpaarzahl
s Schlupf

- **Frequenzverringerung unter Bemessungsfrequenz**
  Induktiver Widerstand sinkt → Stromstärke steigt unzulässig an.
  Mit der Frequenz muss die Spannung verändert werden.

Wenn die Frequenz unterhalb des Bemessungswerts liegt, muss die Motorspannung proportional abgesenkt werden. Das Drehmoment bleibt dann konstant.

Im sehr niedrigen Frequenzbereich ($f < 15$ Hz) macht sich (vor allem bei leistungsschwächeren Motoren) der Spannungsfall am ohmschen Strangwiderstand bemerkbar, da der induktive Widerstand bei sehr geringer Frequenz sehr klein ist.

Um den magnetischen Fluss konstant zu halten, muss die Spannung in diesem Bereich angehoben werden. Man nennt dies *IR-Kompensation*, *Momentanhebung* oder *Boost*.

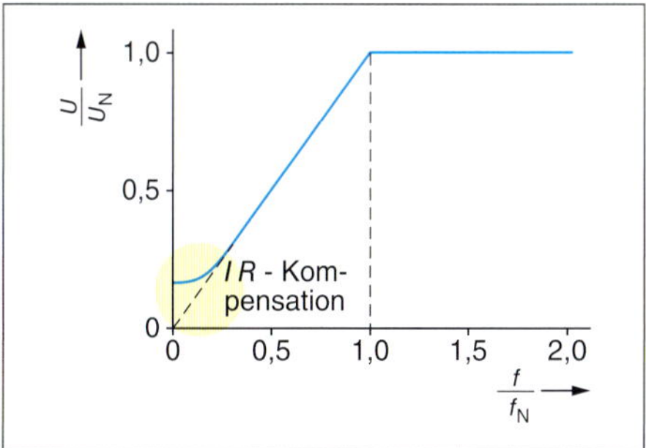

118 *IR-Kompensation (Boost)*

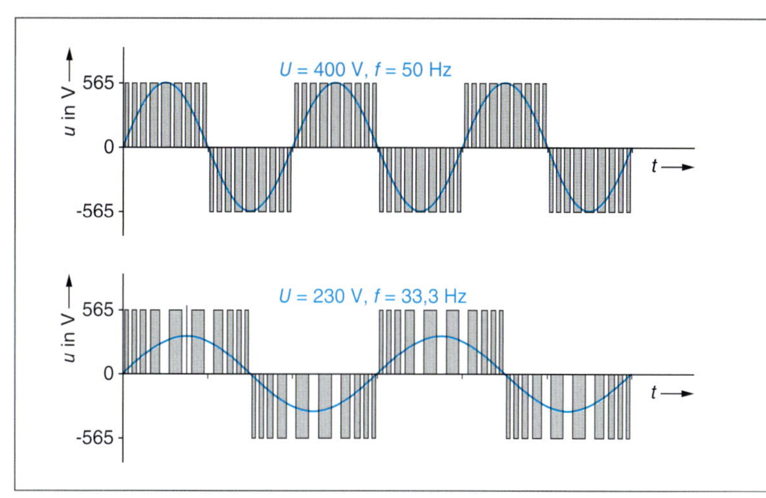

119 *Frequenz- und Spannungsänderung*

- **Frequenzerhöhung über Bemessungsfrequenz**
  Bei Bemessungsfrequenz wird der Motor mit Bemessungsspannung betrieben. Bei höheren Frequenzen kann die Spannung dann nicht mehr angehoben werden. Deshalb wird das Drehmoment des Motors wegen des zunehmenden induktiven Widerstandes der Strangwicklungen abnehmen (Bild 120).

Wenn ein Motor über Bemessungsdrehzahl (Bemessungsfrequenz) betrieben werden soll, muss er bezüglich der Bemessungsleistung überdimensioniert werden.

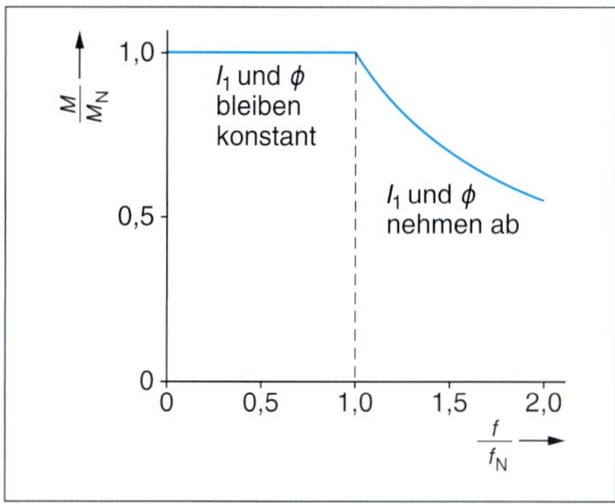

120 *Drehmomentabnahme des Motors*

Wenn der Motor bei niedrigen Frequenzen mit dem Bemessungsmoment belastet wird, ist eine Fremdbelüftung notwendig.

Die Eigenlüftung des Motors ist auf Bemessungsdrehzahl ausgelegt.

Wenn der Motor mit hohen Frequenzen betrieben wird, kann er nur mit verringerter Last arbeiten.

Ein 4-poliger Drehstrom-Asynchronmotor wird am 50-Hz-Drehstromnetz betrieben. Sein Schlupf beträgt 7 %.
Mit welcher Drehzahl dreht sich der Läufer bei Netzfrequenz?

Schlupfdrehzahl:

$n_s = n_1 - n_2$

Schlupf:

$$s = \frac{n_s}{n_1} \cdot 100\ \%$$

Schlupf 7 % → 0,07
4-poliger Motor: Polpaarzahl $p = 2$.

$$n_2 = \frac{f_1 \cdot 60}{p} \cdot (1 - s)$$

$$n_2 = \frac{50\ \text{Hz} \cdot 60}{2} \cdot (1 - 0{,}07)$$

$$n_2 = 1395\ \frac{1}{\text{s}}$$

Die Läuferdrehzahl n_2 ist der Frequenz f_1 verhältnisgleich.

Frequenzumrichter und Motor

Startkompensierung und Startspannung

Optimale *Magnetisierung* und maximales *Drehmoment* bei *Motorstart* mit niedrigen Drehzahlen.

Die Ausgangsspannung des FU erhält einen **Spannungszuschuss**, der den Einfluss des ohmschen Wicklungswiderstands bei niedrigen Frequenzen ausgleicht.

> Die *Startkompensierung* ist ein *belastungsabhängiger* Spannungszuschuss. Die *Startspannung* ist ein *belastungsunabhängiger* Spannungszuschuss. Bei Parallelbetrieb von Motoren sollte die Startkompensierung nicht verwendet werden.

■ **Lastmoment, Widerstandsmoment**

→ 203

Schlupfkompensierung

■ **Schlupf**

→ 159

Der **Schlupf** des Asynchronmotors ist belastungsabhängig. Er beträgt ca. 5 %.

Bei einem 2-poligen Motor ($p = 1$) sind dies $150\,\frac{1}{\text{min}}$.
Wenn der Motor mit einem FU auf $300\,\frac{1}{\text{min}}$ gesteuert werden soll, beträgt der Schlupf ca. 50 %.

Wenn der FU den Motor mit 5 % der Bemessungsdrehzahl steuern soll, bleibt der Motor bei Belastung stehen.

Dies wird durch die **Schlupfkompensierung** vermieden. Der FU misst den Strom in den Ausgangsleitungen und kompensiert den Schlupf durch einen **Frequenzzuschuss**, der dem gemessenen Strom entspricht.

Belastungsabhängige Ausgangsspannung

Die **Startspannung** optimiert den Frequenzumrichter für den *Anlauf unter Belastung*.

Wenn nach dem Start die Motorbelastung abnimmt, führt der Spannungszuschuss zu einer *Überkompensation* des Motors. Die Blindstromaufnahme des Motors nimmt zu. Er wird überhitzt.

Der FU regelt die Ausgangsspannung abhängig von der Belastung.

Motorkennlinie

Unterhalb der Bemessungsfrequenz wird sich bei Frequenzänderung die *Drehzahl-Drehmoment-Kennlinie* des Motors *parallel verschieben*.

Oberhalb der Bemessungsfrequenz nimmt das *Kippmoment* des Motors stark *ab* (Bild 121).

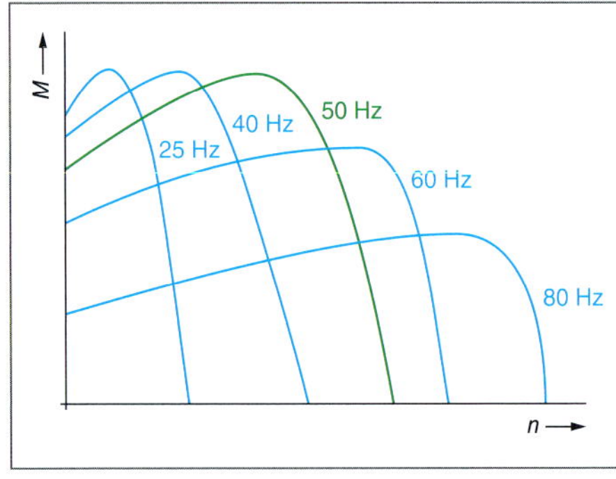

121 Frequenzabhängigkeit des Drehmoments

Auswahl des Frequenzumrichters

Zunächst muss die **Lastmomentkennlinie** bekannt sein (Bild 124). Dann kann ermittelt werden, welcher *Frequenzumrichter* für die notwendige **Ausgangsleistung** erforderlich ist.

Begründung

- Wenn die Drehzahl von Pumpen und Lüftern steigt, nimmt der Leistungsbedarf mit der 3. Potenz (n^3) der Drehzahl zu.
  Die Drehzahl von Pumpen und Lüftern sollte deshalb die Bemessungsdrehzahl nicht übersteigen.
- Der normale Arbeitsbereich von Pumpen und Ventilatoren liegt im Drehzahlbereich 50 – 90 %. Der Belastungsgrad steigt in der 2. Potenz zur Drehzahl (n^2), also etwa 30 – 80 %.

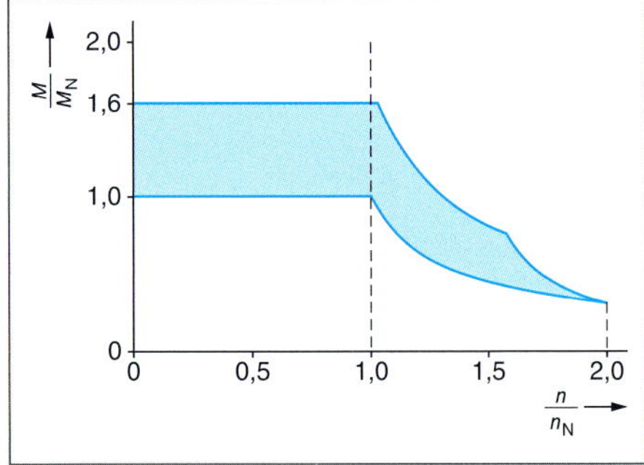

122 Moment und Übermoment

Es ist vorteilhaft, wenn der Frequenzumrichter z. B. ein Drehmoment von 160 % des Bemessungsmoments zulässt.

Das Übermoment von 60 % reicht für die Beschleunigung und hohe Startmomente. Außerdem können dadurch Belastungsstöße aufgefangen werden.

> Ein FU, der *kein Übermoment* zulässt, muss so groß gewählt werden, dass das *Beschleunigungsmoment* innerhalb des Bemessungsmoments liegt.

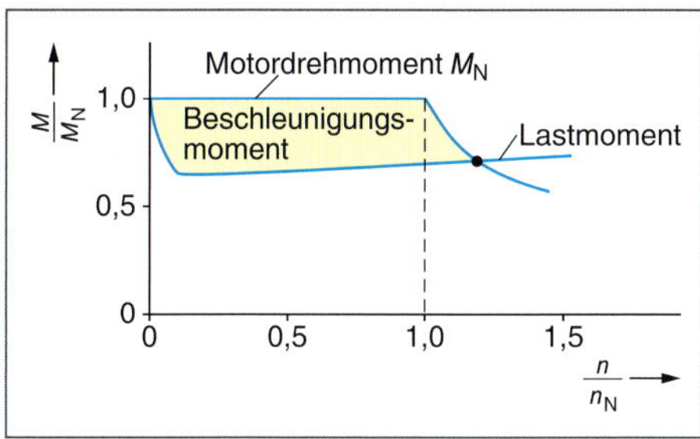

123 Beschleunigungsmoment

124 Lastmomentkennlinien

Motorstrom

Der Frequenzumrichter muss den *Motorstrom* liefern können. Bei *nicht voll* belastetem Motor kann die Stromstärke an einer entsprechenden Anlage gemessen werden, die in Betrieb ist.

15-kW-Motor; $n_N = 1460\,\frac{1}{\text{min}}$

Der Bemessungsstrom beträgt $I_N = 29$ A.

Gewählt wird ein FU, dessen Strom größer oder gleich 29 A ist; bei konstanter oder quadratischer Lastkennlinie.

Scheinleistung

Der FU kann nach der vom Motor *aufgenommenen Scheinleistung S* ausgewählt werden. Diese Scheinleistung muss der FU mindestens decken können.

$S = \sqrt{3} \cdot U \cdot I$

$S = \sqrt{3} \cdot 400\ \text{V} \cdot 29\ \text{A} = 20\ \text{kVA}$

z.B.

Gewählt wird ein FU, der *mindestens* 20-kVA-Ausgangsleistung liefern kann; bei *konstanter* und *quadratischer Lastkennlinie*.

Hinweis

Die Leistungsgrößen der Frequenzumrichter entsprechen der *Normreihe der Drehstrom-Asynchronmotoren*.

Häufig wird der FU danach bestimmt. Besonders wenn der Motor in *Teillast* betrieben wird, kann dies zu einer ungenauen Auslegung führen.

Bei Auswahl des FU nach *Leistung* ist es notwendig, dass die *Leistungen* von Motor und FU bei *gleicher Spannung* verglichen werden.

Leistungsfaktor cos φ des Motors

Der *Magnetisierungsstrom* des Motors wird vom Kondensator im Zwischenkreis des FU geliefert. Dieser Blindstrom fließt vom Kondensator zum Motor und wieder zurück.

Die Hersteller geben den cos φ i. Allg. bei **Volllast** an.

Bei einem niedrigeren Wert ist das maximale Drehmoment des Motors zu verringern.

Parametrierung des Frequenzumrichters

Frequenzumrichter werden mit *voreingestellten* **Parametern** (Werkseinstellung) geliefert.

Vor der ersten Inbetriebnahme des Antriebs müssen die **Motor-Bemessungsdaten** *parametriert* werden. Sonst könnte der Antriebsmotor beschädigt werden.

Dies kann über *aufsteckbare Bediengeräte* oder auch mithilfe eines *Personalcomputers* (Datenschnittstelle) erfolgen.

Beispiele für Parameter

- *Motor-Bemessungsdaten*
- *Motordrehzahl (min. und max.)*
- *Hochlaufzeit und Rücklaufzeit*
- *Ausgangsstrom*
- *Ausgangsspannung*
- *Ausgangsfrequenz*
- *Fehlermeldungen*
- *Alarmmeldungen*

■ Überwachungs- und Sicherheitsfunktionen

Der Frequenzumrichter (FU)

- erkennt den Ausfall eines Außenleiters
- erkennt Über- und Unterspannungen im Zwischenkreis und verhindert den Motorstart
- erkennt Kurzschluss, Überlastung und Erdschluss in der Motorzuleitung
- überwacht die Erwärmung des Motors
- überwacht die Kühlkörpertemperatur

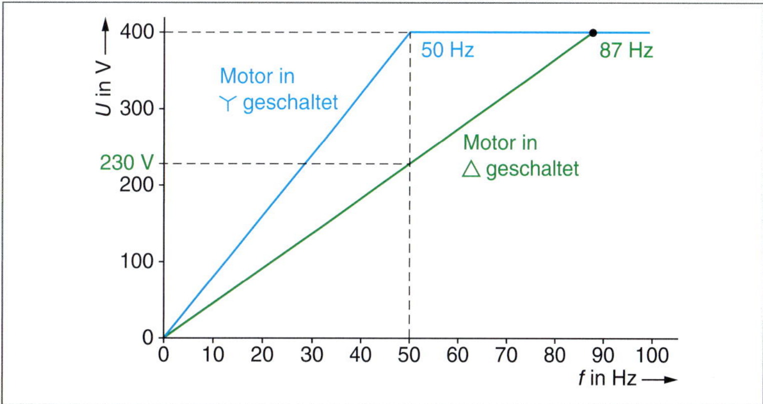

125 Typenpunkt

Typenpunkt

Bis zum *Typenpunkt* kann der Motor mit dem *Bemessungsmoment* M_N belastet werden.

Zu beachten sind:

- Eingangsspannung des FU (230 V einphasig, 400 V dreiphasig).
- Einstellung des Typenpunkts.

Motor in **Dreieckschaltung** verwendbar, wenn am Frequenzumrichter die Werte $U_N = 230$ V, $f_N = 50$ Hz parametriert werden.

Bei $f = 50$ Hz liegen an der Motorwicklung 230 V an.

Die maximale Ausgangsspannung

$U_N = \sqrt{3} \cdot 230\ \text{V} = 400\ \text{V}$

wird bei

$f = \sqrt{3} \cdot 50\ \text{Hz} = 87\ \text{Hz}$

erreicht.

Diese Frequenz heißt **Eckfrequenz** (Typenpunkt), Bild 125, Seite 205.

Aufgrund der höheren Frequenz fließt bei 400-V-Strangspannung nur der *Bemessungsstrom*, sodass der Motor nicht überlastet wird.

Wenn der Motor in **Stern** geschaltet wird, muss der *Typenpunkt* auf 50 Hz eingestellt werden.

■ **Typenpunkt**

Bis zum Typenpunkt kann der Motor mit dem Bemessungsmoment belastet werden.

Rampen

Für ruhige Betriebsbedingungen sind Frequenzumrichter mit **Rampenfunktion** ausgestattet.

Die **Rampen** sind *justierbar* und ermöglichen, dass die Drehzahl nur mit der eingestellten Geschwindigkeit steigen oder fallen kann (Bild 126).

Wenn die **Rampenzeiten** so *klein* gewählt werden, dass die *Drehzahl des Motors nicht folgen kann*, steigt der *Motorstrom* bis zur Erreichung der Stromgrenze an.

Die *Spannung* im **Zwischenkreis** kann dabei erheblich ansteigen. Eine Schutzelektronik schaltet den FU ab.

■ **Wirkungsgrad**

Der Wirkungsgrad von Frequenzumrichtern ist meist größer als 95 %.

@ Interessante Links

- christiani-berufskolleg.de

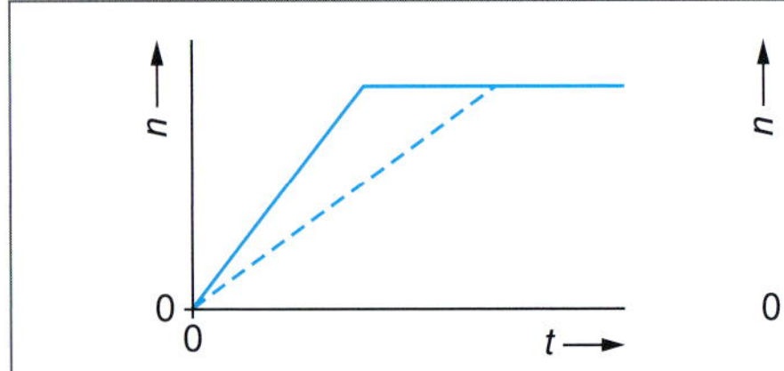

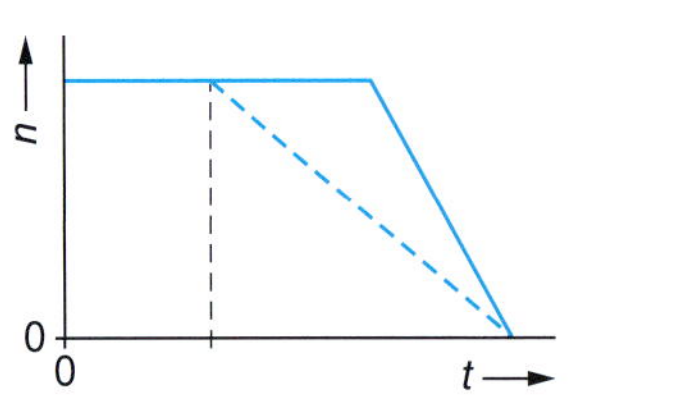

126 Rampeneinstellung

Prüfung

1. Welche Aufgabe haben Frequenzumrichter?

2. Aus welchen Hauptkomponenten besteht ein Frequenzumrichter?

3. Welche Auswirkungen hat es auf einen Elektromotor, wenn die Frequenz gegenüber der Bemessungsfrequenz

a) erhöht
b) verringert

wird?

4. Welche Aufgabe hat der Zwischenkreis eines Frequenzumrichters?

5. Wie arbeitet ein Wechselrichter?

6. Erläutern Sie die Aufgabe der dargestellten Schaltung.

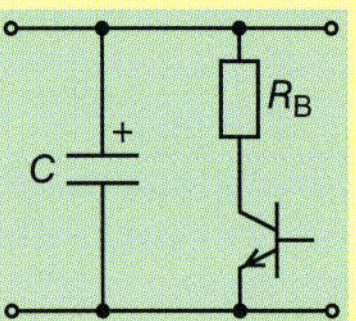

7. Wie muss der Frequenzumrichter reagieren, wenn die Frequenz unter Bemessungsfrequenz abgesenkt wird?

8. Beschreiben Sie den Sinn der IR-Kompensation (Boost).

9. Welchen Einfluss hat es auf das Drehmoment, wenn die Frequenz über Bemessungsfrequenz gesteigert wird?

10. Welche Aufgabe hat die Startkompensierung?

11. Ein Asynchronmotor (Bemessungsfrequenz 50 Hz) wird mit 25 Hz betrieben.

Dabei hat er ein bestimmtes Kippmoment. Nun wird der gleiche Motor mit 80 Hz betrieben.

Hat dies Einfluss auf das Kippmoment?

12. Erläutern Sie den Begriff Übermoment. Welchen Sinn hat ein Übermoment?

14. Was wird unter Parametrierung eines Frequenzumrichters verstanden?

15. Nennen Sie wichtige Parametrierungsparameter für den Frequenzumrichter.

Technische Daten eines Frequenzumrichters

Eingang		
Netzspannung	U_{Netz}	3 × AC 380 – 500 V
Netzfrequenz	f_N	50/60 Hz ± 5 %
Netz-Bemessungsstrom bei 3 × AC 400 V	I_N	AC 1,8 A
	I_{N125}	AC 2,3 A
Ausgang		
Ausgangsspannung	U_A	3 × 0 – U_{Netz}
Motorleistung 100 % Motorleistung 125 %	P_M P_{M125}	0,55 kW 0,75 kW
Ausgangsstrom 100 % Ausgangsstrom 125 %	I_N I_{N125}	AC 2,0 A AC 2,5 A
Ausgangs-Scheinleistung 100 % Ausgangs-Scheinleistung 125 %	S_N S_{N125}	1,4 kVA 1,7 kVA
Max. zul. Bremswiderstand	R_{BW}	68 Ω
Allgemein		
Verlustleistung 100 % Verlustleistung 125 %	P_V P_{V125}	40 W 45 W
Kühlungsart		Konvektion
Strombegrenzung		1,5 · I_N für mindestens 60 s
Klemmen		4 mm²

Sicherheitshinweise

- Nur qualifiziertes Personal darf an diesem Gerät arbeiten.
  Dieses Personal muss gründlich mit allen Sicherheitshinweisen, Installations-Betriebs- und Instandhaltungsmaßnahmen vertraut sein.
  Der einwandfreie und sichere Betrieb setzt sachgemäßen Transport, ordnungsgemäße Installation, Bedienung und Instandhaltung voraus.

- Gefährdung durch elektrischen Schlag.
  Die Kondensatoren des Gleichstromzwischenkreises bleiben nach Abschalten der Versorgungsspannung 5 Minuten lang geladen. Das Gerät darf daher erst 5 Minuten nach dem Abschalten geöffnet werden.

Elektrische Installation

- Der Umrichter muss immer geerdet sein!
- An Leitungen, die an den Umrichter angeschlossen sind, darf niemals eine Isolationsprüfung mit hoher Spannung vorgenommen werden.
- Die Steuer-, Netz und Motorleitungen müssen getrennt verlegt werden.

Betrieb mit Fehlerstrom-Schutzeinrichtungen

Unter folgenden *Voraussetzungen* arbeitet der FU ohne unerwünschte Abschaltung:

- Verwendung eines RCD vom Typ B.
- Abschaltgrenze des RCD 300 mA.
- N-Leiter des Netzes geerdet.
- Jeder RCD versorgt nur einen Umrichter.
- Die Ausgangsleitungen sind kürzer als 50 m (geschirmt) bzw. 100 m (ungeschirmt).

Vermeidung elektromagnetischer Störung

Frequenzumrichter sind für den *Betrieb in industrieller Umgebung* ausgelegt. Hier sind hohe Werte an *elektromagnetischen* **Störungen** zu erwarten.

Im Allgemeinen gewährleistet eine fachgerechte Installation einen sicheren und störungsfreien Betrieb.

Bei auftretenden Schwierigkeiten sind die folgende Hinweise zu beachten.

@ Interessante Links

- www.eaton.de
- www.sew-eurodrive.de
- www. siemens.de

■ EMV

→ 81, 88, 47

■ **Hinweis**

Frequenzumrichter werden vom Hersteller mit einem Parametersatz (Werkseinstellung) geliefert.

Damit der Motor keinen Schaden nimmt, müssen vor Inbetriebnahme des Motors seine Bemessungsdaten parametriert werden.

Die Parametrierung kann durch aufsteckbare Bediengeräte oder über eine Datenschnittstelle mit dem PC erfolgen.

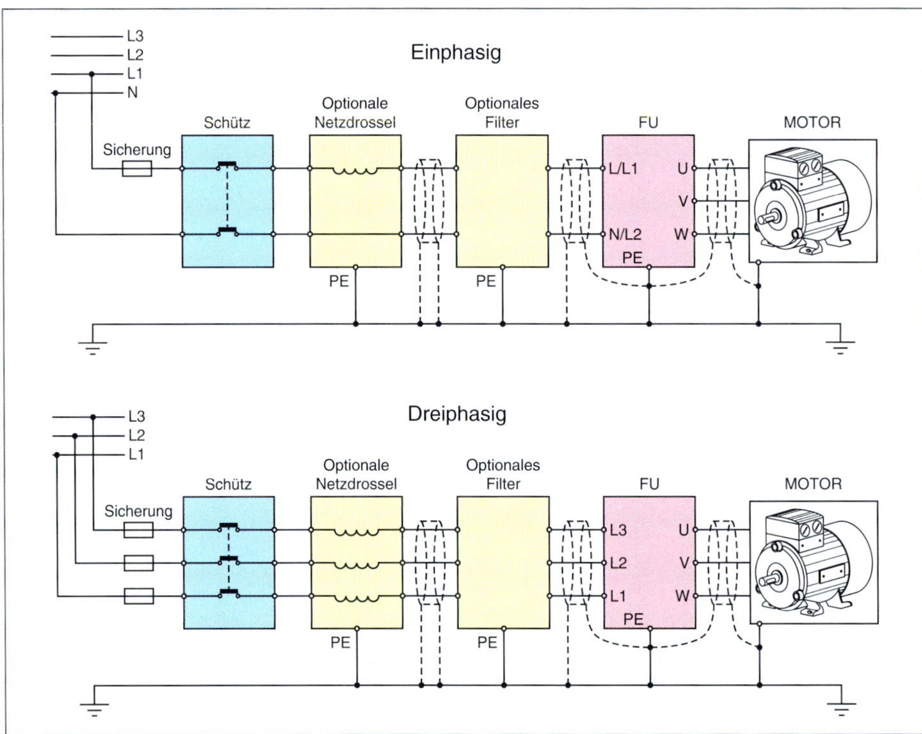

127 Motor- und Netzanschluss

- Vergewissern Sie sich, dass alle Geräte im Schrank über kurze Erdungsleitungen mit großem Querschnitt, die an einen gemeinsamen Erdungspunkt oder eine Erdungsschiene angeschlossen sind, gut geerdet sind.
- Vergewissern Sie sich, dass jedes am Umrichter angeschlossene Steuergerät (z. B. eine SPS) über eine kurze Leitung mit großem Querschnitt an dieselbe Erde oder denselben Erdungspunkt wie der Umrichter angeschlossen ist.
- Schließen Sie den Mittelpunktleiter der von den Umrichtern gesteuerten Motoren direkt am Erdungsanschluss (PE) des zugehörigen Umrichters an.
- Flache Leitungen werden bevorzugt, da sie bei höheren Frequenzen eine geringere Impedanz aufweisen.
- Die Leitungsenden sind sauber abzuschließen, wobei darauf zu achten ist, dass ungeschirmte Leitungen möglichst kurz sind.
- Die Steuerleitungen sind getrennt von den Leistungskabeln zu verlegen. Kreuzungen von Leistungs- und Steuerkabeln sollten im 90°-Winkel erfolgen.
- Verwenden Sie nach Möglichkeit geschirmte Leitungen für die Verbindungen zur Steuerschaltung.
- Vergewissern Sie sich, dass die Schütze im Schrank entstört sind, entweder mit RC-Beschaltung bei Wechselstromschützen oder mit „Freilauf"-Dioden bei Gleichstromschützen, wobei die Entstörmittel an den Spulen anzubringen sind. Varistor-Überspannungsableiter sind ebenfalls wirksam. Dies ist wichtig, wenn die Schütze vom Umrichterrelais gesteuert werden.
- Verwenden Sie für die Motoranschlüsse geschirmte oder bewehrte Leitungen und erden Sie die Abschirmung an beiden Enden mit Kabelschellen.

128 Frequenzumrichter

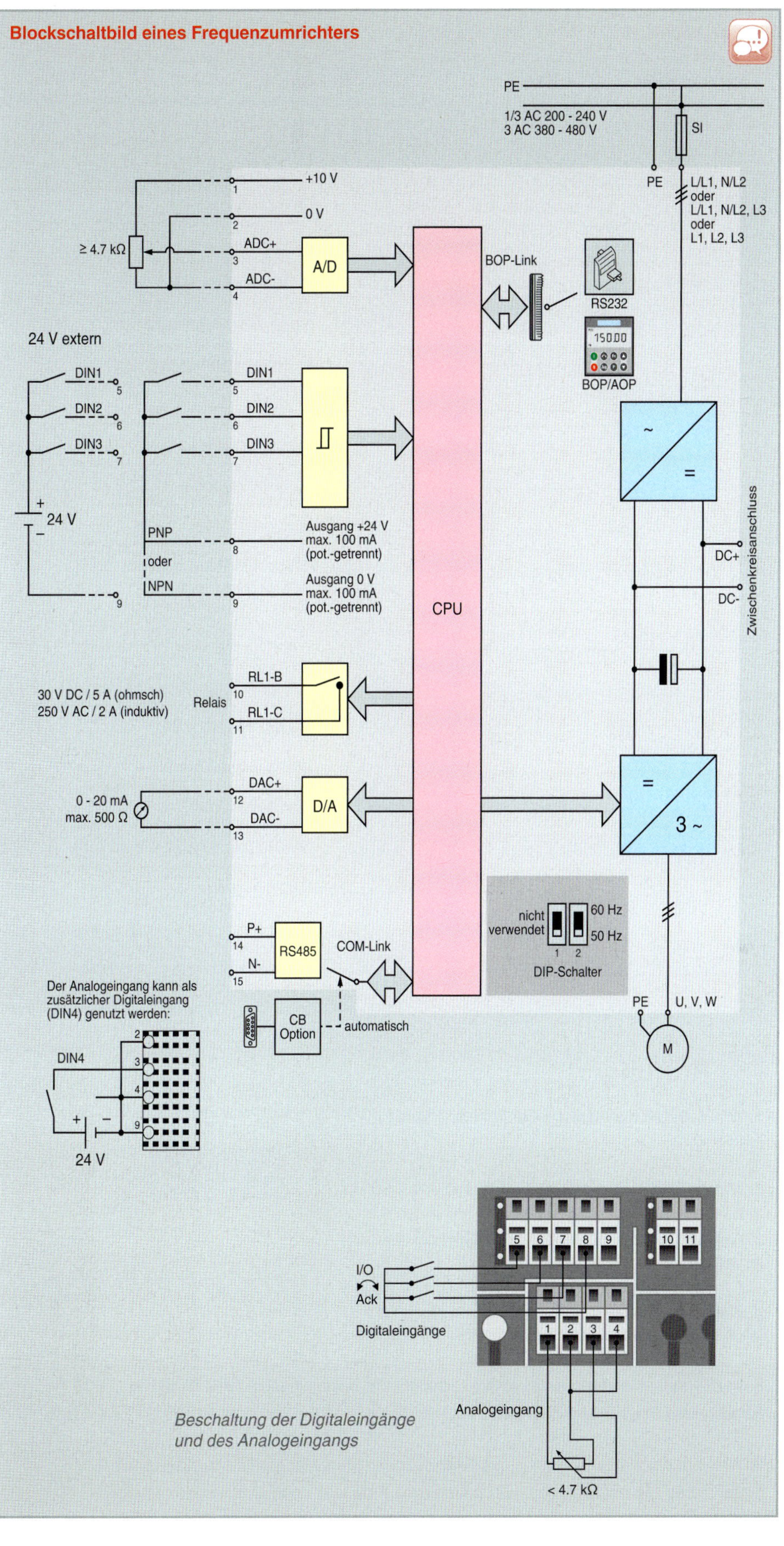

Beschaltung der Digitaleingänge und des Analogeingangs

Steuerklemmen

Klemme	Bezeichnung	Funktion
1	–	Ausgang + 10 V
2	–	Ausgang 0 V
3	ADC+	Analogeingang (+)
4	ADC–	Analogeingang (–)
5	DIN1	Digitaleingang 1
6	DIN2	Digitaleingang 2
7	DIN3	Digitaleingang 3
8	–	Isolierter Ausgang +24 V/max. 100 mA
9	–	Isolierter Ausgang 0 V/max. 100 mA
10	RL1-B	Digitalausgang/ Schließer
11	RL1-C	Digitalausgang/ Wechsler
12	DAC+	Analogausgang (+)
13	DAC–	Analogausgang (–)
14	P+	RS485-Anschluss
15	N–	RS485-Anschluss

Schnellinbetriebnahme

Name
Europa/Nordamerika
Motortyp wählen
Motornennspannung
Motornennstrom
Motornennleistung
Nenn-Motorleistungsfaktor
Motornennwirkungsgrad
Motornennfrequenz
Motornenndrehzahl
Motormagnetisierungsstrom
Motorkühlung
Motorüberlastungsfaktor [%]
Wahl der Befehlsquelle
Wahl des Frequenzsollwerts
Minimale Drehzahl
Maximale Drehzahl
Rampenhochlaufzeit
Rampenauslaufzeit
OFF3 Rampenauslaufzeit
Regelungsart
Motordaten-Identifizierung wählen
Ende der Schnellinbetriebnahme

Prüfung

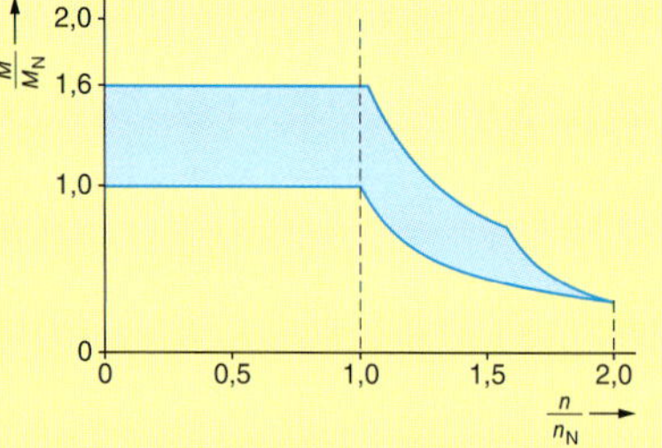

1. Erläutern Sie die Aussage der nebenstehenden Kennlinie.

2. Welche Bedeutung hat der Typenpunkt eines FU?

3. Worauf ist bei der Einstellung des Typenpunkts zu achten?

4. Warum sollten bei der Parametrierung eines FU die Rampenzeiten nicht zu klein gewählt werden?

5. Bei Betrieb eines Frequenzumrichters spricht der vorgeschaltete RCD häufig an. Beschreiben Sie Ihre Maßnahmen.

6. Wie wird der Netzanschluss eines Frequenzumrichters fachgerecht durchgeführt? Beschreiben Sie die Aufgaben von Netzdrossel, Filter und Abschirmung der Leitungen.

@ Interessante Links

- christiani-berufskolleg.de

5 Anlagen automatisieren

Alle Bandantriebsmotoren sollen drehzahlveränderlich sein.

Zur Entlastung des Schaltschranks werden dezentrale Frequenzumrichter eingesetzt (jeder Motor ist mit einem Frequenzumrichter ausgestattet).

Die Ansteuerung der Motoren erfolgt über ein Bussystem. Gewählt wird hier das Bussystem PROFIBUS DP.

Erweiterung des Bedienpults

In das Bedienpult (Seite 19) werden zwei zusätzliche Taster eingebaut. Mit ihrer Hilfe kann die *Bandgeschwindigkeit* stufenlos erhöht oder erniedrigt werden. Dies erfolgt durch Beeinflussung der Drehzahl der Antriebsmotoren.

Das Bedienpult wird um 2 Schließer (NO) ergänzt, die an die SPS-Eingänge E2.3 und E2.4 angeschlossen werden (siehe Seite 253).

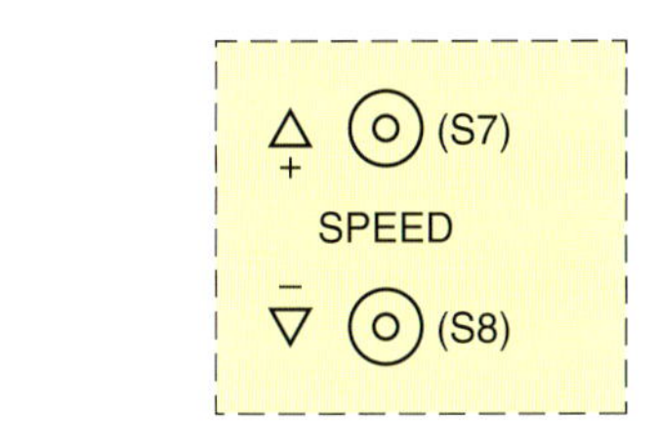

1 *Erweiterung des Bedienpults (Seite 215)*

Verwendung finden Getriebemotoren mit angebauten Frequenzumrichtern.

Damit diese über PROFIBUS-DP angesteuert werden können, wird eine **Geräte-Stammdatendatei** vom Hersteller benötigt. Diese kann zum Beispiel über das Internet bezogen werden.

Eine solche **GSD** erhält die notwendigen *Kommunikationsparameter.*

Die GSD wird unter

Extras

GSD-Datei importieren

in die Simatic-Hardwarekonfiguration importiert. Dargestellt wird dann derAuswahlkatalog.

Voraussetzung für die Verwendung eines Bussystems ist ein entsprechender **CP** (Kommunikationsprozessor) für das gewählte Bussystem (hier PROFIBUS-DP).

Es besteht auch die Möglichkeit, eine **busfähige CPU** einzusetzen. Dies ist im vorliegenden Projekt der Fall.

Ergänzung der Symboltabelle

rollengang_voll	E2.2	BOOL	Rollengang gefüllt, NO
speed_up	E2.3	BOOL	Geschwindigkeit erhöhen, NO
speed_down	E2.4	BOOL	Geschwindigkeit senken, NO
widerstand_wicklung_U	PEW320	BOOL	Messung Wicklung U1–U2

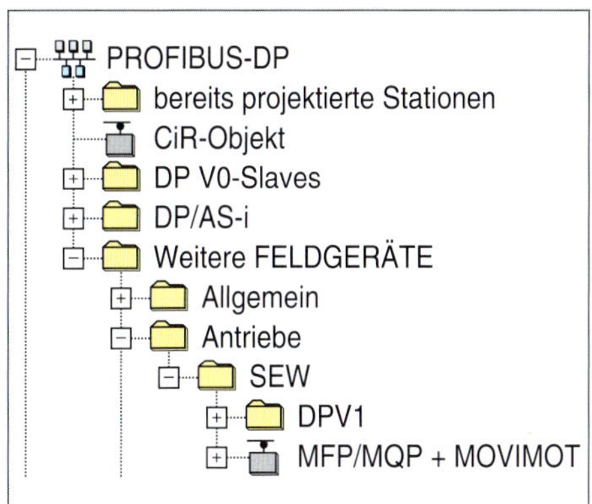

2 *Konfiguration unter PROFIBUSDP*

Die **CPU315-2 PN/DP** ist PROFIBUS DP- und auch PROFINET-fähig.

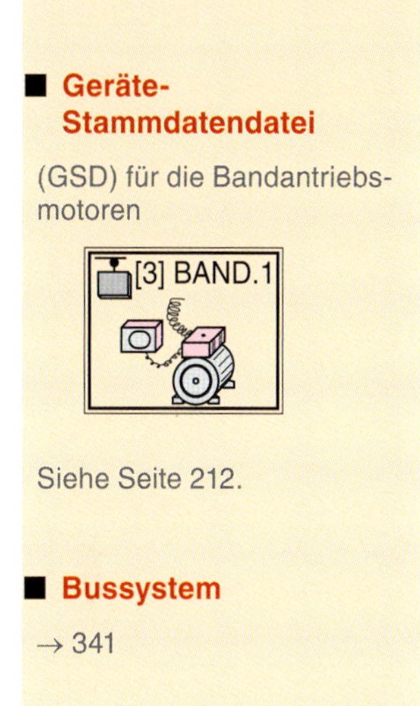

■ **Geräte-Stammdatendatei**

(GSD) für die Bandantriebsmotoren

Siehe Seite 212.

■ **Bussystem**

→ 341

Vorgehensweise

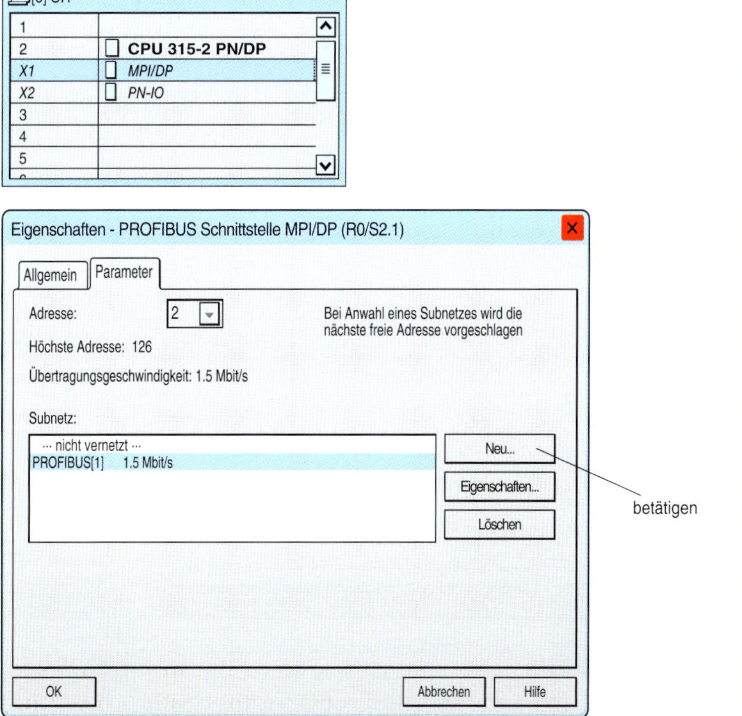

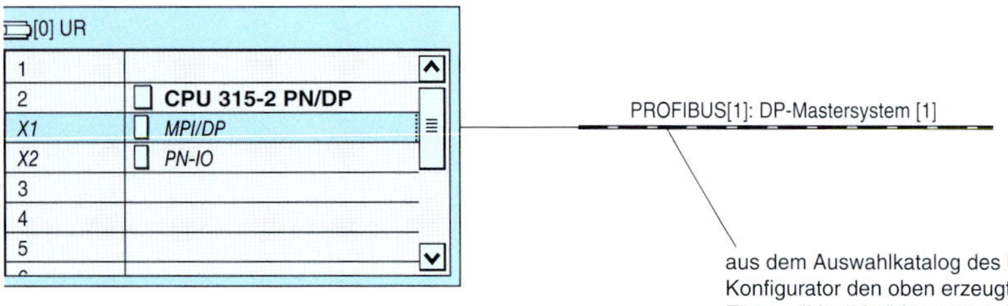

[0] UR

1	
2	CPU 315-2 PN/DP
X1	MPI/DP
X2	PN-IO
3	
4	
5	

PROFIBUS[1]: DP-Mastersystem [1]

aus dem Auswahlkatalog des HW-Konfigurator den oben erzeugten GSD-Eintrag "MoviMot" für unsere Antriebe 5x eintragen (Drag and Drop)

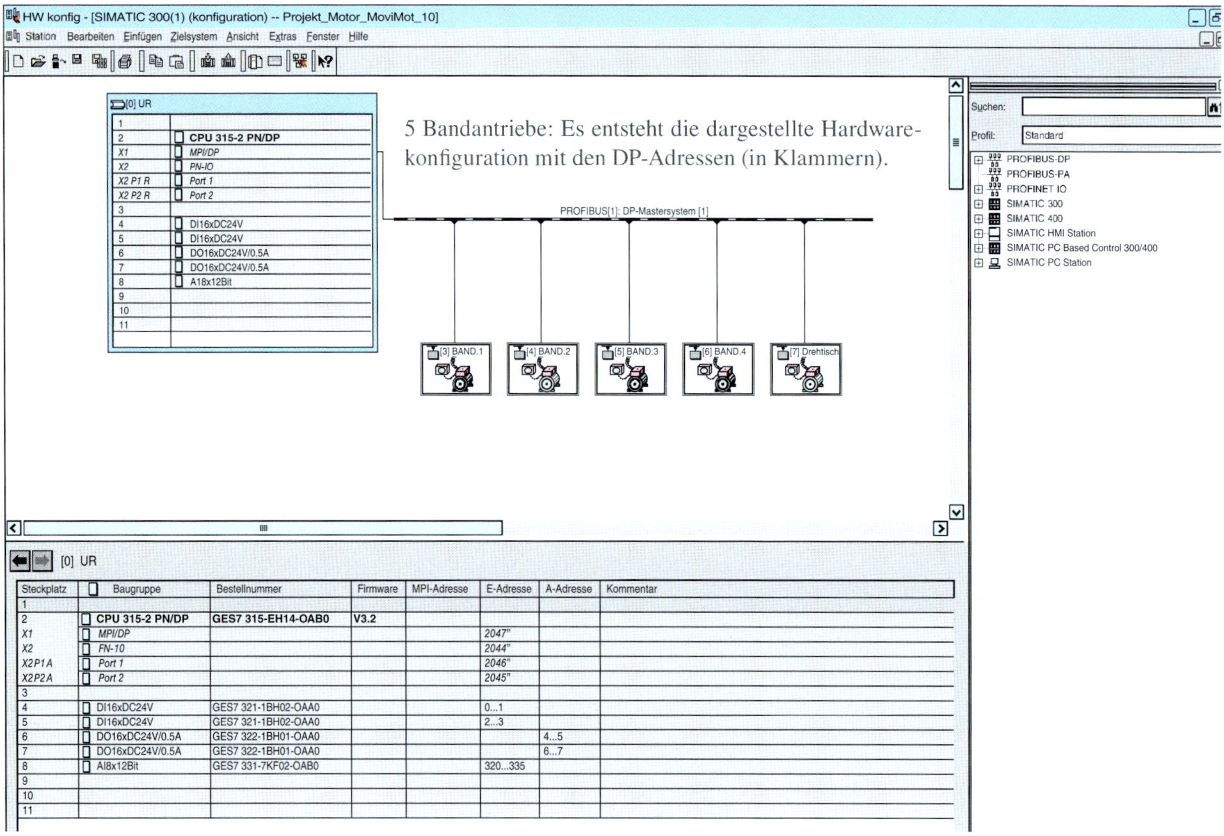

HW konfig - [SIMATIC 300(1) (konfiguration) -- Projekt_Motor_MoviMot_10]

Station Bearbeiten Einfügen Zielsystem Ansicht Extras Fenster Hilfe

5 Bandantriebe: Es entsteht die dargestellte Hardwarekonfiguration mit den DP-Adressen (in Klammern).

PROFIBUS[1]: DP-Mastersystem [1]

[3] BAND.1 [4] BAND.2 [5] BAND.3 [6] BAND.4 [7] Drehtisch

Suchen:
Profil: Standard

PROFIBUS-DP
PROFIBUS-PA
PROFINET IO
SIMATIC 300
SIMATIC 400
SIMATIC HMI Station
SIMATIC PC Based Control 300/400
SIMATIC PC Station

[0] UR

Steckplatz	Baugruppe	Bestellnummer	Firmware	MPI-Adresse	E-Adresse	A-Adresse	Kommentar
1							
2	**CPU 315-2 PN/DP**	**GES7 315-EH14-OAB0**	**V3.2**				
X1	*MPI/DP*				*2047"*		
X2	*FN-10*				*2044"*		
X2P1A	*Port 1*				*2046"*		
X2P2A	*Port 2*				*2045"*		
3							
4	DI16xDC24V	GES7 321-1BH02-OAA0			0...1		
5	DI16xDC24V	GES7 321-1BH02-OAA0			2...3		
6	DO16xDC24V/0.5A	GES7 322-1BH01-OAA0				4...5	
7	DO16xDC24V/0.5A	GES7 322-1BH01-OAA0				6...7	
8	AI8x12Bit	GES7 331-7KF02-OAB0			320...335		
9							
10							
11							

Jeder der 5 Motoren (bzw. deren Frequenzumrichter) kann mit 3 *Prozessdatenwörtern* von der SPS angesteuert werden.

	Prozessdatenwort 1 Steuerwort Freigabe	Prozessdatenwort 2 Sollwert Drehzahl	Prozessdatenwort 3 Ein-/Ausschaltrampe
Antrieb Band 1	PAW 256	PAW 258	PAW 260
Antrieb Band 2	PAW 262	PAW 264	PAW 266
Antrieb Band 3	PAW 268	PAW 270	PAW 272
Antrieb Band 4	PAW 274	PAW 276	PAW 278
Antrieb Drehtisch	PAW 280	PAW 282	PAW 284

Dies ist hier für einen Antrieb beispielhaft dargestellt.

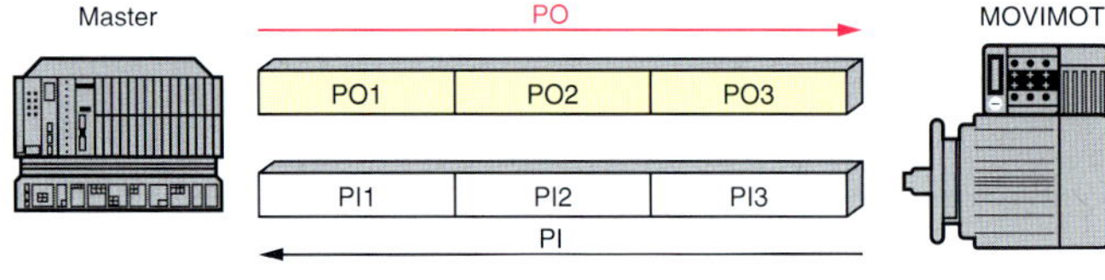

Prinzipschaltbild Anschluss

400 V 24 V

PROFIBUS-DP

400 V

[1]
24 V

MOVIMOT MOVIMOT

Klemmleiste

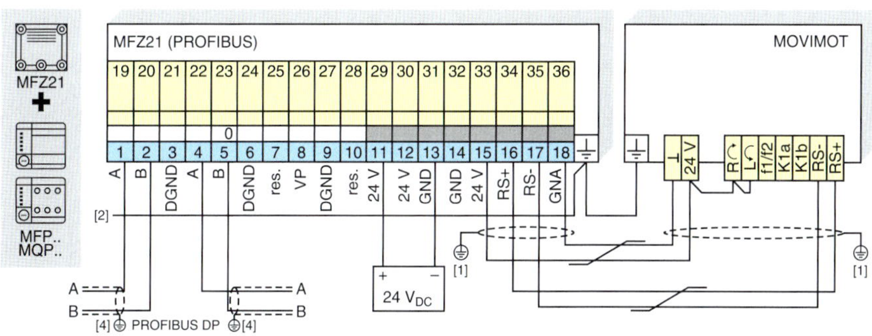

Ansteuerung

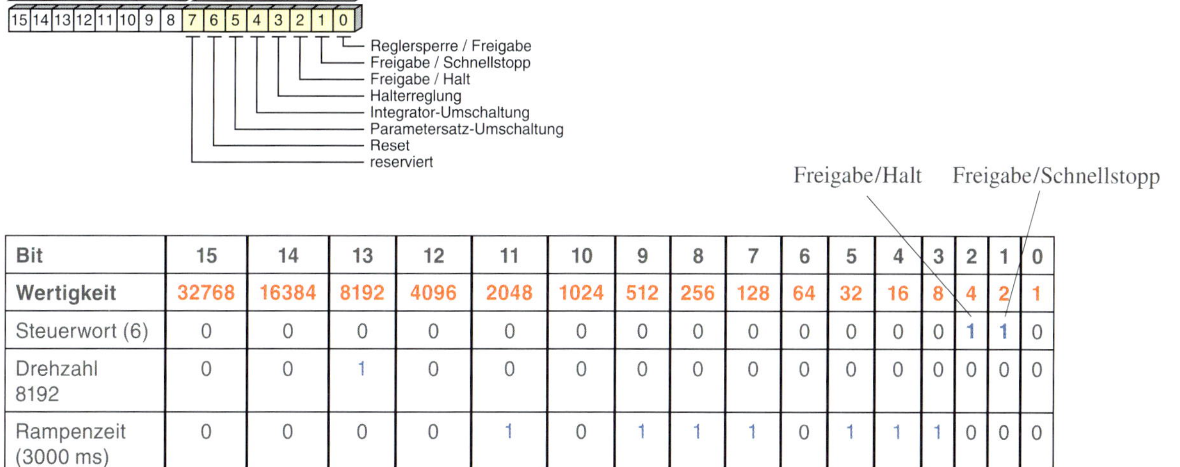

Bit	15	14	13	12	11	10	9	8	7	6	5	4	3	2	1	0
Wertigkeit	32768	16384	8192	4096	2048	1024	512	256	128	64	32	16	8	4	2	1
Steuerwort (6)	0	0	0	0	0	0	0	0	0	0	0	0	0	1	1	0
Drehzahl 8192	0	0	1	0	0	0	0	0	0	0	0	0	0	0	0	0
Rampenzeit (3000 ms)	0	0	0	0	1	0	1	1	1	0	1	1	1	0	0	0

Daraus ergibt sich für das *Steuerwort* für Band 1 (Prozessdatenwort) die Anweisung:

```
L   6          // Bit 1 und Bit 2, Werte 2 + 4 = 6
T   PWA 256
```

Geschwindigkeit (Prozessdatenwort 2)

```
L   8192       // 8192 dezimal (2000 hexadezimal) entspricht 50 %
               // der parametrierbaren Maximaldrehzahl
T   PAW 258
```

Rampenzeit (Prozessdatenwort 3)

```
L   3000       // 3000 entspricht 3000 Millisekunden
               // als Ein- und Ausschaltrampe
T   PAW 260
```

Organisationsbaustein OB1

Name	Datentyp	Adresse	Kommentar
TEMP		0.0	
OB1_EV_CLASS	Byte	0.0	Bits 0-3 - 1 (Coming event), Bits 4-7 - 1 (Event class 1)
OB1_SCAN_1	Byte	1.0	1 (Cold restart scan 1 of OB 1), 3 (Scan 2-n of OB 1)
OB1_PRIORITY	Byte	2.0	Priority of OB Execution
OB1_OB_NUMBER	Byte	3.0	1 (Organization block 1, OB1)
OB1_RESERVED_1	Byte	4.0	Reserved for system
OB1_RESERVED_2	Byte	5.0	Reserved for system
OB1_PREV_CYCLE	Int	6.0	Cycle time of previous OB1 scan (milliseconds)
OB1_MIN_CYCLE	Int	8.0	Minimum cycle time of OB1 (milliseconds)
OB1_MAX_CYCLE	Int	10.0	Maximum cycle time of OB1 (milliseconds)
OB1_DATE_TIME	Date_And_Time	12.0	Date and time OB1 started

Baustein: OB1 Prüfung von Elektromotoren – Bandantriebe sind drehzahlveränderlich

Netzwerk: 1 Bausteinaufrufe

```
CALL  "Sicherheit/Not-Halt"        FC1
CALL  "Bandsteuerung"              FC2
CALL  "Hubtisch heben/senken"      FC3
CALL  "Analogwerte einlesen"       FC4
CALL  "rechts/links Drehantrieb"   FC5
CALL  "Meldungen"                  FC6
CALL  "Ausgabebaustein"            FC7    //Für aktive Komponenten
CALL  "FU Ansteuerung"             FC21   //Ansteuerung der Frequenzumrichter
CALL  "Drehzahlvorgabe Antriebe"   FC22   //Drehzahlvorgabe über PROFIBUS
CALL  "Vorgabe der Rampenzeit"     FC23   //Ein- und Ausschaltrampe
```

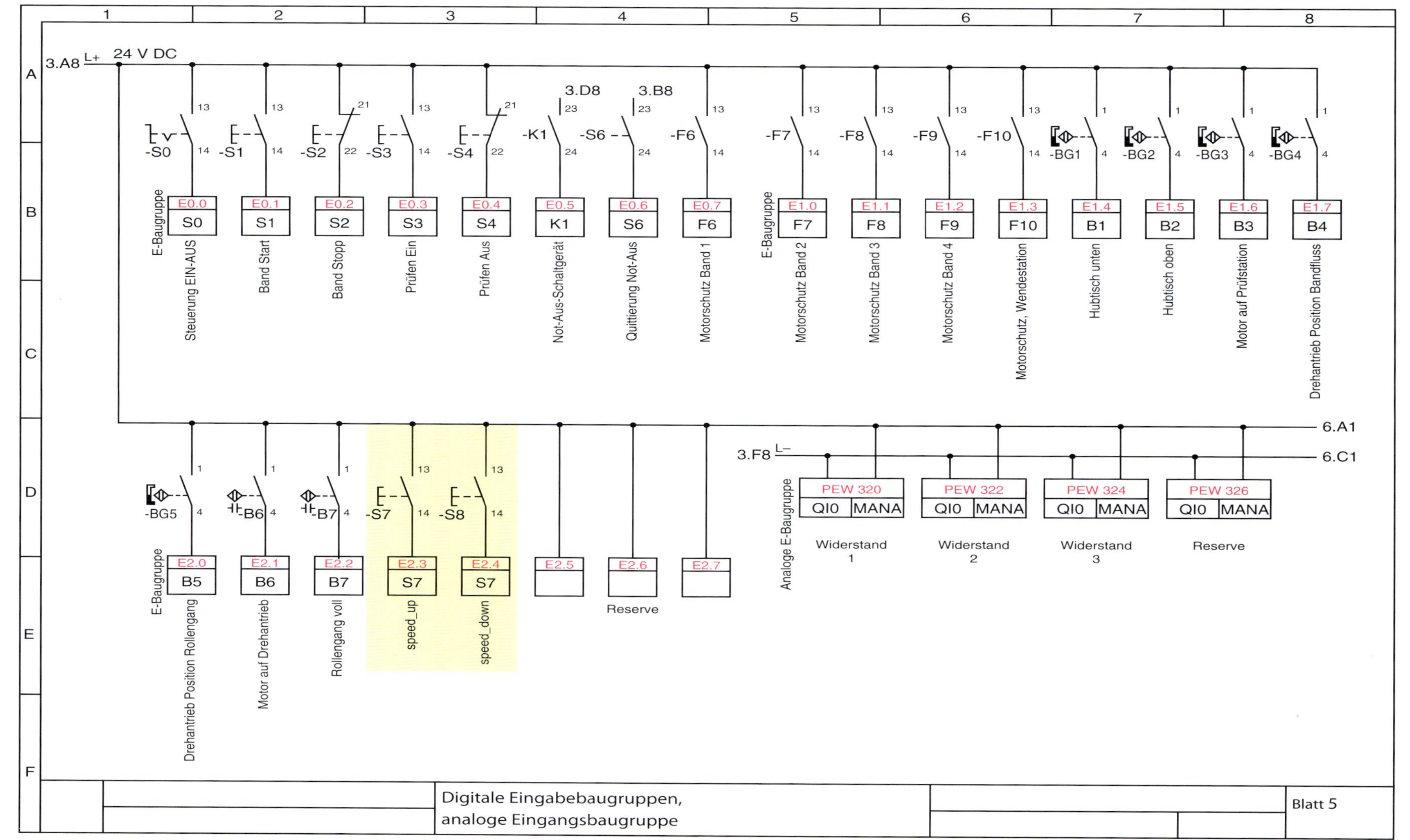
3.A8 L+
24 V DC
-S0
-S1
-S2
-S3
-S4
3.D8
-K1
3.B8
-S6
-F6
-F7
-F8
-F9
-F10
-BG1
-BG2
-BG3
-BG4
E-Baugruppe
E0.0 S0 Steuerung EIN-AUS
E0.1 S1 Band Start
E0.2 S2 Band Stopp
E0.3 S3 Prüfen Ein
E0.4 S4 Prüfen Aus
E0.5 K1 Not-Aus-Schaltgerät
E0.6 S6 Quittierung Not-Aus
E0.7 F6 Motorschutz Band 1
E-Baugruppe
E1.0 F7 Motorschutz Band 2
E1.1 F8 Motorschutz Band 3
E1.2 F9 Motorschutz Band 4
E1.3 F10 Motorschutz, Wendestation
E1.4 B1 Hubtisch unten
E1.5 B2 Hubtisch oben
E1.6 B3 Motor auf Prüfstation
E1.7 B4 Drehantrieb Position Bandfluss
6.A1
3.F8 L–
6.C1
-BG5
-B6
-B7
-S7
-S8
E-Baugruppe
E2.0 B5 Drehantrieb Position Rollengang
E2.1 B6 Motor auf Drehantrieb
E2.2 B7 Rollengang voll
E2.3 S7 speed_up
E2.4 S7 speed_down
E2.5
E2.6
E2.7
Reserve
Analoge E-Baugruppe
PEW 320 QI0 MANA Widerstand 1
PEW 322 QI0 MANA Widerstand 2
PEW 324 QI0 MANA Widerstand 3
PEW 326 QI0 MANA Reserve
Digitale Eingabebaugruppen, analoge Eingangsbaugruppe
Blatt 5

FC1: Sicherheitsbaustein

Netzwerk 1: Freigabemerker

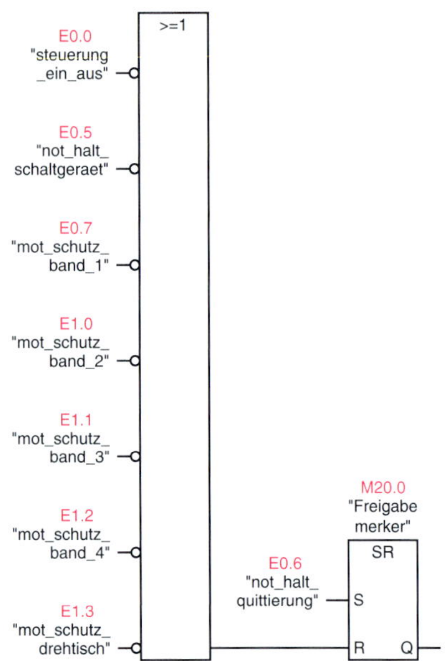

FC2: Bandantrieb

Netzwerk 1: Band 1

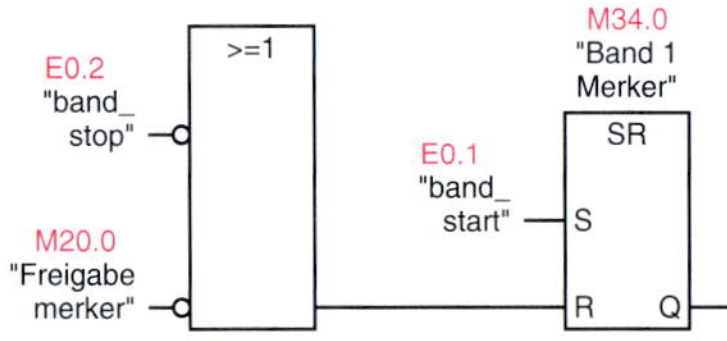

Netzwerk 2: Band 2

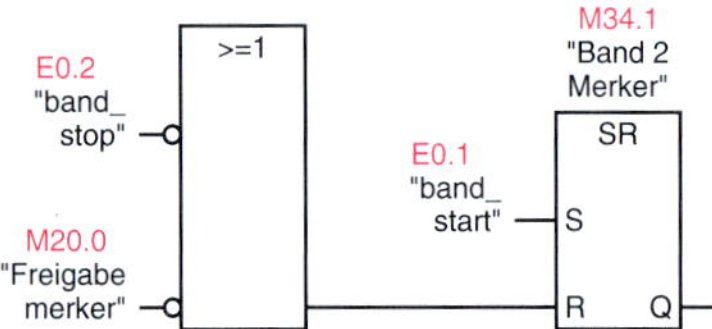

Netzwerk 3: Band 3

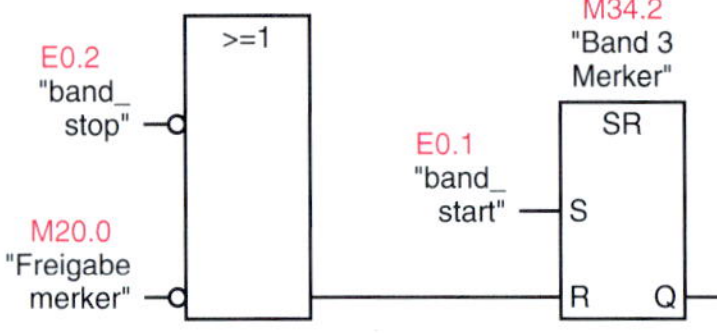

Netzwerk 4: Band 4

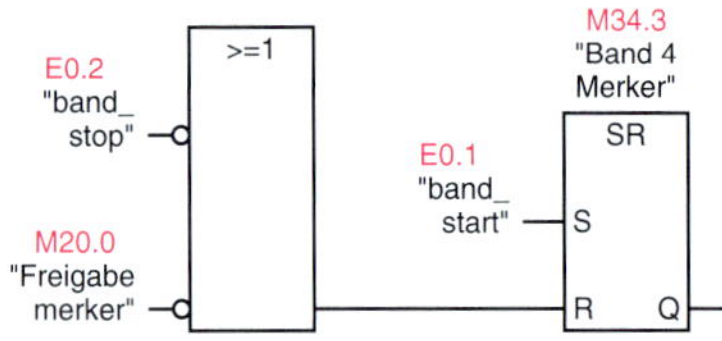

Netzwerk 5: Band Drehantrieb

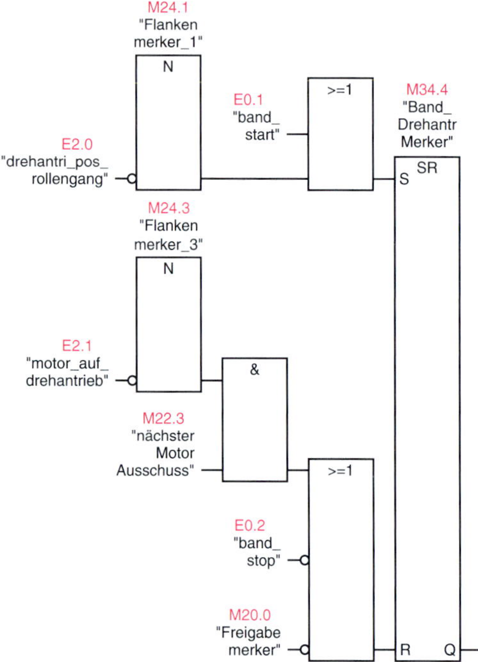

FC3: Hubtisch heben/senken

Netzwerk 1: Prüfen Ein / Aus

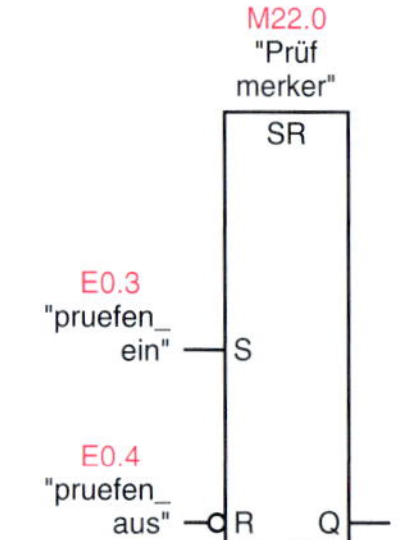

Netzwerk 2: Hubtisch heben

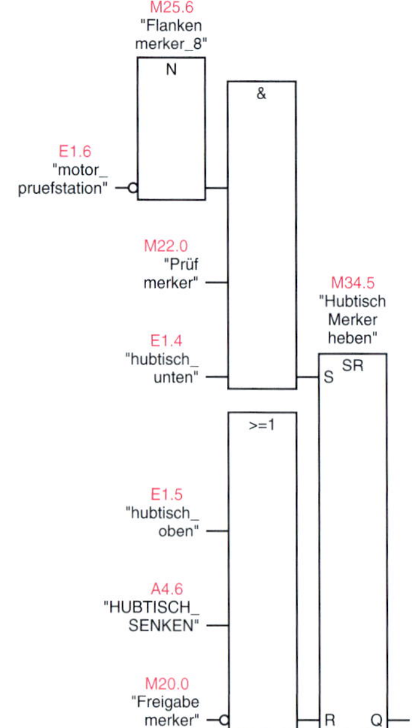

Netzwerk 3: Hubtisch senken

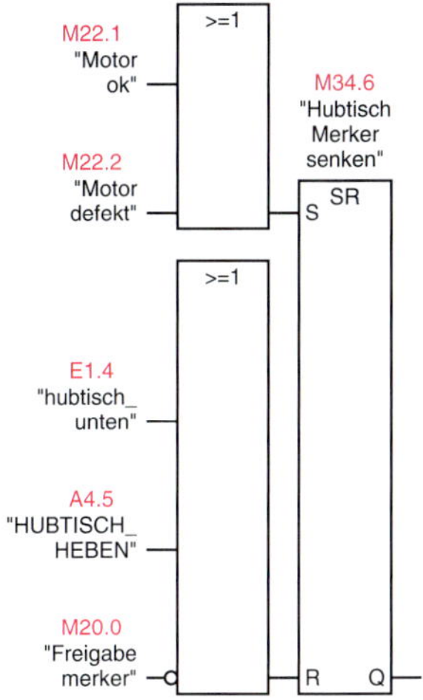

FC4: Analogwerte einlesen

Netzwerk 1: Messung

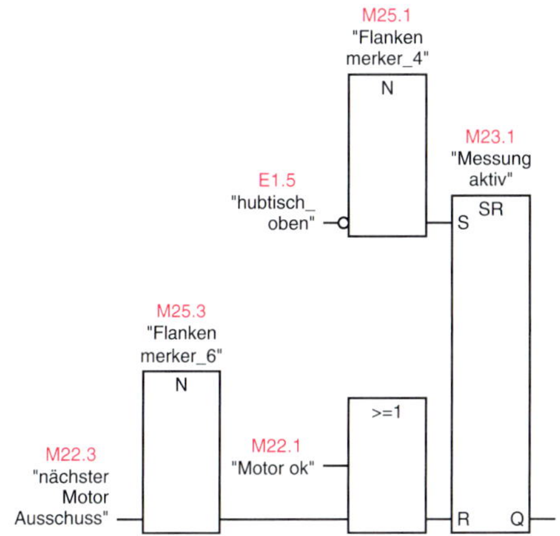

Netzwerk 2: Motorwicklung U1-U2

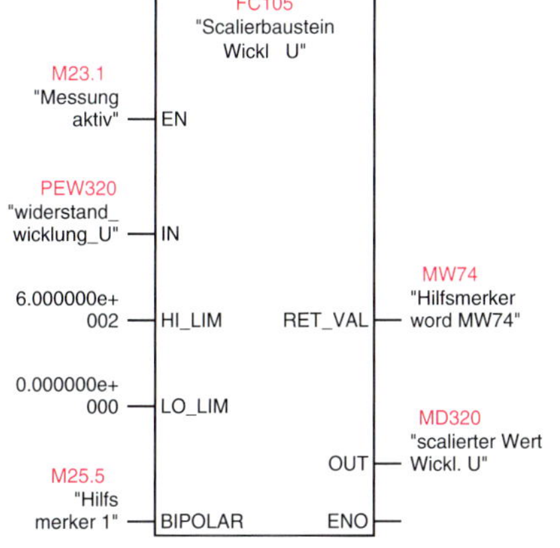

Netzwerk 3: Motorwicklung V1-V2

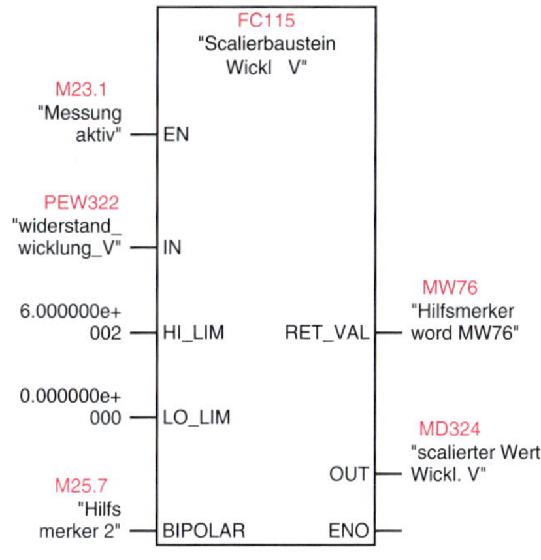

Netzwerk 4: Motorwicklung W1-W2

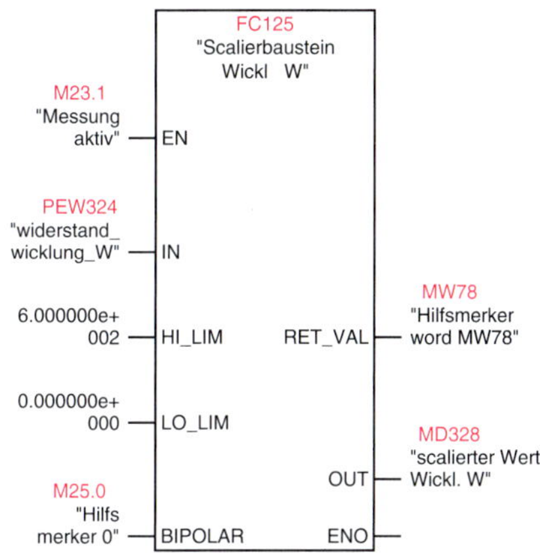

Netzwerk 5: Auswertung Wicklung U, Widerstand im Bereich

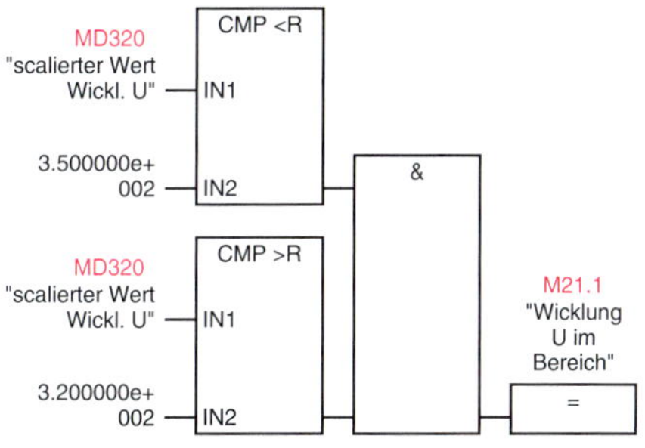

Netzwerk 6: Auswertung Wicklung V, Widerstand im Bereich

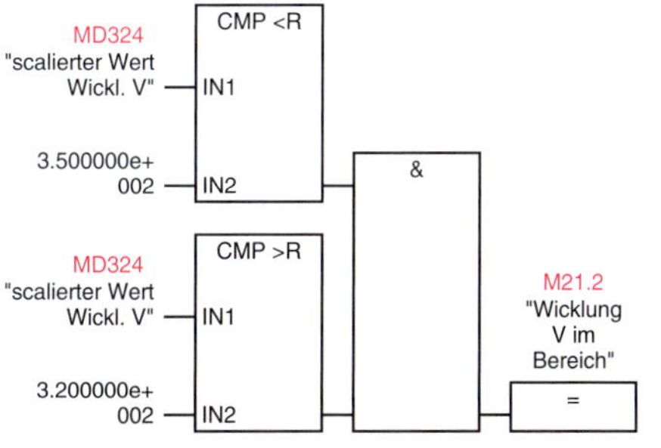

Netzwerk 7: Auswertung Wicklung W, Widerstand im Be

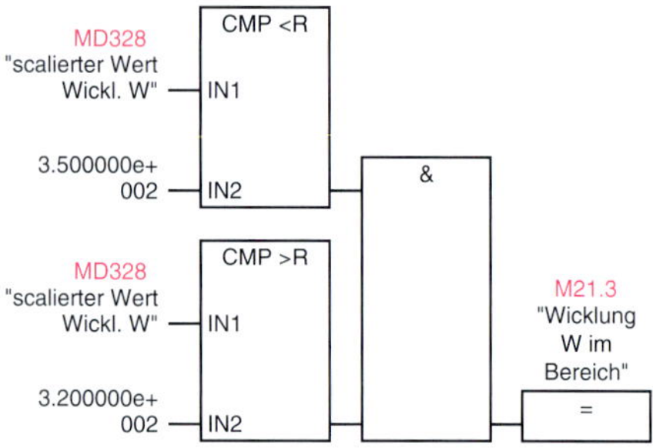

Netzwerk 8: Wicklung ok

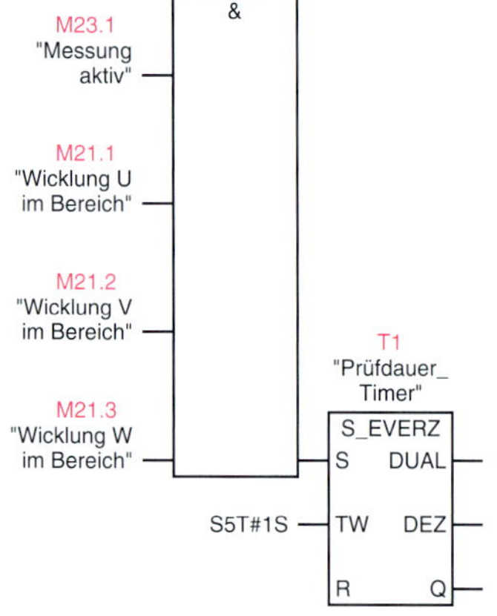

Netzwerk 9:

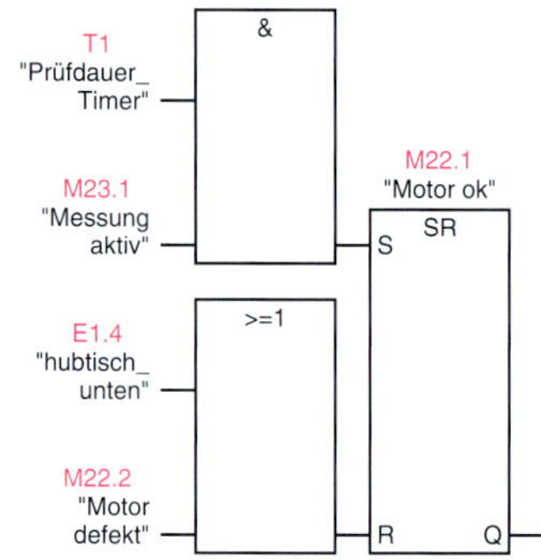

Netzwerk 10: Messung / defekte Wicklung

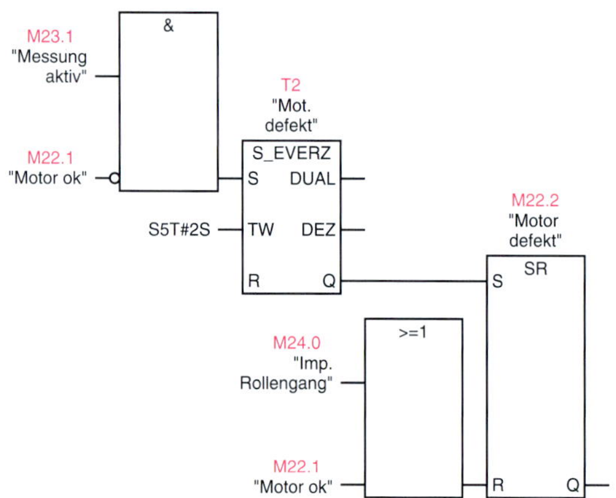

Netzwerk 11: nächster Motor Ausschuss

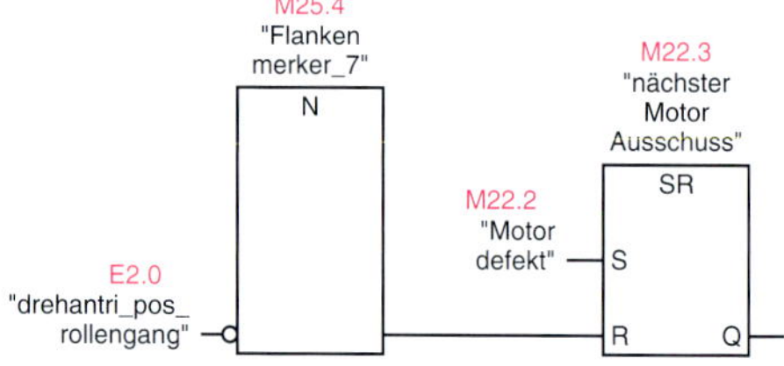

FC5: Drehantrieb rechts/links

Netzwerk 1: Drehantrieb rechts

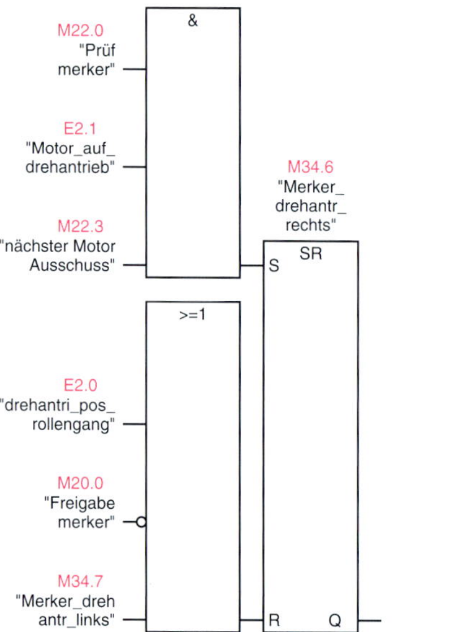

Netzwerk 2: Drehantrieb links

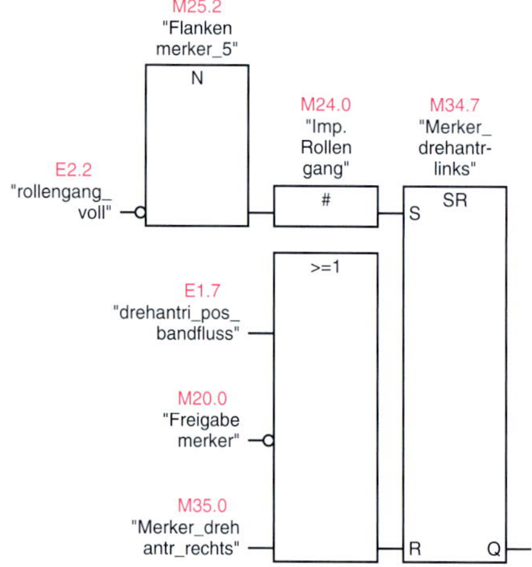

FC6: Meldungen

Netzwerk 1: Ein / Aus

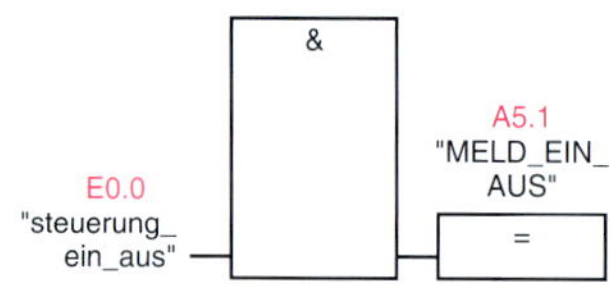

Netzwerk 2: Bänder

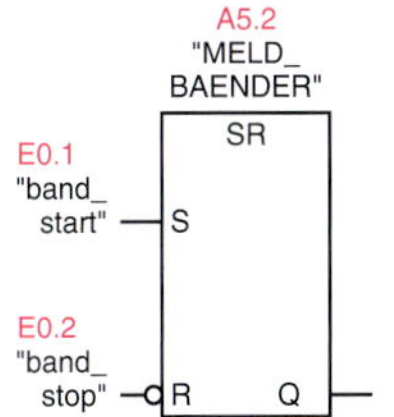

Netzwerk 3: Prüfstation Ein / Aus

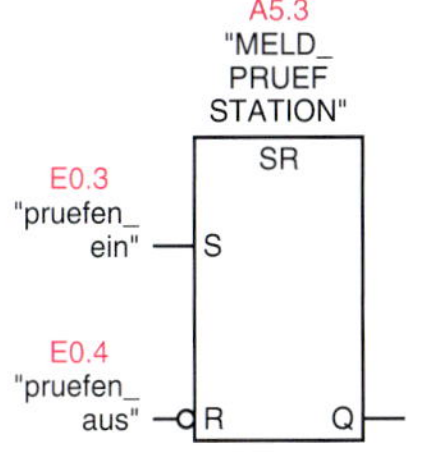

Netzwerk 4: Störungsmeldung

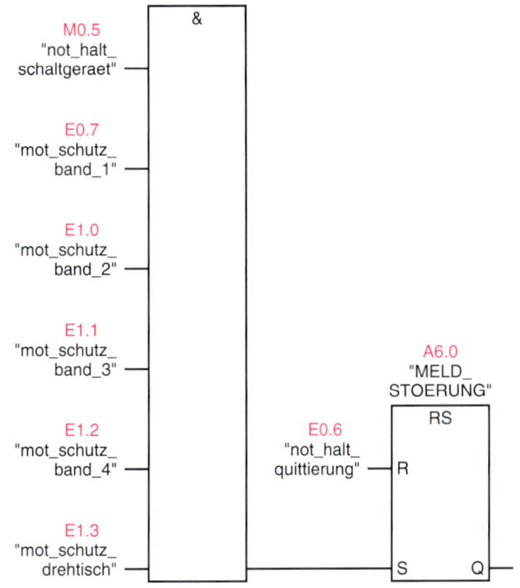

Netzwerk 5: Meldung Not - Aus betätigt

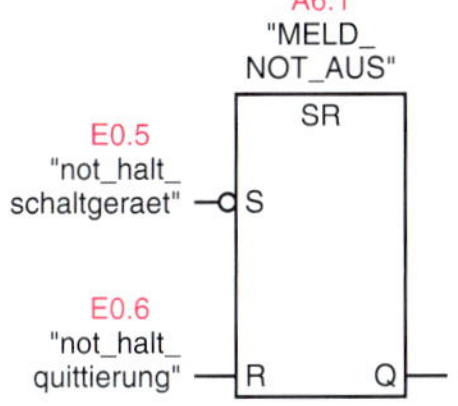

FC7: Ausgabebaustein

Netzwerk 1: Band 1

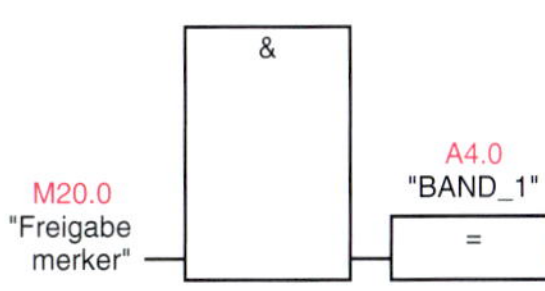

Netzwerk 2: Band 2

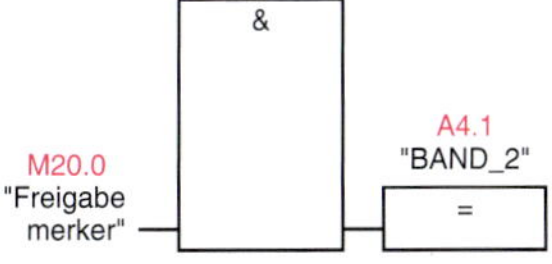

Netzwerk 3: Band 3

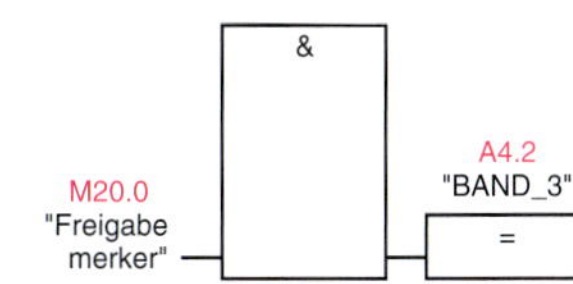

Netzwerk 4: Band 4

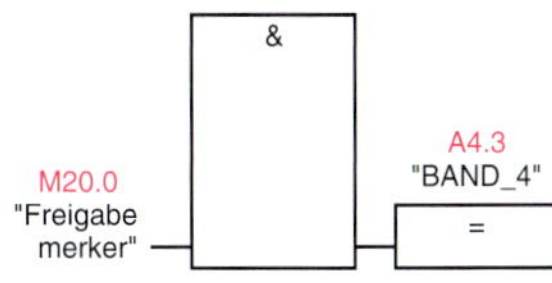

Netzwerk 5: Transport Drehantrieb

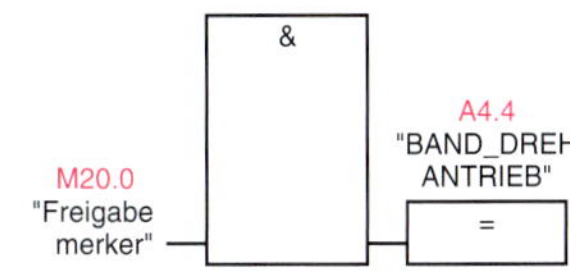

Netzwerk 6: Hubtisch heben

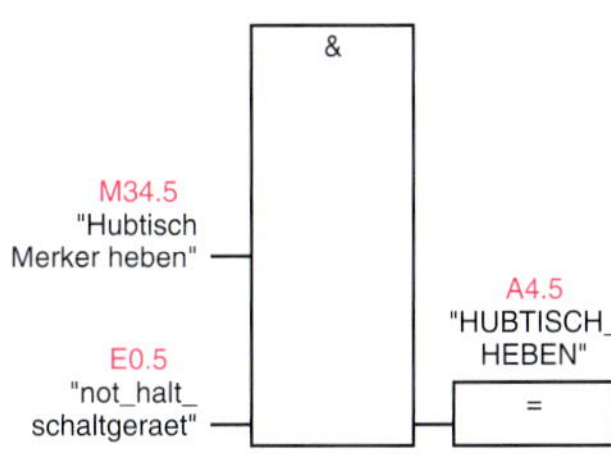

Netzwerk 7: Hubtisch senken

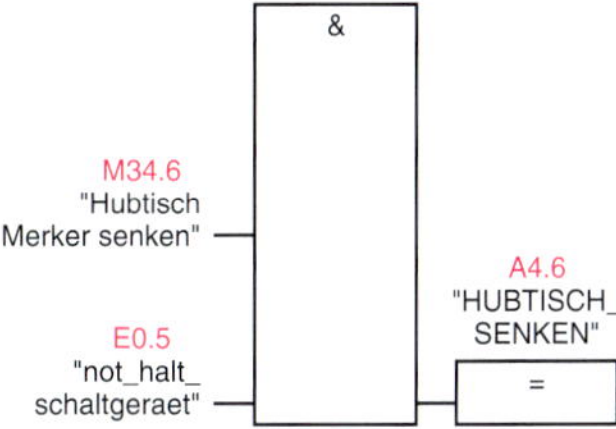

Netzwerk 8: Drehantrieb rechts in Richtung Ausschuss

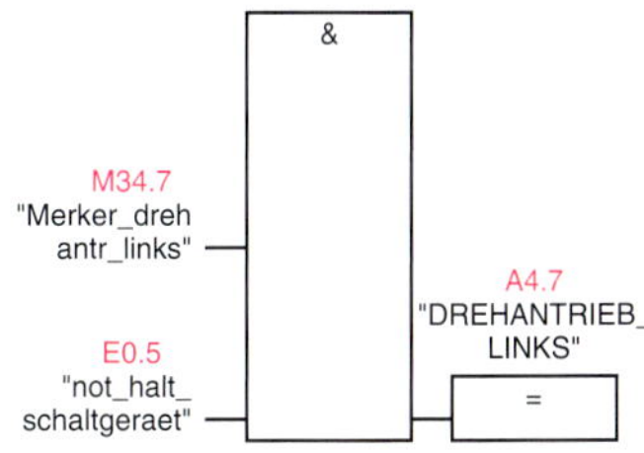

Netzwerk 9: Drehantrieb links

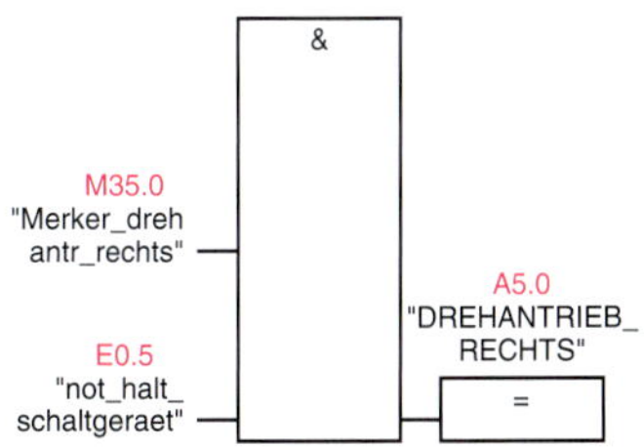

FC21: Ansteuerung der Frequenzumrichter

Netzwerk 1: Freigabe Band_1

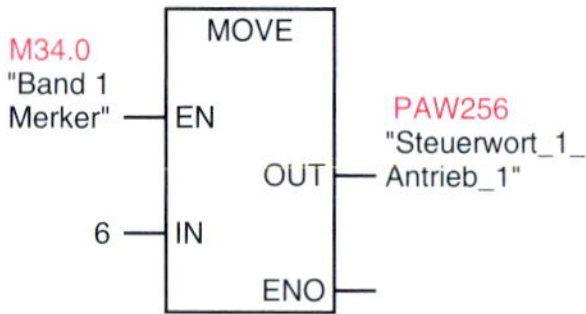

Netzwerk 2:

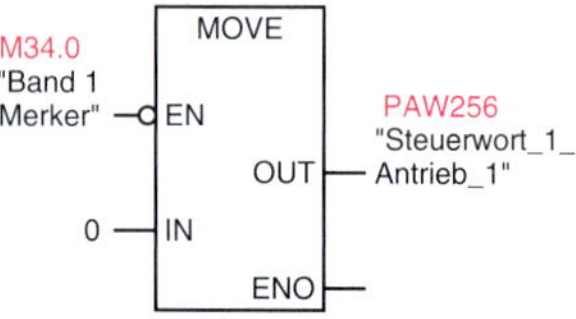

Netzwerk 3: Freigabe Band_2

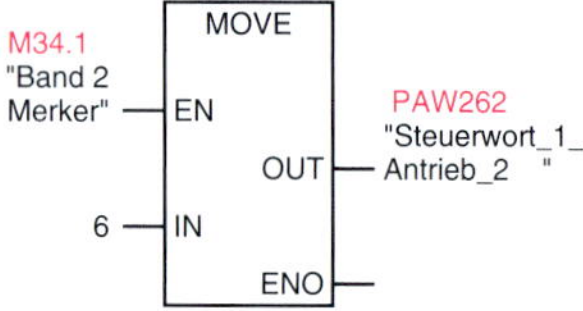

Netzwerk 4:

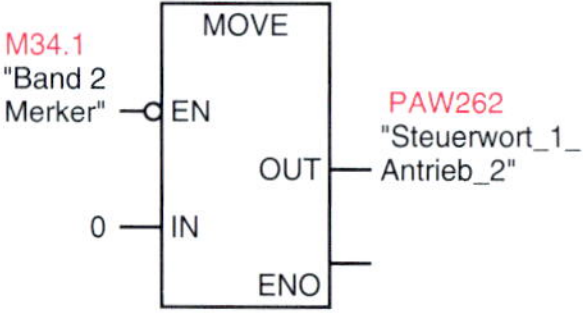

Netzwerk 5: Freigabe Band_3

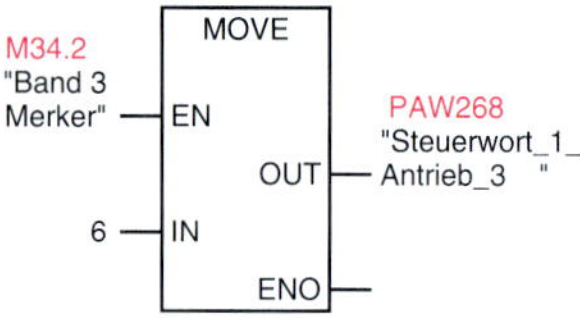

Netzwerk 6:

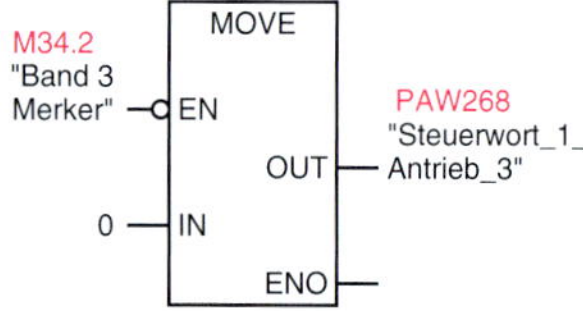

Netzwerk 7: Freigabe Band_4

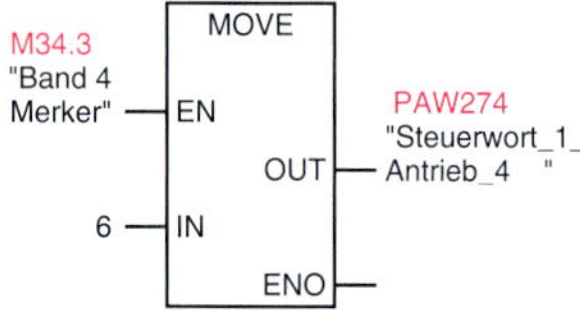

Netzwerk 8:

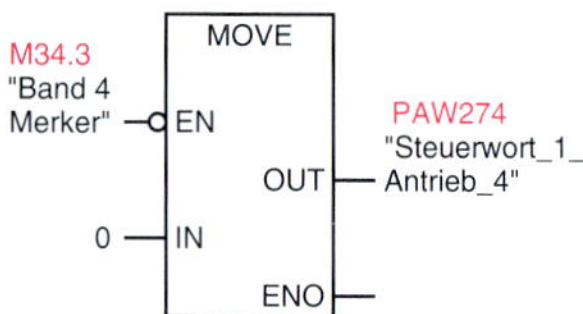

Netzwerk 9: Freigabe Band_Drehtisch

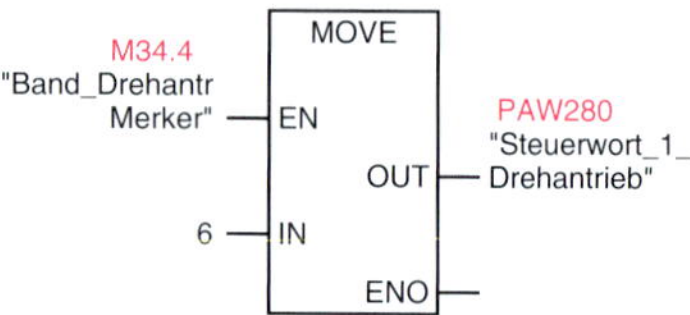

Netzwerk 10:

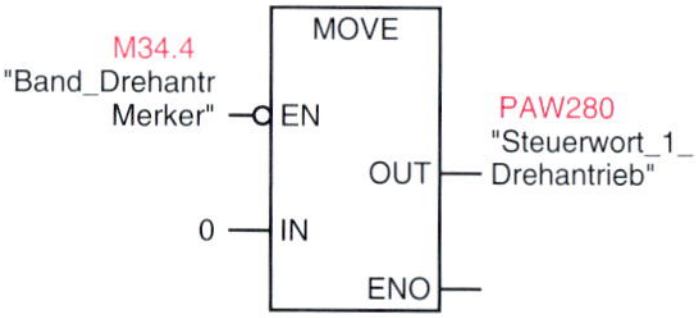

FC23: Ein- und Ausschaltrampe

Netzwerk 1: Rampe Band 1

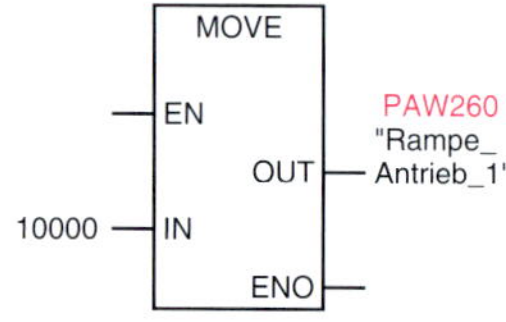

Netzwerk 2: Rampe Band 2

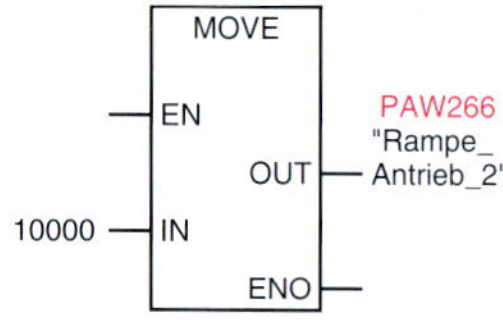

Netzwerk 3: Rampe Band 3

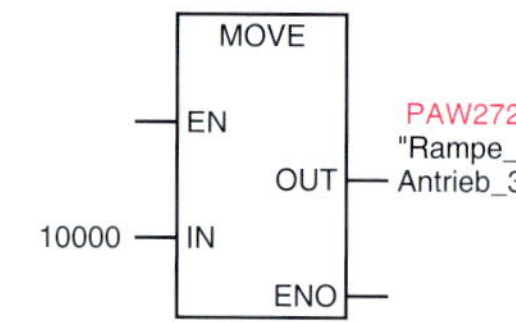

Netzwerk 4: Rampe Band 4

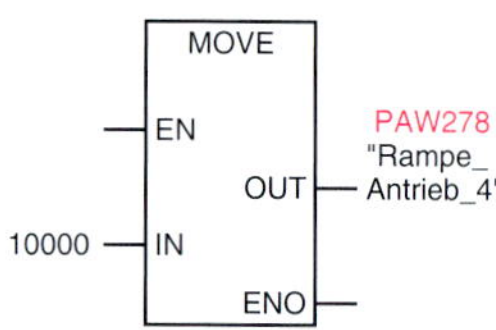

Netzwerk 5: Rampe Band Drehantrieb

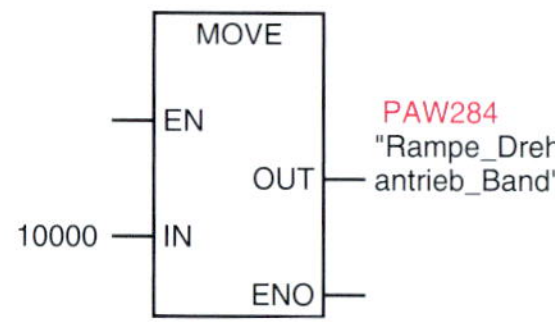

FC 22

Netzwerk 1: Drehzahlsollwert anheben /absenken

```
        U       "Bandantriebe schneller"    E2.3
        SPBNB   _100
        L       MW 70
        ITD
        DTR
        L       1.000000e+000
        +R
        RND
        T       MW 70
_100:   NOP     0

        U       "Bandantriebe langsamer"    E2.4
        SPBNB   _101
        L       MW 70
        ITD
        DTR
        L       1.000000e+000
        -R
        RND
        T       MW 70
_101:   NOP     0
```

Netzwerk 2: Drehzahlbegrenzung max. u. min.

```
        U       "Bandantriebe schneller"    E2.3
        SPBNB   _120
        L       MW 70
        L       8192
        T       MW 70
_120:   NOP     0

        U       "Bandantriebe langsamer"    E2.4
        SPBNB   _121
        L       MW 70
        L       0
        <=I
        SPBN    _121
        L       0
        T       MW 70
_121    NOP     0
```

Netzwerk 3: Motordrehzahlen ausgeben

```
        L       MW 70
        T       "Drehzahl_Antrieb_1"        PAW 258
        T       „Drehzahl_Antrieb_2"        PAW 264
        T       „Drehzahl_Antrieb_3"        PAW 270
        T       „Drehzahl_Antrieb_4"        PAW 276
        T       „Drehzahl_DrehantriebBand"  PAW 282
```

5.1 Steuerungstechnik

Bandantriebe, Prüfstation und Drehtisch werden von einer SPS gesteuert.

Sie erhalten das Steuerungsprogramm zur Einarbeitung, um notwendige Erweiterungen vornehmen zu können.

Dargestellt ist ein Programmausschnitt.

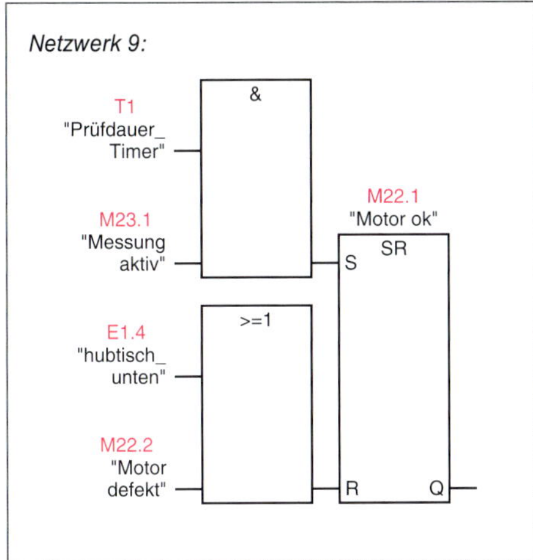

1 SPS-Netzwerk

Die Grundlagen der SPS wurden bereits in den *basics Elektrotechnik* erarbeitet. Erinnert werden soll hier an die besondere *Arbeitsweise* der SPS: **Sequenziell, zyklisch, nach dem Prinzip des Prozessabbilds.**

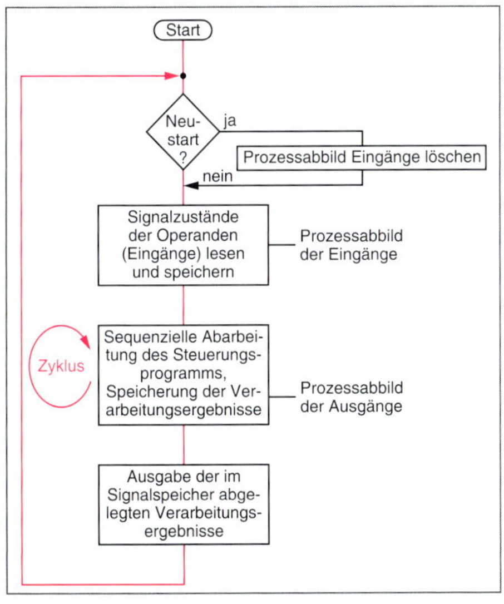

2 SPS-Programm, Abarbeitung

Hardwarekonfiguration

Die *Hardwarekonfiguration* muss der Aufgabenstellung angepasst werden. Sie ist von unterschiedlichen Faktoren abhängig.

1. Anzahl der Eingänge (binär und analog)

2. Anzahl der Ausgänge (binär und analog)

3. Welche CPU wird eingesetzt (z. B. Zykluszeit)

4. Belastbarkeit der Spannungsversorgung

Spannungsversorgung

Stabilisierte Gleichspannung 24 V für die einzelnen Baugruppen der SPS. Wird für unterschiedliche Bemessungsströme (z. B. 2 A, 5 A) angeboten.

CPU
central prozessing unit

Zentralbaugruppe CPU

Führt das Steuerungsprogramm aus und bestimmt die Leistungsfähigkeit der SPS. Es werden unterschiedliche Varianten angeboten. Der Anwender kann hieraus die für seine Problemstellung optimale CPU auswählen.

Beispiel für die technischen Daten einer CPU

Arbeitsspeicher	48 KByte
Bearbeitungszeiten	min. 0,1 µs
Merker	2048
Zähler	256
Zeiten	256
Anzahl Baugruppen	max. 32
Stromaufnahme	60 mA (im Leerlauf)
Spannung	24 V DC

1 KByte = 1024 Byte

Eingangsbaugruppe

Anzahl Eingänge	16
Eingangsstrom („1")	9 mA
Eingangsspannung	24 V DC
Signal „1"	13 – 30 V
Signal „0"	– 30 – 5 V
Potenzialtrennung	Optokoppler

■ **Eingabe-Baugruppe**
Schnittstelle der Zentralbaugruppe zu Befehlsgebern und Sensoren.

Ausgangsbaugruppe

Anzahl Ausgänge	16
Ausgangsstrom („1")	5 mA min
Ausgangsstrom („0")	0,5 mA
Kurzschlussschutz	elektronisch
Spannung	24 V DC
Potenzialtrennung	Optokoppler
Lampenlast	max. 5 W

■ **Ausgabe-Baugruppe**
Schnittstelle der Zentralbaugruppe zu Stellgliedern und Aktoren.

Aufbau der Hardware

Kompaktsteuerungen werden im funktionsfertigen Zustand ausgeliefert. Sie benötigen nur noch eine Spannungsversorgung.

Modulare Steuerungen setzen sich aus einzelnen Baugruppen zusammen.

■ **Hardware**
gerätetechnische Ausstattung (ohne Programm)

■ **modular**
aus mehreren Modulen (Baugruppen) aufgebaut.

Potenzialtrennung
Ein- und Ausgang können mit unterschiedlichen Spannungen betrieben werden (z. B. Eingang 24 V, Ausgang 5 V).

zyklisch
kreisförmig

sequenziell
nacheinander

Rückwandbus
Ermöglicht den Datenaustausch zwischen den einzelnen Baugruppen.

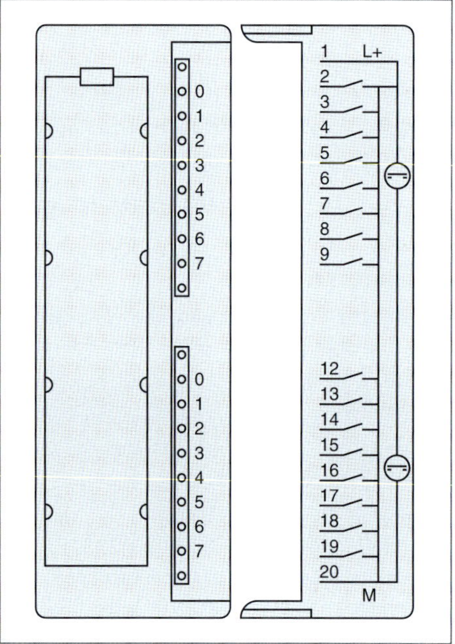

3 *Binäre Eingabebaugruppe, Beispiel*

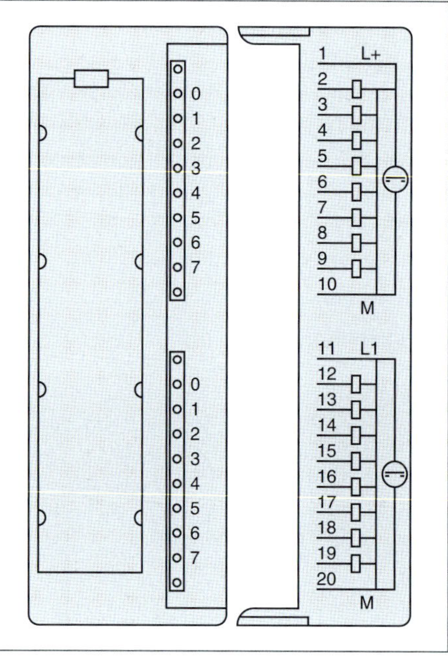

4 *Binäre Ausgabebaugruppe, Beispiel*

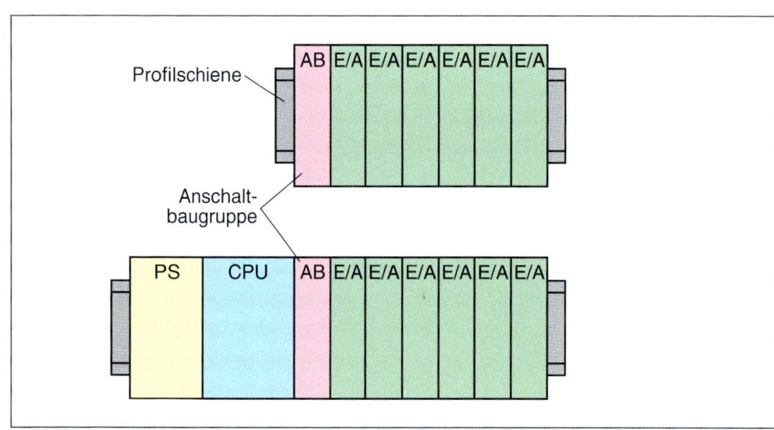

5 *SPS-System, Beispiel*

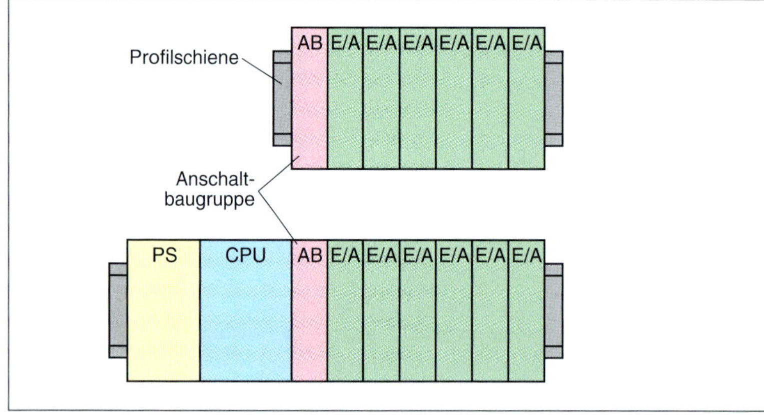

6 *Zweireihiger Aufbau mit Anschaltbaugruppe*

Diese einzelnen Module werden in einer *vorgeschriebenen Reihenfolge* auf eine *Profilschiene* montiert und über einen *Rückwandbus* miteinander verbunden.

Reihenfolge auf Profilschiene

Steckplatz 1	Netzteil
Steckplatz 2	CPU
Steckplatz 3	Anschaltbaugruppe (wenn erforderlich)
Steckplatz 4 – 11	Signalbaugruppen

Binäre Verknüpfungssteuerungen

Diese Steuerungen bestehen aus *logischen Verknüpfungen*, deren Ausgangssignale ausschließlich von den jeweiligen Eingangssignalen abhängen.

Obgleich dies zunächst „logisch" klingt, ist das aber nicht immer gewünscht.

Wenn zum Beispiel die Taster „Links" und „Rechts" bei einer Wendeschaltung *beide* gedrückt werden, sollen *nicht* beide sich „logisch" ergebenden Ausgangsbefehle anstehen.

Verknüpfungssteuerungen erfordern **Verriegelungen**.
Bei umfangreichen Verknüpfungssteuerungen kann der *Verriegelungsaufwand* sehr hoch werden. Das macht die Steuerungsprogramme unübersichtlich, die Servicefreundlichkeit ist beeinträchtigt.

Optokoppler

Optokoppler dienen der *Potenzialtrennung* (galvanische Trennung).

Die Signalübertragung erfolgt durch *Licht*. Funktionselemente des Optokopplers sind *Leuchtdiode* (LED) und *Fototransistor*.

ohne Basisanschluss

Erhöhung der Grenzfequenz möglich

Für Wechselspannung

Ausführung von Optokopplern

LED strahlt Licht auf den Fototransistor.

Der Fototransistor schaltet.

Das Signal wird vom Eingang (LED) zum Ausgang (Fototransistor) potenzialgetrennt übertragen.

Der Optokoppler kann nicht nur *binäre Signale* („0" oder „1"), sondern auch *analoge Signale* übertragen.

Je nach Stromstärke ändert sich nämlich die Lichtstärke der LED, sodass der Fototransistor *stetig* angesteuert werden kann.

nullspannungssicher

Bei Ausfall oder Abschalten der Versorgungsspannung bleibt der Speicherinhalt erhalten.

Koppelfaktor von Optokopplern

$$CTR = \frac{I_C}{I_F} \text{ in } \%$$

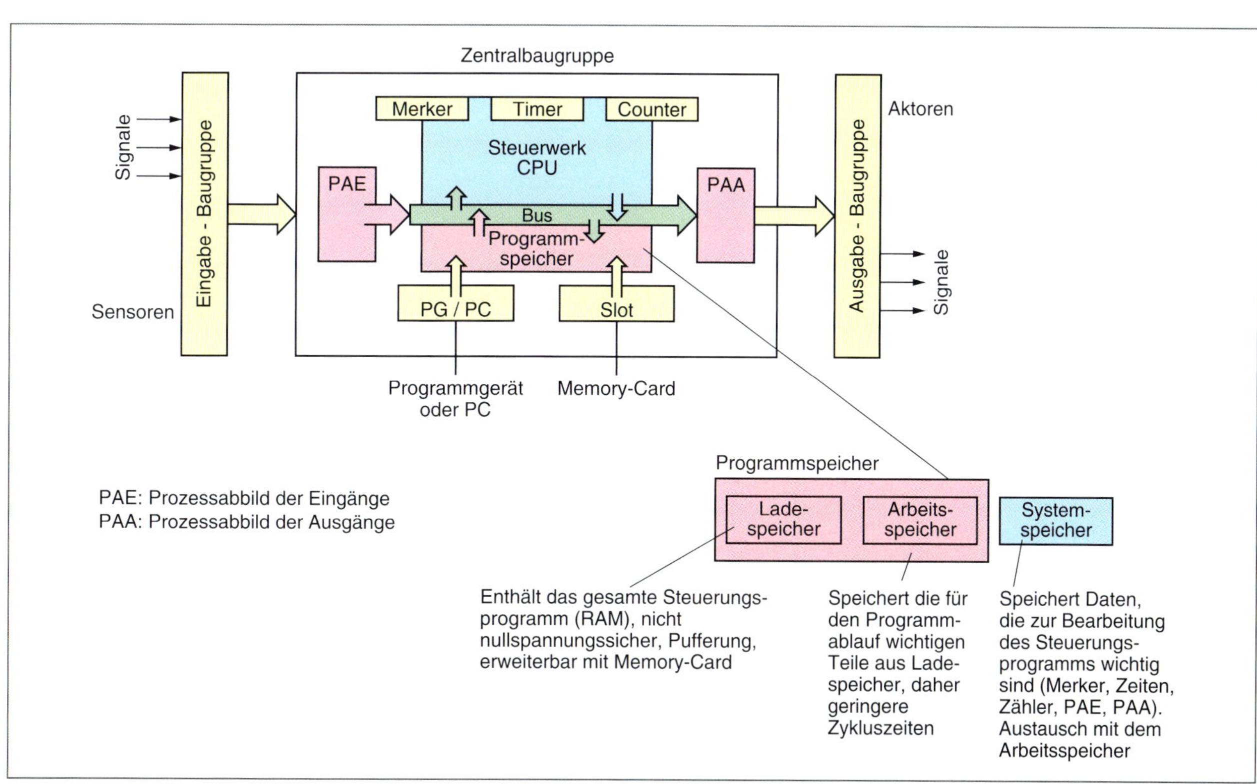

7 Komponenten eines SPS-Systems

Speicherprogrammierbare Steuerung
programmable logic controller

Steuerung
control, control system

Spannungsversorgung
supply voltage

Steckplatz
slot

Baugruppe
unit

Baugruppenträger
subrack

Anweisungsliste
instruction list, IL

Funktionsplan
function block diagramm, FBD

Kontaktplan
ladder diagram, LD

Zuordnungsliste
cross-reference list, connectivity list

Zeichen für Betätigung

Wendeschaltung
als Beispiel für eine binäre Verknüpfungssteuerung

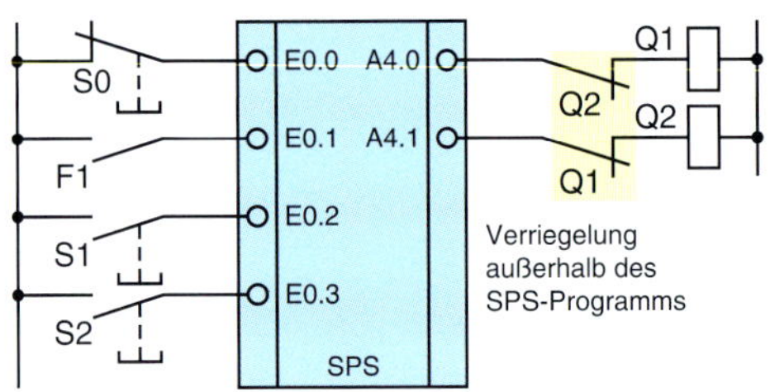

Symboltabelle

Die *Symboltabelle* entspricht der Zuordnungsliste.

Symbol	Adresse	Datentyp	Kommentar
stop_taster	E0.0	BOOL	Stopptaster, Öffner
mot_schutz	E0.1	BOOL	Motorschutz, Schließer
links_start	E0.2	BOOL	Taster „Links", Schließer
rechts_start	E0.3	BOOL	Taster „Rechts" Schließer
RECHTS	A4.0	BOOL	Rechtslauf
LINKS	A4.1	BOOL	Linkslauf

Variablennamen, vom Anwender wählbar

Hardware-adressen, siehe Konfiguration

Datentyp BOOL: „0" und „1" sind möglich

Kommentierung des Anwenders

Beachten Sie:

Der Taster S2 („Rechts") ist an den Eingang E0.3 der SPS angeschlossen.

Der *boolsche Eingang* E0.3 kann entweder den Signalzustand „0" oder „1" annehmen.

Der jeweilige Signalzustand von E0.3 wird der *Variablen* „rechts_start" zugewiesen.

Die Verwendung von *Variablen* fördert die *Lesbarkeit* des Programms.

Zuweisung an eine Variable

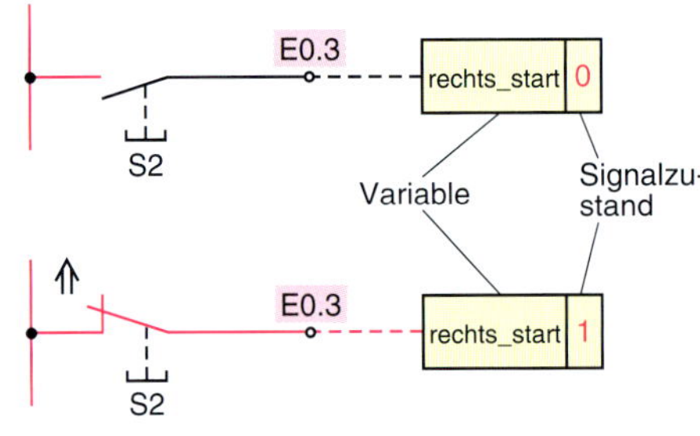

Funktionsplan, Wendeschaltung

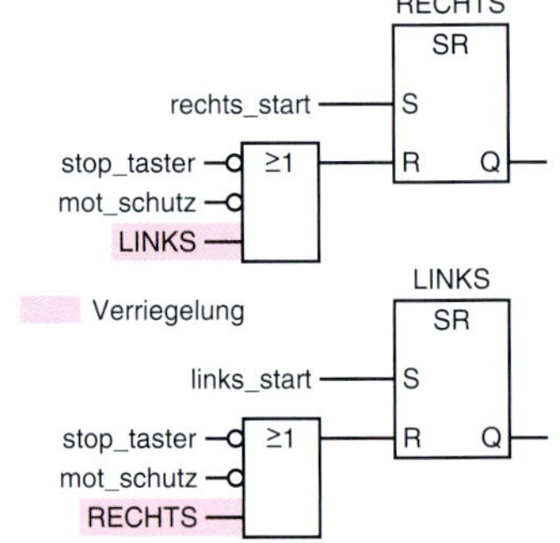

Steuerungsprogramm

Das Steuerungsprogramm kann als *Funktionsplan* (FUP), *Kontaktplan* (KOP) oder *Anweisungsliste* (AWL) erstellt werden.

Wendeschaltung
als Beispiel für eine binäre Verknüpfungssteuerung

Kontaktplan, Wendeschaltung

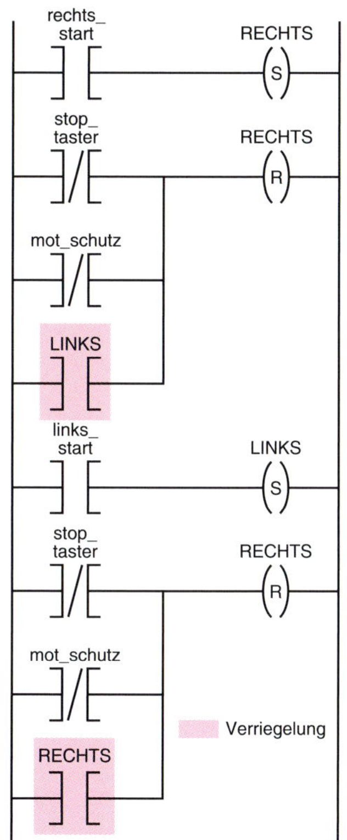

Anweisungsliste (AWL)

U	rechts_start
S	RECHTS
ON	stop_taster
ON	mot_schutz
O	LINKS
R	RECHTS
U	links_start
S	LINKS
ON	stop_taster
ON	mot_schutz
O	RECHTS
R	LINKS

Verriegelung

■ **Hinweis**
Eingänge sind durch Kleinbuchstaben, Ausgänge durch Großbuchstaben bezeichnet. Das ist zwar nicht notwendig, kann aber die Lesbarkeit des Programms erleichtern.

Verknüpfungssteuerungen
logic control system

Verknüpfungsergebnis
result of logic operation

PAA
prozess output image

PAE
prozess input image

Prüfung

1. Wie wird ein SPS-Programm abgearbeitet?

2. Erklären Sie den Begriff Prozessabbild und zeigen Sie die Bedeutung für die Abarbeitung des SPS-Programms.

3. Welche Bedeutung hat die Zykluszeit bei Abarbeitung von SPS-Programmen?

4. Wodurch unterscheiden sich Kompaktsteuerungen und modulare Steuerungen?

5. Was versteht man unter Potenzialtrennung?

6. Welche Aufgabe haben Anschaltbaugruppen?

7. Wodurch sind binäre Verknüpfungssteuerungen gekennzeichnet?

8. Nennen Sie die wesentlichen Komponenten eines SPS-Systems.

9. Welche Inhalte hat eine Symboltabelle?

10. Was versteht man unter einer Verriegelung?

@ Interessante Links
- christiani-berufskolleg.de

■ **Speicherfunktionen**

→ basics Mechatronik

Speicheroperation Set

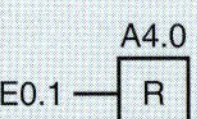

Speicheroperation Reset

A4.0

E0.1 — R

Speicher in Kontaktplandarstellung

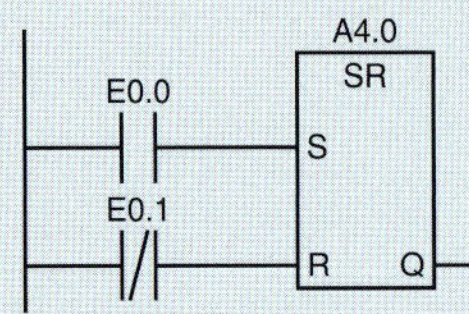

■ **Zeitglieder**

→ basics Mechatronik

Zeitglieder (Timer)

Die Anzahl der verfügbaren Zeitglieder ist abhängig von der eingesetzten CPU.

Ihre Mindestanzahl beträgt 64.

Die wichtigsten Zeitverzögerungen sind

- *Einschaltverzögerung (S_EVERZ)*
- *Speichernde Einschaltverzögerung (S_SEVERZ)*
- *Ausschaltverzögerung (S_AVERZ)*

Die *Signal-Zeit-Diagramme* verdeutlichen die Wirkungsweise.

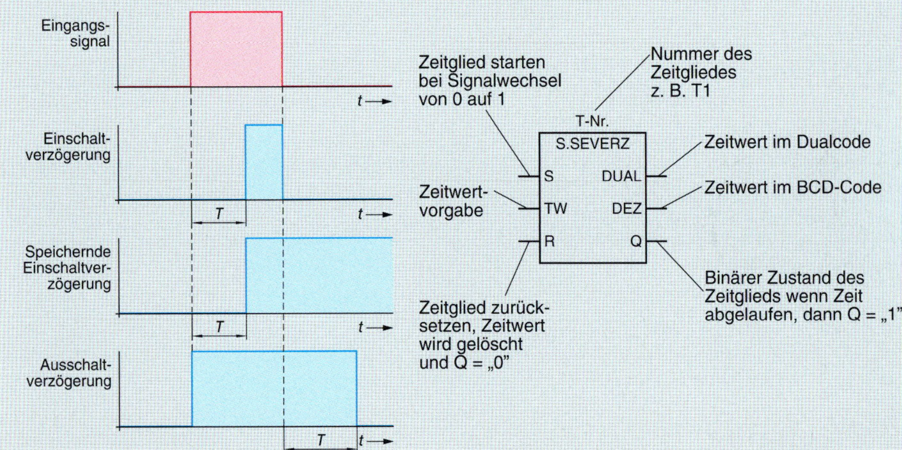

■ **Zeitoperand T Nr.**

Der Zeitoperand T Nr. kann wie ein Eingang abgefragt werden.

T1 — & — A4.0

T1 —o & — A4.1

Zeitwertvorgabe TW (Timer Wert)

Vorgabe als Zeitkonstante

Zum Beispiel

S5T#1H_12M_30S_12MS

- 1 Stunde
- 12 Minuten
- 30 Sekunden
- 12 Millisekunden

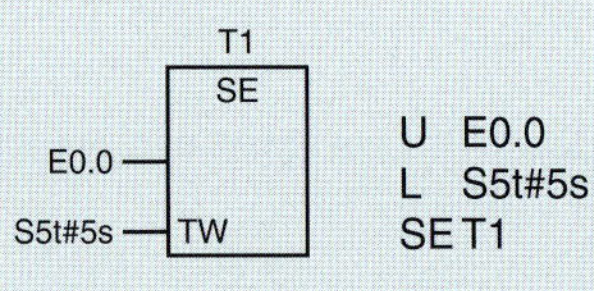

U E0.0
L S5t#5s
SE T1

Vorgabewert im BCD-Format

Eingangsworte,
Ausgangsworte,
Merkerworte,
Datenworte

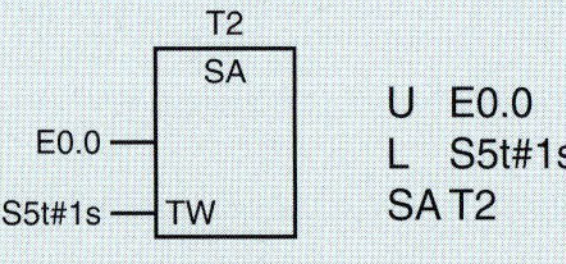

U E0.0
L S5t#1s
SA T2

Wenn die Parameter R, DUAL und DEZ nicht benötigt werden und der Zeitoperand erst später abgefragt wird, kann die Zeitfunktion verkürzt aufgerufen werden.

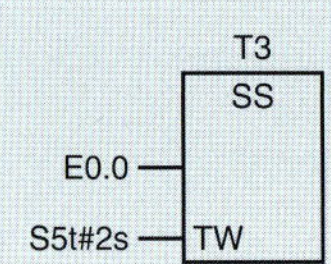

U E0.0
L S5t#2s
SS T3

Rücksetzen erforderlich durch R T3.

Zähler

Zähler werden z. B. benötigt, um *Vorgänge*, *Mengen* oder *Positionen* (Zählen von Impulsen) sowie *Drehzahlen* zu erfassen.

Unterschieden wird zwischen

Vorwärtszähler (CTU)
Rückwärtszähler (CTD)
Vor- und Rückwärtszähler (CTUD)

Zähler: Vorwärtszähler – ZV; Rückwärtszähler – ZR; Zähler setzen bei positivem Signalwechsel – S; Zählerwert – ZW; Zähler rücksetzen Q = „0" – R; DUAL – Aktueller Zählwert im Dualcode; DEZ – Aktueller Zählwert im BCD-Code; Q – Binärer Zustand des Zählers, Zählwert = 0: Q = „0", Zählwert > 0: Q = „1"

Zählwert

Angabe als Konstante
z. B. C#216

Angabe als Vorgabewert im BCD-Format
– Eingangsworte
– Ausgangsworte
– Merkerworte
– Datenworte

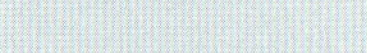

Vorwärtszähler ZV

Positive Flanke am Eingang S:	Zählwert ZW wird in den Zähler geladen.
Positive Flanke am Eingang ZW:	Zählwert wird um 1 erhöht.
Positive Flanke am Eingang R:	Zählwert wird auf 0 zurückgesetzt.
Für den binären Ausgang Q gilt:	Zählwert 0 → Q = „0", Zählwert #0 → Q = „1".

Rückwärtszähler ZR

Positive Flanke am Eingang S:	Zählwert ZW wird in den Zähler geladen.
Positive Flanke am Eingang ZW:	Zählwert wird um 1 erniedrigt.
Positive Flanke am Eingang R:	Zählwert wird auf 0 zurückgesetzt.
Für den binären Ausgang Q gilt:	Zählwert 0 → Q = „0", Zählwert #0 → Q = „1".

Vorwärts- und Rückwärtszähler

Kombination von ZV und ZR.

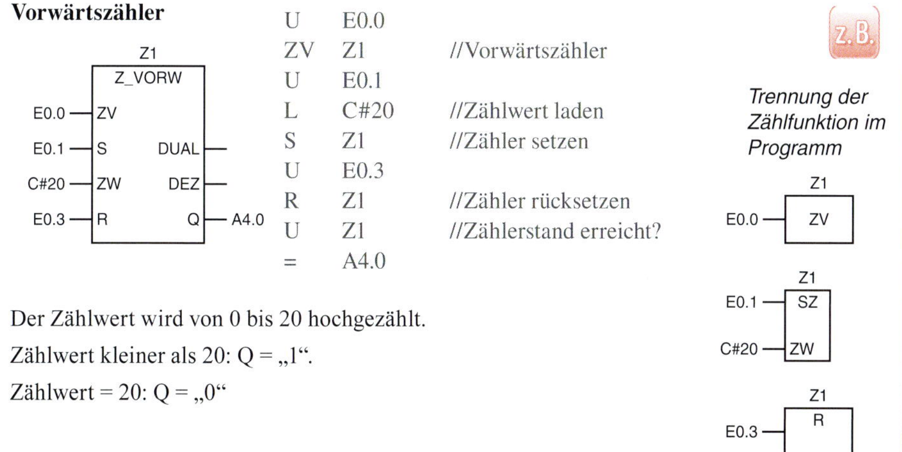


```
U   E0.0
ZV  Z1      //Vorwärtszähler
U   E0.1
L   C#20    //Zählwert laden
S   Z1      //Zähler setzen
U   E0.3
R   Z1      //Zähler rücksetzen
U   Z1      //Zählerstand erreicht?
=   A4.0
```

Der Zählwert wird von 0 bis 20 hochgezählt.
Zählwert kleiner als 20: Q = „1".
Zählwert = 20: Q = „0"

Zeitverzögerung
time delay unit

Einschaltverzögerung
switch-on delay

Ausschaltverzögerung
turn-off-delay

Zeitdauer
lenght of time

Zeitgeber
timer

Zähler
counter

CTU
counter up

CTD
counter down

CTUD
counter up and down

Rückwärtszähler

z. B.

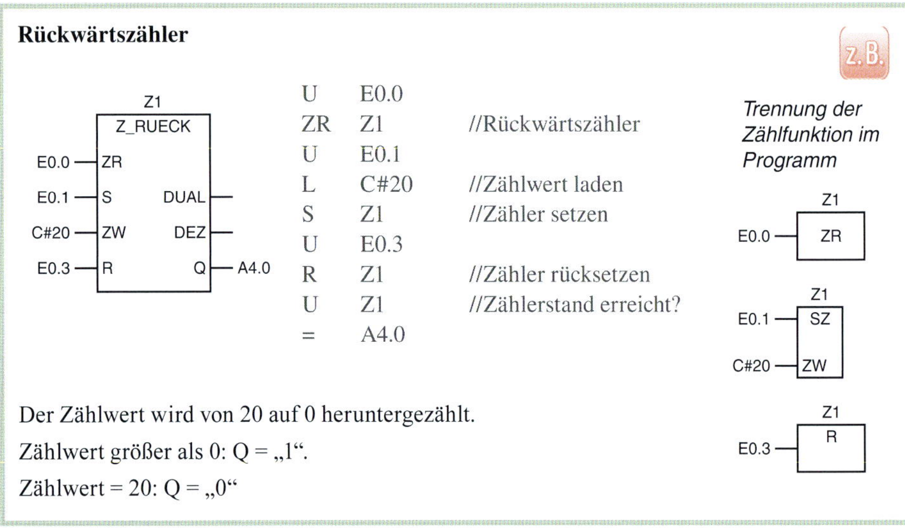


```
U   E0.0
ZR  Z1      //Rückwärtszähler
U   E0.1
L   C#20    //Zählwert laden
S   Z1      //Zähler setzen
U   E0.3
R   Z1      //Zähler rücksetzen
U   Z1      //Zählerstand erreicht?
=   A4.0
```

Der Zählwert wird von 20 auf 0 heruntergezählt.

Zählwert größer als 0: Q = „1“.

Zählwert = 20: Q = „0“

Vor- und Rückwärtszähler

z. B.

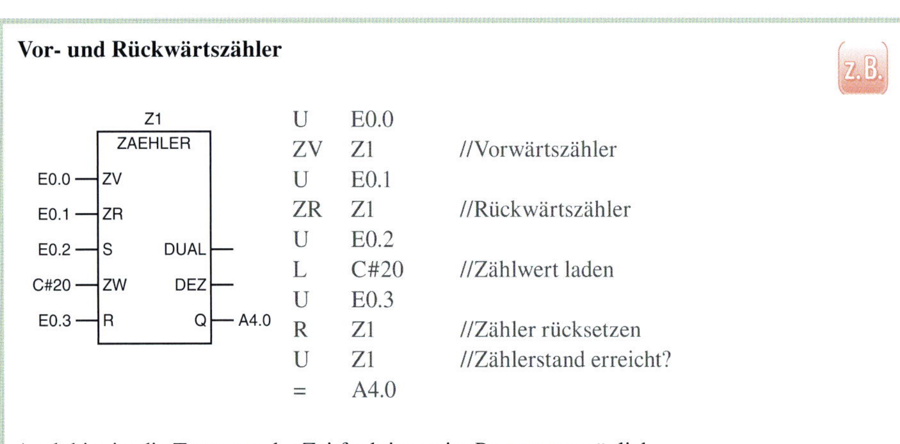


```
U   E0.0
ZV  Z1      //Vorwärtszähler
U   E0.1
ZR  Z1      //Rückwärtszähler
U   E0.2
L   C#20    //Zählwert laden
U   E0.3
R   Z1      //Zähler rücksetzen
U   Z1      //Zählerstand erreicht?
=   A4.0
```

Auch hier ist die Trennung der Zeitfunktionen im Programm möglich.
Dies erfolgt wie bei Z_VORW und Z-RUECK.

Wenn sowohl ZV und ZR eine *positive Flanke* erhalten, werden die Operationen *Vorwärtszählen* und *Rückwärtszählen* beide bearbeitet und der Zählerstand bleibt unverändert.

Wenn 100 Werkstücke eine Lichtschranke passieren, soll eine Hupe ertönen.
Die Hupe kann mit dem Taster S1 quittiert werden.

z. B.

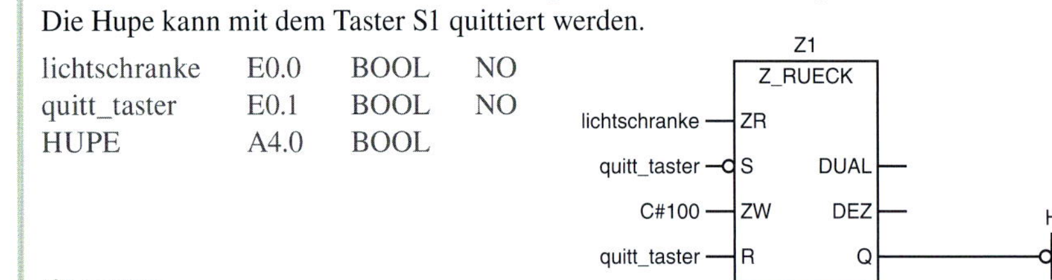

Checkliste

Handlung	Reaktion
SPS von Stopp auf Run.	Zählerstand wird auf 100 gesetzt
lichtschranke Signalwechsel „1“ → „0“	Zählerstand wird um 1 erniedrigt (99)
usw. bis	Zählerstand 1
lichtschranke Signalwechsel „1“ → „0“	Hupe ertönt A4.0 = 1
quitt_taster betätigen „0“ → „1“	keine Reaktion
quitt_taster loslassen „1“ → „0“	A4.0 = 0 (Hupe aus) Zählerstand wird auf 100 gesetzt

■ **NO**
normaly open, Schließerfunktion

■ **NC**
normaly closed, Öffnerfunktion

Auftrag Mischstation

Für eine *Mischstation* ist ein Steuerungsprogramm zu entwickeln. Zwei Flüssigkeiten sollen miteinander *vermischt*, *erwärmt* und *abgelassen* werden.

Bild 8 zeigt das **Technologieschema** der Mischstation. Außerdem ist das Bedienteil der Steuerung hier dargestellt.

Die **Symboltabelle** ist auf Seite 232 dargestellt.

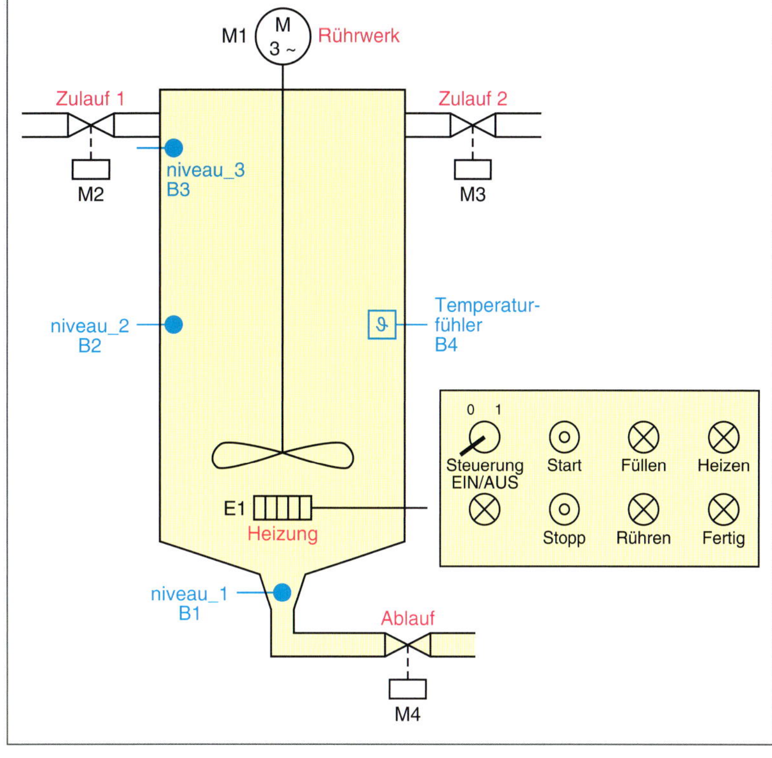

8 Technologieschema und Bedienteil der Mischstation

Steuerungsablauf

- Steuerung einschalten → Meldelampe leuchtet.
- Starttaster betätigen → M2 öffnet und „Füllen" leuchtet.
- niveau_2 erreicht → M2 schließt, M3 öffnet, M1 schaltet ein und „Rühren" leuchtet.
- niveau_3 erreicht → M3 schließt „Füllen" erlischt, E1 wird eingeschaltet und „Heizen" leuchtet.
- Temperatur erreicht → E1 schaltet aus, M4 öffnet und „Fertig" leuchtet, „Heizen" erlischt.
- niveau_1 erreicht → M1 schaltet aus, M4 schließt, „Rühren" und „Fertig" erlöschen.

Wenn nicht zwischenzeitlich der Stopptaster betätigt wurde, beginnt der beschriebene Vorgang erneut.

Steuerungsprogramm

Netzwerk 1: Startmerker

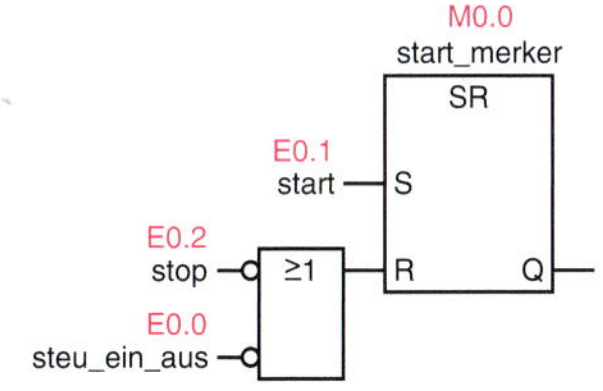

Netzwerk 2: Meldung Steuerung eingeschaltet

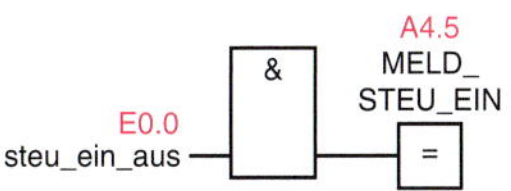

Netzwerk 3: Meldung Füllvorgang

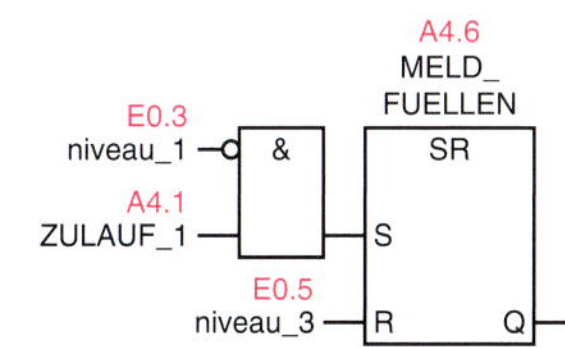

Netzwerk 4: Meldung Heizung eingeschaltet

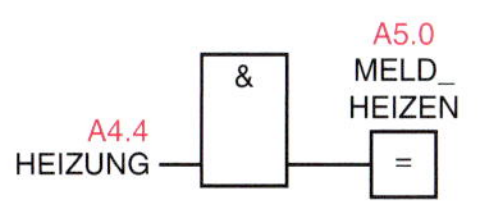

Technologieschema
technology pattern

Symboltabelle
symbol list

Zykluszeit
cycle time

Merker
flag

Tippen
jogging

Symboltabelle

Symbol	Adresse	Datentyp	Kommentar
steuer_ein_aus	E0.0	BOOL	Schalter Steuerung ein-/ausschalten, NO
start	E0.1	BOOL	Starttaster, NO
stop	E0.2	BOOL	Stopptaster, NC
niveau_1	E0.3	BOOL	Behälter leer, NO
niveau_2	E0.4	BOOL	Behälter mit Flüssigkeit 1 gefüllt, NO
niveau_3	E0.5	BOOL	Behälter gefüllt, NO
temp_ok	E0.6	BOOL	Temperatur erreicht, NO
RUEHRWERK	A4.0	BOOL	Rührwerksmotor M1
ZULAUF_1	A4.1	BOOL	Ventil M2
ZULAUF_2	A4.2	BOOL	Ventil M3
ABLAUF	A4.3	BOOL	Ventil M3
HEIZUNG	A4.4	BOOL	Heizung E1
MELD_STEU_EIN	A4.5	BOOL	Meldung Steuerung eingeschaltet
MELD_FUELLEN	A4.6	BOOL	Meldung Füllvorgang
MELD_RUEHREN	A4.7	BOOL	Meldung Rührwerksmotor eingeschaltet
MELD_HEIZEN	A5.0	BOOL	Meldung Heizung eingeschaltet
MELD_FERTIG	A5.1	BOOL	Meldung Mischung fertig

Netzwerk 5: Meldung Rührwerk arbeitet

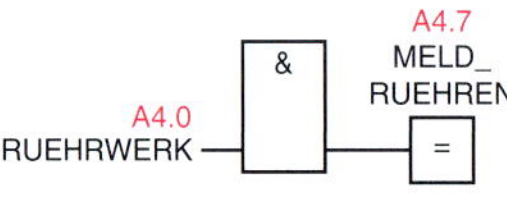

Netzwerk 8: Zulauf 2 öffnen (Flüssigkeit 2)

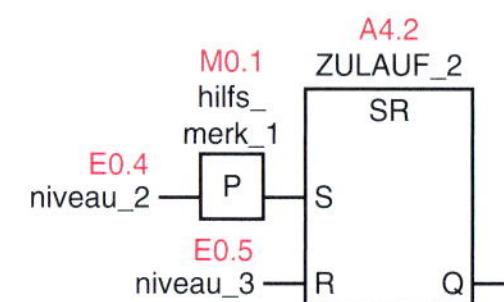

Netzwerk 6: Meldung Fertig

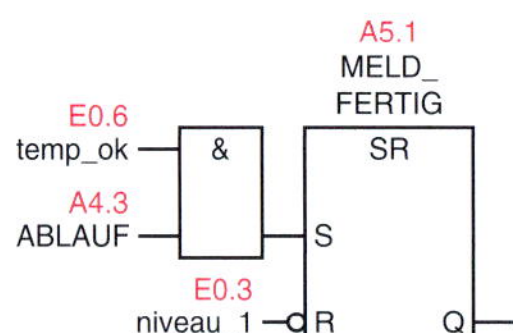

Netzwerk 9: Rührwerk einschalten

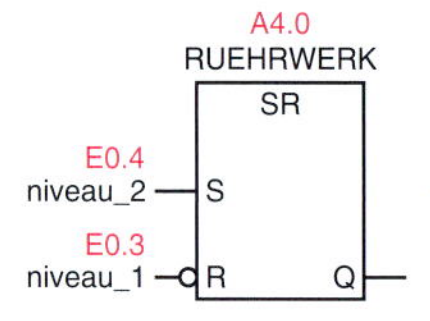

■ **Flankenauswertung**
→ basics Mechatronik

Netzwerk 7: Zulauf 1 öffnen (Flüssigkeit 1)

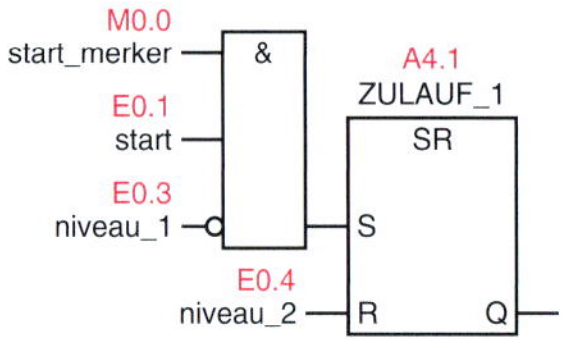

Netzwerk 10: Heizung einschalten

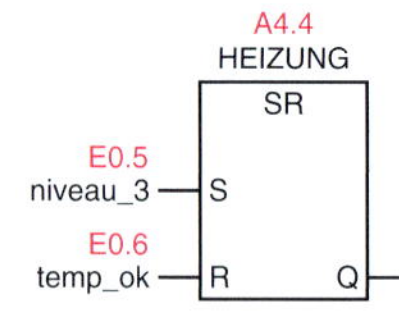

Netzwerk 11: Ablaufventile öffnen

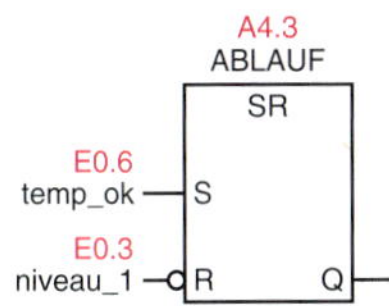

Checkliste zum Programmtest

Ausgangssituation: Behälter ist leer. E0.2 = „1" (Stopptaster)			
Situation	**Signale**	**Reaktion**	**Signale**
Schalter „Steuerung EIN/AUS" betätigen	E0.0 = „1"	Meldung „Steuerung EIN/AUS" leuchtet	A4.5 = „1"
Starttaster betätigen	E0.1 = „1" → „0"	Zulauf 1 öffnet Meldung „Füllen" leuchtet	A4.1 = „1" A4.6 = „1"
Sensor „niveau_1" wird betätigt	E0.3 = „1"	Keine Reaktion	—
Sensor „niveau_2" wird betätigt	E0.4 = „1"	Zulauf 1 schließt Zulauf 2 öffnet Rührwerk schaltet ein Meldung „Rühren" leuchtet	A4.1 = „0" A4.2 = „1" A4.0 = „1" A4.7 = „1"
Sensor „niveau_3" wird betätigt	E0.5 = „1"	Zulauf 2 schließt Meldung „Füllen" erlischt Heizung wird eingeschaltet Meldung „Heizen" leuchtet	A4.2 = „0" A4.6 = „0" A4.4 = „1" A5.0 = „1"
Temperatur ist erreicht	E0.6 = „1"	Heizung schaltet aus Meldung „Heizen" erlischt Ablauf öffnet Meldung „Fertig" leuchtet	A4.4 = „0" A5.0 = „0" A4.3 = „1" A5.1 = „1"
niveau_3 wird unterschritten	E0.5 = „0"	Keine Reaktion	–
niveau_2 wird unterschritten Temperatur sinkt ab	E0.4 = „0" E0.6 = „0"	Keine Reaktion	–
niveau_1 wird unterschritten	E0.3 = „1"	Ablauf schließt Meldung „Fertig" erlischt	A4.3 = „0" A5.1 = „0"
Schalter „Steuerung EIN/AUS" ausschalten	E0.0 = „0"	Meldung „Steuerung EIN/AUS" erlischt	A4.5 = „0"

„1" → „0"

bedeutet, dass der Eingang nur kurz den Signalzustand „1" erhält. Wie bei einem kurzzeitig betätigten Schließer.

Prüfung

1. Beachten Sie das Netzwerk 7 des Steuerungsprogramms.
In die Setzbedingung von A4.1 (ZULAUF_1) sind der Startmerker *und* der Starttaster eingebunden.

a) Welche Auswirkung hat das auf den Steuerungsablauf?
b) Welche Folge hätte es, wenn der Starttaster aus der Setzbedingung entfernt würde?

2. Betrachten Sie Netzwerk 8 des Steuerungsprogramms. Setzbedingung ist eine positive Flanke von „niveau_2".

a) Was versteht man unter einer positiven Flanke?
b) Warum ist hier eine Flankenbildung erforderlich?
c) Übernimmt die Flankenbildung in gewisser Weise Verriegelungsfunktion?

@ Interessante Links

- christiani-berufskolleg.de

Prüfung

3. In Auftrag gegeben wird eine Erweiterung der Steuerung. Die Steuerung soll mit einem NOT-HALT ausgerüstet werden.
Bei Betätigung des NOT-HALT werden alle Ventile geschlossen, die Heizung wird ausgeschaltet, das Rührwerk bleibt aber in Betrieb.
Außerdem ist auf dem Bedienpult ein Schlüsselschalter zu installieren, mit dessen Hilfe das Ablaufventil M4 manuell jederzeit geöffnet werden kann.

Nehmen Sie die notwendigen Ergänzungen vor.

4. Nach Fertigstellung der Erweiterungen (Aufgabe 3) soll eine Bedienungsanleitung für den Benutzer geschrieben werden.

Sie erhalten auch diesen Auftrag.

5. Bei Servicearbeiten stoßen Sie auf das dargestellte Netzwerk.

Worum handelt es sich dabei?
Wie beurteilen Sie dies?

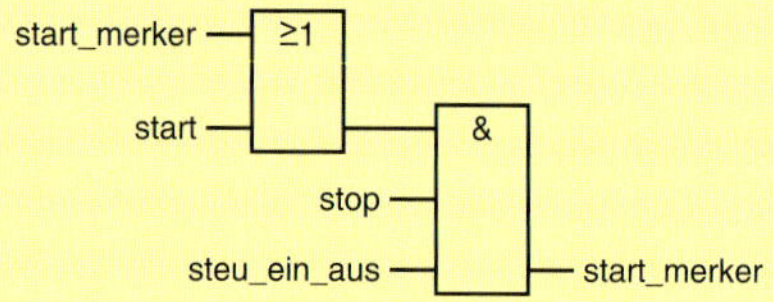

6. Ein Kollege hat das Netzwerk 8 (Zulauf 2 öffnen) wie dargestellt programmiert.

Nehmen Sie dazu Stellung.
Erkennen Sie einen Vorteil?

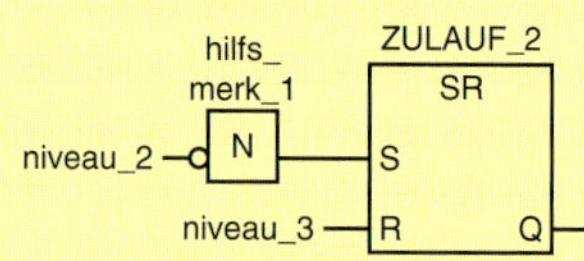

7. Steuerung eines Laufkrans.
Ein *Laufkran* in der Fertigungshalle soll modernisiert werden.

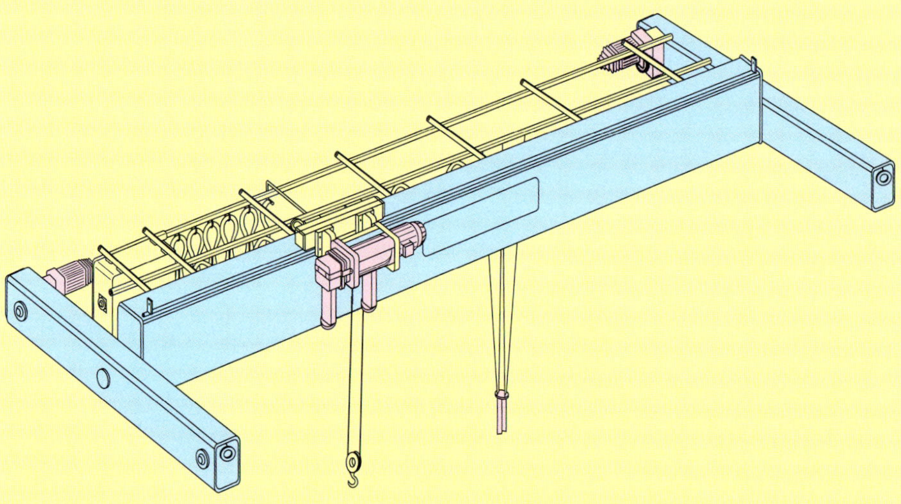

Sämtliche Verfahrbewegungen erfolgen im Tippbetrieb.

Entwickeln Sie das Bedienteil des Laufkrans.

Erstellen Sie die Symboltabelle.

Entwickeln Sie das SPS-Programm für den Laufkran.

Erstellen Sie eine Checkliste für den Programmtest.

Schreiben Sie eine Bedienungsanleitung für den Nutzer der Laufkatze.

Beschreiben Sie Ihrer Vorgehensweise bei der Inbetriebnahme.

@ Interessante Links

- christiani-berufskolleg.de

Ablaufsteuerungen

Steuerungen mit *schrittweiser Abfolge* von *Aktionen* sind **Ablaufsteuerungen** oder **Schrittsteuerungen**. Solche Steuerungen haben eine „eingebaute Verriegelung“, da i. Allg. immer nur *ein* Steuerungsschritt aktiv sein kann. Der Übergang auf den Folgeschritt wird durch **Transitionen** gesteuert.

Annahme: Schritt 12 aktiv, Transition B1 = 1
Es wird dann nur der Übergang von Schritt 12 nach Schritt 13 erfolgen (Bild 9).
Die ebenfalls erfüllte Transition nach Schritt 14 hat keinen Einfluss. Dies ist mit „eingebauter Verriegelung“ der Ablaufsteuerung gemeint.

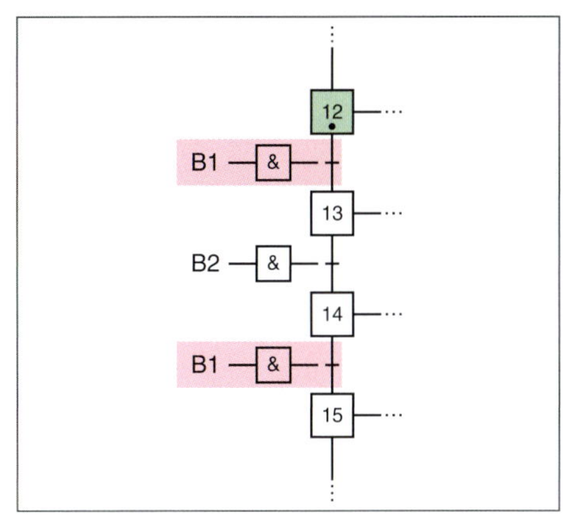

9 Ablaufsteuerung, Ausschnitt

Darstellung von Schritten

DIN 40719-6	GRAFCET	FUP	Erläuterung
1, T1, &	1, T1	impuls, stepx, Tx, &, ≥1, step1, SR, S, step2, R, Q	Initialisierungsschritt
5, T5, &	5, T5	step5, step4, T4, &, SR, S, step6, R, Q	Steuerungsschritt
		→ 239	Einschließender Schritt, er beinhaltet andere Schritte, die eingeschlossene Schritte heißen.
	M	→ 239	Makroschritt, eine Expansion zeigt die Feinstruktur der Schritte.

Mischstation als Ablaufsteuerung

Das Steuerungsprogramm für den Kessel soll in Form einer *Ablaufsteuerung* erstellt werden.

Startmerker

- ZULAUF_1 öffnen

Niveau 2 erreicht

- ZULAUF_1 schließen
- ZULAUF_2 öffnen
- RUEHRWERK einschalten

Niveau 3 erreicht

- ZULAUF_2 schließen
- HEIZUNG einschalten

Temperatur erreicht

- HEIZUNG ausschalten
- ABLAUF öffnen

Niveau 1 unterschritten

- RUEHRWERK ausschalten
- ABLAUF schließen

■ Ablaufsteuerungen

ermöglichen es, umfangreiche Steuerungsaufgaben in kleine überschaubare Einheiten zu zerlegen.

■ Wirkverbindung

Schritte und Transitionen werden durch Wirkverbindungen miteinander verbunden.
Wenn nichts anderes (durch einen Pfeil) angegeben ist, dann gilt: Wirkrichtung von oben nach unten bzw. von links nach rechts.

■ Transitionsbedingung

engl.: transition condition
Wenn die Transitionsbedingung „1“ ist, dann ist die Transition erfüllt.
Man spricht auch von TRUE und FALSE.
TRUE: „1“
FALSE: „0“

TRUE und FALSE sind boolesche Zustände.

■ Mischstation

→ 231

Darstellung von Transitionen

DIN 40719-6	GRAFCET	FUP	Erläuterung
a, b, &, 7, 8	7, $a \cdot \overline{b}$, 8	step7, a, b, &, step8, SR, S, step9, R, Q	**GRAFCET** • UND-Funktion ‾ Negation
a, b, ≥1, 7, 8	7, $a + \overline{b}$, 8	step7, a, b, ≥1, &, step8, SR, S, step9, R, Q	**GRAFCET** + ODER-Funktion ‾ Negation

Hinweise

UND vor ODER, ansonsten in GRAFCET mit Klammern arbeiten.

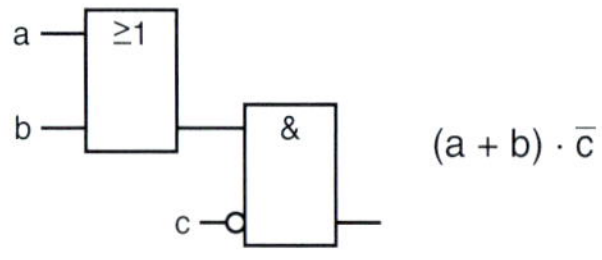

$(a + b) \cdot \overline{c}$

Ohne Klammern würde sich die folgende Funktion ergeben:

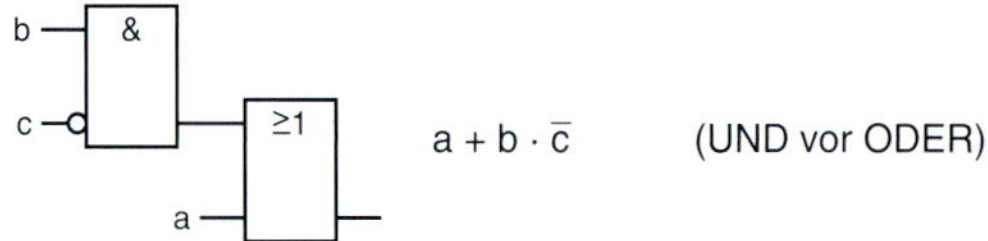

$a + b \cdot \overline{c}$ (UND vor ODER)

Kombination von Bestimmungszeichen

Bezeichnung	Makrodarstellung	FUP
SC	X6, SC, AKT_1, a	X6, S, R, Q, &, a, AKT_1
CS	X6, CS, AKT_1, a	X6, &, a, S, R, Q, AKT_1
SD	X6, SD, AKT_1 t=60s	X6, S, R, Q, t, 0, 60s, AKT_1
DS	X6, DS, AKT_1 t=60s	X6, t, 0, 60s, S, R, Q, AKT_1

Darstellung von Befehlen

DIN 40719-6	Signal-Zeit-Diagramm	FUP	GRAFCET	Erläuterung
6 – N AKT_1 Bestimmungs-zeichen N	step6 AKT_1	step6 – & – AKT_1	6 – AKT_1 Kontinuierlich wirkende Aktion	Aktion hat kein Speicherverhalten. Nur aktiv, wenn Schritt aktiv.
a 6 – C AKT_1 Bestimmungs-zeichen C	step6 a AKT_1	step6, a – & – AKT_1	a 6 – AKT_1 Aktion mit Zuwei-sungsbedingung	Aktion hat kein Speicherverhalten. Nur aktiv, wenn Schritt aktiv und Bedingung a = „1“.
6 – D AKT_1 *t*=5s Bestimmungs-zeichen D	step6 AKT_1 *t*	step6 – *t* 0 5s – AKT_1	5s/X6 6 – AKT_1 Zeitverzögert wirkende Aktion X6: Schrittmerker	Aktion hat kein Speicherverhalten. Wird um die angegebene Zeit verspätet nach Aktivierung des Schrittes ausgeführt. Einschaltverzögerung.
6 – L AKT_1 *t*=5s Bestimmungs-zeichen L	step6 AKT_1 *t*	step6 – *t* 0 5s – & – AKT_1	$\overline{5s/X6}$ 6 – AKT_1	Aktion hat kein Speicherverhalten. Nach Schrittaktivierung wird die Aktion die angegebene Zeit lang ausgeführt.
6 – S AKT_1 Bestimmungs-zeichen S 8 – R AKT_1 Bestimmungs-zeichen R	step6 step8 AKT_1	SR step6 – S step8 – R Q – AKT_1	6 – AKT_1 :=1 Aktion bei Aktivierung des Schrittes 8 – AKT_1 :=0	Gespeicherte Aktion bei Schrittaktivierung. Die Aktion kann über mehrere Schritte hinweg ausgeführt werden, bis sie deaktiviert wird.

Prüfung

1. Welche Vorteile haben Ablaufsteuerungen in Vergleich zu Verknüpfungssteuerungen?

2. Dargestellt ist eine Aktion in Makrostruktur.
Skizzieren Sie die Wirkung in Funktionsplandarstellung.

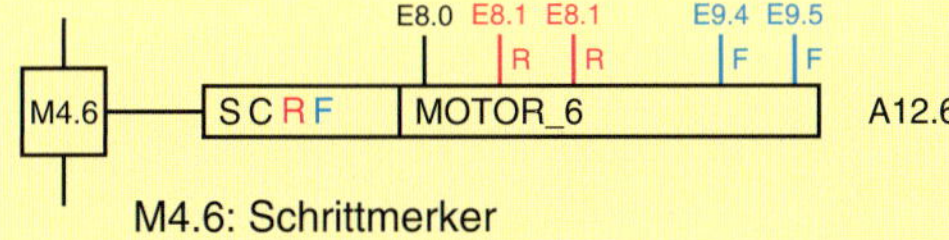

M4.6: Schrittmerker

3. Wann kann ein Befehl mit dem Bestimmungszeichen L sinnvoll eingesetzt werden.

@ Interessante Links

- christiani-berufskolleg.de

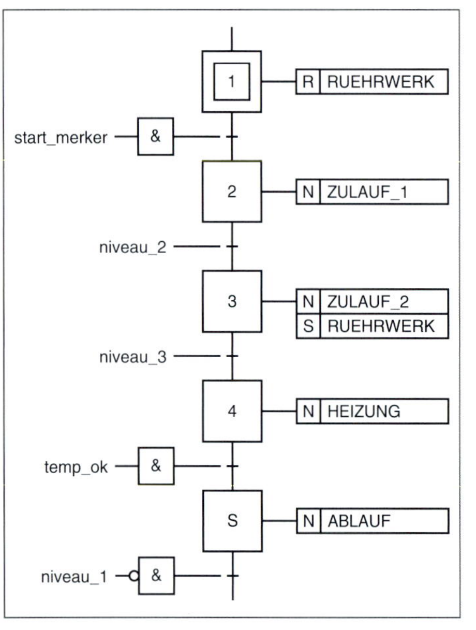

10 *Mischstation, Ablaufkette*

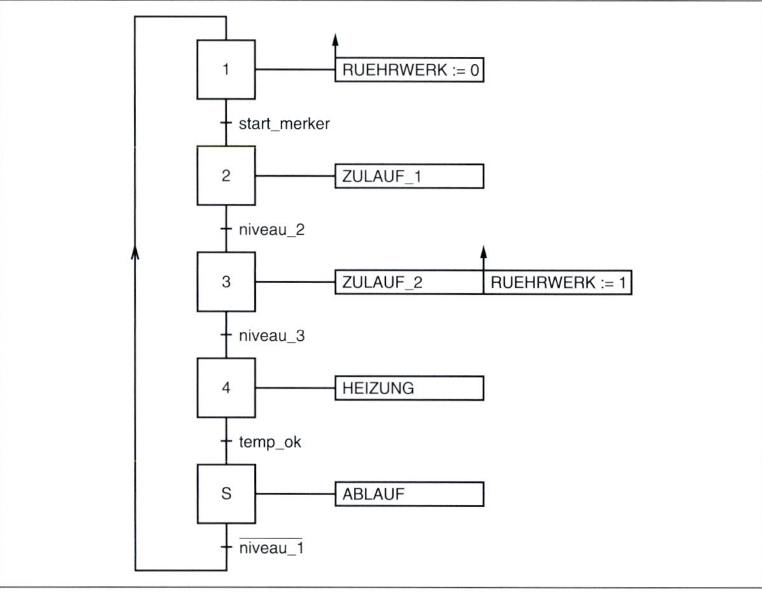

11 *Mischstation, Darstellung in GRAFCET*

■ **Zu Bild 10**
Man erkennt die Übersichtlichkeit der Ablaufsteuerung. Auch eine Flankenbildung ist nicht notwendig. Ablaufsteuerungen haben eine „eingebaute Verriegelung“.

■ **alternativ**
entweder, oder

■ **simultan**
gleichzeitig

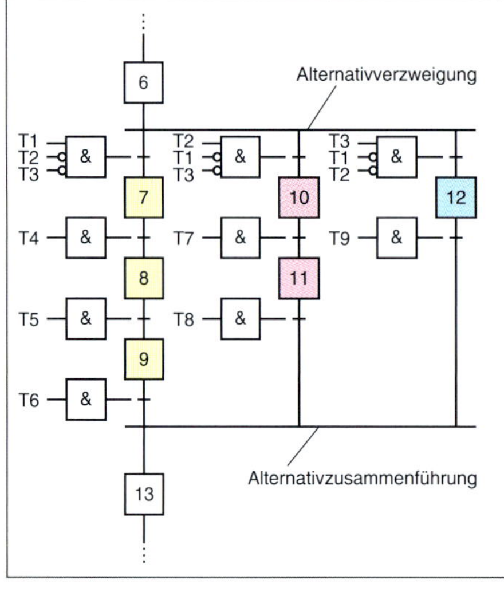

12 *Alternativverzweigung*

13 *Alternativverzweigung in GRAFCET*

Strukturen von Ablaufsteuerungen

Lineare Ablaufsteuerung

Ein Beispiel hierfür ist die Steuerung der Mischstation. Schritt folgt auf Schritt.

Sämtliche Schritte werden in der angegebenen Reihenfolge durchlaufen. Nach dem letzten Schritt folgt wieder der erste Schritt.

Alternativverzweigung (Bild 12)

Nach Schritt 6 teilt sich die Ablaufsteuerung in drei *parallel verlaufende Zweige* auf. Bei jedem Kettendurchlauf wird *einer* der drei Zweige durchlaufen.

Welcher Zweig das ist, hängt von den *Transionen* T1, T2 und T3 ab.

Hinweise

- Der Schritt 6 hat drei mögliche Nachfolger: Schritt 7, Schritt 10, Schritt 12.
- Der Schritt 12 hat drei mögliche Vorgänger: Schritt 9, Schritt 11, Schritt 12.

Simultanverzweigung (Bild 14, Seite 241)

Bei der Simultanverzweigung werden die parallelen Zweige *gleichzeitig* durchlaufen. Erst wenn *alle* letzten Schritte der Zweige aktiv sind, kann T4 den Schritt 11 aktivieren.

Darstellung von Aktionen (Befehlen)

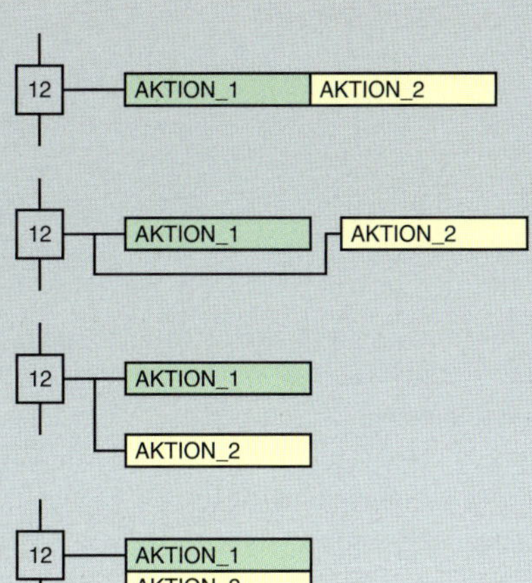

Wenn ein Steuerungsschritt *mehrere Aktionen* hat, sind unterschiedliche Darstellungen möglich.

Dabei sind alle Varianten gleichwertig.

Einschließender Schritt

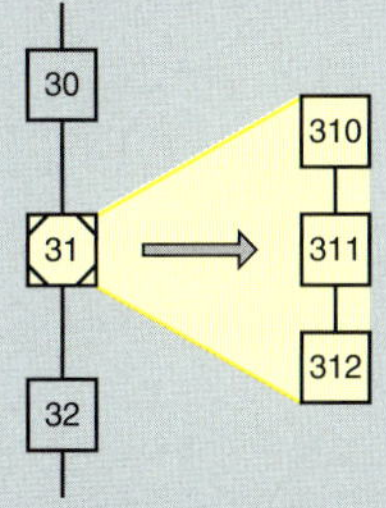

Dieser Schritt umfasst weitere Schritte, die so lange ausgeführt werden, wie der einschließende Schritt aktiviert ist.

Makroschritt

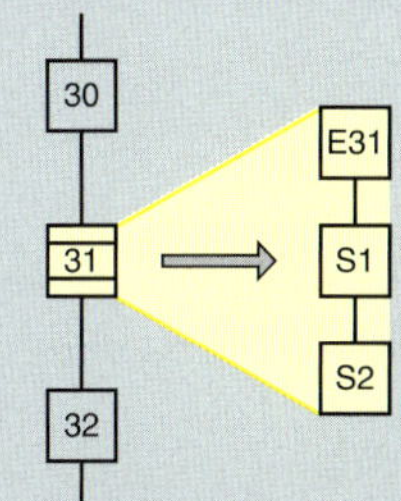

Der Makroschritt wird solange aktiv bleiben, bis die beinhalteten Schritte abgearbeitet wurden.

Die beinhalteten Schritte beginnen mit E und enden mit S vor der Schrittnummer.

16

AKTION_1	1R
AKTION_2	2R
AKTION_3	3R

16.3R

17

16 . 3 R
- R: Befehl wurde ausgeführt
- 3: 3. Befehl am Schritt
- 16: Befehl an Schritt 16

Befehlsfreigabe

Wenn eine bedingte Aktion von mehr als einer Bedingung abhängt, werden unterschiedliche Bestimmungszeichen verwendet.

N: Nicht gespeichert, nicht freigabebedingt

F: Freigabebedingt

R: Rücksetzen

Befehlsdarstellung in Makrostruktur

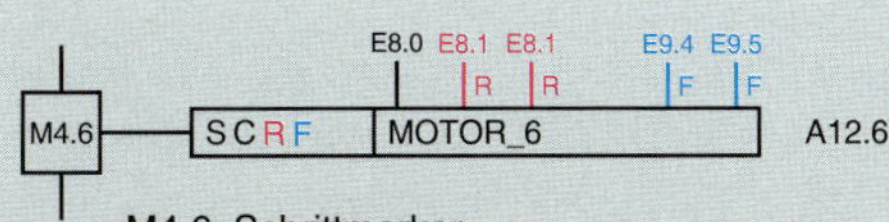

M4.6: Schrittmerker

Befehlsdarstellung als Funktionsplan

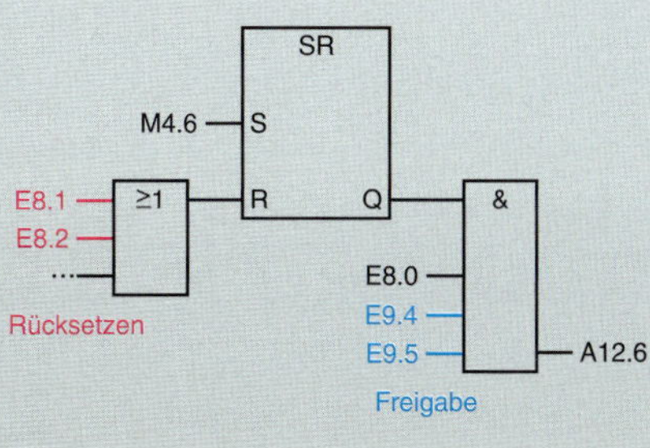

■ **Freigabe**

Freigabe ist ein eindeutig definierter Begriff (wie auch Rücksetzen).
Wenn die Freigabe entzogen wird, dann wird der Befehl nicht mehr ausgegeben.
Ein Befehlsspeicher bleibt gesetzt.
Wird die Freigabe wieder erteilt, wird der Befehl wieder ausgegeben.

Freigabe: UND-Funktion direkt vor dem Befehlsausgang.

■ **Hinweis**

Die Ausgabe eines Befehls bedeutet nicht zwingend, dass die gewünschte Befehlswirkung auch erreicht wird.
An der Erzielung der Befehlswirkung sind mehr technische Systeme als nur nur die SPS beteiligt.

Befehlsrückmeldung

Es ist ein Unterschied, ob ein Befehl *ausgegeben* oder *ausgeführt* wird.
Es gelten folgende *Bestimmungszeichen*:

A: Befehl ausgegeben
B: Befehl ausgeführt (response control)
X: Befehlswirkung nicht erreicht (Störung)

Befehl wurde ausgegeben (A)

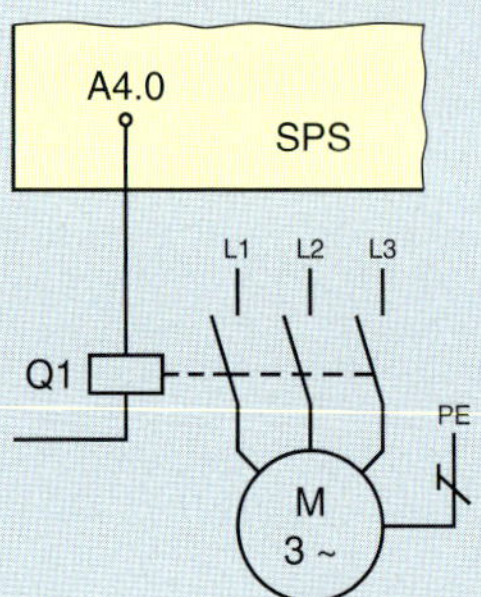

Der SPS-Ausgang hat den Signalzustand „1" angenommen. Das angeschlossene Hauptschütz hat angezogen.

Der Motor *sollte* in Betrieb sein.

Die Abfrage des SPS-Ausgangs auf „1" bietet *nicht* die Gewähr, dass die Aktion *tatsächlich* ausgeführt wird.

Das Schütz kann defekt sein, der Motorschutz kann angesprochen haben.

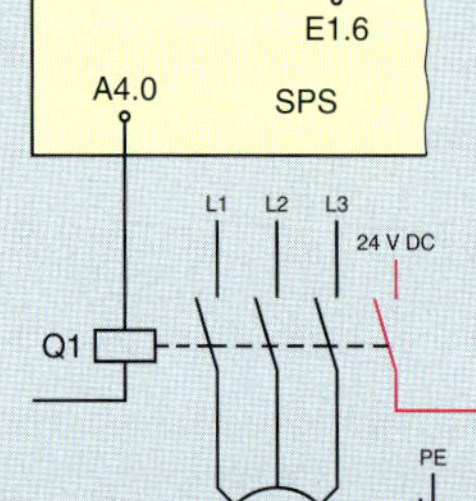

Rückmeldung an einen SPS-Eingang, dass Q1 angezogen hat.

Schon etwas besser, aber immer noch keine echte Befehlsrückmeldung.

Befehl wurde ausgeführt (R)

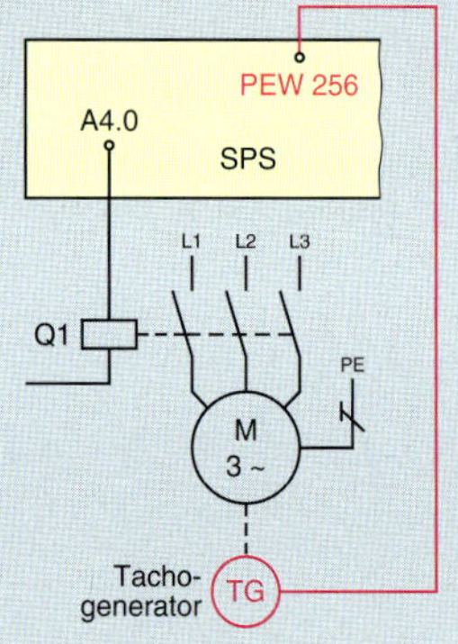

Die beabsichtigte Aktion im Steuerungsprozess hat stattgefunden. Der Motor arbeitet, was der SPS mithilfe eines Tachogenerators rückgemeldet werden kann.

Befehlswirkung nicht erreicht (X)

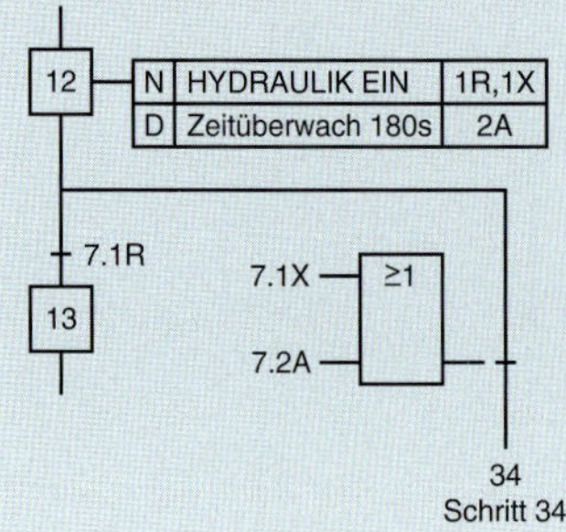

Die beabsichtigte Aktion im Steuerungsprozess hat *nicht* stattgefunden. Es liegt eine *Störung* vor, eine *Störungsbehandlung* wird automatisch eingeleitet.

Nach Ausführung des 1. Befehls am 12. Schritt erfolgt der Übergang auf den 13. Schritt.

Die Befehlsausführung wird überwacht (1R), die eventuelle Störungsbehandlung beginnt bei Schritt 20 (1X).

Außerdem ist im 2. Befehl des 12. Schritts eine Zeitüberwachung (2A) vorgesehen.

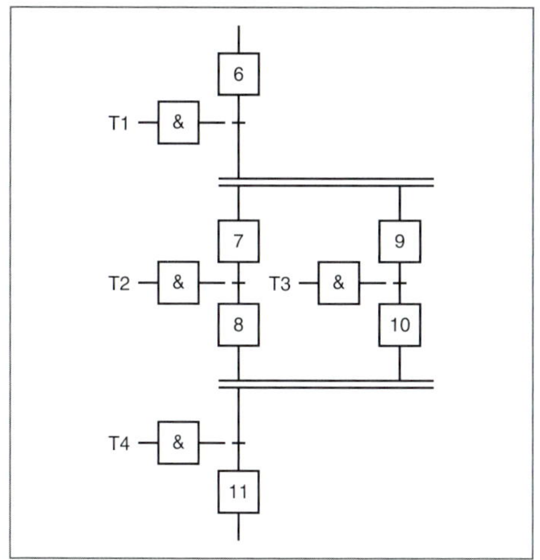

14 Simultanverzweigung

Hinweise

- Der Schritt 6 hat zwei (gleichzeitige) Nachfolger: Schritt 7 und Schritt 9.
- Der Schritt 11 hat zwei (gleichzeitige) Vorgänger: Schritt 8 und Schritt 10.

Programmsprung

Faktisch handelt es sich um eine *Alternativverzweigung*, bei der ein Zweig keine Schritte enthält.
Beim Programmsprung können Schritte der Ablaufkette bedingungsgesteuert übersprungen werden.

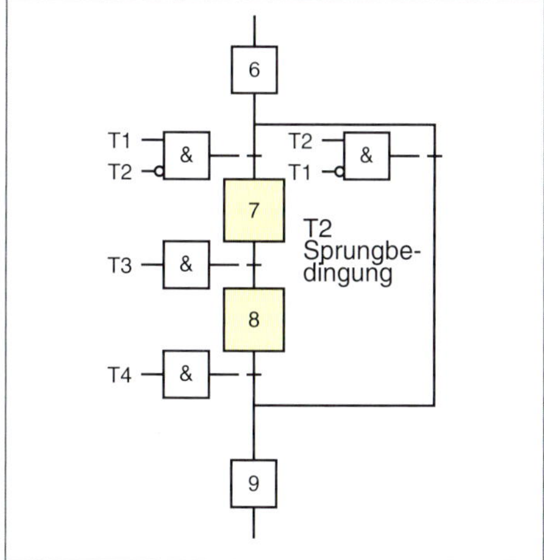

15 Programmsprung

Der *6. Schritt* hat *zwei* mögliche *Nachfolger*:

- Sprungbedingung T2 = „0“: Schritt 7,
- Sprungbedingung T2 = „1“: Schritt 9.

Der *Schritt 9* hat *zwei* mögliche *Vorgänger*:

- Schritt 8 ohne Sprung
- Schritt 6 mit Sprung

Programmschleife

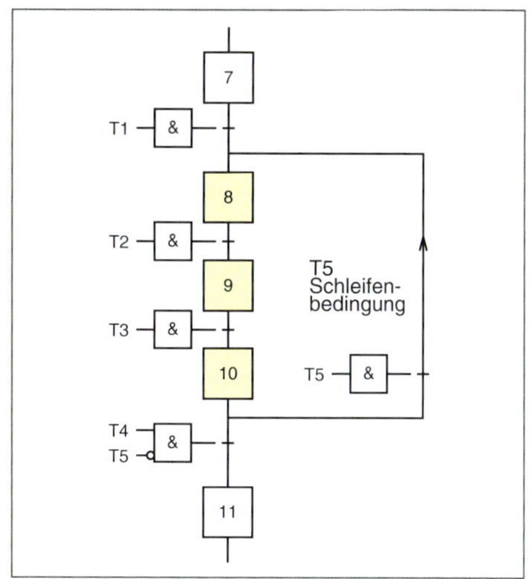

16 Programmschleife

Schritte in der Ablaufkette können *bedingungsgesteuert* beliebig oft *wiederholt* werden.

Die Schleife (Bild 16) besteht aus den Schritten 8, 9 und 10.

Wenn die *Schleifenbedingung* T5 den Signalzustand „1“ hat, folgt auf Schritt 10 wieder Schritt 8. Dies gilt, solange T5 = „1“.

Wenn T5 = „0“, kann die Schleife in Richtung Schritt 11 verlassen werden.

Hinweise

- Schritt 10 hat zwei mögliche Nachfolger: Schritt 8 (bei T5 = „1“) und Schritt 11 (bei T5 = „0“).
- Schritt 8 hat zwei mögliche Vorgänger: Schritt 7 und Schritt 10.

Prüfung

1. Welche wesentlichen Vorteile hat die Ablaufsteuerung?

2. Jede Ablaufsteuerung benötigt einen Initialisierungsschritt.

Welche Aufgabe hat der Initialisierungsschritt?

3. Was bedeutet die dargestellte Grafik?

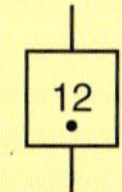

4. Welche Aufgabe hat die Transition bei einer Ablaufsteuerung?

Beachten Sie den Pfeil in Bild 16.
Die Wirkungsrichtung geht hier von unten nach oben (Schleife).

Ablaufsteuerung
sequence control

Sprung
jump

Schleife
loop

Befehl
instruction, command

Alternativverzweigung
alternative junction

Simultanverzweigung
simultaneous junction

Zeitgeführte Ablaufsteuerung
timed sequence control

Prozessgeführte Ablaufsteuerung
process dependent sequence control

@ Interessante Links

- christiani-berufskolleg.de

Prüfung

5. Unterschieden wird zwischen zeitgeführten und prozessgeführten Ablaufsteuerungen. Worin besteht der Unterschied?

6. Unterscheiden Sie zwischen Befehl und Aktion.

7. Um welchen Befehl handelt es sich?

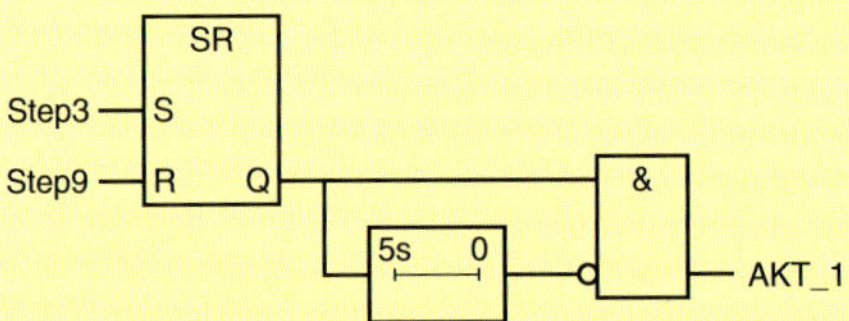

8. Dargestellt ist ein Befehl in Makrodarstellung.
Stellen Sie den Befehl als Funktionsplan dar.

E0.0 E0.1 E0.2 E0.3 E0.4
R R F F
X10 S C D F R AKTION_1 $t = 12$ s

9. Worin besteht der Unterschied zwischen beiden Funktionsplänen?

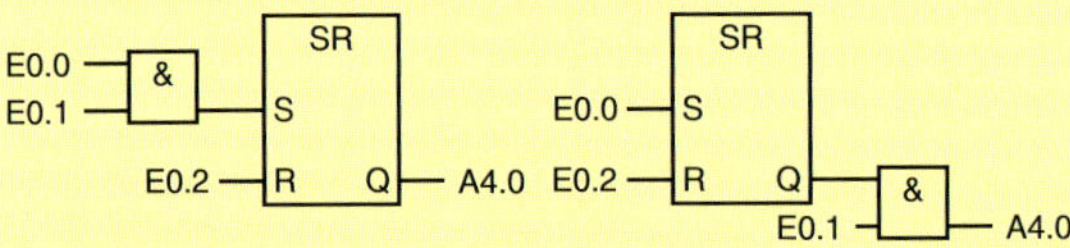

10. Erläutern Sie den Begriff Freigabe.

11. Nehmen Sie Stellung zu folgender Aussage:
Bei Ablaufsteuerungen kann zu einem bestimmten Zeitpunkt nur ein Schritt aktiv sein.

12. Transition in GRAFCET: $\overline{E0.0} + E0.1 \cdot E0.2 + \overline{E0.3}$.
Stellen Sie die Transition als Funktionsplan dar.

13. Stellen Sie die Transition in GRAFCET dar.

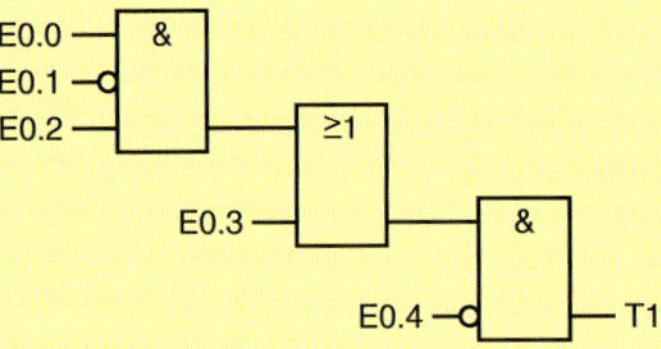

14. Um welche Darstellung handelt es sich?

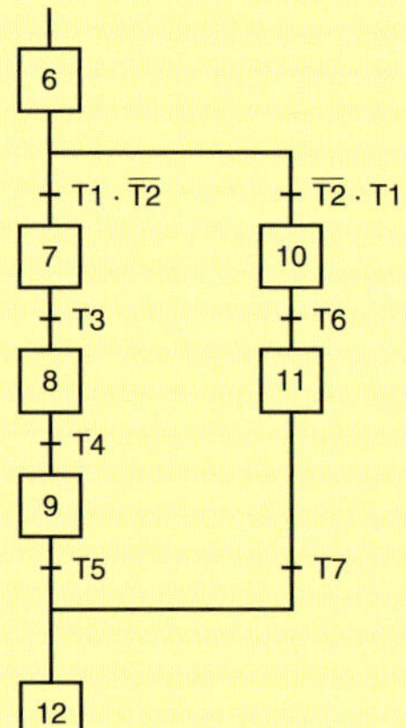

@ Interessante Links

- christiani-berufskolleg.de

Prüfung

15. Stellen Sie den Programmausschnitt als Funktionsplan dar.

16. Beschreiben Sie die Arbeitsweise des Steuerungsausschnitts.

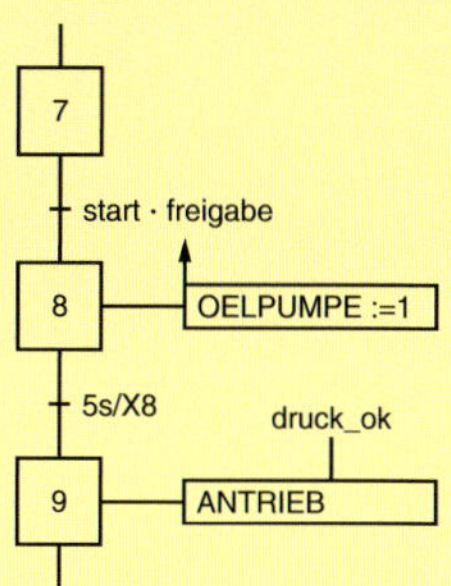

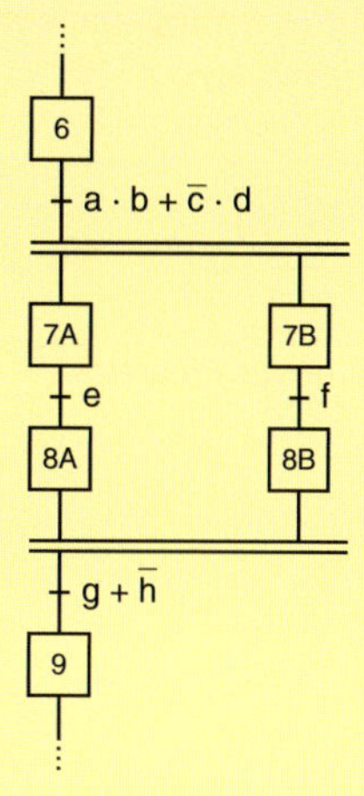

17. Bei der Programmierung von Ablaufsteuerungen werden Schrittmerker verwendet.
Welche Anforderung ist an diese Schrittmerker zu stellen?

18. Das Programm Mischstation (Seite 231) ist wie folgt zu ändern.

- Es soll zusätzlich die Möglichkeit geschaffen werden, dass nur eine der beiden Flüssigkeiten eingefüllt (bis niveau_3) und aufgeheizt wird.
- Es soll die Möglichkeit geschaffen werden, dass der Mischvorgang der zwei Flüssigkeiten ohne Heizung stattfindet.

a) Erweitern Sie das Bedienpult um die notwendigen Elemente.
b) Ändern Sie das Steuerungsprogramm auf der Grundlage der Ablaufsteuerung.
c) Kalkulieren Sie den Auftrag (Arbeitsstunde netto 69,-- Euro).
d) Erstellen Sie die Nutzereinweisung in schriftlicher Form.

Strukturierte Programmierung

Ein *strukturiertes Programm* setzt sich aus *Bausteinen* zusammen, die vom *Hauptprogramm* (Organisationsbaustein OB1) aufgerufen werden.

Anwenderbausteine

- *Organisationsbausteine (OB)*
  OBs sind die Schnittstelle zwischen dem Anwenderprogramm und dem Betriebssystem der SPS. Der OB1 beinhaltet das Hauptprogramm. Andere OBs haben den Aufrufereignissen entsprechende Nummern.
  Der OB1 arbeitet das Steuerungsprogramm *zyklisch* ab. Er beinhaltet *Bausteinaufrufe*.

- *Funktionen (FC)*
  Funktionen beinhalten Programme, bei denen nur das Ergebnis benötigt wird. Funktionen haben daher keinen eigenen Datenspeicher; sie haben kein „Gedächtnis".
  Bei Aufruf liefern sie einen *Rückgabewert* an den aufrufenden Baustein. Wenn die Funktion verlassen wird, sind alle internen Daten verloren.

  Die Anwendung einer Funktion ist sinnvoll, wenn
  - keine Daten bis zum nächsten Aufruf der Funktion *intern gespeichert* werden müssen,
  - Signalzustände in den SPS-Operanden des Hauptprogramms (OB1) gespeichert werden.

- *Funktionsbausteine (FB)*
  Sie haben einen *eigenen Variablenspeicher*, der dem Aufruf des Funktionsbausteins zugeordnet ist. Diesen Speicher nennt man *Instanz-Datenbaustein* (Instanz-DB).

  Der FB wird dann eingesetzt, wenn
  - Daten für den nächsten Bausteinaufruf intern gespeichert werden müssen,
  - die Speicherung in SPS-Operanden nicht gewünscht wird.

■ **Strukturiertes SPS-Programm**
besteht aus unterschiedlichen Bausteinen, deren Bearbeitungsreihenfolge durch den OB1 bestimmt wird.

@ Interessante Links
- christiani-berufskolleg.de

Hauptprogramm
main program, master program

Funktion
function

Funktionsbaustein
function block

Instanz
entity

Strukturiertes Programm
structured program

Baustein
block

Bausteinaufruf
block call

Datenbaustein
data block

Datentyp
data typ

Temporäre Lokalvariable
temporary local variable

Statische Lokalvariable
static local variable

Strukturierte Programmierung

- *Datenbausteine (DB)*

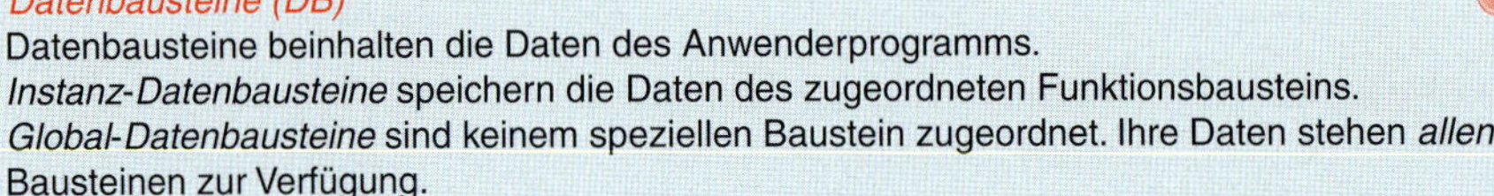

Datenbausteine beinhalten die Daten des Anwenderprogramms.
Instanz-Datenbausteine speichern die Daten des zugeordneten Funktionsbausteins.
Global-Datenbausteine sind keinem speziellen Baustein zugeordnet. Ihre Daten stehen *allen* Bausteinen zur Verfügung.

Strukturiertes Programm

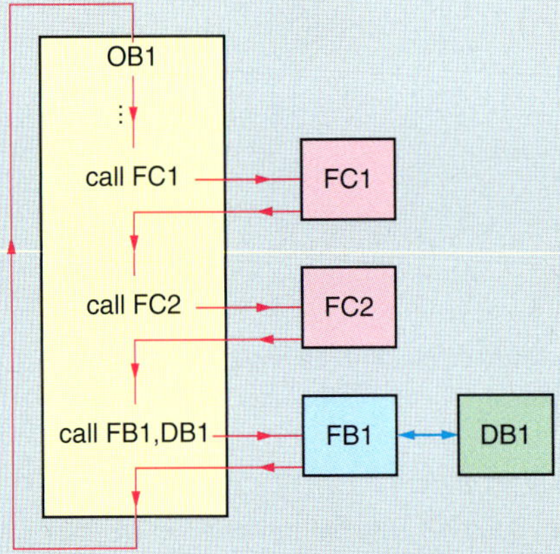

Merkmale eines *strukturierten Programms:*

- *Im OB1 (Hauptprogramm) nur Bausteinaufrufe (call...) verwenden.*
- *Teilaufgaben in Bausteinen (FB, FC) programmieren.*
- *Globale Variablen nur im OB1 verwenden.*
- *In Funktionen und Funktionsbausteinen nur lokale Variablen verwenden.*
- *In Funktionen und Funktionsbausteinen keine globalen Variablen wie Eingänge, Ausgänge, Merker, Zeitglieder und Zähler benutzen.*

Sprachelemente, Datentypen und Variablen

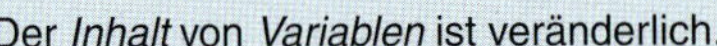

Der *Inhalt* von *Variablen* ist veränderlich.

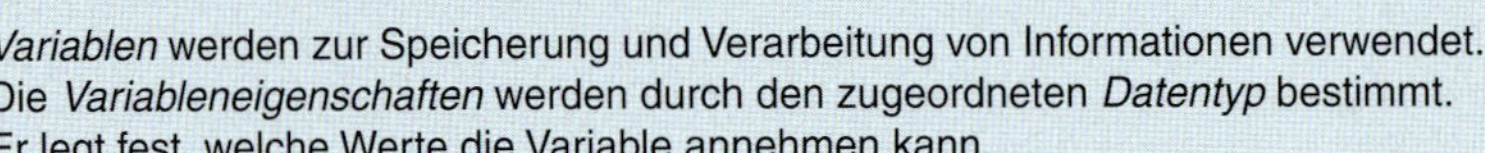

Variablen werden zur Speicherung und Verarbeitung von Informationen verwendet.
Die *Variableneigenschaften* werden durch den zugeordneten *Datentyp* bestimmt.
Er legt fest, welche Werte die Variable annehmen kann.

Benennung von Variablen

Variablen werden durch *Bezeichner* benannt.

Bezeichner müssen mit einem *Buchstaben* oder einem einzelnen *Unterstrich* (_) beginnen.
Danach dürfen Buchstaben, Ziffern und Unterstriche in beliebiger Reihenfolge verwendet werden.

Zum Beispiel:

startmerker
_startmerker
start_merker
PUMPE_06

Zu beachten ist die *Anzahl der Zeichen*, die beim jeweiligen Programmiersystem für Bezeichner zugelassen ist.
Wenn zum Beispiel 16 Zeichen zugelassen (signifikant) sind, dann können zum Beispiel die folgenden Variablen nicht voneinander unterschieden werden:

SPEISE_PUMPE_ABTEILUNG_4

SPEISE_PUMPE_ABTEILUNG_6

Sprachelemente, Datentypen und Variablen

Reservierte Schlüsselworte

Diese Schlüsselworte sind *vorgegeben* und dürfen nicht als Variablennamen verwendet werden. Man nennt sie *Standardbezeichner*.

Beispiele:

Sämtliche Operanden der Programmiersprache AWL
IF
VAR
THEN

Variablendeklaration

Deklaration bedeutet Erklärung.

Die *Variablendeklaration* „erklärt" dem Programm:

- *Wie die Variable heißt (Variablenname, symbolischer Name).*
- *Woher die Variable ihre Information bezieht (z. B. vom Eingang E1.0) oder wohin sie ihre Information liefern soll (z. B. an Ausgang A4.0).*
- *Wie viel Bit Speicherplatz das System für diese Variable reservieren soll (z. B. 1 Bit bei booleschen Variablen).*

Elementare Datentypen (Auswahl)

Schlüsselwort	Datentyp	Anzahl Bits pro Datenelement
BOOL	Boolesche Daten	1
INT	Integer, ganze Zahl	16
REAL	Reelle Zahl	32

Zu Beginn eines Programms steht ein *Deklarationsteil*, in dem die *Datentypen* der verwendeten Variablen festgelegt sind.
Dabei sind folgende *Schlüsselworte* von Bedeutung:

Schlüsselwort	Variablengebrauch
VAR	Innerhalb des Programms
VAR_INPUT	Von außen kommend, innerhalb des Programms nicht änderbar
VAR_OUTPUT	Nach außen geliefert
VAR_IN_OUT	Von außen kommend, innerhalb des Programms änderbar und nach außen geliefert
VAR_TEMP	Temporäre Lokaldaten, Betriebssystem stellt diese Daten bei jedem Aufruf eines Programms zur Verfügung
VAR_STAT	Statische Lokaldaten, Daten werden im Programm gespeichert und durch das Programm geändert

Beispiel Wendeschaltung

Im nachfolgenden Beispiel soll die Wendeschaltung als Funktion programmiert und im OB1 aufgerufen werden.

■ **Hinweis**

Beachten Sie die Instanzierung auf Seite 247.

Nicht wiederverwertbare Bausteine verwenden globale Variablen.

Strukturierte Programmierung am Beispiel der Wendeschaltung

z.B.

1. Eingangs- und Ausgangsvariablen der Funktion „WENDE“ festlegen.

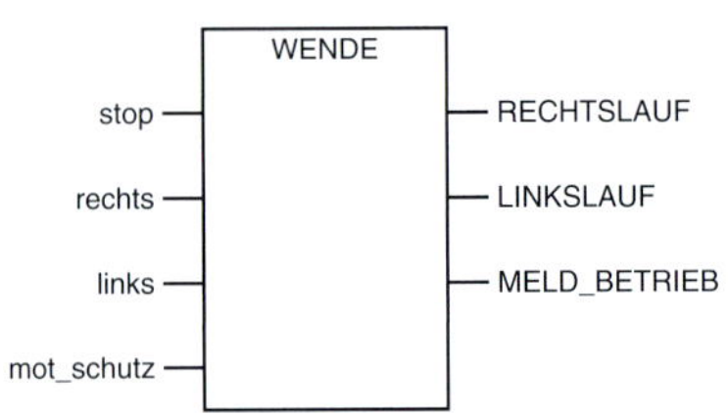

2. Variablen in der Symboltabelle als globale Variablen deklarieren.

Symbol	Adresse	Datentyp	Kommentar
stop	E0.0	BOOL	Stopptaster, NC
rechts	E0.1	BOOL	Rechtslauf, NO
links	E0.2	BOOL	Linkslauf, NO
mot_schutz	E0.3	BOOL	Motorschutz, NO
RECHTSLAUF	A4.0	BOOL	Motor im Rechtslauf
LINKSLAUF	A4.1	BOOL	Motor im Linkslauf
MELD_BETRIEB	A4.2	BOOL	Meldelampe Motor läuft

3. Steuerungsprogramm erstellen (FC1, WENDE):

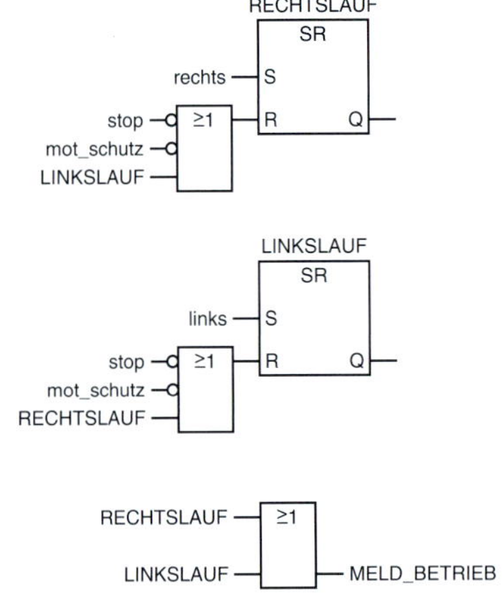

4. Steuerungsprogramm im OB1 aufrufen:

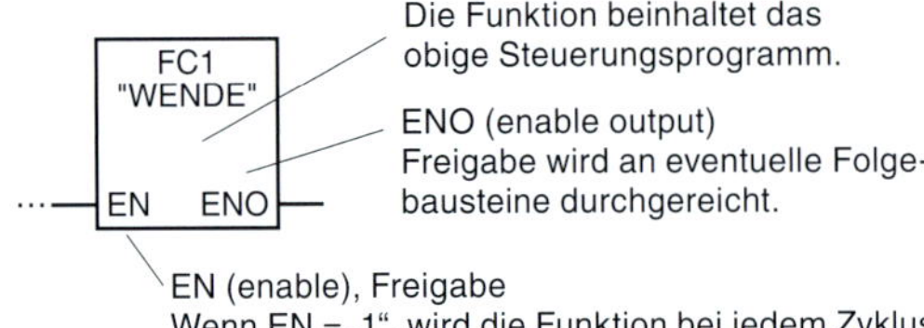

Instanzierung

Beachten Sie das Beispiel auf Seite 246.

Diese Art der Programmierung entspricht den Vorgaben des *Strukturierten Programms*.

Die Variablen wurden *global* in der *Symboltabelle* deklariert.

Wenn ein umfangreiches Projekt *mehrere* Wendeschaltungen umfasst, dann muss der oben beschriebene Vorgang ständig wiederholt werden.

Das ist zwar möglich, aber nicht wirtschaftlich. Besser wäre es, wenn die Funktion „WENDE" *unbegrenzt oft* für *unterschiedliche Aufgaben* verwendbar wäre.

Dies ist möglich. Man spricht dann von **Instanz** oder **Instanzierung**. Das Grundprinzip ist jedem Techniker bekannt. Es wird beim Rechnen mit Formeln ständig (aber vermutlich unbewusst) angewendet.

Formel: $P = \sqrt{3} \cdot U \cdot I \cdot \cos\varphi$

Bei der praktischen Arbeit wird diese Formel nicht vor jedem Gebrauch *neu entwickelt*, sondern z. B. der Formelsammlung entnommen.

Jede *neue* Leistungsberechnung bildet eine weitere *Instanz* dieser Formel. Die Anzahl der möglichen Instanzen ist unbegrenzt.

Vorgehensweise

1. Formelzeichen festlegen

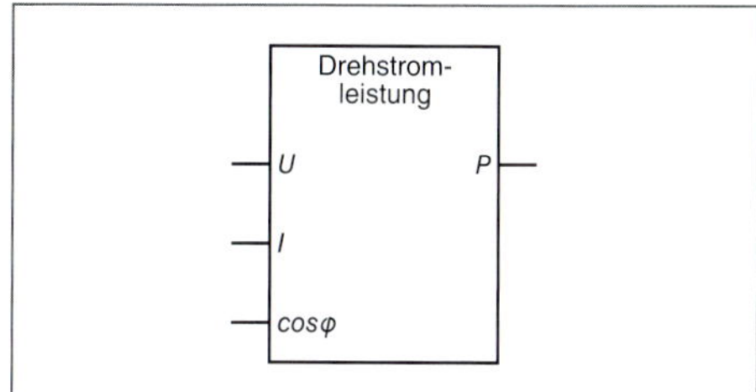

17 *Bestimmung der Formelzeichen*

Eingangsvariablen sind die Formelzeichen *U*, *I* und cos *φ*.

Ausgangsvariable ist das Formelzeichen *P*.

Alle zusammen nennt man *Formelzeichen*. In der Steuerungstechnik spricht man von **Formalparametern**.

Ebenso wie die Formelzeichen bleiben die Formalparameter *unverändert*.

2. Programm schreiben

Das Programm ist hier die Rechenvorschrift $P = \sqrt{3} \cdot U \cdot I \cdot \cos\varphi$.

3. Erste konkrete Aufgabe bearbeiten (1. Instanz bilden)

Das Ergebnis ist in Bild 18 dargestellt.

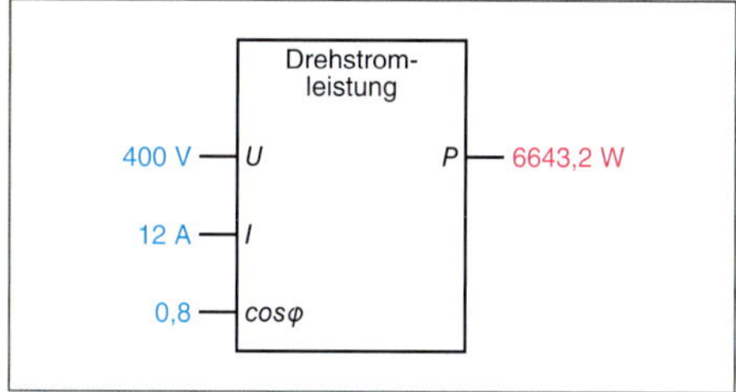

18 *1. Instanz zur Berechnung der Leistung*

4. Zweite konkrete Aufgabe bearbeiten (2. Instanz bilden)

Das Ergebnis ist in Bild 19 dargestellt.

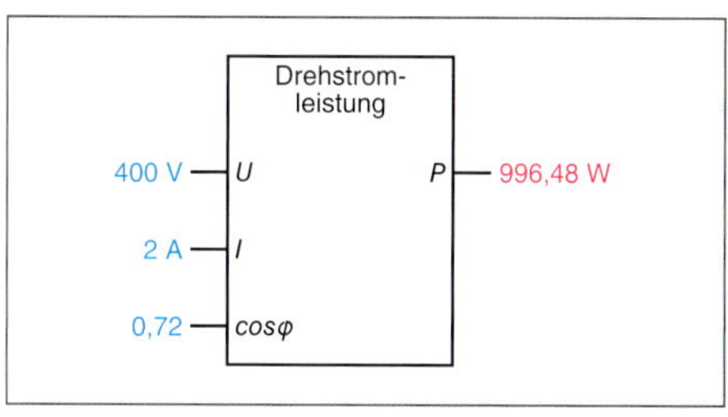

19 *2. Instanz zur Berechnung der Leistung*

Dieser Vorgang lässt sich nun beliebig oft fortsetzen.

Die den **Formalparamtern** (den Formelzeichen) übergebenen Werte nennt man **Aktualparameter** (aktuelle Parameter). Auch das Ergebnis für die Leistung ist ein Aktualparameter.

Aktualparameter können bei jeder Instanz *unterschiedlich* sein. Das ist sogar der Regelfall.

Diese Grundüberlegungen werden nun auf die SPS-Programmierung übertragen.
Als Beispiel wird wieder die *Wendeschaltung* verwendet.

1. Formalparameter festlegen

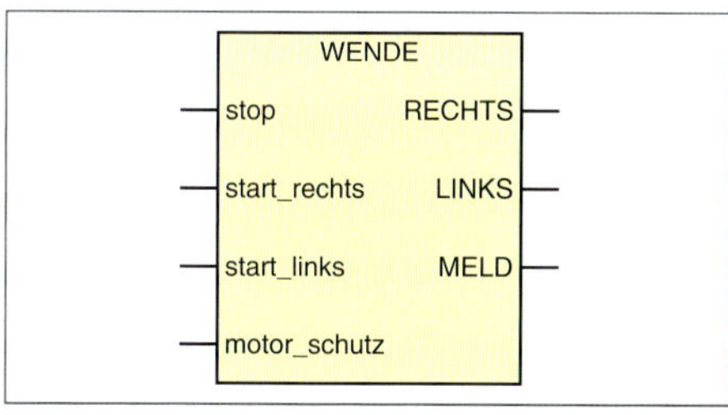

20 *Formalparameter der Wendeschaltung*

Die *Formalparameter* gehören *nur zum Baustein* (nur zur Funktion).

Sie werden im Baustein *deklariert* und nicht in der Symboltabelle.

Man spricht dann von **lokalen Variablen**.

■ **Formalparameter**
sind Platzhalter für die Aktualparameter. So wie bei einer Formel die Formelzeichen Platzhalter für die aktuellen Berechnungswerte sind.

Wiederverwertbare Bausteine verwenden lokale Variablen.

■ **Instanzierung**
ist eine wesentliche Voraussetzung zur Erstellung wirtschaftlicher Programmierung. Standardprobleme müssen nur einmal programmiert (und geladen) werden, um dann unbegrenzt oft in Steuerungsprogramme eingebunden werden zu können.

Links sind die **Eingabevariablen** (Input, **IN**) und rechts die **Augabevariablen** (Output, **OUT**) dargestellt (Bild 20).

Dies ist bei der **Deklaration** zu beachten.

IN

stop	BOOL
start_rechts	BOOL
start_links	BOOL
motor_schutz	BOOL

OUT

RECHTS	BOOL
LINKS	BOOL
MELD	BOOL

2. Steuerungsprogramm erstellen

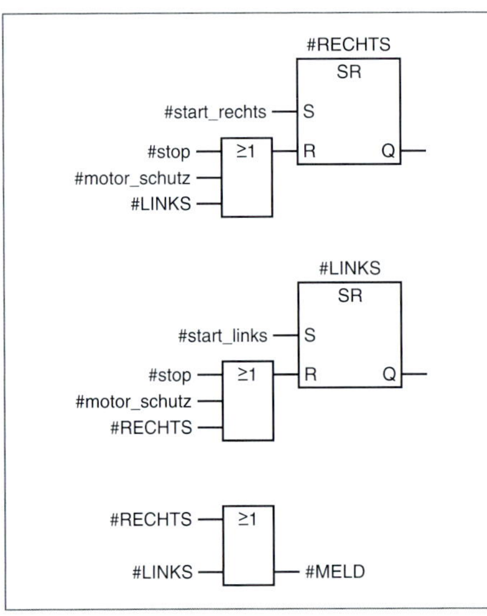

21 Steuerungsprogramm Wendeschaltung

Hinweise

- Lokale Variablen sind am vorgesetzten # zu erkennen.
  Globale Variablen werden in Anführungszeichen " gesetzt.
- Auf die Negationen im Bausteininneren wird verzichtet.
  Sie werden bei Angabe der Aktualparameter berücksichtigt.

3. Instanzbildung im OB1

Bei Aufruf der Funktion im OB1 erscheint die Darstellung mit den *Formalparametern* (Bild 22).

Dies entspricht der mathematischen Formel, die für eine unbegenzte Anzahl von Berechnungen unverändert eingesetzt werden kann.

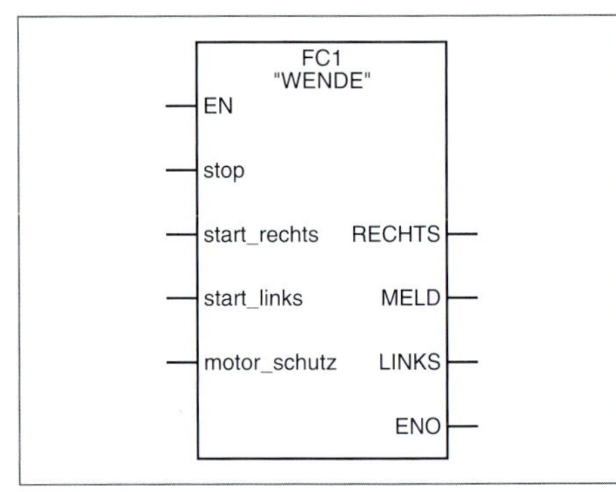

22 Aufruf der Funktion im OB1

4. Deklaration der Aktualparameter

Die Aktualparameter werden in der Symboltabelle deklariert. Sie müssen nämlich Zugriff auf die SPS-Hardware (E, A) nehmen können.

Für die erste Instanz

halt	E0.0	BOOL
mot_rechts	E.01	BOOL
mot_links	E.02	BOOL
mot_schutz_1	E.03	BOOL
RECHTSLAUF	A4.0	BOOL
LINKSLAUF	A4.1	BOOL
BETRIEB_MOT_1	A4.2	BOOL

Für die zweite Instanz

halt	E0.0	BOOL
vorwärts	E.04	BOOL
rueckwärts	E.05	BOOL
mot_schutz_2	E.06	BOOL
VOR	A4.3	BOOL
ZURUECK	A4.4	BOOL
(keine Meldung)	–	

5. Erste Instanz mit Aktualparametern versehen

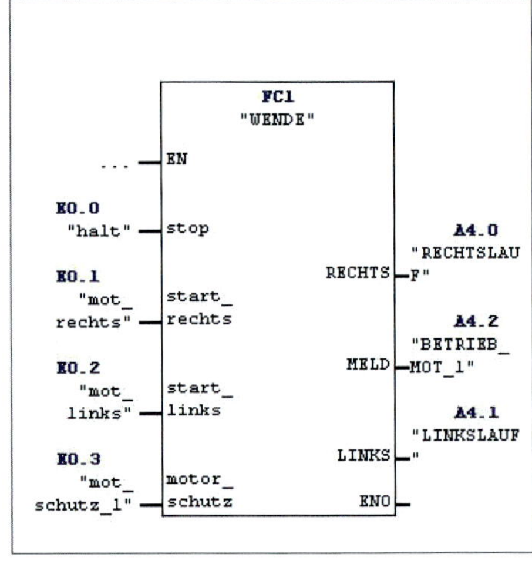

23 Aktualparameter der 1. Instanz

6. Zweite Instanz mit Aktualparametern versehen

Hier wird keine Meldung benötigt.

Der Ausgang MELD benötigt dennoch einen Aktualparameter. Ihm wird daher der Merker M110.0 zugewiesen, der im gesamten Projekt keine Verwendung findet.

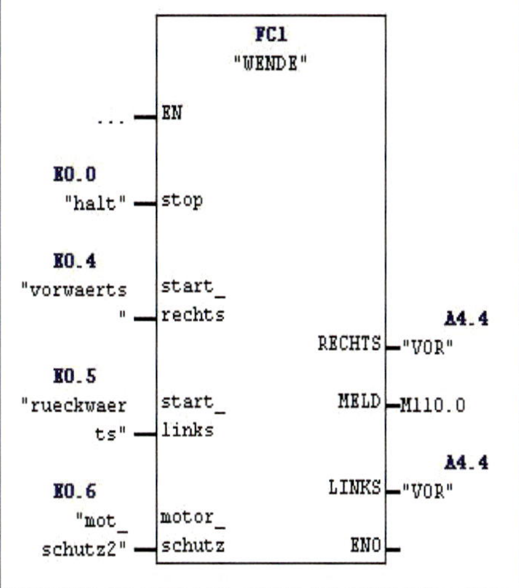

24 Aktualparameter der 2. Instanz

Beim *Test* des Programms stellt sich heraus, dass nur *eine* Instanz einwandfrei arbeitet.

Das ist aber auch nicht verwunderlich, da *jede Instanz* einen *eigenen* Speicher für die Speicherung ihrer Ergebnisse benötigt. Eine *Funktion* hat aber *keinen* eigenen Speicher. Sie hat kein „Gedächtnis".

Das *Prinzip der Instanzierung* ist schon korrekt beschrieben. Als Baustein ist aber ein **Funktionsbaustein FB** zu verwenden, der bei jedem Aufruf (bei jeder Instanz) einen **Instanz-Datenbaustein** zur Ergebnissicherung hat.

Funktionsbaustein anlegen

Beim Einfügen FB statt FC wählen.
Deklaration und Programm wie bei der FC-Erstellung.
Im OB1 werden 2 Instanzen des erstellten FB aufgerufen.

1. Instanz:
   FB1 "WENDE", Instanzdatenbaustein DB1
2. Instanz:
   FB1 "WENDE", Instanzdatenbaustein DB2

Die Programmfunktion ist nun einwandfrei, da jede Instanz ihren eigenen **Datenbaustein** hat. Bei Verwendung von FBs ist die *Instanzierung* beliebig oft möglich.

Datenbaustein DB erzeugen

Instanz-Datenbausteine werden beim Aufruf des Funktionsbausteins *automatisch* gebildet, weil die *Variablendeklaration* feststeht.

Wenn im Funktionsbaustein eine Änderung vorgenommen wird, muss der Instanz-DB gelöscht und neu erzeugt werden.

Im Instanz-DB stehen die Daten der **statischen Lokaldaten**. *Statisch* beschreibt hier die Eigenschaft, dass diese Daten über den aktuellen Bausteinaufruf hinaus gespeichert werden.

Global-Datenbausteine enthalten Informationen, die von *allen Bausteinen* genutzt werden können. Diese Datenbausteine muss der Anwender programmieren.

■ **Funktionsbausteine**

speichert seine Lokaldaten vom Typ STAT im zugeordneten Instanz-Datenbaustein.

Bei Aufruf eines Funktionsbausteins muss stets der Instanz-Datenbaustein angegeben werden.

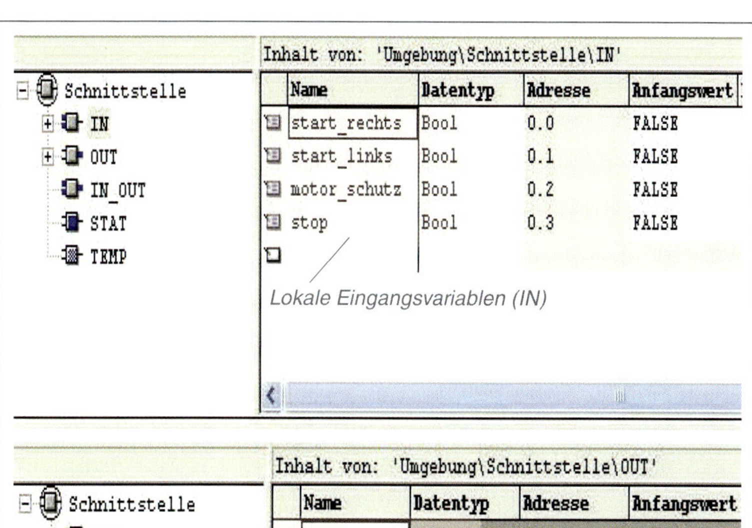

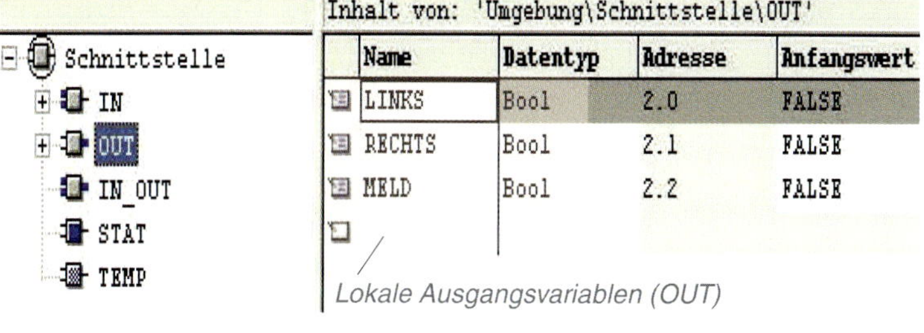

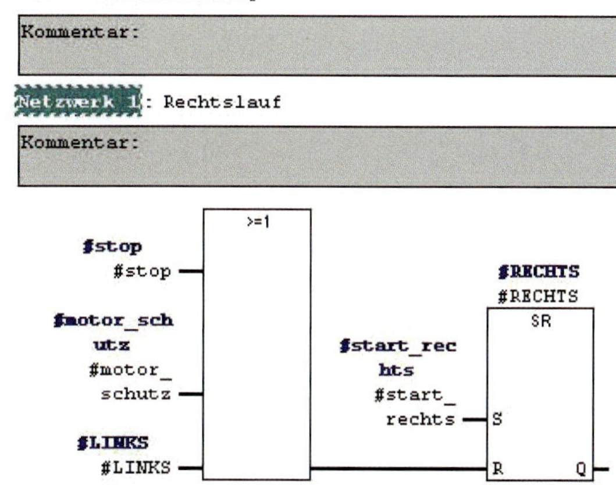

25 Funktionsbaustein erstellen, Deklaration der lokalen Variablen, Programm

■ **Quelldateien**

können jederzeit gespeichert werden. Sie müssen dazu nicht zwingend fehlerfrei sein.

Quellorientierte Programmierung

Bei der *quellorientierten Programmierung* werden die erstellten *Quellen* im Behälter Quellen abgelegt. Die **AWL-Quelle** ist eine ASCII-Textdatei und kann mit einem beliebigen Texteditor erstellt werden.

Die *Quelldatei* kann zu jedem Zeitpunkt *gespeichert* werden, selbst wenn sie noch *fehlerhaft* ist. Erst nach *Übersetzung* der Quelle wird ein Baustein generiert, der im Behälter *Bausteine* zur Verfügung steht.

Der Funktionsbaustein „WENDE" (Seite 286) soll quellorientiert erstellt werden.

Eine Funktionsplanprogrammierung ist nicht möglich mit einem Texteditor. Deshalb wird die Quelle in AWL erstellt.

Zu beachten ist, dass jede Steueranweisung mit einem *Semikolon* (;) abgeschlossen werden muss.

1. Programm mit Texteditor erstellen

Grundlage der Programmierung ist der Funktionsplan auf Seite 248.

Name der Quelle: *wende_quelle.awl*

```
FUNCTION_BLOCK FB1
   var_input
      start_rechts    :  BOOL;
      start_links     :  BOOL;
      motor_schutz    :  BOOL;
      stop            :  BOOL;
   end_var

   var_output
      RECHTS          :  BOOL;
      LINKS           :  BOOL;
      MELD            :  BOOL;
   end_var

   begin

   //Rechtslauf des Motors
      U        start_rechts;
      S        RECHTS;
      O        stop;
      O        motor_schutz;
      O        LINKS;
      R        RECHTS;

   //Linkslauf des Motors
      U        start_links;
      S        LINKS;
      O        stop;
      O        motor_schutz;
      O        RECHTS;
      S        LINKS;

   //Meldung Betrieb
      O        RECHTS;
      O        LINKS;
      =        MELD;

END_FUNCTION_BLOCK
```

2. Simatic-Manager öffnen und Projekt anlegen

Behälter *Quellen* wählen

Einfügen → Externe Quelle

Die Quelle befindet sich nun im Quellen-Behälter.

Quelle öffnen

Quelle übersetzen

Wenn *0 Fehler, 0 Warnungen* angezeigt wird, ist die Quelle erfolgreich übersetzt und steht als Baustein FB1 im Baustein-Behälter zur Verfügung.

Ansonsten ist eine Fehlersuche notwendig, da eine fehlerhafte Quelle nicht übersetzt werden kann.

Hinweise

Der Funktionsbaustein wird eingeschlossen in

FUNCTION_BLOCK FB...
END_FUNCTION_BLOCK

Die Variablendeklaration wird eingeschlossen in

var_input bzw. var_output
end_var

Das Steuerungsprogramm beginnt mit

begin

Kommentare folgen hinter //

Einzelne Deklarationen bzw. Steueranweisungen werden mit einem *Semikolon* abgeschlossen.

Der Baustein kann im OB1 aufgerufen und parametriert werden.

Beim Aufruf ist ihm ein *Instanz-Datenbaustein* zuzuordnen.

```
FUNCTION_BLOCK FB1 //Wendeschaltung

        var_input
                start_rechts    :  bool;
                start_links     :  bool;
                motor_schutz    :  bool;
                stop            :  bool;
        end_var

        var_output
                RECHTS          :  bool;
                LINKS           :  bool;
                MELD            :  bool;
        end_var

        //Rechtslauf des Motors

begin
                U       start_rechts;
                S       RECHTS;
                O       stop;
```

26 Quellorientierte Programmierung

Rolltorsteuerung

Anforderungen:

HAND: Meldelampe AUTO/HAND blinkt mit 1 Hz, Tor verfährt im Tippbetrieb

AUTO: Meldelampe AUTO/HAND hat Dauerlicht, Tor öffnet bzw. schließt auf Tastendruck vollständig.

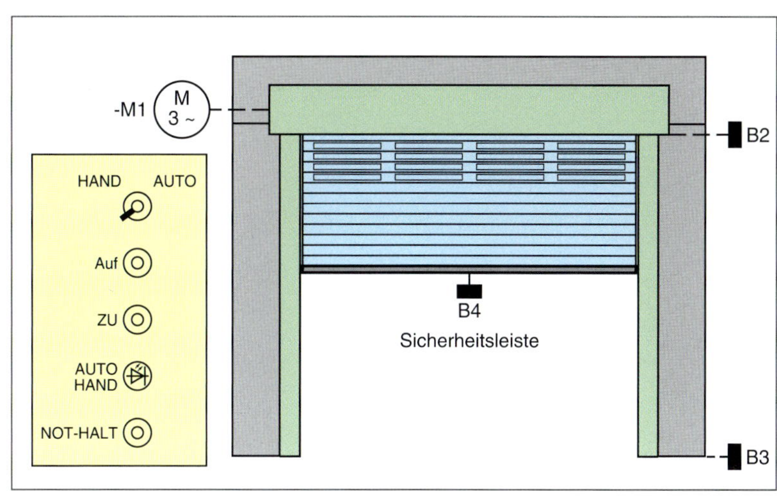

27 Rolltorsteuerung mit Bedienteil

Symboltabelle

Symbol	Adresse	Datentyp	Kommentar
tor_ist_offen	E0.0	BOOL	Grenztaster B2, Tor ist geöffnet, NC
tor_ist_geschlossen	E0.1	BOOL	Grenztaster B3, Tor ist geschlossen, NC
sicherheitsleiste	E0.2	BOOL	Prallschutz B4, wenn Tor auf ein Hindernis aufläuft, 1 NO, 1 NC
motor_schutz	E0.3	BOOL	Motorschutzrelais B1 des Antriebsmotors, 1 NO, 1 NC
wahl_auto_hand	E0.4	BOOL	Wahlschalter Betriebsart, 1 NO
tor_oeffnen	E0.5	BOOL	Taster, Tor öffnen, 1 NO
tor_schließen	E0.6	BOOL	Taster Tor schließen, 1 NO
not_halt_eingang_sps	E0.7	BOOL	Signal vom Not-Halt-Schaltgerät, 1 NO
TOR_AUF	A4.0	BOOL	Tor öffnen
TOR_ZU	A4.1	BOOL	Tor schließen
MELD_AUTO_HAND	A4.2	BOOL	Meldelampe Auto (Dauerlicht), Hand (1 Hz)

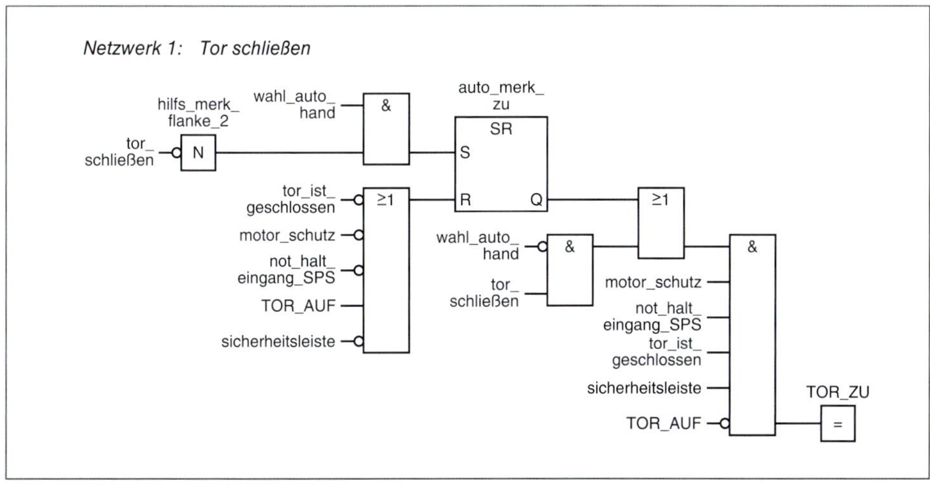

28 Programmvariante 1, Handbetrieb und Automatikbetrieb in einer Funktion, Netzwerk 1

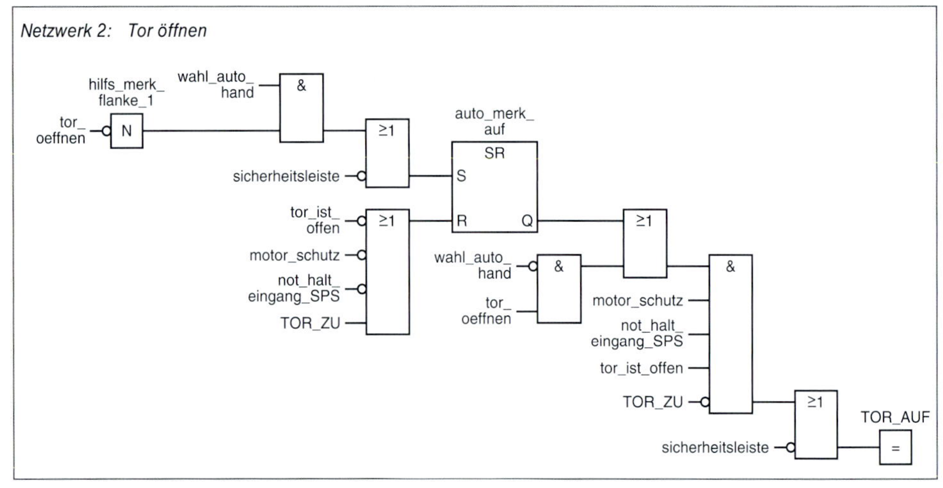

29 Programmvariante 1, Handbetrieb und Automatikbetrieb in einer Funktion, Netzwerk 2

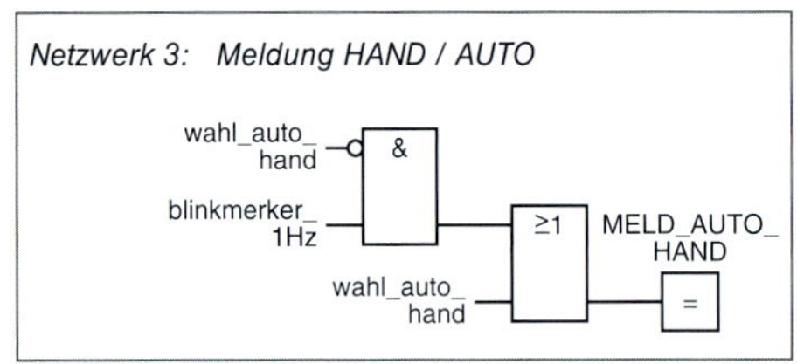

30 Programmvariante 1, Netzwerk 3

Definition des Taktmerkerbytes

Simatic-Manager → Simatik 300 Station → Hardware.
CPU → Objekteigenschaften → Zyklus/Taktmerker.
Hier das gewählte Taktmerkerbyte eingeben. (z. B. 100).

Obgleich die Problemstellung „Torsteuerung“ relativ einfach ist, ergibt sich durch die *Vermischung von Hand- und Automatikbetrieb* eine ziemlich unübersichtliche Programmstruktur.

Zumal bei komplexen Steuerungsaufgaben ist diese Form nicht ratsam.

Hinweise zum Programm

Flankenabfrage
→ basics Mechatronik

- Im Automatikbetrieb werden die Taster „tor_schließen“ und „tor_oeffnen“ auf eine *positive Flanke* abgefragt.
  Ein Blockieren des Tasters kann dann nicht zum ungewollten Wiederanlauf führen.

  Die gewählte Variante hat den Vorteil, dass es beim Anlauf der SPS nicht zu einer (ungewollten) positiven Flankenbildung kommt.

- *Blinkmerker*: Einfach ist die Verwendung von *Taktmerkern*, die das SPS-System zur Verfügung stellt.
  - Auswahl eines Merkerbytes (8 Bit); z. B. MB 100
  - Das Merkerbyte besteht aus 8 Bit, wobei jedes Byte eine andere Taktfrequenz hat.

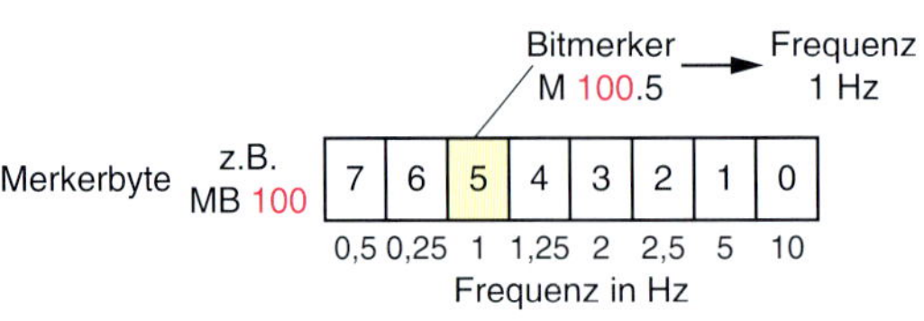

Programmvariante 2

Hand und Automatikbetrieb sind in *zwei* Funktionen voneinander getrennt.

FC1: Handbetrieb
FC2: Automatikbetrieb

FC1: Handbetrieb

Netzwerk 1: Tor schließen

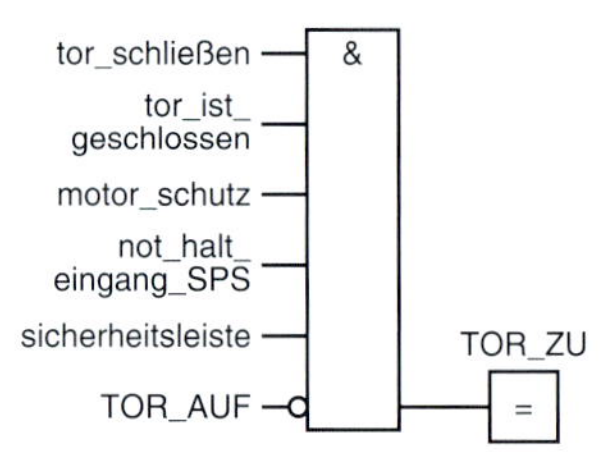

Netzwerk 2: Tor öffnen

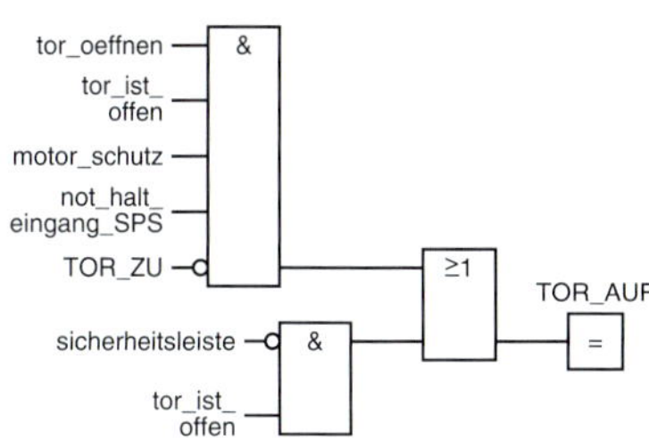

Netzwerk 3: Meldung

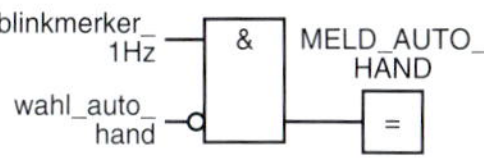

FC2: Automatikbetrieb

Netzwerk 1: Tor schließen

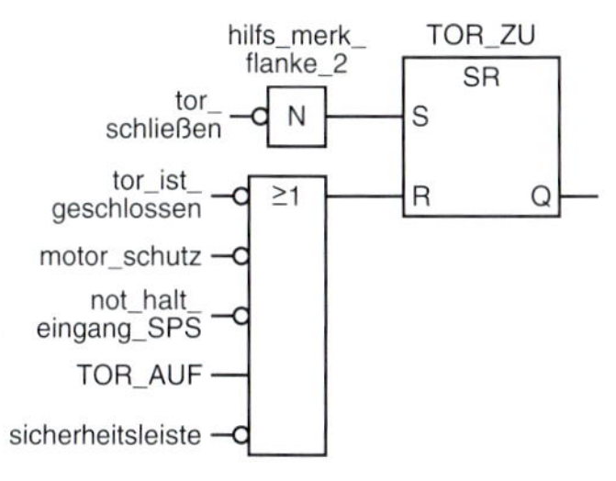

Netzwerk 2: Tor öffnen

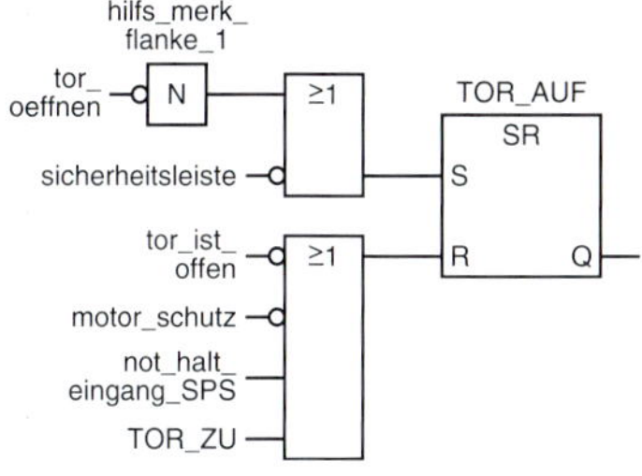

Netzwerk 3: Meldung

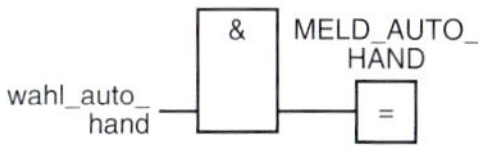

Die Funktionen werden im OB1 aufgerufen.

OB1: Torsteuerung

Netzwerk 1: Aufruf der Funktion Handbetrieb

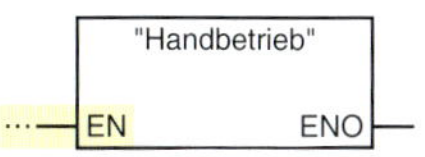

Netzwerk 2: Aufruf der Funktion Automatikbetrieb

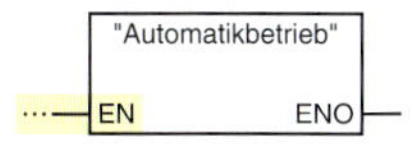

Hinweis

Es darf zu einem Zeitpunkt nur *eine* der beiden Funktionen bearbeitet werden. Entweder *Handbetrieb oder Automatikbetrieb.*

Dies kann über die Eingänge *EN* (enable) gesteuert werden.

Doch Vorsicht!

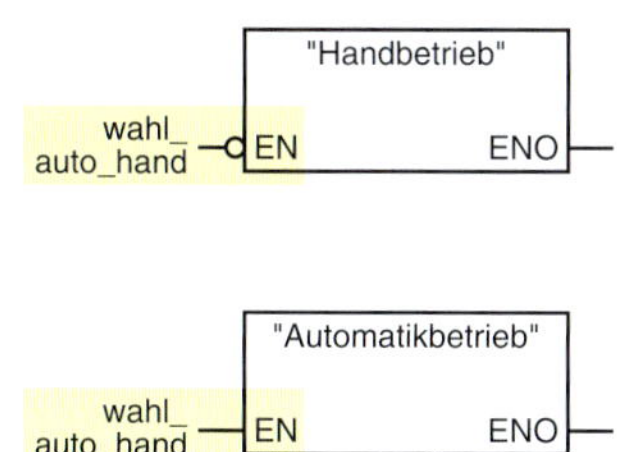

Die *alleinige* Abfrage des *Wahlschalters Auto/Hand* für die *Freigabe* der Funktionen ist *nicht* ausreichend.

Ein Baustein darf nur *verlassen* (nicht mehr bearbeitet) werden, wenn *alle* seine *Ausgänge* in einem definierten Zustand sind.

Hier kann dies so definiert werden, dass ein *Wechsel* zwischen beiden Bausteinen nur möglich sein darf, wenn das Tor nicht verfährt.

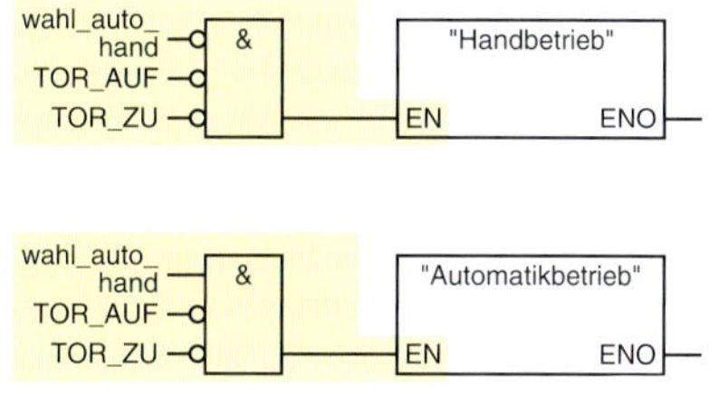

Die obige Lösung ist auch *nicht* geeignet.

Sobald nämlich ein Ausgang in den *beiden Betriebsarten* gesetzt wird, wird *beiden* Bausteinen die Freigabe EN entzogen.

Daher ist eine andere Lösung notwendig, die aber natürlich auch auf ausgeschalteten Ausgängen beruht.

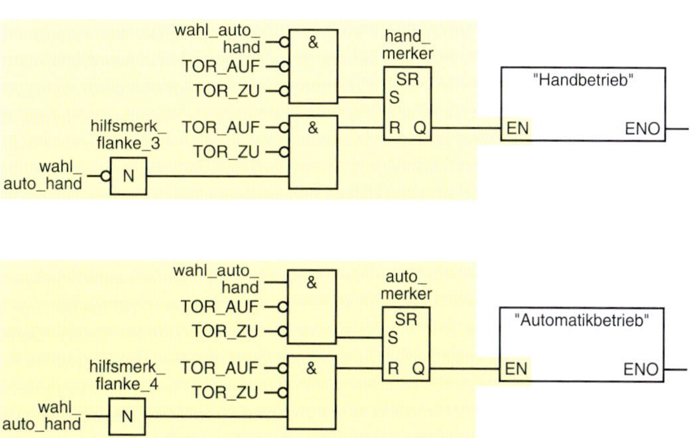

■ **EN** (enable)

Nur bei EN = „1" wird der Baustein bearbeitet.

■ **Bedingter Bausteinaufruf**

Baustein wird nicht bei jedem OB1-Zyklus aufgerufen, sondern nur bei Bedarf. Ein aufgerufener Baustein darf erst dann wieder verlassen werden, wenn seine Aufgabe vollständig abgeschlossen ist: alle Ausgänge abgeschaltet.

Programmvariante 2 führt zu *übersichtlichen* Bausteinen.

Bausteinaufrufe sind unproblematisch, wenn bedacht wird, dass ein *Bausteinwechsel* nur bei *definierten Bedingungen* möglich sein darf.

Dadurch wird die Programmerstellung nochmal vereinfacht.

FC1 Handbetrieb bleibt unverändert.

FC2 wird gelöscht und durch **FB1** (WENDE), **DB1** ersetzt.

Programmvariante 3

Wenn mit Bausteinen in *strukturierter* Form gearbeitet werden soll, dann kann der Automatikbetrieb auch mit dem bereits erstellten Bibliothekbaustein „WENDE" programmiert werden.

■ **Baustein-WENDE**
→ 250

Ob Programmvariante 3 eine *optimale* Lösung darstellt, mag jeder für sich entscheiden. So ganz unproblematisch ist sie sicher nicht.

Netzwerk 2: Automatikbetrieb

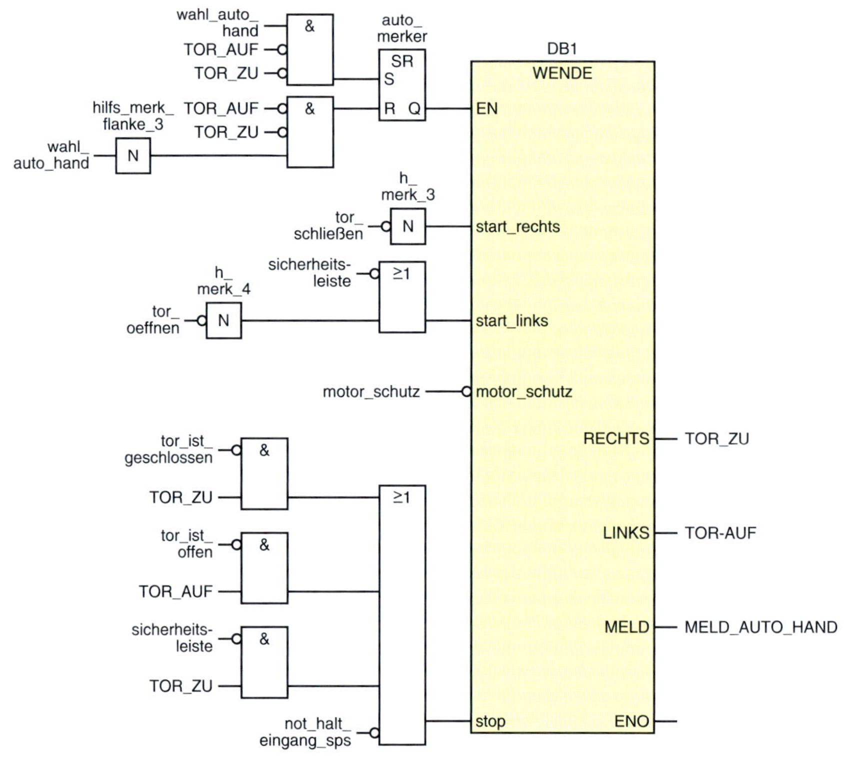

Prüfung

1. Ihr Meister äußert sich kritisch zum Netzwerk 2: Automatikbetrieb der Programmvariante 3.

Er fordert Sie auf, das Programm kritisch zu prüfen. Dies gilt besonders für die Funktion von Sicherheitsleiste und Meldelampe.

Nehmen Sie dazu Stellung.

2. Dargestellt ist der Ausschnitt einer umfangreichen Anlage.
Metallische und nicht metallische Werkstücke sollen sortiert werden.
Metallische Werkstücke: Schacht 1
Nichtmetallische Werkstücke: Schacht 2
Nach Materialerkennung (B1, B2) werden sie von einfach wirkenden Zylindern vom Transportband in den jeweiligen Schacht geschoben.

@ **Interessante Links**
• christiani-berufskolleg.de

Prüfung

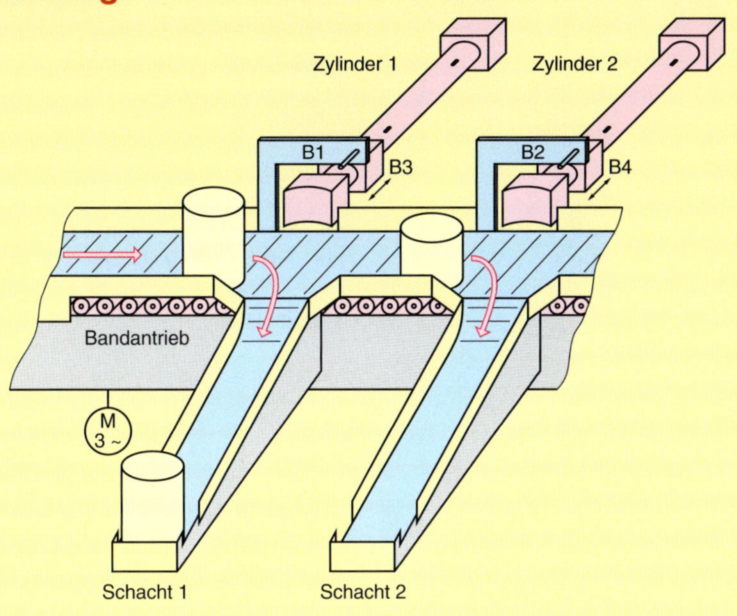

Für die Programmierung gilt nachstehende Symboltabelle.

Symbol	Adresse	Datentyp	Kommentar
steuerung_ein_aus	E0.0	BOOL	Schalter Steuerung EIN/AUS, NO
band_start	E0.1	BOOL	Transportband einschalten, Schalter, NO
zylinder_ein	E0.2	BOOL	Freigabe der Zylinder, Schalter, NO
mot_schutz_band	E0.3	BOOL	Motorschutz, Bandantrieb, NO
wst_metall	E0.4	BOOL	B1, Werkstück Metall, NO
wst_kein_metall	E0.5	BOOL	B2, Werkstück nicht aus Metall, NO
zyl_1_ausgef	E0.6	BOOL	Zylinder 1 ausgefahren, NO
zyl_2_ausgef	E0.7	BOOL	Zylinder 2 ausgefahren, NO
BAND_ANTRIEB	A4.0	BOOL	Transportband
ZYL_1_AUSF	A4.1	BOOL	Zylinder 1 ausfahren
ZYL_2_AUSF	A4.2	BOOL	Zylinder 2 ausfahren

a) Skizzieren Sie die Beschaltung der SPS.
b) Erstellen Sie das Steuerungsprogramm.

3. Wie ist ein strukturiertes Programm aufgebaut?

4. Erläutern Sie den Unterschied zwischen Funktion und Funktionsbaustein.

5. Welche Aufgabe hat ein Instanz-Datenbaustein?

6. Unterscheiden Sie zwischen einem unbedingten und einem bedingten Bausteinaufruf.

7. Worauf ist bei bedingten Bausteinaufrufen besonders zu achten?

8. Welchen wesentlichen Vorteil hat die quellorientierte Programmierung?

@ **Interessante Links**

- christiani-berufskolleg.de

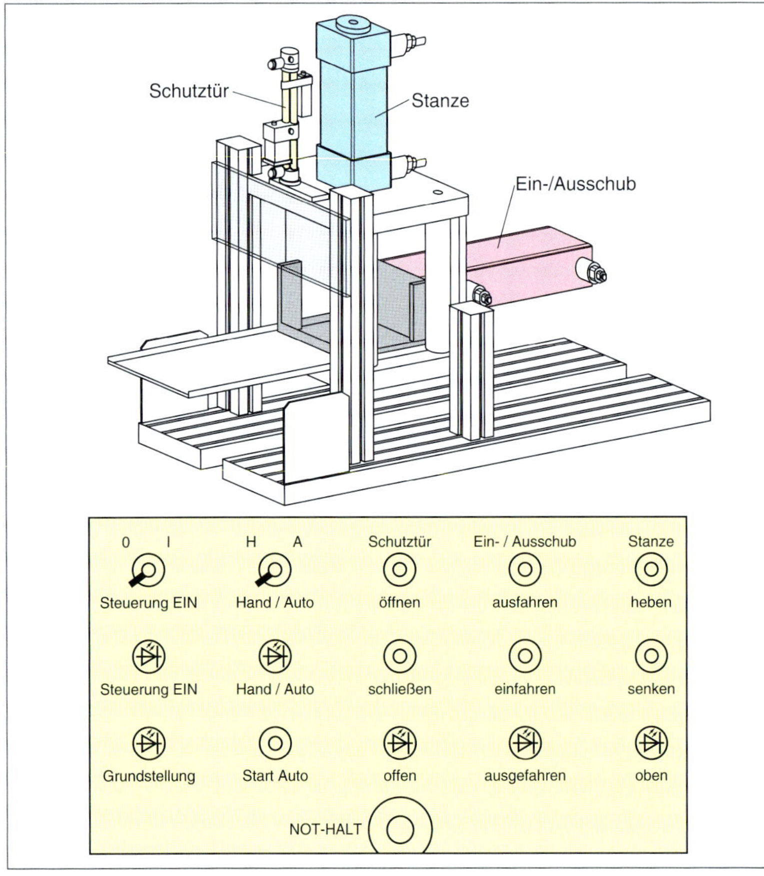

31 *Pneumatikstanze, Technologieschema und Bedienpult*

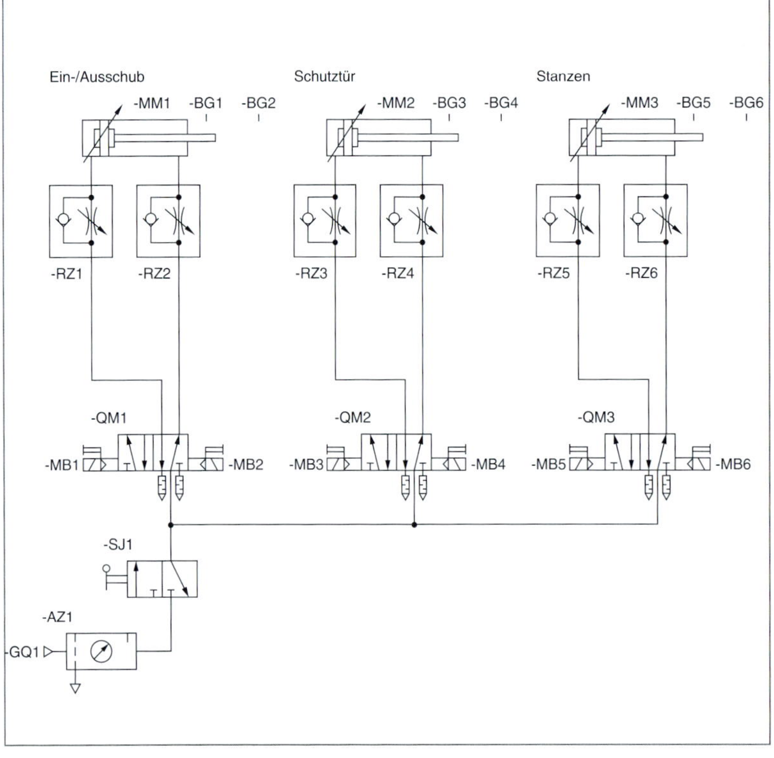

32 *Pneumatikstanze, Pneumatikplan*

Pneumatikstanze

Eine *Pneumatikstanze* (Bild 31) soll folgende Funktionen erfüllen:

- **Grundstellung anfahren**
  Die Grundstellung soll im Handbetrieb angefahren werden können.
  – *Ausschub ausgefahren*
  – *Schutztür offen*
  – *Stanze oben*
  Das Erreichen der Grundstellung wird durch eine Meldelampe angezeigt.

- **Handbetrieb**
  Im Handbetrieb kann jeder Zylinder manuell verfahren werden. Technologische Bedingungen sind hierbei aber zu beachten. Z. B. darf der Ausschub nur bei offener Schutztür verfahren werden.

- **Automatikbetrieb**
  Im Automatikbetrieb soll ein kompletter Stanzvorgang in der technologisch richtigen Reihenfolge ablaufen.

Symboltabelle auf Seite 257.

Bei der Programmierung werden die folgenden *Funktionen* verwendet:

FC1: Handbetrieb

FC2: Automatikbetrieb

FC3: Meldungen

FC4: Befehlsausgabe

Steuerungsprogramm

FC1: Handbetrieb / Tippbetrieb

Netzwerk 1: Ausschub ausfahren

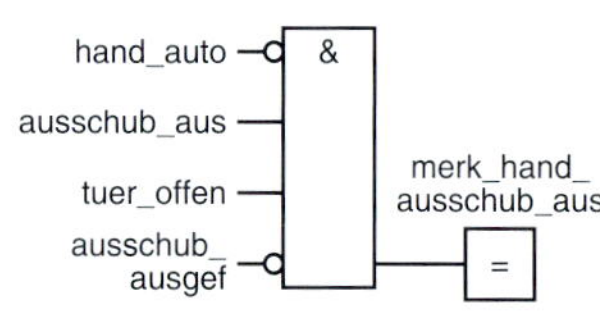

Netzwerk 2: Ausschub einfahren

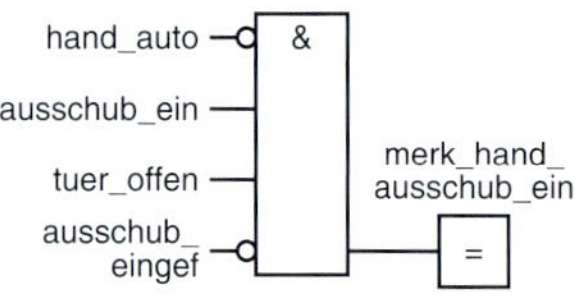

Netzwerk 3: Schutztür öffnen

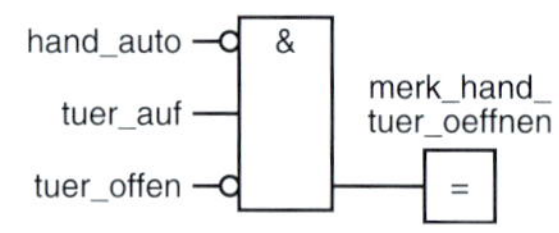

Symboltabelle der Pneumatikstanze

Symbol	Adresse	Datentyp	Kommentar
steuerung_ein	E0.0	BOOL	Schalter Steuerung ein/aus, NO
hand_auto	E0.1	BOOL	Schalter Handbetrieb/Automatik, NO
tuer_auf	E0.2	BOOL	Taster Schutztür öffnen, NO
tuer_zu	E0.3	BOOL	Taster Schutztür schließen, NO
ausschub_aus	E0.4	BOOL	Ausschub ausfahren, NO
ausschub_ein	E0.5	BOOL	Ausschub einfahren, NO
stanze_heben	E0.6	BOOL	Stanze heben, NO
stanze_senken	E0.7	BOOL	Stanze senken, NO
ausschub_eingef	E1.0	BOOL	Ausschub ist eingefahren (B1), NO
ausschub_ausgef	E1.1	BOOL	Ausschub ist ausgefahren (B2), NO
tuer_offen	E1.2	BOOL	Schutztür geöffnet (B3), NO
tuer_geschlossen	E1.3	BOOL	Schutztür geschlossen (B4), NO
stanze_oben	E1.4	BOOL	Stanze ist oben (B5), NO
stanze_unten	E1.5	BOOL	Stanze ist unten (B6), NO
not_halt_eingang	E1.6	BOOL	Not-Halt-Signal (NO)
start_auto	E1.7	BOOL	Start des Automatikbetriebs
AUSSCHUB_RAUS	A4.0	BOOL	Ausschub ausfahren
AUSSCHUB_REIN	A4.1	BOOL	Ausschub einfahren
SCHUTZ_AUF	A4.2	BOOL	Schutztür offen
SCHUTZ_ZU	A4.3	BOOL	Schutztür geschlossen
STANZE_GEHOB	A4.4	BOOL	Stanze oben
STANZE_GES	A4.5	BOOL	Stanze unten
MELD_STEU	A4.6	BOOL	Meldung Steuerung Ein/Aus
MELD_GRUND	A4.7	BOOL	Meldung Grundstellung
MELD_TUER_AUF	A5.0	BOOL	Meldung Schutztür offen
MELD_AUSS_AUS	A5.1	BOOL	Meldung Ausschub ausgefahren
MELD_STANZ_OBEN	A5.2	BOOL	Meldung Stanze oben
MELD_HAND_AUTO	A5.3	BOOL	Hand 1 Hz, Auto Dauerlicht

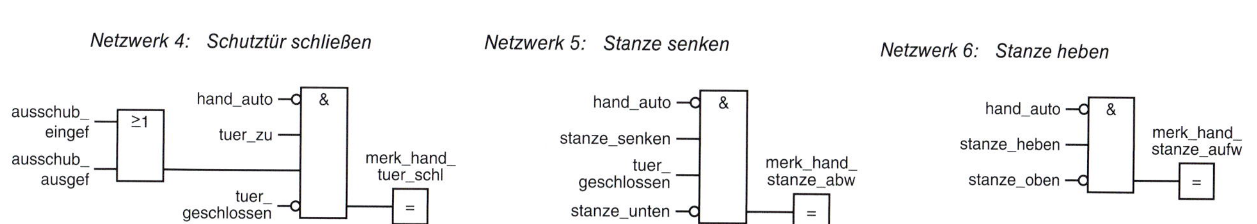

■ **GRAFCET**
→ 235

Automatikbetrieb in GRAFCET

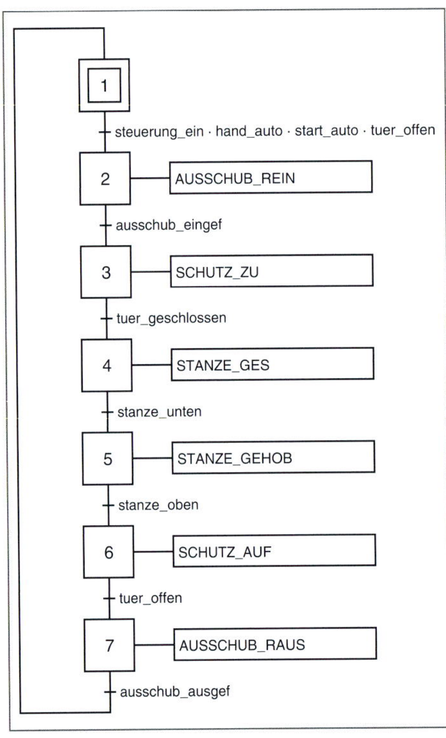

33 Pneumatikstanze, Automatik in GRAFCET

Die GRAFCET-Darstellung nach Bild 33 wird in *Funktionsplandarstellung* programmiert.

■ **Ablaufsteuerung**
in Funktionsplandarstellung siehe basics Elektrotechnik.

Schritte haben Speicherverhalten, sie können durch einen SR-Speicher dargestellt werden.

FC2: Automatikbetrieb

Netzwerk 1: Initialisierung der Ablaufkette

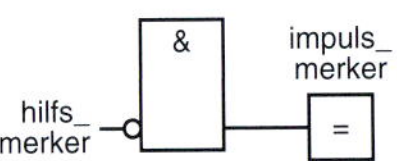

Netzwerk 2: Initialisierung der Ablaufkette

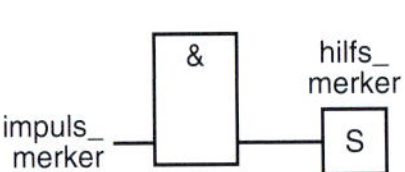

Netzwerk 3: Initialisierungsschritt

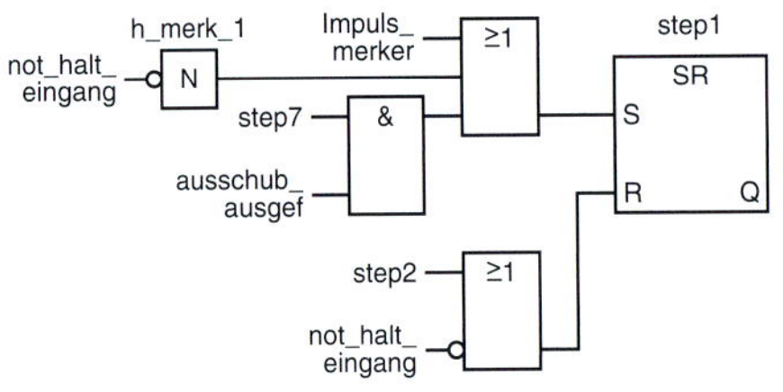

Netzwerk 4: Schritt 2

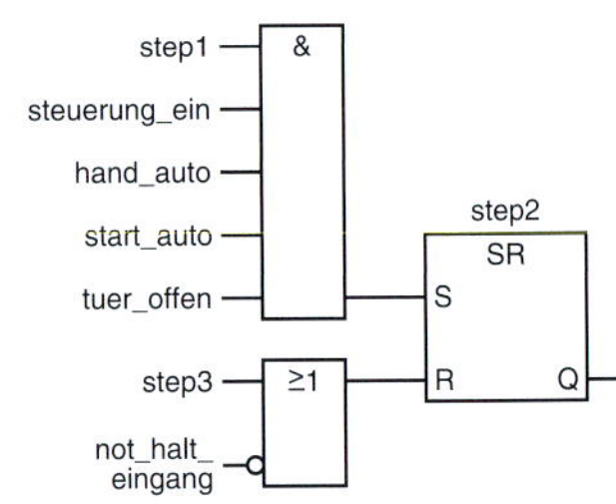

Netzwerk 5: Schritt 3

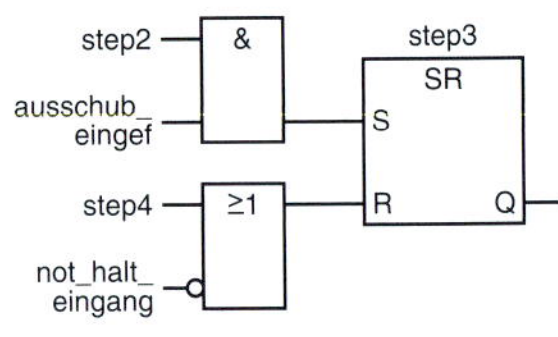

Netzwerk 6: Schritt 4

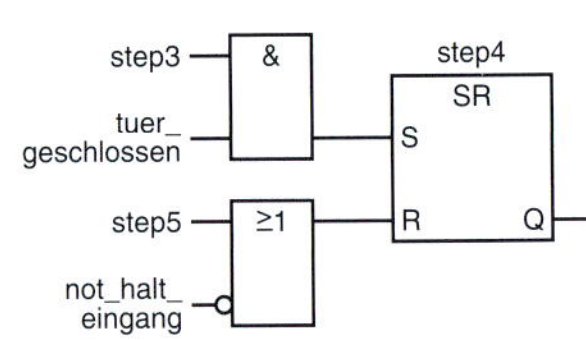

Netzwerk 7: Schritt 5

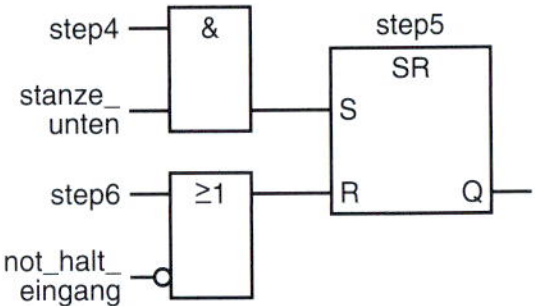

Netzwerk 8: Schritt 6

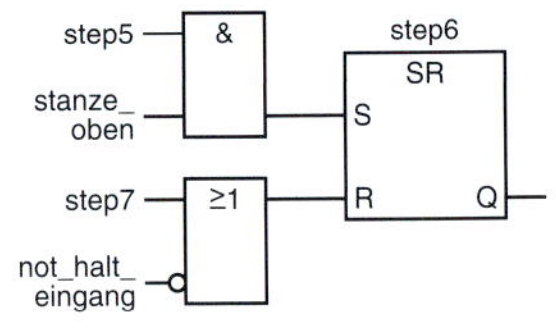

Netzwerk 9: Schritt 7

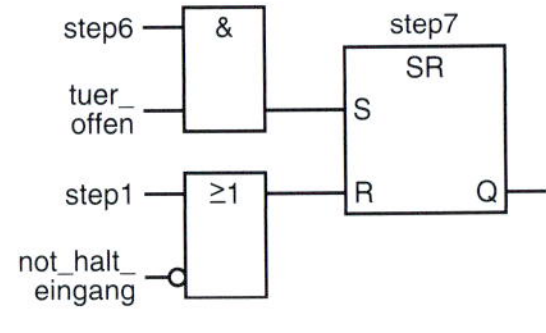

FC3: Meldungen

Netzwerk 1: Meldung Steuerung EIN / AUS

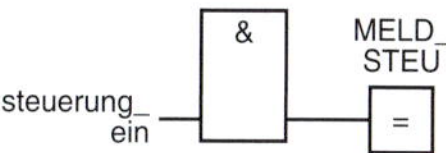

Netzwerk 2: Meldung Grundstellung

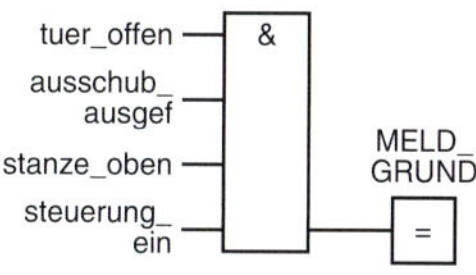

Netzwerk 3: Meldung Schutztür offen

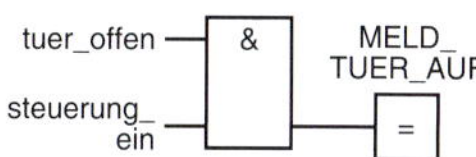

Netzwerk 4: Meldung Ausschub ausgefahren

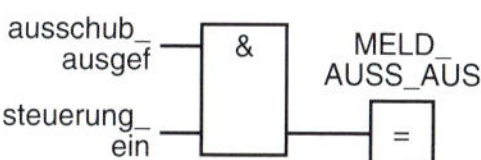

Netzwerk 5: Meldung Stanze oben

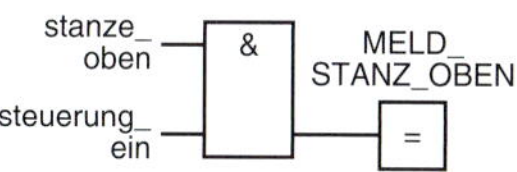

Netzwerk 6: Meldung Hand / Auto

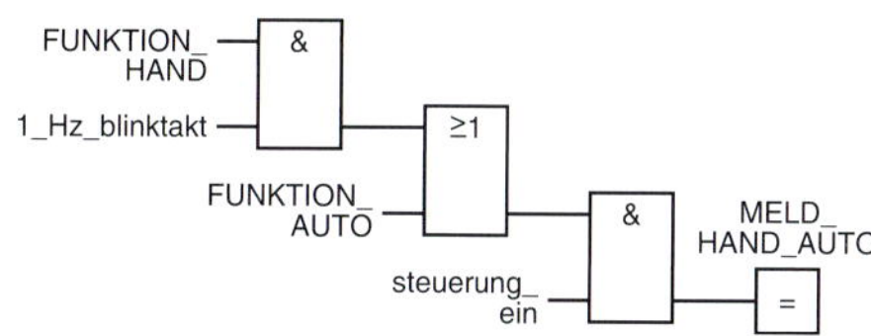

Prüfung

1. Worin besteht der Vorteil von Ablaufsteuerungen?

2. Warum kann es sinnvoll sein, Ablaufsteuerungen mit SR-Speichern zu programmieren?

3. Was versteht man unter der Initialisierung von Ablaufsteuerungen?

4. Erläutern Sie die Funktion von Netzwerk 3 auf Seite 258.

FC4: Befehlsausgabe

Netzwerk 1: Schutztür schließen

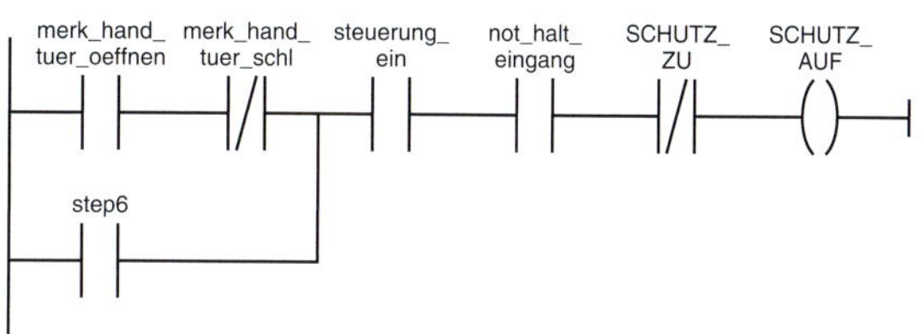

Netzwerk 2: Schutztür öffnen

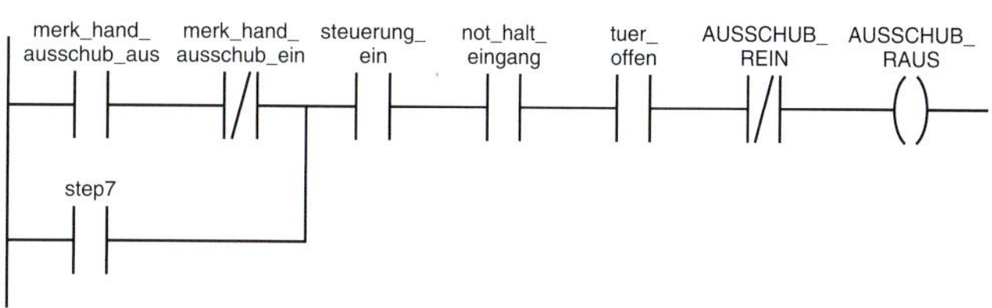

Netzwerk 3: Ausschuss ausfahren aus Stanzraum

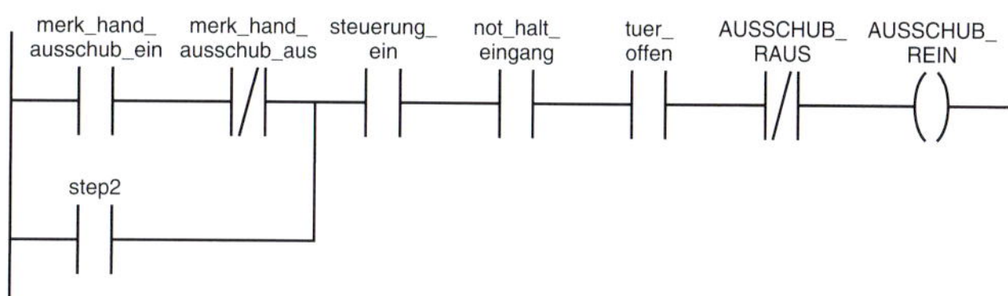

Netzwerk 4: Ausschub einfahren in Stanzraum

Netzwerk 5: Stanze senken

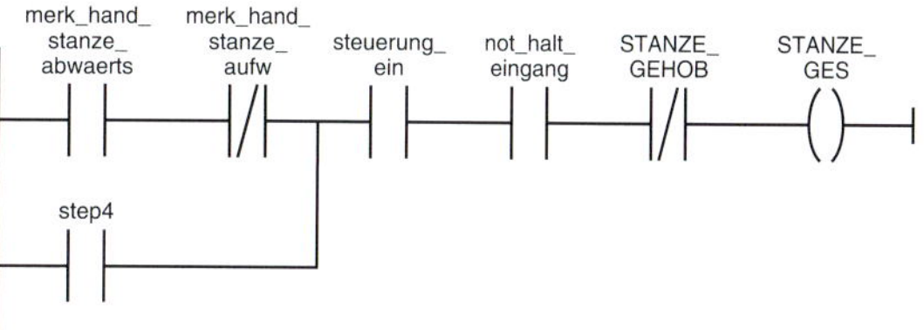

Netzwerk 6: Stanze heben

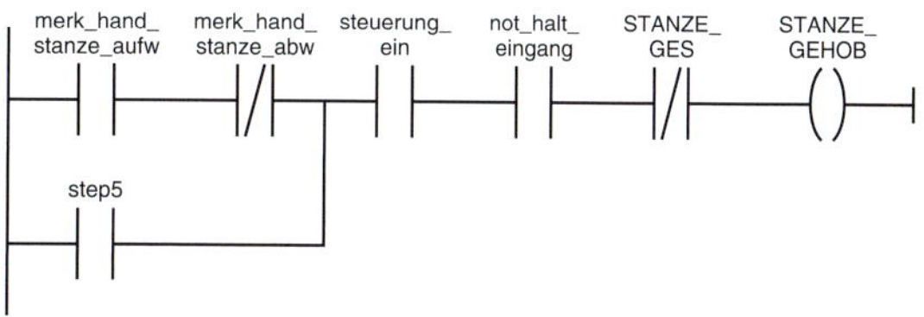

OB1: Pneumatikstanze

Netzwerk 1: Handbetrieb, Aufruf

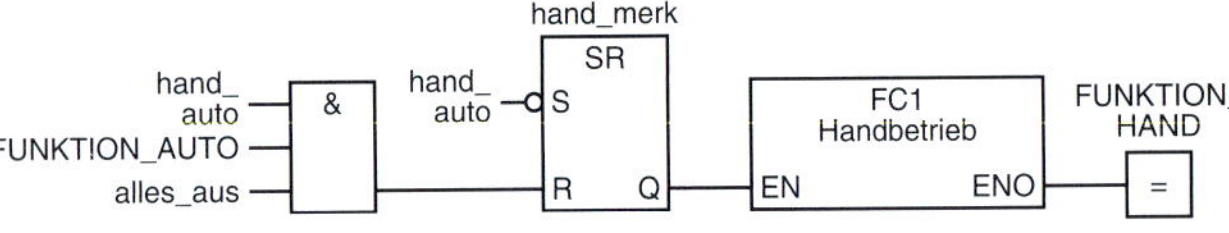

Netzwerk 2: Automatikbetrieb, Aufruf

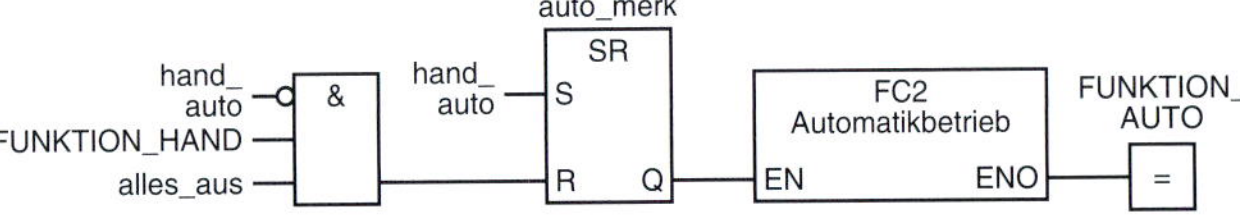

Beachten Sie besonders die bedingten Bausteinaufrufe von Handbetrieb und Automatikbetrieb.

Netzwerk 3: Kein Ausgang eingeschaltet

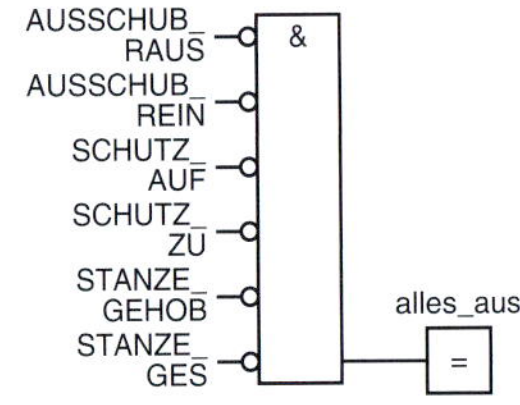

Netzwerk 4: Meldungen, Aufruf

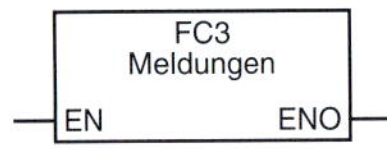

Netzwerk 5: Befehlsausgabe, Aufruf

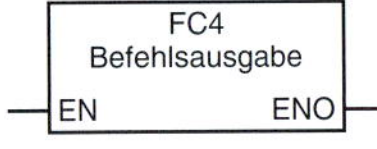

Prüfung

1. Arbeiten Sie das Steuerungsprogramm sorgfältig durch.

a) Unter welchen Voraussetzungen kann auf Hand- und Automatikbetrieb umgeschaltet werden?
Welche Aufgabe hat die Beschaltung der EN-Eingänge bei den Bausteinaufrufen?

b) Welchen Zweck hat das Netzwerk 3 im OB1?

c) Worin unterscheidet sich zum Beispiel der Aufruf von Netzwerk 1 vom Aufruf in Netzwerk 4 im OB1?

d) FC1: Handbetrieb: Ist die Einbindung der negierten Abfrage von „hand_auto" zwingend notwendig?

e) FC1: Handbetrieb: Welches Ziel wird mit der ODER-Verknüpfung in Netzwerk 4 verfolgt?

Prüfung

f) FC2: Automatikbetrieb: Beschreiben Sie die Funktion von Netzwerk 3 „Initialisierungsschritt".

g) FC2: Automatikbetrieb: Was geschieht bei Betätigung des Not-Halt? Warum ist das wichtig?

h) FC2: Automatikbetrieb: Programmiert ist nur die Ablaufkette. Wie erfolgt die Befehlsausgabe?

i) Die Befehlsausgabe (FC4) ist als Kontaktplan programmiert. Worin kann der Nutzen bestehen?

j) Befehlsausgabe (FC4): Welche Aufgabe haben die Abfragen von step1 bis step 6?

2. Ihr Ausbilder bemängelt, dass das Bedienpult weder eine Quittierung des Not-Halt-Vorgangs noch eine Störungsanzeige für den Not-Halt-Fall vorsieht.

Nehmen Sie die notwendigen Ergänzungen vor.

3. Statt des Handbetriebs wünscht der Abteilungsleiter folgende Möglichkeit:
Die Ausgangsposition (Grundstellung) soll auf Anforderung automatisch angefahren werden.

Ändern Sie das Steuerungsprogramm entsprechend.

4. Erstellen Sie eine Bedienungsanleitung für den Nutzer des Programms nach Aufgabe 3.

@ Interessante Links

- christiani-berufskolleg.de

Programmierung mit anwendererstellten Bausteinen

Das Projekt „Stanze" umfasst die Steuerung von *drei* doppelt wirkenden Pneumatikzylindern.

Hierfür und für weitere zukünftige Anwendungen soll ein Baustein „ZYLINDER" entwickelt und programmiert werden.

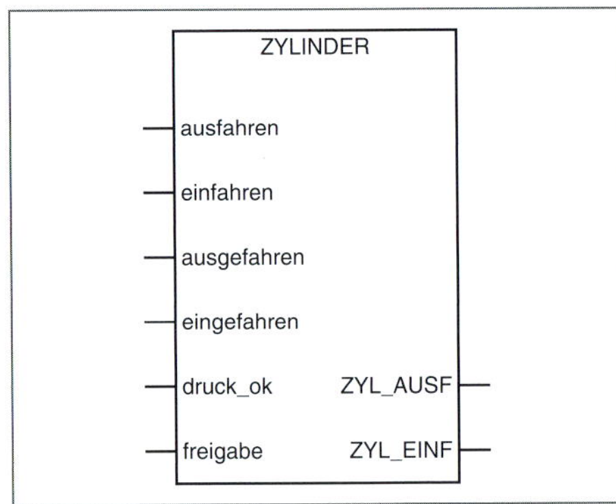

34 Funktionsbaustein „Zylinder"

Danach werden *drei Instanzen* dieses Bausteins für die Pneumatikstanze eingesetzt.

Quellorientierte Bausteinerstellung

```
FUNCTION_BLOCK FB2
   var_input
         ausfahren          : BOOL;
         einfahren          : BOOL;
         ausgefahren        : BOOL;
         eingefahren        : BOOL;
         druck_ok           : BOOL;
         freigabe           : BOOL;
   end_var
   var_output
         ZYL_AUSF           : BOOL;
         ZYL_EINF           : BOOL;
   end_var
   var
         merker_1           : BOOL;
         merker_2           : BOOL;
   end_var
   begin
         U      ausfahren;
         S      merker_1;
         O      ausgefahren;
         O      ZYL_EINF;
         O      druck_ok;
         R      merker_1;
         U      merker_1;
         U      freigabe;
         =      ZYL_AUSF;
         U      einfahren;
         S      merker_2;
         O      eingefahren;
         O      ZYL_AUSF;
         O      druck_ok;
         R      merker_2;
         U      merker_2;
         U      freigabe;
         =      ZYL_EINF;
END_FUNCTION_BLOCK
```

Simatic-Manager → Einfügen → Externe Quelle.
Quelle übersetzen → Funktionsbaustein im Baustein-Behälter.
In FC2: Automatikbetrieb 3 Instanzen bilden.

Prüfung

1. Bei den drei Instanzen des Automatikbetriebs ist der Parameter „druck_ok" nicht belegt. Dies ist bei der Instanzierung möglich.

Wenn Sie nun einen PE-Wandler einbauen, der folgendes Betriebsverhalten hat:
Druck ≤ 6 bar → PE-Wandler liefert „0"-Signal,
Druck > 6 bar → PE-Wandler liefert „1"-Signal,
wie würden Sie ihn in das Steuerungsprogramm einbinden?

FC2: Automatikbetrieb

Netzwerk 1: Ein- / Ausschub

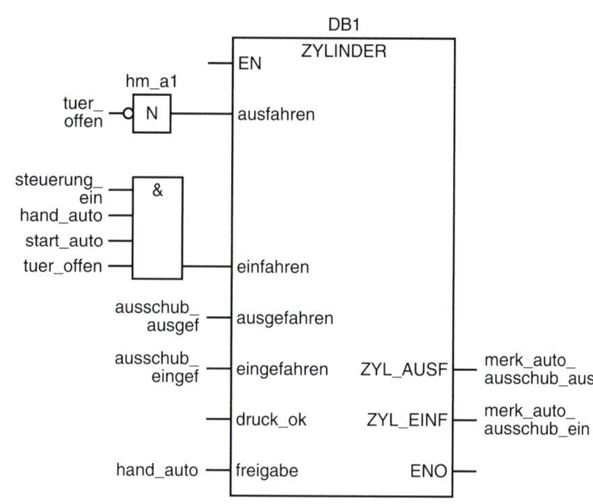

Netzwerk 2: Schutztür

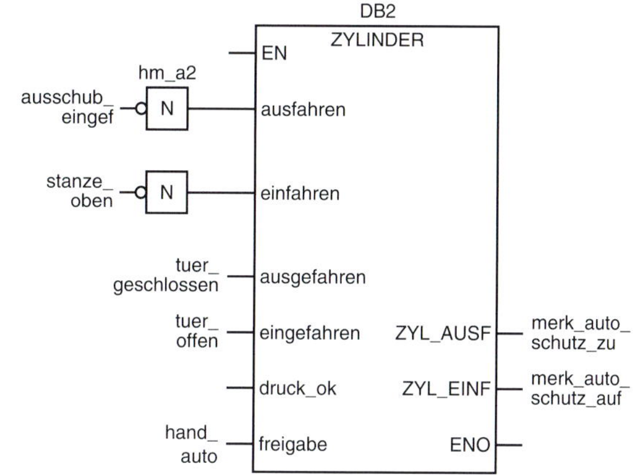

Netzwerk 3: Stanze

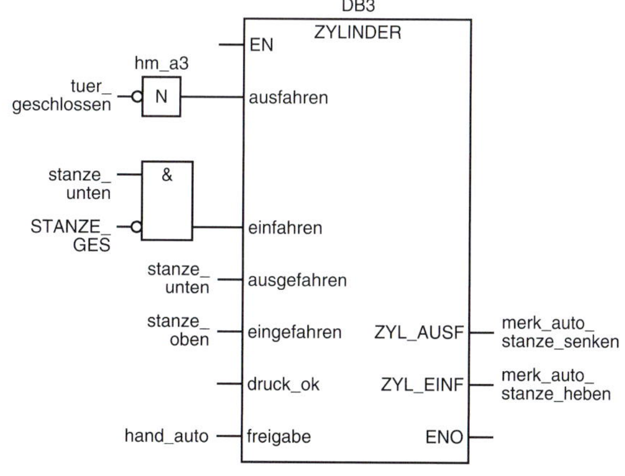

@ Interessante Links

- christiani-berufskolleg.de

Wortverarbeitung
word processing

■ Laden L

Vom Quellspeicher in den Akku 1.

■ Transferieren T

Von Akku 1 in den Zielspeicher.

■ Hinweis

Die Ladefunktion verändert auch den Inhalt von Akku 2.

Prüfung

2. Warum bleiben die Eingänge „freigabe“ nicht unbelegt?

Warum müssen Freigabeeingänge den Signalzustand „1“ führen?

3. Die Funktion FC4: Befehlsausgabe ist nun auch zu ändern, wenn FC2 obige Änderungen erfahren hat.

Führen Sie alle notwendigen Änderungen durch.

Wortverarbeitung

Bei der *Bitverarbeitung* werden *1-Bit-Operanden* verarbeitet. Diese Operanden können die Signalzustände „0“ oder „1“ annehmen. Es sind Operanden vom *Datentyp* BOOL.

Bei der **Wortverarbeitung** werden **Wortoperanden** verarbeitet. Diese bestehen aus einer Bitfolge unterschiedlicher Anzahl.

- *BYTE* 8 bit
- *WORD* 16 bit (Wort)
- *DWORD* 32 bit (Doppelwort)
- *LWORD* 64 bit (Langwort)

Datentypen sind z. B. INT, DINT, REAL

Für die *Wortverarbeitungs-Operationen* in der CPU sind zwei **Akkumulatoren** notwendig.

Hat die CPU mehr als zwei Akkumulatoren, so können diese für die Zwischenspeicherung der Daten verwendet werden.

Lade- und Transferfunktionen

Ermöglicht wird der Informationsaustausch zwischen *Speicherbereichen*. Stets ist hierbei der **Akkumulator 1** der CPU beteiligt.

- **Ladeoperation**: *Ziel* Akku 1
- **Transferoperationen**: *Quelle* Akku 1

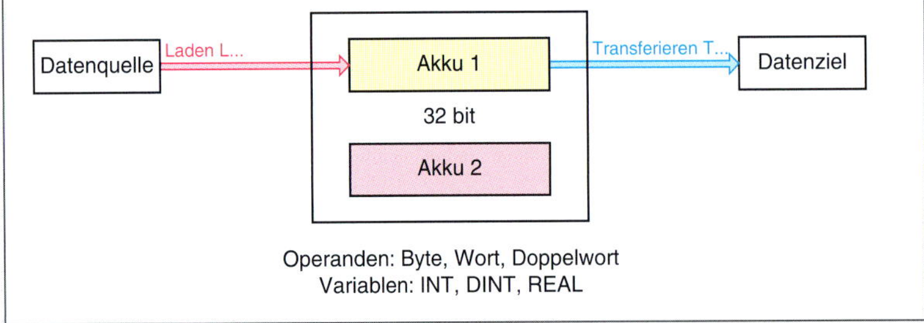

35 Wortoperationen, Laden und Transferieren

Bit, Byte, Wort z. B.

Bit □ 1 bit

Byte 8 bit

Wort 16 bit

Die Ladefunktion

Sie besteht aus der Operation **L** und einem Operanden, dessen Dateninhalt in den Akkumulator 1 (Akku 1) der CPU geladen werden soll.

Beispiele

L 400 //Konstante 400 in Akku 1 laden

L sollwert //Inhalt der Variablen „sollwert“ in Akku 1 laden

Die Ladefunktion wird *unabhängig* vom *Verknüpfungsergebnis* (VKE) ausgeführt. Sie beeinflusst das VKE nicht. Auch der Inhalt von *Akku 2* wird durch die Ladefunktion verändert

Wird ein Wert in den Akku 1 geladen, dann wird der zuvor in Akku 1 stehende Wert in Akku 2 transportiert. Der Inhalt von Akku 2 wird dabei überschrieben.

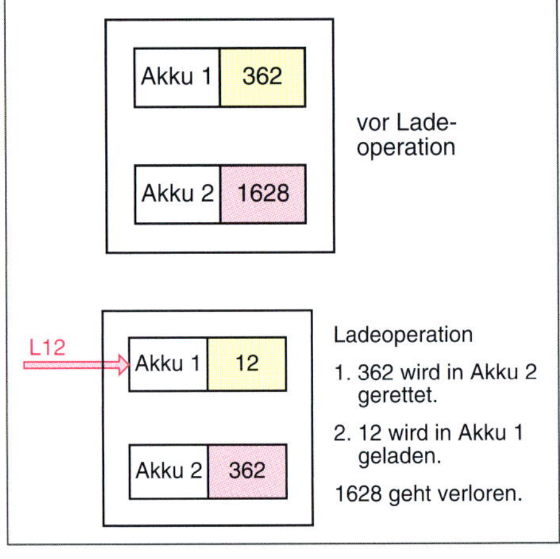

36 Ladeoperation (Akku 1 und Akku 2)

Operand der Ladefunktion ist ein Byte

Byteinhalt steht rechtsbündig im Akku 1.

Die nicht benötigten Byts von Akku 1 werden mit Nullen aufgefüllt (Bild 37, Seite 263).

Operand der Ladefunktion ist ein Wort

Wortinhalt steht rechtsbündig in Akku 1.

Das höher adressierte Byte steht ganz rechts, daneben das niedrigere adressierte Byte. Die restlichen Bytes werden mit Nullen aufgefüllt (Bild 38, Seite 263).

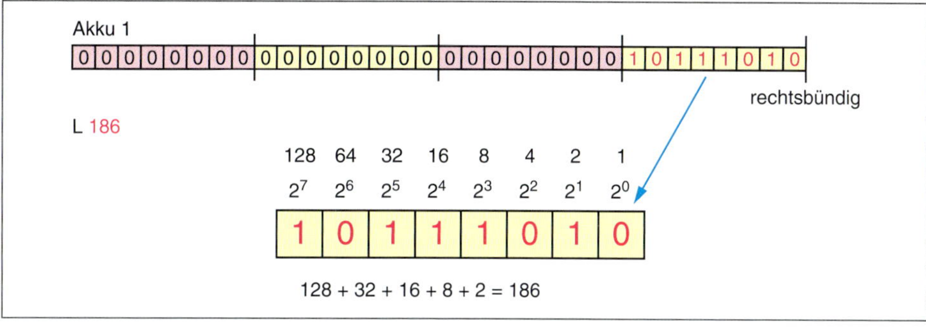

37 *Operand der Ladefunktion ist ein Byte*

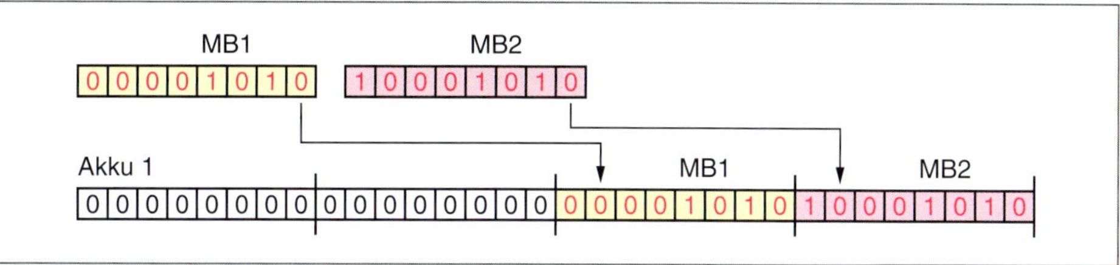

38 *Operand der Ladefunktion ist ein Wort*

■ **Merkerwort MW 40**

Besteht aus den Merkerbytes MB40 und MB41. Beachten Sie, dass die Merker M40.0 bis M40.7 und M41.0 bis M41.7 für andere Aufgaben nicht mehr verwendet werden dürfen.

Merkerwort (MW)

Ein **16-bit-Merkerwort** besteht aus zwei Merkerbytes.

Beispiel
Merkerwort **MW40**
besteht aus den Merkerbytes **MB40** und **MB41**.

Vorsicht! Das *nächst verfügbare* Merkerwort nach MW40 ist also MW42.

In Akku 1 steht ein Merkerwort, das sich aus den Merkerbytes MB1 und MB2 zusammensetzt (Bild 38).
Der Dateninhalt des Akku 1 ist:
2048 + 512 + 128 + 8 + 2 = 2696

Doppelwort (MD)

Ein Doppelwort besteht aus 2 Worten oder 4 Bytes. Das am höchsten adressierte Byte steht ganz rechts im Akku 1. Das am niedrigsten adressierte Byte steht ganz links.

Vorsicht! Das nächst verfügbare Merkerdoppelwort nach MD40 ist MD44.

Wortoperanden

	Operand	Bedeutung
Eingänge	EB EW ED	Eingangsbyte Eingangswort Eingangsdoppelwort
Ausgänge	AB AW AD	Ausgangsbyte Ausgangswort Ausgangsdoppelwort
Peripherie [1)]	PB PW PD	Peripheriebyte Peripheriewort Peripheriedoppelwort
Merker	MB MW MD	Merkerbyte Merkerwort Merkerdoppelwort
Konstanten	500 L#500 L 26.7 B#16#B3	Integer-Zahl Doppelinteger-Zahl Realzahl Hexadezimalzahl, zweistellig

[1)] PAB, PAW, PAD: Peripherie (Ausgänge)
PEB, PEW, PED: Peripherie (Eingänge)

Prüfung

1. Welche Bedeutung haben die beiden Akkumulatoren (Akku 1, Akku 2) bei der Wortverarbeitung?

2. Anweisung: Lade Konstante 312 (L 312).
Welchen Inhalt hat dann der Akkumulator 1?

@ Interessante Links

- christiani-berufskolleg.de

■ **Hinweis**

Beachten Sie die in den Bildern 39 bis 43 dargestellten Wortoperationen ganz genau. Verdeutlichen Sie sich die dabei ablaufenden Vorgänge.

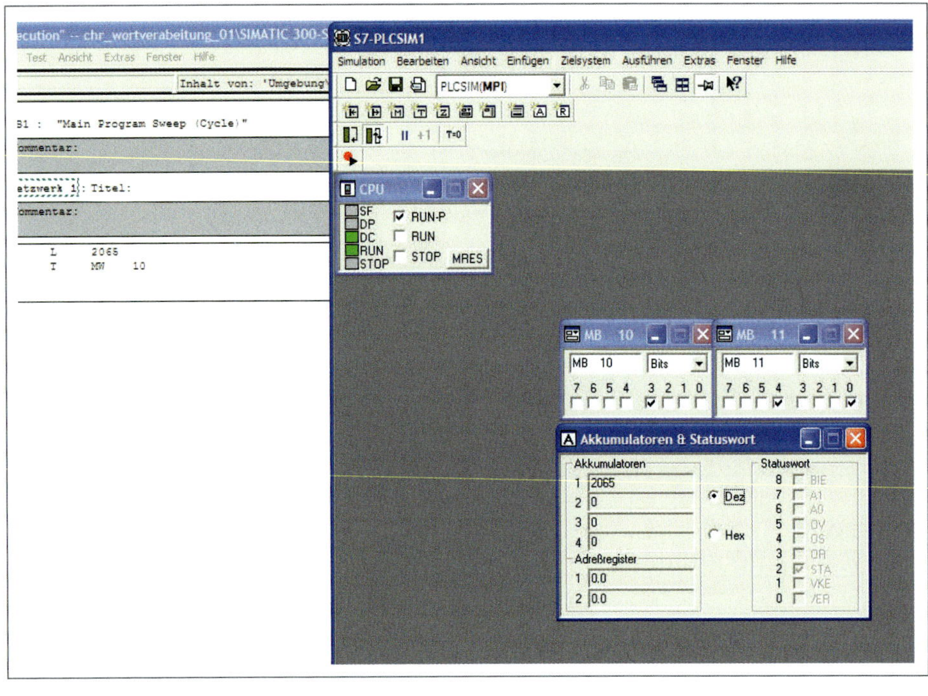

39 *Konstante 2065 laden (Ziel ist Akkumulator 1)*

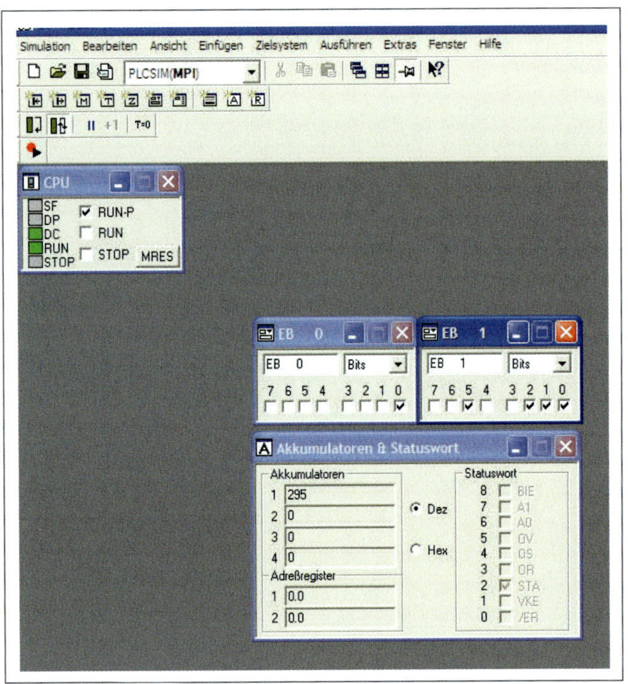

40 *Eingangswort 0 laden (Ziel ist Akkumulator 1)*

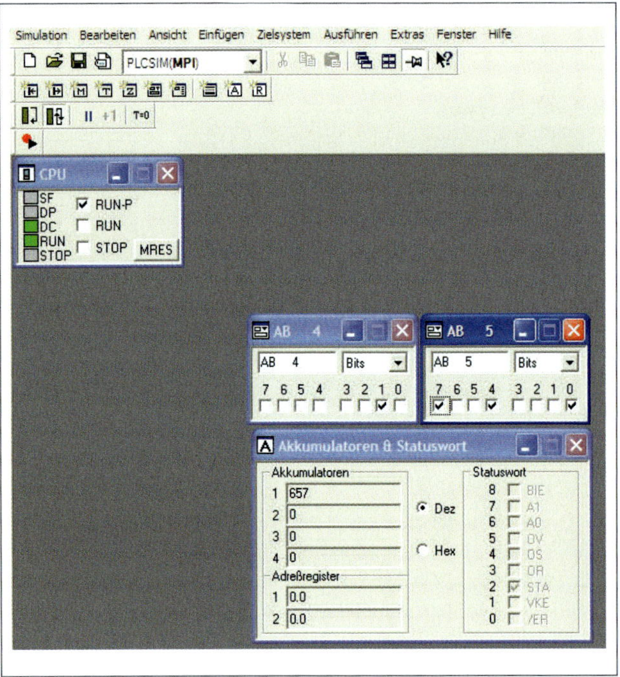

41 *Ausgangswort 0 laden (Ziel ist Akkumulator 1)*

Transferieren (T)

Der Inhalt des *Akkumulators 1* wird zu einem Datenziel transferiert (übertragen).

Datenziele hierfür sind Wortoperanden (MW, AW usw.).

Transferoperationen sind unabhängig von VKE.

Der Inhalt des Akku 1 bleibt beim Transferieren unverändert.

Beispiele

```
L  2024     //Konstante 2024 in Akku 1 laden
T  MW40     //Inhalt von Akku 1 in Merker-
            //wort 40 transferieren
```

```
L  260      //Konstante 260 in Akku 1
T  AW4      //Inhalt von Akku 1 in Ausgangs-
            //wort AW4

L  0        //Konstante 0 in Akku 1
T  AW4      //Akku 1 → AW4
```

Die Ausgänge A4.0 bis A5.7 werden durch diese Operation auf den Signalzustand „0“ gebracht.

Durch Wahl der passenden Konstante können auch mehrere Ausgänge durch ein zweizeiliges Programm gezielt auf den Signalzustand „1“ gebracht werden.

Im Beispiel L 260 sind dies die Ausgänge A4.0 und A5.2.

Arithmetische Funktionen

Zwei digitale Operanden werden entsprechend der *Grundrechenarten* verarbeitet. Das *Verarbeitungsergebnis* steht in Akku 1.

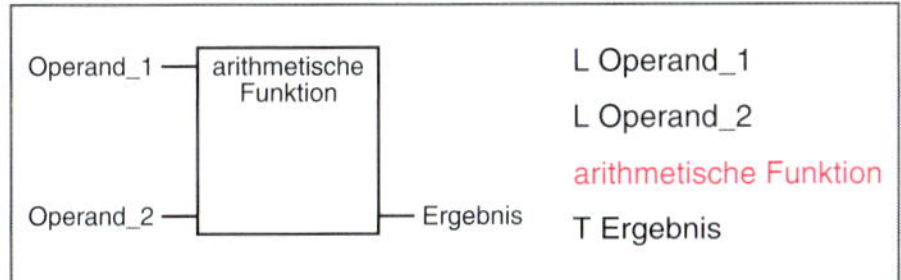

23 Arithmetische Funktion

Arbeitsweise

- Operand 1 wird in den Akku 1 geladen.
- Vor dem Laden von Operand 2 wird Operand 1 in den Akku 2 geladen.
- Dann wird Operand 2 in den Akku 1 geladen.
- Die Inhalte von Akku 1 und Akku 2 werden arithmetisch verarbeitet.
- Das Ergebnis steht in Akku 1.

Arithmetische Funktionen

Funktion	Datentyp	
	INT	REAL
Addition	+I	+R
Subtraktion	–I	–R
Multiplikation	*I	*R
Division	/I	/R

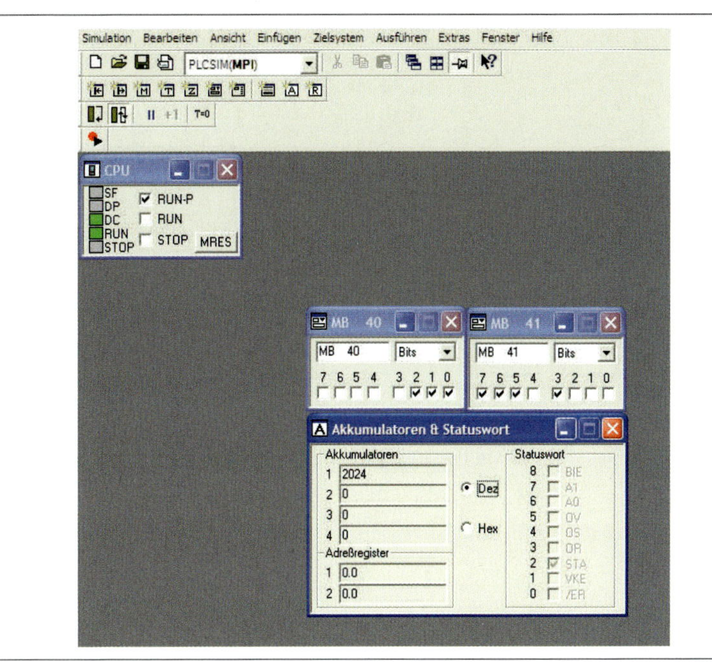

42 Konstante 2024 in das Merkerwort MW40 transferieren

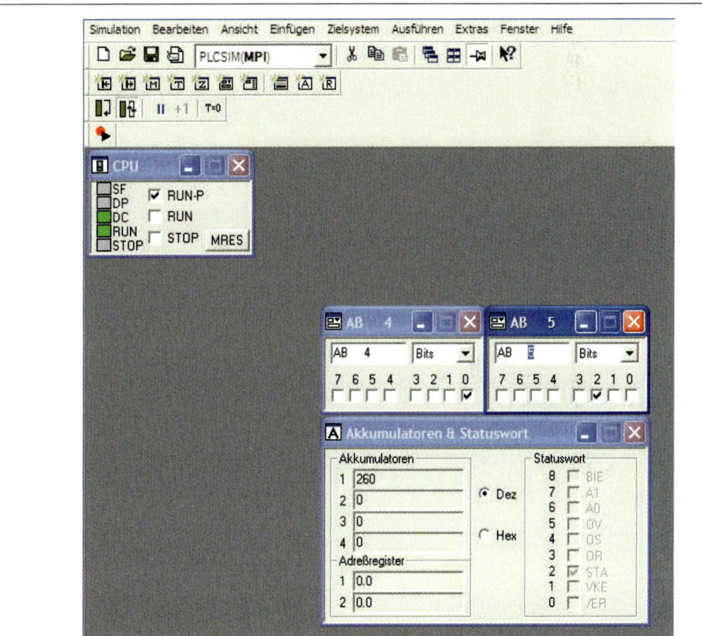

43 Konstante 260 in das Ausgangswort AW4 transferieren

Beispiele

```
L  zaehler  //Wert der Variablen „zaehler“
            //laden
L  1        //Konstante 1 laden
+I          //„zaehler“ und Konstante
            //addieren
T  zaehler  //Ergebnis an Variable „zaehler“
            //transferieren
```

```
L  zaehler  //Wert der Variablen „zaehler“
            //laden
L  1        //Konstante 1 laden
–I          //Konstante 1 von „zaehler“
            //subtrahieren
T  zaehler  //Ergebnis an Variable „zaehler“
            //transferieren
```

■ **+I, +R**

Angeben ist auch der Datentyp Integer oder Real.

■ **xxx**
Beliebiger Speicherinhalt.

Hinweis
Der in Akku 1 stehende Wert wird vom Wert in Akku 2 subtrahiert. Das Ergebnis steht in Akku 1.

Annahme: Die Variable „zaehler" hat den Wert 121 (Bild 44).

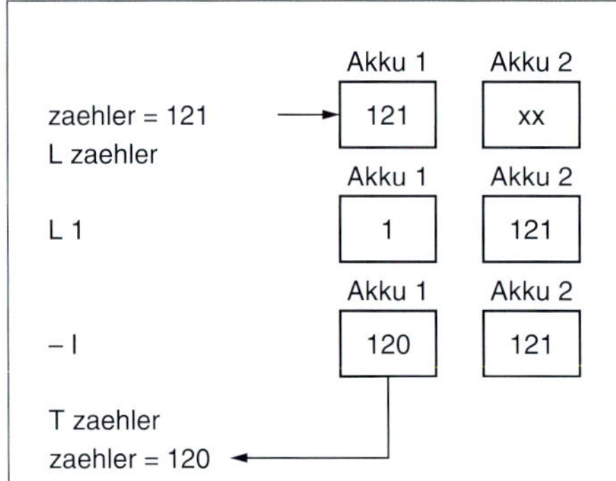

44 Subtraktion (Akkumulatoren)

Hinweis
Der Wert in Akku 2 wird durch den Wert in Akku 1 dividiert.

Bei **INT-Division** werden zwei Ergebnisse geliefert. Der *Quotient* steht im *rechten* Wort von Akku 1, der *Divisionsrest* im *linken* Wort von Akku 1 (Bild 45).

Ergebnis: 3 Rest 2 (siehe Akku 1)

```
L  summe       //Variable „summe" laden
L  anzahl      //Variable „anzahl" laden
/R             //Division
T  mittelwert  //Ergebnis in Variable
               //„mittelwert" transferieren
```

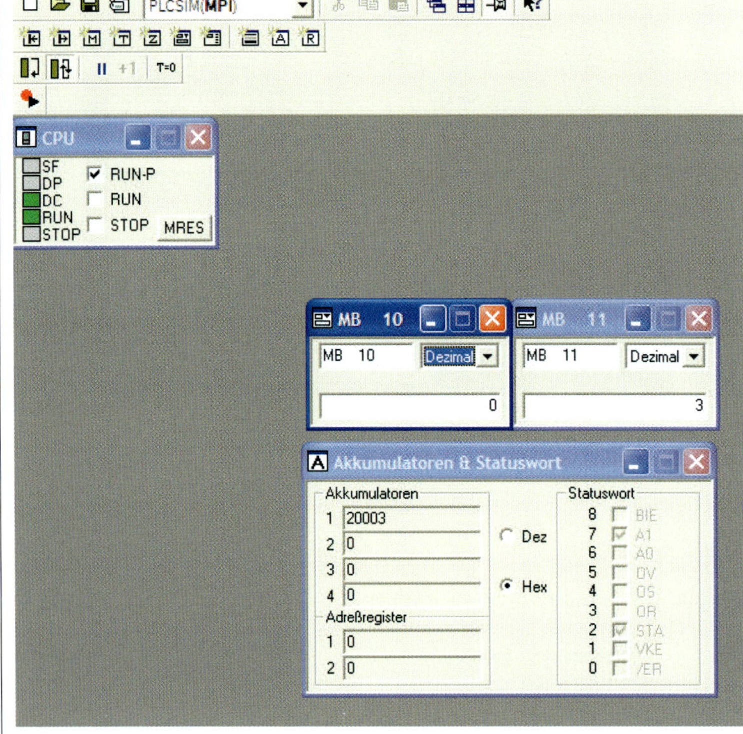

45 Integer (INT) Division

```
L  variable_1   //„variable_1" laden
L  wert_2       //„wert_2" laden
*I              //Integer-Multiplikation
T  wert_3       //Ergebnis in „wert_3"
                //transferieren
```

Hinweis
Bei der Multiplikation kann es schnell zu einer *Bereichsüberschreitung* kommen.

■ **Vergleichsfunktionen**
Das Ergebnis einer Vergleichsfunktion ist vom Datentyp BOOL und wird im VKE gespeichert.

Vergleichsfunktionen

Die in Akku 1 und Akku 2 stehenden *digitalen* Werte werden miteinander verglichen.

Das *Vergleichsergebnis* steht im *VKE*. Das ist ausreichend, weil das Vergleichsergebnis nur den Zustand „0" oder „1" annehmen kann.

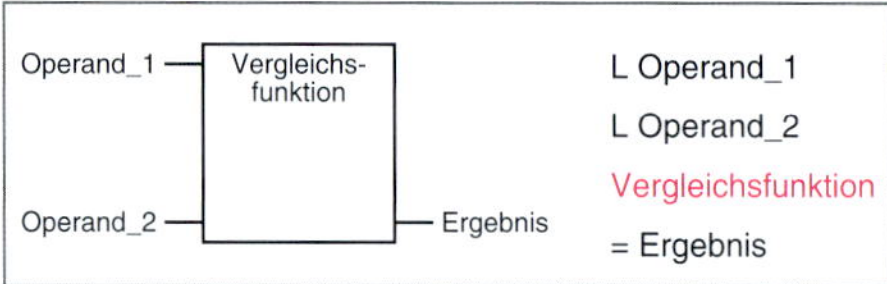

46 Vergleichsfunktionen

Vergleichsfunktionen

Funktion	INT	REAL
Vergleich auf gleich	==I	==R
Vergleich auf ungleich	<>I	<>R
Vergleich auf größer	>I	>R
Vergleich auf größer oder gleich	>=I	>=R
Vergleich auf kleiner	<I	<R
Vergleich auf kleiner oder gleich	<=I	<=R

Beim **Datentyp INT** werden nur die rechten Worte der Akkumulatoren miteinander verglichen.

Beim **Datentyp REAL** wird geprüft, ob die Akkumulatoren gültige REAL-Zahlen enthalten.

Sprungfunktionen

Sprungfunktionen unterbrechen die lineare Programmabarbeitung. Der Sprung ermöglicht es, das Programm an einer vom *Anwender festgelegten* Adresse fortzusetzen.

Sprunganweisungen haben also immer eine *Sprungadresse*. Man nennt sie *Sprungmarke* oder *Label*.

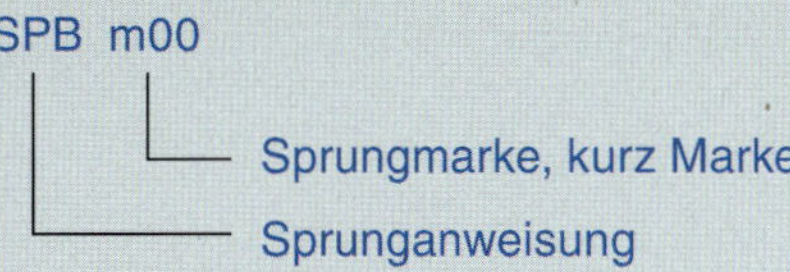

Es wird zwischen *unbedingten* (absoluten) und *bedingten Sprüngen* unterschieden.

Unbedingter Sprung

Unbedingte Sprünge werden *unabhängig* von Bedingungen ausgeführt. Das VKE hat *keine* Auswirkungen auf diese Sprungfunktion.

SPA m00
Springe unbedingt zur Marke m00 im Programm.

```
     U    E8.6
     UN   E8.7
     =    A12.6
     SPA  m00        //Unbedingter Sprung
m01: O    E0.3
     O    E0.4
     =    A4.6
m00: BE              //Baustein-Ende
```

Sprungmarken werden in der AWL durch einen *Doppelpunkt* abgeschlossen. Sie dürfen bis zu 4 Zeichen umfassen.

Wenn die Anweisung *SPA m00* erreicht wird, dann wird das Programm an Sprungmarke *m00* mit Anweisung BE (Bausteinende) fortgesetzt.

Bedingter Sprung

Solche Sprünge werden nur ausgeführt, wenn eine Sprungbedingung erfüllt ist (das VKE den booleschen Zustand „1“ hat). Ist die Sprungbedingung nicht erfüllt, wird das Programm linear mit der auf die Sprungbedingung folgenden Adresse fortgesetzt.

Beispiele für bedingte Sprunganweisungen

SPB... Sprung bei VKE = „1“
SPBN... Sprung bei VKE = „0“
SPZ... Sprung bei Ergebnis = 0
SPN... Sprung bei Ergebnis ungleich 0
SPP... Sprung bei Ergebnis größer 0
SPPZ... Sprung bei Ergebnis größer oder gleich 0

Beispiel

```
     U     hand_auto
     SPBN  m00         //Sprung bei VKE = „0“
     .
     .     AUTOMATIK
     .
     SPA   m01         //Unbedingter Sprung
m00: .
     .     HAND
     .
m01: BE
```

hand_auto = „0“ Handbetrieb
hand_auto = „1“ Automatikbetrieb

Sprungfunktion
stepfunction

Null
zero

■ **SPBN ...**

Diese bedingte Sprungfunktion kommt häufig zum Einsatz.

Sprung, wenn VKE = „0“.

Sprungfunktionen

1. Annahme: hand_auto = „0“ (gewählt: Handbetrieb)

- Bei Bearbeitung von SPBN m00 ist das VKE = „0“.
- Bei VKE = „0“ wird zur Marke m00 gesprungen.
- Der Automatikbetrieb wird übersprungen, der Handbetrieb wird bearbeitet.

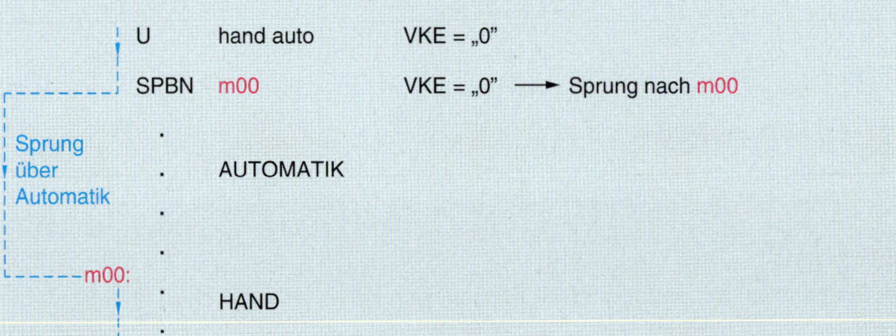

2. Annahme: hand_auto = „1“ (gewählt: Automatikbetrieb)

- Bei Bearbeitung von SPBN m00 ist das VKE = „1“.
- Bei VKE = „1“ wird nicht gesprungen.
- Das Programm wird mit dem Automatikbetrieb fortgesetzt.
- Bei Bearbeitung von SPA m01 wird unbedingt gesprungen.
- Der Handbetrieb wird übersprungen.

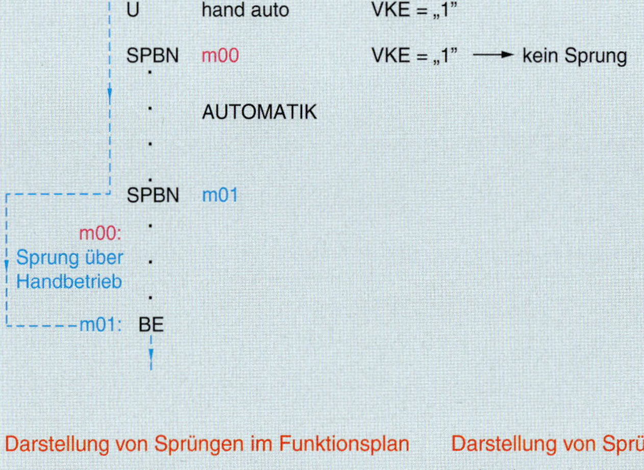

Darstellung von Sprüngen im Funktionsplan

m00
hand_auto — JMP Sprung bei VKE = „1”

m00
hand_auto — JMPN Sprung bei VKE = „0”

m00 Sprungmarke (Label)

Darstellung von Sprüngen im Kontaktplan

hand_auto m00 (JMP) Sprung bei VKE = „1”

hand_auto m00 (JMPN) Sprung bei VKE = „0”

m00 Sprungmarke (Label)

■ **JMP, jump**
Sprung bei VKE = „1“

■ **JMPN**
Sprung bei VKE = „0“

@ Interessante Links

- christiani-berufskolleg.de

Prüfung

1. In AWL kann ein Bausteinaufruf mit call... erfolgen.
Programmieren Sie den bedingten Bausteinaufruf von Seite 260 in AWL unter Verwendung einer Sprungfunktion.

Darstellung arithmetischer Funktionen im Funktionsplan

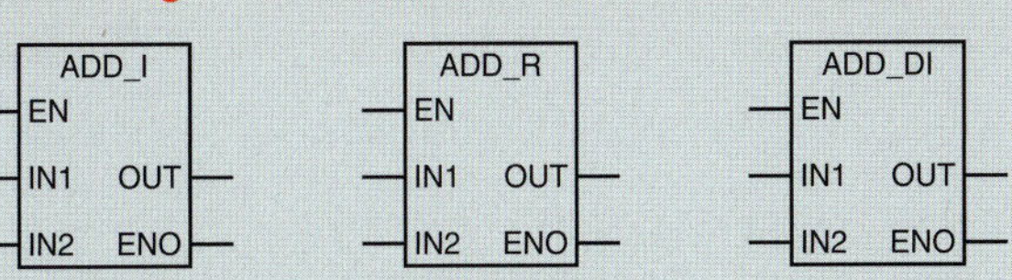

Integer-Addition Real-Addition Double-Integer-Addition

Entsprechend: SUB, MUL, DIV

Kontaktplandarstellung entsprechend mit den Symbolen des Funktionsplans.

Darstellung von Vergleichsfunktionen im Funktionsplan

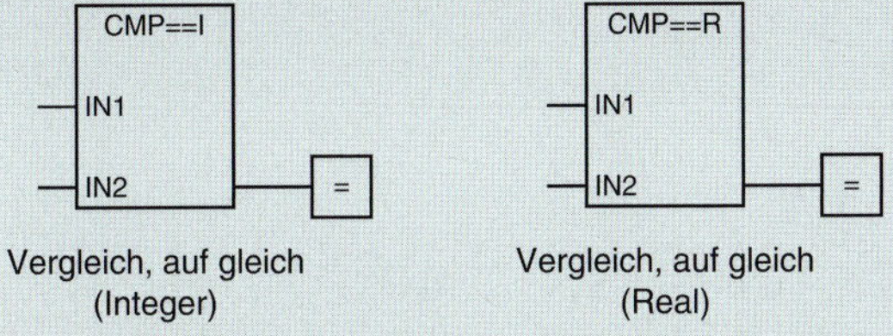

Vergleich, auf gleich (Integer) Vergleich, auf gleich (Real)

Andere Vergleichsfunktionen werden entsprechend dargestellt. Die gleichen Symbole werden bei der Kontaktplandarstellung verwendet.

■ **DI**
Double Integer

Eine Rundumleuchte mit grünem, gelbem, und rotem Licht soll die Stückzahl erfassen. Die Stückzahl ist in der Variablen „zaehler" abgelegt.

Die Aufgabenstellung wird durch den Programmablaufplan eindeutig beschrieben.

Stückzahl unter 500: Grün
Stückzahl über 1000: Rot
Stückzahl zwischen 500 und 1000: Gelb

Der Zählerstand ist ganzzahlig, sodass „zaehler" als Integervariable deklariert wird.

zaehler MW20 INT Stückzahl

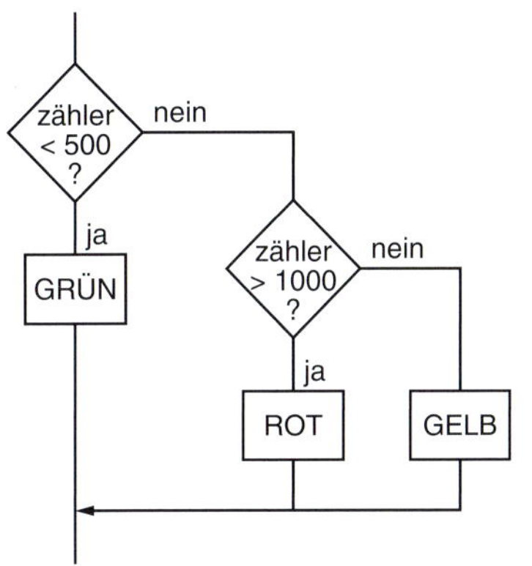

■ **Programmablaufplan**

Steuerungsprogramm in FUP-Darstellung

Netzwerk 1: Grünes Licht

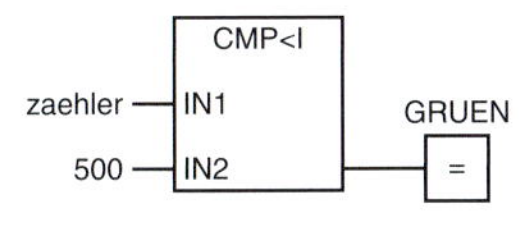

Netzwerk 2: Rotes Licht

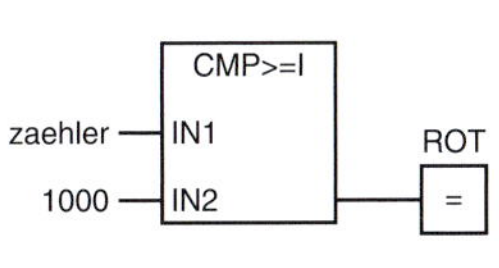

Netzwerk 3: Gelbes Licht

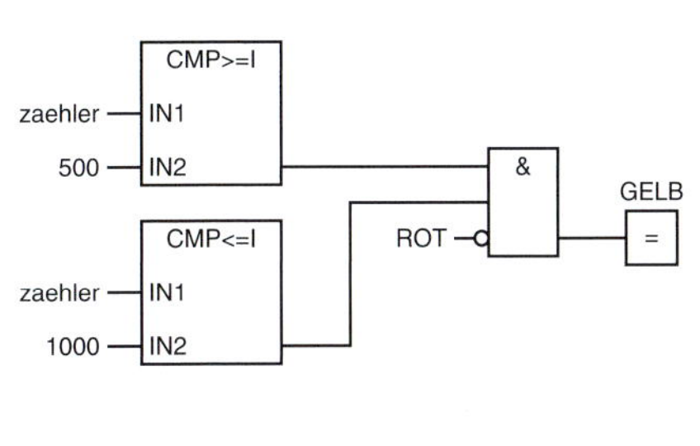

■ **Vergleichsfunktion**
→ 266

Steuerungsprogramm in AWL-Darstellung

Netzwerk 1: Grünes Licht

```
L   zaehler
L   500
<I
=   GRUEN
```

Netzwerk 2: Rotes Licht

```
L   zaehler
L   1000
>=I
=   Rot
```

Netzwerk 3: Gelbes Licht

```
U(
L   zaehler
L   500
>=I
)
U(
L   zaehler
L   1000
<=I
)
UN  Rot
=   Gelb
```

Statusbits

Statusbits sind *binäre Flags*, die von der CPU zur Steuerung der binären Verknüpfungen verwendet und bei digitaler Bearbeitung gesetzt werden. Die Statusbits sind im *Statuswort* zusammengefasst.

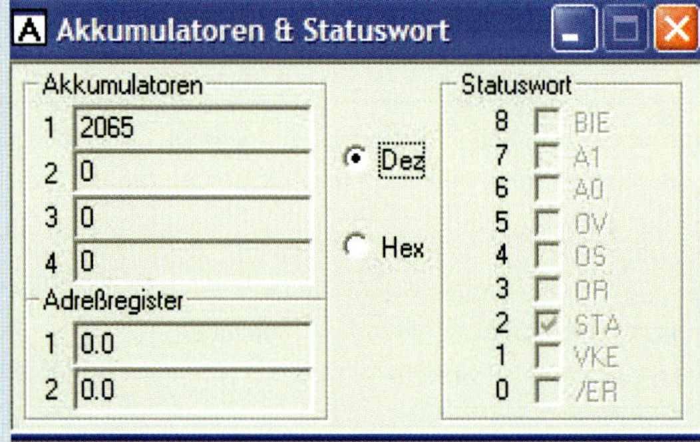

- *Statusbit „Erstabfrage"/ER*
  Am Anfang des Verknüpfungsschrittes ist ER = „0".
  Es folgt eine binäre Abfrageanweisung (Erstabfrage).
  Durch die Erstabfrage wird /ER auf „1" gesetzt.
  Eine binäre Wertzuweisung, ein bedingter Sprung oder ein Bausteinwechsel beendet den Verknüpfungsschritt.
- *Statusbit „Verknüpfungsergebnis" VKE*
  Wird bei binären Verknüpfungen zur Zwischenspeicherung genutzt.
  Bei Erstabfrage wird das Abfrageergebnis in das VKE übertragen.
  Bei jeder Folgeabfrage wird das Abfrageergebnis mit dem aktuellen Inhalt des VKE verknüpft.
- *Statusbit „Status" STA*
  Beinhaltet den Signalzustand des adressierten Binäroperanden oder der abgefragten Bedingung bei binären Verknüpfungen.
  Speicherfunktionen: STA entspricht dem geschriebenen Wert.
  Flankenauswertung: STA speichert den Wert des VKE vor der Flankenauswertung.
- *Statusbit OR*
  Speichert das Ergebnis einer erfüllten UND-Funktion. Einer nachfolgenden ODER-Funktion wird signalisiert, dass das Ergebnis bereits feststeht (UND-vor-ODER).
- *Statusbit „Überlauf" OV*
  Zeigt einen Zahlenbereichsüberlauf oder die Verwendung ungültiger REAL-Zahlen an.
- *Statusbit „Überlauf speichernd" OS*
  Speichert das Setzen des Statusbits OV. OS bleibt auch nach Rücksetzen von OV gesetzt. Damit kann das Flag zu einem späteren Zeitpunkt ausgewertet werden.
- *Statusbit A0 und A1*
  Die Ergebnisse von arithmetischen Funktionen und Vergleichsfunktionen werden durch diese Flags beschrieben.
- *Statusbit „Binärergebnis" BIE*
  Wird in Verbindung mit EN und ENO *verwendet. Kann vom Anwender gesetzt und rückgesetzt werden.*

■ **Flag**
Flagge, kann den Signalzustand „0" oder „1" annehmen.

Projekt Karussellager

Ein *Karussellager* mit 12 Behältern soll modernisiert werden und eine SPS-Steuerung erhalten. Dargestellt ist das *Technologieschema*.

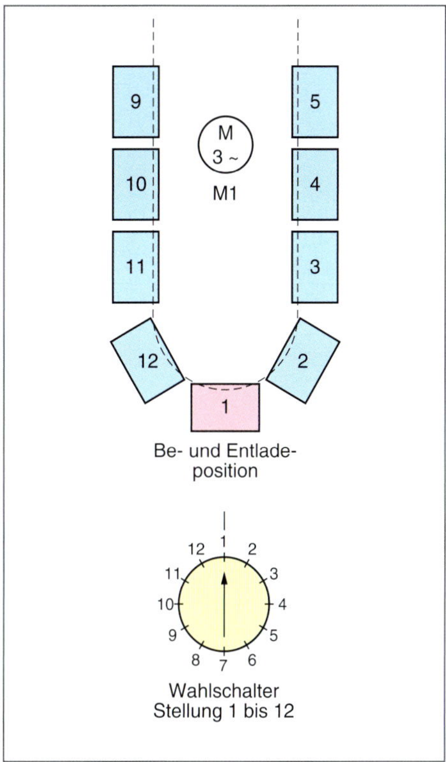

47 Technologieschema Karussellager

Die Anlage besteht aus 12 beweglichen Lagerelementen, die zum Be- und Entladen in die vordere Position gefahren werden können.

Die Wahl erfolgt über einen *Drehschalter* für die Lagerelemente 1 bis 12.

Die Steuerung arbeitet bisher elektromechanisch. Ihr Ausbilder händigt Ihnen einen Teil der zugehörigen Dokumentation aus.

Analyse des Stromlaufplans (Seite 272)

- Das Schütz Q1 schaltet den Motor M1 in einer Drehrichtung ein. Das ist sicher nicht optimal, da so ein Lagerelement nicht auf kürzestem Weg in Zielposition gefahren werden kann.
- Der Wahlschalter gibt unterschiedliche Stromwege zum Schütz Q1 frei.
- Vier Grenztaster (B2 bis B5) betätigen die Hilfsschütze K1 bis K4. Jedes Lagerelement hat eine unverwechselbare Betätigungskombination dieser Grenztaster. Bei Betätigung eines Grenztasters fällt das zugerordnete Schütz ab.

B5	B4	B3	B2	Dezimalwert
0	0	0	0	
0	0	0	1	
0	0	1	0	
0	0	1	1	12
0	1	0	0	11
0	1	0	1	10
0	1	1	0	9
0	1	1	1	8
1	0	0	0	7
1	0	0	1	6
1	0	1	0	5
1	0	1	1	4
1	1	0	0	3
1	1	0	1	2
1	1	1	0	1
1	1	1	1	
K4	K3	K2	K1	Lagerelement

Annahme
Lagerelement 1 steht in Entnahmeposition.
B2 ist betätigt, K1 ist abgefallen. Q1 ist abgefallen. Der Motor ist ausgeschaltet.

Wahlschalter auf Stellung 6 bringen.
Q1 zieht an, der Motor wird eingeschaltet.
Er bleibt eingeschaltet, bis K2 und K3 beide abgefallen sind, also B3 und B4 gleichzeitig betätigt. Dann fällt Q1 ab und der Motor ist ausgeschaltet.
Die Position „6“ des Magazins ist erreicht.

Die Schütze K1 bis K4 „zählen“ also, welche Magazinposition in Entnahmeposition steht.

Erreicht wird das dadurch, dass jedes Magazinelement unterschiedliche Grenztaster betätigt, was durch eine mechanische Vorrichtung erreicht wird. Der Aufwand erscheint zu hoch.

Lösungsvorschlag:
Auf den Wahlschalter wird verzichtet.

12 Leuchttaster dienen zur *Wahl* des Magazins.

Die *Wahl* wird durch einen *Eingabetaster* bestätigt.

Das Magazin bewegt sich in zwei Richtungen. So kann die Zielposition auf kürzestem Weg erreicht werden.

Die elektromechanische Variante ist sehr aufwendig, da auf jedem Magazinelement eine mechanische Vorrichtung angebracht werden muss, die nur den oder die zugeordneten Grenztaster betätigt.

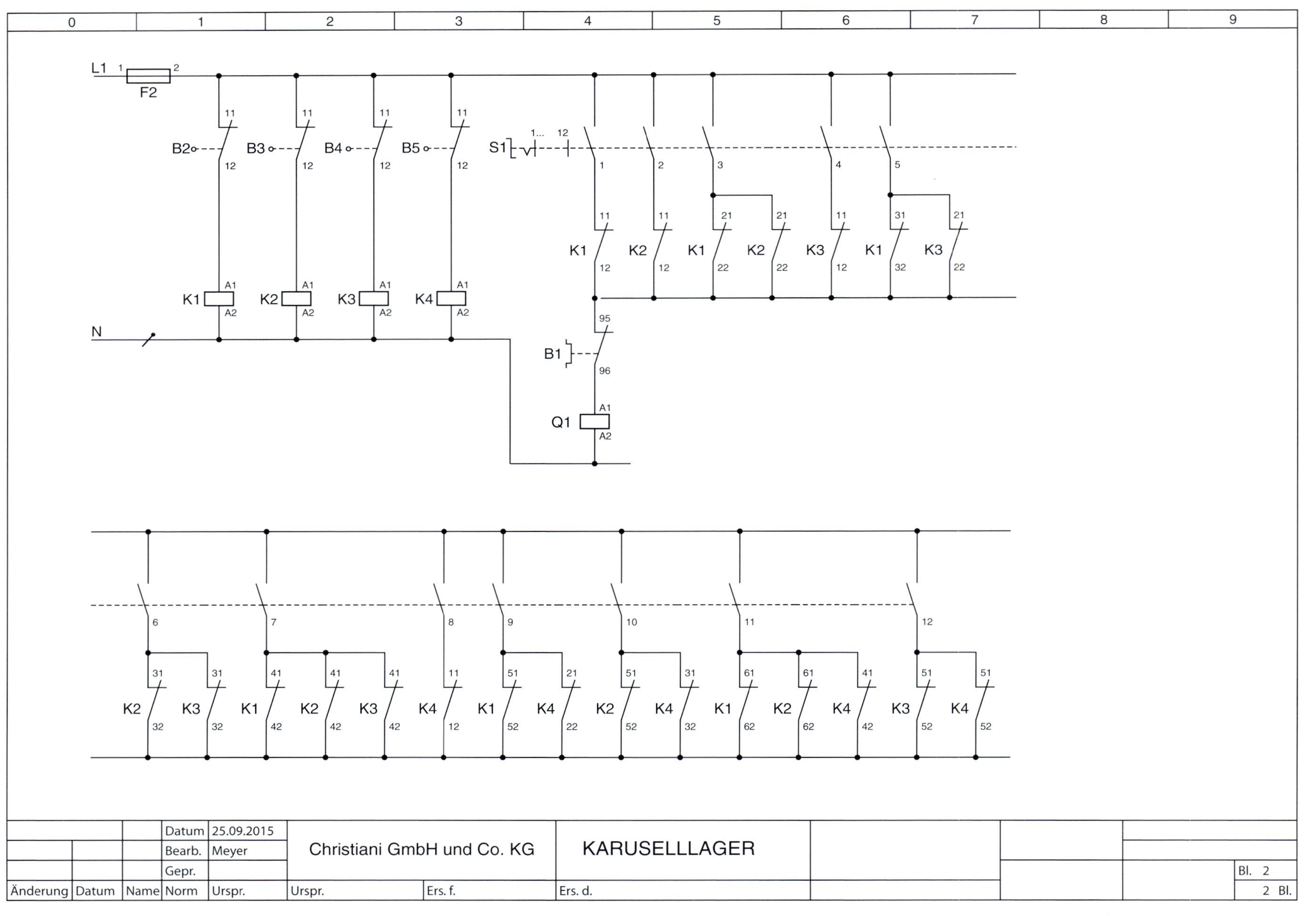
L1
F2
N
B2
B3
B4
B5
S1
K1
K2
K3
K4
B1
Q1
Datum 25.09.2015
Bearb. Meyer
Gepr.
Änderung Datum Name Norm Urspr.
Christiani GmbH und Co. KG
KARUSELLLAGER
Urspr.
Ers. f.
Ers. d.
Bl. 2
2 Bl.

Benötigt werden *zwei* induktive Näherungssensoren. Einer wird von *jedem* Magazinelement bedämpft, der andere *nur* von Magazinelement 1 (Anfangsposition).

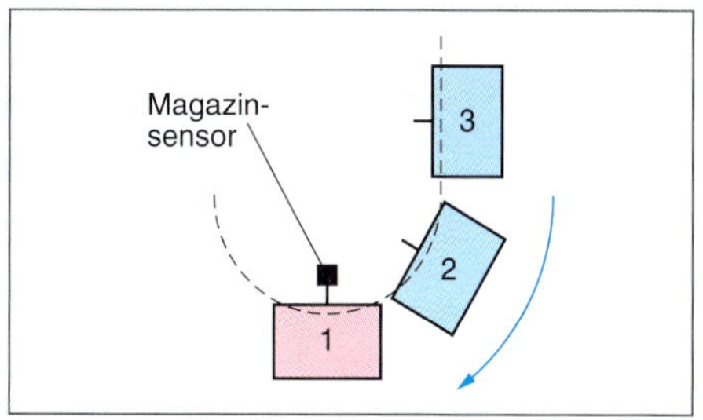

48 Magazinsensor (jedes Magazinelement)

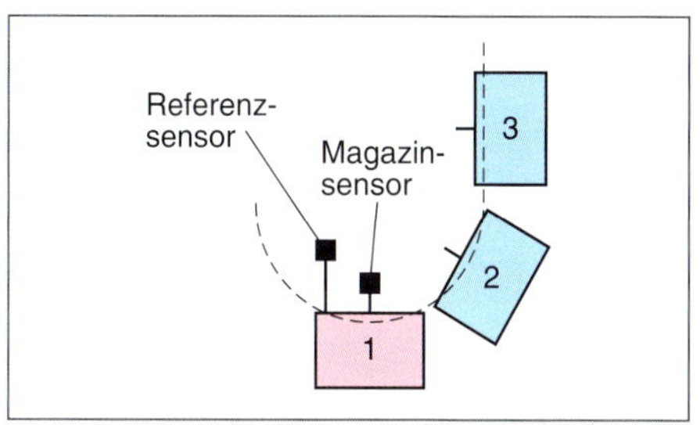

49 Referenzsensor (nur Magazinelement 1)

Bedienpult (Bild 51)

S1 bis S12	Taster für Magazin-Nummer
S13	Stopptaster
S14	Starttaster
S15	Referenztaster
B1	Motorschutzrelais
B2	Magazinsensor
B3	Referenzsensor

Geplante Programmstruktur

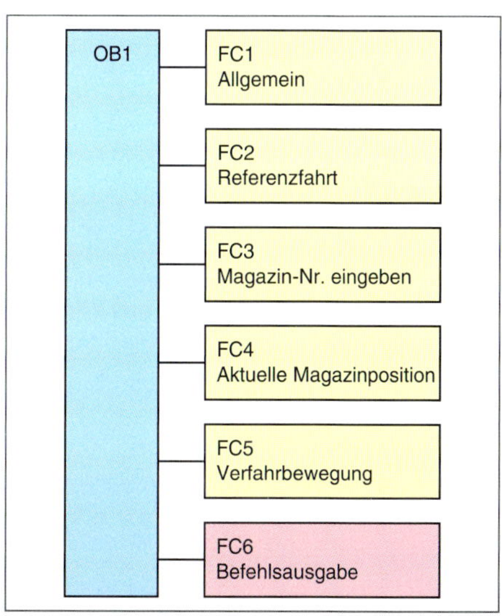

50 Programmstruktur

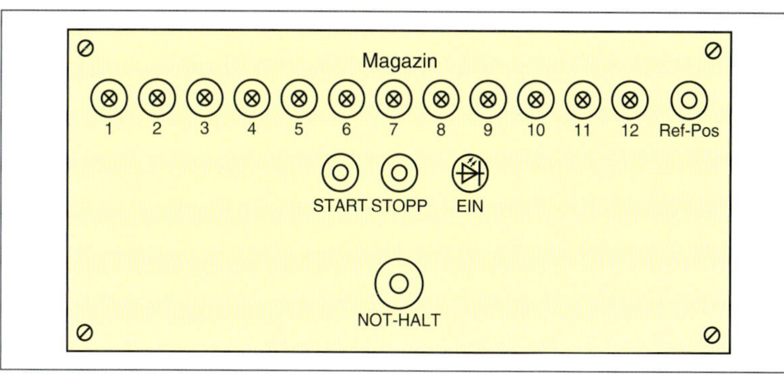

51 Bedienpult des Karussellagers

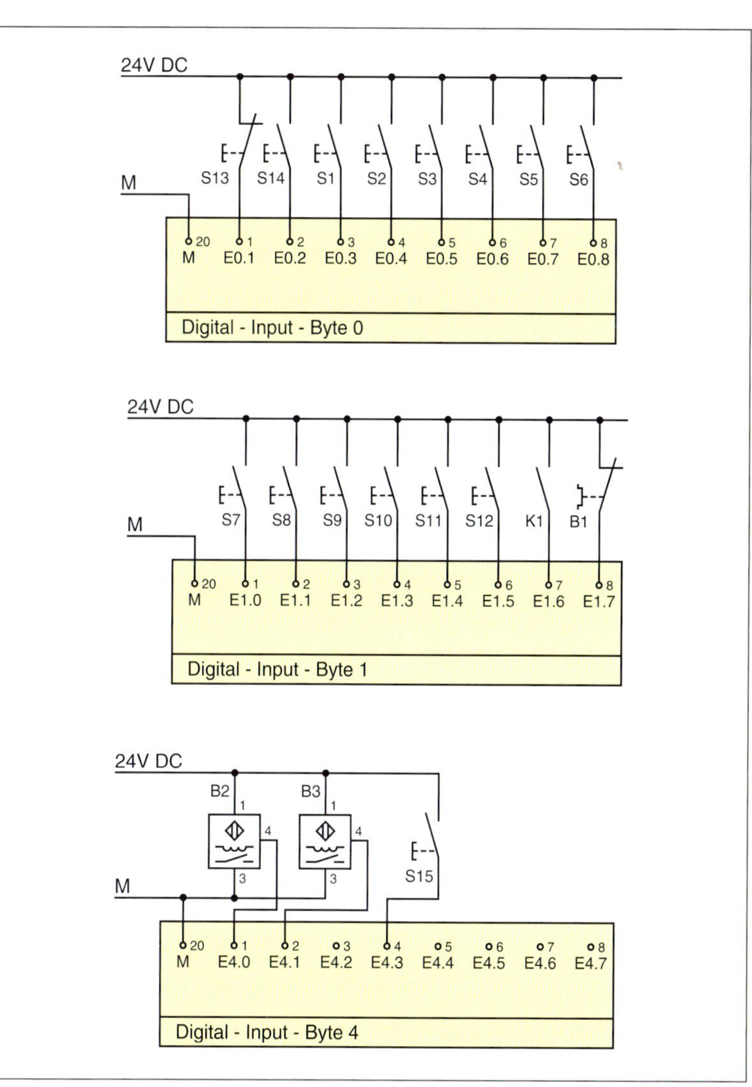

52 Eingangsbeschaltung der SPS

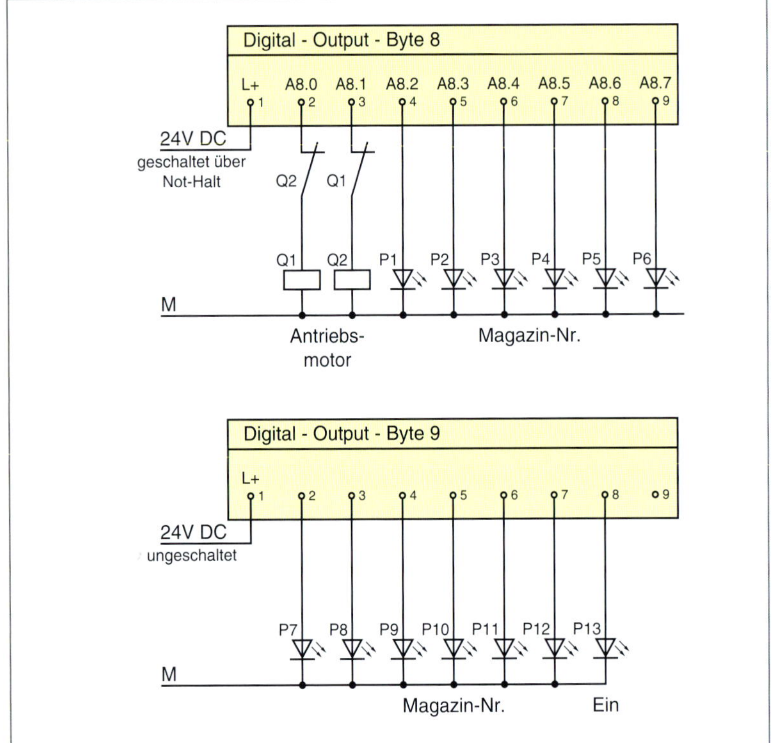

53 *Ausgangsbeschaltung der SPS*

Steuerungsprogramm

FC1: Allgemeines und Meldelampen

Netzwerk 1: Startmerker

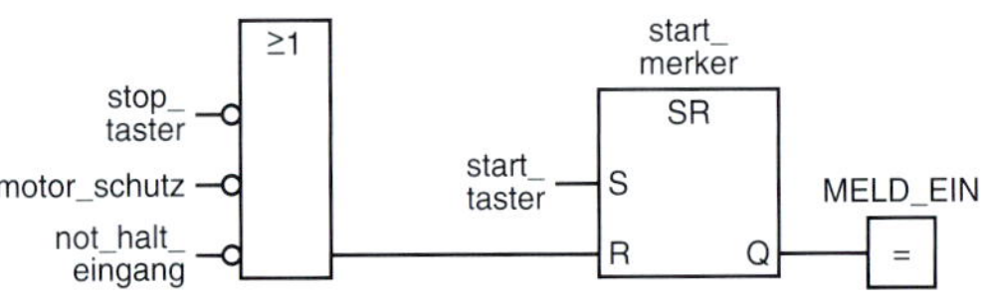

Netzwerk 2: Positive Flanke Magazinsensor

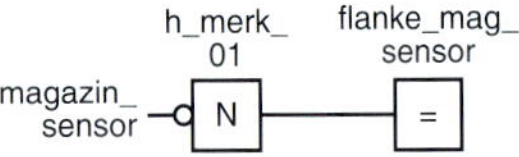

Netzwerk 3: Positive Flanke Referenzsensor

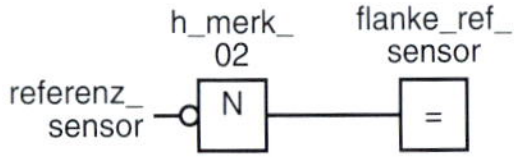

Aufruf einer Funktion

Es muss zwischen *Funktionen mit Funktionswert* und *Funktionen ohne Funktionswert* unterschieden werden.

Der *Funktionswert* ist der *erste Ausgangsparameter* der Funktion.

Er hat die festgelegte Bezeichnung *RET_VAL* (return valve, Rückgabewert).

Hier sind nur *Großbuchstaben* zulässig. In diesem Fall muss für die Funktion ein *Datentyp* angegeben werden.

Beispiel

Funktion ohne Funktionswert

```
FUNCTION FC20 : INT
    var_input
        stueckzahl_01  :  INT;
        stueckzahl_02  :  INT;
    end_var
    begin
        L  stueckzahl_01;
        L  stueckzahl_02;
        +I;
        T  RET_VAL;
END_FUNCTION
```

Beachten Sie, dass *keine Ausgangsvariable* für die Funktion deklariert werden muss. Das Ergebnis wird in RET_VAL abgelegt.

Beispiel

Funktion mit Funktionswert

```
FUNCTION FC20 : VOID
    var_input
        stueckzahl_01  :  INT;
        stueckzahl_02  :  INT;
    end_var
    var_output
        Summe          :  INT;
    end_var
    begin
        L  stueckzahl_01;
        L  stueckzahl_02;
        +I;
        T  SUMME;
END_FUNCTION
```

Die Angabe VOID bedeutet „typlos“. In dieser Form können Funktionen mit *mehreren Ausgangsparametern* programmiert werden.

Prüfung

1. Erläutern Sie die geplante Programmstruktur, die in Bild 50, Seite 273 dargestellt ist.

2. Warum ist die Flankenbildung in den Netzwerken 2 und 3 (siehe oben) zwingend notwendig? Trifft das auch auf den Referenzsensor zu?

Symboltabelle

Symbol	Adresse	Datentyp	Kommentar
stop_taster	E0.0	BOOL	Stopptaster, NC
start_taster	E0.1	BOOL	Starttaster, NO
magazin_01	E0.2	BOOL	Wahl Magazin 1, NO
magazin_02	E0.3	BOOL	Wahl Magazin 2, NO
magazin_03	E0.4	BOOL	Wahl Magazin 3, NO
magazin_04	E0.5	BOOL	Wahl Magazin 4, NO
magazin_05	E0.6	BOOL	Wahl Magazin 5, NO
magazin_06	E0.7	BOOL	Wahl Magazin 6, NO
magazin_07	E1.0	BOOL	Wahl Magazin 7, NO
magazin_08	E1.1	BOOL	Wahl Magazin 8, NO
magazin_09	E1.2	BOOL	Wahl Magazin 9, NO
magazin_10	E1.3	BOOL	Wahl Magazin 10, NO
magazin_11	E1.4	BOOL	Wahl Magazin 11, NO
magazin_12	E1.5	BOOL	Wahl Magazin 12, NO
not_halt_eingang	E1.6	BOOL	Not-Halt-Eingang SPS, NO
motor_schutz	E1.7	BOOL	Motorschutzrelais, NC
magazin_sensor	E4.0	BOOL	Magazinsensor, NO
referenz_sensor	E4.1	BOOL	Referenzsensor, NO
referenz_taster	E4.4	BOOL	Referenztaster, NO
RECHTS	A8.0	BOOL	Antrieb Rechtslauf
LINKS	A8.1	BOOL	Antrieb Linkslauf
MELD_MAG_1	A8.2	BOOL	Magazin 1
MELD_MAG_2	A8.3	BOOL	Magazin 2
MELD_MAG_3	A8.4	BOOL	Magazin 3
MELD_MAG_4	A8.5	BOOL	Magazin 4
MELD_MAG_5	A8.6	BOOL	Magazin 5
MELD_MAG_6	A8.7	BOOL	Magazin 6
MELD_MAG_7	A9.0	BOOL	Magazin 7
MELD_MAG_8	A9.1	BOOL	Magazin 8
MELD_MAG_9	A9.2	BOOL	Magazin 9
MELD_MAG_10	A9.3	BOOL	Magazin 10
MELD_MAG_11	A9.4	BOOL	Magazin 11
MELD_MAG_12	A9.5	BOOL	Magazin 12
MELD_EIN	A9.6	BOOL	Meldung Bereitschaft

Netzwerk 4: Betätigung eines Magazinwahltasters

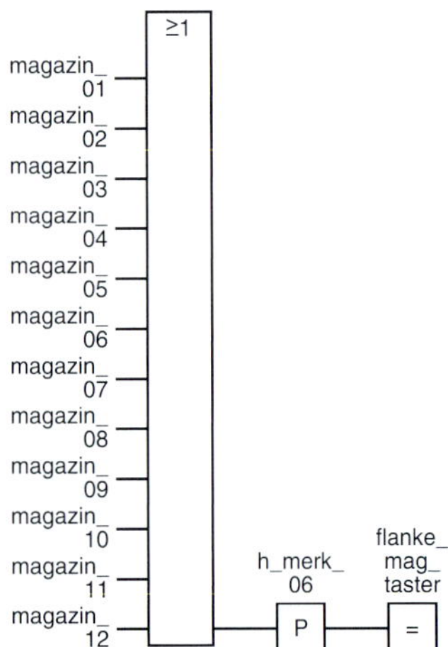

Netzwerk 5: Meldung Magazin 1

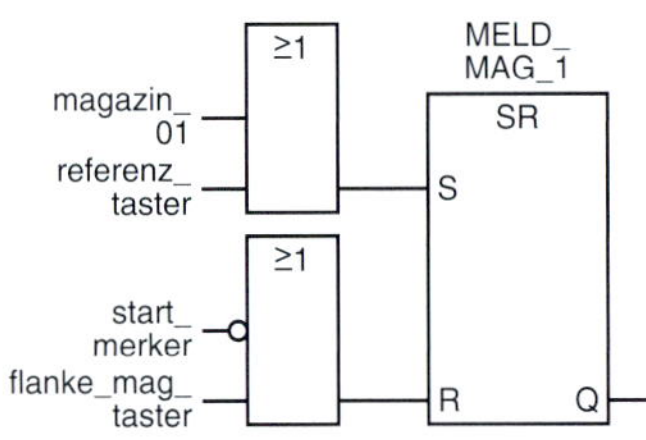

Netzwerk 6: Meldung Magazin 2

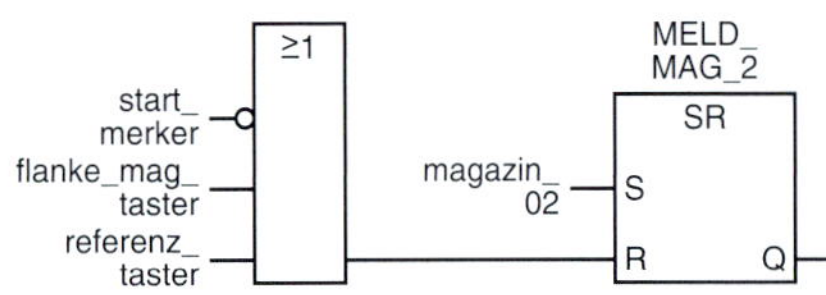

Netzwerk 7: Meldung Magazin 3

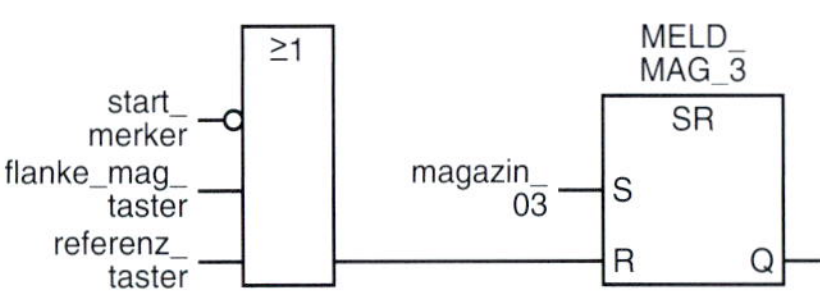

Netzwerk 8: Meldung Magazin 4

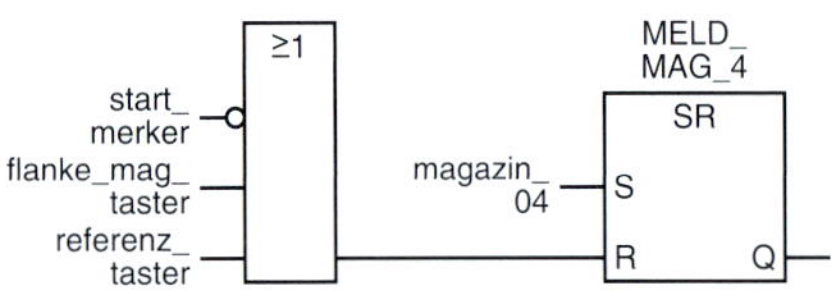

Netzwerk 9: Meldung Magazin 5

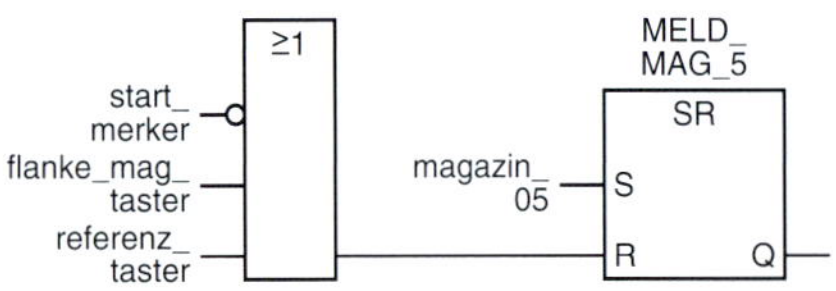

Netzwerk 10: Meldung Magazin 6

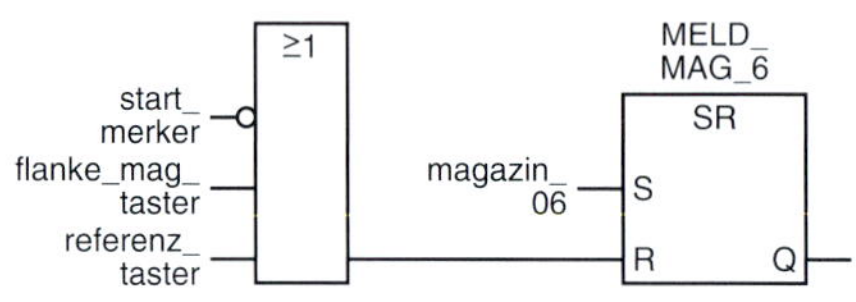

Netzwerk 11: Meldung Magazin 7

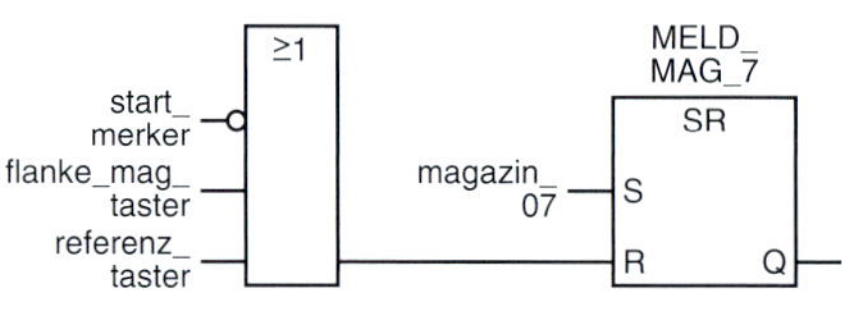

Netzwerk 12: Meldung Magazin 8

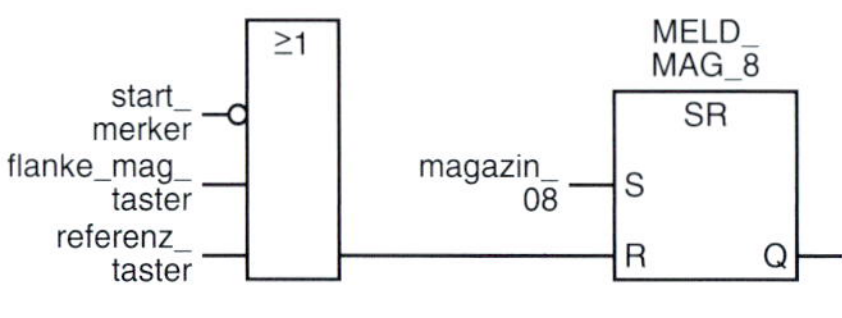

Netzwerk 13: Meldung Magazin 9

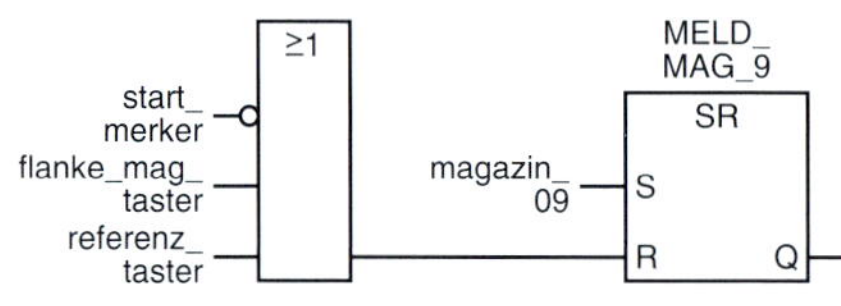

Netzwerk 14: Meldung Magazin 10

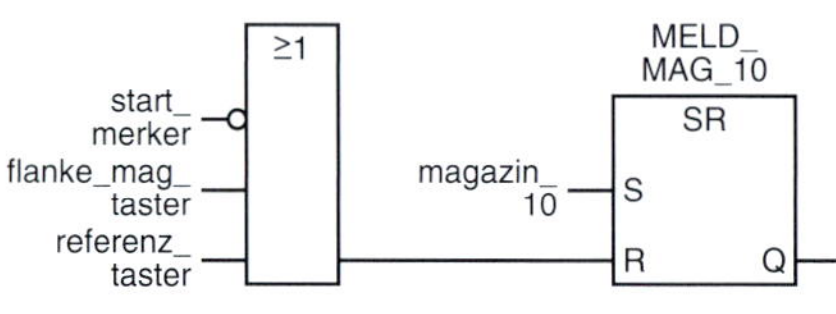

Netzwerk 15: Meldung Magazin 11

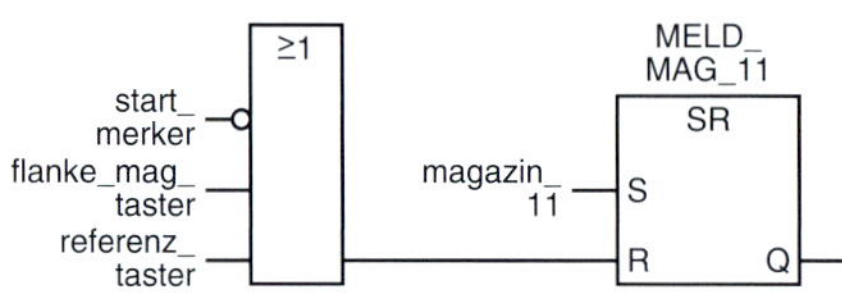

Netzwerk 16: Meldung Magazin 12

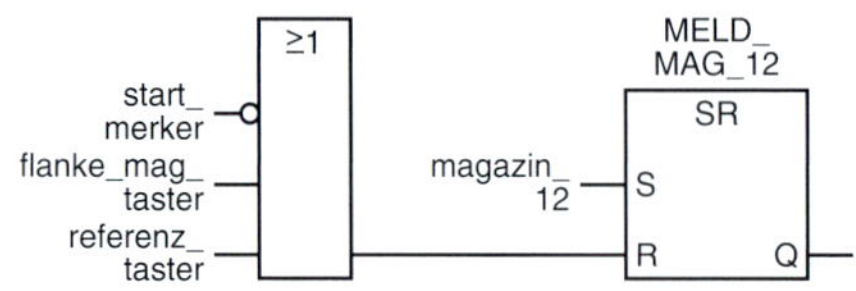

FC2: Referenzfahrt

Netzwerk 1: Referenzfahrt im Rechtslauf

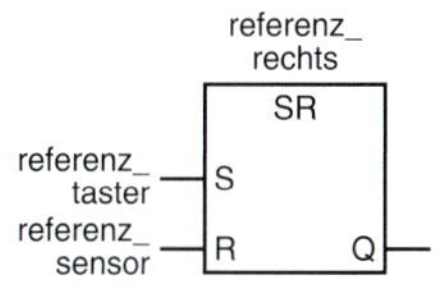

Netzwerk 2: Magazinposition auf 1 setzen

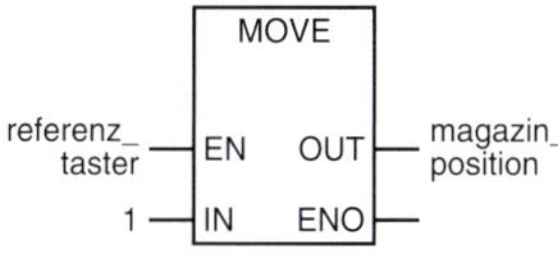

Netzwerk 3: Magazinwahl auf 1 setzen

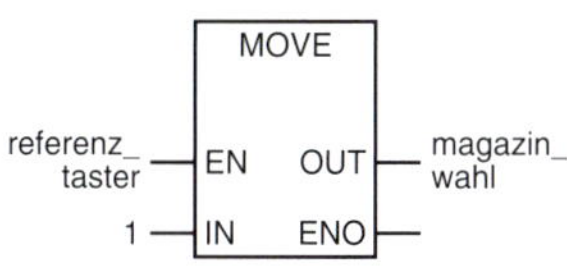

Wert übertragen (MOVE)

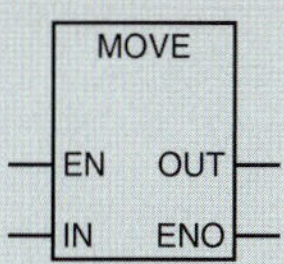

EN, ENO: Datentyp BOOL

IN, OUT: Datentypen mit einer Länge von 8, 16 oder 32 bit

MOVE ermöglicht es, Variablen mit spezifischen Werten vorzubelegen. Der Wert am Eingang IN wird in den Operanden kopiert, der am Ausgang OUT angegeben ist.

ENO hat den gleichen Signalzustand wie EN.

Beispiel

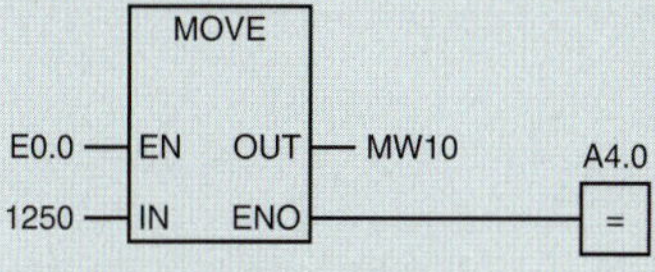

Die Operation wird ausgeführt, wenn E0.0 = „1".

Die Konstante 1250 wird in das Merkerwort MW10 kopiert.

Wenn die Operation ausgeführt wird, ist A4.0 = „1".

FC3: Magazineingabe

Netzwerk 1: Wahl des gewünschten Magazins

```
     U     magazin_01
     SPBN  m01
     L     1
     T     magazin_wahl
     SPA   end
m01: U     magazin_02
     SPBN  m02
     L     2
     T     magazin_wahl
     SPA   end
m02: U     magazin_03
     SPBN  m03
     L     3
     T     magazin_wahl
     SPA   end
m03: U     magazin_04
     SPBN  m04
     L     4
     T     magazin_wahl
     SPA   end
m04: U     magazin_05
     SPBN  m05
     L     5
     T     magazin_wahl
     SPA   end
m05: U     magazin_06
     SPBN  m06
     L     6
     T     magazin_wahl
     SPA   end
m06: U     magazin_07
     SPBN  m07
     L     7
     T     magazin_wahl
     SPA   end
m07: U     magazin_08
     SPBN  m08
     L     8
     T     magazin_wahl
     SPA   end
m08: U     magazin_09
     SPBN  m09
     L     9
     T     magazin_wahl
     SPA   end
m09: U     magazin_10
     SPBN  m10
     L     10
     T     magazin_wahl
     SPA   end
m10: U     magazin_11
     SPBN  11
     L     11
     T     magazin_wahl
     SPA   end
m11: U     magazin_12
     SPBN  end
     L     12
     T     magazin_wahl
end: BE
```

Sprungfunktion

→ 267

BE

Baustein-Ende

FC4: Aktuelle Magazinposition

Netzwerk 1: Bei Rechtslauf aufwärts zählen

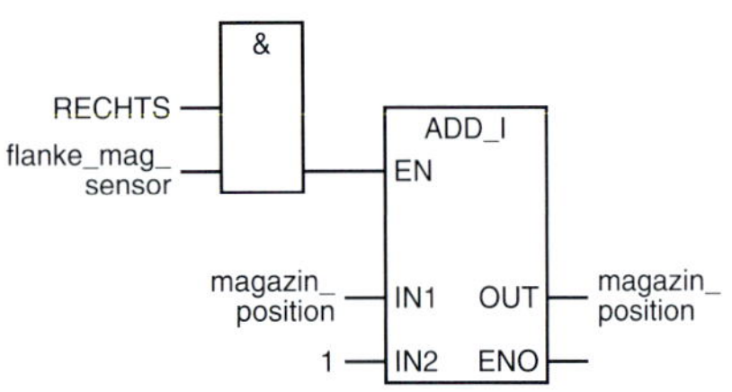

Netzwerk 2: Bei Linkslauf abwärts zählen

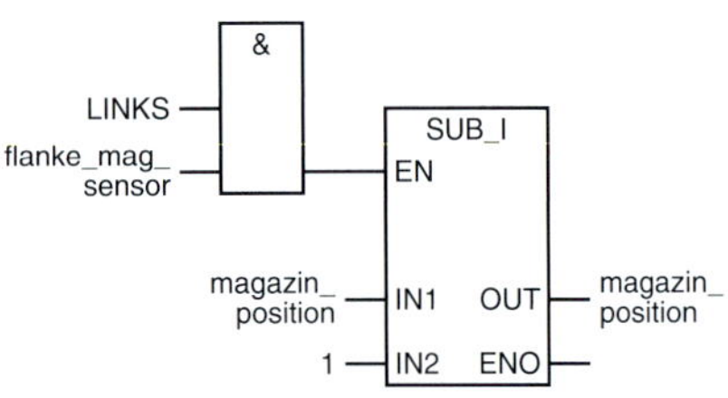

Netzwerk 3: Bei Rechtslauf kommt nach Magazin 12 Magazin 1

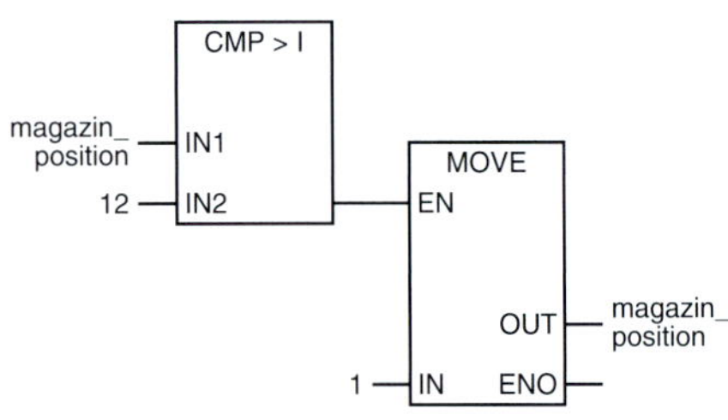

Netzwerk 4: Bei Linkslauf kommt nach Magazin 1 Magazin 12

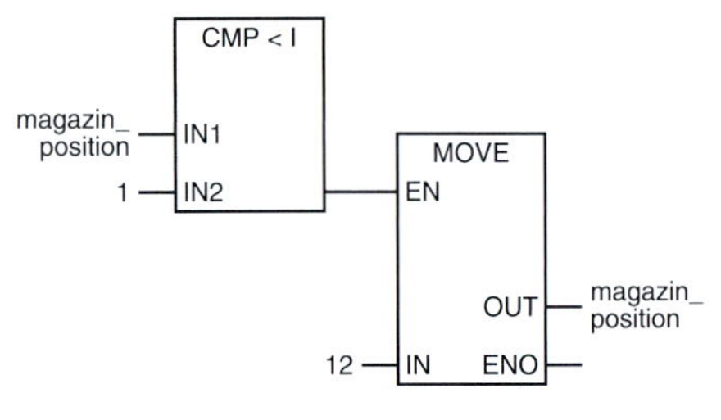

FC5: Verfahrbewegung

Netzwerk 1: Differenzbildung

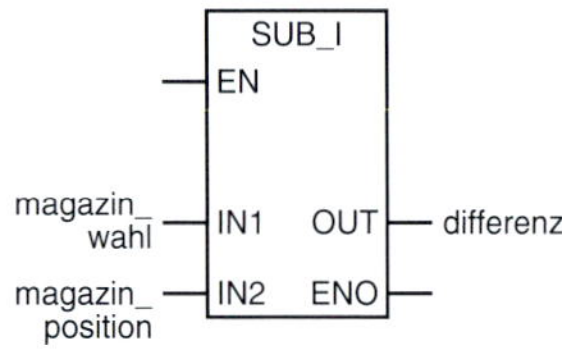

Netzwerk 2: Differenzbildung

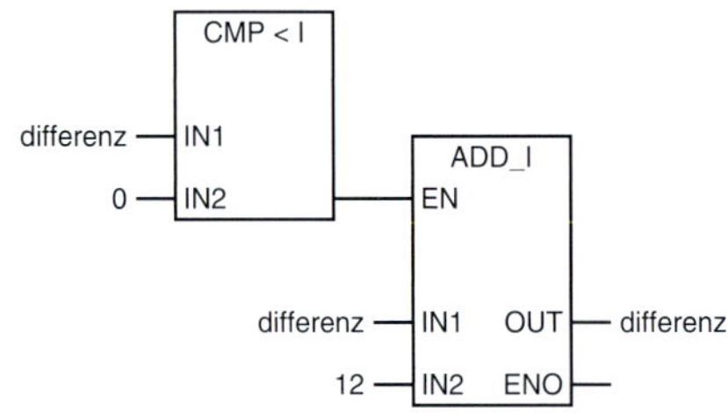

Netzwerk 3: Differenz größer als 6

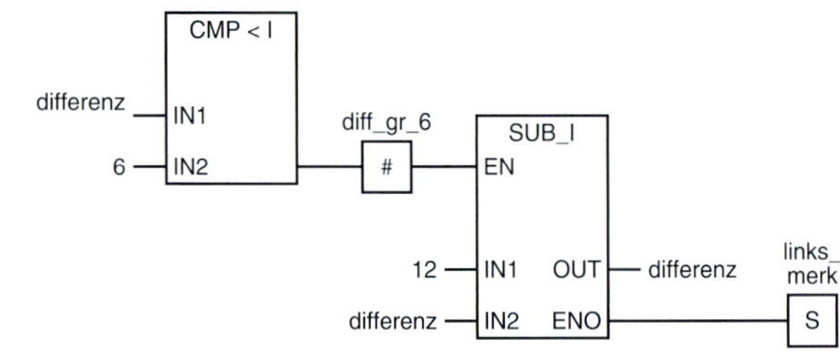

Netzwerk 4: Differenz nicht größer als 6

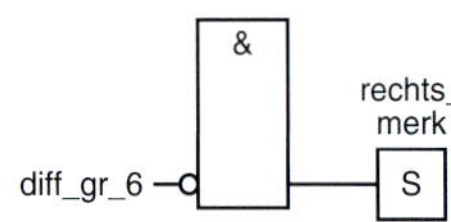

Netzwerk 5: Bei Differenz = 0 zurücksetzen

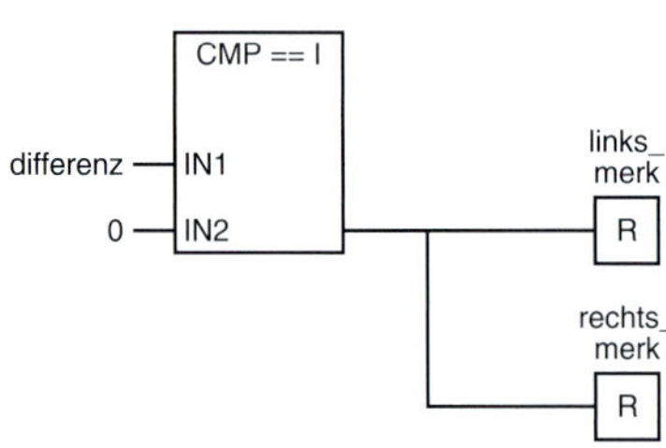

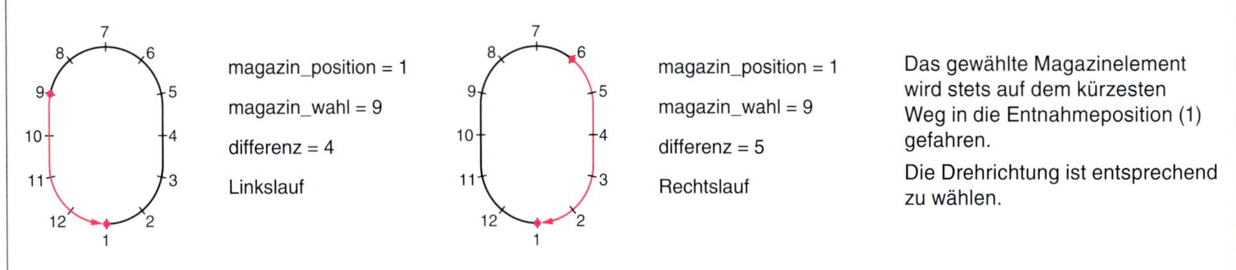

54 Verfahrbewegung des Magazins

FC6: Befehlsausgabe

Netzwerk 1: Motor im Rechtslauf

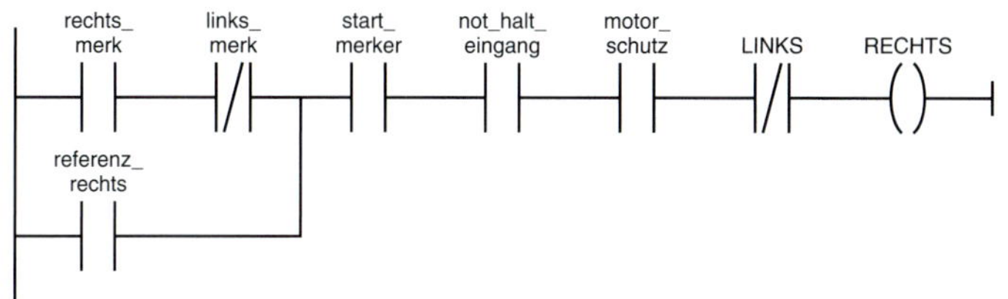

Netzwerk 2: Motor im Linkslauf

links_ merk
rechts_ merk
start_ merker
not_halt_ eingang
motor_ schutz
RECHTS
LINKS

OB1: Karusselllager

Netzwerk 1: Aufruf der Funktion Allgemeines

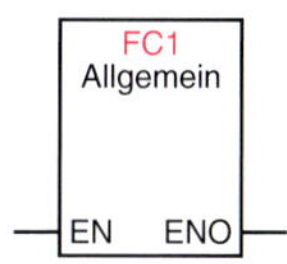

Netzwerk 2: Aufruf der Funktion Referenzfahrt

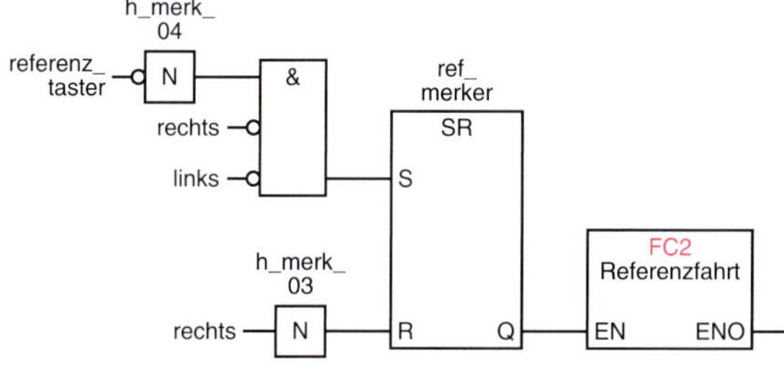

Netzwerk 3: Aufruf der Funktion Magazineingabe

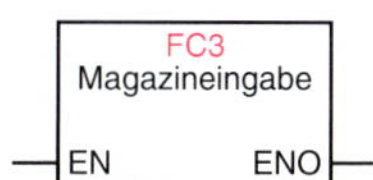

Netzwerk 4: Aufruf der Funktion Magazinposition

Netzwerk 5: Aufruf der Funktion Verfahrbewegung

Netzwerk 6: Aufruf der Funktion Befehlsausgabe

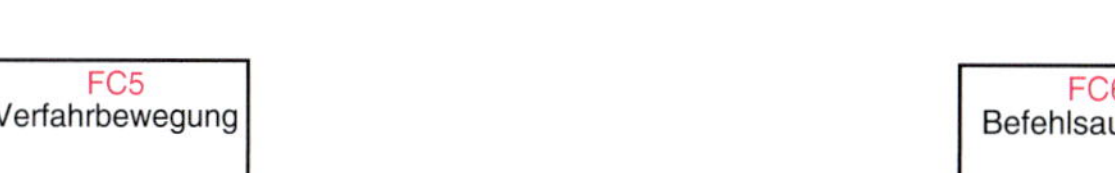

■ **Konnektor**

Datentyp BOOL

Der Operand gibt an, welchem Bit das VKE zugewiesen wird.

Die Operation Konnektor ist ein zwischengeschaltetes Zuordnungselement, dass das VKE speichert.

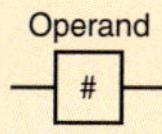

Siehe Netzwerk 3 oder Verfahrbewegung.

■ **Netzwerk 2**

zeigt einen bedingten Bausteinaufruf.

Prüfung

1. FC1: Allgemeines und Meldelampen
Welche Aufgabe hat das Netzwerk 4: Betätigung eines Magazinwahltasters?

2. FC1: Allgemeines und Meldelampen
Netzwerke 2 und 3: Handelt es sich um eine positive oder eine negative Flankenbildung?

3. Welche Meldelampe leuchtet, wenn der Referenztaster betätigt wird?

4. FC2: Referenzfahrt
Netzwerk 2 und Netzwerk 3: Warum werden magazin_position und magazin_wahl beide auf den Wert 1 gebracht?

5. FC3: Magazineingabe, Netzwerk 1: Wahl des gewünschten Magazins:
Welche Aufgabe haben die Sprungfunktionen SPB... und SPA...?

6. Beschreiben Sie die Arbeitsweise von FC4: Aktuelle Magazinposition

7. In FC5: Verfahrbewegung wird der Konnektor „diff_gr_6" eingesetzt.
Beschreiben Sie die Aufgabe des Konnektors.

8. Angenommener Fehler: Die Referenzfahrt kann nicht gestartet werden.
Beschreiben Sie die Vorgehensweise bei der Fehlersuche.

@ Interessante Links
- christiani-berufskolleg.de

Strukturierter Text

Die *Programmiersprache SCL* (structured control language) ermöglicht die Erstellung von kurzen, übersichtlichen und gut lesbaren Programmen.

Dies gilt in erster Linie für den Bereich der *Wortverarbeitung*.

Ein besonderer Vorteil liegt darin, dass die *lineare Programmbearbeitung unterbrochen* werden kann, ohne auf Sprunganweisungen zurückgreifen zu müssen.

Beispiele verdeutlichen die Programmiersprache am besten.

magazin_nummer := magazin_nummer + 1;

Bei Bearbeitung dieser Anweisung wird der Variablen *magazin_nummer* ein um 1 erhöhter Wert zugewiesen.

:= Wertzuweisungszeichen

; Semikolon zum Abschluss der Steueranweisung

Wertzuweisung (:=)

Eine *Wertzuweisung* ist *keine* Gleichung.

Dies macht obige Wertzuweisung eindeutig klar, da rechts vom Wertzuweisungszeichen ein um 1 erhöhter Wert steht.

Eine *Wertzuweisung* weist der Variablen einen *veränderten Wert* zu.

Die Veränderung wird durch die Rechenvorschrift bestimmt.

Im Beispiel lautet die Rechenvorschrift:
alter Variablenwert + 1.

Annahme:
Variablenwert *vor* der Bearbeitung obiger Anweisung: magazin_nummer = 6.

Nach Bearbeitung obiger Anweisung:
magazin_nummer = 7.

MELDELAMPE := steuerung_ein & freigabe;

Hier handelt es sich um boolesche Variablen.

Wenn steuerung_ein = „1" UND freigabe = „1", dann wird der Variablen MELDELAMPE der boolesche Wert „1" zugewiesen.

& oder AND: UND-Funktion
OR: ODER-Funktion
NOT: NICHT-Funktion

Beachten Sie:
Die NICHT-Funktion (Negation) kann auf unterschiedliche Weise realisiert werden.

1. freigabe := steuer_ein & NOT sperr_merker;
2. freigabe := steuer_ein & sperr_merker = 0;

IF...THEN...-Anweisung

Diese Anweisung ist sehr überschaubar und kann vielfältig eingesetzt werden.

IF... THEN... (wenn... dann...)

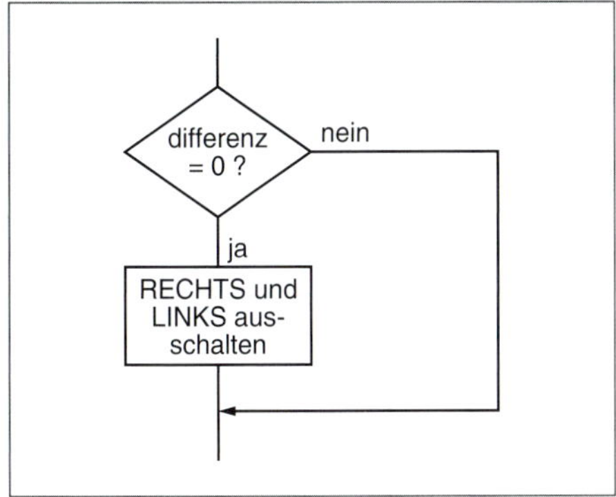

55 IF...THEN-Anweisung, Programmablaufplan

Wenn differenz = 0
dann RECHTS := 0; LINKS := 0

```
IF differenz = 0
   THEN RECHTS := 0; LINKS := 0;
END_IF;
```

Beachten Sie die Schreibweise mit den Semikolon.

IF... THEN... ELSE... (wenn... dann... sonst...)

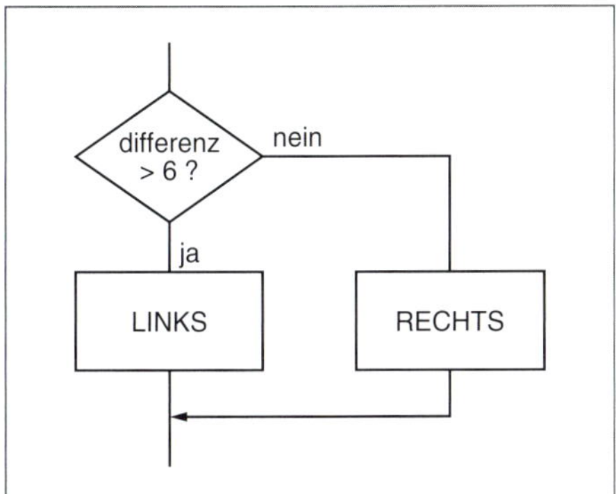

56 IF...THEN...ELSE-Anweisung

Wenn differenz > 6
dann Linkslauf
sonst Rechtslauf

```
IF differenz > 6 THEN LINKS := 1;
   ELSE RECHTS := 1;
END_IF;
```

Bei dieser Struktur wird in jedem Fall eine Anweisung ausgeführt. Entweder LINKS oder RECHTS.

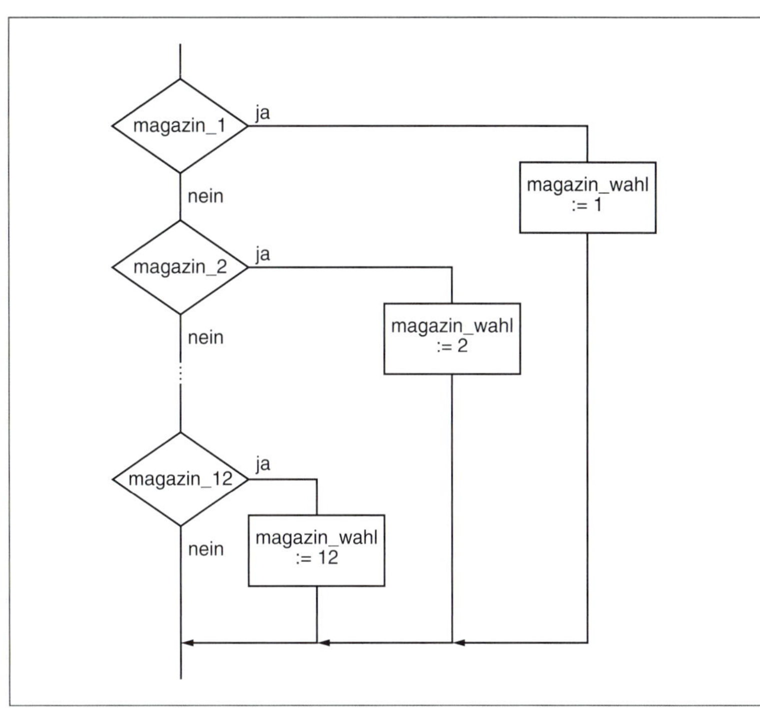

57 IF...THEN...ELSIF-Anweisung

IF... THEN... ELSIF...

```
IF magazin_1 THEN magazin_wahl := 1;
   ELSIF magazin_2 THEN magazin_wahl := 2;
      .
      .
      .
         ELSIF magazin_12 THEN magazin_wahl := 12;
END_IF;
```

Die Programme sind so einfach, dass sie sich von selbst erklären. Wenn eine Bedingung erfüllt ist, wird die IF... THEN... ELSIF-Struktur beendet.

Prüfung

1. Welche Vorteile bietet die Verwendung der Programmiersprache SCL?

2. Ein Ausdruck in SCL könnte lauten:
PUMPE_06 := p6_ein & freigabe &
PUMPE_05 = 0;
Erläutern Sie die Funktion.

3. Kann die unten dargestellte Aufgabe auch durch ausschließliche Verwendung der IF...-THEN...-Anweisung programmiert werden?

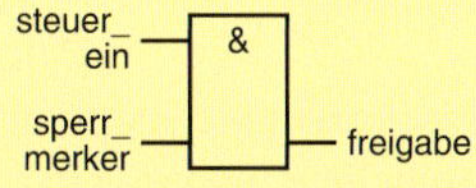

@ Interessante Links

- christiani-berufskolleg.de

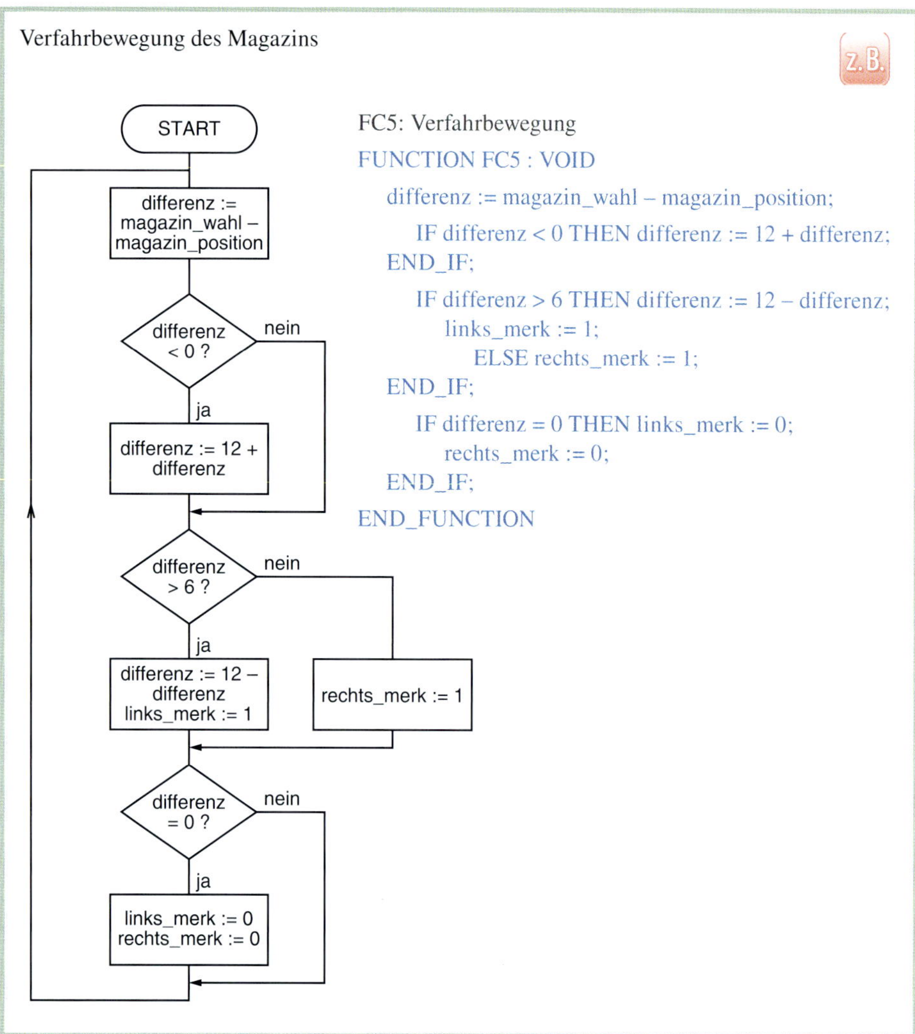

Im Programm Karussellmagazin können die Funktionen FC3, FC4 und FC5 in SCL programmiert werden.

Da in den Bausteinen nur globale Variablen verwendet werden (die in der Symboltabelle deklariert sind), benötigen die Funktionen keinen eigenen Deklarationsteil für lokale Variablen.

```
FUNCTION FC3 : VOID        //Magazineingabe
  IF magazin_01 THEN magazin_wahl := 1;
    ELSIF magazin_02 THEN magazin_wahl := 2;
      ELSIF magazin_03 THEN magazin_wahl := 3;
        ELSIF magazin_04 THEN magazin_wahl := 4;
          ELSIF magazin_05 THEN magazin_wahl := 5;
            ELSIF magazin_06 THEN magazin_wahl := 6;
              ELSIF magazin_07 THEN magazin_wahl := 7;
                ELSIF magazin_08 THEN magazin_wahl := 8;
                  ELSIF magazin_09 THEN magazin_wahl := 9;
                    ELSIF magazin_10 THEN magazin_wahl := 10;
                      ELSIF magazin_11 THEN magazin_wahl := 11;
                        ELSIF magazin_12 THEN magazin_wahl := 12;
                          END_IF;
END_FUNCTION
```

```
FUNCTION FC4 : VOID        //Magazinposition
    IF RECHTS & flanke_mag_sensor THEN magazin_position := magazin_position + 1;
  END_IF;

    IF LINKS & flanke_mag_sensor THEN magazin_position := magazin_position – 1;
  END_IF;
END_FUNCTION


FUNCTION FC5 : VOID        //Verfahrbewegung
  differenz := magazin_wahl – magazin_position;
    IF differenz < 0 THEN differenz := 12 – differenz;
  END_IF;

    IF differenz > 6 THEN differenz := 12 – differenz; links_merk := 1;
      ELSE rechts_merk := 1;
  END_IF;

    IF differenz = 0 THEN links_merk := 0; rechts_merk := 0;
  END_IF;
END_FUNCTION
```

Analogwertverarbeitung

Analoge Signale können innerhalb eines *definierten Wertebereichs beliebige* Werte annehmen.

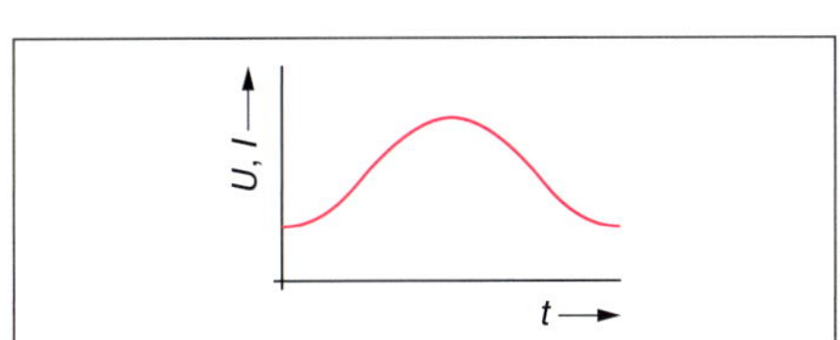

58 Analoges Signal

Digitale Signale können nur *bestimmte Werte* innerhalb eines *definierten Wertebereichs* annehmen.

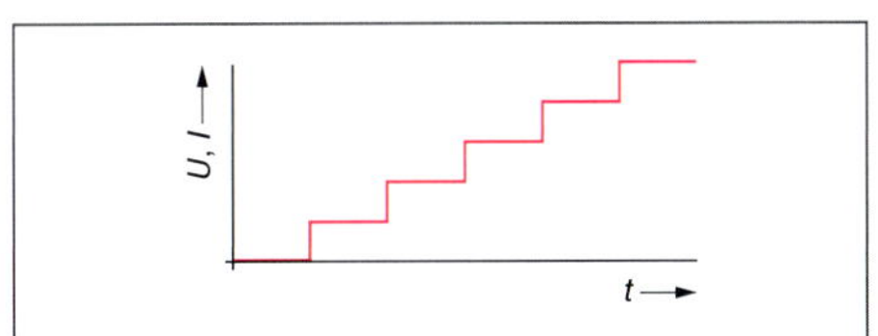

59 Digitales Signal

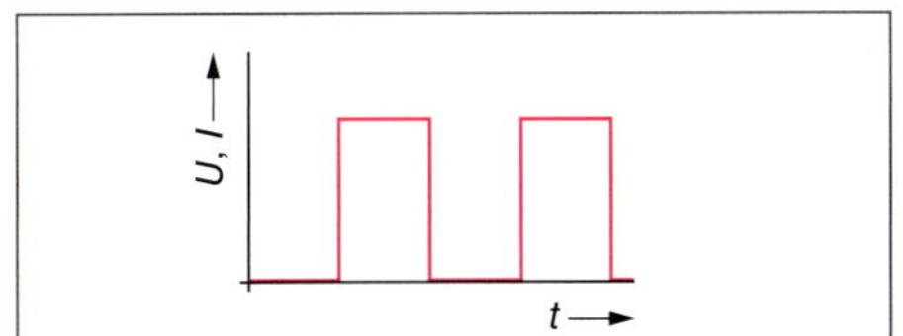

60 Binäres Signal

Binäre Signale können nur *zwei Signalzustände* annehmen. Den Signalzustand „0“ und den Signalzustand „1“.

Speicherprogrammierbare Steuerungen mit **Analogwertverarbeitung** können analoge Signale *aufnehmen* und *abgeben*.

Die Informationsverarbeitung innerhalb der CPU erfolgt allerdings *digital*.

- Analogeingabebaugruppen (AI) wandeln analoge Signale in digitale Signale um.

  Normierte Signale sind dabei z. B.:

  0 bis 10 V
  – 1 bis + 1 V
  0 bis 20 mA
  4 bis 20 mA

- Analogausgabebaugruppen (A0) wandeln digitale Signale in analoge Signale um.

  Normierte Signale sind dabei z. B.:

  – 10 bis + 10 V
  1 bis 5 V
  – 20 bis + 20 mA
  4 bis 20 mA

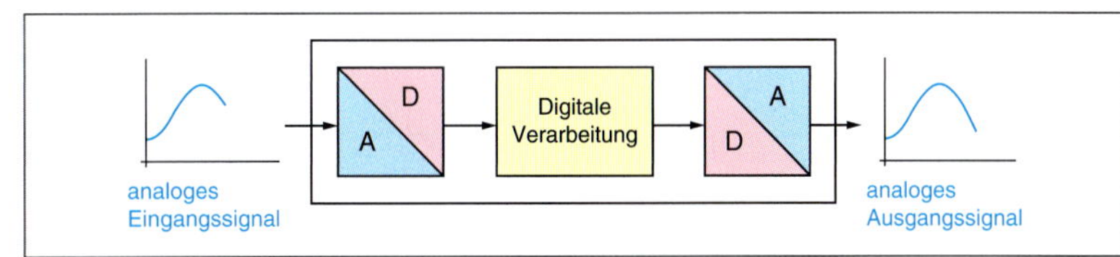

61 Prinzip der Analogwertverarbeitung

■ **SCALE**

Analogwerte können über die Funktion SCALE eingelesen werden.

→ 288

Analogwert
analog value

Auflösung
resolution

Analoge Baugruppen
analog moduls

Codebaustein
logic block

Datentyp
data typ

Netzwerk
network

Ladeoperation
loading operation

Parametrierung
parametrization

Zahlendarstellung

Eine Variable mit dem Datentyp INT ist eine ganze Zahl. Sie wird als *Ganzzahl* (16-bit-Festpunktzahl) gespeichert. Der Datentyp INT hat kein Kennzeichen.

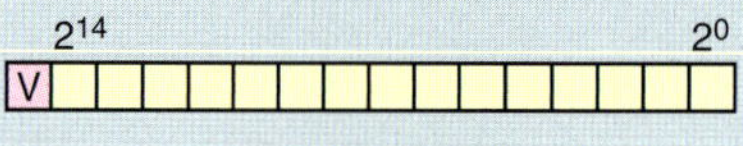

Datentyp INT

Belegt wird ein Wort (16 bit). Die Signalzustände der Bits 0 bis 14 stehen für den Stellenwert der Zahl, der Signalzustand von Bit 15 für das Vorzeichen (V).

Bit 15 (V):

„0“: Zahl ist positiv

„1“: Zahl ist negativ

Zahlenbereich: + 32 767 bis – 32 768

Eine Variable mit dem Datentyp DINT (Double Integer) stellt eine ganze Zahl dar, die als Ganzzahl (32 bit) abgelegt wird.

Eine Ganzzahl wird als DINT-Variable gespeichert, wenn sie größer als 32 767 oder kleiner als – 32 768 ist. Oder wenn das Typkennzeichen L# vor der Zahl steht.

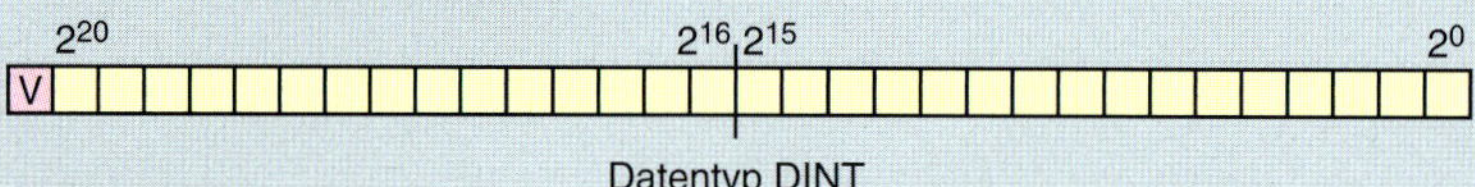

Datentyp DINT

Belegt wird ein Doppelwort. In Bit 31 (2^{21}) ist das Vorzeichen abgelegt.

Bit 31 (V)

„0“: Zahl ist positiv

„1“: Zahl ist negativ

Zahlenbereich: 2 147 483 647 bis – 2 147 483 648

Eine Variable mit dem Datentyp REAL ist eine gebrochene Zahl, die als 32-Bit-Gleitpunktzahl abgelegt wird.

Eine ganze Zahl wird als Realzahl gespeichert, wenn nach dem Punkt (bedeutet Komma) eine Null steht.

426	INT (16-Bit-Festpunktzahl)
426.0	REAL-Zahl (32-Bit-Gleitpunktzahl)
L#426	DINT (32-Bit-Festpunktzahl)
4.26e+02	REAL-Zahl in Exponentendarstellung ($4{,}26 \cdot 10^2 = 426$)

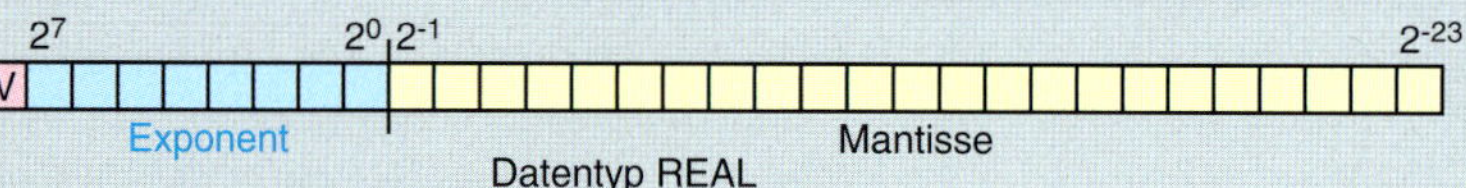

Datentyp REAL

Exponentendarstellung

Vor dem e oder E ist eine ganze oder gebrochene Zahl mit 7 Stellen mit Vorzeichen möglich. Die Angabe nach dem e oder E ist der Exponent zur Basis 10.

2.6 E 4 $2{,}6 \cdot 10^4 = 26\,000$

Drei Komponenten von Variablen mit dem Datentyp REAL:

1. Dem Vorzeichen („0“ positiv, „1“ negativ)
2. Dem Exponenten (Wertebereich 0 bis 255)
3. Mantisse (gebrochener Anteil)

Neben einem Schaltausgang (binäres Signal) hat ein Druckwächter einen analogen Ausgang, der im Druckbereich von 0 bis 10 bar eine normierte Spannung von 0 bis 10 Volt liefert. Die Kennlinie verdeutlicht das.

Bei einer binären Größe könnte nur zwischen 0 V und 10 V unterschieden werden.

Bei analogen Größen ist eine Vielzahl von Zwischenwerten möglich.

Wie viele Zwischenwerte das sind, hängt von der Auflösung der Analogbaugruppen ab.

Die Auflösung wird in Bit angegeben.

Wenn eine Analogbaugruppe die Auflösung 10 Bit hat, dann bedeutet das, dass $2^{10} = 1024$ Zwischenwerte im normierten Analogbereich unterschieden werden können.

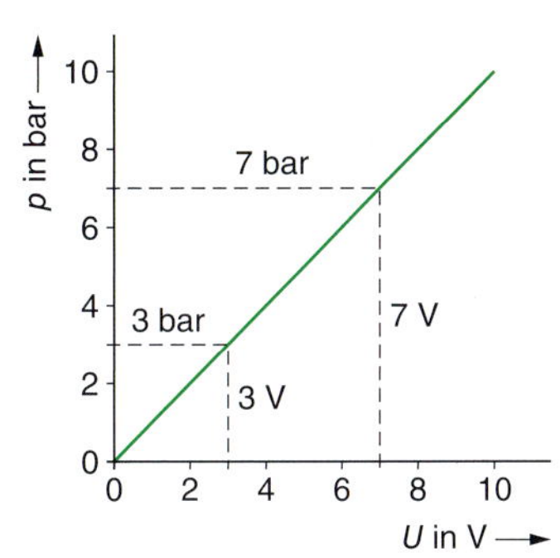

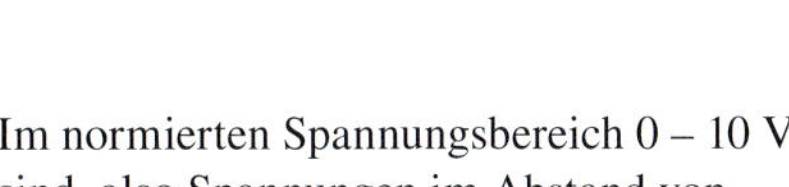

Im normierten Spannungsbereich 0 – 10 V sind also Spannungen im Abstand von

$$\frac{10\ \text{V}}{1024} = 9{,}77\ \text{mV}$$

voneinander unterscheidbar.

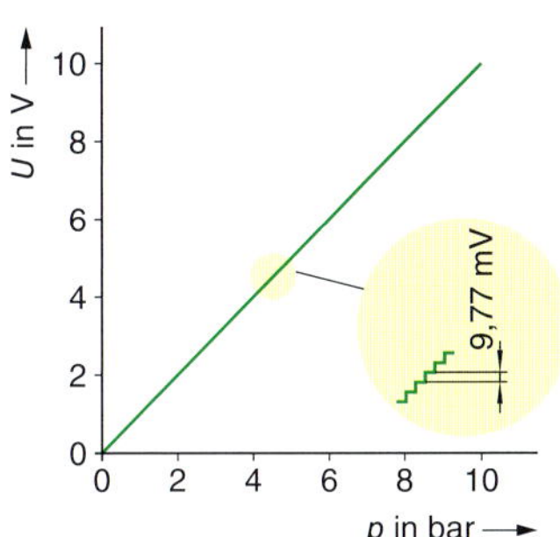

Der Spannungsverlauf ist also stufig mit einer „Stufenhöhe" von 9,77 mV bei einer Auflösung von 10 Bit.

Übliche Auflösungen in der Automatisierungstechnik sind 8 – 15 Bit plus Vorzeichen, wobei die 8-Bit-Auflösung heute praktisch keine große Rolle mehr spielt.

■ **Automatisierungsgeräte**

können intern keine analogen Signale verarbeiten. Analogbaugruppen wandeln ein analoges Signal in ein digitales Signal um; oder umgekehrt.

■ **Auflösung**

Anzahl der Bits, mit denen der dem Analogwert entsprechende Digitalwert dargestellt wird.

Analogeingabe

Bei **Analogeingabebaugruppen** kann zwischen den Messarten **Spannung**, **Strom**, **Widerstand** oder **Temperatur** unterschieden werden.

Hierbei sind unterschiedliche *Messbereiche* möglich.

Messart und **Messbereich** werden über *Messbereichsmodule*, die *Verdrahtungsart* und die *Parametrierung* in der Hardwarekonfiguration bestimmt.

Messbereichsmodule sind *Hardwarestecker*, die in einer definierten Position auf die Baugruppe gesteckt werden müssen.

Auszug aus den technischen Daten einer Analog-Eingabebaugruppe

Spannung: ± 80 mV, ± 250 mV, ± 500 mV, ±1 V, 5 V, ±10 V, 0 bis 10 V, 1 bis 5 V

Strom: ± 10 mA, ± 20 mA, 0 bis 20 mA, 4 bis 20 mA

Widerstand: 0 bis 150 Ω, 0 bis 300 Ω, 0 bis 600 Ω

Temperatur: Pt100: – 200 °C bis 850 °C

Nennbereich von Strom und Spannung

± 10 V	± 10 mA	± 20 mA	Digitalwert
10.000	10.000	20.000	27648
0.000	0.000	0.000	0
– 10.000	– 10.000	– 20.000	– 27648

1 – 5 V	0 – 20 mA	4 – 20 mA	Digitalwert
5.000	20.000	20.000	27648
3.000	10.000	12.000	13824
1.000	0.000	4.000	0

■ **Normiertes Signal 4 – 20 mA**

drahtbruchsicher und sehr häufig verwendet.

Beispiel

4 – 20 mA, gemessen werden 12 mA

Digitalwert:

$\frac{27648}{16\ \text{mA}} \cdot 12\ \text{mA} - 6912$

$= 13824$

Die Zahl 6912, die subtrahiert wird, entspricht dem nicht verwendeten Bereich von 0 bis 4 mA.

$\frac{27648 \cdot 4\ \text{mA}}{16\ \text{mA}} = 6912$

Messbereiche für Widerstandsgeber (Nennbereich)

0 – 150 Ω	0 – 300 Ω	0 – 600 Ω	Digitalwert
150.000	300.000	600.000	27648
112.500	225.000	450.000	20736
0.000	0.000	0.000	0

Digitalisierter Analogwert (Digitalwert)

1. Beispiel

Normierter Bereich:
± 10 V, Spannung am Analogeingang: 3,2 V

Digitalwert: $\frac{3{,}2\ \text{V}}{10\ \text{V}} \cdot 27648 = \mathbf{8847}$

2. Beispiel

Normierter Bereich:
4 – 20 mA, Strom am Analogeingang: 12 mA

Digitalwert: $\frac{27648}{16\ \text{mA}} \cdot 12\ \text{mA} - 6912 = \mathbf{13824}$

$6912 = \frac{4\ \text{mA}}{20\ \text{mA}} \cdot 27648 = 6912$

Der drahtbruchsichere Bereich 4 bis 20 mA hat nur einen ausnutzbaren Bereich von 16 mA. Dies ist zu berücksichtigen.

3. Beispiel

Widerstandsmessbereich 0 bis 600 Ω, Widerstandswert: 346 Ω

Digitalwert: $\frac{27648}{600\ \Omega} \cdot 346\ \Omega = \mathbf{15944}$

Einlesen von Analogwerten

Laut Hardwarekonfiguration der SPS:
Analogeingang 1: PEW 256

```
L   PEW 256   //Analogeingang 1 einlesen
T   MW 60     //Digitalwert in Merkerwort 60
              //speichern
```

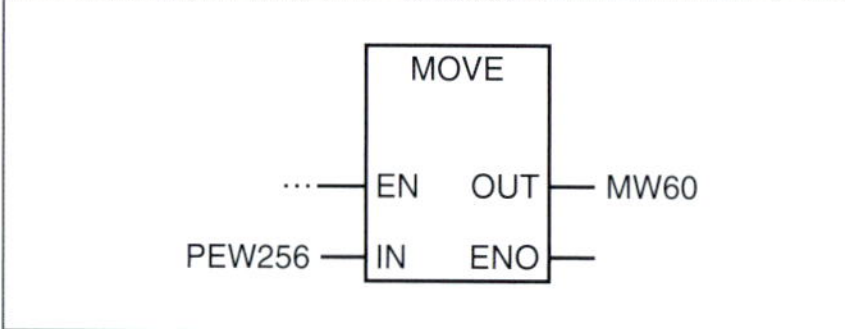

62 Funktionsplandarstellung

Selbstverständlich kann der Analogeingang auch mit einem *Variablennamen* versehen werden.

```
analog_eingang   PEW 256   WORD
SPEICHER         MW 60     WORD

L   analog_eingang
T   SPEICHER
```

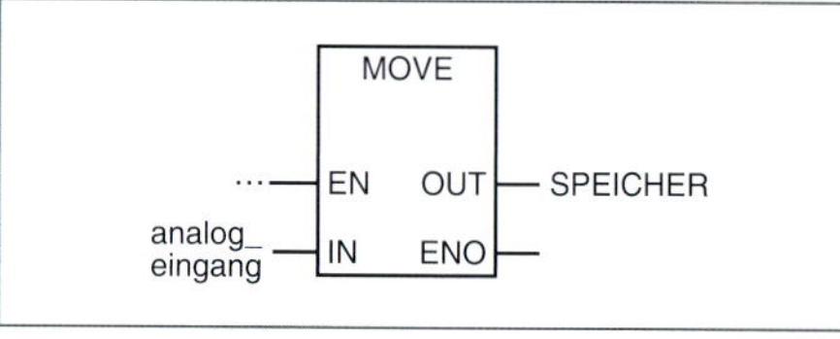

63 Funktionsplandarstellung

Analogausgabe

Analogausgabebaugruppen liefern entweder normierte Spannungs- oder Stromsignale. Auch hier sind unterschiedliche Bereiche wählbar.

Einige Beispiel hierfür:

1. Bereich 0 – 10 V, auszugebender Digitalwert 17256.

Analoger Spannungswert
$10\ \text{V} \cdot \frac{17256}{27648} = 6{,}24\ \text{V}$

2. Bereich 4 – 20 mA, auszugebender Digitalwert 20800.

Analoger Spannungswert
$16\ \text{mA} \cdot \frac{20800}{27648} + 4\ \text{mA} = 16\ \text{mA}$

3. Bereich ± 10 V, auszugebender Digitalwert 18600.

Analoger Spannungswert
$10\ \text{V} \cdot \frac{18600}{27648} = 6{,}73\ \text{V}$

Hinweis

- Bei einer *Spannungsausgabe* wird von der Ausgabebaugruppe eine *Kurzschlussprüfung* durchgeführt. Die CPU geht bei Kurzschluss in den Stoppzustand.
- Bei einer *Stromausgabe* wird von derAnalogbaugruppe eine *Drahtbruchprüfung* durchgeführt. Bei Drahtbruch geht die CPU in den Stoppzustand.

Prüfung

1. Normiertes Signal 4 – 20 mA.
Messwert 7 mA.
Ermitteln Sie den Digitalwert.

2. Normiertes Signal 0 – 20 mA.
Digitalwert 16242.
Ermitteln Sie den Messwert.

@ Interessante Links

- christiani-berufskolleg.de

Elektrische Widerstände mit dem Nennwert 150 Ω sollen gemessen werden. Wenn die Abweichung ± 10 % vom Nennwert unter- oder überschritten wird, soll eine Meldung dies signalisieren.

Der Widerstandswert wird auf einen Analogeingang „widerstand" gegeben. Der Messbereich beträgt 0 bis 300 Ω

Toleranzbereich

150 Ω + 15 Ω = 165 Ω (oberer Grenzwert, „high-wert")

150 Ω – 15 Ω = 135 Ω (unterer Grenzwert, „low-wert")

Digitalwerte bestimmen:

$$165\ \Omega: \frac{27\,648}{300\ \Omega} \cdot 165\ \Omega = 15\,206$$

$$135\ \Omega: \frac{27\,648}{300\ \Omega} \cdot 135\ \Omega = 12\,441$$

Es soll ein Funktionsbaustein FB10 OHM_MESSUNG für diese Aufgabenstellung entwickelt werden.

Quellorientierte Programmierung in SCL

■ **Quellorientierte Programmierung**

→ 250

```
FUNCTION_BLOCK FB10      //Widerstand
   var_input
      high_wert     :  INT;
      low_wert      :  INT;
      ohm_wert      :  INT;
   end_var
   var_output
      FEHLER        :  BOOL;
   end_var
   if ohm_wert > high_wert or ohm_wert < low_wert
      then FEHLER := 1;
      else FEHLER := 0;
   end_if;
END_FUNCTION_BLOCK
```

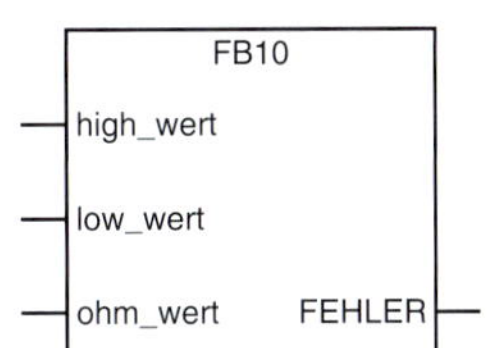

Die Quelle wird als „Externe Quelle" importiert und übersetzt.

Nach erfolgreicher Übersetzung steht der Funktionsbaustein FB10 im Baustein-Behälter zur Verfügung.

Er kann im OB1 aufgerufen werden (1. Instanz mit Instanz-Datenbaustein DB1).

OB1: Widerstandsmessung

Netzwerk 1: Liegt Ohmwert innerhalb der Toleranz?

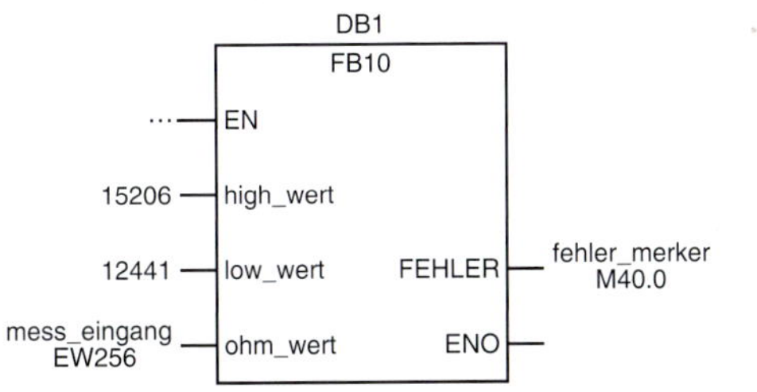

SCALE-Baustein

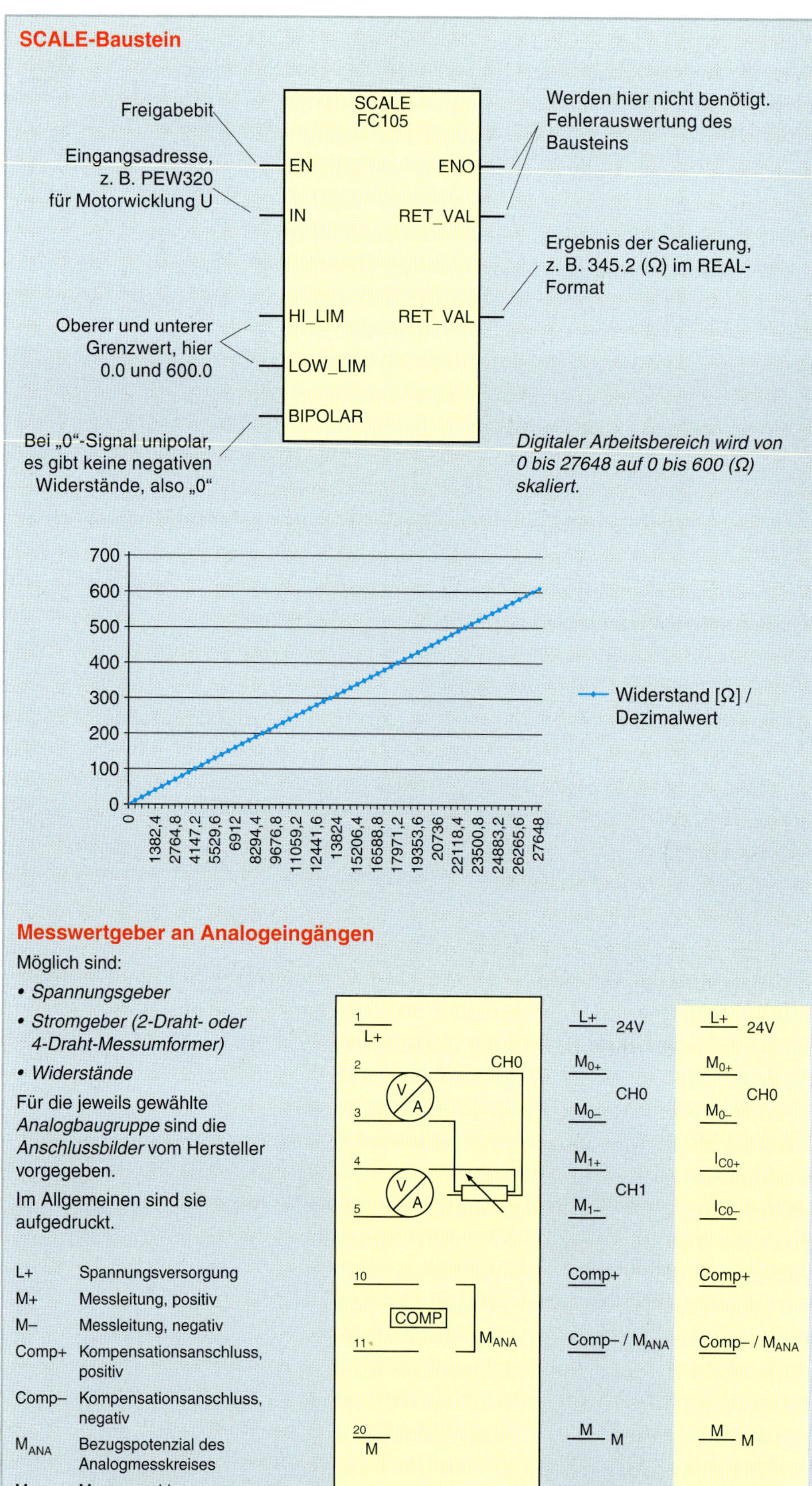

Messwertgeber an Analogeingängen

Möglich sind:

- *Spannungsgeber*
- *Stromgeber (2-Draht- oder 4-Draht-Messumformer)*
- *Widerstände*

Für die jeweils gewählte *Analogbaugruppe* sind die *Anschlussbilder* vom Hersteller vorgegeben.

Im Allgemeinen sind sie aufgedruckt.

L+	Spannungsversorgung
M+	Messleitung, positiv
M–	Messleitung, negativ
Comp+	Kompensationsanschluss, positiv
Comp–	Kompensationsanschluss, negativ
M_{ANA}	Bezugspotenzial des Analogmesskreises
M	Masseanschluss
IC+	Konstantstromleitung, positiv
IC–	Konstantstromleitung, negativ

Ausgabebaugruppe

Die Analogausgänge können wahlweise als Strom- oder Spannungsausgänge geschaltet werden. Auch hierfür geben die Hersteller Anschlussbilder vor.

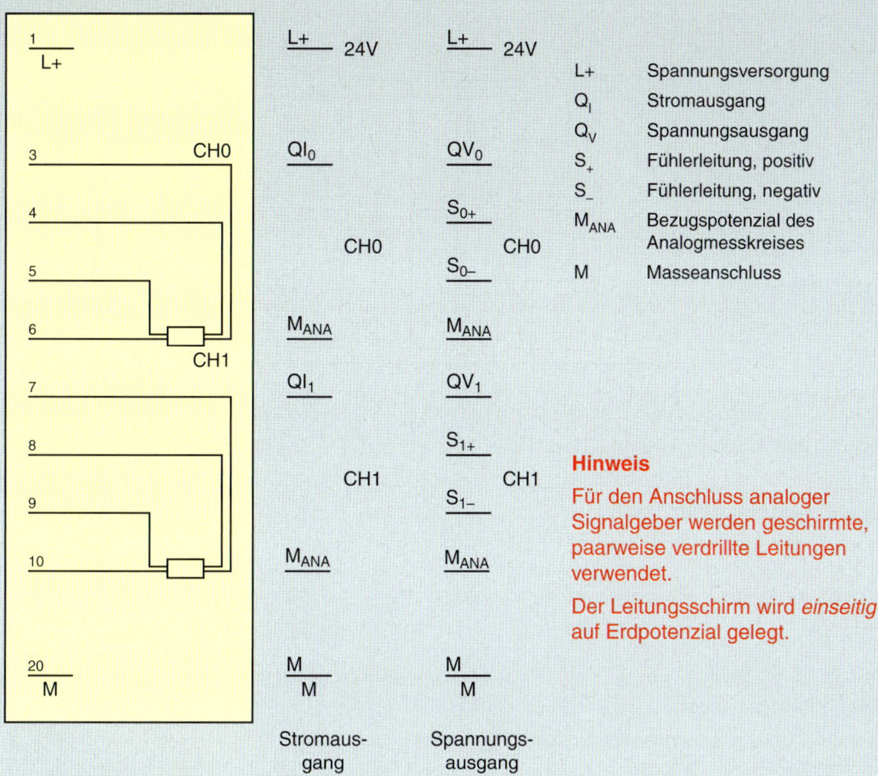

Hinweis

Für den Anschluss analoger Signalgeber werden geschirmte, paarweise verdrillte Leitungen verwendet.

Der Leitungsschirm wird *einseitig* auf Erdpotenzial gelegt.

Anschluss eines Spannungsgebers

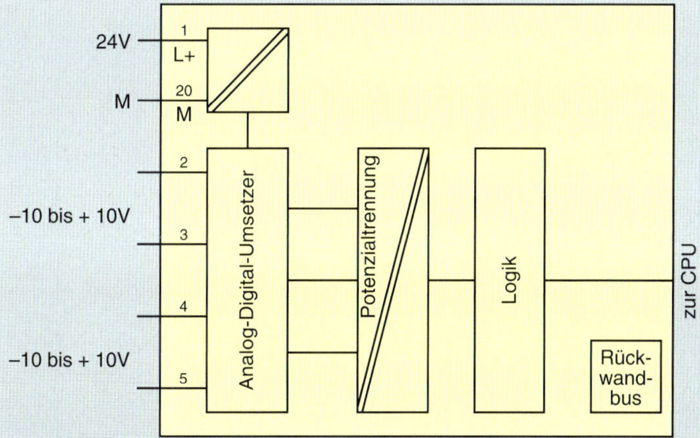

Unbeschaltete Eingänge sind kurzzuschließen und wie der COMP-Eingang (10) mit M_{ANA} (11) zu verbinden.

Steckung des Messbereichmoduls der jeweiligen Baugruppe beachten!

Anschluss eines Stromgebers

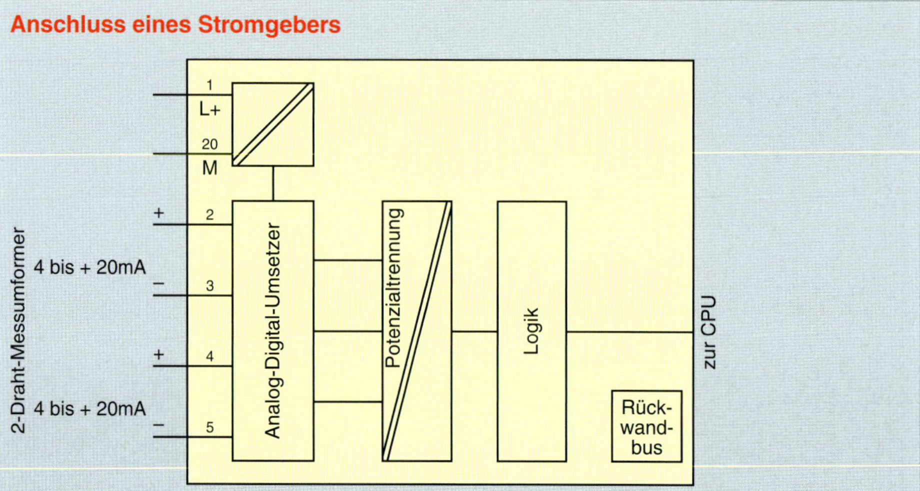

Der nicht verwendete COMP-Eingang (10) ist mit M_{ANA} (11) zu verbinden.
Steckung des Messbereichmoduls beachten!

2-Draht-Messumformer

Spannungsversorgung über Analogeingang der Analogbaugruppe. Messgröße wird wie ein normiertes Stromsignal umgewandelt. Ein nicht verwendeter Eingang kann offen gelassen weden.

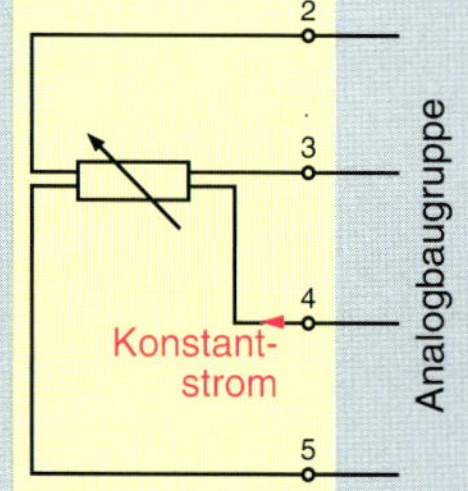

4-Draht-Messumformer

Separate Versorgungsspannung. Steckung des Messbereichmoduls beachten!

Der Konstantstrom ruft eine Spannung hervor, die der Analogbaugruppe zugeführt wird.

Analog-Eingabebaugruppe im Projekt

(nur ein Analogeingang dargestellt)

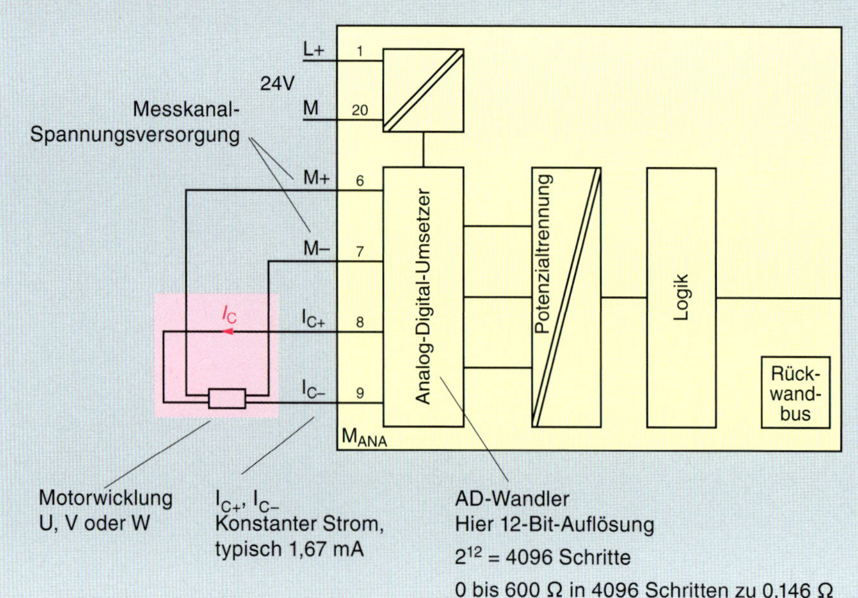

R-4L: Vierleitermessung

Messbereichsendwert: 150 Ω, 300 Ω oder 600 Ω parametrierbar.
Gewählt wird 600 Ω.

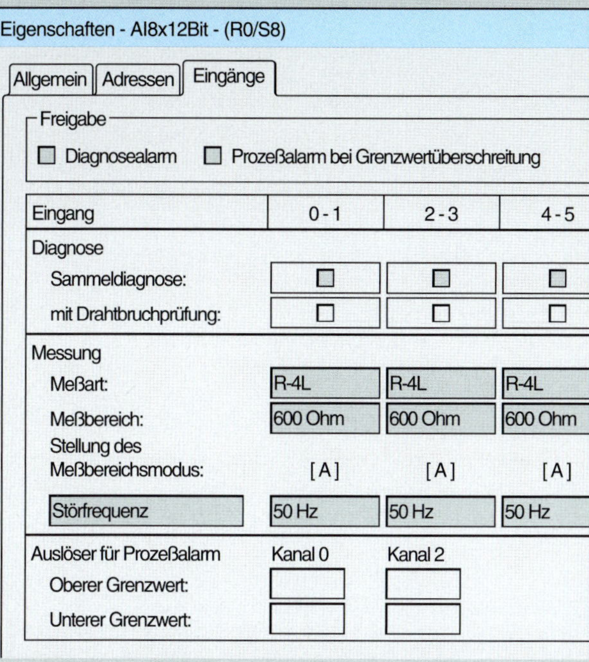

Eingangsadresse

Ab PEW 256 möglich. Hier automatische Systemvorgabe PEW 320 gewählt.

- Kanal 1 → PEW 320
- Kanal 2 → PEW 322
- Kanal 3 → PEW 324

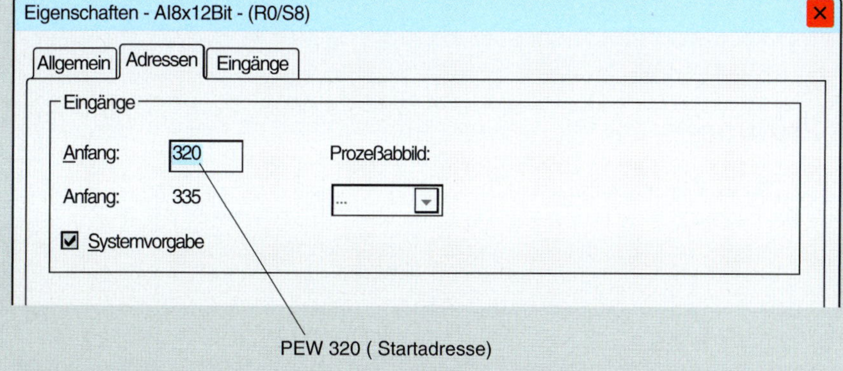

Analog-Ausgangsbaugruppe (2-Leiteranschluss)

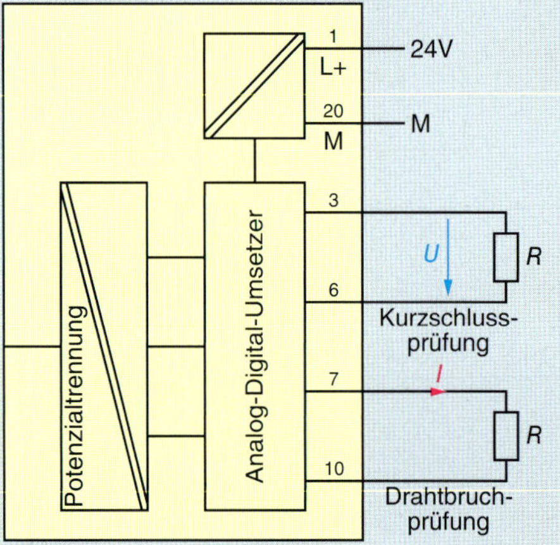

Analogausgänge können wahlweise als *Strom-* oder *Spannungsausgänge* parametriert werden.

Unbeschaltete Ausgabekanäle müssen in der Hardware-Projektierung deaktiviert werden. Dann sind die Ausgänge spannungslos.

Analog-Ausgangsbaugruppe (2-Leiteranschluss)

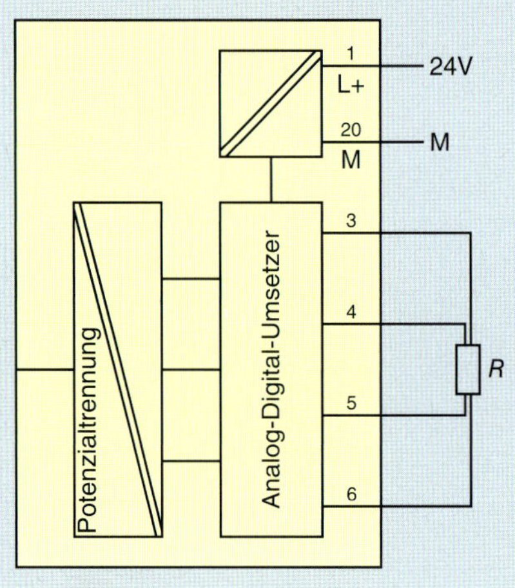

Das ausgegebene Spannungssignal wird direkt an der Last gemessen und kann bei Bedarf nachgeregelt werden.

Dadurch lässt sich eine hohe Genauigkeit des Spannungssignals erreichen.

Prüfung

1. Erläutern Sie die Wirkungsweise der dargestellten Funktion.

Netzwerk 3:

FC115
"Scalierbaustein
Wickl V"

M23.1
"Messung
aktiv" — EN

PEW322
"widerstand_
wicklung_V" — IN

6.000000e+
002 — HI_LIM

0.000000e+
000 — LO_LIM

M25.7
"Hilfs
merker 2" — BIPOLAR

RET_VAL — MW76
"Hilfsmerker
word MW76"

OUT — MD324
"scalierter Wert
Wickl. V"

ENO

@ Interessante Links

- christiani-berufskolleg.de

5.2 Sensoren

Sensoren erfassen **physikalische Größen**, die in geeigneter Form (Strom, Spannung) der *Eingabe-Ebene* eines Automatisierungssystems zugeführt werden. Dies kann in **digitaler** oder **analoger** Form erfolgen.

Der Begriff **Sensor** ist vom lateinischen „sensus" abgeleitet, was mit „Wahrnehmung" übersetzt werden kann.

Die Sensorsignale werden in *logische Verknüpfungen* eingebunden, woraus sich die *Ausgangsgrößen* des Automatisierungssystems ergeben. Dadurch werden über *Stellglieder* **Aktoren** angesteuert.

- *Stellglied*: Hauptschütz
- *Aktor*: Drehstrommotor

Sensoren bestimmen *Fortschritte* in der Automatisierungstechnik ganz wesentlich mit. Sie haben dabei unterschiedliche *Merkmale*.

- **Aktive Sensoren**
  Wandeln die physikalische Größe *direkt* in eine elektrische Größe um.
  - *Thermoelement*:
    Temperatur → elektrische Spannung
  - *Fotodiode*:
    Beleuchtungsstärke → elektrische Stromstärke
- **Passive Sensoren**
  Zur Umwandlung der physikalischen Größe in eine elektrische Größe wird *Energie* benötigt, z. B. Dehnungsmessstreifen.

Temperatursensoren

Temperaturabhängigkeit des elektrischen Widerstands:

$$R_{\vartheta} = R_{20} \cdot (1 + \alpha \cdot \Delta\vartheta)$$

Geeignet sind **Widerstandswerkstoffe** mit hohem **Temperaturkoeffizienten** α und großem **spezifischen Widerstand** ρ.

Außerdem wird ein möglichst *linearer* Zusammenhang zwischen Temperatur und Widerstandswert angestrebt. **Platin** ist ein bevorzugter Werkstoff, auch **Nickel** ist möglich.

Der **Nennwiderstand** beträgt bei Platin und Nickel 100 Ω oder 1000 Ω.
Es gilt bei der Temperatur **0 °C**.
Pt100 bedeutet zum Beispiel:
Bei **0 °C** beträgt der Widerstandswert **100 Ω**.

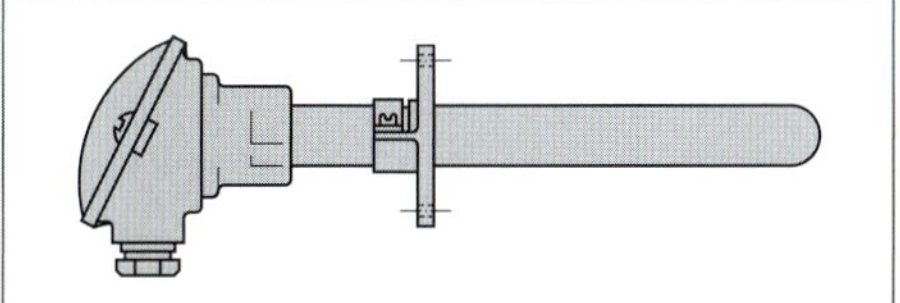

64 *Widerstandsthermometer*

Angewendete technische Effekte

- *Änderung des elektrischen Widerstands*
  Längen- oder Durchmesseränderung des Widerstandsmaterials, Einfluss von Wärme, Strahlung, Magnetfeld.
- *Halleffekt*
  Änderung eines Magnetfeldes
- *Elektrodynamischer Effekt*
  Feldänderung, Bewegung
- *Thermoelektrischer Effekt*
  Änderung der Temperatur
- *Fotoelektrischer Effekt*
  Lichtstrahlung
- *Piezoelektrischer Effekt*
  Längenänderung, Formänderung
- *Kapazitätsänderung*
  Plattenabstand, Dielektrikum, Plattenfläche

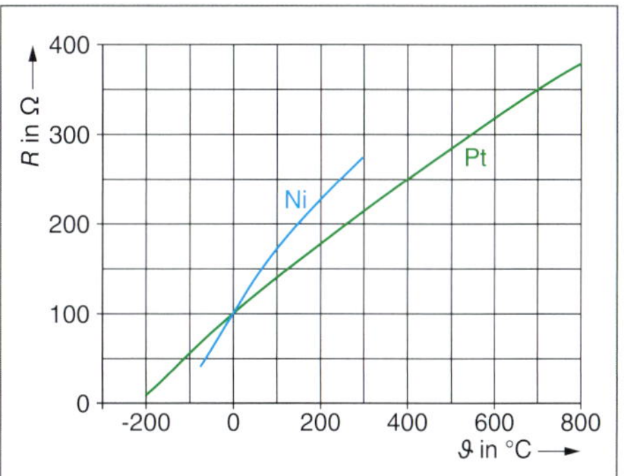

65 *Kennlinien von Platin und Nickel*

66 *Beispiele für Sensoren*

Sensor
sensor

Stellglied
actuating mechanism, actuator

Aktor
actuator

Temperatursensor
temperature sensor

Widerstandsthermometer
resistance thermometer

■ **Sensoren**

erfassen den Istwert von Steuerungen und Regelungen.

Zweileitertechnik
two wire technique

Dreileitertechnik
three wire technique

Vierleitertechnik
four wire technique

Thermoelement
thermoelement

Thermospannung
thermoelectric voltage, thermovoltage

Messstelle
point of measurement

Vergleichsstelle
reference junction

■ Thermospannung

liegt je nach Thermoelement im Bereich

$7 \frac{\mu V}{°C}$ und $75 \frac{\mu V}{°C}$.

Widerstandsthermometer

Wenn die **Messwiderstände** in ein *Schutzrohr* eingebracht sind und fachgerecht kontaktiert werden können, spricht man von einem *Widerstandsthermometer* (Bild 64, Seite 331).

Bauformen und Abmessungen sind genormt.

Zur Temperaturmessung wird die *Widerstandsänderung* in der **Brückenschaltung** bestimmt. Dabei unterscheidet man die *Zweileiter-*, *Dreileiter-* und *Vierleitertechnik*.

- **Zweileitertechnik**
  Der Sensor ist mit einer zweiadrigen Leitung mit der Auswerteschaltung verbunden. Die Zuleitungswiderstände verursachen Messfehler, da auch sie temperaturabhängig sind.

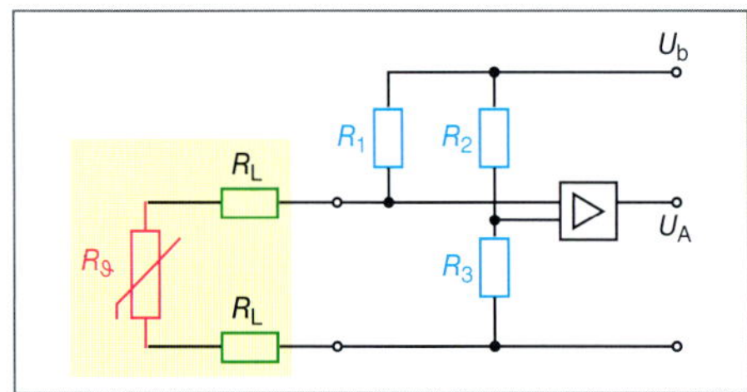

67 Zweileitertechnik

- **Dreileitertechnik**
  Es werden zwei Messkreise aufgebaut. Dadurch wird der Einfluss des Leiterwiderstands kompensiert.

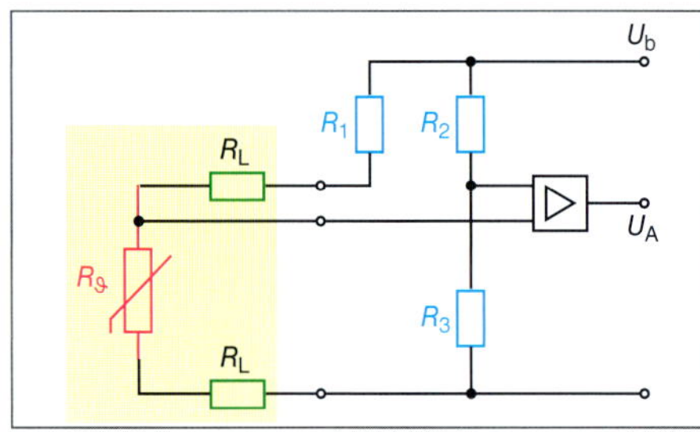

68 Dreileitertechnik

- **Vierleitertechnik**
  Der Sensor wird von einem konstanten Strom durchflossen. Der auftretende Spannungsfall wird zum Eingang der Auswerteschaltung geführt. Die Leiterwiderstände haben dann praktisch keinen Einfluss mehr.

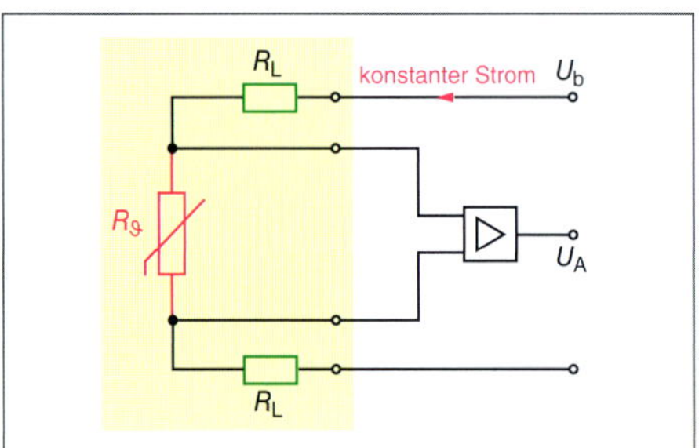

69 Vierleitertechnik

Messbereich

- Platin: – 220 °C bis 1000 °C
- Nickel: – 60 °C bis 200 °C

Nickel hat etwa den *2-fachen* Temperaturkoeffizienten wie Platin. Daher sind Nickelsensoren wesentlich *empfindlicher* als Platinsensoren. Allerdings verläuft die Kennlinie nicht so *linear*.

Thermoelemente

Das **Thermoelement** ist ein *aktiver* Sensor, der Wärmeenergie in elektrische Energie umwandelt.
Die leitende Verbindung zweier unterschiedlicher Metalle liefert eine **temperaturabhängige Thermospannung**. Diese Thermospannung ist abhängig von der Temperatur der Verbindungsstelle. Die *Verbindungsstelle* nennt man **Thermopaar**.

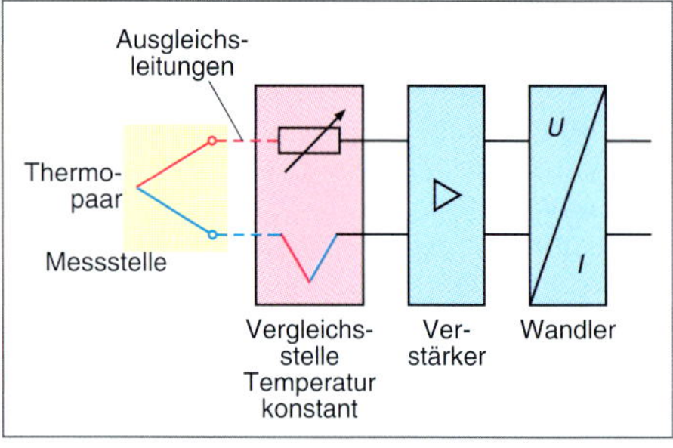

70 Prinzip eines Thermoelements

Wenn **Messstelle** und **Vergleichsstelle** die *gleiche Temperatur* haben, dann ist die **Thermospannung** *null*. Sensorisch erfasst wird die *Temperaturdifferenz*.

Die *Thermospannung* U_{th} ist der *Temperaturdifferenz* zwischen Mess- und Vergleichsstelle verhältnisgleich.

$$U_{th} \sim ϑ_M - ϑ_V$$

$$U_{th} = k \cdot (ϑ_M - ϑ_V)$$

Dabei ist k die von den Thermodrähten abhängige Materialkonstante.

Sie wird in Volt/Kelvin

$$\left(\frac{V}{K}\right)$$

angegeben.

Die **Thermospannung** ist sehr *gering*.

Sie muss mithilfe eines *Messverstärkers* aufbereitet werden.

Eisen-Konstantan: $0{,}051\,\frac{\text{mV}}{\text{K}}$,

Messbereich – 200 °C bis 600 °C

Ausgleichsleitungen

Im Allgemeinen sind *Messstelle* und *Vergleichsstelle* räumlich voneinander entfernt.

Dann müssen die **Thermopaarschenkel** *verlängert* werden.

Die hierzu verwendeten **Ausgleichsleitungen** müssen aus dem *gleichen Material* wie die Thermoschenkel bestehen. Dies gilt auch für alle Verbindungsstellen. **Kennfarben** erleichtern die Zuordnung.

■ **Thermoelemente, Leitungen, Kennfarben**

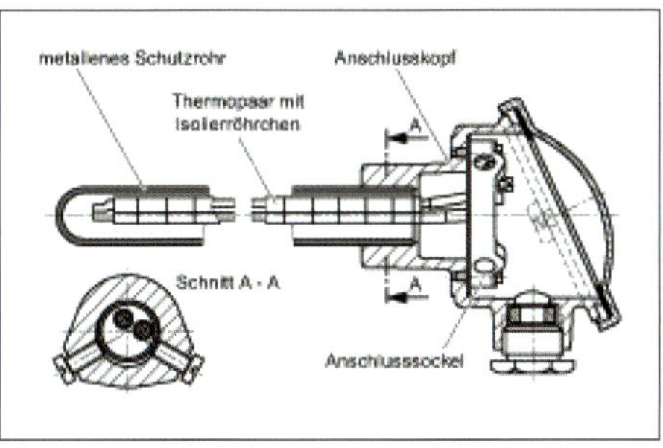

71 Thermolelement

Sensoren für geometrische Messgrößen

Ohmscher Wegaufnehmer

Wegaufnehmer beruhen i. Allg. auf *ohmschen*, *induktiven*, *inkrementalen* und *kodierten* Grundprinzipien.

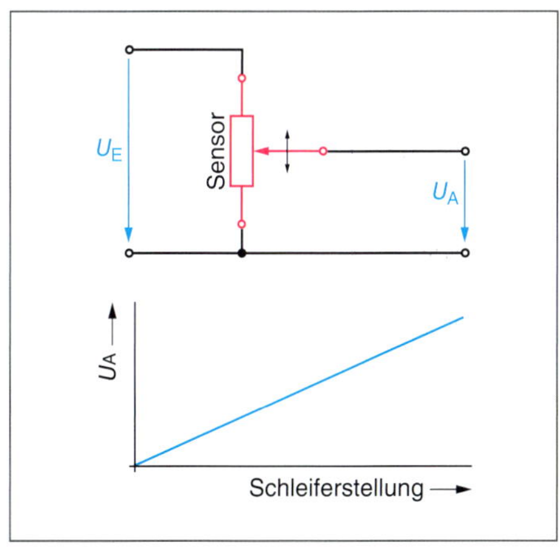

72 Ohmscher Wegaufnehmer, Prinzip

Die Ausgangsspannung U_A ist der Schleiferstellung verhältnisgleich. Der Schleifer greift eine dem Weg (oder Winkel) entsprechende (verhältnisgleiche) Spannung ab.

Diese Spannung kann angezeigt oder in Automatisierungssystemen verarbeitet werden.

Höhere Widerstandswerte erfordern größere Drahtlängen. Dazu muss der *Widerstandsdraht wendelförmig* aufgebracht werden.

Nachteilig wirkt sich dabei aus, dass sich der Widerstandswert dann „sprunghaft“ ändert, wenn der Schleifer von Windung zu Windung übergeht.

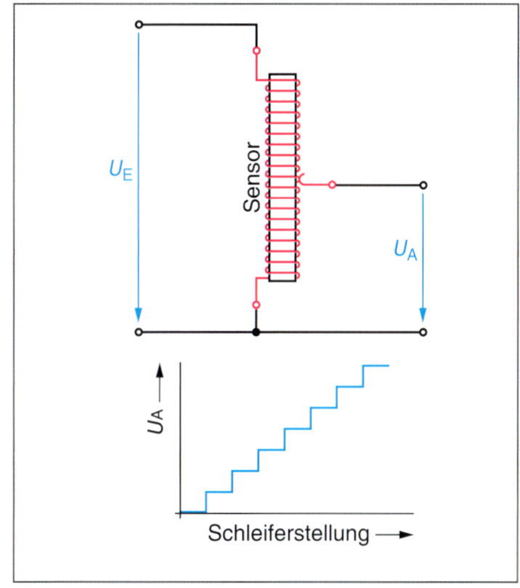

73 Wendelförmig aufgebrachter Draht

Statt *drahtgewickelter* Widerstände mit begrenzter Auflösung wegen der Windungssprünge werden die *Widerstandsbahnen* oft aus **Leitplastik** gefertig.

Wegaufnehmer
displacement gauge

Hierbei handelt es sich um einen *Kunststoff*, der durch Einlagerungen (Kohlepartikel) *leitfähig* gemacht wird. Die *Leitplastik* wird als Film auf einen Träger aufgebracht.

Technische Daten

- Messbereich 0 bis 2000 mm
- Auflösung 0,1 bis 0,001 mm
- Linearität ≤ 0,2 %
- Frequenz 0 bis 5 Hz

Induktive Wegaufnehmer

■ **Induktivität**
→ basics Mechatronik

Prinzipiell bestehen diese Wegaufnehmer aus einem *ferromagnetischen Eisenkern*, der sich *beweglich* im Inneren einer *Spule* befindet.

Einen solchen Sensor nennt man **Tauchankergeber**. Seine Induktivität hängt ab von

- der Permeabilität des Eisens,
- der Windungszahl der Spule,
- den Abmessungen der Spule.

■ **Brückenschaltung**
→ basics Mechatronik

Der Tauchankergeber wird in eine *Brückenschaltung* eingebaut.

■ **Kapazität**
→ basics Mechatronik

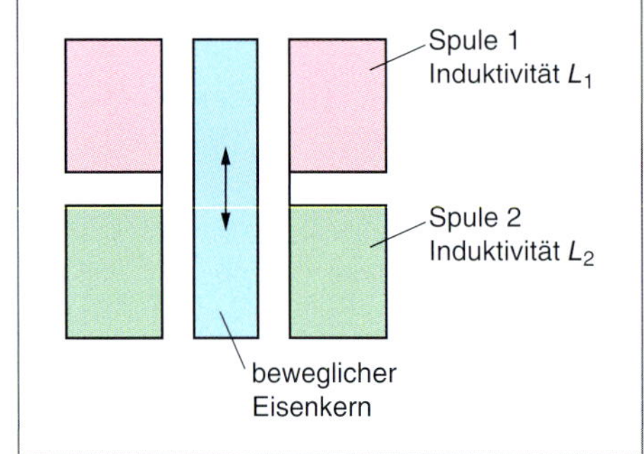

74 Prinzip des Tauchankergebers

In *Mittelstellung* des beweglichen Eisenkerns ist die Messbrücke *abgeglichen.*

Bei Bewegung des Eisenkerns wird die Brücke *verstimmt.*

Bild 75 zeigt die Schaltung der induktiven Längensensoren. Die Ausgangsspannung U_A ist abhängig von der Position des Eisenkerns.

Eine *Verlagerung* des Aluminiumkerns führt deshalb zu einer Änderung des *induktiven Widerstands.*

Das *Sensorsignal* ist der an der Spule auftretende *Spannungsfall*, der *gleichgerichtet* wird.

Kapazitive Wegaufnehmer

Die *Kapazität* ist abhängig vom *Dielektrikum*, dem *Abstand* und der *Fläche.*

$$C = \frac{\varepsilon_0 \cdot \varepsilon_r \cdot A}{d}$$

Da die *Kapazitätsänderung* sehr *gering* ist, muss das Signal verstärkt werden.

Es ergeben sich aber folgende *Vorteile*:

- *Sehr stabiler Aufbau*
- *Elektrische Felder lassen sich abschirmen*
- *Magnetische Felder haben keinen Einfluss*
- *Direkte Umwandlung in eine elektrische Größe*

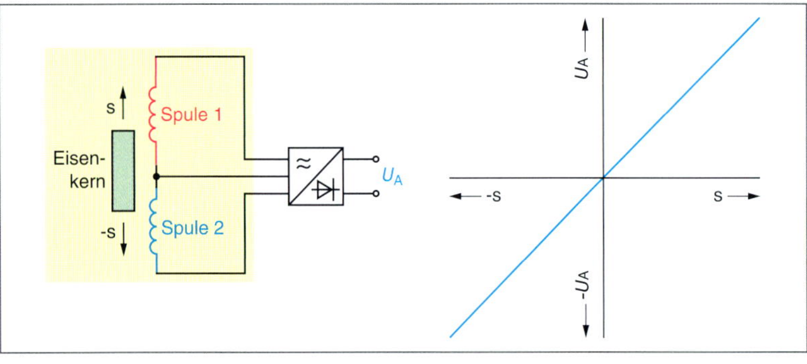

75 Prinzipschaltung eines induktiven Längensensors

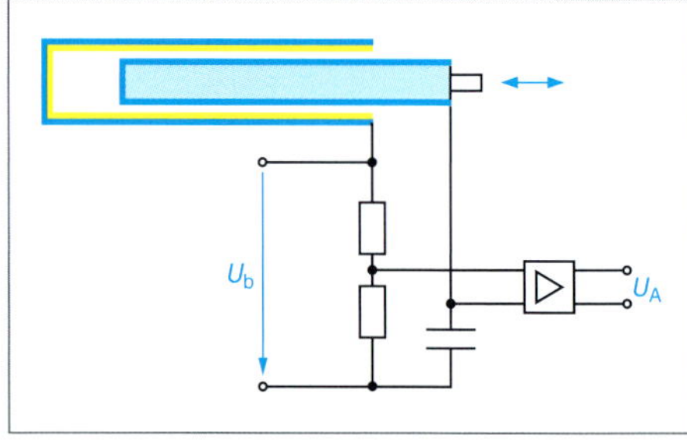

77 Kapazitiver Wegaufnehmer, Wirkungsprinzip

■ **FLDT**
Fast Linear Displacement Transductor; schneller linearer Wegaufnehmer

■ **Inkrement**
Zunahme einer Größe

FLDT-Sensor

Eine *Zylinderspule* wird von einem *Ferritmantel* umgeben. Das System ist in eine Edelstahlhülse eingebaut. In die Spule taucht ein bewegliches Aluminiumrohr ein.

Die Spule wird an eine Wechselspannung von 100 kHz angeschlossen. Wegen der *Wirbelströme* kann das 100-kHz-Magnetfeld nicht in den Aluminiumkern eindringen.

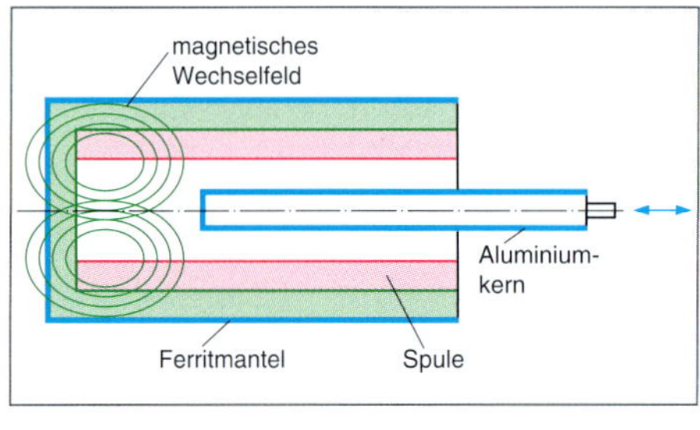

76 FLDT-Sensor

Inkrementale Wegaufnehmer

Ein optischer Sensor bewegt sich über ein **Rasterlineal**. Die sich dabei ergebenden *Impulse* werden *gezählt.*

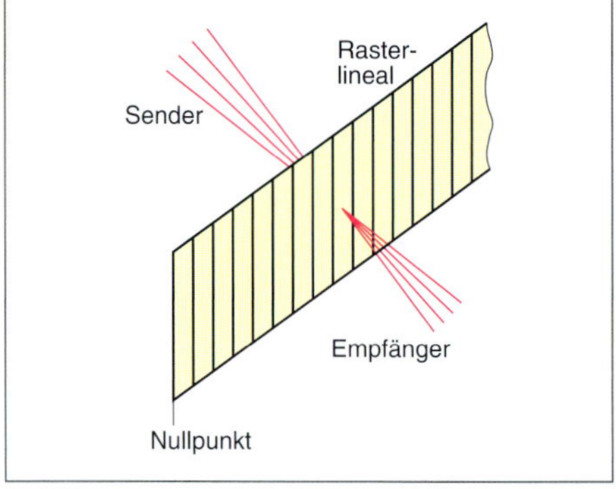

78 Rasterlineal

Der Zählerstand ist ein Maß für die *Wegänderung.* Damit eine absolute Wegposition ermittelt werden kann, muss ein *Nullpunkt* definiert werden. Es ist eine Auflösung kleiner 0,5 µm möglich.

Bei diesem **inkrementalen Messverfahren** wird der *Längenzuwachs* durch einzelne Lichtimpulse dargestellt. Die Messgenauigkeit hängt also von der **Schrittweite** des *Rasterlineals* ab.

Absoluter Wegaufnehmer

Ein optischer Sensor wird über ein Rasterlineal bewegt, wobei der Messwert z. B. dem **Gray-Code** entspricht.

Der Code wird ausgewertet, sodass der **Absolutwert** des Weges ermittelt werden kann.

Jedem Schritt ist ein binärer Zahlenwert zugeordnet. Die erreichbare Auflösung ist kleiner als 0,5 µm. Ein Nullpunkt wird nicht benötigt.

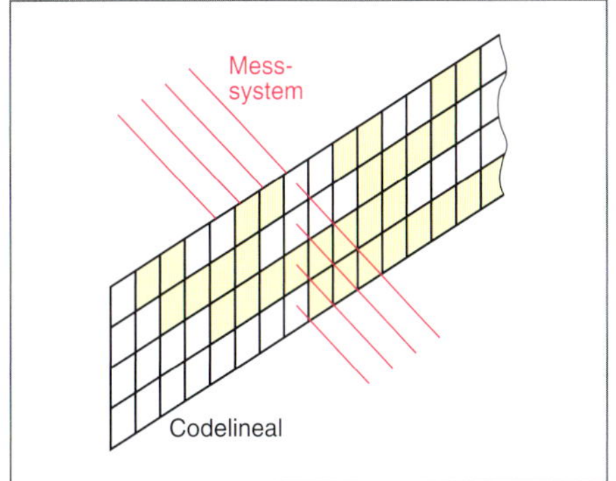

79 Codelineal, Gray-Code

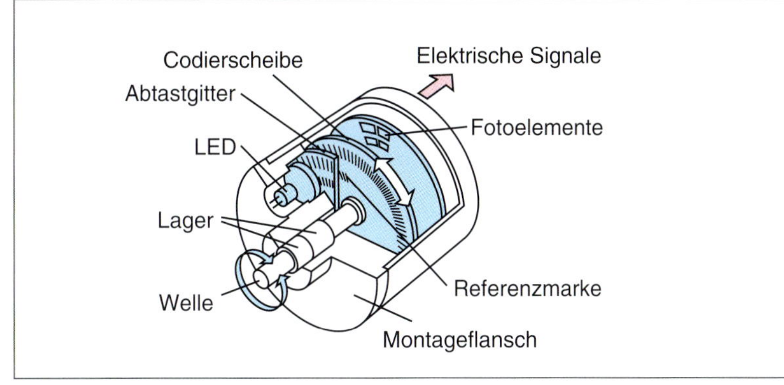

80 Inkrementaler Drehgeber

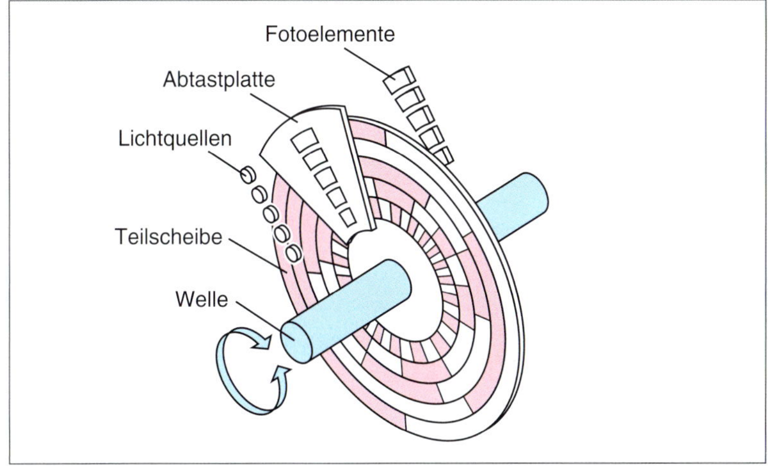

81 Absoluter Drehgeber

Drehgeber

Drehgeber wandeln die Drehbewegung in einen direkt zu verarbeitenden Messwert um.

Sie ermöglichen eine *genaue Positionierung*. Sie arbeiten mit einer verschleißfreien *optoelektronischen Abtastung* einer fest mit der Welle verbundenen *Impulsscheibe*.

- **Inkrementale Drehgeber**
  Bei jeder Umdrehung wird eine definierte Anzahl von *Impulsen* abgegeben. Diese Anzahl ist ein Maß für den zurückgelegten Weg.

  Auf einer Welle ist eine „Rasterlinealscheibe" montiert. Die Scheibensegmente sind abwechselnd lichtdurchlässig und lichtundurchlässig.
  Eine LED strahlt ein parallel ausgerichtetes Lichtbündel aus. Damit werden die Segmente durchleuchtet. Das Licht wird von Fotoelementen empfangen. Eine Elektronik gib dann *Rechteckimpulse* aus.

- **Absoluter Drehgeber**
  In jeder Winkelstellung wird ein *definierter codierter Zahlenwert* ausgegeben. Dieser Zahlenwert steht unmittelbar nach dem Einschalten zur Verfügung.

Singleturn-Drehgeber

Nach einer Umdrehung wiederholen sich die Messwerte.

Multiturn-Drehgeber

Können nicht nur Winkelpositionen, sondern auch Umdrehungen erfassen.

Rotationsdrehgeber

Dienen zur Erfassung von mechanischen Positionen, z. B. bei Werkzeugrevolvern. Sie haben eine hohe Positioniergeschwindigkeit.

Drehzahlmessung

Analoge Drehzahlmessung

Nach dem Generatorprinzip wird eine der *Drehzahl proportionale Spannung* erzeugt.

Gut geeignet für *dynamische Drehzahlverläufe* z. B. bei Anwendungen in der Regelungstechnik. Bei **Tachogeneratoren** ist eine hohe *Linearität* zwischen Drehzahl und Messspannung wichtig.

Unterschieden wird zwischen *Wechselstromgeneratoren*, *Drehstromgeneratoren* und *Gleichstromgeneratoren*.

■ **Gray-Code**

■ **Gleichstrom-Tachogeneratoren**

geben eine der Drehzahl proportionale Spannung ab.

■ **Wechselstrom-Tachogeneratoren**

erzeugen eine sinusförmige Spannung, deren Frequenz der Drehzahl proportional ist.

Beim Zählen wird die Anzahl der Impulse in einer definierten Zeit ermittelt.

@ Interessante Links

- www.balluff.com
- www.leuze-electronic.de
- www,baumer.com
- www.turck.cd

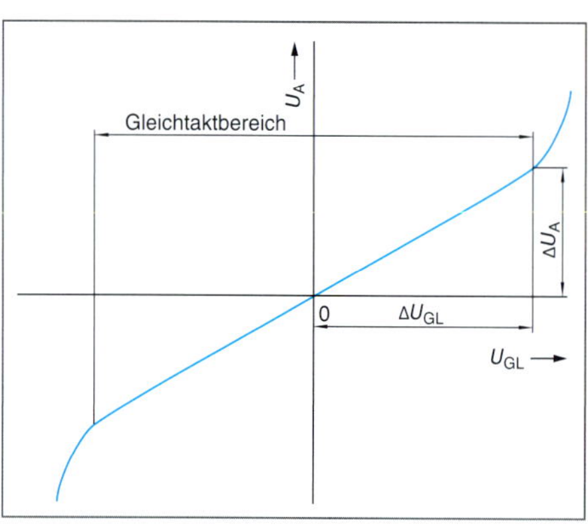

82 Kennline eines Tachogenerators

Digitale Drehzahlmessung

Über die Zeit t werden N-Impulse gezählt und als Frequenz $n = N/t$ ausgegeben.

Vorteil: Sehr genaue Messungen des Mittelwerts von n. Keine Rückwirkungen auf das Messobjekt.

Nachteil: Der augenblickliche Wert von n kann nicht gemessen werden, daher vorzugsweise für *stationäre Messungen* geeignet.

Aufnehmen: *Induktiv* bei metallischem Werkstoff, *optisch* bei reflektierendem Werkstoff, *kapazitiv* bei nicht metallischem Werkstoff.

- **Induktive/kapazitive Aufnehmer**
  Ein induktiver oder kapazitiver Näherungsschalter wird vom Rotor angesteuert. Die Impulsanzahl ist der Drehzahl proportional. Mit zwei Näherungsschaltern ist eine *Drehrichtungserkennung* möglich.

- **Optische Aufnehmer**
  Abtastung mit *Reflexlichttaster* oder *Schlitzinitiatoren*, sonst wie oben.

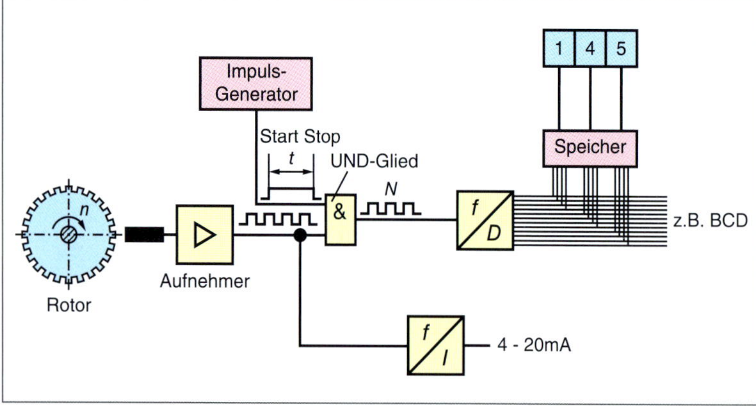

83 Digitale Drehzahlmessung, Prinzip

Füllstandsmessung

Schwimmerschalter

Auf der Oberfläche der Flüssigkeit schwimmt ein **Schwimmer**, der bei Erreichen eines definierten Füllstands ein Signal ausgibt. Geeignet zur **Grenzwerterfassung** in Flüssigkeiten.

Lotsystem

Ein *Füllgewicht* wird durch einen Motor *abgelassen*.

Bei Erreichen der *Füllgutoberfläche* nimmt die Zugkraft am Messband ab.

Die Motordrehrichtung wird dann umgeschaltet und zieht das Füllgewicht in Ausgangslage zurück.

Der *Füllstand* wird aus der Länge des abgespulten Bandes ermittelt. Geeignet zur Messung von **Schüttgütern** in *hohen* Behältern (bis ca. 70 m).

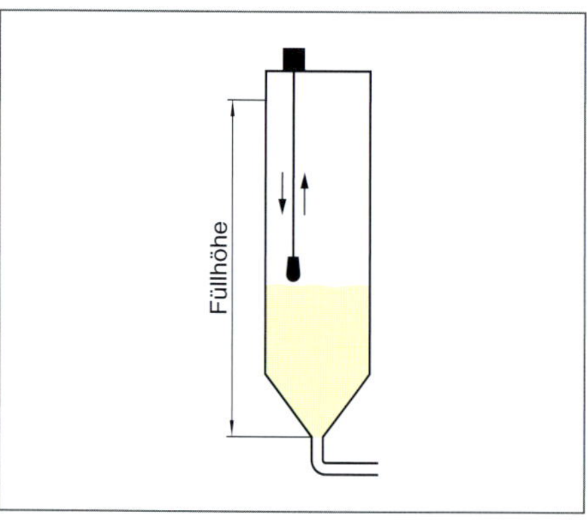

84 Lotsystem

Vibrationssystem

Eine *Schwinggabel* wird zu *Schwingungen* angeregt. Wenn die Schwinggabel in das *Füllgut* eintaucht, tritt *keine* Schwingung mehr auf.

Dies wird ausgewertet und in ein Signal umgewandelt. Geeignet zur *Grenzstandserfassung* bei **Schüttgütern**.

In *Flüssigkeiten* tritt beim Eintauchen der Schwinggabel eine **Resonanzverschiebung** (Erhöhung der Masse) auf, die ausgewertet werden kann.

Kapazitives System

Die Kapazität einer *Sonde* und einer *Gegenelektrode* wird ausgewertet. Jede Änderung des Füllstands bedeutet eine *Kapazitätsänderung*. Anwendung bei **Flüssigkeiten** und **Schüttgütern**.

Konduktives System

Hier wird die Änderung des *elektrischen Widerstands* zwischen zwei Messelektroden zu Messzwecken ausgenutzt.

Anwendbar bei elektrisch leitfähigen Flüssigkeiten, vorwiegend zur Erfassung von Grenzständen.

Hydrostatisches System
Der *hydrostatische Druck* der Flüssigkeit auf einen unten angebrachten Druckaufnehmer wird ausgewertet, um den Füllstand zu bestimmen. Mit zunehmendem Füllstand steigt der hydrostatische Druck an.

Mikrowellensystem
Ein Sender strahlt ein Mikrowellensignal ab. Der gegenüber liegende Empfänger erkennt das Signal und ruft ein Schaltsignal am Auswertegerät hervor.

Ultraschallsystem
Ausgesandte *Ultraschallimpulse* werden von der Oberfläche des Schüttguts reflektiert und wieder vom Sensor erfasst. Aus der *Laufzeitmessung* lässt sich die Schüttguthöhe ermitteln.

Durchflussmessung

Elektromagnetische Durchflussmessung
Das Medium entspricht einem *bewegten Leiter* im Magnetfeld. In diesem Medium wird eine elektrische *Spannung* induziert, die der *Durchflussgeschwindigkeit* proportional ist.

Das Verfahren ist unabhängig von Temperatur, Druck und Viskosität.

Wirbel-Durchflussmessung
Hinter einem angeströmten Staukörper bilden sich abwechselnd beidseitig *Wirbel*. Der dadurch hervorgerufene *Unterdruck* wird erfasst und ausgewertet.

Für **flüssige** und **gasförmige** Medien geeignet.

Thermische Durchflussmessung
Das Medium strömt an *zwei* Pt100 vorbei. Ein *Messwiderstand* erfasst die *Temperatur* des Mediums, der andere wird auf eine *konstante Temperaturdifferenz* gehalten.
Nimmt der über das aufgeheizte Widerstandsthermometer geführte Messstrom zu, erhöht sich die Abkühlung und die Stromstärke, die für eine gleichbleibende Differenztemperatur notwendig ist. Der *Heizstrom* ist dem *Messstrom* proportional.
Möglich ist eine *direkte Massenmessung* bei hoher Genauigkeit.

Ultraschall-Durchflussmessung
Ein *Ultraschallsignal* wird von einem Messsensor zu einem anderen gesendet.

In Durchflussrichtung und gegen die Durchflussrichtung.

Die **Signallaufzeit** wird messtechnisch erfasst. Sie ist gegen die Durchflussrichtung größer als mit der Durchflussrichtung.

Die **Laufzeitdifferenz** ist der Durchflussgeschwindigkeit proportional.
Gut zur *bidirektionalen* Messung *reiner* oder *leicht verschmutzter* Flüssigkeiten geeignet.

Induktive Näherungssensoren

Induktive Näherungssensoren arbeiten *berührungslos* und *verschleißfrei*. Sie werden auch **induktive Näherungsschalter** genannt.

Diese Sensoren sind sehr zuverlässig, haben eine lange Lebensdauer, eine Betätigungsgeschwindigkeit und Schaltpunktgenauigkeit.

85 *Induktiver Näherungssensor*

Das *hochfrequente Wechselfeld* wird durch *leitfähiges* Material in Nähe der aktiven Fläche *bedämpft*.

Im leitfähigen Material werden **Wirbelströme** induziert. Dadurch wird dem Magnetfeld Energie entzogen. Die *Schwingungsamplitude* des Oszillators verringert sich.

Das Signal wird gleichgerichtet und durch einen **Schwellwertschalter** in ein **Schaltsignal** umgeformt und verstärkt.

Schaltabstand
Eine kennzeichnende Größe von Näherungsschaltern ist der **Bemessungs-Schaltabstand** s_N.

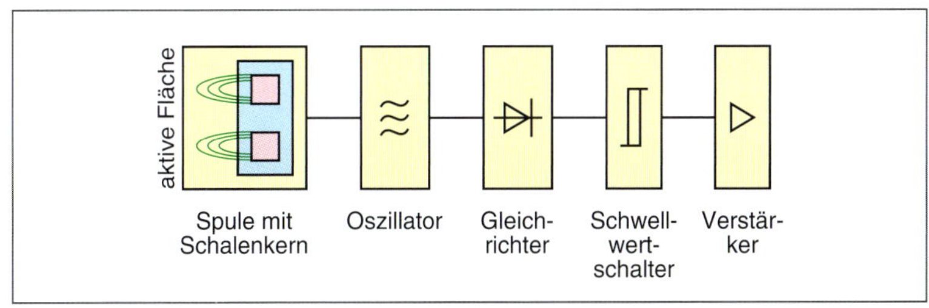

86 *Aufbau eines induktiven Näherungsschalters*

■ **bidirektional**
In zwei Richtungen, in unterschiedlichen Richtungen.

Füllstandsmessung
level measurement

Füllstandssensor
liquid level sensor

Durchfluss
flow, flowing through

Ultraschall
ultrasonic sound, ultrasound

Signallaufzeit
signal transfer time, signal delay time

Drehgeber
encoder

Inkremental-Drehgeber
incremental encoder

Absolut-Drehgeber
absolute encoder

Induktive Näherungssensoren

Bemessungs-Schaltabstand
$s_N = 3{,}5$ mm.

Tatsächlicher Abstand bei Nickel
$a = k \cdot s_N$
$a = 0{,}7 \cdot 3{,}5 \text{ mm} = 2{,}45 \text{ mm}$

Er gibt an, *wie weit* der elektrisch leitfähige Stoff von der aktiven Sensorfläche *entfernt* sein darf, um einen *zuverlässigen Schaltvorgang* auszulösen. Fertigungstoleranzen werden bei s_N nicht berücksichtigt.

Der **Bemessungs-Schaltabstand** wird mithilfe eines *quadratischen Stahlplättchens* von 1 mm Dicke und Seitenlängen, die dem Durchmesser der aktiven Sensorfläche entsprechen, ermittelt.

Da *Stahl* ein *ferromagnetisches* Material ist, ist der *Schaltabstand* hier besonders groß.

$a = k \cdot s_N$

a tatsächlicher Schaltabstand
k Korrekturfaktor Material
s_N Bemessungs-Schaltabstand

Korrekturfaktoren

Material	Faktor
Stahl	1,0
Kupfer	0,25 – 0,45
Messing	0,35 – 0,5
Aluminium	0,3 – 0,45
Nickel	0,65 – 0,75
Gusseisen	0,93 – 1,05

Neben dem *Bemessungsschaltabstand* s_N sind folgende Definitionen wichtig:

- **Realschaltabstand** s_r
  Gemessen bei festgelegten Bedingungen.
- **Nutzschaltabstand** s_U
  Zulässiger Abstand innerhalb der angegebenen Spannungs- und Temperaturbereiche.
- **Gesicherter Schaltabstand** s_a
  Gewährleisteter Abstand innerhalb der festgelegten Spannungs- und Temperaturbereiche.

Hysterese
Zwischen dem Ein- und Ausschaltpunkt besteht eine **Hysterese**. Abhängig vom Sensoraufbau beträgt sie 5 bis 20 % des Schaltabstands.

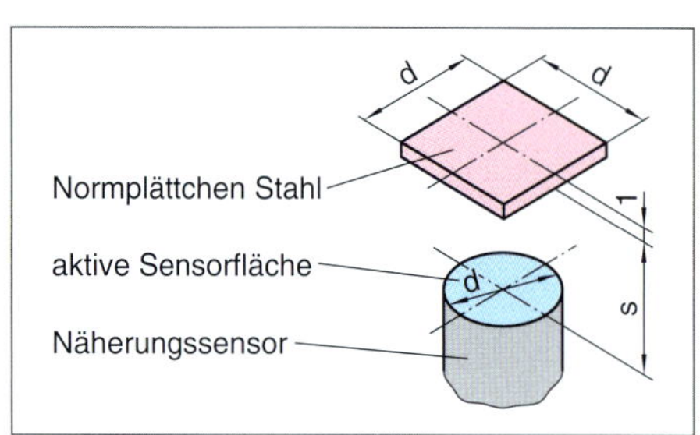

87 Bemessungs-Schaltabstand

Schaltfrequenz
Gibt die Anzahl der möglichen Schaltfolgen je Sekunde an.
Die **Bemessungs-Schaltfrequenz** ist erreicht, wenn $\Delta t_1 = \Delta t_2$.

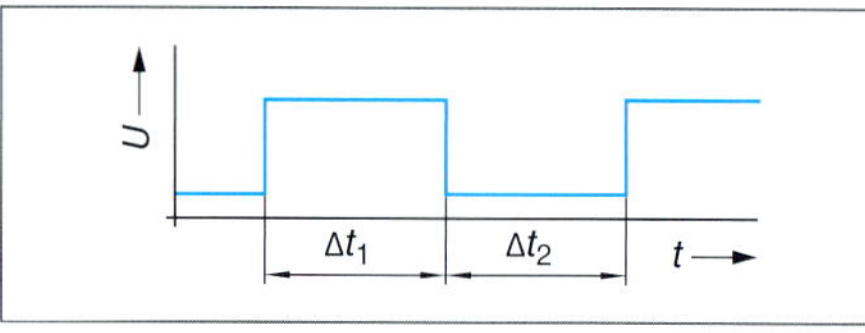

88 Schaltfrequenz

- **Reihenschaltung von Sensoren**
  Reihenschaltung von Sensoren ist möglich. Die Anzahl der in Reihe geschalteten Sensoren wird durch den Spannungsfall je Sensor und die Betriebsspannung der Last bestimmt.
- **Parallelschaltung von Sensoren**
  Parallelschaltung ist bedingt möglich.
  Bei ungünstiger Schaltfolge – der zuerst bedämpfte Sensor wird auch zuerst entdämpft – kann die Bürde kurzzeitig abfallen (Bereitschaftsverzögerung).
  Die maximale Anzahl ist vom Haltestrom der Bürde abhängig.

@ Interessante Links

- christiani-berufskolleg.de

Näherungssensoren

Betriebsspannungen
DC: 10 – 40 V
AC: 20 – 264 V

Strombelastbarkeit bis 0,5 A,
Reststrom bis 7 mA,
Schaltfrequenz bis 1 kHz.

Prüfung

1. Wozu werden Sensoren benötigt?

2. Unterscheiden Sie zwischen aktiven und passiven Sensoren.

3. Es werden Sensoren mit Binärausgang, Analogausgang und Digitalausgang angeboten.
Erläutern Sie die Unterschiede.

4. Beschreiben Sie die Wirkungsweise von Thermoelementen.

5. Wie können Wege und Winkel sensorisch erfasst werden.

6. Welche Möglichkeiten bestehen, um Drehzahlen zu erfassen?

7. Beschreiben Sie unterschiedliche Verfahren zur Füllstandsmessung.

8. Wie können Durchflüsse sensorisch erfasst werden?

Technische Daten eines induktiven Näherungssensors

1. Normal

Spannung	10 – 30 V DC
Ausgang	Dreidraht mit NO oder NC, NPN bis 300 mA, PNP bis 200 mA
Schaltabstand	1 – 20 mm, abhängig vom Durchmesser

2. Erhöhte Anforderungen

Spannung	10 – 65 V (Dreidraht) 20 – 265 V (Zweidraht)
Ausgang	Dreidraht mit NO oder NC, NPN bis 500 mA, Zweidraht mit NO oder NC bis 500 mA
Schaltabstand	10 % größer als Normal

3. SPS angepasst

Spannung	10 – 30 V DC
Ausgang	Zweidraht mit 1 NO bis 25 mA, Versorgung aus SPS-Eingang

4. Erhöhter Schaltabstand

Mehr als 3-fach über Normalausführung.
Dies ermöglicht die Wahl geringerer Sensorabmessungen.

5. Explosionsgeschützt nach NAMUR

Zweidraht für *explosionsgeschützte* Nachschaltgeräte.

Diese Sensoren haben *keinen Schaltausgang*. Das Schaltsignal wird von Nachschaltgeräten erzeugt, *galvanische Trennung* des Sensors vom Schaltausgang.

Der Sensorstromkreis wird auf *Kurzschluss* und *Drahtbruch* überwacht.

Nicht zugelassen im *Gefahrenbereich der Zone 0*.

Anschluss und Schaltung

NPN- und PNP-Ausgang

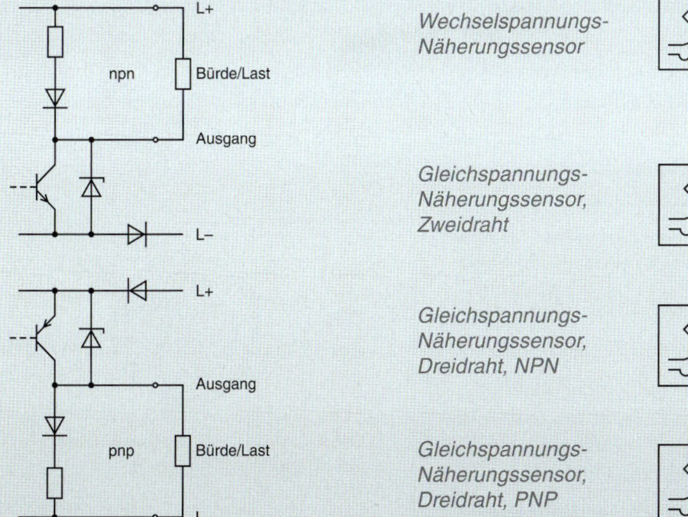

Wechselspannungs-Näherungssensor — AC

Gleichspannungs-Näherungssensor, Zweidraht — L+, L–

Gleichspannungs-Näherungssensor, Dreidraht, NPN — L+, L–

Gleichspannungs-Näherungssensor, Dreidraht, PNP — L+, L–

Induktiver Näherungssensor
proximity sensor

Kapazitiver Näherungssensor
capacitive proximity sensor

Schaltabstand
sensing distance

Drahtbruch
break of wire, wire break

Kurzschluss
short circuit, short

■ NAMUR

Normenausschuss für Mess- und Regeltechnik

Die NAMUR-Ausführungen sind eigensichere elektrische Betriebsmittel (Zündschutzart, Eigensicherheit). Die Höchstwerte für Spannung, Strom und Leistung sowie besondere Bedingungen sind der jeweiligen Konformitätsbescheinigung zu entnehmen.

■ NO

normaly open,
Schließerfunktion

■ NC

normaly closed,
Öffnerfunktion

■ Anschlüsse und Aderfarben

BN braun
BK schwarz
BU blau
WH weiß

Anschlüsse werden mit den Ziffern 1 bis 4 bezeichnet. Siehe Seite 303.

Aderfarben und Steckerbelegung

Sensor	Typ	Aderfarbe	Anschluss
Zweidraht AC und Zweidraht DC Polung frei	NO	alle Farben außer Gelb, Grün oder Grün/Gelb	3 4
	NC		1 2
Zweidraht DC Polung beachten	NO	+ Braun – Blau	1 4
	NC	+ Braun – Blau	1 2
Dreidraht DC Polung beachten	NO Ausgang	+ Braun – Blau Schwarz	1 3 4
	NC Ausgang	+ Braun – Blau Schwarz	1 3 2

Abstandsensoren

Sie erzeugen eine dem *Abstand* zwischen Sensor und leitfähigem Material *proportionale* Spannung. Geeignet für *Abstandsmessungen.*

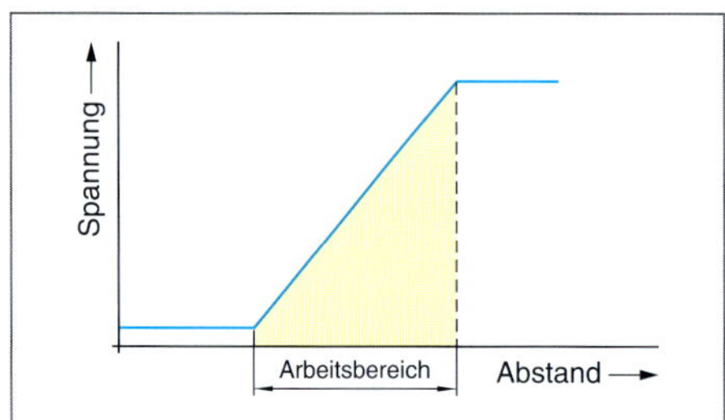

89 Abstandsensor

Magnetfeldsensoren

Ausgewertet wird der *Scheinwiderstand* einer Spule. Dieser wird durch die *Spuleninduktivität* wesentlich beeinflusst.

Die *Spuleninduktivität* ist von der *Permeabilität* des Eisenkernmaterials abhängig.

Bei Annäherung eines *externen Magnetfelds überlagern* sich beide Felder. Permeabilität und Scheinwiderstand der Spule nehmen ab.

Überwiegend werden Dauermagnete verwendet, da sie keine Spannungsversorgung benötigen.

> Der *Scheinwiderstand* der Spule ist ein Maß für die *Feldstärke* des externen Magnetfelds.

Wird die Sensorspule mit einem konstanten Wechselstrom gespeist, dann ist die induzierte Spannung dem *Scheinwiderstand* proportional und demnach ein Maß für die Feldstärke.

Magnetfeldsensoren können zur **Kolbenpositionserfassung** in Hydraulikzylindern aus *ferromagnetischem* Material eingesetzt werden.

Am Kolben wird ein Magnetsystem aufgebaut, das in der Zylinderwand ein Magnetfeld hervorruft. Der Sensor wird außen am Zylinder angebracht.

Der *Polaritätswechsel* des Magnetfelds wird ausgewertet. Es ergibt sich hierbei kein exakter Schaltpunkt, nur eine *Schaltzone.* Wenn sich der Zylinderkolben in der Schaltzone befindet, liefert der Sensor ein Ausgangssignal.

Kapazitive Näherungssensoren

Berührungslose Erfassung von elektrisch leitenden und nicht leitenden Stoffen im festen, pulverförmigen und flüssigen Zustand.

Aktives Element ist eine *scheibenförmige Sensorelektrode* und eine *becherförmige Abschirmung.* Beide bilden einen *Kondensator* mit der Kapazität C_0.

Wenn sich eine *Schaltfahne* an die *aktive Fläche* annähert, ändert sich die Kondensatorkapazität um ΔC.

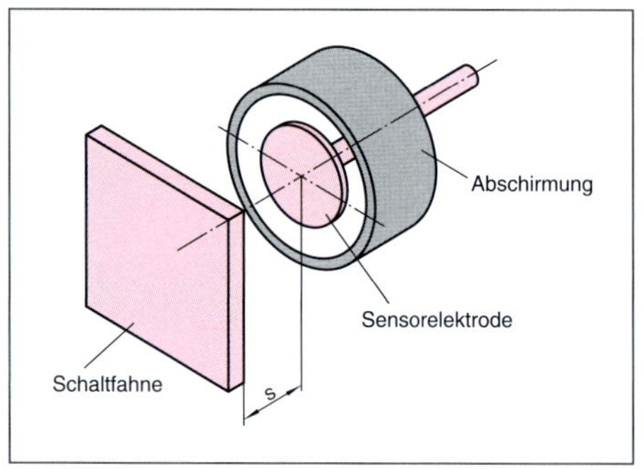

90 Kapazitiver Näherungssensor, Prinzip

Der Kondensator ist Element eines *RC-Generators*. Seine Ausgangsspannung hängt von der Kapazität $C = C_0 + \Delta C$ und dem Schirmpotenzial ab.

Unterschreitet der Abstand zwischen Schaltfahne und Kondensator einen bestimmten Wert, schwingt der *RC-Generator* auf. Hieraus wird dann das *Ausgangssignal* des Sensors gebildet.

Durch das *Material* vor der **aktiven Fläche** ändert sich die **Dielektrizitätszahl** und damit die Kapazität. Die *Kapazitätsänderung* beeinflusst die *Schwingkreisfrequenz* des **Oszillators**, die ausgewertet wird.

Beeinflussungsarten

- *Nicht leitendes Material*
  Die Gesamtkapazität verändert sich wegen des Dielektrikums.

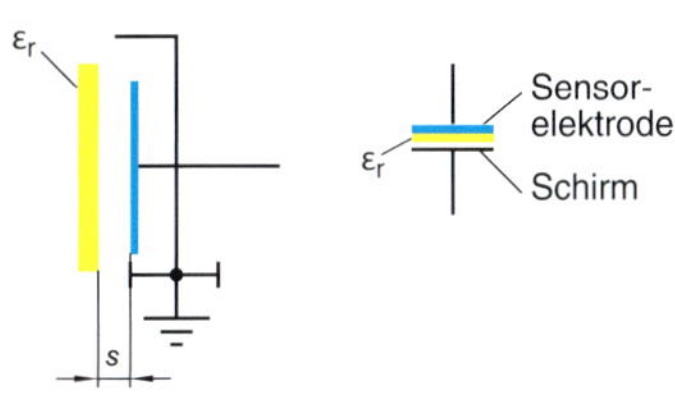

- *Leitendes und geerdetes Material*
  Es bilden sich zwei parallel geschaltete Kondensatoren. Dadurch erhöht sich die Gesamtkapazität.

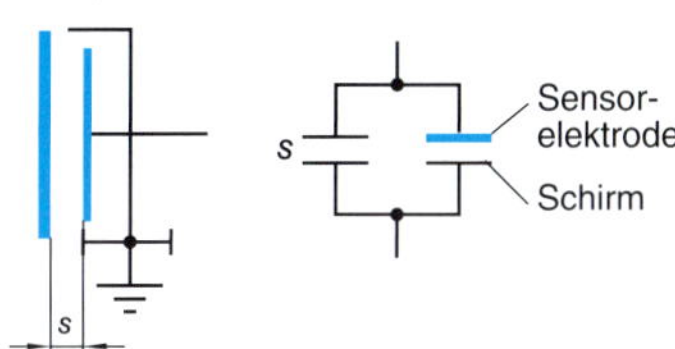

- *Leitendes und isoliertes Material*
  Zwei in Reihe liegende Kondensatoren werden zur Sensorkapazität parallel geschaltet. Dadurch erhöht sich die Gesamtkapazität.

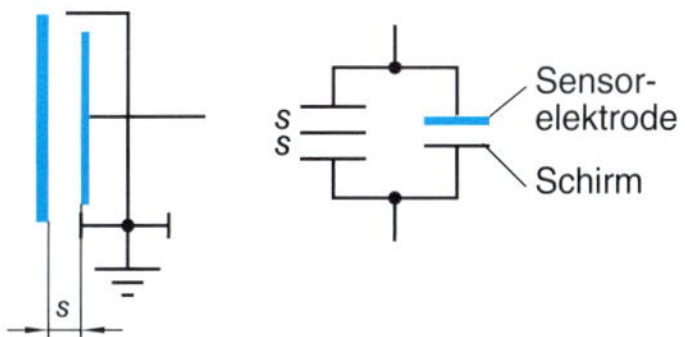

- **Bemessungs-Schaltabstand** s_N
  Wird durch eine *Normmessplatte* aus Stahl mit der Dicke 1 mm und einer Seitenlänge bestimmt, die dem Durchmesser der aktiven Sensorfläche entspricht.

  Ein genauer *Schaltabstand* kann nicht ohne Kenntnis der *Einsatzbedingungen* angegeben werden. Am *Einstellpotenziometer* des Sensors kann der gewünschte Schaltabstand eingestellt werden.

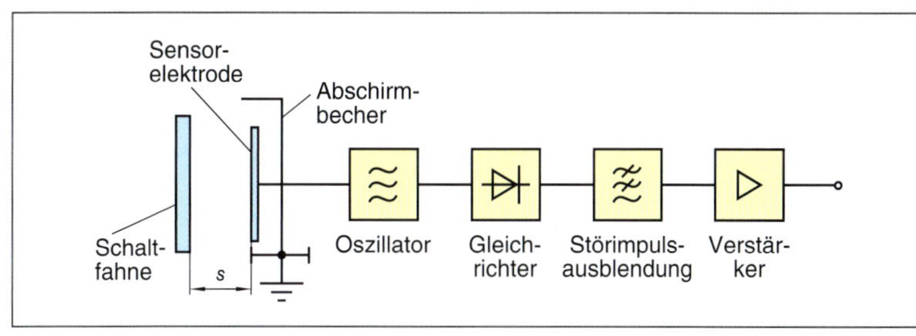

91 Aufbau eines kapazitiven Näherungssensors

92 Kapazitiver Näherungssensor

Umweltbedingungen (Luftfeuchtigkeit, wechselnde Temperaturen, Staub) stellen *Störgrößen* für den Sensor dar. Er sollte deshalb *nicht* mit der maximalen *Empfindlichkeit* betrieben werden.

- **Nutzschaltabstand** s_U
  Zulässiger Schaltabstand innerhalb der angegebenen Spannungs- und Temperaturbereiche. $s_U = 0{,}72 - 1{,}325\ s_N$

- **Gesicherter Schaltabstand** s_a
  Abstand, bei dem ein gesicherter Betrieb bei festgelegtem Spannungs- und Temperaturbereich möglich ist. $s_a = 0 - 0{,}72\ s_N$

- **Technische Daten**
  Wechselspannungsausführung, Zweidraht 20 bis 250 V; Last in Reihe.
  Gleichspannungsausführung, Dreidraht 10 bis 60 V (NPN oder PNP).

- **Anschlussbeispiele**

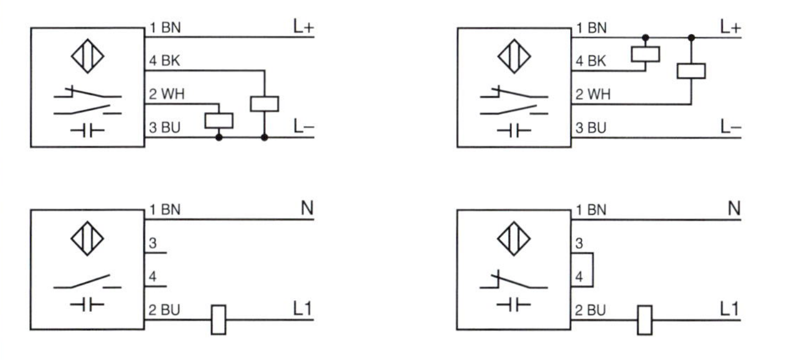

■ **Kapazitive Näherungssensoren**

sind teurer und empfindlicher als induktive Näherungssensoren.

■ **Aderfarben**

→ 302

Kapazitive Näherungssensoren können elektrisch leitende und nicht leitende Materialien erfassen.

■ **Korrekturfaktoren**

→ 304

Ultraschall
ultrasonic

Auflösung
resolution

Erfassungsbereich
detecting range

Abstand
spacing

- **Korrekturfaktor**

Metall	1
Holz	0,2 – 0,7
Wasser	1
Glas	0,5
PVC	0,6
Öl	0,1

Ultraschallsensoren

Ein piezokeramischer Wandler (Schwingquartz) sendet *Ultraschallimpulse* aus. Wenn diese Impulse von einem erfassten Objekt *reflektiert* werden, empfängt der Wandler das *Echo* und setzt dieses in ein Signal um.

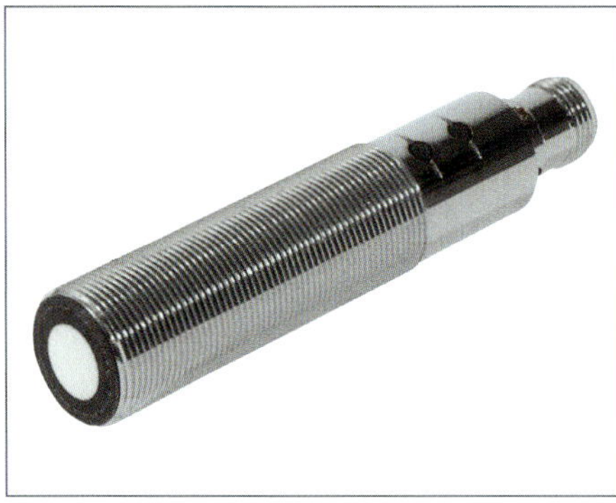

93 Ultraschallsensor

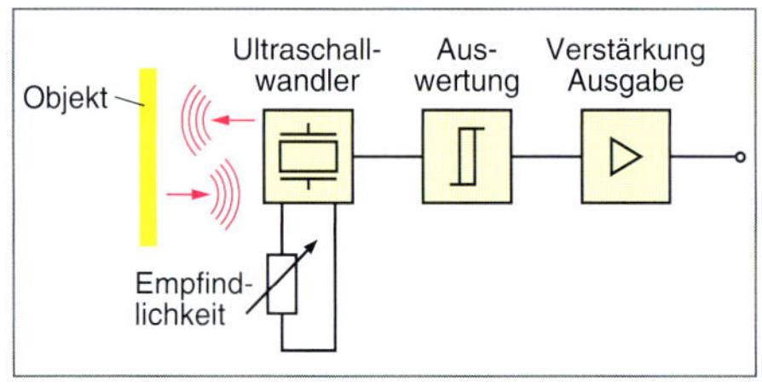

94 Aufbau eines Ultraschallsensors

Das **Schwingquartz** wird für kurze Zeit angeregt und sendet **Ultraschallwellen** aus. Dann wird der *Schallgeber* zum *Empfänger*.

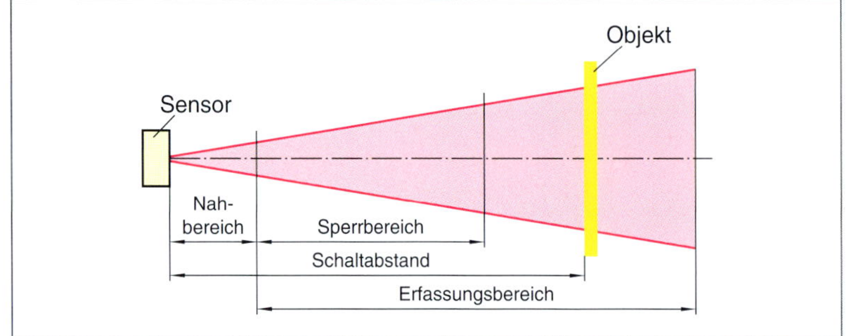

95 Schaltkeule eines Ultraschallsensors, Winkel annähernd 5°

Die *einlaufenden* Ultraschallimpulse werden ausgewertet.

1. Prüfung, ob einlaufendes Signal das *Echo* der ausgesandten Ultraschallwellen ist.
2. Wenn ja, wird die *Laufzeit* des Schalls als Maß für den *Objektabstand* ausgewertet.

Hinweise

- Der Nahbereich sollte von Objekten freigehalten werden, sonst sind Fehlsignale möglich.
- Im Erfassungsbereich kann zwischen Objekten im eingestellten Schaltbereich und im davor liegenden Sperrbereich unterschieden werden.
- Objekte in einer größeren Entfernung als der Erfassungsbereich werden nicht erfasst.
- Die Laufzeit des Schalls ist abhängig von Lufttemperatur und Luftfeuchtigkeit.
- Das Objekt muss Ultraschallwellen reflektieren.
- Bei mehreren Sensoren und zwischen Sensoren und Wänden sind Mindestabstände einzuhalten.
- Sensoren für einen Abstand bis 99 cm haben eine Auflösung von 1 cm. Sensoren für einen Abstand bis 600 cm haben eine Auflösung von 10 cm.
- Sensoren haben einen Schaltausgang (binär), einen Digitalausgang (BCD oder 8-Bit-Binärzahl), einen Analogausgang (4 – 20 mA).

Prüfung

1. Erläutern Sie die Arbeitsweise eines induktiven Näherungssensors.

2. Welche Bedeutung hat der Schaltabstand?

3. Beschreiben Sie die Arbeitsweise eines kapazitiven Näherungssensors.

4. Warum ist der kapazitive Näherungssensor empfindlicher als der induktive Näherungssensor?

5. Wozu können Abstandssensoren eingesetzt werden?

6. Wie kann die Position eines Kolbens im Hydraulikzylinder sensorisch erfasst werden.

7. Bei Einsatz von Ultraschallsensoren sind Mindestabstände (zu Wänden, zwischen Sensoren) einzuhalten.
Machen Sie sich darüber kundig.

8. Für welchen Zweck können Ultraschallsensoren verwendet werden?

@ Interessante Links

- christiani-berufskolleg.de

Optoelektronische Sensoren

Moduliertes Licht im *Infrarotbereich* wird von einem Empfänger aufgenommen und in ein Signal umgesetzt.

Einweglichtschranken

Sender und *Empfänger* sind *räumlich getrennt* und einander gegenüberliegend angebracht.

Bei *Unterbrechung* des Lichtstrahls wird im Empfänger ein *Schaltsignal* hervorgerufen.

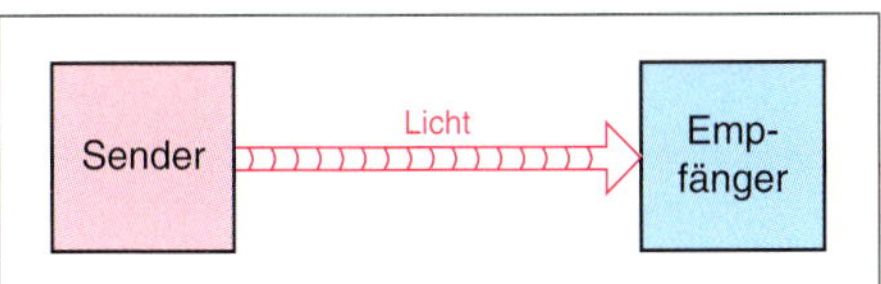

96 Prinzip der Einweglichtschranke

Geeignet für *große Entfernungen* (bis 120 m). Gegen umgebungsbedingte *Störeinflüsse* unempfindlich. Auf genaue *Ausrichtung* ist zu achten.
Nachteilig ist der höhere Montage- und Installationsaufwand.

Hinweise

- Erkannt werden auch kleinste Gegenstände bei geringen Entfernungen.
- Ein optoelektronischer Sensor schaltet entweder, wenn Licht empfangen wird oder wenn kein Licht mehr empfangen wird. Man nennt sie hell- oder dunkelschaltend.
- Die Empfindlichkeit ist mit einem Potenziometer einstellbar. Es ist ratsam, den Maximalwert einzustellen (mit Ausnahme von transparenten Objekten).

Reflexionslichtschranken

Sender und Empfänger sind in *einem Gehäuse* untergebracht. Der Lichtstrahl wird auf einen *Reflektor* gerichtet und von diesem auf den Empfänger zurückgeworfen.

Bei *Unterbrechung* des Lichtstrahls wird ein *Schaltvorgang* ausgelöst. Der Installationsaufwand ist geringer, was aber zu Lasten der *Reichweite* geht (bis 10 m).

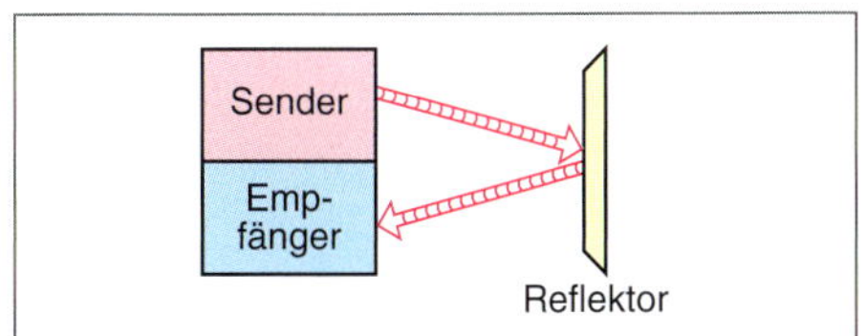

97 Prinzip der Reflexionslichtschranke

98 Optoelektronische Sensoren

Reflexionslichttaster

Sender und Empfänger sind in *einem Gehäuse* untergebracht. Das zu erfassende *Objekt wirkt selbst* als *Reflektor*.

Die Pulsung des IR-Strahls mit hoher Frequenz macht den Sensor unempfindlicher gegen Störlicht.
Vorteilhaft ist die *einfache Montage*. Nachteilig ist die Abhängigkeit der *Reichweite* von der Farbe, Oberfläche und Größe des Objekts.

Der *Schaltabstand* ist stark abhängig vom *Reflexionsvermögen* des Objektes.

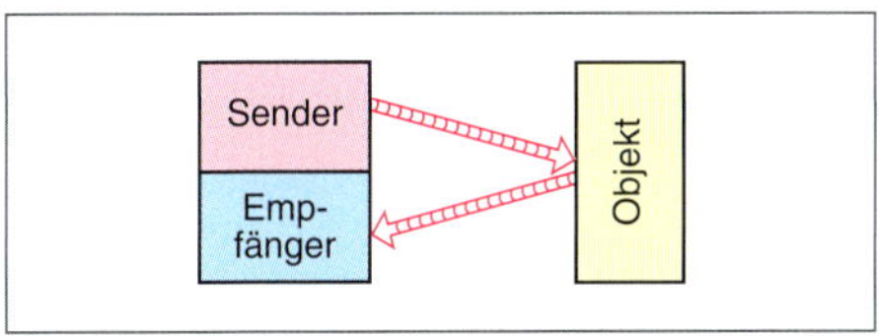

99 Prinzip der Reflexionslichtschranke

Lichttaster sind sehr gut zur Erfassung *durchsichtiger* Objekte geeignet.

- **Reflexlichttaster für den Nahbereich**
  Innerhalb der *Tastweite* werden helle und dunkle Objekte praktisch gleich gut erkannt. Dabei sind Umwelteinflüsse wie Staub usw. nicht problematisch.
- **Vordergrundausblendung**
  Einsatz bei gut reflektierendem Hintergrund und weniger gut reflektierenden Objekten. Werden auf dem Hintergrund abgeglichen. Reflexionen aus dem Vordergrund wirken wie eine Lichtstrahlunterbrechung.
- **Hintergrundausblendung**
  Lichttaster hat *einen* Sender und *zwei* Empfänger. Bei zunehmender Entfernung des Objekts wird die von Empfänger 1 empfangene Lichtmenge immer größer und die von Empfänger 2 immer kleiner.
  Wenn beide Lichtmengen gleich sind, ist die *maximale Tastweite* erreicht. Objekte in größerer Entfernung werden nicht erkannt, selbst wenn sie viel Licht reflektieren.

Lichtschranke
light barrier

Reflexlichtschranke
reflection light barrier

Einweglichtschranke
one-way light barrier

Lichttaster
light sensor

Lichtwellenleiter
optical waveguide

ausblenden
blanking

@ Interessante Links

- www.balluff.com
- www.leuze-electronic.de
- www,baumer.com
- www.turck.cd
- www.hbm.com

Eingesetzt werden können diese Lichttaster, wenn dunkle Objekte vor einem hellen Hintergrund erfasst werden sollen.

■ **Selbstkompensierende DMS**

Die Widerstandszunahme durch Temperaturdehnung wird durch einen negativen Temperaturkoeffizienten des Messgitters ausgeglichen.

■ **Dehnungsmessstreifen**

■ **k-Faktor**

Empfindlichkeit, gibt das Verhältnis der relativen Widerstandsänderung zur relativen Dehnung an.

■ **Messschaltungen**

Lichtwellenleiter

Bei *engen Einbaubedingungen* oder *hohen Temperaturen* können **Glas-** oder **Kunststoff-Lichtwellenleiter** sinnvoll eingesetzt werden.

Dabei wird das Licht vom Sensor zu einem entfernten Objekt geleitet.

Die Lichtwellenleiter enden in speziellen *Sensorköpfen*. Dort tritt das Licht des Sensors aus und das Empfangssignal wird aufgenommen.

Die Erfassung sehr kleiner Objekte ist möglich. Ausführung als **Einweg-** und **Reflexionslichtschranke**.

100 Lichtwellenleiter

Dehnungsmessstreifen

Dehnungsmessstreifen (DMS) wandeln *mechanische Größen* (Kraft, Druck, Drehmoment) in eine *Widerstandsänderung* um.

Die Widerstandsänderung ΔR ist proportional zur *Dehnung* ε durch *Längenzunahme* Δl, *Querschnittsabnahme* ΔA und Änderung des *spezifischen Widerstands* $\Delta \rho$.

$$\frac{\Delta R}{R_0} = k \cdot \varepsilon \qquad \varepsilon = \frac{\Delta l}{l}$$

ΔR Widerstandsänderung durch Verformung in Ω
R_0 Widerstand vor der Verformung in Ω
ε Dehnung
l_0 Länge vor der Verformung in m
Δl Längenänderung in m

Dehnung ist das Verhältnis von *Längenänderung* Δl und *Ausgangslänge* l_0.

$$\text{Dehnung} = \frac{\text{Längenänderung}}{\text{Ausgangslänge}}$$

Die Längenänderung $\Delta l = 1\ \mu\text{m}$ bei einer Ausgangslänge von $l_0 = 1$ m wird 1 µD genannt.

$$1\ \mu\text{D} = 1\ \frac{\mu\text{m}}{\text{m}} = 10^{-6}$$

Dehnung ruft eine *Zunahme* der *Länge* um Δl hervor. Dadurch verringert sich der *Durchmesser* und der spezifische *Widerstand* nimmt zu.

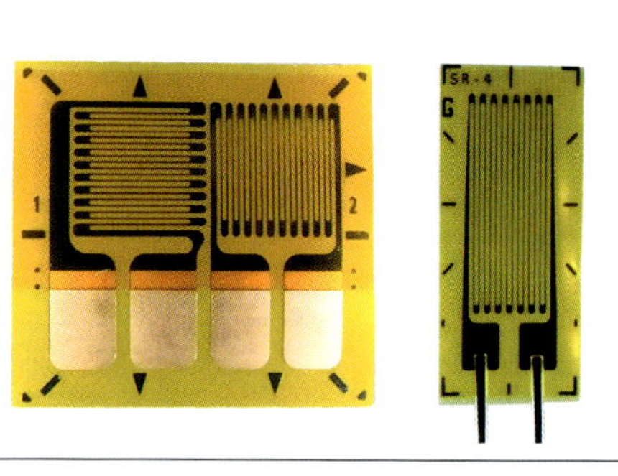

101 Dehnungsmessstreifen

DMS werden auf das Messobjekt mit Spezialkleber *aufgeklebt*. *Oberflächendehnungen* des Messobjekts rufen eine *Längenänderung* hervor, die der DMS in eine proportionale *Widerstandsänderung* umsetzt.

DMS reagieren auf *Dehnungen* und *Stauchungen* in Richtung des Messgitters.
Die *Empfindlichkeit* wird durch den *k-Faktor* angegeben. Der k-Faktor gibt das Verhältnis der relativen Widerstandsänderung zur relativen Dehnung an.

Technische Daten von DMS

- Spannung 1 – 10 V
- Nennwiderstand 120 Ω, 350 Ω, 600 Ω, 1000 Ω
- k-Faktor 2,1; 2,2; 4
- Temperatur – 270 °C – 980 °C

Unterschieden wird zwischen **Folien-DMS**, **Draht-DMS** und **Halbleiter-DMS**.

Halbleiter-DMS haben eine *sehr hohe Empfindlichkeit* (k-Faktor). Sie können auch sehr *kleine* Dehnungen messen.

Technische Daten (Halbleiter-DMS)

- Nennwiderstand R_0 120 Ω, 600 Ω
- Toleranz $\Delta R/R_0$ 0,5 %
- Aktive Messlänge 1 mm, 5 mm
- Empfindlichkeit k 100 – 160
- Messstrom I_M 10 – 20 mA
- Spannung U_b 1 – 2 V
- Dehnung max. 5000 µD

Messschaltungen

Da die Widerstandsänderung *gering* ist, werden Dehnungsmessstreifen in *Brückenschaltungen* eingesetzt.

Drucksensoren

Eine grundsätzliche Einteilung der *Drucksensoren* kann in **Absolutdrucksensoren** und **Differenzdrucksensoren** erfolgen.

Viele Ausführungen der Drucksensoren arbeiten mit einer Membran, deren druckabhängige Verformung ein Maß für den zu erfassenden Druck ist.

- **Piezoelektrischer Sensor**
  Bei Belastung wird eine elektrische Ladungsverschiebung bewirkt und dadurch eine elektrische Spannung hervorgerufen.
  Vorteile: Hohe Linearität, geringe Hysterese, große Temperaturbeständigkeit.

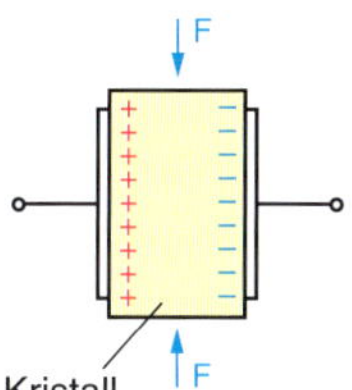

- **Piezoresistiver Sensor**
  Bei Druck auf eine Membran wird ein Biegebalken ausgelenkt. In der Stauchzone und der Dehnzone werden Widerstände verändert.

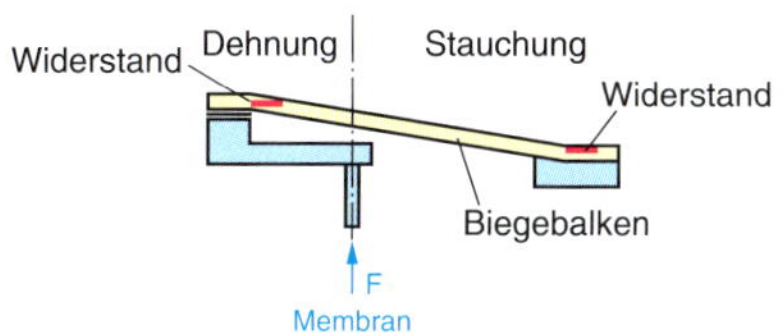

- **Druchwächter**
  Bei Druckänderung wird eine Membran oder ein Faltenbalg ausgelenkt. Dadurch wird Druck auf ein Schaltstößel übertragen. Durch Verstellung der Federkraft können die Schaltpunkte (Hysterese) des oberen und unteren Grenzwertes beeinflusst werden.
  - *Druckwächter zum Schalten von Hilfsstromkreisen.*
  - *Druckwächter zum Schalten von Laststromkreisen.*

102 Druckwächter

Prüfung

1. Wie ist eine Einweglichtschranke aufgebaut?

2. Unterscheiden Sie zwischen den Begriffen hell- und dunkelschaltend.

3. Worin besteht der Vorteil von Reflexions-Lichtschranken?

4. Unter welcher Voraussetzung sind Lichtschranken mit Polarisationsfilter technisch sinnvoll?

5. Welche Vorteile haben Lichttaster?

6. Unterscheiden Sie zwischen Lichttastern
- für den Nahbereich
- mit Vordergrundausblendung
- mit Hintergrundausblendung.

7. Worauf ist bei bündigem Einbau von Lichttastern zu achten?

8. Wozu eignen sich Lichtwellenleiter?

9. Erläutern Sie die dargestellten Schaltungen.

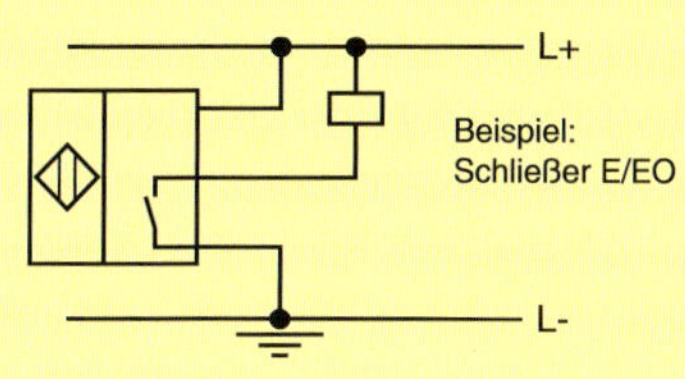

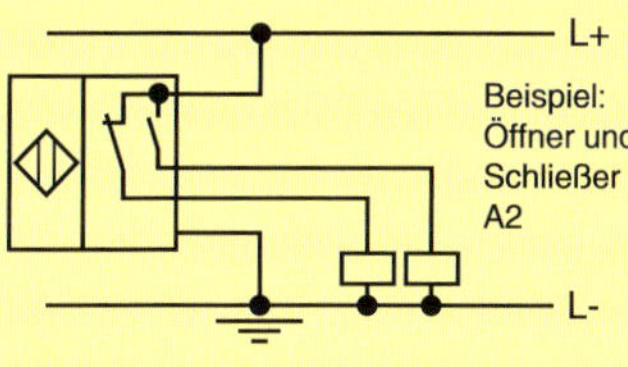

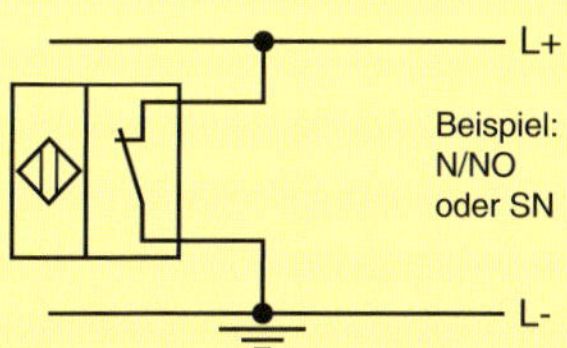

10. Drucksensoren arbeiten nach unterschiedlichen Prinzipien.
Beschreiben Sie diese.

Dehnungsmessstreifen
strain gauge

Drucksensor
pressure sensor

Dehnung
extension

■ **Piezoresistiver Sensor**

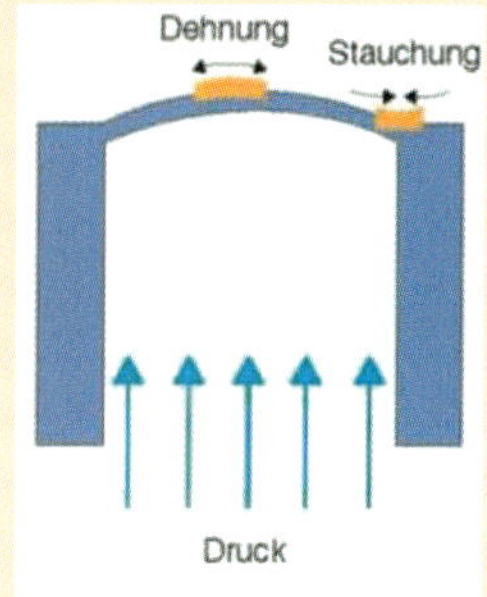

@ Interessante Links
- christiani-berufskolleg.de

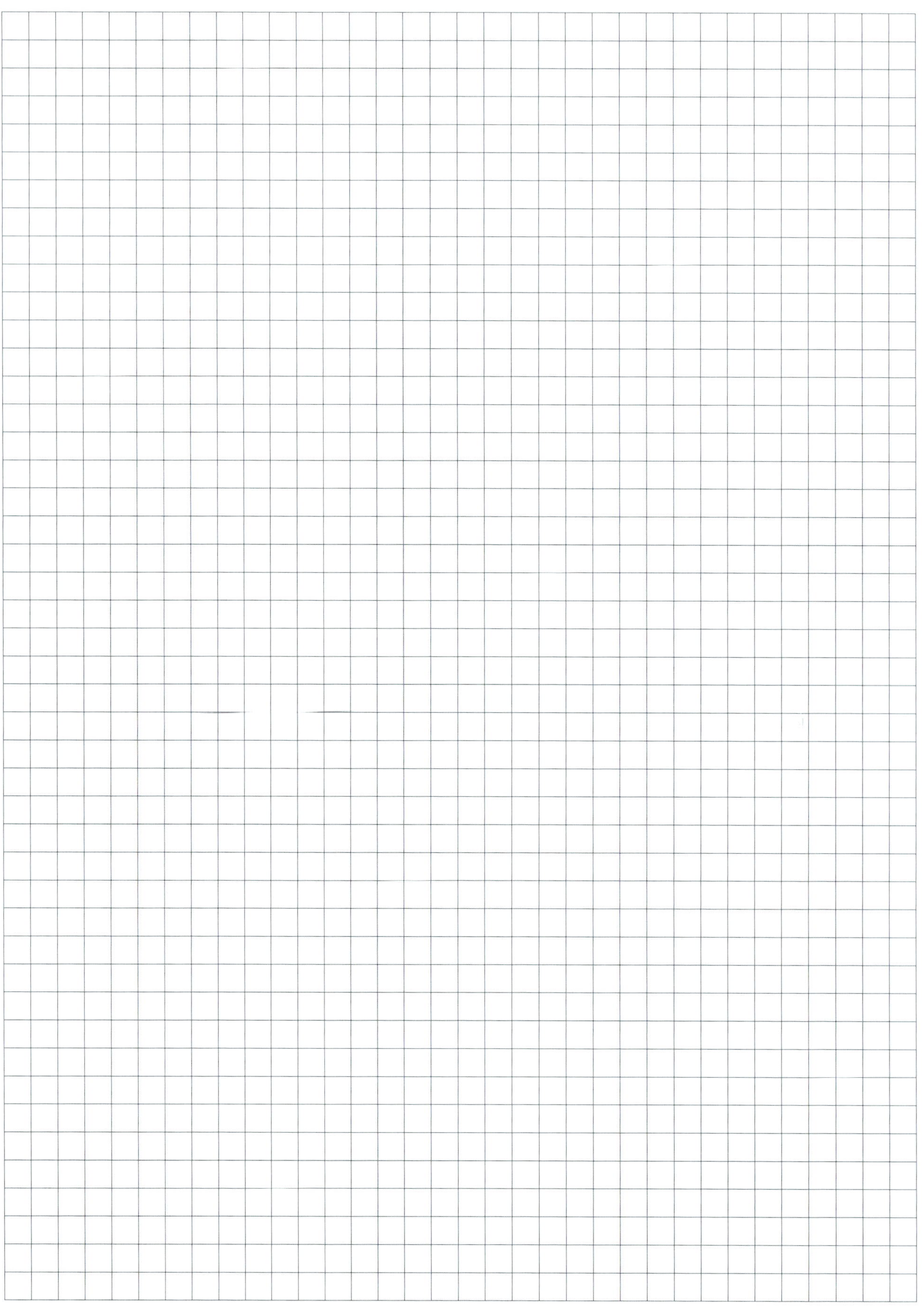

5.3 Regelungstechnik

Die *Drehzahl* eines Gleichstrommotors kann in unterschiedlicher Weise beeinflusst werden.

- Verringerung der Ankerspannung → Drehzahl sinkt unter Bemessungsdrehzahl n_N.
- Schwächung des Erregerfeldes → Drehzahl steigt über Bemessungsdrehzahl n_N.

Die *Feldwicklung* des Motors wird über einen **ungesteuerten Stromrichter** (Gleichrichter) an Spannung gelegt. Diese Spannung ist *konstant*.

Der *Anker* wird über einen **gesteuerten Stromrichter** an eine einstellbare Spannung gelegt.

Die *Drehzahl* kann dadurch eingestellt (gesteuert) werden (Bild 103).

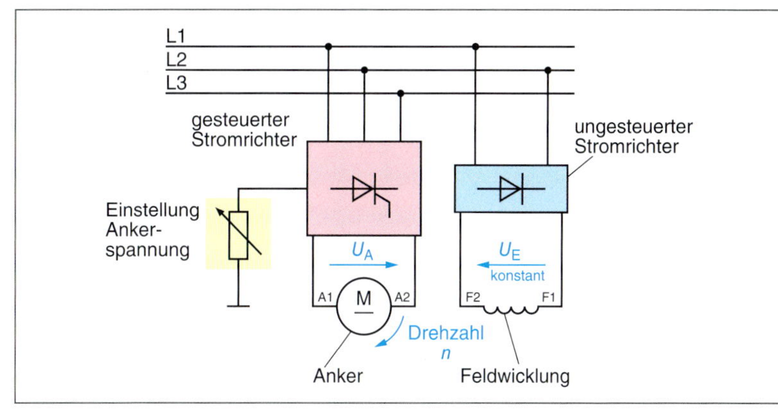

103 *Steuerung eines Gleichstrommotors über die Ankerspannung*

Wenn nun **Störgrößen** auftreten, wie z. B. *Netzschwankungen* oder *Lastschwankungen*, kann sich die Motordrehzahl dauerhaft ändern. Bei einer **Steuerung** ist das nicht zu vermeiden.

Der **Istzustand** der Drehzahl wird *nicht* abgefragt. Auf eine *Drehzahländerung* kann die Steuerung so auch *nicht reagieren*.

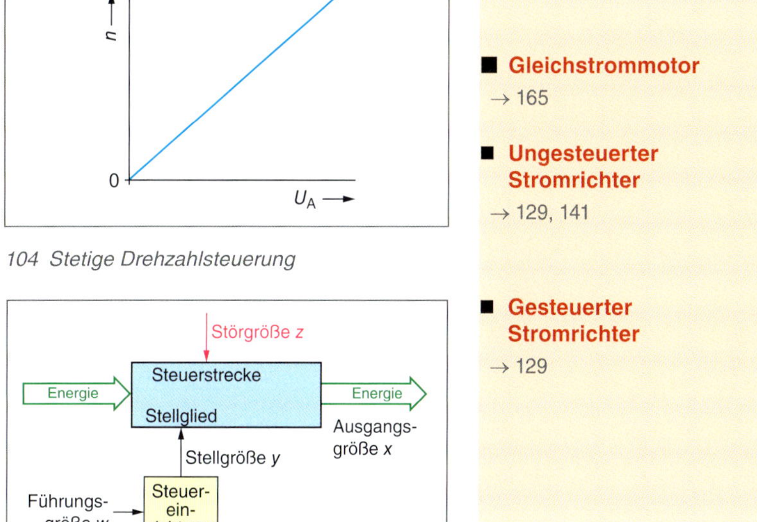

104 *Stetige Drehzahlsteuerung*

105 *Steuerkette*

■ **Gleichstrommotor**
→ 165

■ **Ungesteuerter Stromrichter**
→ 129, 141

■ **Gesteuerter Stromrichter**
→ 129

Man sagt, die *Steuerung* ist ein **offener Wirkungsablauf** und meint damit, dass die Ausgangsgröße (Drehzahl) nicht auf den Eingang zurückwirkt.

Eine Steuerung kann in Form einer **Steuerkette** dargestellt werden (Bild 105).

Für das Beispiel des *Gleichstrommotors* bedeutet dies:

Ausgangsgröße *x*	Drehzahl des Motors
Steuerstrecke	Motor mit Stromrichter
Führungsgröße *w*	Steuerspannung für Zündwinkel
Steuereinrichtung	Zündelektronik
Stellglied	Thyristorschaltung
Störgröße *z*	Netzschwankung, Lastschwankung
Stellgröße *y*	Zündverzögerungswinkel der Thyristorschaltung

Steuern ist ein Vorgang, bei dem die Steuereinrichtung mit einer von der Führungsgröße abhängigen Stellgröße die Steuerstrecke beeinflusst.

Dabei hat die Ausgangsgröße keinen Einfluss auf die Steuereinrichtung.

Es liegt ein offener Wirkungsablauf vor.

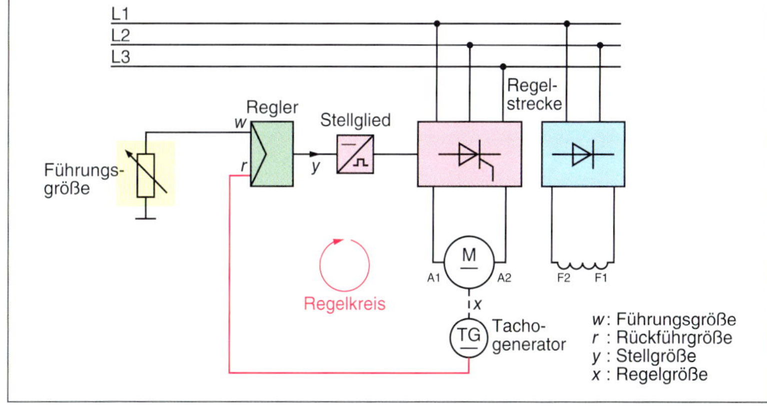

106 *Regelkreis am Beispiel des Gleichstrommotors*

Der Gleichstrommotor wird nun mit einem **Tachogenerator** ausgerüstet, der eine der *Drehzahl proportionale* Spannung abgibt. Damit lässt sich der *momentane Drehzahlwert* jederzeit erfassen.

Steuerung
control, open-loop control

Regelung
automatic control

Regelgröße
conrolled value

Regelkreis
control system

Regelstrecke
open-loop control system

Stellgröße
regulated quantity

Störgröße
disturbuting quantity

Regeldifferenz
system deviation

Sprungantwort
step response

Sprungfunktion
step function

Neben der **Führungsgröße** *w* wird auch die **Rückführgröße** *r* auf einen *Reglereingang* gegeben. Aus diesen beiden Werten wird die **Regeldifferenz** *e* gebildet.

$e = w - r$

Die **Regeldifferenz** kann *positive* und *negative* Werte annehmen.

Ein Beispiel verdeutlicht das.

Führungsgröße *w* Spannung am Anker	170 V	170 V	160 V
Rückführgröße *r* Spannung Tachogenerator	170 V	160 V	170 V
Regeldifferenz *e*	0	+ 10 V	– 10 V
	Drehzahl o. k.	Drehzahl erhöhen	Drehzahl verringern

Die **Regeldifferenz** *e* beeinflusst die **Stellgröße** *y*. Sie wird im Regler durch einen **Vergleicher** gebildet, der die *Differenz* $e = w - r$ an den Regler und somit an das Stellglied weiterleitet.

107 *Darstellung eines Vergleichers*

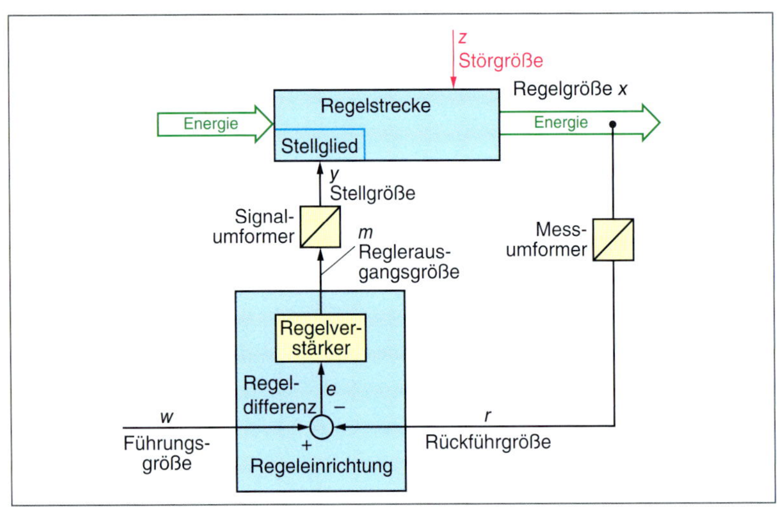

108 *Blockschaltbild eines Regelkreises*

Die Aufgabe der *Regelung* besteht darin, eine *vorgegebene Führungsgröße* schnellstmöglich als *Regelgröße* zu erreichen und sie bei Störgrößeneinflüssen möglichst konstant zu halten.

Regelstrecken

Die **Regelstrecke** ist der Teil des Regelkreises, in dem die *Regelgröße konstant* gehalten werden soll.

Sie beginnt mit dem **Stellglied** und endet am **Messort** mit dem **Messfühler** (Bild 106, Seite 309).

Um eine optimale Auswahl und Anpassung der **Regeleinrichtung** (des **Reglers**) zu erreichen, muss das *Verhalten* der **Regelstrecke** bekannt sein.

Dazu kann man unterschiedliche Verfahren verwenden.

- **Sprungantwortverfahren**
  Die Stellgröße *y* wird *sprunghaft* verändert. Die dadurch hervorgerufene Änderung der Regelgröße *x* wird ermittelt und ergibt die *Sprungantwort.*

Beim **Sprungantwortverfahren** wird die *Antwort* des Regelkreisgliedes (z. B. der Regelstrecke) auf eine *sprunghafte Änderung* der Eingangsgröße untersucht.

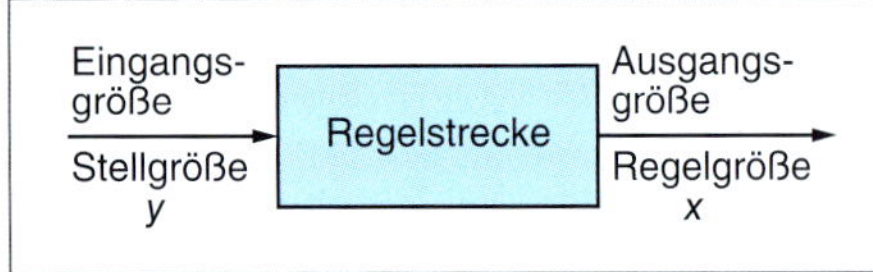

109 *Regelstrecke*

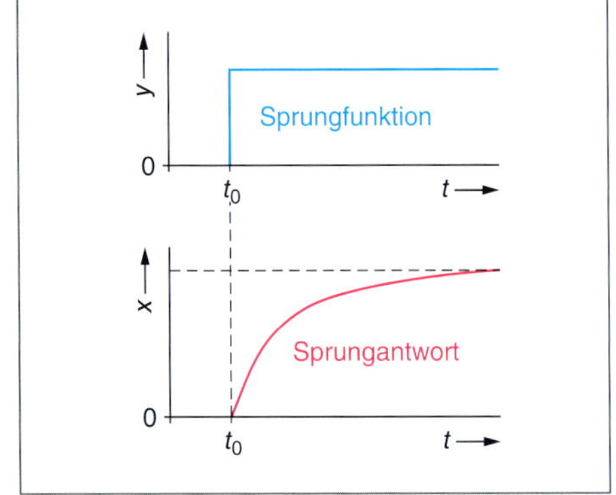

110 *Sprungantwort einer Regelstrecke*

Festwertregelung
Überwiegend *konstante* Führungsgröße.

Zeitplan- oder Programmregelung
Führungsgröße wird nach einem vorgegebenen Zeitplan verändert.

Folgeregelung
Die Regelgröße folgt der sich ändernden Führungsgröße.

Abtastregelung
Die Regelgröße wird in Abständen von Abtastzeitpunkten erfasst. Die Stellgröße wird dann aus den zu den Abtastzeitpunkten vorliegenden Werten der Regelgröße und der Führungsgröße gebildet. Die Stellgröße wirkt dann länger auf die Regelstrecke ein.

Für eine Raumtemperaturregelung soll die *Sprungantwort* der Regelstrecke „Raum" ermittelt werden.

Die Ausgangstemperatur beträgt 15 °C. Das Heizkörperventil wird vollständig geöffnet. In Zeitabständen wird die Raumtemperatur gemessen.

Die Abbildung zeigt den Temperaturanstieg im Raum in Abhängigkeit von der Zeit.

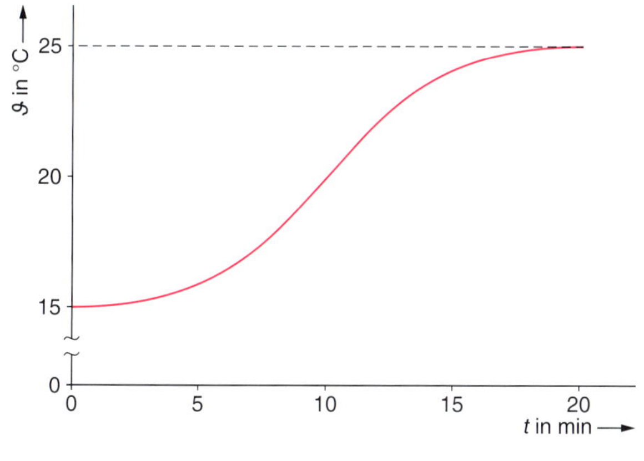

Regelstrecke mit Totzeit

Solche Regelstrecken reagieren mit einer Zeitverzögerung auf die Sprungfunktion am Eingang.

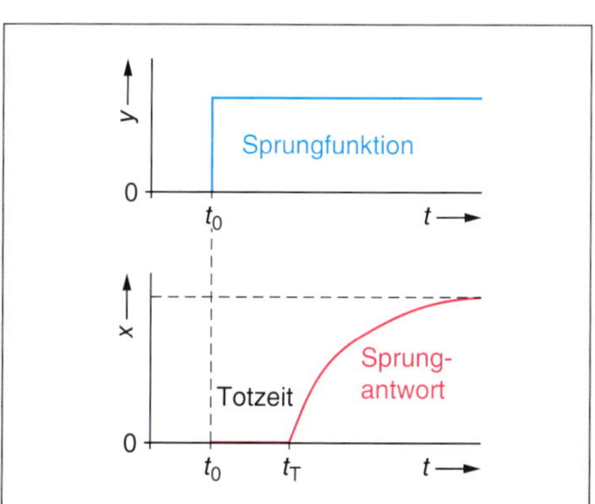

111 Sprungantwort einer Totzeitstrecke

Regelstrecke mit Verzugszeit

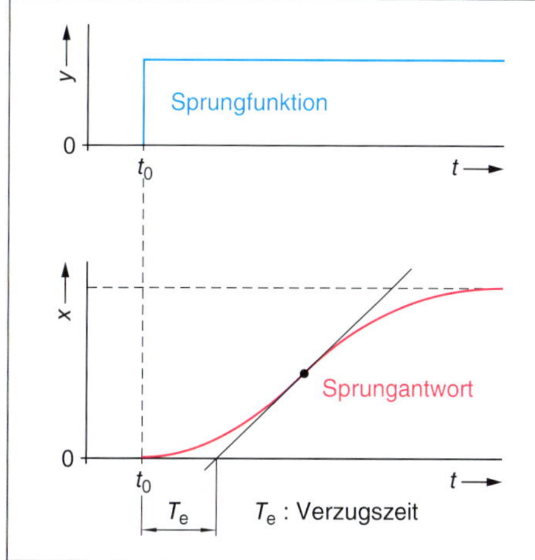

112 Regelstrecke mit Verzugszeit

■ Regelstrecke

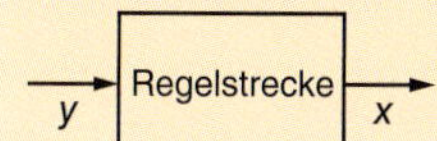

■ Kennzeichen einer Regelung

- Messen
- Vergleichen
- Stellen

Dadurch werden Störgrößeneinflüsse selbsttätig ausgeglichen.

■ Totzeit t_T

Laufzeit des Stellsignals vom Stellort bis zur Wirkung am Messort. Während dieser Zeit können Störgrößen ungehindert wirken.

Totzeiten in Regelstrecken erschweren den Regelvorgang. Oftmals sind Schwingungen die Folge.

■ Verzugszeit

Nach dem Eingangssprung reagiert die Regelstrecke zunächst mit geringfügiger Änderung der Ausgangsgröße.

Die Regelstrecke mit Verzugszeit reagiert zunächst mit geringfügiger Änderung der Regelgröße (Bild 112, Seite 311).

Ausgleich

Bei Ausfall der Regelung stellt sich die Regelgröße *x* auf einen neuen festen Wert ein. Diesen Wert nennt man den Beharrungszustand der Regelgröße.

Regelstrecke mit Ausgleich

Erreicht die Regelgröße bei einer sprunghaften Stellgrößenänderung einen stabilen Endwert (einen Beharrungszustand)?

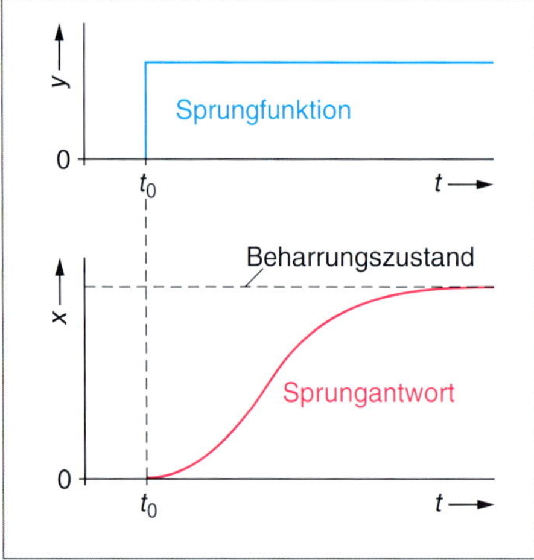

113 Regelstrecke mit Ausgleich

Ausgleich
balance, compensation equalization

Schwingung
oszillation

Zeitkonstante
loop constant

Ausgleichszeit
balancing time

Regelstrecke mit Schwingverhalten

Die Regelgröße erreicht den neuen Beharrungszustand nach einer sprunghaften Stellgrößenänderung erst nach einigen Überschwingungen.

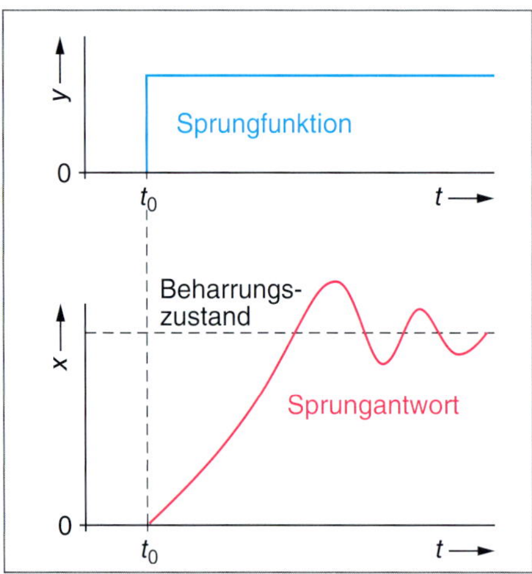

114 Regelstrecke mit Schwingverhalten

Proportionalglied mit Verzögerung 1. Ordnung

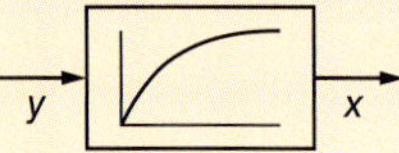

I-Glied

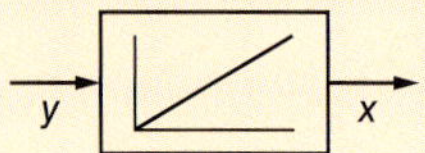

Totzeitglied

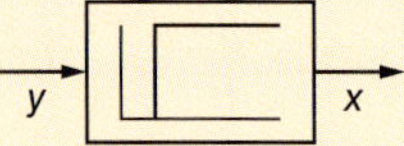

P-Glied

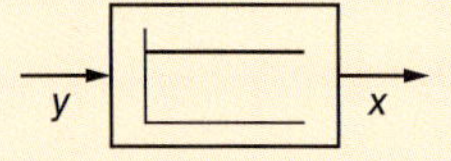

Proportionalbeiwert der Regelstrecke K_S

Der **Proportionalbeiwert** K_S gibt Auskunft darüber, welche *Änderung der Regelgröße* eine *Stellgrößenänderung* bewirkt.

$$K_S = \frac{\Delta x}{\Delta y}$$

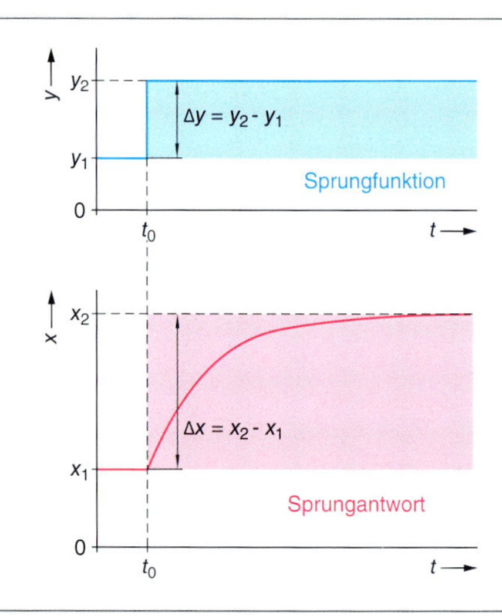

115 Proportionalbeiwert einer Regelstrecke

2 Umdrehungen des Ventils bewirken einen Temperaturanstieg von 12 K. $\Delta y = 2$, $\Delta x = 12$ K

Proportionalbeiwert

$$K_S = \frac{\Delta x}{\Delta y} = \frac{12\ \text{K}}{2} = 6\ \text{K/(pro Umdrehung)}$$

Zeitkonstante, Ausgleichszeit

Fragestellung: In welcher *Zeit* wird nach einem Stellgrößensprung ein neuer *Beharrungswert* der Regelgröße erreicht?

Die Antwort kann durch die **Zeitkonstante** T_S oder durch die **Ausgleichszeit** T_b gegeben werden.

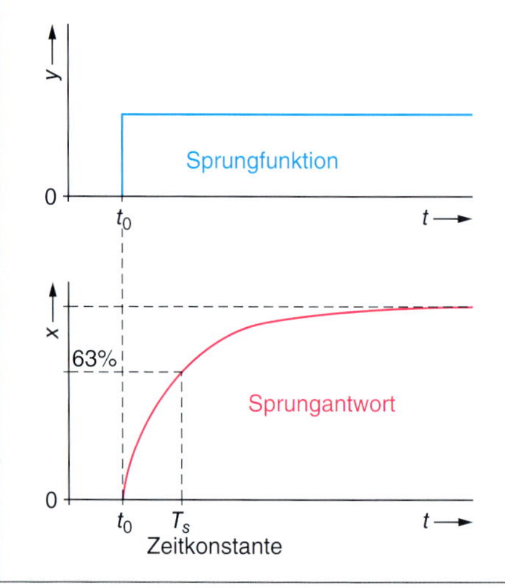

116 Zeitkonstante einer Regelstrecke

Regelstrecke ohne Ausgleich

Nach dem Zuschalten der *Stellgröße* nimmt die *Regelgröße* ständig zu und erreicht keinen definierten Endzustand.

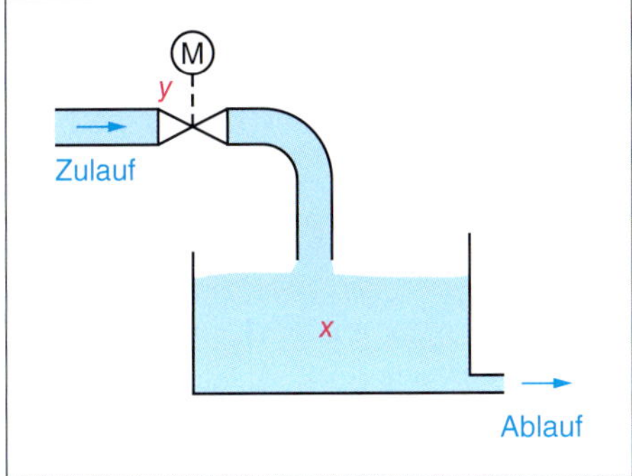

117 *Behälterfüllung (Strecke ohne Ausgleich)*

Bei geöffnetem Ventil ändert sich die *Regelgröße* (Wasserstand im Behälter) *stetig* (Bild 118).

Nach einer bestimmten Zeit ist der Behälter voll und *läuft* danach *über*. Ein sinnvoller regelungstechnischer *Endzustand* stellt sich *nicht* ein.

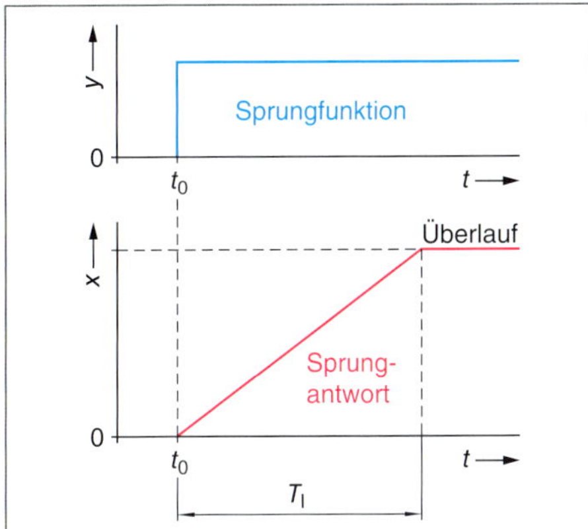

118 *Regelstrecke ohne Ausgleich*

Man spricht von einer **I-Strecke** (**I** bedeutet **Integral**). Eine *konstante* Stellgröße verursacht eine *lineare* Zunahme der Regelgröße. T_I gibt Auskunft über die **Anstiegsgeschwindigkeit** der Regelgröße.

Regelstrecke mit Ausgleich

Wenn sich die *Stellgröße y ändert* oder eine *Störgröße z einwirkt*, erreichen solche Strecken eine *neuen* Beharrungszustand.

Auch bei diesen Strecken kann das **Zeitverhalten** mit dem *Sprungantwortverhalten* ermittelt werden.

Dadurch kann auch die **Streckenverstärkung** K_S bestimmt werden.

K_S gibt an, um wie viel sich die *Regelgröße x* bei einer *Änderung der Stellgröße y* ändert.

$$K_S = \frac{\Delta x}{\Delta y}$$

Regelstrecke ohne Speicher (PT_0)

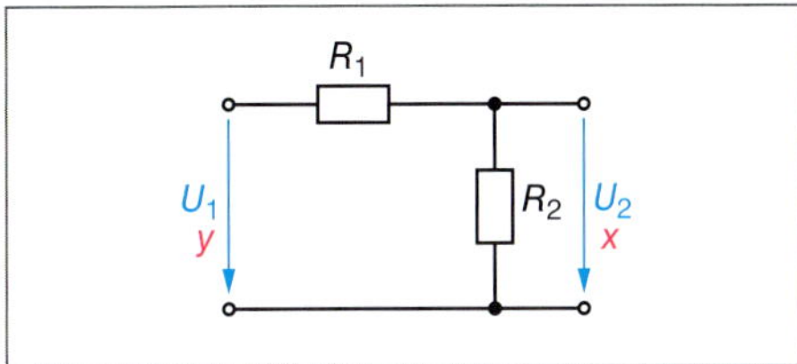

119 *Regelstrecke ohne Speicher*

$$K_S = \frac{\Delta x}{\Delta y} = \frac{R_2}{R_1 + R_2}$$

Die Regelstrecke hat *keinen Speicher*. Die Regelgröße folgt der Stellgröße praktisch *unverzögert*.

P Regelgröße ändert sich um die Streckenverstärkung K_S, wenn sich die Stellgröße *y* ändert.

T_0 Da kein Speicher vorhanden ist, tritt keine Zeitverzögerung auf.

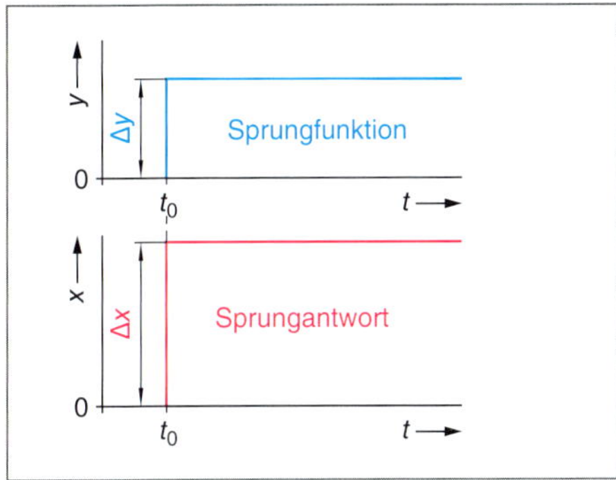

120 *Regelstrecke ohne Speicher*

Regelstrecke mit einem Speicher (PT_1-Strecke)

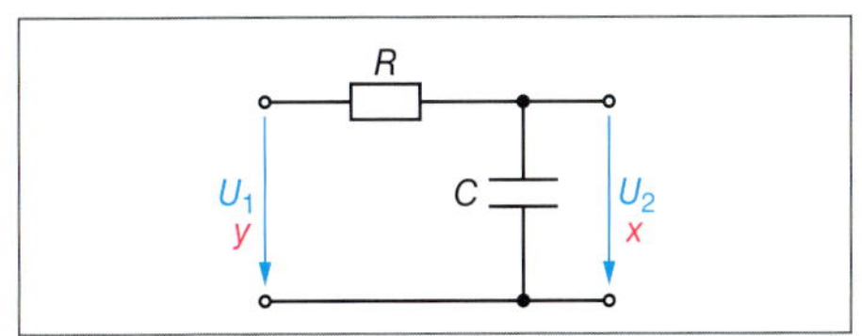

121 *Regelstrecke mit einem Speicher*

Solche Strecken haben einen **Energiespeicher**. Die Regelgröße *x* folgt der Änderung der Stellgröße *y verzögert* nach einer e-Funktion. Man spricht von **Regelstrecken 1. Ordnung** (Bild 122, Seite 314).

■ Regelstrecke ohne Speicher

Die Ausgangsgröße folgt zeitlich unverzögert der Eingangsgröße.

Kennwert: $K_S = \frac{\Delta x}{\Delta y}$

■ I-Strecke

I-Strecken sind Regelstrecken ohne Ausgleich.

■ Regelstrecke mit einem Speicher

Kennwerte: $K_S = \frac{\Delta x}{\Delta y}$ und Zeitkonstante T_S.

■ Regelstrecke mit Ausgleich

nennt man Proportionalstrecken oder P-Strecken.

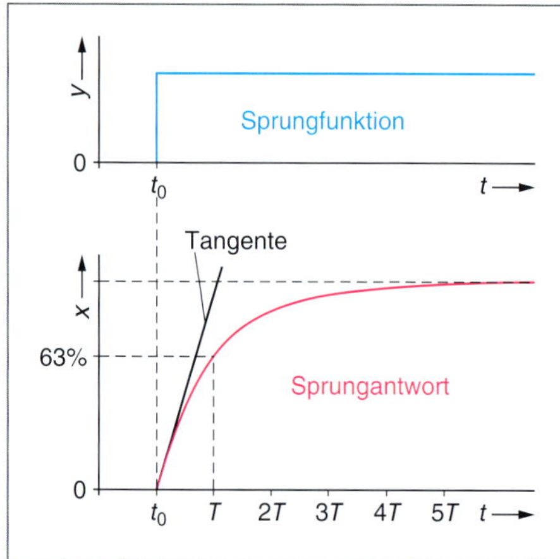

122 Regelstrecke 1. Ordnung, Sprungantwort

Kennwerte der PT_1-Strecke:

Streckenverstärkung $K_S = \frac{\Delta x}{\Delta y}$

Zeitkonstante T

Die **Zeitkonstante** T gibt an, in welcher Zeit die Regelgröße ca. 63 % ihres *neuen Beharrungswertes* erreicht hat.

Nach Ablauf von ca. **5 Zeitkonstanten** ($5 \cdot T$) ist der neue *Beharrungswert* erreicht.

Regelstrecken mit mehreren Speichern

Kennwerte: $K_S = \frac{\Delta x}{\Delta y}$
Verzugszeit T_e
Ausgleichszeit T_b

Eine erfolgreiche Regelung setzt voraus, dass die Sprungantwort der Regelstrecke bekannt ist, damit die optimale Regeleinrichtung ausgewählt und optimal eingestellt werden kann.

Regelstrecken mit mehreren Speichern (PT_n-Strecke)

Die Regelgröße folgt der Stellgrößenänderung *stark verzögert*. Man spricht von **Regelstrecken höherer Ordnung**.

Kennwerte dieser Regelstrecken sind neben der **Streckenverstärkung** K_S **Verzugszeit** T_e und **Ausgleichszeit** T_b. Sie lassen sich aus der **Sprungantwort** ermitteln.

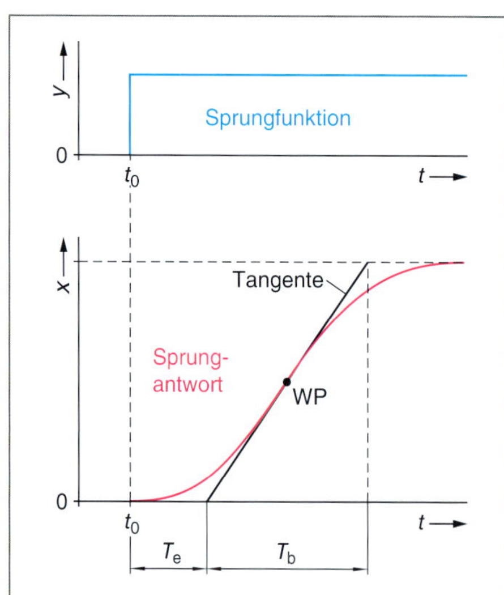

123 Regelstrecke höherer Ordnung

- Wendepunkt WP bestimmen. In diesem Wendepunkt geht die Sprungantwort vom progressiven Verlauf in den degressiven Verlauf über.
- Tangente einzeichnen an Wendepunkt WP.
- Zeitabschnitte T_e (Verzugszeit) und T_b (Ausgleichszeit) festlegen.

Verzugszeit T_e

Zeit, in der sich die Regelgröße trotz Stellgrößensprung *kaum ändert*. Die Regelstrecke ist *träge*, was durch die Speicher hervorgerufen wird.

Ausgleichszeit T_b

Ist ein Maß für die *Schnelligkeit*, mit der die Regelgröße ihrem *neuen Beharrungszustand* zustrebt.

Je mehr *Speicher* eine Regelstrecke hat, umso *schwieriger* ist die Strecke zu regeln.

Prüfung

1. Skizzieren Sie einen Regelkreis und benennen Sie die einzelnen Größen des Regelkreises.

2. Beschreiben Sie den Vorgang Regelung.

3. Erklären sie folgende Begriffe.
Störgröße, Regelgröße, Stellgröße, Regeldifferenz, Rückführgröße.

4. Wozu dient das Sprungantwortverfahren?

5. Unterscheiden Sie zwischen Regelstrecke ohne Ausgleich und Regelstrecke mit Ausgleich.

6. Welche Aussage macht der Proportionalbeiwert und der Intergrierbeiwert?

7. Wie beurteilen Sie die Regelbarkeit einer Strecke mit Totzeit?

8. Welchen Einfluss haben Speicher bei Regelstrecken?

9. Wie werden Ausgleichszeit und Verzugszeit bei einer Regelstrecke höherer Ordnung bestimmt?

10. Unterscheiden Sie zwischen Störverhalten und Führungsverhalten. Geben Sie auch den technischen Sinn an.

@ Interessante Links

- christiani-berufskolleg.de

Prüfung

1. Erläutern Sie die Darstellung.

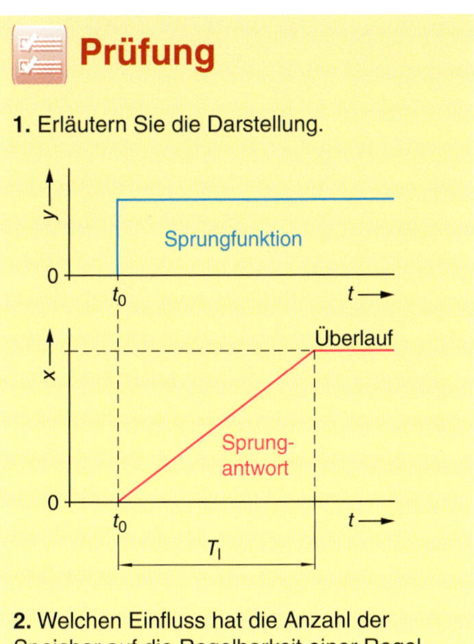

2. Welchen Einfluss hat die Anzahl der Speicher auf die Regelbarkeit einer Regelstrecke?

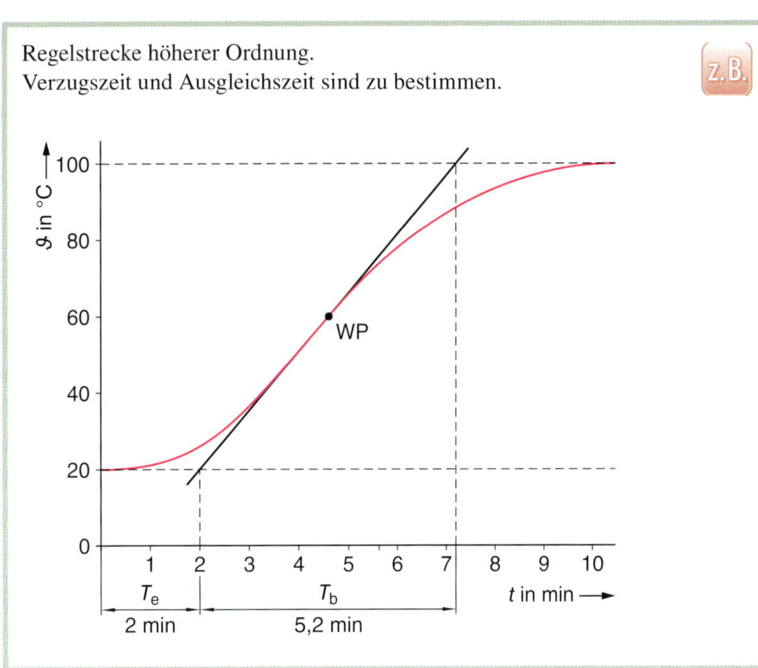
Regelstrecke höherer Ordnung.
Verzugszeit und Ausgleichszeit sind zu bestimmen.

Störverhalten

Das *Störverhalten* eines Regelkreises soll ermittelt werden.

Dazu wird die *Führungsgröße konstant* gehalten.

Eine *sprunghafte Störgrößenänderung* wird hervorgerufen.

Die *Reaktion* der *Regelgröße* wird beobachtet.

Bei einer *optimalen* Regelung muss sich Δx wieder auf *null* einregeln.

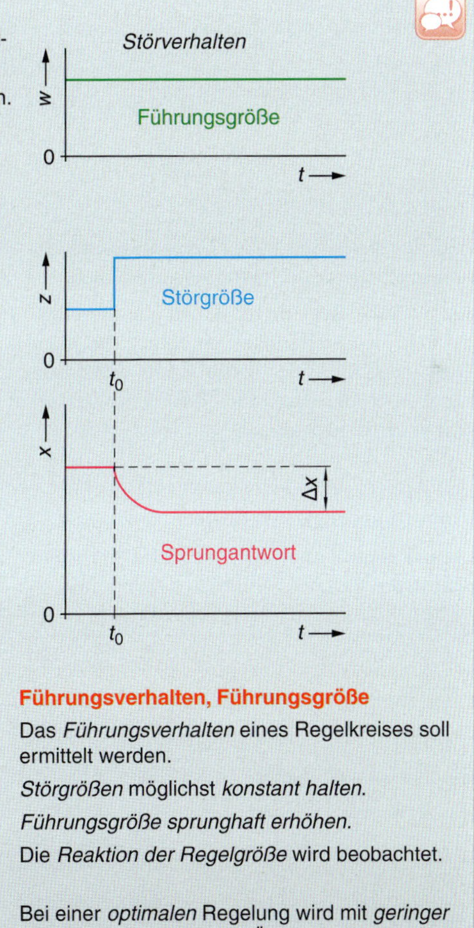

Führungsverhalten

z
Störgröße
0
t
w
Führungsgröße
0
t_0
t
x
Regelgröße
0
t_0
t

Führungsverhalten, Führungsgröße

Das *Führungsverhalten* eines Regelkreises soll ermittelt werden.

Störgrößen möglichst *konstant halten.*

Führungsgröße sprunghaft erhöhen.

Die *Reaktion der Regelgröße* wird beobachtet.

Bei einer *optimalen* Regelung wird mit *geringer Verzögerung* und *kleiner Überschwingweite* der neue Beharrungswert erreicht.

■ **Störverhalten**

Wie verhält sich die Regelgröße unter Störgrößeneinfluss?

■ **Führungsverhalten**

Wie verhält sich die Regelgröße bei Änderung der Führungsgröße?

■ **Stetige Regler**
Die Stellgröße kann jeden beliebigen Wert innerhalb eines Stellbereichs annehmen.

Regler
controller, control unit, control device

Reglereinstellung
controller setting, govenor setting

Proportionalregler
propotional controller

Regeleinrichtung
closed-loop control device

P-Anteil
proportional component

I-Anteil
integral-action component

D-Anteil
D component

Verstärkungsfaktor
amplification factor

Regelbarkeit von Regelstrecken

Bestimmt wird die *Regelbarkeit* einer Strecke von

- der Ausgleichszeit T_b
- der Zeitkonstanten T_s
- der Verzugszeit T_e
- der Totzeit t_T

Große *Totzeiten verschlechtern* die *Regelbarkeit* einer Strecke. Erst nach Ablauf der Totzeit wird eine Störung als *Regelgrößenänderung* wirksam.

Auch der *Reglereingriff* wird erst nach Ablauf der Totzeit am *Ausgang der Strecke* wirksam.

Die Zeitverschiebungen bewirken eine *Regeldifferenz*, die mit der *Totzeit* zunimmt.

Große *Zeitkonstanten* verbessern die *Regelbarkeit* einer Strecke.

Stetige Regler

Stetige Regler (Regeleinrichtungen) haben die Aufgabe, nach einer Störung die *Regelgröße* in möglichst kurzer Zeit wieder an die *Führungsgröße* anzupassen.

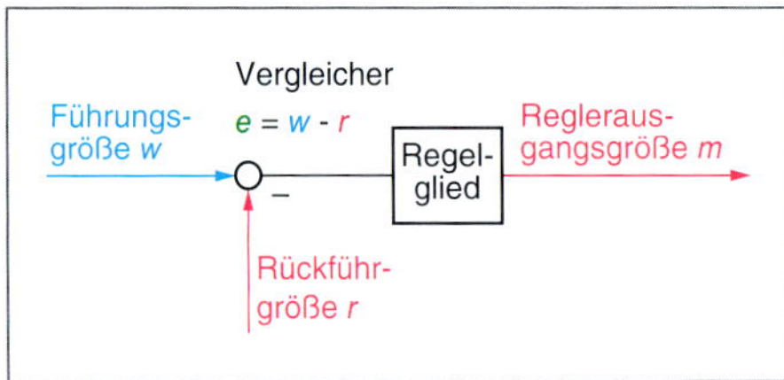

124 Prinzipieller Regleraufbau

Wie Regelstrecken, haben auch **Regeleinrichtungen** (Regler) ein Übertragungsverhalten.

Aufgabe des **Reglers** ist es, aus der **Regeldifferenz** e eine **Stellgröße** y zu bilden, die jeden Wert innerhalb eines **Stellbereichs** annehmen kann. Auch hier kann das **Sprungantwortverfahren** verwendet werden.

Proportionalregler (P-Regler)

Beim P-Regler ist jeder Regeldifferenz e ein definierter Wert der Stellgröße y zugeordnet.

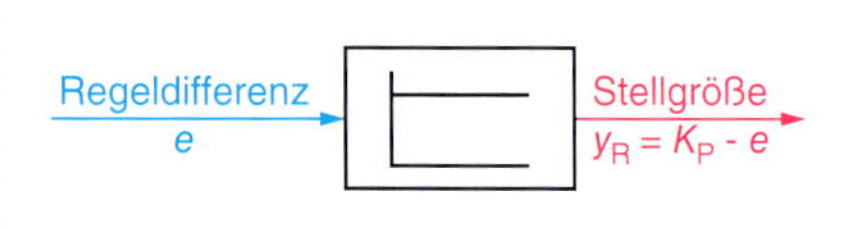

126 P-Regler, Symbol

Die *Stellgröße* ist der **Regeldifferenz** proportional. Die Kenngröße ist der **Proportionalbeiwert** K_P. Das Eingangssignal wird um den Faktor K_P verstärkt.

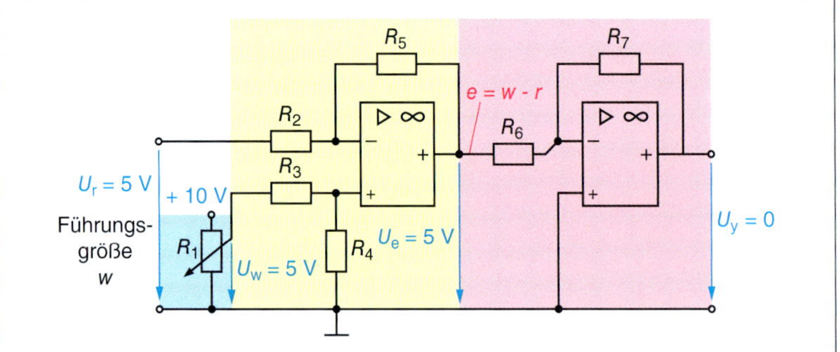

125 P-Regler mit Operationsverstärker

Zu Bild 125:

Die **Führungsgröße** w wird mit R_1 eingestellt. Der Differenzverstärker arbeitet als *Vergleicher*. Der *invertierende Verstärker* bestimmt den **Verstärkungsfaktor** und ändert die *Polarität*.

Der *Differenzverstärker* bildet die **Regeldifferenz** $e = w - r$.

Wenn alle Widerstände den gleichen Ohmwert haben, ergibt sich $U_e = U_w - U_R$.

Beim *invertierenden Verstärker* wird U_e *invertiert* und *verstärkt*. Das ist die **Stellgröße** U_y.

$$U_y = -V \cdot U_e$$

V ist der **Verstärkungsfaktor**, $V = \frac{R_7}{R_6}$.

In der Darstellung nach Bild 125 ist die **Regeldifferenz** $e = 0$. Daraus ergibt sich die **Stellgröße** $U_y = 0$.

Nun wirkt eine **Störgröße** z auf den Regelkreis ein:

Annahme: Die **Rückführgröße** r nimmt ab, z. B. auf 4 V. Die **Regeldifferenz** e ist dann $e = w - r = 5\ \text{V} - 4\ \text{V} = 1\ \text{V}$.

Wenn die **Verstärkung** $V = 1$ beträgt, nimmt die Stellgröße den Wert $U_y = -1$ V an.

Das *Stellglied* reagiert darauf entsprechend.

Hinweis

Ziel der Regelung: **Regeldifferenz** $e = 0$.

Wenn $e = 0$, wird aber keine Stellgröße y mehr gebildet.

Im Störungsfall wird die Stellgröße aber benötigt. Beim P-Regler kommt es zu einer **bleibenden Regeldifferenz**.

Die *bleibende Regeldifferenz* nimmt mit zunehmender Verstärkung des Reglers ab.

Sie bewirkt, dass die *ursprüngliche* Regelgröße bei *unveränderter* Führungsgröße nach einer Störung *nicht mehr erreicht werden* kann.

Sprungantwort eines P-Reglers

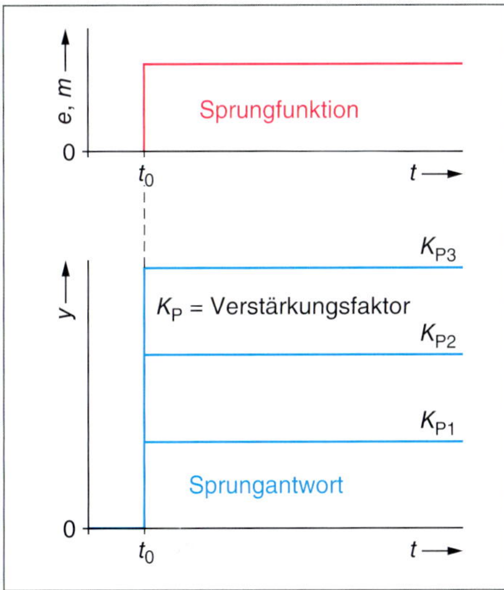

127 Sprunganwort eines P-Reglers

Eigenschaften des P-Reglers

- Der P-Regler ist ein Proportional-Verstärker. Das Eingangssignal e wird um einen parametrierbaren Faktor K_P verstärkt. $y_R = e \cdot K_P$.
- Eine Regeldifferenz kann nicht zu null ausgeregelt werden. Je größer K_P eingestellt ist, umso kleiner ist die Regeldifferenz.
- Wenn K_P zu groß gewählt wird, kann die Regelgröße um den Sollwert schwingen. Annahme:
  K_P groß und e positiv → Regelgröße wird überschritten → Rückführgröße nimmt zu → $e = w - r$ wird negativ → zu große negative Stellgröße → Regelgröße wird unterschritten.
- Wenn die *Regeldifferenz* $e = 0$, darf die *Stellgröße* nicht null werden. Sie muss den notwendigen Wert zur Erzeugung der Regelgröße liefern.

  Annahme:
  Drehzahlregelung eines Gleichstrommotors, analoger Bereich 0 – 10 V.

  Wenn
  $$n = 1200 \frac{1}{\text{min}}$$
  gewünscht wird, müssen 4,2 V an das Stellglied geliefert werden. Für die *Stellgröße* gilt dann: $y_R = 4{,}2\ \text{V} \pm K_P \cdot e$.
- Da P-Regler ohne Zeitverzug auf Störgrößen reagieren, sind sie sehr schnelle Regler.

Integralregler (I-Regler)

Jeder *Regeldifferenz* e wird eine bestimmte **Änderungsgeschwindigkeit** der Stellgröße zugeordnet. Ist $e = 0$, bleibt der Wert der Stellgröße bestehen.

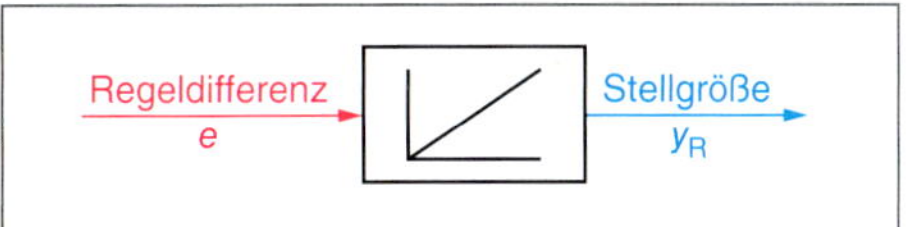

128 I-Regler, Symbol

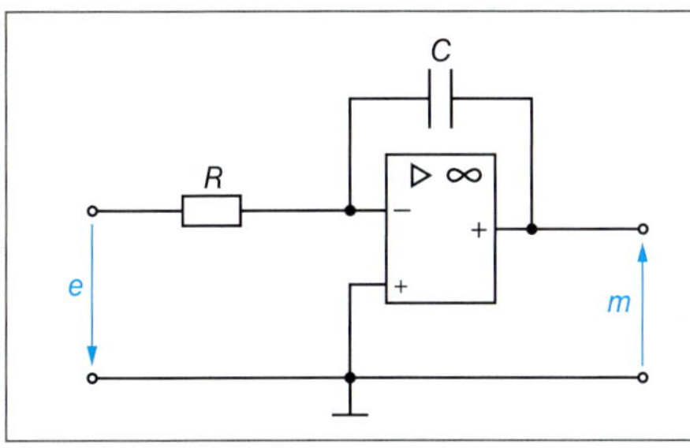

129 I-Regler mit Operationsverstärker

In Bild 129 ist der *Vergleicher* nicht dargestellt (siehe Seite 354). Als Zeitglied wird ein **Integrierer** eingesetzt.

Wenn sich die *Regeldifferenz e ändert*, dann *ändert* sich die *Stellgröße* y_R so lange, bis *e wieder null* wird.

Dieser Stellgrößenwert wird dann *gespeichert*.

Eine *bleibende Regeldifferenz* tritt also *nicht* auf. Nachteilig ist, dass die Störung nur *langsam* ausgeregelt wird.

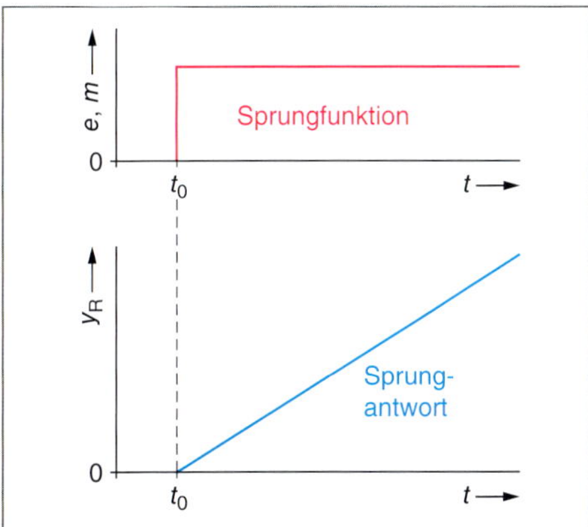

130 Sprungantwort des I-Reglers

P-Regler

Die Stellgrößenänderung Δy ist der Änderung der Regeldifferenz e proportional.

Der P-Regler regelt schnell aus, hat aber eine bleibende Regelabweichung.
Je größer K_P ist, umso geringer ist die bleibende Regelabweichung. Man kann auch von einer bleibenden Sollwertabweichung reden.

I-Regler

Dieser Regler ist langsam, hat aber keine bleibende Regelabweichung. Er kann eine Störgröße vollständig ausregeln.

m

Reglerausgangsgröße

Bei konstanter Regeldifferenz *e* ist die Änderungsgeschwindigkeit der Stellgröße konstant.

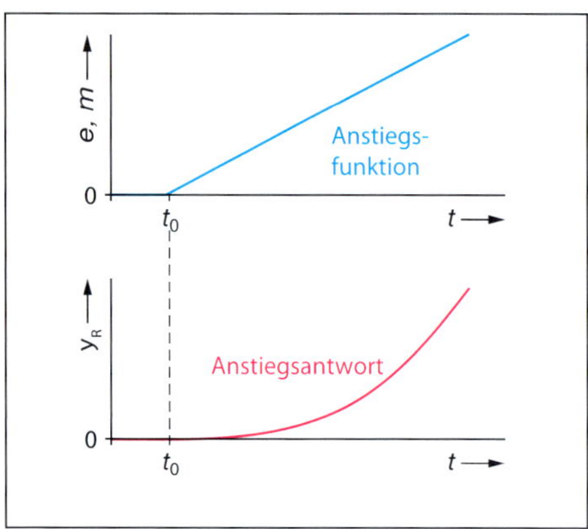

131 Anstiegsantwort des I-Reglers

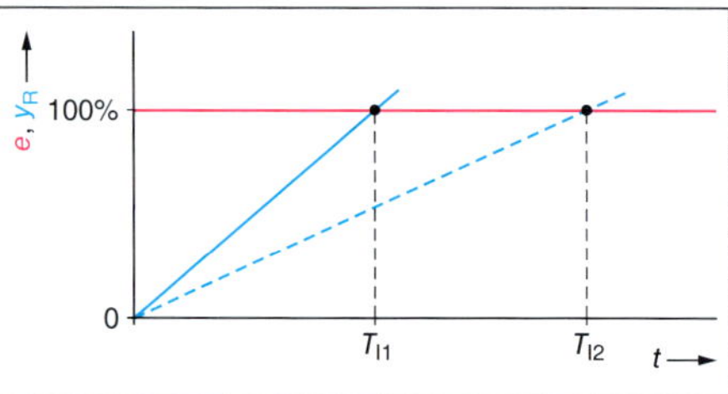

132 Integrierzeit

Ein wichtiger Parameter des I-Reglers ist die **Integrierzeit** T_I.

> Die Integrierzeit T_I ist die Zeit, die die Stellgröße y_R benötigt, um denselben Wert zu erreichen, um den sich die Regeldifferenz verändert hat.

■ Anstiegsantwort

Die Regeldifferenz *e* wird nicht sprunghaft wie bei der Sprungfunktion geändert, sondern steigt kontinuierlich an.

Den *Kehrwert* der Integrierzeit nennt man **Integrierbeiwert** K_I.

Der **I-Regler** ist ein relativ *langsamer* Regler. Liegt ein *konstantes* Eingangssignal *e* an, *nimmt die Stellgröße zu*. *Verringert* sich das Eingangssignal, nimmt die *Steigung der Stellgröße ab*.

Bei *Regeldifferenz* $e = 0$ bleibt die *Stellgröße konstant*. Eine *bleibende Regeldifferenz* tritt *nicht* auf.

Die **Stellgrößenänderung** Δy_R kann durch den **Integrierbeiwert** K_I beeinflusst werden. Er ist parametrierbar.

$\Delta y_R = K_I \cdot \Delta e \cdot \Delta t$

Ist die *Regeldifferenz negativ*, wird die *Stellgrößenänderung* auch *negativ*. Die Stellgröße wird kleiner.

■ D-Regler

reagieren nur auf die Änderungsgeschwindigkeit der Regelgröße. Allein kann er keine Störgröße ausregeln.

Differenzialregler (D-Regler)

Die *Stellgröße* des D-Reglers ist der **Änderungsgeschwindigkeit** der Regeldifferenz proportional.

Eine *konstante* Änderungsgeschwindigkeit bewirkt dann eine *konstante* Stellgröße.

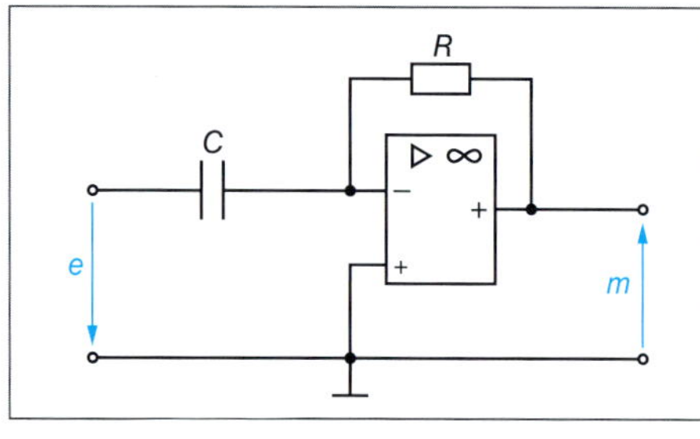

133 D-Regler mit Operationsverstärker

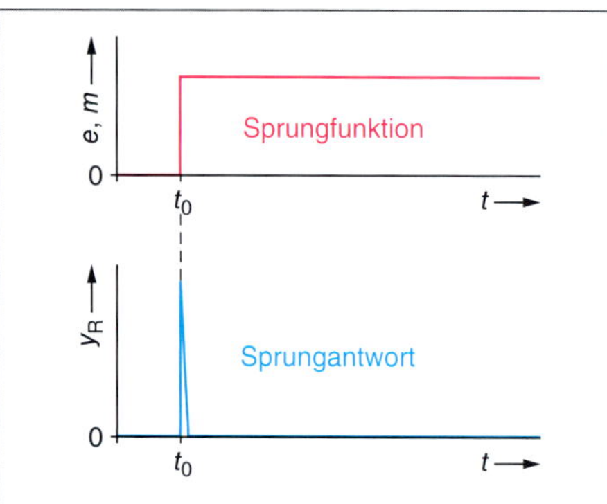

134 Sprungantwort eines D-Reglers

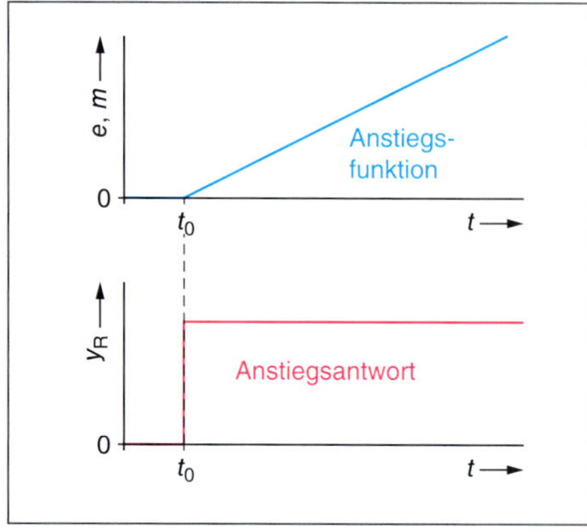

135 Anstiegsantwort eines D-Reglers

Wird an den Eingang des D-Reglers eine *linear ansteigende* Spannung angelegt, tritt am Ausgang eine *konstante* Spannung auf.
Dabei hängt die Ausgangsspannung von der *Steilheit* der Eingangsspannung ab ($\Delta e / \Delta t$).

$\Delta y_R = K_D \cdot \frac{\Delta e}{\Delta t}$

K_D ist der **Differenzierbeiwert**.

> Alleinständig sind D-Regler nicht einsetzbar. Bei konstanter Regeldifferenz *e* liefern sie kein Stellgrößensignal. Ihr Einsatz beschränkt sich auf die Kombination mit anderen Reglern.

Kombinierte stetige Regler

Sämtliche Grundtypen der Regler haben Vor- und Nachteile.

Regler
Schneller Regler, bleibende Regeldifferenz, Schwingungsneigung.

I-Regler
Langsamer Regler, vollständige Ausregelung der Regeldifferenz.

D-Regler
Stark eingreifender Regler bei Änderung der Regeldifferenz, keine Stellgröße bei $e = 0$.

Durch *Kombination der Grundtypen* können die Nachteile in hohem Maße ausgeglichen werden.

PI-Regler

Kombination von *P*- und *I-Regler*.

Seine Stellgröße entspricht der Summe der Stellgrößen der beteiligten Grundtypen.

$y_R = y_P + y_I = K_P \cdot e + K_I \cdot \Delta e \cdot \Delta t$

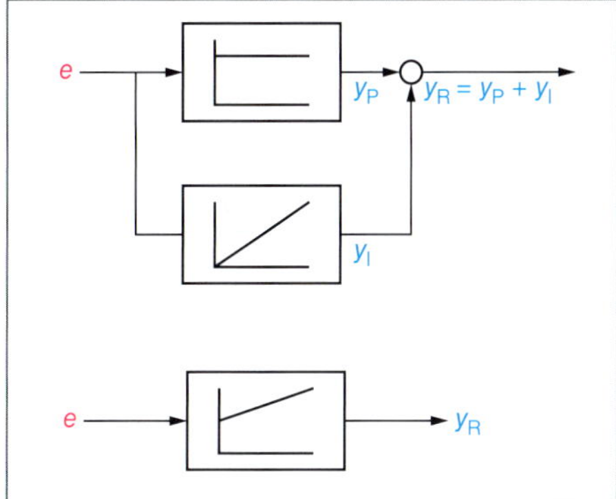

136 PI-Regler

Parameter des PI-Reglers:

- $K_P = \frac{y}{e}$
- Nachstellzeit T_i

Nachstellzeit T_i

Zeit, die ein *I-Regler* benötigt, um *die gleiche Änderung der Stellgröße* zu bewirken, die ein *P-Regler direkt* beim Auftreten einer *Regeldifferenz* liefert. T_i legt also die *Steilheit* des I-Anteils fest.

Der PI-Regler ist ein schneller Regler. Eine bleibende Regeldifferenz tritt nicht auf, es wird vollständig ausgeregelt.

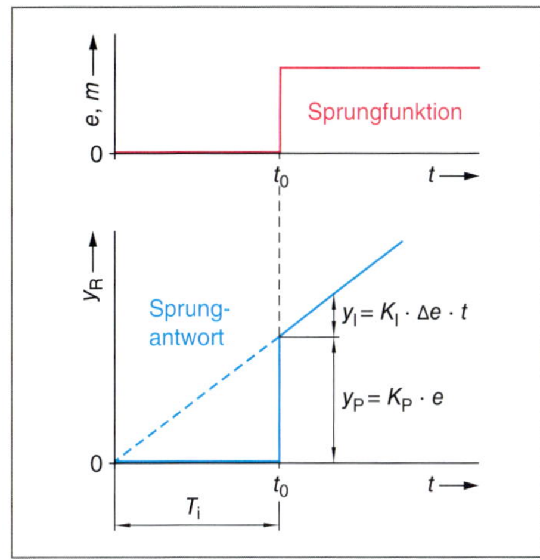

137 Nachstellzeit eines PI-Reglers

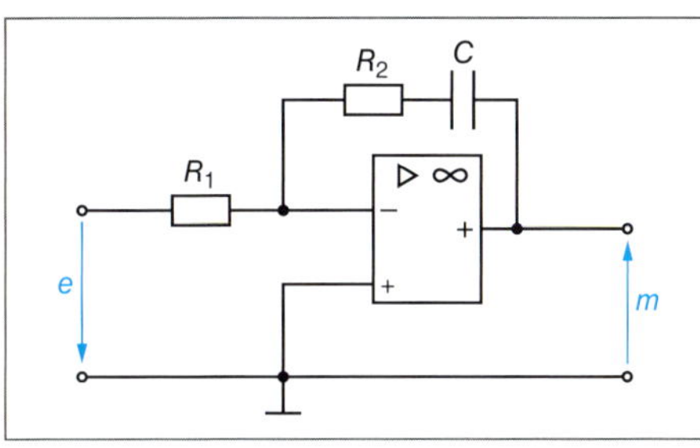

138 PI-Regler mit Operationsverstärker

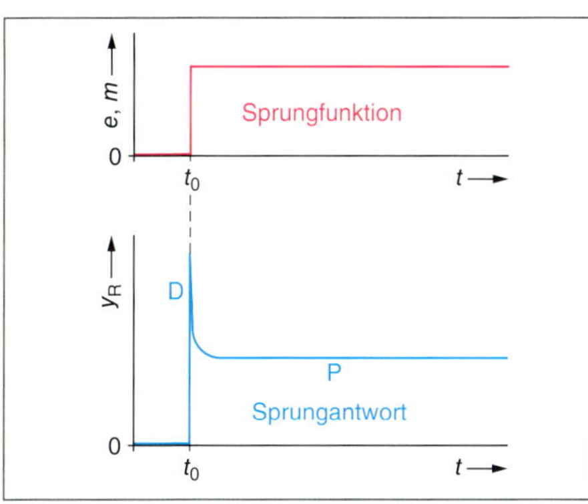

139 Sprungantwort des PI-Reglers

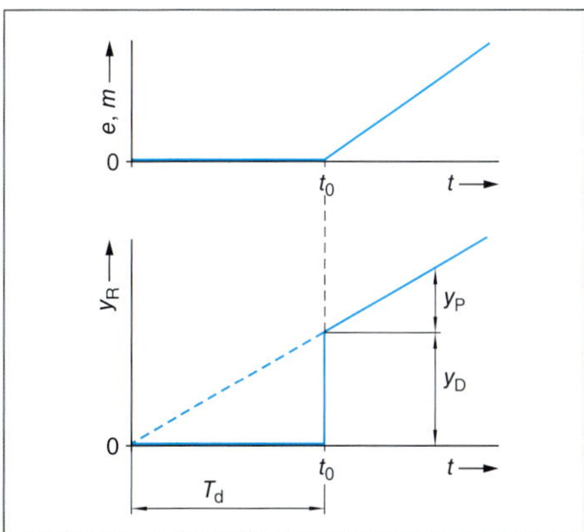

140 Anstiegsantwort des PI-Reglers

■ **PI-Regler**
Einstellparameter:
- Proportionalbeiwert
- Nachstellzeit

■ **PD-Regler**
Einstellparameter:
- Proportionalbeiwert
- Vorhaltezeit

■ **PID-Regler**
Einstellparameter:
- Proportionalbeiwert
- Nachstellzeit
- Vorhaltezeit

PD-Regler

Kombination von P- und D-Regler.

Seine Stellgröße entspricht der Summe der Stellgrößen der beteiligten Grundtypen.

$y_R = y_P + y_D = K_P \cdot e + K_D \cdot \frac{\Delta e}{\Delta t}$

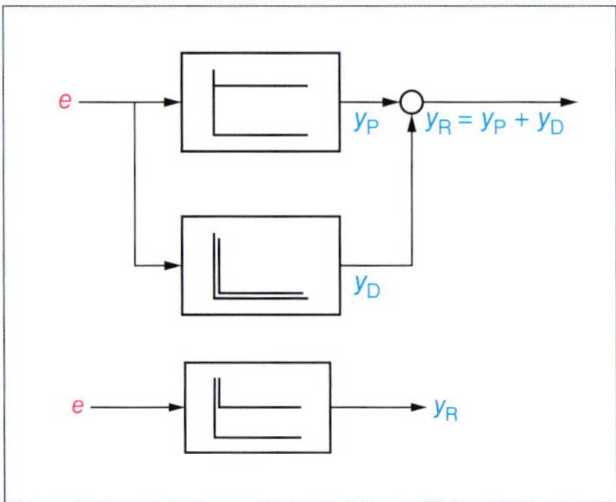

141 PD-Regler

Wenn eine *Störgröße* auftritt, greift der **D-Anteil** *zunächst sehr stark* ein, *klingt* aber *schnell ab.*

Danach wirkt nur noch der **P-Anteil**, sodass eine **bleibende Regeldifferenz** auftritt.

Durch den **D-Anteil** lässt sich bei sich *ändernder Regeldifferenz* schneller die gewünschte Stellgröße erreichen.

Ohne diesen D-Anteil würde diese Stellgröße erst nach Ablauf der **Vorhaltezeit** T_d durch den P-Anteil erreicht.

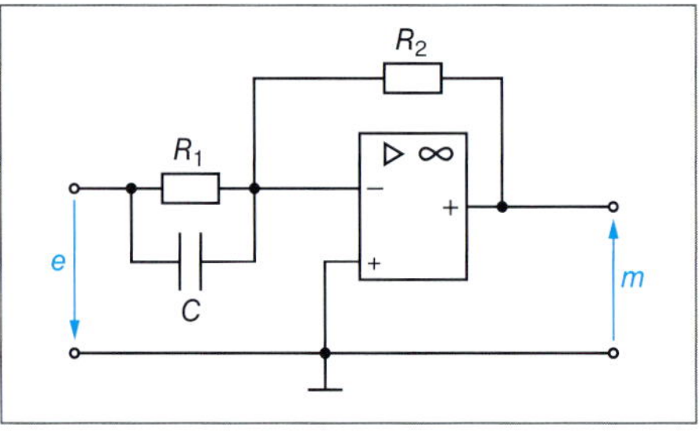

142 PD-Regler mit Operationsverstärker

PID-Regler

Kombination von P-, I- und D-Regler.

Seine Stellgröße entspricht der Summe der Stellgrößen der beteiligten Grundtypen.

$y_R = y_P + y_I + y_D = K_P \cdot e + K_I \cdot \Delta e \cdot \Delta t + K_D \cdot \frac{\Delta e}{\Delta t}$

Durch den **P-Anteil** wird *schnell* ausgeregelt.

Der **I-Anteil** regelt die Regeldifferenz *vollständig* aus.

Der **D-Anteil** regelt bei plötzlichen Störeinflüssen *sehr stark* aus.

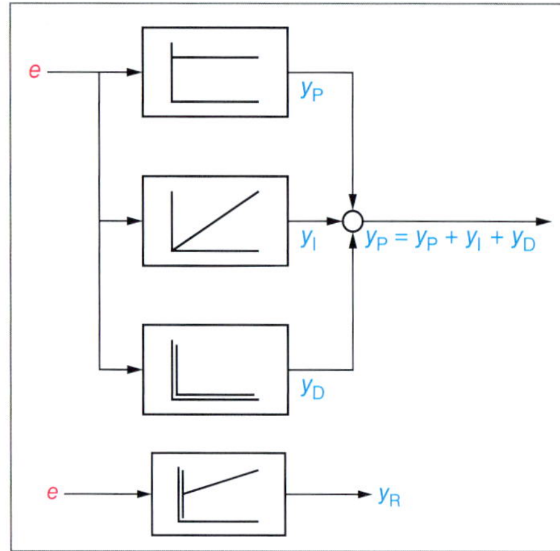

143 PID-Regler

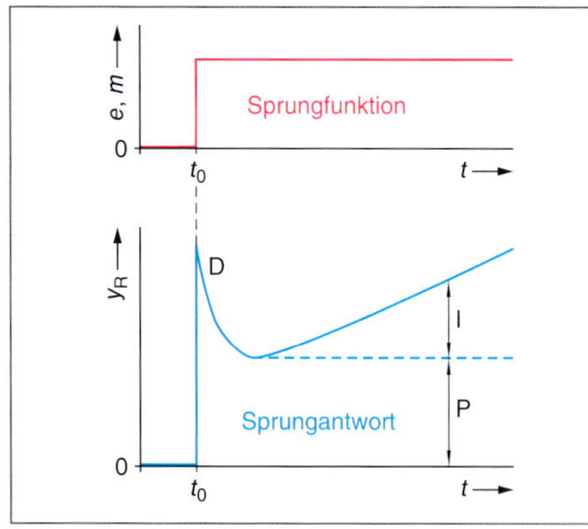

144 Sprungantwort des PID-Reglers

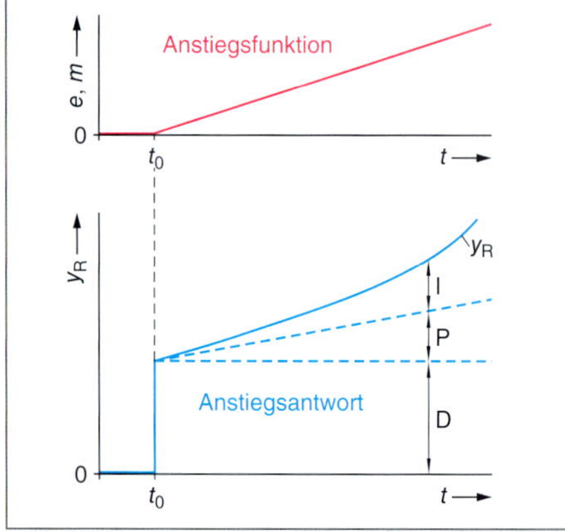

145 Anstiegsantwort des PID-Reglers

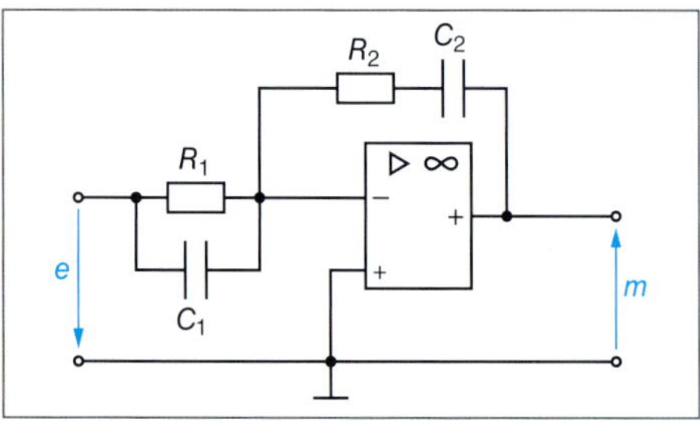

146 PID-Regler mit Operationsverstärker

■ **Operationsverstärkerbeschaltung, Regler**

■ **Operationsverstärker**

→ 112

Prüfung

1. Erklären Sie den Unterschied zwischen einer Steuerung und einer Regelung.

2. Skizzieren Sie einen Regelkreis und tragen Sie dort die einzelnen Größen an der richtigen Stelle ein.

3. Erläutern Sie das Blockschaltbild.

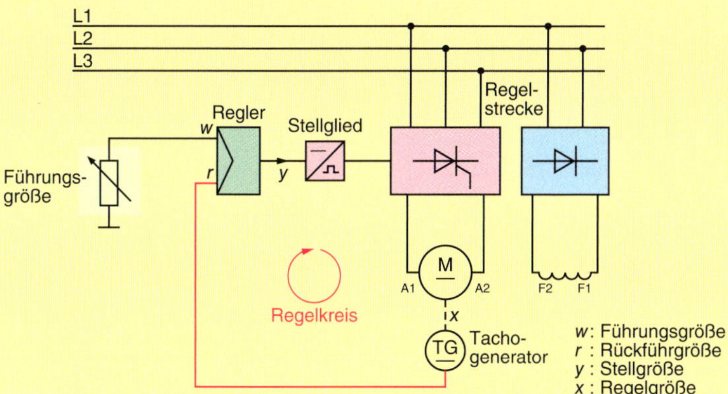

4. Beschreiben Sie folgende Begriffe.

- Regelgröße
- Regelstrecke
- Führungsgröße
- Rückführgröße
- Regeldifferenz
- Regler
- Stellglied
- Stellgröße
- Störgröße

5. Wozu wird das Sprungantwortverfahren eingesetzt?

6. Was ist eine Anstiegsantwort?

7. Dargestellt ist die Sprungantwort einer Regelstrecke höherer Ordnung (PT_n-Strecke).
Ermitteln Sie die Größen Verzugszeit und Ausgleichszeit.

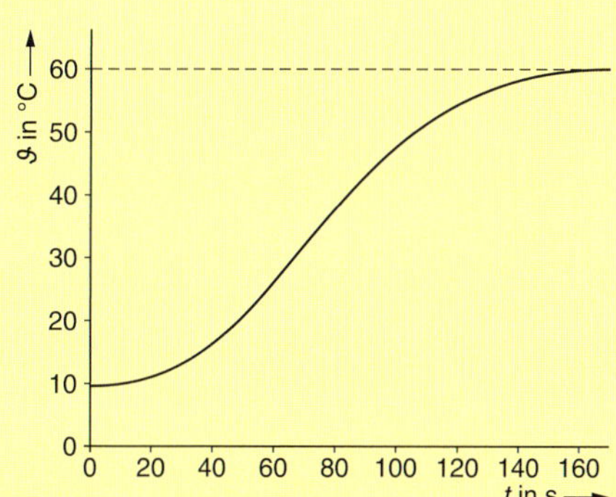

8. Was ist die typische Eigenschaft von stetigen Reglern?

9. Wie arbeitet ein P-Regler? Nennen Sie Vor- und Nachteile dieses Reglers.

10. Wie arbeitet ein I-Regler? Nennen Sie Vor- und Nachteile dieses Reglers.

11. Zu welchem Zweck kann der D-Regler eingesetzt werden?

12. Wie wird die Stellgröße beim PID-Regler gebildet? Welche Parameter werden bei dem Regler eingestellt?

@ **Interessante Links**

- christiani-berufskolleg.de

Regelkreis
(closed loop) control system, (automatic) control circuit

Zweipunktregler
on-off control

Optimierung
optimization

Rückkopplung
feedback, back coupling

Unstetigkeit
unsteadiness, discontinuity

Grenzwert
limit value, limit

Hysterese
hysteresis

Regelkreis

Hauptbestandteile des **Regelkreises** sind **Regler** und **Regelstrecke**.

Wenn diese beiden Elemente zusammenwirken, ist ein sehr *unterschiedliches* Verhalten der Regelgröße möglich.

Die Regelgröße kann **aufklingende Schwingungen** ausführen, die Zerstörungen hervorrufen können.

Ausgangsgröße des Reglers ist die **Stellgröße** *y*, die auch gleichzeitig *Eingangsgröße* der **Regelstrecke** ist.

Ausgangsgröße der **Regelstrecke** ist die *Regelgröße*, die über die **Rückführgröße** die **Stellgröße** beeinflusst.

Diese **Rückkopplung** macht Regelkreise zu *schwingungsfähigen Systemen*.

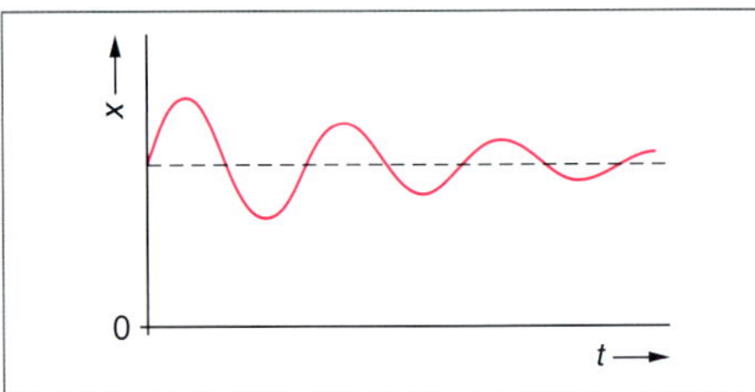

148 Gedämpfte Schwingung

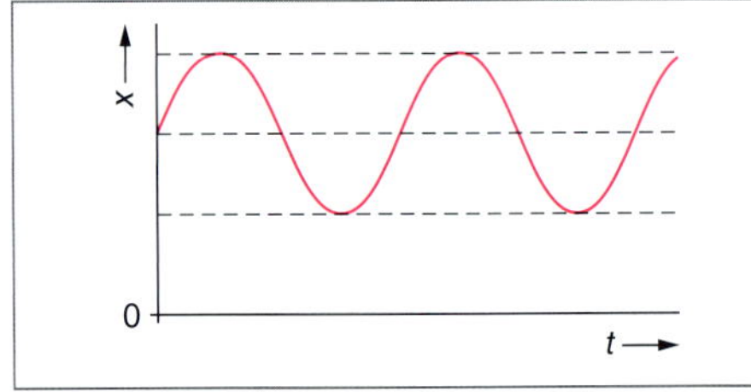

149 Ungedämpfte Schwingung

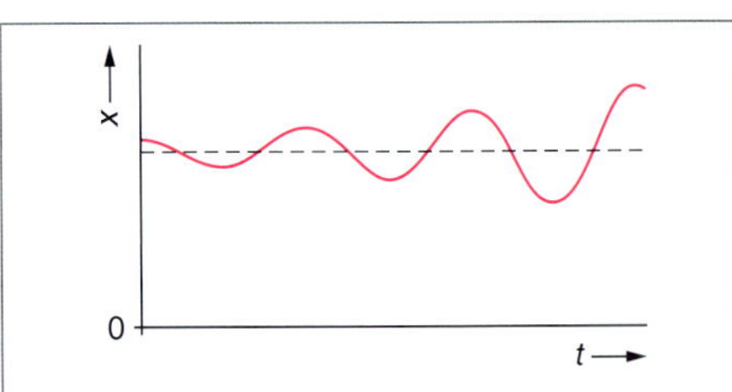

150 Angefachte Schwingung

■ **Optimierung von Regelkreisen**

Dabei unterscheidet man zwischen
- *gedämpften Schwingungen*
- *ungedämpften Schwingungen*
- *angefachten Schwingungen*

Schwingungen sollen nach Möglichkeit *vermieden* werden, bzw. auf ein *Minimum reduziert* werden.

Bei einer **optimalen Regelung** wird die Regelgröße nach Störgrößenauswirkung so ausgeregelt, dass sie um ca. 20 % überschwingt und maximal noch *zweimal* um die Führungsgröße schwingt (Bild 147).

Zur **Optimierung** von *Regelkreisen* gibt es Tabellen, die zumindest einen *ersten Anhaltspunkt* für die Einstellung der **Regelparameter** K_P, T_i und T_d darstellen.

Unstetige Regler

Nicht immer muss die Regelgröße ständig genau der Führungsgröße entsprechen. Dies gilt vorrangig bei Regelstrecken mit großen Zeitkonstanten (PT_1-Strecken).

Darf die *Regelgröße* zwischen *zwei Grenzwerten schwanken*, können **unstetige Regler (Zweipunktregler)** eingesetzt werden.

Einsatzgebiet der Zweipunktregler sind Regelstrecken mit einem *ausreichenden* Energiespeichervermögen. Dies gilt z. B. für **Temperaturregelstrecken**.

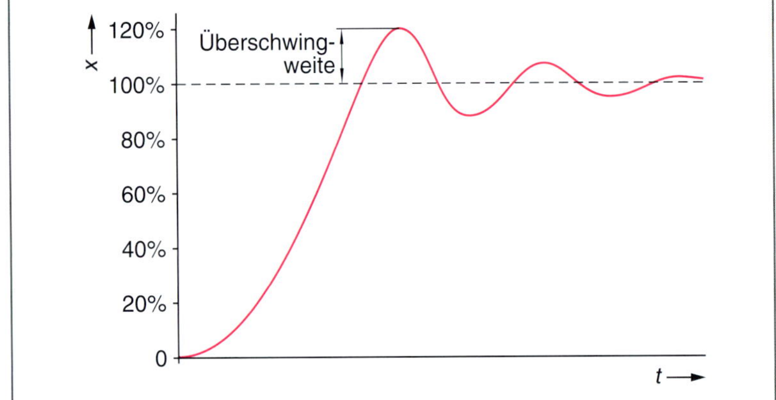

147 Optimaler Einschwingvorgang

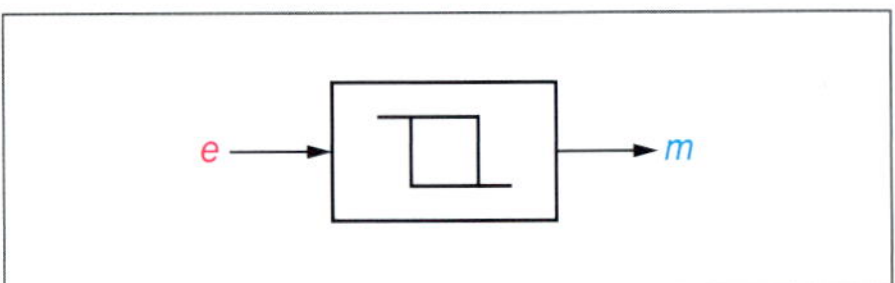

151 Zweipunktregler, Symbol

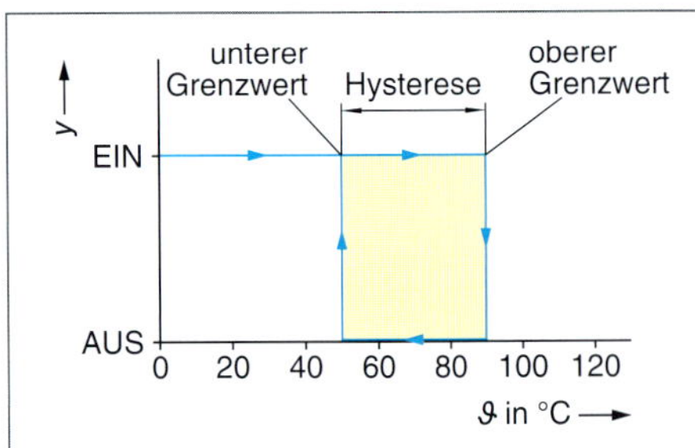

152 Hysterese eines Zweipunktreglers

Der **Zweipunktregler** ist ein *schaltender Regler*.

Die **Stellgröße** kann nur *einen* der beiden Zustände EIN und AUS annehmen.

Dabei *schwankt die Regelgröße* zwischen einem **unteren Grenzwert** und einem **oberen Grenzwert**.

Die Schwankungsbreite nennt man **Hysterese**.

Elektroheizung

Die Temperatur schwankt zwischen 50 °C und 90 °C. Die *Hysterese* beträgt 40 K.

Oberer Grenzwert: 90 °C
Unterer Grenzwert: 50 °C
Hysterese: 40 K

Die *Schwankungsbreite* der Regelgröße ist sehr groß (40 K). Zwischen aufeinanderfolgenden Schaltvorgängen verstreicht aber eine größere Zeit. Die **Schaltfrequenz** des Zweipunktreglers ist somit gering.

- Große Hysterese → geringe Schaltfrequenz
- Kleine Hysterese → hohe Schaltfrequenz

Wenn die *Schaltfrequenz* verringert wird, erhöht sich die *Schalthäufigkeit*. In der Praxis muss ein guter Kompromiss zwischen Hysterese und Schaltfrequenz gefunden werden.

Hysterese (Schalthysterese): $x_d = x_0 - x_u$

x_0: oberer Grenzwert
x_u: unterer Grenzwert

Zykluszeit: $T = T_{ein} + T_{aus}$

Schaltfrequenz: $f = \frac{1}{T} = \frac{1}{T_{ein} + T_{aus}}$

- Der Zweipunktregler arbeitet mit $y = 0$ und $y = \max$. Er ermöglicht dadurch eine *schnelle Ausregelung*.
- Zweipunktregler haben einen sehr einfachen Aufbau. Als Stellglied kann ein Relais oder Schütz verwendet werden.
- Als *Bimetallregler* besonders preisgünstig, da das Bimetall gleichzeitig die Funktionen Sensor, Vergleicher, Regler und Stellglied übernehmen kann.
- Wenn Zweipunktregler elektronisch aufgebaut oder durch ein Steuerungsprogramm verwirklicht werden, können Hysterese und Schaltfrequenz den Erfordernissen entsprechend parametriert werden.

Digitale Regler

Regelgröße und *Führungsgröße* liegen in *digitaler* Form vor. Die digitalen Eingangsgrößen werden durch einen *Algorithmus* (Rechenvorschrift) verarbeitet.

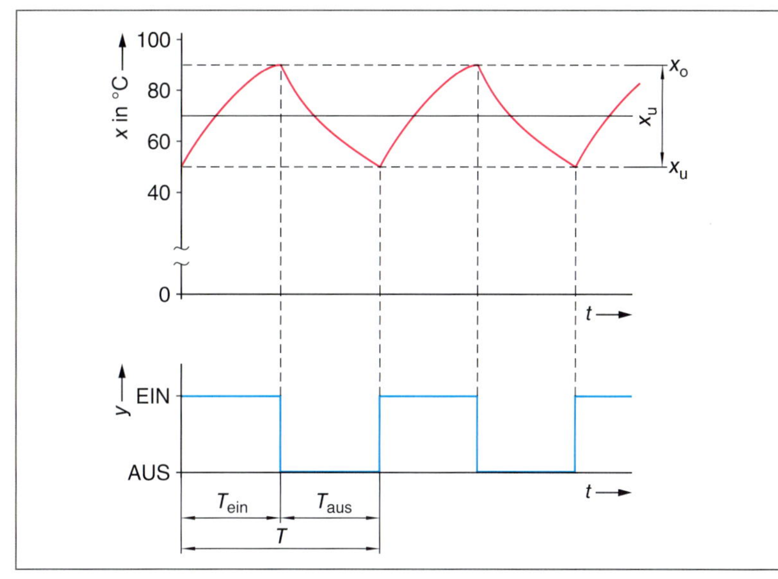

153 Arbeitsweise des Zweipunktreglers

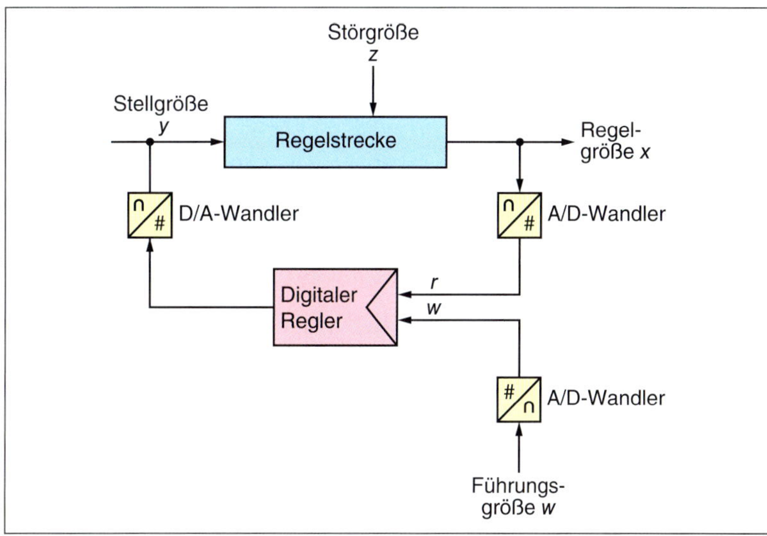

154 Digitaler Regelkreis

- P-Regler: Multiplikation
- I-Regler: Integration
- D-Regler: Differentation

Die sich ergebende *Stellgröße* wird gespeichert und häufig **Digital-Analog-Wandlern** zugeführt. Die *Stellgröße* kann dann in *analoger* Form ausgegeben werden.

A/D-Wandler

Analog/Digital-Wandler: Eine analoge Eingangsgröße wird in eine digitale Ausgangsgröße gewandelt.

D/A-Wandler

Digital/Analog-Wandler: Eine digitale Eingangsgröße wird in eine analoge Ausgangsgröße umgewandelt.

■ **Digitale Regler**

Die Regelung wird durch ein Programm verwirklicht.

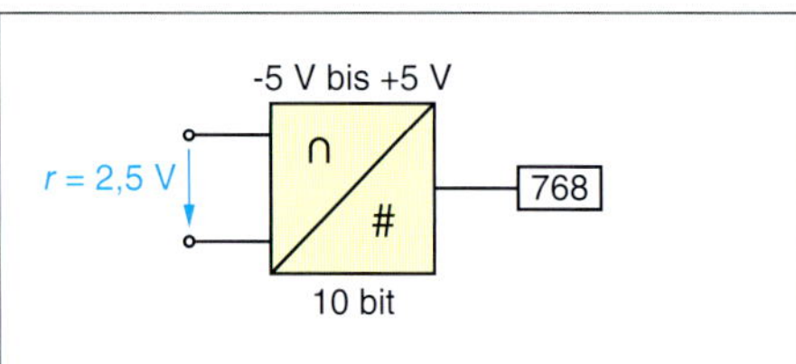

155 A/D-Wandler

■ Auflösung

ist ein Maß für die Genauigkeit bei digitaler Darstellung. Wie viele Stufen (unterscheidbare Werte) stehen für die Darstellung eines Bereichs (z. B. 0 – 10 V, 4 – 20 mA) zur Verfügung?

Am **A/D-Wandler** der **Auflösung** 10 bit und dem **normierten Signal** – 5 V bis + 5 V liegt die analoge **Rückführgröße** $r = 2{,}5$ V an.

Auflösung 10 bit: $2^{10} = 1024$; möglich ist die Darstellung in 1024 Stufen.

Der Spannungsbereich von – 5 V bis + 5 V kann in 1024 Stufen dargestellt werden.

Jede Stufe hat den Spannungswert 9,76 mV.

Die Spannung 2,5 V entspricht dann dem Digitalwert 768.

Bei der digitalen Verarbeitung steht der Digitalwert 768 für $r = 2{,}5$ V.

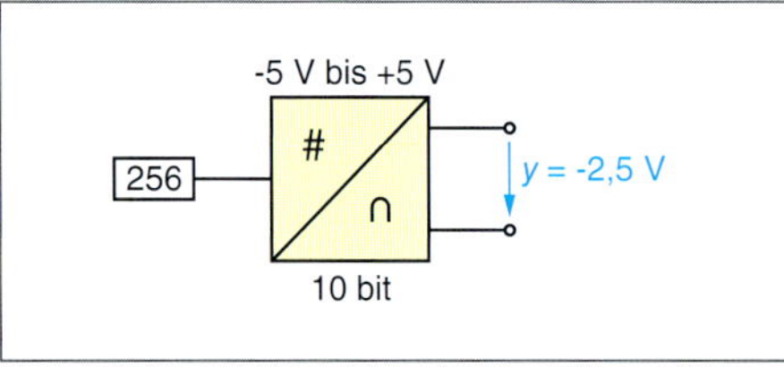

156 D/A-Wandler

Dem **D/A-Wandler** wird der *digitale* Wert 256 zugeführt. Auch hier gilt, dass die Spannung von – 5 V bis + 5 V in 1024 Stufen zu je 9,76 mV dargestellt werden kann.

Der Digitalwert 256 entspricht der analogen Spannung von – 2,5 V.

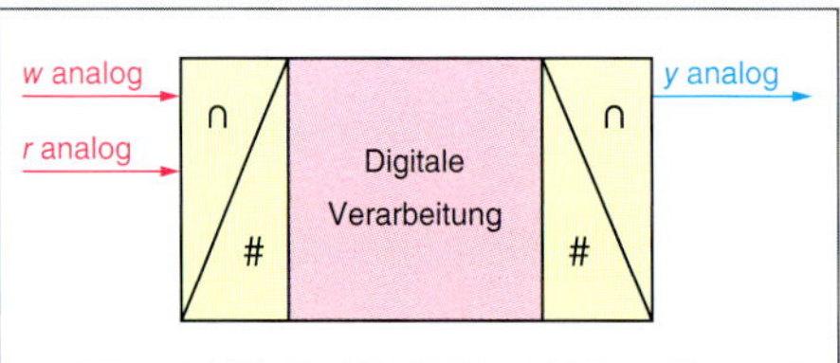

157 Digitale Verarbeitung

■ Frequenzumrichter

→ 197

Digital arbeitende Regler werden in der Praxis sehr häufig eingesetzt. Frequenzumrichter enthalten i. Allg. solche digitalen PID-Regler, die vom Anwender parametriert werden können.

Digitaler PID-Regler

Bild 159, Seite 325, zeigt das Blockschaltbild eines digitalen PID-Reglers.

Bei jedem **Abtastzeitpunkt** T_A wird die *Stellgröße* neu berechnet.

Hierbei werden die Stellgrößen der einzelnen PID-Anteile (y_{P_n}, y_{I_n}, y_{D_n}) bestimmt und zur Gesamtstellgröße y_n addiert.

Ein Beispiel verdeutlicht das (Bild 159).

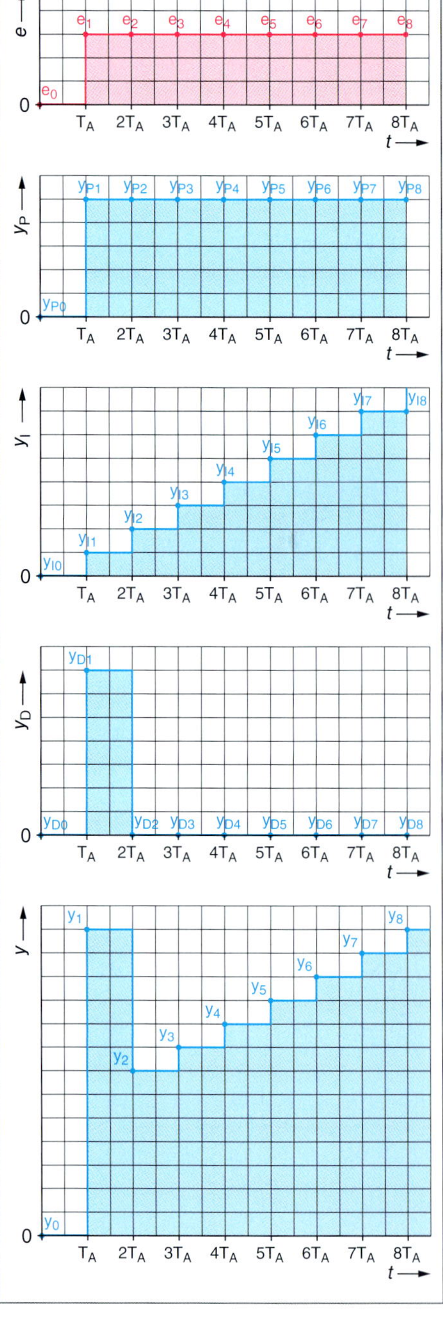

158 Arbeitsweise eines digitalen PID-Reglers

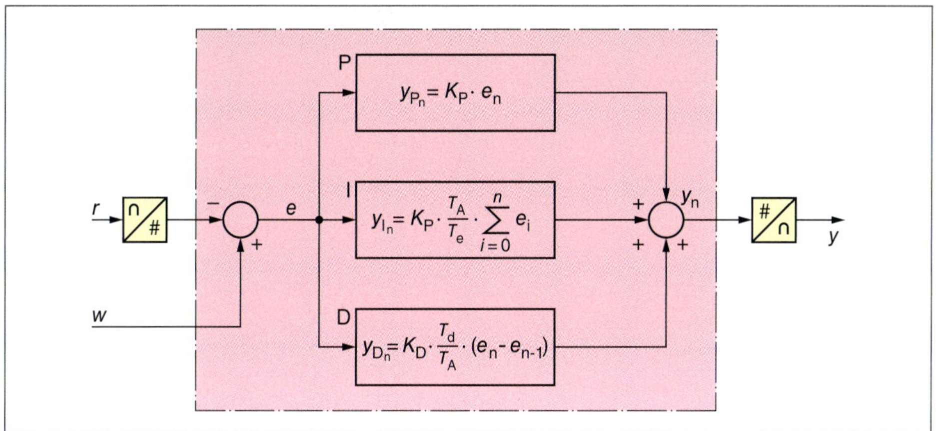

159 Digitaler PID-Regler

Prüfung

1. Ein Zweipunktregler ist ein unstetiger Regler.
Erklären Sie die Arbeitsweise eines Zweipunktreglers.

2. Der Zweipunktregler ist ein schaltender Regler.
Was bedeutet das?

3. Wichtige Kenngrößen der Zweipunktregler sind Hysterese und Schaltfrequenz.
Welche Bedeutung haben diese Größen?

4. Warum sollte die Hysterese nicht zu klein gewählt werden?

5. Für welche Regelaufgaben sind Zweipunktregler einsetzbar?

6. Erklären Sie Aufbau und Arbeitsweise eines Bimetallreglers.

7. Es gibt auch Dreipunktregler. Machen Sie sich kundig, zu welchem Zweck dieser Regler eingesetzt werden kann.
Worin bestehen die Vorteile in Bezug auf den Zweipunktregler?

8. Aus welchen Komponenten besteht ein digitaler Regler?

9. Machen Sie sich im Betrieb kundig, wie der PID-Regler eines Frequenzumrichters parametriert wird.

10. Erläutern Sie die nebenstehende Kennlinie.
Was versteht man unter dem Begriff Anregelzeit?

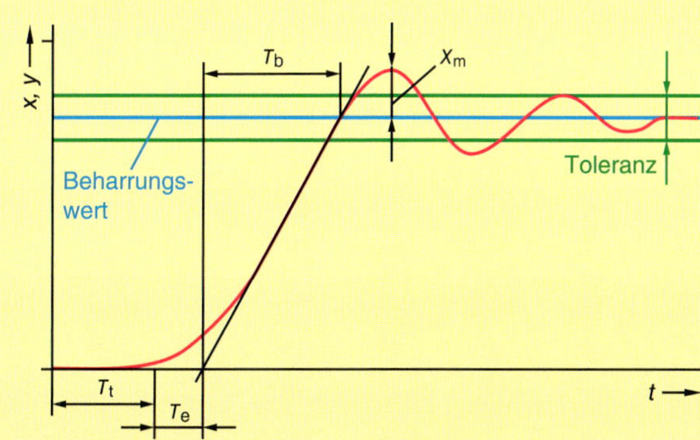

@ Interessante Links
- christiani-berufskolleg.de

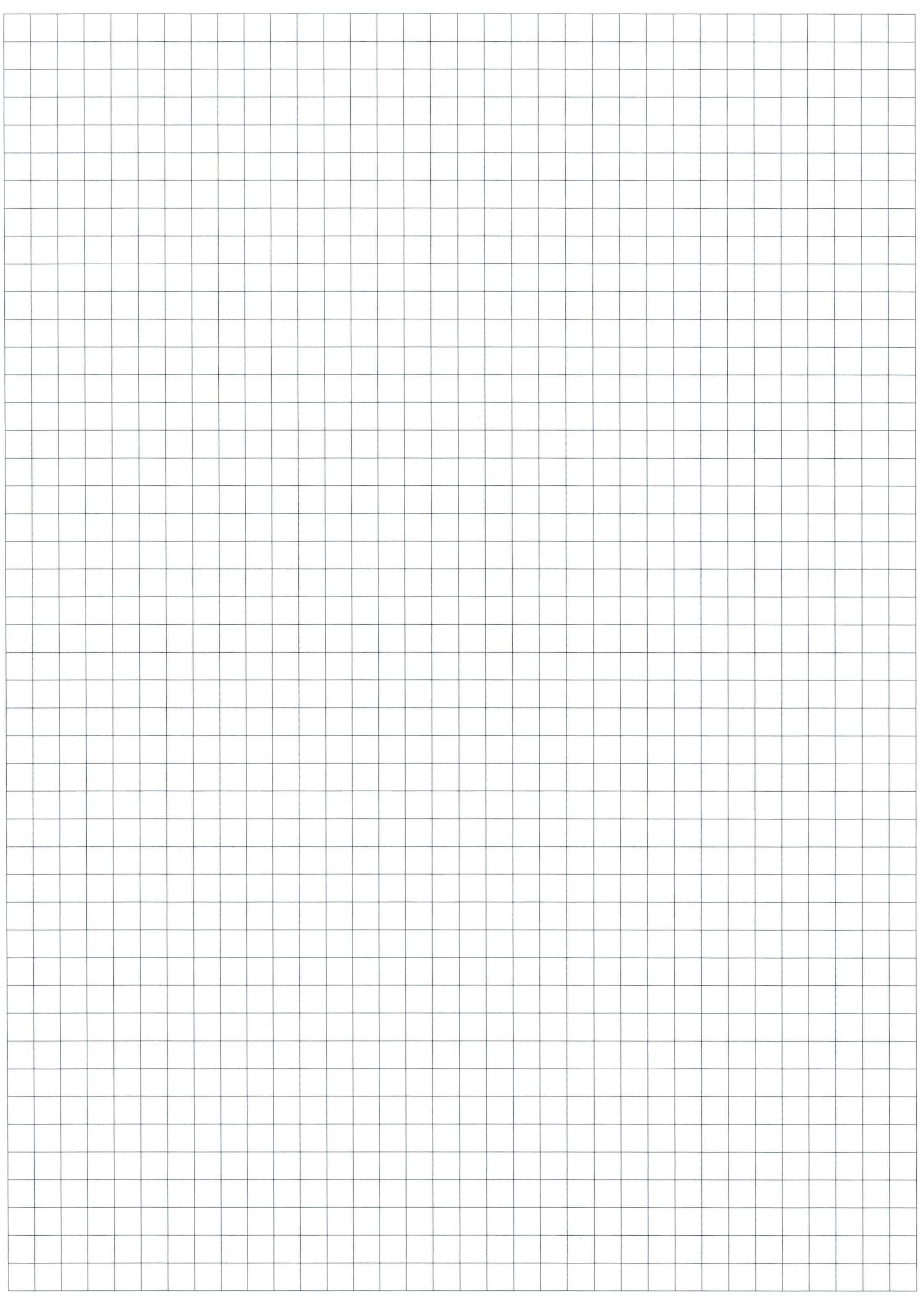

5.4 Elektrische Ausrüstung von Maschinen

Gültig ist die Norm DIN EN 60204-1 (VDE 0113-1). Hauptzielsetzungen dieser Norm sind:

- Sicherheit für Personen und Sachen
- Erhalt der Funktionsfähigkeit
- Erleichterung der Instandhaltung

Netzanschluss

Der *Netzanschluss* ist die *Verbindungsstelle* der elektrischen Energieversorgung mit der elektrischen Ausrüstung der Maschine. Sie ist oftmals auch die *Schnittstelle* zwischen der *Gebäudeinstallation* (DIN VDE 0100) und der *Maschineninstallation* (DIN EN 60204-1).

Mit der Energieversorgung wird auch das System zum *Schutz gegen elektrischen Schlag* sowie die *Abschaltung bei Überstrom* auf die Maschine übertragen.

Wenn zwischen Hersteller und Betreiber der Maschine keine abweichende Vereinbarung getroffen wird, erfolgt der *Netzanschluss* auf der Basis des *TN-S-Systems* mit oder ohne Neutralleiteranschluss.

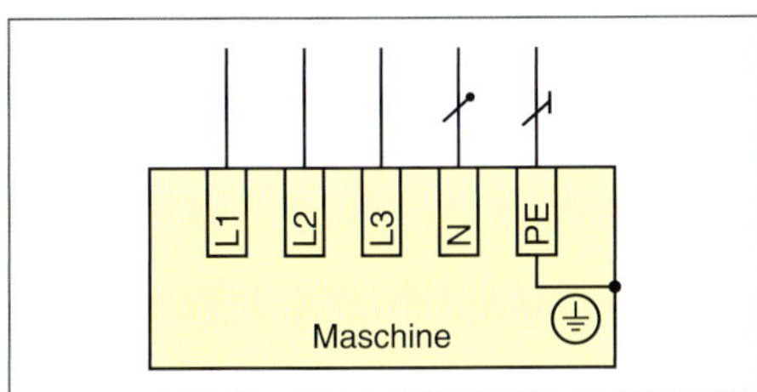

160 Netzanschluss im TN-S-System

Hinweise:

- Keine Verbindung zwischen N und PE innerhalb der Maschineninstallation.
- Der PE darf betriebsmäßig keinen Strom führen, da seine Schutzwirkung nicht beeinträchtigt werden darf.

Anschluss des N-Leiters

Anschluss ist nur notwendig, wenn der Neutralleiter (N-Leiter) benötigt wird. Der Anschluss muss über eine *isolierte* Klemme erfolgen, die entsprechend gekennzeichnet ist.

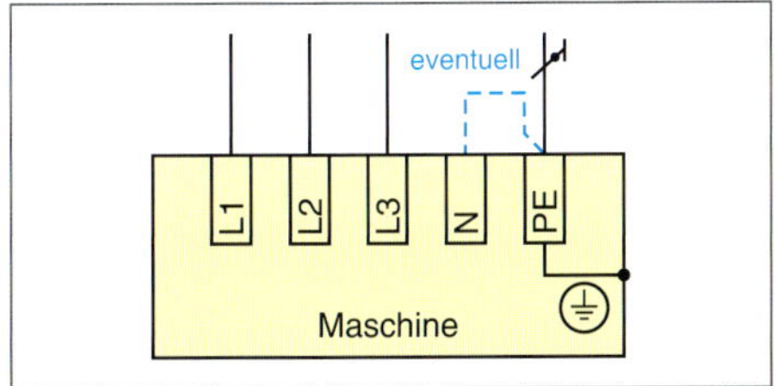

161 Netzanschluss im TN-C-System

Netzanschluss im TN-C-System

- Verwendung vorwiegend in älteren Industrienetzen.
- Die Maschine sollte keinen N-Anschluss erfordern. Ist das aber nicht vermeidbar, so sind nur die Netzanschlussklemmen für N- und PE-Anschluss mit einer äußeren Verbindung zu überbrücken. Die Maschine bildet dann praktisch ein TN-C-S-System.
- Die EMV-Problematik dieses Netzsystems ist zu berücksichtigen.

Netzanschluss im TN-C-S-System

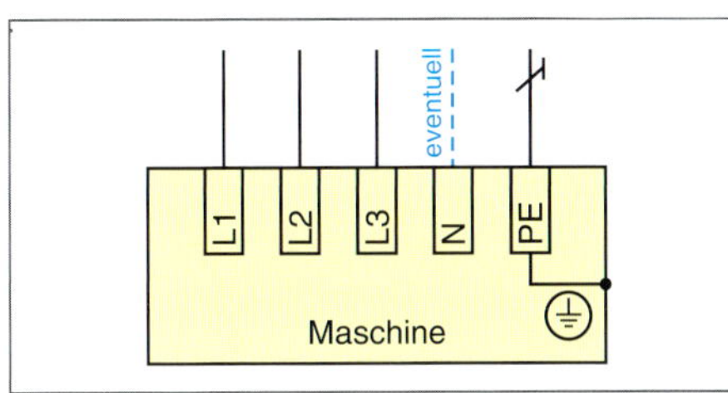

162 Netzanschluss im TN-C-S-System

Netzanschluss im TT-System

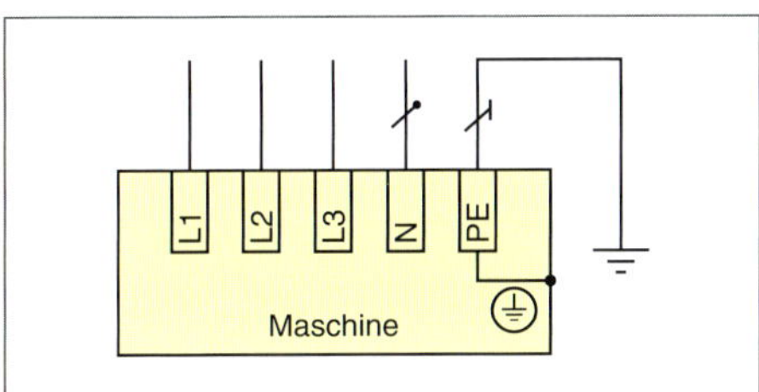

163 Netzanschluss im TT-System

Hinweise:

- Anwendung findet das TT-System, wenn die Schleifenimpedanz so groß ist, dass im Fehlerfall eine automatische Abschaltung durch Überstrom-Schutzorgane nicht gewährleistet werden kann.
- Das Risiko eines elektrischen Schlags wird erhöht, wenn Kriechstrecken durch Verschmutzung und Feuchtigkeit unzulässig hohe Berührungsspannung hervorrufen können. Eine Erdung in Nähe der gefährdeten Betriebsmittel verhindert das.

Die Netzanschlussklemmen können auch die Eingangsklemmen des Hauptschalters (der Netz-Trenneinrichtung) sein.

Vor allem dann, wenn der Hauptschalter fest im Schaltschrank eingebaut ist.

EMV
→ 81

Netzanschluss
→ 21

TN-System
→ 43

TT-System
→ 53

PEN-Leiter
Kennzeichnung grün-gelb, an den Anschlussenden blau.

Hauptschalter
Ist der Hauptschalter in der Schaltschranktür montiert, sind separate Netzanschlussklemmen vorteilhaft.

Anschluss des Schutzleiters

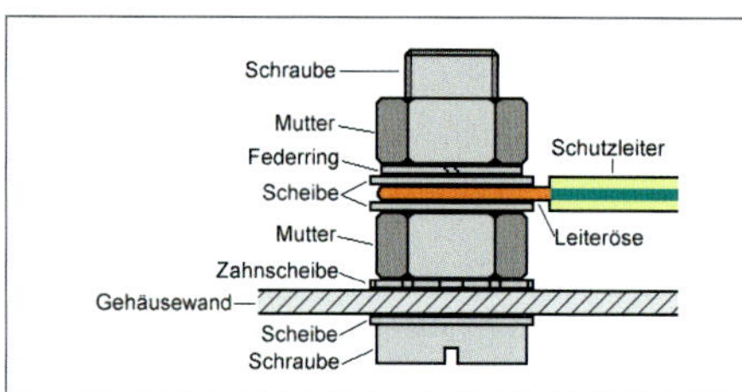

164 Schutzleiteranschluss

Jede Maschine ist mit einer Anschlussklemme für den **Schutzleiter** auszurüsten. Sie ist in Nähe der Anschlussklemmen für die Außenleiter zu positionieren.

Die **Klemmengröße** hängt vom Querschnitt des anzuschließenden Schutzleiters und dessen Material ab. Im Allgemeinen ist von Kupfer auszugehen.
Die Anschlussklemme ist mit PE oder dem **Schutzleitersymbol** zu kennzeichnen.

Schutzleiterkennzeichnung

PE

Schutzleiterquerschnitt

Der Schutzleiterquerschnitt hängt vom *Außenleiterquerschnitt* ab. Ab einem Außenleiterquerschnitt von ≥ 35 mm^2 darf der Schutzleiterquerschnitt auf den *halben* Außenleiterquerschnitt verringert werden.

Außenleiter-querschnitt Cu	Schutzleiter-querschnitt Cu
≤ 16 mm^2	Außenleiter-querschnitt
bis 35 mm^2	≥ 16 mm^2
> 35 mm^2	halber Außen-leiterquerschnitt

Hauptschalter (Netz-Trenneinrichtung)

Netz-Trenneinrichtung
Jede Einspeisung einer Maschine muss eine Netz-Trenneinrichtung (Hauptschalter) haben.

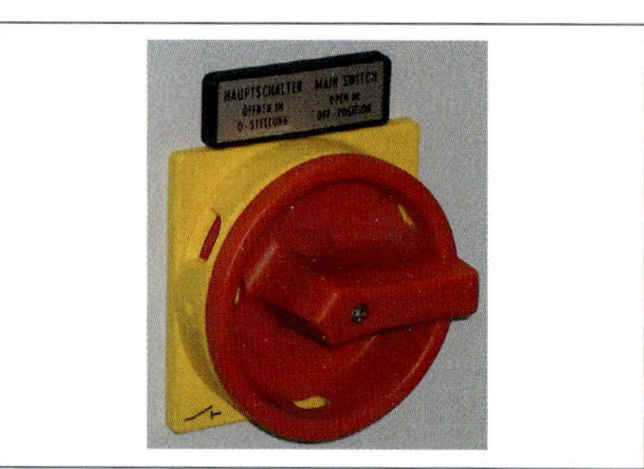

165 Hauptschalter (Netz-Trenneinrichtung)

Der **Netzanschluss** einer Maschine muss über einen **Hauptschalter** (eine Netz-Trenneinrichtung) erfolgen.

Dadurch kann die elektrische Ausrüstung *freigeschaltet* werden, was auch durch elektrotechnische Laien erfolgen darf.

Die Schaltstellung AUS kann durch ein *Vorhängeschloss* fixiert werden. Dies erfüllt die Forderung „gegen Wiedereinschalten sichern".

Der Hauptschalter muss **Trenneigenschaften** haben. Da macht dann die Bezeichnung *Netz-Trenneinrichtung* Sinn.

Trenneigenschaften
muss die Netztrenneinrichtung haben, da nach Abschaltung Arbeiten an der elektrischen Installation möglich sein sollen.

Die *Trennstrecken* müssen entweder **sichtbar** sein oder über eine eindeutige **Stellungsanzeige** verfügen.

Verwendbare Schaltgeräte

- *Lasttrennschalter*
  Die maximale Last muss geschaltet werden können. Die Eignung für das gelegentliche Schalten von induktiven Lasten (z. B. Motoren) muss gegeben sein.
- *Trennschalter*
  Wenn Trennschalter ohne Lastvermögen eingesetzt werden, so ist es zulässig, dass vor dem Öffnen der Trennerkontakte andere Schaltgeräte zuvor die Last abschalten. Beim Einschalten müssen die Trennerkontakte stromlos geschlossen werden. Erst danach schaltet das Lastschaltgerät die Last ein.
- *Leistungsschalter*
  Auch Leistungsschalter haben Trenneigenschaften und dürfen eingesetzt werden.
- *Stecker/Steckdose*
  Verwendbar als Hauptschalter. Sinnvoll bei kleineren und mobilen Maschinen. Wenn der Bemessungsstrom 30 A übersteigt, muss die Stecker/Steckdosenkombination mit einem Lastschaltgerät verriegelt werden.

Anforderungen im Überblick

- Trenneigenschaften nach DIN EN 60947-1.
- Nur eine AUS-Stellung.
- Nur eine EIN-Stellung.
- Äußere Handhabe schwarz oder grau, rot mit gelbem Hintergrund bei Verwendung als Not-Halt.
- Abschließvorrichtung in AUS-Stellung.
- Trennung aller Außenleiter (ohne N-Leiter dreipolig, mit N-Leiter vierpolig). Trennung aller aktiven Leiter würde auch generell eine Unterbrechung des N-Leiters bedeuten.
  Dies ist vor allem bei TT- und IT-Systemen sinnvoll, da hier eine erhebliche Potenzialdifferenz zwischen N-Leiter und lokaler Erde auftreten kann. Bei TN-Systemen besteht diese Gefahr im Allgemeinen nicht.
  Bei vierpoliger Ausführung wird zuletzt der N-Leiter unterbrochen und zuerst eingeschaltet.
- Ausschaltvermögen: Stromstärke des größten blockierten Motors zuzüglich aller anderen Motoren mit ihren Betriebsstromstärken.

Ausgenommene Stromkreise

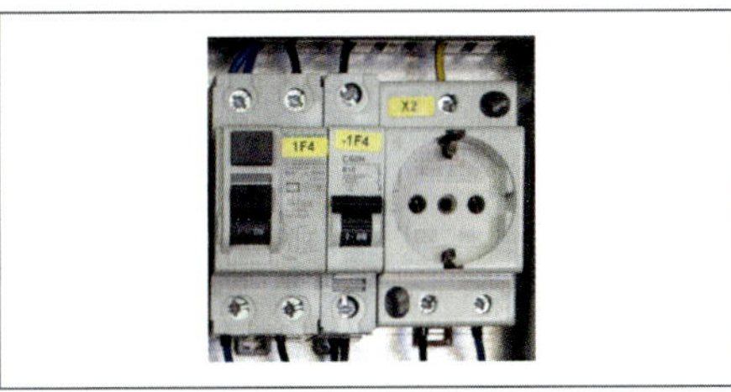

166 *Schaltschranksteckdose*

Der Hauptschalter muss *nicht* zwingend *alle* Stromkreise freischalten. Dies macht manchmal geradezu keinen Sinn. Zum Beispiel:

- Lichtstromkreise für Wartung und Instandhaltung:
- Steckdosenstromkreise für Wartungs- und Instandhaltungswerkzeuge:
- Programmspeicher:
- Stillstands- und Werkstückheizung:

Zu beachten ist jedoch, dass diese ausgenommenen Stromkreise eine besondere Gefährdung darstellen.

Sie müssen eindeutig identifizierbar sein.

Maßnahmen zu Kennzeichnung „ausgenommener Stromkreise"

- Warnschild ACHTUNG! Bei ausgeschaltetem Hauptschalter unter Spannung); anzuordnen in Nähe des Hauptschalters der Maschine.
- Besonderer Hinweis im Wartungshandbuch.
- Warnschild innen in Nähe jedes ausgenommenen Stromkreises oder räumliche Trennung von anderen Stromkreisen oder farbliche Identifizierbarkeit (orange).

Steuerstromkreise

Steuerstromkreise müssen von den Hauptstromkreisen *galvanisch getrennt* sein. *Versorgungsquellen* für Steuerstromkreise sind bei *Wechselstrom* (AC):

- Steuertransformatoren mit getrennten Wicklungen.

Und für Gleichstrom (DC):

- Gleichrichter, gespeist aus Steuertransformatoren mit getrennten Wicklungen,
- Batterien, die mit netzabhängigen Ladegeräten gepuffert werden,
- Schaltnetzteile, gespeist aus einem Transformator mit getrennten Wicklungen.

Steuertransformator

Wechselspannungs-Steuerstromkreise müssen aus **Steuertransformatoren** gespeist werden. Solche Transformatoren sind nach DIN EN 61558-2 (VDE 0570-2-2) genormt.

Vorteile des Steuertransformators

- *Begrenzung des sekundären Kurzschlussstroms, wodurch Kontaktverschweißen vermieden werden kann.*
- *Dämpfung leitungsgebundener Störspannungen.*
- *Anpassung an hohe oder niedrige Netzspannung durch Anzapfung der Sekundärwicklung.*
- *Geerdeter und ungeerdeter Betrieb möglich.*
- *Galvanische Trennung.*

Steuerstromkreise sind gegen *Kurzschlussströme* zu schützen. In *geerdeten* Steuerstromkreisen darf der *geerdete* Steuerleiter *nicht abgesichert* werden.

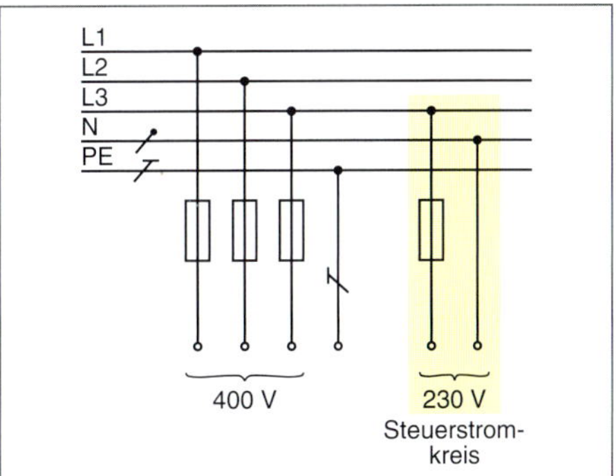

167 *Abgriff Steuerstromkreis*

■ **Ausgenommene Stromkreise**
müssen ihren eigenen Überstromschutz haben. Wenn am Aufstellungsort auch die Trennung des N-Leiters verlangt wird, gilt das auch für ausgenommene Stromkreise.

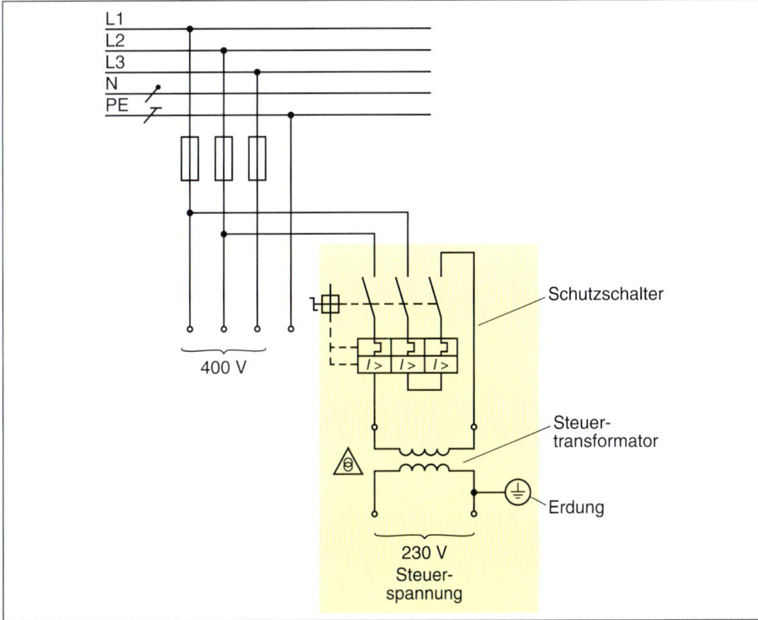

168 *Bereitstellung einer Steuerspannung*

■ **Steuertransformator**

Die Sekundärseite von Steuertransformatoren erfordern stets einen zusätzlichen Überstromschutz.

Der sekundäre Kurzschlussstrom ist bei Transformatoren geringer Leistung nicht ausreichend, um das Schutzorgan der Primärseite innerhalb von 5 s auszulösen.

Die Abschaltzeit bei Kurzschluss sollte unter 1 Sekunde liegen.

@ **Interessante Links**

- www.eaton.de
- www.siemens.de
- www,pilz.de
- www.phoenixcontact.com

In *geerdeten Steuerstromkreisen* rufen **Erdschlüsse** dem Kurzschluss vergleichbare Wirkungen hervor. Das Überstrom-Schutzorgan schaltet den *ersten* Erdschluss ab.

In *ungeerdeten Steuerstromkreisen* hat ein einfacher Erdschluss *keine* Folgen. Er kann durch eine *Isolationsüberwachung* erkannt werden.

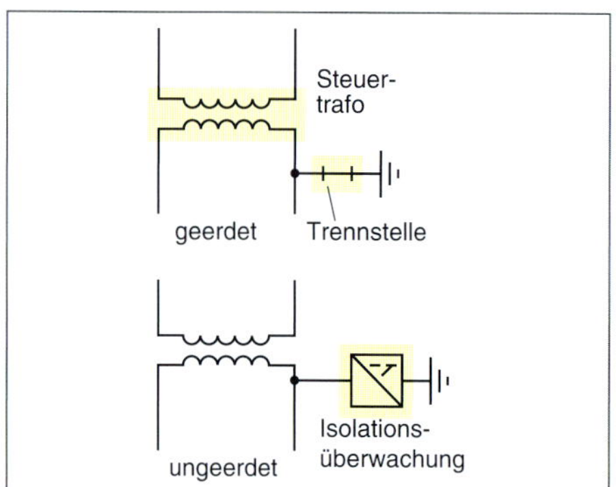

169 Geerdeter und ungeerdeter Stromkreis

Die **Erdverbindung** sollte nur an *einer* Stelle in Nähe des Transformators erfolgen. Sie muss zum Zwecke der Isolationsmessung *trennbar* sein. Die **Trennstelle** sollte nur mit *Werkzeug* unterbrochen werden können.

Ungeerdete Stromkreise werden durch einen Erdschluss *nicht* abgeschaltet. Solche Stromkreise müssen mit einem *Isolationsüberwachungsgerät* überwacht werden, um den Erdschluss zu erkennen und schnellstmöglich zu beseitigen.

Auf einen **Steuertransformator** kann *verzichtet* werden

- bei einfachen Maschinen mit einem *einzigen* Antriebsmotor und *höchstens zwei* Steuergeräten.
- *Steuergeräte* sind ein Steuerpult mit Signalgebern (z. B. EIN, AUS, RECHTS, LINKS), wenn die Befehle in *einem einzigen* Motorstarter verwirklicht werden können, sowie *einem externen* Verriegelungsgerät (z. B. Endschalter).

Hinweise:

- Maximale Leistung bei Einphasen-Wechselstrom 25 kVA, bei Drehstrom 40 kVA.
- Maximale Spannung 277 V bei Steuerung von Maschinen.

Leistung des Steuertransformators

$S = 0{,}8 \cdot (S_H + S_{Am} + P_R)$

S	Scheinleistung Trafo
S_H	Halteleistung aller Schütze
S_{AM}	Anzugsleistung des größten Schützes
P_R	Leistung aller restlichen Verbraucher

Bei Wechselstromschützen ist die Halteleistung geringer als die Anzugsleistung.

Steuerspannung

An die verwendeten *Betriebsmittel* werden folgende *Anforderungen* gestellt:

Wechselstrom

- Betriebsspannung 0,9 – 1,1 · Bemessungsspannung.
- Frequenzabweichung ± 1 % dauernd, ± 2 % kurzzeitig.
- Dauerhafte Abweichung von max. ± 5 % der Bemessungsspannung.
- Spannungsunterbrechung max. 3 ms innerhalb einer Periode mit Zeitabständen von 1 s.

Gleichstrom (Batterien)

- Betriebsspannung 0,85 – 1,1 · Bemessungsspannung.
- Spannungsunterbrechung nicht länger als 5 ms.

Gleichstrom (Umrichter)

- Betriebsspannung 0,9 – 1,1 · Bemessungsspannung.
- Spannungsunterbrechung nicht länger als 20 ms in Zeitabständen von mehr als 1 s.
- Welligkeit maximal 15 % der Bemessungsspannung.

Typische Spannungswerte sind **230 V**, 110 V, 42 V und **24 V**.

Steuerstromkreise sind mit einem **Überstromschutz** auszurüsten.

Der **Kurzschlussstrom** darf bei Steuertransformatoren bei 230 V bis zu 4000 VA 1000 A nicht überschreiten. Dann kann das **Verschweißen** von Schaltelementen praktisch ausgeschlossen werden.

Die **minimal erforderliche Steuerspannung** ist abhängig von den Leitungslängen und der notwendigen Robustheit beim Einsatz in Umgebungen mit Umweltbelastung; z. B. Oxidschicht an Kontakten. In solchen Fällen ist eine Steuerspannung 48 V ratsam.

Not-Befehlseinrichtungen

Not-Befehlseinrichtungen sollen gefahrbringende Zustände der Maschine oder Anlage *schnellstmöglich* beseitigen. Dabei dürfen natürlich keine *zusätzlichen* Gefahren hervorgerufen werden.

170 Not-Befehlseinrichtung

Stellteile

Stellteile müssen *rot*, die Flächen hinter den Stellteilen *gelb* sein.

Unterschieden wird zwischen **Drucktastern** (Hand- oder Fußbetätigung) und **Reißleinen** (z. B. bei Förderbändern).

Bei Betätigung müssen Not-Befehlseinrichtungen mechanisch so einrasten, dass eine Inbetriebnahme erst dann wieder möglich ist, wenn zuvor von Hand entriegelt wurde.

Die Kontakte müssen durch direkt wirkende mechanische Glieder zwangsläufig geöffnet werden.

Der Wiederanlauf der Maschine darf erst dann wieder möglich sein, wenn alle betätigten Stellteile von Hand rückgestellt worden sind.

Zusätzliche Stromkreise

Zusätzliche Stromkreise sind *Steuerstromkreise*, die der *Sicherheit* dienen. Sie erhöhen den Aufwand der Maschinensteuerung.

Das Risiko des Bauteilausfalls nimmt dadurch zu. Das **Ausfallrisiko** muss aber begrenzt werden.

Sicherheitsbezogene Steuerungsteile sind mit bewährten Bauteilen nach bewährten Prinzipien aufzubauen.

Einfaches Risiko

Not-Halt wirkt auf das Hauptschütz Q1. Das Hauptschütz übernimmt die Freischaltung. Die Schaltung (Bild 171) ist zulässig. Allerdings:

- Ein Schluss im Tasterkreis wird nicht erkannt.
- Fehler im Schaltkreis Q1 wird nicht erkannt.

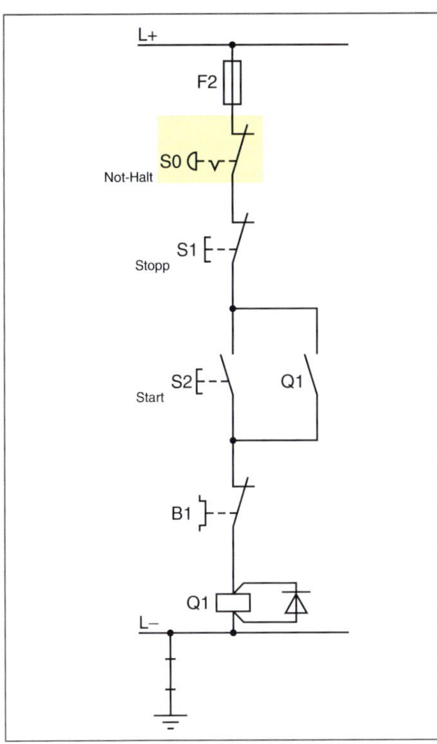

171 Steuerstromkreis 24 V DC

Ein *Erdschluss* wird allerdings erkannt.

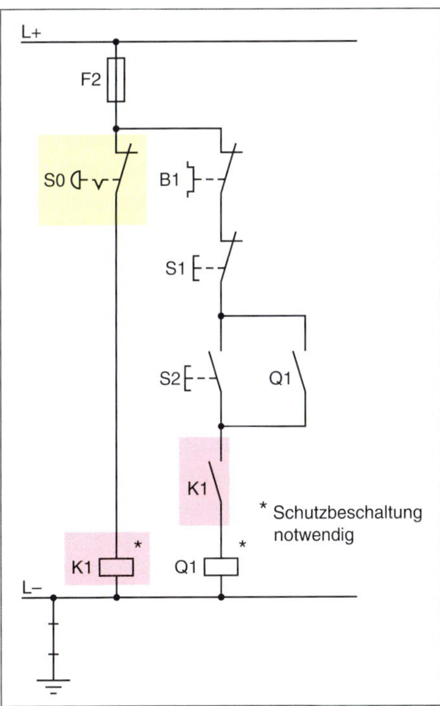

172 Schaltung nicht zulässig!

Zusätzliche Schaltkreise zur *Sicherheitsabschaltung* dürfen das **Risiko des Versagens** nicht erhöhen (Bild 172).

Not-Aus-Funktion

Handlung im Notfall, die die elektrische Energieversorgung abschaltet, falls ein Risiko für elektrischen Schlag oder ein anderes Risiko elektrischen Ursprungs besteht.

Siehe Seite 332.

Not-Halt-Funktion

Dient dazu, eine bestehende Notfallsituation abzuwenden oder zu verhindern, die durch das Verhalten von Personen oder durch ein unerwartetes Gefahr bringendes Ereignis entsteht.
Sie wird durch eine einzige Handlung einer Person ausgelöst.

Siehe Seite 332.

Sicherheitsfunktion

Funktion einer Maschine, wobei ein Ausfall dieser Funktion zur Risikoerhöhung führen kann.

■ **Sicherheitsbauteil**

Der Hersteller erklärt, ob es sich um ein Sicherheitsbauteil handelt.

Ein Sicherheitsbauteil muss eine vollständig gebrauchsfertige Einheit sein, die unmittelbar in die Maschine eingebaut werden kann.

■ **Zwangsgeführte Kontakte**

Öffner und Schließer dürfen über die gesamte Lebensdauer niemals gleichzeitig geschlossen sein.
Das gilt auch für den fehlerhaften Zustand (z. B. eines Schützes).

■ **Zwangsöffnung**

Kontakttrennung als direktes Ergebnis einer festgelegten Bewegung des Schaltgeräts über nicht federnde Teile.

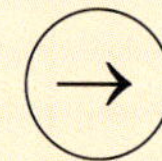

Not-Aus-Funktion

Galvanische Abschaltung der elektrischen Energie, damit im Notfall eine elektrisch verunfallte Person geborgen werden kann.

Ausgelöst wird diese Funktion durch ein **Not-Aus-Befehlsgerät**. Verwendet werden muss ein Befehlsgerät mit *mechanischer Rastfunktion*.

Die Not-Aus-Funktion ist keine Schutzmaßnahme gegen elektrischen Schlag.
Sie wird als *ergänzende* Schutzmaßnahme angesehen.

Not-Halt-Funktion

Gleichzusetzen mit *Stillsetzen im Notfall*, wenngleich nicht in DIN EN ISO 12100 so definiert.
Sie soll aufkommende Gefährdung für Personen, Schäden an der Maschine oder an laufenden Arbeiten abwenden oder mindern. Ausgelöst wird sie durch eine einzige Handlung einer Person.

Anforderungen an die Not-Halt-Funktion

Die Stellteile müssen außerhalb der Gefahrenbereiche angeordnet sein. Sie müssen den vorhersehbaren Beanspruchungen standhalten. Mit Ausnahme von handgehaltenen und handgeführten Maschinen sind Maschinen mit einem oder mehreren Not-Halt-Befehlsgeräten auszurüsten.

Not-Halt-Befehlsgerät

Sie sind deutlich erkennbar und schnell zugänglich. Der gefährliche Vorgang muss möglichst schnell zum Stillstand gebracht werden, ohne dass dadurch zusätzliche Risiken entstehen. Unter Umständen müssen Sicherheitsbewegungen ausgelöst oder ihre Auslösung zugelassen werden.

Unterscheidung Not-Aus/Not-Halt

Beide Funktionen sind nicht gleichzusetzen.

Die **Not-Aus-Funktion** wird nur in Einzelfällen benötigt und ist in Deutschland und Europa nicht gesetzlich vorgeschrieben. Nur der *Not-Halt* ist für Maschinen durch die Maschinenrichtlinie vorgeschrieben.

Sicher ist es so, dass in der „Werkstattsprache“ und in der Praxis nicht eindeutig zwischen Not-Aus und Not-Halt unterschieden wird. Im Allgemeinen wird dort von Not-Aus gesprochen. Solange die einschlägigen Sicherheitsanforderungen richtig umgesetzt werden, ist dies auch von untergeordneter Bedeutung.

Bei Auslösung einer **Not-Aus-Funktion** wird die elektrische Energieversorgung unverzüglich abgeschaltet. Die dabei verwendeten Schaltgeräte müssen eine galvanische Trennung der Energieversorgung ermöglichen. Dies kann ein Schütz sein.

Die Normen fordern die Installation eines Not-Aus-Befehlsgeräts nur in Bereichen, in denen der Basisschutz gegen elektrischen Schlag zum Beispiel durch Hindernisse oder Anordnung aktiver Teile außerhalb des Handbereichs erfolgt. Das gilt für elektrische Betriebsstätten, zu denen der Laie keinen Zutritt hat.

Kommt es hier zu einem elektrischen Unfall, kann die Energieversorgung zwecks Bergung der Person durch den Not-Aus abgeschaltet werden.

Die *Anforderungen* an *Not-Aus-* und *Not-Halt-Geräten* sind völlig gleich.

Not-Aus-Geräte mit Drucktaster dürfen zum Schutz gegen leichtsinnige Betätigung hinter einer Einschlagscheibe angeordnet sein. Bei vollständiger Abschaltung einer Maschine können nämlich gravierende Schäden auftreten.

Bild 172 zeigt eine *Trennung* von Steuerstromkreis und Sicherheitsstromkreis.

Dadurch nimmt die **Fehlerwahrscheinlichkeit** zu.
Risiko: Not-Halt wirkt auf Hilfsschütz K1, Hilfsschütz K1 wirkt auf Hauptschütz Q1, das die Freischaltung übernimmt.

Eine solche Schaltung ist unzulässig, da ein erster Fehler einen gefährlichen Zustand bewirken kann.

Redundanz

Sicherheitsstromkreise sind *reduntant* aufzubauen. **Redundanz** bedeutet den Einsatz von *mehr als* einem System, damit bei einem Fehler in *einem* System noch *ein weiteres* zur Verfügung steht.

Diversität

Die Stromkreise werden nach *unterschiedlichen* **Funktionsprinzipien** aufgebaut.

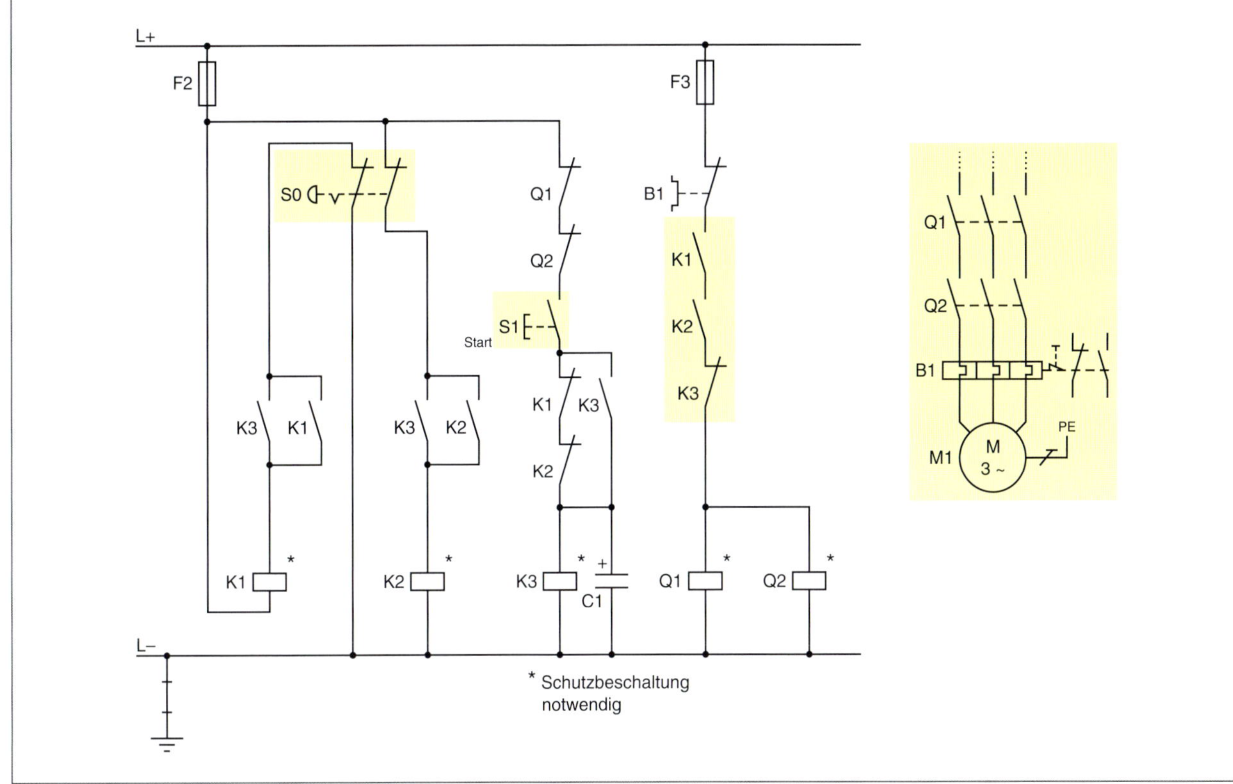

173 Zulässige Sicherheitsschaltung

Funktionsprüfungen

Überprüfung der *korrekten Funktion* beim Anlauf der Maschine oder in bestimmten zeitlichen Abständen.

Einzelfehler dürfen zu keinem gefahrbringenden Zustand führen; man spricht von **Einfehlersicherheit**.

Sicherheitsschaltung nach Bild 173

- Ein auftretender Erdschluss wird erkannt.
- Ein Schluss im Tasterkreis wird erkannt.
- Fehler im Schaltkreis werden erkannt.
- Einfehlersicherheit durch zwangsgeführte Schütze.
- Zyklischer Test wird bei Start durchgeführt.
- Querschlusserkennung ist gegeben.
- Redundanz ist gegeben.

Steuerungsablauf

Ausgangssituation: Beide Hauptschütze Q1 und Q2 abgefallen.

Starttaster (S1) betätigen:

- K3 zieht an → Öffner von K3 trennt Q1, Q2 vom Netz.
- K2 zieht an und geht in Selbsthaltung.
- K1 zieht an und geht in Selbsthaltung.

Die Hauptschütze werden immer noch nicht eingeschaltet, da K3 noch angezogen ist.

Starttaster (S1) nicht mehr betätigen:

- K3 fällt ab → Öffner von K3 schließt Stromkreis zu den Hauptschützen Q1, Q2.

Der Motor wird dadurch eingeschaltet.

Der Motor wird erst beim *Loslassen* des Starttasters eingeschaltet. Also bei einer *negativen Flanke* des Starttasters.

Ein *Schluss* im Starttasterkreis wird dadurch erkannt. Wenn S1 durch einen Fehler überbrückt würde, käme nämlich keine negative Flanke zustande. Ein *ungewollter Wiederanlauf* nach Herausziehen der Not-Halt-Einrichtung S0 ist dann nicht möglich.

Querschluss

Der *Querschluss* bewirkt weder einen Kurzschluss noch einen Erdschluss. Eine Überstrom-Schutzeinrichtung spricht also *nicht* an.

Ohne besondere Maßnahmen wird der Querschluss nicht erkannt. Der Querschluss setzt aber die Not-Halt-Elemente S2 und S3 außer Funktion. Das ist sehr *gefährlich* und muss *unbedingt verhindert* werden.

■ **Redundanz**

Vorhandensein von mehr als für den Normalbetrieb notwendigen Mitteln. Mehrere Funktionsgruppen werden für die gleiche Funktion eingesetzt (mehrkanaliger Aufbau).

■ **Diversität**

Systemaufbau mit unterschiedlichen Maßnahmen für den gleichen Zweck zur Vermeidung systematischer Fehler.

■ **SIL**
→ 339

■ **Querschlusserkennung**
Die Fähigkeit (eines Sicherheitsschaltgeräts), Querschlüsse unmittelbar oder durch zyklische Überwachung zu erkennen.
Nach Querschlusserkennung nimmt das Gerät einen sicheren Zustand an.

@ **Interessante Links**
• christiani-berufskolleg.de

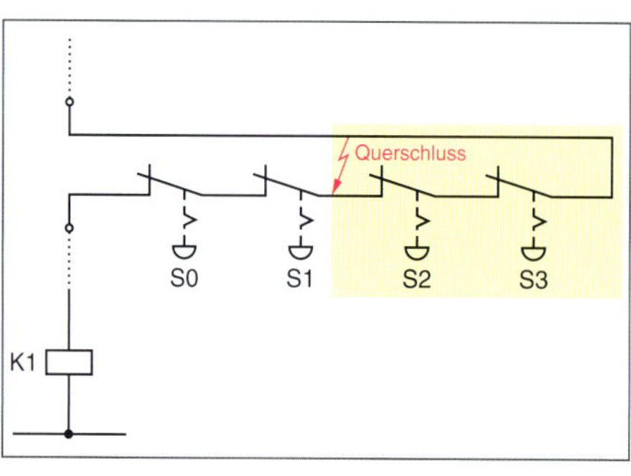

174 *Querschluss im Not-Halt-Kreis*

Querschlusssichere Verlegung

Ein Schutz gegen Querschluss kann durch Verwendung einer *geschirmten* Leitung, die *geerdet* wird, erreicht werden.

Dann kann eine Quetschung der Leitung einen *Erdschluss* bewirken, der abgeschaltet wird.

In der Schaltung nach Bild 175 wird zur **Querschlusserkennung** mit *unterschiedlichen Potenzialen* gearbeitet. Ein Querschluss wird dann zu einem *Kurzschluss*, der abgeschaltet wird.

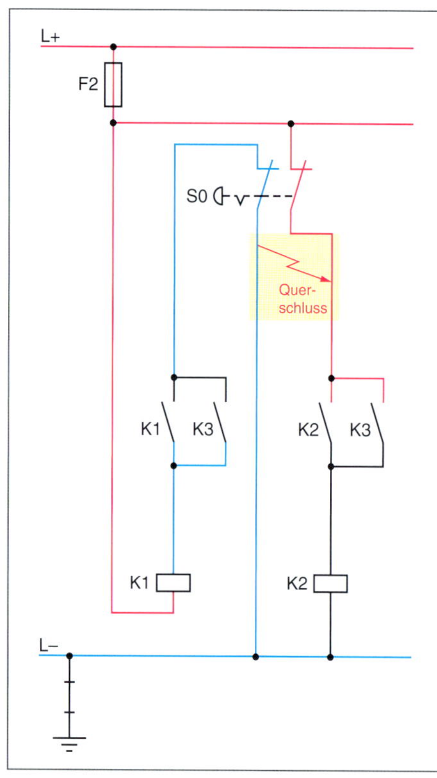

175 *Querschlusserkennung*

Sicherheitsschaltgeräte *erkennen* Querschlüsse ohne automatische Abschaltung des gesamten Steuerstromkreises und *melden* diese.
Dies erfolgt mithilfe von *Testimpulsen* auf elektronischem Weg.

Sicherheitsrelais (Not-Halt-Relais)

Ohne hohen Verdrahtungsaufwand lassen sich mit *Sicherheitsrelais* Anwendungen realisieren, die hohen Sicherheitsanforderungen gemäß den internationalen Normen entsprechen:

- *Bis Performance Level PLe nach EN ISO 13849-1*
- *Bis Safety Integrity Level SIL CL3 nach IEC 62061*
- *Bis Safety Integrity Level SIL 3 nach IEC 61508*

176 *Sicherheitsrelais*

Bei kompakter Bauweise bieten **Sicherheitsrelais** viele *Sicherheitsschaltkontakte* sowie mehrere *Freigabe-* und *Meldestrompfade* an.

Nach dem *Einschaltbefehl* werden die sicherheitsrelevanten Kreise durch die Elektronik überwacht und mithilfe der Relais die Freigabepfade freigegeben (Bild 177, Seite 336).

Nach dem *Ausschaltbefehl* sowie im *Fehlerfall* werden die Freigabepfade sofort (Stopp-Kategorie 0) oder zeitverzögert (Stopp-Kategorie 1) unterbrochen.

Erkannt werden Fehler wie **Querschluss**, **Kurzschluss**, **Drahtbruch** und **Brückenbildung** im Freigabekreis.

Auch die Überwachung von *Schutzgittern* und *Schutztüren* an Maschinen kann vom *Sicherheitsrelais* übernommen werden. Je nach Sicherheitsniveau melden ein oder zwei Positionsschalter die geschlossene Stellung der Schutzeinrichtung.

Prüfung

1. Welche Aufgaben hat der Hauptschalter (die Netz-Trenneinrichtung)?

Wichtige Sicherheitsfunktionen

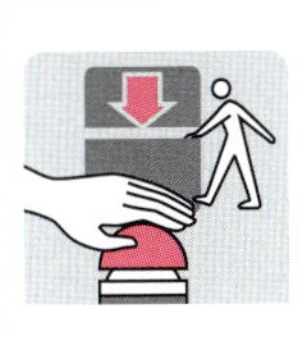	**Stillsetzen im Notfall (Not-Halt-Abschaltung)** Sicheres Stoppen einer Gefahr bringenden Bewegung mit Not-Halt-Einrichtungen.
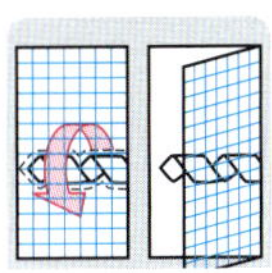	**Überwachung beweglicher Schutzeinrichtungen** Zuverlässige Positionserfassung von Türen, Gittern oder Klappen.
	**Überwachung offener Gefahrenbereiche** Absicherung der Gefahrenstelle mit berührungslos wirkenden Schutzeinrichtungen (Lichtgitter).
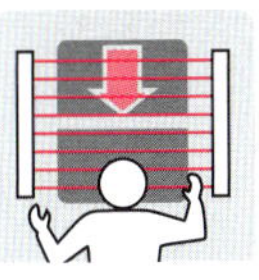	**Sicheres Bedienen durch Zweihandschaltungen** Bei Gefahr bringenden Maschinenbewegungen (Pressen, Stanzen, Scheren).
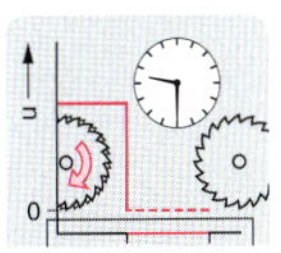	**Rückfallverzögerte Abschaltung** Verzögerung des Abschaltzeitpunkts von Freigabekontakten.

Prüfung

1. Die Schaltschranksteckdose ist ein Beispiel für einen „ausgenommenen Stromkreis“.

Was bedeutet das und wie kennzeichnen Sie diesen Stromkreis?

2. Welche wesentlichen Aufgaben hat der Steuertransformator?

Beschreiben Sie den Anschluss eines Steuertransformators.

3. Warum wird beim Steuertransformator der N-Leiter sekundärseitig geerdet?

4. In welchem Spannungsbereich muss ein 230-V-AC-Schütz einwandfrei funktionieren?

5. Nennen Sie die Anforderungen einer Not-Befehlseinrichtung.

6. Unterscheiden Sie zwischen NOT-AUS und NOT-HALT.

Schaltungsbeispiel zur Not-Halt-Abschaltung

Der **Not-Halt** ist eine *ergänzende* Schutzmaßnahme und *nicht* als *ausschließlicher* Schutz zulässig.

Gemäß **Maschinenrichtlinie** ist jedoch an jeder Maschine eine Einrichtung zum **Stillsetzen im Notfall** (Not-Halt) notwendig.

Der *Grad der* **Risikoabsicherung** durch die Not-Halt-Einrichtung ist durch eine **Risikobewertung** zu bestimmen.

Bei **einkanaligen Anwendungen** steht *ein* Eingangskreis zur Verfügung (Bild 177, Seite 336).

Über den **Reset-Kreis** wird das Startverhalten (automatisch/manuell) festgelegt.

An den **Freigabepfaden** wird die Abschaltebene angeschlossen und die Betätigung des *Reset-Tasters* aktiviert.

Sicherheitstechnische Bewertung

Kat	B	1	2	3	4
PL	a	b	c	d	e
SIL	1	2	3		

Kat., PL nach EN ISO 13849-1
SIL nach IEC 62061

Definitionen

- *Stillsetzen im Notfall*
  Prozess oder Bewegung willkürlich anhalten, der (die) Gefahr bringend ist oder werden könnte.
- *Ingangsetzen im Notfall*
  Prozess oder Bewegung starten, um Gefahr bringende Situationen zu beseitigen, zu begrenzen oder zu verhindern.
- *Ausschalten im Notfall*
  Handlung, die dazu bestimmt ist, im Notfall die elektrische Energieversorgung auszuschalten.
- *Einschalten im Notfall*
  Handlung, die dazu bestimmt ist, die elektrische Energieversorgung zu einem Teil der Maschine oder Anlage einzuschalten.

■ **Freigabepfad**
Freigabekreis, dient zur Erzeugung eines sicherheitsgerichteten Ausgangssignals.

Freigabekreise wirken nach außen wie Schließer; funktional wird jedoch stets das sichere Öffnen betrachtet.

■ **Reset**
Einschaltfunktion, die als Wiederanlaufsperre anzusehen ist.

■ **Risiko**
Wahrscheinlichkeit eines Schadenseintritts und des Schadensausmaßes.

@ Interessante Links
- christiani-berufskolleg.de

Sicherheitsrelais

Beachten Sie auch die Zeichnung auf Seite 23.

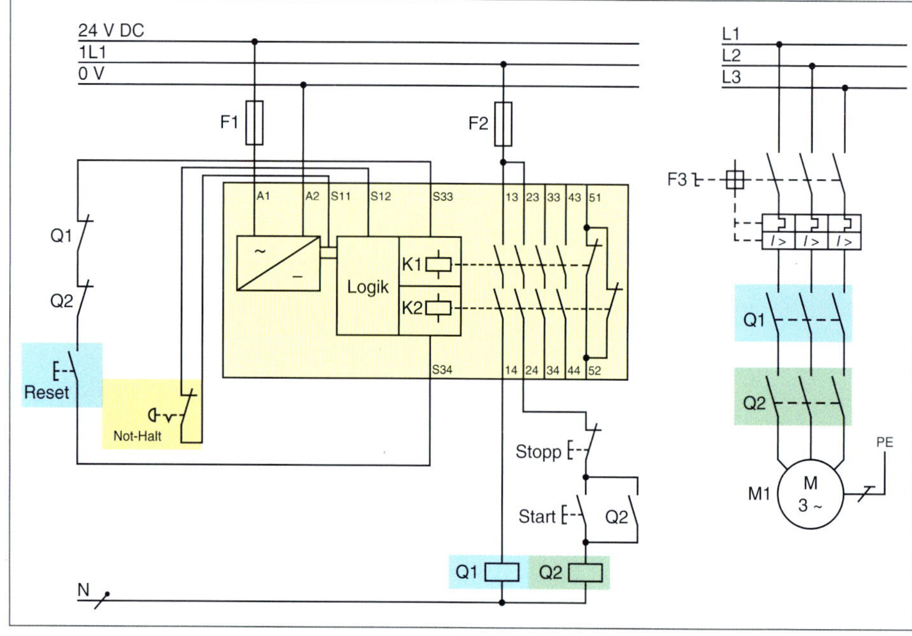

177 *Sicherheitsrelais, Schaltungsbeispiel*

Stoppkategorien

Beschrieben werden die Möglichkeiten, wie die Energie zu einem elektrischen Antrieb gesteuert werden kann, um diesen stillzusetzen.

Dabei ist es gleichgültig, ob die Stillsetzug eine betriebliche Maßnahme oder eine Notmaßnahme ist.

Stoppkategorie	Bedeutung
0	Ungesteuertes Stillsetzen durch sofortiges Abschalten der elektrischen Energie zu den Antriebselementen. • Ausschalten der Versorgungsspannung • Anlassen ungesteuerter Bremsen • Stillsetzen durch Gegenmomente
1	Gesteuertes Stillsetzen, wobei die Energie zu den Antriebselementen beibehalten wird, um das Stillsetzen zu erreichen. • Anlage bleibt an Spannung, bis Stillsetzen erreicht wurde • Zum Beispiel durch Gegenstrombremsen
2	Gesteuertes Stillsetzen, wobei die Energie zu den Antriebselementen ansteht. Nicht für *Handlungen im Notfall* zugelassen, nur für betriebsmäßiges Stillsetzen.

Rückstellen des Not-Halt-Befehlsgeräts

Die Rückstellung darf nur als Ergebnis einer von Hand ausgeführten Handlung am Befehlsgeräts möglich sein.

Das alleinige Rückstellen des Befehlsgeräts darf keinen Wiederanlaufbefehl bewirken.

Hinweise

- *Not-Aus* durch Abschalten der Energieversorgung durch elektromechanische Schaltgeräte (Stoppkategorie 0).
- *Not-Halt* entspricht der Stoppkategorie 0 oder 1 und hat Vorrang gegenüber allen anderen Funktionen.
  Entweder wird die Energieversorgung zu den Antrieben unterbrochen oder der Antrieb wird schnellstmöglich gestoppt.
- Ein *Drahtbruch* darf die Maschine nicht starten oder ihre Stillsetzung verhindern.
  AUS-Funktionen durch *Öffner*, *EIN-Funktionen* durch *Schließer*.

Sicherheitsbezogene Steuerungen

Erreichbar ist die *Sicherheit* von Maschinen und Anlagen durch

- *Konstruktion (EN ISO 12100 und EN 1050)*
- *Sicherheitsbezogene Steuerungen (EN 62061 und EN ISO 13849-1)*
- *Elektrische Ausrüstung (EN 60204-1)*

Risikobeurteilung, Performance Level (EN ISO 13849-1)

Das **Risiko** ist eine *Wahrscheinlichkeitsaussage* über die zu erwartenden Häufigkeiten des Auftretens einer Gefährdung und der damit verbundenen Schwere der Verletzung.

Das geforderte **Sicherheitsniveau** wird erreicht, wenn das zu erwartende Risiko durch geeignete Maßnahmen verringert wird.

Erläuterung

S Schwere der Verletzung
- **S1** Leichte (reversible) Verletzung
- **S2** Schwere (irreversible) Verletzung, Tod

F Häufigkeit und/oder kurze Dauer der Gefährdungsexposition
- **F1** Selten bis öfter und/oder kurze Dauer
- **F2** Häufig bis dauernd und/oder lange Dauer

P Gefährdungsvermeidungsmöglichkeiten
- **P1** Unter bestimmten Umständen möglich
- **P2** Kaum möglich

Sicherheitskategorien (Cat)

Kategorie B

Sicherheitsbezogene Teile von Maschinensteuerungen und/oder ihre *Schutzeinrichtungen* müssen in Übereinstimmung mit den zutreffenden Normen so gestaltet, gebaut, ausgewählt und kombiniert werden, dass sie den zu erwartenden Einflüssen standhalten können.

Ein *Fehler* kann zum *Verlust der Sicherheitsfunktion* führen und ist überwiegend durch den Ausfall von Bauteilen bedingt.

Siehe Tabelle *Sicherheitskategorien* auf Seite 376.

Der **Performance Level** *PL* gibt die Wahrscheinlichkeit des gefährlichen Ausfalls einer Sicherheitsfunktion des SPP/CS je Stunde an.

PL	Wahrscheinlichkeit eines gefährlichen Ausfalls je Stunde (1/h)
a (niedrig)	$\geq 10^{-5}$ bis $< 10^{-4}$ (hoch)
b	$\geq 3 \cdot 10^{-6}$ bis $< 10^{-5}$
c	$\geq 10^{-6}$ bis $< 3 \cdot 10^{-6}$
d	$\geq 10^{-7}$ bis $< 10^{-6}$
e (hoch)	$\geq 10^{-8}$ bis $< 10^{-7}$ (niedrig)

Der *Performance Level* **PLa** stellt die *niedrigste Sicherheitsanforderung* an den SRP/CS. Hohe Wahrscheinlichkeit eines gefährlichen Ausfalls.

PLe ist der *höchste* Performance Level.
Ein SRP/CL hat die niedrigste Ausfallwahrscheinlichkeit.

Risikobewertung

Unter Verwendung definierter **Risikoparameter** (S, F, W, P) wird der erforderliche **SIL** bzw. **PL** einer *Sicherheitsfunktion* der Steuerung bestimmt.
Die Addition von **W** und **F** und **P** ergibt die **Risikoklasse**. Aus der Risikoklasse und möglicher Gefahrenauswirkungen ergibt sich **SIL** (Safety Integrity Level). Siehe Tabellen auf Seite 338 (Risikoabschätzung).

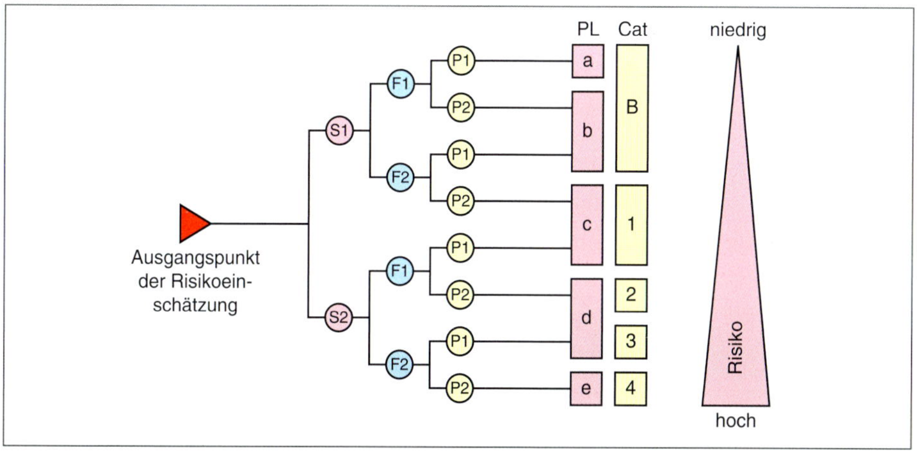

178 Risikobeurteilung

■ **Performance Level PL**

Zielmaß der Versagenswahrscheinlichkeit für die Ausführung der risikoreduzierten Funktionen.

■ **Safety Integrity Level SIL**

Erläuterung wie bei PL.
SIL/CL (claim limit) ist das maximal erreichbare Zielmaß.

■ **PDF**

Probability of failure and demand; Ausfallwahrscheinlichkeit bei Auslösen der Sicherheitsfunktion.

■ **PFH**

Probability of failure per hour; Ausfallwahrscheinlichkeit pro Stunde

Sicherheitskategorien

Kategorie	Anforderungen	Systemverhalten
1	Die Anforderungen von Kategorie B müssen erfüllt sein. Anwendung von bewährten Bauteilen und bewährten Sicherheitsprinzipien.	Ein Fehler kann zum Verlust der Sicherheitsfunktion führen. Die Fehlereintrittswahrscheinlichkeit ist geringer als bei Kategorie B.
2	In geeigneten Zeitabständen muss die Sicherheitsfunktion durch die Maschinensteuerung geprüft werden.	Der mögliche Verlust der Sicherheitsfunktion wird durch die Prüfung erkannt.
3	Die sicherheitsbezogenen Teile der Steuerung müssen so gestaltet sein, dass • *ein einzelner Fehler in jedem der Teile nicht zum Verlust der Sicherheitsfunkton führt,* • *der einzelne Fehler – wann immer durchführbar – erkannt wird.*	Bei einem einzelnen Fehler bleibt die Sicherheitsfunktion erhalten. Einige (aber nicht alle) Fehler werden erkannt. Eine Häufung unerkannter Fehler kann zum Verlust der Sicherheitsfunktion führen.
4	Die sicherheitsbezogenen Teile der Steuerung müssen so gestaltet sein, dass • *ein einzelner Fehler in jedem der Teile nicht zum Verlust der Sicherheitsfunktion führt,* • *ein Fehler bei oder vor der nächsten Anforderung an die Sicherheitsfunktion erkannt wird.* Wenn das nicht möglich ist, darf eine *Häufung* von Fehlern *nicht* zum Verlust der Sicherheitsfunktion führen.	Bei Fehlern bleibt die Sicherheitsfunktion immer erhalten. Fehler werden rechtzeitig erkannt, um den Verlust der Sicherheitsfunktionen zu verhindern.

Hinweise
- Bei Kategorie 1 müssen die Anforderungen von Kategorie B erfüllt sein.
- Bei Kategorie 2, 3 und 4 müssen die Anforderungen von B und die Einhaltung bewährter Sicherheitsprinzipien erfüllt sein.

Risikoabschätzung

F Häufigkeit und/oder Aufenthaltsdauer		W Eintrittswahrscheinlichkeit		P Vermeidungsmöglichkeit	
≤ 1 Stunde	5	sehr hoch	5	nicht möglich	5
> 1 Stunde bis ≤ 1 Tag	5	wahrscheinlich	4	selten	3
> 1 Tag bis ≤ 2 Wochen	4	möglich	3	wahrscheinlich	1
> 2 Wochen bis ≤ 1 Jahr	3	selten	2		
> 1 Jahr	2	zu vernachlässigen	1		

Risikoklasse:
$K = F + W + P$

Folge	Tod, Verlust Auge oder Arm	Permanent, Verlust von Fingern	Reversibel, med. Behandlung	Reversibel Erste Hilfe
Schadensausmaß	4	3	2	1
Klasse				
4	SIL 2			
5 bis 7	SIL 2			
8 bis 10	SIL 2	SIL 1		
11 bis 13	SIL 3	SIL 2	SIL 1	
14 bis 15	SIL 3	SIL 3	SIL 2	SIL 1

SIL-Einstufung oder Steuerung					
Anforderung an Zuverlässigkeit		Begrenzung der SIL-Einstufung			
SIL	Wahrscheinlichkeit eines gefahrbringenden Ausfalls pro Stunde	SFF	Hardware-Fehlertoleranz		
			0	1	2
3	$\geq 10^{-8}$ bis 10^{-7}	< 60 %		SIL 1	SIL 2
2	$\geq 10^{-7}$ bis 10^{-6}	60 % bis < 90 %	SIL 1	SIL 2	SIL 3
1	$\geq 10^{-6}$ bis 10^{-5}	90 % bis < 99 %	SIL 2	SIL 3	SIL 3
		99 %	SIL 3	SIL 3	SIL 3

SIL-Einstufung					
PFH_D	Cat	SFF	HFT	DC	SIL
$\geq 10^{-6}$	≥ 2	≥ 60 %	≥ 0	≥ 60 %	1
$\geq 2 \cdot 10^{-7}$	≥ 3	≥ 0	≥ 1	≥ 60 %	1
$\geq 2 \cdot 10^{-7}$	≥ 3	≥ 60 %	≥ 1	≥ 60 %	2
$\geq 3 \cdot 10^{-8}$	≥ 4	≥ 60 %	≥ 2	≥ 60 %	3
$\geq 3 \cdot 10^{-8}$	≥ 4	≥ 90 %	≥ 1	≥ 90 %	3

Sicherheitsbeurteilung von Steuerungen

1. *Gefährdung identifizieren*
2. *Risiko einschätzen*
3. *Risiko bewerten*
4. *Risikominderung durch eigensichere Konstruktion*
   Schutzeinrichtungen
   Informationen für den Benutzer
5. *Notwendige Sicherheitsfunktionen identifizieren*
   Performance-Level PL bestimmen
   Technische Realisierung
   Sicherheitsrelevante Teile identifizieren
   PL für die Sicherheitsfunktion prüfen
6. *Überprüfung der erzielten Ergebnisse*
   Funktionen mit der Risikoanalyse in Schritt 1

Sicherheitsbezogener Steuerungsaufbau

Cat B, PL a, b

Sicherheit durch Auswahl geeigneter Bauteile, Zwangsführung der Kontakte.

Das Auftreten eines Fehlers darf zum Verlust der Sicherheitsfunktion führen.

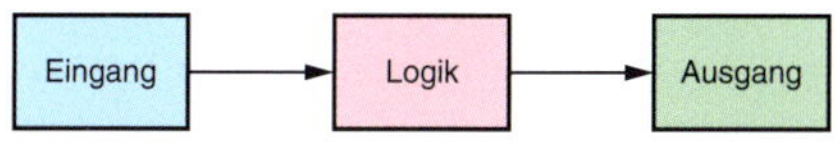

Cat 1, PL c

Steuerungsaufbau wie Cat B.
Anzuwenden sind bewährte Bauteile und bewährte Sicherheitsprinzipien. Ausfallwahrscheinlichkeit geringer als bei Cat B, PL a, b.

Cat 2, PL a, b, c, d

Wie Cat 1 mit folgenden Zusätzen:

In bestimmten Zeitabständen wird die Sicherheitsfunktion durch die Steuerung selbst überprüft. Dadurch wird ein Verlust der Sicherheitsfunktion erkannt.

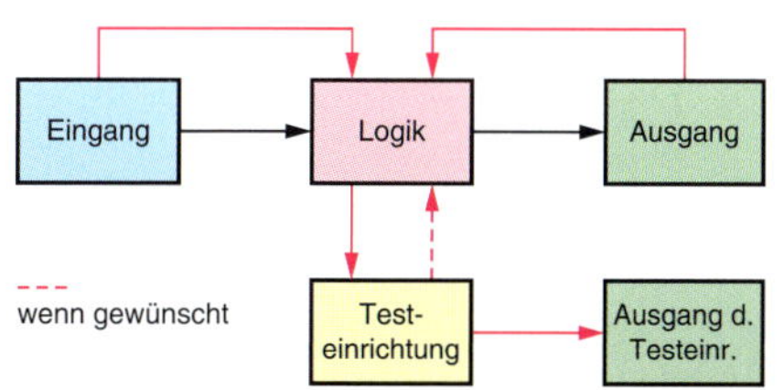

■ **SFF**
Safe Failure Fraction; Anteil sicherer Ausfälle.

■ **PFH_D**
Probability of dangerous failure per hour; Wahrscheinlichkeit gefährlicher Ausfälle pro Stunde.

■ **HFT**
Hardware-Fehlertoleranz, Fähigkeit eines Systems, auch bei Auftreten eines oder mehrerer Fehler die geforderte Funktion zu erfüllen.

■ **DC**
Diagnostic Coverage (Diagnosedeckungsgrad), Steuerungen können einzelne gefährliche Ausfälle selbsttätig erkennen. Bewertung, wie viele der gefährlichen Ausfälle erkannt werden.

Cat 3, PL b, c, d, e
Wie bei Cat 1 mit folgenden Zusätzen:

Die sicherheitsbezogenen Teile der Steuerung sind *zweifach* ausgeführt. Die Steuerungslogik überwacht sich gegenseitig.

Ein einzelner Fehler in einem Teil führt nicht zum Verlust der Sicherheitsfunktion.

Ein einzelner Fehler muss mit geeigneten Mitteln (Stand der Technik) erkennbar sein, wenn die Prüfung in angemessener Weise durchführbar ist.

Eine Häufung von Fehlern darf zum Verlust der Sicherheitsfunktion führen.

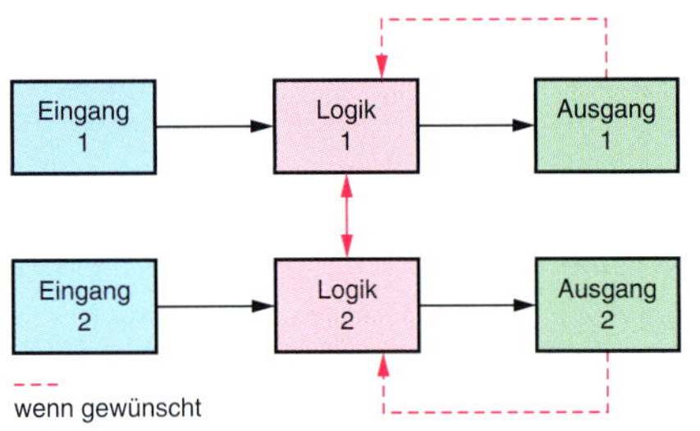

Cat 4, PL e
Wie bei Cat 3, zusätzlich:

Ein einzelner Fehler sicherheitsbezogener Teile muss *vor oder bei* der nächsten Anforderung der Sicherheitsfunktion erkannt werden.

Eine Häufung von Fehlern darf nicht zum Verlust der Sicherheitsfunktion führen.

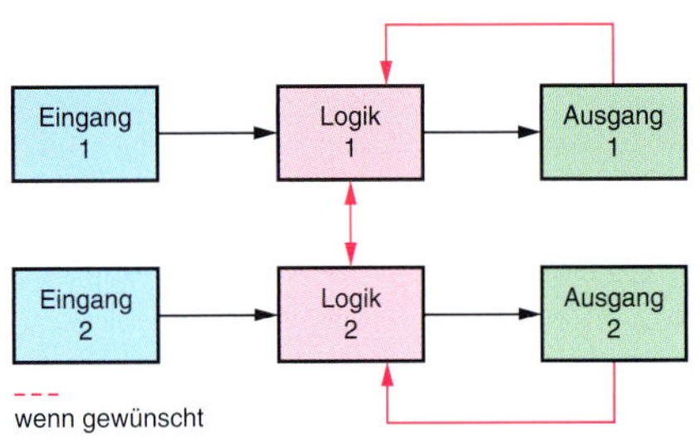

Abhängigkeit Cat, PL und $MTTF_d$
Bei gleichem Aufbau ändert sich PL je nach Qualität der verwendeten Bauteile.

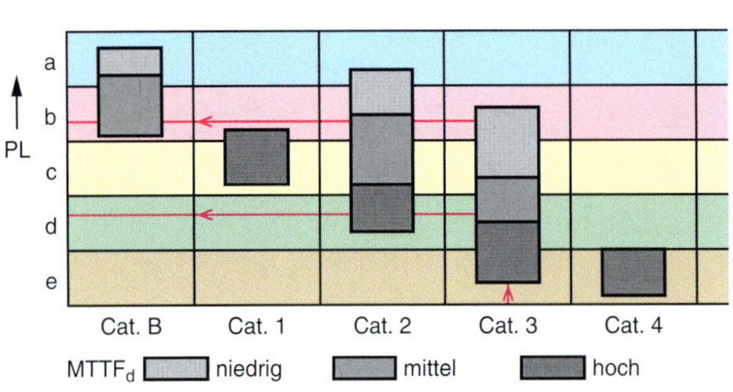

- Wenn $MTTF_d$ niedrig ist, kann bei Cat 2 bestenfalls ein PL von b erreicht werden.
- Bei Cat 3 ist bei niedrigem $MTTF_d$ soeben ein PL von b zu erreichen. Bei mittlerem $MTTF_d$ jedoch ein PL von d.
- Bei Cat 2, 3, 4 muss ein Fehler erkannt werden, bevor ein Schadensfall eintritt.

■ **Kategorie Cat**
Zur Beurteilung der Leistungsfähigkeit sicherheitsbezogener Steuerungsteile beim Auftreten von Fehlern, Fehlerwiderstand und Verhalten im Falle eines Fehlers. B ist die Basiskategorie.

Prüfung

1. Erläutern Sie den Begriff Sicherheitsintegrität.

2. Was sind systematische Fehler?

3. Beschreiben Sie den Begriff Diversität.

4. Unterscheiden Sie folgende Begriffe:

a) Stillsetzen im Notfall
b) Ingangsetzen im Notfall
c) Ausschalten im Notfall
d) Einschalten im Notfall

5. Welcher Stoppkategorie entspricht

a) Not-Aus,
b) Not-Halt?

6. Dargestellt ist die Schaltung eines Sicherheitsstromkreises.
Erläutern Sie die Schaltung.

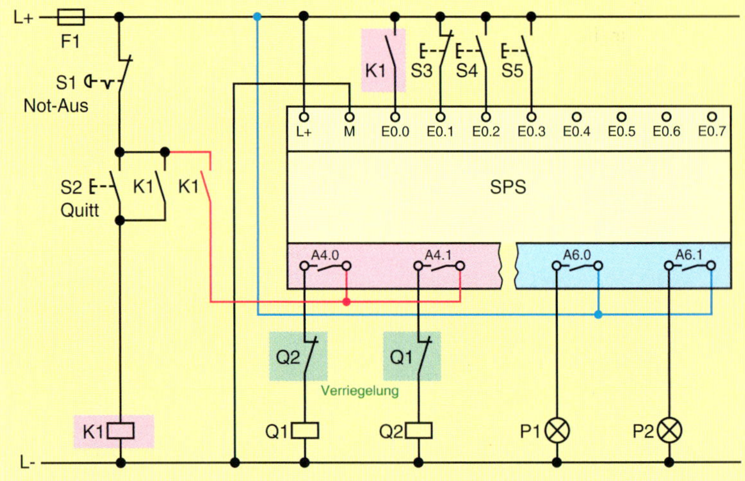

5.5 Bussysteme

Bedingt durch den hohen Automatisierungsgrad ist die klassische *Punkt-zu-Punkt-Verdrahtung* nicht mehr wirtschaftlich.

Bei dieser Verdrahtung ist jeder Befehlsgeber, jeder Sensor und jeder Aktor über *eigene Leitungen* mit dem Automatisierungssystem verbunden.

Leicht nachvollziehbar, dass viele dieser Leitungsverbindungen zwar *dauerhaft vorgehalten* werden müssen, obgleich sie oftmals nur *selten benötigt* werden.

Bei fortgeschrittener Automatisierung kann das nicht mehr wirtschaftlich sein. Die Vielzahl der Steuerleitungen wäre kaum noch zu bewältigen.

In der modernen Automatisierungstechnik werden **Bussysteme** (Feldbussysteme) verwendet. Dabei werden alle Befehlsgeber, Sensoren, Stellglieder und Aktoren über eine *zweiadrige Busleitung* zwecks Kommunikation mit einem Automatisierungsgerät verbunden (Bild 179). Dies bedeutet eine erhebliche Einsparung von Steuerleitungen.

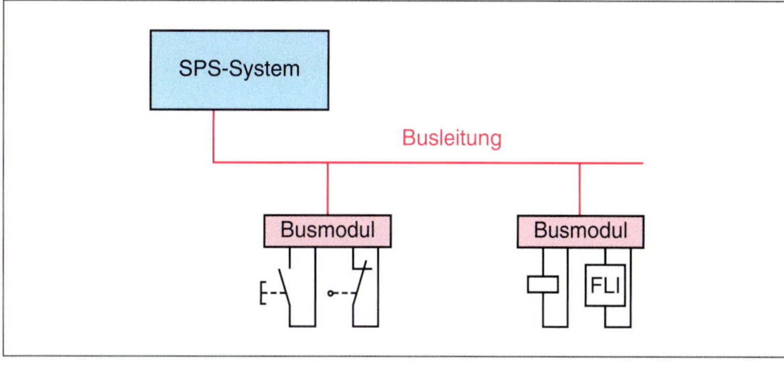

179 Prinzip eines Bussystems

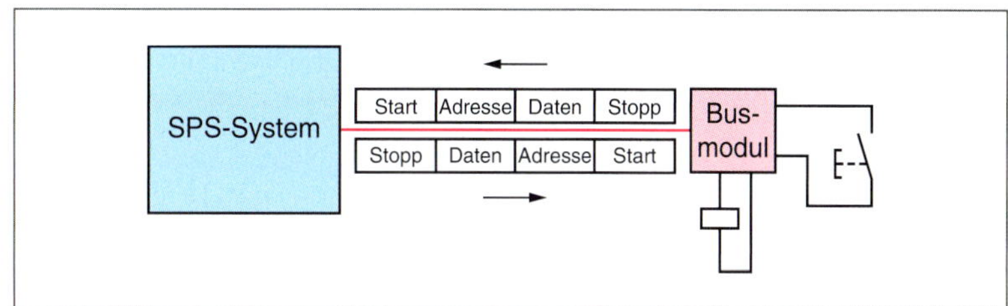

180 Serielle Datenübertragung auf einem Bussystem

Bei Verwendung eines *Bussystems* entfällt die aufwendige Einzelverdrahtung. Allerdings gelten nach wie vor die physikalischen Gesetze: Der Stromkreis muss geschlossen sein.

Wenn also der Starttaster mit dem Lastschütz über den Bus kommuniziert, dann steht die Busleitung (für einen sehr kurzen Zeitabschnitt) nur diesen Kommunikationspartnern zur Verfügung (Bild 180).

In diesem Moment handelt es sich auch hier um klassische Einzelverdrahtung. Aber auch nur in diesem Moment. Unmittelbar danach können andere Busteilnehmer miteinander kommunizieren.

Die **Buskommunikation** erfolgt *seriell*. Das heißt, die einzelnen Bits werden *nacheinander* über die Busleitung transportiert.

Jedes **Busmodul** hat eine unverwechselbare **Adresse.** Die Adresse bestimmt, woher das Signal kommt und wofür es bestimmt ist.

Zu einem bestimmten Zeitpunkt darf immer nur *eine* Nachricht (ein **Telegramm**) über den Bus transportiert werden. Sonst käme es nämlich zu **Datenkollisionen.**

Serielle Datenübertragung

Zwei grundlegende Verfahren:

1. Deterministisches Verfahren

Ein **Master** bestimmt den Datenaustausch mit den **Slaves** (Sensoren, Aktoren). Es liegt dann fest, *wann* ein **Telegramm** sein Ziel erreicht.

2. Nichtdeterministisches Verfahren

Alle Busteilnehmer haben die *gleiche Sendeberechtigung*. Der Buszugriff muss durch *Vereinbarungen* bestimmt werden.

Wann ein Telegramm sein Ziel erreicht, steht hierbei nicht fest.

- *Master-Slave-Verfahren*
  Der *Master* fragt die einzelnen Slaves *nacheinander* ab. Dabei erteilt der Master den Slaves kurzzeitig die Berechtigung, über den Bus zu antworten. Da die Abfrage ständig in gleichen Zeitabständen erfolgt, spricht man von *zyklischem Polling*.
- *Token Passing*
  Das Bussystem umfasst *mehrere Master*. Dann ist festzulegen, welcher Master zu einem bestimmten Zeitpunkt die Berechtigung zum Senden und Empfangen von Daten hat. Dieser Master hat das sogenannte *Token* (Zeichen). Nur der Master mit dem Token kann Telegramme mit seinen Slaves austauschen.
  Mit dem Token wird diese Berechtigung an den nächsten Master weitergegeben.
- **CSMA/CD**
  Carrier **S**ense with **M**ultiple **A**cces and **C**ollision **D**etection

  Sämtliche Busteilnehmer sind *gleichberechtigt*.
  Ein Busteilnehmer beginnt zu senden, wenn kein anderer auf den Bus zugreift. Wenn aber ein weiterer Busteilnehmer gleichzeitig die Übertragung startet, muss die Datenkollision erkannt und geeignet behandelt werden.

■ Master-Slave-Betrieb

Der Master übernimmt die *Steuerung* der Prozesse, die Slave-Stationen arbeiten die einzelnen *Teilaufgaben* ab.

@ Interessante Links

- www.siemens.de
- www.phoenixcontact.com

Industrial Ethernet

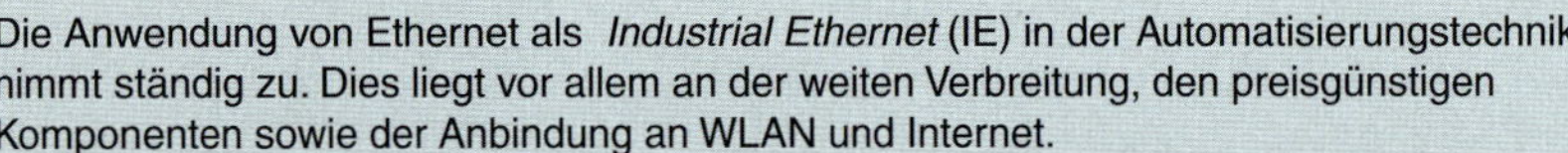

Die Anwendung von Ethernet als *Industrial Ethernet* (IE) in der Automatisierungstechnik nimmt ständig zu. Dies liegt vor allem an der weiten Verbreitung, den preisgünstigen Komponenten sowie der Anbindung an WLAN und Internet.

Die Problematik der *Echtzeitverarbeitung* auf Feldebene ist bei Industrial Ethernet gelöst. Aktuell ist die Situation durch unterschiedliche Entwicklungen gekennzeichnet.

Nur bei den Netzwerkkomponenten (z. B. Switch, Router, Leitungen und Steckverbinder) gibt es derzeit einen einheitlichen Standard. Ein Beispiel für IE ist *PROFINET* (Siemens).

OSI-Modell

Open **S**ystem **I**nterconnection Referenzmodell

Herstellerunabhängige Kommunikation in *sieben* aufeinanderfolgende Teilaufgaben, die als *Schichten* (Layer) bezeichnet werden. Damit können Systeme unterschiedlicher Hersteller über einen *seriellen Bus* Daten miteinander austauschen.

- **Physikalische Schichten 1 und 2**
  Schicht 1 bestimmt die physikalische Datenübertragung der Bits (Leitung, Stecker, Anschlussbelegung).
  Schicht 2 ordnet die Bits in Datenpakete und ermöglicht eine fehlerfreie Datenübertragung zwischen den Teilnehmern (Senden und Empfangen von Datenpaketen, Behandlung von Übertragungsfehlern).
- **Transportschichten 3 und 4**
  Ermöglichen die Datenübertragung zwischen den Endsystemen (Routing, Übertragungsdauer).
- **Anwendungsschichten 5 bis 7**
  Zuständig für die Kommunikation mit dem Anwenderprogramm.

Industrielle Bussysteme

Bei diesen Bussystemen werden nur die Schichten 1, 2 und 7 benutzt. Die fehlenden Schichten 3 bis 6 werden häufig in reduzierter Form in Schicht 7 integriert.

Die Aufgaben der Schichten werden durch *Protokolle* erledigt, die als Steuerungsprogramme in den Auswerteschaltungen der *Busschnittstellen* gespeichert sind.

Kommunikationsschichten, Industriebussysteme

Schichten	Aufgabe	Protokoll
7 Anwendungen Application Layer	Gerätebetreiber OSI-Schicht 3 – 7	PROFINET
2 Verbindungen Data Link Layer	Datenpakete senden und empfangen, Korrektur von Fehlern OSI-Schicht 2	HDLC High Level Data Link Control
1 Physikalische Verbindung Physical Layer	Leitung, Stecker, Kontaktbelegung OSI-Schicht 1	Strom, Spannung, Licht

■ **Feldbus**

unterstützt den schnellen Datenaustausch zwischen einzelnen Systemkomponenten auch über große Entfernungen.

Feldbusse unterscheiden sich nach ihrer Topologie, ihren Übertragungsmedien und Übertragungsprotokollen.

Aber auch hinsichtlich ihres Funktionsumfangs unterscheiden sich die einzelnen Bussysteme.

Feldbussysteme

Die seriell arbeitenden Industriebussysteme werden als **Feldbussysteme** bezeichnet.

Dabei sind vorrangig folgende Kriterien von Bedeutung:

- *Geschwindigkeit des Bussystems*
- *Antwortzeit der Busteilnehmer*
- *Antwortzeit bei binären und analogen I/0-Signalen*
- *Zykluszeit des Bussystems*
- *Einfache Kopplung an Leitsysteme*

Wesentliche *Vorteile* der Feldbussysteme:

- *Dezentralisierung der Automatisierungstechnik*
- *Reduzierung der Installationskosten*
- *Flexibilisierung*
- *Einbindung in Prozessführung und Prozessüberwachung*

Bei Feldbussystemen ist **Echtzeitverarbeitung** eine ganz wesentliche Voraussetzung für den technischen Einsatz.

Hierarchieebenen

Zur Verarbeitung der *Informationsströme* in Unternehmen, werden unterschiedliche *Hierarchieebenen* gebildet, zwischen denen ein *Informationsaustausch* möglich sein muss.

- **Leit- und Planungsebene**
  Hier erfolgt die Koordination der unterschiedlichen Produktionsbereiche. Sehr große Datenmengen fließen hier zusammen.
  - *Datenauswertung der Produktionsprozesse,*
  - *Auftrags- und Fertigungsplanung,*
  - *Qualitätssicherung und Prozessoptimierung.*

  Bussystem: Industrial Ethernet

- **Zellebene**
  Informationsaustausch zwischen SPS-Systemen, Personalcomputern sowie Systemen zur Bedienung und Beobachtung. Vernetzung einzelner Produktionseinheiten.
  Bussystem: z. B. PROFIBUS

- **Feldebene**
  Informationsaustausch zwischen Ein- und Ausgabegeräten (Aktoren, Sensoren) mit Automatisierungsgeräten. Prozesssignale werden erfasst, zum Automatisierungsgerät übertragen und dort verarbeitet. Die Verarbeitungsergebnisse beeinflussen den Prozess.
  Die zu verarbeitende Datenmenge ist hier gering. Allerdings sind hohe Anforderungen an die Verarbeitungsgeschwindigkeit zu stellen.
  Bussystem: ASI-Bus, PROFIBUS DP

Busankoppler
bus coupling module

Busanschluss
bus connection

Busleitung
bus cable

Bustechnik
bus technology

Busteilnehmer
bus device

Buszugriffsverfahren
bus access control

Echtzeitfähigkeit bedeutet, dass ein System *innerhalb einer vorgegebenen Zeitspanne* auf ein Ereignis reagieren muss. Die Dauer dieser Zeitspanne hängt dabei von der jeweiligen Anwendung ab.

Datenübertragung in Bussystemen

Bei der **Datenübertragung** in Bussystemen ist entscheidend, welcher Sender mit welchem Empfänger verbunden ist.

Der **Bus-Controller** stellt die gerade benötigte Verbindung zwischen Sender und Empfänger her. Dabei sind verschiedene Möglichkeiten zu unterscheiden.

- **Zeitmultiplex-Verfahren**
  Der Bus wird zeitlich nacheinander für den Datenaustausch zwischen den einzelnen Stationen zu Verfügung gestellt. Es ist ein bedarfsunabhängiges Verfahren, das den Bus auch dann zuteilt, wenn das überhaupt nicht notwendig ist. Also hier sicherlich kein optimales Verfahren.

  Grundsätzlich soll der Bus nur bei Bedarf den beteiligten Stationen zugeteilt werden. Wenn dabei mehrere Stationen gleichzeitig senden wollen, muss der Bus-Controller die genaue zeitliche Abfolge bestimmen.

- **Token-Passing**
  Station 1 sendet über den Bus eine Information an Station 5. Station 5 erhält das Senderecht (Bild 181).
  Wenn Station 5 seine Information über den Bus abgeschickt hat, wird das Senderecht an Station 2 mit einem Token weitergegeben, usw.
  Die Station, die augenblicklich das Token hält, ist zu diesem Zeitpunkt der Busmaster. Nur er hat Zugriffsrechte auf den Bus.
  Die Zeit, ein Token zu erhalten, nimmt mit Anzahl der Stationen zu.

- **Flying Master**
  Jede Station erhält von einer übergeordneten Leitstation die Buszuteilung.
  Nach Zuteilung übernimmt die Station die Master-Funktion über das Bussystem. Nach der Datenübertragung wird die Master-Funktion an die Leitstation zurückgegeben.

  Man nennt dies Master-Slave-Verfahren.

  Zu einem bestimmten Zeitpunkt bestimmt nur der Master die Abläufe auf dem Bus. Er leitet den Datenverkehr ein, indem er selbst sendet oder die angeschlossenen Slaves zum Senden veranlasst.

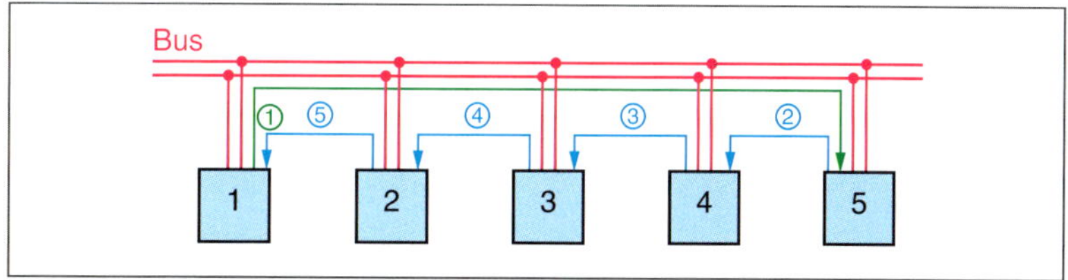

181 Token-Passing

Feldbus

Die einzelnen Feldbussysteme unterscheiden sich hinsichtlich

- Topologie
- Leitungslängen
- Telegrammlänge
- Alarmbehandlung
- Diagnose

In der Praxis erfolgt die Auswahl des Feldbussystems nicht immer vorrangig nach technischen Gesichtspunkten. Oftmals bestimmt die eingesetzte SPS den ausgewählten Feldbus.

Jeder namhafte SPS-Hersteller favorisiert eine bestimmte Feldbustechnologie, die optimal in das Programmier- und Konfigurationstool eingebunden ist und dem Anwender die Arbeit erleichtert.

Netzwerktopologien

Sämtliche Feldbussysteme basieren auf wenige *Netzwerktopologien.*

- **Linientopologie**
  Die Teilnehmer sind *parallel* an *eine Leitung* angeschlossen. Zumeist werden die *Leitungsenden* durch *Widerstände abgeschlossen.* Der Leitungsaufwand ist gering. Damit eignet sich diese Topologie besonders für ausgedehnte Anlagen.

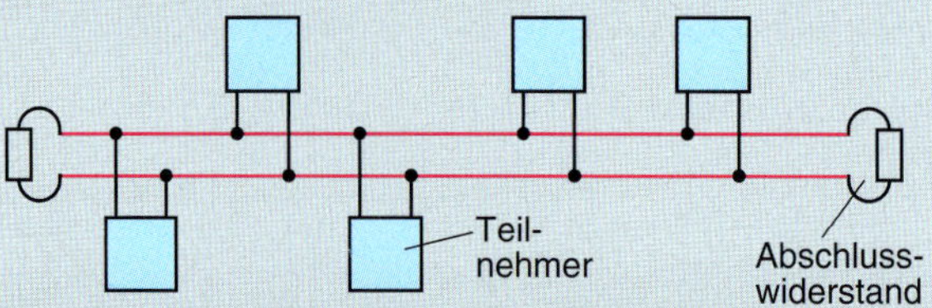

- **Sterntopologie**
  Sämtlich Teilnehmer sind über einen *zentralen Verteiler* miteinander verbunden.
  Es ist nur ein geringer Aufwand an Netzwerkkomponenten notwendig.

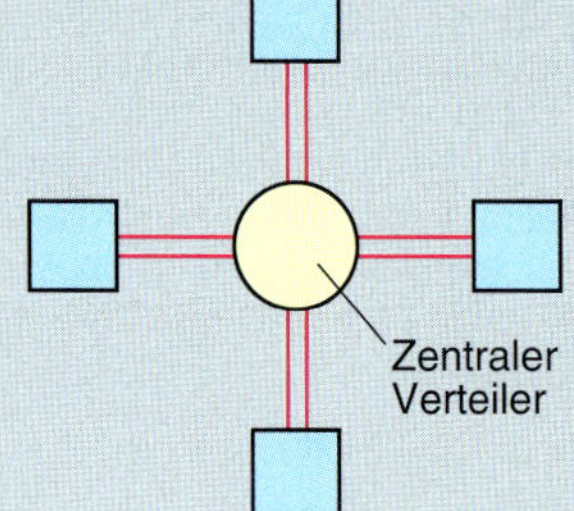

- **Ringtopologie**
  Sämtliche Teilnehmer sind über einen *Bus* zu einem Kreis zusammengeschlossen.
  Bei einem Leitungsbruch kann immer noch eine Verbindung zu jedem Teilnehmer aufgebaut werden.

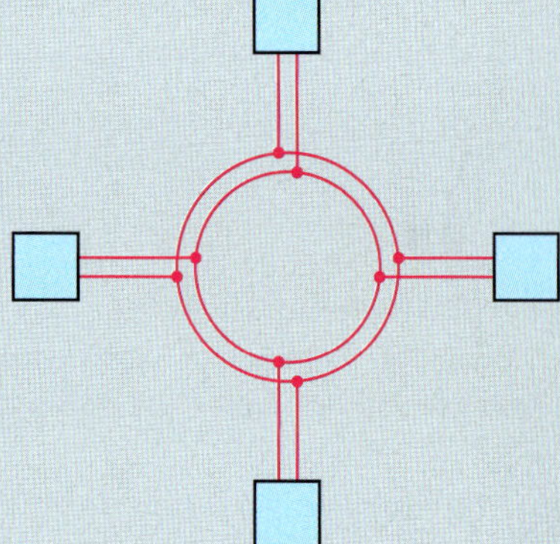

- **Baumtopologie**
  Kombination mehrerer Netze in Sterntopologie.
  Flexibler Aufbau der Netze.
  Teilnehmer in Gruppen über Abzweigleitungen und Verteiler miteinander verbunden.

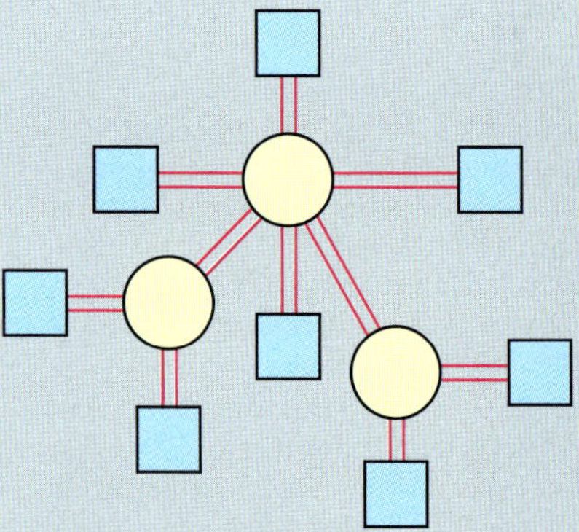

Auch *Mischformen* der einzelnen Topologien sind möglich.

Aktor-Sensor-Interface (ASI)

ASI ist ein Feldbus für den *untersten Feldbereich*: **Aktor-Sensor-Ebene**.

Eine *ungeschirmte* **ASI-Zweidraht-Leitung** verbindet die Busmodule mit einem **Master**.

Sensoren und Aktoren sind an den **Slave** angeschlossen oder bilden mit dem Slave eine Einheit.
Aufgabe des Masters ist es, eine Verbindung zur SPS herzustellen (Bild 183).

Stand-alone-Lösung

Der **ASI-Master** ist zusätzlich mit einer *Steuerung* ausgestattet. Dieses *Kombigerät* hat zwei Schnittstellen: **ASI-Bus-Schnittstelle** und **Programmier-Schnittstelle** (für Programmiergerät).

- **ASI-Masteranschaltung**
  Wird in Form eines *Kommunikationsprozessors* über den Rückwandbus in das SPS-System integriert.

ASI-Alleinstellungsmerkmal

Beim ASI-Bus werden *Information* und *Energie* über eine *gemeinsame Leitung* übertragen.

Verwendet wird eine ungeschirmte und unverdrillte Zweidraht-Flachbandleitung. Die Kontaktierung erfolgt in **Durchdringungstechnik**.

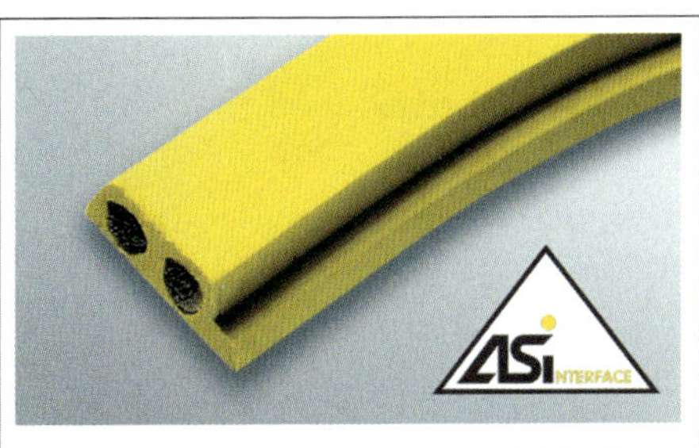

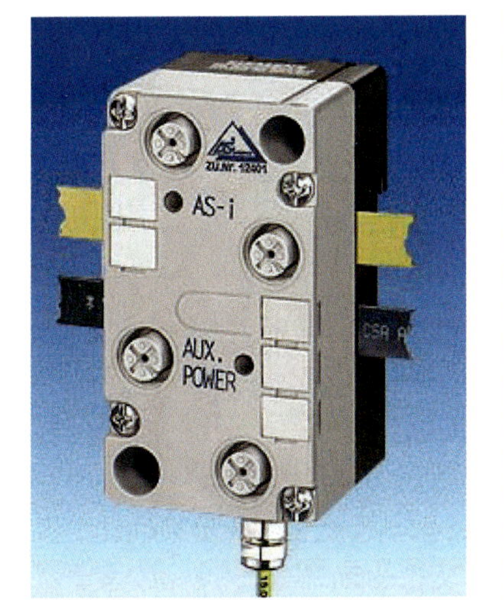

182 *ASI-BUS, Leitung und ASI-Bus-Gerät*

Vorteile der ASI-Leitung

- Einfacher Anschluss von Modulen, Aktoren, Sensoren durch Durchdringungstechnik in Schutzart IP 67.
- Da die ASI-Leitung selbstheilend ist, können die Slaves problemlos versetzt werden.
- Farbcodierung für Zusatzversorgung neben der gelben ASI-Leitung: schwarz (24 V DC), rot (230 V AC).

ASI-Spannungsversorgung

Das **ASI-Netzteil** hat eine Gleichspannung von 30 V. Es dient der Versorgung der Elektronik und der angeschlossenen Sensoren und Aktoren. Durch die *überlagerten Datentelegramme* darf die Spannungsversorgung der Busteilnehmer nicht verändert werden.

Daher bestehen die **Datentelegramme** aus *Wechselspannungssignalen*. Eine Aufgabe des speziellen ASI-Netzteils besteht darin, die *Trennung* von Daten und Energie sicherzustellen.

Zugriffssteuerung

ASI arbeitet als **Single-Master-System**. Auf der Busleitung kann im Basisband-Übertragungsverfahren zu einem bestimmten Zeitpunkt immer nur *ein* Telegramm übertragen werden.

Buszugriffsteuerung:

- Nur der Master hat ein selbstständiges Zugriffsrecht für die Benutzung des Busses.
- Slaves erhalten das Zugriffsrecht nur kurzzeitig nach Aufforderung zum Antworten vom Master erteilt.
- Polling ist ein zyklisches Abfrageverfahren. Der Master spricht seine Slaves nacheinander an, um ihnen Daten zu liefern oder von ihnen Daten zu empfangen. Die Zeitspanne zwischen zwei Masterzugriffen ist also kalkulierbar. Bei 31 Slaves liegt die Zykluszeit bei 5 ms.

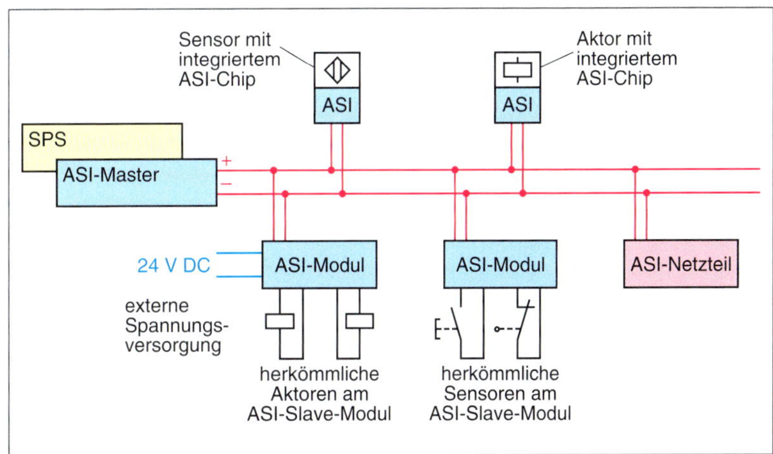

183 *ASI-Konfiguration*

ASI-Bus
ASI bus
ASI-Leitung
ASI cable
ASI-Netzteil
ASI power supply unit
ASI-Koppelmodul
ASI gateway
Automatisierungsebenen
hierarchies of automatisation
azyklisch
acyclic
Datentelegramm
data packet
Datenübertragungsrate
data transfer rate

■ **ASI-BUS-Leitung**

Grundsätzlich kann jede ungeschirmte, verdrillte Zweidrahtleitung verwendet werden, die bis 8 A belastbar ist.

Die Adern der ASI-Leitung sind erdfrei (keine Ader darf mit dem Schutzleiter verbunden werden).

■ **Farbe von ASI-BUS-Leitung**

Gelb: Energie (24 V DC) und Information

Schwarz: Energie (24 V DC)

Rot: Energie (230 V AC)

Technische Daten, ASI-BUS

	Version 2.0	Version 2.1	Version 3.0
Slaves, digital	31	62	62
Slaves, analog	31	31	62
Eingänge, digital	124	248	496
Ausgänge, digital	124	248	496
Zykluszeit	≤ 5 ms	≤ 10 ms	≤ 20 ms

ASI-Telegramm

Ein *ASI-Telegramm* (Bild 184) besteht aus

- *einem Masteraufruf*
- *einer Masterpause*
- *einer Slave-Antwort*
- *einer Slave-Pause*

Der **Masteraufruf** besteht aus 14 Bit, die **Slaveantwort** aus 7 Bit. Die **Pausenzeiten** werden überwacht.
Die *Übertragungsrate* beträgt 167 KBit/s.

Leitungslänge

Maximale Leitungslänge eines ASI-Segments: 100 m. Wenn das nicht ausreicht, ist folgendes möglich:

- **Repeater**
  Erweiterung der maximalen Leitungslänge auf 200 m. Allerdings ist ein weiteres Netzgerät notwendig. Zwei Repeater in Reihe sind möglich.
- **Extender**
  Der Master kann in einer max. Entfernung von 100 m vom ASI-Segment eingebaut werden, ohne dass ein weiteres Netzgerät notwendig wäre.
- **Extension Plug**
  am Busende ermöglicht einen Abstand von 200 m zwischen Master und dem entferntesten Slave.

0	SB	A4	A3	A2	A1	A0	I4	I3	I2	I1	I0	PB	1			0	I3	I2	I1	I0	PB	1	
ST	Masteraufruf													Masterpause		Slaveantwort							Slavepause

ST: Startbit SB: Steuerbit PB: Paritätsbit EB: Endebit

A4 - A0: Slaveadresse (5 Bit)

I4 - I0: Informationsbits Master → Slave (5 Bit) und Slave → Master (4 Bit)

184 *ASI-Telegrammaufbau*

Inbetriebnahme

- Adressierung der ASI-Slaves
- Verdrahtung des ASI-Netzes
- ASI-Master (Projektierungsmodus) in Betrieb nehmen
- Anschluss der Sensoren und Aktoren
- Modulsteckplätze der SPS-Station festlegen (automatische Vergabe der Adressen)
- Eingänge des ASI-Slaves in SPS einlesen
- SPS-Programm abarbeiten
- SPS-Ausgänge in die ASI-Slaves schreiben
- Test von Aufbau und Funktion

Hinweis

In einem ASI-Strang dürfen *keine Slaves mit gleicher Adresse* vorhanden sein. Neue Slaves müssen also *nacheinander* und *einzeln* an den ASI-Strang angebunden und umadressiert werden.
Fabrikneue Slaves haben die Adresse 0.

Der ASI-Master speichert die Ein- und Ausgangssignale der Slaves in **Datenabbildern**.

Zwischen ASI-Master und SPS erfolgt die Kommunikation mithilfe von **Lade-** und **Transferbefehlen**.

Prüfung

1. Welches Alleinstellungsmerkmal hat der ASI-Bus im Feldbusbereich?

2. Was versteht man unter serieller Datenübertragung? Welchen Vor- und Nachteil hat diese Datenübertragung?

3. Warum spricht man von Feldbussystemen? Welche Vorteile haben Feldbussysteme?

4. Der ASI-Bus arbeitet nach dem Master-Slave-System.
Was bedeutet das?

5. Was bedeutet es, wenn eine ASI-Busleitung schwarz oder rot ist?

6. Der ASI-Bus ist ein Single-Master-System. Was bedeutet das?

7. Warum ist zur Spannungsversorgung ein spezielles ASI-Netzteil notwendig?

8. Jedes Slave muss bei Inbetriebnahme eine eindeutige Adresse haben.
Wie kann diese Adressierung erfolgen?

Adressenzuordnung bei ASI

Eingangs SPS PAE (Byte)	Eingänge/Ausgänge (IN, OUT)								Adresse CP	SPS-Ausgang
	4	3	2	1	4	3	2	1	PE/PA (Byte)	PAA (Byte)
	Bit in PAE/PAA									
	7	6	5	4	3	2	1	0		
120	Reserviert				Slave 1				288	120
121	Slave 2				3				289	121
122	4				5				290	122
123	6				7				291	123
124	8				9				292	124
125	10				11				293	125
126	12				13				294	126
127	14				15				295	127
128	16				17				296	128
129	18				19				297	129
130	20				21				298	130
131	22				23				299	131
132	24				25				300	132
133	26				27				301	133
134	28				29				302	134
125	30				31				303	135

Ein **digitales Slave** (4E bzw. 4A) belegt 4 Bit. Gewählt wurden hier die *Byteadressen* ab **EB120**.

SPS-Programm

Slave 1-Eingänge in die SPS einlesen

```
L   PEB  288     //Inhalt von PEB288 in Akku 1 laden
T   EB   120     //Akku 1-Inhalt nach EB 120 transferieren
```

*** SPS-PROGRAMM eingeben ***

SPS-Ausgänge von Slave 2 schreiben

```
L   AB   121     //Inhalt von AB121 in Akku 1 laden
T   PAB  289     //Akku 1-Inhalt nach PAD289 transferieren
```

Hinweis

Der **Kommunikationsprozessor CP** wird in die *Hardwarekonfiguration* eingebunden.
Dabei kann sich folgendes Ergebnis bilden:

Steckplatz	Baugruppe			E-Adresse	A-Adresse
6	CP 343-2			288 ... 303	288 ... 303

■ **ASI-Topologie**

beliebig, ohne Repeater und Extender max. 100 m Leitungslänge.

Wegen der Frequenz von 167 Hz wird auf Abschlusswiderstände verzichtet.

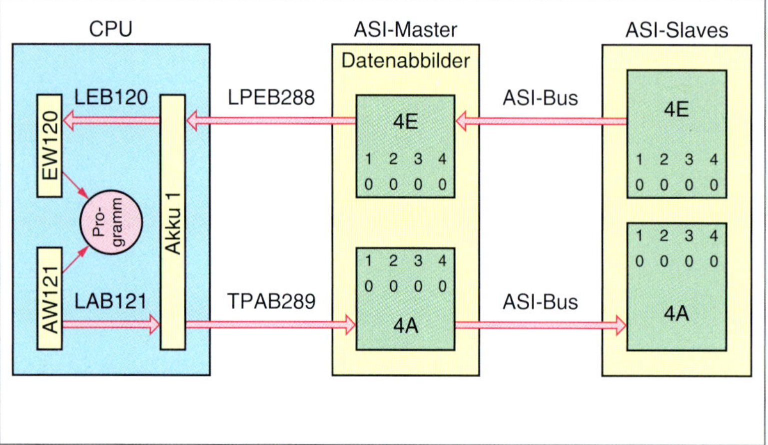

185 Datenkommunikation

■ **PROFIBUS-DP**

dient der schnellen Kommunikation zwischen Steuerungen und Sensoren/Aktoren in Maschinen und Anlagen.

Durch Einsatz von Industrial Ethernet (PROFINET) lassen sich noch deutlich höhere Geschwindigkeiten erreichen.

PROFIBUS

PROFIBUS ist ein *offener* (herstellerunabhängiger) **Feldbusstandard.** Er dient zur Vernetzung von Automatisierungssystemen der **unteren Feldebene** bis zu Prozesssteuerungen in der **Zellenebene.** Man unterscheidet:

- *Profibus-FMS*
- *Profibus-PA*
- *Profibus-DP*

Profibus FMS

(Fieldbus Message Spezification)

Brücke zwischen dem *Zellen-* und *Feldbereich.* Geeignet für *anspruchsvolle Kommunikationsaufgaben* (z. B. für den Datenaustausch intelligenter Automatisierungssysteme).

Dabei ist zwischen **aktiven Teilnehmern** und **passiven Teilnehmern** zu unterschieden, die unter Verwendung von **Token-Passing** mit untergelagertem **Master-Slave-Verfahren** *zyklisch* oder *azyklisch* Daten austauschen.

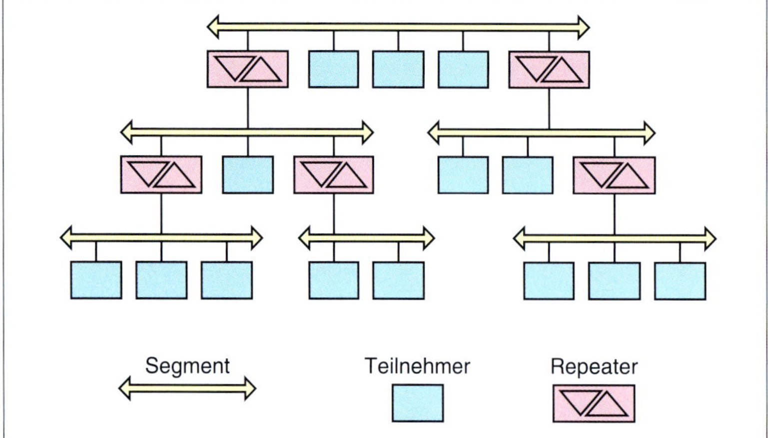

186 PROFIBUS-DP, Topologie

- Das *Token-Passing-Verfahren* garantiert die Zuteilung der Buszugriffsberechtigung innerhalb eines festgelegten Zeitrahmens.
- Das *Master-Slave-Verfahren* ermöglicht es dem Master (der gerade über die Sendeberechtigung verfügt), die ihm zugeordneten Slaves anzusprechen.

Profibus FMS arbeitet *objektorientiert* und ermöglicht den standardisierten Zugriff auf Variablen, Programme und große Datenbereiche.

Profibus PA (Prozess-Automation)

Zur Prozessautomatisierung in der Verfahrenstechnik. *Eigensicherheit* und *Fernspeisung* der Busteilnehmer.
Während des *laufenden Betriebs* können Feldgeräte angeklemmt oder abgeklemmt werden.

Ein nicht eigensicherer Feldbus müsste dazu komplett abgeschaltet werden.

Profibus DP (Dezentrale Peripherie)

Bevorzugter Einsatz in der Fertigungsindustrie.

- Buszuteilung erfolgt nach dem *Token-Passing-Verfahren* mit untergelagertem *Master-Slave-Verfahren.*
- Typische Zykluszeiten sind 5 bis 10 ms, bei 12 MBit/s < 2 ms.
- Datenübertragung über verdrillte und geschirmte Zweidrahtleitung oder Lichtwellenleitung.
- Verdrillte und geschirmte Zweidrahtleitung (Twisted Pair) hat einen Mindestquerschnitt von 0,22 mm^2 und muss an den Enden mit dem Wellenwiderstand abgeschlossen werden.
- Standard-Übertragungsraten: 9,6 KBit/s; 19,2 KBit/s; 93,75 KBit/s; 187,5 KBit/s; 500 KBit/s; 1,5 MBit/s; 3 MBit/s; 6 MBit/s; 12 MBit/s;
- Buskonfiguration modular ausbaubar, wobei die Peripherie- und Feldgeräte im Betriebszustand an- und abkoppelbar sind.
- Eine flächendeckende Vernetzung erfolgt beim Profibus-DP durch Aufteilung des Bussystems in Bussegmente, die über Repeater verbunden werden können.
- Die Topologie der einzelnen Bussegmente ist die Linienstruktur mit kurzen Stichleitungen. Mithilfe von Repeatern kann auch eine Baumstruktur aufgebaut werden (Bild 186).
- Die maximale Anzahl der Teilnehmer pro Bussegment bzw. Linie ist 32. Mehrere Linien können untereinander verbunden werden. Dabei zählt jeder Repeater als Busteilnehmer. Maximal können 126 Busteilnehmer angeschlossen werden (über alle Bussegmente).

Multi Point Interface (MPI)

Diese *mehrpunktfähige Schnittstelle* ermöglicht die Kommunikation zwischen Simatic-Geräten.

Es handelt sich um eine *herstellerspezifische Schnittstelle* zur Vernetzung von CPUs, Operator Panels und Programmiergeräten.

So können z. B. von einem Programmiergerät aus alle angeschlossenen Zentralbaugruppen bedient oder Daten zwischen Anwenderprogrammen einzelner CPUs ausgetauscht werden.

MPI-Vernetzung

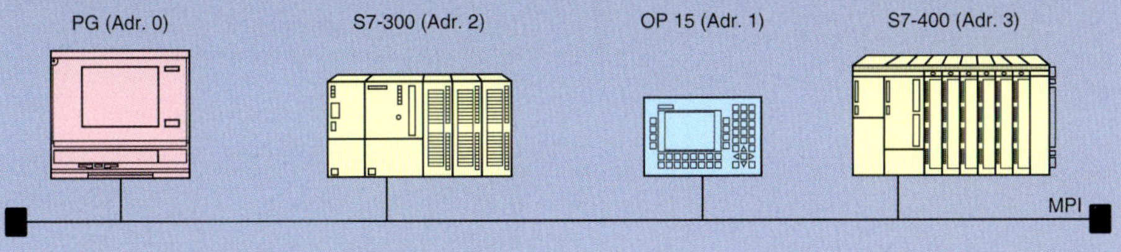

Die *Übertragungsrate* ist auf 187,5 kBit/s eingestellt. In einem Segment darf die Leitungslänge bis zu 50 m betragen. Durch *Repeater* kann sie auf 1000 m erhöht werden. An den Busenden sind *Abschlusswiderstände* notwendig.

Jeder Netzteilnehmer hat eine *MPI-Adresse*. Diese ist bei Lieferung voreingestellt:

- *Programmiergerät (PG): Adresse 0*
- *CPU: Adresse 2*
- *Operatorpanel (OP): Adresse 15*

So kann ein Automatisierungssystem mit einer CPU, einem PG und einem OP *ohne Adressierung* durch den Anwender in Betrieb genommen werden.
Die an eine MPI-Adresse angeschlossenen Teilnehmer müssen innerhalb eines Segments unterschiedliche Adressen haben.

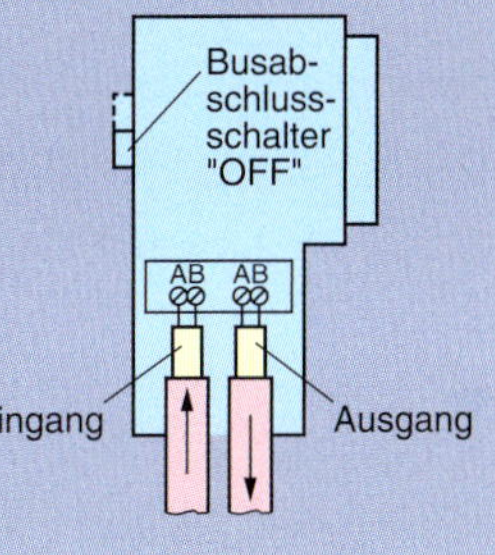

Die *MPI-Adresse* ist frei wählbar.
Im gesamten MPI-Netz können bis zu 126 Teilnehmer miteinander verbunden werden.

Die *Busstecker* haben Anschlüsse für die ankommende (A1: grün; B1 rot) und die abgehende Leitung (A2: grün; B2: rot).
Im Allgemeinen sind die Abschlusswiderstände im Busstecker eingebaut. An den Segmentenden werden sie zugeschaltet.

- Übertragungsstrecken bei elektrischem Aufbau bis 12 km, bei optischem Aufbau bis 23,8 km (abhängig von der Übertragungsrate).

Bei PROFIBUS DP gibt es Master für unterschiedliche Funktionen.

- **DP-Master Klasse 1 (DPM1)**
  Zentrale Steuerung, die in einem festgelegten Nachrichtenzyklus Informationen mit den dezentralen Stationen (DP-Slaves) austauscht.
  - Erfassung von Diagnoseinformationen der DP-Slaves.
  - Zyklischer Nutzdatenbetrieb.
  - Parametrierung und Konfiguration der DP-Slaves.
  - Steuerung der DP-Slaves mit Steuerkommandos.

Die Funktionen werden vom DPM1 eigenständig bearbeitet. Typische Geräte sind SPS, CNC oder Robotersteuerungen.

- **DP-Master Klasse 2 (DPM2)**
  Hierunter versteht man Programmier-, Projektierungs- und Diagnosegeräte, die bei der Inbetriebnahme eingesetzt werden.
  - Festlegung der Konfiguration des DP-Systems.
  - Zuordnung zwischen den Teilnehmeradressen am Bus.
  - E/A-Adressen sowie Angabe über Datenkonsistenz, Diagnoseformat und Busparameter.

PROFIBUS

Unbegrenzte Teilnehmerzahl und Datenübertragungsraten zwischen 9,6 KBit/s und 500 KBit/s.

Hierarchische Struktur mit den Ebenen Sensoren/ Aktoren, Feld- und Prozessebene.

Im Master-Slave-Betrieb wird mit dem Zugangsverfahren Token-Passing gearbeitet, bei dem Slaves nur auf Anforderung durch den Master auf den Bus zugreifen dürfen.

■ **Kommunikations-Ebenen**

Informationsdaten werden auf unterschiedliche Ebenen übertragen.

Dabei entsprechen die Ebenen den Aufgabenbereichen, die die Gliederung des Unternehmens wiedergeben:

- **Feldebene** (niedrige Hierarchie)
- **Zellebene** (mittlere Hierarchie)
- **Leit- und Planungsebene** (hohe Hierarchie)

In der Feldebene ist die Datenmenge relativ gering und die Reaktionszeit relativ hoch.

In der Leit- und Planungsebene ist die Datenmenge sehr groß und die Reaktionszeit relativ niedrig.

Informationsaustausch in der Automatisierungstechnik

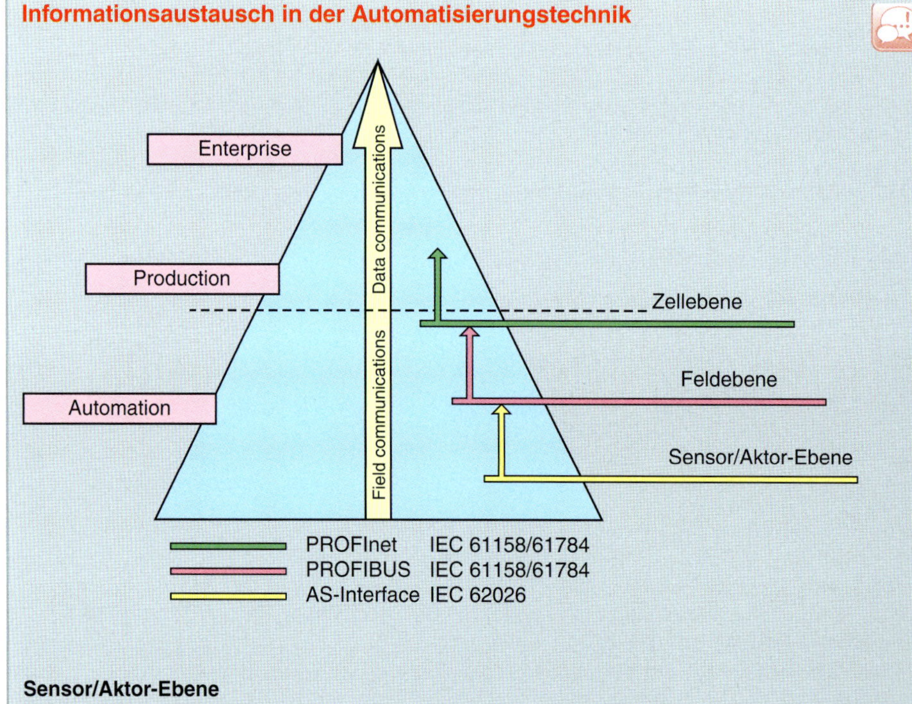

Sensor/Aktor-Ebene

Signale der Sensoren und Aktoren werden über den Bus übertragen.

Feldebene

Hier kommunizieren die dezentralen Peripheriegeräte wie E/A-Module, Messumformer, Antriebe, Ventile und Bedienelemente in Echtzeit mit den Automatisierungssystemen.
Die Prozessdatenübertragung erfolgt zyklisch. Alarme, Parameter und Diagnosedaten werden im Bedarfsfall azyklisch übertragen.

Zellebene

Hier kommunizieren Automatisierungsgeräte untereinander und mit IT-Systemen. Kennzeichnend sind große Datenmengen und leistungsfähige Kommunikationsfunktionen.

Zwischen dem DP-Slave und dem DP-Master Klasse 2 sind neben den Master-Slave-Funktionen des DP-Masters Klasse 1 weiter möglich:

- Lesen der DP-Slave-Konfiguration.
- Lesen der Ein-/Ausgabewerte.
- Adresszuweisung an DP-Slaves.

Zwischen dem DP-Master Klasse 2 und dem DP-Master Klasse 1 stehen folgende Funktionen zur Verfügung, die zumeist *azyklisch* ausgeführt werden:

- Erfassung der im DP-Master Klasse 1 vorhandenen Diagnoseinformationen der zugeordneten DP-Slaves.
- Upload und Download von Datensätzen.
- Aktivierung und Deaktivierung von DP-Slaves.
- Einstellung der Betriebsart des DP-Master Klasse 1.

■ **Feldbus**

Der Feldbus hat auch Nachteile!

Seine Verwendung erfordert qualifizierte Mitarbeiter.

Die Komponenten sind teuer.

Die Reaktionszeiten sind länger.

Bei Busstörungen können Gefahren hervorgerufen werden. Daher müssen unter Umständen redundante Bussysteme eingesetzt werden.

Systemkonfiguration

Monomaster-System (Bild 187)
In der Betriebsphase des Bussystems ist nur *ein* Master am Bus aktiv. Die SPS ist die zentrale Steuerungskomponente. Die DP-Slaves sind dezentral an die SPS gekoppelt; *reines Master-Slave-Zugriffsverfahren*. Diese Konfiguration ermöglicht die kürzeste Buszykluszeit

Multimaster-System (Bild 188)
An einem Bus sind *mehrere Master* aktiv. Sie können entweder voneinander unabhängige *Subsysteme* bilden oder als zusätzliche Projektierungs- oder Diagnosegeräte arbeiten.

Die *Ein- und Ausgangsabbilder* der Slaves können von *allen Mastern* gelesen werden. Das Beschreiben der Ausgänge ist jedoch nur für einen Master Klasse 1 möglich.
Auch untereinander können die Master Datentelegramme austauschen.

Adressierung

Jeder Station ist eine **unverwechselbare Adresse** im Bereich 0 bis 127 zuzuordnen.

Bei **Slave** wird sie an einem *DIL-Schaltblock* binär kodiert eingestellt. Zu beachten ist dabei, dass einige Adressen *reserviert* sind.

Adresse	Station
0	Diagnosegerät, Programmiergerät
1 – *n*	Master-Station
n + 1 bis 125	Slave-Station
126	Reserviert als Auslieferungsadresse für Stationen, die über den Bus adressierbar sind.
127	Reserviert für die Adressierung an alle Teilnehmer oder an Gruppen. Kann nicht an einer Station eingestellt werden.

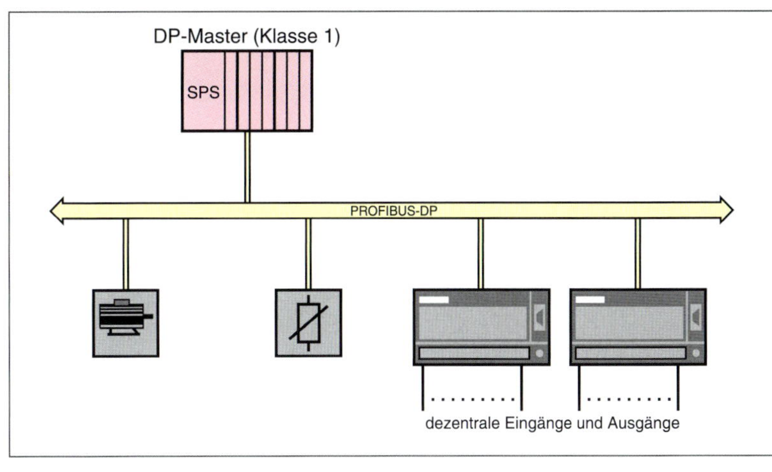

187 Monomaster-System

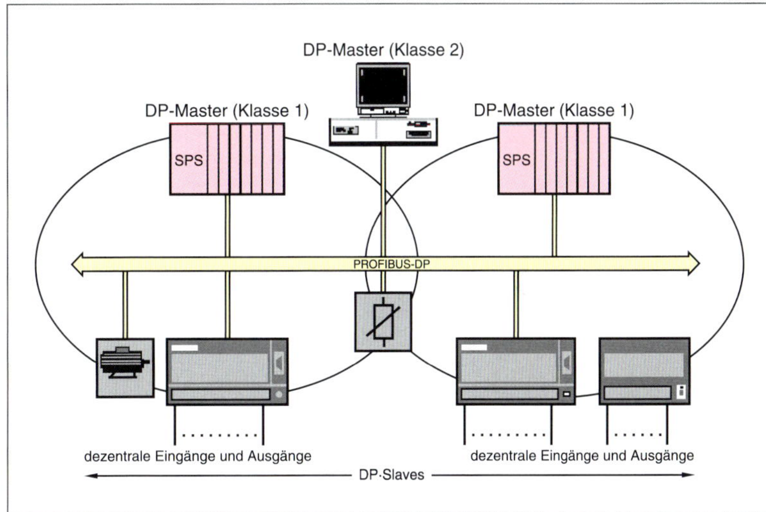

188 Multimaster-System

Profibus-Telegramm

Beim Profibus werden unterschiedliche Telegrammtypen verwendet. Hier ist ein *Telegramm* mit variabler Datenlänge dargestellt (Bild 189).

Bei der **Hardwareprojektierung** müssen die **Teilnehmeradressen** vergeben werden. Sie müssen mit den tatsächlichen **Adressschalter-Einstellungen** an den DP-Slaves übereinstimmen.

An der **SAP-Nummer** erkennt die Zielstation, *welcher Dienst auszuführen* ist. Bei PROFIBUS-DP gibt es *keine* Projektierung von Kommunikationsverbindungen. Ersatzweise ist eine Hochlaufphase vor dem Datenaustausch erfolgreich zu durchlaufen.

SYN	SD	LE	LEr	SD	DA	SA	FC	DSAP	SSAP	Daten	FCS	ED

SYN Busruhe (33 Bit lang vor jedem Aufruftelegramm zwecks Synchronisation)
SD Start-Delimiter, Bitmuster zur Unterscheidung von Telegrammtypen (2-mal)
LE Längenbyte (gibt Anzahl der im Telegramm enthaltenen Netto-Datenbyte an)
LEr Längenbyte-Wiederholung zum Zweck der Sicherheit
DA Zieladresse
SA Quelladresse
FC Funktionscode, weiteres Kennzeichen für Telegrammtyp
FCS Quersummenangabe zur Fehlererkennung
ED Ende-Delimiter
DSAP Ziel-Dienstzugangspunkt
SSAP Quellen-Dienstzugangspunkt

189 PROFIBUS-Telegramm, Beispiel

■ **Abschlusswiderstand**

Dient der Vermeidung von Signalreflektionen bei häufig verwenderter Kupferleitung.

Telegramm

Die einzelnen Telegramme müssen schlupffrei (ohne Pause zwischen dem Stoppbit und dem nächsten Startbit) übertragen werden.

Der Beginn eines neuen Telegramms wird durch den Master mit einer SYN-Pause von mindestens 32 Bit (logisch „1" = Busruhezustand) signalisiert.

- Diagnoseanforderung Master an Slaves: DSAP = 60, SSAP = 6
- Parametrierung der Slaves durch Master: DSAP = 61, SSAP = 62
- Konfigurieren der Slaves durch Master: DSAP = 62, SSAP = 62

Im Telegramm können 244 Byte **Nutzdaten** übertragen werden. Die Länge der auszutauschenden Daten wird durch die **Geräte-Stammdatendatei** (GSD-Datei) für die Slaves vom Hersteller festgelegt.

Projektierung mit Step 7

Grundsätzliche Vorgehensweise

Hardwarekonfiguration

- S7-Station konfigurieren
- DP-Mastersystem mit PROFIBUS-Netz einrichten
- DP-Slavesystem konfigurieren

Softwareerstellung

- Kommunikationsbausteine DP-SEND und DP-RECV parametrieren (nicht notwendig, bei CPU mit integriertem Kommunikationsprozessor)
- E/A-Adressen ermitteln
- Anwender-Testprogramm

Segmentlänge

zwischen zwei PROFIBUS-Teilnehmern

Kupferleitung: max. 100 m

Lichtwellenleitung: max: 14 km

Steckverbinder

RJ45 (IP20) und M12 (IP65/67)

PROFINET (Process Field Ethernet)

Ethernet ist ein sehr weit verbreitetes Kommunikationssystem in der Informationstechnik.

Auch im Bereich der *Automatisierungslösungen* im industriellen Bereich hat *Ethernet* Bedeutung erlangt.

Mittlerweile gibt es eine Reihe von *Ethernet-basierten Automatisierungslösungen*. Ein Beispiel dafür ist *PROFINET*.

Entscheidend ist in der Automatisierungstechnik das *Echtzeitverhalten*. Das **Echtzeit-Ethernet** stellt für jeden Teilnehmer festgelegte *Zeitschlitze* zur Verfügung. Damit kann eine **Bus-Zykluszeit** garantiert werden.

Kennzeichen Ethernet

- Alle Teilnehmer haben die gleichen Rechte.
- Die Teilnehmer überwachen den Bus und senden, wenn er frei ist. Wenn der Bus nicht frei ist, stoppt der Teilnehmer die Sendung und versucht es nach einer gewissen Zeit erneut.
- Die Teilnehmer werden durch eine 6-Byte-Adresse angesprochen.
- Die Daten werden paketweise verschickt. Sie werden in Gruppen aufgeteilt und mit einem Kopf versehen.
  Paketlänge: bis zu 1500 Byte Nutzdaten.
  Paketkopf: Quelladresse und Zieladresse der Nutzdaten.
- Alle Busteilnehmer lesen die gesendeten Daten. Nur der Teilnehmer mit der gesendeten Adresse kann mit den Daten arbeiten. Ausnahme: Switched Ethernet und Sternstruktur mit HUB.
- Es wird nicht geprüft, ob der Teilnehmer die Daten tatsächlich erhalten hat. Es wird nur ein Übertragungsweg zur Verfügung gestellt.
- Ethernet-Teilnehmer senden nach dem CMSA/CD-Verfahren.
  Carrier **S**ense **M**ultiple **A**ccess **C**ollision **D**etect.

  Ein Teilnehmer möchte Daten übertragen. Zunächst wird überprüft, ob ein anderer Teilnehmer Daten überträgt (carrier sense).

  Wenn das der Fall ist, wird die Datenübertragung abgebrochen und in unregelmäßigen Zeitabständen wiederholt, bis die Leitung frei ist. Dann werden die Daten übertragen.

  Das CSMA/CD-Verfahren ermöglicht *kein Echtzeitverhalten*. Für Automatisierungslösungen ist es also nicht geeignet.
  Wenn *Echtzeitverhalten* erreicht werden muss, sind folgende Verfahren möglich.

Hub

Der *Hub* ist ein *zentraler Punkt* bei sternförmigen Netzwerken. Jeder Teilnehmer wird mit dem Hub verbunden. Es handelt sich nicht um einen BUS, sondern um ein Netzwerk in Sternstruktur. Somit kann hier auch kein Ethernet-Protokoll mit CSMA/CD ablaufen.

Switched Ethernet

Ein *Switch* verbindet nur die Teilnehmer, die gerade Informationen austauschen wollen. Nur für diese Verbindung stellt das Netzwerk die volle Leistung zur Verfügung, die Daten werden in Echtzeit transportiert.
Den Sendern werden definierte Sendezeitpunkte und Sendezeiten zugewiesen.

Zeitstempel

Alle Echtzeit-Teilnehmer haben synchron laufende Uhren, die durch eine Mutteruhr im Switch synchronisiert werden.
Jedes Datenpaket wird mit einem *Zeitstempel* versehen. Die Zeit, zu der es entstanden ist, liegt als Information bereit. Somit ist eine *Abarbeitungsreihenfolge* möglich.

PROFIBUS DP

Die Slaves benötigen eine *Energieversorgung* von DC 24 V.

Datenübertragung nach dem Standard E/A RS 485 im *Halbduplexverfahren.*

Aus den Spannungen der beiden Busleitungen gegen Masse wird eine *Differenz* gebildet. Die *Spannungsdifferenz* dient der *störsicheren* Datenübertragung.

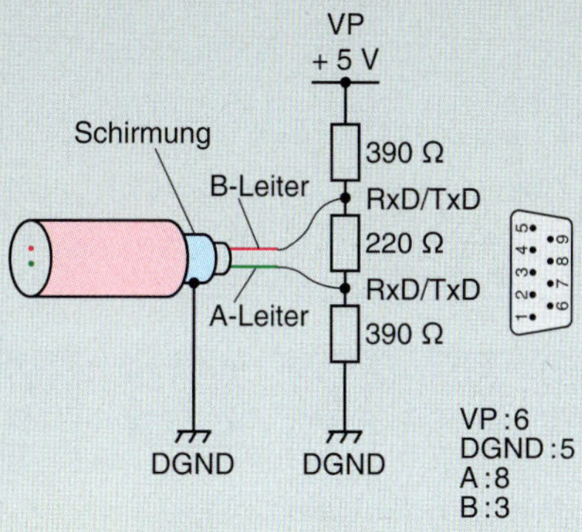

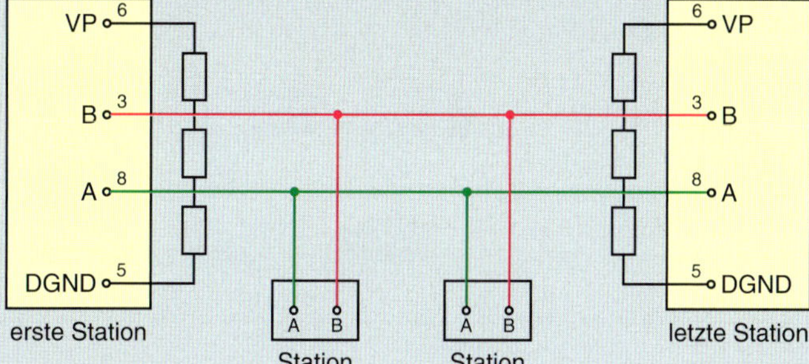

TxD (Transmit Data): senden

RxD (Receive Data): empfangen

Die *erste* und *letzte* Station müssen *terminiert* werden.

Der Busabschluss ist ein Spannungsteiler und bewirkt einen *Ruhepegel* von etwa 1 V auf der Busleitung. Mindestens ein Abschluss muss mit 5 V DC gespeist sein (aktiver Busabschluss).

Die *Abschlusswiderstände* sind im PROFIBUS-Stecker eingebaut. Sie sind schaltbar.

An den *Segmentenden* werden sie eingeschaltet und dazwischen abgeschaltet.

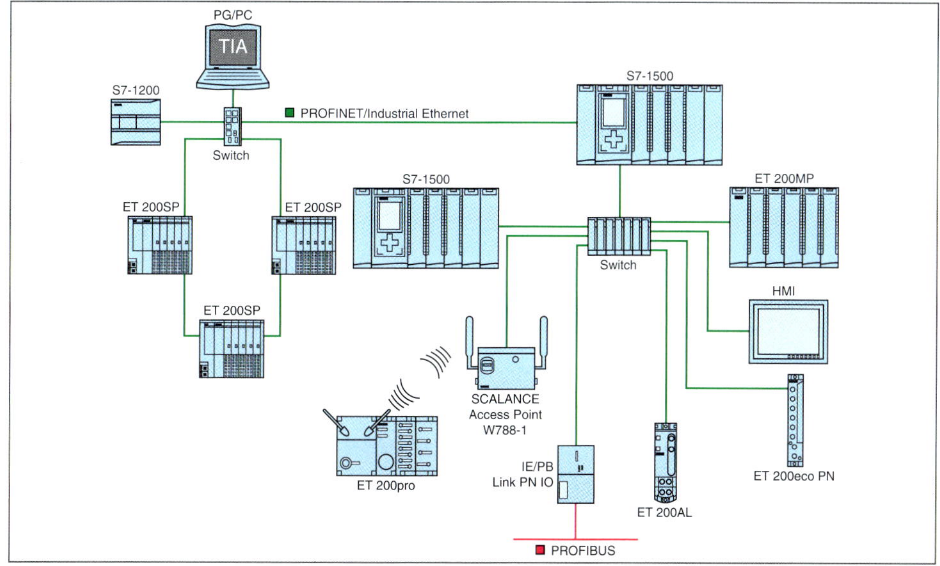

190 PROFINET-Übersichtskonfiguration

■ Ausfall

Bei Ausfall des Masters fällt der gesamte BUS aus.

Der Ausfall eines Slaves wird erkannt und stört den BUS nicht.

■ PROFIBUS-Stecker

→ 349

■ **PROFINET**

Der Zugriff auf Prozessdaten aus unterschiedlichen Ebenen wird durch die PROFIBUS-Kommunikation unterstützt.

Dadurch ist ein Zugriff aus der Leitebene des Unternehmens auf die Daten der Automatisierungssysteme in der Steuerungsebene und Produktionsebene möglich.

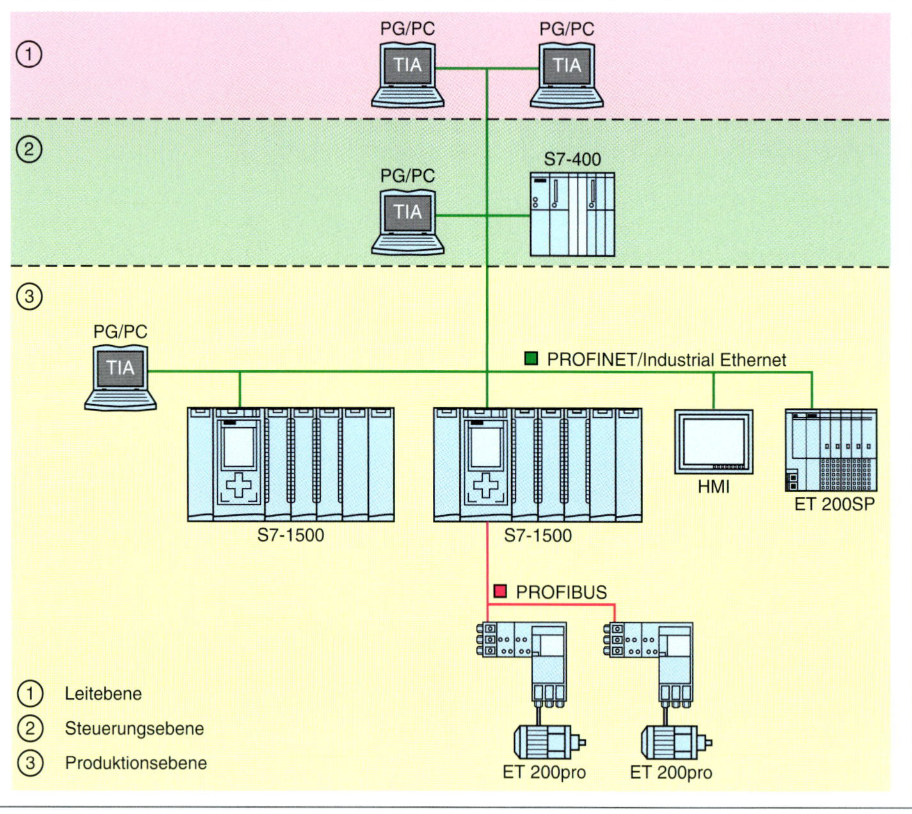

191 Prozessdatenzugriff bei PROFINET

Wesentliche Kennzeichen von Ethernet

- Sehr hohe Übertragungsgeschwindigkeit (bis zu 10 GBit/s)
- Kompatible Weiterentwicklung
- Einfache Anschlusstechnik
- Vernetzung unterschiedlicher Anwendungsbereiche (z. B. Fertigung und Unternehmensleitung)
- Kopplungsmöglichkeiten mit Internet oder Intranet

In der heutigen Automatisierungstechnik bestimmen **Ethernet** und die **Informationstechnologie** mit den Standards wie **TCP/IP** und **XML** zunehmend das Geschehen.

Es ergeben sich dadurch erheblich *verbesserte Kommunikationsmöglichkeiten* zwischen Automatisierungssystemen, weitreichende *Konfigurations- und Diagnosemöglichkeiten* und *netzweite Servicefunktionen.*

PROFINET ist ein *offener Standard* für **Industrial Ethernet** und deckt alle Anforderungen der Automatisierungstechnik ab.

Applikationsbeziehungen (AP)

Applikationsbeziehungen nennt man die Kommunikationsverbindung zwischen zwei PROFINET-Geräten.

Sie dient dem gegenseitigen Datenaustausch, der über 3 Datenkanäle (Kommunikationsbeziehungen) erfolgt.

Kommunikationsbeziehungen (CR)

IQCR: Sensor und Aktorsignale eines IO-Device werden vom IO-Controller *zyklisch in Echtzeit* gelesen und geschrieben.

Alarm CR: Alarme werden *in Echtzeit azyklisch* vom IO-Device zum IO-Controller übertragen.

Record Data CR: Vom Provider werden Konfigurationsdaten eines IO-Device *azyklisch ohne Echtzeit* gelesen und geschrieben.

Prüfung

1. Nennen Sie die typischen Eigenschaften von PROFIBUS-DP.

2. Welche Systeme werden in den drei Kommunikationsebenen bevorzugt eingesetzt?

3. Was versteht man unter einem Monomaster-System?
Welchen wesentlichen Vorteil hat es?

@ Interessante Links

- christiani-berufskolleg.de

Halbduplex Ethernet

Es sind *beliebig viele Teilnehmer* (Hosts) möglich. Jeder Teilnehmer kann *zu jeder Zeit gleichberechtigt* auf das Netz zugreifen. Somit nutzen alle Teilnehmer das gleiche Buszugriffsverfahren.

Zur Vermeidung von *Datenkollision* kann daher immer nur *ein Host* Daten senden.

Buszugriffsverfahren CSMA/CD

- *Jeder Teilnehmer prüft, ob gerade Daten über das Netzwerk gesendet werden. Wenn ja, wird die Datenübertragung aufgeschoben.*
- *Sollten zwei Teilnehmer dennoch gleichzeitig senden, kommt es zu einer Datenkollision.*
- *Die Teilnehmer erkennen die Kollision und brechen die Übertragung ab. Nach einer Wartezeit wird ein weiterer Sendeversuch gestartet.*

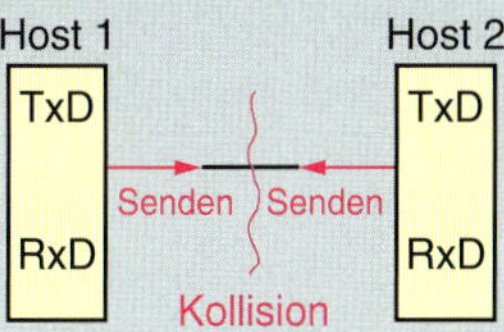

Hinweis

Bei CSMA/CD ist Ethernet *nicht echtzeitfähig!*

Vollduplex-Ethernet

Wenn *Echtzeitfähigkeit* verlangt wird, darf es nicht zu einer Datenkollision der Teilnehmer kommen.
Dies kann z. B. dadurch verhindert werden, dass die Teilnehmer ihre Daten über *getrennte Leitungspaare* senden und empfangen. Eine Datenkollision ist dann nicht möglich.

Es handelt sich dann um Ethernet mit *kollisionsfreier Zone* (Domäne). Dies kann durch einen *Switch* erreicht werden.

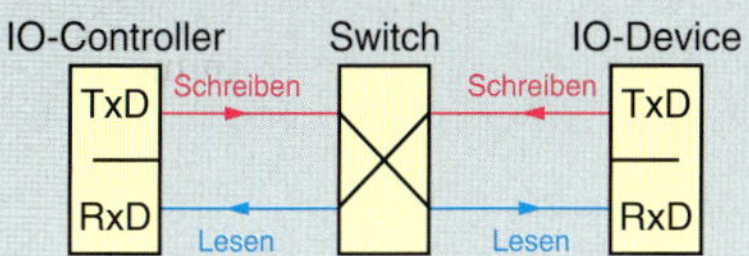

Der Switch ist ein Signalverteiler. Er verbindet den Sensor mit dem Empfänger. Dabei können *mehrere Verbindungen gleichzeitig* aufgebaut werden.

PROFINET verwendet diese Switch-Technologie, wodurch eine *kollisionsfreie* und *schnelle* Datenübertragung ermöglicht wird.

Wesentliche Kennzeichen von PROFINET

- ***Benutzerfreundlichkeit***
  Einfache Installation und Inbetriebnahme. Gute Anlagenerweiterbarkeit, hohe Anlagenverfügbarkeit, schnelle und effiziente Automatisierung.
- ***Flexible Netztopologie***
  100 %-Ethernet kompatibel und folgt den Gegebenheiten der vorhandenen Anlage. Ermöglicht auch drahtlose Kommunikation mit WLAN und Bluetooth.
- ***Diagnose***
  Profinet beinhaltet intelligente Diagnosekonzepte für Feldgeräte und Netzwerke. Azyklisch übertragene Diagnosedaten liefern Informationen über den Zustand von Geräten und Netzwerk.
- ***Skalierbare Echtzeit***
  In allen Applikationen über ein und dieselbe Leitung. Zeitkritische Prozessdaten können in weniger als 1 µs übertragen werden.
- ***Direkte Schnittstelle zur IT-Ebene***

PROFINET-IO-Standardgeräte
haben einen 100-MBit/s-Ethernet-Anschluss.

Die Geräte werden über externe Switches in das Netzwerk eingebunden.

Wenn die Geräte interne Switches haben, ist auch eine Linienstruktur möglich.

IO-Controller
Typischerweise die SPS, im der das Steuerungsprogramm abläuft.

Bei PROFIBUS entspricht das der Funktionalität eines Klasse-1-Masters.

IO-Supervisor
Typischerweise das Programmiergerät (PG) oder ein PC für Inbetriebnahme oder Diagnose.

IO-Device
Ein dezentral angeordnetes IO-Gerät, angekoppelt über-PROFINET IO.

Bei PROFIBUS entspricht das der Funktionalität eines Slaves.

@ Interessante Links

- christiani-berufskolleg.de

Echtzeit
real time

Echtzeitfähigkeit
ability for real-time mode

Halbduplex Ethernet
half-duplex ethernet

Vollduplex Ethernet
full-duplex ethernet

Kommunikations-beziehung
communication relation

Kommunikationspartner
communication devices

Master-Slave-Verfahren
master-slave proceeding

Netzwerk
network

Netzwerktopologie
network topology

Vollduplex-Ethernet (doppelt)
full-duplex ethernet

Zyklisches Polling
cyclic polling

Busprotokoll
bus protocol

Prüfung

1. Was versteht man unter einem aktiven Busabschluss?

2. Bei PROFIBUS-DP fällt ein Slave aus. Welche Folge hat das für das Bussystem?

3. Nennen Sie die wesentlichen Kennzeichen von Ethernet.

4. Was versteht man unter Halbduplex-Internet?

5. PROFINET hat eine direkte Schnittstelle zur IT-Ebene.
Was bedeutet das? Welchen Vorteil hat das?

6. Erklären Sie den Begriff Echtzeitverhalten.

PROFINET IO

Kann konzeptionell als eine Nachbildung von *PROFIBUS DP* auf *Industrial Ethernet Basis* und *Switching Technologie* angesehen werden.

Es gibt 3 **Geräteklassen** mit folgenden Bezeichnungen.

- **IO-Controller** entspricht *DP-Master Klasse 1* (zentrale SPS)
- **IO-Device** entspricht *DP-Slave* (dezentrale Feldgeräte)
- **IO-Supervisor** entspricht *DP-Master Klasse 2* (Programmier- und Parametriergerät)

Der **IO-Controller** liest und schreibt die Nutzdaten der Feldgeräte *zyklisch* und in *Echtzeit.*

PROFINET-IO arbeitet mit dem **Provider-Consumer-Verfahren**. Der **Provider** ist der Sender, der seine Daten ohne Aufforderung an die Kommunikationspartner überträgt, die diese Daten verarbeiten.

Die Gleichberechtigung wird bei der Projektierung jedoch *eingeschränkt* durch Zuordnung von Feldgeräten zu einer zentralen Steuerung.

Da jede *Verbindung* des **IO-Controllers** mit einem **IO-Device** über einen **Switch** erfolgt, kann es zu *keiner Datenkollision* kommen

Die Eigenschaften eines IO-Device wird durch seine **GSD-Datei** in der Sprache XML beschrieben. Man spricht daher von einer **GSDML-Datei**.

Gerätebeschreibungen

Um ein *Anlagen-Engineering* durchführen zu können, sind die *GSDML-Dateien* der zu projektierenden Feldgeräte notwendig.

Diese Dateien basieren auf XML und beschreiben die Eigenschaften und Funktionen der IO-Geräte.

Sie enthalten alle notwendigen Daten, die für die Projektierung und für den Datenaustausch mit dem Feldgerät von Bedeutung sind.

Geliefert werden diese Dateien vom Hersteller.

Kommunikationsbeziehungen

Zur *Kommunikation* zwischen der übergeordneten Steuerung und einem IO-Gerät müssen *Kommunikationswege* etabliert werden.

Diese werden vom **IO-Controller** eingerichtet. Jeder Datenaustausch ist in eine **AR** (**A**pplication **R**elation) eingebettet. Innerhalb einer AR spezifizieren **CR** (**C**ommunication **R**elations) die Daten eindeutig.

Dadurch werden neben allgemeinen Kommunikationspartnern alle notwendigen Daten in das IO-Gerät geladen.

Gleichzeitig werden die Kommunikationskanäle für den *zyklischen Datenaustausch* (IO Data CR), *azyklischen Datenaustausch* (Record Data CR) und die *Alarme* (Alarm CR) eingerichtet.

Ein *IO-Controller* kann zu *mehreren* IO-Geräten jeweils eine AR aufbauen.

Adressierung

Ethernet-Geräte kommunizieren immer mit ihrer eindeutigen **MAC-Adresse**.

Diese MAC-Adresse besteht aus einer *Firmenkennung* und einer *laufenden Nummer.*

Bitwertigkeit 47 ... 24			Bitwertigkeit 23 ... 0		
00	0E	CF	XX	XX	XX
Firmenkennung → OUI			Laufende Nummer		

OUI: **O**rganizationally **U**nique **I**dentifer

Mit einer OUI lassen sich von einem Hersteller bis zu 16.777.214 Produkte identifizieren. Die OUI ist über das *IEE-Standard Department* kostenpflichtig erhältlich.

Jedes *Feldgerät* erhält einen **symbolischen Namen**. Dadurch ist das Feldgerät in diesem IO-System eindeutig identifiziert.

Dieser Name wird für die Zuordnung der IP-Adresse zur MAC-Adresse des Feldgeräts verwendet. **DCP-Protokoll** (**D**iscovery and basic **C**onfiguration **P**rotocol)

Dieser Name wird bei der *Inbetriebnahme* von einem **Engineering-Werkzeug** mit dem DCP-Protokoll den einzelnen IO-Devices und somit seiner MAC-Adresse zugewiesen (Gerätetaufe).

Optional kann der Name dem IO-Device auch über eine festgelegte Topologie aufgrund der Nachbarschaftserkennung vom IO-Controller *automatisch* zugeteilt werden.

Das *Zuweisen der IP-Adresse* erfolgt aufgrund des Gerätenamens mit dem **DCP-Protokoll.**

Da DHCP (**D**ynamic **H**ost **C**onfiguration **P**rotocol) international große Verbreitung gefunden hat, sieht PROFINET die Adresseinstellung optional über DHCP oder über herstellerspezifische Mechanismen vor.

Welche Möglichkeiten ein Feldgerät unterstützt, ist in der **GSDML-Datei** für das jeweilige Feldgerät definiert.

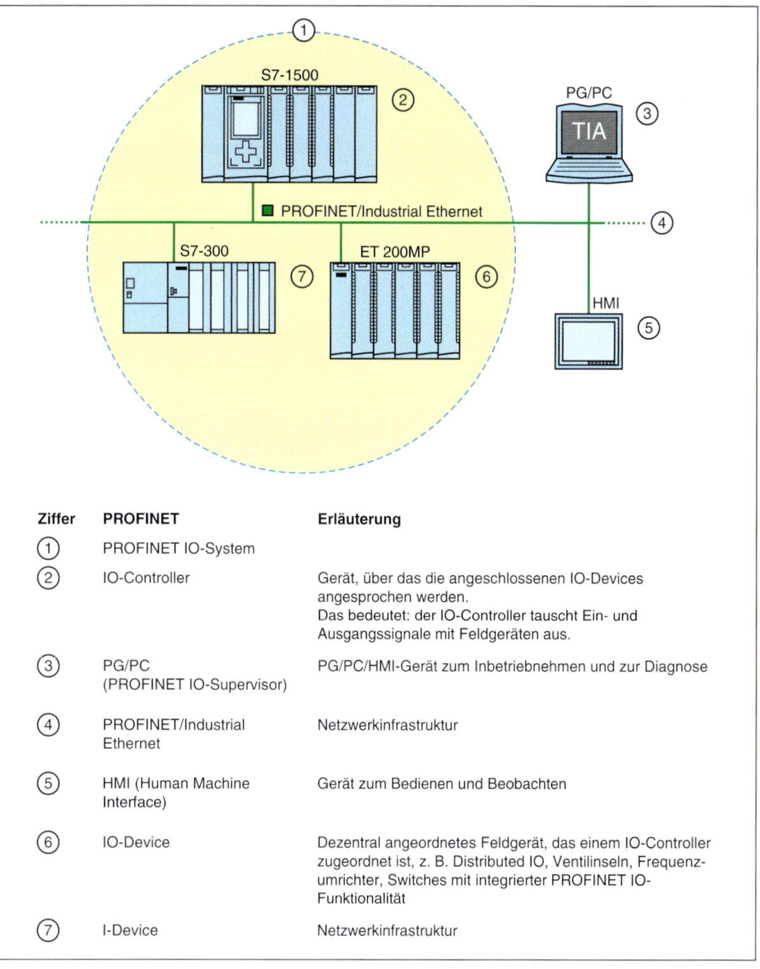

Ziffer	PROFINET	Erläuterung
①	PROFINET IO-System	
②	IO-Controller	Gerät, über das die angeschlossenen IO-Devices angesprochen werden. Das bedeutet: der IO-Controller tauscht Ein- und Ausgangssignale mit Feldgeräten aus.
③	PG/PC (PROFINET IO-Supervisor)	PG/PC/HMI-Gerät zum Inbetriebnehmen und zur Diagnose
④	PROFINET/Industrial Ethernet	Netzwerkinfrastruktur
⑤	HMI (Human Machine Interface)	Gerät zum Bedienen und Beobachten
⑥	IO-Device	Dezentral angeordnetes Feldgerät, das einem IO-Controller zugeordnet ist, z. B. Distributed IO, Ventilinseln, Frequenzumrichter, Switches mit integrierter PROFINET IO-Funktionalität
⑦	I-Device	Netzwerkinfrastruktur

192 Geräte bei PROFINET IO

Netzaufbau

Profinet unterstützt folgende Topologien:

- *Linientopologie*, vorrangig zur Verbindung von Endgeräten mit integrierten Switchen im Feld.
- *Sterntopologie*, setzt einen zentralen Switch voraus, der sich vorranggig im Schaltschrank befindet.
- *Ringtopologie*, in der eine Linie für die Erreichung der Medienredundanz zu einem Ring geschlossen wird.
- *Baumtopologie* als Mischung der oben genannten Topologien.

Maximale Segmentlänge bei elektrischer Datenübertragung mit Kupferleitungen zwischen zwei Teilnehmern: 100 m.

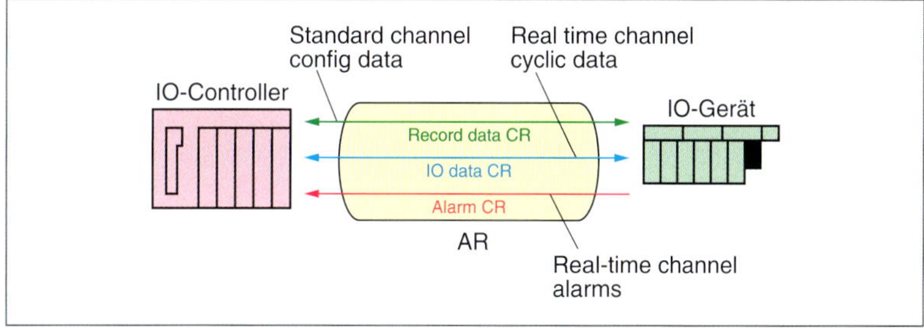

193 Kommunikationsbeziehungen

Leitungstypen

Profinet Typ A: Standard fest verlegt, keine Bewegung nach der Installation.

Profinet Typ B: Standard flexibel, gelegentliche Bewegung oder Vibration.

Profinet Typ C: Sonderanwendungen, hochflexibel, permanente Bewegung.

Faseroptische Datenübertragung

Mit Lichtwellenleiter. Gegenüber Kupfer ergeben sich folgende Vorteile:

- Galvanische Trennung, wenn Potenzialausgleich schwierig zu erreichen ist.
- Immunität gegen EMV.
- Übertragung über Distanzen bis zu mehreren Kilometern ohne Verstärker.

Standardkommunikation mit TCP/IP

PROFINET verwendet Ethernet und TCP/IP als kommunikationstechnische Basis.

TCP/IP ist ein De-facto-Standard.

■ **TCP/IP**
→ 359

■ **PROFIsafe**

definiert, wie sicherheitsgerichtete Geräte (Not-Halt, Lichtgitter usw.) über PROFIBUS mit Sicherheitssteuerungen so sicher kommunizieren, dass sie bis SIL3 eingesetzt werden können.

Die Technologie ist auch für PROFINET verfügbar.

Durch Einsatz von PROFIsafe können Elemente einer ausfallsicheren Steuerung direkt mit der Prozesskontrolle auf demselben Netzwerk übertragen werden. Eine zusätzliche Verdrahtung ist nicht erforderlich.

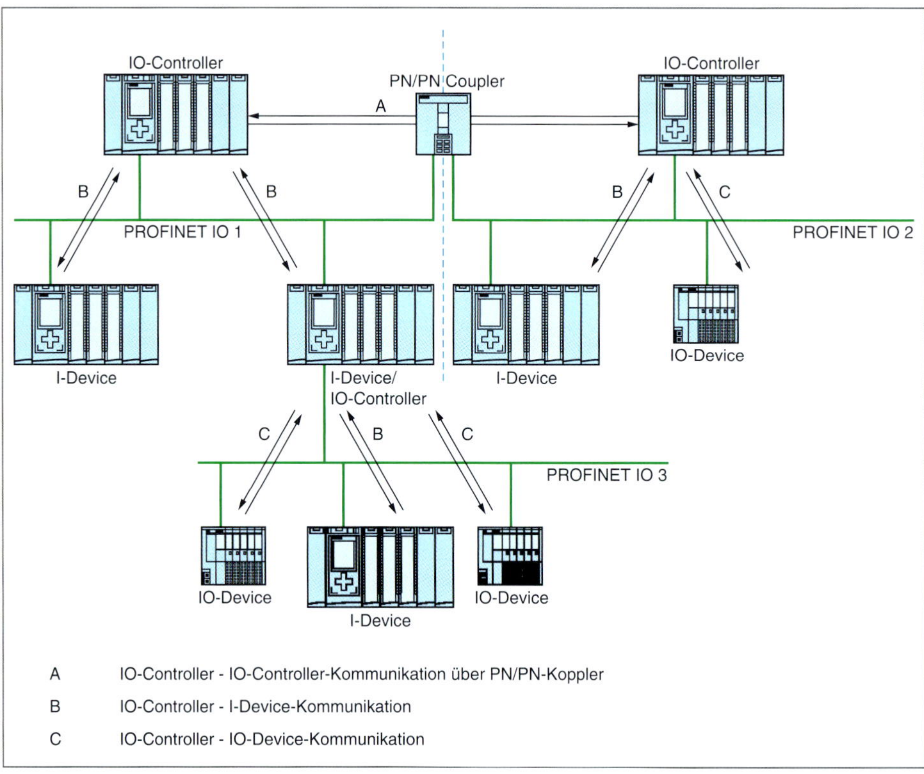

194 E/A-Kommunikation bei PROFINET.IO

IO-Controller und IO-Device	*Der IO-Controller sendet zyklisch Daten an die IO-Devices seines PROFINET IO-Systems und empfängt Daten von diesen.*
IO-Controller und I-Device	*Zwischen den Anwenderprogrammen in CPUs von IO-Controllern und I-Devices wird eine feste Anzahl von Daten zyklisch übertragen.* *Der IO-Controller greift nicht auf E/A-Module des I-Device zu, sondern auf projektierte Adressbereiche, sogenannte Transferbereiche, die innerhalb oder außerhalb des Prozessabbildes der CPU des I-Device liegen können. Falls Teile des Prozessabbilds als Transferbereiche verwendet werden, dürfen diese nicht für reale E/A-Module genutzt werden.* *Die Datenübertragung erfolgt mit Lade- und Transferoperationen über das Prozessabbild oder per Direktzugriff.*
IO-Controller und IQ-Controller	*Zwischen den Anwenderprogrammen in CPUs von IO-Controllern wird eine feste Anzahl von Daten zyklisch übertragen. Als zusätzliche Hardware ist ein PN/PN-Koppler notwendig.* *Die IO-Controller greifen gegenseitig auf projektierte Adressbereiche, sogenannte Transferbereiche zu, die innerhalb oder außerhalb des Prozessabbildes der CPUs liegen können. Falls Teile des Prozessabbildes als Transferbereiche verwendet werden, dürfen diese nicht für reale E/A-Module genutzt werden.* *Die Datenübertragung erfolgt mit Lade- und Transferoperationen über das Prozessabbild oder per Direktzugriff.*

Ethernet

Ethernet ist in IEEE 802.3 standardisiert. Festgelegt sind dort u. a. *Zugriffstechnik*, *Übertragungsverfahren* und *Übertragungsmedien* für das klassische *Ethernet*, für *Fast Ethernet* (100 Mbit/s und für *Gigabit-Ethernet*. Bei PROFINET wird das Fast Ethernet verwendet.

Fast Ethernet für 100 Mbit/s ist eine kompatible Erweiterung des 10 Mbit/s Ethernets.

Mit Fast Ethernet wurde der **Full-Duplex Betrieb** und das **Switching** eingeführt und standardisiert.

TCP

TCP garantiert eine fehlerfreie, sequenzgerechte und vollständige Übermittlung der Daten vom Sender zum Empfänger.

TCP ist verbindungsorientiert, d. h. zwei Stationen bauen vor einer Übermittlung eine Verbindung auf, die nach der Übermittlung wieder geschlossen wird.

TCP arbeitet folgendermaßen: Zwischen zwei Anwendungsprogrammen in verschiedenen Netzwerkstationen wird ein FDX-Kanal (full-duplex) aufgebaut, der die gleichzeitige und unabhängige Übermittlung von Datenströmen in beide Richtungen, ohne ihn zu interpretieren, erlaubt.
TCP besitzt Mechanismen zur ständigen Überwachung einer aufgebauten Verbindung. Fehler im Datentransfer, z. B. unerwarteter Abbruch der Verbindung, Stau im Netzwerk usw. werden der Anwendungssoftware gemeldet.

Die Anwendungssoftware übergibt dem TCP ihre Daten in beliebig großen Segmenten und in beliebigen zeitlichen Abständen. TCP/IP speichert die Segmente, bis sie übermittelt werden können, zerlegt sie gegebenenfalls in kleinere, dem Übertragungssystem angepasste Blöcke und erzeugt im Empfänger wieder den korrekten Datenstrom.

Zur Bezeichnung der Schnittstelle zwischen TCP und der Anwendungssoftware werden beim Verbindungsaufbau dynamisch änderbare Port-Nummern definiert.

IP

Die Übertragung mit der Internet-Protokollsoftware IP stellt eine nicht gesicherte Paket-Übermittlung bzw. einen nicht gesicherten Datagramm-Service zwischen einer IP-Source und einer IP-Destination dar.

Datagramme können infolge von Störungen auf dem Übertragungskanal oder Überlastungen des Netzwerks verloren gehen, sie können mehrfach ankommen oder in einer anderen Reihenfolge eintreffen, als sie gesendet wurden. Man darf aber davon ausgehen, dass ein eintreffendes Datagramm korrekt ist.

Durch die 32-Bit-Prüfsumme des Ethernet-Pakets können Fehler im Paket mit einer sehr hohen Wahrscheinlichkeit erkannt werden.

Dazu kommt, dass Ethernet TCP/IP viele der Echtzeitforderungen der Automatisierungssysteme nicht erfüllt und dass aufgrund der rauen Umgebung in der Feldebene, die im Bürobereich üblicherweise eingesetzte Elektromechanik die Ausfallrate ungünstig beeinflusst.

Proxy

Ein Proxy ist ein Stellvertreterobjekt für die Feldgeräte. Der Proxy wird nicht vom Feldgerät selbst, sondern durch den Feldbusmaster realisiert. Das Feldgerät, sowie das Feldbusprotokoll wird hierbei nicht verändert.

Ein Proxy wird dann verwendet, wenn der direkte Zugriff auf eine Komponente nicht möglich ist. Die Einführung eines solchen Stellvertreters dient u. a. einer erhöhten Effizienz und einem einfachen und transparenten Zugriff auf die Komponente.

Durch den Proxy werden alle dahinter angeordneten Feldbusgeräte als jeweils eigenständige Profinet-Knoten (Objekte) dargestellt.

XML

Die eXtensible Markup Language (XML) ist eine flexible, leicht erlernbare Datenbeschreibungssprache zum Austausch von Informationen mithilfe von XML-Dokumenten. Diese Dokumente enthalten mit Strukturierungsinformationen angereicherten Fließtext.

Objekte

In der Informatik sind Objekte dadurch gekennzeichnet, dass sie in bestimmter Weise abgeschlossene Einheiten bilden und mit anderen ähnlichen Objekten in Beziehung stehen können.

In der objektorientierten Programmierung ist ein Objekt als Gruppe von Eigenschaften und Methoden definiert. Objekte können nur durch ihre eigenen Methoden geändert werden.

■ Lichtwellenleiter

Vorteile:
Unempfindlich gegen EMV-Einflüsse, höhere Übertragungsraten (1000 GBit/s), lange Übertragungswege (> 100 km), Einsatz in explosionsgefährdeten Bereichen.

Nachteile:
Hohe Kosten, kraft- und verdrillungsfreie Verlegung notwendig.

■ Feldbus-Funktechnik

Netze im Bereich von Räumen (WPAN; Wireless Personal Area Network) oder Gebäuden (z. B. WLAN; Wireless Local Area Network).

– Bluetooth
2,401 bis 2,483 GHz (79 Kanäle), Reichweite bis 100 m, Übertragungsgeschwindigkeit bis 250 KBit/s.

– WLAN
2,401 bis 2,483 GHz (13 Kanäle), Reichweite bis 200 m, Übertragungsgeschwindigkeit bis 54 MBit/s.

■ Weiterentwicklungen

in der Bustechnik werden in Richtung einfacherer Handhabung der Feldgeräte in Betrieb und bei der Wartung gehen.

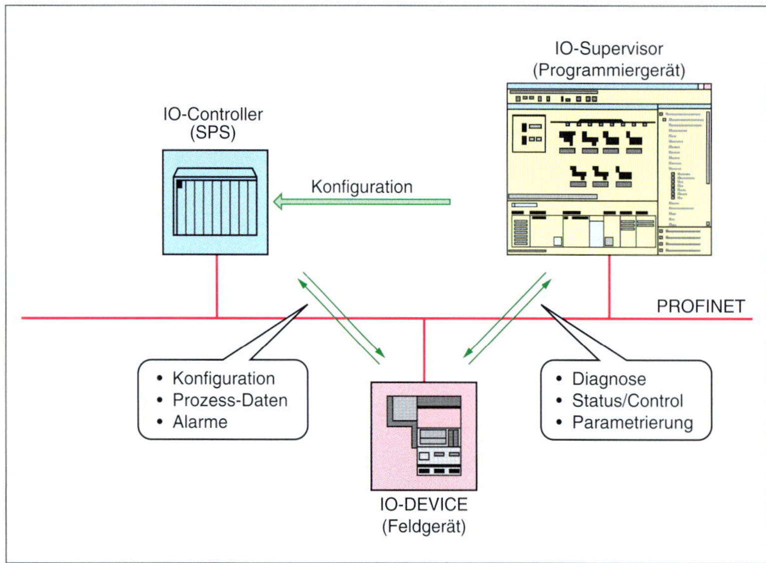

195 PROFINET IO, Geräteklassen

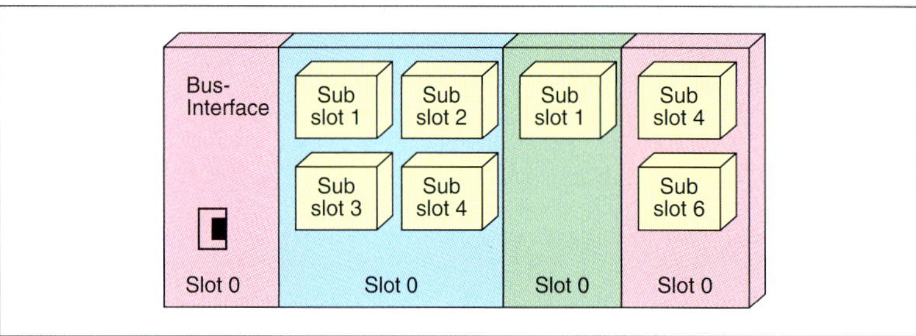

196 PROFINET, Gerätemodell

■ **API**

Application Process Identifier

Damit es bei der Definition von Anwenderprofilen nicht zu konkurrierenden Zugriffen kommt, kann neben den Slots und Subslots eine weitere Automatisierungsebene definiert werden (API).

So ist es möglich, unterschiedliche Applikationen auch separat zu behandeln, damit Überschneidungen von Datenbereichen (Slots und Subslots) vermieden werden.

@ Interessante Links

• christiani-berufskolleg.de

PROFINET IO-Gerätemodell

Bei den Feldgeräten wird unterschieden zwischen:

- *Kompakte Feldgeräte*
  Ausbaugrad ist im Auslieferungszustand bereits festgelegt und kann nicht verändert werden.
- *Modulare Feldgeräte*
  Der Ausbaugrad kann für unterschiedliche Anwendungen beim Projektieren der Anlage an den Einsatzfall angepasst werden.

Gerätemodell (Bild 196)

Der **Slot** kennzeichnet den *physikalischen Steckplatz* einer Peripheriebaugruppe in einem modularen I/O-Gerät, in dem ein in der GSD-Datei beschriebenes Modul platziert wird.

Anhand der unterschiedlichen Slots werden die projektierten Module adressiert, die einen oder mehrere **Subslots** (die eigentlichen I/O-Daten) für den Datenbaustein enthalten.

Die Subslots bilden die eigentliche Schnittstelle zum Prozess (Ein-/Ausgänge).

Wie viele Slots/Subslots ein IO-Gerät bearbeiten kann, legt der Hersteller bei der Definition der **GSD-Datei** fest.

Die *Adressierung* der zyklischen Daten erfolgt durch die Angabe der **Slot/Subslot-Kombination**. Diese kann vom Hersteller frei definiert werden.

Application Process Intentifier (API)

Damit es bei der Definition von Anwenderprofilen nicht zu konkurrierenden Zugriffen kommt, ist es sinnvoll, neben den Slots und Sublots eine weitere Adressierungsebene zu definieren.

Damit können unterschiedliche Applikationen auch separat behandelt werden, um die Überschneidung von Datenbereichen (Slots und Subslots) zu vermeiden.

PROFINET-Projektierung

- **Hardwareprojektierung**
  Hardwarekonfiguration der SPS-Station projektieren. Ethernet-Subnetz einführen und eine IP-Adresse zuweisen.
  Alle benötigten IO-Geräte (IO-Device) an das IO-System anbinden und eventuell die Module der IO-Geräte konfigurieren.
  Bei jedem IO-Gerät Gerätenamen kontrollieren bzw. neu vergeben und Parameter einstellen.
- **Adressen den IO-Geräten zuweisen und Projektierung laden**
  Jedem IO-Gerät wird der projektierte Gerätename zugewiesen.
  Hardwarekonfiguration im Betriebszustand STOP der CPU laden.
- **Software erstellen**
  E/A-Adressen ermitteln
  Anwender Testprogramm
- **Inbetriebnahme, Test und Diagnose**

Prüfung

1. Welche Topologien werden von PROFINET unterstützt?

2. Welche Vorteile hat eine faseroptische Signalübertragung?

3. Wie erfolgt die Standardkommunikation bei PROFINET?

4. Beschreiben Sie das PROFINET IO-Gerätemodell.

6 Instandhaltung und Qualitätsmanagement

6.1 Instandhalten und Ändern

Die Bedeutung der **Instandhaltung** darf heute nicht mehr unterschätzt werden, da sie zu einem entscheidenden Faktor im *Wettbewerb* der einzelnen Unternehmen geworden ist.

Ausfallzeiten von Anlagen und Systemen bedeuten Produktionsausfall und damit hohe Kosten, da Aufträge nicht rechtzeitig erfüllt werden können. Dabei können einzelne Anlagenteile zum Ausfall ganzer Produktionsstätten führen.

Deshalb werden **Verschleißteile** an Maschinen und Anlagen in regelmäßigen Zeitabständen begutachtet, kontrolliert und gegebenenfalls ausgetauscht. Dies ist ein wesentlicher Aspekt der Instandhaltung.

Außerdem können **Schwachstellen** von Systemen oder Anlagen erkannt werden. Veränderungen oder Umbauten werden dann deren **Verfügbarkeit** erhöhen.

Instandhaltung ist ein Oberbegriff für folgende Begriffe.

- *Wartung*
- *Inspektion*
- *Instandsetzung*
- *Vorbeugende Instandhaltung*

Wartung

In vielen Industriebetrieben wird die **Wartung** heute von speziell geschulten *Anlagenbedienern* durchgeführt. Im Allgemeinen erfolgt die Wartung in *periodischen* Abständen.

Zielsetzung der Wartung ist es, den derzeitigen Zustand der Anlage zu erhalten.

Durch Wartung wird versucht, die **Abnutzung** und den **Verschleiß** einzelner Funktionsgruppen so zu minimieren, dass ihre Lebensdauer erhöht wird.

Alle durchgeführten Wartungsarbeiten werden in **Checklisten** dokumentiert, die gleichzeitig ein Leitfaden für den Bediener sind. So bleibt dann praktisch nichts dem Zufall überlassen. Auch auftretende Probleme kann der Bediener hier dokumentieren.

Wartung

- *Sauberkeit*
- *Abschmierung*
- *Nachfüllung*
- *Einstellung*
- *Austausch*

Sauberkeit

Sauberkeit hat die Aufgabe, der *Verschmutzung* der Anlage vorzubeugen.

Schmutzpartikel und Schmierrückstände müssen regelmäßig entfernt werden. Sie dürfen nicht in wichtige Teilbereiche der Anlage vordringen und dort Schäden anrichten. Die Sauberkeit einer Anlage erleichtert auch die *Fehlersuche*, da jeder Bereich gut einzusehen ist.

Abschmierung/Schmierung

Buchsen, Lager oder Gleitflächen werden mit *Fetten* oder *Ölen* behandelt. Dadurch erhöht sich ihre Lebensdauer erheblich. Der *Verschleiß* wird auf ein Minimum reduziert.

Es sollen dabei nur *empfohlene Fette* oder *Öle* verwendet werden. Jeder Schmierstoff hat nämlich spezielle Eigenschaften, die dem Verwendungszweck angepasst sind.

Bei allen Arbeiten mit *Betriebsstoffen* ist stets auf sachgemäße *Verwendung* und *Entsorgung* zu achten.

■ **Ziele der Instandhaltug**

Erhöhung der Anlagenverfügbarkeit.

Senkung der Lagerkosten für Ersatzteile.

Schnelle Reaktion auf Störungen.

Warum Instandhaltung?

- *Kostenminimierung in Bezug auf Stillstands- und Instandhaltungskosten*
- *Minimierung des Unfallrisikos*
- *Qualitätssicherung*
- *Maximierung der Verfügbarkeit*
- *Rechtliche Vorgaben (EnWG, GPSG, ArbSchG, BetrSichV)*
- *Anforderung der Berufsgenossenschaft*

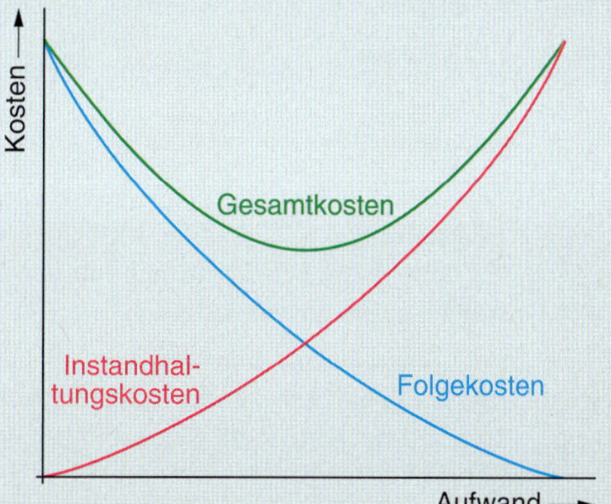

Es gilt, ein Optimum zwischen Instandhaltungskosten und Folgekosten ohne Instandhaltungsmaßnahmen zu erreichen.

Ohne Instandhaltungsaufwand werden sich zu einem bestimmten Zeitpunkt hohe Folgekosten ergeben. Übermäßige Instandhaltung ist auch nicht sinnvoll, da ab einem bestimmten Punkt auch ein hoher Aufwand keine merkliche Verbesserung mehr ergibt.

■ **Wartung**
Maßnahmen zur Bewahrung des Sollzustands.

■ **Inspektion**
Maßnahmen zur Beurteilung des Istzustands.

■ **Instandsetzung**
Maßnahmen zur Wiederherstellung des Sollzustands.

■ **Abnutzung**
Korrosion,
Verschleiß,
Alterung und Ermüdung.
Auch menschliches Fehlverhalten (Bedienungsfehler) kann zu Abnutzungserscheinungen führen.

In den **Betriebsstoffbezeichnungen** finden sich Angaben zum *persönlichen Sicherheitsschutz* sowie *Umweltschutzmaßnahmen* und fachgerechte *Entsorgung*.

Alle **Gefahrstoffanweisungen** und *Umweltschutzblätter* sind sichtbar auszuhängen, sodass im Falle einer unsachgemäßen Handhabung schnell reagiert werden kann.

Nachfüllung
Betriebsstoffe, die zur Anlagenfunktion beitragen, werden bezüglich ihrer *Füllstände* kontrolliert und bei Bedarf nachgefüllt.

Einstellung
Zu überprüfen ist, ob die Anlage die allgemeinen *Fertigungstoleranzen* einhält und die *Qualitätsanforderungen* erfüllt. Gegebenenfalls ist nachzurüsten.

Austausch
Bei der Wartung können auch Bauteile wie z. B. Luftfilter *ausgetauscht* werden.

Inspektion

Die *Inspektion* lokalisiert *Schäden* oder *Mängel*, die zu Schäden führen können, um dadurch einem *Ausfall* der Anlage vorzubeugen.

Alle festgestellten Mängel werden in **Checklisten** festgehalten und können zeitlich abgestimmt abgearbeitet werden. So lassen sich größere Reparaturen planen, bevor Störungen auftreten.

Auch die **Arbeitssicherheit** ist hierbei ein wichtiger Aspekt. Sicherheitsrelevante Punkte werden regelmäßig überprüft.

Inspektion
- *Ist-Zustand*
- *Beurteilung*
- *Maßnahmen*

Ist-Zustand
Zunächst wird bei der Inspektion der **Ist-Zustand** der Anlage festgestellt.

Eine **Sichtprüfung** steht am Anfang. Leckstellen, Undichtheiten, starke Laufgeräusche von Lagern und Antrieben werden dabei erkannt. Füllstände werden kontrolliert, Temperaturen z. B. an Motoren ermittelt.

Beurteilung
Nach der Aufnahme des Ist-Zustands wird *die* **Beurteilung** durchgeführt. Hierbei ist die Frage zu klären, ob Maßnahmen eingeleitet werden müssen.

Maßnahmen
Wenn bei der Beurteilung des Ist-Zustands *Abweichungen vom Soll-Zustand* festgestellt werden, ist zu entscheiden, ob und wann *Maßnahmen* eingeleitet werden.

Maßnahmen werden in einem **Maßnahmenplan** festgehalten:

- Benennung der Maßnahmen in ausführlicher Beschreibung der auszuführenden Tätigkeiten.
- Festlegung der Person, die diese Maßnahmen umsetzt.
- Eventuell Festlegung einer externen Firma, die den Auftrag bearbeitet, einschließlich Ansprechpartner.
- Zeitliche Gliederung der einzelnen Maßnahmen mit dem Ziel, dass Reparaturen außerhalb der Produktionszeit durchgeführt werden.

Instandsetzung

Die *Instandsetzung* ist ein wichtiger Punkt, da sie häufig zu *Stillstandszeiten* oder *Maschinenausfall* führt.

Hier können Arbeiten ausgeführt werden, die abgeleitete Maßnahmen aus der Inspektion sind und aus Gründen einer hohen *Anlagenverfügbarkeit* zeitlich verschoben ausgeführt werden.

Es können aber auch Schäden sein, die zum *Ausfall* im laufenden Betrieb führen. Hier spielt der Faktor Zeit dann eine wesentliche Rolle. In jedem Fall entstehen dabei hohe Kosten.

Schäden, die nicht die Qualität des Produktgutes beeinträchtigen oder ein Risiko für die Arbeitssicherheit bedeuten, können u. U. *provisorisch* ausgebessert werden. Die endgültige Instandsetzung wird dann zeitlich verschoben.

Ein weiterer Punkt ist die Instandsetzung von Bauteilen und Komponenten, die einem *zeitlichen Intervall* unterliegen.

Vorbeugende Instandhaltung

Im Zeitalter eines sich verschärfenden Wettbewerbs spielt die **hohe Anlagenverfügbarkeit** eine ganz wesentliche Rolle. Ein ganz wesentlicher Punkt hierbei ist die *vorbeugende Instandhaltung*.

Dabei wird zunächst eine **lückenlose Ersatzteilversorgung** sichergestellt, um Wartzeiten durch Lieferung auszuschließen.

Aus den Erkenntnissen der Wartung und Inspektion wird eine **Übersicht** gewonnen, wie lang welche Teile dem Verschleiß standhalten.

Betriebssicherheitsverordnung

Verordnung über Sicherheit und Gesundheitsschutz bei der Bereitstellung von Arbeitsmitteln.

Die Verordnung über Sicherheit und Gesundheitsschutz bei der Bereitstellung von Arbeitsmitteln (Betriebssicherheitsverordnung BetrsichV) enthält *Arbeitsschutzanforderungen* für die *Benutzung von Arbeitsmitteln* und für den *Betrieb überwachungsbedürftiger Anlagen* im Sinne des Arbeitsschutzes.

Sie beinhaltet ein umfassendes *Schutzkonzept*, das auf alle von Arbeitsmitteln ausgehende Gefährdungen anwendbar ist.

Grundbausteine sind eine einheitliche *Gefährdungsbeurteilung* für die Bereitstellung und Benutzung von Arbeitsmitteln, eine einheitliche *sicherheitstechnische Bewertung* für den Betrieb überwachungsbedürftiger Anlagen, der *Stand der Technik* als wesentlicher Sicherheitsmaßstab sowie Mindestanforderungen für die *Beschaffenheit von Arbeitsmitteln*, soweit sie nicht bereits anderweitig geregelt ist.

Instandhaltungsbegriffe

- *Abnutzung*
  Bewirkt durch physikalische und chemische Vorgänge.
- *Ausfall*
  Ungeplanter Ausfall eines Systems, Funktionsfähigkeit ist nicht mehr gegeben.
- *Fehler*
  Verhindert, dass ein System ungeplant nicht bestimmungsgemäß funktioniert.
- *Abnutzungsbedingter Ausfall*
  Die Ausfallwahrscheinlichkeit nimmt mit der Nutzungszeit zu.
- *Altersbedingter Ausfall*
  Die Ausfallwahrscheinlichkeit nimmt unabhängig von der Nutzung mit der Zeit zu.
- *Brauchbarkeitsdauer*
  Diese Zeitdauer ist erreicht, wenn die Ausfallrate unzulässig hoch wird, oder eine Reparatur wirtschaftlich nicht mehr sinnvoll ist.
- *Lebenszyklus*
  Zeitdauer von der Einführung eines Produkts bis zu seiner Entsorgung.

Ein **Intervallplan** legt fest, wann welches Bauteil ausgetauscht wird. Und zwar, bevor es seinen Zerstörungspunkt erreicht. Das **Intervall** kann *zeitabhängig oder stückzahlabhängig* sein.

Vorteil: Maschinenausfälle sind dann äußerst selten und Reparaturen können dann vorgenommen werden, wenn die Maschine nicht benötigt wird.

Weiterhin können **Verbesserungsprozesse** abgeleitet werden oder Umbauten an Funktionsgruppen durchgeführt werden, die zu einer (noch) höheren Anlagenverfügbarkeit führen oder die Sicherheit der Mitarbeiter steigern.

Strategien der Instandhaltung

Für jede Maschine (Anlage) sind *Instandhaltungsmaßnahmen* zu planen. Zu welchem *Zeitpunkt* und in welchem *Umfang* sind Wartungen und Inspektionen erforderlich?

Die *Gesamtkosten* aus Wartung, Inspektion, Instandsetzung und Ausfallkosten müssen minimiert werden.

Dabei sind beispielsweise die Punkte *Ausfallwahrscheinlichkeit, Ausfallfolgen, Reparaturkosten* in Betracht zu ziehen.

Korrektive Instandhaltung

Maßnahmen werden erst dann durchgeführt, wenn ein Fehler aufgetreten ist. Man spricht auch von **ereignisorientierter Instandhaltung**.

Sinnvoll ist sie bei geringfügig genutzten Anlagen oder bei geringen Anforderungen an deren Zuverlässigkeit. Ein Beispiel sind Beleuchtungsanlagen.

Sofortige Maßnahmen müssen ergriffen werden, wenn der Ausfall eine *wesentliche Beeinträchtigung* bedeutet oder *Gefahren* hervorgerufen werden.

Aufschiebbare Maßnahmen sind möglich, wenn der Ausfall nur *geringfügige Auswirkungen* hat oder *Ersatzsysteme* zur Verfügung stehen.

Vorbeugende Instandhaltung

Ermittlung von technischen Schwachstelllen, regelmäßige Pflege von technischen Arbeitsmitteln und Anlagen.

Ziel ist die Vermeidung von ungewollten Unterbrechungen durch technische Fehler.

Störungsbedingte Instandsetzung

Reparaturen, die unmittelbar nach Auftreten des Fehlers eingeleitet werden.

Solche Aufträge sind nicht planbar.

Instandhaltungsstrategie

gibt an, welche Instandhaltungsmaßnahmen zu welchen Zeitpunkten für welche Maschinen und Anlagen durchzuführen sind.

Schäden

sind nachteilige Veränderungen, die durch die Funktion der Maschinen, Anlagen oder Umwelteinflüsse entstehen.

Pflichtenheft
performance specification
Lastenheft
requirement specification
Lebensdauer
durability
Lebenszyklus
life cycle
Mittelwert
mean value
Mittelwert, arithmetischer
mean value, arithmetic
Quadratischer Mittelwert
root mean square

Lastenheft

Konkrete Anforderung des *Auftraggebers*.

Im Lastenheft wird die Gesamtheit der Anforderungen und deren spätere Umsetzung beschrieben. Der *Auftragnehmer* kann auf dieser Grundlage ein *Pflichtenheft* erstellen.
Genutzt wird das Lastenheft, um *Angebote* mehrerer Marktteilnehmer einzuholen.

Der Auftraggeber sollte möglichst konkrete Angaben zu seinem Projekt machen.

- *Lösungsansätze*
- *Notwendigkeit späterer Erweiterungen*
- *Gefährdungsbereiche*
- *Korrosionsfördernde Atmosphäre*
- *TÜV-Abnahme*
- *Gewährleistungsansprüche, Garantien*

Pflichtenheft

In erster Linie stellt das *Pflichtenheft* die Antwort auf das Lastenheft dar.

Der *Auftragnehmer* stellt hier die Gesamtheit der Anforderungen des Auftraggebers dar.
Zur Vermeidung von Missverständnissen in möglichst präziser Form. Das *Pflichtenheft* ist der Lösungsvorschlag des *Auftragnehmers* zur Realisierung des Projekts.

Lastenheft als tabellarischer Leitfaden

1. Erstellung eines Fragenkatalogs, der von der Startsituation auf die Problemstellung zielt.
- *Welche Probleme traten auf, um dieses Projekt ins Leben zu rufen (Qualitätsmängel, Stückzahlerhöhung, Mitarbeitereinsparungen usw.)?*

2. Terminschienen festsetzen
- *In welchem Zeitraum müssen welche Meilensteine umgesetzt werden, um einen reibungslosen Projektverlauf zu gewährleisten?*

3. Rahmenbedingungen festsetzen
- *In welchen Gebäuden, Hallen, Umgebungen wird umgesetzt und was muss berücksichtigt werden (Temperatur, Feuchtigkeit, salzhaltige Umgebungsluft usw.)?*

4. Funktion
- *Welche Funktionen soll das Produkt in der Fertigstellung leisten oder zu leisten im Stande sein?*

5. Erweiterungen
- *Soll die Anlage nach dem Zielzustand noch erweiterungsfähig sein?*
- *Soll die Anlage mehrere Aufgaben übernehmen können?*
- *Welche Anforderungen werden an Instandhaltung und Wartung gestellt?*

6. Bringepflicht
- *Welche Leistungen werden eventuell selbst erbracht?*

7. Festlegung der Verantwortlichen
- *Wer ist für welche Meilensteine und deren Umsetzung bzw. für die Zeitschiene der Meilensteine verantwortlich?*
- *Wer trifft Entscheidungen, die für den Projektverlauf entscheidend sind, bzw. Verzögerungen bewirken können?*
- *Wer pflegt Maßnahmenpläne und deren Einhaltung?*

8. Abnahme und Inbetriebnahme
- *Welche Qualitätsanforderungen wurden gestellt, wer kümmert sich um deren Einhaltung?*
- *Welche Unterlagen gehören zum Projekt und müssen vom Erbauer bereitgestellt werden, welche Unterlagen müssen selbst erbracht werden?*

Vorbeugende Instandhaltung
(Präventive Instandhaltung)

Vorrangiges Ziel ist es, einen Ausfall möglichst zu *verhindern*. Nach *Zeitintervall* oder *Betriebsstunden* wird eine *vorbeugende Instandhaltung* durchgeführt. Es muss entschieden werden, *wie oft* und *in welchem Umfang* vorbeugende Maßnahmen durchzuführen sind.

- *Terminierte Instandhaltung*
  Die *Zeitabstände* zwischen zwei Maßnahmen sind festgeschrieben.
- *Zustandsorientierte Instandhaltung*
  Der *technische Zustand* des Systems legt die Abstände zwischen zwei Maßnahmen fest.

Gefährdungsbeurteilung

Arbeitsplätze zur Beurteilung festlegen

Die *Gefährdungsanalyse* wird in verschiedene Hauptgruppen unterteilt, um eine reibungslose Durchführung zu ermöglichen.

Im ersten Schritt werden *Personen* bestimmt, die für den Unternehmer die *Verantwortung* übernehmen und *Arbeitsbereiche* bzw. *Personengruppen* im Unternehmen festlegen.

Diese Arbeitsbereiche können bei nahezu identischen Arbeitsgängen oder Arbeitsmitteln in *Gruppen* zusammengefasst werden. Die in diesem Bereich gültigen Vorschriften und Anweisungen können dabei übernommen werden.

Ermittlung von Missständen

Zunächst wird eine *Mitarbeiterbefragung* durchgeführt, ob bereits vor der Analyse gravierende Einschränkungen vorliegen. Das Augenmerk wird dabei von der Arbeitszeit bis hin zu eingesetztem Werkzeug und Hilfsmitteln gerichtet.

Unterschieden wird zwischen *physischen* und *psychischen Belastungen*. Gibt es körperliche Tätigkeiten, die eventuell mit zu schweren zu bewegenden Lasten zu tun haben, bzw. Stress in der täglichen Umsetzung.

Beurteilung der Gefahren

Hier geht es um die Einteilung der *Risikoklassen*. Welche Schutzmaßnahmen müssen wo umgesetzt bzw. eingeführt werden, um zukünftige Gefahren auszuschließen. Dies kann auch den Umbau von Anlagen bedeuten.
Ziel der Beurteilung ist es, Abweichungen vom Soll- und Istzustand möglichst genau zu beschreiben, um Ziele festzulegen.

Maßnahmenplan erstellen

Im *Maßnahmenplan* werden alle erforderlichen Punkte *dokumentiert* und verantwortliche Perso- nen festgelegt. Alle möglichen Gefahrenquellen sollen beseitigt werden.

Bearbeitung Maßnahmenplan

Verantwortliche Personen sind im Maßnahmenplan festgelegt worden und arbeiten ihre Ziele nach Zielvorgaben und zeitlichen Schienen ab.
Bei der Umsetzung sollten die im beurteilten Bereich tätigen Mitarbeiter einbezogen werden.

Umsetzung prüfen und Fortschritte ermitteln

Anhand der vorgegebenen Zeitschiene kann der *Fortschritt* der Aktivitäten überprüft werden. Dabei ist darauf zu achten, dass keine *neuen Gefahren* entstanden sind. Sollten Ziele nicht eingehalten werden, ist der Maßnahmenplan zeitlich anzupassen. Die Begründung der Verzögerung muss schriftlich festgehalten werden.

Kontrolle

Im Nachgang werden für festgeschriebene Bereiche sogenannte *Audits* eingeführt.

In Zeitabständen kann mit diesem Hilfsmittel immer festgestellt werden, ob *neue Gefährdungen* im betrachteten Bereich hinzugekommen sind, Anlagen sich durch Umbauten verändert haben oder durch Produktumstellung *neue gefährdende Stoffe* eingeführt wurden.

Bei Erstellung einer *Gefährdungsanalyse* ist es wichtig, darauf zu achten, dass die *Betriebssicherheitsverordnung* eingehalten wird.

Vorausbestimmte Instandhaltung

Zeitintervalle sind fest vorgeschrieben.

Die *Lebensdauer* der einzelnen Funktionselemente muss bekannt sein. Hier sind *Herstellerangaben* und *Erfahrungswerte* wesentliche Anhaltspunkte.

Zustandsoriente Instandhaltung

Der Abnutzungsvorrat wird weitmöglichst ausgenutzt. Dazu ist es notwendig, den aktuellen Zustand des technischen Systems zu kennen.

- *zeitnahe, regelmäßige Inspektionen*
- *ständige automatisierte Überwachung*

Wartung und Inspektion können dann geplant werden, deren Zeitpunkt kann bestimmt werden, wie es die Betriebserfordernisse erlauben.

Prüfung

1. Beschreiben Sie genau die unterschiedlichen Instandhaltungsbegriffe.

@ Interessante Links

- christiani-berufskolleg.de

■ **MTBF**
mean time between failure

■ **MTTF**
mean time to failure

■ **MTTR**
mean time to repair

■ **TTR**
time to repair

■ **TPM**
Total-Productive-Maintenance
Der Maschinenführer ist nicht nur für die Instandhaltung, sondern auch für den einwandfreien Zustand des gesamten Arbeitsplatzes zuständig.

■ **TPM-Maßnahmen**

OM
Operator Maintenance (Bediener)

MM
Monitoring Maintenance (Überwachung)

CM
Corrective Maintenance (Fehlerbehebung)

IM
Improvement Maintenance (Verbesserung)

Instandhaltung			
Maßnahmen zur Erhaltung oder Wiederherstellung eines funktionsfähigen Zustands eines technischen Systems			
Inspektion	**Wartung**	**Instandsetzung**	**Verbesserung**
Maßnahmen zur Feststellung und Beurteilung des Ist-Zustands. Analyse der Abnutzungsursachen und Konsequenzen für die zukünftige Nutzung.	*Maßnahmen zur Verzögerung des Abbaus des Abnutzungsvorrats.*	*Maßnahmen zur Wiederherstellung des Abnutzungsvorrats ohne technische Verbesserungen.*	*Maßnahmen zur technischen Verbesserung mit dem Ziel, die Verfügbarkeit zu erhöhen.*

Abnutzungsvorrat

Technische Systeme werden bei Betrieb abgenutzt. Wenn die Abnutzung eine bestimmte Grenze überschreitet, dann kommt es zu einem Ausfall.

Abnutzungsvorrat ist der Abstand zwischen dem Ist-Zustand und der vollständigen Abnutzung. Er wird in Prozent (%) angegeben. Ein neues technisches System hat einen Abnutzungsvorrat von 100 %.

Abnutzungsdiagramm

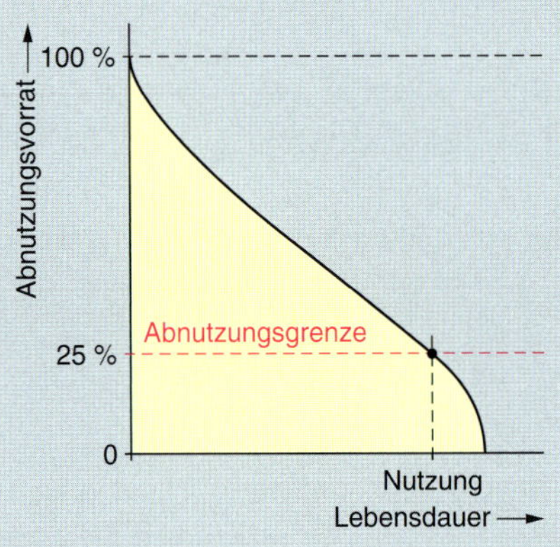

Häufige Abnutzungsursache ist der Verschleiß durch Reibung, Materialermüdung, Werkstoffüberlastung und Korrosion.

Eine Neuanlage hat noch den vollen Abnutzungsvorrat.
Mit der Zeit nimmt der Abnutzungsvorrat ab.

Das wird bei Inspektionen festgestellt, bei denen der Ist-Zustand ermittelt wird.

Ergebnis einer Inspektion können eingeleitete Instandsetzungsmaßnahmen sein.

Dadurch wird der Abnutzungsvorrat wieder erhöht. Im Allgemeinen werden dabei 100 % wieder erreicht.

Abnutzungsvorrat mit Wartung

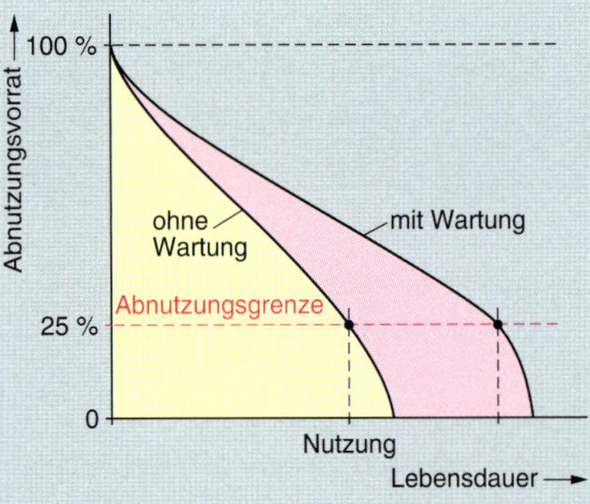

Abnutzungsvorrat bei Inspektion und Instandsetzung

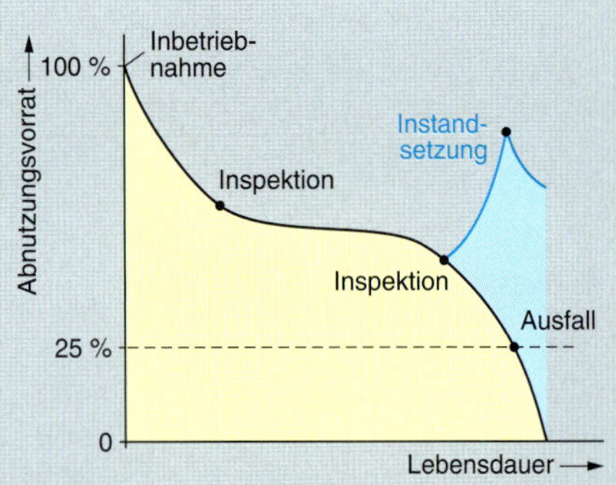

Wenn es *häufig* zum Ausfall *gleicher* technischer Systeme kommt, liegt eine *Schwachstelle* vor. Die *Beseitigung* von Schwachstellen erhöht den Abnutzungsvorrat, wobei dann Werte von über 100 % möglich sind. Auch *technische Verbesserungen* im Rahmen der Instandsetzungen steigern den Abnutzungsvorrat.

Instandhaltungsstrategien

- **Korrektive Instandhaltung**
  - Sofortige Maßnahmen
  - Aufschiebbare Maßnahmen
- **Präventive Instandhaltung**
  - Terminorientierte Instandhaltung
  - Zustandsorientierte Instandhaltung

Beschreibung von Ausfällen

Technische Systeme haben den Betriebszustand *betriebsbereit* und *gestört*. Im gestörten Zustand kann das System nicht genutzt werden. In dieser Zeit ist *Störungssuche* und *Reparatur* notwendig.

- **Ausfallrate Λ**
  Anzahl der Ausfälle in einer Zeitspanne.

$$\Lambda = \frac{n_A}{\Delta t}$$

Angegeben werden kann die Ausfallrate in 1/Jahr (1/a), 1/Tag (1/d) oder 1/Stunde (1/h).

- **Zeit zwischen zwei Ausfällen *TBF***
  TBF: *time between failure*
  Die Zeit zwischen zwei Ausfällen ist i. Allg. nicht immer gleich. Daher wird der *Mittelwert* angegeben.
  Dieser Mittelwert wird mit *MTBF* *(meantime between failure)* bezeichnet.

$$MTBF = \frac{TBF_1 + TBF_2 + \cdots}{n_A}$$

$$MTBF = \frac{1}{\Lambda} = \frac{\Delta t}{n_A}$$

Angegeben wird MTBF in Jahren (a).

- **Mittlere Reparaturzeit *MTTR***
  MTTR: *meantime to repair*

$$MTTR = \frac{TTR_1 + TTR_2 + \cdots}{n_A}$$

Angegeben in Jahren (a).

- **Zeit bis zum Ausfall *TTF***
  Zeitspanne zwischen dem Reparaturende und dem nächsten Ausfall *(time to failure)*. Auch hier wird der *Mittelwert MTTF* angegeben *(meantime to failure)*.

$$MTTF = MTBF - MTTR$$

Angegeben in Jahren (a).

- **Verfügbarkeit *A***
  Prozentualer Anteil der funktionsfähigen Zeit zur Gesamtzeit.

$$A = \frac{TTF_1 + TTF_2 + \cdots}{\Delta t} \cdot 100\,\%$$

$$A = \frac{MTBF - MTTR}{MTBF} \cdot 100\,\%$$

Prüfung

1. Unterscheiden Sie zwischen Lastenheft und Pflichtenheft.
2. Warum ist Instandhaltung notwendig?
3. Was versteht man unter Wartung, Inspektion und Instandsetzung?
4. Beschreiben Sie die Begriffe Abnutzungsvorrat und Abnutzungsgrenze.
5. Nennen und beschreiben Sie die Instandhaltungsstrategien.

Abnutzung
abrasion

Abnutzungsvorrat
abrasion margin

Abnutzungsursache
abrasion cause

Ausfall
failure

Ausfallrate
failure rate

Ausfallwahrscheinlichkeit
failure probability

Fehler
failure

Fehlerart
kind of failure

Fehlerbehandlung
error handling

Fehlermeldung
error message

Inspektionsintervall
maintenance rate

Inspektionsplan
inspection plan

Instandsetzung
repair

Instandhaltung, vorausbestimmt
maintenance, predetermined

Instandhaltung, vorbeugende
maintenance, preventive

Instandhaltung, zeitabhängige
maintenance, time-basend

Instandhaltung, zustandsorientierte
maintenance, condition-based

Instandhaltung, korrektive
maintenance, corrective

@ Interessante Links

- christiani-berufskolleg.de

■ **SPC**

Statistical Prozess Control

■ **Qualitätssicherung**

Instandhaltung ist eine wesentliche Voraussetzung zur Qualitätssicherung.

Man spricht von quallitätsbezogener Instandhaltung

6.2 Qualitätsmanagement

Die *Qualität* ist maßgebend für die *Wettbewerbsfähigkeit* eines Produkts.
Dabei ist *Qualität* die Übereinstimmung der **Produkteigenschaften** mit den **Anforderungen** an das Produkt.

Maß für die **Qualität** ist die *Abweichung* der **Sollbeschaffenheit** (Forderung) von der **Istbeschaffenheit** (Prozessergebnis).

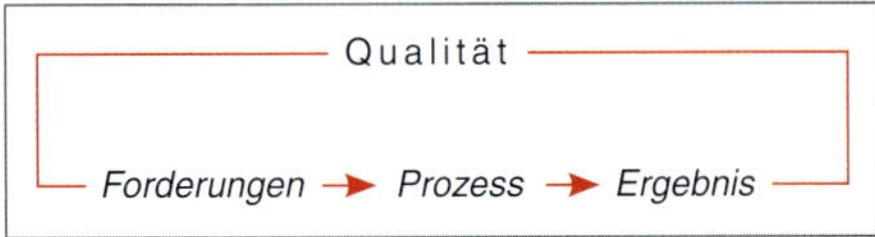

1 Qualität

Um ähnliche Produkte oder Dienstleistungen verschiedener Marktteilnehmer vergleichen zu können, wurde z. B. die Normreihe *DIN ISO 9000-9003* eingeführt. Darin enthalten sind betriebsunabhängige, allgemeine Beschreibungen des **Qualitätsmanagements** (QM).

Qualitätsmanagement DIN EN ISO 9000

Sämtliche aufeinander abgestimmten Tätigkeiten zur Leitung und Lenkung einer Organisation in Bezug auf Qualität.

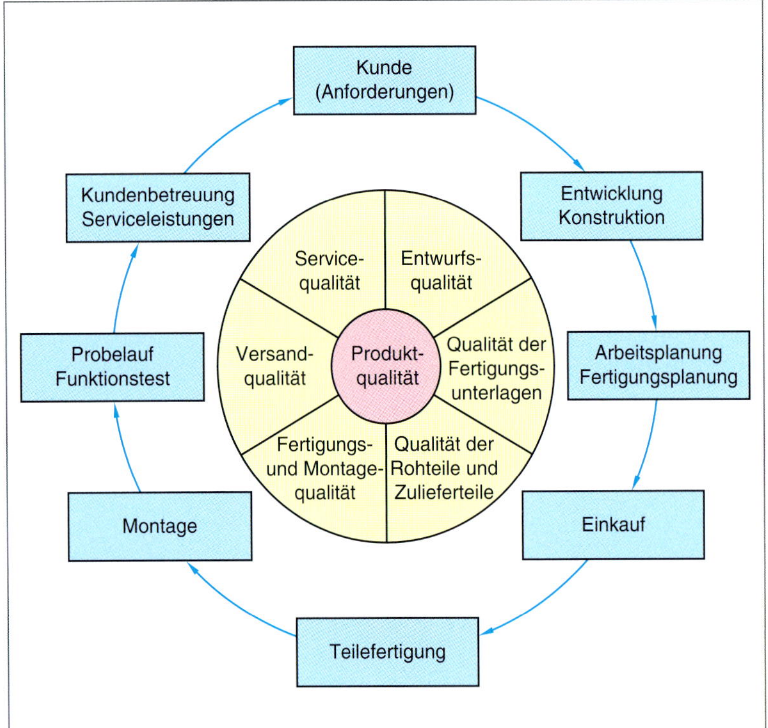

2 Qualitätsregelkreis

Zum Beispiel:

- Verantwortung der Leitung
- Verknüpfung
- Beschaffung
- Überprüfung
- Qualitätsaufzeichnung
- Prüfprozesse

Qualitätsmerkmale

Qualität ist die Summe einzelner für den Wettbewerb maßgebender **Qualitätselemente.**

Zum Beispiel: *Entwurfsqualität, Fertigungsqualität, Versandqualität, Servicequalität,* die in den verschiedenen Bereichen der Produktherstellung zu erreichen sind.

Verdeutlicht wird das durch den **Qualitätsregelkreis** (Bild 2).

Messbare und *zählbare* Qualitätsmerkmale bezeichnet man als **quantitativ,** *bewertbare* Qualitätsmerkmale als **qualitativ.**

Qualitätssicherungsmaßnahmen

Die **Qualitätssicherung** hat die Aufgabe, geeignete *Maßnahmen* zur Erfüllung der Qualitätsanforderungen zu *entwickeln* und *durchzuführen*. Die Maßnahmen sind folgenden Bereichen des Qualitätswesens zugeordnet:

- **Qualitätsplanung**
  Umsetzen der Produktanforderung in *Qualitätsmerkmale*. Festlegen der erforderlichen *Toleranzen* für die Merkmalswerte unter Beachtung von Fertigungsmöglichkeiten und Kosten. Aufstellen von Prüfplänen mit genauen Prüfanweisungen.

- **Qualitätslenkung**
  Veranlassen und *Überwachen* der von der Qualitätsplanung festgelegten Maßnahmen und Anforderungen.
  Einleitung *korrigierender* und *steuernder Maßnahmen*, wenn die Qualitätsanforderungen nicht eingehalten werden.

- **Qualitätsprüfung**
  Durchführung der in der Qualitätsplanung festgelegten *Prüfungen*.
  Auswerten der Prüfungsergebnisse, Weitergabe der Auswertungen an die Qualitätsplanung und Qualitätslenkung.

- **Qualitätsförderung**
  Schulung und Motivation der Mitarbeiter. Erstellen von Qualitätsberichten und Qualitätsrichtlinien. Schaffung von qualitätsverbessernden Arbeitsbedingungen.

Produktqualität

Sieben Einflussgrößen, die sogenannten „7M", bestimmen die Produktqualität:
Mensch, **M**aterial, **M**ethode, **M**aschine, **M**illieu (Umwelt), **M**anagement, **M**essung.

Um die Qualität der in einem Prozess hergestellten Produkte zu gewährleisten, gibt es im Wesentlichen zwei Möglichkeiten:

- *Qualitätsprüfung durch Endkontrolle*
- *Statistische Prozesslenkung (SPC)*

Qualitätsprüfung durch Endkontrolle

An *allen Teilen* eines Fertigungsprozesses werden die Qualitätsmerkmale geprüft.
Drei *Ergebnisse* sind möglich:

- *Das Teil ist bedingt brauchbar. Nacharbeit ist erforderlich.*
- *Das Teil ist brauchbar. Das Qualitätsmerkmal ist erfüllt.*
- *Das Teil ist unbrauchbar. Ausschuss!*

Entsprechend den Prüfungsergebnissen müssen Ausschussteile und nachzuarbeitende Teile *aussortiert* werden.

Bei einer zu hohen *Ausschuss-* und *Nachbearbeitungsrate* sind Maßnahmen erforderlich, den Prozess zu korrigieren.

Nachteil: Fehler lassen sich erst *nach* dem Prozessablauf feststellen und korrigieren.

Statistische Qualitätslenkung (SPC)

Die Qualitätsprüfung wird *während des Fertigungsprozesses* in regelmäßigen Abständen durch *Stichprobenentnahme* vorgenommen.

Bei jeder *Stichprobe* wird an $n = 2$ bis $n = 25$ Teilen ein bestimmter *Merkmalswert x* geprüft. Zum Beispiel ein bestimmtes Längenmaß. Von den *n* Merkmalswerten x_1 bis x_n werden dann der *arithmetische Mittelwert* $\overline{x}$ und die *Standardabweichung s* berechnet.

Arithmetischer Mittelwert

Addition aller Einzelwerte einer Messreihe und anschließender Division der Summe durch die Anzahl der Einzelwerte.

$$\overline{x} = \frac{x_1 + x_2 + \cdots + x_n}{n}$$

$\overline{x}$ arithmetisches Mittel (Mittelwert)
x Messwerte einer Stichprobe
n Anzahl der Einzelmessungen

Spannweitenmitte R_M, Spannweite R

Spannweitenmitte ist der *Mittelwert* zwischen dem *größten* und dem *kleinsten* Einzelwert einer Messreihe.

$$R_M = \frac{x_{max} - x_{min}}{2}$$

Spannweite ist die Differenz zwischen dem größten und dem kleinsten Einzelwert einer Messreihe.

$$R = x_{max} - x_{min}$$

R_M Spannweitenmitte
R Spannweite
x_{max} Größtwert der Messreihe
x_{min} Kleinstwert der Messreihe

Mittelwert der Standardabweichung $\overline{s}$, Standardabweichung s

Die *Standardabweichung* gibt die *durchschnittliche Abweichung* der Einzelwerte vom Mittelwert an.

$$\overline{s} = \frac{s_1 + s_2 + \cdots + s_n}{n}$$

$$s = \pm \sqrt{\frac{1}{n-1} \sum_{i=1}^{n} (x_i - \overline{x})^2}$$

$\overline{s}$ Mittelwert der Standardabweichung
s Standardabweichung, bezogen auf $\overline{x}$
n Anzahl der Einzelmessungen
x_i Einzelwert
$\overline{x}$ arithmetischer Mittelwert

Qualitätsprüfung
quality inspection

Qualitätssicherung
quality management

Qualitätsregelkarte
quality control chart

Grundstandardabweichung σ

Gaußsche Normalverteilung: Die Normalverteilung zeigt die Verteilung der Einzelwerte in Diagrammform.

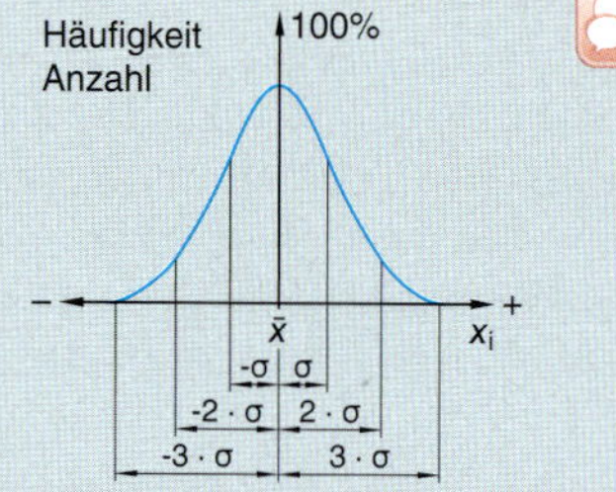

Die Standardabweichung der Einzelwerte wird *Grundstandardabweichung* genannt.

Alle Einzelwerte (100 %) und damit alle zufälligen Schwankungen (Fehler) werden durch die Fläche unter der Kurve erfasst.

Eine große Anzahl von Einzelwerten entspricht dem Mittelwert oder weicht nur wenig vom Mittelwert ab. Bei einer großen Abweichung der Einzelwerte vom Mittelwert ist die Anzahl der Einzelwerte gering. Es liegt eventuell ein *systematischer Fehler* vor.

- Im Bereich $\overline{x} \pm 1 \cdot \sigma$ liegen 68,26 % der Messwerte.
- Im Bereich $\overline{x} \pm 2 \cdot \sigma$ liegen 95,44 % der Messwerte.
- Im Bereich $\overline{x} \pm 3 \cdot \sigma$ liegen 99,73 % der Messwerte.

Bei einer entsprechenden Anzahl von Einzelmessungen kann also vorhergesagt werden, welcher Prozentsatz der gefertigten Produkte in einem bestimmten *Toleranzbereich* liegen.

Vertrauensgrenzen

Die Vertrauensgrenzen sind Grenzen (des Toleranzbereichs) für das arithmetische Mittel $\overline{x}$.

Obere Vertrauensgrenze G_O

$$G_O = \overline{x} + s \cdot \frac{1}{\sqrt{n}}$$

Untere Vertrauengrenze G_U

$$G_U = \overline{x} - s \cdot \frac{1}{\sqrt{n}}$$

Qualitätsregelkarte, Shewhart-Regelkarte

Wenn sich ein als befriedigend erkannter, beherrschbarer Zustand (Sollzustand) eines Fertigungsprozesses eingestellt hat, werden *Qualitätsregelkarten* eingesetzt.

Bei der *Shewhart-Regelkarte* werden die Eingriffsgrenzen aufgrund des Prozessverhaltens nach fertigungstechnischen Gesichtspunkten engstmöglich festgelegt.

Die *Eingriffsgrenzen* beschreiben den 99,73 %-Zufallsstreubereich ($\pm 3 \cdot \sigma$). Der ungestörte Prozess bewegt sich also zufallsverteilt innerhalb der Einflussgrenzen. Die *Warngrenzen* begrenzen den 95,44 %-Zufallsstreubereich ($\pm 2 \cdot \sigma$).

Beispiel: Qualitätsregelkarte

OEG	obere Eingriffsgrenze	15,86 mm
OWG	obere Warngrenze	15,83 mm
UEG	untere Eingriffsgrenze	15,58 mm
UWG	untere Warngrenze	15,61 mm
M	Mittellinie (Sollwert)	15,72 mm

Alle auftretenden Maßabweichungen vom Sollwert *x* liegen bei dieser Stichprobenauswertung innerhalb der zulässigen Grenzen (Eingriffsgrenzen).

Der Fertigungsprozess verläuft stabil.

Qualitätsregelkarte (Beispiel)

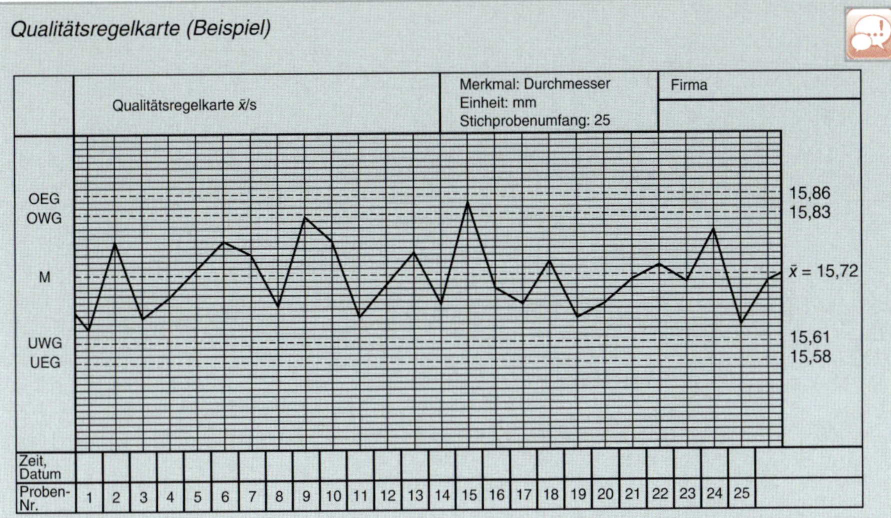

Die Überwachung eines Prozesses wird bei der *statistischen Prozesslenkung* durch *Prozessregelkarten* vorgenommen. In einer Prozessregelkarte werden für jede der genommenen Stichproben die Merkmalswerte, der arithmetische Mittelwert und die Standardabweichung oder die Spannweite eingetragen.

An einem *Vorlos* werden anhand der gemessenen Merkmalswerte von Stichproben die obere Eingriffsgrenze (OEG) und die untere Eingriffsgrenze (UEG) für den arithmetischen Mittelwert und die obere Eingriffsgrenze für die Standardabweichung festgelegt (Vorstudie).

Wenn sich dann im Prozess der arithmetische Mittelwert und die Standardabweichung bzw. die Spannweite der Stichproben innerhalb der Eingriffsgrenzen bewegen, läuft die Fertigung fehlerfrei ab. Das gefertigte Los kann zur Weiterbearbeitung freigegeben werden.

Wird jedoch eine der Grenzen verletzt, dann muss nach Fehlern gesucht und in den Prozess durch entsprechende Korrekturen eingegriffen werden.
Das hergestellte Los wird vor der Weiterbearbeitung *vollständig* geprüft und sortiert.

Prozessregelkarten

Die Überwachung eines Prozesses wird bei der *statistischen Prozesslenkung* durch **Prozessregelkarten** vorgenommen.
In einer Prozessregelkarte werden für jede der genommenen Stichproben die *Merkmalswerte, der arithmetische Mittelwert* und die *Standardabweichung* oder die *Spannweite* eingetragen (siehe Seite 369).

An einem **Vorlos** werden anhand der gemessenen Merkmalswerte von Stichproben die obere Eingriffsgrenze (OEG) und die untere Eingriffsgrenze (UEG) für den arithmetischen Mittelwert und die obere Eingriffsgrenze für die Standardabweichung festgelegt (Vorstudie).

Wenn sich dann im Prozess der arithmetische Mittelwert und die Standardabweichung bzw. die Spannweite der Stichproben innerhalb der Eingriffsgrenzen bewegen, läuft die Fertigung fehlerfrei ab. Das gefertigte Los kann zur Weiterbearbeitung freigegeben werden.

Wird jedoch eine der Grenzen verletzt, dann muss nach Fehlern gesucht und in den Prozess durch entsprechende Korrekturen eingegriffen werden.

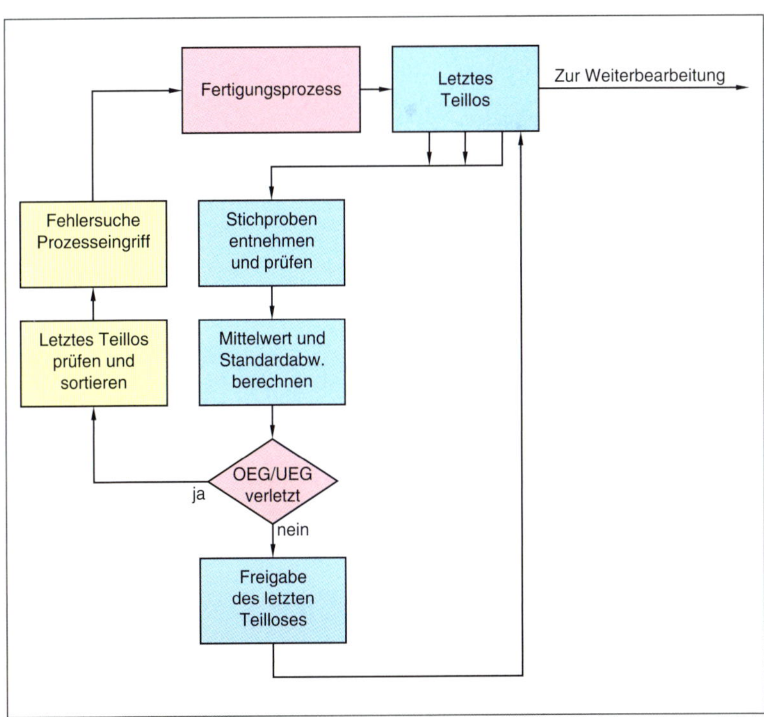

3 Ablaufplan der Qualitätsregelung durch SPC

Qualitätsprüfung
quality inspection

Qualitätssicherung
quality management

Qualitätsregelkarte
quality control chart

Qualitätsmanagement
quality management

QM-Handbuch
quality management manual

Stichprobe
random sample

Mittelwert
mean value

Qualitätsaudit
quality audit

Qualitätskontrolle
quality control

Qualitätssicherung
quality assurance

Prozessregelkarte der statistischen Prozesslenkung

Prozessregelkarte ($\bar{x}$/R)

Teilenummer: 1234567 Bezeichnung: Antr.-Welle Q-Merkmal: Lagersitz-∅	Nennmaß: ∅ 35 g5 Höchstwert: 34,992 Mindestwert: 34,980
Stichprobenumfang: 5	Prüffrequenz: 120 Min.

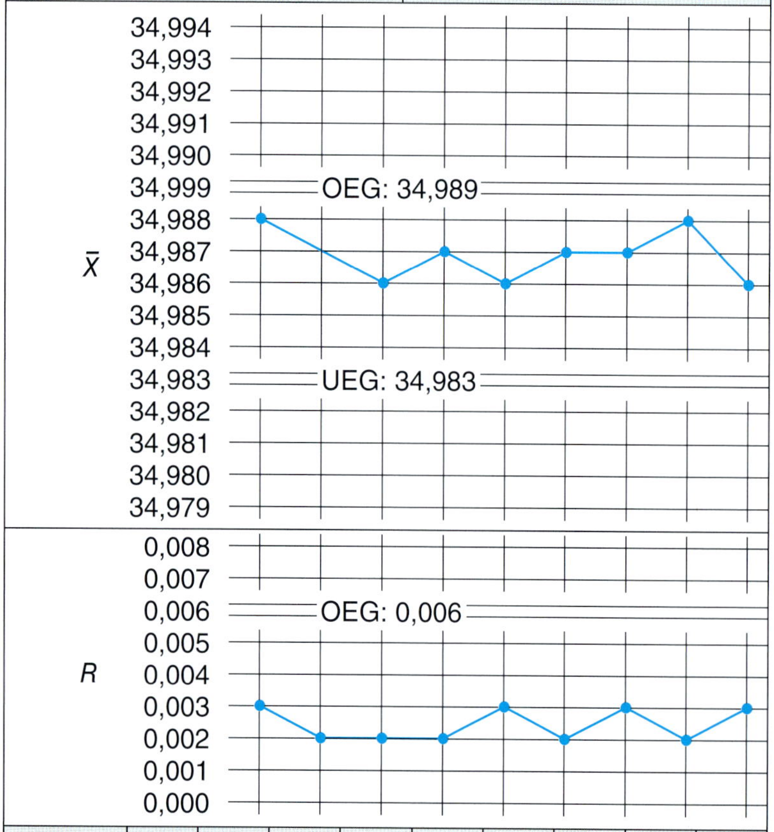

$\bar{x}$

34,994
34,993
34,992
34,991
34,990
34,999 OEG: 34,989
34,988
34,987
34,986
34,985
34,984
34,983 UEG: 34,983
34,982
34,981
34,980
34,979

R

0,008
0,007
0,006 OEG: 0,006
0,005
0,004
0,003
0,002
0,001
0,000

Schicht	F	S	N	N	N	F	N	N	N
Zeit	11^{40}	21^{45}	22^{10}	0^{35}	4^{30}	13^{00}	22^{35}	2^{05}	4^{25}
Datum	5.11.	5.11.	5.11.	6.11.	6.11.	6.11.	6.11.	7.11.	7.11.
x1	,988	,988	,987	,987	,985	,988	,986	,987	,985
x2	,988	,986	,986	,987	,987	,988	,988	,988	,987
x3	,989	,987	,988	,988	,987	,986	,989	,987	,987
x4	,989	,987	,987	,987	,988	,987	,987	,989	,986
x5	,986	,988	,986	,986	,986	,986	,986	,989	,988
Summe *x*	4,940	4,936	4,933	4,935	4,933	4,935	4,936	4,940	4,933
x-quer	,988	,987	,986	,987	,986	,987	,987	,988	,986
R	,003	,002	,002	,002	,003	,002	,003	,002	,003
Stichprobe	1	2	3	4	5	6	7	8	9

@ Interessante Links

- christiani-berufskolleg.de

Prüfung

1. Beschreiben Sie die unterschiedlichen Qualitätssicherungsmaßnahmen.

2. Welche Einflussgrößen beschreiben die Produktqualität?

Prozessverläufe

Natürlicher Verlauf (Bild 4)

66 % der Werte liegen im Bereich ± Standardabweichung *s*.

Alle Werte liegen *innerhalb* der Eingriffsgrenzen.

Prozess ist *ungestört*, er ist unter Kontrolle und kann ohne Eingriffe fortgesetzt werden.

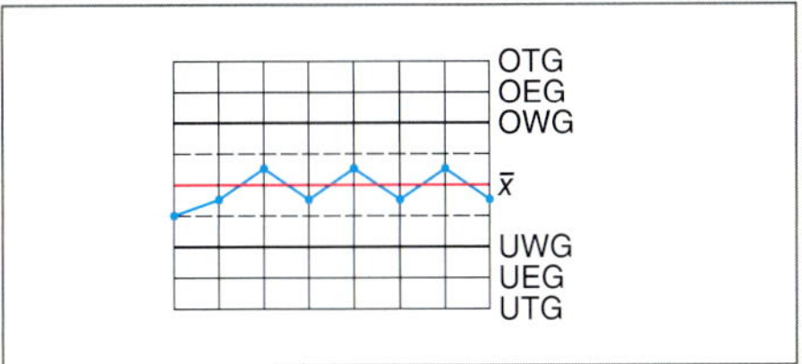

4 Natürlicher Verlauf

Überschreiten der Eingriffsgrenzen (Bild 5)

Die Werte unterschreiten bzw. überschreiten die Eingriffsgrenzen.

Der Prozess ist *gestört*.

Überjustierte Maschine, verschiedene Materialchargen, beschädigte Maschine. Messgeräte überprüfen.

In den Prozess muss eingegriffen werden, 100 %-Prüfung.

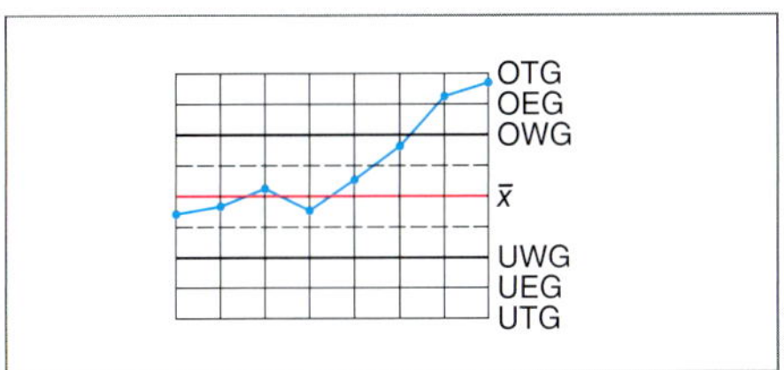

5 Überschreiten der Eingriffsgrenzen

Run (in Folge), Bild 6

Sieben oder mehr aufeinander folgende Werte liegen auf einer Seite der Mittellinie.

Der Prozess ist *gestört*, die Ursachen sind zu ergründen.

Werkzeugverschleiß, andere Materialchargen, neues Werkzeug, neues Personal.

Der Prozess ist verschärft zu beobachten.

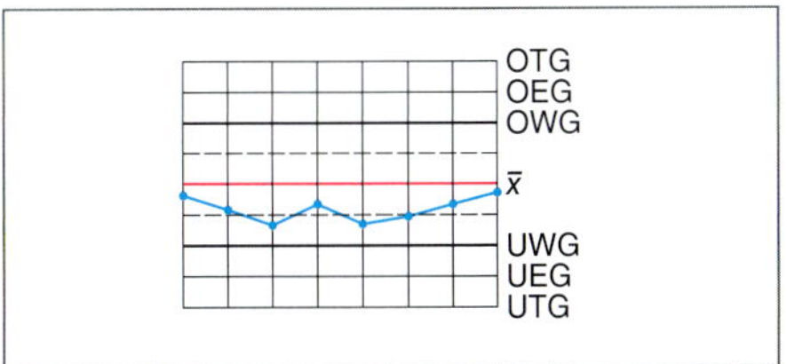

6 Run

Trend (Bild 7)

Sieben oder mehr aufeinanderfolgende Werte zeigen eine steigende oder fallende Tendenz.

Der Prozess ist *gestört*.

Verschleiß an Werkzeugen, Vorrichtungen oder Messgeräten, ungenügende Wartung, Personalermüdung.

Der Prozess ist zu unterbrechen, alle Maschinenparameter sind zu überprüfen.

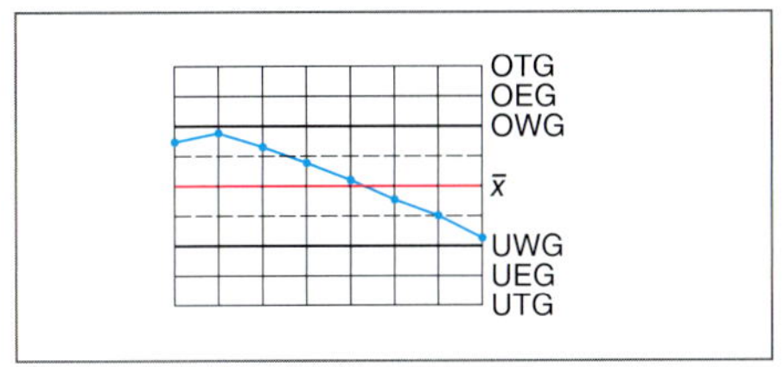

7 Trend

Middle Third (Bild 8)

Mindestens 15 Werte liegen aufeinanderfolgend innerhalb ± Standardabweichung *s*.

Der Prozess ist *eventuell gestört*.

Verbesserte Fertigung, bessere Beaufsichtigung, beschönigte Prüfergebnisse, defekte Messgeräte. Feststellen, wodurch der Prozess verbessert wurde bzw. Prüfergebnisse überprüfen.

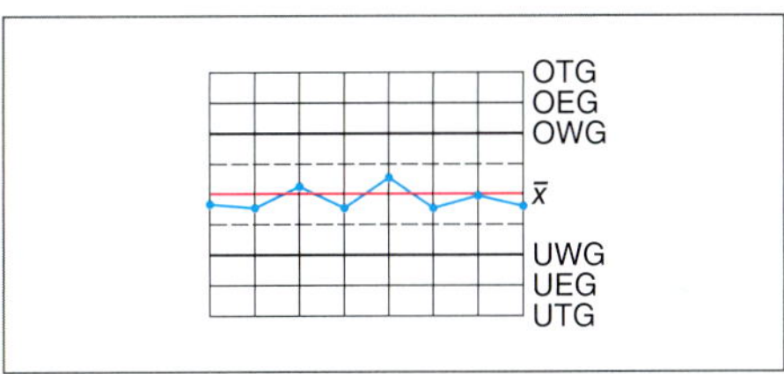

8 Middle Third

Perioden (Bild 9)

Die Werte wechseln periodisch um die Mittellinie.

Prozess ist gestört.

Fertigungsprozess nach Einflüssen untersuchen.

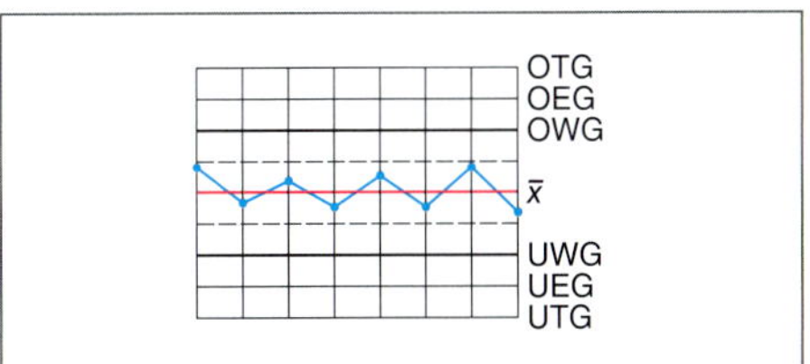

9 Perioden

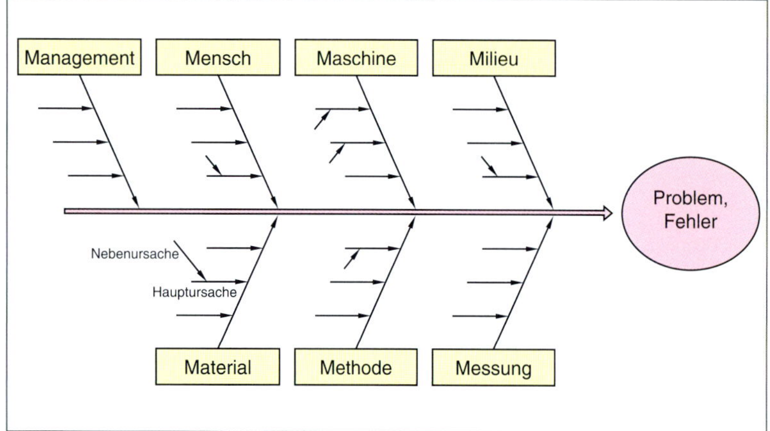

10 *Ursachen-Wirkungs-Diagramm (Ishikawa-Diagramm)*

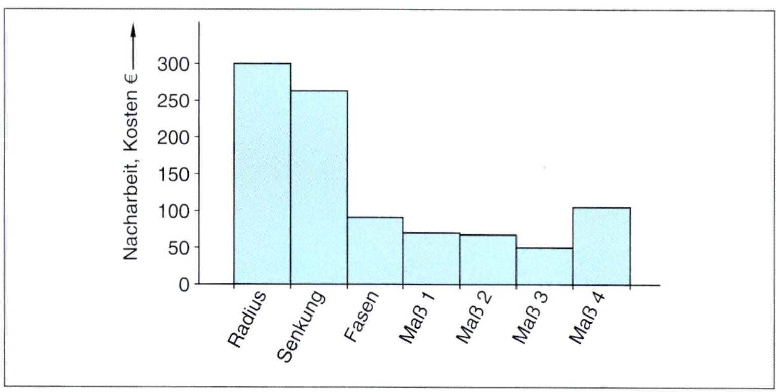

11 *Pareto-Diagramm*

Beispiel für eine Fehler-Sammelliste

Produkt-Nr.			Prüfart	jedes 20. Teil	
Bezeichnung			Prüfer	Mayer	
Nr.	Fehlerart	19.09.	20.09.	21.09.	Summe
1	Radius	III	IIII	III	
2	Senkung	II	II	I	
3	Fase	I	II	II	
4	Maß 1	I	II	I	
5	Maß 2	I	I	II	
6	Maß 3	I	I	I	
7	Maß 4		I	I	

Ursachen-Wirkungs-Diagramm

Die möglichen Ursachen und Wirkungen werden in *Haupt-* und *Nebenursachen* unterteilt.

Durch die Programmstruktur können positive und negative Einflussgrößen identifiziert und ihre Abhängigkeit zur Zielgröße dargestellt werden.

In der Bewertung ergeben sich einige *Ursachenschwerpunkte,* die dann näher untersucht werden können (Bild 10).

Pareto-Diagramm

Das *Pareto-Diagramm* basiert auf der festgestellten Tatsache, dass die meisten Auswirkungen eines Problems (80 %) häufig nur auf eine *kleine Anzahl* von Ursachen (20 %) zurückzuführen sind.

Es ist ein *Säulendiagramm*, das Problemursachen nach ihrer Bedeutung ordnet (Bild 11).

Je größer die Säule im Diagramm, umso wichtiger ist diese Kategorie. Sie zu beheben, bedeutet die größte Verbesserungsmöglichkeit.

Eine *steile Summenkurve* deutet darauf hin, dass es *sehr wenige wichtige* Ursachen für das Problem gibt. Eine *flache Kurve* zeigt an, dass *viele gleichwertige* Ursachen vorliegen.

So kann verhindert werden, dass mit hohem Zeit- und Kostenaufwand unwichtige Ursachen beseitigt werden und das Problem dennoch bestehen bleibt.

Histogramm

Säulendiagramm, in dem gesammelte Daten zu *Klassen* zusammengefasst werden.

Die Größe einer Säule entspricht dabei der Anzahl der Daten in einer Klasse. Die Seitenlänge ist proportional zur jeweiligen Klassenhäufigkeit (Bild 12).

Anhand des fertigen Histogramms lässt sich leicht erkennen, ob sich die gemessenen Werte innerhalb der *Toleranzgrenzen* befinden und in welchem Bereich bzw. welcher Klasse die meisten Messwerte liegen.

Fehler-Sammelliste

Mithilfe von *Fehler-Sammellisten* können beobachtete oder festgestellte Fehler auf einfache Weise erfasst werden.

Durch eine übersichtliche Darstellung nach Art und Anzahl der Fehler können *Trends* erkannt werden, nach denen die Fehler auftreten.

Um die Anzahl der Fehlerarten zu begrenzen, aber dennoch eine vollständige Erfassung zu ermöglichen, sollte eine Kategorie „sonstige Fehler" aufgenommen werden.

Die Menge der untersuchten Objekte sollte begrenzt sein, damit die Übersichtlichkeit nicht verloren geht.

Korrelations-Diagramm

Hierbei handelt es sich um eine grafische Darstellung, durch die die Beziehung zwischen *zwei Merkmalen* dargestellt wird, die paarweise an einem Objekt aufgenommen werden.

Aus deren Muster können Rückschlüsse auf einen statistischen Zusammenhang zwischen den beiden Merkmalen gezogen werden (Bild 13).

Aus dem größten und kleinsten ermittelten Wert eines Merkmals ergibt sich die sinnvolle Einteilung der Achsen.

Die Wertepaare werden als Punkte eingetragen, sodass eine Punktewolke entsteht.

Je näher die Punkte an der Ausgleichsgeraden liegen, umso stärker ist der Zusammenhang der beiden Merkmale.

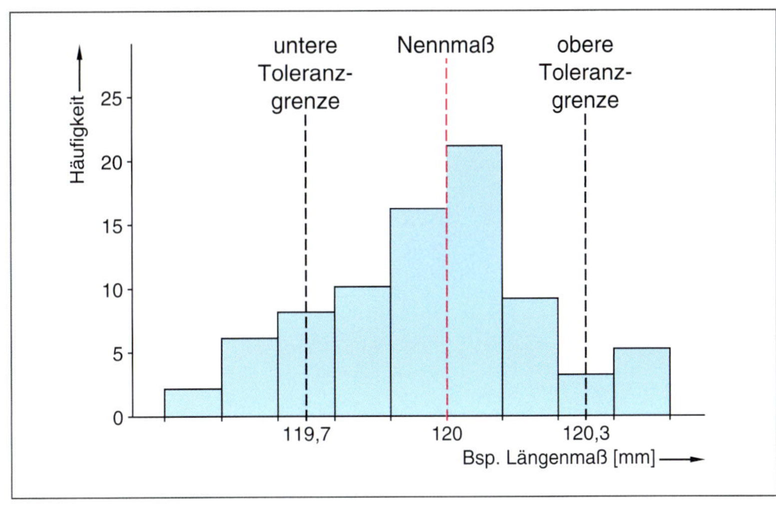

12 Histogramm

Prüfung

1. Wie können Prozessverläufe grafisch dargestellt werden?
2. Wie ist eine Fehler-Sammelliste aufgebaut?
3. Welche Aussage macht das Pareto-Diagramm (Bild 11, Seite 374)?

@ Interessante Links

- christiani-berufskolleg.de

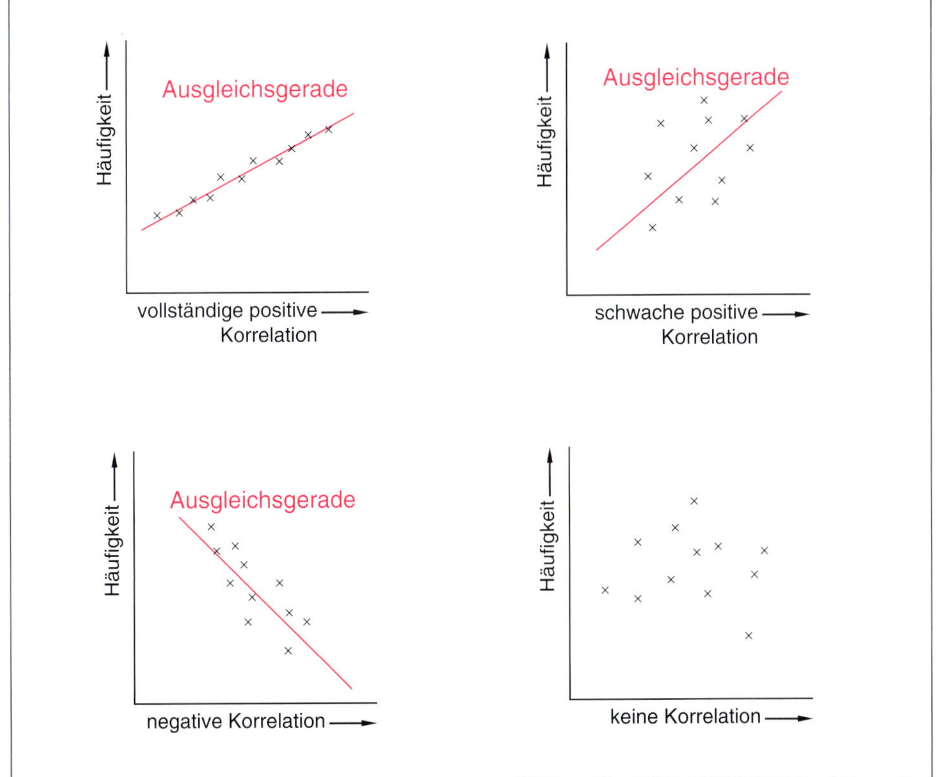

13 Korrelations-Diagramm

TQM-Methode

TQM bedeutet *Total Quality Management.*

Es ist die Führungsmethode einer Organisation, bei der *Qualität* in den Mittelpunkt gestellt wird. Sie beruht auf der Mitwirkung sämtlicher Mitarbeiter und zielt auf langfristigen Erfolg durch Zufriedenstellung der Kunden.

- *Prozessorientierung*
- *Kundenorientierung*
- *Mitarbeiterorientierung*
- *Kontinuierliche Verbesserung*

Prozessorientierung

Die notwendigen Prozesse zur Leistungserbringung werden beschrieben. Dabei werden Zielsetzung, eingesetzte Mittel und Verantwortlichkeiten angegeben. Mängel sind nicht Anlass zur Kritik, sondern dienen der Prozessverbesserung.

Kundenorientierung

Orientierung an die Erwartungen und Wünsche der Kunden.

Mitarbeiterorientierung

Jeder Mitarbeiter ist wichtig für die Erreichung eines positiven Arbeitsergebnisses. Anerkennung und Weiterentwicklung der Mitarbeiter sind wichtig. In Qualitätszirkeln besprechen sie Probleme und entwickeln Lösungsstrategien, die sie nach Genehmigung durch Entscheidungsträger eigenverantwortlich umsetzen.

Kontinuierliche Verbesserung (KVP)

Sämtliche Prozesse werden ständig auf Verbesserungsmöglichkeiten hin untersucht.
Der *kontinuierliche Verbesserungsprozess* (KVP) besteht aus vier Phasen.

1. Planen
Verbesserungsplan entwickeln, Änderungen definieren, Überprüfungskriterien festlegen.

2. Ausführen
Realisierung des Verbesserungsplans.

3. Überprüfen
Die Auswirkungen des Verbesserungsplans werden analysiert. Kommt man dabei zu einem positiven Ergebnis, wird er der neue Standard. Wenn Fehler auftreten, werden Verbesserungen erarbeitet.

4. Verbessern
Die gemachten Erfahrungen fließen in den Gesamtprozess zur Qualitätssteigerung ein.

Der betriebliche Auftrag

Die Bearbeitung eines *Auftrags* kann in mehrere *Phasen* unterteilt werden:

1. Analyse
2. Planung
3. Durchführung
4. Auswertung

1. Analyse
Was ist zu tun?

Welche räumlichen und technischen Gegebenheiten sind anzutreffen?

Welche Dokumentationsunterlagen sind vorhanden?

Wann kann die Arbeit beginnen und in welchem Zeitraum ist sie auszuführen?

2. Planung
Erstellung von Dokumentationsunterlagen, Bestellung von Material, Bereitstellung von Werkzeugen, Maschinen und Personal, Terminplanung, Arbeitspläne, Stücklisten.

3. Durchführung
Arbeiten werden entsprechend der Planung ausgeführt. Auf fachgerechte und termingerechte Ausführung ist dabei zu achten. Nach Abschluss der Arbeiten ist der Kunde (Nutzer) einzuweisen. Die vollständigen Dokumentationsunterlagen werden ausgehändigt.

4. Auswertung
Konnte der Auftrag der Planung entsprechend durchgeführt werden?
Was ist in Zukunft verbesserungsfähig?

Projektmanagement

Projekte sind Vorhaben, die im Wesentlichen durch die *Einmaligkeit* der Bedingungen in ihrer Gesamtheit gekennzeichnet sind: DIN 69901

Ein Projekt ist eine *sachliche* und *zeitlich begrenzte* Aufgabe, die im Allgemeinen relativ komplex sein wird. Dadurch bedingt ergibt sich die Notwendigkeit der Zusammenarbeit mehrerer Personen. Projekte sind zielorientiert und neuartig in ihrer konkreten Aufgabenstellung.

- *Aufgabenstellung mit zeitlicher Befristung*
  Das Projekt hat einen vorgegebenen Umfang. Es wird zwischen einem Anfangs- und Endzustand verwirklicht. Die Projektdauer kann sehr unterschiedlich sein. Ein Projekt kann durchaus mehrere Jahre dauern.
- *Einmaligkeitscharakter, hohes Risiko*
  Ein Projekt ist eine neuartige Aufgabenstellung (keinesfalls Routinearbeit). In Ermangelung von Vorerfahrungen besteht stets ein gewisses Risiko des Scheiterns.
- *Budgetierung*
  Das Projekt muss mit begrenzten Mitteln (Personal- und Sachkosten) verwirklicht werden. Dies wird durch eine Projektbudgetierung berücksichtigt.
- *Teamarbeit*
  Im Allgemeinen ist Projektarbeit Teamarbeit, da die komplexen Aufgabenstellungen fachübergreifend gelöst werden müssen.
- *Zielsetzung*
  Projekte sollen messbare Zielvorgaben haben.

Projektphasen

- *Konzeption*
  Zweck, Inhalt und Aufgaben sämtlicher Teilprojekte und des Gesamtprojekts werden festgelegt.
- *Planung*
  Projektziele festlegen, Projektorganisation, Ablaufplan, Zeitplan, Kostenplan.
- *Machbarkeit*
  Überprüfung von kritischen Punkten auf mögliche Realisierbarkeit.
- *Detaillierung*
  Verfeinerung der Ausführungsvorgaben.
- *Realisierung*
  Projektmanagement anwenden.
- *Optimierung*
  Sämtliche relevanten Erkenntnisse, die bei der Durchführung gewonnen werden, werden eingearbeitet.

Projektantrag

Am Anfang eines Projekts steht der *Projektantrag*. In ihm sollen alle zu diesem Zeitpunkt absehbare Daten in Bezug zum Projekt *schriftlich* niedergelegt werden.

- *Beschreibung des Projektgegenstands*
- *Beschreibung der Projektziele*
- *Projektphasen mit (noch grobem) Terminplan*
- *Grober Kostenplan*
- *Projektleitung und Projektteam*
- *Projektergebnisse*
- *Risikobetrachtung*

Brainstorming

Brainstorming ist eine systematische *Ideenfindungsmethode*. Besonders geeignet bei klar definierten Problemen.
Brainstorming kann in einer Gruppe unter Beachtung folgender Regeln durchgeführt werden:

- *Jeder sagt, was ihm einfällt (keine Kritik an den Äußerungen). Auch keine Kommentare wie „Geht so nicht!", „Können wir nicht bezahlen!" usw.*
- *Quantität vor Qualität, je mehr Äußerungen, umso wahrscheinlicher ist eine gute Lösung erreichbar.*
- *Ideen werden kombiniert und weiterentwickelt. Ideen ergänzen sich und können zu Optimierungen führen.*
- *Sämtliche Ideenäußerungen werden sichtbar aufgeschrieben. So kann sich jeder Teilnehmer mit den Ideen beschäftigen und Kombinationsideen einbringen.*
- *Zum Abschluss werden die Ideen bewertet.*

Projektmanagement
project management

Projektphasen
project phases

Projektplan
project plan

Projektstruktur
project structure

Projektdurchführung
project work

Projektorganisation
project organization

Projekt-Strukturplan
project structure plan

Projektmanagement

Meilensteine (mile stones)

Ein Meilenstein bildet das Ende einer Projektphase.
Meilensteine sind eindeutig definierte Eckpunkte, die gewährleisten, dass sämtliche Projektaktivitäten zielgerichtet im geplanten Zeitraum abgearbeitet werden. Sie sind markante Zeitpunkte im Projektablauf und damit ein gutes Kontrollinstrument.

Projektdokumentation

Notwendige Voraussetzung für die Überwachung der Projektergebnisse ist die Projektdokumentation. Nach dem *Projektantrag*, der z. B. durch Kundenanforderungen, Umweltanforderungen oder Gesetzesänderungen initiiert sein kann, erfolgt u. U. der *Projektauftrag*.

Definitionsphase

- *Problemanalyse*
- *Teilziele*
- *Grobplanung*
- *Durchführbarkeitsprüfung*
- *Wirtschaftlichkeit*
- *Nutzwert*
- *Aktivitäten*

Planungsphasen

- *Lasten-/Pflichtenheft*
- *Feinplanung*
- *Verantwortungen*
- *Risikoanalyse*
- *Schnittstellenbeschreibungen*
- *Strukturplan, Ablaufplan, Terminplan*
- *Kostenplan, Kapazitätsplan*
- *Aktivitätenliste*

Realisierungsphase

- *Arbeitsprotokolle*
- *Planaktualisierungen*
- *Darstellung der Soll-Ist-Abweichung*
- *Besprechungsprotokolle*
- *Offene Punkte*
- *Projekt-Controlling*
- *Checklisten, Abnahmeberichte*
- *Ergebnisprotokolle*

Abschlussphase

- *Abschlussbericht*
- *Abschlussanalyse*
- *Erfahrungssicherungsbericht*

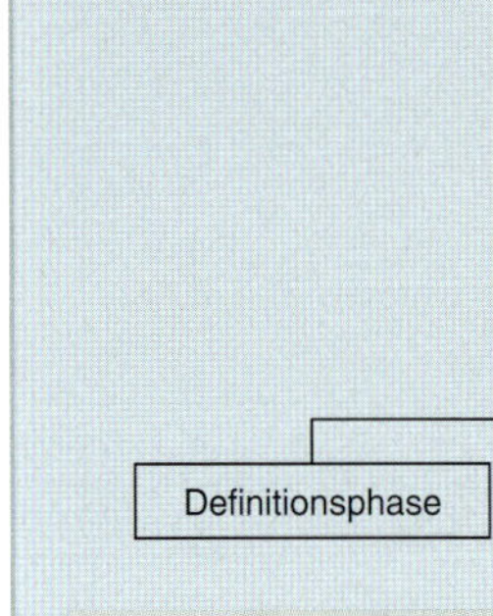

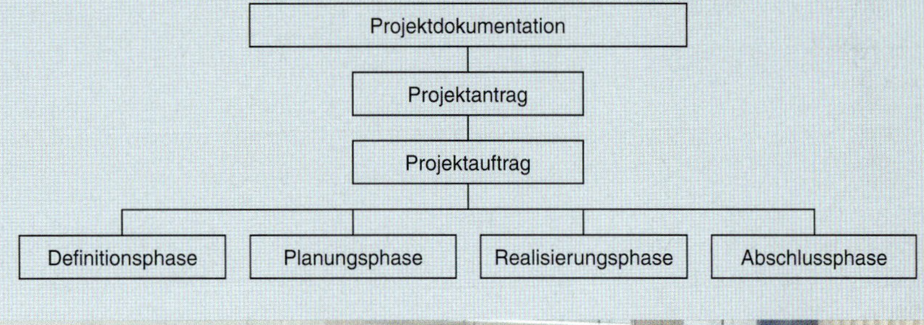

Nutzereinweisung

Der Adressat der *Nutzereinweisung* ist nur in Ausnahmefällen eine Fachkraft im Sinne von Elektrotechnik oder Metalltechnik.
Auf die Verwendung von Fachbegriffen ist also zu verzichten. Alle Ausführungen in mündlicher und/oder schriftlicher Form müssen allgemeinverständlich sein.

Wesentliche Inhalte

- *Errichten der Maschine (Anlage). Genaue Beschreibung, möglichst mit Illustrationen*
- *Grenzdaten der Maschine (Anlage)*
- *Bedienung der Maschine (Anlage). Eingabe von Steuerbefehlen und Daten, Verhalten im Notfall*
- *Wiederingangsetzen der Maschine (Anlage). Zum Beispiel nach Not-Halt.*
- *Sicherheitseinrichtungen*
- *Troubleshooting, Erkennung und Behebung einfacher Fehler*

Die Nutzereinweisung soll in schriftlicher Form vorliegen, damit der Verantwortliche (z. B. Maschinenführer) jederzeit nachschauen kann.
Eine Demonstration vor Ort in Beisein des Verantwortlichen ist zwingend notwendig. Dem Verantwortlichen sollte die Gelegenheit zu Rückfragen gegeben werden.

Adressaten der Nutzereinweisung

- Spannungsversorgungsanlagen in Betrieben
  Anlagenverantwortlicher, beauftragte Elektrofachkraft, Sicherheitsbeauftragter
- Sicherheitstechnische Einrichtungen
  Anlagenverantwortlicher, Sicherheitsbeauftragter
- Frei zugängliche Einrichtungen zum Steuern, Schalten usw.
  Bedienpersonal (unter Aufsicht des Anlagenverantwortlichen)

Arbeitssicherheit

Gesetze und Verordnungen

- *Betriebssicherheitsverordnung (BetrSichV)*
  Vorschriften für Bereitstellung und Benutzung von Arbeitsmitteln.
- *Arbeitsschutzgesetz (ArbSchG)*
  Sicherung und Verbesserung des Arbeits- und Gesundheitsschutzes der Beschäftigten bei der Arbeit.
- *Unfallverhütungsvorschriften (UVV)*
  Herausgegeben von den Berufsgenossenschaften als Berufsgenossenschaftliche Vorschriften für Sicherheit und Gesundheit bei der Arbeit (BGV).

  Die Arbeitgeber verpflichten sich, Maßnahmen zur Verhütung von Arbeitsunfällen, Berufskrankheiten und arbeitsbedingten Gefahren für die Gesundheit sowie eine effektive Erste Hilfe zu treffen.

  Beispiele

  BGV A1 Grundsätze der Prävention
  BGV A2 Betriebsärzte und Fachkräfte für Arbeitssicherheit
  BGV A3 Elektrische Anlagen und Betriebsmittel
  BGV A4 Arbeitsmedizinische Vorsorge

Produktsicherheitsgesetz (Prod SG)

Anforderungen an die Sicherheit von Produkten, sowie deren Kontrolle und Kennzeichnung.
Produkte sind Waren, Stoffe und Zubereitungen, die durch einen Fertigungsprozess hergestellt werden.

Das Gesetz hat Gültigkeit, wenn durch Geschäftstätigkeit Produkte auf dem Markt bereitgestellt, ausgestellt oder erstmals verwendet werden.
Beispiele für Produkte: Maschinen, Haushaltsgeräte, Heimwerkergeräte, Werkzeuge, Sportgeräte, persönliche Schutzausrüstungen.

Wenn Produkte innerhalb der EU auf den Markt gelangen, müssen sie den Sicherheitsanforderungen genügen. Solche Produkte tragen das *CE-Kennzeichen.*

Der Hersteller bestätigt mit dem Anbringen des CE-Kennzeichens, dass sein Produkt den Anforderungen der EU-Rechtsvorschriften entspricht.

@ Interessante Links

- www.engelbert-strauss.de
- www.planam.de

Arbeitssicherheit
working safety

Schutzeinrichtung
protector, protective equipment

Arbeitsschutzbestimmungen
safety regulations

Persönliche Schutzausrüstung
personal protective equipment

Schutzhelm
safety helmet

Arbeitsschutzbekleidung
protective clothing

Arbeitsschutzmaßnahmen
safety precautions

Arbeitsschuhe
safety boots

Arbeitsplatzgrenzwert
maximum allowable concentration

Arbeitsschutz
work protection

Produktsicherheitsgesetz (Prod SG)

Zusätzlich kann ein Produkt ein *GS-Zeichen* tragen. Die Hersteller können ihre Produkte auf freiwilliger Basis bei Prüfstellen, die vom Bundesministerium für Arbeit und Soziales benannt sind, prüfen lassen.

Das *GS-Zeichen* garantiert, dass Sicherheit und Gesundheit des Menschen bei bestimmungsgemäßer Nutzung nicht gefährdet sind. Nur nach bestandener Prüfung darf das GS-Zeichen angebracht werden.

Gefahrstoffverordnung (GefStoffV)

Vor dem Einsatz eines Stoffs, einer Zubereitung oder eines Erzeugnisses muss der Arbeitgeber in seinem Betrieb ermitteln, ob es sich um einen Gefahrstoff handelt. Der Arbeitgeber hat ein Verzeichnis über die eingesetzten Gefahrstoffe zu führen.

Gefährliche Stoffe, Zubereitungen und Erzeugnisse sind (auch bei ihrer Verwendung) *verpackungs-* und *kennzeichnungspflichtig.*

Kennzeichnung bedeutet stets Gefahr!
Keine Kennzeichnung schließt eine Gefährdung allerdings nicht in jedem Fall aus!

Ein *Sicherheitsdatenblatt* gibt genaue Auskunft über die Gefahren, die ein Produkt für Mensch und Umwelt bedeutet. Es ist dem Verwender spätestens bei der ersten Lieferung auszuhändigen.

Wenn beim Umgang mit Gefahrstoffen *Schutzmaßnahmen* notwendig werden, so ist diesen stets der Vorzug vor der persönlichen Schutzausrüstung zu geben.

Rangfolge:

1. Verhinderung der Freisetzung von Gefahrstoffen.
2. Gefahrstoffe am Ort der Entstehung absaugen.
3. Wirksame Lüftungsmaßnahmen ergreifen.
4. Persönliche Schutzausrüstung zur Verfügung zu stellen.

Für den Arbeitsplatz ist eine *schriftliche* arbeitsbereich- und stoffbezogene *Betriebsanweisung* zu erstellen. Sie muss den Umgang mit den durch den Gefahrstoff auftretenden Gefahren für Mensch und Umwelt und die notwendigen Schutzmaßnahmen und Verhaltensregeln festlegen. Auch auf die *Entsorgung* von gefährlichen Abfällen ist hinzuweisen.

Eine jährliche *Unterweisung* ist notwendig. Sie ist zu dokumentieren.

Aufnahme von Gefahrstoffen

Aufnahme		**Schutzmaßnahmen**
Eindringen:	Gase, Dämpfe, Stäube	Augen- und Ohrenschutz
Einatmen:	Gase, Dämpfe, Stäube, Aerosole	Absaugen, Belüften, geeigneter Atemschutz
Verschlucken:	Stäube, Flüssigkeiten	Nicht trinken, essen, rauchen
Hautresorption:	Stäube, Flüssigkeiten	Hand- oder/und Arbeitsschutzkleidung, eventuell Vollschutzanzug

GHS

Ein *global harmonisiertes System* (GHS) stuft chemische Stoffe weltweit nach gleichen Kriterien ein. Auch deren Kennzeichnung gilt international.

Das *GHS-System* wurde mit der *CLP-Verordnung* (Verordnung über die Einstufung, Kennzeichnung und Verpackung von Stoffen und Gemischen) in der europäischen Union (EU) eingeführt.

GHS

Piktogramme

Explosions-gefährlich	Leicht-/hochent-zündlich	Brandfördernd	Komprimierte Gase	Ätzend
GHS01	GHS02	GHS03	GHS04	GHS05
Sehr giftig/giftig	**Gesundheits-gefährdend**	**Gesundheits-schädlich**	**Umwelt-gefährdend**	
GHS06	GHS07	GHS08	GHS09	

Signalwörter

GEFAHR	Für schwerwiegende Gefahrenkategorien
ACHTUNG	Für weniger schwerwiegende Gefahrenkategorien

Gefahrenhinweise, H-Sätze

Die *H-Sätze* beschreiben die *Art* und gegebenfalls den *Schweregrad* der Gefahr, die vom gefährlichen Stoff oder Gemisch ausgeht.

- **Gefahrenhinweis**

H 4 01

- Nummer, den R-Sätzen entsprechend
- **2** Physikalische Gefahren
  3 Gesundheitsgefahren
  4 Umweltgefahren
- Hazard Statement (Gefahrenhinweis)

- **Sicherheitshinweis**

P 4 01

- Nummer, den S-Sätzen entsprechend
- **1** Allgemein
  2 Vorsorgemaßnahmen
  3 Empfehlungen
  4 Lagerhinweise
  5 Entsorgung
- Precautionary Statement (Sicherheitshinweis)

Gefahrenkennzeichnung nach GHS

Begriff nach GHS	Gefahrenkennzeichnung nach GHS	
Akute Toxizität **Tödlich** beim Einatmen, Verschlucken und bei Hautkontakt.	H330 H310 H300	GEFAHR
Akute Toxizität **Giftig** beim Einatmen, Verschlucken und bei Hautkontakt.	H331 H311 H301	

Gefahrenkennzeichnung nach GHS

Begriff nach GHS	Gefahrenkennzeichnung nach GHS	
Spezifische Zielorgan-Toxizität bei einmaliger/wiederholter Gefährdung für den Organismus. Karziogenität, Keimzell-Mutagenität, Reproduktionstoxität.	H370 H372 H350 H340 H360 H334 H304	GEFAHR
Spezifische Zielorgan-Toxizität bei einmaliger/wiederholter Gefährdung für den Organismus. Karziogenität, Keimzell-Mutagenität, Reproduktionstoxität.	H371 H373 H351 H341 H361	ACHTUNG
Akute Toxizität **Gesundheitsschädlich** beim Einatmen, Verschlucken und bei Hautkontakt.	H332 H312 H302	ACHTUNG
Ätzung der Haut Wirkung irreversibel **Schwere Augenschädigung** Wirkung irreversibel	H314 H318	GEFAHR
Augenreizung, spezifische Zielorgan-Toxizität Reizung der Atemwege Hautreizung, Sensibilisierung der Haut	H319 H335 H315 H317	ACHTUNG
Spezifische Zielorgan-Toxizität betäubende Wirkung	H336	ACHTUNG

Sicherheitszeichen

Sicherheitszeichen dienen zur *Sicherheits-* und *Gesundheitsschutzkennzeichnung.*

Sie warnen vor Gefahren, leiten in Gefahrensituation und geben Handlungsanweisungen.

Form und Farbe der Sicherheitszeichen verdeutlichen unmittelbar, ob es sich um *Verbots-*, *Gebots-*, *Warn-*, *Rettungs-* oder *Brandschutzzeichen* handelt.

Sicherheitszeichen

Bedeutung des Sicherheitszeichens	Farbe	Form und Beispiel
Verbotszeichen untersagen ein Verhalten, durch das eine Gefahr hervorgerufen werden kann.	ROT	Zutritt für Unbefugte verboten
Gebotszeichen schreiben ein bestimmtes Verhalten vor.	BLAU	Vor Arbeiten freischalten
Warnzeichen warnen vor Risiken und Gefahren.	GELB	Warnung vor elektrischer Spannung
Rettungszeichen kennzeichnen Rettungswege, Notausgänge usw.	GRÜN	Erste Hilfe
Brandschutzzeichen kennzeichnen die Standorte von Feuermelder- oder Feuerlösch-einrichtungen.	ROT	Feuerlöscher

Persönliche Schutzausrüstung PSA

- **Augenschutz/Gesichtsschutz**
  Auswechselbare Sichtscheiben aus Sicherheitsglas.
  Vorgeschrieben, wenn mit Augen- oder Gesichtsverletzungen durch wegfliegende Teile, Spritzern von Flüssigkeiten oder gefährliche Strahlung gerechnet werden muss.

- **Kopfschutz**
  Schale besteht aus thermoplastischen oder duroplastischen Kunststoffen. Korbähnliche Innenausstattung zur Dämpfung und Verteilung der auf den Helm einwirkenden Kräfte.

  AC 440 V: Bei Gefährdung durch kurzzeitigen Kontakt mit Wechselspannungen bis 440 V. Vorgeschrieben, wenn Kopfverletzungen durch herabfallende, umfallende, wegfliegende oder pendelnde Gegenstände erwartet werden müssen. Auch bei lose hängenden Haaren.

Arbeitssicherheit
working safety

Schutzeinrichtung
protector, protective equipment

Arbeitsschutz-bestimmungen
safety regulations

Persönliche Schutzausrüstung
personal protective equipment

Schutzhelm
safety helmet

Arbeitsschutzbekleidung
protective clothing

Arbeitsschutzmaßnahmen
safety precautions

Arbeitsschuhe
safety boots

■ Sicherheitszeichen

Fehlerbeseitigung
trouble shooting

Funktionsfähigkeit
ability to operate

Schaden
damage

Fehlerfreier Betrieb
faultless operation

Fehleranalyse
analysis of mistakes

Fehlerbeschreibung
description of a fault

Fehlerfindung
fault finding

fehlerfrei
ready for operation

Fehlerhäufigkeit
rate of occurence

Fehlerquelle
source of error

Persönliche Schutzausrüstung PSA

- **Gehörschutz**
  Kapselhörschützer oder verformbare Gehörschutzstöpsel aus polymerem Schaumstoff zur einmaligen Verwendung. Bügelstöpsel zum häufigen Wechseln. Vorgeschrieben in gekennzeichneten Lärmbereichen, bei Arbeiten mit Schallpegeln ab 90 dB (A) sowie bei Arbeiten, für die die Berufsgenossenschaft Gehörschutz fordert.

- **Fußschutz**
  Sicherheitsschuhe mit Zehenkappen.
  S1: Geschlossener Fersenbereich, antistatisches Material
  S2: Wie S1, zusätzlich verringerter Wasserdurchtritt
  S3: Wie S2, zusätzlich Durchtrittsicherheit und profilierte Laufsohle

  Vorgeschrieben, wenn mit Fußverletzungen durch Stoßen, Einklemmen, herabfallende und umfallende Gegenstände, durch Hineintreten in spitze oder scharfe Gegenstände gerechnet werden muss.

  Symbol für Arbeiten in Anlagen bis AC 1000 V/DC 1500 V

 1000 V DIN

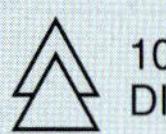 1000 V DIN EN

- **Körperschutz**
  Enganliegende Kleidung aus Naturfasern und Handschuhe.
  Schutzanzüge zum Schutz gegen gefährliche Körperströme und gegen Einwirken von Störlichtbögen (begrenzt auf Anlagen bis 500 V AC und 750 V DC).

  Vorgeschrieben, wenn in der Nähe von Stoffen gearbeitet wird, die zu Hautverletzungen führen oder durch die Haut in den menschlichen Körper eindringen können. Bei Gefahr von Verbrennungen, Verbrühungen, Verätzungen, Unterkühlungen, Stichverletzungen, Schnittverletzungen und elektrischen Durchströmungen.

■ **Fehlermanagement**
– Fehlererkennung
– Fehlerbeschreibung
– Fehlereingrenzung
– Fehlerbehebung
– Fehlervorbeugung

Systematische Fehlersuche

Ein *Fehler* ist der Ausfall einer oder mehrerer Funktionen eines technischen Systems. Fehlersuche muss immer systematisch sein.

Ein technisches System besteht im Allgemeinen aus mehreren Teilsystemen, die gemeinsam (im Zusammenwirken) eine Aufgabe übernehmen.

Fällt nun ein Teilsystem aus, kann die Funktion des Gesamtsystems beeinflusst werden.

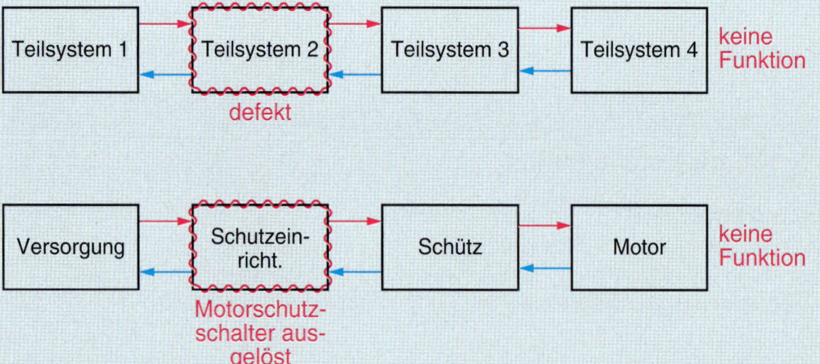

Im Allgemeinen ist nicht unmittelbar erkennbar, welches Teilsystem den Funktionsausfall bewirkt. Im Beispiel kann die Fehlerursache

- *der Ausfall der Versorgungsspannung*
- *der Ausfall einer Überstromschutzeinrichtung*
- *der Ausfall des Schützes*
- *der Ausfall des Motors*

sein. Sicherlich kommen auch die Leitungsverbindungen als Fehlerursache in Betracht (hier nicht dargestellt).

Strategien zur Fehlersuche

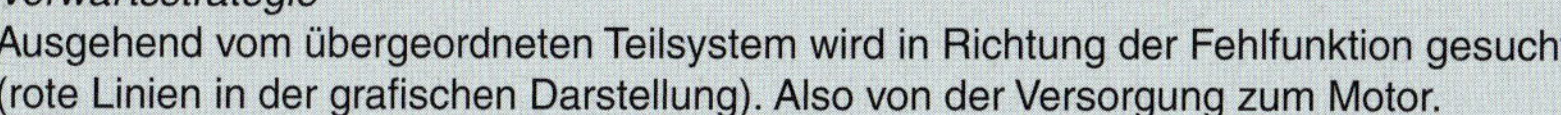

- *Vorwärtsstrategie*
  Ausgehend vom übergeordneten Teilsystem wird in Richtung der Fehlfunktion gesucht (rote Linien in der grafischen Darstellung). Also von der Versorgung zum Motor.
- *Rückwärtsstrategie*
  Ausgehend vom fehlerhaften Teilsystem wird in Richtung zum übergeordneten Teilsystem gesucht (blaue Linie in der grafischen Darstellung). Also vom Motor zur Versorgung.

Ablauf

- Eine Störung wird gemeldet.
- Eine möglichst genaue Fehlerbeschreibung einholen (z. B. vom Maschinenführer).
- Ortbesichtigung
- Eingrenzung des Fehlerorts
- Fehlersuche
- Reparatur
- Funktionsprüfung und Inbetriebnahme
- Dokumentation

Prüfung

1. Beschreiben Sie die TQM-Methode.

2. Was versteht man unter einem Projekt?

3. Ein Projekt unterteilt sich in verschiedene Projektphasen.

Nennen und beschreiben Sie diese Phasen.

4. Welche Aufgaben hat das Brainstorming? Beschreiben Sie den Ablauf von Brainstorming.

5. Bei der Projektbearbeitung sind milestones (Meilensteine) von Bedeutung.

Was versteht man darunter? Welche Aufgabe haben sie?

6. Worauf achten Sie bei der Erstellung einer Nutzereinweisung?
Wie gliedern Sie die Nutzereinweisung?

7. Welche Aussagen machen das CE- und das GS-Zeichen?

8. Beschaffen Sie sich in ihrem Ausbildungsbetrieb ein Sicherheitsdatenblatt und erläutern Sie dessen Aussage.

9. Wie führen Sie eine systematische Fehlersuche durch?

10. Erläutern Sie die dargestellten Zeichen.

@ Interessante Links

- christiani-berufskolleg.de

7 Fügeverfahren

7.1 Schraubverbindungen

Die Kopfplatte der Wendestation und die Halter werden mit der Tragplatte verschraubt. Beide sind dazu mit Gewindebohrungen versehen.

Als Schrauben werden Innen-Sechskantschrauben mit niedrigem Kopf verwendet.

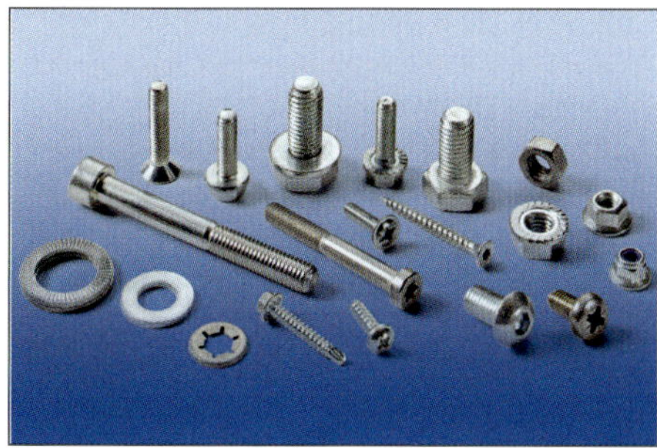

1 *Verbindungselemente*

Durch die *Verbindungsart* **Verschrauben** können die einzelnen Teile leicht vormontiert und ohne spezielles Werkzeug zusammengebaut werden.

Schraubverbindungen haben generell folgende Vorteile:

- Lösbare Verbindung
- Einfache und schnelle Montage und Demontage
- Keine Wärmebeeinflussung der Bauteile
- Verbinden unterschiedlicher Werkstoffe möglich

Da die Schraube an der Oberseite *bündig* mit der Tragplatte abschließen muss, wurde eine **Senkung** in der Platte angebracht, damit der Schraubenkopf nicht übersteht.

Folgende Schrauben werden eingesetzt:

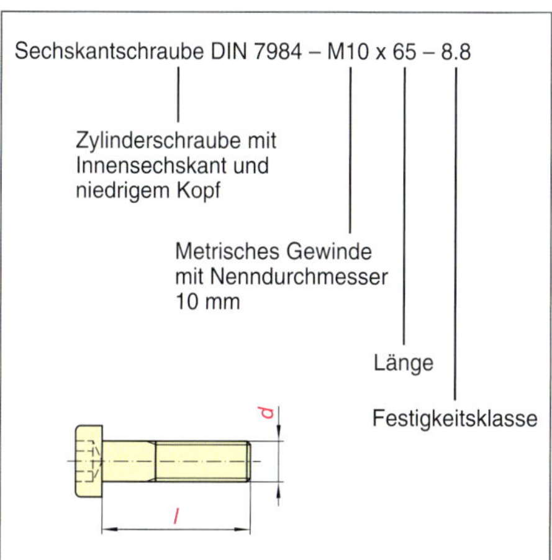

Der *niedrige Schraubenkopf* ist erforderlich, da die Tragplatte nur eine Dicke von 10 mm und der normale Schraubenkopf eine Höhe von 10 mm haben.

Die *Länge der Schraube* ergibt sich aus den entsprechenden Längen der einzelnen Bauteile:

Tragplatte	4 mm (= 10 mm – 6 mm)
Halter	47,5 mm
Kopfplatte	12 mm

Insgesamt ergibt dies eine Länge von 63,5 mm.

Die Schraube muss also mindestens eine Länge von 63,5 mm haben, gewählt wurde deshalb das Maß 65 mm.

Mindesteinschraubtiefe

Die Schraube benötigt in der Kopfplatte eine bestimmte *Mindesteinschraubtiefe*.

Bei zu *geringer* Einschraubtiefe kann das Gewinde zu stark belastet und dadurch beschädigt werden.

Die *Mindesteinschraubtiefe* ist abhängig
– von der Festigkeit der Schraube
– vom Werkstoff

Bei Bauteilen aus Stahl und höherwertigen Schrauben entspricht der Wert dem 1,2-Fachen des Schraubendurchmessers.

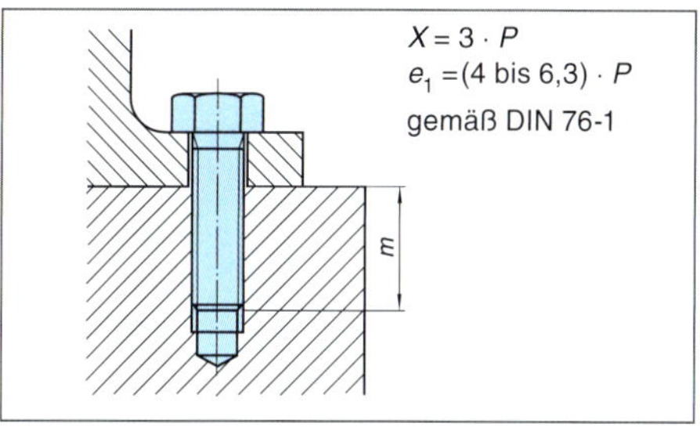

2 *Mindesteinschraubtiefe*

Der genaue Wert lässt sich dem Tabellenbuch entnehmen. Im vorliegenden Fall ergibt sich eine *Einschraubtiefe* von mindestens 12 mm.

Verbindungsarten

Die Kopfplatte und der Halter werden durch die Schrauben direkt mit der Trageplatte verbunden, da sie mit Innengewinde versehen sind. Diese Art der Schraubverbindung nennt man **Einziehverbindung**.

Schraubverbindung
screw connection

Schraube mit Innensechskant
hexagon socket head cap screw

Sechskantschraube
hexagon bolt

Schraubverbindung
screwed pipe connection

Einziehverbindung
pulling connection

Durchsteckverbindung
bolt and nut connection

Anziehdrehmoment
fastening torque

Zugspannung
tension

Passschraube
close-tolerance bolt

Rostfreier Stahl
stainless steel

Fertigung
fabrication, manufacture

Montage
mounting

Demontage
disassembly

■ **Schrauben und Muttern**

■ **Mindesteinschraubtiefe**

■ **Schraubensicherungen**

Mutter
nut

Stiftschraube
stud screw

Innensechskant
hexagon

Anziehdrehmoment
tightening torque

Drehmomentschlüssel
torque wrench

Vorspannkraft
initial tensile force

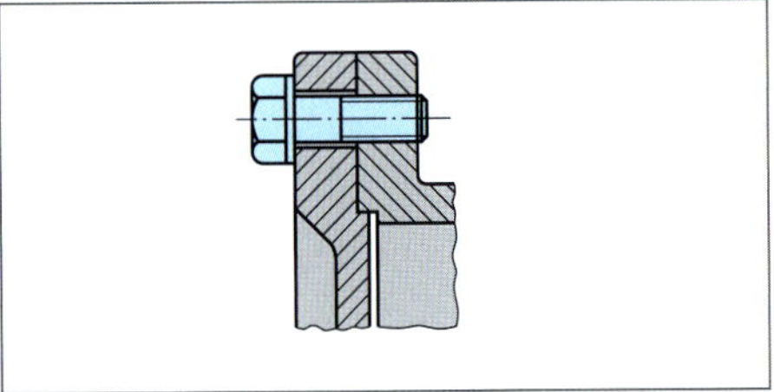

3 Einziehverbindung

Wenn kein Innengewinde vorhanden ist, wird eine **Mutter** eingesetzt.

Diese **Durchsteckverbindung** benötigt keine zeitaufwendige Herstellung der Innengewinde, braucht aber deutlich mehr Platz für die Mutter und deren Montage.

■ **Gewinde**

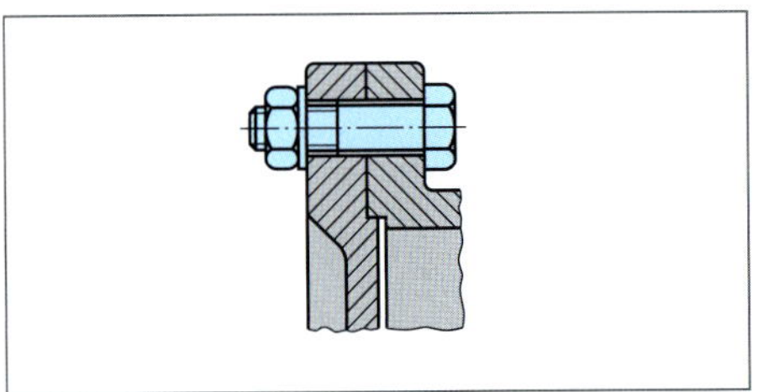

4 Durchsteckverbindung

Wird die Schraube häufig gelöst und wieder angezogen, kann das Innengewinde beschädigt werden. In diesen Fällen bietet sich der Einsatz von **Stiftschrauben** an.

■ **Stiftschraube**

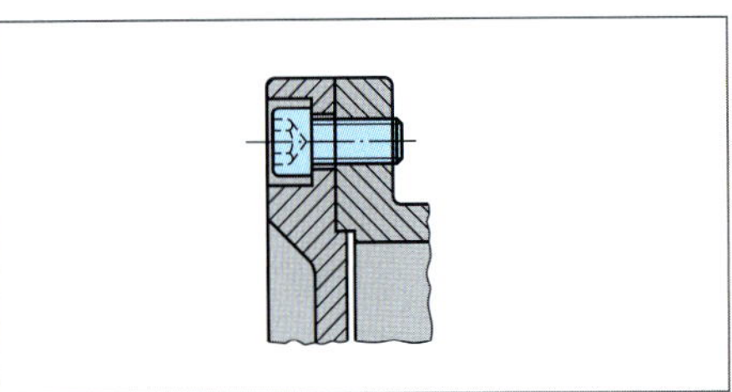

5 Stiftschraubenverbindung

Die Stiftschrauben werden auf einer Seite fest in das Bauteil eingeschraubt. Beim Lösen wird nur die Mutter abgeschraubt und die Schraube verbleibt im Bauteil.

Anziehdrehmoment

■ **Anziehdrehmoment**

Zum Befestigen der Schraube wird ein **Innen-Sechskantschlüssel** benutzt. Durch das Drehen des Schlüssels entsteht an der Schraube ein **Anziehdrehmoment** (Bild 6).

Die Größe dieses Drehmoments M ist abhängig von der aufgewendeten Kraft F_H (Handkraft) und der Länge des Schraubenschlüssels l (Hebellänge).

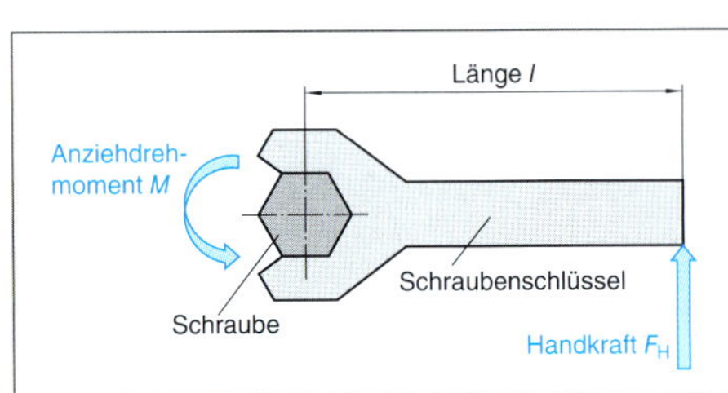

6 Anziehdrehmoment einer Schraube

Anziehdrehmoment

$M = F_H \cdot l$

M Drehmoment in Nm
F_H Kraft in N
l Hebellänge in m

Handkraft = 300 N, Länge des Schraubenschlüssels = 28 cm.

Anziehdrehmoment
$M = 300\ \text{N} \cdot 0{,}028\ \text{m} = 84\ \text{Nm}$

Werden die Schrauben *zu fest angezogen* (Anziehdrehmoment zu hoch), können sie beschädigt werden.

Werden sie *nicht fest genug angezogen* (Anziehdrehmoment zu niedrig), kann sich die Schraubverbindung lösen.

Zum genauen Anziehen von Schrauben werden in der Praxis deshalb **Drehmomentschlüssel** verwendet. Das notwendige Drehmoment wird am Schlüssel eingestellt. Bei Erreichen dieses Werts wird die Verbindung zur Schraube automatisch getrennt.

Vorspannkraft

Durch das Drehmoment beim Anziehen der Schraube dehnt sich die Schraube und es entsteht eine Zugkraft in der Längsachse der Schraube, die **Vorspannkraft** F_V.

Die Größe der Vorspannkraft ist neben dem *Anzugsmoment* auch abhängig von der *Reibung* zwischen Schraube und Bauteil, also dem *Wirkungsgrad* und der *Steigung* des Gewindes.

$$M = \frac{F_V \cdot P}{2 \cdot \pi \cdot \eta}$$

M Anziehdrehmoment in Nm
F_V Vorspannkraft in N
P Gewindesteigung in m
η Wirkungsgrad

Die **Gewindesteigung** ist abhängig von der Schraubengröße. Für **Regelgewinde** sind die Werte dem Tabellenbuch zu entnehmen.

Bei **Feingewinden** wird die *Steigung* in der Schraubenbezeichnung direkt angegeben, z. B. **Feingewinde M8 × 1** (Durchmesser 8 mm, Steigung 1 mm).

Der *Wirkungsgrad* wird neben der Schraubenausführung hauptsächlich durch die *Reibungsverluste* im Gewinde und unter dem Schraubenkopf bestimmt.

Diese **Reibungsverluste** sind sehr hoch und liegen typischerweise in der Größenordnung von 85 – 90 %, sodass sich ein Wirkungsgrad von ca. 10 – 15 % ergibt.

Das bedeutet, dass nur ca. ein Zehntel der aufgewendeten *Handkraft* in *Vorspannkraft* umgewandelt wird.

Diese hohe Reibung verhindert aber auch ein **selbsttätiges Lösen** der Schraube, sodass eine Schraubverbindung **selbsthemmend** ist.

Wird die Schraube zu fest angezogen, kann die *zulässige Zugspannung* in der Schraube überschritten und die Schraube *überdehnt* und zerstört werden. Die im Schraubenquerschnitt herrschende **Zugspannung** σ lässt sich wie folgt bestimmen:

$$\sigma = \frac{F_V}{A}$$

σ Zugspannung in N/mm²
F_V Vorspannkraft in N
A Spannungsquerschnitt der Schraube in mm²

Die **maximal zulässige Zugspannung** ergibt sich aus der **Festigkeitsklasse** der Schraube.

Übertragbare Querkraft

Durch das Anziehen der Schraube werden die Bauteile mit der **Vorspannkraft** F_V aufeinandergepresst. Durch die **Haftreibung** zwischen den zusammengepressten Bauteilen kann eine Kraft F_R quer zur Verschraubungsrichtung übertragen werden, ohne dass die Schraube auf Abscherung belastet wird. Die Größe dieser Kraft ist abhängig von der *Haftreibungszahl* μ_0 und der *Anpresskraft* F_V.

Die Haftreibungszahl selbst ist abhängig von der *Werkstoffpaarung*, der *Oberflächenqualität* und der *Schmierung*. Der genaue Wert kann Tabellen entnommen werden.

Durch Reibung zwischen den Bauteilen übertragbare Kraft F_R:

$$F_R = \mu_0 \cdot F_V$$

F_R übertragbare Kraft in N
μ_0 Haftreibungszahl
F_V Vorspannkraft in N

z.B.

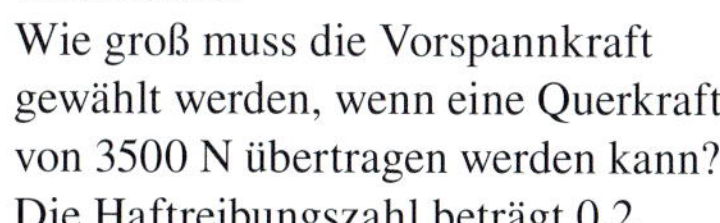

Zwei Flachstähle sind miteinander verschraubt.
Wie groß muss die Vorspannkraft gewählt werden, wenn eine Querkraft von 3500 N übertragen werden kann?
Die Haftreibungszahl beträgt 0,2.

$$F_R = \mu_0 \cdot F_V$$

$$F_V = \frac{F_R}{\mu_0} = \frac{3500\ \text{N}}{0{,}2} = 17\,500\ \text{N}$$

z.B.

Eine Schraubverbindung mit einer Schraube M16 × 70 wird mit einem Drehmoment von 40 Nm angezogen. Der Wirkungsgrad beträgt 0,15.
Wie groß ist die Vorspannkraft F_V?

Die Steigung P kann dem Tabellenbuch entnommen werden: $P = 2\ \text{mm} = 0{,}002\ \text{m}$

Vorspannkraft:

$$F_V = \frac{M \cdot 2 \cdot \pi \cdot \eta}{P} = \frac{40\ \text{Nm} \cdot 2 \cdot \pi \cdot 0{,}15}{0{,}002\ \text{m}}$$

$$F_V = 18\,840\ \text{N}$$

z.B.

Eine Schraubenverbindung mit einer Sechskantschraube M10 × 65 - 8.8 hat eine Vorspannkraft von 15 kN.
Wie groß ist die Zugspannung in der Schraube?
Wie hoch ist die maximal zulässige Spannung der Schraube und die Sicherheit gegen Bruch?

Zugspannung:

$$\sigma = \frac{15\,000\ \text{N}}{58{,}1\ \text{mm}^2} = \frac{258\ \text{N}}{\text{mm}^2}$$

Zulässige Spannung:

$$\sigma_{Zul} = \frac{800\ \text{N}}{\text{mm}^2}$$

Sicherheit:

$$\frac{\frac{800\ \text{N}}{\text{mm}^2}}{\frac{258\ \text{N}}{\text{mm}^2}} = 3{,}1$$

■ **Festigkeitsklasse**
TB

■ **Haftreibungszahl**
TB

Gewindesteigung
pitch of thread

Feingewinde
fine thread

Reibung
friction

Festigkeit
consistence, resistance (against tension)

Festigkeitsklasse
tensile strength

Querkraft
shearing force

Haftreibung
adhesive friction

Dehnschraube
anti-fatigue bolt

■ **Schraubenbezeichnung**

TB

@ Interessante Links

- fischerschrauben.de
- misumi-europe.com/de

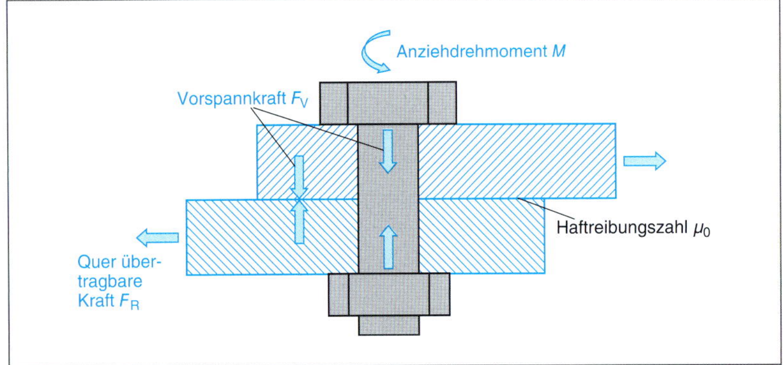

7 Drehmomente und Kräfte einer Schraubverbindung

Dadurch wird eine zu starke Belastung des Gewindebereichs vermieden.

Die Eigenschaften **nicht rostender Schrauben** sind in der DIN EN ISO 3506-1 festgelegt. In der Praxis erkennt man sie leicht an ihrer Kennzeichnung:
An der ersten Stelle steht ein Buchstabe (für die Stahlsorte), gefolgt von einer zweistelligen Zahl (für die Festigkeitsklasse).

Beispiel:
A2 - 70
(Schraube aus austenitischem Stahl mit einer Zugfestigkeit von 700 N/mm²)

■ **Schraubverbindung**

Bild 7 zeigt zusammenfassend die *Drehmomente* und *Kräfte* einer Schraubverbindung.

Spezielle Schraubenarten

Neben den verschiedenen Kopfformen (z. B. Sechskant- und Senkschrauben) gibt es für spezielle Anwendungen weitere Schraubenarten.
Wenn die Schraube auf *Abscherung* belastet wird, muss sie *große Querkräfte* aufnehmen.

■ **Passschrauben**

In diesen Fällen werden **Pass-** oder **Schaftschrauben** eingesetzt (Passschrauben mit Kopf, Schaftschrauben ohne Kopf).

Der Schraubenschaft mit einem genau definierten Durchmesser bildet mit der ebenfalls genau gefertigten Bohrung eine Passung, über die die Querkräfte aufgenommen werden.

■ **Nicht rostende Schrauben und Muttern**

Die so gebildete **formschlüssige Verbindung** ist vergleichbar mit einer *Stiftverbindung* mit einem Gewinde. Diese Verbindungsart wird auch zur exakten Sicherung der gegenseitigen *Lage* von Bauteilen eingesetzt (Lagesicherung).

8 Edelstahlschrauben

■ **Passung**

Ist die Belastung der Schraube in *Achsrichtung* stark *schwankend*, dann ist die Verwendung von **Dehnschrauben** sinnvoll. Der lange und dünne Schaft dieser Schraubenart ist relativ elastisch und wirkt wie eine Feder:
Bei Belastung wird der Schacht gedehnt und bei Entlastung wieder kürzer.

@ Interessante Links

- christiani-berufskolleg.de

Prüfung

1. Welche Vorteile bieten Schraubverbindungen im Vergleich zu Schweißverbindungen?

2. Bestimmen Sie die Mindesteinschraubtiefe

a) einer Schraube DIN EN ISO 4014 M12 × 40 - 5.6 in eine Stahlplatte,
b) einer Schraube DIN EN ISO 4017 M20 × 80 - 8.8 in ein Gehäuse aus Grauguss.

3. Nennen Sie jeweils zwei Vor- und Nachteile einer Durchsteckverbindung im Vergleich zu einer Einziehverbindung.

4. Auf einer technischen Zeichnung ist ein Anzugsmoment der Schraube von 60 Nm angegeben. Für die Montage wird ein Schraubenschlüssel mit einer Länge von 37 cm verwendet.

Welche Handkraft ist erforderlich?

5. Welchen Hauptvorteil bietet der Einsatz von Drehmomentschlüsseln beim Anziehen von Schrauben?

6. Eine Schraubverbindung mit einer Schraube M20 × 100 - 8.8 wird mit einer Vorspannkraft von 120 kN angezogen.

Wie hoch ist
a) die Spannung in der Schraube,
b) die Sicherheit gegen Bruch?

7. Zwei Stahlplatten sind mit vier Schrauben miteinander verschraubt. Die Vorspannkraft beträgt pro Schraube 42 kN.

Wie hoch ist die zulässige Querkraft F_R, wenn die Haftreibungszahl 0,25 beträgt?

8. Nennen Sie mögliche Anwendungsfälle für Passschrauben.

9. An welchem konstruktiven Merkmal erkennt man eine Dehnschraube?

7.2 Schweißen

Dargestellt ist die *Tragplatte* mit 8 Rollen (Projekt Seite 35). Jede Rolle ist mit einem Bolzen in zwei Stehlagern befestigt.

Die Befestigung dieser Stehlager mit der Tragplatte erfolgt durch Schweißen.

Bei dieser Verbindungsart sind keine vorbereitenden Arbeiten an der Tragplatte oder den Stehlagern erforderlich, die Lager werden direkt mit der Platte verschweißt.

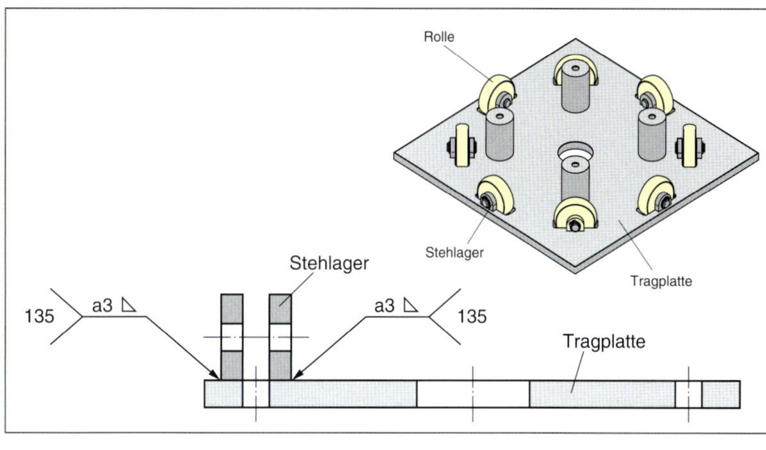

9 Schweißarbeiten an der Tragplatte des Projekts

Beim Verbinden durch **Schweißen** werden die Werkstoffe an der Fügestelle geschmolzen (Schmelzschweißen). Nach dem Abkühlen entsteht eine **Schweißnaht** mit einer **stoffschlüssigen** und **unlösbaren** Verbindung.

Die Energie zum Aufschmelzen der Werkstoffe wird in Form von Wärme (Flamme oder Lichtbogen) zugeführt. Abhängig vom **Schweißverfahren** wird noch ein artgleicher **Zusatzwerkstoff,** z. B. in Form eines Drahts, mit eingeschmolzen.

Verschweißt werden können generell Werkstücke aus *gleichen* oder *ähnlichen* Eisen- und Nichteisenmetallen. Die *Eignung zum Schweißen* wird auch stark von dem jeweiligen Material und dessen chemischer Zusammensetzung bestimmt. So ist bei Stählen die Schweißeignung stark vom Kohlenstoffgehalt abhängig.

Beim Schweißen werden artgleiche Eisen- und Nichteisenmetalle unlösbar und stoffschlüssig verbunden.

Die verschiedenen Schweißverfahren unterscheiden sich hauptsächlich durch die Art der Energiezufuhr.

Das Schweißen ist neben dem Verschrauben und Kleben eines der am meisten verwendeten Fügeverfahren.

Die *Vorteile* des Verfahrens sind

- die hohe Festigkeit und Temperaturbeständigkeit (vergleichbar den Grundwerkstoffen der Bauteile),
- das geringe Gewicht (im Vergleich zu Schraubverbindungen),
- der geringe Vorbereitungsaufwand,
- die guten Automatisierungsmöglichkeiten (Einsatz von Schweißrobotern möglich).

Nachteilig sind

- die starke Erwärmung, die beim Abkühlen zu Spannungen und Verzug der Werkstücke führen kann und
- es können keine Werkstücke aus verschiedenen Materialien z. B. Stahl und Kunststoff miteinander verbunden werden.

Abhängig von der Art der *Wärmezufuhr* unterscheidet man hauptsächlich zwei Verfahren (Bild 10): **Gasschweißen** und **Lichtbogenschweißen**.

Schweißen
welding

Gasschweißen
gas welding

Lichtbogenschweißen
arc welding

Elektroden
electrodes

Schweißdraht
welding rot

■ **Schweißen**

@ Interessante Links

- kjellberg.de

Art der Wärmezufuhr | Art der Elektroden und Schutzgase

Schmelzschweißverfahren
- Gasschweißen
- Lichtbogenschweißen
  - Lichtbogenhandschweißen
  - Schutzgasschweißen
    - MAG
    - MIG
    - WIG

10 Schmelzschweißverfahren

■ **MAG**
Metall-Aktiv-Gas

■ **MIG**
Metall-Inert-Gas

■ **WIG**
Wolfram-Inert-Gas

■ **Schweißverfahren**

■ **Schweißbrenner in Betrieb nehmen**

- Sauerstoffventil öffnen
- Brenngasventil öffnen
- Gemisch zünden
- Flamme einstellen

■ **Schweißbrenner außer Betrieb nehmen**

- Brenngasventil schließen
- Sauerstoffventil schließen

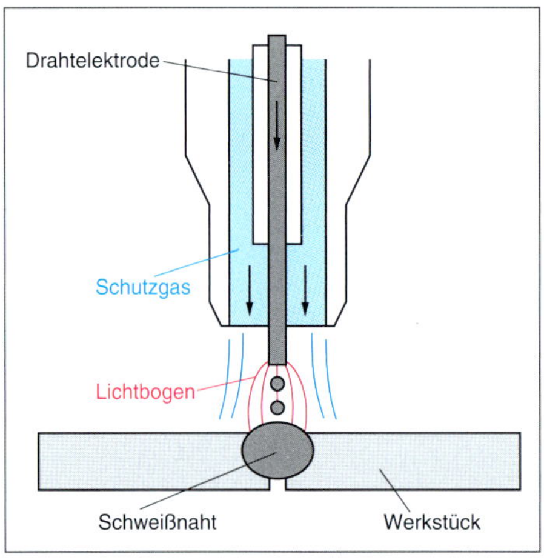

11 Schutzgasschweißen (MIG, MAG)

Beim **Gasschmelzschweißen** (auch **Autogenschweißen** genannt) werden die Bauteile direkt durch eine Gasflamme erwärmt.

Als *Brenngas* wird meist **Acetylen** verwendet, das ebenso wie der notwendige Sauerstoff in Druckflaschen gelagert wird. Durch den geringen Geräteaufwand wird dieses Verfahren meist in der Installationstechnik eingesetzt. Nachteilig sind die geringe Schweißleistung und die große Verzugsneigung der Bauteile.

Beim **Lichtbogenschweißen** wird die Energie durch einen elektrischen Lichtbogen zwischen einer Elektrode und den Bauteilen erzeugt.

Das **Lichtbogenhandschweißen** mit Stabelektroden ist für viele Werkstoffe geeignet und durch den relativ geringen Geräteaufwand gut auf Baustellen einsetzbar.

Durch die Zufuhr einzelner Elektroden von Hand entstehen aber viele Unterbrechungen des Schweißvorgangs.

Die *Qualität der Schweißnaht* wird außerdem durch die Reaktion des Schmelzbads mit Sauerstoff aus der Umgebungsluft beeinträchtigt.

Diese Nachteile vermeidet das **Schutzgasschweißen** durch die Verwendung von Schutzgas, das die Schweißstelle vom Sauerstoff der Luft abschirmt (Bild 11).

Verwendet werden dazu unterschiedliche *Gase* und *Elektroden:*

Beim **MAG-** (Metall-Aktiv-Gas) und beim **MIG-** (Metall-Inert-Gas) **Verfahren** brennt der Lichtbogen zwischen einer kontinuierlich (z. B. von einer Rolle) zugeführten Elektrode und dem Bauteil.

Beim **WIG-** (Wolfram-Inert-Gas) **Verfahren** wird eine nicht abschmelzende Wolfram-Elektrode verwendet. Als Schutzgas werden aktive Gase (bei MAG) wie Kohlendioxid (CO_2) und inerte Gase, (bei MIG) wie Argon oder Helium verwendet.

Die **Schutzgas-Verfahren** unterscheiden sich in der Schweißleistung und -qualität und bei den zu verschweißenden Materialien.

Das *MAG-Verfahren* ist das *Standardverfahren*, mit hoher Leistung und relativ geringen Kosten z. B. für niedriglegierte Stähle.

Die *MIG-* und *WIG-Verfahren* bieten gute Schweißergebnisse bei vielen Werkstoffen.

Aufgrund ihrer hohen Gaskosten und geringeren Schweißgeschwindigkeiten werden sie üblicherweise für *hochlegierte Stähle* und *Aluminium* eingesetzt.

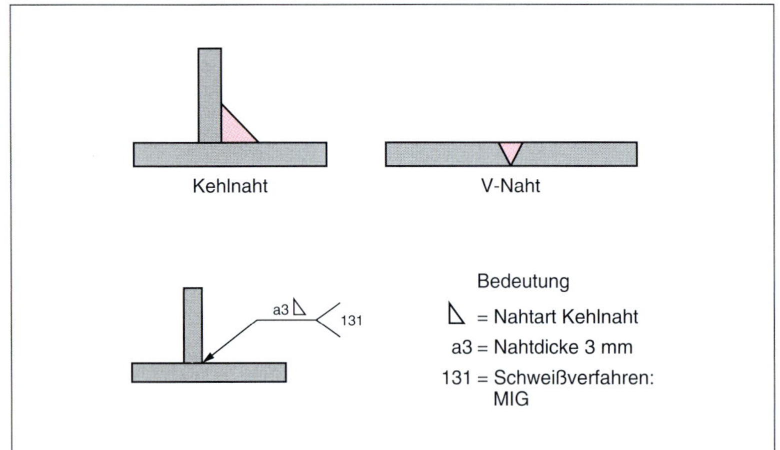

12 Schweißverbindungen und Bemaßungsbeispiel

Darüber hinaus gibt es viele weitere Schweißverfahren, z. B. das *Laser-* und das *Punktschweißen.*

Die geometrische Form der Schweißnaht (Nahtart) ist abhängig von den zu verbindenen Bauteilen und deren Lage zueinander.

Typische Nahtarten sind **Kehlnaht** (z. B. bei T-Stoß), **V-Naht** (z. B. bei Stumpfstoß).

In den technischen Zeichnungen werden die **Schweißverbindungen** mit Angaben gekennzeichnet:

- der Nahtart
- weiteren Angaben zur Ausführung der Naht
- dem Schweißverfahren

Für die eindeutige *Kennzeichnung der Schweißverfahren* gibt es **Kennzahlen** (Beispiele: Lichtbogenhandschweißen: 111, MAG: 135).

7.3 Kleben

Das Transportband der Wendestation wird mithilfe zweier Rollen geführt. Der Aufbau einer Rolle ist im CAD-Bild dargestellt:

Ein Hohlzylinder, die „eigentliche Rolle", ist mit einem Flansch mit einem Kugellager verbunden.

Das Kugellager ist dann im Stehlager der Tragplatte befestigt. Die Verbindung des Hohlzylinders mit dem Flansch (siehe Schnitt A-A) erfolgt durch Kleben.

Beim **Kleben** werden Bauteile mithilfe eines Stoffs (Kleber) verbunden. Es ist deshalb eine **stoffschlüssige Verbindung.**

Für eine einwandfreie Klebeverbindung, muss der Kleber einerseits gut an den Bauteilen haften (die Oberflächenhaftung: Adhäsion), er muss aber auch selbst gut zusammenhalten (der innere Zusammenhalt: Kohäsion), Bild 13, Seite 394)

Die **Adhäsion** (Anhaften des Klebers an einem Bauteil) ist abhängig von der Größe der Kontaktfläche. Deshalb sollte die Kontaktfläche *aufgeraut* sein.

Kleben
bonding, glueing

Kleber
adhesives

Klebeflächenvorbereitung
adherent preparation

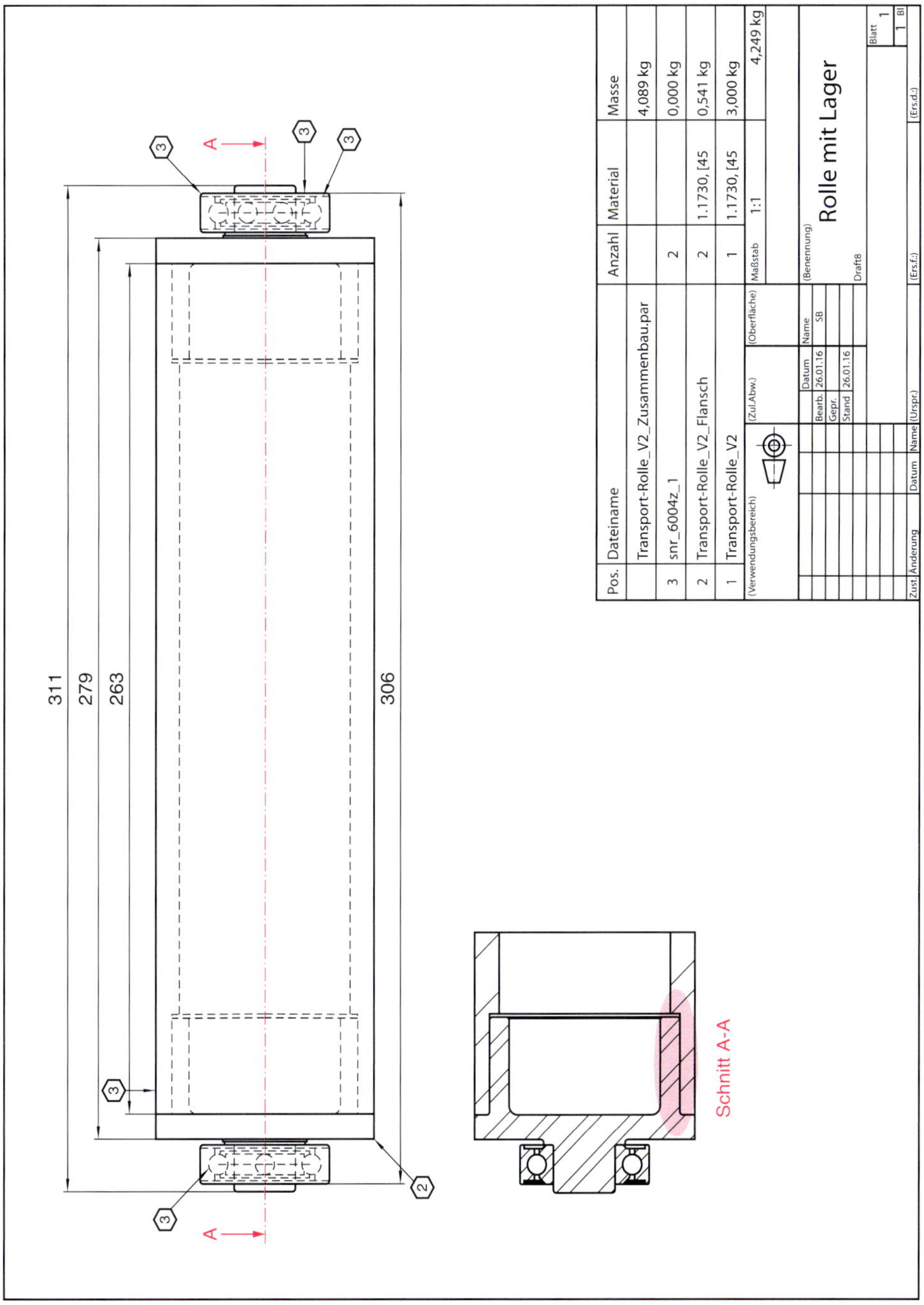

Pos.	Dateiname	Anzahl	Material	Masse
	Transport-Rolle_V2_Zusammenbau.par			4,089 kg
3	snr_6004z_1	2		0,000 kg
2	Transport-Rolle_V2_Flansch	2	1.1730, [45	0,541 kg
1	Transport-Rolle_V2	1	1.1730, [45	3,000 kg

■ **Kleben**
stellt eine unlösbare, stoffschlüssige Verbindung her.

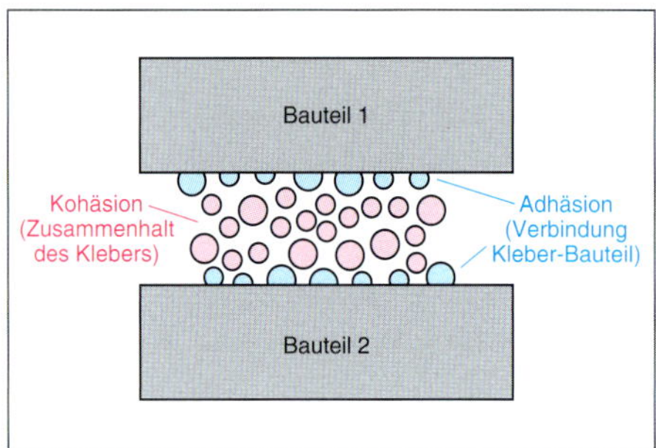

13 Klebeverbindung

Kleben, Kleber

Dies sorgt zusätzlich für eine gewisse mechanische Verankerung des Klebstoffs in den Oberflächenvertiefungen.

Vorbereitung

Der Klebstoff muss die Bauteiloberfläche aber auch gut benetzen. Deshalb muss er beim Auftragen *flüssig* sein und es darf kein Schmutz, Fett oder Öl auf dem Bauteil vorhanden sein. Aus diesem Grunde ist eine sorgfältige *Reinigung der Oberfläche* vor dem Kleben sehr wichtig.

Vorbereitung der Klebeflächen

TB

Die sorgfältige Vorbereitung der Bauteiloberflächen ist entscheidend für die Qualität einer Klebeverbindung.

Der Umfang der Vorbereitung ist abhängig von dem verwendeten Kleber und den Anforderungen im jeweiligen Anwendungsfall, z. B. der erforderlichen mechanischen Belastbarkeit.

Üblich sind folgende *Vorbereitungsarten:*

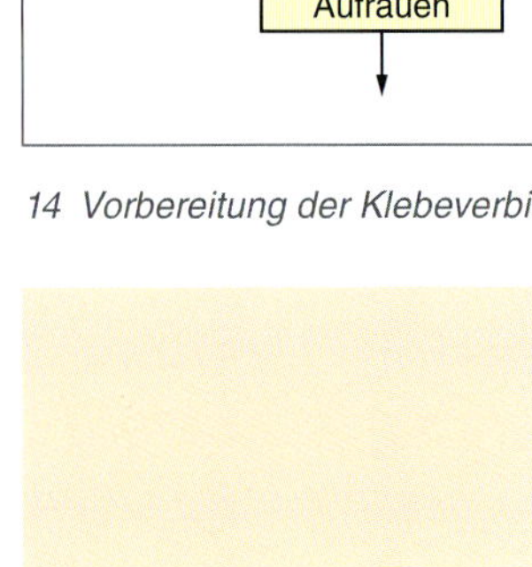

14 Vorbereitung der Klebeverbindung

Die vorbereiteten Oberflächen dürfen nicht mehr mit den Händen berührt werden, damit sich keine Fett- oder Schweißrückstände bilden.

Arbeitsschritte

Der Klebstoff wird möglichst dünn und gleichmäßig aufgetragen.

Je nach Kleber kann dies ein- oder beidseitig erfolgen. Die Werkstücke werden anschließend aufeinandergedrückt. Bis zur Belastung müssen sie noch eine bestimmte Zeit aushärten.

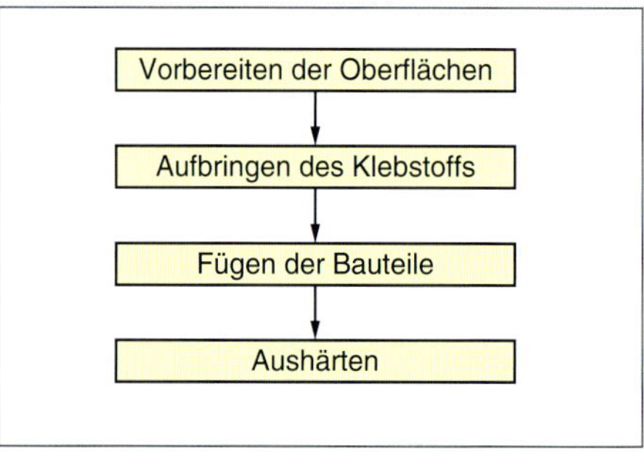

15 Arbeitsschritte beim Kleben

Vor- und Nachteile

Die aufwendige Bauteilvorbereitung und die notwendige Aushärtezeit sind generell nachteilig beim Kleben. Weitere Vor- und Nachteile sind in der folgenden Tabelle dargestellt:

Vorteile	Verbinden unterschiedlicher Materialien möglich, z. B. Stahl mit Kunststoff. Keine Gefügeveränderung der Bauteile durch Erhitzen. Gewichtsersparnis im Vergleich zu Schraub- und Schweißverbindungen. Verbinden dünner Bauteile möglich, z. B. dünne Bleche und Folien.
Nachteile	Aufwendige Vorbereitung Lange Aushärtezeit Festigkeit abhängig von der Anwendungstemperatur und Belastungsart. Große Verbindungsflächen erforderlich.

Gestaltung der Klebestellen

Bei der *geometrischen Gestaltung* der Verbindung ist zu beachten, dass

- eine große Verbindungsfläche und
- eine Belastung der Verbindung auf Scherung

vorteilhaft sind. In Abbildung 16 sind beispielhaft zwei *ungünstige Verbindungen* mit den jeweiligen *Verbesserungsmöglichkeiten* dargestellt.

Klebearten

Je nach Wirkprinzip der Aushärtung unterscheidet man zwei Klebearten:

- Physikalisch abbindende Klebstoffe (Komponentenkleber) und
- Chemisch abbindende Klebstoffe (Reaktionskleber).

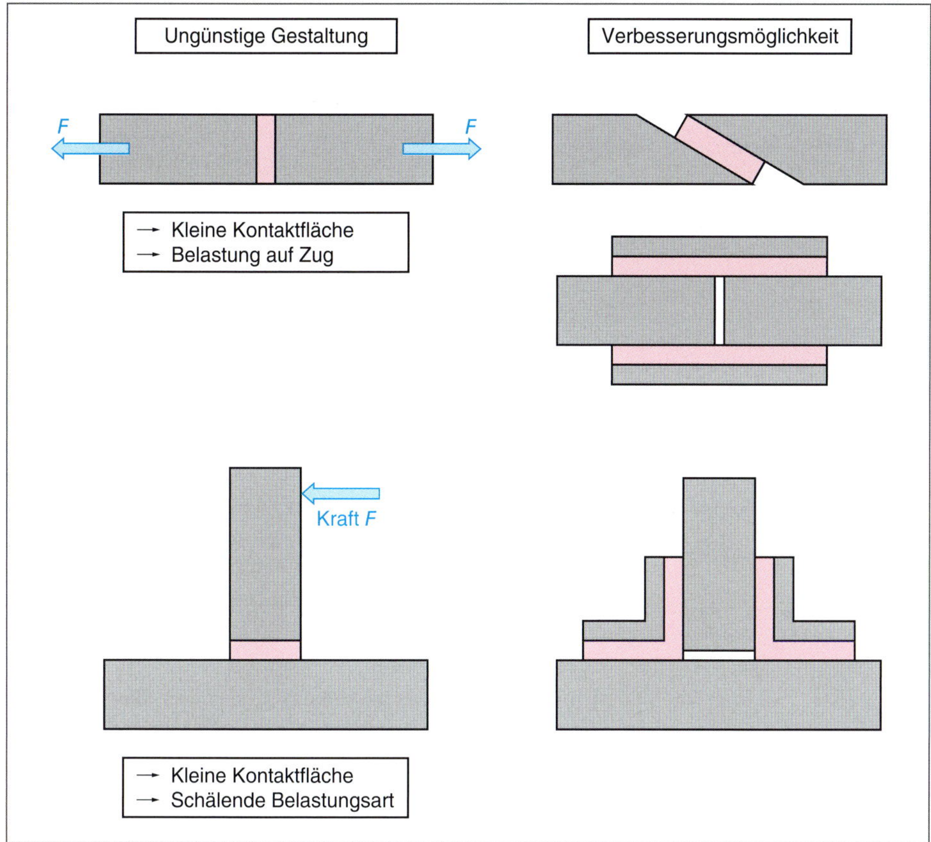

16 Gestaltung der Klebestellen

Bei *physikalisch abbindenden Klebstoffen* entsteht die feste Verbindung durch das Verdunsten von Wasser oder Lösungsmitteln (Nasskleber) oder durch das *Erstarren des Klebers* beim Abkühlen (Schmelzkleber).

Schmelzkleber werden erwärmt und im aufgeschmolzenem Zustand auf die Bauteile übertragen. Beim Abkühlen erstarren sie und bilden eine feste Verbindung. Als Schmelzkleber werden z. B. *thermoplastische Kunststoffe* verwendet.

Bei *chemisch abbindenden Klebstoffen* erfolgt das Aushärten durch eine chemische Reaktion zwischen den einzelnen Bestandteilen des Klebers. **Einkomponenten-Kleber** enthalten bereits alle erforderlichen Bestandteile in einer fertigen Mischung, die z. B. durch Wärme aktiviert werden. Bei den **Zweikomponenten-Klebern** erfolgt die chemische Reaktion nach dem Mischen der einzelnen Bestandteile (Harz und Härter).

Typische **Reaktionskleber** sind z. B. Polyesterharze und Epoxidharze.

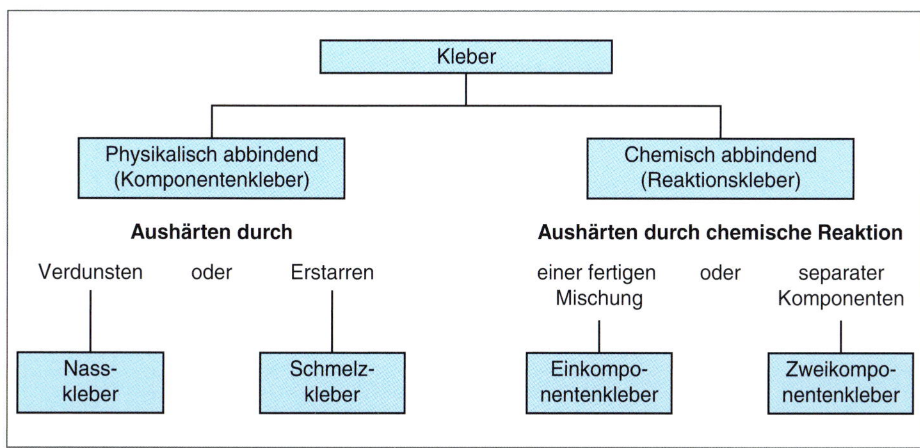

17 Wichtige Kleberarten

Löten
soldering

Flussmittel
fluxing agent, flux

Weichlöten
soft soldering

Hartlöten
brazing

Schutzmaßnahmen

Klebstoffe sind Chemikalien, deshalb sind Maßnahmen zum Schutz des Menschen und der Umwelt zu beachten:

- Beim Kleben Handschuhe, Schutzbrille und evtl. Atemschutz tragen.
- Hautkontakt mit dem Klebstoff vermeiden.
- Arbeitsräume gut belüften, evtl. mit einer Absauganlage.
- Keine offenen Flammen verwenden, nicht rauchen.

Die Klebstoffabfälle gemäß den entsprechenden Vorschriften entsorgen.

Prüfung

1. Nennen Sie drei Vorteile einer Schweißverbindung im Vergleich zu einer Schraubverbindung.

2. Wie unterscheidet sich die Wärmezufuhr beim Autogenschweißen und beim Lichtbogenschweißen?

3. Welches Schutzgasschweißverfahren wird bei unlegierten Stählen meistens verwendet (Begründung)?

4. Wie unterscheiden sich die Elektroden beim MIG- und WIG-Verfahren?

5. Was bedeutet die Angabe „Schweißverfahren: 311" in technischen Zeichnungen?

6. Welche Behandlungsarten gibt es zur Vorbereitung der Klebeflächen?

7. Welche Behandlungsarten sind erforderlich beim Kleben von Aluminiumteilen mit mittlerer Zugfestigkeit?

8. Welche Folgen kann eine nicht fachgerechte Vorbereitung der Klebeflächen haben?

9. Nennen Sie jeweils drei Vor- und Nachteile von Klebstoffverbindungen.

10. Erklären Sie den Unterschied bei der Aushärtung von Einkomponenten- und Zweikomponenten-Klebern.

11. Zwei Bauteile aus Glas und Stahl sollen miteinander verklebt werden.
Welche Kleberart ist hierzu geeignet?

12. Welche persönlichen Schutzmaßnahmen sind beim Kleben erforderlich?

7.4 Löten

Zum Verbinden elektrisch leitender Teile wird oft das *Lötverfahren* verwendet. Bei diesem Verfahren werden metallische Bauteile mit einem zusätzlichen Werkstoff, dem Lot, miteinander verbunden.

> Metallische Werkstoffe lassen sich durch Löten stoffschlüssig und unlösbar miteinander verbinden.

Beim *Lötvorgang* werden die Bauteile und das Lot auf die *Arbeitstemperatur des Lots* erwärmt.

Im Gegensatz zum Schweißen wird *nur das Lot* flüssig, die Bauteile selbst bleiben im festen Zustand.

Das flüssige Lot wird aufgebracht, fließt in die Oberflächenstruktur des Grundwerkstoffs und bildet mit ihm eine Legierung.

■ **Löten, Lote**

Die Auswahl eines geeigneten **Flussmittels** ist abhängig von den zu verbindenden Materialien und dem verwendeten Lötverfahren.

Flussmittel entfernen eventuell vorhandene *Verunreinigungen* und *Oxidschichten* von den Werkstoffoberflächen und verhindern eine erneute Oxidation.

■ **Flussmittel**

Abhängig von der *Arbeitstemperatur* unterscheidet man die beiden Lötverfahren **Weichlöten** und **Hartlöten** (Bild 18).

Weichlöten
Arbeitstemperatur kleiner 450°C
Niedrige mechanische Belastbarkeit
Anwendungen: Elektrotechnik

Hartlöten
Arbeitstemperatur größer 450°C
Feste und wärmebeständige Verbindungen
Anwendungen: Maschinenbau

18 Lötverfahren

@ Interessante Links
- christiani-berufskolleg.de

7.5 Nieten

Durch *Nieten* können Bauteile *ohne Einbringen von Wärme* verbunden werden, es entstehen deshalb *keine Gefügeveränderungen*.

Weitere *Vorteile* von Nietverbindungen sind

- das Verbinden unterschiedlicher Werkstoffe und
- der große Temperatureinsatzbereich.

Die *Herstellung* einer Nietverbindung erfolgt durch

- Einbringen einer Bohrung,
- Hindurchschieben des Niets und
- Verformen des überstehenden Endes zu einem Kopf.

19 Nietverbindung

Eingesetzt werden zwei unterschiedliche Verfahren: **Kalt-** und **Warmnietung**.

Kalt verarbeitete Nieten übertragen die Kräfte hauptsächlich durch **Formschluss,** d. h. der Nietschaft wird auf **Scherung** beansprucht (Bild 20).

Bei der *Warmnietung* werden die Bauteile durch das **Schrumpfen** bei Abkühlung des Niets aufeinandergepresst. Es entsteht eine **kraftschlüssige Verbindung** (Bild 21).

Das **Warmnieten** wird bei großen Stahlnieten (mehr als 10 mm Durchmesser), z. B. im Stahlbau eingesetzt.

Nieten unterscheiden sich auch durch die *Form des Kopfs*. Wichtige Nietformen sind:

Halbrundnieten	Mit halbrundem großem Kopf für eine hohe Klemmwirkung
Senknieten	Für glatte Oberflächen

Wenn das Nietloch bei dünnwandigen Werkstücken nur von einer Seite aus zugänglich ist, werden **Blindnieten** eingesetzt. Das Herstellen einer solchen *Blindnietverbindung* erfolgt mit speziellen Nietzangen.

Durch Nieten werden unlösbare form- und kraftschlüssige Verbindungen hergestellt.

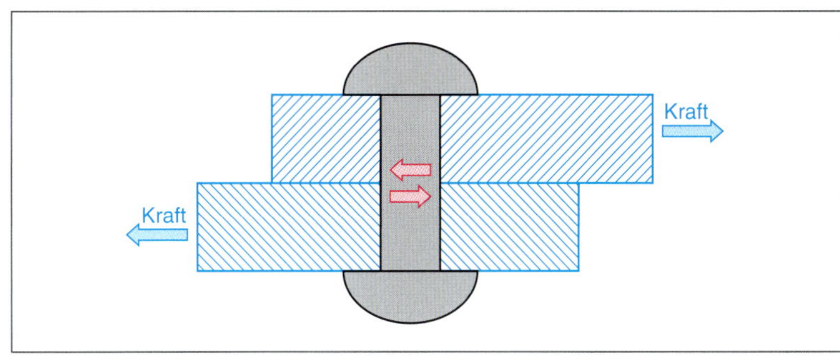

20 Kaltnietung mit formschlüssiger Verbindung

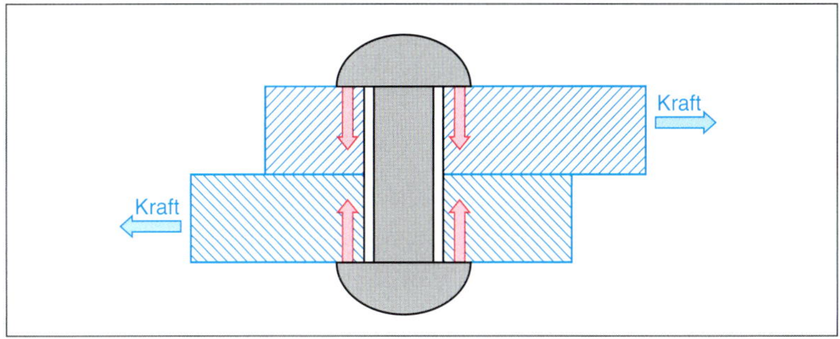

21 Warmnietung mit kraftschlüssiger Verbindung

22 Blindniet

7.6 Falzen

Dünne Bleche können durch Falzen ohne zusätzliche Fügemittel direkt miteinander verbunden werden.

Dabei entsteht eine *formschlüssige, unlösbare* und relativ dichte *Verbindung*.

Die Arbeitsschritte (Bild 23, Seite 398) beim Herstellen einer **Falzverbindung** bestehen aus

- dem Umkanten der Bleche,
- dem Einhaken in die Falte und
- dem abschließenden Zusammendrücken.

Für das Umkanten müssen sich die Bleche gut verformen lassen.

Eingesetzt werden *Falzverbindungen* bei dünnen Stahl-, Aluminium-, Zink- und Kupferblechen, z. B. im Bereich der Lüftungstechnik und der Fassadentechnik.

■ Niet

@ Interessante Links

- boellhoff.com
- gesipa.com
- titgemeyer.com

Niet
rivet

Nietkopf
cross-cut chisel

Nietstift
rivet pin

Nietverbindung
riveteted connection

Nietzange
riveting tongs

Falzen
seaming

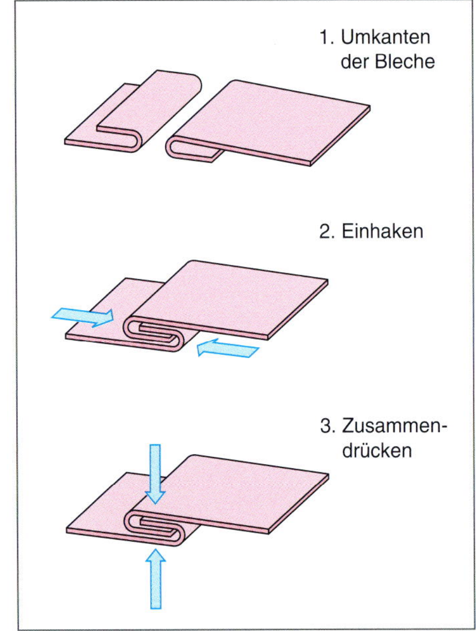

23 Herstellung einer Falzverbindung

Prüfung

1. Nennen Sie jeweils drei Beispiele für lösbare und unlösbare Verbindungen.

2. Nennen Sie zwei Beispiele für bewegliche, formschlüssige Verbindungen.

3. Wie werden bei formschlüssigen Verbindungen die Verbindungsmittel hauptsächlich belastet: auf Zug, Druck, Scherung oder Torsion?

4. Listen Sie alle Verbindungen an einem Schraubstock auf und ordnen Sie diese den Fügearten zu.

5. Beschreiben Sie die Unterscheidung der einzelnen Fügearten.

6. Wie kann die Übertragung von Kräften und Drehmomenten verwirklicht werden?

7. Wie werden Nietverbindungen fachgerecht hergestellt?

@ Interessante Links

- christiani-berufskolleg.de

Kraftschlüssige Verbindung
frictional connection

Formschlüssige Verbindung
positive connection

Stoffschlüssige Verbindung
adhesive bond connection

Lösbare Verbindung
detachable connection

Fügeverfahren

Bauteile können auf viele verschiedene Arten miteinander verbunden werden.

Die *Fügearten* unterscheiden sich durch:

– *die Übertragungsart der Kräfte und Momente*
– *die Möglichkeit der Bauteiltrennung*
– *die Bewegungsmöglichkeit der verbundenen Teile.*

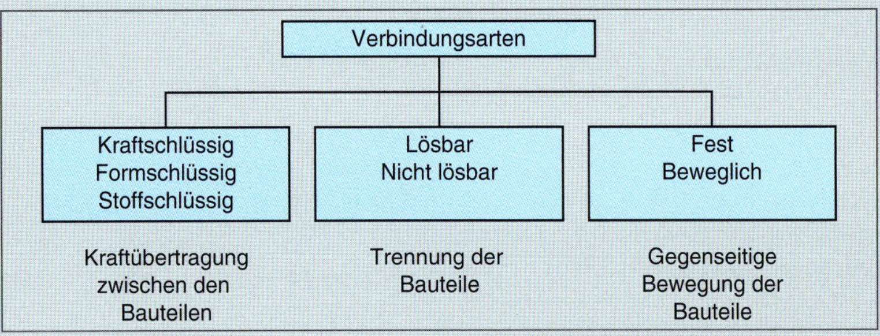

Bewegliche Fügearten, z. B. Gelenkverbindungen mit Bolzen, ermöglichen ein Bewegen der Bauteile gegeneinander.

Lösbare Verbindungen, z. B. eine Verschraubung, können ohne Zerstörung der Bauteile oder der Verbindungsmittel wieder gelöst werden. Meist ist auch eine Wiederverwendung der Verbindungsteile möglich.

Die *Übertragung der Kräfte und Momente* zwischen den Bauteilen kann durch drei unterschiedliche physikalische Möglichkeiten realisiert werden:

– *kraftschlüssig*
– *formschlüssig*
– *stoffschlüssig*

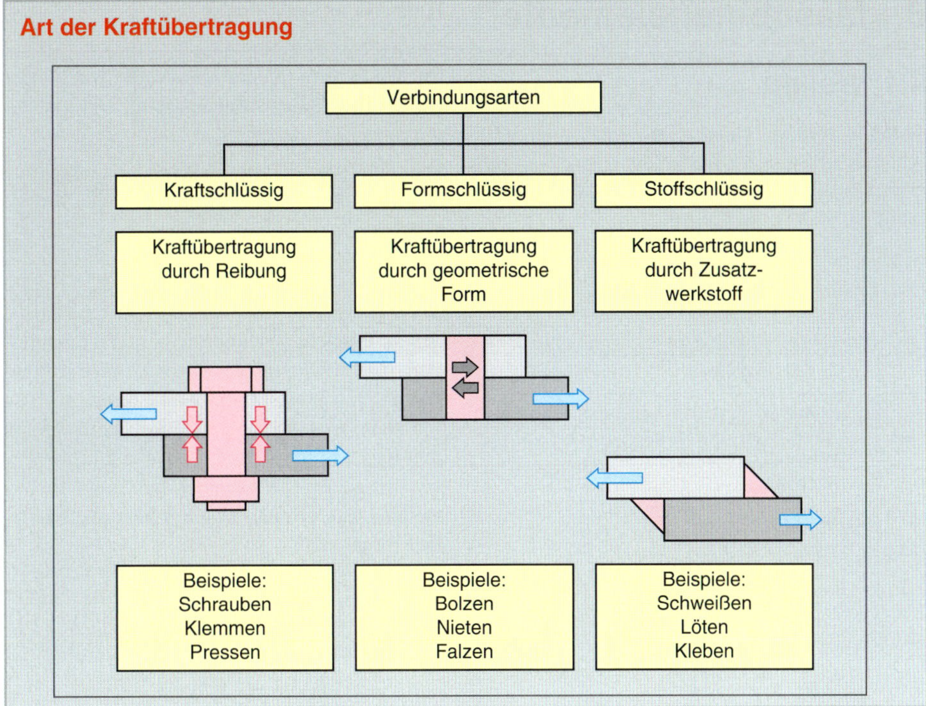

Prüfung

1. Erläutern Sie folgende Schraubenbezeichnungen:

a) DIN EN ISO 7046 - 1 - M6 x 25 - 8.8

b) DIN EN ISO 4014 - M 12 x 1,15 x 80 - 5,6

2. Was versteht man unter der Steigung eines Gewindes?

3. Zur Befestigung einer Abdeckung wird eine Senkschraube mit Innensechskant, Größe M10, Länge 60 mm, Festigkeitsklasse 8.8 benötigt.

a) Wie lautet die vollständige Normbezeichnung dieser Schraube?

b) In welchen Festigkeitsklassen ist diese Schraube verfügbar?

4. Auf einer Schraube finden Sie die Angabe A2-70.
Was bedeutet diese Bezeichnung?

5. Benennen Sie den Hauptvorteil und den üblichen Einsatzbereich von Blechschrauben.

6. Bestimmen Sie für eine Schraube DIN EN ISO 4017 - M10 x 70 - 8.8 eine passende Sechskantmutter mit vollständiger Angabe der Normbezeichnung.

7. Nennen Sie mindestens zwei Vorteile von Hutmuttern.

8. Eine Gewindebezeichnung lautet: Tr 24 x 5.

a) Um welche Gewindeart handelt es sich?

b) Wozu werden solche Gewindarten üblicherweise eingesetzt?

9. Erklären Sie die Funktionsweise und den Einsatzbereich von Federringen.

10. Von welchen Einflussgrößen ist die Mindesteinschraubtiefe einer Schraube abhängig?

- christiani-berufskolleg.de

■ **Passungen, Toleranzen**

8 Maschinenelemente

8.1 Wellen

Wellen werden eingesetzt, um rotierende Bauteile wie Lager oder Räder zu *tragen* und *Drehmomente* zu *übertragen*, z. B. von einem Motor zu einer Kupplung.

Achsen haben dagegen nur eine *tragende Funktion*, sie übertragen kein Drehmoment.

Achsen	Wellen
Aufgabe: Aufnehmen von Bauteilen	Aufgaben: Aufnehmen von Bauteilen Weiterleiten von Drehmomenten
Beanspruchung: Hauptsächlich auf Biegung	Beanspruchung: Hauptsächlich auf Torsion

Räder
Achse
Rad
Antriebsmotor
Welle

1 Achsen und Wellen

Achse
axle

Welle
shaft

Passfeder
fitting key

Keilwelle
splined shaft

Klemmverbindung
clamping connection

Pressverbindung
crimp connection

Nabe
hub

Keilwelle
spline shaft

Keilwellenverbindung
splined shaft

Spannelement
taped lock element

Kegel
cone

Die einfachste Ausführung einer **Welle** ist ein zylindrischer Stab.

In der Praxis gibt es darüber hinaus zahlreiche weitere Bauformen wie z. B.:

- Biegsame Wellen zur Momentenübertragung an bewegliche Geräte oder zum Ausgleich von nichtflutenden Drehachsen.
- Kurbelwellen zur Umwandlung einer linearen Auf- und Ab-Bewegung in eine Drehbewegung (Beispiel: Kolbenmotor)

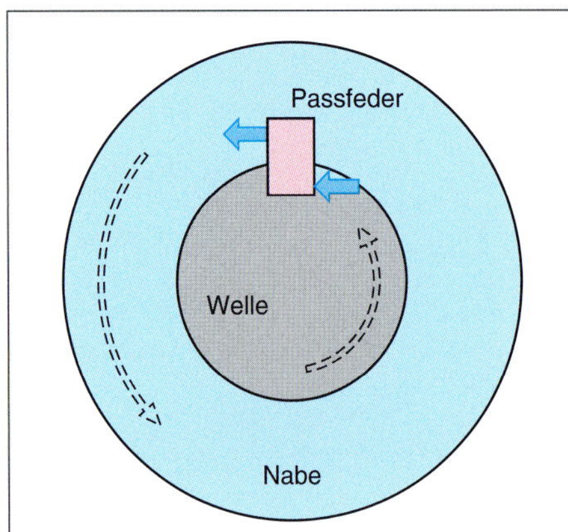

2 Welle-Nabe-Verbindung

Welle-Nabe-Verbindung

Drehmomentübertragung:
Die Welle kann mit der **Nabe** verschweißt oder mit der **Passfeder** verbunden sein (Bild 2).

Kraftübertragung:
Man unterscheidet die **Welle-Nabe-Verbindung** in *form-*, *kraft-* oder *stoffschlüssige* Verbindungen.

Formschlüssige Verbindungen

Bei der **Passfederverbindung** wird das Drehmoment *formschlüssig* durch eine **Passfeder** übertragen. Zum Einsetzen der Feder besitzen Welle und Nabe jeweils eine Nut. Die Kräfte werden über die Seitenflächen dieser Nuten und der Feder übertragen. Je nach Anforderung werden verschiedene Größen und Formen von **Passfedern** eingesetzt.

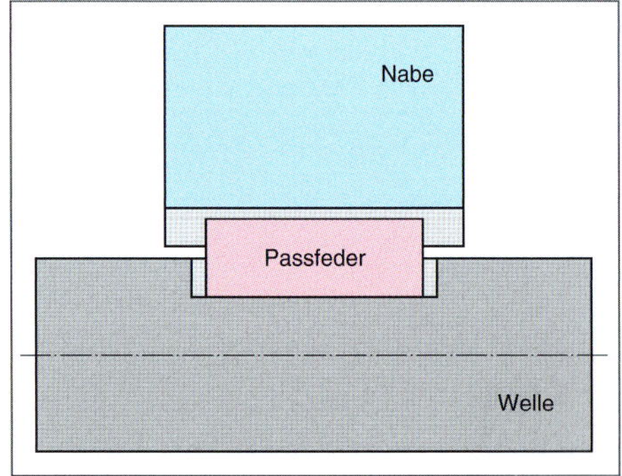

3 Passfederverbindung

Die Passfederverbindung ist preiswert, einfach zu montieren und zu lösen.

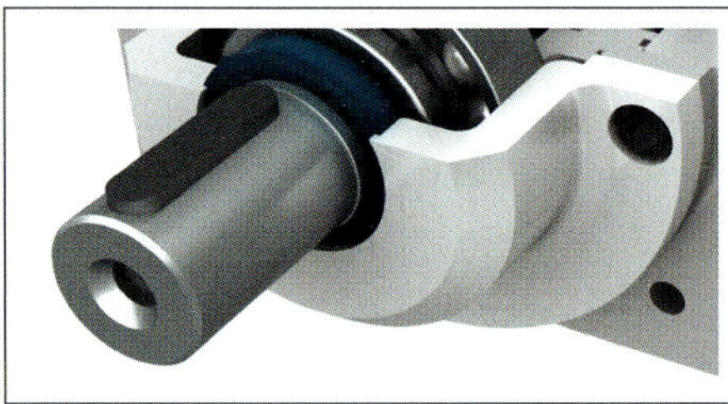

4 Passfeder, Ausführungsbeispiel

Keilwellenverbindung

Für *wechselnde* oder *größere Drehmomente* sind **Keilwellenverbindungen** besser geeignet.

Die *Kraftübertragung* erfolgt hier nicht nur an einer Stelle wie bei der Passfeder, sondern über den *gesamten Umfang* der Welle (Bild 6).

Wegen der aufwendigen Herstellung ist diese Verbindungsart aber wesentlich teurer.

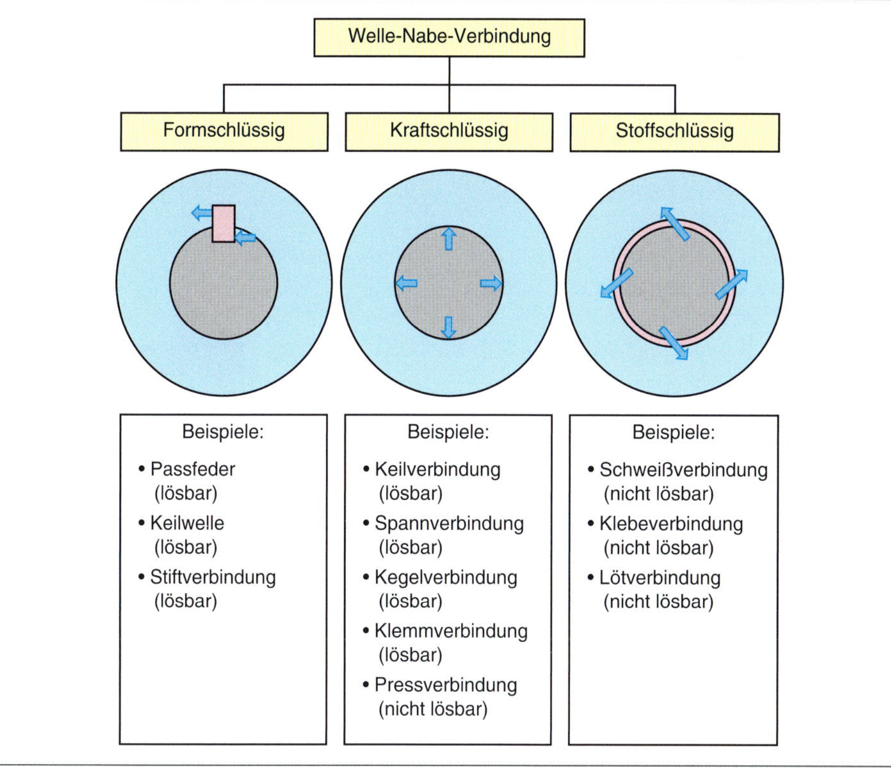

5 Übersicht von Welle-Nabe-Verbindungen

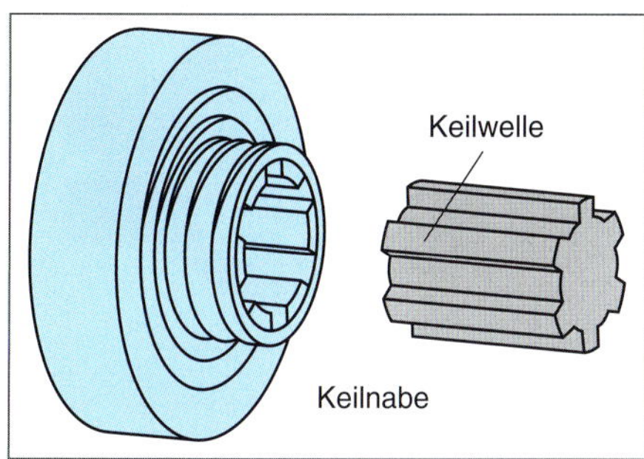

6 Keilwellenverbindung

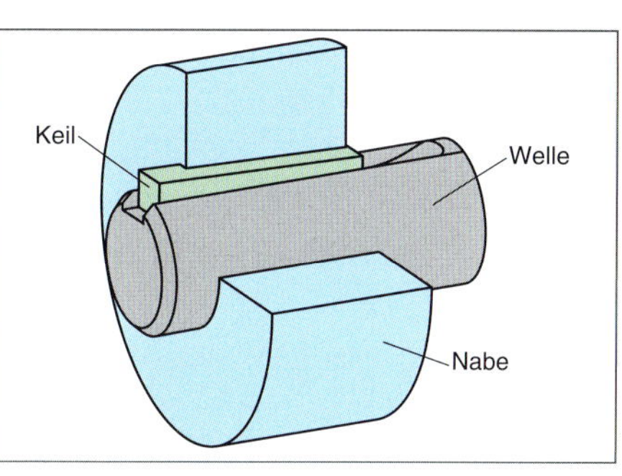

7 Keilverbindung

Mit Keilwellen entstehen formschlüssige Verbindungen, die bei hohen und/oder wechselnden Belastungen eingesetzt werden.

Kraftschlüssige Verbindungen

Keilverbindungen sind ähnlich aufgebaut wie Passfederverbindungen (Bild 7).

Die „Passfeder" ist jetzt aber auf *einer Seite* keilförmig, ebenso wie die Nut in der Nabe.

Durch das Eintreiben dieses Keils entsteht eine *Verspannung* zwischen Welle und Nabe und damit eine *kraftschlüssige Verbindung.*

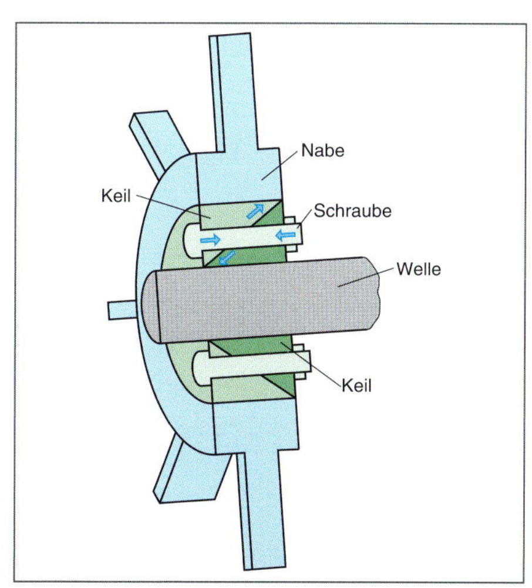

8 Ringfeder-Spannelement

■ **Wellen**

■ **Passfedern**

■ **Federverbindung**

Nut in Welle und Nabe, lösbare formschlüssige Verbindung. Drehmomentübertragung über Seitenflächen der Feder.

■ **Nabe**

Maschinenteile, die auf einer Welle befestigt werden (z. B. Riemenscheibe).

@ Interessante Links

- misumi-europe.com/de
- titgemeyer.com

Bei höheren Anforderungen an den *Rundlauf*, z. B. bei hohen Drehzahlen, werden anstelle von Keilen *umlaufende konische Ringe* eingesetzt.

Bei diesen **Ringfeder-Spannelementen** wird die Flächenpressung durch Verschieben zweier konischer Ringe zueinander erzeugt (Bild 8, Seite 401).

Bei **Kegelverbindungen** wird ein Kegelstumpf durch Anziehen einer Mutter in die konische Bohrung der Nabe gezogen.

Sie haben durch die zentrische Anordnung eine hohe Laufgenauigkeit, sind aber aufwendig durch die hohen Anforderungen an die Fertigungsgenauigkeit der Kegelwinkel.

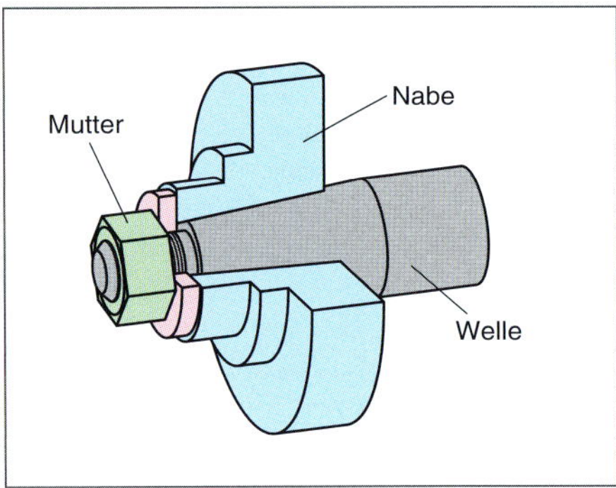

9 Kegelverbindung

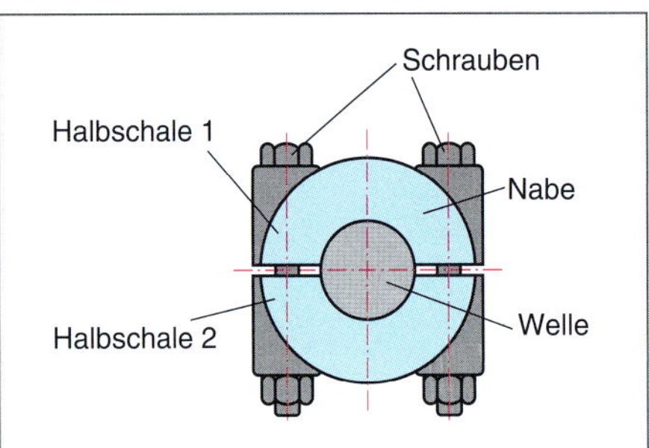

10 Klemmverbindung

Klemmverbindungen (Bild 10) entstehen z. B. durch das Verschrauben von zwei Halbschalen.
Sie sind sehr leicht zu montieren und können auch nachträglich angebracht werden.

Keilverbindungen, Spannverbindungen, Kegelverbindungen und Klemmverbindungen sind kraftschlüssige und lösbare Verbindungen.

Für *nicht lösbare* Verbindungsanwendungen werden oft **Pressverbindungen** eingesetzt. Sie entstehen dadurch, dass Welle und Nabe vor dem Fügen ein **Übermaß** haben.

Nach dem Fügen entsteht dadurch eine *Pressverbindung* zwischen den beiden Bauteilen.

Zur Herstellung einer Pressverbindung gibt es verschiedene Möglichkeiten, um die Welle in die (eigentlich zu kleine) Bohrung zu schieben. Siehe Seite 403.

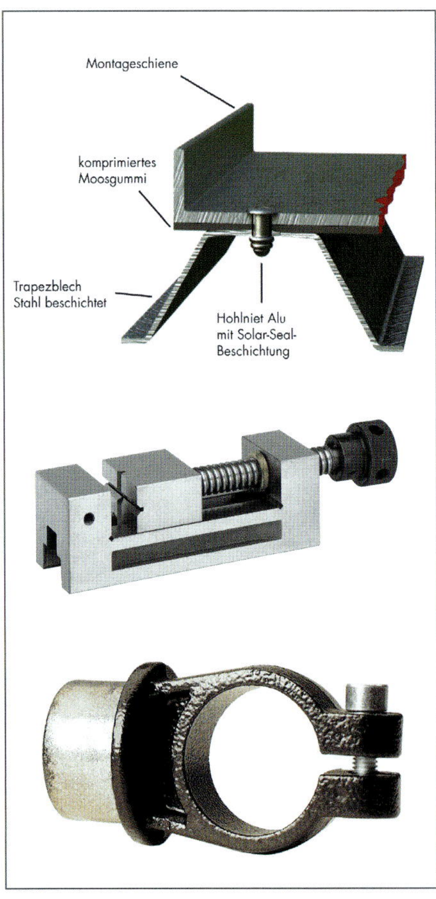

11 Beispiele für kraftschlüssige Verbindungen

Prüfung

1. Erläutern Sie den Unterschied zwischen Achsen und Wellen.

2. Nennen Sie jeweils zwei Anwendungsbeispiele für Achsen und Wellen.

3. Welche Verbindungen sind besonders geeignet (mit Begründung) für

a) hohe Drehzahlen,
b) hohe Drehmomente?

4. Eine Nabe aus Stahl besitzt eine Bohrung mit einem Durchmesser von 60 H7.
Zum Querpressen wird die Nabe von Raumtemperatur (20 °C) auf 90 °C erwärmt.
Wie groß ist der minimale Innendurchmesser nach dem Erwärmen?

■ Passungen, Toleranzen

TB

@ Interessante Links

- christiani-berufskolleg.de

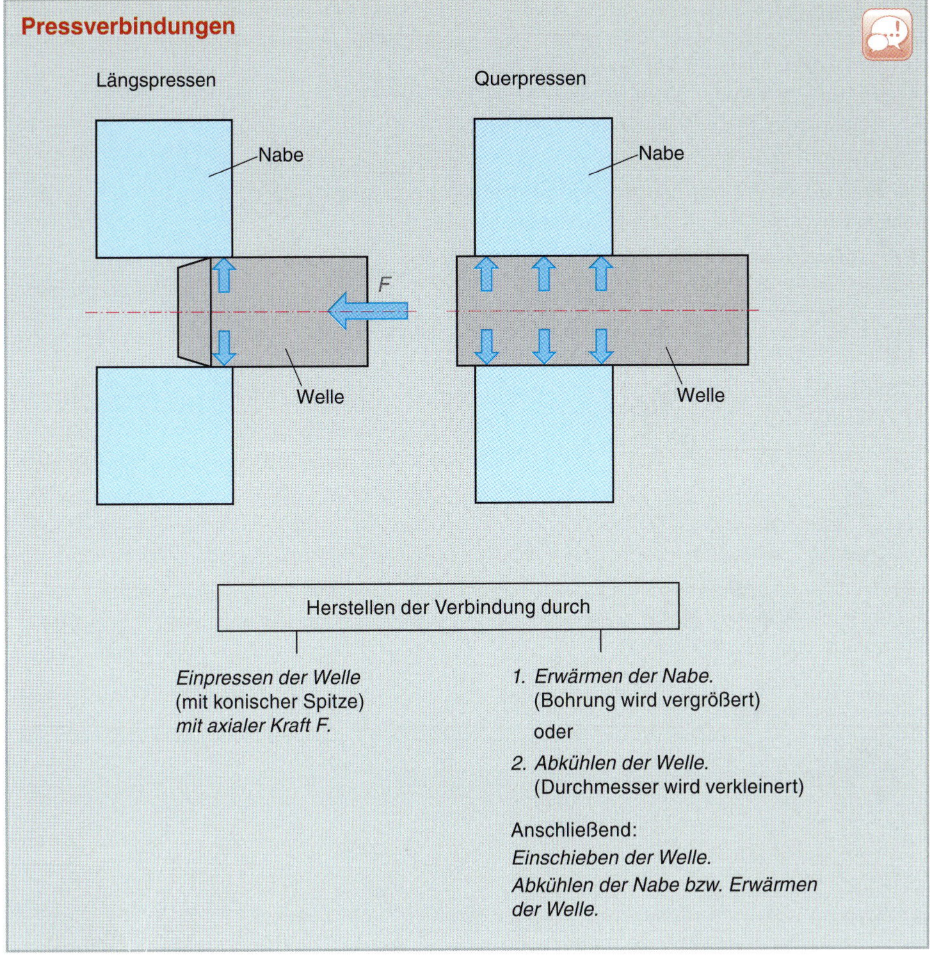

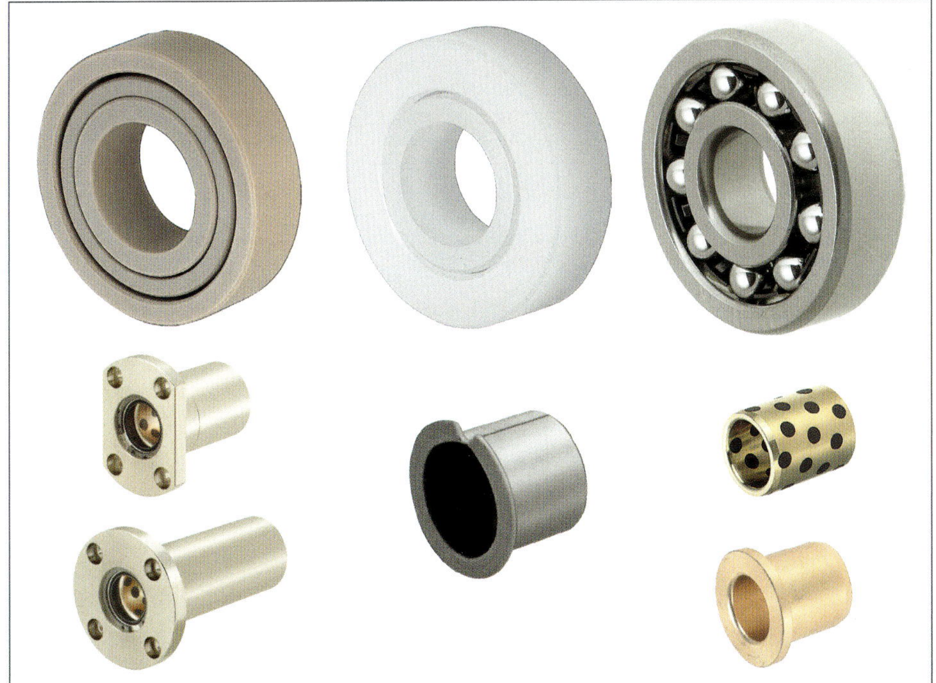

12 Lager

Hinweis!

Beim Fügen von Welle und Nabe muss auf einen zentrischen und axialen Kraftangriff geachtet werden.

Vor dem Fügen müssen die Passflächen gereinigt und geölt werden.

@ Interessante Links

- misumi-europe.com/de
- titgemeyer.com
- genoma.de

Lager
bearing

Lagerausführung
bearing Type

Lagerbeanspruchung
bearing load

Lagerbuchse
bearing bush

Lagerdeckel
bearing covel

Lagerschale
bearing shell

8.2 Lager

Die Zeichnung (Bild 13) zeigt den Aufbau einer Rolle, durch die das Transportband der Wendestation geführt wird.

Die Rolle ist über einen Flansch ② mit dem inneren Ring eines Kugellagers ③ verbunden.

Der Außenring dieses Kugellagers ist dann im Stehlager der Tragplatte befestigt.

Der Außenring ist fest in der Tragplattenbohrung angebracht und kann sich nicht drehen.

Durch die Kugeln kann sich der Innenring relativ zum Außenring drehen und ermöglicht damit die Drehbewegung der an ihm befestigten Rolle.

Diese Kugeln bezeichnet man als **Wälzkörper**.

Bild 14 zeigt den Aufbau eines Wälzlagers.

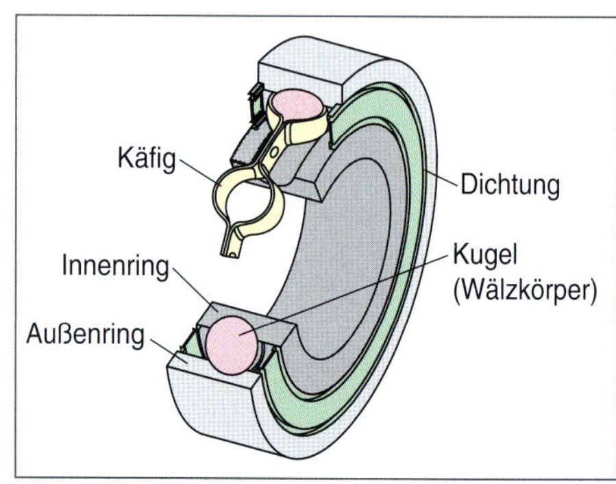

14 Aufbau eines Wälzlagers (hier Kugellager)

Wälzlager

Das *Abrollen von Kugeln* zwischen einer inneren und einer äußeren Lauffläche ist allgemein das Kennzeichen von **Wälzlagern**.

Neben den drei Hauptteilen
Außenring, Innenring, Wälzkörper
sind weitere Bestandteile eines Wälzlagers
Käfig, Dichtungen und *Schmiermittel*.

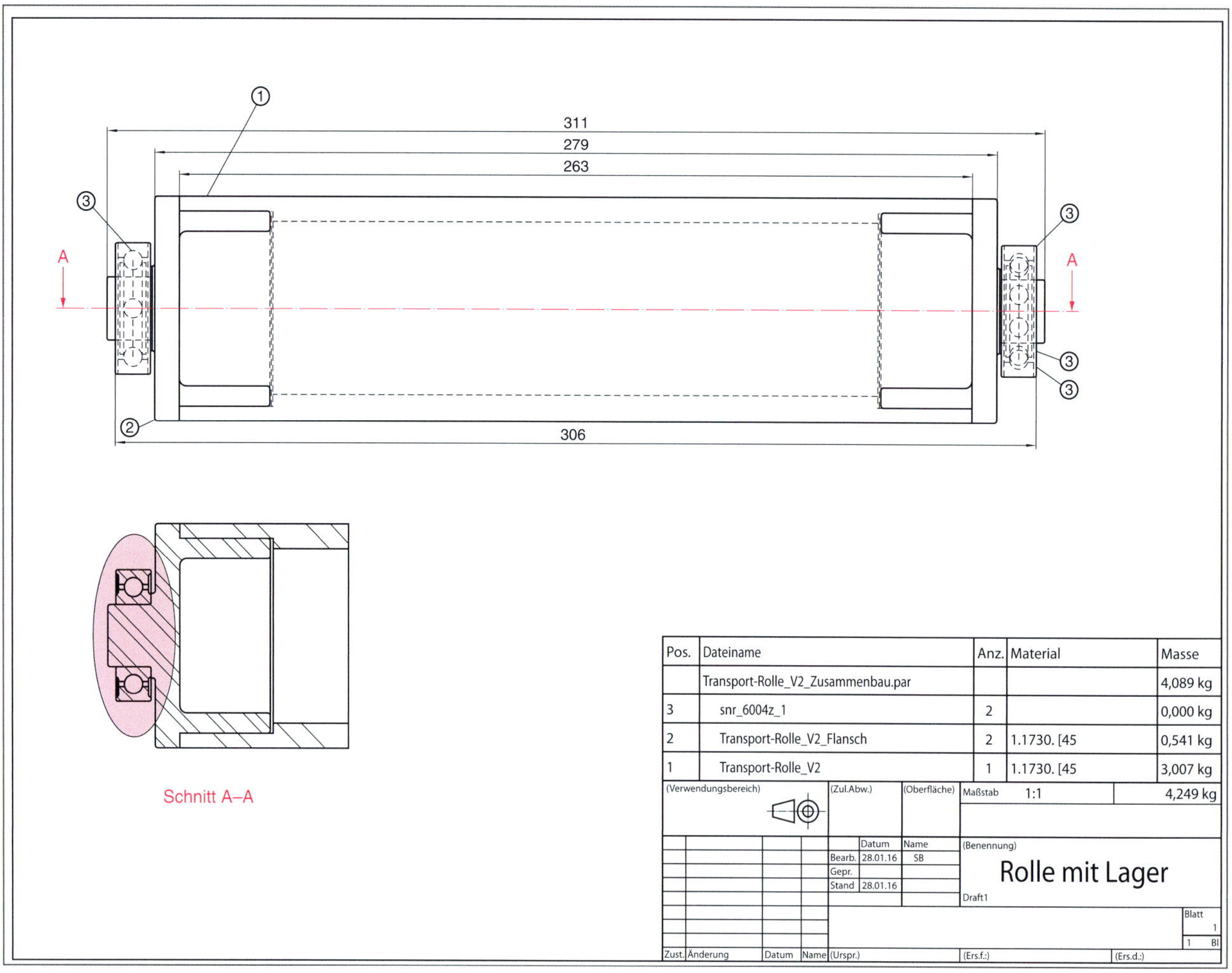

Pos.	Dateiname	Anz.	Material	Masse
	Transport-Rolle_V2_Zusammenbau.par			4,089 kg
3	snr_6004z_1	2		0,000 kg
2	Transport-Rolle_V2_Flansch	2	1.1730. [45	0,541 kg
1	Transport-Rolle_V2	1	1.1730. [45	3,007 kg

Maßstab 1:1 — 4,249 kg
Bearb. 28.01.16 SB; Stand 28.01.16
(Benennung) Rolle mit Lager — Draft1

Schnitt A–A

13 Rolle für die Wendestation

Käfige
gewährleisten einen gleichmäßigen Abstand der Wälzkörper und verhindern ihre gegenseitige Berührung.

Dichtungen
verhindern den Eintritt von Verunreinigungen (z. B. Schmutz, Feuchtigkeit) in das Lager und den Austritt des Schmiermittels aus dem Lager.

Schmiermittel (Fette oder Öle)
dienen zur Verringerung der Reibung und erhöhen die Lebensdauer des Lagers

Ausführungen

Die **Wälzkörper** können neben der oben beschriebenen *Kugelform* auch eine *Rollenform* haben, z. B. als Zylinderrolle oder Nadel (Bild 15).

Die *Bauform des Wälzkörpers* hat entscheidenden Einfluss auf die *Lagereigenschaften:*

Da die Rollenkörper eine *Linienberührung* haben (im Vergleich zur Punktberührung bei Kugelkörpern), können sie generell *höhere Kräfte* bei gleicher Baugröße übertragen.

Kugellager sind relativ preiswert und gut geeignet für hohe Drehzahlen, können aber keine hohen Belastungen aushalten. Anwendung finden sie z. B. in der Handbohrmaschine.

Rollenlager werden üblicherweise bei höheren Belastungen oder großen Wellendurchmessern eingesetzt.

Eine weitere Einteilung der Lager erfolgt nach der *Belastungsrichtung* der Kraft in Radial- und Axiallager (Bild 16).

Die im Projekt dargestellte Rolle transportiert Bauteile und muss dementsprechend deren Gewicht tragen. Diese Gewichtskraft wirkt natürlich auch auf das Lager.

In diesem Fall wirkt die Gewichtskraft in Richtung des Lagerradius, das Lager ist deshalb ein **Radiallager**.

Bei einem **Axiallager** wirkt die zu tragende Kraft dagegen in Richtung der Längsachse.

Die *Eignung* der verschiedenen Kugel- und Rollenlagerausführungen für *Radial-* und *Axialbeanspruchung* ist sehr unterschiedlich.

Für *reine Axialbelastung* gibt es darüber hinaus spezielle Axial-Lager (z. B. Axial-Rillenkugellager DIN 711).

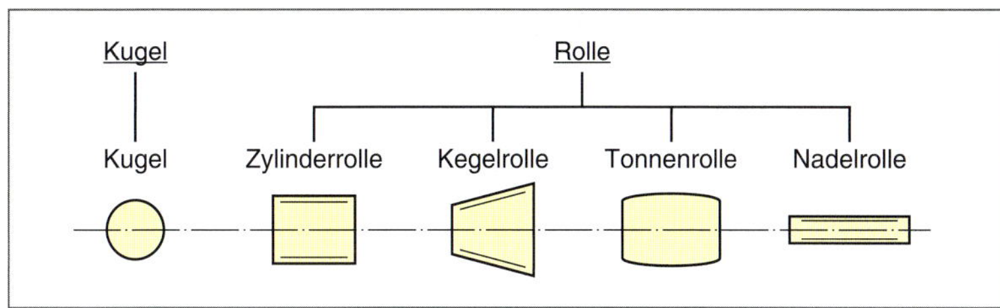

15 Wichtige Bauformen von Wälzkörpern

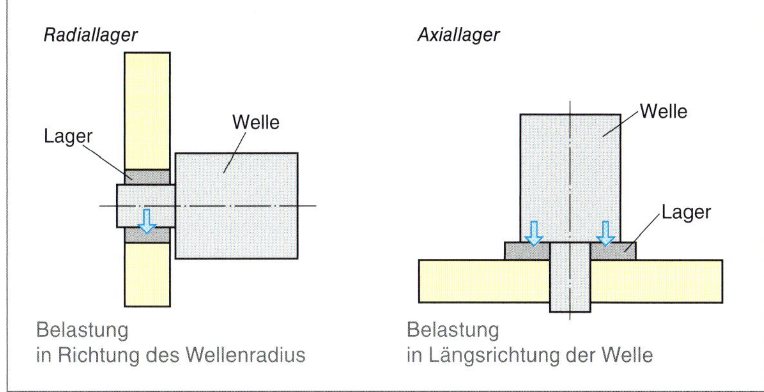

16 Radiallager und Axiallager

Beispiele für Lager

Radial-Rillenkugellager, einreihig	DIN 625-1	
Radial-Rillenkugellager, zweireihig	DIN 625-3	
Radial-Zylinderrollenlager, einreihig	DIN 5412-1	
Radial-Zylinderrollenlager, zweireihig	DIN 5412-4	

Das Schemabild vom Aufbau eines Lagers (Bild 14, Seite 404) zeigt ein Lager mit *einer* Reihe von Kugeln, ein sogenanntes *einreihiges* Lager. Es gibt auch *zweireihige* Lager mit zwei Reihen von Wälzkörpern.

■ **Lager, Darstellung und Bezeichnung**

Lebensdauer

Die Lebensdauer von Wälzlagern wird begrenzt durch **Ermüdung** und durch **Verschleiß**.

Lagerluft
bearing internal clearance

Wälzlager
antifriction bearing

Wälzlagerfett
antifriction bearing grease

Gleitlager
plain bearing, bushing-type bearing, friction bearing

Wälzkörper
rolling body

Kugellager
ball bearing

Axiallager
thrust bearing

Radiallager
radial bearing

Schmierstoff
lubricant

Buchse
bush

Abzieher
puller

@ Interessante Links

- christiani-berufskolleg.de

Prüfung

1. Erklären Sie folgende Begriffe:
Nennmaß, Istmaß, Passmaß, Grenzmaß, Grenzabmaß, Toleranzfeld.

2. Welche Bedeutung haben Allgemeintoleranzen in der Fertigungstechnik?

3. Was versteht man unter Passungen?

4. Worin unterscheiden sich Spielpassung, Übergangspassung und Übermaßpassung?

5. Die in unten stehender Zeichnung dargestellten Wellen müssen auf ihre Maßhaltigkeit geprüft werden.

a) Bestimmen Sie für beide Maße die jeweiligen Mindest- und Höchstwerte.

b) Mit welchen Messgeräten kann der Wert des Durchmessers gemessen werden?

c) Mit welcher Lehre kann der Wert des Durchmessers überprüft werden?

d) Welchen Vorteil bietet der Einsatz einer Lehre?

e) Bestimmen Sie das minimale und maximale Spiel der Welle in einer Bohrung mit dem Durchmesser 35 F8.

6. Bestimmen Sie das kleinste und das größte Spiel für die Passung 125 H7 / g6.

7. Was versteht man unter dem Passungssystem Einheitswelle?

8. Welche Prüfgeräte sind abgebildet?

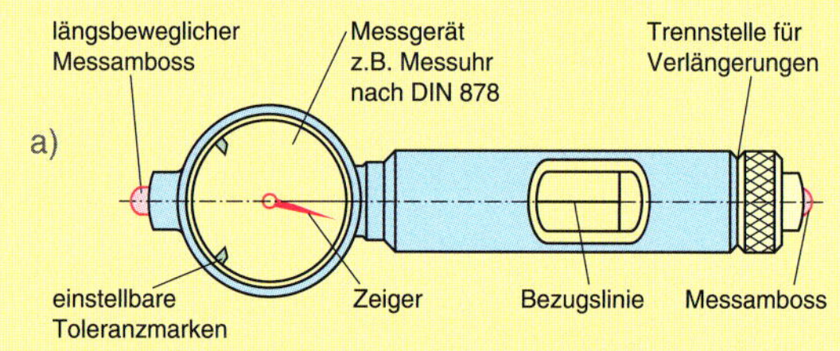

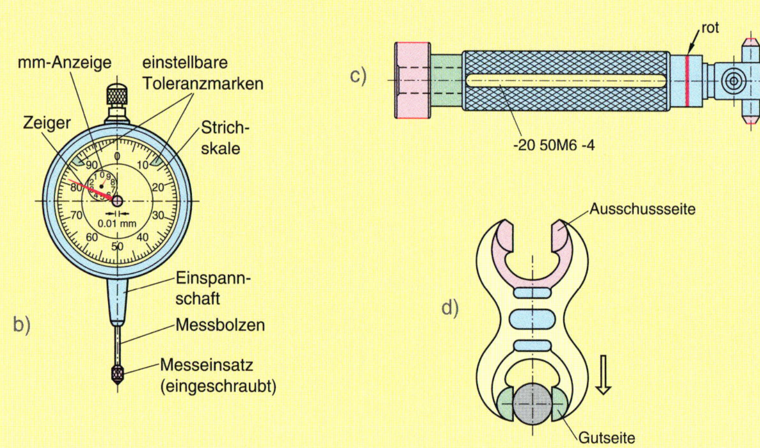

Ermüdung: Wenn Kugeln oder Rollen unter Belastung umlaufen, verformen sich mit der Zeit die Laufflächen.

Verschleiß: Kann entstehen durch mangelhafte Schmierung oder durch Fremdkörper, die in das Lager eindringen, z. B. bei einer defekten Dichtung.

Die **Lebensdauer** der Wälzlager ist abhängig von der

- Belastung,
- Drehzahl,
- Temperatur,
- Schmierung,
- Sauberkeit im Lager.

Eine weitere Einflussgröße ist die sogenannte **Lagerluft.** Damit bezeichnet man den Abstand, um den sich der Lager-Innenring gegenüber dem Außenring in radialer Richtung (radiale Lagerluft oder Radialspiel) oder in axialer Richtung (axiale Lagerluft oder Axialspiel) verschieben lässt. Dieses Spiel wird im nicht eingebauten „kalten" Zustand gemessen, ist also ein rein konstruktives Maß.

Ein Lager für „normale" Beanspruchung (Kategorie Cn) wird nicht besonders gekennzeichnet. Bei außergewöhnlichen Belastungs- oder Temperaturverhältnissen können Lager mit kleinerer (Kategorie C2) oder größerer Lagerluft (Kategorien C3 und C4) eingesetzt werden.

Festlager – Loslager – Anordnung

Die Rolle (Bild 13, Seite 404) wird auf beiden Seiten jeweils mit einem Kugellager geführt.

Zum Ausgleich von *Wärmedehnungen* der Rolle muss eines dieser Lager in axialer Richtung *verschiebbar* sein, dieses Lager bezeichnet man als *Loslager*.

Das andere Lager, das *Festlager*, fixiert die Rolle axial in beide Richtungen und übernimmt die *Axialkräfte*.

> Festlager können Axial- und Radialkräfte aufnehmen.
> Loslager sind axial verschiebbar und können nur Radialkräfte aufnehmen.

Bei einer Lagerung mit *mehr als zwei* Lagern wird immer nur *ein* Lager als *Festlager* ausgeführt, alle *übrigen* Lager sind *Loslager*.

Montage/Demontage

Zur Montage eine Wälzlagers auf eine Welle oder eine Achse gibt es drei grundsätzliche Möglichkeiten:

- mechanisch
- hydraulisch
- thermisch

Zur **Demontage** kleinerer Lager werden meist *mechanische Abziehvorrichtungen* verwendet. Beispielhaft ist eine solche Vorrichtung in Bild 18 dargestellt.

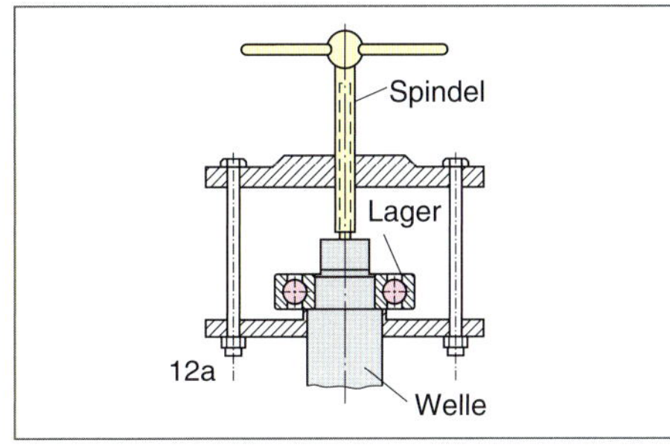

18 Abziehvorrichtung für Lager

Funktionsweise:
Die beiden Arme des Abziehers werden unter den Innenring des Lagers geschoben und mit den Muttern festgesetzt.

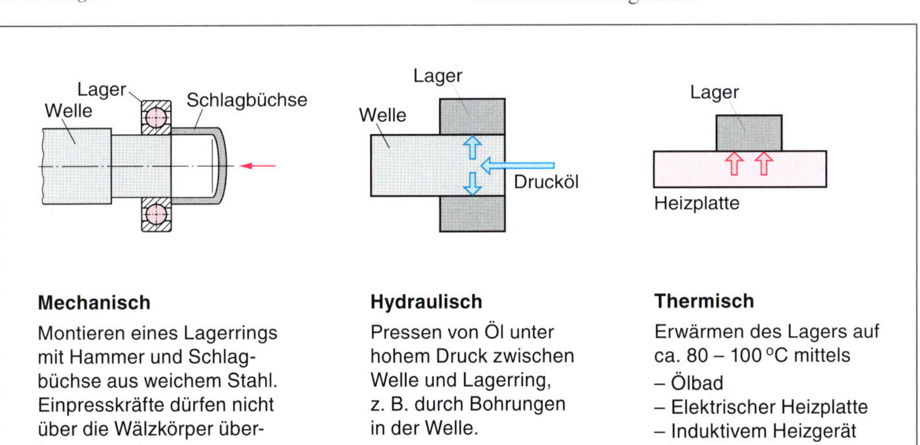

Mechanisch
Montieren eines Lagerrings mit Hammer und Schlagbüchse aus weichem Stahl. Einpresskräfte dürfen nicht über die Wälzkörper übertragen werden.

Hydraulisch
Pressen von Öl unter hohem Druck zwischen Welle und Lagerring, z. B. durch Bohrungen in der Welle.

Thermisch
Erwärmen des Lagers auf ca. 80 – 100 °C mittels
– Ölbad
– Elektrischer Heizplatte
– Induktivem Heizgerät
– Wärmeschrank

17 Montagemöglichkeiten für Wälzlager

Ermüdung
fatigue

Verschleiß
attrition

Festlager
locating bearing

Loslager
movable bearing

■ Hinweis

Bei Umfangslast werden Wälzlager mit einem festen Sitz eingebaut.

Bei Punktlast werden Wälzlager mit einem losen Sitz eingebaut.

■ **Lagerarten**

TB

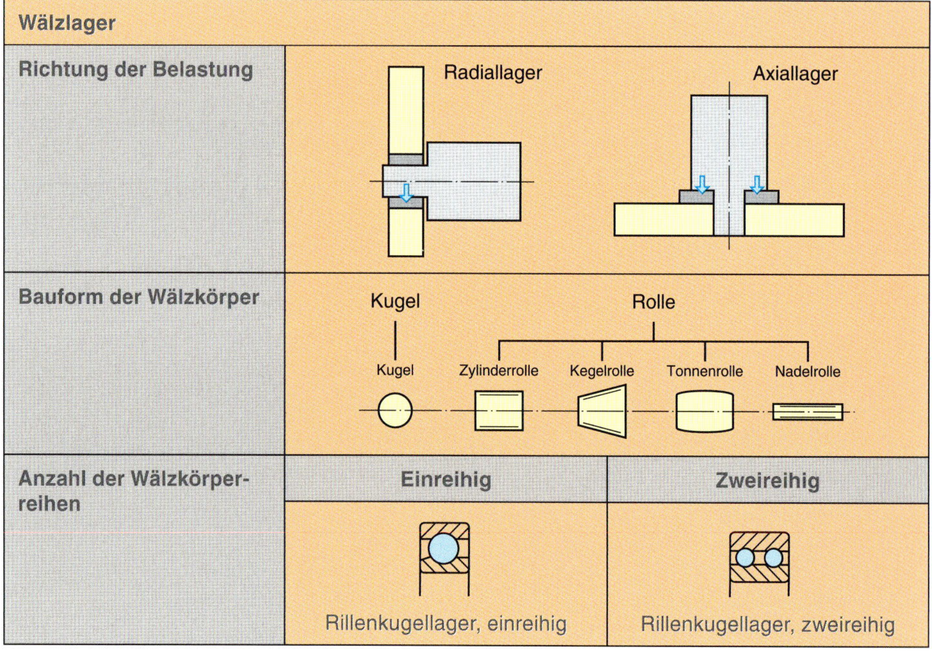

Wälzlager		
Richtung der Belastung	Radiallager	Axiallager
Bauform der Wälzkörper	Kugel: Kugel	Rolle: Zylinderrolle, Kegelrolle, Tonnenrolle, Nadelrolle
Anzahl der Wälzkörperreihen	Einreihig	Zweireihig
	Rillenkugellager, einreihig	Rillenkugellager, zweireihig

Durch Drehen der Spindel ziehen dann die Arme das Lager von der Welle ab, ohne es zu verkanten.

Gleitlager

Die beschriebenen Wälzlager sind eine Art der Lagerung. Eine andere Möglichkeit sind **Gleitlager**. Hier sind keine Wälzkörper vorhanden, sondern die Welle gleitet direkt über die Lagerfläche (Bild 19).

■ **Lagerbezeichnung**

TB

Das wichtigste Bauteil eines Gleitlagers ist die **Lagerbuchse** (oder Lagerschale), die sich in einem **Lagergehäuse** befindet. Die Welle gleitet über die Oberfläche der Buchse, dadurch entsteht **Gleitreibung**.

Diese **Buchsen** bestehen oft aus einer Kupferlegierung oder Kunststoff. Diese Materialien gewährleisten auch bei Ausfall der Schmierung noch eine (eingeschränkte) Funktion des Lagers (Notlaufeigenschaft).

Zur Verringerung der Reibung werden die Gleitlager geschmiert. Dies kann im einfachsten Fall durch das *manuelle Aufbringen* von Fett auf die Laufflächen erfolgen. Eine dauerhafte automatische Schmierung wird durch *hydrodynamische* oder *hydrostatische* Erzeugung des Schmierfilms erreicht.

Bei der **hydrodynamischen Schmierung** wird durch die Drehung der Welle das Schmieröl in den Lagerspalt gezogen. Beim Anlaufen und bei niedrigen Drehzahlen ist die Schmierung eingeschränkt.

Dies wird bei der **hydrostatischen Schmierung** vermieden:
Das Schmieröl wird mit hohem Druck zwischen Welle und Buchse gepresst und bildet auch bei niedrigen Drehzahlen einen vollständigen Schmierfilm. Diese aufwendige Schmierungsart wird z. B. bei Werkzeugmaschinen eingesetzt.

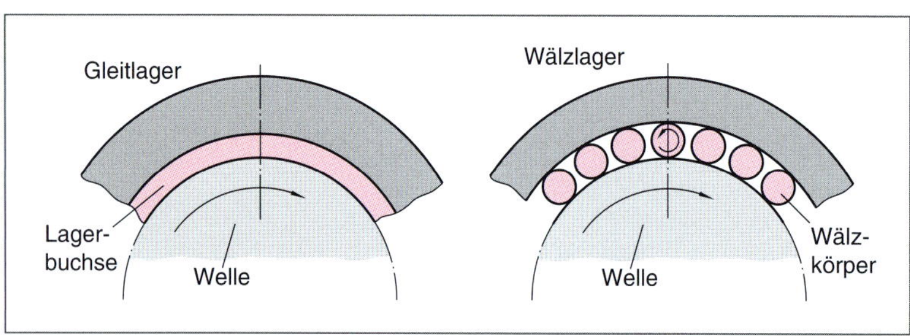

19 Aufbau von Gleitlagern und Wälzlagern

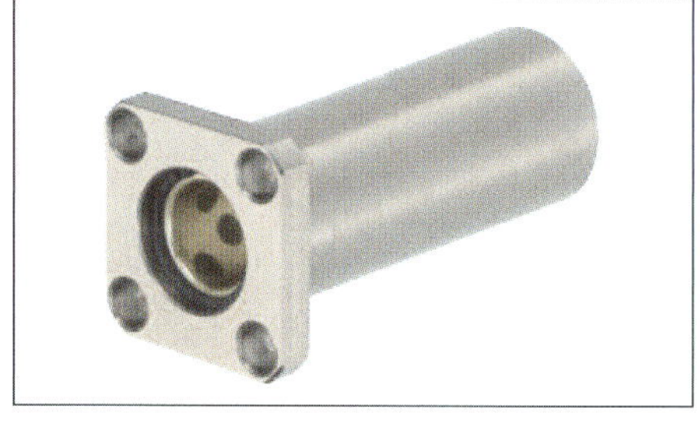

20 Gleitlager, Ausführungsbeispiel

Vergleich von Gleitlagern und Wälzlagern

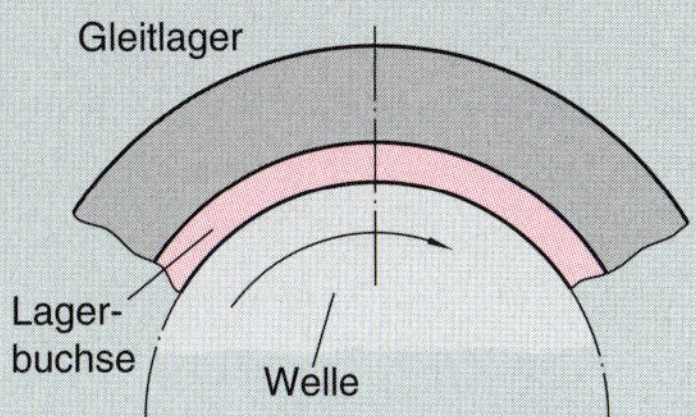

Wälzlager
Welle
Wälz-
körper

Gleitlager	Wälzlager
Aufbau Lagerbuchse, z. B. aus Kupferlegierungen oder Kunststoff mit Schmierfilm	**Aufbau** Wälzkörper mit Innen- und Außenring
Funktion Welle gleitet über Schmierfilm und/oder Buchse	**Funktion** Abrollen der Wälzkörper zwischen den Lagerringen
Reibungsart Gleitreibung	**Reibungsart** Rollreibung
Vorteile – Unempfindlich gegen Stöße – Leiser Lauf – Lange Lebensdauer bei guter Schmierung	**Vorteile** – Geringe Reibung, auch bei niedrigen Drehzahlen – Geringer Wartungsaufwand – Geringer Schmierstoffverbrauch

Prüfung

1. Nennen Sie drei grundsätzliche Unterscheidungsmerkmale von Wälzlagern.

2. Erläutern Sie die Unterschiede zwischen Radial- und Axiallagern.

3. Welche Wälzlagerarten sind gut geeignet

a) für Axialbelastungen in beiden Richtungen?
b) zum Einsatz als Loslager?
c) bei sehr hohen Drehzahlen?

4. Geben Sie die Normbezeichnung für folgende Lager an:

a) Radial-Rillenkugellager, einreihig
b) Axial-Pendelrollenlager, zweireihig

5. Mit welchen drei Methoden können Lager auf eine Welle montiert werden?

6. Nennen Sie drei Möglichkeiten, um ein Lager vor der Montage zu erwärmen.

7. Erklären Sie den Unterschied in der Funktionsweise zwischen Gleit- und Wälzlagern.

8. Welche Vorteile haben Gleitlager?

9. Was versteht man unter der „Notlaufeigenschaft" eines Gleitlagers?

8.3 Getriebe

Elektromotoren wandeln elektrische Energie in die Drehbewegung einer Welle um. Sie ermöglichen *relativ hohe Wellendrehzahlen*, aber nur *relativ geringe Drehmomente*.

Da aber i. Allg. höhere Drehmomente benötigt werden, ist ein **Getriebe** zwischenzuschalten.

Das Getriebe kann das Drehmoment erhöhen, die Drehzahl wird entsprechend verringert (Bild 21).

Neben der *Anpassung von Drehzahl und Drehmoment* gibt es Getriebe für eine Vielzahl weiterer Aufgaben.

So ermöglichen Getriebe im Kraftfahrzeug eine Umkehrung der Antriebsrichtung („Rückwärtsgang") und verteilen das Drehmoment auf zwei oder sogar vier Antriebsräder

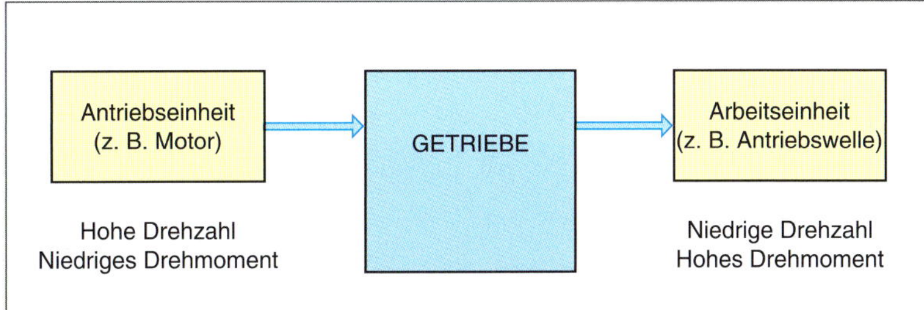

21 Einsatz von Getrieben

Lagerschmierung

Angaben der Lagerhersteller unbedingt beachten.

– Verschleißminderung
– Wärmeableitung bei Ölschmierung
– Dämpfung der Laufgeräusche
– Korrosionsschutz

Berechnung von Getrieben

@ Interessante Links

• christiani-berufskolleg.de

Getriebe
gear box

Riementrieb
belt drive

Keilriemen
V-belt

Zahnriemen
tooth belt

Kette
chain

Zahnrad
gear wheel

Geradverzahnung
straight-cut gear

Schrägverzahnung
helical gear

Tauchschmierung
splash lubrication

Druckumlaufschmierung
forced feed lubrication

Übersetzungsverhältnis
gear transmission ratio

Modul
module

Schlupf
slip

Getriebe können zwischen der *Antriebs-* und der Arbeitseinheit viele Aufgaben wahrnehmen.

- Ändern der Drehzahl
- Ändern des Drehmoments
- Umkehrung der Drehrichtung
- Aufteilung des Drehmoments auf mehrere Arbeitseinheiten
- Änderung der Achsrichtung (z. B. um 90°)
- Übertragen der Drehbewegung auf parallele Wellen
- Änderung der Bewegungsart (drehend → geradlinig)

Zur Erfüllung dieser Aufgaben gibt es eine Vielzahl von Getriebeausführungen. Grundsätzlich unterscheidet man dabei drei Arten:

- Riementriebe
- Kettentriebe
- Zahnradtriebe

■ **Riementriebe**

Riementriebe

Wenn der Achsabstand zwischen der Antriebs- und der Abtriebswelle sehr groß ist, dann sind **Riementriebe** gut geeignet. Die Drehbewegung wird bei dieser Getriebeart durch biegsame, elastische Riemen übertragen.

Diese Riemen bestehen aus Gummi, Kunststoff oder Leder, die durch Einlagen aus Gewebe verstärkt werden können.

Bei „normalen" **Flachriemen** ist das übertragbare Drehmoment abhängig von der Reibung zwischen Riemen und Riemenscheibe. Diese *kraftschlüssige Verbindung* ist abhängig von der Materialkombination (der Reibungszahl) und der *Vorspannkraft* des Riemens.

Zur Erhöhung der übertragbaren Leistung werden **Keilriemen** eingesetzt. Bei diesen erfolgt die *Kraftübertragung* über die *beiden Flanken*.

Bei sehr hohen Kräften können *mehrrillige Riemenscheiben* mit einer entsprechenden Anzahl nebeneinander angeordneter Keilriemen verwendet werden (Keilrippenriemen).

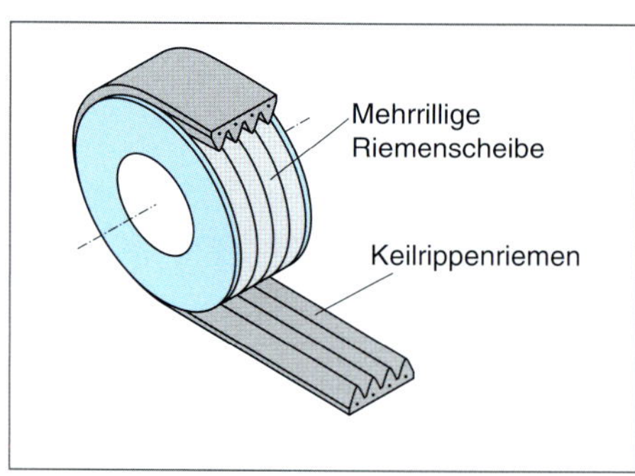

22 Keilrippenriemen

Bei zu hohen Drehmomenten kann jeder Riemen „durchrutschen". Dieser **Schlupf** kann sinnvoll sein, z. B. als Überlastschutz.

Ist jedoch eine *schlupffreie Übertragung* erforderlich (z. B. bei der Motorsteuerung im Kraftfahrzeug), können **Zahnriemen** eingesetzt werden.

Die Drehbewegung wird hier durch die *formschlüssige Verbindung* zwischen dem *zahnförmigen* Riemen und der Scheibe mit den entsprechenden *Nuten* erreicht.

Riementriebe haben generell folgende *Vorteile*:

- Große Achsabstände der Wellen möglich
- Gute Dämpfungseigenschaften
- Geräuscharmer Betrieb
- Geringe Wartung (keine Schmierung notwendig)

■ **Zahnriemen**
Kopplung durch Formschluss

■ **Keilriemen**
Kopplung durch Reibschluss (Kraftschluss)

■ **Zugmittelgetriebe**
überträgt Energie mithilfe eines elastischen Zugmittels. Dadurch wird eine Schwingungsdämpfung erreicht.

Ausführungsarten von Getrieben

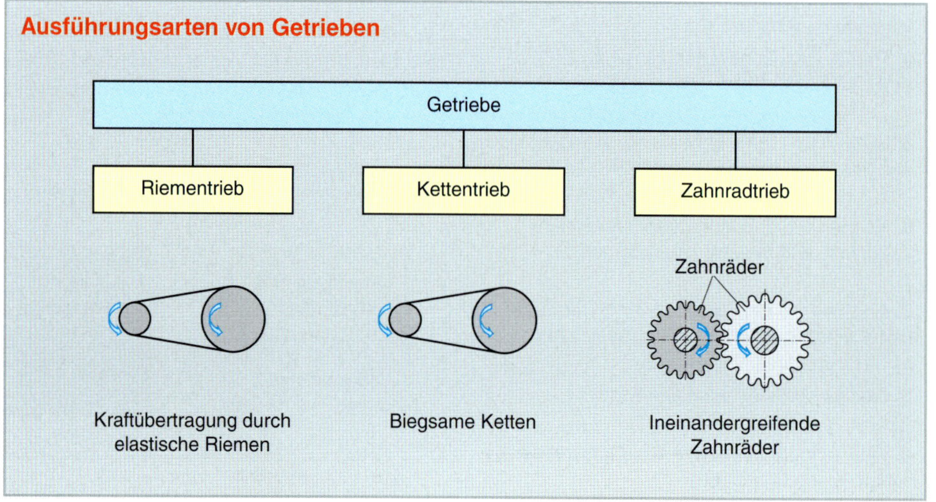

Ausführung	Seitenansicht	Schnitt	Besondere Merkmale
Flachriemen	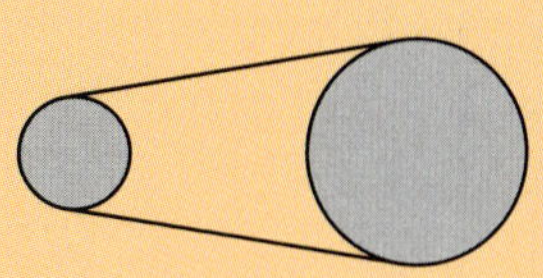	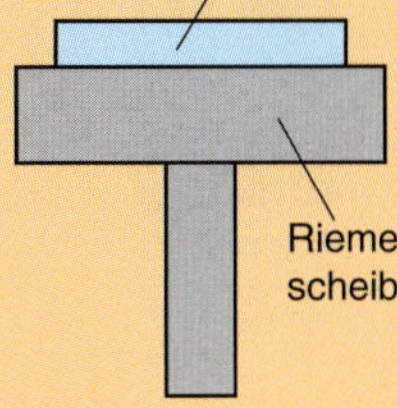 Flachriemen Riemen-scheibe	• einfacher Aufbau • große Achsabstände • kraftschlüssig
Keilriemen	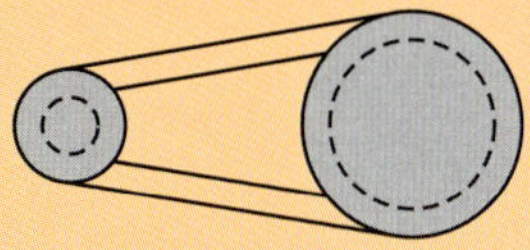	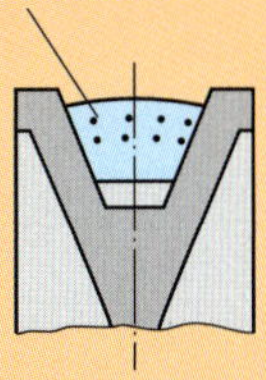 Keilriemen	• hohe Drehmomente • kraftschlüssig
Zahnriemen	 Zahnriemen	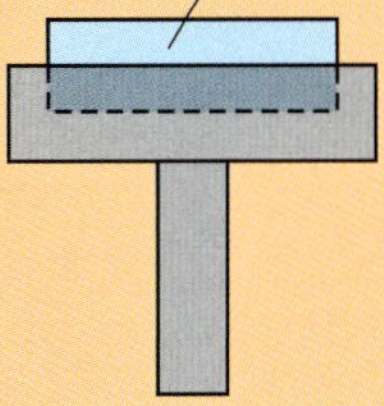 Zahnriemen	• schlupffrei • formschlüssig

Nachteile der Riementriebe sind:

- Die hohe Vorspannkraft des Riemens (insbesondere bei den kraftschlüssigen Ausführungen), die zu hohen Belastungen der Lagerung führt.
- Die relativ geringen übertragbaren Drehmomente im Vergleich zu Ketten- und Zahnradtrieben.
- Die Temperaturempfindlichkeit der Riemen.

Die **Riemenspannung** kann durch *Verschieben* einer Riemenscheibe mittels *Spannschrauben*, durch *Schwenken* des *Antriebsmotors* oder durch *Spannrollen*, die gegen den Riemen drücken, eingestellt werden.

Die einwandfreie Funktion von Riementrieben hängt sehr stark von der richtigen Vorspannung des Riemens und der exakten Ausrichtung der Riemenscheiben ab.

Kettentriebe

Setzt man statt der Zahnriemen **Rollenketten** ein, so können deutlich *höhere Drehmomente* übertragen werden. Die Glieder der Rollenkette bilden eine *formschlüssige Verbindung* mit den Zähnen des Kettenrads.

Damit erfolgt eine *schlupffreie* Übertragung der Drehbewegung mit hohem Drehmoment.

Bild 23 zeigt den Aufbau eines Kettentriebs. Neben der **Kette** und den beiden **Kettenrädern** ist im **Lasttrum** eine Führungsschiene (Gleitschiene) zur Dämpfung von *Kettenschwingungen* angebracht.

Im *Leerraum* ist ein **Spannrad** eingebaut. Dieser **Kettenspanner** dient zur Einstellung der richtigen Kettenspannung, auch bei der im Betrieb immer größer werdenden Längung der Kette infolge Abnutzung der Kettenglieder. Außerdem dämpft er ebenfalls *Schwingungen* der Kette.

■ **Kettentriebe**

■ **Keilriemenscheiben**
müssen fluchtend ausgerichtet sein.

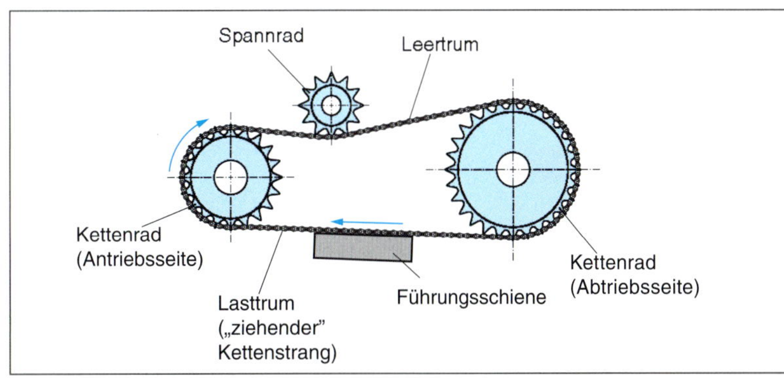

23 Aufbau eines Kettentriebs

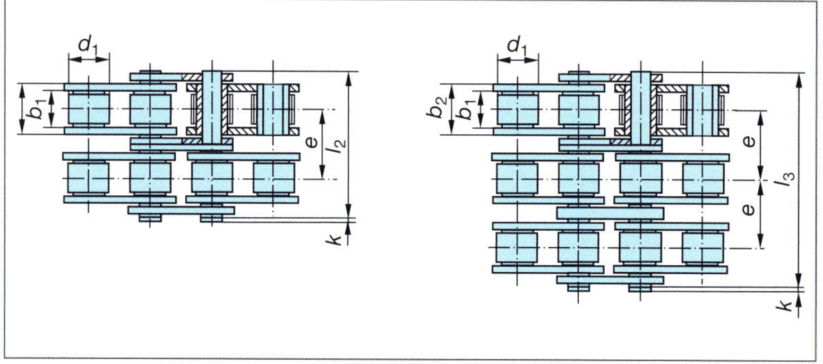

24 Zweifach- und Dreifach-Rollenkette

Eine Kette muss immer einen gewissen Durchhang haben, also im Gegensatz zu einem Riementrieb nicht vorgespannt sein.

Als Faustformel sollte dieser Durchhang ca. 1 – 2 % des Achsabstands der beiden Wellen betragen.

■ **Getriebe**

Bei großen **Durchhängen** verstärken sich die *Schwingungen* und die Gefahr besteht, dass die Kette „überspringt", d. h. die Kette wird dann nicht mehr richtig vom Kettenrad erfasst.

Wichtig für eine ordnungsgemäße Funktion ist auch die *Reinigung* und *Schmierung* der Kette (mit Öl oder Fett). Ohne ausreichende Schmierung erhöht sich die Reibung und damit der Leistungsverlust und die Abnutzung.

Zur Übertragung sehr großer Kräfte werden Mehrfach-Rollenketten eingesetzt. Diese bestehen im Prinzip aus zwei oder drei Rollenketten nebeneinander (Bild 24).

Zusammenfassend haben **Kettentriebe** folgende Vor- und Nachteile:

Vorteile:

- Übertragung großer Drehmomente möglich.
- Große Achsabstände möglich.
- Formschlüssige, schlupffreie Übertragung der Kraft.
- Temperaturunempfindlichkeit
- Geringe Belastung der Wellen und Lager (keine hohe Vorspannung).

Nachteile:

- Hohe Laufgeräusche.
- Aufwendige Schmierung notwendig.
- Kettenschwingungen möglich.
- Verschleiß in den Gelenken der Kette führt mit zunehmender Betriebsdauer zur Vergrößerung der Kettenlänge.

@ **Interessante Links**

- tandler.de
- rehfuss.com

Zahnradtriebe

Drehbewegungen können auch mittels **Zahnrädern** übertragen werden. Je nach Lage der Wellen zueinander unterscheidet man *drei Formen* dieser Getriebe.

- Stirnradgetriebe bei parallelen Wellen.
- Kegelradgetriebe bei sich schneidenden Wellen (z. B. unter 90°).
- Schneckenradgetriebe bei sich kreuzenden Wellen.

Im Gegensatz zu Riemen- und Kettentrieben ist der Achsabstand von Zahnradgetrieben aufgrund der Größe der Zahnräder generell eingeschränkt.

Die Kraftübertragung erfolgt *formschlüssig* und damit ohne Schlupf. Je nach Ausführung sind Zahnradgetriebe für sehr niedrige bis sehr große Drehmomente geeignet.

Stirnradgetriebe

Zur Übertragung einer Drehbewegung von einer Welle auf eine parallele Welle werden *Stirnradgetriebe* eingesetzt.

Je nach Ausführung der Zähne unterscheidet man dabei die **Geradverzahnung**, die **Schrägverzahnung** und die **Pfeilverzahnung**.

Kegelradgetriebe

Stehen die Wellen unter 90° zueinander, können *Kegelradgetriebe* mit einer konischen Form des Ritzels und des Kegelrads eingesetzt werden.

Wie bei Stirnradgetrieben können auch hier die Zahnräder geradverzahnt oder (für bessere Laufruhe) schrägverzahnt sein.

Noch höhere Anforderungen an die Laufruhe erfüllen Kegelradgetriebe mit bogenförmigen Zahnrädern (Bogenverzahnung).

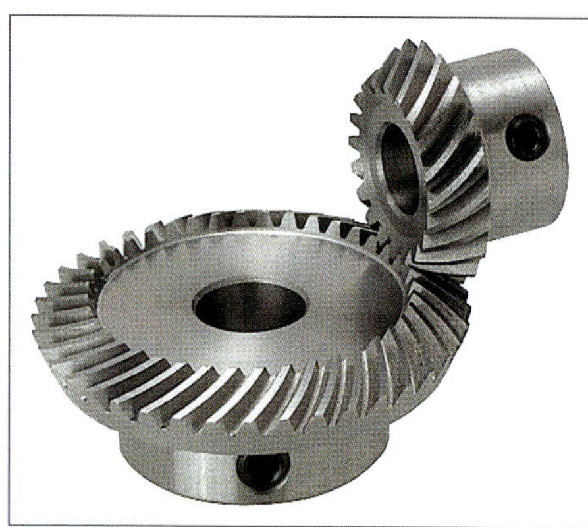

25 Zahnradgetriebe

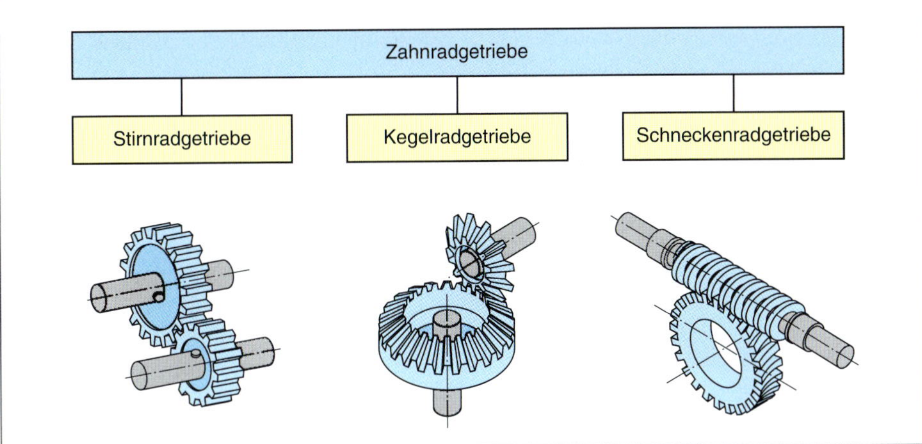

29 Einteilung der Zahnradgetriebe

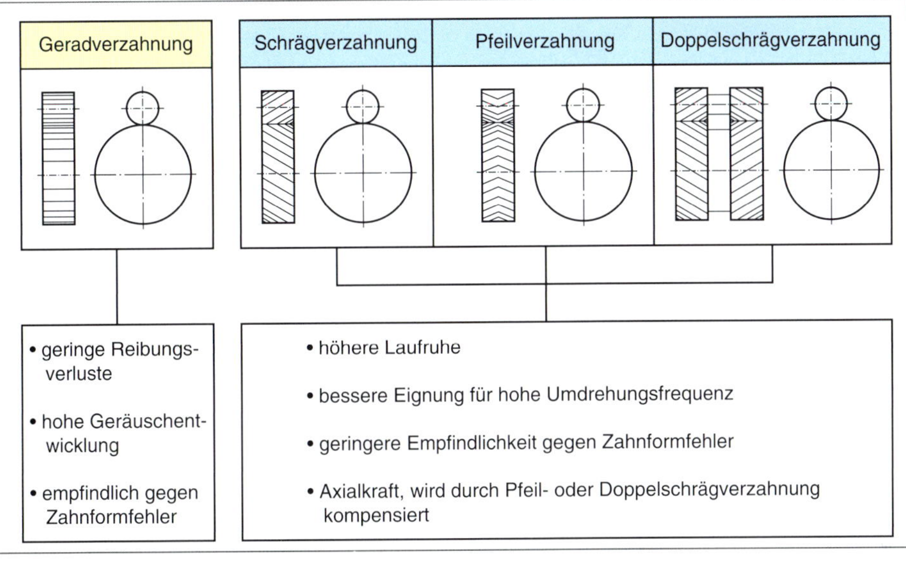

30 Verzahnungsausfürungen

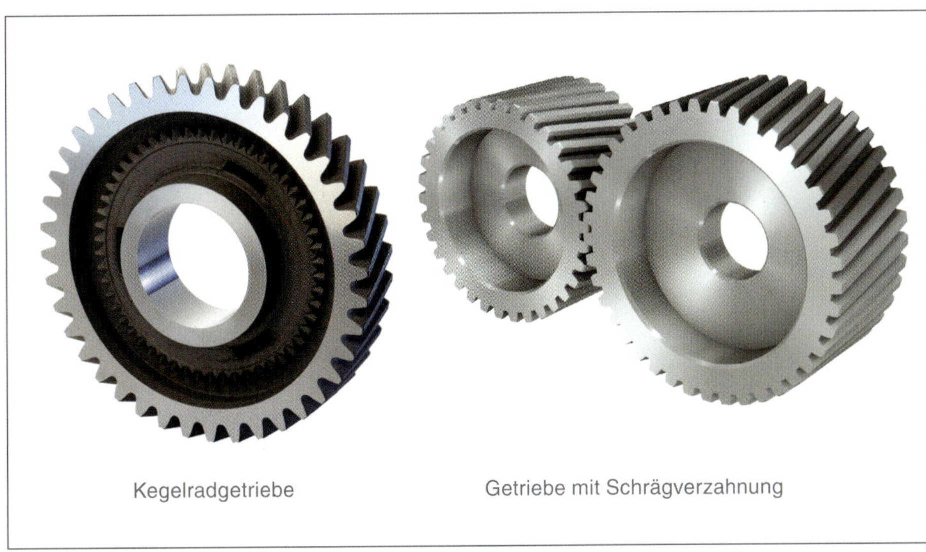

26 Kegelradgetriebe und Getriebe mit Schrägverzahnung

Zahnradgetriebe

Berechnung von Getrieben

Zahnräder

Ineinandergreifende Zahnräder müssen den gleichen Modul und den gleichen Eingriffswinkel haben.

Schneckengetriebe

ermöglichen hohe Übersetzungsverhältnisse. Ihr Platzbedarf ist dabei relativ gering.

Modul

■ Getriebe

Schneckenradgetriebe

Ein *Schneckenradgetriebe* besteht aus der (angetriebenen) **Schnecke**, einer **Welle mit Schraubengängen** und einem darin kämmenden schrägverzahnten Rad, dem **Schneckenrad**.

Diese Konstruktion ermöglicht *hohe Untersetzungen* (bis 100) und eine **Selbsthemmung** des Getriebes.

27 *Schneckenradgetriebe*

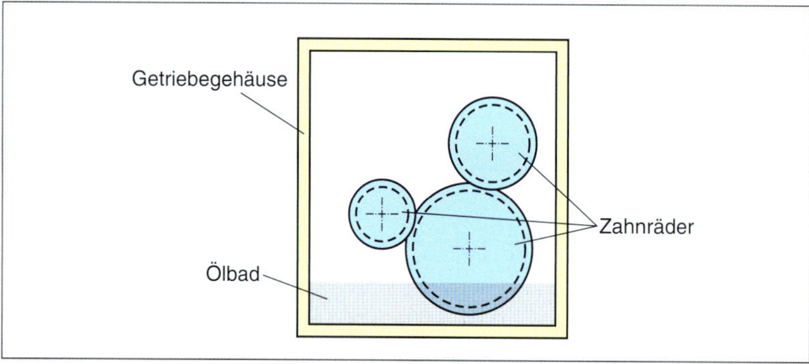

28 *Zahnradgetriebe mit Tauchschmierung*

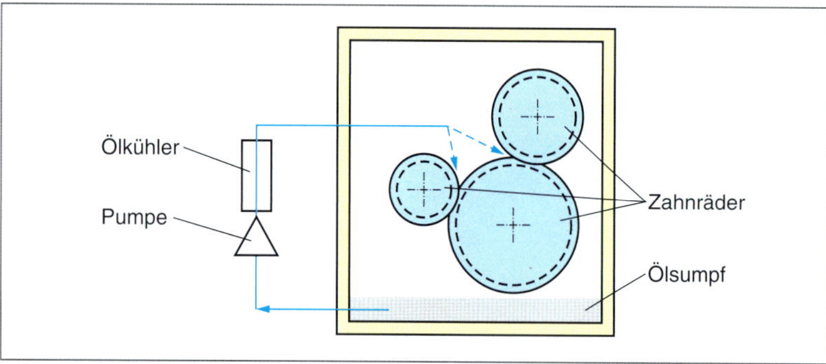

29 *Zahnradgetriebe mit Druckumlaufschmierung*

@ Interessante Links

- christiani-berufskolleg.de

Schmierung

Durch das Ineinandergreifen der Zahnräder ist die *Schmierung* bei allen Zahnradgetrieben von besonderer Bedeutung. Eine unzureichende Schmierung erhöht die Reibung. Dies führt zu einer Verringerung des Wirkungsgrads und zu einer Erhöhung der Getriebetemperatur und reduziert die Lebensdauer des Getriebes.

Zahnradgetriebe sind üblicherweise in einem geschlossenen *Getriebegehäuse* untergebracht (Bild 38, Seite 418).

Die einfachste Art der Schmierung ist die **Tauchschmierung**. Mindestens ein Zahnrad taucht in ein Ölbad ein und nimmt dabei Öl mit in den Eingriff der anderen Zahnräder. Durch den zusätzlich entstehenden Sprühnebel können auch die Lager geschmiert werden.

Wichtig ist die Einhaltung der vorschriftsmäßigen *Ölmenge*. Ein zu hoher Ölstand erhöht die Reibung am eintauchenden Zahnrad, dies verringert den Wirkungsgrad und erhöht die Getriebetemperatur.

Bei größeren Getrieben oder höheren Drehzahlen wird statt der relativ einfachen Tauchschmierung eine aufwendigere **Druckumlaufschmierung** eingesetzt. Das Öl wird mit einer Pumpe direkt zu den Schmierstellen geführt. Hierbei werden auch oft **Ölkühler** eingesetzt, um Wärme abzuführen.

Sonstige Bauteile

Neben den Wellen, den Zahnrädern und dem Gehäuse bestehen Zahnradgetriebe üblicherweise aus folgenden Bauteilen.

- **Passfeder**
  zum Verbinden der Zahnräder mit den Wellen.
- **Wälzlager**
  zum Führen und Stützen der Wellen.
- **Sicherungsringe**
  zum axialen Positionieren der Zahnräder auf den Wellen.
- **Radialwellendichtringe**
  zum Verhindern des Auslaufens von Schmieröl und dem Eindringen von Schmutz.

Prüfung

1. Riemengetriebe: Warum kann ein Keilriemen höhere Kräfte übertragen als ein Flachriemen?

2. Welche Auswirkungen kann

a) eine zu hohe
b) eine zu niedrige

Vorspannkraft bei Riementrieben haben?

3. Nennen Sie jeweils mindestens zwei Vorteile eines Kettentriebs im Vergleich zu Riementrieben und Zahnradtrieben.

Mehrstufige Getriebe

Viele Zahnradgetriebe bestehen nicht nur aus *zwei* Zahnradpaaren, also einer *Stufe*. Direkt gekoppelt sind eine oder mehrere weitere Stufen. Der prinzipielle Aufbau ist in Bild 30 für ein Stirnradgetriebe dargestellt.

Die erste Stufe besteht aus dem Zahnrad 1 (kleiner Durchmesser) und dem größeren Zahnrad 2.

Durch den größeren Durchmesser ist die Drehzahl des Zahnrads 2 (n_2) kleiner als die Drehzahl des Zahnrads 1 (n_1). Dies ist die Übersetzung der 1. Stufe.

Das Zahnrad 3 ist auf der gleichen Welle wie Zahnrad 2 und hat damit die gleiche Drehzahl ($n_3 = n_2$). Durch den größeren Durchmesser von Zahnrad 4 erfolgt hier eine weitere Reduzierung der Drehzahl auf n_4.

Die Eingangsdrehzahl n_1 wird also zunächst (in der 1. Stufe) auf n_2 reduziert, in der 2. Stufe erfolgt dann die weitere Reduzierung auf die Ausgangsdrehzahl n_4.

Wollte man die gleiche Gesamtübersetzung von n_1 auf n_4 in *einer Stufe* erreichen, so müsste man ein sehr großes und teures zweites Zahnrad verwenden.

Bild 31 zeigt noch einmal den Kraftfluss in diesem Getriebe.

Motor → Antriebswelle → Passfeder → Zahnrad 1 → Zahnrad 2 → Passfeder → Zwischenwelle → Passfeder → Zahnrad 3 → Zahnrad 4 Passfeder → Abtriebswelle

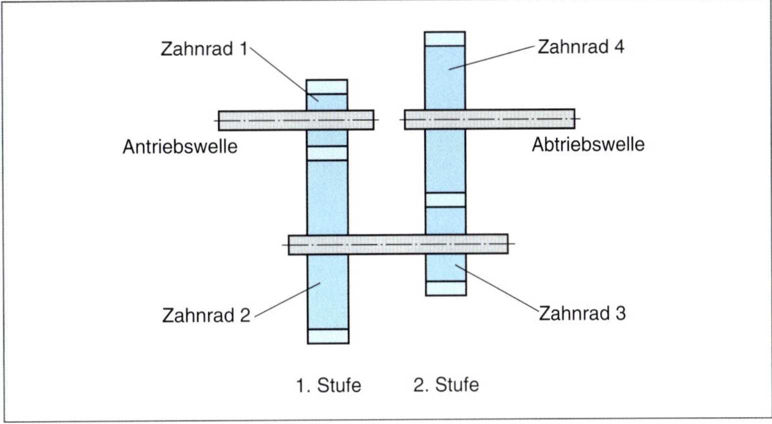

30 Zweistufiges Stirnradgetriebe

z.B.

Eingangsdrehzahl n_1	$1500 \frac{1}{\text{min}}$
Übersetzung 1. Stufe	3
Zwischendrehzahl n_2	$500 \frac{1}{\text{min}} \left(= \frac{1500 \frac{1}{\text{min}}}{3}\right)$
Übersetzung 2. Stufe	5
Ausgangsdrehzahl n_4	$100 \frac{1}{\text{min}} \left(= \frac{500 \frac{1}{\text{min}}}{5}\right)$
Gesamtübersetzung	15 (von 1500 auf 100 $\frac{1}{\text{min}}$)

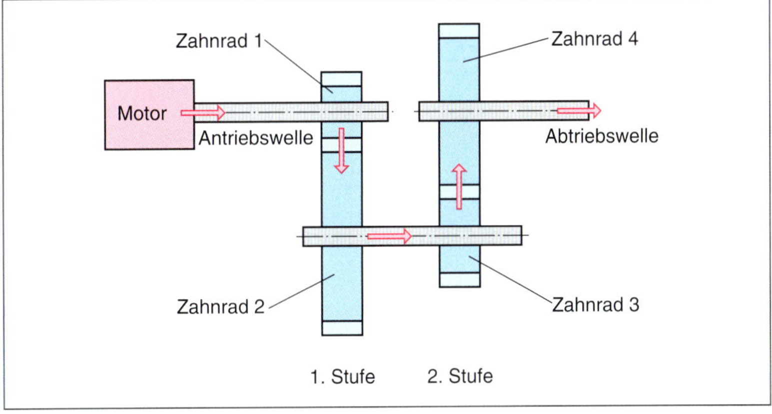

31 Kraftfluss in einem zweistufigen Stirnradgetriebe

Das Prinzip der **Mehrstufigkeit** wird bei allen Getriebearten (Riemen-, Ketten-, Zahnradgetriebe) angewendet, insbesondere aber bei Zahnradgetrieben.

Je nach dem gewünschten Übersetzungsverhältnis und der Lage der Ein- und Ausgangswelle zueinander sind auch mehr als zwei Stufen möglich.

Kombiniert werden dabei auch verschiedene Zahnradformen, z. B. eine Stufe mit Stirnradgetriebe und eine Stufe mit Kegelradgetriebe

Getriebeberechnung

Übersetzungsverhältnis für Drehzahl und Drehmoment:

Das **Übersetzungsverhältnis** i ergibt sich aus dem Verhältnis der Drehzahlen und dem umgekehrten Verhältnis der Raddurchmesser.

$$i = \frac{n_1}{n_2} = \frac{d_2}{d_1}$$

1 = erstes Rad, 2 = zweites Rad

Die Kennzeichnung 1, 2, 3 ... erfolgt in Richtung des Kraftflusses.

Für **Zahnradgetriebe** gilt zusätzlich

$$i = \frac{z_2}{z_1}$$

z Zähnezahl des Zahnrads

■ **Berechnung von Getrieben**

TB

1. Ein Getriebe besteht aus zwei Zahnrädern mit Durchmessern von 100 mm und 400 mm. Wie groß ist das Übersetzungsverhältnis?

$$i = \frac{d_2}{d_1} = \frac{400\ \text{mm}}{100\ \text{mm}} = 4$$

2. Hinter einem Motor (Drehzahl 1750 $\frac{1}{\text{min}}$) ist ein Riementrieb mit einer Übersetzung von 3,5. Wie groß ist die Abtriebsdrehzahl des Getriebes?

$$n_2 = \frac{n_1}{i} = \frac{1750\ \frac{1}{\text{min}}}{4} = 437{,}5\ \frac{1}{\text{min}}$$

Durch die *Reduzierung der Drehzahl* erhöht sich das *Drehmoment* entsprechend.

Das heißt, bei einer Überhöhung von 3 reduziert sich die Drehzahl auf ein Drittel. Das Drehmoment erhöht sich auf das Dreifache.

Die Änderung des Drehmoments M_d ist umgekehrt proportional der Drehzahländerung

$$\frac{M_{d2}}{M_{d1}} = \frac{n_1}{n_2} \left(= \frac{d_2}{d_1} = i \right)$$

Getriebeberechnung

TB

Bei *mehrstufigen Getrieben* ergibt sich das Gesamtübersetzungsverhältnis i_{ges} aus dem Produkt der Einzelübersetzungen

$$i_{ges} = i_1 \cdot i_2 \cdot i_3 \ldots$$

i_1 Übersetzung der ersten Stufe
i_2 Übersetzung der zweiten Stufe

Dies entspricht dem Verhältnis der Drehzahl des ersten Zahnrads zur Drehzahl des letzten Zahnrads.

$$i_{ges} = \frac{n_{Eingang}}{n_{Ausgang}}$$

Modul, Teilung und Achsabstand

Der **Modul** m ist das Verhältnis des Durchmessers zur Zähnezahl eines Zahnrads:

$$m = \frac{d}{z}$$

d Zahnrad-Durchmesser (Teilkreisdurchmesser)
z Zähnezahl

Der **Teilkreisdurchmesser** d ist der (theoretische) Durchmesser, bei dem sich die beiden Zahnräder berühren. Er liegt zwischen dem Kopfkreisdurchmesser und dem Fußkreisdurchmesser (Bild 34, Seite 417).

In DIN 780 sind Reihen für den **Modul** m festgelegt. Alle Zahnräder mit dem gleichen Modul passen zueinander.

Die **Teilung** p ist der Abstand zweier Zähne

$$p = m \cdot \pi$$

m Modul

Der **Achsabstand** a zweier Zahnräder mit den Durchmessern d_1 und d_2 ergibt sich zu:

$$a = \frac{d_1}{2} + \frac{d_2}{2} = m \cdot \frac{(z_1 + z_2)}{2}$$

Ein Getriebe besteht aus drei Stufen mit den Übersetzungen $i_1 = 4{,}5$, $i_2 = 3$, $i_3 = 4$.
a) Wie groß ist die Gesamtübersetzung?
b) Wie groß muss die Eingangsdrehzahl sein, wenn am Getriebeausgang eine Drehzahl von 30 $\frac{1}{\text{min}}$ gefordert wird?

a) $i_{ges} = i_1 \cdot i_2 \cdot i_3 = 4{,}5 \cdot 3 \cdot 4 = 54$

b) $i_{ges} = \frac{n_{Eingang}}{n_{Ausgang}}$

$$n_{Eingang} = i_{ges} \cdot n_{Ausgang} = 54 \cdot 30\ \frac{1}{\text{min}} = 1620\ \frac{1}{\text{min}}$$

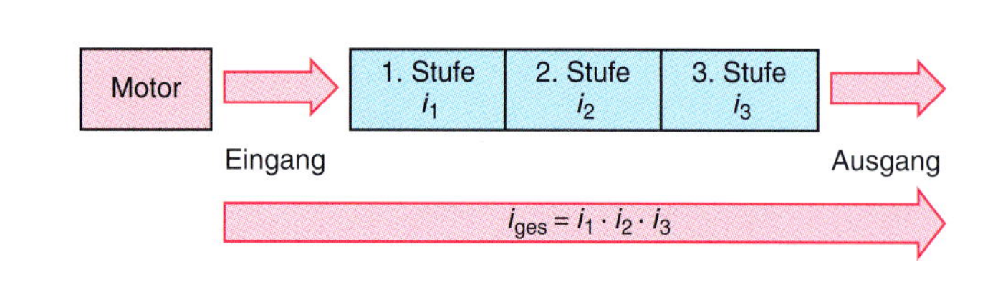

32 Gesamtübersetzung eines dreistufigen Getriebes

33 Zahnräder

Prüfung

1. Welche Funktion hat der Kettenspanner in einem Kettentrieb?

2. Erläutern Sie die prinzipiellen Unterschiede zwischen Kegelradgetrieben und Schneckengetrieben.

3. Welche Vorteile hat die Schrägverzahnung im Vergleich zur Geradverzahnung?

4. Ein Zahnradgetriebe mit Tauchschmierung erwärmt sich bei Betrieb stark. Nennen Sie mindestens fünf mögliche Ursachen dafür.

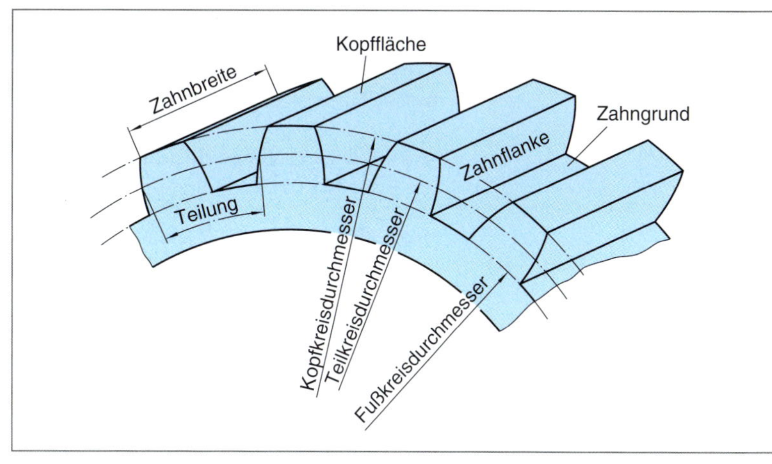

34 Bezeichnungen am Zahnrad

1. Wie groß ist der Modul eines Kegelrads mit dem Durchmesser 350 mm und einer Zähnezahl von 70?	$m = \frac{d}{z} = \frac{350\text{ mm}}{70} = 5\text{ mm}$
2. Bestimmen Sie die Teilung p eines Zahnrads mit dem Modul 12.	$p = m \cdot \pi = 12 \cdot \pi = 37{,}69\text{ mm}$
3. Zwei Zahnräder (Zähnezahl 80 und 20) haben einen Achsabstand a von 300 mm. Wie groß ist der Modul m der Zahnräder?	$a = \frac{m \cdot (z_1 + z_2)}{2}$ $m = \frac{2 \cdot a}{(z_1 + z_2)} = \frac{2 \cdot 300\text{ mm}}{(80 + 20)} = 6$

Kette
chain

Zahnrad
gear wheel

Geradverzahnung
straight-cut gear

Schrägverzahnung
helical gear

Tauchschmierung
splash lubrication

Druckumlaufschmierung
forced feed lubrication

Übersetzungsverhältnis
gear transmission ratio

Modul
module

Spezielle Bauformen von Getrieben

Zahnstangengetriebe

Zur Änderung der *drehenden Bewegung* einer Welle in eine *geradlinie Bewegung* werden Getriebe mit Zahnrad/Zahnstange-System eingesetzt (Bild 35).

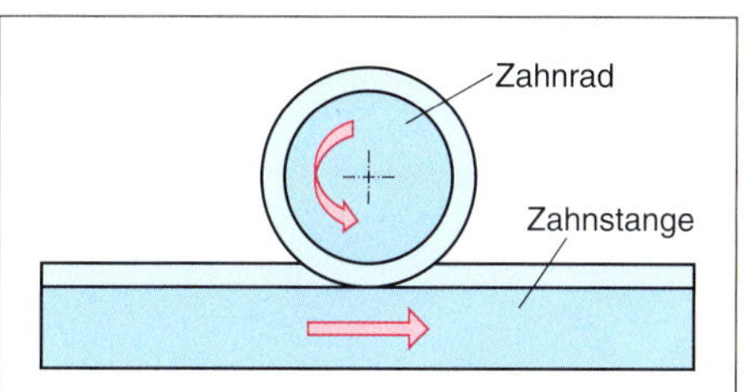

35 Zahnstangengetriebe, Prinzip

Verstellbare Getriebe

Mit *verstellbaren Getrieben* lassen sich *unterschiedliche Übersetzungsverhältnisse* in einem Getriebe realisieren.

Die Funktionsweise solcher Getriebe wird beispielhaft an einem *Stirnradgetriebe mit zwei Übersetzungen* erläutert (Bild 36).

Auf der Antriebswelle sitzen zwei Zahnräder 1 und 3. Diese sind nicht direkt mit der Welle verbunden, sondern mit einer Hülse.

Die Hülse ist auf der Antriebswelle axial in beide Richtungen verschiebbar. Wird die Hülse nach links verschoben, so ist das Zahnrad 1 mit dem Zahnrad 2 in Eingriff. Bei Verschieben der Hülse nach rechts sind die Zahnräder 3 und 4 im Eingriff.

Durch die zwei unterschiedlichen Durchmesser ergeben sich *zwei Übersetzungsverhältnisse.*

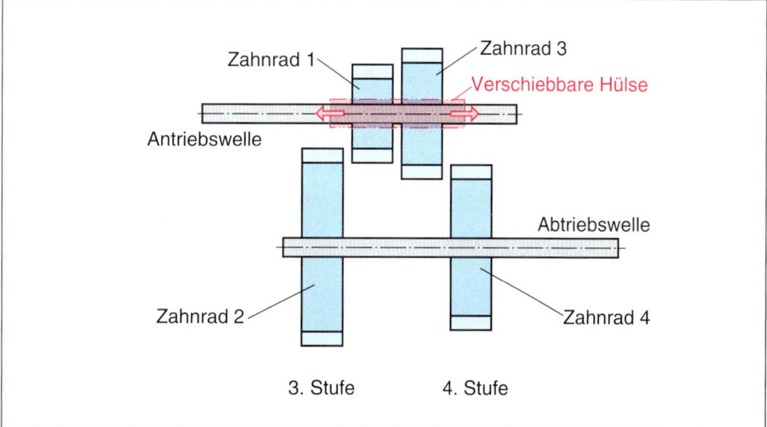

36 Stirnradgetriebe, zwei Übersetzungen

z. B.

Für das Stirnradgetriebe nach Bild 36, Seite 418, liegen folgende Daten vor:
$d_1 = 70$ mm, $d_2 = 245$ mm, $d_3 = 100$ mm, $d_4 = 215$ mm.
Welche Übersetzungsmöglichkeiten hat das Getriebe?

Möglichkeit 1 (Stellung Hülse nach links) $i_1 = \frac{d_2}{d_1} = \frac{245\text{ mm}}{70\text{ mm}} = 3{,}5$

Möglichkeit 2 (Stellung Hülse nach rechts) $i_2 = \frac{d_4}{d_3} = \frac{215\text{ mm}}{100\text{ mm}} = 2{,}15$

Stufenlos verstellbare Getriebe

Bild 37 zeigt ein Getriebe mit *stufenlos einstellbarer Übersetzung.*

Das Getriebe besteht im Wesentlichen aus zwei *Kegelscheibenpaaren* und einem *Zugmittel*, z. B. einem Keilriemen.

Der Abstand der beiden Kegelscheibenpaare kann *axial verändert* werden.

Wird z. B. der Abstand des unteren Kegelpaars (Abtrieb) vergrößert, verkleinert sich der Laufradius. Gleichzeitig vergrößert sich der Radius im oberen Kegelpaar durch Verkleinerung des Abstands.

Damit kann die *Übersetzung stufenlos verändert* werden. Die Kraftübertragung erfolgt bei solchen Getrieben *kraftschlüssig.*

@ Interessante Links

- christiani-berufskolleg.de

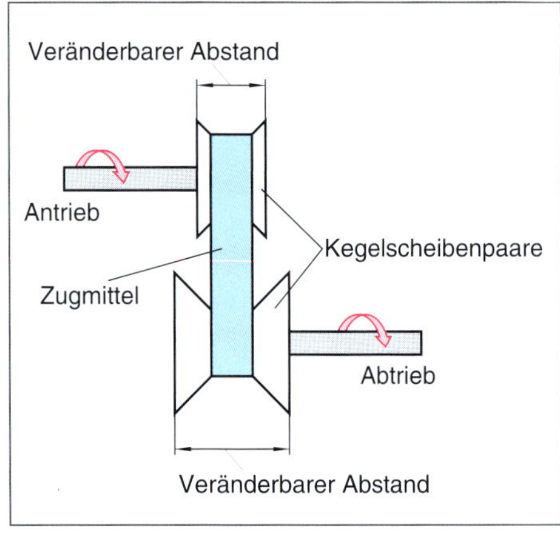

37 Stufenlos verstellbares Getriebe

38 Getriebe

Prüfung

1. Getriebebeispiel (Bild 36, Seite 417) aus dem Kapitel „Verstellbare Getriebe“:

Zeichnen und erläutern Sie für beide Übersetzungsmöglichkeiten den Kraftfluss im Getriebe.

2. Bei einem Riementrieb mit einer Übersetzung von 2,8 hat die angetriebene Riemenscheibe einen Durchmesser von 295 mm.

Welchen Durchmesser hat die zweite Scheibe?

3. Für ein zweistufiges Getriebe sind folgende Werte gegeben:

Eingangsdrehzahl	$1500 \frac{1}{\text{min}}$
Gesamtübersetzung	12
Übersetzung der 2. Stufe	5

Wie groß ist:
a) die Übersetzung der 2. Stufe?
b) die Abtriebsdrehzahl?

4. Von einem Stirnradpaar sind folgende Werte gegeben:

Achsabstand	270 mm
Zähnezahl Rad 2	120
Modul	6

Bestimmen Sie:
a) die Zähnezahl des ersten Stirnrads
b) das Übersetzungsverhältnis

8.4 Kupplungen

Wenn der Antriebsmotor mithilfe einer *Welle* mit dem Getriebe verbunden ist, kann die Verbindung zum Beispiel bei Wartungsarbeiten nicht problemlos getrennt werden.

Durch eine **Kupplung**, die zwischen die Welle montiert wird, kann der Trennvorgang einfacher und schneller durchgeführt werden.

Im einfachsten Fall besteht die Kupplung aus zwei Scheiben, die mit Schrauben verbunden sind.

Man spricht dann von einer **Scheibenkupplung**.

Durch Lösen der Schrauben kann die Verbindung einfach getrennt werden.

Kupplungen verbinden Wellen miteinander. Sie übertragen Drehbewegungen und Drehmomente und können relativ einfach getrennt werden.

Eine andere konstruktive Kupplungsausführung besteht aus zwei verschraubten Halbschalen, die z. B. mithilfe von Passfedern die Drehbewegung der Wellen übertragen.

Man spricht dann von einer **Schalenkupplung**.

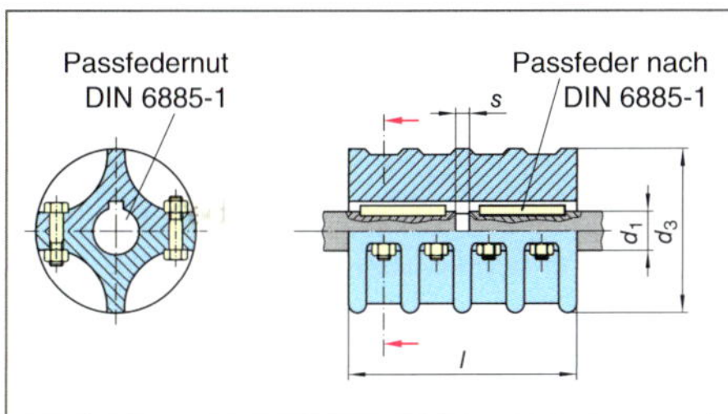

41 Schalenkupplung

Bei der Scheiben- und Schalenkupplung sind die Wellen *starr* miteinander verbunden. Sie werden deshalb **starre Kupplungen** genannt.

Da sie *keine Lageänderung* der Wellen zueinander ausgleichen können, müssen die Wellen *genau* miteinander *fluchten*.

Bei **elastischen** (nachgiebigen) **Kupplungen** befindet sich ein dämpfendes Zwischenteil z. B. aus Gummi zwischen den beiden Kupplungshälften. Die elastischen Teile gleichen einen (geringen) axialen, radialen Versatz oder einen geringen Winkelversatz der Wellen aus.

Im Gegensatz zu starren Kupplungen können elastische Kupplungen Relativbewegungen zwischen den Wellen ausgleichen.

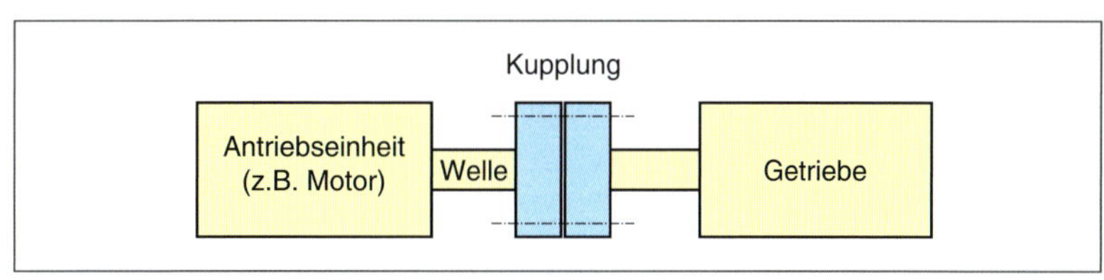

39 Kupplung zwischen Motor und Getriebe

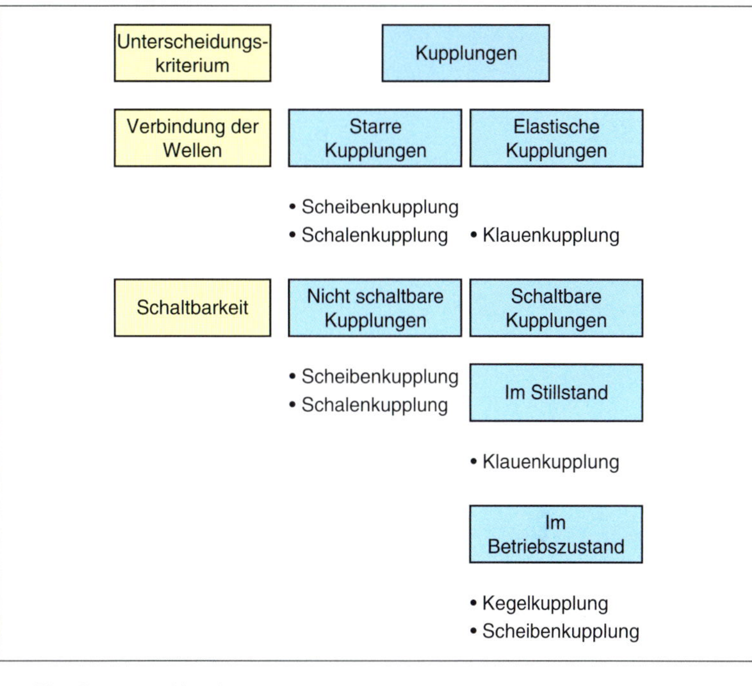

40 Einteilung von Kupplungen

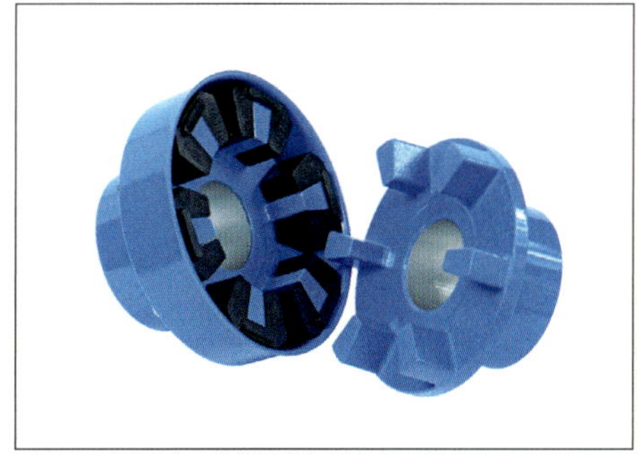

42 Elastische Klauenkupplung

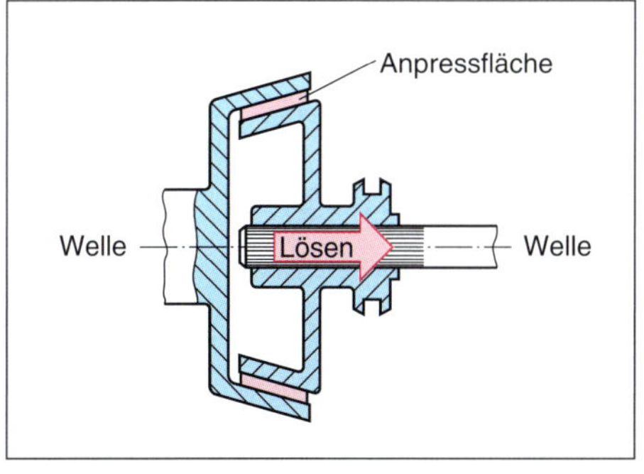

43 Kegelkupplung

Kupplung
clutch

Lösbare Kupplung
engaging and disengaging clutch

Festsitzen der Kupplung
jammed clutch

■ **Kupplung**
koppelt zwei Systeme so, dass ein Energiefluss hergestellt wird.

Kupplung
coupling

Scheibenkupplung
plate coupling

Schalenkupplung
sleeve coupling

Schaltbare Kupplung
clutch

Kegelkupplung
cone friction clutch

Kardanwelle
cardan shaft

Die *Kraftübertragung* erfolgt über eine kegelförmige Anpressfläche (Bild 43). Durch Zurückziehen der inneren Kegelfläche (Verschieben nach links, roter Pfeil) kann die Verbindung gelöst werden.

Anstelle des Kegels werden bei **Scheibenkupplungen** auch eine oder mehrere parallele Scheiben eingesetzt. Die Verstellung einer Kupplungshälfte kann *mechanisch, hydraulisch* oder *elektrisch* erfolgen.

Kraftschlüssige Kupplungen können auch als **Rutschkupplung** eingesetzt werden.

Bei einem zu hohen Drehmoment rutscht die Kupplung durch, da die *Reibkraft* kleiner als die zu übertragende Kraft ist.

Somit können Motor und Getriebe vor Schäden durch Überlastung oder Blockieren geschützt werden.

Gelenkkupplungen

Wenn die Wellen einen großen **Versatz** zueinander haben, werden **Gelenkkupplungen** eingesetzt. Ein Beispiel dafür ist das *Kardangelenk* (Bild 44).

Durch die Kombination einer Welle mit zwei Kreuzgelenken kann diese Kupplungsart große Achsabstände der Wellen überbrücken.

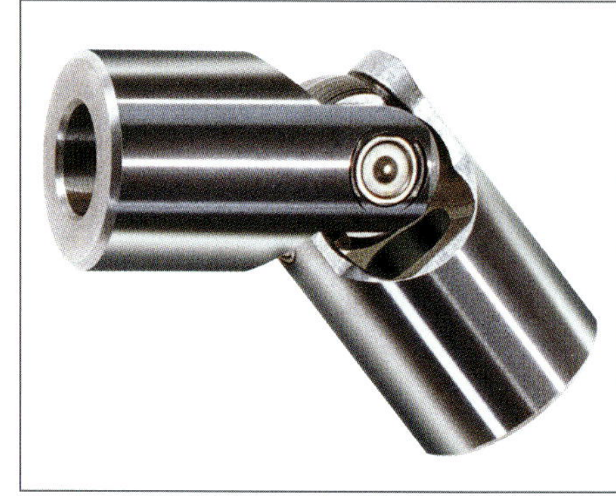

44 Gelenkkupplung, Kardangelenk

Prüfung

1. Beschreiben Sie den grundsätzlichen Aufbau und die Funktion von Kupplungen.

2. Nennen Sie den Hauptvorteil elastischer Kupplungen im Vergleich zu starren Kupplungen.

3. Beschreiben Sie Aufbau und Funktion einer Rutschkupplung.

4. Erläutern Sie den Unterschied zwischen nicht schaltbaren und schaltbaren Kupplungen.

5. Nennen Sie zwei formschlüssige und zwei kraftschlüssige Kupplungsarten.

6. Erklären Sie die Funktionsweise einer Kardanwelle.

@ Interessante Links

- christiani-berufskolleg.de

Bei Kupplungen sollten die Wellen so gut wie möglich fluchten.

Reihenfolge beim Ausrichten:

– *Winkliges Ausrichten*
– *Radiales Ausrichten*
– *Axiales Ausrichten*

45 Ausführungsformen von Kupplungen

8.5 Pumpen

In Hydraulikanlagen wird ein inkompressibles Fluid, z. B. Öl, mit hohem Druck benötigt. **Pumpen** ermöglichen diese **Förderung** und die **Druckerhöhung** von Flüssigkeiten.

Pumpen fördern Flüssigkeiten.
Gebläse fördern Gase.

Abhängig von der Funktionsweise unterscheidet man zwei generelle **Pumpentypen**:

- Verdrängerpumpen
- Strömungspumpen

Verdrängerpumpen

Beispielhaft für solche Pumpen, ist die in Bild 46 dargestellte Arbeitsweise einer **Kolbenpumpe.**

Beim *Ansaugvorgang* bewegt sich der Kolben nach links, durch den *Unterdruck* im Zylinder öffnet sich das Einlassventil und die Flüssigkeit strömt in den Zylinder.

Ist der Zylinder gefüllt, wird die Bewegung des Kolbens umgekehrt. Dadurch erhöht sich der *Druck* in der Flüssigkeit, das Einlassventil wird geschlossen, während sich das Auslassventil öffnet. Die Flüssigkeit strömt auf der Druckseite nach außen.

Die bei einer Hin- und Herbewegung (einem „Hub") „verdrängte" Flüssigkeit ist das **Verdrängungsvolumen** dieser Pumpe.

Das **Gesamtfördervolumen** der Pumpe ergibt sich aus dem Produkt dieses Verdrängungsvolumens und der Anzahl der Hübe (der Drehzahl).

Dieses Verdrängen der Flüssigkeit in einer geschlossenen Kammer ist das Merkmal von Verdrängerpumpen.
Solche Pumpen sind selbstansaugend, sie können hohe Drücke aufbauen, die Fördermengen sind aber relativ gering.

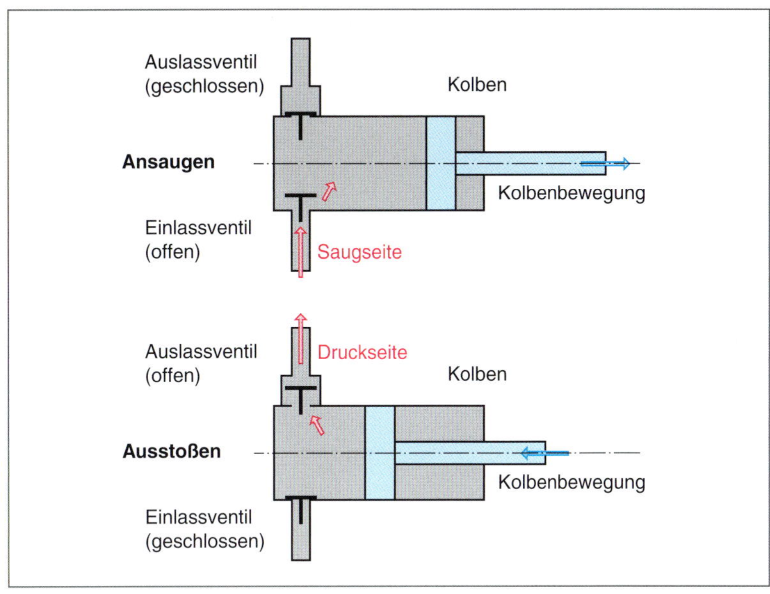

46 Funktionsweise einer Kolbenpumpe

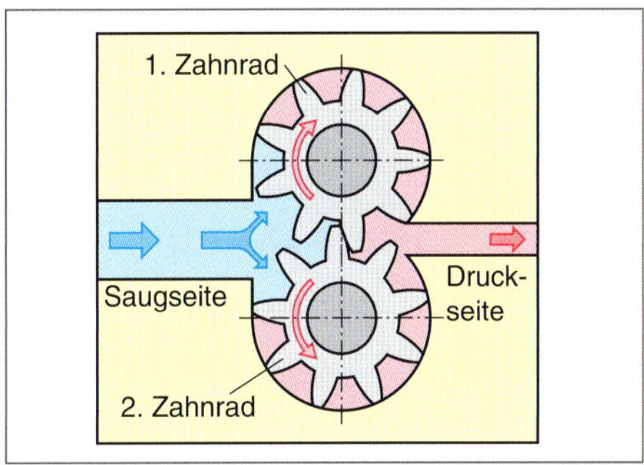

47 Zahnradpumpe

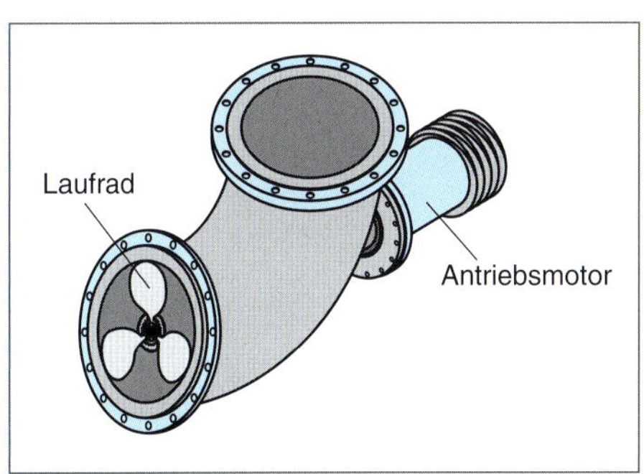

48 Axialpumpe mit Antrieb

Neben der Kolbenpumpe ist die **Zahnradpumpe** eine weitere wichtige Ausführungsvariante von Verdrängerpumpen (Bild 47).

Diese Pumpe besteht im Wesentlichen aus zwei Zahnrädern, von denen *eins* angetrieben ist.

Die Flüssigkeit wird auf der Außenseite der Zahnräder von der Saug- zur Druckseite befördert und dort durch das Ineinandergreifen der Zahnräder verdrängt.

Der geförderte Volumenstrom ist nahezu proportional zu der Drehzahl der Zahnräder.

Strömungspumpen (Kreiselpumpen)

Die **Axialpumpe** als typischer Vertreter dieser Pumpenart besteht im Wesentlichen aus einem axialen Laufrad (Propeller), das in der Förderleitung rotiert (Bild 49).

Je nach Ausströmrichtung der Flüssigkeit unterscheidet man dabei zwischen Axialpumpen (Austritt in Axialrichtung) und Radialpumpen (Austritt radial nach außen).

Pumpe
pump

Kolbenpumpe
piston pump

Zahnradpumpe
gear pump

Fördermenge
flow rate

Pumpenleistung
pump capacity

■ **Vorteile von Strömungspumpen**

– relativ einfacher Aufbau
– hohe Förderleistung

Eine Pumpe fördert Wasser mit einem Volumenstrom von 5 l/s in einen 7,5 m höher gelegenen Behälter.
Wie groß ist die Leistung dieser Pumpe?

$P = Q \cdot \rho \cdot g \cdot h = 5\ \text{l/s} \cdot 1\ \text{kg/dm}^3 \cdot 9{,}81\ \text{m/s}^2 \cdot 7{,}5\ \text{m} = 367{,}8\ \text{W}$

Berechnung von Pumpen

Die **Leistung** P, die eine Pumpe erbringt, kann bestimmt werden aus dem **Volumenstrom** der Flüssigkeit und der Förderhöhe oder der Druckdifferenz.

Pumpenleistung

$P = Q \cdot \rho \cdot g \cdot h$

Q Volumenstrom der Flüssigkeit
ρ Dichte der Flüssigkeit
h Förderhöhe

$P = Q \cdot \Delta p$

Δp Druckdifferenz $(p_{\text{nach Pumpe}} - p_{\text{vor Pumpe}})$

Prüfung

1. Beschreiben Sie die grundsätzlichen Anwendungsbereiche von Pumpen und Gebläsen.

2. Erklären Sie den Unterschied im Fördermechanismus zwischen Verdränger- und Strömungspumpen.

3. Nennen Sie zwei generelle Vorteile von Kolbenpumpen.

4. Eine Zahnradpumpe erhöht den Druck in einer Förderleitung von 3 auf 20 bar.
Bestimmen Sie die Leistung der Pumpe (in W) bei einem Volumenstrom von 500 l/min.

@ Interessante Links
- christiani-berufskolleg.de

8.6 Montage – Demontage

Bei der Laufrolle der Drehplatte (Bild 49) machen sich nach längerem Einsatz Laufgeräusche bemerkbar.

Vermutlich werden diese von den Wälzlagern der Transportrolle verursacht.

Um einen Komplettausfall der gesamten Anlage zu vermeiden, soll die Einheit demontiert werden, um die Lager zu erneuern.

■ Hinweis

Bei *Umfangslast* werden Wälzlager mit einem festen Sitz eingebaut.

Bei *Punktlast* werden die Lager mit einem losen Sitz eingebaut.

Pos.	Dateiname	Anz.	Material	Masse
	Drehplatte_2_gelagert			19,278 kg
5	M10x25_DIN6912	8	(Keine)	0,009 kg
4	Transport-Rolle_V2_Zusammenbaubar	2		4,089 kg
4.3	snr_6004z_1	2		0,000 kg
4.3.4	snr_6004z_1_04	1	Acier	0,000 kg
4.3.3*	snr_6004z_1_03	1	Acier	0,000 kg
4.3.2	snr_6004z_1_02	1	Acier	0,000 kg
4.3.1	snr_6004z_1_01	1	Acier	0,000 kg
4.2	Transport-Rolle_V2_Flansch	2	1.1730, [45	0,541 kg
4.1	Transport-Rolle_V2	1	1.1730, [45	3,007 kg
3	Rollenlagerung	4	Stahl - Baustahl:18912, S420NL	0,615 kg
2	Transportband	2	Fa. xy	0,529 kg
1	Grundplatte_V2_gelagert	1	S235 JR	7,513 kg

49 Drehplatte

Arbeitsplan

Nr.	Vorgang	Werkzeuge/Hilfsstoffe	Zeit
10	Bereitstellen	Ersatzteile und Hilfsstoffe	
20	Stillsetzen der Anlage, Demontage der Drehplatte		
30	Demontage der 4 Rollenlagerungen (Pos. 3)		
40	Lösen der 4 Zylinderschrauben M10 je Rollenlagerung (Pos. 5)		
50	Abdrücken der Wälzlager aus Rollenlagerung		
60	Abziehen der Wälzlager vom Transportrollenflansch	Abziehvorrichtung	
70	Reinigung der Flansche	Reinigungsmittel	
80	Pressen der neuen Lager auf die Welle	Montagescheibe, Schlagbüchse	
90	Einführen der Lagereinheit in die Rollenlagerung (Pos. 3)	Verkantung vermeiden	
100	Transportband (Pos. 2) einfädeln		
110	4 Rollenlagerungen mittels Zylinderschrauben (Pos. 5) befestigen		
120	Prüfen der Rollenlagerung		

Um die *Stillstandszeit* beim Lagertausch zu *minimieren*, ist auch bei dieser relativ einfachen Instandhaltungsmaßnahme die Erstellung eines **Arbeitsplans** sinnvoll. Im vorliegenden Fall ist das ein *Demontage-/Montageplan*.

In einem Demontage-/Montageplan werden
- *alle Arbeitsschritte mit*
- *den benötigten Werkzeugen und Hilfsmitteln*

tabellarisch in der vorgesehenen Reihenfolge aufgelistet.

Für den Lagertausch ist folgende Reihenfolge der Tätigkeiten sinnvoll:

- Bereitstellen der Werkzeuge und Austauschteile
- Ausbau der Baugruppe
- Demontage der Lager
- Montage der neuen Lager
- Einbau der Baugruppe
- Prüfung

Die wichtigste Unterlage zur Erstellung eines Demontage-/Montageplans ist die *Gesamtzeichnung* mit *Stückliste* und *Anordnungsplan*.

Hieraus sind die Anordung der Bauteile und die jeweilige Fügetechniken erkennbar. Bei unlösbaren Verbindungen (z. B. Klebeverbindung) ist darauf zu achten, dass diese bei der Montage neu hergestellt werden müssen.

In diesem Plan sind bei den *Werkzeugen* die „normalen" Werkzeuge nicht aufgeführt. Solche Werkzeuge wird jede Fachkraft mit sich führen, sie sind bei der Auflistung also verzichtbar.

Die benötigten *Ersatzteile* sind ebenfalls vor Beginn der Arbeiten bereitzustellen, im vorliegenden Fall sind dies die Kugellager.

Nach der Montage der neuen Lager, dem Einfädeln des Transportbands und dem Befestigen der Baugruppe auf der Grundplatte ist eine *Prüfung* vorzunehmen.

Im vorliegenden Fall ist dies eine *Funktionsprüfung* (z. B. auf Leichtlauf der Rollen) mit dem besonderen Augenmerk auf das ursprüngliche Problem der Laufgeräusche.

Eine Angabe der benötigten *Zeit* für die einzelnen Arbeitsschritte ist sinnvoll bei sich *wiederholenden* Arbeiten, beispielsweise wenn 50 Einheiten zu wechseln wären.

Ein Montage-/Demontageplan beantwortet generell folgende Fragen:
- *Welche Arbeitsvorgänge sind notwendig?*
- *In welcher Reihenfolge?*
- *Mit welchen Mitteln?*
- *In welcher Zeit? (eventuell)*
- *An welchem Ort? (eventuell)*
- *Besondere Bedingungen zu beachten?*

■ **Montage und Demontage von Lagern**
→ 407

■ **Fügeverfahren**
→ 398

Montage *assembly*

Demontage *disassembly*

Instandhaltung *maintenance*

Werkzeug *tool*

Montageplan *assembly instruction*

Montagearbeiten *assemblings*

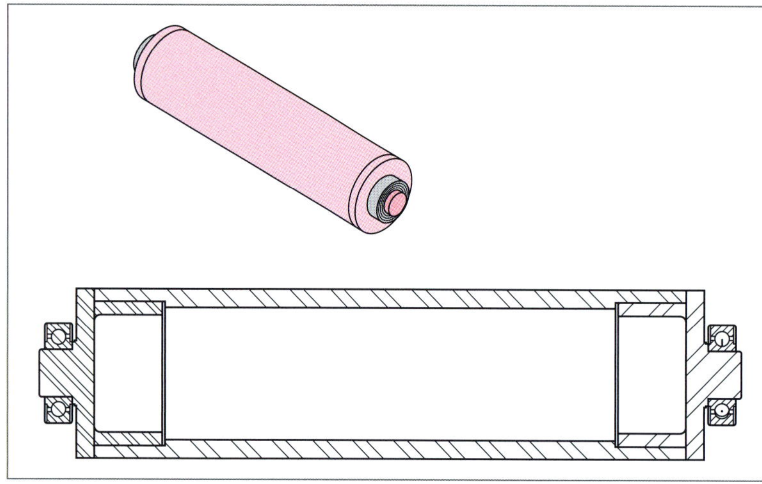

50 Transportrolle, teilmontiert

Prüfung

1. Nennen Sie mindesten zwei Gründe, warum bei einer Instandhaltungsmaßnahme die Erstellung eines Arbeitsplans sinnvoll ist.

2. Warum ist der Arbeitsschritt „Reinigung der Flansche“ (Nr. 70) notwendig?

3. Erläutern Sie die Bemerkung bei Nr. 90 (Einführung der Lagereinheit in die Rolleneinheit): „Verkantung vermeiden“.

4. Ergänzen Sie den vorliegenden Demontage-/Montageplan (Seite 423) mit genauen Bezeichnungen für alle benötigten Werkzeuge, Hilfsmittel und Ersatzteile.

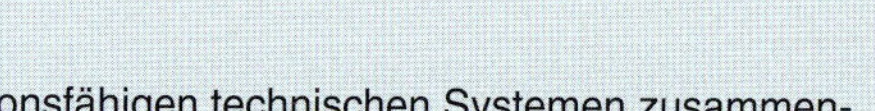

5. Erstellen Sie eine Liste mit allen erforderlichen Prüfmaßnahmen und dazu erforderlichen Prüfmitteln.

@ Interessante Links
- christiani-berufskolleg.de

Montage

Bauteile und Baugruppen werden zu funktionsfähigen technischen Systemen zusammengefügt. Dies tritt beim *Zusammenbau* oder nach *Instandhaltungsmaßnahmen* auf.

- *Sichtprüfung*
- *Reinigung der Einzelteile*
- *Ersatz schadhafter Elemente*
- *Neubeschaffung gemäß Stücklisten*
- *Einzelteile zu einer Baugruppe zusamenfügen, dazu steht im Allegmeinen eine Aufbauübersicht zur Verfügung*
- *Lösbare Verbindungen und deren Fügeteile können erneut verwendet werden, wenn sie unbeschädigt sind*
- *Unlösbare Verbindungen müssen neu hergestellt werden*

■ **Prüfen**

Montagearbeiten			
Fügen/Zerlegen	**Prüfen**	**Handhaben**	**Nebenarbeiten**
Lösbare Verbindungen *Unlösbare Verbindungen*	*Art/Anzahl der Teile* *Maßhaltigkeit* *Oberflächenbeschaffenheit* *Form- und Lagegenauigkeit* *Funktion*	*Lagern* *Transportieren* *Positionieren*	*Schmieren* *Auswuchten* *Justieren* *Oberflächenbehandlung*

Vor Arbeiten an *elektrischen* Anlagen bzw. Betriebsmitteln

- *Freischalten der Stromkreise*
- *Gegen Wiedereinschalten sichern*
- *Spannungsfreiheit feststellen (zweipoliger Spannungsprüfer)*
- *Benachbarte unter Spannung stehende Teile im Arbeitsbereich abdecken oder abschranken*

Arbeiten an pneumatischen Systemen

- Der pneumatische Hauptschalter muss ausgeschaltet sein, um Bewegungen der Aktoren zu verhindern.
- Wenn die pneumatische Anlage mit geölter Druckluft arbeitet, ist der Öler mit geeignetem Öl in der erforderlichen Menge zu befüllen. Die Ölmenge ist nach Herstellerangaben einzustellen. Falls Kondensat vorhanden ist, muss es abgelassen werden.
- Die pneumatische Anlage muss drucklos sein, wenn die Arbeits- und Stellglieder in Ausgangsstellung gebracht werden. Federrückgestellte Ventile haben eine festgelegte Grundstellung. Impulsventile können mit der Handhilfsbetätigung (Druckluft erforderlich) in Grundstellung gebracht werden.
- Geschwindigkeit der Kolbenbewegung minimieren (Drosselventil).
- Druck an der Wartungseinheit auf 0 bar einstellen (Druckregler).
- Druck am pneumatischen Hauptschalter einschalten.
- Druck langsam steigern (Druckregler) bis zum Arbeitsdruck.
- Stellglieder mit Handhilfsbetätigung schalten und die gewünschten Geschwindigkeiten der Arbeitsglieder einstellen.
- Sensoren justieren.
- Sämtliche Arbeitsglieder und Stellglieder in Grundstellung bringen.
- Drosseleinstellungen arritieren.
- Funktion der pneumatischen Anlage testen.

Hinweis:
Im Bewegungsbereich der Arbeitsglieder dürfen sich keine Personen aufhalten.

Arbeiten an elektrischen Systemen

→ basics Mechatronik

9 Numerisch gesteuerte Werkzeugmaschinen (CNC)

Bei nahezu allen Maschinenarten werden heute **numerische Steuerungen** eingesetzt. *Bearbeitungszentren* bzw. *Fräsmaschinen* dürften dabei den größten Einsatz finden, gefolgt von *Drehmaschinen* und *Schleifmaschinen*.

9.1 Maschinenaufbau

Dargestellt ist der Aufbau einer CNC-Drehmaschine (Bild 1) und einer CNC-Fräsmaschine (Bild 2, Seite 428).

9.2 Baueinheiten

Vorschubantriebe

Eingesetzt werden **elektromechanische Vorschubantriebe** und **Direktantriebe**.

Elektromechanischer Vorschubantrieb

Die *rotatorische* Bewegung des Motors (Servomotor) wird in eine *translatorische* Bewegung umgewandelt (meist über eine Kupplung, einen Riemenantrieb und eine Kugelumlaufspindel).

Bei **Vorschubantrieben** (Bild 3, Seite 428) wird überwiegend ein **Servomotor** eingesetzt. Seine wesentlichen Vorteile sind hohes Drehmoment, Wartungsfreiheit, hohes Beschleunigungsvermögen und gute Kühlmöglichkeiten.

Wichtige Fachausdrücke

CNC
Computerized Numerical Control:
Rechnergestützte numerische Steuerung für Werkzeugmaschinen.

CIM
Computer Integrated Manufacturing:
Computerintegrierte Fertigung, Sammelbegriff für verschiedene Tätigkeiten im Betrieb.

CAD
Computer Aided Design:
Computerunterstütztes Zeichnen.

CAE
Computer Aided Engeneering
Rechnerunterstützte Entwicklung.

CAM
Computer Aided Manufacturing:
Computerunterstützte NC-Programmierung und Simulation.

DNC
Direct Numerical Control:
Ein System, bei der mehrere NC- oder CNC-Maschinen an einen zentralen Speicher angeschlossen sind.

Bei Bedarf kann per Kabel- oder Netzwerkanschluss (LAN) auf die Daten zugegriffen werden.

Werkzeugmaschine
machine tools

Baueinheit
assembly

Vorschub
feed

Drehautomat
automatic lathe

Fräsmaschine
milling machine

CNC-Drehmaschine
CNC-lathe

CNC-Fertigung
CNC-manufacturing

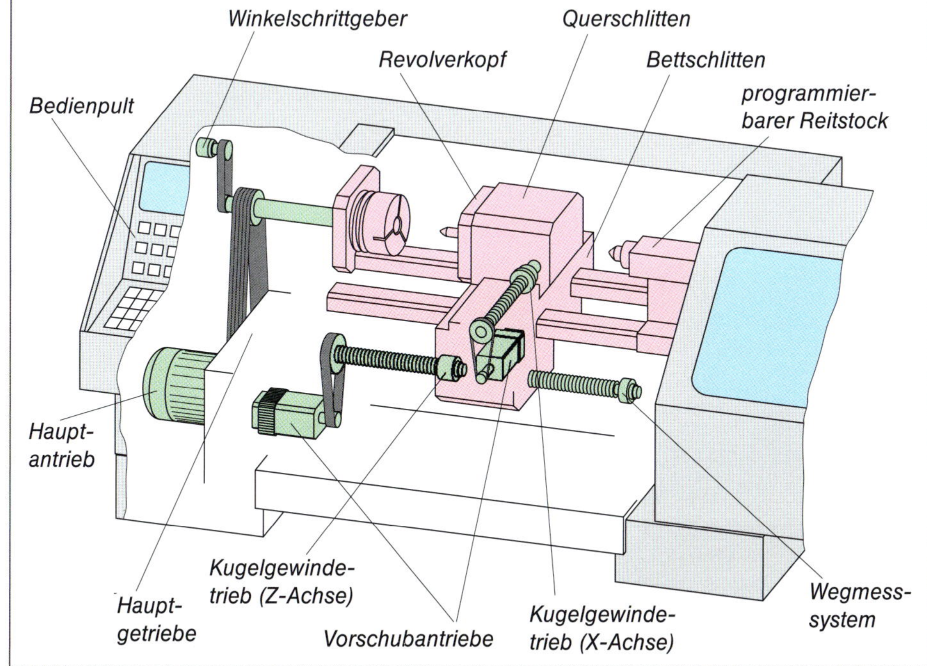

1 CNC-Drehmaschine, grundsätzlicher Aufbau

■ **Werkzeugmaschine**

Grundsätzlicher Aufbau
- *Gestell*
- *Führungen*
- *Hauptantriebe*
- *Hauptspindeln*
- *Vorschubantriebe*
- *Weg- und Winkelmesssysteme*
- *Steuerung*

■ **Vorschubantriebe**

Es werden auch Linearmotoren eingesetzt, die hohe Vorschubgeschwindigkeiten ermöglichen.

Arbeitsspindel *working spindle*

Hauptachse *principal axis*

Hauptantrieb *main drive*

Direktantrieb *gearless drive*

Wegmesssystem *position measuring*

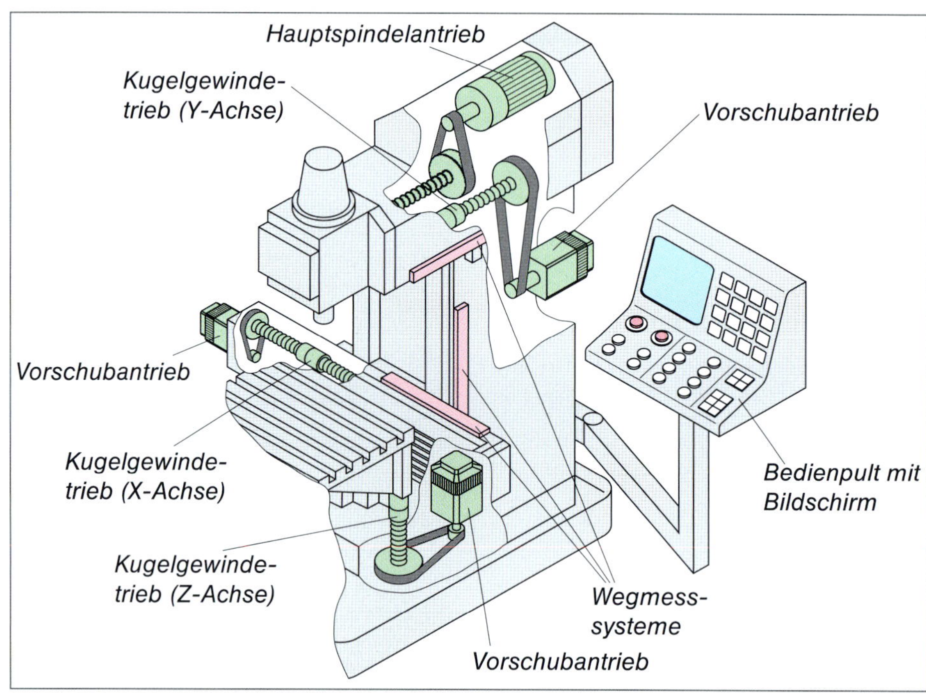

2 *Aufbau einer CNC-Fräsmaschine*

■ **Spielfreiheit**

Eine weitere Möglichkeit, Spielfreiheit im Gewindetrieb zu verwirklichen, besteht in einem beabsichtigten Steigungsversatz zwichen Spindel und Mutter.

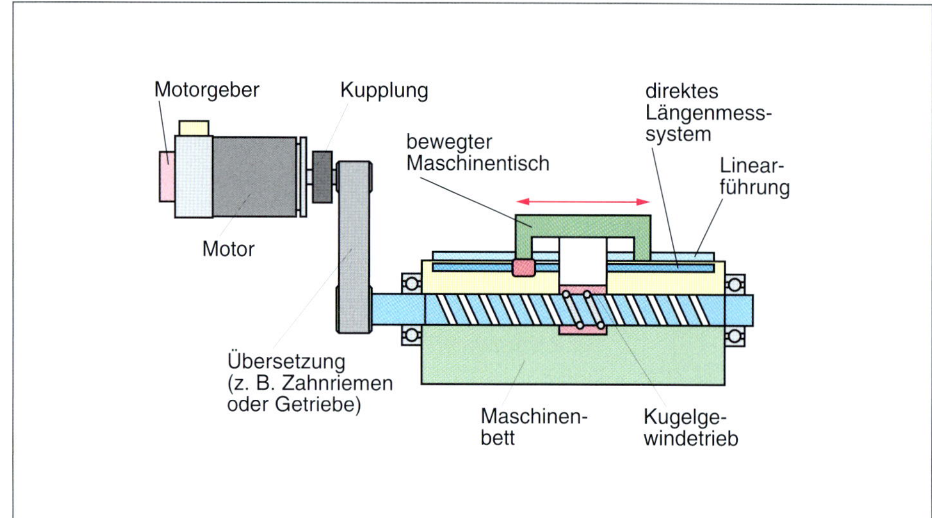

3 *Elektromechanischer Vorschubantrieb*

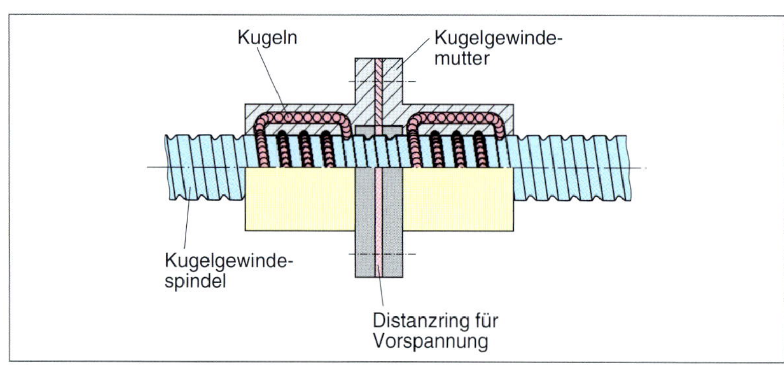

4 *Kugelgewindetrieb*

Kugelgewindetrieb

Eine Rotationsbewegung wird mithilfe einer **Gewindespindel** und einer **Kugelumlaufmutter** in eine translatorische Bewegung (Linearbewegung) umgewandelt.

Um **Spielfreiheit** zu erreichen, können die Kugeln durch einen **Distanzring** gegeneinander verspannt werden.

Vorteile gegenüber *Trapezgewindetriebe:*
Geringere Reibung, geringere Wärmeentwicklung geringerer Stick-Slip-Effekt, längere Lebensdauer und konstante Genauigkeit.

Direktantrieb

Bei *Direktantrieb* mit *Linearmotoren* entfallen die meisten mechanischen Übertragungselemente. Spindel und Getriebe sind dabei nicht notwendig.

Vorteile gegenüber dem *elektromechanischen Antrieb:*
Motorgeber entfällt, keine Kugelumlaufspindel, höhere Geschwindigkeiten, verschleißarm, hohe Dynamik und Steifigkeit, großes Beschleunigungsvermögen.

Nachteile:
Begrenzte Vorschubkräfte, notwendige Kühlung, geringerer Wirkungsgrad, höherer Systempreis.

5 Direktantrieb mit Linearmotor

Hauptspindelantriebe

CNC-Maschinen stellen im Vergleich zu konventionellen Bearbeitungsmaschinen höhere Anforderungen an die *Hauptspindelantriebe:*

- Stufenlose und schnelle Drehzahländerung
- Großer Drehzahlbereich
- Hohe Antriebsleistung
- Hohes Drehmoment bei geringen Drehzahlen

Eingesetzt werden im Allgemeinen *Drehstrom-Asynchronmotoren*, die durch einfachen und robusten Aufbau überzeugen.

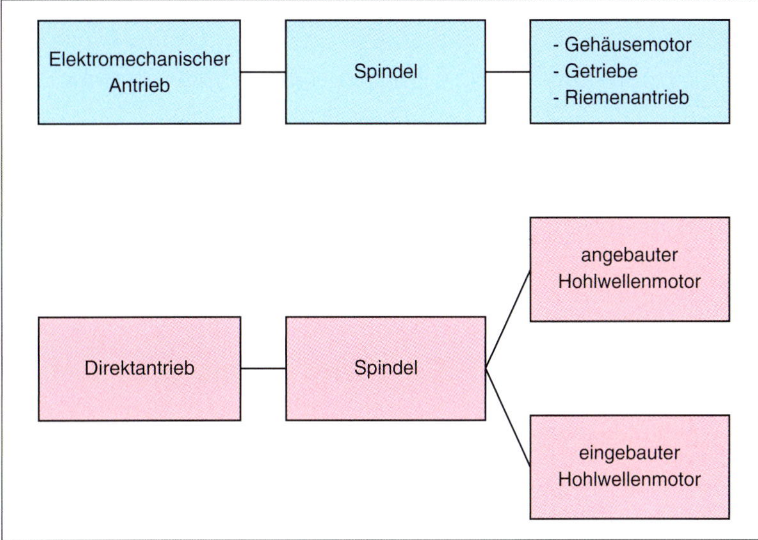

6 Hauptspindelantriebe

Wegmesssysteme

Zur Ermittlung der *genauen Achspositionen* der Werkzeugschlitten, benötigen CNC-Werkzeugmaschinen *Wegmesssysteme*. In der Praxis werden unterschiedliche Systeme eingesetzt.

Direkte Wegmessung

Die Abtastung erfolgt direkt über einen *Maßstab* mit einem zugehörigen Messwertgeber. Der vom Schlitten zurückgelegte Weg wird *direkt* erfasst (Bild 7).

Indirekte Wegmessung

Die Längsbewegung des Maschinentischs wird über eine *Drehscheibe*, die fest mit der Vorschubspindel verbunden ist, erfasst (Bild 7).

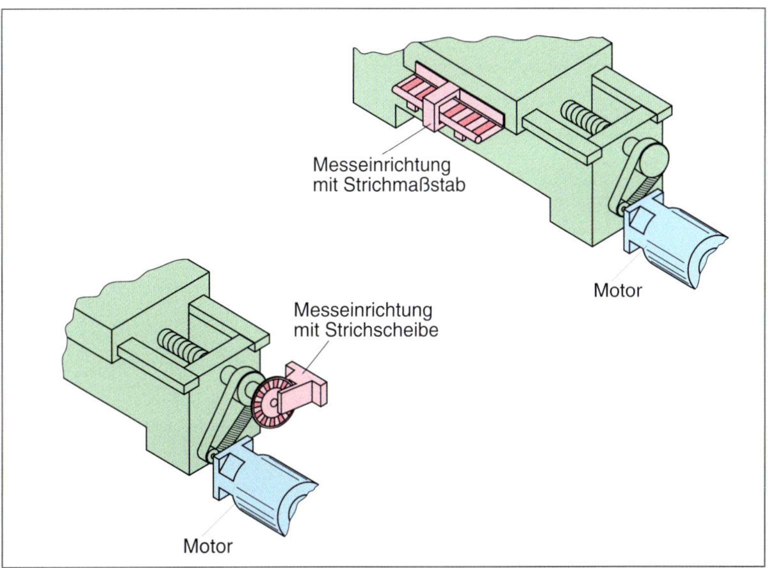

7 Direkte und indirekte Wegmessung

Konturpunkt
contour point

Punktsteuerung
point-to-point control

Streckensteuerung
straight line control

Bahnsteuerung
continuous path control

Programmierverfahren
programming methods

Absolute Wegmesssysteme

Sie bestehen aus einem *codierten Maßstab* oder einem *Drehgeber*. Dadurch ist der Steuerung jede Position der Achse bekannt.

- Kein Messwertverlust bei Spannungsausfall (nullspannungssicher).
- Anfahren eines Referenzpunkts nicht notwendig.
- Aufwendige Codiermaßstäbe (bis 20 Spuren) und Abtasteinrichtungen
- Hoher Preis.

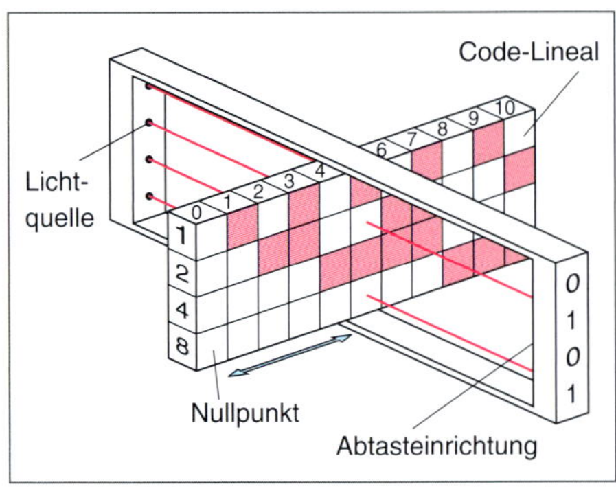

8 Absolutes Wegmesssystem

Inkrementale Wegmesssysteme

Sie bestehen aus einem *Rastermaßstab* mit *Hell- und Dunkel-Feldern*. Ein *Messwertgeber* zählt die Anzahl der *Inkremente* zwischen zwei Positionen.

- Preisgünstig auch bei größeren Längen.
- Kein Bezug zum Nullpunkt.
- Nullpunktverlust beim Abschalten der Steuerung.
- Ungenauigkeiten bei Steigungsfehlern der Vorschubspindel.

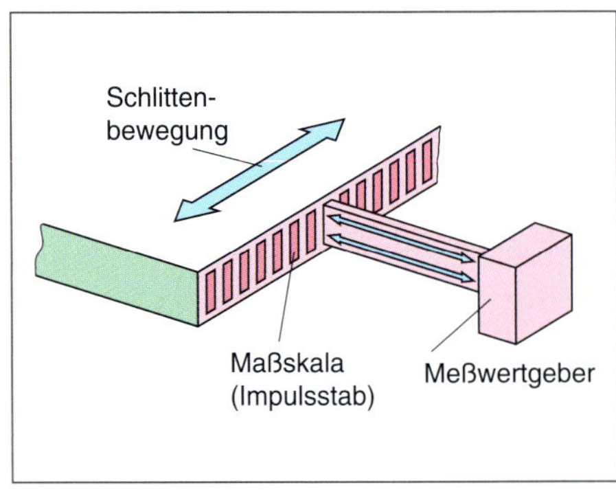

9 Inkrementales Wegmesssystem

9.3 Programmierung von CNC-Maschinen

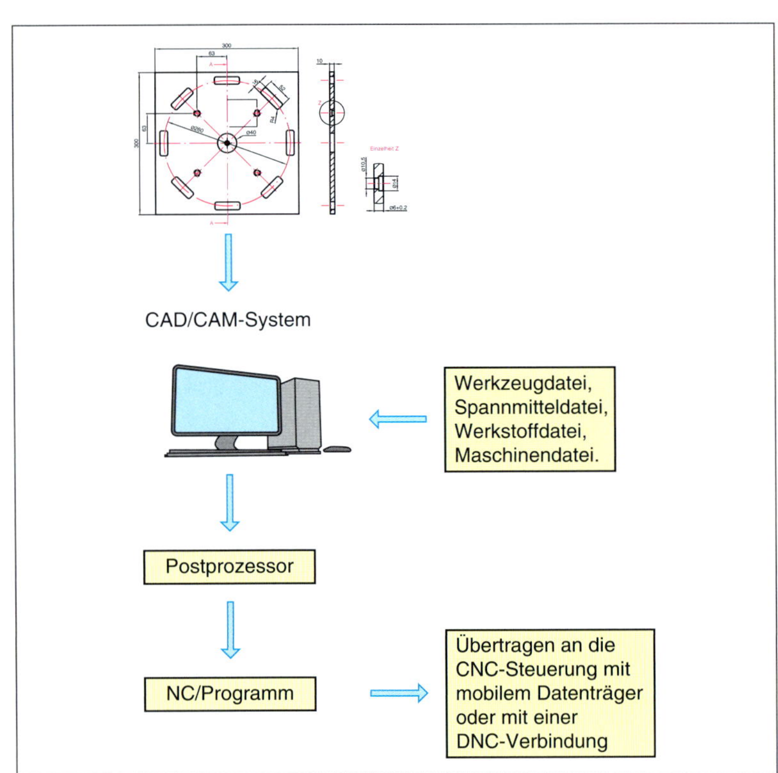

10 Informationsfluss einer rechnerunterstützten Programmierung (vereinfacht)

Manuelle Programmierung

Manuelle Programmierung wird auch **Werkstattprogrammierung** genannt. Der *Maschinenbediener programmiert* hierbei *direkt* an der Steuerung seiner CNC-Maschine.

Dies erfolgt je nach Steuerung nach DIN 66025 oder an einer maschinenspezifischen Steuerung mit Grafik und interaktivem Bediener-Dialog.

Anhand einer Werkstückzeichnung gibt der Bediener alle *Werkzeugbewegungen* und *Fertigungsdaten* direkt in die Steuerung ein. Eine *grafische Simulation* ermöglicht eine Überprüfung vor der Bearbeitung.

Computerunterstützte Programmierung

Wenn die zu fertigenden Teile komplexer und umfangreicher werden, bedient man sich häufig universeller Programmiersysteme.

Durch Eingabe von Geometriedaten kann die Werkstückbearbeitung steuerungsunabhängig programmiert werden. Dabei werden auch z. B. die in einer Datenbank hinterlegten technologischen Daten zu den verwendeten Werkzeugen hinzugefügt. Ein Postprozessor wandelt die Daten danach in die jeweilige Maschinensteuerung um.

Wenn die geometrischen Daten direkt aus einem CAD-System verwendet werden, spricht man von CAD/CAM-Systemen.

Steuerungsarten

Numerisch gesteuerte Werkzeugmaschinen werden in *drei Grundklassen* eingeteilt.

Punktsteuerungen

Bei *Punktsteuerungen* werden die *programmierten Punkte* im Eilgang angefahren, wobei das Werkzeug nicht im Eingriff ist. Die Achsantriebe werden gleichzeitig oder hintereinander eingeschaltet. Verwendung findet die Steuerungsart bei Bohrmaschinen, Punktschweißanlagen usw.

Streckensteuerungen

Neben der Positionierung im Eilgang ermöglichen Streckensteuerungen auch *achsparallele Verfahrbewegungen* des Werkzeugs im Arbeitsvorschub in nur einer Achse. Anwendung findet diese Steuerungsart bei einfachen Fräs- und Drehmaschinen.

Bahnsteuerungen

Bei den Bahnsteuerungen unterscheidet man noch je nach Anzahl der angesteuerten Achsen zwischen *2D-, 2,5D- und 3D-Bahnsteuerungen*. Schrägen und Bögen sind möglich.

- *2D-Bahnsteuerungen* ermöglichen die gleichzeitige, in Funktionszusammenhang stehende Bewegung in 2 festgelegten Achsen. Sollte eine 3. Achse vorhanden sein, kann diese nur unabhängig von den 2 festgelegten Achsen gesteuert werden.
- Bei der *2,5D-Bahnsteuerung* werden 2 Achsen im Bearbeitungsvorschub angesteuert, wobei der Bediener wählen kann, welche Achsen er benutzten möchte.
- *3D-Bahnsteuerungen* ermöglichen gleichzeitige Bewegungen in 3 Achsen.

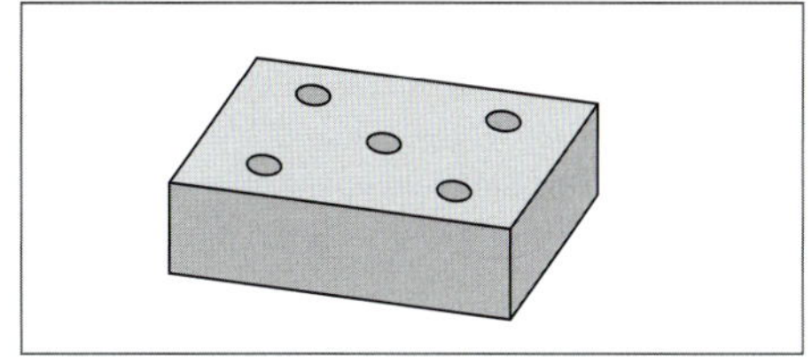

11 Programmierung mit Punktsteuerung

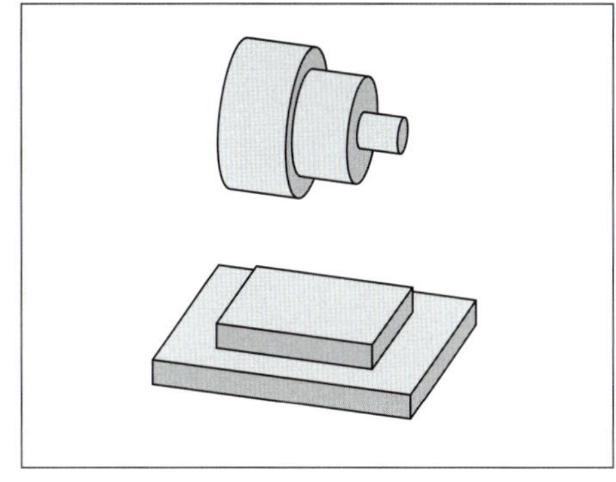

12 Programmierung mit Streckensteuerung

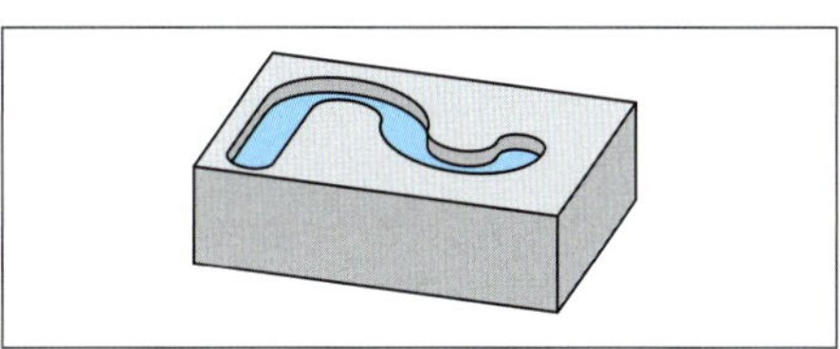

13 Programmierung mit 2D-Bahnsteuerung

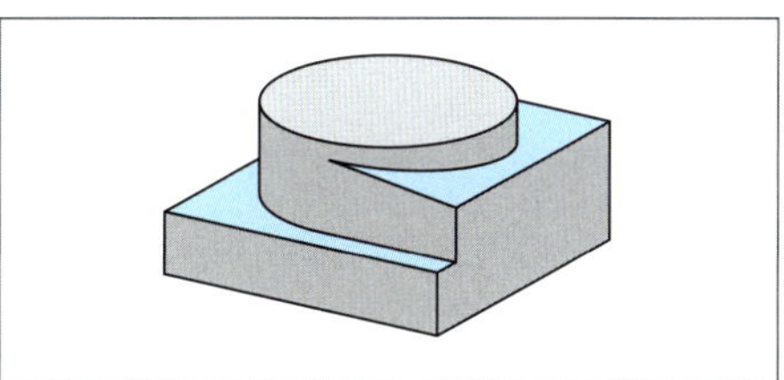

14 Programmierung mit 3D-Bahnsteuerung

Span
chip

Zerspanung
chipping

Konturpunkt
contour point

Konturen
contours

Bahnsteuerung
continuous path control

Konturprogrammierung
programming of contours

@ Interessante Links

- christiani-berufskolleg.de
- dmgmori.de
- easgmbh.de
- hedelius.de
- kometgroup.com
- hermle.de

Prüfung

1. Welche Steuerungsart wird für das dargestellte Frästeil bzw. das dargestellte Drehteil mindestens benötigt.

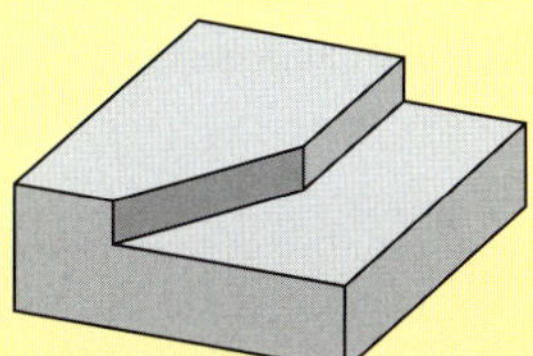

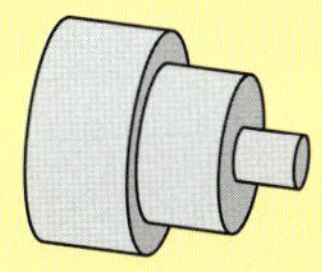

2. Ein Drehteil soll mit Rundungen und Fasen hergestellt werden.
Welche Steuerungsart wird mindestens benötigt?

Prüfung

1. Beschreiben Sie die wesentlichen Baueinheiten einer CNC-Maschine.

2. Wie ist ein Kugelgewindetrieb aufgebaut?

Welche Vorteile hat er gegenüber Trapezgewindetrieben?

3. Worin besteht der wesentliche Unterschied zwischen direkter und indirekter Wegmessung?

4. In welchem Fall muss ein Referenzpunkt angefahren werden?

5. Welches Wegmesssystem ist dargestellt?

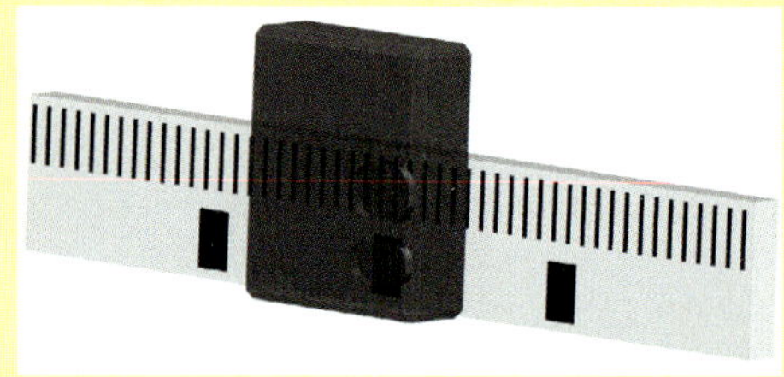

@ Interessante Links

- christiani-berufskolleg.de

Koordinatenachsen
coordinate axes

Absolutmaß
absolute measurement

Inkrementalmaß
incremental measurement

Polarkoordinaten
polar coordinates

Absolute Bemaßung
absolute dimensioning

Steigende Bemaßung
continuous dimensioning

Inkrementale Bemaßung
incremental dimensioning

Koordinatensysteme

Um CNC-Maschinen programmieren zu können benötigt man ein **Koordinatensystem**, welches sämtliche *Punkte* in einer **Arbeitsebene** bzw. einem **Arbeitsraum** beschreibt.

Grundsätzlich unterscheidet man zwischen

- Kartesischen Koordinatensystemen
- Polarkoordinatensystemen

Kartesische Koordinaten

Die einfachste Form eines Koordinatensystem besteht aus 2 Achsen, die sich orthogonal (rechtwinklig) schneiden. Der Schnittpunkt bildet den *Nullpunkt* des Koordinatensystems.

Um *räumliche Werkstücke* programmieren zu können wird ein *Koordinatensystem mit 3 Achsen* benötigt.

Hierzu wird ein **rechtwinkliges Koordinatensystem** nach DIN 66217 verwendet, dessen Aufbau sich nach der Drei-Finger-Regel mit der rechten Hand darstellen lässt (Bild 15).

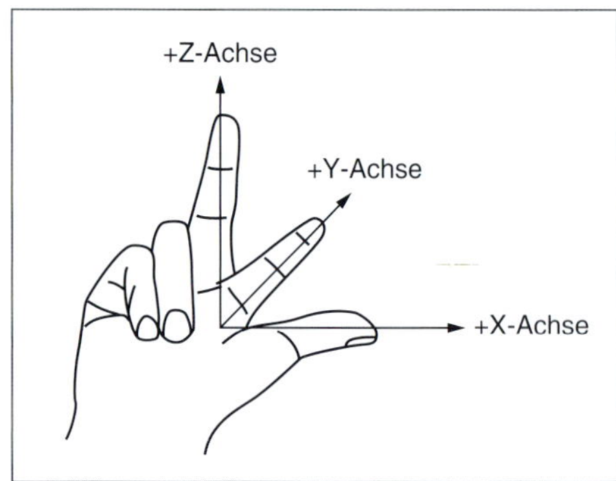

15 Rechtwinkliges Koordinatensystem

Den *Hauptachsen* X, Y und Z sind *Drehachsen* zugeordnet. Diese Achsen werden mit A, B und C gekennzeichnet.

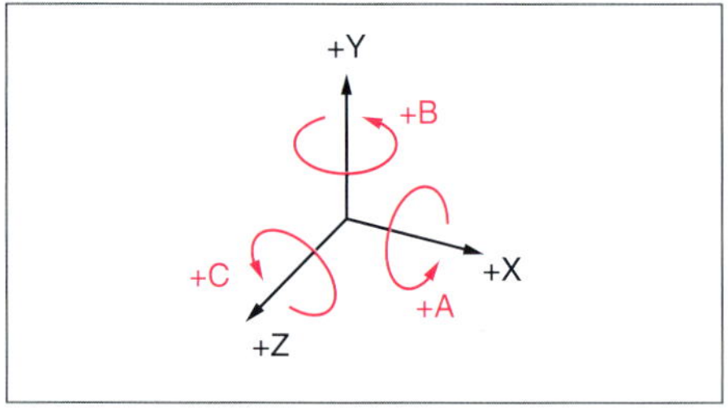

16 Hauptachsen und Drehachsen

Blickt man in positiver Richtung der jeweiligen Hauptachse, so ist im *Uhrzeigersinn* die *positive* Richtung.

Polarkoordinatensystem

Im *Polarkoordinatensystem* wird ein Punkt durch Angabe seines *Abstands zum Ursprungspunkt* und seinem *Winkel* zu einer definierten Achse beschrieben (Bild 17, Seite 434).

Wird der Winkel im *Gegenuhrzeigersinn* von der *positiven* X-Achse aus angegeben, ist er *positiv*; im *Uhrzeigersinn* ist er *neagtiv*.

Prüfung

1. Wandeln Sie die Maßangaben der Zeichnung(en) in Koordinaten im rechtwinkligen Koordinatensystem um.

a)

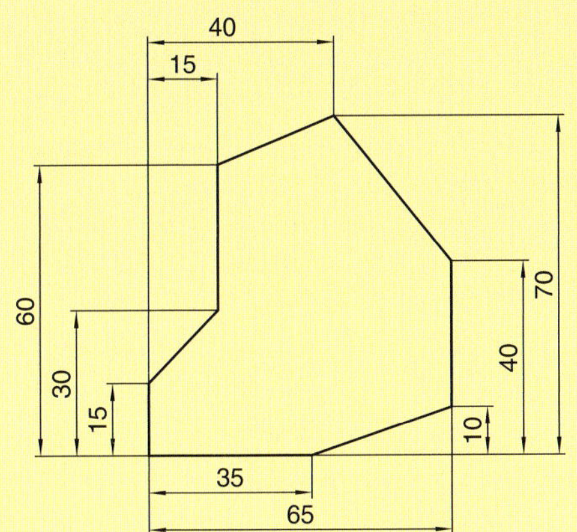

	X	Y
P1	10	10
P2		
P3		
P4		
P5		
P6		
P7		
P8		

b)

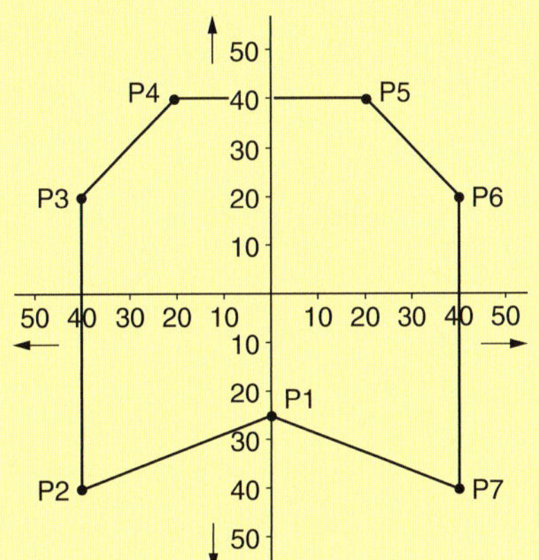

	X	Y
P1	0	-25
P2		
P3		
P4		
P5		
P6		
P7		

2. Übertragen Sie die Maßangaben aus der Zeichnung in die Tabelle.

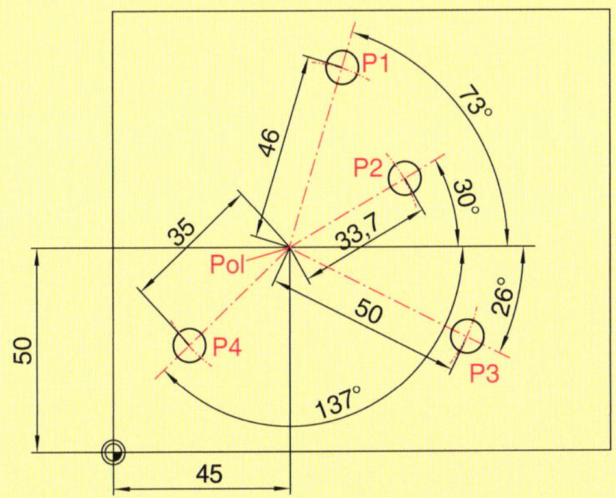

	Pol in X	Pol in Y	α+	oder α-	r
P1	45	50			
P2					
P3					
P4					

Zuordnung der Achsen an CNC-Maschinen

Die **Hauptachsen** sind auf die *Hauptführungsbahnen* der Maschinen ausgerichtet und beziehen sich grundsätzlich auf das aufgespannte Werkstück mit dessen *Werkstücknullpunkt.*

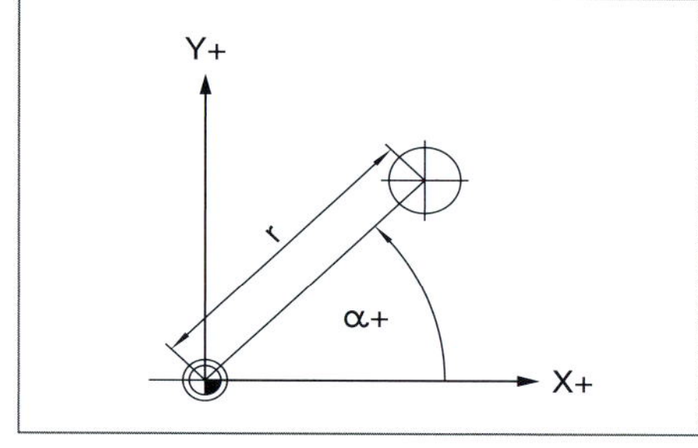

17 *Polarkoordinaten*

CNC-Fräsmaschinen

Bei *CNC-Fräsmaschinen* ist die *Arbeitsspindel als Z-Achse* festgelegt. Die *positive* Z-Richtung zeigt dabei *vom Werkstück zur Spindel.*
Die X- und Y-Achsen liegen parallel zur Aufspannfläche des Werkstücks (Bild 18).

■ **Polarkoordinaten**

Bei der Programmierung mit Polarkoordinaten muss der Pol nicht der Werkstücknullpunkt (WNP) sein.

CNC-Drehmaschinen

Bei *CNC-Drehmaschinen* ist die Arbeitsspindel als Z-Achse festgelegt. Die *positive* Achse zeigt vom Spindelstock zum Werkstück hin.

Die X-Achse steht *senkrecht* zur Z-Achse. Die Richtung der X-Achse ist davon abhängig, ob sich das Werkzeug *vor* oder *hinter* der **Drehmitte** befindet.

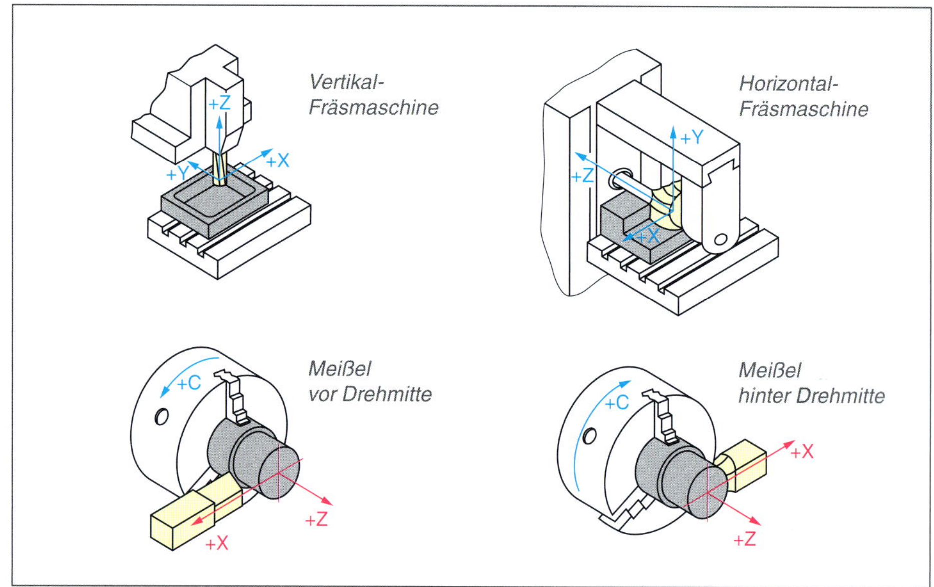

18 *Achsenzuordnung an CNC-Maschinen*

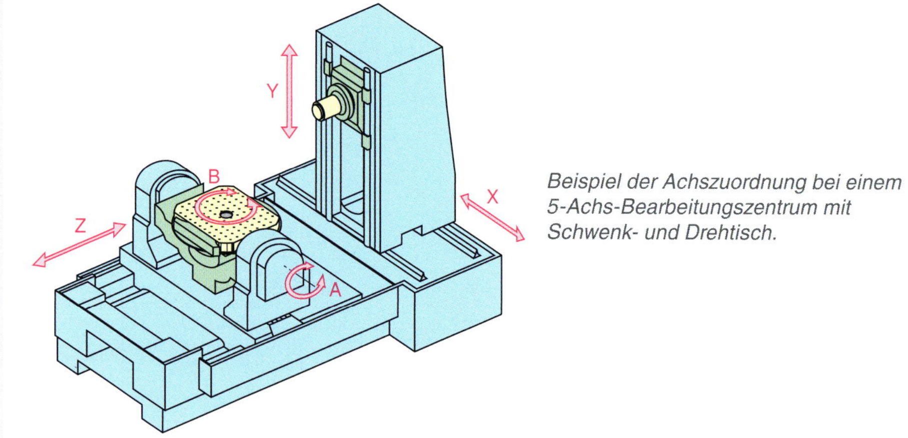

19 *Anordnung der Achsen bei einem 5-Achs-Bearbeitungszentrum*

■ **Haupt- und Drehachsen**

→ Bild 16, Seite 432

Bezugspunkte an CNC-Drehmaschinen

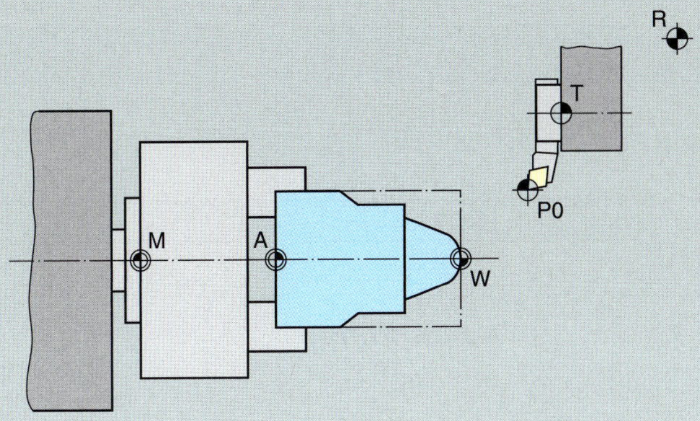

Bezugspunkt	Beschreibung
Maschinennullpunkt M	Wird vom Maschinenhersteller festgelegt. Er ist der Ausgangspunkt des Maschinen-Koordinatensystems und kann vom Bediener nicht verändert werden. Auf ihn beziehen sich alle anderen Bezugspunkte.
Referenzpunkt R	Da der Maschinennullpunkt, bedingt durch die Bauweisen der Maschinen, oft nicht erreicht werden kann, dient der Referenzpunkt zum Eichen des Wegmesssystems. Er muss bei allen Maschinen mit inkrementalem Wegmesssystem nach dem Einschalten als erster angefahren werden.
Werkstücknullpunkt W	Er wird vom Programmierer frei gewählt und bildet den Ausgangspunkt für die Programmierung.
Werkzeugträger-Bezugspunkt T	Befindet sich an der Werkzeugaufnahme des Revolvers.
Anschlagpunkt A	Anlagepunkt des Drehwerkstücks.
Programmnullpunkt P0	Gibt die Koordinaten an, an dem sich das Werkzeug vor Programmstart befindet.

Bezugspunkte an Fräsmaschinen

(Konsolenständerbauweise)

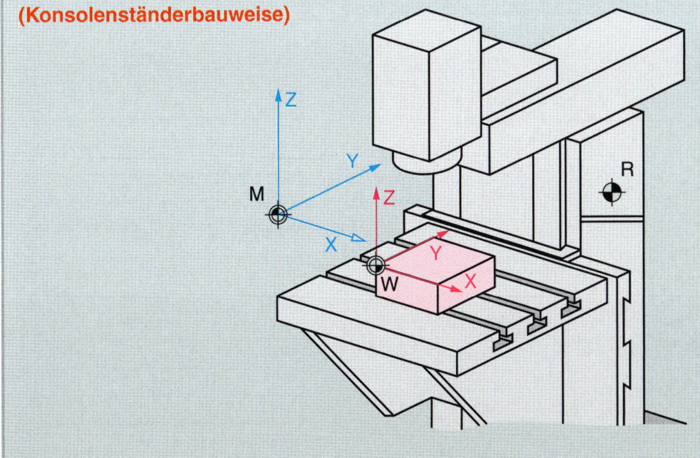

Maschinennullpunkt
machine zero point

Werkstücknullpunkt
work piece zero reference point

Referenzpunkt
reference point

Werkzeugeinstellpunkt
tool adjusting point

9.4 Programmierung nach DIN 66025 und PAL 2007

Manuelle Programmierung
manual programming

Eilgang
rapid feed

Werkzeugposition
position of tool

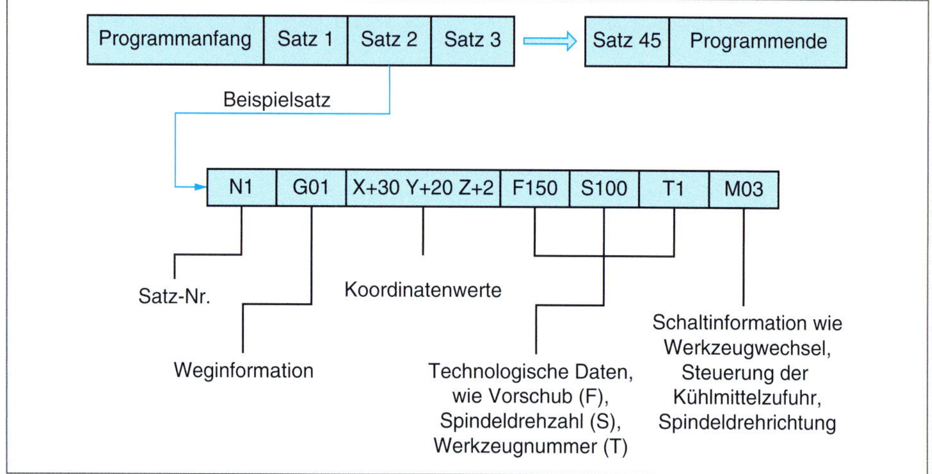

20 Programmaufbau nach DIN 66025

Maßangaben

Bei der *absoluten Maßangabe* werden die Maße vom Werkstücknullpunkt aus angegeben.

Bei der *inkrementalen Maßangabe* wird das vorangegangene Maß als Startpunkt für das nächste Maß genommen.

Es wird die Entfernung und die Bewegungsrichtung angegeben (Kettenbemaßung).

Damit ein Werkstück an einer CNC-Werkzeugmaschine bearbeitet werden kann, benötigt sie unter anderem ein **CNC-Programm**.

Die Befehle dafür sind teilweise in der **DIN 66025** aufgeführt. Allerdings muss man beachten, dass Steuerungshersteller sehr oft von dieser DIN abweichen oder zusätzliche Befehle in ihren Steuerungen einfließen lassen.

Programmauszug nach PAL 2007

```
% 100                   ; Programmnummer Hauptprogramm
N1 G17                  ; Festlegung der Bearbeitungsebene
N2 G54                  ; Nullpunktverschiebung
N3 G97 S500 F150 T1 M03 ; Werkzeugaufruf mit Technischen Daten
N4 G00 X+30 Y+20        ; Verfahranweisung zur ersten Position
```

Programmaufbau nach DIN 66025

Ein CNC-Programm besteht aus einem *Programmanfang* mit Programmnummer oder *Programmnamen*, einer Anzahl *Sätzen* mit *Wegbefehlen*, Koordinaten und *Schaltinformationen* sowie einem *Programmende* (Bild 20).

Absolute und inkrementale Maßangaben

Damit dem Programmierer an der CNC-Werkzeugmaschine die Arbeit erleichtert wird, werden Zeichnungen oft mit **fertigungsgerechter NC-Bemaßung** herausgegeben.

Dies kann in **absoluten** oder auch in **inkrementalen Maßangaben** erfolgen.

Der Programmierer kann entscheiden, ob er seine Koordinaten absolut oder inkremental eingibt, dieses geschieht mit den Befehlen **G90** und **G91**.

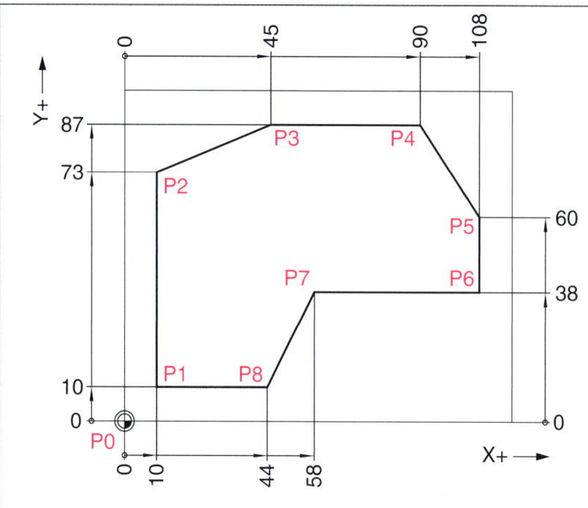

Koordinateneingabe bei G90		
	X	Y
P0	0	0
P1	+10	+10
P2	+10	+73
P3	+45	+87
P4	+90	+87
P5	+108	+60
P6	+108	+38
P7	+58	+38
P8	+44	+10
P1	+10	+10
P0	0	0

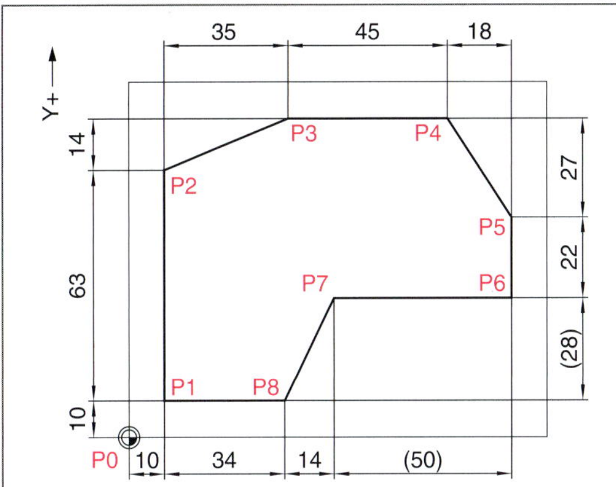

Koordinateneingabe bei G91		
	X	Y
P0	0	0
P1	+10	+10
P2	0	+63
P3	+35	+14
P4	+45	0
P5	+18	-27
P6	0	-22
P7	-50	0
P8	-14	-28
P1	-34	0
P0	-10	-10

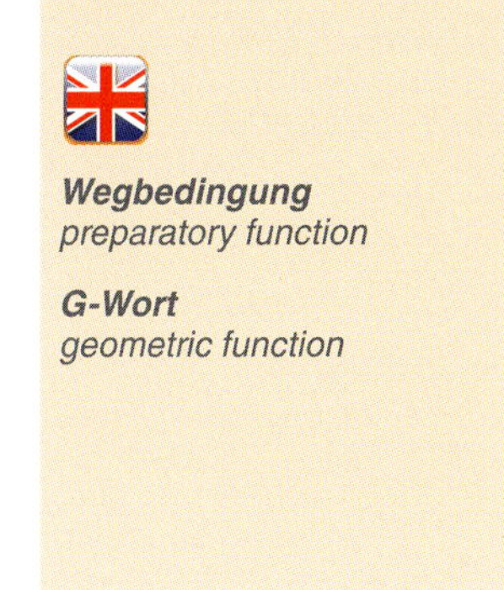

Geometrische Wegbedingungen nach DIN 66025

Bei der Programmierung von Werkstückkonturen beschreibt man einen Werkzeugweg von Koordinate zu Koordinate mit den dazu gehörenden Wegbefehlen. Diese können aus Geraden und Kreisbögen bestehen. Dabei geht der Programmierer davon aus, dass sich das *Werkzeug* bewegt.

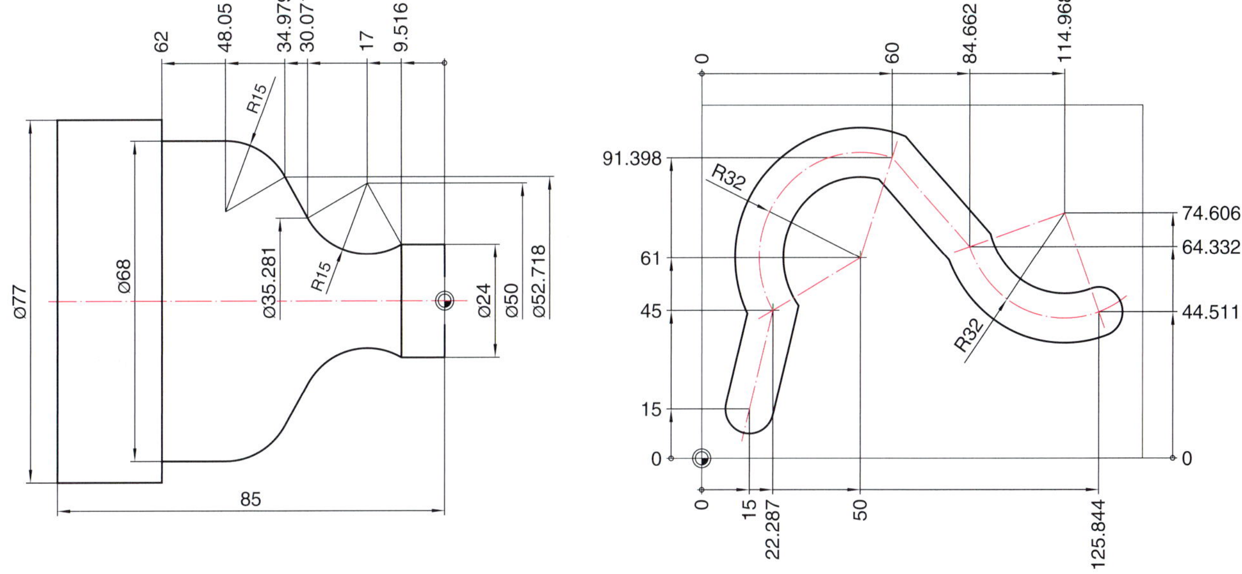

G00 Geradeverfahrbewegung im Eilgang

Das Werkzeug bewegt sich im Eilgang (Geschwindigkeit abhängig von der CNC-Maschine) auf dem direkten Weg zu den programmierten Koordinaten.

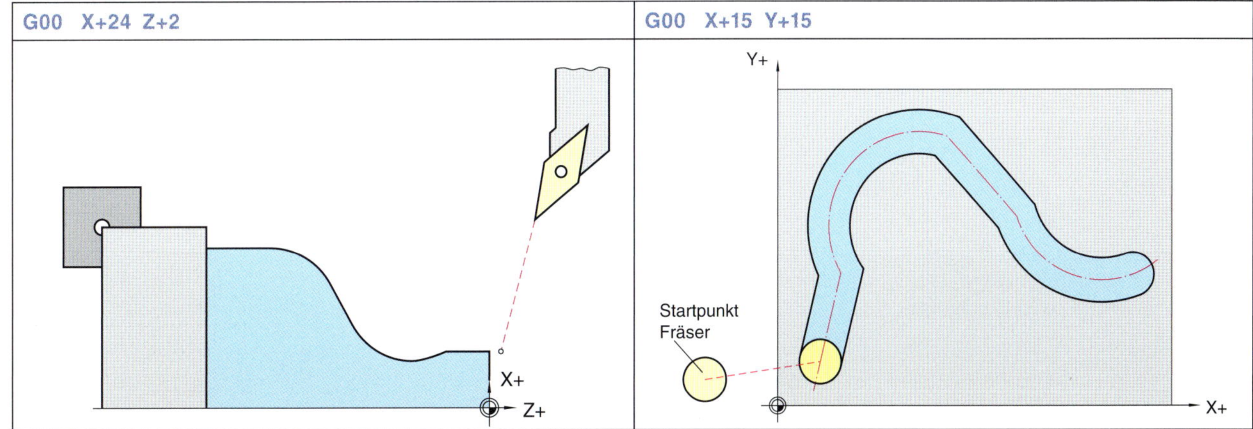

G01 Linearinterpolation im Arbeitsgang

Das Werkzeug bewegt sich *auf einer Geraden* mit einem *programmierten Vorschub* zu den programmierten Koordinaten.

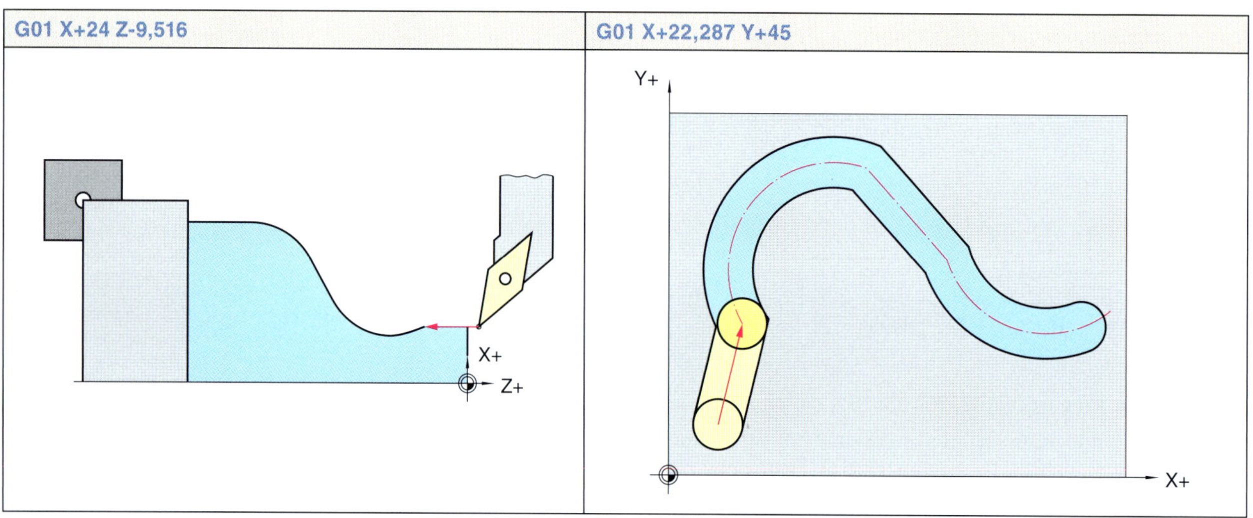

G02 Kreisinterpolation im Uhrzeigersinn

Das Werkzeug bewegt sich in einem *Kreisbogen im Uhrzeigersinn* um den Kreismittelpunkt zu den programmierten Zielpunktkoordinaten. Dazu werden die Koordinaten des Mittelpunkts I und J inkrementell zum Startpunkt eingegeben.

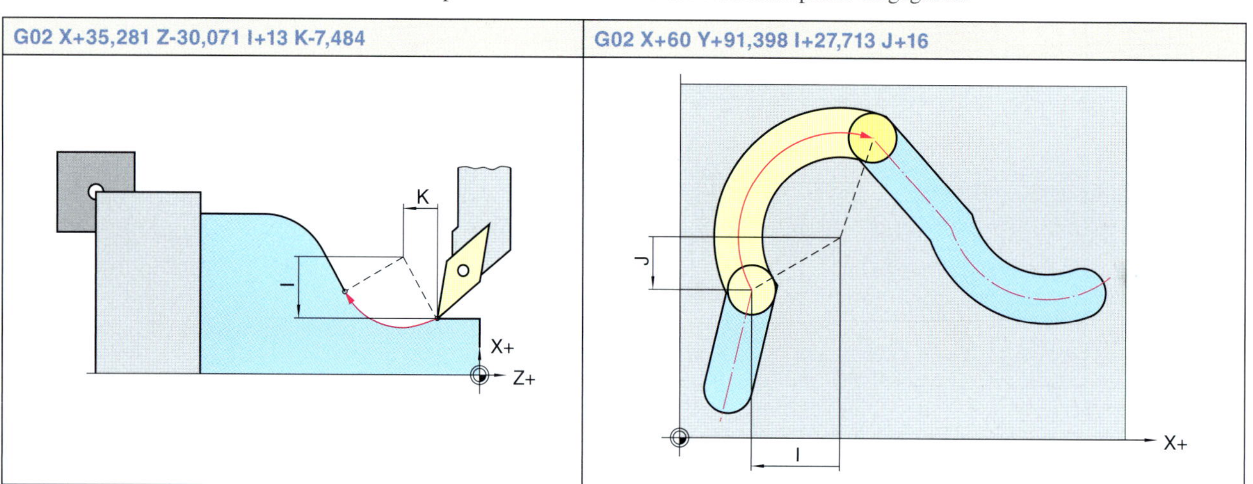

G03 Kreisinterpolation im Gegenuhrzeigersinn

Das Werkzeug bewegt sich in einem *Kreisbogen im Gegenuhrzeigersinn* um den Kreismittelpunkt zu den programmierten Zielpunktkoordinaten. Dazu werden die Koordinaten des Mittelpunkts I und J inkrementell zum Startpunkt eingegeben.

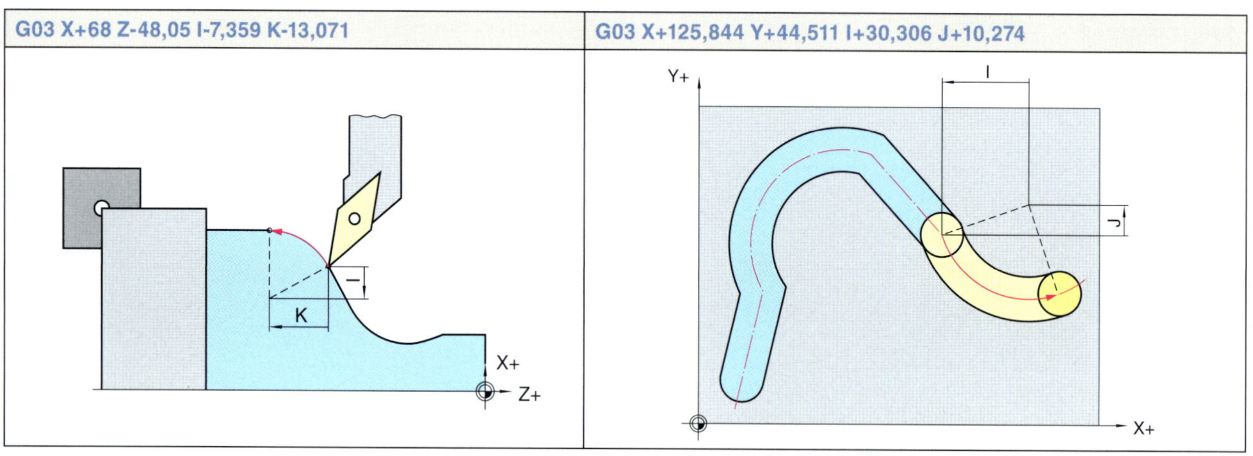

Beispiel der Konturprogrammierung

z. B. Drehen (absolut)	z. B. Fräsen (absolut)
N10 **G90** N11 G00 X+24 Z+2 N12 G01 Z-9,516 N13 G02 X+35,281 Z-30,071 I+13 K-7,484 N14 G01 X+52,718 Z-34,979 N15 G03 X+68 Z-48,05 I-7,359 K-13,071 N16 G01 Z-62 N17 G01 X+80 ...	N10 **G90** N11 G00 X+15 Y+15 N12 G00 Z+2 N13 G01 Z-5 N14 G01 X+22,287 Y+45 N15 G02 X+60 Y+91,398 I+27,713 J+16 N16 G01 X+84,662 Y+64,332 N17 G03 X+125,844 Y+44,511 I+30,306 J+10,274 N18 ...

z. B. Drehen (inkremental)	z. B. Fräsen (inkremental)
N10 **G90** N11 G00 X+24 Z+2 N12 **G91** N13 G01 Z-11,516 N14 G02 X+5,641 Z-7,484 I+13 K-7,484 N15 G01 X+8,719 Z-4,908 N16 G03 X+7,641 Z-13,071 I-7,359 K-13,071 N17 G01 Z-13,95 N18 G01 X+6 N19 **G90** ...	N10 **G90** N11 G00 X+15 Y+15 N12 G00 Z+2 N13 G01 Z-5 N14 **G91** N15 G01 X+7,287 Y+30 N16 G02 X+37,713 Y+46,398 I+27,713 J+16 N17 G01 X+24,662 Y-27,066 N18 G03 X-19,821 Y+19,821 I+30,306 J+10,274 N19 **G90** ...

Auswahl weiterer wichtiger Wegbedingungen

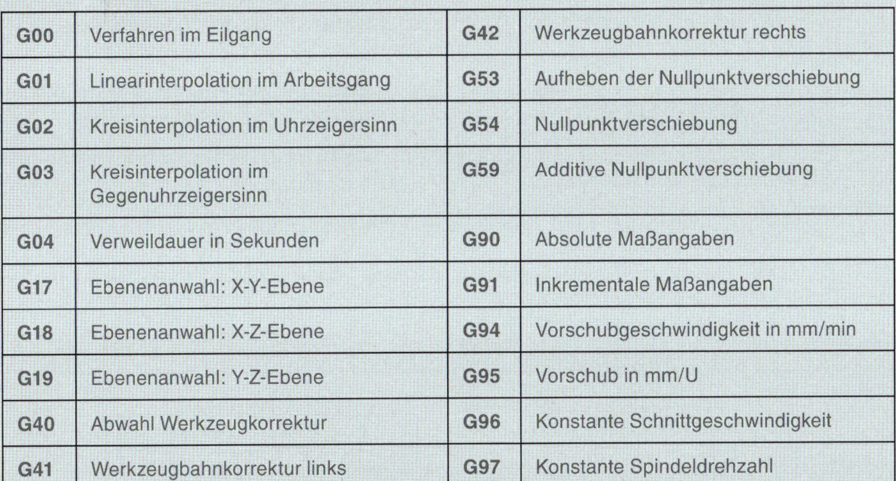

G00	Verfahren im Eilgang	**G42**	Werkzeugbahnkorrektur rechts
G01	Linearinterpolation im Arbeitsgang	**G53**	Aufheben der Nullpunktverschiebung
G02	Kreisinterpolation im Uhrzeigersinn	**G54**	Nullpunktverschiebung
G03	Kreisinterpolation im Gegenuhrzeigersinn	**G59**	Additive Nullpunktverschiebung
G04	Verweildauer in Sekunden	**G90**	Absolute Maßangaben
G17	Ebenenanwahl: X-Y-Ebene	**G91**	Inkrementale Maßangaben
G18	Ebenenanwahl: X-Z-Ebene	**G94**	Vorschubgeschwindigkeit in mm/min
G19	Ebenenanwahl: Y-Z-Ebene	**G95**	Vorschub in mm/U
G40	Abwahl Werkzeugkorrektur	**G96**	Konstante Schnittgeschwindigkeit
G41	Werkzeugbahnkorrektur links	**G97**	Konstante Spindeldrehzahl

Bei der Programmierung nach *PAL* können *führende Nullen* speziell bei Koordinaten, G- und M-Befehlen weggelassen werden.

Geometrische Information
geometrical information

Technologische Information
technological information

Zusatzinformation
additional information

N-Wort
number

M-Wort
machine function

T-Wort
tool function

S-Wort
spindle speed

G-Wort
geometric function

Bearbeitungszyklus
machine cycle

Fräszyklus
milling cycle

Bohrzyklus
drilling cycle

Fräsermittelpunktbahn
milling cutter centre path

Wegbedingung
preparatory function

Unterprogramm
subroutine

■ **Kreisbögen**
können auch programmiert werden, indem statt der Mittelpunktparameter I und J oder I und U der Radius angegeben wird.

Werkzeugbahnkorrektur
correction of tool path

Bearbeitungszyklen
machine cycles

Bohrzyklen
drilling cycles

Gewindeschneidzyklen
thread cutting cycles

Fräszyklen
milling cycles

Konturprogrammierung
programming of contours

Unterprogramm
subroutine

Hilfsparameter
additional parameters

■ **Äquidistante**
Fräsermittelpunktbahn

Werkzeugkorrekturen, Bahnkorrekturen

Damit die herzustellende Kontur *unabhängig vom Werkzeugradius* programmiert werden kann, gibt es die **Fräserradiuskorrektur**.

Der Programmierer programmiert die Kontur und teilt der Steuerung mit, auf *welcher Seite der Kontur* das Werkzeug verfahren soll. Siehe Beispiel unten.

G41 Werkzeugradius wird in Vorschubrichtung gesehen zur linken Seite korrigiert.

G42 Werkzeugradius wird in Vorschubrichtung gesehen zur rechten Seite korrigiert.

G40 Ohne Radiuskorrektur.

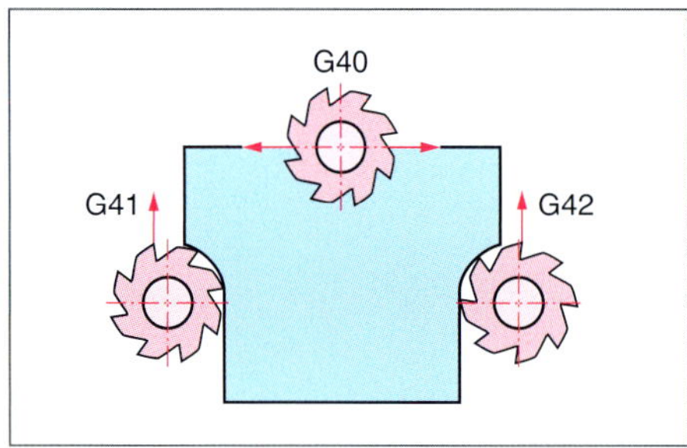

21 Werkzeugkorrektur, Bahnkorrektur

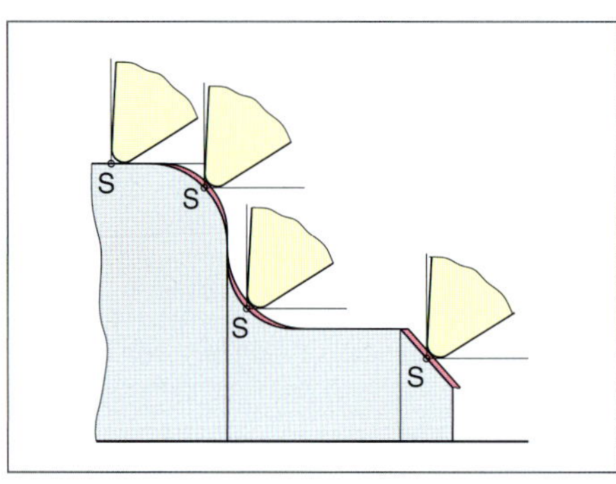

22 Theoretische Drehmeißelspitze S

Beim **Drehen** wird die **theoretische Drehmeißelspitze** programmiert (Bild 22).

Da die *Schneidenspitzen* zur *Standzeiterhöhung* und zur Verbesserung der *Oberflächenqualität* verrundet sind, würde es bei Radien oder Schrägen zu Konturverzerrungen kommen.

Achsparallele Konturen sind davon nicht betroffen.

Mit den Befehlen **G41** und **G42** wird dieser Schneidenradius korrigiert (Schneidenradiuskompensation).

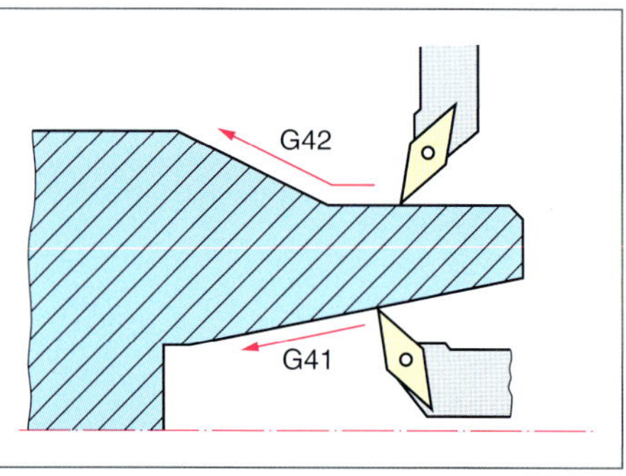

23 Schneidenradiuskompensationen

Damit ein *vollautomatischer Ablauf* an CNC-Maschinen ablaufen kann, benötigt die Steuerung *zusätzliche Funktionen*.

Dies sind die *technologischen Informationen* und *Schaltfunktionen*.

Schaltfunktionen, Zusatzfunktionen

F *Feedrate*
Mit dem *Adressbuchstaben F* wird die *Vorschubgeschwindigkeit* programmiert.

Mit dem Befehl **G94** wird der Vorschub in der Einheit mm/min, mit **G95** in mm/U angegeben.

S *Spindle*
Mit dem Befehl **G96** wird eine konstante Schnittgeschwindigkeit in m/min programmiert, mit G97 eine feste Drehzahl in U/min.

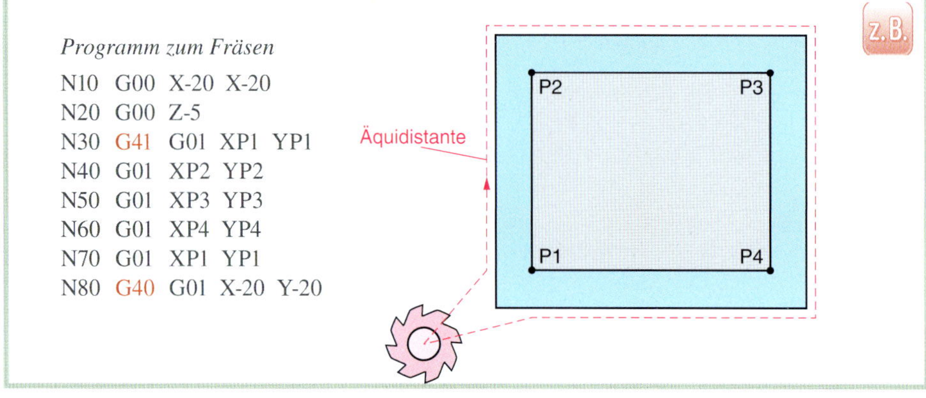

Auswahl von M-Funktionen

M00	Programmhalt	M09	Kühlmittel ausschalten
M03	Spindel ein, Drehrichtung rechts	M13	Spindeldrehung rechts und Kühlmittel ein
M04	Spindel ein, Drehrichtung links	M14	Spindeldrehung links und Kühlmittel ein
M05	Spindel aus	M15	Spindel und Kühlmittel ausschalten
M06	Werkzeugwechsel	M17	Unterprogramm Ende
M08	Kühlmittel einschalten	M30	Hauptprogramm Ende

T *Tool*

Mit der *Werkzeugnummer T* wird ein im Speicher festgelegtes Werkzeug aufgerufen.

Dabei kann der *Werkzeugwechsel* manuell oder mit einem Werkzeugwechsler erfolgen.

Schaltfunktionen

Diese Schaltfunktionen, auch **Zusatzfunktionen**, **Hilfsfunktionen** oder **Maschinenbefehle** genannt, werden mit der **Adresse M** programmiert.

Die Befehle können am Satzanfang oder am Satzende wirksam sein.

Werkzeugbahnkorrektur
correction of tool path

Schneidenradius
cutting edge radius

Werkzeugplan
tool plan

Werkzeugwechsel
tool change

Um eine Gratbildung zu vermeiden, fährt ein Drehmeißel bei der Bearbeitung der Welle über den Punkt P3 in Verlängerung der Strecke P1 – P2 heraus.

Berechnen Sie für die Koordinate P3 die X-Koordinate im Absolutmaß.

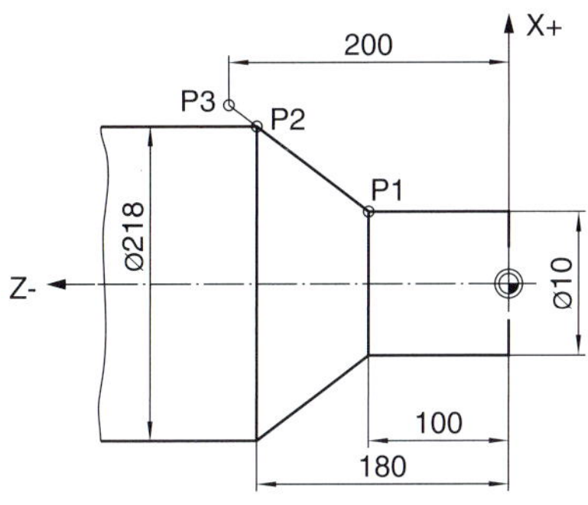

Lösungsvariante 1 über Strahlensatz:

$$\frac{80}{100} = \frac{59}{A} \rightarrow A = \frac{100 \cdot 59}{80} = 73{,}75$$

$$X = 2 \cdot 73{,}75 + 100 = 247{,}5$$

Lösungsvariante 2 über Winkelfunktion:

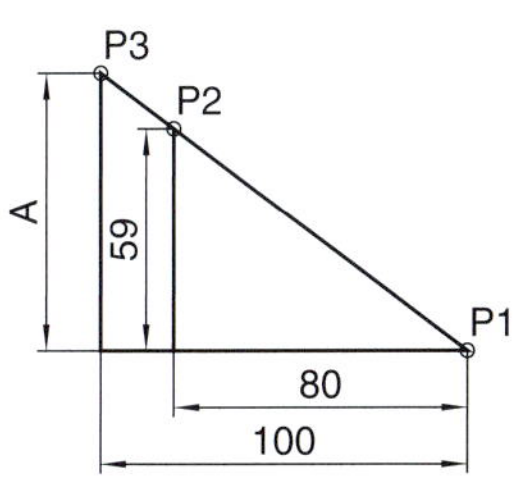

$$\tan\alpha = \frac{GK}{AK} = \frac{59}{80} = 0{,}7375$$

$$Gk = \tan\alpha \cdot Ak = \tan 36{,}409 \cdot 80 = 73{,}75$$

$$X = 2 \cdot 73{,}75 + 100 = 247{,}5$$

Prüfung

1. Berechnen Sie für den Anfahrpunkt P1 die X-Koordinate (Absolutmaß) und für den Punkt P2 die Z-Koordinate.

	X	Z
P1		2
P2	56	

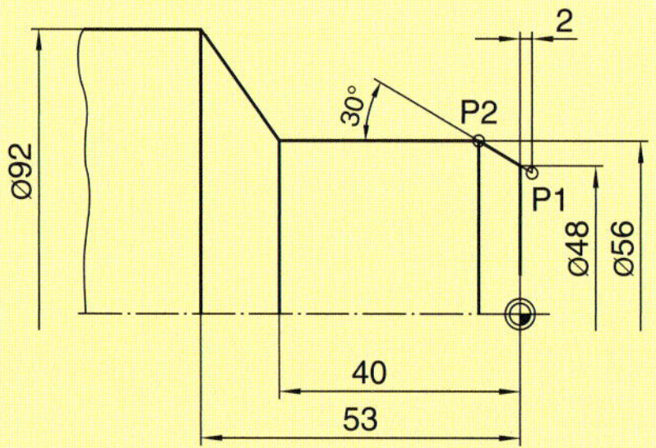

2. Beim Fertigdrehen einer Innenkontur wird mit dem Befehl G41 eine Bahnkorrektur durchgeführt.

Welcher Fehler wird damit korrigiert?

3. Welche Angaben benötigt eine Steuerung, wenn Kreisbögen programmiert werden sollen?

@ Interessante Links

- christiani-berufskolleg.de

9.5 Drehen

Für die Durchführung des Projekts (Seite 35) soll ein Lagerbolzen gedreht werden.

Grobkontur des Lagerbolzens in Koordinaten mit Zugabe zum Abstechen.

Der Freistich DIN 509 wird mit einem Zyklus gedreht.

Bei der Programmierung in Absolutmaßen wird beim Drehen der Z-Wert absolut vom Werkzeug-Nullpunkt und der X-Wert durchmesserbezogen angegeben.

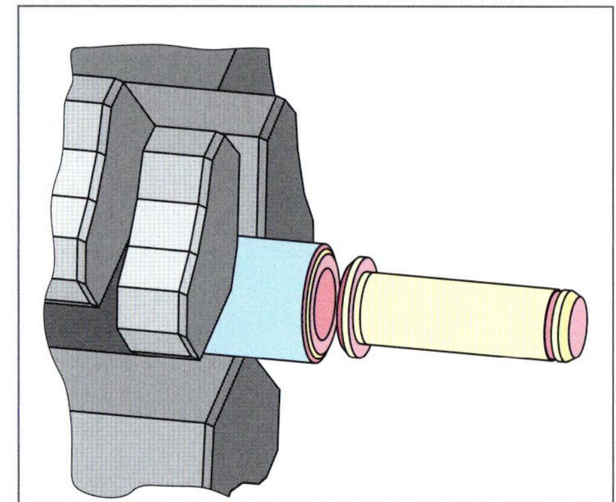

24 Lagerbolzen

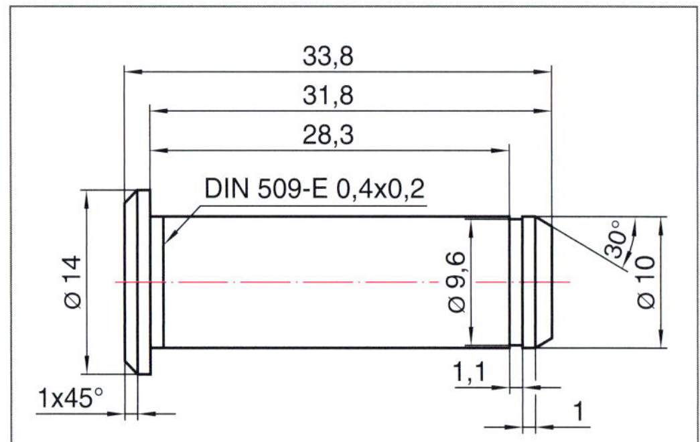

25 Lagerbolzen, Bemaßung

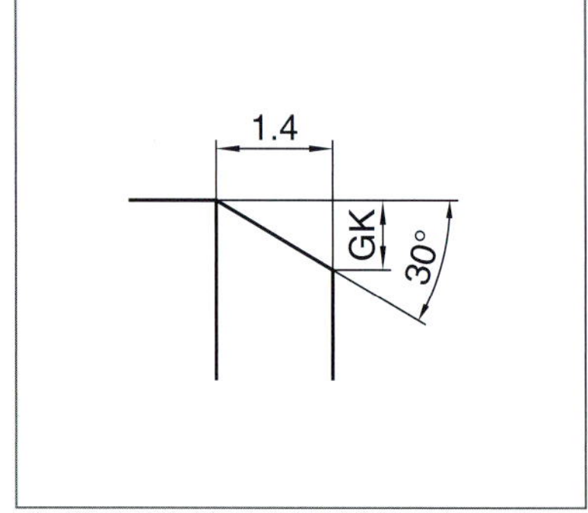

26 Berechnung des X-Wertes

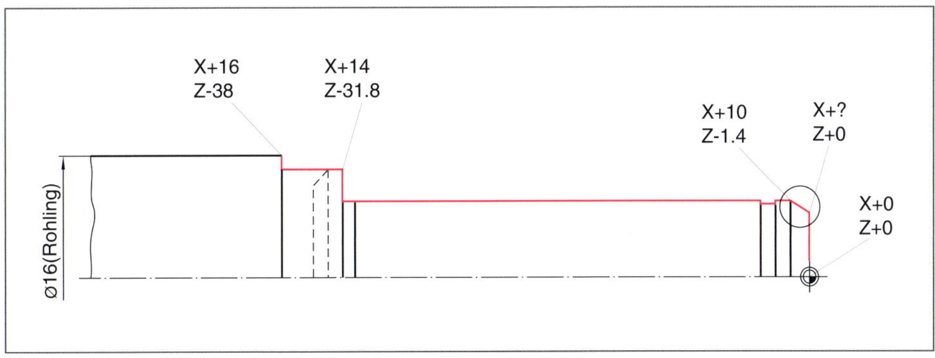

27 Grobkontur des Lagerbolzens

Berechnung

Da der X-Wert bei der Fase 30° nicht in Koordinaten bemaßt ist, muss er berechnet werden (Bild 27).

$$\tan \alpha = \frac{\text{Gegenkathete (GK)}}{\text{Ankathete (AK)}}$$

$$GK = \tan \alpha \cdot AK = \tan 30^\circ \cdot 1{,}4 \text{ mm} = 0{,}808 \text{ mm}$$

$$\text{X-Koordinate} = 10 \text{ mm} - 2 \cdot 0{,}808 = 8{,}384 \text{ mm}$$

Einrichteblatt

Spannskizze

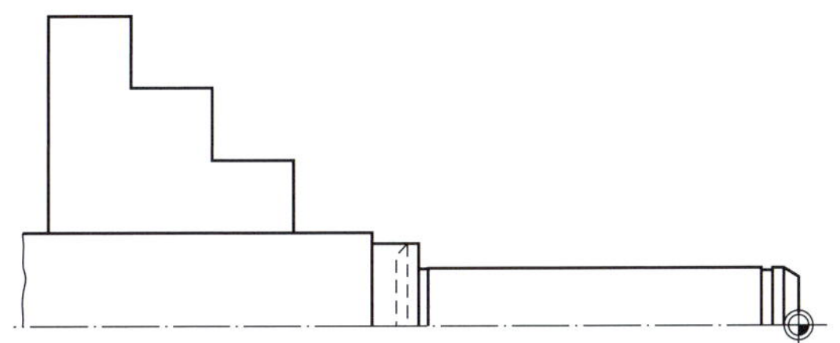

Arbeitsplan

Nr.	Arbeitsfolge	F	S	T	Bemerkung
1	Spannen des Rohlings				
2	Festlegen des Werkstück-Nullpunkts				
3	Quer-Plandrehen der Stirnfläche	0,1 mm/*U*	120 1/min	1	
4	Vordrehen der Kontur	0,25 mm/*U*	140 1/min	2	
5	Fertigdrehen der Kontur	0,1 mm/*U*	240 1/min	4	
6	Drehen des Einstichs 1,1 mm 0,2 tief	0,08 mm/*U*	100 1/min	5	
7	Fase 1 × 45° und Abstechen	0,1 mm/*U*	120 1/min	6	
8	Qualitätskontrolle				

X+?

Der X-Wert wird unten durch Rechnung bestimmt.

Zyklen

Die Grobkontur wird zum Schruppen und Schlichten verwendet.

Für andere Konturelemente gibt es zur Programmiererleichterung verschiedene Zyklen.

Beim Bolzen wird zum Beispiel der Freistichzyklus verwendet.

Schnittdaten

sind von vielen Faktoren abhängig. Zum Beispiel Schneidstoff, Spannart, Kühlung.

Sie müssen vor Ort entsprechend angepasst werden.

Drehwerkzeuge
turning tools

Fräswerkzeuge
milling tools

Revolverbelegung

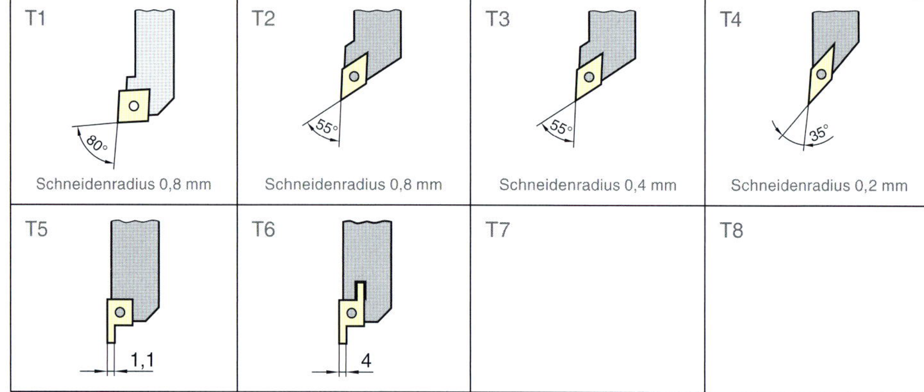

Beispiel nach PAL 2007

Programmname: % 100

N1	G54	Nullpunktverschiebung von MNP auf WNP
N2	G92 S3500	Drehzahlbegrenzung
N3	G14 H0	Anfahren der Werkzeugwechselposition
N4	T1 G96 S120 G95 F0.1 M4	Aufruf Werkzeug-Nr. 1 mit konstanter Schnittgeschwindigkeit S = 200 1/min und einem Vorschub von 0,1 mm/U, Spindel ein, Linkslauf
N5	G0 X18 Z0.1 M8	Anfahren Position zum Querplandrehen, Kühlmittel ein
N6	G1 X-1.6	Querplandrehen
N7	G1 Z2	Freifahren
N8	G14 H0 M9	Anfahren des Werkzeugwechselpunkts, Kühlmittel aus
N9	T2 G96 S140 G95 F0.25 M4	Aufruf Werkzeug-Nr. 2
N10	G0 X16 Z2	Anfahren der Position zum Vordrehen
N11	G81 AX0.5 AZ0.1 D1.5 H2	Definition Schruppzyklus
N12	G0 X6 Z2	Konturbeschreibung
N13	G1 Z0	
N14	G1 X8.383	
N15	G1 X10 Z-1.4	
N16	G85 X10 Z-31.8 H2	Freistich DIN 509 Form E
N17	G1 X14	
N18	G1 Z-38	
N19	G80	Ende der Konturbeschreibung
N20	G1 X18	Freifahren
N21	G14 H0 M9	Anfahren des Werkzeugwechselpunkts, Kühlmittel aus
N22	T4 G96 S260 G95 F0.1 M4	Aufruf Werkzeug-Nr. 4
N23	G0 X0 Z2 M8	Anfahren der Position zum Fertigdrehen
N24	G42 G1 Z0	Anwahl der Schneidenradiuskompensation (SRK)
N25	G23 N14 N18	Wiederholung der Sätze N14 bis N18
N26	G40	Abwahl der SRK
N27	G14 H0 M9	Anfahren des Werkzeugwechselpunkts, Kühlmittel aus
N28	T5 G96 S100 G95 F0.08 M4	Aufruf Werkzeug-Nr. 5

■ **Hinweis zum Programm**

Wegbedingungen und Zyklen ab Seite 445.

N29	G0 X12 Z-3.5 M8	
N30	G1 X9.6	
N31	G4 U0.1	Verweilzeit in Sekunden
N32	G1 X12	
N33	G14 H0 M9	
N34	T6 G96 S120 G95 F0.1 M4	Aufruf Werkzeug-Nr. 6
N35	G0 X18 Z-37.9 M8	Anfahren der Position für die Fase 1 × 45° und Abstechen
N36	G1 X10	
N37	G1 X15	
N38	G1 Z-36,3	
N39	G1 X12 Z-37.8	
N40	G1 X-0.4	
N41	G0 X18	
N42	G14 H0 M9	
N43	M30	Programmende

CNC-Drehen – Wegbedingungen und Zyklen nach PAL 2007 (Auswahl)

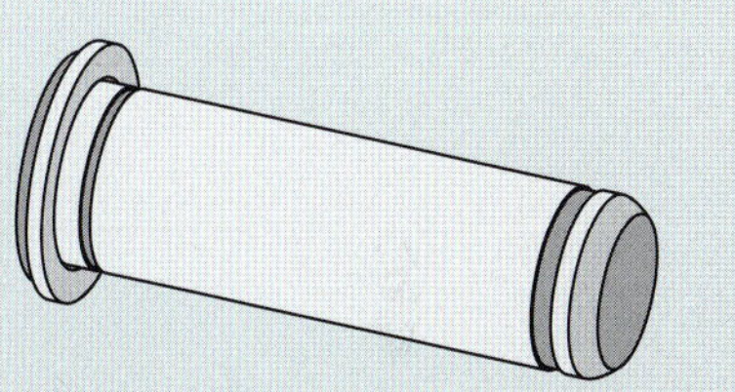

G0	**Verfahren im Eilgang**	
G1	**Linearinterpolation im Arbeitsgang** (Auswahl) X/Z Koordinateneingabe (gesteuert durch G90/G91) XA/ZA Absolutmaße XI/ZI Inkrementalmaße RN+ Verrundungsradius zum nächsten Konturelement RN– Fasenbreite zum nächsten Konturelement D Länge der Verfahrstrecke AS Anstiegswinkel der Verfahrstrecke E Feinkonturvorschub auf Übergangselementen	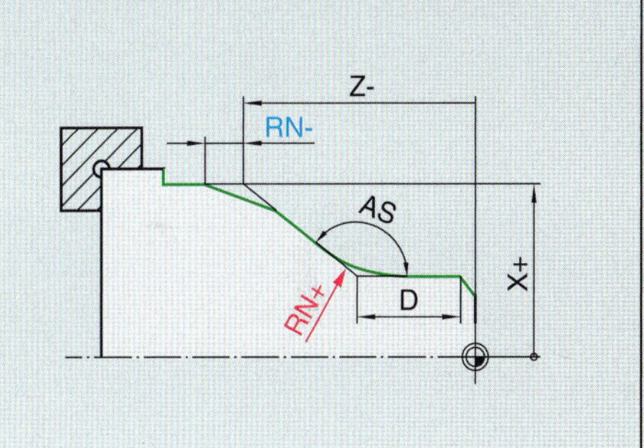
G2	**Kreisinterpolation im Uhrzeigersinn** X/Z Koordinateneingabe (gesteuert durch G90/G91) XA/ZA Absolutmaße XI/ZI Inkrementalmaße I/IA X-Mittelpunktkoordinate (inkrementell/absolut) K/KA Z-Mittelpunktkoordinate (inkrementell/absolut) R Radius AO Öffnungswinkel RN+ Verrundungsradius RN– Fasenbreite E Feinkonturvorschub auf Übergangselementen O1/O2 kurzer/langer Kreisbogen, ohne Angabe gilt die Voreinstellung O1 (kurzer Kreisbogen)	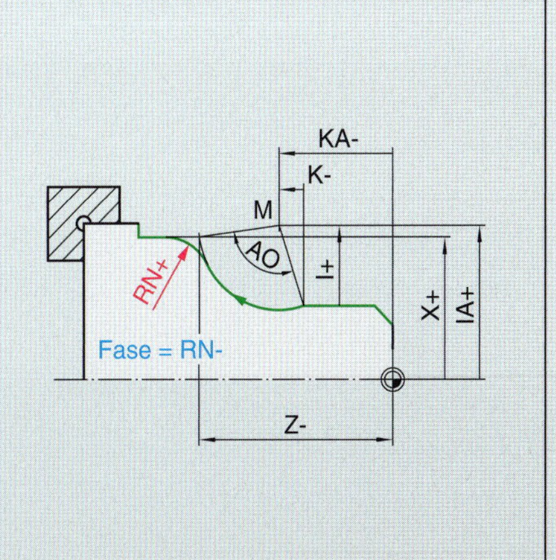

CNC-Drehen – Wegbedingungen und Zyklen nach PAL 2007

G3	**Kreisinterpolation entgegen dem Uhrzeigersinn**	
	X/Z	Koordinateneingabe (gesteuert durch G90/G91)
	XA/ZA	Absolutmaße
	XI/ZI	Inkrementalmaße
	I/IA	X-Mittelpunktkoordinate (inkrementell/absolut)
	K/KA	Z-Mittelpunktkoordinate (inkrementell/absolut)
	R	Radius
	AO	Öffnungswinkel
	RN+	Verrundungsradius
	RN–	Fasenbreite
	E	Feinkonturvorschub auf Übergangselementen
	O1/O2	kurzer/langer Kreisbogen (siehe G2, Seite 445)

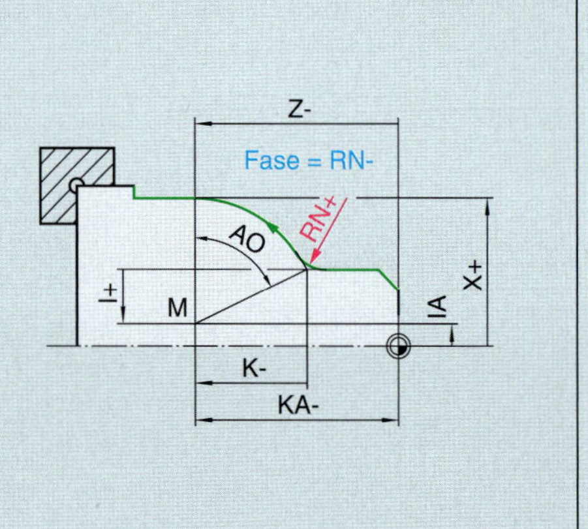

Zyklen

Zur Unterstützung der Programmierung stellen Steuerungshersteller verschiedene *Zyklen* zur Verfügung.
Zyklen sind steuerungsinterne *Unterprogramme*, die wiederkehrende Arbeitsschritte und Bewegungen vereinfachen.
Je nach Steuerung und Anwendung sind sie mehr oder weniger komplex aufgebaut.

G81	**Längsschruppzyklus**	
	D	Zustellung
	AX	Aufmaß in X-Richtung
	AZ	Aufmaß in Z-Richtung
	H1	Nur Schruppen, unter 45° abheben
	H2	Stufenweise auswinkeln entlang der Kontur
	H3	Wie H1, mit zusätzlichem Konturschnitt am Ende
	H24	Schruppen mit H2 und anschließendem Schlichten

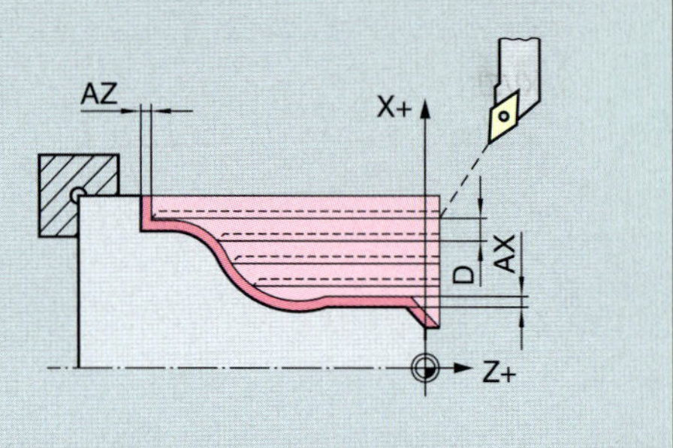

G82	**Planschruppzyklus**	
	D	Zustellung
	AX	Aufmaß in X-Richtung
	AZ	Aufmaß in Z-Richtung
	H1	Nur Schruppen, unter 45° abheben
	H2	Stufenweise auswinkeln entlang der Kontur
	H3	Wie H1, mit zusätzlichem Konturschnitt am Ende
	H24	Schruppen mit H2 und anschließendem Schlichten

CNC-Drehen – Wegbedingungen und Zyklen nach PAL 2007

G84	**Bohrzyklus (Drehmitte)** ZA Tiefe der Bohrung absolut ZI Tiefe der Bohrung inkremental DA Anbohrtiefe D Zustelltiefe DR Reduzierwert der Zustelltiefe DM Mindestzustellung am Bohrgrund U Verweilzeit am Bohrgrund V Sicherheitsabstand VB Sicherheitsabstand am Bohrgrund	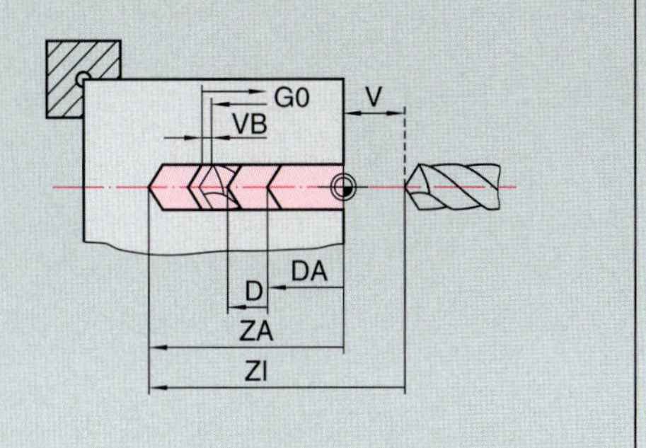
G85	**Freistichzyklus** XA/ZA Freistichposition, Absolutmaß XI/ZI Freistichposition, Inkrementalmaß I Freistichtiefe für DIN 76 K Freistichbreite für DIN 76 H1 DIN 76 H2 DIN 509 E H3 DIN 509 F SX Bearbeitungszugabe (Schleifaufmaß) E Eintauchvorschub	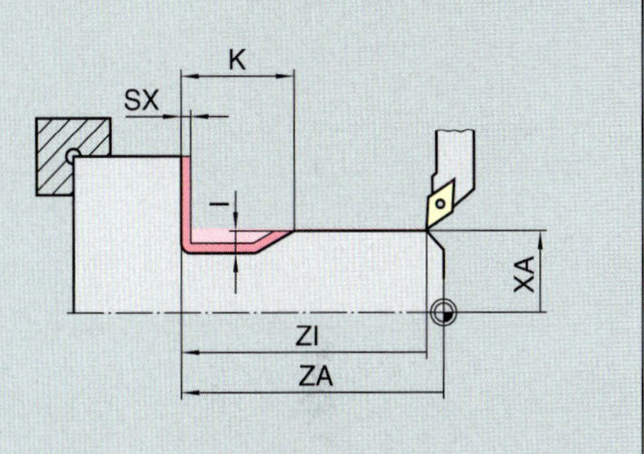
G31	**Gewindezyklus** XA/ZA Gewindeendpunkt, Absolutmaß XI/ZI Gewindeendpunkt, Inkrementalmaß ZS Gewindestartpunkt absolut in Z XS Gewindestartpunkt absolut in X D Gewindetiefe F Steigung in Richtung der Z-Achse Q Zahl der Schnitte O Anzahl der Leerdurchläufe H14 Zustellung wechselseitig, Restschnitte ein	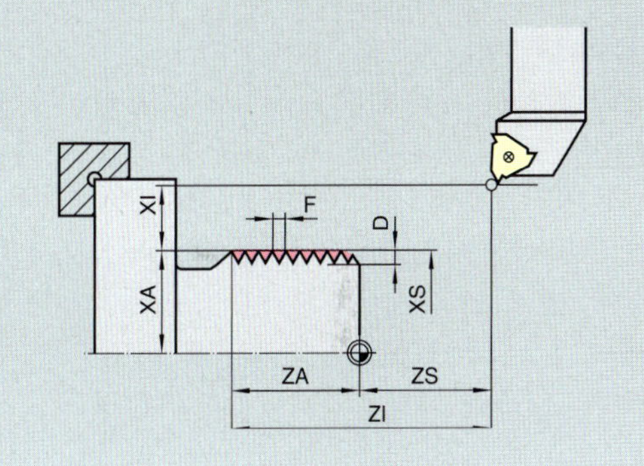
G14	**Wechselwerkzeugpunkt (WNP) anfahren** H0 schräg (diagonal) wegfahren H1 erst in der X-Achse, dann in der Z-Achse wegfahren H2 erst in der Z-Achse, dann in der X-Achse wegfahren	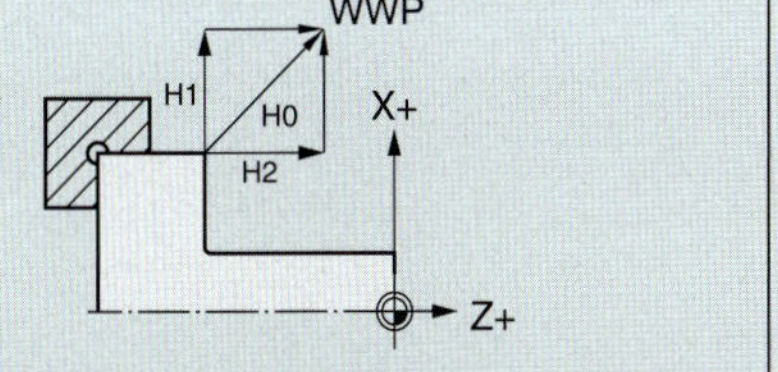
G23	**Programmteilwiederholung** N Startsatznummer N Endsatznummer H Anzahl der Wiederholungen	... N11 G01 X+50 Y+50 N12 G01 X+70 N13 G01 Y-20 N14 G01 X+20 Y+10 ... N25 G23 N11 N14 H1

9.6 Fräsen

Die Tragplatte des Projekts (Seite 35) soll gefräst werden,

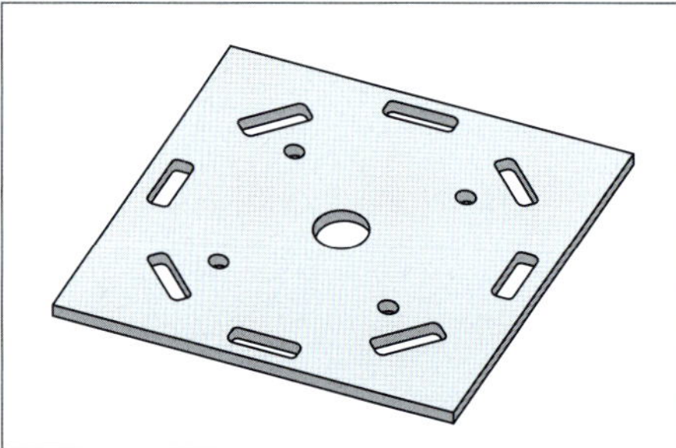

26 Tragplatte des Projekts

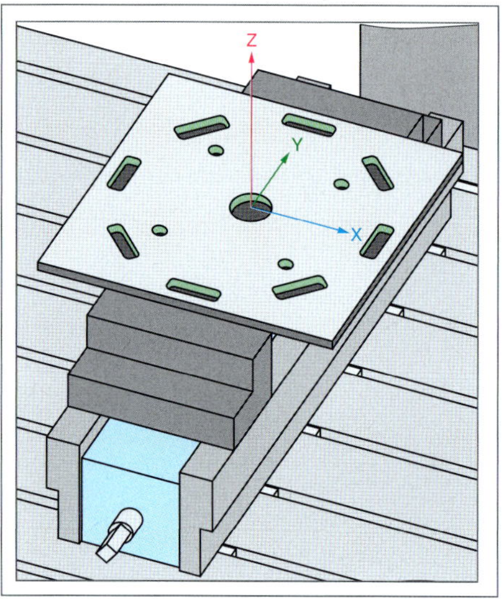

27 Koordinaten an der Tragplatte

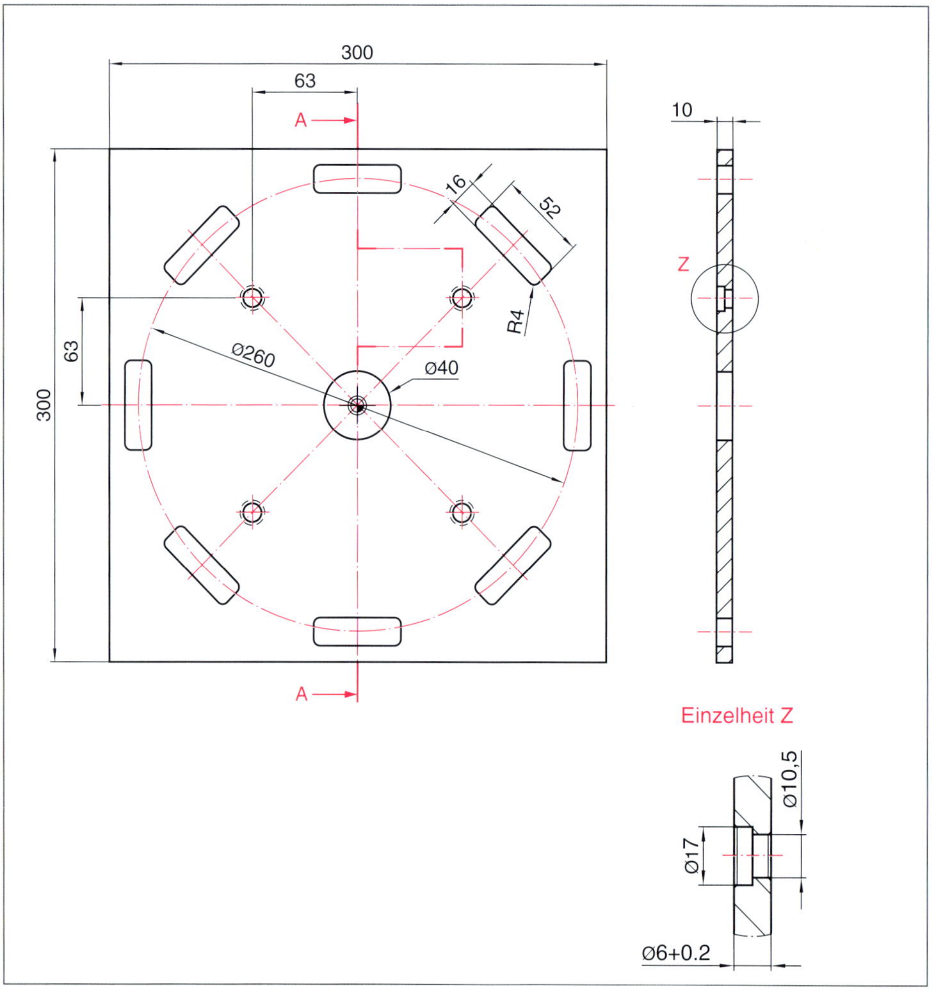

28 Bemaßung der Tragplatte

Arbeitsplan

Spannskizze

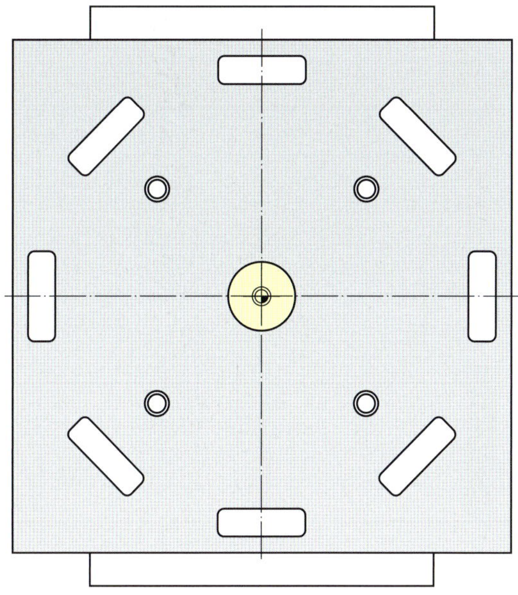

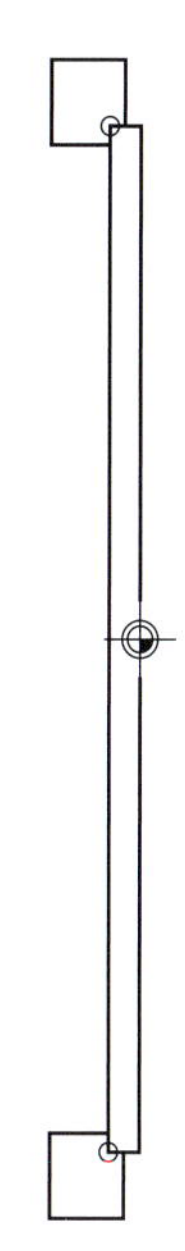

Nr.	Arbeitsfolge	Werkzeug-Nr.	Bemerkung
1	Prüfen der Rohmaße		
2	Spannen des Werkstücks		
3	Festlegen des Werkstück-Nullpunkts		
4	Kreistasche fräsen D40 fräsen	3	
5	Rechtecktaschen fräsen	4	
6	Bohrungen D10,5 zentrieren	1	
7	Bohren D10,5	2	
8	Flachsenkung D17 6 mm tief fräsen	4	
9	Qualitätskontrolle		
10	Entgraten und Ausspannen		

Prüfung

1. Bei der Tragplatte werden 4 Durchgangsbohrungen mit der Flachsenkung in kartesischen Koordinaten programmiert.

Durch eine Programmänderung sollen die 4 Bohrungen jetzt mit Polarkoordinaten programmiert werden.

a) Wie groß ist der Winkel α?

b) Berechnen Sie den Radius r.

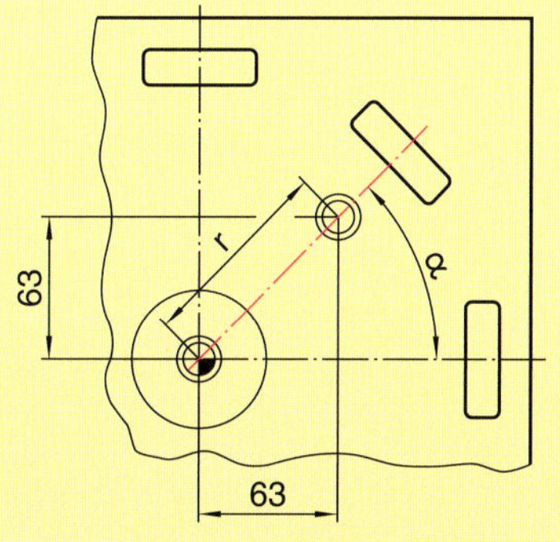

@ Interessante Links

• christiani-berufskolleg.de

	Technologische Daten			
Werkzeug-Nr.	T1	T2	T3	T4
Werkzeugtyp	NC-Anbohrer	Spiralbohrer	SchruppschlichtF	SchruppschlichtF
Werkzeugdurchmesser	12 mm	10,5 mm	16 mm	8 mm
Schnittgeschwindigkeit	30 m/min	30 m/min	120 m/min	120 m/min
Schnitttiefe ap = max.	–	–	10 mm	10 mm
Schneidstoff	HSS	HSS	VHM	VHM
Anzahl der Schneiden	–	–	4	3
Vorschubgeschwindigkeit	120 mm/min	100 mm/min	470 mm/min	570 mm/min
+Z +Y +X	90°			

Satz-Nr. N	Wegbedingung G		Koordinaten X/XA/XI	Y/YA/Yi	Z/ZA/ZI	Zusätzliche Befehle mit Adressen								Schaltfunktion M
1	G54													
2						T3	F470	S2380						M13
3	G73				ZA-12	R20	D6	V2						
4	G79		X0	Y0	Z0									
5						T4	F430	S4770						M13
6	G72				ZA-12	LP52	BP16	D4	V2	H1				
7	G77				Z0	R130	AN0	AI45	O8	IA0	JA0	AR90		
8						T1	F120	S790						M13
9	G81				ZA-5	V2								
10	G79		X63	Y63	Z0									
11	G79		X-63	Y63										
12	G79		X-63	Y-63										
13	G79		X63	Y-63										
14						T2	F90	S900						M13
15	G81				ZA-14	V2								
16	G23					N10	N13							
17						T4	F430	S4770						
18	G73				ZA-6,1	R8,5	D3	V2						
19	G23					N10	N13							
20						T0								M30

Erläuterung zum CNC-Programm

Satz 1 Nullpunktverschiebung

Satz 2 Aufruf Werkzeug 3 mit technologischen Daten

Satz 3 Definition der Kreistasche D40

Satz 4 Aufruf der Kreistasche mit den Startkoordinaten X0, Y0, Z0

Satz 5 Aufruf Werkzeug Nr. 4

Satz 6 Definition der Rechtecktasche

Satz 7 Mehrfachzyklusaufruf auf einem Teilkreis (Rechtecktaschen 8X)

Satz 8 Aufruf Werkzeug Nr. 1 (NC-Anbohrer)

Satz 9 Zentrieren der Bohrung D10,5 mit (Definition)

Satz 10 bis Satz 13 Aufruf der Zyklen an den jeweiligen Koordinaten

Satz 14 Aufruf Werkzeug Nr. 2

Satz 15 Definition der Bohrung D10,5

Satz 16 Programmteilwiederholung

Satz 17 Aufruf Werkzeug Nr. 4

Satz 18 Definition der Flachsenkung D17, 6,1 tief als Kreistasche

Satz 19 Programmteilwiederholung

Satz 20 Abwahl der Werkzeugkorrektur und Programmende

Fräsen – Wegbedingungen und Zyklen nach PAL 2007

G0	**Verfahren im Eilgang**

G1	**Linearinterpolation im Arbeitsgang** (Auswahl)
X/Y	Koordinateneingabe (gesteuert durch (G90/G91)
XA/YA	Absolutmaße
XI/YI	Inkrementalmaße
RN+	Verrundungsradius zum nächsten Konturelement
RN–	Fasenbreite zum nächsten Konturelement
D	Länge der Verfahrstrecke
AS	Anstiegswinkel der Verfahrstrecke

G2	**Kreisinterpolation im Uhrzeigersinn**
X/Y	Koordinateneingabe (gesteuert durch (G90/G91)
XA/YA	Absolutmaße
XI/YI	Inkrementalmaße
I/IA	X-Mittelpunktkoordinate (inkrementell/absolut)
I/JA	Z-Mittelpunktkoordinate (inkrementell/absolut)
R	Radius
AO	Öffnungswinkel
RN+	Verrundungsradius
RN–	Fasenbreite
O1/O2	kurzer/langer Kreisbogen, ohne Angabe gilt die Voreinstellung O1 (kurzer Kreisbogen)

Zyklen (Auswahl der im Projekt verwendeten Fräszyklen)

G3 Kreisinterpolation entgegen dem Uhrzeigersinn

X/Y	Koordinateneingabe (gesteuert durch (G90/G91)
XA/YA	Absolutmaße
XI/YI	Inkrementalmaße
I/IA	X-Mittelpunktkoordinate (inkrementell/absolut)
J/JA	Z-Mittelpunktkoordinate (inkrementell/absolut)
R	Radius
AO	Öffnungswinkel
RN+	Verrundungsradius
RN–	Fasenbreite
O1/O2	kurzer/langer Kreisbogen (siehe G2, Seite 451)

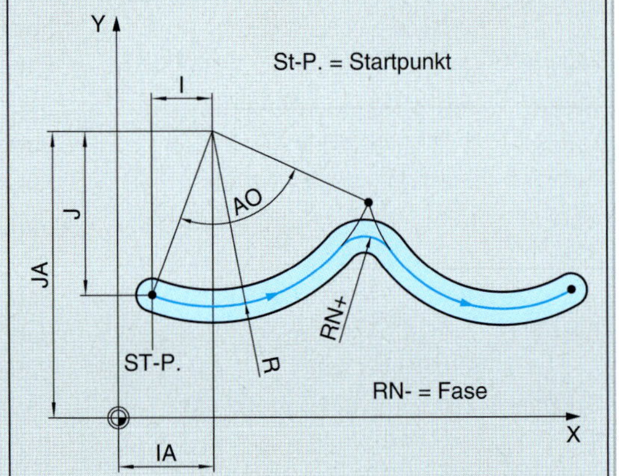

G72 Rechtecktaschenzyklus

ZA	Tiefe absolut
ZI	Inkrementell ab Materialoberfläche
LP	Länge der Tasche
BP	Breite der Tasche
D	Zustelltiefe
V	Abstand Sicherheitsebene v. d. Materialoberfläche
RN	Eckenradius
AK	Aufmaß auf dem Taschenrand
AL	Aufmaß auf dem Taschenboden
EP	Setzpunktfestlegung für den Taschenzyklus
E	Vorschub beim Eintauchen
H1	Schruppen
H4	Schlichten (zuerst Rand, dann Boden)
H14	Schruppen und danach Schlichten (gleiches Werkzeug)

G73 Kreistaschen- und Zapfenfräszyklus

ZA	Tiefe absolut
ZI	Inkrementell ab Materialoberfläche
R	Radius der Kreistasche
D	Zustelltiefe
V	Abstand Sicherheitsebene v. d. Materialoberfläche
RZ	Radius des optionalen Zapfens
AK	Aufmaß Berandung
AL	Aufmaß Taschenboden
H2	Planschruppen
H4	Schlichten (Rand/Boden)
H14	Schruppen und Schlichten
E	Vorschub beim Eintauchen
W	Rückzugsebene (absolut)

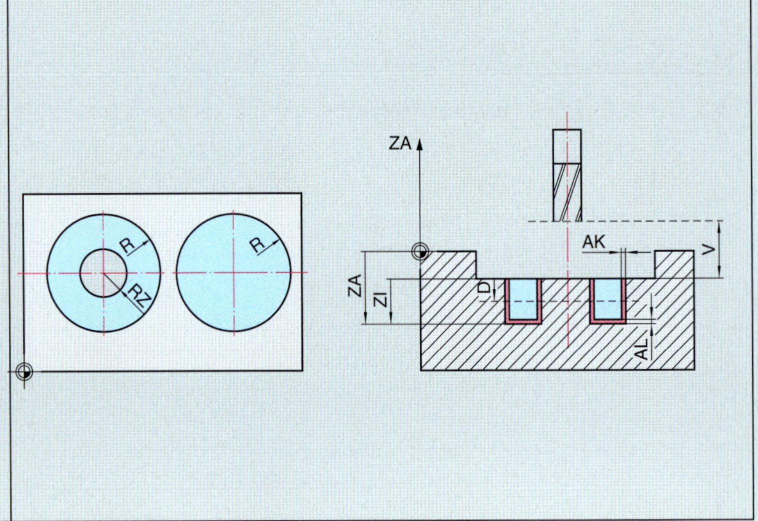

Zyklen (Auswahl der im Projekt verwendeten Fräszyklen)

G81	**Bohrzyklus**	
	ZA Bohrtiefe ZI Inkrementell ab Materialoberfläche V Abstand Sicherheitsebene v. d. Materialoberfläche W Höhe der Rückzugsebene (absolut)	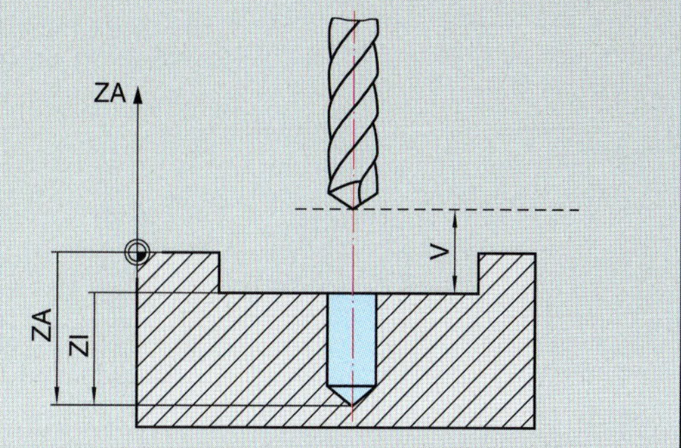

G84	**Gewindebohrzyklus**	
	ZA Tiefe absolut ZI Inkrementell ab Materialoberfläche F Gewindesteigung (mm/U) M Drehrichtung (M3 = Spindel startet im Uhrzeigersinn, M4 = Spindel startet im Gegenuhrzeigersinn) V Abstand Sicherheitsebene v. d. Materialoberfläche W Höhe der Rückzugsebene (absolut)	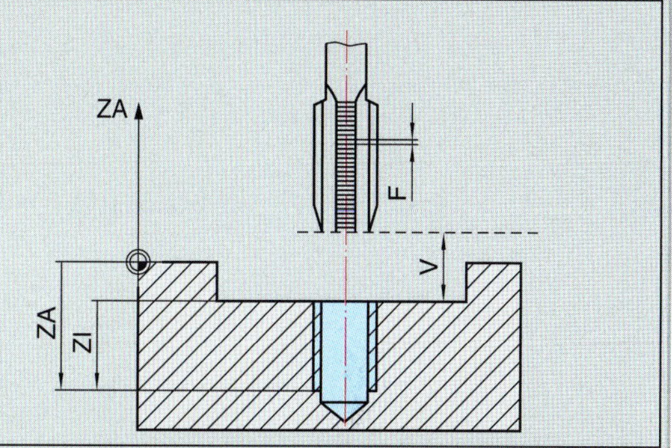

G85	**Reibzyklus**	
	ZA Reibtiefe (absolut) ZI Reibtiefe (inkremental) ab Oberfläche des Materials (negativ) V Sicherheitsabstand E Vorschub des Rückzugs in mm/min W Höhe der Rückzugsebene (absolut)	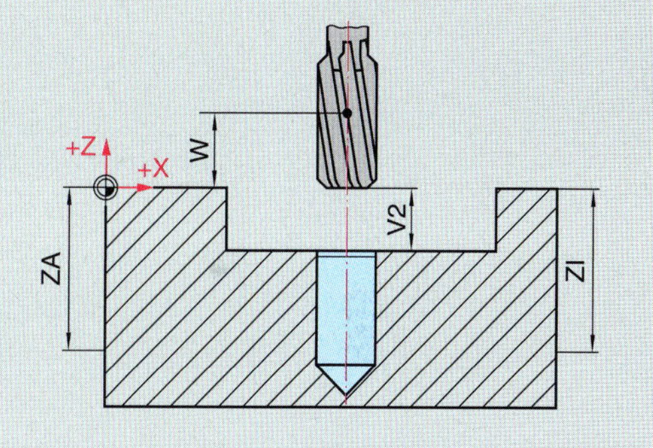

G79	**Zyklusaufruf an einem Punkt (kartesische Koordinaten)**	
	X/Y/Z Koordinateneingabe (gesteuert durch G90/G91) XA/YA/ZA Absolutmaße XI/YI/ZI Inkrementalmaße AR Drehwinkel Durch G79 wird der aktuelle Zyklus an der programmierten Position ausgeführt.	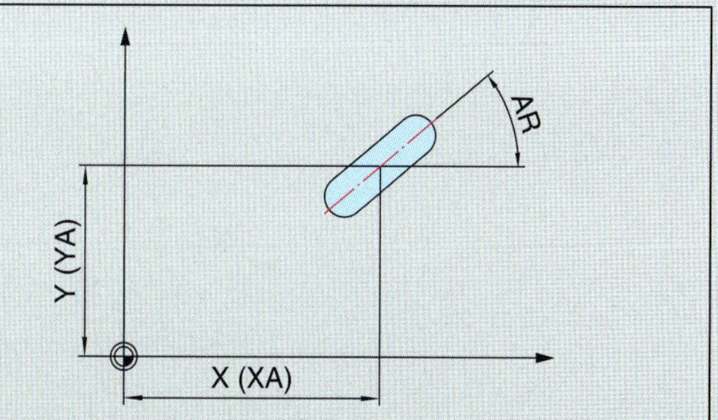

Prüfung

1. Um eine Gratbildung zu vermeiden, fährt der Drehmeißel bei der Bearbeitung einer Welle über den Punkt P3 in Verlängerung der Strecke P1– P2 hinaus.

Berechnen Sie für P3 die X-Koordinate im Absolutmaß.

	X	Z
P3		200

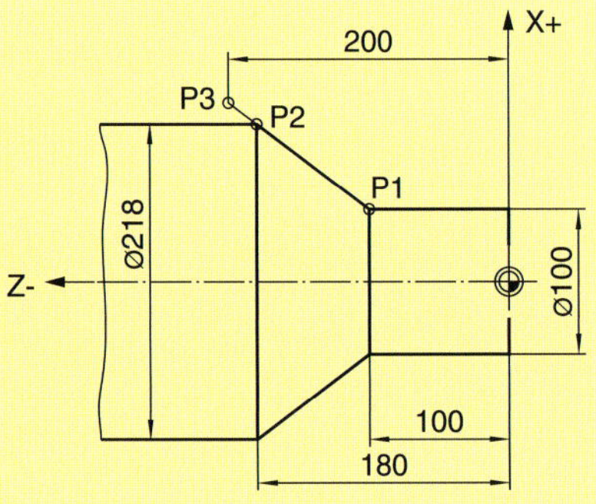

2. Wie groß ist das Maß X?

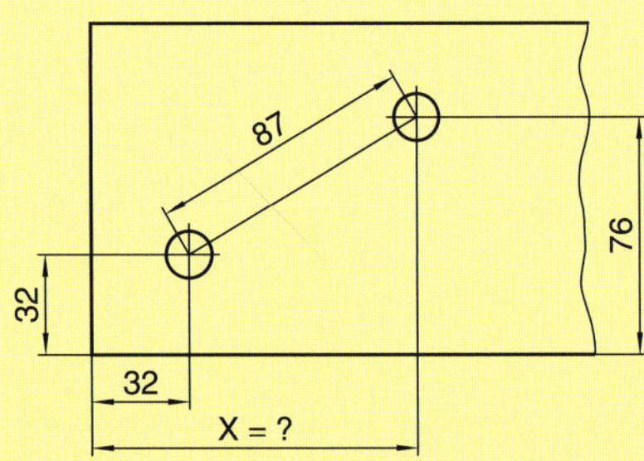

3. Berechnen Sie den fehlenden Winkel α.

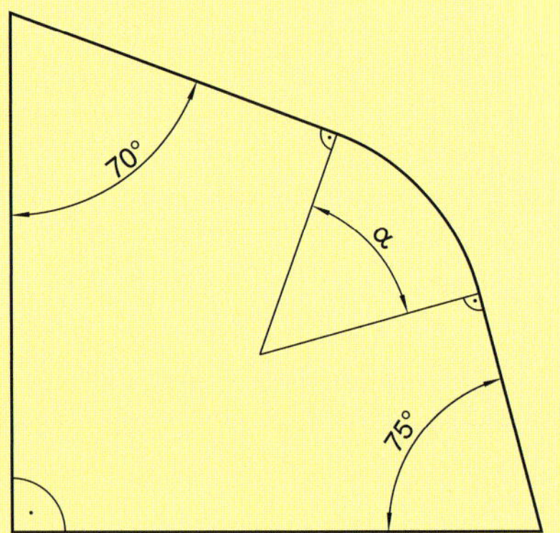

4. In einem Programm für ein Frästeil erscheint folgender Satz:

N20 T5 F150 S900 M13

Beschreiben Sie die Bedeutung dieser Information mit entsprechenden Einheiten.

5. Welche Möglichkeiten gibt es, Kugelumlaufspindeln vorzuspannen?

6. Zu welchem Wegmesssystem gehört das schematisch dargestellte Bauteil?

@ Interessante Links

- christiani-berufskolleg.de

10 Hydraulik

10.1 Grundlagen

Hydraulische Systeme können *große Kräfte* hervorrufen. Zur Erzeugung dieser Kräfte werden *Flüssigkeiten* (i. Allg. Öle) verwendet.

Diese Flüssigkeiten stehen unter einem *hohen Druck*. Sie strömen in einem *geschlossenen Kreislauf* vom Tank zum Antriebselement und wieder zum Tank zurück.

Wegen des hohen Drucks (bis ca. 1000 bar) lassen sich bei *geringen* Baugrößen *hohe* Kräfte hervorrufen.

Auch unter Last können Positionen genau ausgefahren werden.

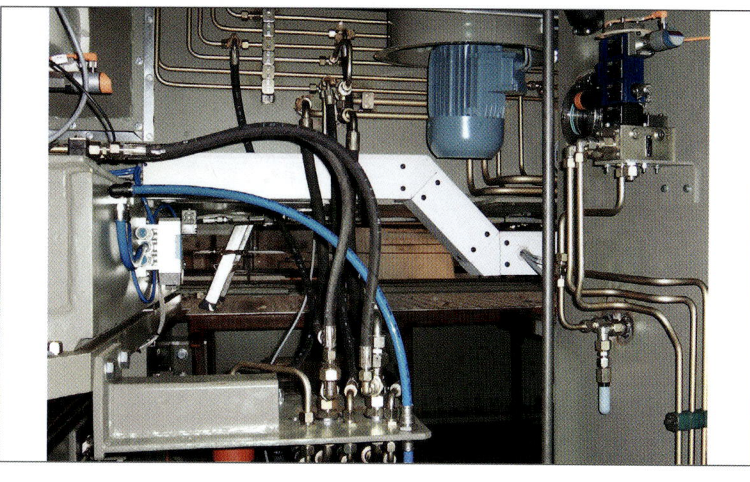

1 Hydraulisches System

Vergleich Pneumatik – Hydraulik

	Pneumatik	Hydraulik
Medium	Luft, kompressibel	Öl, nahezu inkompressibel
Druck	bis ca. 6 bar	bis ca. 1000 bar
Kraft	Durch geringen Druck begrenzt	Sehr große Kräfte bei kompakten Bauabmessungen
Leitungen	Schlauch, Rohr, nur Hinleitung notwendig	Schlauch, Rohr, geschlossener Kreislauf
Bewegung	linear, rotatorisch, ungleichmäßig	linear, rotatorisch, gleichförmig
Umwelt	keine Umweltgefährdung	Lecköl ist umweltschädlich

Hydraulik
hydraulics, hydraulic system

Hydraulikdruck
hydraulic pressure

Hydraulikeinheit
hydraulic unit

Hydraulikflüssigkeit
hydraulic fluid

Hydraulikkreis
hydraulic circuit

Druckflüssigkeiten

Zentrale Aufgabe der *Druckflüssigkeiten* ist es, die Übertragung der hydraulischen Energie (Volumenstrom, Druck) vom Ort der Erzeugung bis zum Verbraucher sicherzustellen.

Außerdem übernehmen die Druckflüssigkeiten noch weitere Aufgaben im Hydrauliksystem:

- Übertragung von Signalen zum Steuern und Regeln
- Ableitung von Wärmeenergie
- Abtransport von Fremdstoffen zum Filter
- Schmierung der Bauteile
- Korrosionsschutz
- Dämpfung von Druckstößen

Anforderungen an Druckflüssigkeiten

- Geringe Kompressibilität
- Hohes Benetzungs- und Haftvermögen
- Hoher Flammpunkt
- Geringe Abhängigkeit der Viskosität von der Temperatur
- Wasserabscheidungsverhalten
- Oxidationsbeständigkeit
- Gute Schmiereigenschaften
- Geringe Luftaufnahme, gutes Luftabscheidevermögen
- Keine Neigung zur Schaumbildung
- Verträglichkeit mit Dichtungsmaterial
- Verträglichkeit mit Bauteilwerkstoffen
- Umweltverträglichkeit

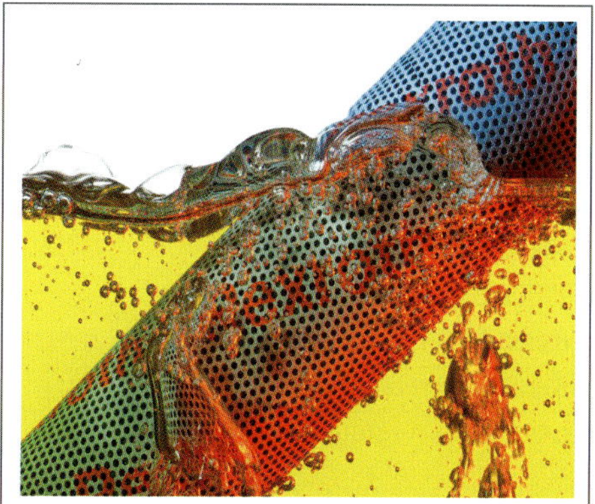

2 Hydrauliköl

Vorsicht!

Vor der Arbeit an hydraulischen Anlagen müssen alle Anlagenteile drucklos sein.

Bei Druckentlastung können unvorhergesehene Bewegungen der Arbeitsglieder hervorgerufen werden.

Hydrauliköl
hydraulic oil

Hydraulikfilter
hydraulic oil filter

Hydrauliktank
hydraulic oil tank

Hydraulikpumpe
hydraulic pump

Antriebsmotor
drive motor

Ölfilter
oil filter

Betriebsdruck
accumulator pressure

Druckflüssigkeiten auf Mineralölbasis

Druckflüssigkeiten auf Mineralölbasis werden nach DIN 51524 eingeteilt und bezeichnet.

Kurzzeichen	Bedeutung	Einsatzgebiete
H (hydraulik fluid)		
HL	Mit Additiven zur Verbesserung von Korrosionsschutz und Alterungsbeständigkeit.	Anlagen mit mäßigen Drücken, jedoch hohen Temperaturen.
HLP	P (pressure): weitere Additive zur Verbesserung der Alterungsbeständigkeit.	Anlagen mit hohen Drücken und hohen Temperaturen.
HVLP	V (viscosity): weitere Additive zur Verbesserung des Viskositäts-Temperaturverhaltens.	Anlagen mit erweitertem Temperaturbereich.
HLPD	D (detergierend): zusätzlich wasseraufnehmende (detergierende) Additive.	Anlagen, die nicht vollständig vor Eindringen von Wasser (z. B. Kondenswasser) geschützt sind.

■ **Druckflüssigkeiten**

Schwer entflammbare Druckflüssigkeit

Schwer entflammbare Druckflüssigkeiten werden nach der Norm ISO 12922 eingeteilt und bezeichnet.

Kurzzeichen	Bedeutung	Einsatzgebiete
HF (fire resistant)		
HFA	Öl-in-Wasser-Emulsion oder synthetische, wässrige Lösung mit einer Konzentration von maximal 20 %.	Bergbau, hydraulische Pressen (Temperaturbereich 5 bis 55 °C)
HFB	Wasser-in-Öl-Emulsionen mit Wassergehalt > 40 %.	Bergbau, (Temperaturbereich 5 bis 60 °C)
HFC	Wässrige Polymerlösung mit Wasseranteil von 35 bis 55 %.	Bergbau, Gießereien (Temperaturbereich – 20 bis 60 °C, p_{max} = 250 bar)
HFD	Wasserfreie synthetische Flüssigkeit.	Bergbau

■ **Vorsicht!**

Bei Arbeiten an der Hydraulik können insbesondere folgende Gefährdungen auftreten:

Unkontrollierter Austritt von Druckflüssigkeit.

Unbeabsichtigte Maschinenbewegung.

Verbrennungsgefahr an heißen Oberflächen und an heißer Druckflüssigkeit.

Hauterkrankungen

Lärm

Biologisch schnell abbaubare Druckflüssigkeiten

Aus pflanzlichen Ölen hergestellte, biologisch schnell abbaubare Flüssigkeiten besitzen folgende Eigenschaften in Bezug auf ihre Umweltverträglichkeit:

- Gute biologische Abbaubarkeit
- Keine oder geringe Wassergefährdung
- Keine Fischtoxizität
- Keine Bakterientoxizität
- Keine Lebensmittelgefährdung
- Keine Hautreizungen
- Leichte Entsorgung

Biologisch schnell abbaubare Druckflüssigkeiten werden nach der Norm ISO 15380 eingeteilt und bezeichnet.

Kurzzeichen	Bedeutung	Einsatzgebiete
HE (hydraulic environmental)		
HETG	Grundlage bilden Triglyceride (pflanzliche Öle)	Landmaschinen Kommunalfahrzeuge
HEES	Grundlage bilden synthetische Ester	Mobile Anwendungen mit erweitertem Temperaturbereich Baumaschinen für alle Klimazonen
HEPG	Grundlage bilden Polyglycole	Anlagen der Wasserwirtschaft (z. B. Schleusenwehre und Stellantriebe an Wasserturbinen) Off-Shore-Technik Anlagen des Bergbaus (z. B. Walzenlader)
HEPR	Andere Flüssigkeiten	Baumaschinen in Wasserschutzgebieten Pistenraupen

Wasser

Folgende Tabelle fasst die wichtigsten Eigenschaften und Einsatzgebiete von Wasser in der Verwendung als Druckflüssigkeit zusammen.

Kriterium	Merkmale
Vorteile	Nicht brennbar, umweltfreundlich
Nachteile	Hohe Belastung der Bauteile wegen geringerer Kompressibilität als Hydrauliköle
Gefrierpunkt	0 °C bei Normdruck (1013,25 Pascal)
Druckbereich	Bis 160 bar
Werkstoffe der Bauteile	Kunststoff oder Edelstahl
Einsatzgebiete	Gießerei, Hüttenwesen, Nahrungsmittelindustrie, Getränkeindustrie, Pharmaindustrie

Kenngrößen von Druckflüssigkeiten

Die Tabelle stellt die Werte wichtiger Kenngrößen von ausgewählten Druckflüssigkeiten gegenüber.

Kurzzeichen der Druckflüssigkeit	HFA (3 % Ölanteil)	HFC	HFD	HLP
Dichte bei 20 °C (in g/cm³)	1,0	1,05 bis 1,08	1,15 bis 1,4	0,87
Kinematische Viskosität bei 40 °C (in mm²/s)	0,7	36 bis 50	15 bis 70	10 bis 100
Spezifische Wärmekapazität bei 20 °C (in kJ/kg · K)	4,2	3,3	1,3 bis 1,5	2,1
Wärmeleitfähigkeit bei 20 °C (in W/mK)	0,6	0,4	0,11	0,14
Optimaler Temperaturbereich (in °C)	35 bis 50	35 bis 50	35 bis 50	40 bis 50
Wassergehalt (in %)	80 bis 97	40 bis 50	0	0
Kavitationsneigung	sehr stark	stark	gering	gering

Fünf-Finger-Regel der Fluidtechnik

1.
Energiezufuhr trennen.

2.
Gegen Wiedereinschalten sichern.

3.
System drucklos machen, auch vorhandene Druckspeicher, hochgehaltene Lasten absenken oder unterbauen, Restenergie abbauen.

4.
Druckfreiheit prüfen.

5.
Gefährdung durch benachbarte Anlagen verhindern.

Wenn mehrere Personen bei der Instandhaltung einer hydraulischen Anlage arbeiten, ist ein Verantwortlicher zu bestimmen, der die Arbeiten und die Schutzmaßnahmen festlegt, überwacht und koodiniert.

Unkontrollierter Austritt von Druckflüssigkeit

Augenschädigung

Eindringen in die Haut (Vergiftung)

Verbrühungen

Brandgefahr bei Zündquellen

Rutschgefahr an Arbeitsplätzen und Verkehrswegen

Unbeabsichtigte Maschinenbewegungen

Umweltgefährdung; z. B. durch Eindringen in Erdreich und Grundwasser

Viskosität

→ 463

Antriebstechnologien im Vergleich

Kriterium	Hydraulik	Pneumatik	Elektrik	Mechanik
Energieträger	Druckflüssigkeit	Luft	Elektronen	Bewegung, Lage, Verformung
Energieübertragung	Rohre, Schläuche, Bohrungen	Rohre, Schläuche, Bohrungen	elektrisch leitendes Material	Wellen, Gestänge, Riemen, Ketten, Räder usw.
Umwandlung aus bzw. in mechanische Energie	Hydropumpe, Hydromotor, Hydrozylinder	Verdichter, Pneumatikzylinder, Pneumatikmotor	Generator, Batterie, Magnet, Elektromotor	–
Wichtigste Kenngrößen	Druck p, Volumenstrom q_V	Druck p Volumenstrom q_V	Spannung U, elektrischer Strom I	Kraft F, Drehmoment M, Geschwindigkeit v, Drehzahl n
Speicherung	Blasenspeicher, Kolbenspeicher	Speicher (Druckluftbehälter)	Kondensator	Gewichtskraft
Leistungsdichte	sehr gut (hohe Betriebsdrücke; geringes Leistungsgewicht)	gut (Einschränkung durch max. Betriebsdruck)	weniger gut (Leistungsgewicht von Elektromotoren ca. 10-mal höher als von Hydromotoren)	gut (keine Energieumwandlung notwendig; Einschränkungen, wenn hohe Anforderungen an die Regelbarkeit
Wirkungsgrad	abhängig von Leckage und Reibung bei der Energieumwandlung; Verluste bei Steuerung und Regelung in Ventilen	abhängig von Leckage und Reibung bei der Energieumwandlung; Verluste bei Steuerung und Regelung in Ventilen	abhängig von Verfügbarkeit der Elektrizität als Primär-Energie	abhängig von der Größe der Reibungsverluste
Erzeugung linearer Bewegung	sehr einfach (über Zylinder; Anfahren und Bewegungsumkehr unter Volllast)	sehr einfach (über Zylinder)	weniger einfach (über Linear-Elektromotor, Gewindespindel, usw.)	einfach (über Kurbeltrieb, Spindel usw.)
Erzeugung rotierender Bewegung	einfach (über Hydromotor)	einfach (über Druckluftmotor)	sehr einfach (über Rotations-Elektromotor)	sehr einfach (über Getriebe)
Erzeugung von Kurvenbahnen	weniger gut	weniger gut	weniger gut	sehr gut bei bestimmten Anwendungen (Biegetechnik)
Weggenauigkeit	sehr gut (Flüssigkeit ist kaum kompressibel)	weniger gut (Luft ist kompressibel)	unterschiedlich: weniger gut bei Asynchronmotoren, sehr gut bei Synchron- und Schrittmotoren	sehr gut (durch Form- und Kraftschluss)
Steuer- und Regelbarkeit, Signalverarbeitung	sehr gut (über Ventile und Verstellpumpen; Einsatz von Servoventilen in der Regelungstechnik; weitere Verbesserung in Kombination mit Elektrik)	sehr gut (über Ventile)	sehr gut (über Schalter, Relais, Halbleiter, Regelmotoren, variable Widerstände usw.)	gut (über Getriebe, Hebelsystem usw.)

@ Interessante Links

- boschrexroth.de
- stauff.com
- sandvik-coromant.com

Grundlagen der Hydraulik

Hydrostatik, Gesetz von Pascal

Hydrostatik beschreibt die Zustände einer *ruhenden Flüssigkeit*.
Das *Gesetz von Pascal* beschreibt die *Wirkung des Drucks* in ruhenden Flüssigkeiten.
Der Druck breitet sich nach allen Seiten gleichmäßig aus.

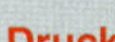

Druck

Der *Druck* ist definiert als die *senkrecht* wirkende Kraft *F* auf die Fläche *A*.

$$p = \frac{F}{A}$$

Die Einheit des Drucks ist Pascal (Pa):

$$1\ \text{Pa} = 1\ \frac{\text{N}}{\text{m}^2}$$

Bei der Hydraulik ist 1 Pa ein sehr geringer Wert und damit unpraktisch. Druckangaben würden hier bei etwa 100 000 Pa beginnen. Daher wird die Einheit *Mega-Pascal* (MPa) verwendet.

■ **Berechnungsformeln**

$$1\ \text{MPa} = 10^6\ \text{Pa} = 1\ \frac{\text{N}}{\text{mm}^2}$$

Neben der definierten Einheit ist in der Hydraulik auch die Einheit bar erlaubt und weit verbreitet.

$1\ \text{bar} = 10\ \frac{\text{N}}{\text{cm}^2}$ $\quad$ $1\ \text{bar} = 10^5\ \text{Pa}$ $\quad$ $1\ \text{bar} = 0{,}1\ \text{MPa}$

Hydrostatischer Druck durch Schwerkraft

Wirkt nur die Schwerkraft auf eine Flüssigkeit ein, dann hängt der in ihr herrschende Druck von der *Höhe* der Flüssigkeitssäule und der *Dichte* der Flüssigkeit ab. Man spricht dann von *Schweredruck*. Bei Wasser nimmt der hydrostatische Druck um etwa 1 bar pro 10 m Wassersäule zu. Bei Luft beträgt der Druck der Erdatmosphäre auf Meereshöhe ca. 1 bar.

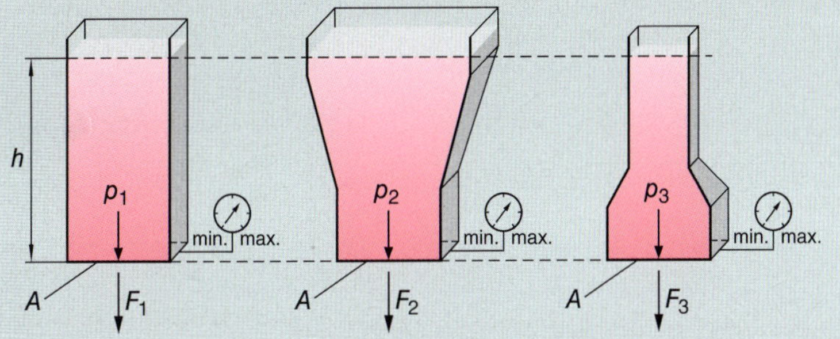

$p_1 = p_2 = p_3$
$F_1 = F_2 = F_3$

Die Form der Flüssigkeitssäule hat keinen Einfluss auf den Druck am Boden.

$$p = \rho \cdot g \cdot h$$

p hydrostatischer Druck
ρ spezifische Dichte der Flüssigkeit
g Erdbeschleunigung (9,81 m/s²)
h Höhe der Flüssigkeitssäule

Hydrostatischer Druck durch äußere Kräfte

Wenn neben der Schwerkraft noch eine weitere Kraft auf eine eingeschlossene ruhende Flüssigkeit einwirkt, erhöht sich der *hydrostatische Druck* in der Flüssigkeit. Die Kraft wirkt senkrecht auf die Begrenzungsflächen und gleichmäßig nach allen Seiten.

Da in der Hydraulik hohe Arbeitsdrücke üblich sind, ist der Schweredruck gegenüber dem hydrostatischen Druck durch äußere Kräfte vernachlässigbar.
Das Gesetz von Pascal gilt dann für die äußeren Kräfte, die auf die Flüssigkeiten wirken.

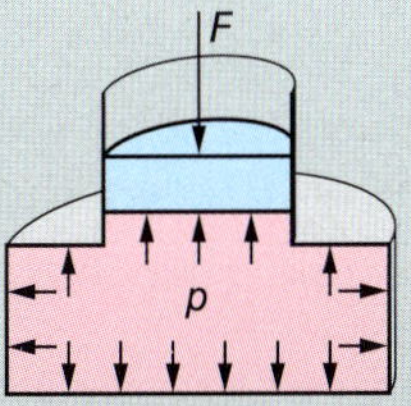

Druckverteilung in einem abgeschlossenen Behälter

■ **Berechnungsformeln**

■ **Einheiten und Umrechnung von Einheiten**

Grundlagen der Hydraulik

Hydrostatik, Gesetz von Pascal

Kraft und Wegübersetzung

In einem *abgeschlossenen Volumen* sind die Kräfte den Flächen verhältnisgleich, auf die sie einwirken. Somit können mit kleinen Kräften große Massen bewegt werden.

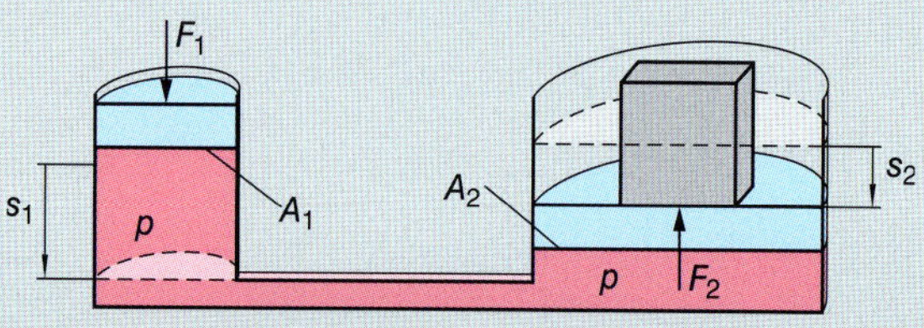

Kraft- und Wegübersetzung

Nach dem *Gesetz von Pascal* wirkt im Behälter überall der *gleiche* Druck.

$$p = \frac{F_1}{A_1} = \frac{F_2}{A_2}$$

Die *Kräfte auf die Kolben* stehen im gleichen Verhältnis zueinander wie die zugehörigen Kolbenflächen.

$$\frac{F_1}{F_2} = \frac{A_1}{A_2}$$

Bei *doppeltem Kolbendurchmesser* ist die Fläche A_2 *viermal* so groß wie die Fläche A_1. Die Kraft *vervierfacht* sich. Man spricht von „Kraftübersetzung".

Bei *inkompressiblen Flüssigkeiten* ändert sich das *Volumen* der Flüssigkeit in einem abgeschlossenen System nicht. Deshalb muss das von einem Kolben verdrängte Volumen einen anderen Kolben bewegen (Verdrängungsprinzip). Die *Volumenänderung* ΔV ist bei den Zylindern gleich.

$$\Delta V = A_1 \cdot s_1 = A_2 \cdot s_2$$

$$\frac{s_1}{s_2} = \frac{A_2}{A_1}$$

Der Kolben mit der kleineren Kolbenfläche macht einen größeren Hub als der Kolben mit der größeren Kolbenfläche.

$$s_1 = s_2 \cdot \frac{A_2}{A_1}$$

Man nennt dies *Hydraulisches Hebelgesetz* (Wegübersetzung).

Druckübersetzung

Wandlung eines Eingangs- oder Primärdrucks in einen (meist höheren) Ausgangs- oder Sekundärdruck.

Bei *mechanischer Kopplung* von mit Druck beaufschlagten Flächen wird der Druck im Verhältnis der Flächen übersetzt.

Die beiden Kolben sind mechanisch miteinander verbunden und legen somit den gleichen Weg s zurück. Auf den größeren Kolben wirkt der Druck p_1 und ruft die Kraft F_1 hervor, die über den kleinen Kolben den Druck p_2 erzeugt.

$$p_1 \cdot A_1 = F = p_2 \cdot A_2$$

$$\frac{p_1}{p_2} = \frac{A_2}{A_1}$$

Die Drücke verhalten sich umgekehrt proportional zu den zugehörigen Kolbenflächen.

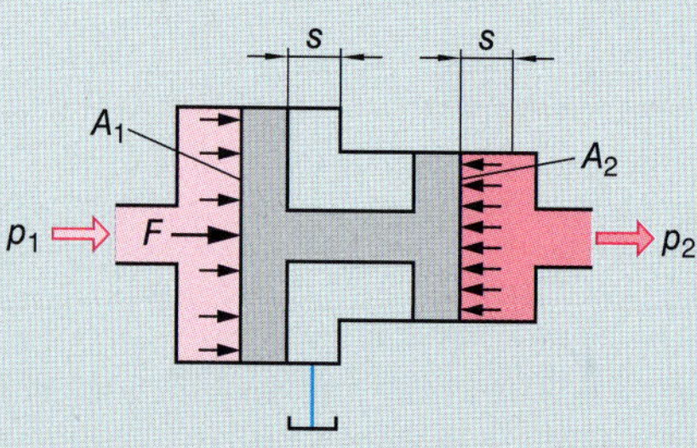

Druckübersetzer

Grundlagen der Hydraulik

Hydrodynamik – Gesetz von Bernoulli

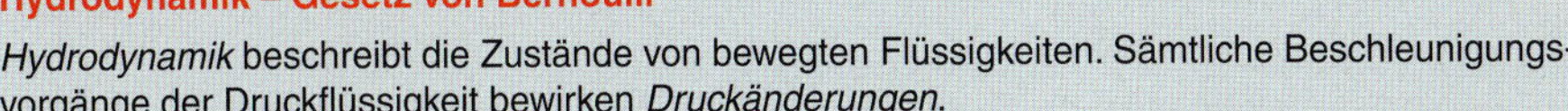

Hydrodynamik beschreibt die Zustände von bewegten Flüssigkeiten. Sämtliche Beschleunigungsvorgänge der Druckflüssigkeit bewirken *Druckänderungen.*

Kontinuitätsgesetz

Die in der Hydraulik verwendeten Druckflüssigkeiten haben eine geringe *Kompressibilität.*

Dann fließt durch Leitungs- oder Kanalabschnitte mit unterschiedlichen Querschnittsflächen an jeder Stelle zu jeder Zeit das gleiche Volumen. Der *Volumenstrom* ist in allen Abschnitten gleich groß.

$$A_1 \cdot v_1 = A_2 \cdot v_2$$

$$A_1 \cdot \frac{s_1}{t} = A_2 \cdot \frac{s_2}{t}$$

A_1, A_2 Querschnittsflächen
v_1, v_1 Strömungsgeschwindigkeit
s_1, s_2 Länge
Q_1, Q_2 Volumenstrom

Im Abschnitt mit der kleineren Querschnittsfläche ist die *Strömungsgeschwindigkeit* größer als im Abschnitt mit der größeren Querschnittsfläche.

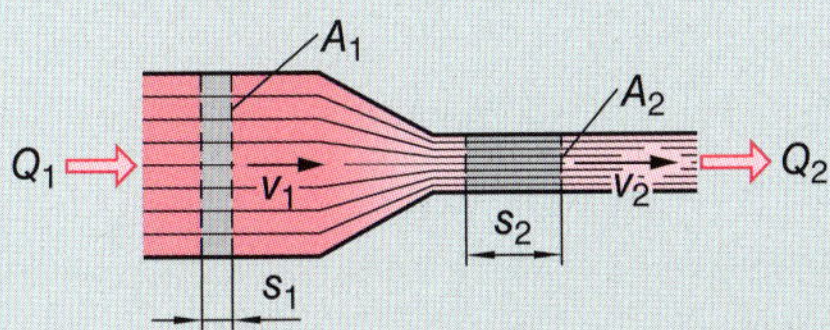

In einer strömenden Druckflüssigkeit ist ein Geschwindigkeitsanstieg von einem Druckabfall begleitet und umgekehrt.

■ **Volumenstrom**

Der Volumenstrom wird mit dem Formelzeichen Q bezeichnet.

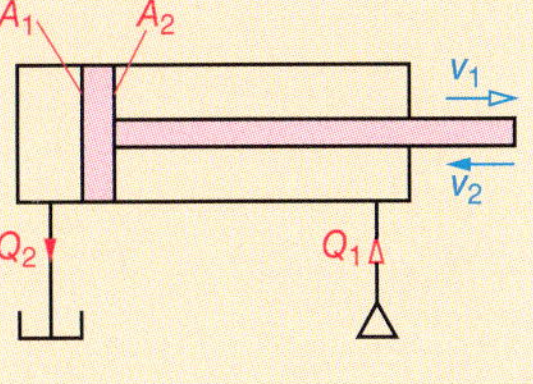

$A_1 < A_2$

$Q_1 = Q_2$

$v_1 > v_2$

Zahlenwertgleichungen:

$$p > \frac{F}{A \cdot \eta} \cdot 10^{-4}$$

$$A = \frac{d^2 \cdot \pi}{4} \cdot 10^{-2}$$

p Druck in **bar**
A Fläche in **cm²**
F Kraft in **kN**
d Durchmesser in **mm**

Die *inneren Reibungsverluste im Zylinder* werden über den *hydraulisch-mechanischen* Wirkungsgrad η verrechnet.

Hydraulische Druckübersetzung: $A_1 = 250\ \text{cm}^2$, $p_1 = 7$ bar, $A_2 = 10\ \text{cm}^2$.
Wie groß ist der Druck am kleineren Kolben?

Es ergibt sich eine Druckübersetzung von 1 : 15.

$$\frac{p_1}{p_2} = \frac{A_2}{A_1} \rightarrow p_2 = \frac{p_1 \cdot A_1}{A_2}$$

$$p_2 = \frac{7\ \text{bar} \cdot 150\ \text{cm}^2}{100\ \text{cm}^2} = 105\ \text{bar}$$

Zu ermitteln ist der Schweredruck p_e in 10 m Wassertiefe.

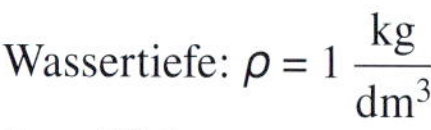

Wassertiefe: $\rho = 1\ \frac{kg}{dm^3}$

1 m=10 dm

$1\ m^3 = 10^3\ dm^3 = 1000\ dm^3$

$\rho = 1000\ \frac{kg}{m^3}$

$g = 9{,}81\ \frac{m}{s^2}$

$10^5\ Pa = 1\ bar$

$p_e = h \cdot \rho \cdot g$

$p_e = 10\ m \cdot 1000\ \frac{kg}{m^3} \cdot 9{,}81\ \frac{m}{s^2}$

$p_e = 98\,100\ Pa$

$p_e = 0{,}981\ bar$

■ **Größen und Einheiten**

TB

Auf eine Kolbenfläche von 1 cm^2 wirkt eine Kraft von 250 N. Welcher Druck herrscht im Kolbenraum?

z.B.

$1\ cm = 10^{-2}\ m$

$1\ cm^2 = 10^{-4}\ m^2$

$1\ \frac{N}{m^2} = 1\ Pa$

$100\,000\ \frac{N}{m^2} = 1\ bar$

$p = \frac{F}{A}$

$p = \frac{260\ N}{1 \cdot 10^{-4}\ m^2} = 2{,}5 \cdot 10^6\ \frac{N}{m^2}$

$p = 25\ bar$

10.2 Hydraulikpumpen

Außenzahnradpumpen

Verdrängermaschinen, bei denen die Verdrängerkammern durch außenverzahnte Zahnräder gebildet werden.

In den Gehäusebohrungen von **Außenzahnradpumpen** greifen zwei Zahnräder ineinander, von denen eins angetrieben wird.

Das angetriebene Zahnrad treibt das zweite Zahnrad *gegenläufig* an. In den Zahnzwischenräumen wird die Druckflüssigkeit gefördert.

Außenzahnradpumpen sind **Konstantpumpen**. Sie haben eine kompakte Bauweise und eine hohe Leistungsdichte. Sie verfügen über gute Notlaufeigenschaften, sodass eine kurzzeitig unzureichende Schmierung (z. B. beim Anlauf) keine Schäden verursacht.

Nachteilig sind *Leckage-* und *Reibungsverluste* und die erhebliche *Geräuschentwicklung*.

Außenzahnradpumpen können in einem *weiten Drehzahlbereich* eingesetzt und mit Druckflüssigkeiten innerhalb eines großen *Viskositätsbereichs* betrieben werden.

Tankanschluss
discharge

Druckanschluss
supply

Arbeitsanschlüsse
operation lines

Leckanschluss
leakage line

Steueranschlüsse
control lines

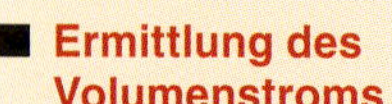

■ **Ermittlung des Volumenstroms**

Durch Turbinen-, Zahnrad- oder Kegelradzähler, bei Messblenden über den Druckabfall Δp.

Auch mit Messbecher und Stoppuhr oder über die Geschwindigkeit einer ein- oder ausfahrenden Zylinderstange möglich.

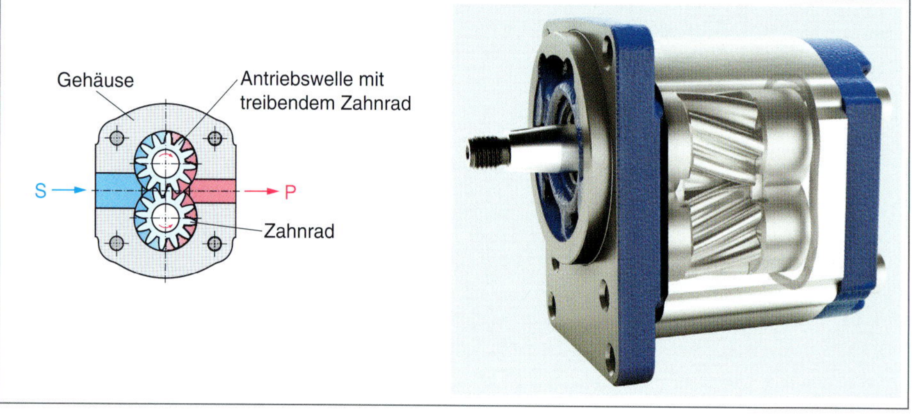

3 Außenzahnradpumpe

Viskosität

Wichtige Kenngröße von *Hydraulikflüssigkeiten*. Man spricht von *kinematischer Viskosität*. Hierunter versteht man die *Zähflüssigkeit* oder *Gießbarkeit* der Flüssigkeit.
Sie ist kennzeichnend für die innere Reibung, die beim Fließen überwunden werden muss.

Mit zunehmender kinematischer Viskosität ist die Hydraulikflüssigkeit zähflüssiger.

- *Zu niedrige Viskosität (zu dünnflüssig). Erhöhte Leckageverluste, zu dünner Schmierfilm, Verschleiß erhöht.*
- *Zu große Viskosität (zu dickflüssig). Große innere Reibung an Drosselstellen, Druckverluste, Abscheidung von Luftblasen wird erschwert.*

Viskositätsklassen

ISO-Viskositätsklasse	Kinematische Viskosität mm²/s bei 40 °C	
	max.	min.
ISO VG 10	9,0	11,0
ISO VG 22	19,8	24,2
ISO VG 32	28,8	35,2
ISO VG 46	41,4	50,6
ISO VG 68	61,2	74,8
ISO VG 100	90,0	110,0

Die *Viskosität* von Hydraulikflüssigkeiten hängt stark vom *Druck* und von der *Temperatur* ab.

Druck und Temperaturabhängigkeit der Viskosität

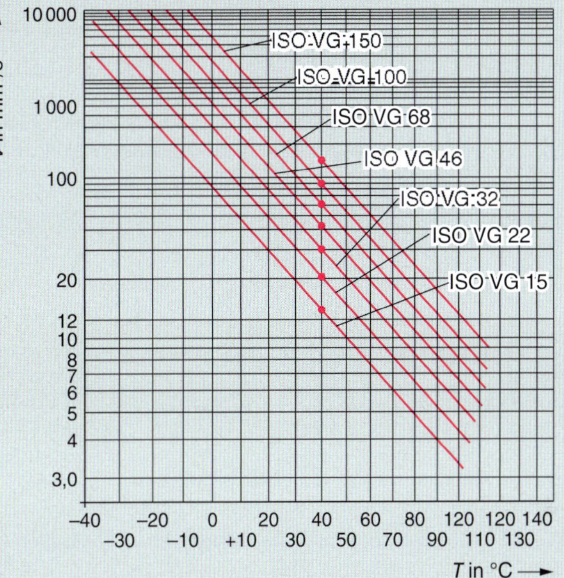

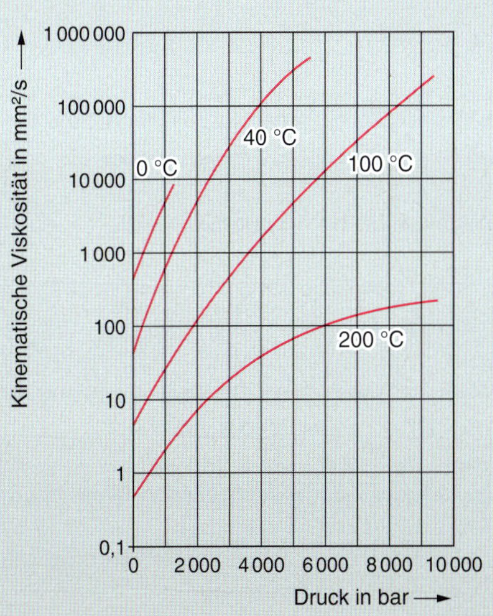

■ **Viskosität**

Innere Reibung von Flüssigkeiten.

■ **Hydraulikpumpen**

wandeln die Antriebsenergie in Bewegungsenergie der Flüssigkeit bzw. in Druck um.

Das Wirkungsprinzip ist bei allen Pumpen vergleichbar.

Das in der Saugleitung aufsteigende Öl wird in kleinen Kammern verschlossen und zur Druckseite gedrängt.

Hier öffnen sich die Kammern und geben das Öl in die Förderleitung frei.

Wenn der Hydraulikflüssigkeit kein Widerstand entgegengesetzt wird, könnte nur ein Volumenstrom, aber kein Druck erzeugt werden.

■ **Hydraulikflüssigkeit**

Bei einem Druckanstieg um 100 bar verkleinert sich das Ölvolumen um 0,65 %.

Bei einem Temperaturanstieg von 10 K nimmt das Ölvolumen um 0,65 % zu.

Zahnradpumpe
gear pump

Außenverzahnte Zahnradpumpe
external gear pump

Flügelzellenpumpe
vane pump

Kolbenpumpe
plunger pump

Verstellpumpe
variable discharge pump

Radialkolbenpumpe
radial plunger pump

Axialkolbenpumpe
axial plunger pump

Geräusch
noise

Lebensdauer
service life

Drehzahlbereich
speed range

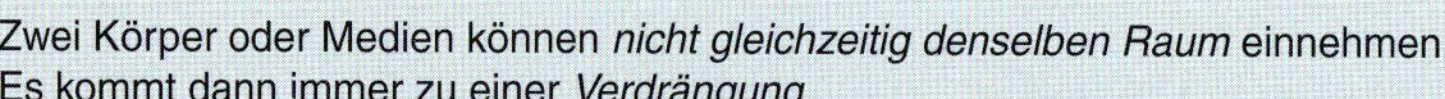

Verdrängerprinzip

Zwei Körper oder Medien können *nicht gleichzeitig denselben Raum* einnehmen. Es kommt dann immer zu einer *Verdrängung.*

Eine Hydraulikpumpe arbeitet nach dem Prinzip, dass der Festkörper die Druckflüssigkeit verdrängt. Beim Hydraulikmotor verdrängt die Flüssigkeit den Festkörper.

Verdrängungsmechanismen

Mechanismus	Erklärung
Zahn	Die Verdrängung resultiert aus dem zunehmenden Ineinandergreifen der Zähne eines Zahnradpaars aufgrund der Drehbewegung eines Rotors, wodurch die Größe der Verdrängerkammer verändert wird. Die Zähne zweier Zahnräder bilden die Verdrängerkörper; die Zahnzwischenräume die Verdrängungskammern. Die Berührungslinien der kämmenden Zähne trennen die einzelnen Verdrängerkammern voneinander.
Flügel	Die Verdrängung resultiert aus der Drehbewegung eines Rotors innerhalb der exzentrischen Kontur eines Stators. Beweglich gelagerte Metallplättchen, sogenannte Flügel, dienen als Dichtleisten zur Abtrennung der einzelnen Verdrängerkammern, die sich zwischen Statorinnenwand und Rotor bilden. Die Rotordrehung bewirkt eine Veränderung der Größe der Verdrängerkammern.
Kolben	Die Verdrängung resultiert aus der Hubbewegung eines Kolbens in der Zylinderbohrung, die eine Veränderung der Größe der Verdrängerkammer bewirkt. Zylinderbohrungen und Kolben bilden eine Verdrängerkammer.

Prüfung

1. Nennen Sie wesentliche Vorteile der Hydraulik in Bezug auf die Pneumatik.

2. Welche Anforderungen sind an Druckflüssigkeiten zu stellen.

3. Welche Gefährdungen können bei Arbeiten an hydraulischen Anlagen auftreten.

4. Beschreiben Sie die Begriffe Viskosität und Kavation.

5. Was versteht man unter Druckübersetzung?

6. Beschreiben Sie die Arbeitsweise einer Außenzahnradpumpe.
Handelt es sich hierbei um eine Verstellpumpe?

7. Beschreiben Sie die Angabe ISO VG 32.

8. Auf eine Kolbenfläche von 6 cm^2 wirkt eine Kraft von 750 N.
Bestimmen Sie den Druck.

9. Hydropumpen werden als Konstantpumpen und Verstellpumpen angeboten.
Worin besteht der wesentliche Unterschied?

10. Wie kann der Volumenstrom bei Konstantpumpen verändert werden?

11. Wie kann der Volumenstrom in einer Hydraulikleitung ermittelt werden.
Beschreiben Sie zwei Maßnahmen.

■ **Arten von Hydraulikpumpen**
→ 468

@ Interessante Links

- christiani-berufskolleg.de

Verdrängungsmaschinen

Konstruktionsprinzip	Merkmale und Formeln zur Volumenberechnung
Außenzahnrad	Das Verdrängungsvolumen wird zwischen den Zahnflanken und den Gehäusewänden gebildet. Der Verdrängungsvorgang, das Füllen und Leeren der Verdrängerkammern, erfolgt im Eingriffsbereich der Zahnräder über einen relativ kleinen Winkelbereich. $V = m \cdot z \cdot b \cdot h \cdot \pi$ m Modul z Zähnezahl des treibenden Rads b Zahnbreite in axialer Richtung h Zahnhöhe
Innenzahnrad	Das Verdrängungsvolumen wird zwischen den Zahnflanken und den Gehäusewänden gebildet. Saug- und Druckbereich sind durch ein Segmentfüllstück getrennt. Der Verdrängungsvorgang, das Füllen und Leeren der Verdrängerkammern, erfolgt über einen relativ großen Winkelbereich. $V = m \cdot z \cdot b \cdot h \cdot \pi$ m Modul z Zähnezahl des treibenden Zahnrads b Breite der Förderkammer (axial) h Zahnhöhe
Zahnring A_{max} A_{min}	Der Rotor hat einen Zahn weniger als der innenverzahnte Hubring. Beim Gerotorprinzip sind beide Achsen ortsfest. Beim Orbitprinzip führt der Rotor eine Planetenbewegung aus. Gerotorprinzip: $V = z \cdot (A_{max} - A_{min}) \cdot b$ z Zähnezahl des Rotors b Breite der Förderkammer (axial) Orbitprinzip: $V = z \cdot (z + 1) \cdot (A_{max} - A_{min}) \cdot b$
Flügelzellen (einhubig) D d	Das Verdrängungsvolumen wird zwischen dem kreisförmigen Hubring, dem Rotor und den Flügeln gebildet. $V = \frac{b \cdot \pi \cdot (D^2 - d^2)}{2}$ b Breite der Förderkammer (axial) D Innendurchmesser Stator d Außendurchmesser Rotor
Flügelzellen (doppelhubig) D b d	Das Verdrängervolumen wird zwischen dem ovalen Hubring, dem Rotor und den Flügeln gebildet. Durch die elliptische Innnenkontur des Hubrings werden zwei Verdrängervorgänge pro Umdrehung erzeugt. $V = b \cdot \pi \cdot (D^2 - d^2)$ b Breite der Förderkammer (axial) D max. Innendurchmesser Stator d Außendurchmesser Rotor
Radialkolben (innere Kolbenabstützung) d_K e	Die rotierende Exzenterwelle bewirkt radiale Kolbenbewegungen. Die Exzentrizität bestimmt den Kolbenhub. $V = \frac{d_K^2 \cdot \pi}{4} \cdot 2e \cdot z$ z Kolbenzahl e Exzentrizitätszahl d_K Kolbendurchmesser
Radialkolben (äußere Kolbenabstützung) e d_K	Die Kolben rotieren im festen Außenring und führen dabei Hubbewegungen aus. Die Exzentrizität bestimmt den Kolbenhub. $V = \frac{d_K^2 \cdot \pi}{4} \cdot 2e \cdot z$ z Kolbenzahl e Exzentrizitätszahl d_K Kolbendurchmesser

@ Interessante Links
- bosch-rexroth.com

Zahlenwertgleichung:

$Q = A \cdot v \cdot 10^{-1}$

$A = \frac{d^2 \cdot \pi}{4} \cdot 10^{-2}$

Q in $\frac{l}{min}$

A in cm^2

v in $\frac{m}{min}$

d in mm

Verdrängungsmaschinen

Axialkolben (Schrägachsenbauart) 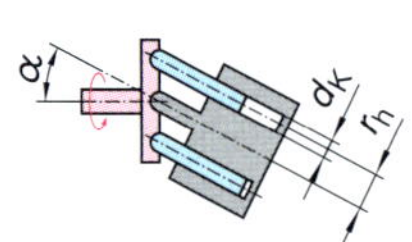	Die Kolben führen bei rotierender Welle eine Hubbewegung im Zylinder aus. Der Schwenkwinkel der Schrägachse bestimmt den Kolbenhub. $V = \frac{d_K^2 \cdot \pi}{4} \cdot 2r_h \cdot z \cdot \sin\alpha$ z Kolbenzahl α Schwenkwinkel d_K Kolbendurchmesser r_h Radius Teilkreis
Axialkolben (Schrägscheibenbauart) 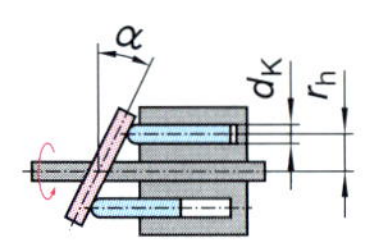	Die rotierenden Verdrängerkolben stützen sich auf einer Gleitscheibe (Schrägscheibe) ab. Der Neigungswinkel der Schrägscheibe bestimmt den Kolbenhub. $V = \frac{d_K^2 \cdot \pi}{4} \cdot 2r_h \cdot z \cdot \tan\alpha$ z Kolbenzahl α Schwenkwinkel d_K Kolbendurchmesser r_h Radius Teilkreis

Kenngrößen von Hydraulikpumpen

Nenngröße	4	5	8	11	14	16	19	22	25
Verdrängungsvolumen V in cm^3	4	5,5	8	11	14	16	19	22,5	25
Drehzahl in 1/min	500 – 4000								
Betriebsdruck in bar	280						230	210	225
Leistung in kW bei 1450 1/min	3,01	4,14	6,01	8,28	10,5	12	11,7	12,7	15,1

Theoretischer Volumenstrom

Mithilfe der Formel $Q = n \cdot V$ kann der theoretische Volumenstrom ermittelt werden.

Mit dem Betriebsdruck der Anlage nimmt der theoretische Volumenstrom wegen der Leckölverluste in der Pumpe ab.

Verdrängervolumen einer Pumpe $V = 11\ cm^3$, Drehzahl der Pumpe $1450\ \frac{1}{min}$.
Bestimmen Sie den Volumenstrom.

Berechnung des Volumenstroms:

$Q = n \cdot V$

$Q = 1450\ \frac{1}{min} \cdot 11\ cm^3$

$Q = 15\,950\ \frac{cm^3}{min}$

Umwandlung von cm^3 in dm^3:
$1\ cm = 10^{-1}\ dm$
$1\ cm^3 = 10^{-3}\ dm^3$

$Q = 15{,}95\ \frac{dm^3}{min} = 15{,}95\ \frac{l}{min}$

Größen und Einheiten

Volumenstrom

Der *Volumenstrom Q* gibt an, welche Volumenmenge in Litern in einer bestimmten Zeit (meist in einer Minute) den Leitungsquerschnitt durchströmt.

$Q = n \cdot V$

Q Volumenstrom
n Drehzahl der Pumpe
V Verdrängungsvolumen

Anforderungen an Hydraulikpumpen

- Notwendiger Druckbereich
- Notwendiger Volumenstrom
- Drehzahlbereich
- Viskosität der Druckflüssigkeit
- Betriebstemperaturbereich
- Geräuschpegel
- Lebensdauer
- Kosten

z.B.

Ein Rohr mit dem Innendurchmesser $d_i = 8$ mm wird vom Volumenstrom $Q = 7{,}2\,\frac{\text{l}}{\text{min}}$ durchflossen.

Wie groß ist die Strömungsgeschwindigkeit v?
Die Reibung wird vernachlässigt.

$$A = \frac{d_i^2 \cdot \pi}{4}$$

Diese Beziehung wird für den Querschnitt in die Formel eingesetzt.

$$7{,}2\,\frac{\text{l}}{\text{min}} = 7{,}2\,\frac{\text{dm}^3}{\text{mm}} = 7200\,\frac{\text{cm}^3}{\text{min}}$$

$$1\text{ cm} = 10^{-2}\text{ m} = 0{,}01\text{ m}$$

$$1\text{ min} = 60\text{ s}$$

$$Q = A \cdot v \rightarrow v = \frac{Q}{A}$$

$$v = \frac{Q}{d_i^2 \cdot \frac{\pi}{4}} = \frac{Q \cdot 4}{d_i^2 \cdot \pi}$$

$$v = \frac{7200\,\frac{\text{cm}^3}{\text{min}} \cdot 4}{(0{,}8\text{ cm})^2 \cdot \pi}$$

$$v = 14\,331{,}21\,\frac{\text{cm}}{\text{min}}$$

$$v = 2{,}4\,\frac{\text{m}}{\text{s}}$$

Wegeventil
way valve

Sitzventil
seat valve

Schieberventil
sliding valve

Längsschieberventil
longitudinal sliding valve

Schaltstellung
control piston

Ausgangsstellung
starting position

Anschluss
connection

Volumenstrom
quantity of flow

10.3 Hydraulikventile

Hydraulikventile steuern und regeln den *Energiefluss* in einer hydraulischen Anlage.

Sie können *Start*, *Stopp* und *Menge* des *Volumenstroms* beeinflussen und dadurch die *Bewegungsrichtung* und die *Geschwindigkeit* hydraulischer Aktoren und die Höhe des Drucks in hydraulischen Anlagen beeinflussen.

Einteilung der Hydraulikventile

Hauptunterscheidungsmerkmal Signalverhalten bzw. Arbeitsweise des Ventils.

Schaltventile

Ein verändertes Eingangssignal führt ohne Zwischenstellung zu einer sprunghaften Veränderung des Ausgangssignals (binäres Verhalten).

Stetigventile

Ein veränderliches Eingangssignal wird in ein stetiges und proportional veränderliches Ausgangssignal umgesetzt (Proportionalventile und Servoventile).

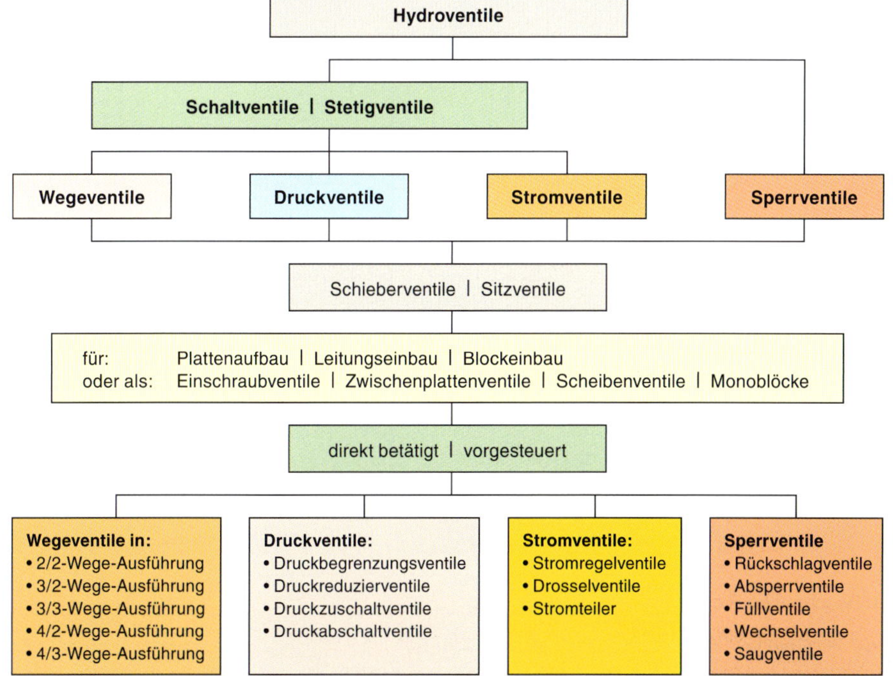

■ Wegeventile

Die Bezeichnung der Wegeventile besteht aus der Angabe der *Anschlüsse* und der Angabe der *Schaltstellungen* (wie in der Pneumatik).

P	Druckanschlus
T	Tankanschluss
A, B	Arbeitsanschlüsse
L	Leckölanschluss
X, Y	Steueranschluss

TB

Arten von Hydraulikpumpen

	Konstruktionsprinzip/ Bauart	Nutzbarer Druckbereich (bar)	Fördervolumen (cm^3/U)	Nutzbarer Drehzahlbereich (min^{-1})	Viskositätsbereich (mm^2/s)	Geräuschentwicklung
	Außenzahnradpumpe; konstant	bis 300	0,2 bis 200	300 bis 6000	20 bis 100	hoch (niedrig bei spezieller Ausführung)
	Innenzahnradpumpe; konstant	bis 350	1,7 bis 250	500 bis 3000	10 bis 300	sehr niedrig
	Zahnringpumpe; konstant	bis 15	0,2 bis 200	300 bis 6000	10 bis 2000	niedrig
	Schraubenspindelpumpe; konstant	bis 200	15 bis 3500	1000 bis 3500	2 bis 2000	sehr niedrig
	Flügelzellenpumpe; einhubig; konstant; verstellbar	bis 160	14 bis 150	900 bis 1800	16 bis 160	mittel
	Flügelzellenpumpe; doppelhubig; konstant	bis 210	18 bis 190	600 bis 2700	13 bis 54	mittel
	Radialkolbenpumpe; innere Abstützung; konstant	bis 700	0,4 bis 20	1000 bis 3000	10 bis 200	mittel
	Radialkolbenpumpe; äußere Abstützung; konstant; verstellbar	bis 350	19 bis 140	500 bis 2900	12 bis 150	mittel
	Axialkolbenpumpe; Schrägachsenbauweise; konstant; verstellbar	bis 400	5 bis 1000	50 bis 10000	16 bis 36	mittel
	Axialkolbenpumpe; Schrägscheibenbauweise; konstant; verstellbar	bis 400	5 bis 1000	50 bis 5600	16 bis 36	mittel

Prüfung

1. Beschreiben Sie den Begriff Volumenstrom.

Von welchen Größen ist der Volumenstrom abhängig?

■ **Verstellpumpen**

Radial- und Axialkolbenpumpen sowie Flügelzellenpumpen können als Verstellpumpen gebaut werden.

■ **Zahnradpumpen**

sind immer Konstantpumpen.

@ Interessante Links

- christiani-berufskolleg.de
- bosch-rexroth.com

Wegeventile

Steuern *Start*, *Stopp*, *Menge* und *Richtung* des *Volumenstroms* einer Druckflüssigkeit.

Beispiele

Wegeventil in 3/2-Wege-Ausführung, direktbetätigt	
Wegeventil in 4/3-Wege-Ausführung, vorgesteuert	

Druckventile

Druckventile *begrenzen den Betriebsdruck* der Anlage oder den *Arbeitsdruck von Verbrauchern.*

Beispiele

Druckbegrenzungsventil, einstellbar	
Druckreduzierventil, einstellbar	

Stromventile

Stromventile *steuern den Volumenstrom* und dadurch die Geschwindigkeit hydraulischer Aktoren.

Beispiele

Stromregelventil (hier als Blende) in 3-Wege-Ausführung	
Drosselventil, einstellbar	

Sperrventile

Sperrventile *sperren den Volumenstrom* in *einer Richtung* und geben ihn in entgegengesetzter Richtung frei.

Beispiel

Rückschlagventil, hydraulisch entsperrbar	

Ventilgruppen in einem einfachen Hydrauliksystem (vereinfachter Schaltplan). z.B.

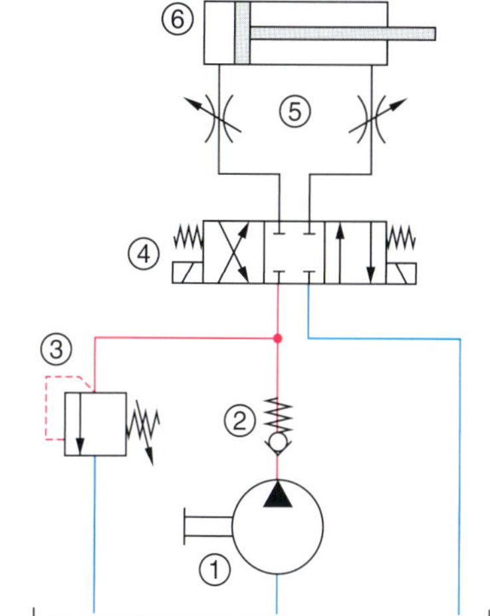

1. Hydropumpe
2. Sperrventil (hier Rückschlagventil)
3. Druckventil (hier Druckbegrenzungsventil, einstellbar)
4. Wegeventil (hier in 4/3-Wege-Ausführung)
5. Stromventile (hier Drosselventile, einstellbar)
6. Aktor (hier Hydrozylinder)

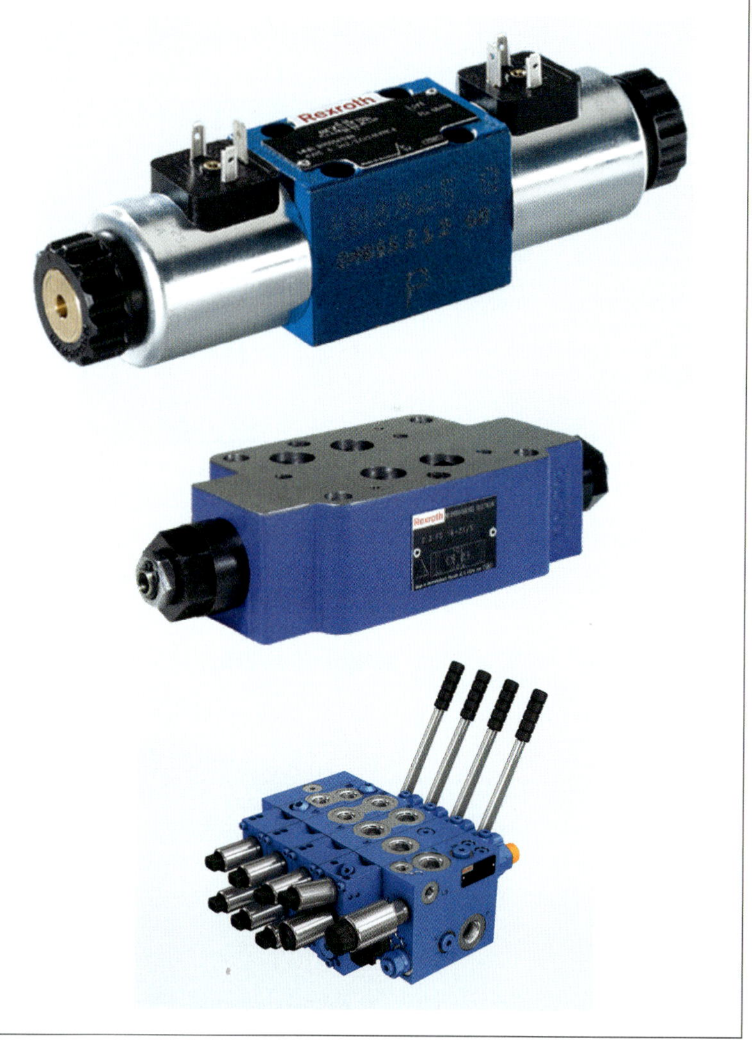

4 Beispiele für Hydraulikventile

■ **Hydraulikventile**

■ **Stromteilung**

Geschwindigkeit bzw. Drehzahl von Arbeitsgliedern (Zylinder, Motor) können durch Stromteilung beeinflusst werden.

Ventile sorgen dafür, dass nur ein Teil des von der Pumpe hervorgerufenen Volumenstroms zum Arbeitsglied fließt. Der Rest wird vor dem Arbeitsglied zum Tank umgeleitet.

Bauformen von Hydraulikventilen

Unterscheidung nach Konstruktionsprinzip

Wesentliches Bauteil eines **Hydraulikventils** ist das *bewegliche Steuerelement*.

Je nach Position bzw. Stellung im Gehäuse stellt es Verbindungen zwischen Anschlüssen her und/oder sperrt Verbindungen.

Nach Ausführung wird zwischen **Schieberventile** oder **Sitzventile** unterschieden.

Schieberventile

Steuerelement ist nahezu immer ein **Steuerkolben** (Schieber), der innerhalb der Gehäusebohrung verschoben wird.

Je nach *Schieberstellung* in der Bohrung sperrt oder öffnet er die Verbindung zwischen den Kanälen im Ventilgehäuse.

Der **Steuerkolben** ist in der *Gehäusebohrung* mit geringem Spiel geführt. Zwischen beiden Bauteilen bildet sich ein Flüssigkeitsfilm, auf dem der Steuerkolben „schwimmt“. Dadurch werden Reibkräfte reduziert.

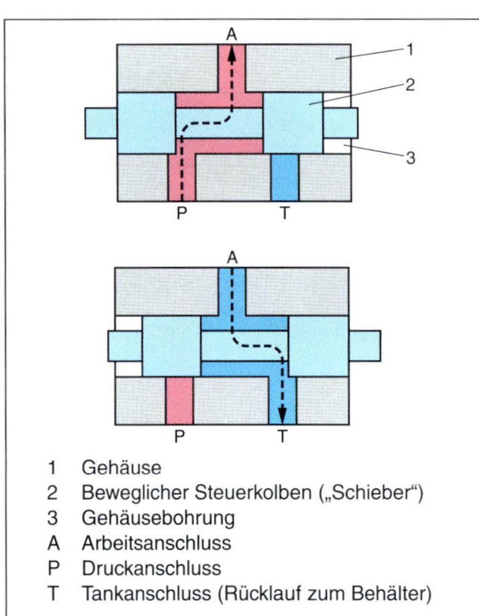

5 Schieberventil, Prinzip

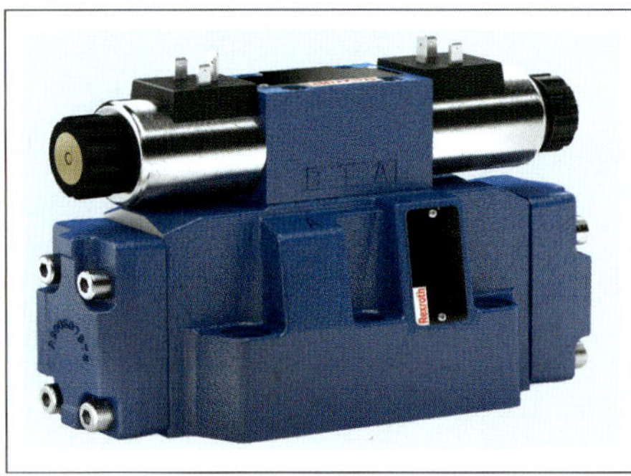

6 Schieberventil, vorgesteuert

Sitzventile

Bewegliches Steuerelement ist eine *Kugel*, ein *Kegel* oder ein *Teller.*

Das *Steuerelement* sperrt den Ventilkanal, indem es durch Federkraft auf den Ventilsitz gedrückt wird. Das Öffnen des Kanals erfolgt gegen die Federkraft.

Sitzventile zeichnen sich gegenüber Schieberventile durch eine *hohe Dichtheit* aus. Sie werden bevorzugt eingesetzt, wenn eine *leckagefreie Absperrung* notwendig ist

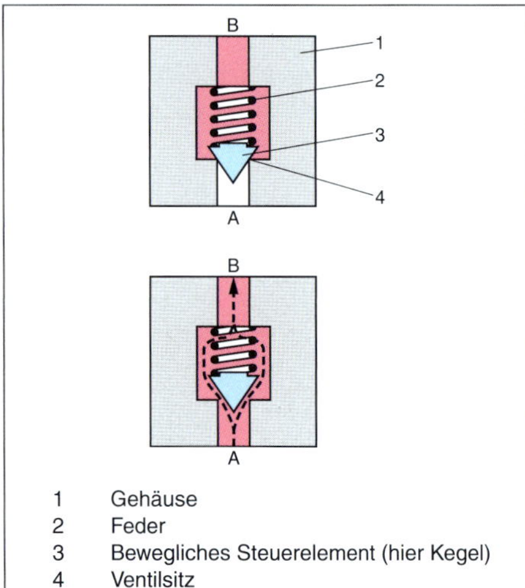

7 Sitzventil, Prinzip

8 Sitzventil, mechanisch betätigt

Unterscheidung nach Ventilbetätigung

Das *Steuerelement* muss in *unterschiedliche Schaltstellungen* bewegt werden. Dabei werden grundsätzlich *zwei Prinzipien* unterschieden:

- *Direkt betätigtes Ventil*
  Direkte Betätigung des Steuerelements.
- *Vorgesteuertes Ventil*
  Betätigung des Steuerelements über eine vorgeschaltete Steuerung.

Bei *direkt betätigten* Ventilen wirken die Betätigungselemente (Elektromagnet, Druckfeder, Hebel) *direkt* auf das Steuerelement.

Bei großen Ventilen mit hohen Volumenströmen steigen mit den größeren Sitz- oder Schieberdurchmessern die notwendigen **Betätigungskräfte**.

Grund sind die größeren *hydrostatischen Wirkflächen* sowie zunehmende *Strömungs-* und *Reibkräfte*.

Da trotzdem ein sicheres Schalten des Ventils erreicht werden muss, verwendet man **vorgesteuerte Ventile**.

Dabei wird zur **Vorsteuerung** ein *direkt gesteuertes* Ventil mit kleiner Nenngröße verwendet, welches das Steuerelement des *Hauptventils* betätigt.

Betätigungsarten

- *Mechanische Betätigung*
- *Hydraulische Betätigung*
- *Pneumatische Betätigung*
- *Elektrische Betätigung*
- *Elektrohydraulische Betätigung*

Kenngrößen von Hydraulikventilen

Kenngröße	Beschreibung
Nenngröße (NG)	Bei Ventilen eine Kennzahl für den maximal möglichen Volumenstrom sowie die genormte geometrische Zuordnung der Anschlussbohrungen (z. B. NG6, NG10, NG16, NG25 ...)
Betriebsdruck	Der höchstmögliche Druck, mit dem die Anlage unter gleichförmigen Bedingungen betrieben werden kann.
Max. Volumenstrom	Das Volumen an Druckflüssigkeit, das maximal pro Zeiteinheit durch das Ventil strömen kann.
Dichtungsmaterial	Werkstoff der Ventildichtungen, der für die verwendete (ggf. vorgeschriebene) Druckflüssigkeit geeignet sein muss.
Elektroanschluss	Kenngrößen der elektrischen Ansteuerung bei elektrohydraulischen Ventilen (Anschlussart, Spannung, Gleich- oder Wechselstrom, Schutzart ...)

Typenschlüssel für ein Wegeventil mit Magnetbetätigung

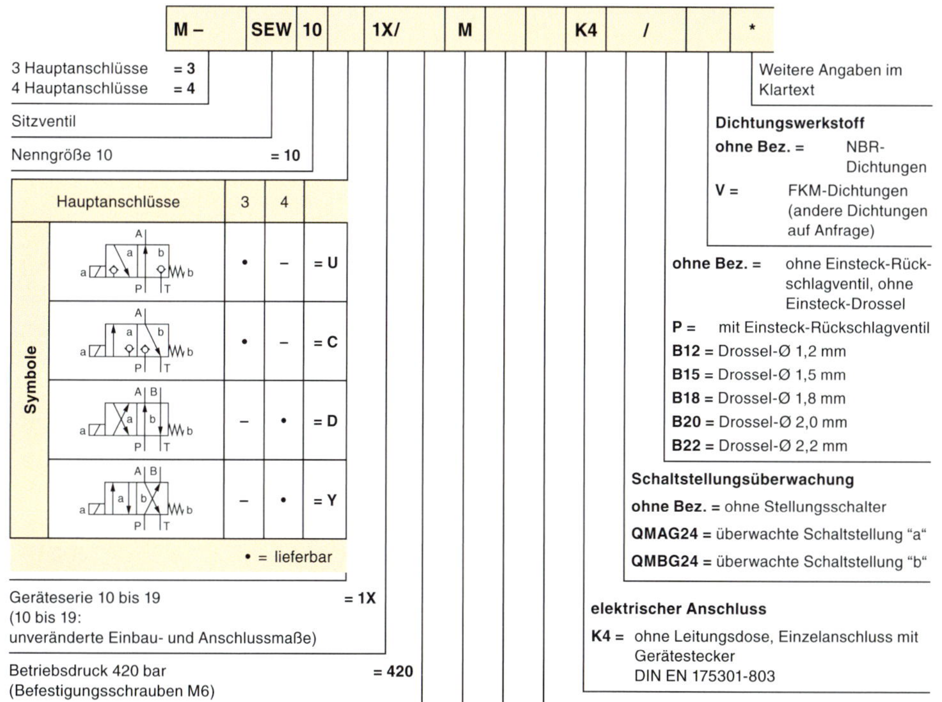

■ **Betätigungsarten**

→ 473

■ **Anschlüsse**

P Druckanschluss
T Tankanschluss
A, B Arbeitsanschlüsse
L Leckölanschluss
X, Y Steueranschluss

■ **5/3-Wegeventil**

5 Anschlüsse
3 Schaltstellungen

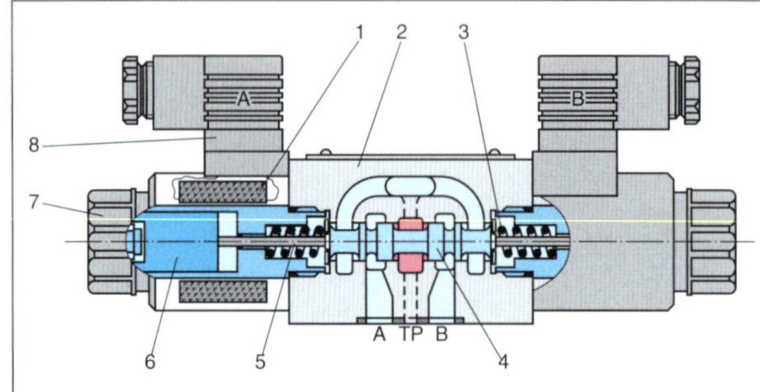

1	Magnetspule
2	Ventilgehäuse
3	Rückstellfeder
4	Steuerkolben
5	Betätigungsstößel
6	Anker
7	Mutter (zur Befestigung der Magnetspule)
8	Elektrischer Anschluss (Leitungsdose)
A, B	Arbeitsanschlüsse
P	Druckanschluss
T	Behälteranschluss

9 Kolbenschieberventil, Längsschnitt

■ Schwimmstellung

Alle Ventilanschlüsse sind miteinander verbunden, die Anschlüsse A und B zum Tank hin entlastet. Zwischen P und T herrscht ein druckloser Umlauf.

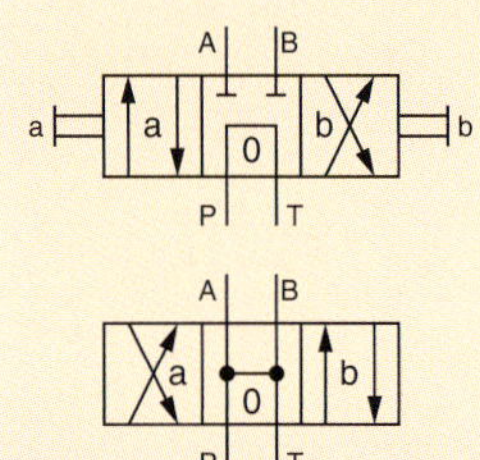

Wegeventile

Wegeventile sind Standardkomponenten und Bestandteil nahezu aller hydraulischen Anlagen. Bei diesen Ventilen wird ein *bewegliches Steuerelement direkt* über ein **Betätigungselement** oder *indirekt* über eine **Vorsteuerstufe** in eine definierte Position gebracht.

Wegeventile werden in unterschiedlichen *Schaltungsvarianten* angeboten.

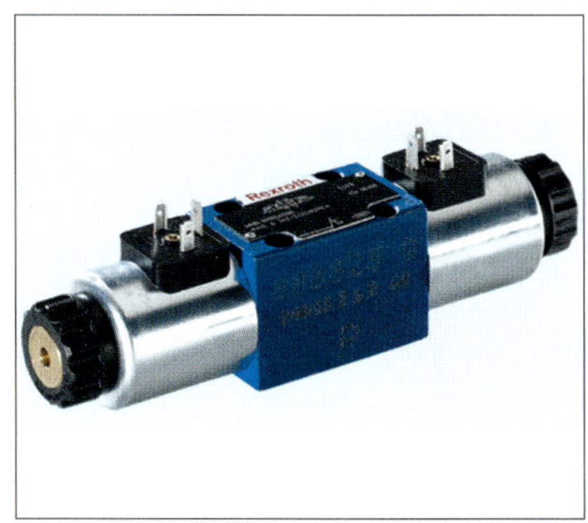

10 Wegeventil

Aufbau

Bild 9 zeigt den prinzipiellen Aufbau eines Wegeventils am Beispiel eines **Kolbenschieberventils** im Längsschnitt.

Prüfung

1. Worin besteht die Aufgabe der Wegeventile?

2. Wozu werden Druckventile eingesetzt?

3. Wozu verwendet man Stromventile und Sperrventile?

4. Erläutern Sie die Arbeitsweise des Hydraulikplans auf Seite 469.

5. Worin besteht der wesentliche Unterschied zwischen Schieberventil und Sitzventil?

6. Für welche Anwendung werden Sitzventile bevorzugt eingesetzt.

7. Wie arbeitet ein vorgesteuertes Ventil?
Welchen Vorteil hat es gegenüber dem direkt betätigten Ventil?

8. Was versteht man bei Wegeventilen unter Schwimmstellung?

9. Erläutern Sie die Darstellung.

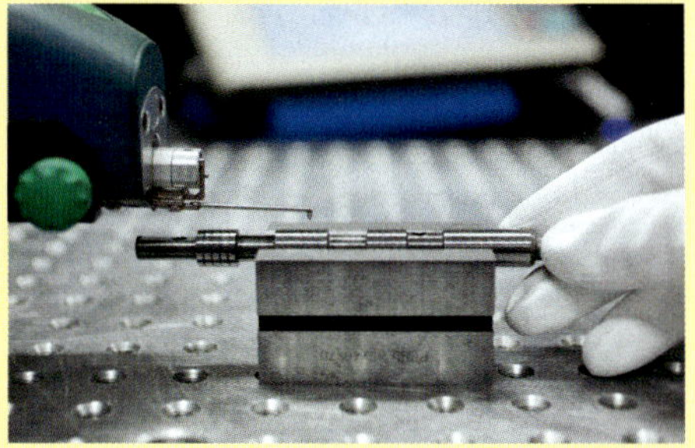

■ Hydraulik – Pneumatik

Ein Vorteil der Hydraulik gegenüber der Pneumatik besteht darin, dass Hydraulikzylinder in beliebigen Zwischenpositionen angehalten werden können.

Dort werden sie „eingespannt".

Bei doppelt wirkenden Zylindern werden dazu 4/3-Wegeventile benötigt.

@ Interessante Links

- christiani-berufskolleg.de

Wegeventile

Durchflussrichtungen von Wegeventilen

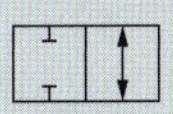

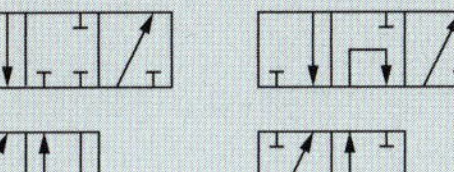

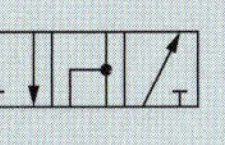

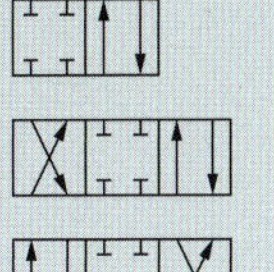

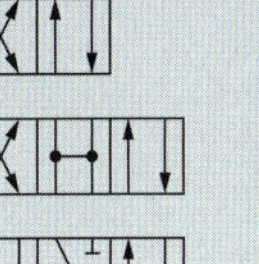

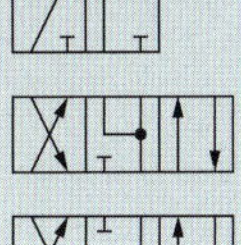

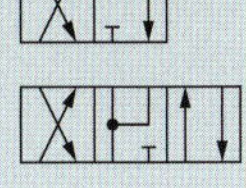

Betätigungsarten von Wegeventilen

manuell, allgemein	
Handhebel mit Rastung	
Rollenstößel	
Pedal	
hydraulisch	
pneumatisch	
elektromagnetisch	
Federrückstellung und Elektromagnet	
Federzentrierung und Elektromagnet	

Sitzventil

Dichtschließend und leckölsicher, unempfindlich gegen Schmutz. Bauartbedingt kann ein Sitzventil höchstens 3 Wege öffnen oder schließen.
Wenn mehr Wege erforderlich sind, muss ein Sitzventil aus mehreren Steuerelementen zusammengebaut werden.
Für die Betätigung sind hohe Kräfte erforderlich.

3/2-Wege-Sitzventil

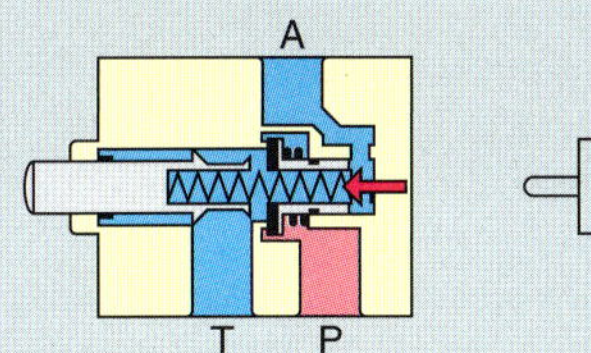

Längsschieberventil

In Grundstellung ist der Druckanschluss P gesperrt.

Je nach Schieberposition werden unterschiedliche Verbindungen zwischen den Anschlüssen ermöglicht.

Die Anzahl der Anschlüsse und Schaltstellungen ist nicht begrenzt. Es besteht allerdings eine höhere Empfindlichkeit gegenüber Verschmutzungen.

3/2-Wege-Längsschieberventil

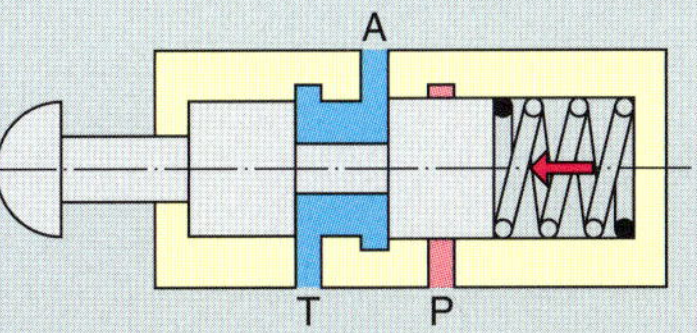

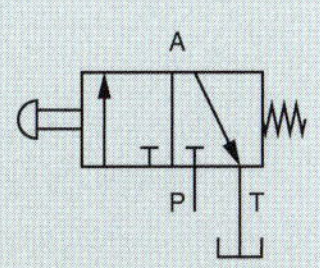

Wegeventile

Vorzugsweise werden Wegeventile elektrisch über Magnete betätigt.

Im Allgemeinen kommen 24-V-DC-Magnetsysteme zur Anwendung.

■ **Hydraulische Wegeventile**

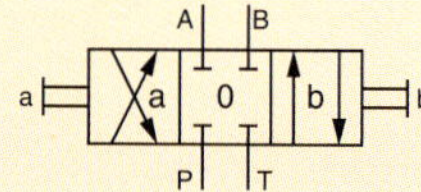

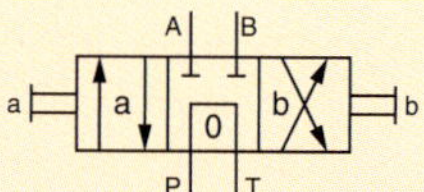

Wegeventile

Schieberventile

Schieberventile sind niemals absolut dicht (Leckölstrom). Die Leckölverluste werden über einen zusätzlichen Leckölanschluss zum Tank zurückgeführt und lassen sich durch eine größere Überdeckung verringern.

Allerdings wird dadurch der Schaltweg vergrößert, sodass diese Maßnahme nur bei handbetätigten Ventilen angewendet werden kann.

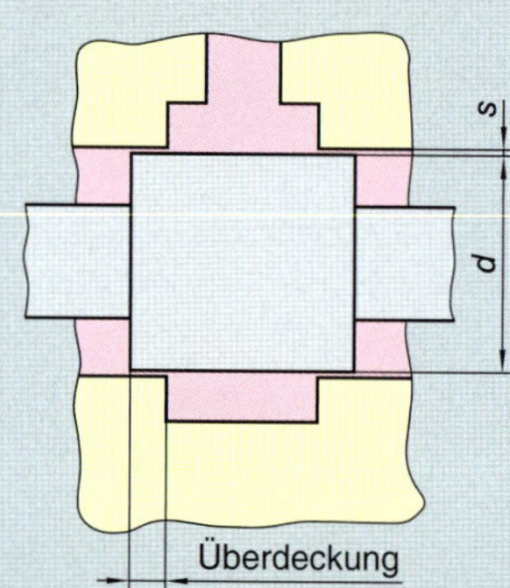

Schaltverhalten von Schieberventilen

Wegen der schnellen Bewegungsabläufe sind kurze Schaltzeiten erforderlich. Kurze Schaltzeiten rufen Druckspitzen, Schaltschläge und ungewollte Bewegungen der Aktoren hervor.

Damit schnelle Schaltvorgänge verzögert werden

- *können die Steuerkanten des Ventilschiebers mit einer Fase, Kerben und/oder Ringnuten versehen werden,*
- *werden beim Wechseln der Schaltstellung kurzzeitig alle Anschlüsse miteinander verbunden.*

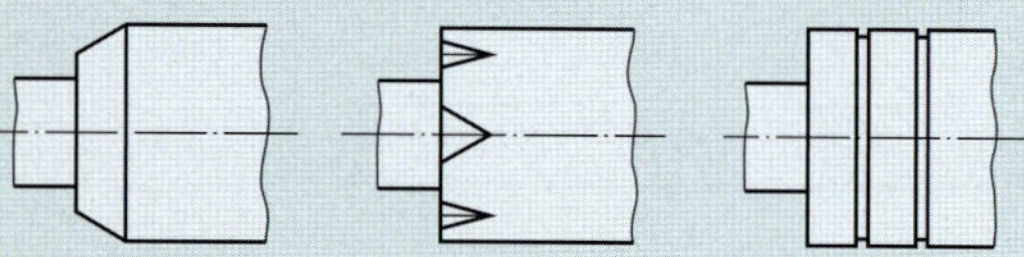

Schieber mit Ringnuten Steuerkante mit Fase Steuerkante mit Axialkerben

Kolbenüberdeckung

Bei Schieberventilen ist die Kolbenüberdeckung eine wichtige Kenngröße, da sie neben der Leckölrate das Schaltverhalten bestimmt.

- *Keine Kolbenüberdeckung*
  Schnelles Schalten möglich, wegen kurzer Schaltwege. Wegen der notwendigen Fertigungsgenauigkeit hohe Kosten.

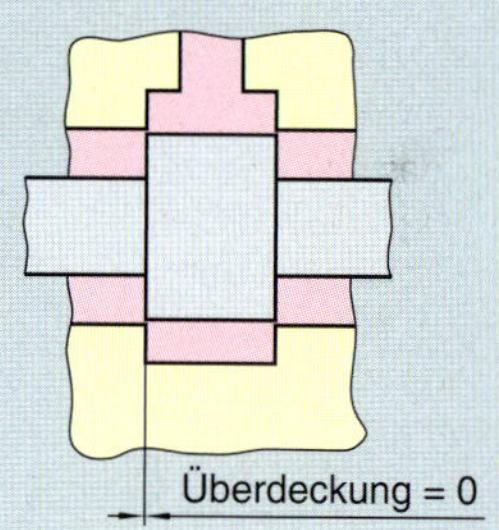

- *Negative Kolbenüberdeckung*
  Weiche Umschaltung, schonend für Ventile und Dichtungen.
  Beim Umschalten kann sich das Arbeitsglied bewegen.

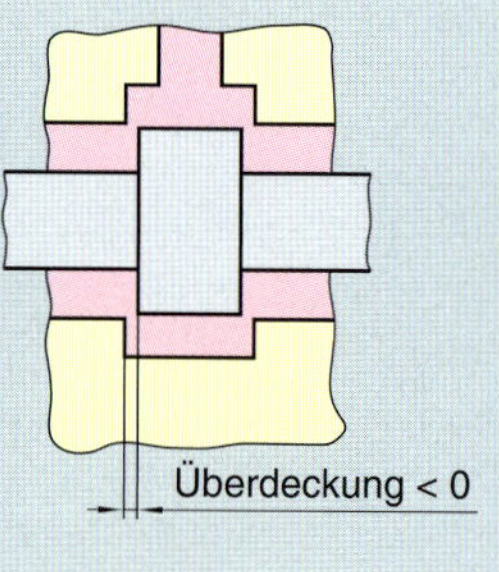

- *Positive Kolbenüberdeckung*
  Es treten Druckspitzen und Schaltschläge auf, aber keine Leckölverluste. Die Arbeitsglieder sprechen heftig an.

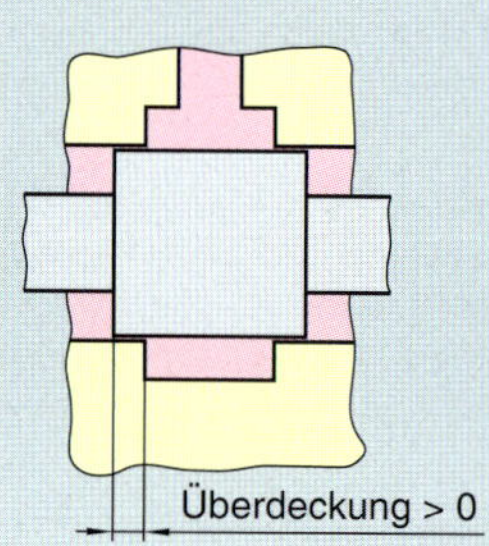

Hydraulikplan

Vergleichbar mit dem Pneumatikplan gliedert sich auch der Hydraulikplan in die Elemente:

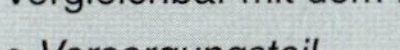

- *Versorgungsteil*
- *Steuerteil*
- *Antriebsteil*

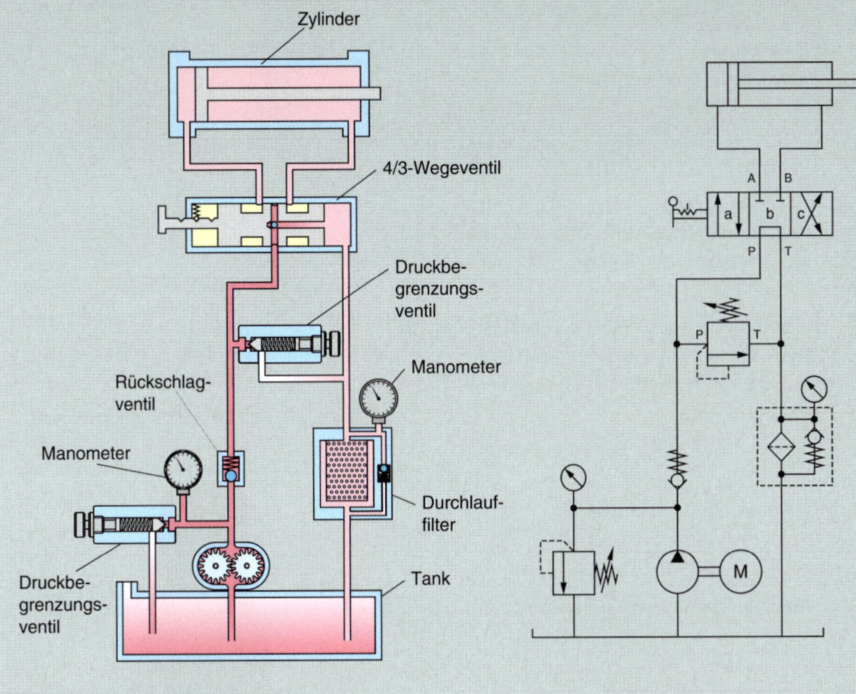

■ **Schaltpläne der Hydraulik**

→ 505

Die *Hydraulikpumpe* fördert Hydraulikflüssigkeit. Diese strömt durch das *Rückschlagventil* und durch das *Wegeventil* in die *Rücklaufleitung* und durch den *Filter* in den *Tank* zurück.
Der Strömungswiderstand ist gering, Motor und Pumpe werden nur gering belastet.

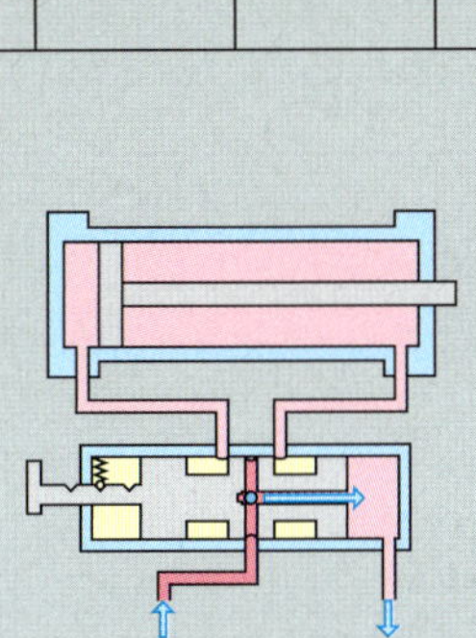

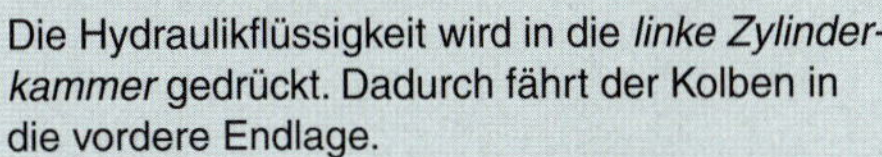

Die Hydraulikflüssigkeit wird in die *linke Zylinderkammer* gedrückt. Dadurch fährt der Kolben in die vordere Endlage.
Die verdrängte Hydraulikflüssigkeit aus der rechten Zylinderhälfte strömt durch das *Wegeventil* und den *Filter* in den Tank zurück.
In Endlage des Kolbens steigt der Druck an, da die Pumpe weiter fördert.
Wenn das *Druckbegrenzungsventil* öffnet, stoppt der Druckanstieg.

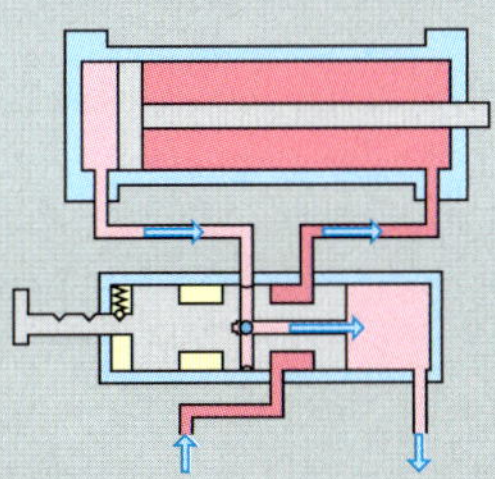

Die Hydraulikflüssigkeit wird in die rechte Zylinderkammer gedrückt. Der Kolben fährt in die hintere Endlage.
Die verdrängte Hydraulikflüssigkeit strömt durch das *Wegeventil* und den *Filter* in den *Tank* zurück.
Im ausgeschalteten Zustand verhindert das *Rückschlagventil* das Zurücklaufen der Flüssigkeit in den *Tank*.

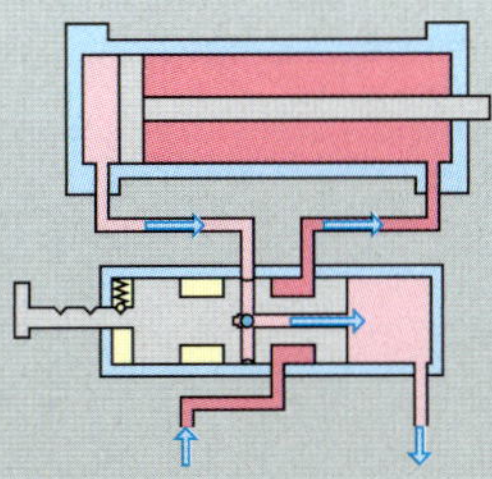

Drucksteuerventil
performance valve

Druckspeicher
pressure accumulator

Druckverlust
pressure loss

Drosselventil
throttle valve

Druckbeaufschlagung
pressurizing

Druckbegrenzung
pressure relief

Druckbelastung
compression stress

Druckbereich
pressure range

druckentlastet
balanced

drucklos
pressure-free

Jede Hydraulikpumpe ist mit einem Druckbegrenzungsventil auszustatten.

Druckbegrenzungsventile

Öffnen bei *Überschreiten* des *voreingestellten Drucks* und führen den überschüssigen Volumenstrom zum Behälter ab.

Druckbegrenzungsventile in der Funktion als **Maximaldruckventil** werden in einer Nebenstromleitung (dem sogenannten „Bypass") angeordnet und sind im Normalbetrieb geschlossen. Für *geringe* Volumenströme werden *direktbetätigte*, für *größere* Volumenströme *vorgesteuerte* Druckbegrenzungsventile eingesetzt.

Jede hydraulische Anlage muss gegen **Drucküberlastung** *abgesichert* werden. Das gilt generell für die Versorgung der Anlage mit Druckflüssigkeit durch die Hydropumpe.

Auch eine Absicherung gegen **Druckerhöhungen** durch Einwirkung äußerer Kräfte auf die Verbraucher (Hydrozylinder, Hydromotor) ist zwingend notwendig.

Aufgrund dieser sicherheitsrelevanten Forderungen werden *Druckbegrenzungsventile* in allen hydraulischen Anlagen eingesetzt.

Bild 11 zeigt den prinzipiellen Aufbau eines **direktbetätigten Druckbegrenzungsventils** in Sitzbauart in beiden Funktionsstellungen.

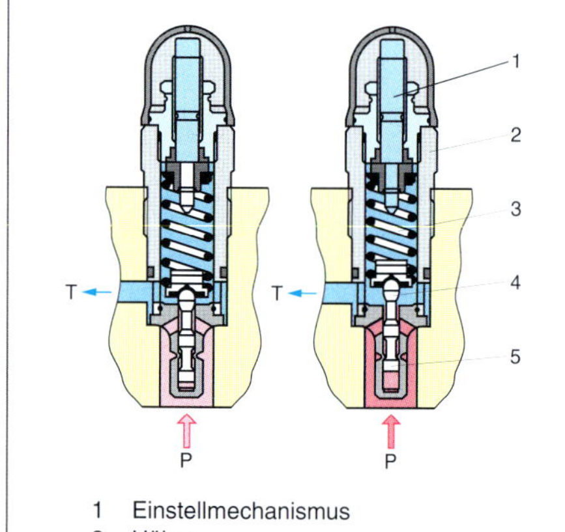

1 Einstellmechanismus
2 Hülse
3 Druckfeder
4 Schließelement (hier Kegel)
5 Dämpfungselement (hier Kolben)
P Druckanschluss
T Behälteranschluss

11 Druckbegrenzungsventil, direktbetätigt

12 Druckbegrenzungsventil

Druckreduzierventile

Werden auch **Druckminderventile** genannt und *reduzieren den Druck* im nachgeschalteten hydraulischen System auf einen konstanten Wert.

Druckreduzierventile sind im *Hauptstrom* einer Hydraulikanlage, d. h. zwischen Pumpe und Verbraucher, eingebaut.

Sie reduzieren den *höheren Eingangsdruck* (Primärdruck) auf einen *niedrigeren Ausgangsdruck* (Sekundärdruck).

Dies geschieht durch den Abgleich des Ausgangsdrucks mit der *Kraft einer vorgespannten Feder.* Er wird unabhängig von den Schwankungen des Eingangsdrucks oder des Ausgangsvolumenstroms konstant gehalten.

■ **Hydraulikventile**

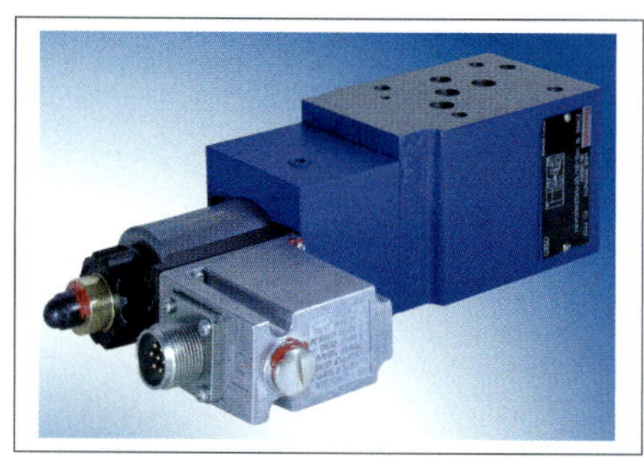

13 Druckreduzierventil

■ **Druckventile**
dienen zum direkten Steuern oder Regeln von Drücken.

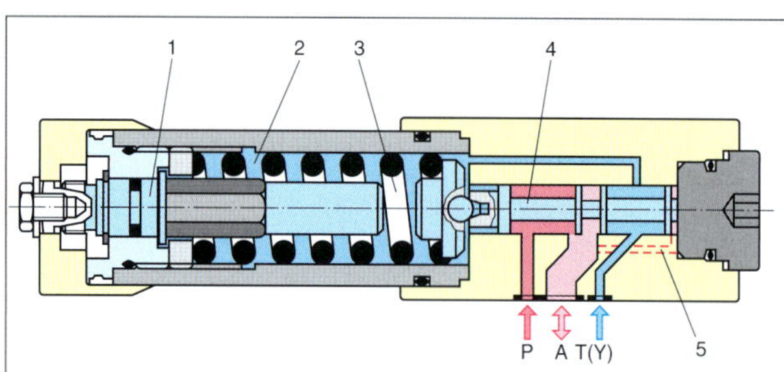

1 Einstellmechanismus
2 Hülse
3 Druckfeder
4 Schließelement (Kegel)
5 Dämpfungselement (Kolben)
P Druckanschluss
T Behälteranschluss

14 Druckreduzierventil, 3-Wege, direktbetätigt

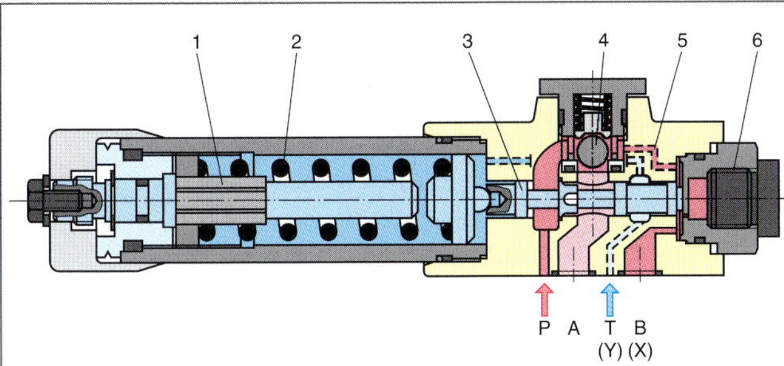

1 Einstellmechanismus
2 Druckfeder
3 Steuerkolben
4 Rückschlagventil (hier mit Kugel)
5 Steuerleitung
6 Messanschluss (für Manometer)
A Anschluss Ablauf
P Anschluss Zulauf
T Behälteranschluss
X, Y Steueranschlüsse

15 Druckzuschaltventil, einstellbar

■ **Vorsicht!**

Hydraulikanlagen dürfen nur mit Druckabsicherungen betrieben werden.

Der Druck darf den zulässigen Wert niemals überschreiten.

Druckreduzierventile werden eingesetzt, um Verbraucher (Aktoren) in einer Hydraulikanlage mit *unterschiedlichen Betriebsdrücken* betreiben zu können.

Der Einsatz von Druckreduzierventilen ermöglicht es außerdem, hydraulisch betätigte Ventile mit einem *reduzierten Steuerdruck* zu versorgen.

16 Druckzuschaltventil

Druckzuschaltventile

Druckzuschaltventile schalten bei *Erreichen* eines eingestellten Drucks (Zuschaltdruck) einen Teil der hydraulischen Anlage hinzu.

Druckzuschaltventile werden im *Hauptstrom* der hydraulischen Anlage, d. h. zwischen Pumpe und Verbraucher, eingebaut. Das druckabhängige Zuschalten eines Steuerkreises wird durch den Abgleich des Eingangsdrucks über eine druckbeaufschlagte Stirnfläche des Steuerkolbens mit der *Kraft einer vorgespannten Feder* ausgelöst (Bild 15).

Im Hydrauliksystem werden Druckzuschaltventile in folgenden Funktionen eingesetzt:

- Reihenfolge des Zuschaltens von Verbrauchern steuern (Folgeventil).
- Bei nicht betätigtem Verbraucher zur Vermeidung von Verlustleistung in drucklosen Umlauf von Pumpe zum Behälter schalten (Umlaufventil).
- Erzeugen eines Vorspanndrucks zum Bremsen oder Gegenhalten bei ziehender Last (Vorspannventil).

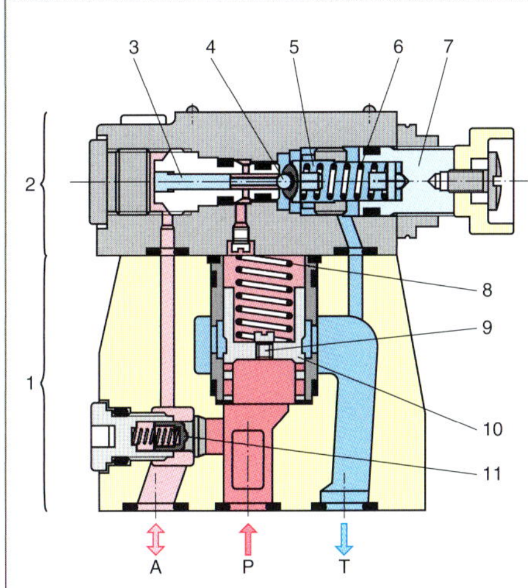

1 Hauptventil
2 Vorsteuerventil
3 Steuerkolben des Vorsteuerventils
4 Steuerelement des Vorsteuerventils
5 Federraum im Vorsteuerventil
6 Druckfeder
7 Einstellmechanismus
8 Schließfeder
9 Drosselstelle im Hauptkolben
10 Hauptkolben
11 Rückschlagventil
A Arbeitsanschluss
P Druckanschluss
T Behälteranschluss

17 Druckabschaltventil

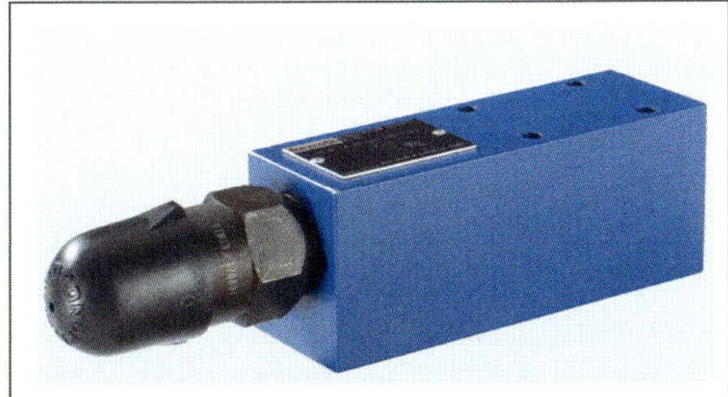

18 Druckabschaltventil

Druckbegrenzungsventil
pressure relief valve

Druckminderventil
pressure relief valve

Zuschaltventil
sequence valve

Sperrventil
non-return valve

Rückschlagventil
check valve

Entsperrbares Rückschlagventil
unlockable check valve

Druckregelventil
pressure control valve

Druckminderventil
pressure reducing valve

Zuschaltventil
sequence valve

■ **Drosseln**
dienen vor allem der Geschwindigkeitssteuerung.

■ **Hydraulikventile**

■ **Stromventile**
dienen zur Beeinflussung von Volumenströmen.

Rückschlagventile

Rückschlagventile geben den Volumenstrom *in einer Richtung frei* und sperren ihn in Gegenrichtung selbsttätig.

Rückschlagventile gehören zur Gruppe der **Sperrventile.** Sind stets in **Sitzbauweise** ausgeführt und arbeiten weitgehend ohne Leckage.

Die Schließwirkung wird im Allgemeinen durch eine **Schließfeder**, aber auch ein **Druckgefälle** im Ventil entgegen der möglichen Strömungsrichtung erreicht.

Rückschlagventile sind *Standardbauteile*, die vielfältig in hydraulischen Anlagen eingesetzt werden können.

- Absicherung einer Pumpe gegen einen Rückfluss von Druckflüssigkeit aus dem Hydrauliksystem.
- Umgehung der Drosselfunktion eines Stromventils zur Ausführung einer schnellen bzw. ungedrosselten Zylinderbewegung in eine Richtung.
- Vorspannventil zur Erzeugung eines Mindestdrucks in Rücklaufleitungen (z. B., um das Leerlaufen der Leitung zu verhindern).
- Umgehung eines verschmutzten Filters über ein Rückschlagfilter mit Feder.

Bild 19 zeigt den prinzipiellen Aufbau eines *Rückschlagventils mit Feder.*

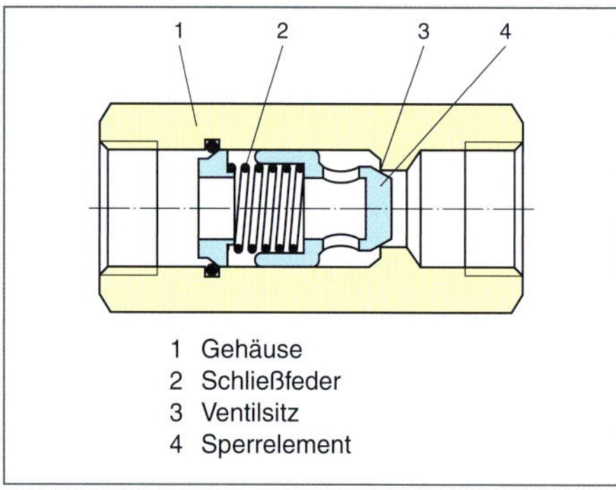

19 Rückschlagventil für Leitungseinbau

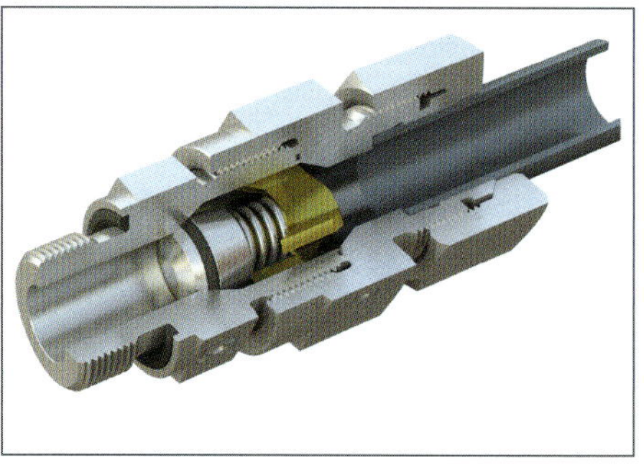

20 Rückschlagventil (Schnittdarstellung)

Drosselventile

Drosselventile sind **Stromventile**, die den Volumenstrom in einer hydraulischen Anlage über den *Querschnitt einer Drosselstelle* steuern.

Je nach Aufbau reduzieren Drosselventile den Volumenstrom in *einer* oder *beiden* Fließrichtungen.

Der *Volumenstrom* durch ein Drosselventil ist vom *Öffnungsquerschnitt* und von der *Druckdifferenz* über dem Ventil abhängig.

Bei **Standard-Drosselventilen** hängt die Wirkung von der *Viskosität* der Druckflüssigkeit ab und ist damit auch *temperaturabhängig.*

Feindrosselventile (Drosselstelle als Blenden ausgeführt) sind weitgehend *unabhängig* von der Viskosität und der *Betriebstemperatur* der verwendeten Druckflüssigkeit.

Drosselventile werden sinnvoll eingesetzt, wenn es *nicht* auf konstante oder geregelte Geschwindigkeit ankommt.

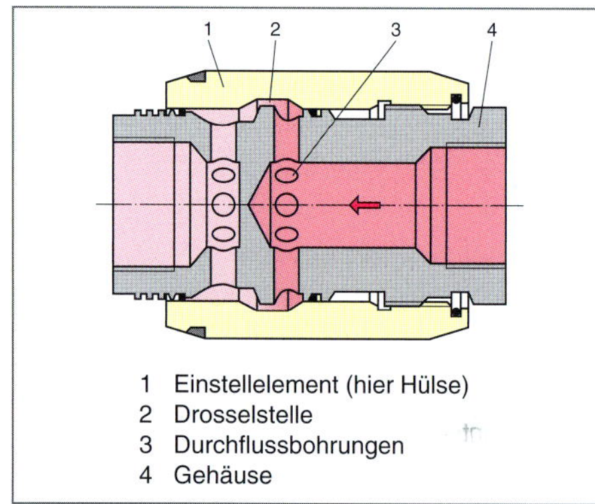

21 Drosselventil für Leitungseinbau

22 Drosselventil für Leitungseinbau

Stromregelventile

Stromregelventile regeln den *Volumenstrom unabhängig von Lastdruckänderungen.* Im eingestellten Bereich kann so der *Volumenstrom konstant* gehalten werden.

Stromregelventile werden je nach Aufgabe im *Zulauf* oder *Ablauf* eines Verbrauchers, dessen *Volumenstrom* zu regeln ist, oder *parallel* zum Verbraucher eingebaut.

Sie kompensieren *Schwankungen des Eingangs- und des Ausgangsdrucks* und *temperaturbedingte Änderungen der Viskosität.*

Stromregelventile wirken *nur in einer* Strömungsrichtung.

Zum Beispiel bei der *stufenlosen Geschwindigkeitssteuerung* von Vorschubantrieben.

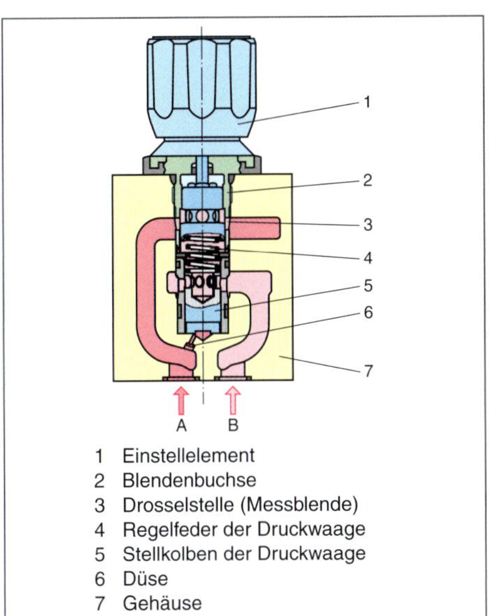

1 Einstellelement
2 Blendenbuchse
3 Drosselstelle (Messblende)
4 Regelfeder der Druckwaage
5 Stellkolben der Druckwaage
6 Düse
7 Gehäuse

23 2-Wege-Stromregelventil

Prüfung

1. Beschreiben Sie den Begriff Kolbenüberdeckung. Was bedeutet positive Kolbenüberdeckung?

2. Wozu werden Druckbegrenzungsventile eingesetzt?

3. Welche Aufgabe haben Druckreduzierventile?

4. Wie arbeiten Druckzuschaltventile? Wozu werden sie eingesetzt?

5. Wie wird der Volumenstrom durch ein Rückschlagventil beeinflusst.

6. Unterscheiden Sie zwischen Drossel und Blende.

7. Wie wird der Volumenstrom durch Stromregelventile beeinflusst?

8. Skizzieren Sie die Schaltplansymbole für eine Blende, eine Drossel und ein Drosselrückschlagventil.

Stromventile

Stromventile steuern bzw. regeln den Volumenstrom durch Verminderung des Durchflussquerschnitts. Sie werden unterteilt in

- *Blenden und Drosseln*
- *Drosselventile*
- *Stromregelventile*

Blenden, Drosseln

Blenden haben eine *kürzere Querschnittsveränderung* als Drosseln. Somit haben Drosseln einen höheren Reibungswiderstand und hängen stark von der *Viskosität* der Hydraulikflüssigkeit ab.

Blenden finden Anwendung, wenn *Temperatur-* und damit *Viskositätsunabhängigkeit* gefordert sind.

Blenden und Drosseln rufen einen Widerstand hervor, sodass sich an der Engstelle Druck aufbaut.

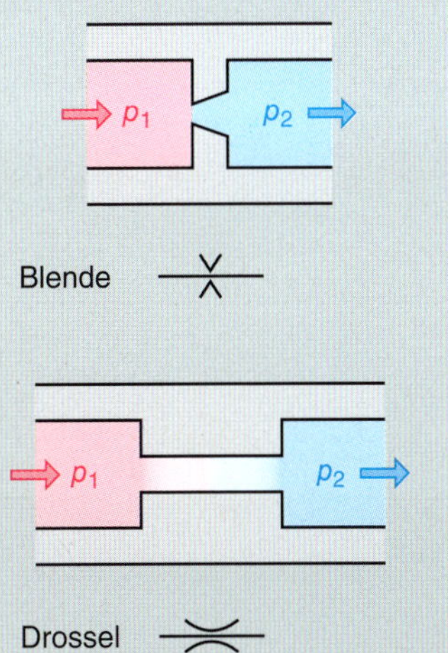

@ Interessante Links

- christiani-berufskolleg.de

Blende

Der hydraulische Widerstand wird im Wesentlichen durch Verwirbelung der Hydraulikflüssigkeit erreicht.

Die Stärke der Verwirbelung hängt von der Strömungsgeschwindigkeit, also vom Volumenstrom ab.

Drossel
throttle

Blende
stop plug

Stromventil
flow control valve

Drosselrückschlagventil
throttle check valve

Querschnittsveränderung
cross-sectional variation

Nadeldrossel
pin valve

Kolbendrossel
piston valve

Spaltdrossel
crack valve

Stromventile

Ein Teil der Hydraulikflüssigkeit fließt durch die Engstelle.

Der von der Pumpe geförderte Überschussstrom fließt über das Druckbegrenzungsventil zurück in den Tank.

Durch die Aufteilung des Volumenstroms q_V in q_{V1} und q_{V2} kann die Geschwindigkeit von Zylindern und Hydraulikmotoren verändert werden.

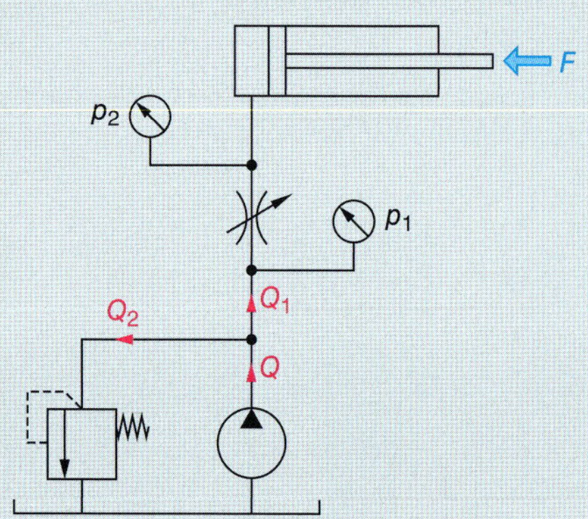

Drosselventile

Der *Durchflussquerschnitt* ist *veränderlich*. Wenn der Volumenstrom nur in *eine Richtung* gedrosselt werden soll, kann das Drosselventil mit einem Rückschlagventil gekoppelt werden. Man spricht dann von einem *Drosselrückschlagventil*.

– *Nadeldrossel*
Variabler Ringquerschnitt als Durchflussquerschnitt. Im geringen Einstellbereich ist die Drosselfunktion wegen der hohen Reibung sehr von der Viskosität der Hydraulikflüssigkeit abhängig.

– *Kolbendrossel*
Unabhängig von der Viskosität wegen des geringen Reibanteils an der Drosselstelle. Auch bei kleinen Volumenströmen gute Auflösung.

– *Spaltdrossel*
Zur Einstellung kleiner Volumenströme nicht geeignet wegen des dann sehr geringen Spalts. Die Abhängigkeit von der Viskosität ist relativ gering. Spaltdrosseln haben eine geringe Auflösung.

Blenden, Drosseln und Drosselventile arbeiten *lastabhängig*.
Der Volumenstrom ist abhängig vom Druckunterschied vor und hinter der Drosselstelle.

Verhalten von Drosselventilen

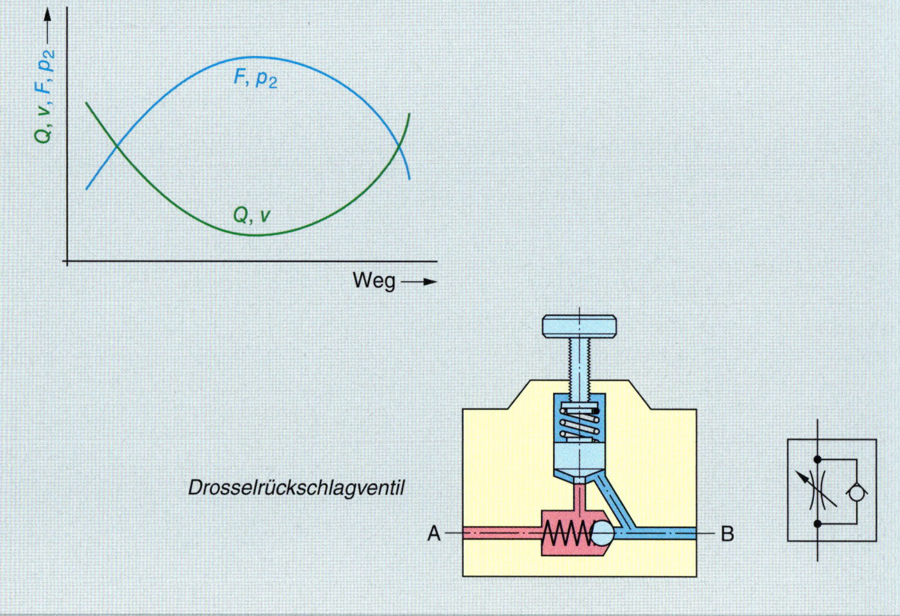

Drosselrückschlagventil

Stromregelventile

Stromregelventile arbeiten *lastunabhängig*.
Der Volumenstrom bleibt bei wechselnder Belastung konstant.
Bestandteile des Stromregelventils sind *Einstelldrossel* und *Regeldrossel*.

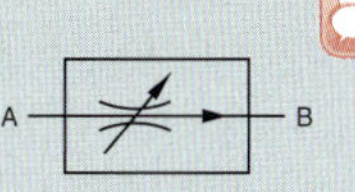

Die *Regeldrossel* gleicht die *Belastungsänderung* durch Veränderung ihres Durchflusswiderstands aus und hält die *Druckdifferenz* über der Einstelldrossel *konstant*.

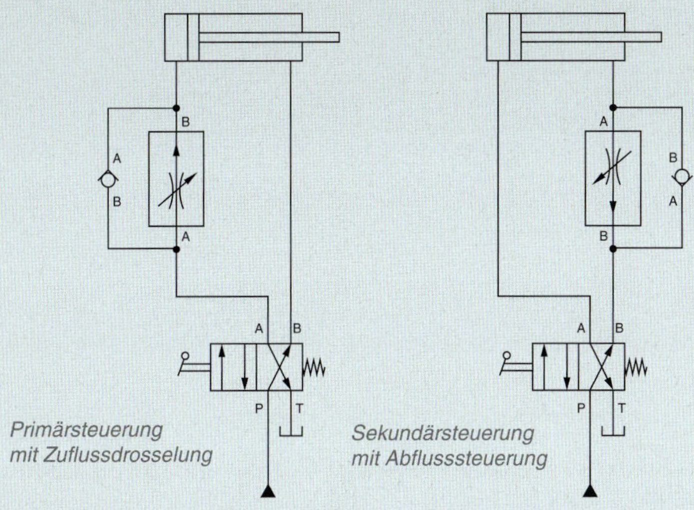

Primärsteuerung mit Zuflussdrosselung

Sekundärsteuerung mit Abflusssteuerung

Zuflussdrosselung

- Kolben steht nur *einseitig* unter Druck.
- Gedrosselt zulaufendes Hydrauliköl *erwärmt* sich, daraus ergibt sich eine *Volumenzunahme*.
- Geringe Reibungskräfte zwischen Zylinderrohr und Kolbendichtung, höhere Lebensdauer.
- Bei kleinen Geschwindigkeiten ergibt sich ein *gleichmäßiger* Vorschub.
- Gute Dosierbarkeit des Ölstroms, da die große Kolbenfläche zur Verfügung steht.

Abflussdrosselung

- *Beide* Kolbenseiten stehen unter Druck. Starker Verschleiß der Kolbendichtungen.
- Wegen der festen Einspannung kann der Kolben bei negativer Belastung *nicht voreilen*.
- Wegen der unterschiedlichen Kolbenflächen kommt es zur *Druckübersetzung*.
- Bei Vorschubbewegung kommt es wegen der größeren Reibung durch die Dichtungen zu einer *ungleichmäßigen Vorschubbewegung*. Der *Verschleiß* nimmt zu.

Sperrventile

Hydraulikflüssigkeit kann nur *in einer Richtung* fließen. Sie sind Sitzventile, die leckölfrei arbeiten.

Zweidruckventil

Wechselventil

Rückschlagventil

Verwendung
- in Drosselrückschlagventilen
- bei absinkenden Lasten
- als Bypass verschmutzter Saug- und Rücklauffilter

Entsperrbares Rückschlagventil

Fixiert die Lage eines Zylinders, auf den eine äußere Kraft einwirkt. Mit dem Steueranschluss kann der Ventilkegel angehoben werden, wodurch ein Durchfluss in Sperrrichtung möglich ist.

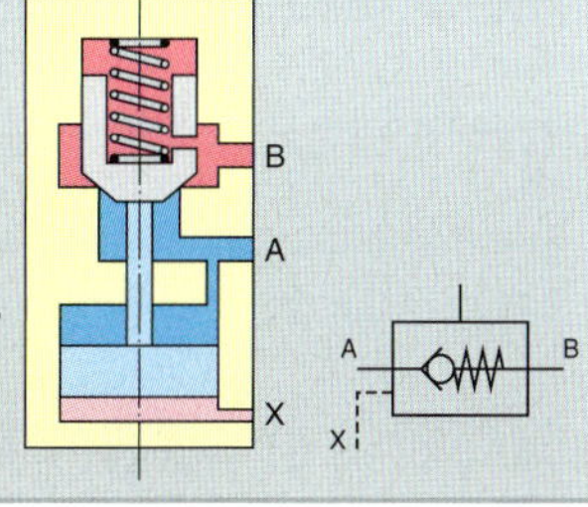

■ **Hydraulikventile**

■ **Drosseln**

Geschwindigkeitssteuerungen mit Drosseln sind lastabhängig.

Entsperrbares Rückschlagventil

Verhinderung des Absinkens einer Last.

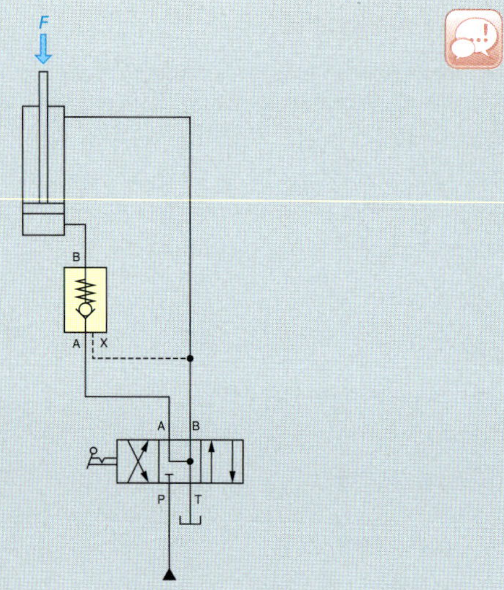

Druckminderventile

Druckminderventile haben die Aufgabe, den Druck an verschiedenen Ausgabebauteilen *variabel* einzustellen.

Druckbegrenzungsventile

begrenzen den Gesamtdruck der Anlage und können somit als *Sicherheitsventil* angesehen werden.

Mit einer Einstellschraube kann die Federvorspannung eingestellt werden. Wenn der Druck den eingestellten Wert überschreitet (Feder), wird der Durchfluss zwischen den beiden Anschlüssen gesperrt. Dadurch stellt sich der gewünschte Druck wieder ein.

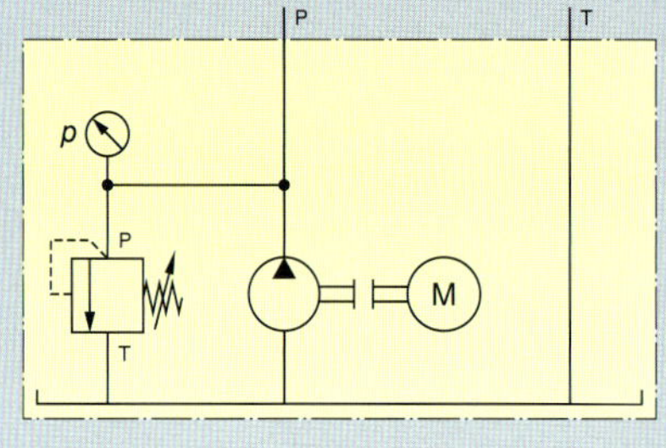

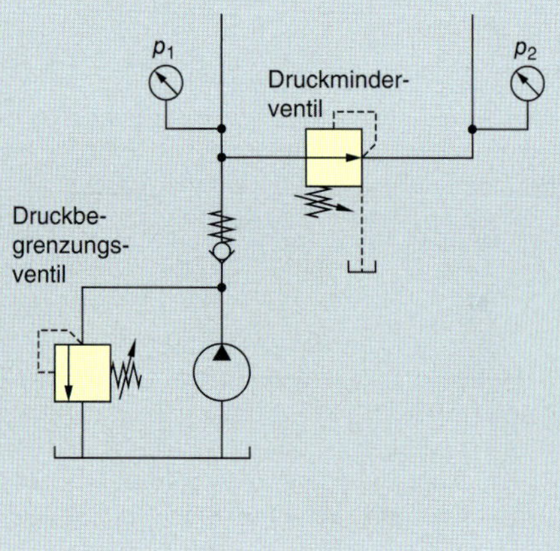

Prüfung

1. Unterscheiden Sie zwischen Nadeldrossel, Kolbendrossel und Spaltdrossel.

2. Wovon hängt der Volumenstrom bei Drosseln und Blenden ab?

3. Nennen Sie die wesentlichen Merkmale der Zuluftdrosselung und der Abluftdrosselung.

4. Verhinderung des Absinkens einer Last.
Erläutern Sie die oben dargestellte Schaltung.

5. Welche Aufgabe haben Druckbegrenzungsventile in hydraulischen Schaltungen?

@ Interessante Links

- christiani-berufskolleg.de

10.4 Hydraulikzylinder

Hydraulikzylinder sind **Verdrängermaschinen**. Sie wandeln den Volumenstrom, der in den Zylinder einströmt, in eine *geradlinige* Bewegung.

Hydraulikzylinder können *große Kräfte* auf einen *begrenzten Weg* übertragen. Im Verhältnis zu ihrer Baugröße sind Hydraulikzylinder *sehr leistungsfähig*.

Je *kleiner die Wirkfläche*, umso *höher ist die Geschwindigkeit*, mit der der Kolben bei *gleichem Volumenstrom* verfährt.

Druckübersetzung

Bei *ausfahrendem Zylinder* (bzw. Beaufschlagung der Kolbenfläche A_1) und *abgesperrtem* oder *gedrosseltem Zylinderablauf* auf der Stangenseite baut sich ein **Gegendruck** p_2 auf, bis das *Gleichgewicht der Kräfte* F_1 und F_2 erreicht ist. Das führt wegen der *kleineren Wirkfläche* A_2 zu einem *höheren Druck* p_2 im *Stangenraum*.

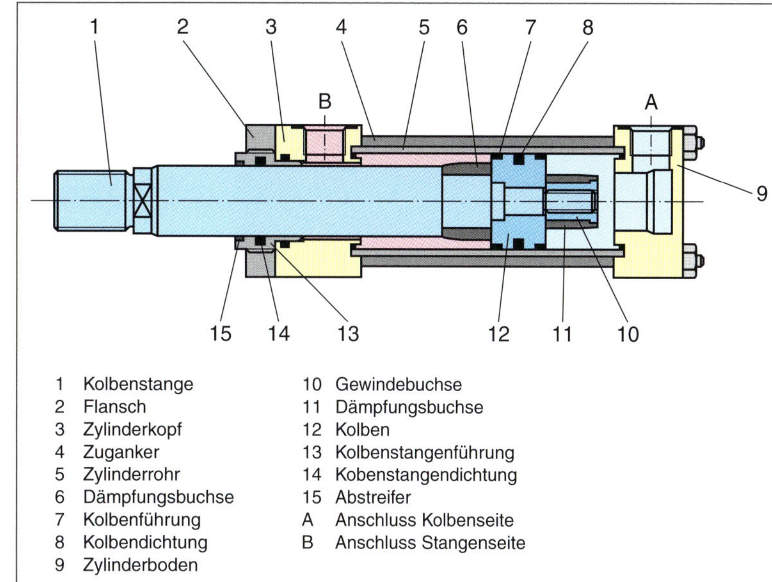

24 Doppelt wirkender Hydraulikzylinder, Längsschnitt

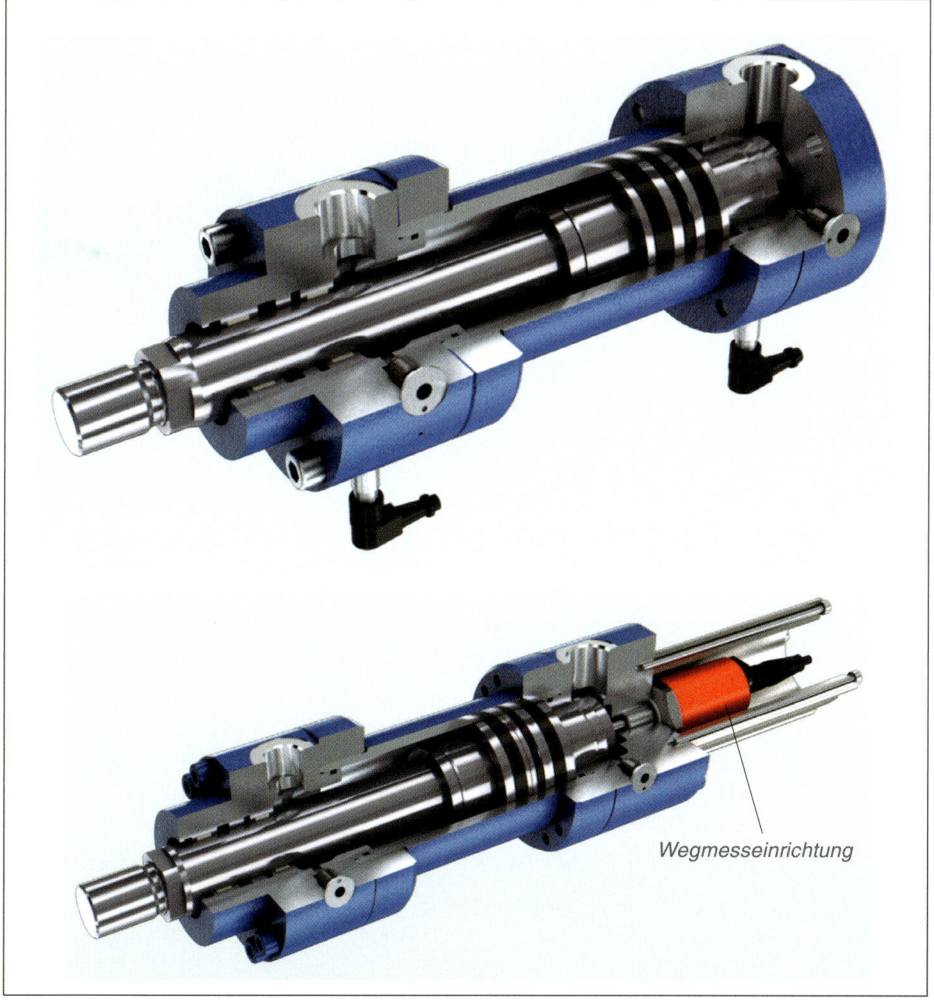

25 Bauformen von Hydraulikzylindern

Hydraulikzylinder
hydraulic cylinder

einfach wirkend
single-acting

doppelt wirkend
double-acting

Hydraulikplan
hydraulic circuit diagram

Kolbengeschwindigkeit
piston speed

Teleskopzylinder
telescopic cylinder

Differenzialzylinder
differential cylinder

Bewegungsenergie
kinetic energy

Hydraulikzylinder

Die folgenden Informationen müssen im Schaltplan angegeben werden:

Zylinderbohrung in mm

Kolbenstangendurchmesser in mm.

Maxialhub in mm

Zum Beispiel kann die Information für einen Hydraulikzylinder mit einer Zylinderbohrung von 100 mm, einem Kolbenstangendurchmesser von 56 mm und einem Maximalhub von 50 mm wie folgt dargestellt werden:

∅100/56 x 50

Berechnung von Hydraulikzylindern

Zusammenhang zwischen Kraft, Druck und Fläche

Die vom Hydraulikzylinder *ausgeübte Kraft* ist abhängig vom *Druck p*, mit dem der Kolben beaufschlagt wird und der *Kolbenfläche A*, auf die der Druck wirkt.

$F = p \cdot A$

A_1 Kolbenfläche
A_2 Kolbenringfläche

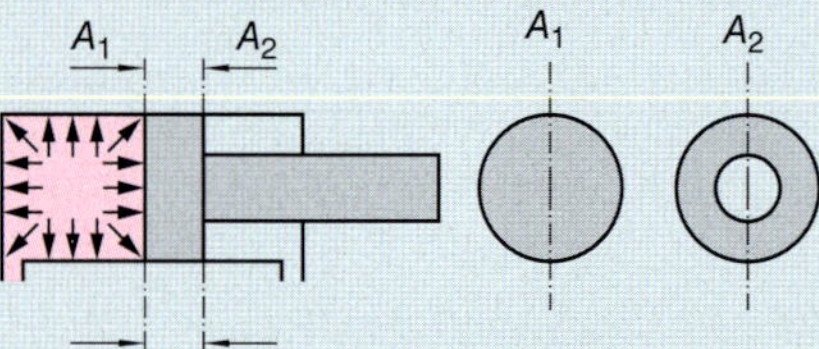

Bei *gleichem Druck* während der Aus- und Einfahrbewegung ($p_1 = p_2$) gilt für das *Kräfteverhältnis:*

$F_1 = p \cdot A_1$ (Ausfahrbewegung)

$F_2 = p \cdot A_2$ (Einfahrbewegung)

$F_1 > F_2$

Mit zunehmender *Wirkfläche* nimmt die übertragene Kraft zu.

Geschwindigkeit, Volumenstrom und Fläche

Die *Geschwindigkeit v* der *Kolbenbewegung* ist abhängig vom *Volumenstrom* q_V, der dem Zylinder zugeführt wird und der *Kolbenfläche A*.

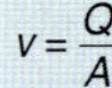

$v = \frac{Q}{A}$

A_1 Kolbenfläche
A_2 Kolbenringfläche
A_3 Kolbenstangenfläche

A3 A2 A1 — A3 A2 A1

$A_2 = A_1 - A_3$

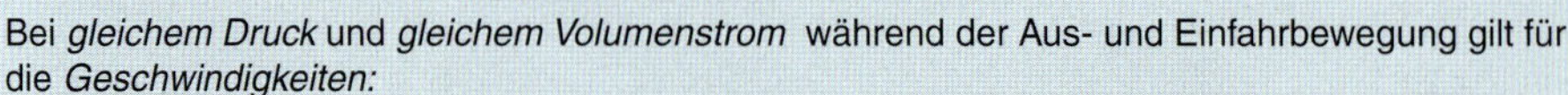

Bei *gleichem Druck* und *gleichem Volumenstrom* während der Aus- und Einfahrbewegung gilt für die *Geschwindigkeiten:*

Ausfahrbewegung

$v_1 = \frac{Q}{A_1}$

Einfahrbewegung

$v_2 = \frac{Q}{A_2}$

$v_2 > v_1$

Kolbengeschwindigkeit

Der von der Pumpe hervorgerufene Volumenstrom bewirkt eine Bewegung des Zylinderkolbens.

Die *Geschwindigkeit* dieser Bewegung ist abhängig vom *Volumenstrom Q* und von der *wirksamen Kolbenfläche A*.

$v = \frac{Q}{A}$

v Kolbengeschwindigkeit in $\frac{m}{s}$

Q Volumenstrom in $\frac{m^3}{s}$

A wirksame Kolbenfläche in m^2

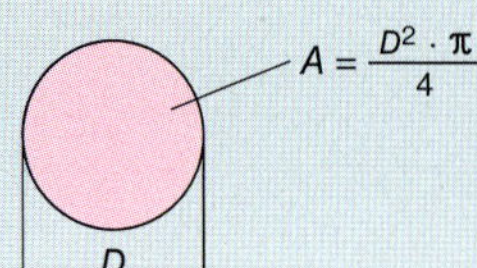

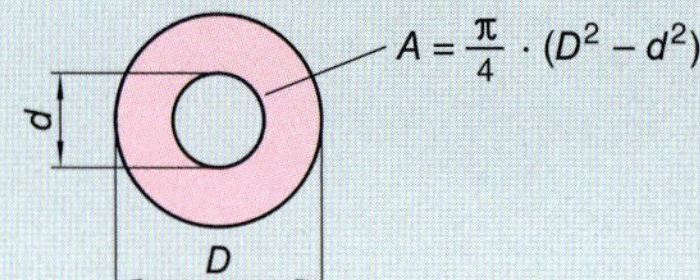

Maximale Zylinderkraft

Die Zylinderkraft ist von *Hubbeginn* bis *Hubende konstant.*

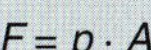

$F = p \cdot A$

F Zylinderkraft in N
p Betriebsdruck in bar
A Kolbenfläche in m²

Pumpenleistung

$P = \Delta p \cdot \frac{V}{t} = \Delta p \cdot Q$

P Pumpenleistung in W
Δp Druckunterschied in $\frac{\text{N}}{\text{m}^2}$
V Fördervolumen in m³
Q Volumenstrom in $\frac{\text{m}^3}{\text{s}}$

Hydraulikaggregat
hydraulic power unit

Leitungen
conductors

Verbindungen
joints

Hydraulikpumpe
hydraulic pump

Verdrängungsprinzip
principle of displacement

Ein Zylinder hat einen Kolbendurchmesser von 30 mm.
Der Betriebsdruck beträgt 145 bar.

Bestimmen Sie die Kraft *F*, die aufgebracht werden kann.

Bestimmung der Kolbenfläche:

$1\text{ mm} = 10^{-3}\text{ m}$

$1\text{ mm}^2 = 10^{-6}\text{ m}^2$

$706{,}5\text{ mm}^2 = 706{,}5 \cdot 10^{-6}\text{ m}^2 = 7{,}065 \cdot 10^{-4}\text{ m}^2 = 0{,}000706\text{ m}^2$

$A = \frac{D^2 \cdot \pi}{4} = \frac{(30\text{ mm})^2 \cdot \pi}{4}$

$A = 706{,}5\text{ mm}^2$

$A = 0{,}000706\text{ m}^2$

Berechnung der Kolbenkraft:

$1\text{ bar} = 10^5\ \frac{\text{N}}{\text{m}^2}$

$F = p \cdot A$

$F = 145 \cdot 10^5\ \frac{\text{N}}{\text{m}^2} \cdot 0{,}000706\text{ m}^2$

$F = 1{,}0237 \cdot 10^4\text{ N}$

$F = 10\,237\text{ N}$

■ **Größen und Einheiten der Hydraulik**

Zu bestimmen ist die Ausfahrgeschwindigkeit eines Hydraulikzylinders mit dem Kolbendurchmesser 38 mm. Der Volumenstrom beträgt 0,35 l/s.

Bestimmung der Kolbenfläche:

$1\text{ mm}^2 = 10^{-6}\text{ m}^2$

siehe oben

$1\text{ l} \mathrel{\hat{=}} 1\text{ dm}^3$

$1\text{ dm}^3 = 10^{-3}\text{ m}^3$

$0{,}35\text{ dm}^3 = 0{,}00035\text{ m}^3$

$A = \frac{D^2 \cdot \pi}{4}$

$A = \frac{(38\text{ mm})^2 \cdot \pi}{4} = 1133{,}54\text{ mm}^2$

$A = 0{,}001133\text{ m}^2$

$v = \frac{Q}{A} = \frac{0{,}00035\ \frac{\text{m}^3}{\text{s}}}{0{,}001133\text{ m}^2} = 0{,}31\ \frac{\text{m}}{\text{s}}$

Von einer Hydraulikpumpe wird ein Volumenstrom $10\ \frac{\text{l}}{\text{min}}$ gefördert.
Der doppelt wirkende Zylinder hat einen Kolbendurchmesser von 38 mm und einen Kolbenstangendurchmesser von 24 mm.
Bestimmen Sie die Geschwindigkeit bei Aus- und Einfahren der Zylinderstange.

Die wirksamen Kolbenflächen beim Ausfahren (A_1) und Einfahren (A_2) werden berechnet.

$$A_1 = \frac{D^2 \cdot \pi}{4} = \frac{(38\ \text{mm})^2 \cdot \pi}{4}$$

$$A_1 = 1133{,}54\ \text{mm}^2$$

$$A_1 = 0{,}001133\ \text{m}^2$$

$$A_2 = \frac{\pi}{4} \cdot (D^2 - d^2)$$

$$A_2 = \frac{\pi}{4} \cdot [(38\ \text{mm})^2 - (24\ \text{mm})^2]$$

$$A_2 = 681{,}4\ \text{mm}^2$$

$$A_2 = 0{,}0006814\ \text{m}^2$$

Berechnung der Ausfahrgeschwindigkeit:

$1\ \text{l} = 1\ \text{dm}^3 = 1 \cdot 10^{-3}\ \text{m}^3$

$12\ \text{l} = 12 \cdot 10^{-3}\ \text{m}^3 = 0{,}012\ \text{m}^3$

$$v_1 = \frac{Q}{A_1} = \frac{0{,}012\ \frac{\text{m}^3}{\text{min}}}{0{,}001133\ \text{m}^2} = 10{,}6\ \frac{\text{m}}{\text{min}}$$

Berechnung der Einfahrgeschwindigkeit:

$$v_2 = \frac{Q}{A_2} = \frac{0{,}012\ \frac{\text{m}^3}{\text{min}}}{0{,}0006814\ \text{m}^2} = 17{,}6\ \frac{\text{m}}{\text{min}}$$

Hydraulische Leistung

Die hydraulische Leistung ist abhängig vom Druck und vom Volumenstrom.

$P = Q \cdot p$

In der Praxis wird häufig mit einer Zahlenwertgleichung gearbeitet:

$$P = \frac{Q \cdot p}{600}$$

P in kW

Q in $\frac{\text{l}}{\text{min}}$

p in bar

Wie groß ist der Volumenstrom Q im Hydrauliksystem bei einem Überdruck von 50 bar und einer Pumpenleistung von 2,1 kW?

$\Delta p = 50\ \text{bar}$

$50\ \text{bar} = 5 \cdot 10^6\ \frac{\text{N}}{\text{m}^2}$

$1\ \text{W} = 1\ \frac{\text{Nm}}{\text{s}}$

$$P = \Delta p \cdot Q$$

$$Q = \frac{P}{\Delta p} = \frac{2100\ \frac{\text{Nm}}{\text{s}}}{5 \cdot 10^6\ \frac{\text{N}}{\text{m}^2}} = 4{,}2 \cdot 10^{-4}\ \frac{\text{m}^3}{\text{s}}$$

Darstellung des Volumenstroms in $\frac{\text{dm}^3}{\text{s}} = \frac{\text{l}}{\text{s}}$:

$1\ \text{m}^3 = 1000\ \text{dm}^3$

$1\ \text{s} = \frac{1}{60}\ \text{min}$

$$Q = 4{,}2 \cdot 10^{-4}\ \frac{\text{m}^3}{\text{s}} \cdot 1000\ \frac{\text{dm}^3}{\text{m}^3} \cdot 60\ \frac{\text{s}}{\text{min}}$$

$$Q = 25{,}2\ \frac{\text{l}}{\text{min}}$$

Größen und Einheiten der Hydraulik

Mit welcher Geschwindigkeit fährt ein Hydraulikzylinder bei einer Pumpenleistung von 1,72 kW aus, wenn eine Last von 50 000 N angehoben wird?

$1\ \text{W} = 1\ \frac{\text{Nm}}{\text{s}}$

$1\ \text{min} = 60\ \text{s}$

$1\ \text{s} = \frac{1}{60}\ \text{min}$

$$P = \frac{F \cdot s}{t} = F \cdot v$$

$$v = \frac{P}{F}$$

$$v = \frac{1720\ \frac{\text{Nm}}{\text{s}}}{50000\ \text{N}} = 0{,}0344\ \frac{\text{m}}{\text{s}}$$

$$v = 2{,}06\ \frac{\text{m}}{\text{min}}$$

Bei *gleichen Kräften* ($F_1 = F_2$) gilt:

$$p_1 \cdot A_1 = p_2 \cdot A_2$$

$$\frac{p_1}{p_2} = \frac{A_1}{A_2}$$

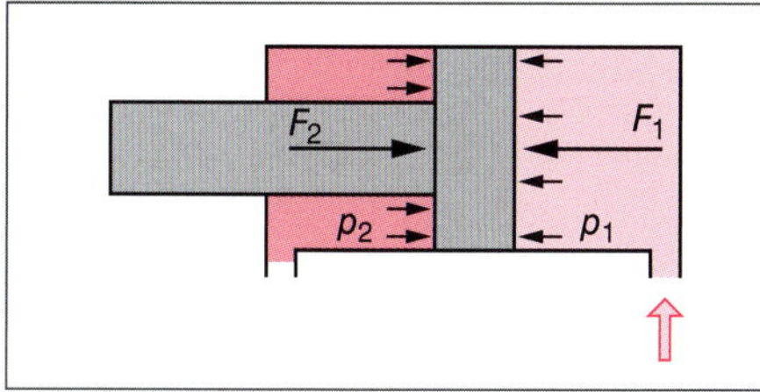

26 Druckübersetzung im Hydraulikzylinder

Volumenübersetzung

Während des Einfahrhubs wird auf der Stangenseite des Zylinders das Volumen V_2 zugeführt. Gleichzeitig fließt aus dem Kolbenraum das größere Volumen V_1 ab. Es kommt zu einer *Volumenübersetzung.*

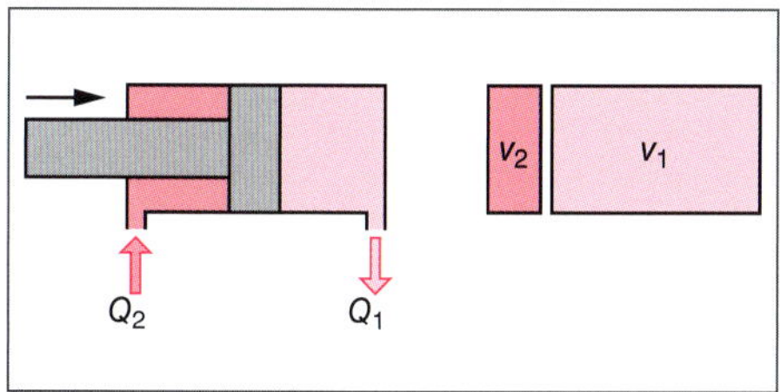

27 Volumenübersetzung im Hydraulikzylinder

Bei gleichen Ein- und Ausfahrgeschwindigkeiten ($v_1 = v_2$) gilt:

$$\frac{Q_2}{A_2} = \frac{Q_1}{A_1}$$

$$\frac{Q_2}{Q_1} = \frac{A_2}{A_1}$$

Endlagendämpfung

Wenn ein Zylinderkolben *hohe Geschwindigkeiten* ($> 0{,}1\ \frac{\text{m}}{\text{s}}$) erreicht oder *große Massen* bewegen soll, kann der *ungebremste* Anschlag des Kolbens in der Endlage zur Schädigung des Zylinders und der Maschine führen.

Für solche Anwendungen werden Zylinder mit **Endlagendämpfung** eingesetzt. Die Endlagendämpfung ist meist an *beiden* Endlagen (Stangen- und Kolbenraum) eingebaut (Bild 28).

Abdichtung von Hydraulikzylindern

Die Abdichtung der Zylinder erfolgt im Allgemeinen durch *elastische Dichtungen*. Sie sollen eine hohe Lebensdauer erreichen und mit geringer Reibung arbeiten.

Die *Reibkräfte* an Kolben und Kolbenstange sind so hoch, dass ein Druck von mehreren bar erforderlich ist, um die Zylinderstange zu bewegen.

Bei Zylindern mit *zwei Kolbenstangen* ist die Reibung höher als bei einem Differenzialzylinder mit *einer* Kolbenstange.

Servozylinder

Bei *Servozylindern* sind die Führungen an Kolben und Kolbenstange besonders *reibungsarm* ausgeführt. Sie wandeln den einströmenden Volumenstrom in eine geradlinige (translatorische) Bewegung um.

Servozylinder sind für Einsatzfälle konzipiert, in denen *hohe Dynamik* und *große Genauigkeit* gefordert sind.

Die *Führungen* an Kolben und Kolbenstange sind besonders *reibungsarm* ausgeführt, damit der Zylinder schon bei *kleinster Druckbeaufschlagung* anspricht.

■ **Differenzialzylinder**

Bei einem *Differenzialzylinder* mit *einer Kolbenstange* wird ohne Lastberücksichtigung ein Mindestdruck von 10 bar empfohlen, um ein sicheres Verfahren des Zylinders zu erreichen.

■ **Hydraulikzylinder**

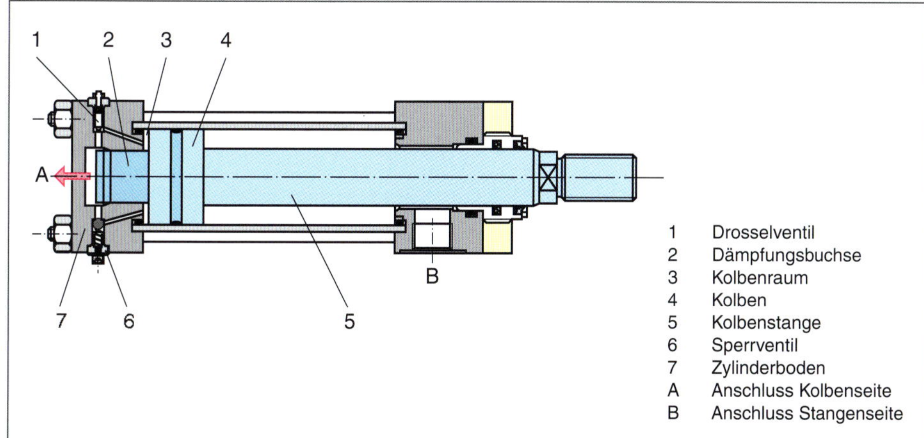

28 Hydraulikzylinder mit Endlagendämpfung

Bauarten von Hydraulikzylindern

Wirkungsweise	Bezeichnung	Symbol	Merkmale	Anwendungsbeispiel
Einfach wirkende Zylinder	Plungerzylinder (Tauchkolbenzylinder)	F A	Kraft und Bewegung nur in ausfahrender Richtung. Rückbewegung durch äußere Kraft und Eigengewicht des Kolbens	Kippzylinder in Schmelzöfen
	Einfach wirkender Hydrozylinder mit Feder	F A	Kraft und Bewegung nur in eine Richtung. Rückbewegung durch äußere Kraft oder Feder, Federraum offen oder mit Leckageanschluss	Deichsel-Schwenkung am Traktor, Spann- und Montageeinrichtungen
	Einfach wirkender Teleskopzylinder	F A	Großer Hub bei kleinem Einbauraum (verglichen mit z. B. Differenzialzylindern)	LKW-Kipper, Aufzüge
Doppelt wirkende Zylinder	Zylinder mit einseitiger Kolbenstange (Differenzialzylinder)	F B A	Große Kraft in ausfahrender Richtung. Geringer Platzbedarf und kostengünstig	Am häufigsten eingesetzt, in allen Bereichen der Industrie- und in der Mobilhydraulik.
	Zylinder mit beidseitiger Kolbenstange mit unterschiedlichen Durchmessern (Differenzialzylinder)	B A	Gleiche Kräfte und Geschwindigkeiten in beide Richtungen	Lenkungssysteme von Gabelstaplern.
	Zylinder mit beidseitiger Kolbenstange mit unterschiedlichen Durchmessern (Differenzialzylinder)	B A	Kräfte können in eine Richtung begrenzt werden. Unterschiedliche Kräfteverhältnisse sind realisierbar	Pressen, Offshore-Anlagen
	Doppelt wirkender Teleskopzylinder	F B A	Mehrstufige Kraft- und Bewegungssteuerung in beiden Richtungen	Lkw-Kipper
Servozylinder	Mit hydrostatischer Lagerung der Kolbenstange und integriertem Wegmesssystem		Geringe Reibung durch hydrostatische Lagerung der Kolbenstange, hohe Oszillationsfrequenzen und hohe Stellgeschwindigkeiten	Bewegungssimulatoren, Prüfstände

@ Interessante Links

- christiani-berufskolleg.de

Die Optimierung auf geringstmögliche Reibung führt auch zu *geringem Verschleiß* und dadurch zu einer *hohen Lebensdauer.*

Servozylinder mit hydrostatischer Lagerung der Kolbenstange können *hohe Querkräfte* aufnehmen.

Ein *integriertes Wegmesssystem* ermöglicht die Hubbewegung des Servozylinders zu erfassen und über eine Regelelektronik eine exakte Positionierung zu realisieren. Sie sind für sehr hohe und auch für sehr niedrige Verfahrgeschwindigkeit geeignet.

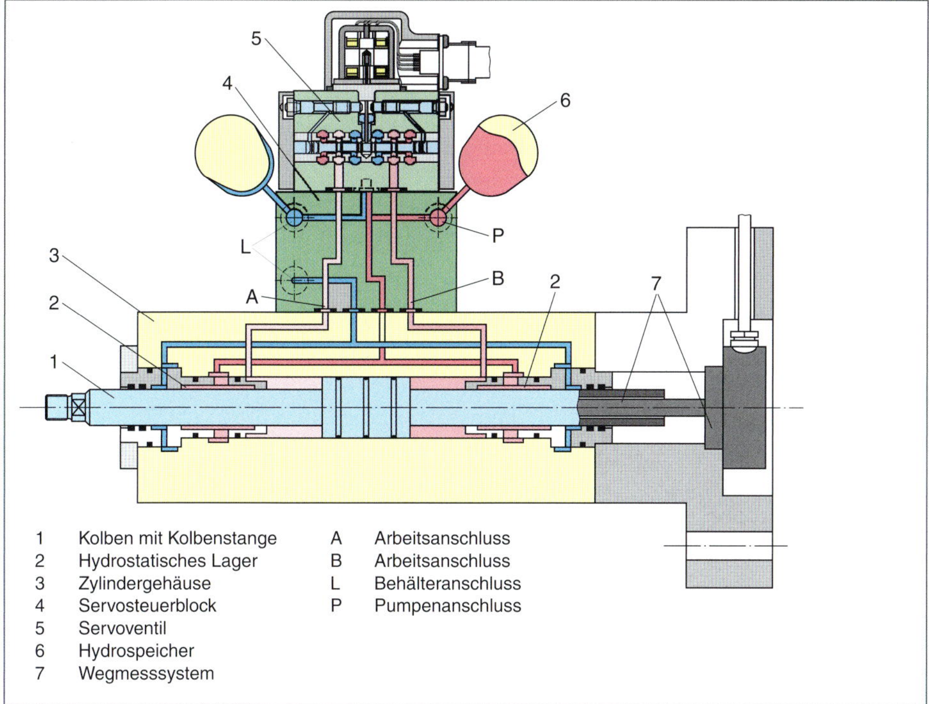

29 Servozylinder im Längsschnitt

■ Hydraulikzylinder

TB

Servozylinder kommen zum Einsatz, wenn *Linearantriebe* mit *hoher Genauigkeit und Dynamik* gefordert sind, z. B. in Material- und Geräteprüfmaschinen und Bewegungssimulatoren.

Beim Aufbau von Servozylindern werden die Leitungen zwischen Servoventil und Servozylinder *möglichst kurz* ausgeführt und die Membranspeicher in unmittelbarer Nähe zum Servoventil und Servozylinder installiert, um optimale dynamische Eigenschaften zu erhalten.

Dazu dient der **Servosteuerblock**, der direkt nach den Zylindern montiert ist. Im Servosteuerblock sind Funktionselemente wie Ventile, Speicher und Filter zusammengefasst und die erforderlichen Verbindungs- und Anschlussbohrungen eingebracht.

Gleichgangzylinder

Dies sind *doppelt wirkende* Hydraulikzylinder mit *zwei gleich großen Wirkflächen*, die in *beide Richtungen* Kräfte ausüben können.

Das Ein- und Ausfahren eines doppeltwirkenden Gleichgangzylinders erfolgt aufgrund der gleich großen Wirkflächen mit gleicher Kraft, wenn der gleiche Betriebsdruck ansteht.

Die Hubgeschwindigkeit ist bei konstantem Volumenstrom in beiden Richtungen gleich.

Gleichgangzylinder werden eingesetzt, wenn der Zylinder *doppelseitig an eine Arbeitsmaschine gekoppelt* werden muss und wenn gleiche Kräfte und Hubgeschwindigkeiten nach beiden Seiten gefordert sind.

Gegenüber Differenzialzylindern (mit einseitiger Kolbenstange) erfordern Gleichgangzylinder einen größeren Fertigungsaufwand mit höheren Kosten.

Die *zusätzliche Führung und Abdichtung* der Kolbenstange vergrößern die *Reibkräfte* und damit die *Losbrechkräfte* beim Anfahren und bilden eine zusätzliche Dichtstelle nach Außen.

Einsatzgebiete sind der allgemeine Maschinenbau, z. B. in hydraulischen Linearantrieben oder mobile Anwendungen wie z. B. Lenkungssysteme.

30 Servozylinder

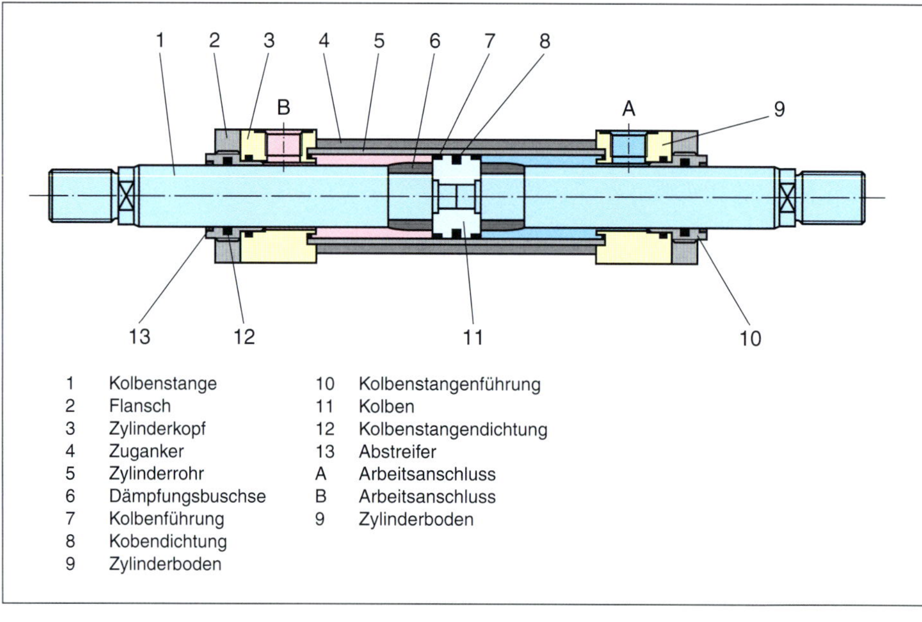

31 Gleichgangzylinder, Längsschnitt

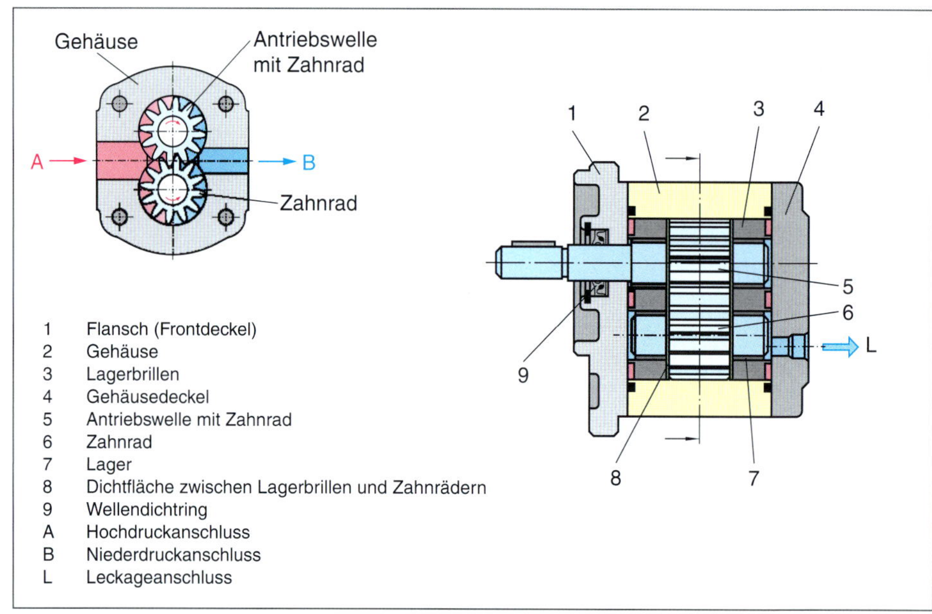

32 Außenzahnradmotor

10.5 Hydraulikmotoren

■ **Hydraulikmotoren**

auch Hydromotoren genannt, entsprechen konstruktiv den Hydraulikpumpen.

Der hier exemplarisch vorgestellte **Außenzahnradmotor** zählt zu den *Verdrängermaschinen*, bei denen die Verdrängerkammern durch außenverzahnte Zahnräder gebildet werden.

Der *Hoch-* und *Niederdruckbereich* ist durch den Kontakt der ineinandergreifenden Zahnräder getrennt.

Diese Motoren sind *schnell laufende Konstantmotoren* mit *kompakter Bauweise* und *hoher Leistungsdichte*.

Außenzahnradmotoren können in einem weiten Drehzahlbereich eingesetzt und mit Druckflüssigkeiten innerhalb eines großen *Viskositätsbereichs* betrieben werden.

Anforderungen an Hydraulikmotoren

Hydraulikmotoren wandeln hydraulische Energie in mechanische Energie um. Je nach Einsatz werden unterschiedliche Anforderungen gestellt.

Hydraulikmotoren, Bauarten

	Konstruktionsprinzip/Bauart	Nutzbarer Druckbereich (bar)	Schluckvolumen (cm^3/U)	Nutzbarer Drehzahlbereich (min^{-1})	Drehmoment (Nm)	Viskositätsbereich (mm^2/s)
	Außenzahnradmotor; konstant	bis 250	8 bis 45	500 bis 4000	bis 110	20 bis 100
	Innenzahnradmotor; konstant	bis 320	5 bis 250	100 bis 10000	bis 650	10 bis 300
	Zahnringmotor; Gerotorprinzip; konstant	bis 140	3,5 bis 50	500 bis 5000	bis 50	10 bis 2000
	Zahnringmotor; Orbitprinzip; konstant	bis 225	8 bis 2100	5 bis 1000	bis 2700	2 bis 2000
	Flügelzellenmotor; doppelhubig; konstant	bis 210	6 bis 300	400 bis 3000	bis 750	13 bis 54
	Radialkolbenmotor; innere Abstützung; konstant u. bedingt verstellbar	bis 300	10 bis 8200	0,5 bis 2000	bis 32000	10 bis 200
	Radialkolbenmotor; äußere Abstützung; konstant	bis 350	160 bis 251300	5 bis 400	bis 1300000	12 bis 150
	Axialkolbenmotor; Schrägachsenbauweise; konstant und verstellbar	bis 400	5 bis 1000	50 bis 10000	bis 5600	16 bis 36
	Axialkolbenmotor; Schrägscheibenbauweise; konstant und verstellbar	bis 400	5 bis 500	50 bis 5000	bis 2800	16 bis 36

@ Interessante Links

- christiani-berufskolleg.de
- bosch-rexroth.com

Dabei sind besonders folgende Kriterien zu beachten:

- Betriebsdruck
- Drehmoment
- Drehzahl
- Viskosität der verwendeten Druckflüssigkeit
- Betriebstemperaturbereich
- Servicefreundlichkeit
- Lebensdauer
- Kosten

Prüfung

1. Beschreiben Sie den Aufbau eines Hydraulikzylinders.

2. Was ist kennzeichnend für einen Differenzialzylinder?

3. Nennen Sie wesentliche Kenngrößen eines Hydraulikzylinders.

4. Wie groß ist der Volumenstrom im Hydrauliksystem bei einem Überdruck von 80 bar und einer Pumpenleistung von 4,6 kW?

Prüfung

1. Mit welcher Geschwindigkeit fährt ein Hydraulikzylinder bei einer Pumpenleistung von 4,6 kW aus, wenn eine Last von 120 000 N angehoben wird?

2. Bestimmen Sie den Volumenstrom eines Hydraulikzylinders mit dem Kolbendurchmesser 38 mm, wenn die Zylinderstange mit der Geschwindigkeit $v = 0{,}38\ \frac{\text{m}}{\text{s}}$ ausfährt.

3. Beschreiben Sie den Begriff Volumenübersetzung.

4. Erklären Sie Aufgabe und Arbeitsweise der Endlagendämpfung.

5. Wozu werden Servozylinder eingesetzt?

6. Beschreiben Sie die Arbeitsweise einer Verstellpumpe.

7. Welchen Vorteil hat der Einsatz von Verstellpumpen in Hydrauliksystemen?

@ **Interessante Links**

- christiani-berufskolleg.de

10.6 Verbindungstechniken

Die Komponenten des hydraulischen Systems können auf unterschiedliche Weise miteinander *verbunden* werden.

Folgende Anforderungen sind an die *Verbindungen* zu stellen:

- Dauerhafte Dichtigkeit.
- Minimierung von Druckverlusten durch strömungsgünstige Gestaltung.
- Hohe Druckfestigkeit.
- Hohe Schwingungsfestigkeit bei dynamischer Belastung der Bauteile.

Rohr- und Schlauchleitungen zur Ventilverbindung

Verbindungen über **Rohre** und **Schläuche** sind sinnvoll bei *einfachen Anlagen*, die aus relativ wenigen Komponenten aufgebaut sind.

Der *Rohrleitungseinbau* ermöglicht die *direkte* Verbindung der Komponenten mit Rohren oder Schläuchen, die mithilfe geeigneter Armaturen (Rohrverschraubungen, Außenflansche) befestigt sind.

Dies ist eine kostengünstige Verbindungstechnik, jedoch kann der Austausch von Komponenten zeitaufwendig sein.

Die in der Druckflüssigkeit enthaltene Energie wird beim Transport der Flüssigkeit zum Teil in Wärmeenergie umgewandelt.

Der Verlust an Druckenergie äußert sich als Druckabfall.

Rohranschluss mit Einschraubventil

Das Ventil in Einschraubbauweise ist in ein Gehäuse eingebaut und z. B. durch ein Einschraubgewinde befestigt. Die Anschlussbohrungen sind im Gehäuse eingebracht.

Die Verbindungen zwischen den Anschlussbohrungen und dem Einschraubventil werden durch *Ringkanäle* gebildet, die durch *elastische Dichtungen* abgedichtet werden.

Die Ventilpatrone kann *ausgetauscht* werden, ohne dass die Anschlussarmaturen *gelöst* werden müssen.

1 Einschraubventil
2 Anschlussgewinde
3 Befestigungsbohrungen

33 Druckbegrenzungsventil (Einschraubventil)

Verkettungen für mobile Anwendungen

Verbindungstechnik	Eigenschaften
Steuerblock in Scheiben-/ Sandwichbauweise	Steuerblöcke in Scheiben-/Sandwichbauweise bieten eine flexible Anpassung an die Anzahl der geforderten Steuerungsaufgaben und eine hohe Varianz der Funktionalitäten. Die geringere Formsteifigkeit eignet sich für kleinere Volumenströme sowie den Nieder- und Mitteldruckbereich.
Steuerblock in Monoblock-bauweise	Steuerblöcke in Monoblockbauweise sind für hohe Drücke bei großen Durchflussquerschnitten geeignet, da es keine Einschränkung durch Zugankerkräfte gibt. Diese Verbindungstechnik ist nur für größere Stückzahlen wirtschaftlich, da alle Funktionen in einem Gehäuse zusammengefasst sind.

34 Verbindung von Hydraulikleitungen

■ **Leitungsquerschnitt**

Damit der Druckverlust auf der Leitung möglichst gering ist, müssen ausreichende Leitungsquerschnitte gewählt werden.

Verbindungselemente und Leitungen

Die Hydraulikflüssigkeit muss vom Aggregat zu den Ventilen und von dort zu Zylindern bzw. Hydraulikmotoren transportiert werden. Dazu sind *Rohre*, *Schläuche* und *Verschraubungen* notwendig. Sämtliche Leitungsverbindungen wirken als *Widerstand*. Neben *Wärme* wird dadurch ein *Druckabfall* bewirkt.

Der *hydraulische Widerstand* ist abhängig von der

- *Strömungsgeschwindigkeit*
- *Leitungslänge*
- *Anzahl der Verschraubungen*
- *Strömungsart* (laminar oder turbolent)

Richtwerte für Strömungsgeschwindigkeit

- Saugleitungen 0,5 bis 1,5 $\frac{m}{s}$
- Druckleitungen 4 bis 7 $\frac{m}{s}$
- Rücklaufleitungen 3 $\frac{m}{s}$

Maximale Strömungsgeschwindigkeit

Betriebsdruck bis

50 bar	4,0 $\frac{m}{s}$
100 bar	4,5 $\frac{m}{s}$
150 bar	5,0 $\frac{m}{s}$
200 bar	5,5 $\frac{m}{s}$
300 bar	6,0 $\frac{m}{s}$

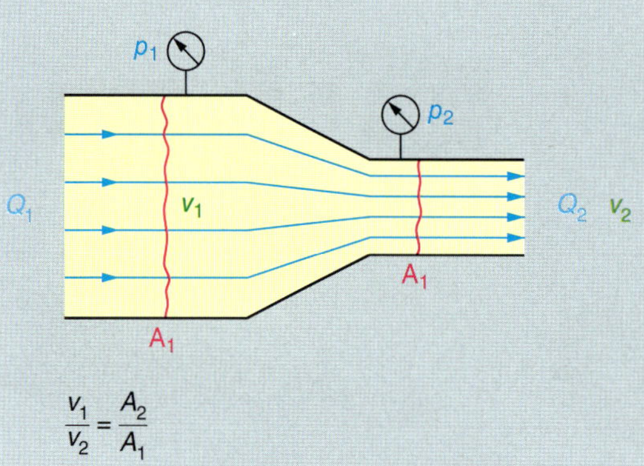

$$\frac{v_1}{v_2} = \frac{A_2}{A_1}$$

Im geringeren Querschnitt A_2 nimmt die Strömungsgeschwindigkeit v_2 zu. Dabei nimmt der Druck an der Verjüngungsstelle ab. Wenn der Druckabfall zu hoch ist, treten Gasblasen aus der Hydraulikflüssigkeit aus.

Nach der Engstelle nimmt die Strömungsgeschwindigkeit ab und der Druck steigt wieder an. Dies führt zu Karationsschäden, die durch fachgerechte Montage von Rohr- und Schlauchleitungen vermieden werden können.

Kavation

Bei zu großem Unterdruck auf der Saugseite lösen sich die im Öl gebundenen Gase zu kleinen Blasen.

Diese Blasen haben ein deutlich höheres Volumen als die Flüssigkeit und verschlechtern die Strömungseigenschaften.

Bei steigendem Druck implodieren die Blasen und haben örtliche Druckspitzen zur Folge. Dadurch wird der Werkstoff angegriffen. Aushöhlungen können die Folge sein.

Rohrleitungen der Hydraulik

Verwendet werden nahtlose Präzisionsstahlrohre oder nahtlose Stahlrohre. Zur Schwingungsvermeidung sind längere Rohrleitungen mit Rohrbefestigungen zu montieren.

Außerdem ist auf die Längenausdehnung bei Temperaturänderungen zu achten. Möglichkeiten des Längenausgleichs sind bei der Verlegung vorzusehen.

Biegestellen verursachen Druckverluste. Rohre werden kalt gebogen. Biegedurchmesser mindestens das 8-Fache des Rohrdurchmessers.

Verbindungselemente und Leitungen

Beim Trennen der Rohre ist das Entgraten sehr wichtig.

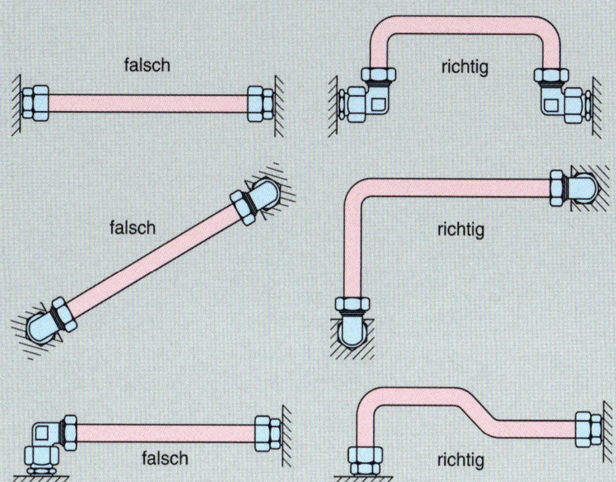

Verschraubungen verbinden Rohre miteinander. Häufig werden *Schneidringverbindungen* eingesetzt.

Einschraubverbindungen werden zur Verbindung von Rohren und Schläuchen mit hydraulischen Geräten verwendet. Dabei sind folgende Gewinde gebräuchlich:

- *Whitworth-Rohrgewinde für im Gewinde dichtende Verbindungen, kegeliges Außengewinde (R) und zylindrisches Innengewinde (Rp).*
- *Rohrgewinde für nicht im Gewinde dichtende Verbindungen (G).*
- *Metrisches Feingewinde*

Außerdem kommen *Flanschverbindungen* und *Drehverbindungen* vor.

Schlauchleitungen

Ermöglichen die Verbindung zwischen festen und beweglichen Bauteilen. Sie können *Vibrationen* und *Schwingungsgeräusche* dämpfen. Da sie elastisch sind, eignen sie sich zur Aufnahme von Druckstößen.
Schlauchleitungen werden mit *Armaturen* oder untereinander durch *Verschraubungen* oder *Schnellverschlusskupplungen* verbunden.

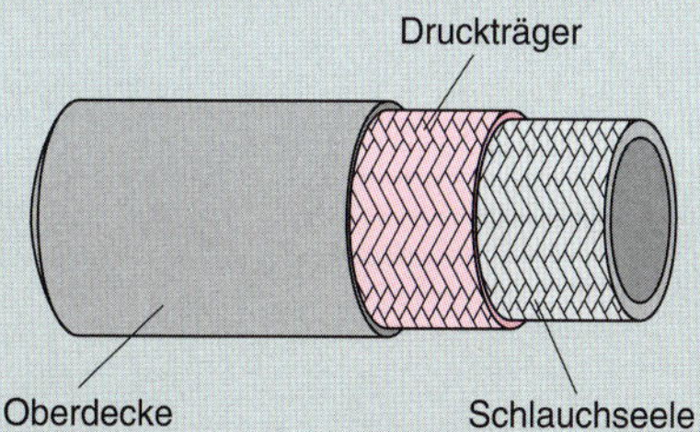

Bezeichnung einer Schlauchleitung

Die Bezeichnung ist nach DIN 2066 vorgeschrieben. Sie umfasst

- *den Schlauchtyp*
- *den Nenndurchmesser*
- *die aufgespressten Armaturen*
- *die Länge der Schlauchleitungen*
- *den Verdrehwinkel der aufgepressten Armaturen zueinander*

■ **Hydraulikschläuche**

müssen jährlich auf arbeitssicheren Zustand überprüft werden.
Diese Prüfung muss eine Fachkraft durchführen.
Dabei unbedingt die Herstellerangaben beachten.

Zu achten ist u. a. auf:

Beschädigungen des Außenmantels (Risse, Knicke, Schnitte, Versprödungen)

Auftretende Verformungen

Undichtigkeiten zwischen Schlauch und Armatur

@ Interessante Links

- stauff.com

■ **Vorsicht!**

Hydraulikschläuche sind nach Bedarf, spätestens jedoch **nach 6 Jahren** auszutauschen.

■ **Vorsicht!**

Ausgelaufene Hydraulikflüssigkeit ist sofort und vollständig zu entfernen.

Rohrleitung
rigid line

Verschraubung
connection

Einschraubverbindung
inserted screw joint

Hydraulikschlauch
hydraulic hose

Schlaucharmatur
hose fittings

Leitungen
conductors

Verbindungen
joints

Luftfilter
air filters

Verbindungselemente und Leitungen

Angabe auf der Armaturhülse

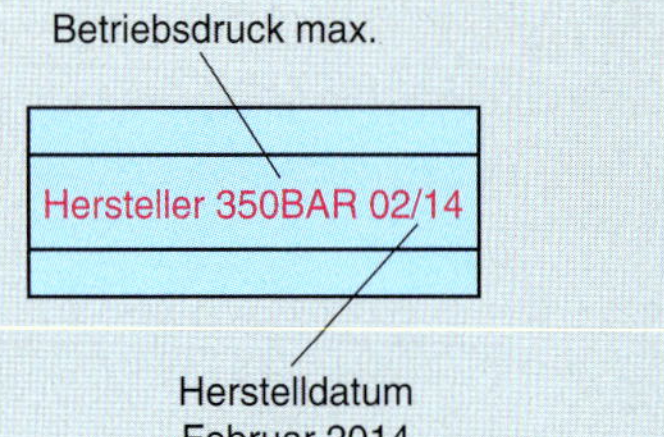

Montage von Schlauchleitungen

- Schlauchleitungen müssen etwas durchhängen. Sie weiten sich bei der Druckbeaufschlagung auf und verkürzen sich dadurch.

- Vorgeschriebene Biegeradien dürfen nicht unterschritten werden.

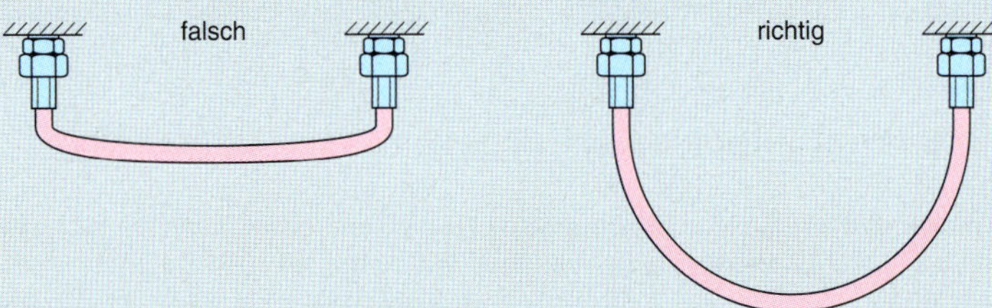

- Unter Umständen Rohrkrümmer verwenden. Vor allem bei beengten Einbauverhältnissen und für „hängende" Bögen.

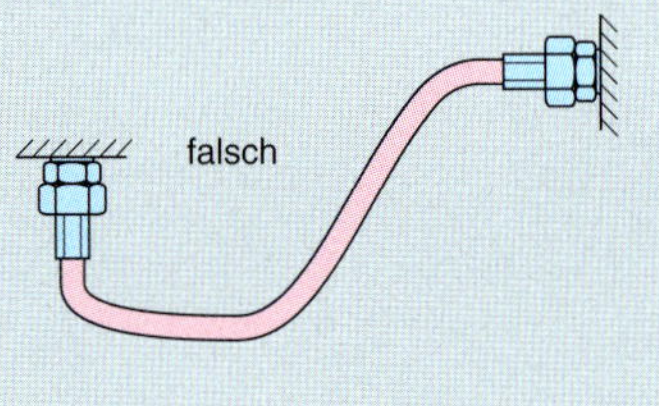

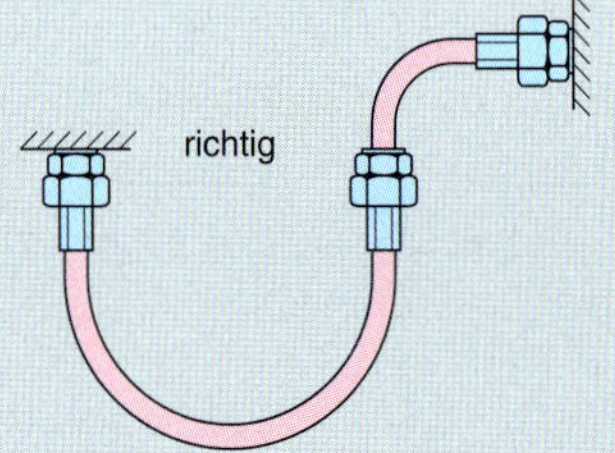

- Schläuche dürfen im Betrieb keine anderen Bauteile berühren; Beschädigung durch Reibung möglich.
- Eine Schlauchbiegung sollte erst nach einer Länge von 1,5 · d nach der Presshülse beginnen.

Leitungsverbindungen

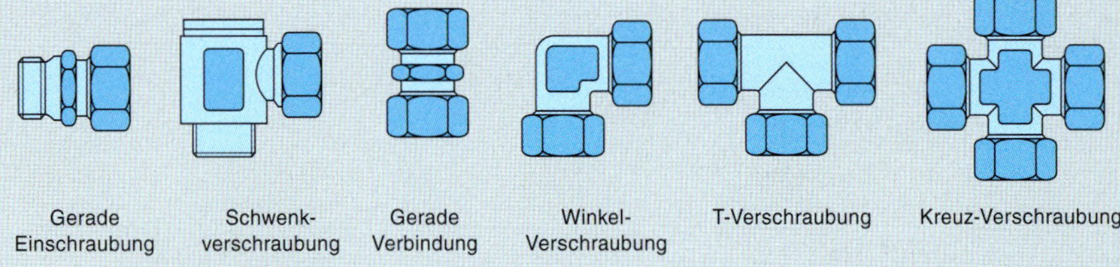

Rohrverschraubungen

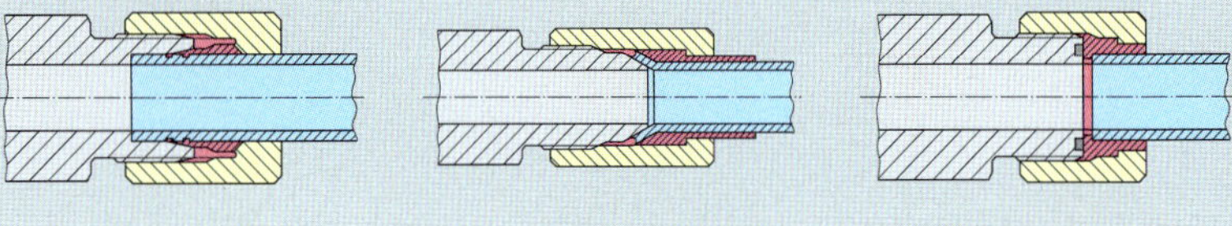

24° Schneidringverschraubung 37° Bördelverschraubung 90° O-Ringverschraubung

Drehverbindung

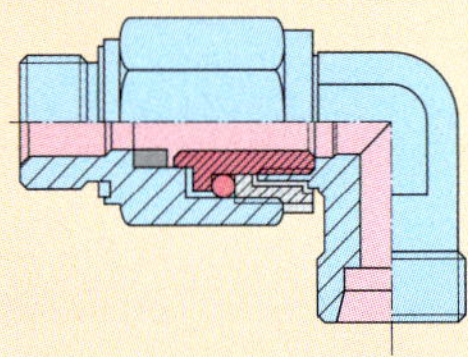

Schnellverschluss-kupplung

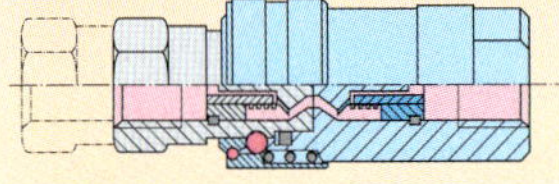

10.7 Hydrospeicher

Hydrospeicher sind im Betriebszustand *unter Druck* stehende Behälter zur *Speicherung* von hydrostatischer Energie.

Bei steigendem Systemdruck können sie eine bestimmte Menge Druckflüssigkeit aufnehmen, um diese bei abfallendem Druck wieder zurück in das Hydrauliksystem zu geben.

In einem Hydrospeicher wirkt die aufgenommene Druckflüssigkeit gegen ein *elastisch federndes Element*. Dies kann eine *Gewichtskraft*, eine *Federkraft* oder ein *komprimiertes Gas* sein.

Da Gewichts- und Federspeicher nur für wenige, spezielle Anwendungen in der Industrie geeignet sind, haben sie in der Hydraulik eine untergeordnete Bedeutung.

Zum Einsatz kommen in der Regel *gasbelastete Hydrospeicher*, auch als **hydropneumatische Speicher** bezeichnet. Das elastische Verhalten des Gases ermöglicht eine hohe Energiekapazität bei geringen Baumaßen.

Das Laden und Entladen von Hydrospeichern kann sehr schnell erfolgen, woraus sich eine hohe **Leistungsdichte** ergibt.

Die Möglichkeit, Energie in sehr kurzer Zeit freisetzen zu können, erfordert die Einhaltung besonderer **Sicherheitsvorschriften** für den Einsatz von Hydrospeichern.

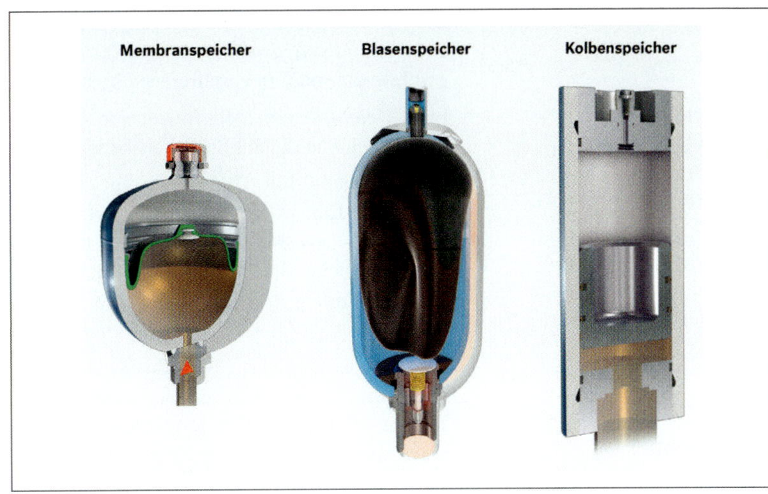

35 Hydrospeicher

Einsatz von Hydrospeichern

- Bereitstellen von Druckflüssigkeit
  - zum Ausgleich von Bedarfsschwankungen
  - zum Abdecken eines kurzzeitig erhöhten Energiebedarfs
  - zur Rückgewinnung von Energie
  - für Notbetätigungen
- Stoß- und Schwingungsdämpfung
- Kompensation von erwärmungsbedingten Volumenausdehnungen

Membranspeicher

Bild 36 zeigt im Längsschnitt den prinzipiellen Aufbau eines *Membranspeichers* in Schweißtechnik und als Schraubkonstruktion.

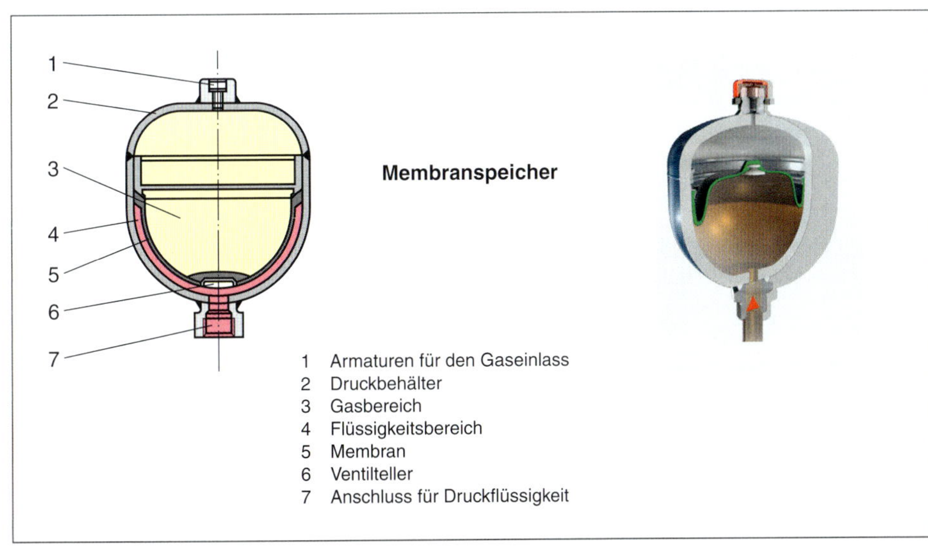

36 Membranspeicher in Schweißtechnik

■ **Vorsicht!**

Vor Inbetriebnahme Druckluftspeicher von der Hydraulikanlage trennen (Ventil).

Speicherinhalt niemals ungedrosselt ablassen!

■ **Vorsicht!**

Hydraulikspeicher können auch bei abgeschalteter Pumpe unter Druck stehen.

■ **Wichtige Hinweise**

Nenndruck muss deutlich erkennbar sein.

Saugleitungen dürfen keine Luft ansaugen können.

Öltemperatur in Pumpenansaugleitung nicht höher als 60 °C.

Kolbenstangen niemals auf Biegung beanspruchen.

Prüfen, ob alle Rücklaufleitungen zum Tank führen.

Anlage spülen, dann (neue) Filterpatrone einsetzen.

Bei Erstinbetriebnahme das Systemdruckbegrenzungsventil nahezu vollständig öffnen und den Druck langsam auf Betriebsdruck erhöhen.

Hydrauliksystem entlüften.

@ Interessante Links

• christiani-berufskolleg.de

Der *Druckbehälter* des Hydrospeichers besteht aus einem *druckfesten Stahlgehäuse* in geschweißter oder in geschraubter Ausführung.

Eine *Membran* teilt den Innenraum in einen Gasbereich und einen Flüssigkeitsbereich.

Zur Befüllung mit Gas dient eine *Gasfüllschraube*. Ein in der Membran integrierter *Ventilteller* aus Metall verhindert, dass die Membran beim Befüllen in den Druckflüssigkeitsanschluss gedrückt und dabei geschädigt wird.

Bei der *geschweißten* Ausführung wird die Membran vor dem Schweißen in den unteren Teil des Druckbehälters eingepresst. Bei der *geschraubten* Ausführung ist die Membran in der Trennfuge zwischen den beiden Teilen des Druckbehälters fixiert.

In der Herstellung ist die geschweißte Variante günstiger. Die geschraubte Variante hat dagegen eine höhere Druckfestigkeit und kann zum Austausch der Membran geöffnet werden.

Blasenspeicher

Bei Blasenspeichern wird eine *Blase aus einem Elastomer* als *Trennelement* zwischen den Bereichen des Gases und der Druckflüssigkeit verwendet.

Am Flüssigkeitsanschluss befindet sich ein Rückschlagventil, hier auch *Flüssigkeitsventil* genannt, das beim Befüllen mit Gas den Austritt der Blase durch den Flüssigkeitsanschluss verhindert.

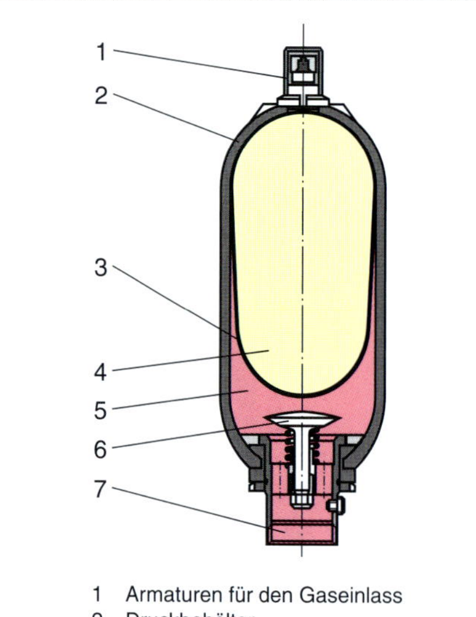

1 Armaturen für den Gaseinlass
2 Druckbehälter
3 Speicherblase
4 Gasbereich
5 Flüssigkeitsbereich
6 Rückschlagventil
7 Anschluss für Druckflüssigkeit

37 Aufbau eines Blasenspeichers

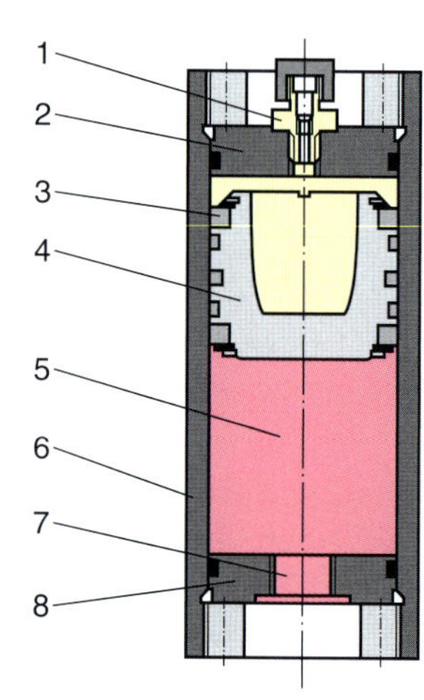

1 Armaturen für Gaseinlass
2 Verschlussdeckel, gasseitig
3 Kolben mit Dichtungen
4 Gasbereich
5 Flüssigkeitsbereich
6 Zylinderrohr
7 Anschluss für Druckflüssigkeit
8 Verschlussdeckel, flüssigkeitsseitig

38 Aufbau eines Kolbenspeichers

Kolbenspeicher

Kolbenspeicher bestehen aus einem Zylinderrohr mit einem Kolben als Trennelement.

Bei dieser Speicherbauart werden besondere Anforderungen an die *Abdichtung des Kolbens* gestellt. Es muss ein hohes Maß an *Dichtheit* gegeben sein, damit die Trennung der Medien Gas und Druckflüssigkeit sichergestellt ist.

Außerdem ist eine *hohe zulässige Verfahrgeschwindigkeit* des Kolbens nötig, um schnelle Entladezyklen zu ermöglichen. Damit die *Druckdifferenzen* zwischen Gas- und Flüssigkeitsseite gering sind, müssen die Führung des Kolbens und die Dichtung *reibungsarm* sein.

Je nach Ausführung kann die Druckdifferenz ca. 1 bis 10 bar betragen.

Prüfung

1. Welcher Zusammenhang besteht zwischen Leitungsquerschnitt und Strömungsgeschwindigkeit?

2. Wie groß ist die maximale Strömungsgeschwindigkeit bei einem Druck von 150 bar.

3. Welchen Vorteil haben Schlauchleitungen?

10.8 Hydrofilter

Aufgabe der *Hydrofilter* ist es, *schädliche Partikel in der Druckflüssigkeit* einer hydraulischen Anlage zu selektieren und zurückzuhalten.
Der **Reinheitsgrad** der Druckflüssigkeit kann über einen längeren Zeitraum gewährleistet oder sogar verbessert werden.

Das *Ausfiltern* und *Abscheiden* von Partikeln aus der Druckflüssigkeit ist von enormer Bedeutung für die *Funktionssicherheit* einer hydraulischen Anlage.

Der Einsatz von **Hydrofiltern** bietet vor allem folgende Vorteile:

- Die von Druckflüssigkeit durchströmten Bauteile der Komponenten unterliegen geringerem Verschleiß, wodurch ihre Lebensdauer erhöht wird.
- Funktionsstörungen durch Zusetzen kleinster Bohrungen oder Öffnungen (z. B. in Düsen, in Ventilkanälen) werden vermieden.
- Die schnelle Alterung der Druckflüssigkeit als Folge der Verunreinigung wird verhindert.

Hydrofilter sind im *Flüssigkeitskreislauf* einer Hydraulikanlage eingebaut.

Sie werden von Druckflüssigkeit durchströmt, wobei Partikel ab einer bestimmten Größe, abhängig von der **Filterfeinheit**, im Filterelement zurückgehalten werden und somit nicht zu nachgeschalteten Komponenten gelangen.

Filterwirksamkeit, Druckfestigkeit und *Druckdifferenz* am Filter sind wesentliche Merkmale eines Hydrofilters.

Bild 39 zeigt den prinzipiellen Aufbau eines Hydrofilters.

Das *Filterelement* mit einer *durchlässigen Materialstruktur* übernimmt die eigentliche Filterfunktion.

Das Gehäuse nimmt das Filterelement auf und besitzt Anschlüsse für Zulauf und Ablauf der Druckflüssigkeit.

Der Anschluss für die *Verschmutzungsanzeige* bietet die Möglichkeit, das Erreichen des Grenzwerts, ermittelt über die unzulässige Erhöhung der Druckdifferenz am Filter, zu signalisieren.

Prüfung

1. Wie werden Schlauchleitungen gekennzeichnet?

2. Welche Aufgabe haben Hydrospeicher?

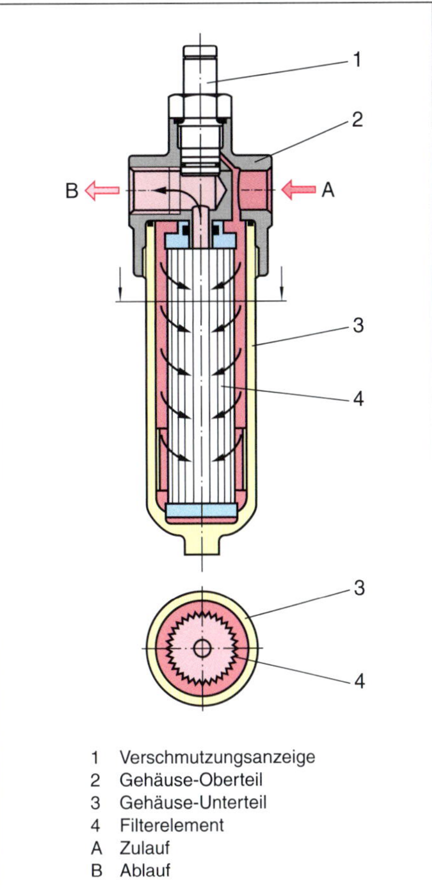

39 Hydrofilter für Rohrleitungseinbau

Filterfeinheit

10 μm bedeutet eine Partikelgröße von 10 μm = 0,01 mm.

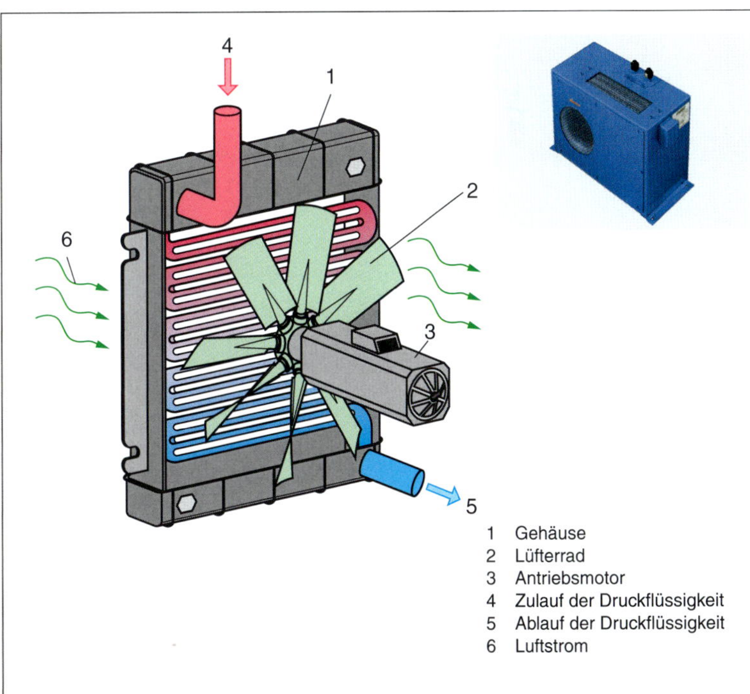

40 Luftgekühlter Ölkühler

■ **Druckflüssigkeitsbehälter**

Folgende Informationen sind anzugeben:

Empfohlene maximale Füllmenge in l.

Empfohlene minimale Füllmenge in l.

Typ, Kategorie und Viskositätsklasse der Druckflüssigkeit nach ISO 6743 und ISO 3448.

Maximaler zulässiger Druck in Megapascal (oder bar), wenn der Behälter nicht zur Atmosphäre entlüftet wird.

10.9 Kühler

Kühler sind Komponenten einer hydraulischen Anlage, die zur *Reduzierung der Temperatur der Druckflüssigkeit* eingesetzt werden.

Sie stabilisieren dadurch die *Betriebstemperatur* der gesamten Anlage.

Erwärmung ist Ausdruck der Energieverluste, die aufgrund der *Durchflusswiderstände* in Leitungen und Komponenten der Anlage entstehen.

Wenn die anfallende Wärme über die Hydraulikanlage nicht ausreichend abgestrahlt wird, muss ein zusätzlicher **Kühler** in den Kreislauf der Druckflüssigkeit installiert werden. Damit wird verhindert, dass eine unzulässige Erhöhung der Betriebstemperatur zur *Funktionsstörung* oder zur *Beschädigung* der Anlage führen kann.

Im Kühler wird eine Wärmeübertragung von der Druckflüssigkeit mit hoher Temperatur auf ein Kühlmittel mit geringerer Temperatur vorgenommen. Die Abkühlung der Druckflüssigkeit erfolgt unter Erwärmung des Kühlmittels.

Die Druckflüssigkeit und das Kühlmittel sind durch die Wand des Kühlers voneinander getrennt, sodass sie keinen direkten Kontakt miteinander haben.

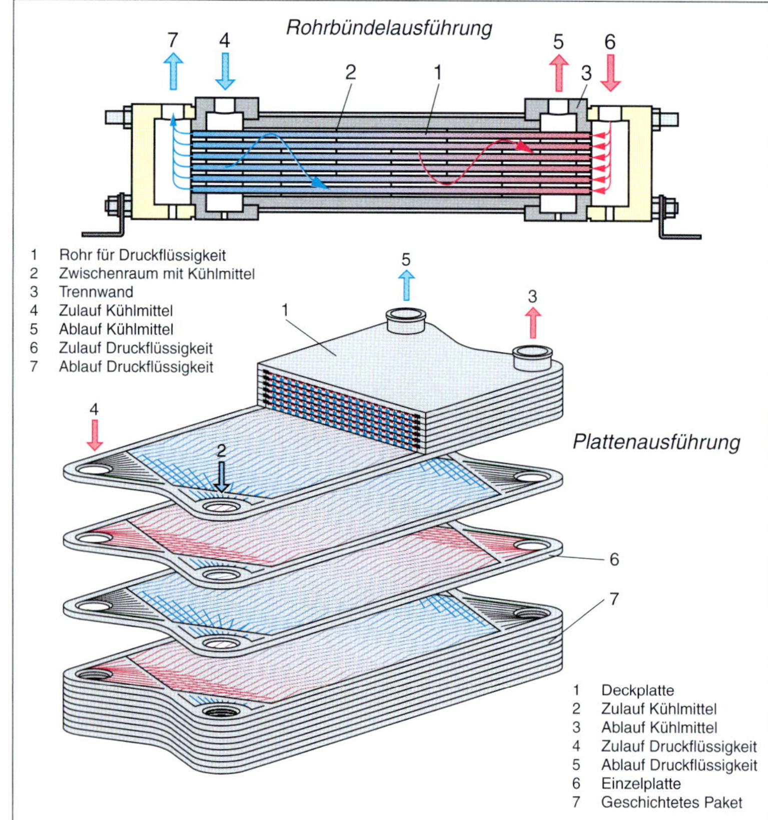

41 Wasser-Ölkühler

Eine besondere Bauart des Luft-Ölkühlers ist seine Integration in einen Pumpenträger. Pumpenträger sind Bauteile, über die der Elektromotor und die Hydropumpe miteinander verbunden werden.

Beide Komponenten werden über ihre Gehäuseflansche an den Pumpenträger angeschraubt und die fluchtenden Wellenenden über Kupplung miteinader verbunden.

Kühler werden bei folgenden Bedingungen eingesetzt:

- Vorratsbehälter der Druckflüssigkeit ist relativ klein ausgelegt.
- Umgebungstemperatur ist zu hoch.
- Zeitweise hohe Leistungsverluste in Form von Wärme.

Bild 40 (Seite 499) zeigt den prinzipiellen Aufbau eines Kühlers der Hydraulik am Beispiel eines **Luft-Ölkühlers**.

Hinweis

Bei den Grafiken zum Thema „Kühler" gilt die farbliche Kennzeichnung nicht für die Druckverhältnisse im Kühler, sondern zur Darstellung einer hohen (rot) und niedrigen (blau) Temperatur von Druckflüssigkeit und Kühlmittel.

Luftgekühlte Ölkühler

Luftgekühlte Ölkühler werden überall dort eingesetzt, wo kein Wasser zur Kühlung verwendet werden kann, z. B. in der Mobilhydraulik. Abhängig von der Ausführung des Lüfterrads sind sie als **Axialkühler** oder als **Radialkühler** konstruiert.

Pumpenträger mit eingebautem Luft-Ölkühler

Eine besondere Bauart des Luft-Ölkühlers ist seine Integration in einen Pumpenträger.

Pumpenträger sind Bauteile, über die der Elektromotor und die Hydropumpe miteinander verbunden werden.

Beide Komponenten werden über ihre Gehäuseflansche an den Pumpenträger angeschraubt und die fluchtenden Wellenenden über Kupplung miteinander verbunden.

Wassergekühlte Ölkühler

Zum Abführen der Wärme aus der Druckflüssigkeit wird Wasser genutzt. Die Effizienz solcher Kühler ist höher als bei Luft-Ölkühlern.

Bei gleicher Kühlleistung ist also eine kompaktere Bauweise möglich.

Bleibt die Kühlwassertemperatur gleich, ergibt sich eine konstante Kühlleistung, die unabhängig von der Umgebungstemperatur ist.

10.10 Manometer

Manometer sind Geräte zum Messen und Anzeigen des physikalischen *Drucks* in *fluidischen Medien*.

Manometer erfassen die *Differenz* zum atmosphärischen Druck.

Manometer können als *rein mechanische Mess- und Anzeigegeräte* mit Skala und Zeiger, als *elektronische Geräte* mit digitaler Anzeige und evtl. automatischer Auswertung der Messergebnisse oder als Kombination aus beiden ausgeführt sein.

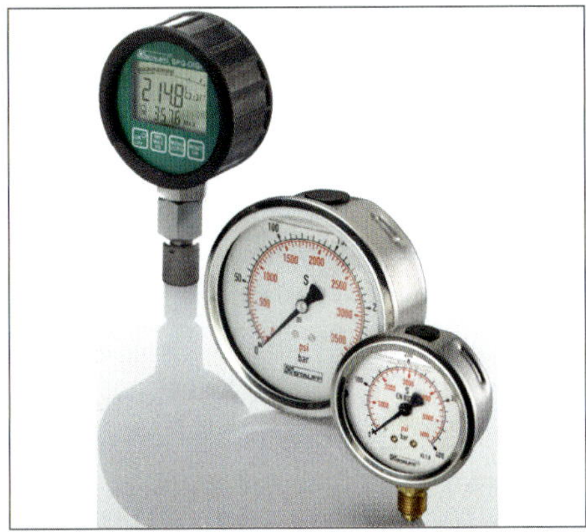

42 Manometer

Bei *mechanischen* Manometern bewirkt der zu messende Druck über eine Mechanik eine Zeigerbewegung, die auf der Skala des Zifferblatts angezeigt wird.

Mechanische Manometer sind kostengünstig und werden eingesetzt, wenn der Messwert nicht elektronisch weiterverarbeitet werden muss.

Relativdruckmanometer

Gemessen wird der Druckunterschied zwischen dem Luftdruck am Messort und dem Betriebsdruck an der Messstelle.

Das unter Druck stehende Fluid wirkt gegen ein elastisch federndes Element (z. B. Rohr- oder Plattenfeder). Mit steigendem Druck wird das Element zunehmend verformt. Die Verformung wird in eine Zeigerbewegung umgesetzt und auf einer Skala angezeigt.

Relativdruckmanometer mit Plattenfeder

Die *Plattenfeder* ist eine *konzentrisch gewellte Membran*, die im Manometer druckdicht befestigt ist. Sie trennt die Druckkammer, die mit der Messstelle verbunden ist, vom Umgebungsdruck.

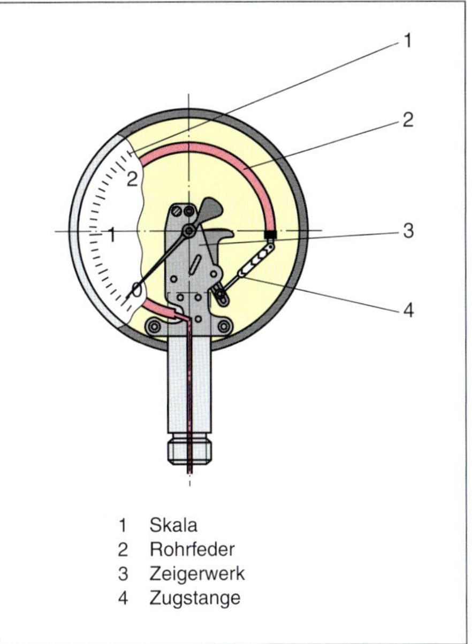

43 Relativdruckmanometer mit Rohrfeder

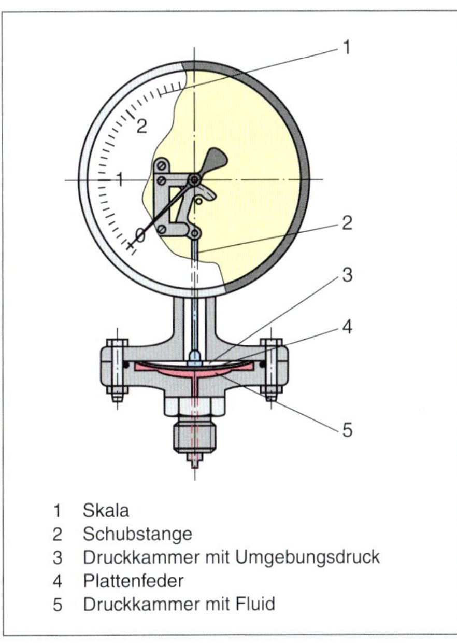

44 Relativdruckmanometer mit Plattenfeder

Die einseitige Beaufschlagung mit dem zu messenden Druck führt zu einer Durchbiegung der Plattenfeder.

Über die Druckstange wird diese Bewegung in das Zeigerwerk übertragen.

Durch einen Anschlag kann die Durchbiegung der Plattenfeder begrenzt und die Feder so gegen Überlastung geschützt werden.

Manometer mit Plattenfeder sind daher besser gegen Überlastung geschützt als Geräte mit Rohrfeder.

10.11 Hydraulische Schaltpläne

■ **Hydraulikplan**

Aufbau und Bezeichnung entsprechen den Pneumatikplänen (basics Mechatronik).

Schaltpläne sind Hilfsmittel, um das Verständnis für den *Entwurf* und die *Beschreibung* einer Anlage zu erleichtern.

Ziel ist es auch, durch eine vereinheitlichte Darstellung Unklarheiten und Fehler während der Planungsphase, der Fertigung, des Einbaus und der Instandsetzung zu vermeiden. Bild 45 zeigt einen solchen Schaltplan.

Schaltschema

Bild 47 zeigt das Schaltschema einer Hydraulikanlage, deren Schaltplan in Bild 45 dargestellt ist. Dies erleichtert die Zuordnung der Symbole zu den hydraulischen Komponenten.

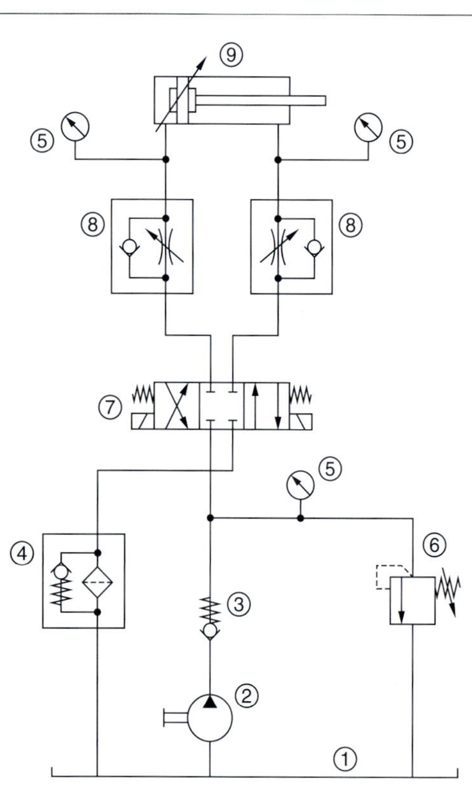

45 Hydraulikschaltplan

Offener und geschlossener Hydraulikkreislauf

Bei Hydrauliksystemen wird zwischen *offenen* und *geschlossenen* Kreisläufen unterschieden.

Im **offenen Kreislauf** wird der vom hydraulischen Verbraucher zurückfließende Volumenstrom aus dem eigentlichen System heraus in den Behälter geleitet.

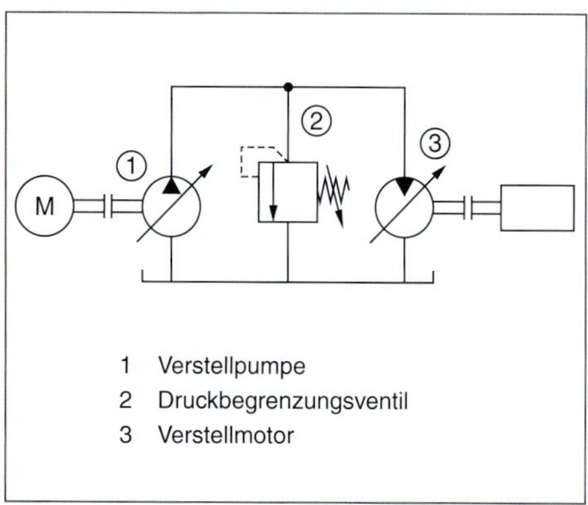

46 Offener Hydraulikkreislauf

Beim **geschlossenen Hydrauliksystem** wird die zurückfließende Hydraulikflüssigkeit vom Verbraucher *direkt* der Pumpe zugeführt.

Je nach *Belastungsrichtung* ergibt sich dabei eine *Hochdruck-* und eine *Niederdruckseite.*

Die *Hochdruckseite* wird über **Druckbegrenzungsventile** abgesichert, die zur Niederdruckseite hin entlasten. Die Druckflüssigkeit bleibt im Kreislauf (Bild 48, Seite 504).

Im Grundaufbau besteht ein **geschlossenes Hydrauliksystem** aus einer **Verstellpumpe** und einem **Verstellmotor**.

Die Antriebsdrehrichtung der Pumpe ist *einseitig,* die Antriebsdrehrichtung des Motors ist *beidseitig.* Der *Schwenkwinkel* der Pumpe ist stufenlos durch die Nulllage verstellbar. Der Motor schwenkt einseitig und ist ebenfalls stufenlos verstellbar.

Die an der Pumpe und Motor vorhandene **Leckage** wird über eine **Hilfspumpe** und zwei **Einspeise-Rückschlagventile** ausgeglichen.

Die überschüssige Einspeisemenge wird über ein **Spülventil** (geschaltet durch die Hochdruckseite) und ein **Druckbegrenzungsventil** zum Behälter geleitet.

Über zwei mit der Hochdruckseite verbundene **Nachsaugventile** kann fehlende Druckflüssigkeit direkt aus dem Behälter nachgesaugt werden.

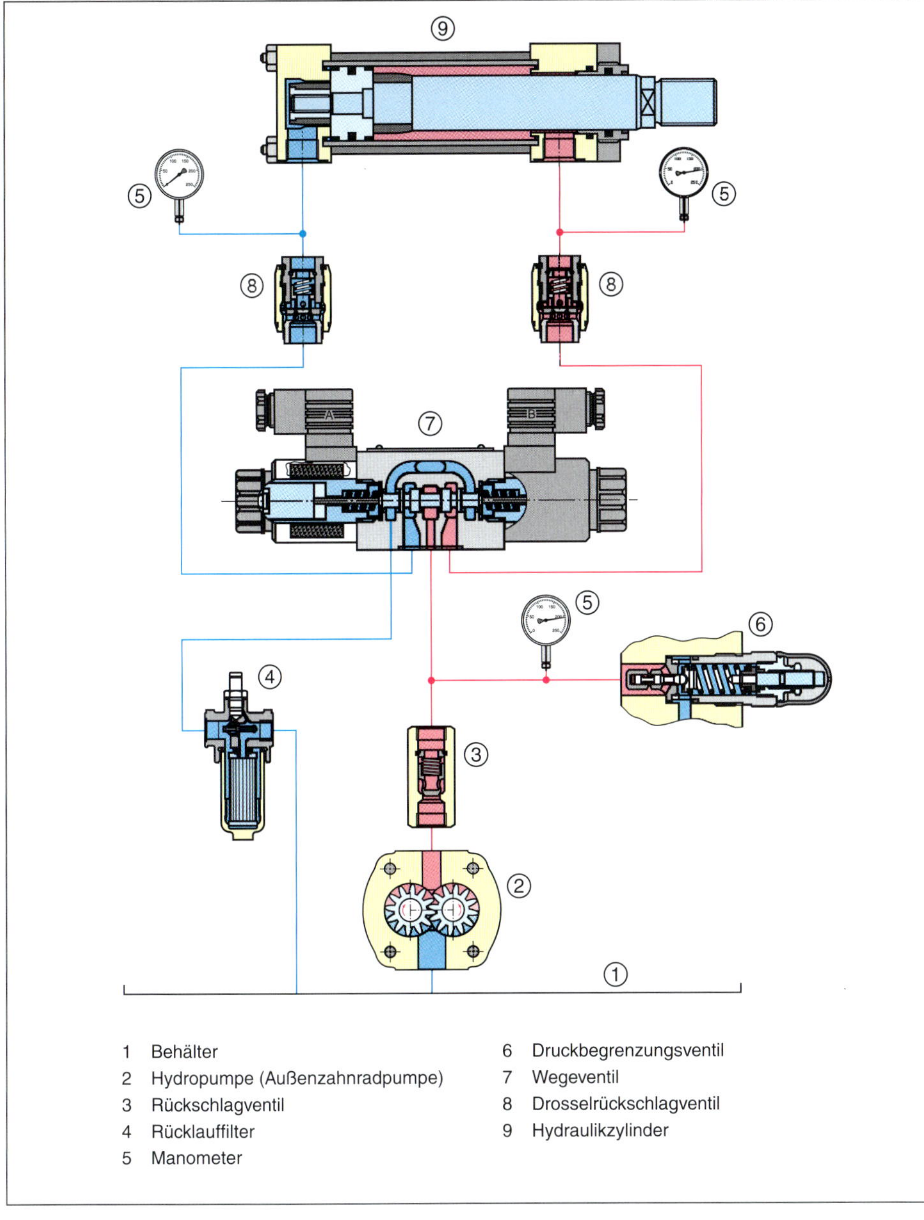

47 Schaltschema der Hydraulikanlage nach Bild 45 (Schaltplan)

Wirkprinzip „Vorgegebener Volumenstrom"

Bei allen hydraulischen Kreislaufsystemen anwendbar, in denen sich der *Volumenstrom* aus der *Drehzahl* des Antriebsmotors und dem *Hubvolumen* der Pumpe ergibt.

Wirkprinzip „Vorgegebener Druck"

Die *Verstellpumpe* wird über eine *Druckregelung* stetig an den *entnommenen Volumenstrom* angepasst. Der Druckregler bewirkt, dass der Systemdruck *konstant* gehalten wird.

Wirkprinzip „Vorgegebener Differenzdruck"

Die Druckdifferenzen durch Pumpenverstellung werden konstant gehalten. Dadurch wird der jeweils benötigte Volumenstrom erzeugt.

Wirkprinzip „Vorgegebene Drehzahl"

Der Volumenstrom wird durch einen drehzahlveränderlichen Antriebsmotor gesteuert oder geregelt.

Wirkprinzip „Vorgegebene Leistung"

Anwendung bei der Begrenzung der abgenommenen Leistung.

Vorsicht!

Unzulässig hohe Kräfte können zum Austritt von Druckflüssigkeit führen.

Unzulässig hohe Kräfte können hervorgerufen werden durch:

Falsch eingestellte Druckventile

Veränderungen z. B. an Druckbegrenzungsventilen

Falsch ausgelegte Ventile (zu schnell schaltend)

Von außen einwirkende Lasten

Unbeabsichtigte Druckübersetzungen an Zylindern

Typische Fehler in hydraulischen Anlagen

Verstopfte Hydraulikfilter

Ventile bleiben durch Verschmutzung hängen

Unerwarteter Anlauf der Maschine durch Antippen/ Auslösen von Positions-/ Endschaltern

Versagen von Ventilen durch Federbruch

@ Interessante Links

- christiani-berufskolleg.de

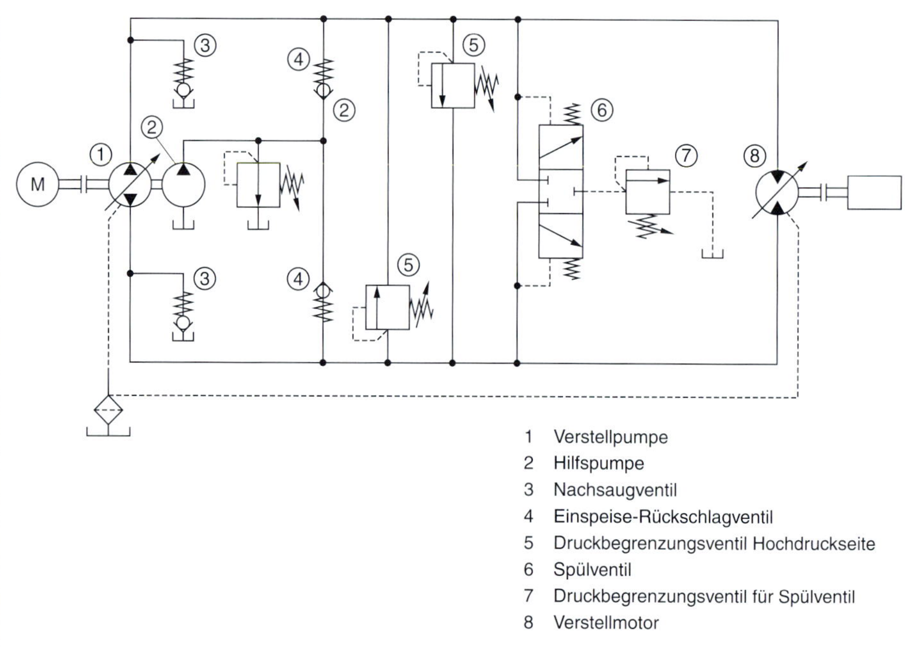

48 Geschlossenes hydraulisches System

Merkmale offener und geschlossener Kreisläufe

Merkmal/Komponente	Offener Kreislauf	Geschlossener Kreislauf
Saugleitungen	große Durchmesser, kleine Längen	anwendungsabhängig
Wegeventile	Nennweiten volumenstromabhängig	kleine Nennweiten zur Vorsteuerung der Pumpe und des Motors
Filter/Kühler	Querschnitte/Baugrößen volumenstromabhängig	kleine Durchflussquerschnitte/Baugrößen
Behältergröße	Mehrfaches des max. Pumpenvolumenstroms	anwendungsspezifisch
Pumpenanordnung	beliebig	beliebig
Drehzahlen	durch Antrieb vorgegeben	hohe Grenzwerte durch Einspeisung
Anordnung/Einbaulage	beliebig	beliebig
Antrieb	Drehzahl durch Saughöhe begrenzt	voll reversierbar durch Nulllage
Lastabstützung	im Rücklauf über Ventile	über den Antriebsmotor
Rückführung Bremsenergie	nein	ja

Prüfung

1. Worauf ist bei Inbetriebnahme einer Hydraulikanlage mit Hydrospeicher besonders zu achten?
2. Welche Vorteile bietet der Einsatz von Hydrofiltern?
3. Warum darf die Druckflüssigkeit keine unzulässige Temperatur annehmen?
4. Unter welchen Voraussetzungen werden Kühler eingesetzt?

10.12 Ventilsteuerungen

Steuerung mit Wegeventilen

Wegeventile stellen *Leitungsvebindungen* her, indem sie einen oder mehrere Strompfade öffnen, sperren oder ändern.

Je nach Anwendung und Aufgabe können unterschiedliche Varianten einer Wegeventilsteuerung verwirklicht werden, die sich in Steuerungsaufbau und Funktion unterscheiden.

Die Steuerung besteht aus den folgenden Hauptbestandteilen (Bild 49):

- *Hydraulikpumpe* fördert den Volumenstrom.
- *Wegeventil* steuert Start und Stopp sowie die Strömungsrichtung.
- *Aktor* (Verbraucher) verrichtet mithilfe des Volumenstroms Arbeit.
- *Druckbegrenzungsventil* begrenzt den Normaldruck (Systemdruck).

In *Mittelstellung* sind bei dem in Bild 49 dargestellten Wegeventil die Kanäle P und T miteinander verbunden.

In dieser Stellung arbeitet die *Pumpe energiesparend*, da sie nur den geringen Druck zur Überwindung der Ventil- und Leitungswiderstände aufbauen muss.

Zu Bild 50:
Beim Einschalten der Hydraulikpumpe befindet sich das Wegeventil in Mittelstellung. Der geförderte Volumenstrom fließt nahezu drucklos in den Behälter zurück.

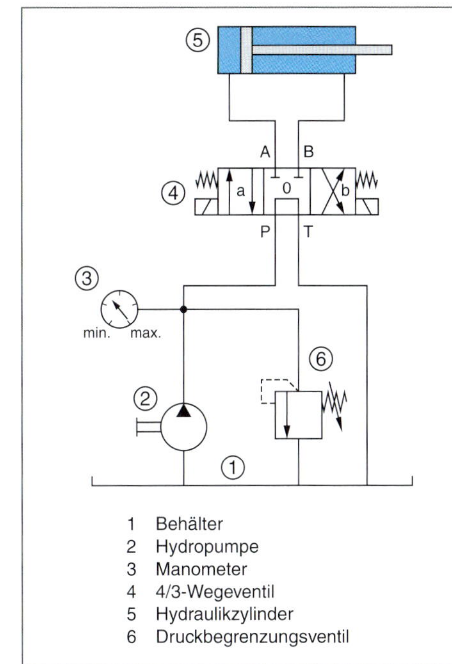

49 Zylindersteuerung mit 4/3-Wegeventil

Bei Betätigung des linken Magneten wird der Steuerkolben des Wegeventils (4) in Stellung a bewegt.

Dadurch werden die Kanäle P mit A und B mit T verbunden.

Der Volumenstrom fließt auf die Kolbenseite des Zylinders und die Zylinderstange fährt aus.

■ **Darstellung von Hydraulikplänen**

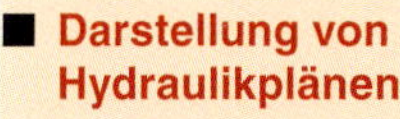

■ **Hydraulikbehälter**

Nimmt den gesamten Ölvorrat auf.

Trägt die Motor-Pumpen-Gruppe sowie die Fronttafel mit den Steuerelementen.

Dient zum Absetzen von Verunreinigungen.

Ermöglichen die Abscheidung von Luft.

Kühlt die Hydraulikflüssigkeit.

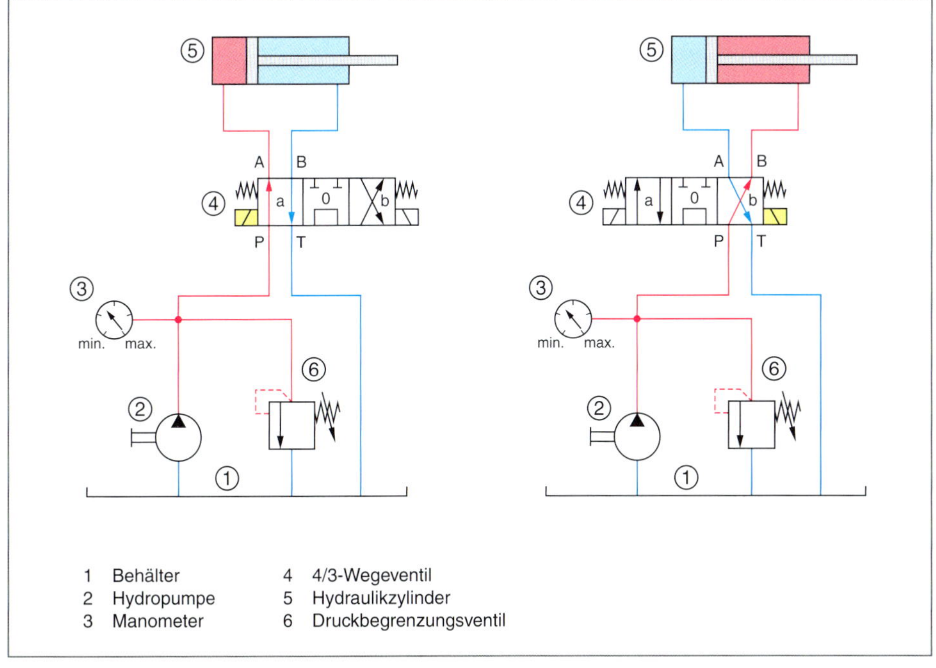

50 Richtungsänderung eines Zylinders mit 4/3-Wegeventil

■ **Darstellung von Hydraulikplänen**

Bei Betätigung des rechten Magneten wird der Steuerkolben des Wegeventils (4) in die Stellung b bewegt.

Dadurch werden die Kanäle P mit B und A mit T verbunden.

Der Volumenstrom fließt auf die Kolbenstangenseite des Zylinders und die Zylinderstange fährt ein.

Nach Abschalten des Magneten bewegt sich der Steuerkolben wegen der Federzentrierung in die Mittelstellung zurück.

Zu Bild 52:
Für die *parallele Ansteuerung* von *mehreren* Aktoren können Ventile mit neutralem Umlauf nicht eingestzt werden, da der gesamte Volumenstrom über das *Umlaufventil* abfließen kann und es somit zu keinem Druckaufbau kommen würde.

Bild 52 zeigt die zu verwendenden Wegeventile bei paralleler Ansteuerung mehrerer Zylinder mit Sperrstellung in Ventilmittelstellung.

Parallele Ansteuerung bedeutet hier *nicht* den *gleichzeitigen* Betrieb der beiden Zylinder.

Selbst dann, wenn beide Ventile geschaltet sind, fährt *zunächst* der Zylinder mit dem *geringsten Lastdruck* aus.

Erst wenn sich an diesen Zylinder ein Druck aufbaut, der dem Lastdruck des zweiten Zylinders entspricht, wird auch der Kolben dieses Zylinders bewegt.

Zu Bild 52:
Wenn Zylinder bei abgesperrtem Druck und äußerer Krafteinwirkung beweglich sein sollen, werden Wegeventile eingesetzt, bei denen sich in Mittelstellung die beiden Kanäle A und B mit dem Behälter (Kanal T) vebunden sind.

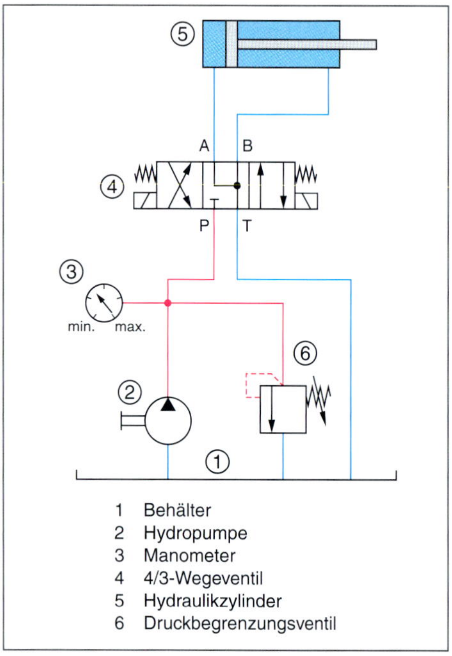

52 *Frei beweglicher Zylinderkolben*

1 Behälter
2 Hydropumpe
3 Manometer
4 4/3-Wegeventil
5 Hydraulikzylinder
6 Druckbegrenzungsventil

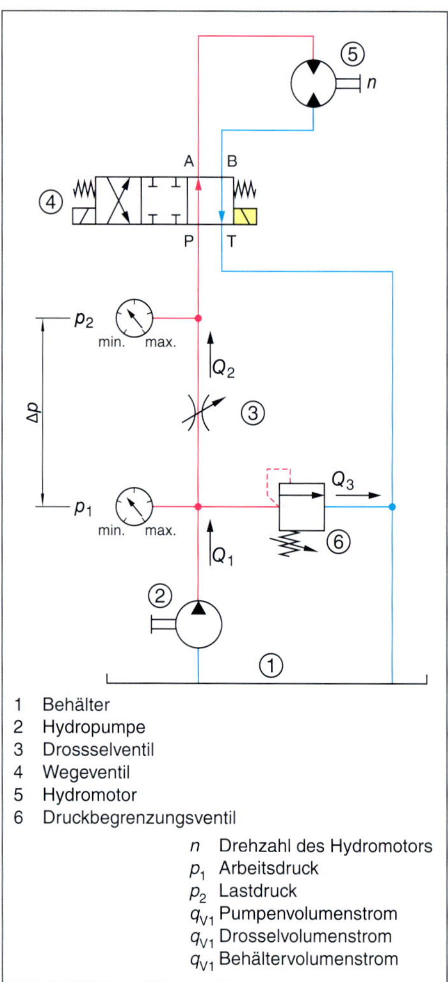

1 Behälter
2 Hydropumpe
3 Drosselventil
4 Wegeventil
5 Hydromotor
6 Druckbegrenzungsventil

n Drehzahl des Hydromotors
p_1 Arbeitsdruck
p_2 Lastdruck
q_{V1} Pumpenvolumenstrom
q_{V1} Drosselvolumenstrom
q_{V1} Behältervolumenstrom

53 *Geschwindigkeitssteuerung mit Drosselventil*

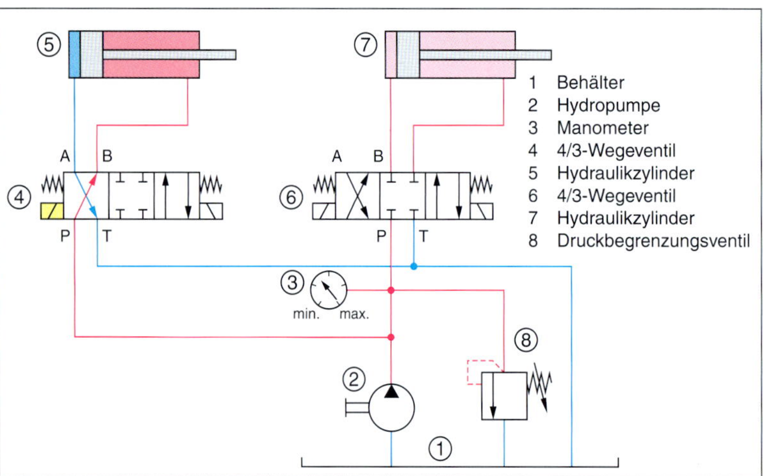

51 *Parallele Ansteuerung von zwei Zylindern*

Zu Bild 53:
In Hydraulikmotoren und Hydraulikzylindern wird Volumenstrom in Drehzahl bzw. Geschwindigkeit gewandelt.

Mit *einstellbaren Drosselventilen* kann der Volumenstrom beeinflusst und somit Geschwindigkeit bzw. Drehzahl gesteuert werden.

Die Steuerung nach Bild 53 stellt eine kostengünstige Lösung dar. Sie wird angewendet, wenn im hydraulischen System nur *konstante Lasten* bewegt werden, oder eine konstante Geschwindigkeit *nicht* erforderlich ist.

Zu Bild 54:
Zur Geschwindigkeitssteuerung können Drosselventile im *Zulauf* (Primärsteuerung) und im *Ablauf* (Sekundärsteuerung) des Zylinders eingesetzt werden.

Steuerung im Zulauf (Primärsteuerung)

Gut geeeignet für Anwendungen, bei denen kontinuierlich eine *Kraft entgegen der Bewegungsrichtung* wirkt oder *Druckkräfte* übertragen werden sollen. Die *Zulaufdrosselung* hat jedoch den Nachteil, dass es bei kleinen Kolbengeschwindigkeiten zu *Ruck-Gleit-Bewegungen* (stick-slip-Effekt) kommen kann.

Steuerung im Ablauf (Sekundärsteuerung)

Gut geeignet für Anwendungen, bei denen sowohl *Zug-* als auch *Druckkräfte* übertragen werden sollen. Der Arbeitsraum des Zylinders steht unter Druck, sodass der Kolben stets eingespannt ist. Dadurch bewegt sich der Kolben auch bei kleinen Geschwindigkeiten *ruckfrei*.

Nachteilig wirkt sich aus, dass die Zylinderdichtungen auch bei geringen Kräften einem *hohen Druck* ausgesetzt sind, was den *Verschleiß* begünstigt.

■ Sekundärsteuerung

Es ist zu beachten, dass es bei ziehenden Lasten während der Ausfahrbewegung eines Differenzialzylinders zu erheblichen Lasterhöhungen kommen kann.

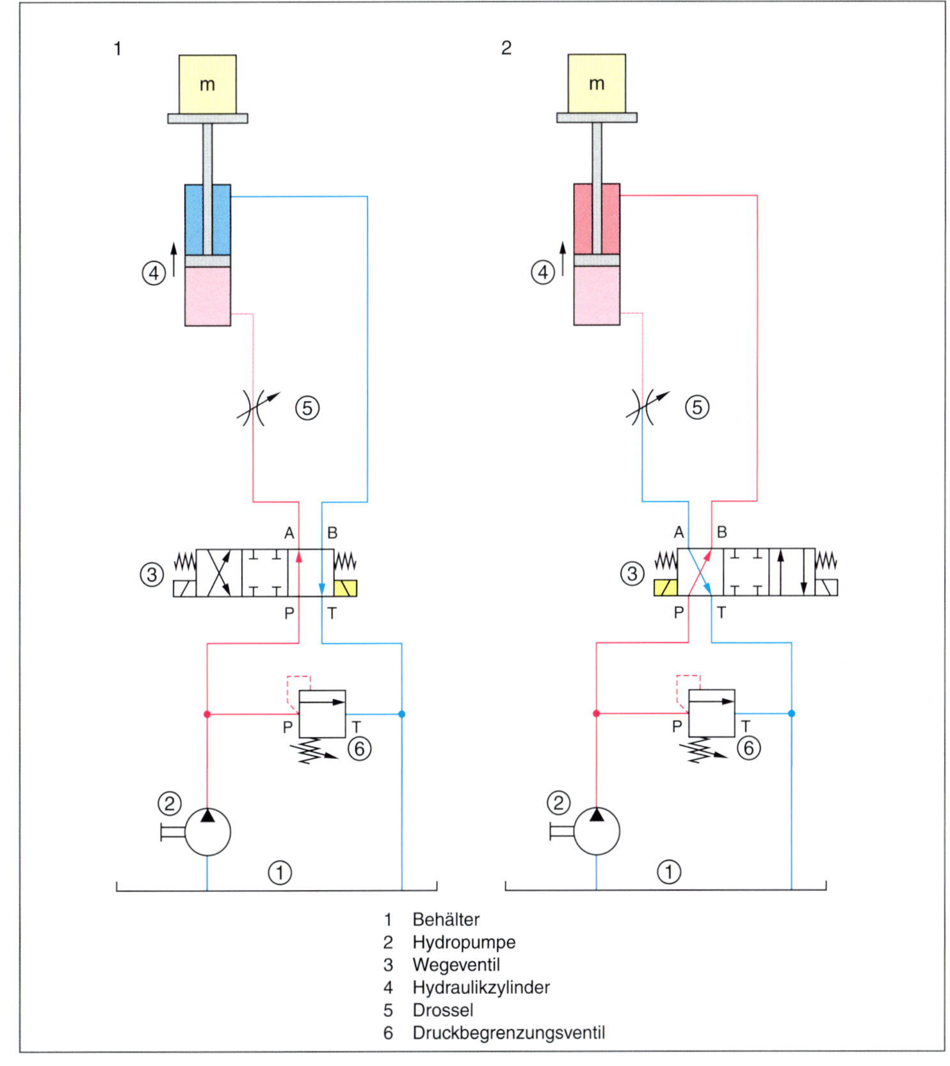

54 Steuerung im Zu- oder Ablauf des Hydraulikzylinders in den Schaltstellungen 1 und 2

Darstellung von Hydraulikplänen

Drosselrückschlagventil

muss immer gegen die Last arbeiten, um eine kontrollierte Kolbenbewegung zu erreichen.

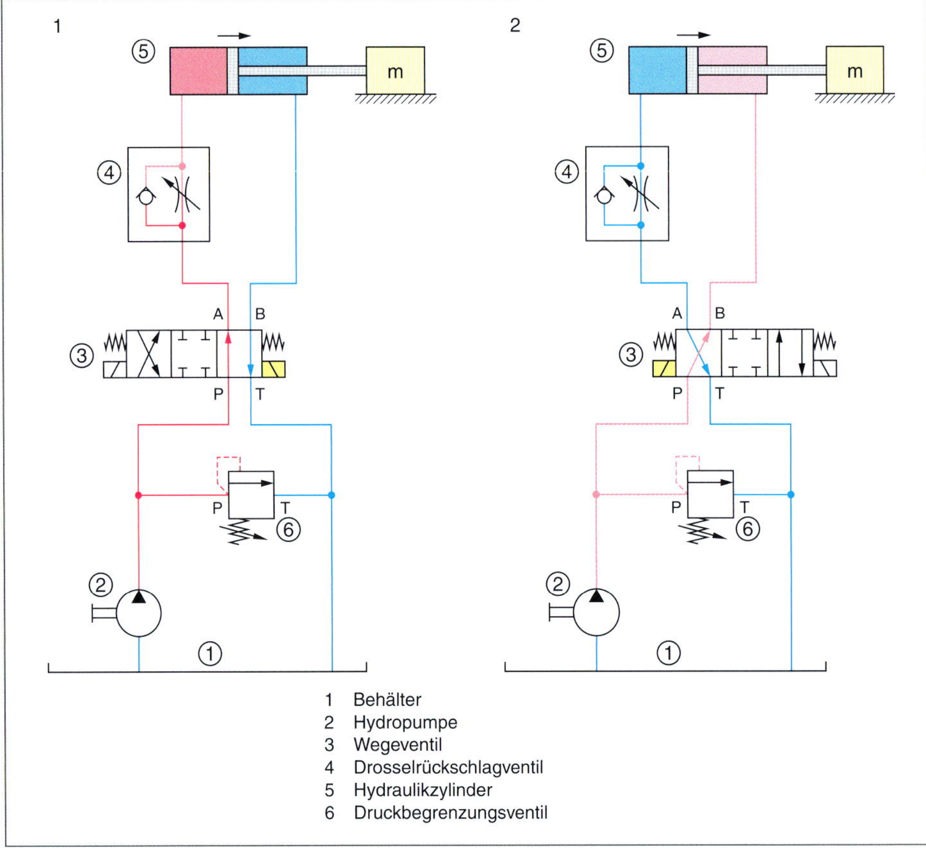

55 Steuerung im Zulauf mit Drosselrückschlagventil in den Schaltstellungen 1 und 2

Zu Bild 55:

Linker Schaltplan 1: Dargestellt ist eine *Steuerung im Zulauf* mit einem Drosselrückschlagventil in zwei Schaltstellungen.

Die Masse *m* übt eine Kraft aus, die der Bewegungsrichtung der Zylinderstange entgegengerichtet ist.

Der Volumenstrom für die Ausfahrbewegung wird durch die *Zulaufdrosselung* gesteuert. Dennoch kann es bei geringen Geschwindigkeiten zu *ruckartigen Bewegungen* kommen. Gründe:

- *Reibkraft der aufliegenden Masse*
- *Dichtungsreibung*
- *Kompressibilität der Druckflüssigkeit*

Rechter Schaltplan 2: Der Volumenstrom für die Einfahrbewegung fließt durch das Rückschlagventil. Der Kolben fährt *ungedrosselt* zurück.

Zu Bild 56:

Der Einbau eines Stromregelventils im *Zulauf ohne Gegenhaltung* eignet sich nicht bei ziehenden Lasten, da es zu unkontrollierten Bewegungen kommen kann.

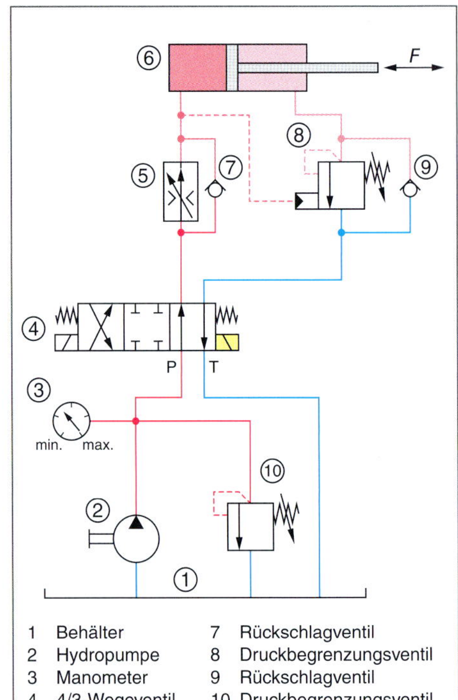

56 Zulaufsteuerung mit Bremsventil

Um dies zu vermeiden, wird ein Druckbegrenzungsventil als *Bremsventil* eingesetzt, das von der Kolbenseite des Zylinders angesteuert wird.

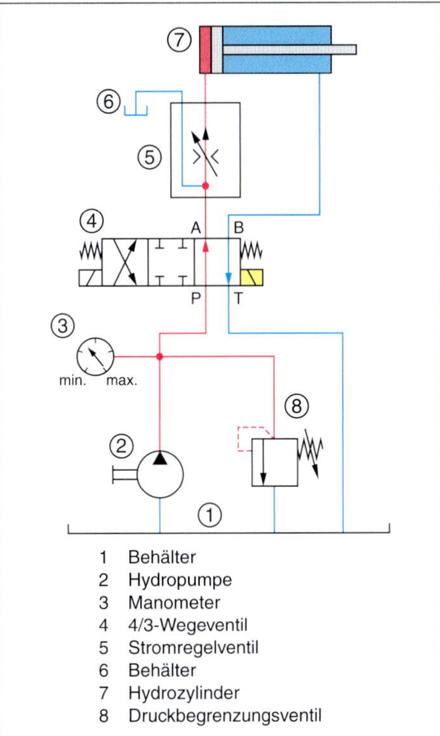

57 Geschwindigkeitssteuerung

Zu Bild 57:

Dargestellt ist die *Geschwindigkeitssteuerung* eines Zylinders mit einem 3-Wege-Stromregelventil.

Solche Ventile können nur im *Zulauf* des Zylinders eingesetzt werden, da der überschüssige Volumenstrom *vor* dem Zylinder in den Behälter abgeführt werden muss.

Steuerungen mit einem 3-Wege-Stromregelventil haben den Vorteil, dass die *Volumenstromteilung* im Ventil stattfindet und nur der zur *Lastbewegung* notwendige Druck aufgebaut wird. Dadurch entstehen geringere Verluste.

Zu Bild 58:

Die Schaltung zeigt den Steuerungsaufbau mit einem 2-Wege-Stromregelventil im Ablauf des Zylinders.

Während der *Ausfahrbewegung* bleibt der Zylinder immer *eingespannt*. Bei ziehenden Kräften können so unkontrollierte Bewegungen vermieden werden. Ein *Voreilen* des Zylinders ist nicht möglich.

Im Zylinder werden aber *hohe Drücke* hervorgerufen, was zu einer hohen Belastung und zum *Verschleiß* der Kolbendichtung führt.

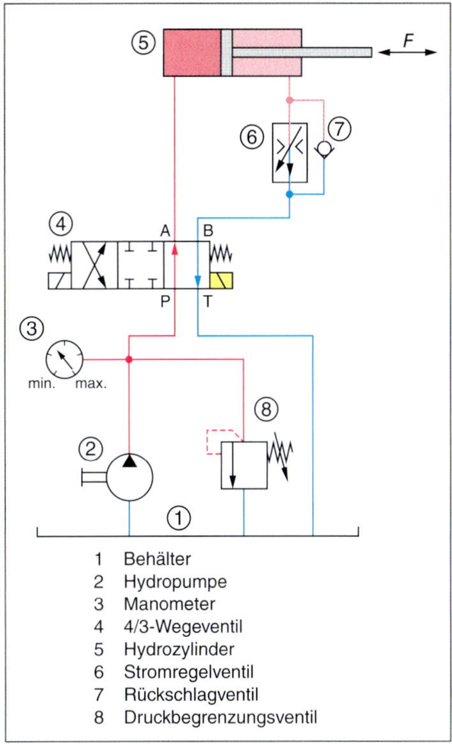

58 Geschwindigkeitssteuerung

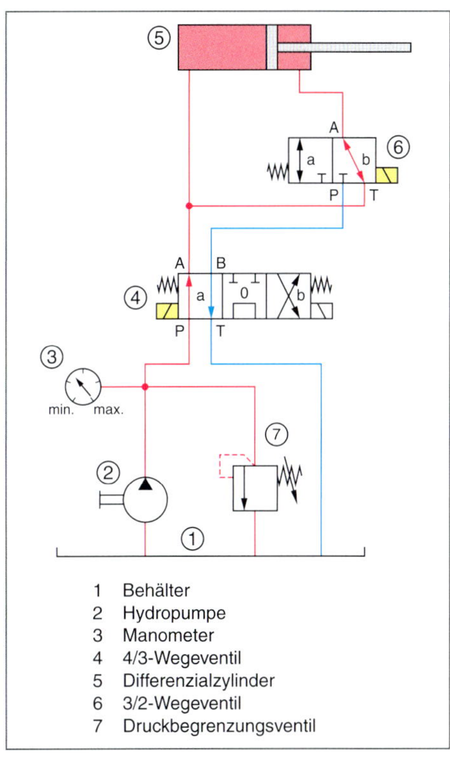

59 Eilgangschaltung

Zu Bild 59:

Eilgangschaltungen werden auch *Differenzialschaltungen* genannt. Sie werden bei Differenzialzylindern eingesetzt.

Darstellung von Hydraulikplänen

Bypass
ist eine Umgehung der Hauptleitung.

Durch die *Verbindung* der *Zu-* und *Abflussleitung* wird am kolbenseitigen Zulauf der Volumenstrom um die an der Kolbenstangenseite abfließenende Druckflüssigkeit erhöht.

Die *Ausfahrgeschwindigkeit* wird gesteigert. Die *Kolbenkraft* ist reduziert, da durch die Verbindung von Kolbenraum und Kolbenstangenraum an beiden Wirkflächen der gleiche Druck herrscht.

Eilgangschaltungen werden eingesetzt, wenn die Ausfahrgeschwindigkeit des Zylinders *unter Beibehaltung des Volumenstroms* erhöht werden soll.

Schaltung nach Bild 58:

In der Ausgangsstellung befindet sich das 4/3-Wegeventil (4) in der Mittelstellung (Umlaufstellung) und das 3/2-Wegeventil (6) in der Schaltstellung a.

Der Zylinder ist eingefahren und die *Eilgangschaltung* ist *nicht* aktiv. Die Pumpe fördert wegen der Umlaufstellung des 4/3-Wegeventils (4) in den Behälter.

Nach Schalten des 4/3-Wegeventils (4) in die Stellung a fließt Volumenstrom zur Kolbenseite des Zylinders. Die Zylinderstange fährt aus.

Das verdrängte Volumen der Kolbenstangenseite fließt über das 4/3-Wegeventil (4) in den Behälter zurück.

Wenn sich das 4/3-Wegeventil in Stellung b befindet, fließt der Volumenstrom der Pumpe zur Kolbenstangenseite des Zylinders, Die Zylinderstange fährt ein.

Durch Umschalten des 3/2-Wegeventils (6) in die Stellung b wird die *Eilgangschaltung* aktiviert.

Wenn dann das 4/3-Wegeventil in Stellung a geschaltet wird, fließt der Volumenstrom auf die Kolbenseite des Zylinders. Die Zylinderstange fährt aus.

Dabei wird das verdrängte Volumen auf der Kolbenstangenseite dem von der Hydraulikpumpe zufließenden Volumenstrom auf der Kolbenseite *zusätzlich* zugeführt.

Die *Ausfahrgeschwindigkeit* der Kolbenstange wird erhöht.

Zum Einfahren des Zylinders wird das 3/2-Wegeventil (6) wieder in die Schaltstellung a und das 4/3-Wegeventil (4) in die Stellung b gebracht. Der Volumenstrom der Pumpe wirkt nun auf die Kolbenstangenseite des Zylinders. Die Zylinderstange fährt ein.

Druckabsicherung in der Nebenstromleitung der Pumpe

Zur **Druckabsicherung** werden in hydraulischen Systemen ein oder mehrere **Druckbegrenzungsventile** eingesetzt. Diese werden i. Allg. in die *Nebenstromleitung* eingebaut (Bypass).

Dies gilt sowohl für die *Druckflüssigkeitsversorgung* als auch für die *Absicherung* der hydraulischen Verbraucher.

Bild 60 zeigt die Druckabsicherung in der Nebenstromleitung einer Hydropumpe.

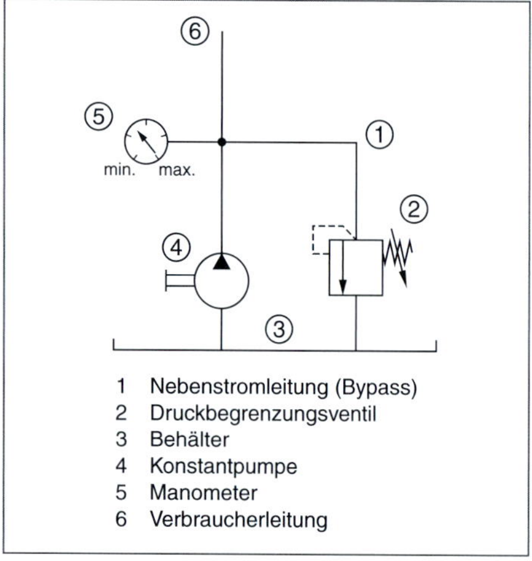

60 Druckabsicherung in Nebenstromleitung

Druckabsicherung bei Einsatz einer Verstellpumpe

Bei Einsatz einer *Verstellpumpe* mit *Druckregler* wird der maximal zulässige Betriebsdruck am Druckregler eingestellt.

Nach Erreichen dieses Drucks schwenkt die Pumpe soweit zurück, bis der geförderte Volumenstrom dem Verbraucher-Volumenstrom entspricht (Bild 61).

Wenn z. B. ein Zylinder auf Anschlag fährt, schwenkt die Pumpe nahezu auf null (nur Ausgleich der inneren Leckage.

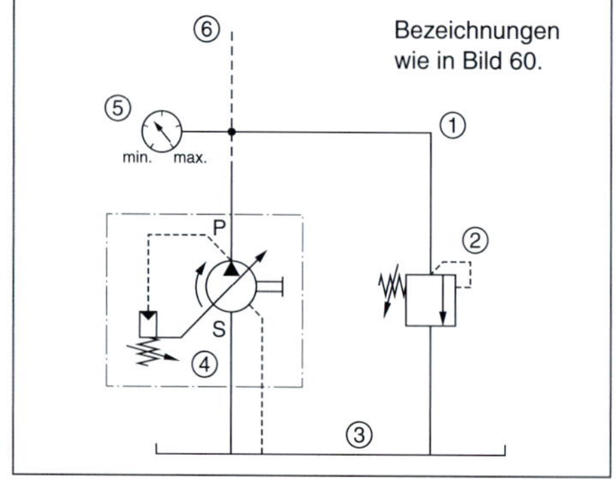

61 Druckabsicherung mit Druckregler

Druckabsicherung am Zylinder

Bild 62 zeigt eine *Druckabsicherung* gegen Zug- und Druckkräfte am Zylinder gegen un*kontrollierte Einwirkung* einer äußeren Kraft *F*.

Steuerung mit Druckschaltern

Druckschalter werden zur Steuerung von Folgeabläufen eingesetzt und haben einen elektrischen oder elektronischen Schalter.

Wenn der voreingestellte Druck erreicht ist, schließen oder öffnen sie einen Kontakt und bewirken ein elektrisches Signal.

Anwendungsbeispiele für Druckschalter:

In *Folgesteuerungen* zum Schalten der *nächsten Stufe* nach Erreichen des eingestellten Schaltdrucks.

Bei der Überwachung der *Filterverschmutzung* zur Warnung bei Überschreiten des Maximaldrucks.

In *Speicherladesteuerungen*, um den Speicherdruck zwischen einem Minimal- und Maximalwert zu halten.

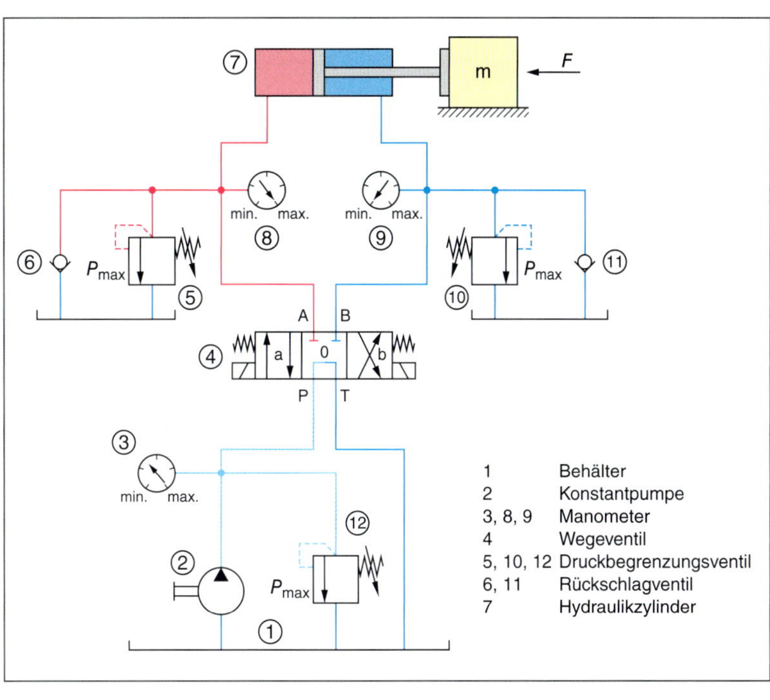

62 *Druckabsicherung am Verbraucher (Zylinder)*

Überwachung der Filterverschmutzung

Die diesbezügliche Schaltung ist in Bild 63 dargestellt.

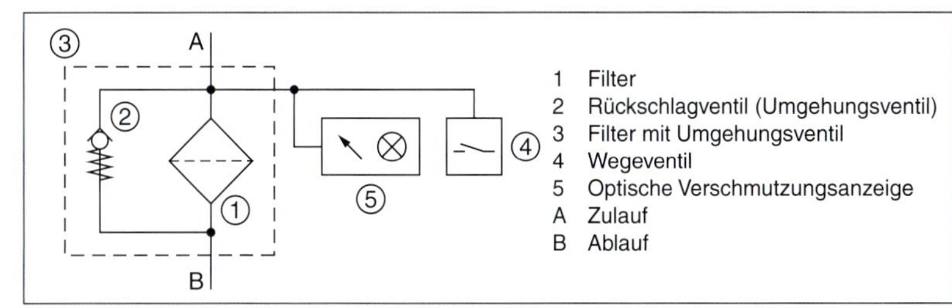

63 *Überwachung der Filterverschmutzung*

Speicher zum Ausgleich von Bedarfsschwankungen

Speicher können einen *schwankenden Bedarf an Volumenstrom* in einer Anlage mit mehreren Verbrauchern ausgleichen.

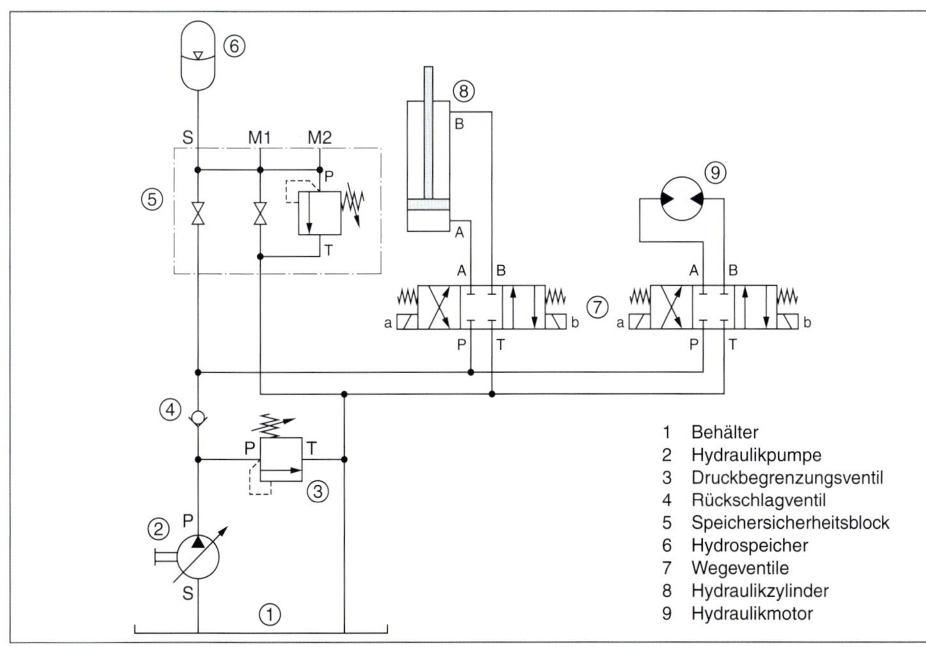

64 *Schwankender Bedarf an Volumenstrom*

■ Hydraulikspeicher

Der Einsatz von Hydraulikspeichern ermöglicht eine Energierückgewinnung.

Außerdem können die Antriebskomponenten in kleineren Baugrößen verwendet werden, die Einschaltdauer lässt sich verringern und die Lebensdauer erhöht sich.

Prüfung

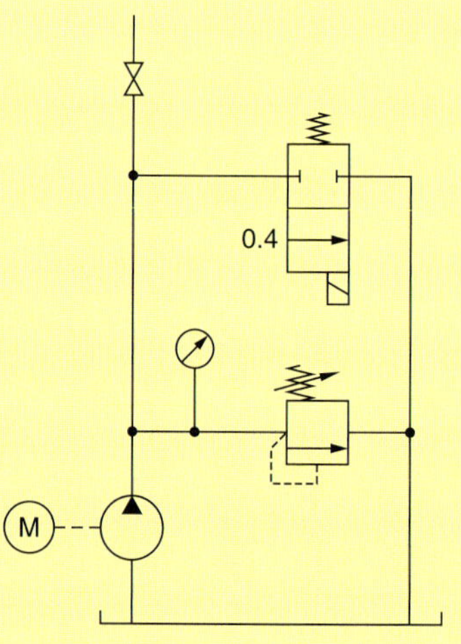

1. Welche Aufgabe hat das Ventil 0.4?
Die hydraulische Anlage soll in Betrieb genommen werden.
Beschreiben Sie die Vorgehensweise.

2. Bestimmen Sie die Kraft F_2 der hydraulischen Presse.

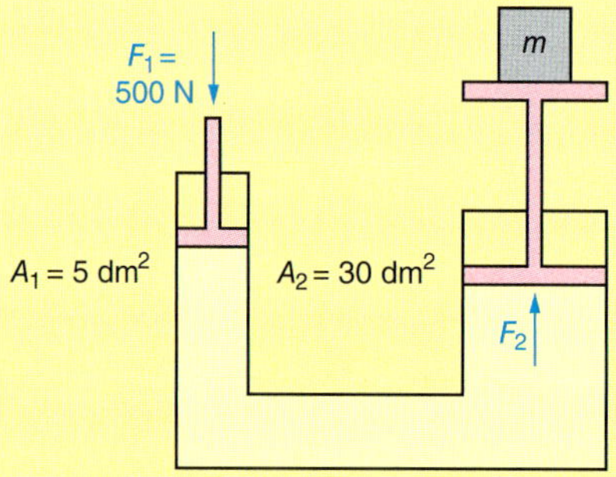

3. Erläutern Sie die Arbeitsweise der Hydraulikschaltung.

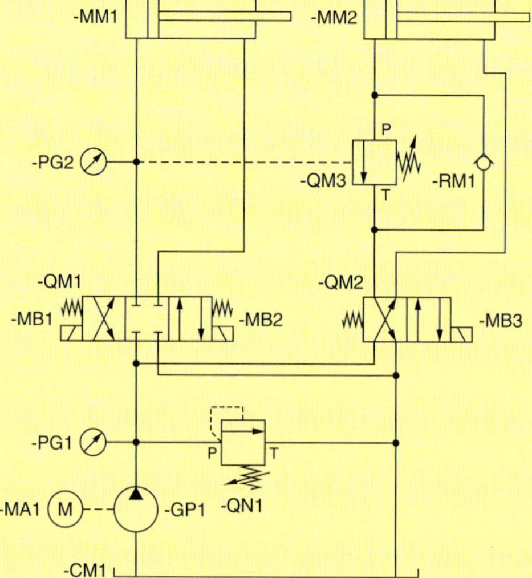

■ **Referenzkennzeichnung**
→ 514

@ Interessante Links
- christiani-berufskolleg.de

Prüfung

4. Welchem Zweck dient die dargestellte Hydraulikschaltung?

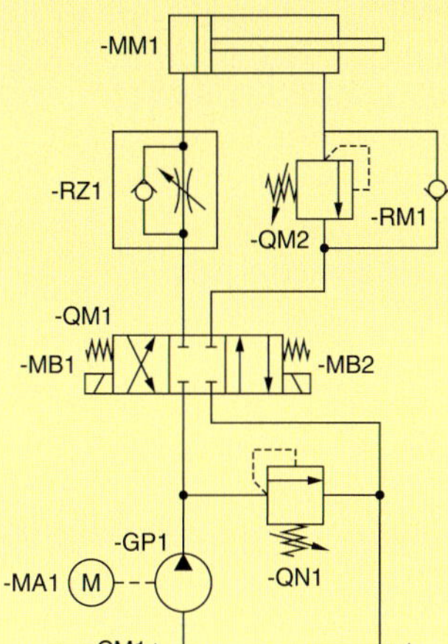

5. Beschreiben Sie die Funktion der Hydraulikschaltung.

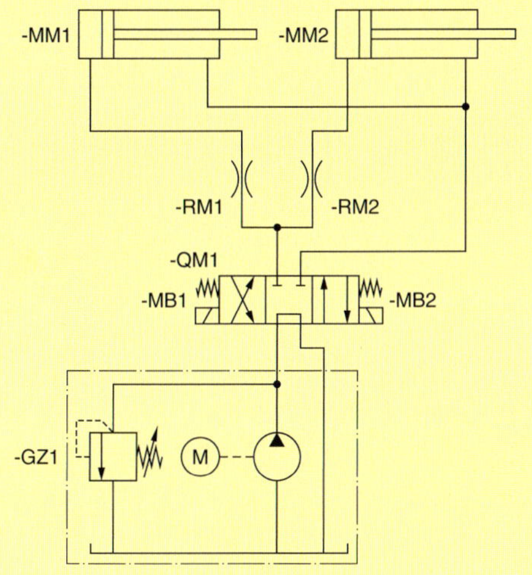

■ **Referenzkennzeichnung**

→ 514

Referenzkennzeichnung in Schaltplänen der Fluidtechnik

Die Normen *DIN EN 81346-1* und *DIN EN 81346-2* haben die Zielsetzung, in allen Schaltplänen der *Elektrotechnik*, *Mechanik* und *Fluidtechnik* ein *einheitliches Kennzeichnungssystem* zu verwenden. Wegen der engen Verknüpfung der Elektrotechnik und Fluidtechnik ist ein solches Kennzeichnungssystem sehr praxisrelevant.

Die Norm *ISO 1219-2* macht Angaben zum *Bezeichnungsschlüssel für die Symbole der Fluidtechnik*. Die *verkürzte Kennzeichnung* besteht aus *Schaltkreisnummer* und *Bauteilnummer*. Zum Beispiel: 0.1

Die Norm *DIN EN 81346-2* beinhaltet auch Angaben in Form von *Kennbuchstaben* für Symbole der Fluidtechnik, zu mechanischen und elektrischen Bauteilen (Objekte genannt).

Diese *Referenzkennzeichnung* gliedert sich in *Haupt-* und *Unterklassen*.

■ **Hauptklasse, Unterklasse**

Oftmals wird im Rahmen der Ausbildung nur die Hauptklasse verwendet.

Haupt- und Unterklasse für Objekte aus allen Technologiebereichen (Auswahl)

Hauptklasse		Unterklasse		Beispiele
A	Mehrere Zwecke, Hauptzweck nicht bestimmt, Kennzeichnung frei wählbar	AA–AE AF–AK AL–AY Z	Elektrotechnik Informationsverarbeitung Maschinenbau Kombinationen	Wartungseinheit, Anlage, PC
B	Eingangsgröße umwandeln in ein zur Weiterverarbeitung verwendetes Signal	G P S T	Eingang: Abstand, Lage Eingang: Druck, Vakuum Eingang: Geschwindigkeit Eingang: Temperatur	Sensor, Tachogenerator, Drehzahlmesser
C	Energiespeicherung	A M	Elektrotechnik Lagerung von Stoffen	Kondensator, Druckspeicher, Hydrotank
E	Strahlung, Wärme, Kälte erzeugen	A Q	Beleuchtung Kälte	Lampe, Wärmeaustauscher
F	Schutz vor unerwünschten Zuständen	B C L	Fehlerströme Überströme Druck	RCD, Überstromschutzeinrichtung, Sicherheitsventil
G	Energieerzeugung, Signal- und Materialfluss	A B L M P Q S T Z	Strom durch mech. Energie Strom aus chem. Umwandlung Fluss fester Stoffe (stetig) Fluss fester Stoffe (unstetig) Fluss fließfähiger Stoffe Fluss gasförmiger Stoffe Fluss durch Treibmedium Fluss durch Schwerkraft Kombinierte Angaben	Generator, galvanische Elemente, Pumpe, Kompressor, Lüfter, Hydraulikaggregat, Lüfter, Drucköler
H	Neue Art von Material oder Produkt erzeugen	L Q W	Zusammenbau Filtern Mischen	Handhabungsautomat, Filter, Rührwerk
K	Verarbeitung von Signalen und Informationen	F H K	Elektrische Signale Fluidtechnische Signale Verknüpf. untersch. Signale	Hilfsschütz, Relais, Zeitrelais, Vorsteuerventil
M	Bereitstellung mechanischer Energie zu Antriebszwecken	A B M S	Elektromagnetismus Magnetismus Fluidische Kraft Chemische Umwandlung	Elektromotor, Ventilspule, Pneumatikmotor, Hydraulikmotor
P	Information darstellen	F G H	Einzelzustände, visuell Einzelvariablen, visuell Text- und Bildform	Leuchtmelder, Anzeigegerät, Manometer, Monitor, Drucker
Q	Schalten und Verändern von Energie- und Signalfluss	A B M N	Elektro, schalten, variieren Elektro, trennen Fluss, schalten Fluss, ändern	Hauptschütz, Hauptschalter, Wegeventil, Schnellentlüftungsventil, Druckbegrenzungs- und Druckregelventil

Haupt- und Unterklasse für Objekte aus allen Technologiebereichen (Auswahl)

R	Begrenzen, Stabilisieren	**M** **N** **P** **Z**	Rückflussverhinderung Durchflussbegrenzung Schalldämmung Kombinierte Angaben	Drossel, Rückschlagventil, Schalldämpfer, Drossel-Rückschlagventil
S	Signalwandlung durch Handbetätigung	**F** **J**	In elektrisches Signal In fluidtechnisches Signal	Schalter, Taster, handbetätigtes Ventil
T	Umwandlung von Energie, Signal oder Form eines Materials	**A** **B** **M**	Energieform beibehalten Energieform ändern Spanabhebung	Transformator, Netzteil, Werkzeugmaschine
U	Objekte in definierter Lage halten	**B** **Q**	Elektrische Leitungen Montage/Fertigung	Leitungskanal, Greifer, Sauger
V	Produktverarbeitung	**L**	Abfüllen von Stoffen	Fülleinrichtung
W	Leiten und Führen	**N**	Ströme	Druckluftschlauch
X	Verbinden	**M**	Flexible Umschließungen	Schlauchkupplung

Beispiele

Bezeichnung	Bedeutung (zum Beispiel)
BG	Näherungsschalter
BP	Druckschalter
KF	Relais
KH	Fluidregler
MB	Betätigungsspule (Elektromagnet)
MM	Fluidzylinder
QA	Schütz, Leistungsschalter
QM	Wegeventil
RN	Drossel
RZ	Drosselrückschlagventil
SJ	Ventil, handbetätigt
CM	Hydrauliktank
GZ	Hydraulikaggregat
MA	Elektromotor
PG	Anzeigeeinheit
PF	Meldelampe
RM	Rückschlagventil
QN	Druckbegrenzungsventil

Aufbau des Referenzkennzeichens

–	R	Z	1
Das Vorzeichen definiert den Kennbuchstaben als: – Produkt, Komponente + Einbauort = Funktion	**Hauptklasse:** 1. Kennbuchstabe **R**: Begrenzen	**Unterklasse:** 2. Kennbuchstabe **Z**: Kombinierte Aufgabe	**Zählnummer:** Fortlaufende Nummer für gleichartige Bauteile
–RZ1 bezeichnet ein Drosselrückschlagventil.			

11 Englische Aufgaben – Elektrotechnik

Übersetzen Sie die englischen Texte.

1. A flexible manufacturing system (FMS) is a group of numerically controlled manufacturing devices which are linked via a shared work piece transport system and a central control system.
This enables automatic machining of various work pieces in a family of parts in a variety of quantities and sequences or interruptions via manual operating processes.

2. Industrial robots are handling units with freely-programmable control systems, whose movement sequences are defined by a program. The program contains the path and operating commands for moving the robot axes. It is possible to re-program the movement sequence without changing the hardware.

3. Inspection
Activity such as measurement, investigation, dimensional check of one or several characteristics of a unit and *comparison* of the results with defined requirements in order to determine the conformity of each characteristics.

4. Quality audit
Systematic and independent investigation to determine whether the quality-related activities and therefore the interrelated results correspond to the planned requirements, and whether these requirements are in fact put into practice and the suitable for achieving the objectives.

5. Gauging
Gauging is determining whether specific lengths, angles or forms of an object being tested are within specified limits or the direction in which it exceeds these.
The extent of the deviation is not determined. The limits are defined by material measures or form measures, referred to as gauges.
Limit gauging requires two material measures, one for each limit of size.

6. The quality of a product is crucial for its competitiveness. Quality is the extent to which the product characteristics match the product requirements.
The measure for the quality is the deviation of the desired *properties* (requirements) from the actual properties (process result).

7. Quality planning
Conversion of product requirement into quality characteristics.
Defining the necessary tolerances for the characteristic values taking the manufacturing options and costs into account.
Preparation of inspection schedules with detailed instructions.

Quality control
Authorizing and monitoring the measures and requirements defined as part of the quality planning.
Introduction of corrective and staring action if the quality requirements are not met.

Quality inspection
Implantation of the inspections defined in the quality planning.
Evaluation of the inspection results, forwarding of evaluations to quality planning and quality control.

Quality requirement
Training and motivation of employee.
Preparation of quality reports and quality guidelines.
Establishing work conditions that lead to quality improvements.

8. Pareto chart
The Pareto chart is based on the established fact that most effects of a problem are often attributable to a small number of causes.
It is a bar chart in which the causes of problems are arranged according to significance. The larger the bar, the more important the corresponding category is. Elimination of this represents the greatest opportunity for improvement.

9. Pneumatics
The air energy source is indicated by three state variables:
Pressure, volume and temperature.
The correlation between these variables is described by the ideal gas equation.

10. Double acting cylinder
Compressed air is applied to the piston on alternate sides. A working stroke is possible on both sides of the piston.
The piston speed can be set in both directions (with dumping). However, forces of different magnitudes result when extending and retracing (with adjustable damping).

11. Electro-pneumatic control systems
Electro-pneumatic control systems are identified by combining electrical signal inputs and signal processing in conjunction with generating pneumatic movement and force.
Both systems' interfaces form the general solenoid valves.

12. When button S1 is pressed briefly, the cylinder piston extends. It remains in the front stop position until a second signal (S2) returns the piston to its starting position.
The signals must be stored electrically if you use a directional valve with spring reset.

13. If the state at the input changes from "0" to "1", then the output takes the state "1" after time t_V.

14. Digital multimeters measure voltages, currents, resistances, frequencies and capacitance. Reading errors cannot occur with this type of device. The dual slope method is used.

The number of pulses is thereby proportional to the measured voltage. Digital measuring instruments have a very large input resistance. As a result, it is almost impossible to destroy the measuring instrument by applying a voltage that is too high.

An accuracy class is not specified. The possible percentage deviation is specified in digits. One digit is thereby the smallest measuring digital measuring step shown.

15. Voltage measurement
Voltage is always measured between two points. The two connection lines of a measuring instrument can be connected to the measuring point without changing the device or the circuit.

16. Power measurement
Measuring procedure

- Disconnect the system.
- Be aware of small contact resistances in the current circuit.
- set measured values with the current and voltage range switches.
- set the measure type switch to AC or DC.
- Switch the system on.
- Carry out the measurement.
- Disconnect the system.
- Disconnect the measuring device.

17. Sensors detect physical quantities which are fed to the signal processor (closed and open-loop control system).
They are the decisive factor in the performance of closed or open-loop control systems.

18. Absolute rotary encoder
A defined coded numeric value is output to each angle.
This code value is available immediately once it is switched on.

Single-turn rotary encoder
After on revolution, the measured values repeat.

Multi-turn rotary encoder
These detect several revolutions as well as angular position.

Rotary encoder
For recording mechanical positions, for example for turrets. Excellent mechanical safety, optical initial position display for defining the zero point, high positioning speed.

19. Pressure sensors
Piezoresistive, inductive or strain gauge-based sensors are used to measure static and dynamic pressure curves, over pressure, differential pressure and absolute pressure.

In the case of over or under pressure measurement, one side of the measuring element is subjected to atmospheric pressure.

In the case of differential pressure measurement, both sides of the measuring elements are subjected to pressure p_1 and p_2 respectively.

In the case of absolute pressure measurement, on side of the measuring element must be evacuated or supplied with a constant reference pressure.

20. Inductive proximity switch
The oscillator produces a high-frequency electromagnetic field, which is emitted at the sensor active face.

If electrically conductive materials enter the area of influence of the field, then the oscillator is damped and the threshold switch is activated.

Rated operation distance
Determines how far electrically conductive substance may be from the active face of the sensor in order to ensure a faultless switching process.

21. Capacitive proximity switches
The resonant circuit capacitance changes due the influence of materials in front of the active face. The oscillator is damped and the Schmitt trigger is activated.
The rated operating distance is generally based on a water surface. The operating distance can be changed by setting potentiometer.
Do not operate the sensor with max. sensitivity as the effect of disturbance variables increases with the sensitivity. Contamination on the active face may change the operating distance.

22. Ultrasonic sensors
A piezoceramic transducer emits ultrasonic pulses. If the pulse are reflected by an object, the transducer can receive the echo and convert it into a signal for evaluation.
The range lies between 6 and 600 cm. All materials which can reflect ultrasonic waves can be detected. The objects to be detected can approach the detection come from any direction.
The sound propagation time depends on the air temperature and air humidity.

Ultrasonic sensor with evaluation device

- Distance from 6 to 99 cm with 1 cm resolution.
- Distance from 80 to 600 cm with 10 cm resolution.
- Switching output (contactor or PLC).
- Digital output in BCD code or as a 8-bit binary digit for distance measurement.
- Analogue output (4 – 20 mA) for distance detection.

23. Optoelectronic sensors
Optoelectronic sensors essentially consist of a light emitter and a receiver. They respond to changes in brightness of the received light caused by objects in the light beam.
The evaluation of the change in brightness produces a switching signal.

- Light on: Output in the case of active light incidence.
- Dark on: Output in the case of active beam interruption.

Optoelectronic sensors work with modulated light. This prevents outside influences such as sunlight and light sources from having an effect.

24. Contactors
Contactors are electromagnetic switches.
If control current flows through the contactor coil, it attracts on iron armature.
The contactor's contact elements are then actuated: Normally open contacts are closed, normally closed contacts are opened.
The preferred values for the control voltage are 24 V, 230 V.

Main contactors
Main contactors (load contactors) are suitable for directly switching load currents (e. g. for electric motors). They have three main control elements. Generally, they are also equipped with auxiliary contact elements. (e. g. for latching).

Auxiliary contactors
Auxiliary contactors have the same basic structure as main contactors. However, they only have auxiliary contact elements, which can only handle low loads (10 A, 16 A).
Auxiliary contactors are used for locking and logic operations. They are also used for contact multiplication.

25. Marker-brackets
Markers are 1 bit memories, which can store the signal states "0" or "1" (bit memory).
Retentive markets are batters buffered and therefore protected against voltage failure.
Markers can be queried like inputs and set like outputs. Bracket operations determine the processing order for the binary logic operations.

26. Querying NC contacts
NC contacts must be used for safety-related switch-off operations (wire break protection).
An actuated NC contact supplies the signal state "0" to the control system.
In case of binary signal processing, the PLC can only differential between the signal states "0" and "1" at its inputs.
For example, if a control operation (e. g. stop) is to be triggered by an NC contact then the corresponding input must be negated.

A control operation should:

- be triggered by the signal state "1": query for signal state "1"; no negation.
- be triggered by signal state "0": query for signal state "0"; no negation.

27. Sequencer principle

- In general, only one step is ever active.
- When setting the successor step, the predecessor step must be reset
- The successor step is activated if the predecessor step is already set and the associated transition has the Boolean value TRUE.
- The first step is the successor of the last step (chain is closed).

Sequencer flow

1. Predecessor step is set?
2. Associated transition is satisfied?
3. Then set successor step!
4. Successor step is set?
5. Then reset predecessor step!

28. In de case of a simultaneous branch, all parallel branches are run through simultaneous. Only when all the final steps of the branch are active, can a transition initiate the exit from the branch.

29. Analogue value processing
Analogue signals can take almost any value between technical limits.

The amount of technically possible range values depends on the resolution.
If the resolution is 10-bit, then $2^{10} = 1024$ interim values are possible.
A higher resolution increases the number of interim values and thereby increases the accuracy.

30. On-off control system
The manipulated variable can only take two states in these type of control systems: on and off.
On-off-controllers are used when fluctuations between an upper and lower limit value are permitted.
However, to do so, the control processes must have sufficient energy storage capacity (temperature control processes).

On-off controllers are switching controllers (on and off).
The controlled variable oscillates about the setpoint *w*.
The amplitude and oscillation period increase with the ratio T_U/T_g of the control process and the differential gap x_d of the controller.

31. CE marking
The CE mark indicates conformity with European directives.
The minimum requirements of the applicable European directives relating to safety and health protection are satisfied.
The CE mark must be applied in such a manner that is visible, legible and indelible.

32. Emergency control device
Emergency control devices are designed to eliminate hazardous situations as quickly as possible. In doing so, they must not create any addition hazards.
The operating elements of an emergency control device must be red.
The surface behind or beneath the operating elements must be yellow.
Mushroom-head push-buttons and trip wires are permitted as operating elements.
When actuated, emergency control devices must mechanically latch in place in such a way that the system can only be re-started once it has been manually released.
The emergency stop command always requires the involvement of an person, it is not an automatic command.

33. Two-hand locking
For situations where unintentional repetition of an operation cycle could jeopardise operating personnel.

Start: command issued with both hands; buttons must be actuated for the entire duration of the operating cycle.

The push-buttons must be actuated together within a brief period (0.5 s).

Before the next operating cycle begins, booth buttons must be released and re-actuated.

34. Shock-hazard protection
Finger-safe is an item of electrical equipment whose live parts cannot be touched with a straight test-finger under defined conditions.

The dimensions of the test finger are oriented towards the dimensions of a human-finger:

- Length: 80 mm
- Diameter: 12 mm
- Angle of tip: 32°

35. Protection class II
Reinforced or additional insulation in addition to basic insulation prevents dangerous voltages arising at exposed parts if a fault develops.

- All conductive parts of the basic insulation must be enclosed by an insulation envelope (at last IP 2x).
- Conductive parts within the envelope may only be connected to the protective conductor providing this is envisaged in the standards for the relevant equipments.
  Protective conductor connections are permitted for the purpose of looping through.
- If the connection cable contains a protective earth, this must be connected in the plug, and not in the equipment.
- Use of genuine spare parts is advisable.

36. The RCD monitors down stream equipment continuously for possible fault currents. If the fault currents reaches a specific value, the RCD disconnects all poles (including N).

A summation currents transformator checks whether the incoming and outgoing currents correspond. If this is not the case, the residual current device trips at a specific fault current intensity (at $I_{\Delta n}$ at the latest).

This fault current is the rated differential current $I_{\Delta n}$. The RCD must trip after 200 ms at the latest with this current.

37. Maximum allowable concentration (MAC) The maximum allowable concentration states the concentration at which a substance is generally expected to have an acute chronic effect on health. This is based on a given reference period. An 8-hour exposure every day 5 days a week for duration of working life. Peak limits (intensity and duration) are defined for short-term exposures.

38. The days in which the purpose of maintenance was simply to carry out repairs and eliminate problems are long gone.

The demands of modern production plants are much higher as failure and downtime costs of machines and systems could potentially be much higher then the costs of maintenance.

The primary objective must be minimise machine and plant down times resulting from failure losses due to defects.

Of course, to achieve this objective, investment is also required.
However, it is possible to achieve a high machine and plant availability with comparatively low overheads, this tastes a worth carrying out.

When maintenance is properly carried out this
- reduces production costs,
- increases the capacity utilisation of the machine and plant,
- safeguards the reliability of operations.

Inspection
Determining and assessing the actual condition in order to avoid fault.

Maintenance
Measures for preserving the desired condition in order to avoid malfunctions.

Servicing
Measures for restoring the desired condition involving reconditioning or replacement of part based on the inspection result.

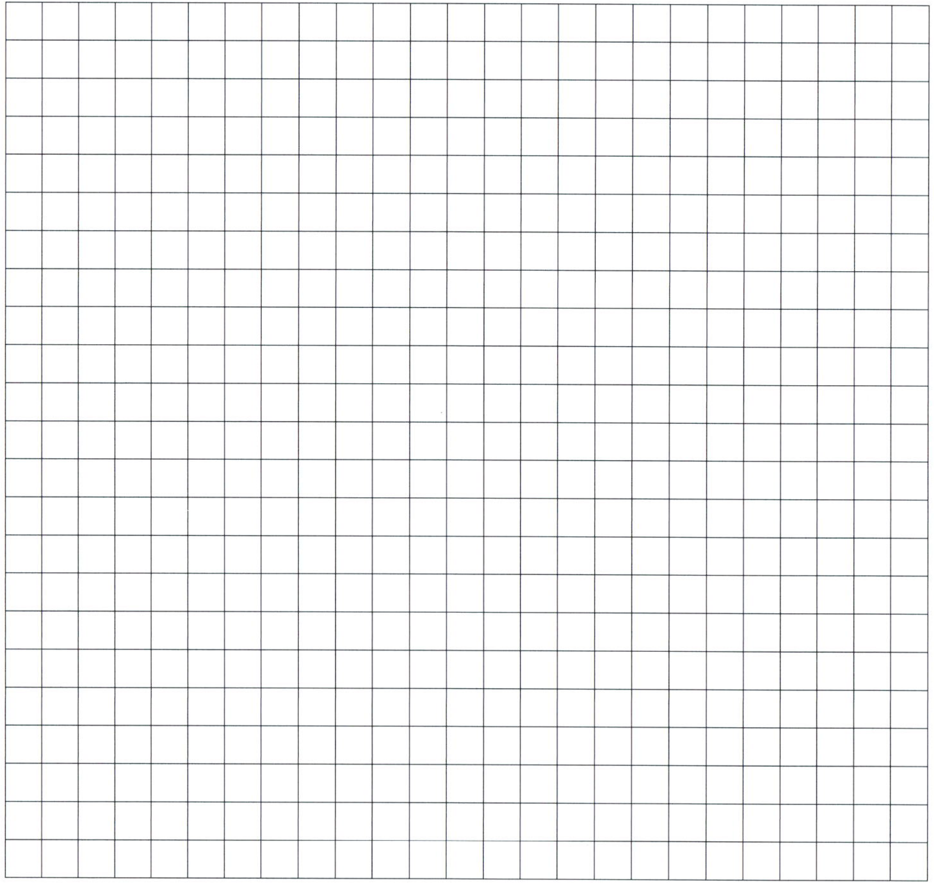

12 Englische Aufgaben – Metalltechnik

Übersetzen Sie die englischen Texte.

1. The tolerance zone is the interval between the minimum and maximum dimension.
In the graphic representation this is the zone bounded by the maximum and minimum dimension lines. It specifies the tolerance in terms of its size and position in relation to the zero line. The tolerance zone can be at any position in relation to the zero line.

2. Grooved pins are keyed and friction locked connecting elements. They are used as connecting pins. These pins are firmly seated in the locking hole with a recommended tolerance class of H11.
Material: St = free-cutting steel, hardness 125 to 245 HV 30, automatic Steel A1 to DIN EN ISO 3506-1, hardness 210 – 200 HV 30.
Surface characteristics: As manufactured, normally bare, treated with protective oil. The shearing test to ISO 8749 must be carried out to determine the shearing strength.

3. Manufacturing processes (Main groups)

Main group 1
Primary shaping
The manufacture of a *solid body* from a *shapeless material* by creating cohesion In doing so, the *material characteristics* become readily apparent. *For example*: Casting of metals and plastics, powder compaction and sintering.

Shapeless materials are gases, liquids, powder, fibres, chips granules, etc. including a quantity of loose particles with a geometrically definable shape.

The *cohesion* relates to both the particles of a solid body as well as the components of an assemble body.

Main group 2
Forming
Manufacturing though plastic *deformation of the shape* of a solid body while preserving mass and cohesion. *Examples*: bending, forging, swaging, rolling.

Main group 3
Separating
Manufacturing by *changing the shape* of a solid body, whereby the *cohesion is destroyed locally*. The final shape is contained in the original shape. Disassembly of assembled bodies is also included in this group. *Examples*: cutting, punching, turning, grinding disassembly.

Main group 4
Joining
Joining is *durably connecting* or otherwise *bringing together* two or more workpieces of geometrically defined solid shape or such workpieces to shapeless substances. In doing so, *cohesion is created locally* and increased overall. *Examples*: welding, soldering, gluing, screwing, riveting.

Main group 5
Coating
Applying an adhesive layer of shapeless substance to a workpiece. Examples: vapour deposition, painting, surface welding power spraying.

Main group 6
Changing material characteristics
Manufacturing by changing the *characteristics of the material* of which a workpiece consists. In general, this is carried out through changes on the *submicroscopic* or *atomic* level; for example through the diffusion of atoms, the generation and motion of dislocations in the atomic lattice, chemical reactions. *Examples*: hardening, tempering magnetisation, carbonisation and decarbonisation.

4. Planing tools
In general the shape of planing tools is similar to that of lathe tools. The same factors that supply to the lathe tools also apply to the shape of cutting wedge of the planing tool. The cutting wedge is defined by the same surfaces, cutting edges and angles.

5. CNC machine tools are basic components of flexible manufacturing systems, from which computer-integrated production systems can be established by linking throughout the material and information flow.
CNC machine tools are programmable production equipment, which be quickly switched over the adapt to changing machining tasks. The machining sequence is processed in steps by a program (with the aid of a numerical control system, the CNC control system).

6. Flexible manufacturing systems (FMS) is a group of numerically manufacturing devices which are linked via shared workpiece transport system and a central control system.
This enables automatic machining of various workpieces in a family of parts in a variety of quantities and sequences or interruptions via manual operating processes.

The fundamental elements of flexible manufacturing systems are machining centres and turning centres, which result from the increase in the degree of automation from CNC-machines.

By gradually increasing the degree of automation, the following concepts for flexible manufacturing devices are developed from these basic elements:

- Flexible manufacturing cell
- Flexible manufacturing island
- Flexible manufacturing system
- Flexible production line

7. Industrial robots are not simply handling units, they are also automatic production machines (e. g. for welding spraying, screwing, gluing, coating).

Industrial robots are automatic working machines equipped with grippers or tools for handling or machining workpieces. The work with several movement axes.

The sequence and speed of movement can be freely programmed along with the position and angular position of the handled workpiece within the space.

8. Hydraulics
In an narrow sense hydraulic is the use of a fluid´s pressure energy to transfer forces and to generate movements. Hydraulic fluids are not only energy sources, but also a form of lubrication and corrosion protection. Hydraulicoil based on mineral oils are predominantly used.

9. Advantages of hydraulics

- Transfering larger forces and powers in an small area.
- Sensitive infinite adjustment of speed.
- Relatively easy to control the speed within a large adjustment range when loaded.
- Runs quietly, fast and smooth movement reversal.
- Simpler and safer overloading protection.
- High shut-down speed when stopping the working member.
- Long service life and low system maintenance thanks to selflubrication.

10. Pressure sensors
Piezoresistive, inductive or strain gauge-based sensors are used to measure static and dynamic pressure curves, overpressure, differential pressure and absolutepressure.
In case of over or underpressure measurement, one side of the measuring element is subjected to atmospheric pressure.

In the case of differential pressure measurement both sides of the measuring elements are subjected to pressure, p_1 and p_2 respectively. In the case of absolute pressure measurement, one side of the measuring element must be evacuated or supplied with a constant reference pressure.

11. Obligation to label
Hazardous substances, preparations and products are (also when in use) subject to mandatory packaging and labeling.
Labeling always means danger!
However, if labeling is not used this does not exclude danger in very case!

12. Maintenance
Preventative servicing
This is carried out after a specific time or specific production quantity *irrespective* of wear. It provides the conditions in which the *minimum quality requirements* of the manufactured products can be met.

Precise planning is possible, and availability is high as the number of unforeseen failures is reduced.
Availability factor
This is verified by an *availability test* during the test run.
98 % means that the sum of all downtimes must not exceed 2 % of the production time.

Diagnostics
Continuous monitoring of the overall technical system by performing checks on all components.
Diagnosis allows conclusions to be drawn about how long the technical system is expected to perform to the required degree of accuracy.

Periodic diagnosis
this is performed at defined intervals.

Diagnosis on request
This is carried out in the event of unexpected failures, initially by operating personnel.

Remote diagnosis
Diagnosis of the technical system via telecommunications line.

Maintenance documentation
Maintenance measures must be documented. The *operational maintenance* can be optimised by evaluating the documentation (weak-point analysis).

13. Tool steels
Alloy cold-work steels
Used for heavy-duty tools for cutting and forming whereby the *working temperature does not exceed 200 °C*. The *carbon content* is between 0.4 % and 2.3 %.

The main alloying additions are chromium, nickel, tungsten, manganese, vanadium, molybdenum and silicon. Cold-work steels are predominantly hardened in oil; they are also therefore known as oil-hardening steels.

Alloy hot-work steels
Used for heavy-duty forming tools which, in addition to a heavy mechanical load, are also subjected to temperatures high *above 300 °C.* Hot-work steels must be heat-resistant, wearresistant, hard and tough as well as having a high thermal conductivity. These properties are achieved by means of the alloying components manganese, chromium, molybdenum, nickel and vanadium.

14. Contact corrosion
Electrochemical corrosion at the joins of different metals and in the presence of an electrolyte. The ignoble metals is dissolved and merges with the electrolyte. The consequences of this type of corrosion are clearly visible with the naked eye.

15. Non-destructive testing procedures
Penetrant testing
After the test object has been cleaned, a capillary forces a coloured wetting liquid through surface cracks. The surface is then leaned and a developer sucks the test liquid out.
Application:
Test for hairline cracks in the surface of all materials, cracks over 0.25 μm. Overlaps, fold, pores.

Magnetic particle testing
Coloured or fluorescent dry particles or particles that are magnetisable in suspensions are applied to the test object.
At damages spots, the magnetic field is d iverted outwards, which results in the accumulation of powder.
Yoke magnetisation:
Transverse cracks (longitudinal force field lines) are detected.
Current flow:
Longitudinal cracks (concentric force field lines) are detected.
Application:
Material defects over 1 μm on the surface and up to a depth of 3 mm in the case of ferromagnetic materials.

Eddy current testing
Eddy currents are generated in the test object by means of induction. This influences the magnetic field of the coil. The eddy currents depend on the electrical resistance of the test object and therefore on the structure of the test object.
Application: Regularity testing of metallic materials, in-line testing of semi-finished products, thickness measurement of layers, detection of differences in hardness ans composition.

Ultrasonic testing
At the transition to a different medium (defect), the ultrasound is interrupted and the sound reflected. Only defects that lie transverse to the sound direction are recorded.
Application:
For any materials to detect hairline cracks, wide cracks, cavities, lack of fusion in cast and forged parts, axles and shafts.

X-ray and gamma-ray testing
These rays penetrate any materials, propagate in a straight line and are weakened according to their energy and the material thickness.
At defects the rays are slowed down less, which is evident from increased blacking.
Application:
Detection of cracks, pores, cavities, lack of fusion, surface cracks cannot be detected.

Prüfung

Aufgabensatz 1

1. Eine ältere Spannungsversorgung für eine elektropneumatische Anlage ist defekt.
Sie werden mit der Überprüfung beauftragt.
Sie messen die Sekundärspannung des Trafos und erhalten den Wert 15,4 V.

Welche Schlussfolgerung ziehen Sie daraus.

2. Transformator:
Eingangsspannung $U_1 = 230$ V/50 Hz,
Ausgangsspannung $U_2 = 27{,}5$ V.

a) Ermitteln Sie das Verhältnis der Windungszahlen.
b) Welche sekundäre Windungszahl ist notwendig, wenn $N_1 = 460$?

3. Wie groß ist der Strom I_1 auf der Primärseite des Transformators?

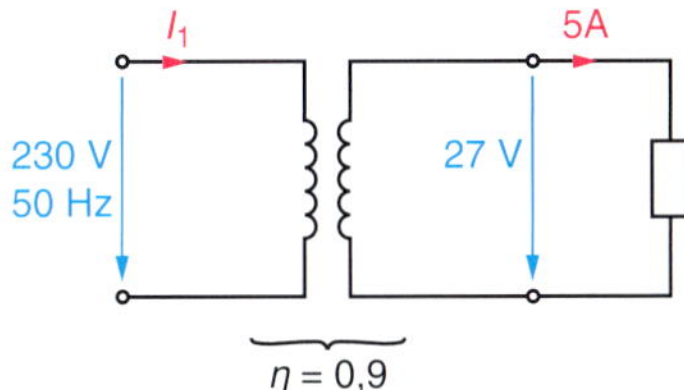

4. Sie werden aufgefordert, den defekten Transformator auszubauen und durch einen neuen Trafo zu ersetzen. Auf dem Leistungsschild finden Sie u. a. die Angabe $u_K = 14$ %.

a) Was bedeutet diese Angabe?
b) Wie kann u_K bei einem Trafo bestimmt werden?
c) Ist der Transformator kurzschlussfest?

5. Bei der Reinigung eines Drehstromtransformators stellen Sie fest, dass auf dem Leistungsschild die Bemessungsleistung in kVA angegeben ist.

Warum nicht in kW?

6. Ein Kollege fragt Sie, ob ein Spartransformator für die Erzeugung einer PELV-Spannung eingesetzt werden kann.

Was antworten Sie ihm?

7. Beim Ausbau eines Stromwandlers kommt es ständig zu einem Defekt des Wandlers.

Welchen Fehler haben Sie gemacht?

8. Warum ist bei vielen elektrischen Maschinen der Eisenkern geblättert?

9. Was bedeuten die Begriffe Asynchronmotor und Induktionsmotor?

10. Worin besteht der wesentliche Vorteil des Asynchronmotors?

11. Ein Asynchronmotor hat einen Schlupf von 7,5 %.

Was bedeutet das?

12. Ein 1,5-kW-Drehstrommotor hat eine Drehzahl von 1380 $\frac{1}{\text{min}}$.
Wie groß sind Schlupfdrehzahl und Schlupf?

13. Eine Arbeitsmaschine wird mit einem neuen Motor ausgerüstet:
$P_N = 1{,}5$ kW, $n_N = 1380\ \frac{1}{\text{min}}$.
Welches Drehmoment gibt der Motor an der Welle ab?
Ist das das maximale Drehmoment, das der Motor abgeben kann?

• christiani-berufskolleg.de

Prüfung

14. Kurzschlussläufer werden als Stromverdrängungsläufer gebaut.
Welchen Zweck hat das?

15. Eine Oberfräse wird mit einem Drehstrommotor ausgerüstet. Die Bemessungsleistung des Motors beträgt 7,5 kW.
Würden Sie den Motor direkt anlassen?
Wenn nicht, welche Anlassverfahren sind denkbar?

16. Ist der Motor für Stern-Dreieck-Anlauf geeignet?
Erläutern Sie die Leistungsschildangaben.

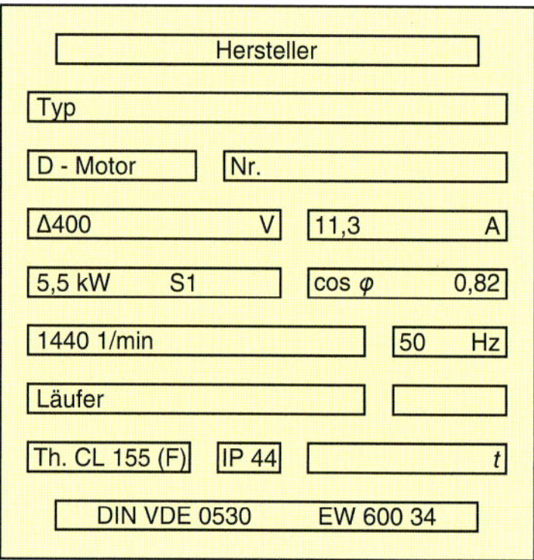

17. Auf dem Leistungsschild eines Motors steht die Angabe YΔ 400/230 V.
Was bedeutet das?

18. Leistungsschild des Motors nach Aufgabe 16.
a) Welche Wirkleistung nimmt der Motor auf?
b) Welche Blindleistung nimmt der Motor auf?
c) Der Leistungsfaktor des Motors soll auf $\cos \varphi_2 = 0{,}94$ kompensiert werden.
Welche Kapazität müssen die in Dreieck geschalteten Kompensationskondensatoren haben?

19. Der Kondensatormotor eines Schaltschranklüfters läuft sehr „unruhig" und offensichtlich mit vermindertem Drehmoment.
Welche Instandsetzungsmaßnahme ist wahrscheinlich notwendig?

20. Ein Motor mit der Bemessungsfrequenz 50 Hz wird mit 20 Hz betrieben.
Worauf ist dabei zu achten?

21. Wie kann die Drehzahl von Gleichstrommotoren
a) unter Bemessungsdrehzahl,
b) über Bemessungsdrehzahl gesteuert werden?

22. Was bedeutet es, wenn ein Elektromotor Nebenschlussverhalten hat?

23. Für die Vorschubachse einer Werkzeugmaschine wird überlegt, ob der Antrieb mit einem Frequenzumrichter oder durch einen Dahlandermotor angetrieben werden soll.
Welche wesentliche Einschränkung ist zu beachten, wenn die Wahl auf einen Dahlandermotor fällt?

24. Um welche Schaltung handelt es sich (Schaltung siehe Seite 431)?
Warum sind zwei Motorschutzrelais notwendig?
Wie kann die niedrige und wie die hohe Drehzahl eingeschaltet werden?
In welchem Verhältnis stehen die Drehzahlen?

@ Interessante Links
• christiani-berufskolleg.de

Prüfung

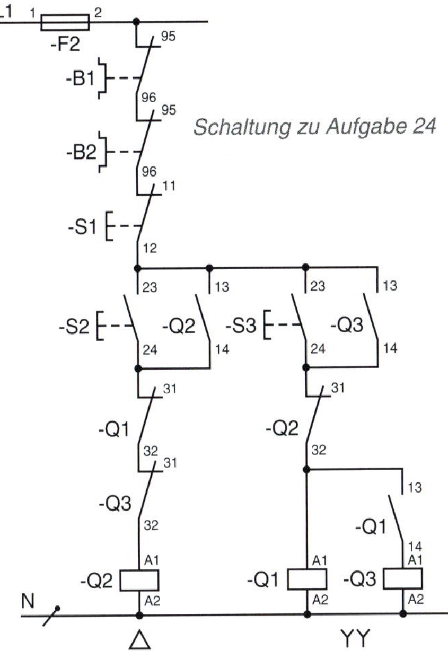

Schaltung zu Aufgabe 24

25. Welche Aufgabe hat die Schützschaltung?
Erstellen Sie das SPS-Programm für diese Steuerung.

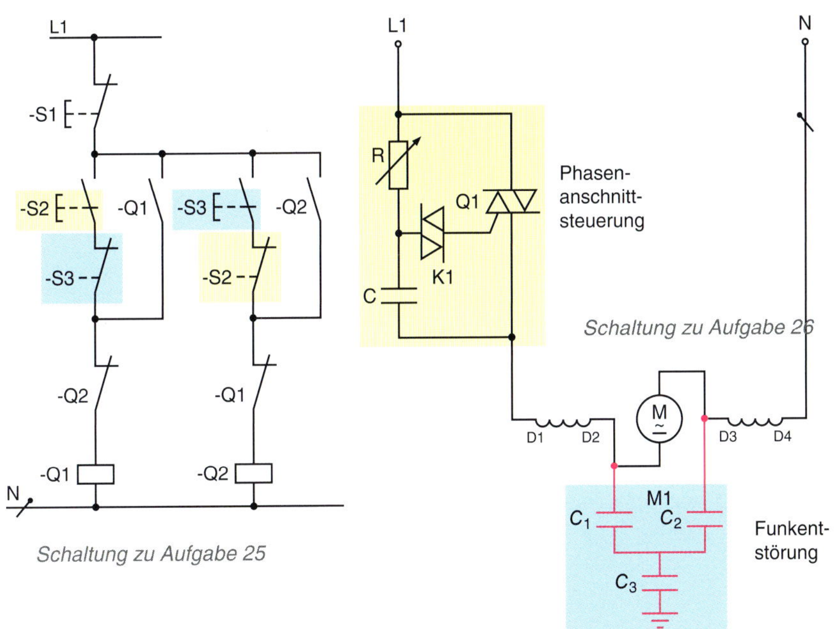

Schaltung zu Aufgabe 25

Schaltung zu Aufgabe 26

26. Welcher Motor ist dargestellt? Welche Aufgabe hat die Steuerung?

27. Sie sollen entscheiden, ob Sie die absolute oder inkrementale Messwerterfassung einsetzen. Nennen Sie ein wichtiges Unterscheidungsmerkmal.

28. Für das Anlassen von Drehstrommotoren werden häufig Sanftanlaufgeräte (Softstarter) eingesetzt.
Wie arbeitet ein Softstarter?

@ Interessante Links

- christiani-berufskolleg.de

Prüfung

29. Der Hubmotor einer Laufkatze soll mit einer Bremsvorrichtung ausgestattet werden, damit er nicht ungewollt absenkt.

Welche Bremse setzen Sie ein?

30. Bei einem Drehstrommotor mit der Bemessungsfrequenz $f = 50$ Hz wird die Frequenz auf 20 Hz reduziert. Die Spannung bleibt unverändert.

Welche Folgen hat das bei Betrieb des Motors?

Aufgabensatz 2

1. In chemischen Produktionsprozessen muss Wasser erwärmt werden.

Welcher Wärmeenergie wird Wasser zugeführt, wenn 1 m^3 um 40 K erwärmt wird?

2. Die Spannung an einem Widerstand R wird um 20 % verringert.

Welchen Einfluss hat das auf die Leistung?

3. Die Kosten einer elektrischen Umwälzpumpe sind zu ermitteln.
Pumpenleistung 5 W, an 210 Tagen jährlich, 18 Stunden täglich eingeschaltet.
1 kWh kostet 24 Cent.

Welche jährlichen Kosten entstehen bei Betrieb der Pumpe?

4. Oszilloskopbild einer Wechselspannung.
$10\,\frac{\text{ms}}{\text{DIV}}$, $100\,\frac{\text{V}}{\text{DIV}}$

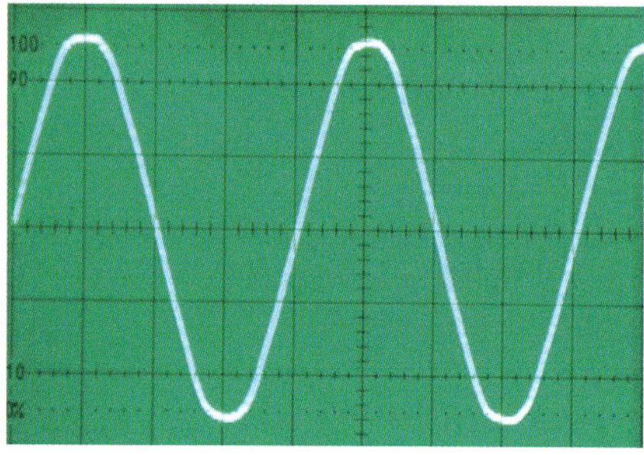

Wie groß ist die Frequenz der Wechselspannung?
Bestimmen Sie den Effektivwert der Wechselspannung.

5. Sie werden beauftragt, ein LC-Glied zu entwickeln, das eine Frequenz von 5 kHz praktisch kurzschließt. Ihnen steht eine Induktivität von 400 mH zur Verfügung.

Welche Kondensatorkapazität schalten Sie mit dieser Induktivität in Reihe?

6.

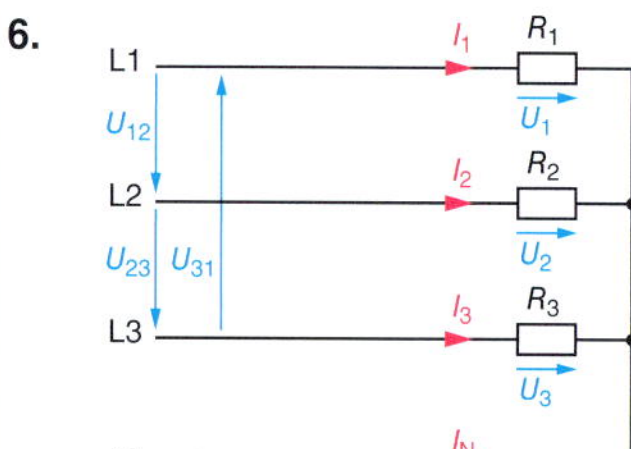

Sternschaltung von Widerständen mit angeschlossenem N-Leiter.
$R_1 = R_2 = R_3 = 115\ \Omega$, Außenleiterspannung 400 V.

Wie groß sind die Ströme in den Außenleitern und im N-Leiter?

@ Interessante Links

- christiani-berufskolleg.de

Prüfung

7. Bei einem Drehstrom-Heizgerät ist ein Außenleiter ausgefallen.
Wie ändert sich dann die Leistung des Heizgeräts?

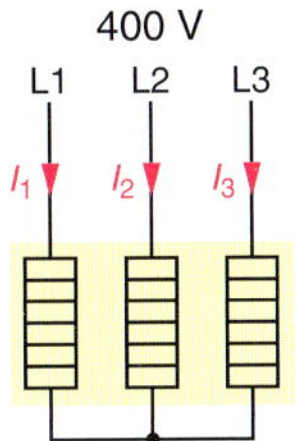

8. Unsymmetrische Belastung eines Drehstromnetzes.
400 V/50 Hz, R_1 = 150 Ω, R_2 = 200 Ω, R_3 = 300 Ω.
Welche Wirkleistung wird in der Schaltung umgesetzt?

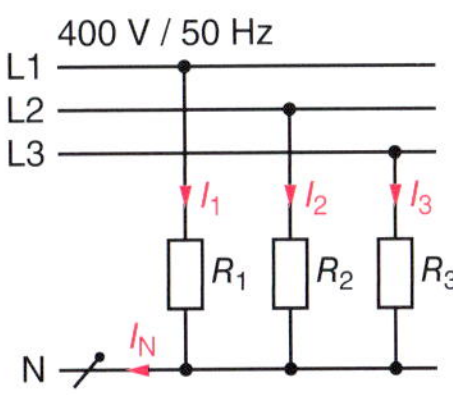

9. Wie groß ist die Scheinleistung je Strang?

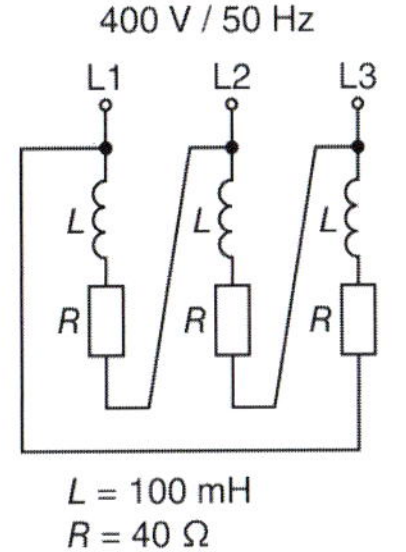

10. Ein analog anzeigendes Messgerät hat einen Messbereichsendwert von 250 V. Klassengenauigkeit 1,5. Angezeigt wird 196 V.
Zwischen welchen Werten darf der tatsächliche Messwert liegen?

11. Welche Aufgabe hat die Schaltung?

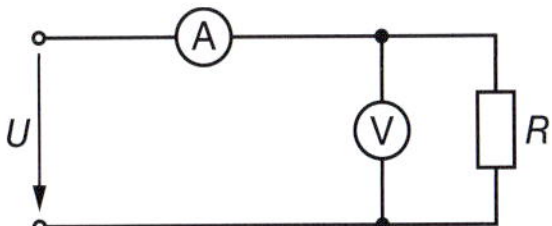

12. Mit einem digital anzeigenden Messgerät wird die Spannung 0,715 V im 2-V-Bereich mit einer 3-stelligen Anzeige gemessen.
Bestimmen Sie den relativen Quantisierungsfehler.

@ Interessante Links
- christiani-berufskolleg.de

Prüfung

13. Ein Digitalmultimeter hat einen Messbereich 1000 V (max. Anzeige 999.9 V).
Anzeigeumfang: 9999 Digits,
Fehler: ± 0,5 % + 4 Digits.
Es werden 400 V angezeigt.

Wie groß sind höchstmöglicher und kleinstmöglicher Messwert?

14. Dargestellt ist eine Brückenschaltung mit Spannungs- und Potenzialangaben.

a) Was versteht man unter einem elektrischen Potenzial?

b) Warum ist das Potenzial in der unten dargestellten Schaltung 20 V?

c) Wie groß ist das Potenzial zwischen den Punkten (1) und (2)?

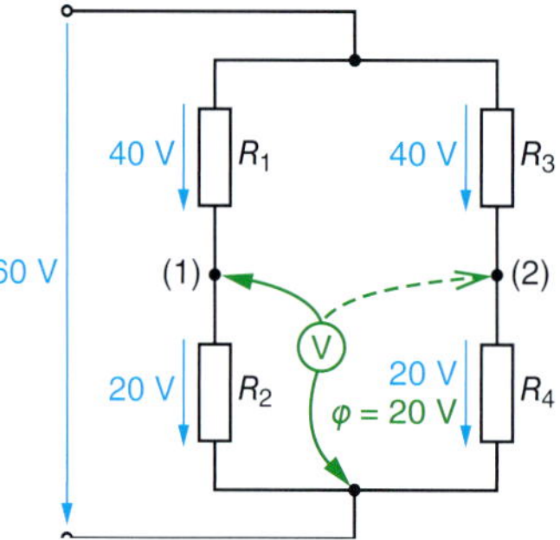

15. Sie werden beauftragt, eine Isolationswiderstandsmessung von Leitungen durchzuführen.

a) Welchen wesentlichen Zweck hat diese Isolationswiderstandsmessung?
b) Welche Messungen sind dabei notwendig?

16. Isolationswiderstandsmessungen werden mit relativ hohen Spannungen durchgeführt.

Warum ist das notwendig?

17. Bei Isolationsmessungen in Anlagen mit 400 V gilt der Mindestwert 1 MΩ.
Messspannung 500 V DC.

Welcher Ableitstrom würde dabei über die Leitungsisolation fließen?

18. Vor der Isolationsmessung ist das Messgerät zu überprüfen.

Welche Maßnahmen hierzu sind sinnvoll?

19. In einem TN-System ist eine 230-V-Steckdose durch einen 30-mA-RCD geschützt.
Im Prüfprotokoll sehen Sie folgende Einträge.

U_b	≤ 50 V	2 V
I_A	≤ 30 mA	12 mA
t_A	≤ 40 ms	21 ms

Beurteilen Sie die Messwerte.
Warum wird nur eine Berührungsspannung von 2 V gemessen?

20. Eine Schleifenimpedanzmessung im 400/230-V-Netz (TN-System) ergibt einen Wert von 0,8 Ω.

Warum ist die Kenntnis dieses Werts interessant?

21. Sie messen die Schleifenimpedanz während der Betriebsferien. Ihr Ausbilder stellt die Messergebnisse in Frage.

Worauf will er hinaus?

@ Interessante Links

• christiani-berufskolleg.de

Prüfung

22. Sie stehen vor dem Problem, dass die Abschaltbedingung des Überstrom-Schutzorgans nicht eingehalten werden kann, weil die Schleifenimpedanz Z_S zu groß ist.

Zu welcher Maßnahme entschließen Sie sich?

23. Mit einem Multimeter messen Sie die Spannung an einer Steckdose (234 V). Wenn Sie ein Verbrauchsmittel über diese Steckdose betreiben, arbeitet es nicht. In einer anderen Steckdose arbeitet es einwandfrei.

Welche Fehlerursache vermuten Sie?

24. Im Schaltschrank einer Maschine sehen Sie die dargestellte Einspeisung.

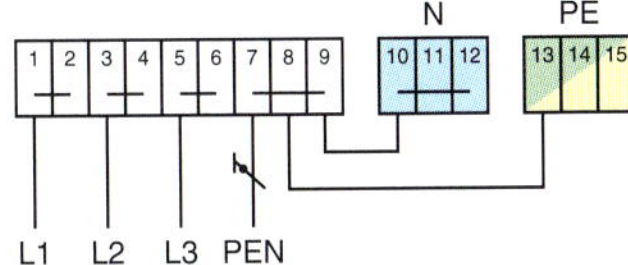

Welches Netzsystem liegt hier vor?

25. Wie wird das dargestellte Netzsystem fachgerecht bezeichnet?

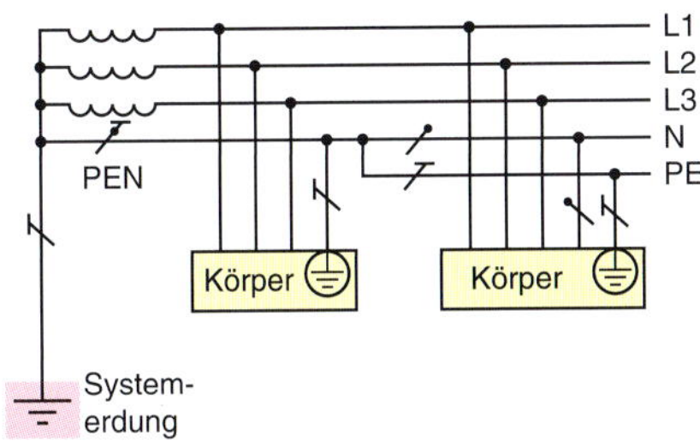

26. Ein elektrisches Heizgerät ist wie unten dargestellt angeschlossen.

a) Welches Netzsystem liegt vor?

b) Ein 30-mA-RCD spricht bei Betrieb des Heizgeräts ständig an, obgleich kein Fehler vorzuliegen scheint. Woran kann das liegen?

c) In gewisser Weise stellen elektrische Heizgeräte ein Problem dar. Nehmen Sie dazu Stellung.

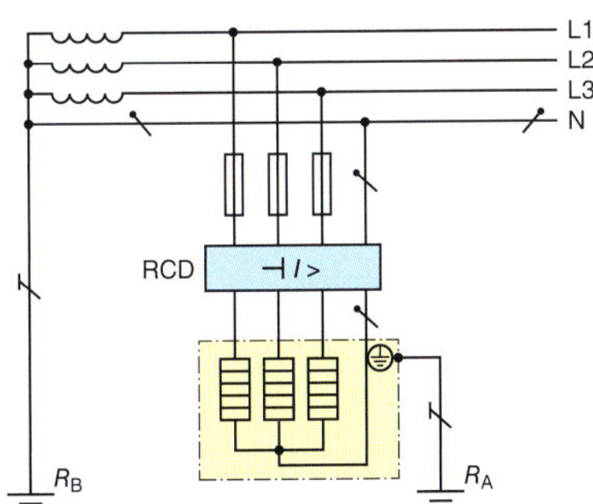

27. DIN VDE unterscheidet drei Schutzstufen: Basisschutz, Zusatzschutz und Fehlerschutz.

Unter welcher Voraussetzung kann Zusatzschutz erreicht werden?

28. In einem Motor tritt ein Körperschluss auf. Der Schutzleiter ist nicht ordnungsgemäß angeschlossen.

Beurteilen Sie die Situation.

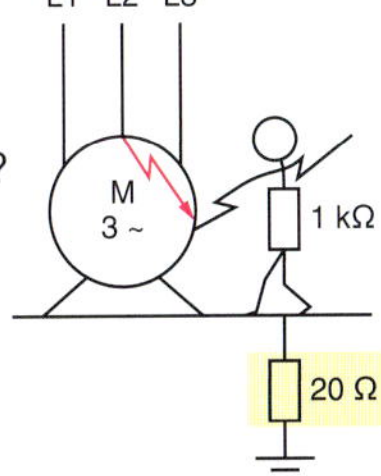

@ Interessante Links

- christiani-berufskolleg.de

Prüfung

29. Ein Mensch berührt den Außenleiter L1.
Bestimmen Sie den Strom über den 40-Ω-Widerstand.

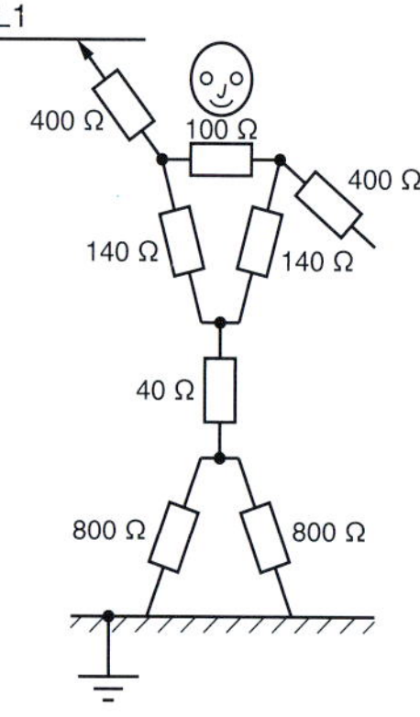

30. Ein 230-V-Steckdosenstromkreis im TN-System wird mit einem B16-Leitungsschutzschalter abgesichert. Die Schleifenimpedanz beträgt Z_S = 1,25 Ω.
Wird die Abschaltbedingung eingehalten?

Aufgabensatz 3

1. Der Betrieb plant die Installation einer Solaranlage als Inselsystem.
Was bedeutet der Begriff Inselsystem?

2. Erläutern Sie den Begriff Kontaktverriegelung.

3. Was bedeutet die Bezeichnung H07RN-FG2.5?

4. 0A3E_H.
Ermitteln Sie die zugehörige Dezimalzahl.

5. Ein Drehstrom-Heizgerät wird von Dreieck in Stern umgeschaltet.
Welchen Einfluss hat dies auf die Leistung?

6. Erläutern Sie die Begriffe Abnutzungsvorrat und vorbeugende Instandhaltung.

7. Wie viel Werte können mit 10 Bit erfasst werden?

8.

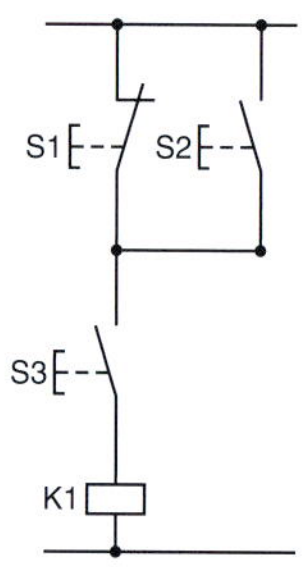

S1 S2

S3

K1

Erstellen Sie den Logikplan.

9. Nennen Sie drei Hardwarebaugruppen einer modular aufgebauten SPS.

@ Interessante Links

- christiani-berufskolleg.de

Prüfung

10. Ein Drehstrommotor hat zwei Ständerwicklungen.
Welchen Zweck hat das?

11. Nennen Sie drei Vorteile der SPS gegenüber der Schützsteuerung.

12. Mit welchem Sensor kann eine stufenlose Messung von Tankinhalten durchgeführt werden?

13. Vier gleiche Drehstrommotoren werden gemeinsam kompensiert (Gruppenkompensation). Ein Motor fällt aus (Motorschutz).
Welche Folge hat das?

14. Wovon ist die zulässige Stromdichte einer Leitung abhängig?

15. Welche elektrische Größe kann direkt mit dem Oszilloskop gemessen werden?

16. Beschreiben Sie den Unterschied zwischen Steuern und Regeln.

17. Worauf ist beim Motorschutz bei Stern-Dreieck-Anlassschaltungen zu achten?

18. Drehstrommotor: 22 kW, 960 $\frac{1}{\text{min}}$, $\cos\varphi = 0{,}85$.
Bestimmen Sie Drehmoment, Anzugsmoment und Kippmoment.

19. Einphasen-Wechselstrommotor: 230 V; 1,25 A; $\cos\varphi = 0{,}81$.
Bestimmen Sie die Leistungsaufnahme.

20. Ein 230-V-Steckdosenstromkreis ist durch einen B16-Leistungsschutzschalter geschützt. Die Schleifenimpedanz beträgt $Z_S = 3{,}4\ \Omega$.

a) Löst der LS-Schalter innerhalb von 400 ms sicher aus?
b) Welche Ursachen kann eine zu hohe Schleifenimpedanz haben?

21. Eine 230-V-Anlage hat einen Anschlusswert von 4 kW. Ihre Zuleitung ist mit zwei weiteren Leitungen in Rohr verlegt.
Die Umgebungstemperatur beträgt 25 °C.

a) Welcher Leitungsabschnitt (Cu) ist zu wählen?
b) Wählen Sie ein geeignetes Überstrom-Schutzorgan aus.
c) Welche Folge hätte die Wahl eines zu geringen Leitungsquerschnitts?

22. Welches Alleinstellungsmerkmal hat der ASI-Bus?

23. Dargestellt ist eine Prinzipschaltung zur Bestimmung der Schleifenimpedanz.

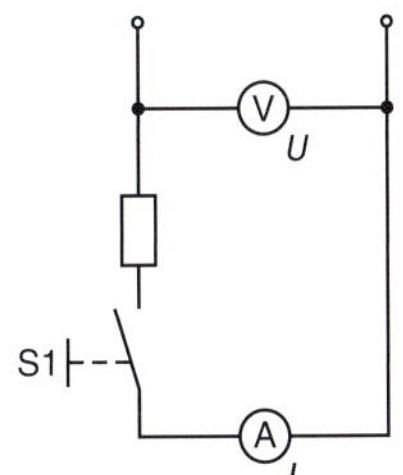

a) Zwischen welchen Leitern wird die Schleifenimpedanzmessung durchgeführt?
b) S1 offen: 235 V
S1 geschlossen: 221 V
Stromstärke: 52 A

Welchen Wert hat Z_S?

24. Welche Maßnahme kann elektrostatische Aufladungen verhindern?

- christiani-berufskolleg.de

Prüfung

25. Bei der indirekten Widerstandsbestimmung wird die spannungsrichtige Schaltung eingesetzt. Was bedeutet das? Für welche Widerstände ist die Schaltung besonders geeignet?

26. Zur Spannungsversorgung des 24-V-Kreises wird ein Netzgerät eingesetzt.
Nennen Sie die wesentlichen Bestandteile eines solchen Netzgeräts.
Das Netzgerät hat einen integrierten Überlastschutz.
Was bedeutet das?

27. Beschreiben Sie die Wirkungsweise eines induktiven Näherungssensors.

28. Ein Drehstromtransformator hat die Schaltgruppe Dyn 5.
Was bedeutet das? Ist der Transformator für unsymmetrische Belastung geeignet?

29. Warum muss ein Gleichstrom-Reihenschlussmotor starr mit der Arbeitsmaschine gekuppelt sein?

30. Die Schleifenimpedanz beträgt 1,15 Ω.
Beurteilen Sie die Gefährdung für den Menschen.

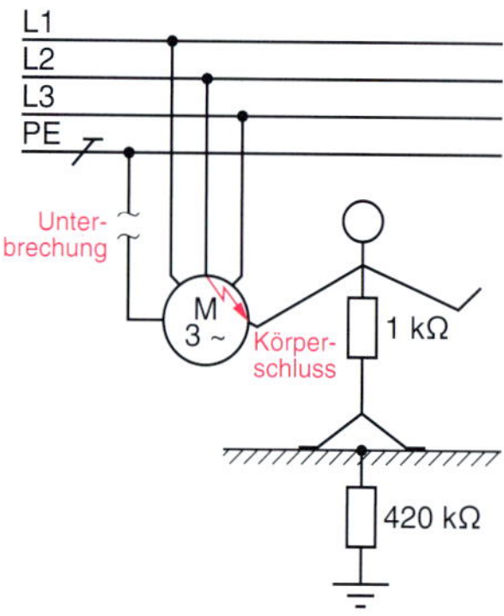

Aufgabensatz 4

1. Stern-Dreieckschaltung eines elektrischen Heizgerätes.

a) Welche Spannung liegt bei Sternschaltung und bei Dreieckschaltung an den Heizwiderständen an?

b) In welchem Verhältnis stehen die Leistungen bei beiden Verkettungsarten zueinander?

c) Unter welcher Voraussetzung ist die Sternschaltung der Heizwiderstände zwingend notwendig?

2. Ein Drehstrommotor mit Käfigläufer wird mithilfe einer Stern-Dreieck-Anlassschaltung betrieben.

a) Welchen technischen Sinn hat das?

b) Worauf beruht die Wirkungsweise der Stern-Dreickschaltung?

c) Welche Aussage kann über das Anzugsmoment des Motors bei Sternanlauf gemacht werden?

3. Für welchen Zweck kann in der elektrischen Antriebstechnik ein Softstarter eingesetzt werden?
Welche Parameter können beim Softstarter verändert werden?
Vergleichen Sie den Softstarter mit der Stern-Dreieck-Anlassschaltung bezüglich des Anzugsstroms und des Anzugsmoments.

@ Interessante Links

- christiani-berufskolleg.de

Prüfung

4. Die Schleifenimpedanz an der Steckdose X1 beträgt 1,25 Ω.

Anschlussleitung der Lampe 3 x 1,5 mm^2 Cu.

Abschaltbedingung $I_A = 8 \cdot I_n$.

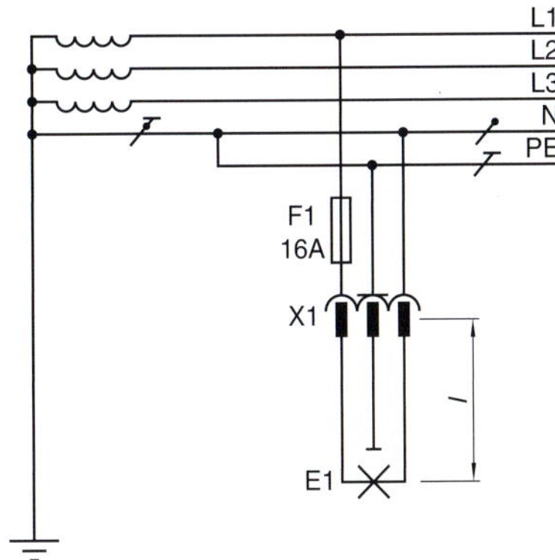

a) Ab welcher Leitungslänge l ist die Abschaltbedingung nicht mehr erfüllt?
b) Was ist dann zu tun?

5. In der Steuerungstechnik werden Schütze zum Teil durch elektronische Lastrelais ersetzt. Welche Vor- und Nachteile haben elektronische Lastrelais gegenüber Schützen?

6. Welcher Fehler wurde beim Anschluss der Schütze Q1 und Q2 gemacht?

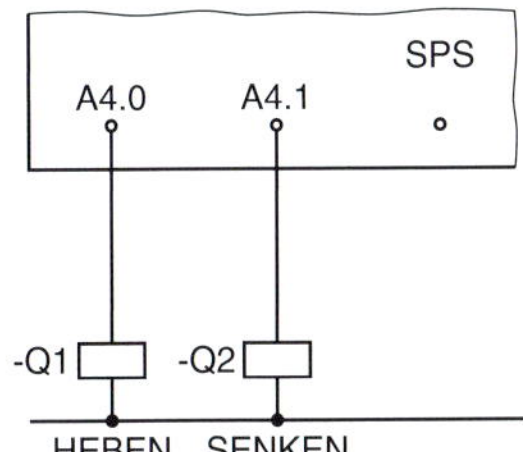

7. Eine elektrische Anlage hat einen Anschlusswert von 54 kVA. Der Leistungsfaktor beträgt $\cos \varphi = 0{,}9$. Die Zuleitung zur Anlage ist 45 m lang (Drehstromleitung), Spannung 400/230 V, 50 Hz.

Bestimmen Sie den erforderlichen Leitungsquerschnitt, wenn der Spannungsfall 3 % nicht überschreiten darf.

8. Erläutern Sie die Darstellung

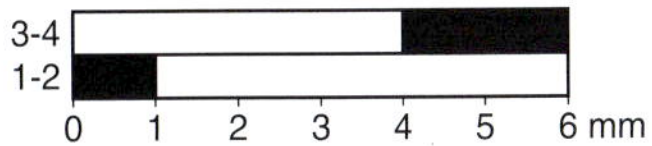

9. Ein Drehstrom-Käfigläufermotor wird unterhalb der Bemessungsdrehzahl betrieben. Der Frequenzumrichter nimmt dann eine Spannungs-Frequenz-Anpassung vor.

Warum ist das notwendig?

10. Eine Arbeitsmaschine benötigt bei 1440 $\frac{1}{\text{min}}$ ein Drehmoment von 36 Nm.

Welche Bemessungsleistung muss der Drehstrommotor mit Käfigläufer haben?

11. Worin besteht der Unterschied zwischen passiven und aktiven Sensoren?

Geben Sie Beispiele für beide Varianten an.

@ Interessante Links

- christiani-berufskolleg.de

Prüfung

12. Die Leistung eines Heizgeräts wird durch eine Schwingungspaket-Steuerung verändert.

a) Wie wird der Mittelwert der Leistung dabei beeinflusst?
b) Welchen Vorteil hat diese Steuerung gegenüber der Phasenanschnittsteuerung?

13. Unterscheiden Sie zwischen Lastenheft und Pflichtenheft.

14. Ein Kollege hat einen elektrischen Schlag von 230 V erhalten. Er kann sich nicht mehr selbst von der Gefahrenstelle entfernen und ist auch nicht ansprechbar.

Welche Reihenfolge von Erste-Hilfe-Maßnahmen ist notwendig?

15. Eine Einphasenanlage (230 V, 50 Hz) hat bei einem Leistungsfaktor von $\cos \varphi_1 = 0{,}8$ eine Wirkleistung von 25 kW.
Der Leistungsfaktor soll auf $\cos \varphi_2 = 0{,}96$ verbessert werden.

Welche kapazitive Blindleistung muss dazu aufgewendet werden?
Wie groß ist die notwendige Kondensatorkapazität?

16. Ein Drehstromtransformator hat eine Bemessungsleistung von 500 kVA.
Die Bemessungs-Oberspannung beträgt 20 kV, die Bemessungs-Unterspannung 400 V.

Wie groß ist der unterspannungsseitige Bemessungsstrom?

17. Der Transformator nach Aufgabe 16 hat eine relative Kurzschlussspannung von $u_K = 7\ \%$.

Welcher Dauerkurzschlussstrom kann dann unterspannungsseitig fließen?

18. Unter welchen Voraussetzungen können Transformatoren parallel geschaltet werden?

19. Unterscheiden Sie zwischen Einzelkompensation, Gruppenkompensation und Zentralkompensation.

20. Auf dem Leistungsschild eines Motors steht u. a. die Angabe IP65.

Was bedeutet das?

21. Drehstrom-Asynchronmotor mit Käfigläufer: Bei 50 Hz beträgt die Drehzahl $1420\ \frac{1}{\text{min}}$.
Die Frequenz wird auf 20 Hz verringert.

Wie groß ist dann die Drehfelddrehzahl des Motors?

22. Das Kippmoment eines Asynchronmotors wird kurzzeitig überschritten.

Welche Folge hat das?

23. Welche Aufgabe haben die Bypassdioden von Solarzellen?

24. Was versteht man unter Selektivität von Schutzeinrichtungen?
Unter welcher Voraussetzung sind Schmelzsicherungen selektiv?

25. Unter welcher Voraussetzung spricht man von einem Streufeldtransformator?
Wie verhält sich die Ausgangsspannung bei zunehmender Belastung?
Sind diese Transformatoren kurzschlussfest?

26.

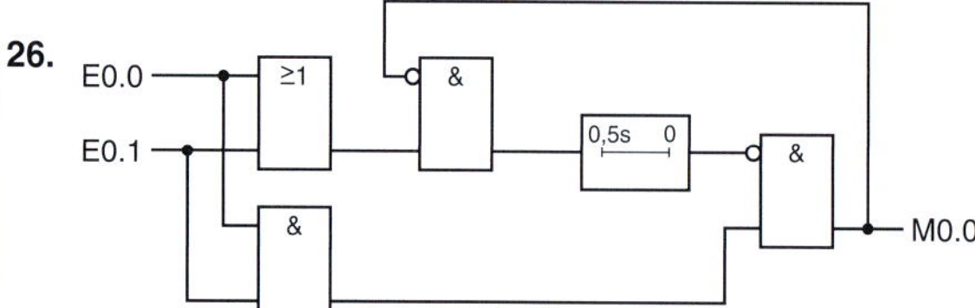

Beschreiben Sie die Funktion der Zweihandbedienung.

@ Interessante Links
• christiani-berufskolleg.de

Prüfung

27. Welche Anforderungen werden an eine Zweihandbedienung gestellt?

28. Auf dem Leistungsschild eines Drehstrommotors steht u. a. die Angabe 230 V Δ.
Wie kann der Motor am 400/230 V-Drehstromnetz betrieben werden?

29. Erläutern Sie die folgenden Begriffe der Regelungstechnik:
Regelgröße, Regeldifferenz, Führungsgröße, Störgröße, Regelstrecke, Stellgröße.

30. Sprungantwort einer Regelstrecke.

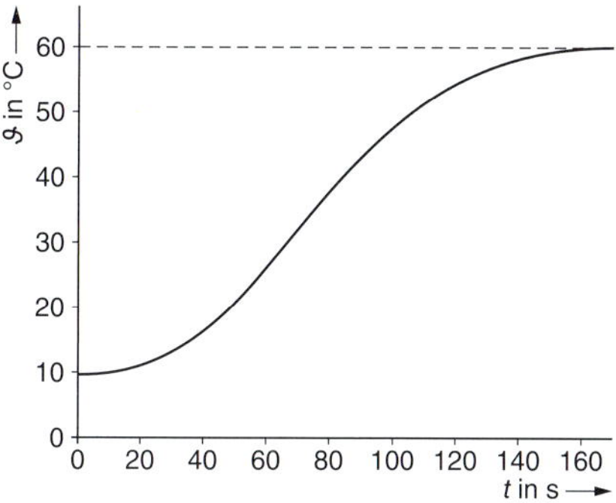

a) Um welche Regelstrecke handelt es sich?
b) Bestimmen Sie Verzugszeit und Ausgleichzeit aus der Sprungantwort.

Aufgabensatz 5

1. Drehstrommotor mit Käfigläufer:

$P_N = 45$ kW; $n_N = 1475 \frac{1}{\text{min}}$; $I_N = 80{,}5$ A; $I_A/I_N = 7{,}7$;
$M_N = 291$ Nm; $M_A/M_N = 2{,}3$; $\cos\varphi = 0{,}86$; $\eta = 0{,}93$

a) Bestimmen Sie das Anzugsmoment des Motors?

b) Welche jährlichen Energiekosten sind aufzuwenden, wenn der Motor 5 Tage pro Woche 8,5 Stunden in Betrieb ist und 1 kWh 22 Cent kostet?

c) Bestimmen Sie den Anzugsstrom des Motors.

d) Der Leistungsfaktor soll auf $\cos\varphi_2 = 0{,}97$ verbessert werden.
Die Spannung zwischen den Kondensatorplatten darf 350 V nicht überschreiten.
Berechnen Sie die Kondensatorkapazität.

2. 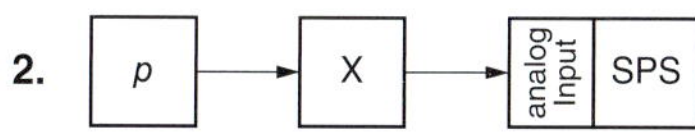

Wie bezeichnet man das mit X gekennzeichnete Element des Blockschaltbilds?
Welche Aufgabe hat dieses Element?

3. Was versteht man unter dem Begriff Auflösung bei analogen Baugruppen?
Wie viele unterschiedliche Werte sind bei 15-Bit-Auflösung im Nennbereich darstellbar?

4. Analoge Einheitssignale: 0 – 10 V, 0 – 20 mA, 4 – 20 mA.
Welches Einheitssignal ist drahtbruchsicher?

5. Welchen wesentlichen Vorteil haben P-Regeleinrichtungen?
Skizzieren Sie die Operationsverstärkerschaltung einer P-Regeleinrichtung.

@ Interessante Links
- christiani-berufskolleg.de

Prüfung

6. Wie wird die mit *X* gekennzeichnete Zeit bezeichnet?

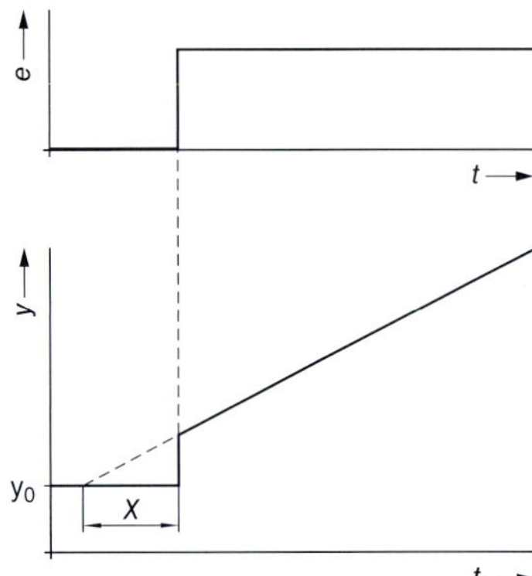

7. Erläutern Sie die Arbeitsweise eines Operationsverstärkers.
Was versteht man unter Offsetspannung?

8. Skizzieren Sie den zugehörigen Funktionsplan.

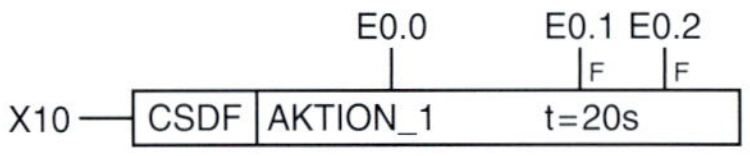

E0.0 E0.1 E0.2
F F
X10 CSDF AKTION_1 t=20s

9. Stellen Sie die Befehlswirkung in GRAFCET dar.

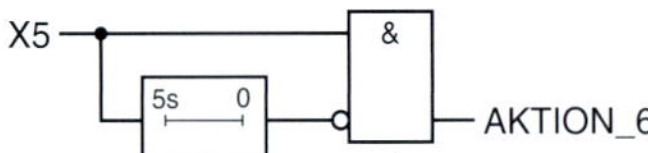

10.

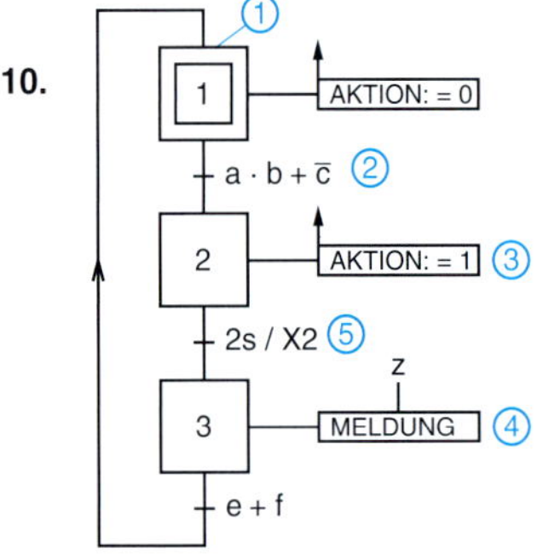

a) Welche Aufgabe hat der mit (1) dargestellte Schritt?
b) Wie nennt man den mit (2) bezeichneten Ausdruck?
c) Unter welcher Voraussetzung wird der Schritt 3 aktiv?
d) Um welchen Befehl handelt es sich bei (3)?
e) Um welchen Befehl handelt es sich bei (4)?
f) Erläutern Sie die Transition (5).

11. Erläutern Sie, wie die Thermografie in der Elektrotechnik zum vorbeugendenden Brandschutz eingesetzt werden kann.

12. Wozu können kapazitive Näherungssensoren eingesetzt werden?
Was versteht man unter Schaltabstand von Näherungssensoren?

@ Interessante Links
- christiani-berufskolleg.de

Prüfung

13. Was bedeutet Pt 1000?

Bei welcher Temperatur hat der Sensor den Widerstand 1000 Ω?
Handelt es sich um einen Heißleiter oder einen Kaltleiter?

14. Nennen Sie wesentliche Ziele des Qualitätsmanagements?

15. Zum Abbremsen des Motors wird die Frequenz von 50 Hz auf 30 Hz verringert.

Auf welche synchrone Drehzahl wird der Motor abgebremst?

Hersteller		
Typ		
3~ Mot.	Nr.	
△ 400 V	1,95 A	
0,75 kW	S1	cos φ 0,8
1400 /min	50 Hz	
Läufer Y V	A	
Isol.-Kl. F	IP 44	9,4 kg
VDE 0530 T1		

16. Ein Motor hat die Betriebsart S2.

Was bedeutet das?

17. Angabe 0,6/1 kV bei einem Kabel.

Was bedeutet das?

18. In welche drei wesentlichen Bereiche gliedert sich die Instandhaltung einer Anlage?

19. Warum können Isolationswiderstandsmessungen nicht mit einem Multimeter durchgeführt werden.

20. Welche Bedeutung hat die Zykluszeit bei einer SPS?

21. SPS-Programme werden sequentiell, zyklisch nach dem Prinzip des Prozessabbilds bearbeitet.

Erläutern Sie diese Aussage.

22. Erläutern Sie den Motorvollschutz.

Unter welcher Bedingung ist ein Motorvollschutz notwendig?

23. Worin unterscheiden sich die beiden Netzwerke?

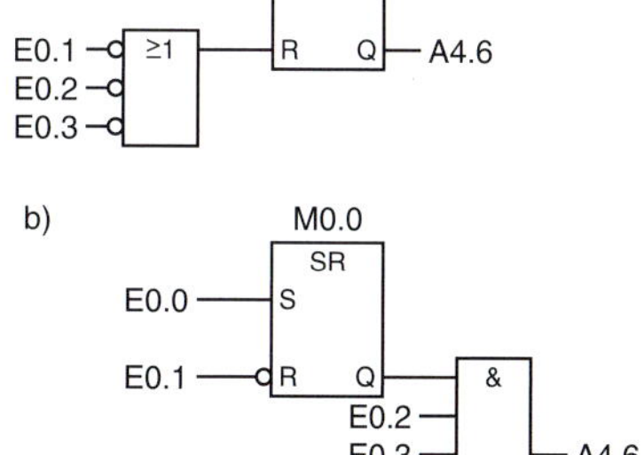

b)
M0.0
SR
E0.0
S
E0.1
R
Q
&
E0.2
E0.3
A4.6

• christiani-berufskolleg.de

Prüfung

24. Beurteilen Sie die Anweisungsliste.

```
U   E0.0
S   A4.0
U   E0.1
U   E0.2
=   A4.1
ON  E0.3
O   E0.4
=   A4.0
U   E0.5
R   A4.0
```

25. Nennen Sie die Funktionseinheiten eines Frequenzumrichters und beschreiben Sie deren Arbeitsweise.

26. Was versteht man unter dem stroboskopischen Effekt?
Wie kann der stroboskopische Effekt verhindert werden?

27. Ein Drehstrommotor 4 kW; 955 $\frac{1}{\text{min}}$; 9,3 A; $\cos \varphi = 0{,}74$; $\eta = 0{,}84$ wird mit drei Leitungsschutzschaltern B10A abgesichert.

a) Wie beurteilen Sie diese Maßnahme?
b) Welches Drehmoment gibt der Motor an der Welle ab?

28. Skizzieren Sie einen Regelkreis und tragen Sie die wichtigen Größen ein.

29. Wie arbeitet ein Zweipunktregler?
Für welche Aufgaben ist ein Zweipunktregler einsetzbar?
Was versteht man unter Hysterese?

30. Ein Akkumulator hat die Kapazität 65 Ah.

Erläutern Sie diese Angabe.

Aufgabensatz 6

1. Man unterscheidet zwischen Strahlennetz, Ringnetz und Maschennetz.

Erläutern Sie die Unterschiede.

2. Was bedeutet kontinuierlicher Verbesserungsprozess?

3. Welche EMV-Maßnahmen sind in Verbindung mit einem Frequenzumrichter sinnvoll?

4. Beschreiben Sie die Arbeitsweise der Schaltung.

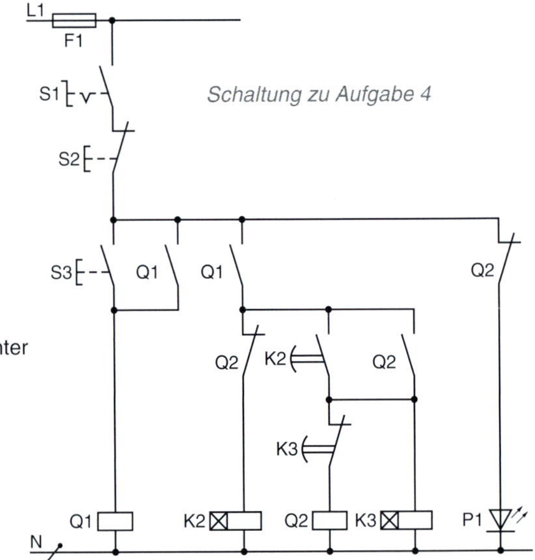

Schaltung zu Aufgabe 4

@ Interessante Links

• christiani-berufskolleg.de

Prüfung

5. Erstellen Sie für den Schaltplan nach Aufgabe 4:

a) Anweisungsliste
b) Funktionsplan
c) Kontaktplan

6.

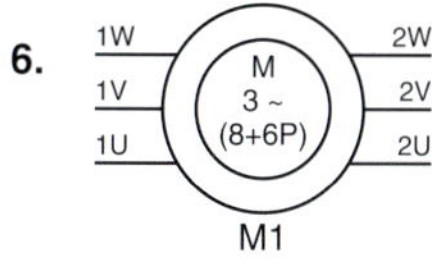

Um welchen Motor handelt es sich?
Welche Drehzahlen sind bei $f = 50$ Hz möglich?

7.

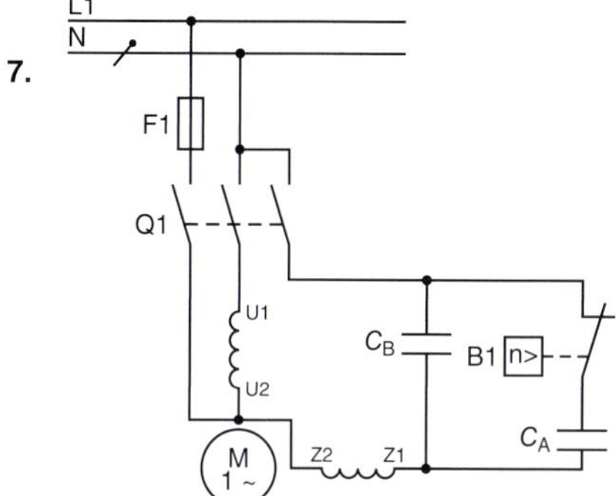

a) Um welchen Motor handelt es sich?
b) Welche Drehrichtung hat der Motor?
c) Welche Aufgabe haben die Kondensatoren C_A und C_B?
d) Warum muss der Kondensator C_B drehzahlabhängig abgeschaltet werden?
e) Wie kann die Drehrichtung des Motors geändert werden?
f) Welche Vorteile hat der Motor gegenüber einem Spaltpolmotor?

8. Was versteht man unter einem Lichttaster?
Nach welchen Gesichtspunkten wählen sie einen Reflexlichttaster aus?

9.

Hersteller		
Typ		
3~ Mot.	Nr.	
△ 400 V	1,95 A	
0,75 kW	S1	cos φ 0,8
1400 /min	50 Hz	
Läufer Y V	A	
Isol.-Kl. F	IP 44	9,4 kg
VDE 0530 T1		

a) Wie groß sind Schlupfdrehzahl und Schlupf des Motors?
b) Was bedeutet die Leistungsschildangabe S1?
c) Wie groß ist der Wirkungsgrad des Motors?
d) Auf welchen Wert ist der Motorschutzschalter einzustellen?
e) Bestimmen Sie die Frequenz des Läuferstroms bei Bemessungsdrehzahl.

@ Interessante Links

• christiani-berufskolleg.de

Prüfung

10.

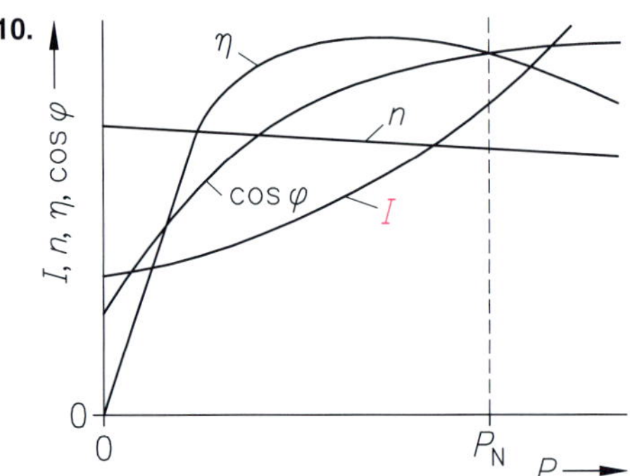

Betriebskennlinie eines Asynchronmotors mit Käfigläufer.
Welche Schlussfolgerung ziehen Sie aus der Kennline?

11.

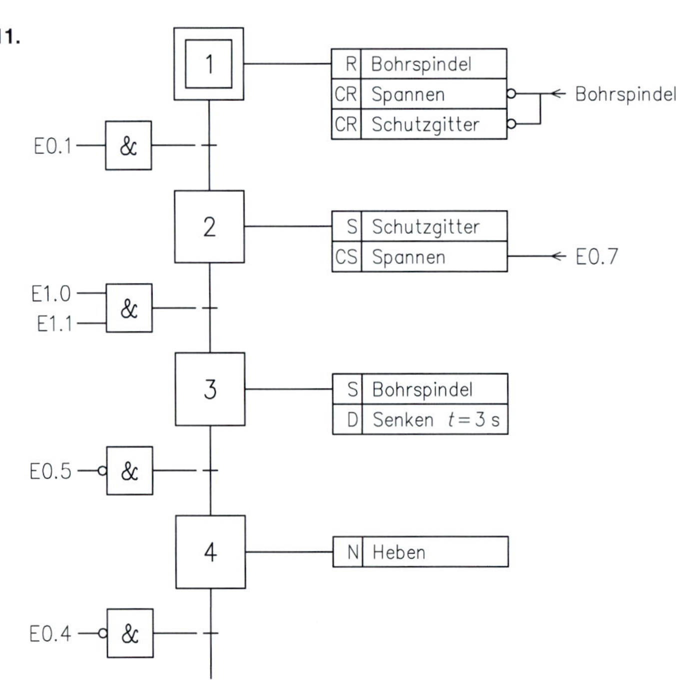

a) Erläutern Sie die Funktion der Ablaufkette.
b) Stellen Sie die Steuerung in GRAFCET dar.
c) Unter welchen Voraussetzungen kann der Schritt 3 gesetzt werden?

12.

E1.2 E1.3 E1.4 E0.2 M0.1

Erläutern Sie die Darstellung.

@ Interessante Links

- christiani-berufskolleg.de

Prüfung

13. Spannungsversorgung eines Steuerstromkreises.

a) Welche Aufgabe hat F5?
b) Warum werden zwei Anschlüsse von F5 durchgeschliffen?
c) Worum handelt es sich beim Betriebsmittel T1?
d) Welche Aufgaben haben Steuertransformatoren?
e) Unter welchen Umständen darf auf einen Steuertransformator verzichtet werden?

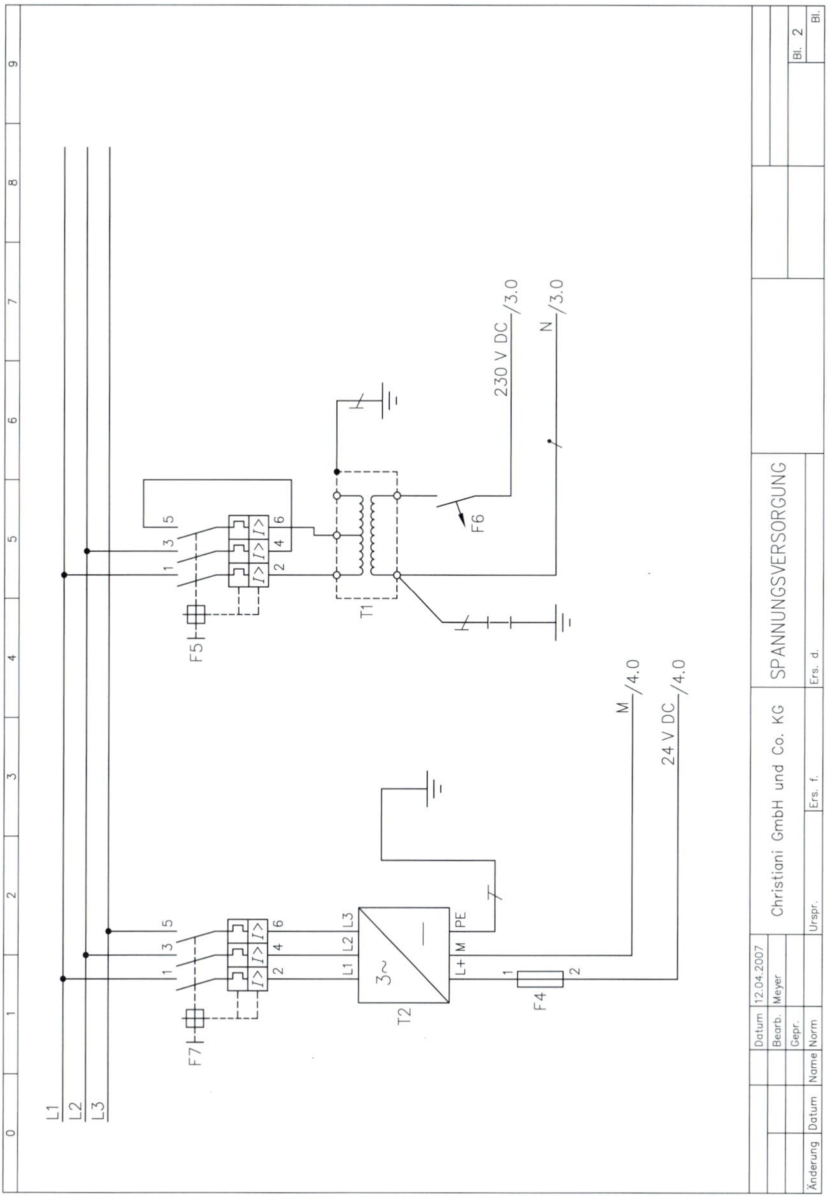

14. Ältere Not-Aus-Befehlsgeräte haben manchmal die Eigenschaft, zunächst den elektrischen Kontakt zu öffnen und danach mechanisch einzurasten.

Wie beurteilen Sie das?

15. Was versteht man laut DIN VDE 0100-600 unter Erproben?

@ Interessante Links

• christiani-berufskolleg.de

Prüfung

16. Auf einem Positionsschalter stehen folgende Symbole.

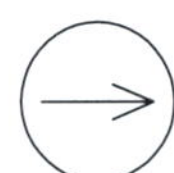

Was bedeutet das?

17. Frequenzumrichter können Überwachungs- und Sicherheitsfunktionen erfüllen.
Nennen Sie Beispiele hierfür?

18. Welche Anforderungen werden an Sicherheitstransformatoren gestellt?
Welche Bedeutung haben die dargestellten Symbole?

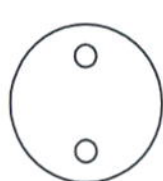
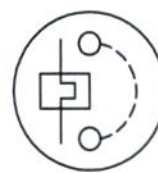

19. Transformatoranlage, dargestellt auf Seite 449.

a) Benennen Sie die Betriebsmittel Q1, Q2, T2, T3, Q3
b) Welche Schaltgruppe hat der Transformator?
c) Unterscheiden Sie zwischen Trenner, Lastschalter und Leistungsschalter.

20. Um welchen Transformator handelt es sich bei der Darstellung?
Darf der Transformator zur Erzeugung von SELV-Spannungen eingesetzt werden?

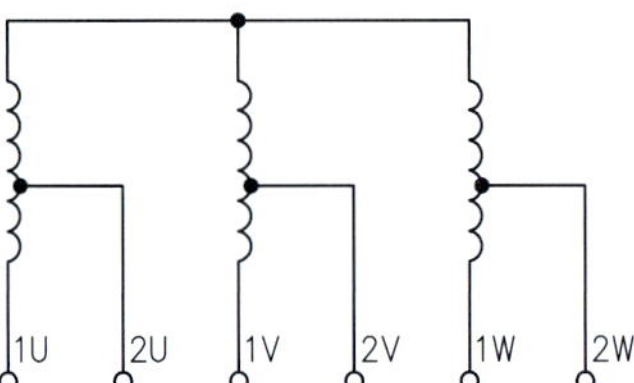

21. a) Nennen Sie die Aufgabe von Messwandlern.
b) Worum handelt es sich bei der Schaltung?

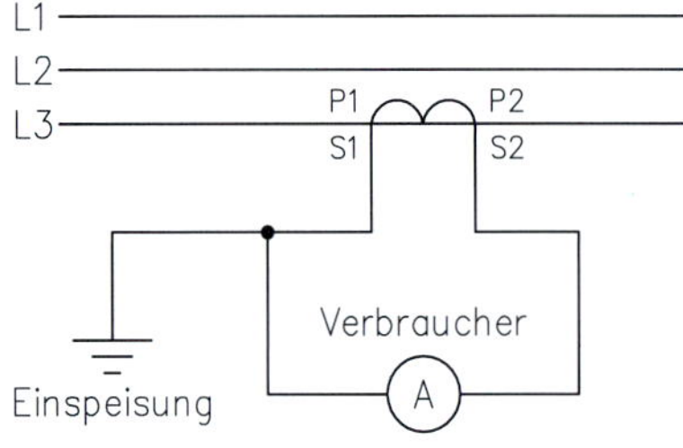

c) Warum muss eine Klemme der Ausgangswicklung geerdet werden?
d) Warum ist der Messkreis nicht abgesichert?

22. In Netzen mit Stromrichtern müssen Kompensationskondensatoren verdrosselt werden.
Was bedeutet das und welchen Zweck hat das?

23. Bezeichnung von Mittelspannungskabeln U_0/U = 6/10 kV, 12/20 kV, 18/30 kV:
- NA2XS2Y
- N2XSY

Um welche Kabel handelt es sich?
Für welche Zwecke sind sie geeignet?

@ Interessante Links
- christiani-berufskolleg.de

Prüfung

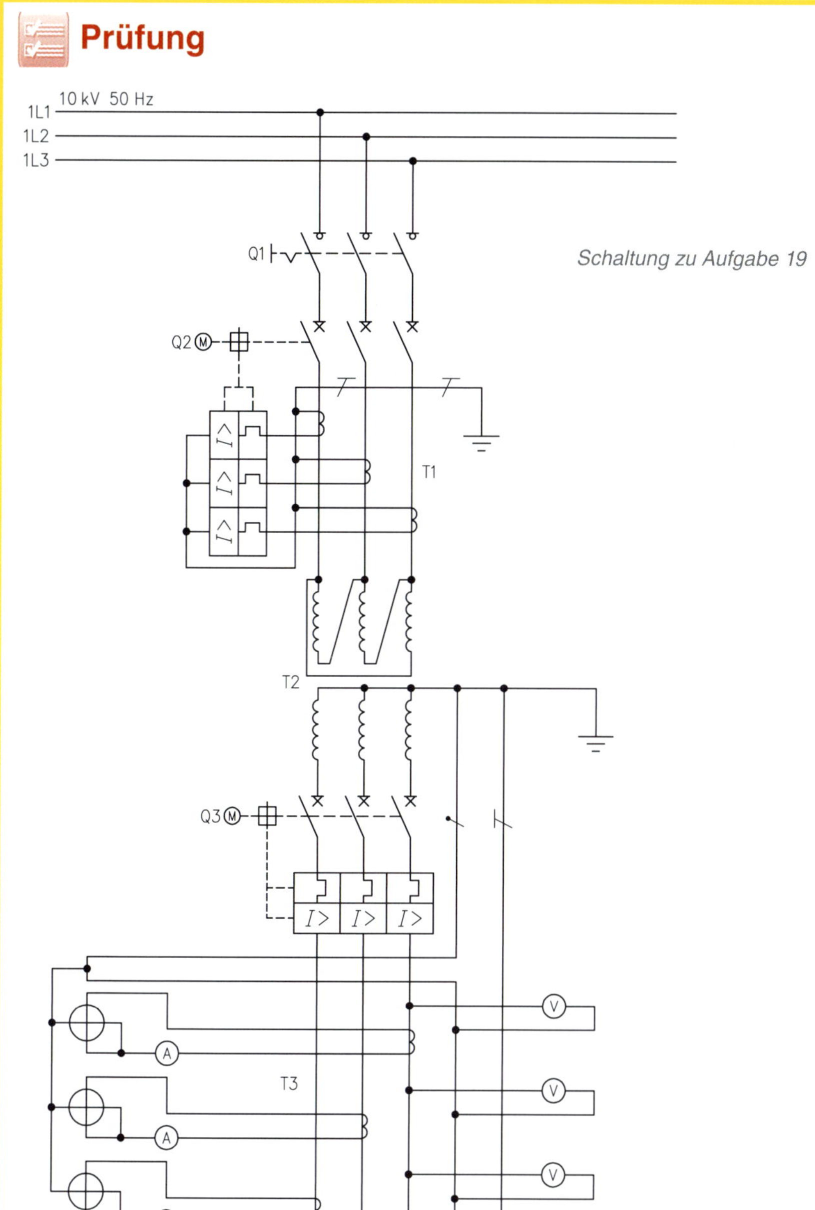

Schaltung zu Aufgabe 19

24. Bei Reparaturarbeiten tauscht ein Kollege einen LS-Schalter B16 gegen einen LS-Schalter C16 aus.

Wie beurteilen Sie diese Maßnahme?

25. Welche Aufgabe haben Brandschutzschalter?

@ **Interessante Links**

- christiani-berufskolleg.de

Prüfung

26. Was zeigt die Darstellung?

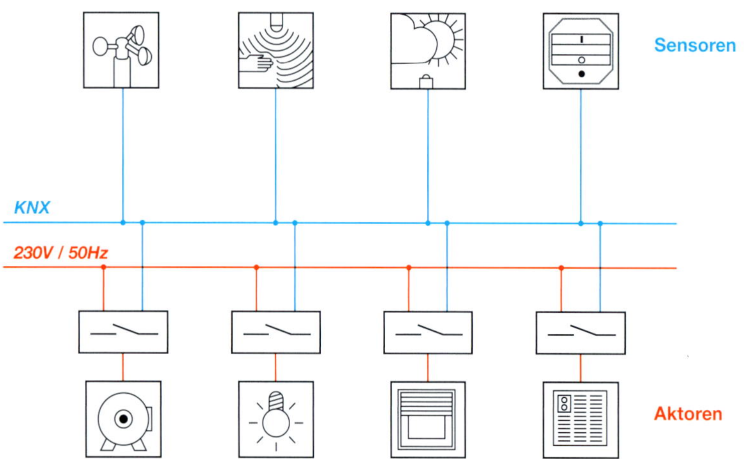

27. Nennen Sie drei Busstrukturen.

28. Welche Aufwendungen sind an feuergefährdete Betriebsstätten zu stellen?

29. Beschreiben Sie die Aussage der Kennlinie.

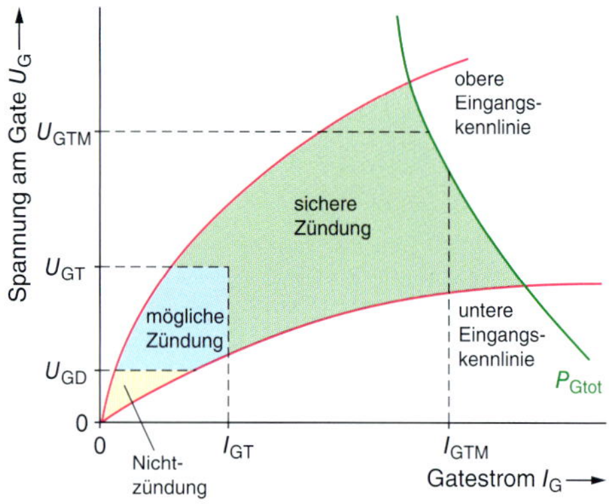

30. Um welche Schaltung handelt es sich?
Beschreiben Sie die Wirkungsweise der Schaltung.

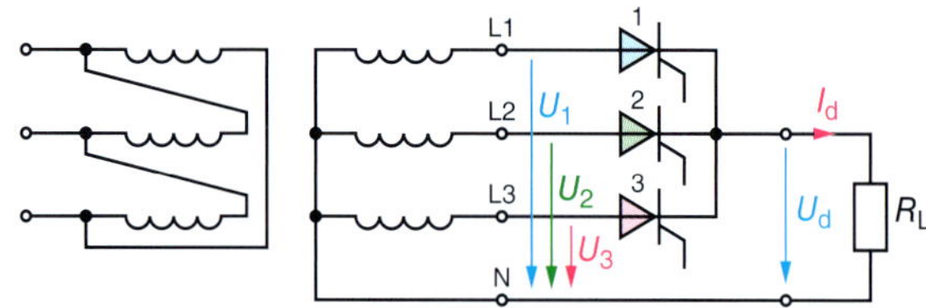

@ Interessante Links

- christiani-berufskolleg.de

Prüfung

Aufgabensatz 7

1. Welche Aufgabe haben Optokoppler?

Nennen Sie ein Anwendungsbeispiel für den Einsatz.

2. Beschreiben Sie die Arbeitsweise der dargestellten Zeitfunktion.

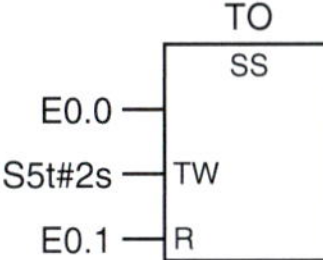

Stellen Sie das Signal-Zeit-Diagramm dar. Verwirklichen Sie die Zeitfunktion unter Verwendung der Zeitfunktion SE.

3. Um welche Steuerung handelt es sich?

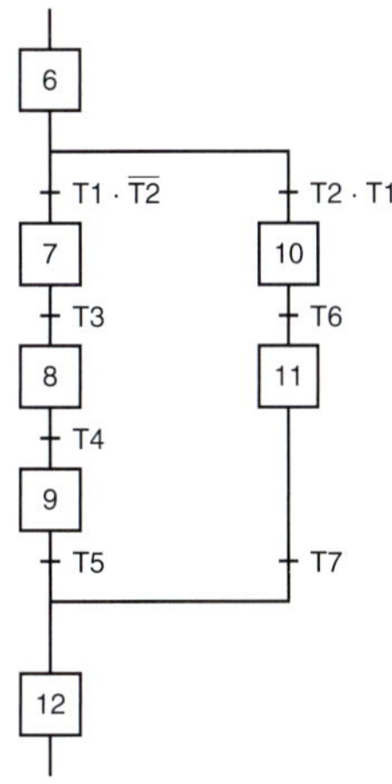

4. Erklären Sie folgende Begriffe:

a) Festwertregelung
b) Zeitplanregelung
c) Folgeregelung
d) Abtastregelung

5. Welche Logikfunktion wird mit der Schaltung nachgebildet?

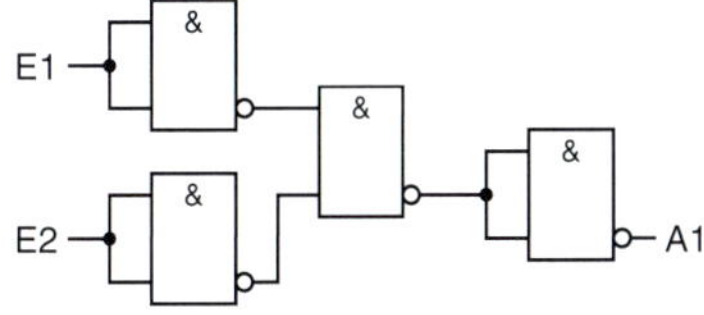

6. a) Um welches Netzsystem handelt es sich?
b) Der PEN-Leiter ist unterbrochen.
Welche Folge hat das für die Funktion der Anlage?
Welche Folge hat das bezüglich der Gefährdung bei direktem Berühren?
c) Welcher Mindestquerschnitt ist für PEN-Leiter vorgeschrieben.

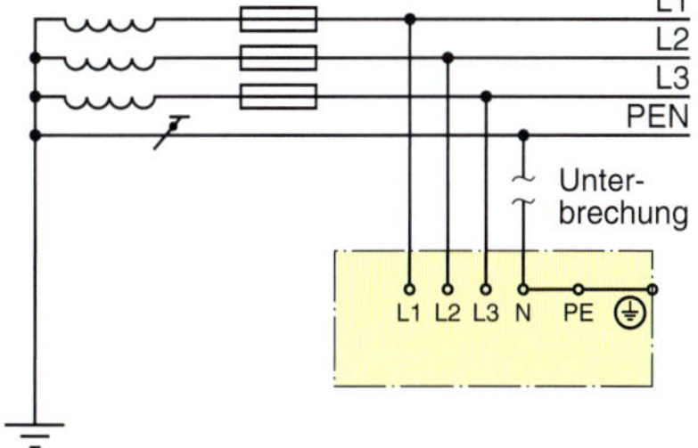

@ Interessante Links

• christiani-berufskolleg.de

Prüfung

7. Erläutern Sie den Begriff Echtzeitverhalten und seine Bedeutung in der industriellen Kommunikation.

8. Ihr Ausbilder erklärt Ihnen, dass die Fehlerursache in einer „kalten Lötstelle“ zu suchen ist. Was versteht man darunter?

9. Skizzieren Sie das Prinzipschaltbild eines 4-poligen RCDs, benennen Sie die einzelnen Funktionselemente und beschreiben Sie die Wirkungsweise.

10. Zur Temperaturerfassung können verwendet werden: NTC, PTC, Bimetall, Thermoelement. Beschreiben Sie die wesentlichen Merkmale.

11. Was zeigt die Darstellung?

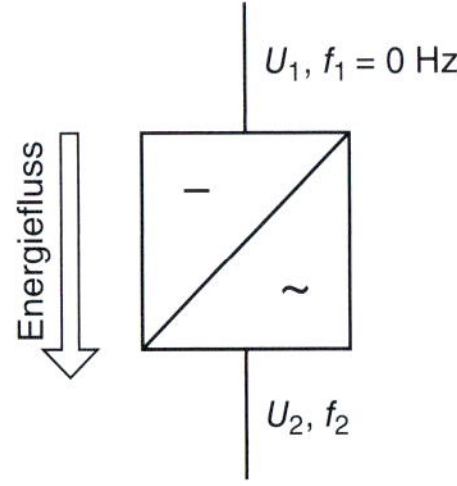

12. Welche Bedeutung haben die dargestellten Schilder?

13. Eine neu errichtete Anlage hat folgende Daten:
Spannung: 400 V/230 V/50 Hz
Nennleistung: 48 kW
Leistungsfaktor: $\cos \varphi = 0{,}82$
Wirkungsgrad: $\eta = 0{,}8$

a) Welche Stromstärke nimmt die Anlage auf?
b) Verlegeart B2, Umgebungstemperatur 25 °C. Bestimmen Sie den Leitungsquerschnitt.
c) Wählen Sie geeignete Überstrom-Schutzorgane aus.
d) Der Leistungsfaktor soll auf $\cos \varphi_2 = 0{,}94$ verbessert werden. Was ist zu tun? Dimensionieren Sie die notwendigen Betriebsmittel.

14. Beschreiben Sie den Begriff der Qualitätssicherung.

15. Bei einer Datenübertragung werden die einzelnen Informationsbits nacheinander übertragen. Wie nennt man diese Datenübertragung?

16. a) Beschreiben Sie die Funktion der Schaltung (Seite 549).
b) Entwickeln Sie den zugehörigen Funktionsplan.

@ Interessante Links
• christiani-berufskolleg.de

Prüfung

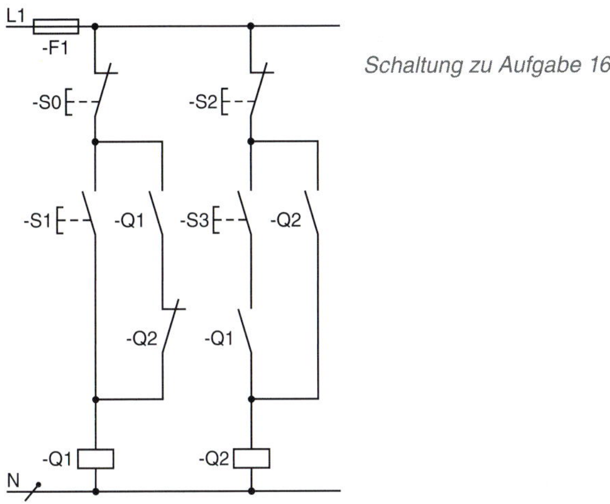

Schaltung zu Aufgabe 16

17. Was versteht man unter einer Netzwerktopologie? Nennen Sie drei Topologiearten.

18. Welche Aufgabe hat ein Browser?

19. Nennen Sie die wesentlichen Kennzeichen von Profibus-DP bezüglich Übertragungsgeschwindigkeit, Anzahl der Busteilnehmer je Segment ohne Repeater, Buszugriff und Über-
tragungsmedium.

20. Dargestellt ist das Blockschaltbild eines Regelkreises.
Tragen Sie die Bezeichnungen an den gekennzeichneten Stellen ein.

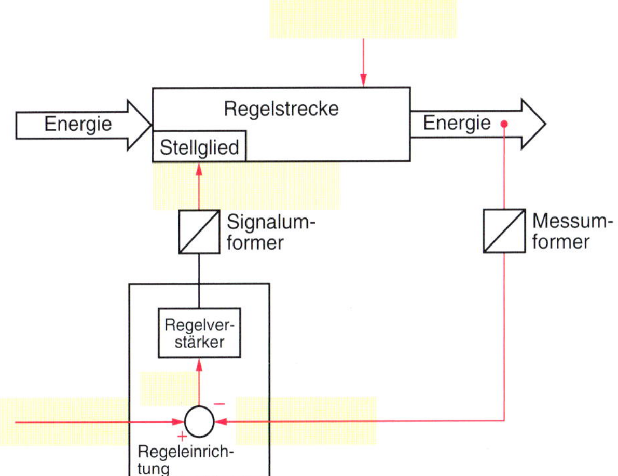

21. Erklären Sie folgende Begriffe: Regelstrecke mit Ausgleich, Regelstrecke ohne Ausgleich.

22. Wie kann das Störverhalten und Führungsverhalten eines Regelkreises ermittelt werden.
Wodurch ist eine optimale Regelung gekennzeichnet?

23. Wodurch unterscheiden sich stetige und unstetige Regler?

24. Warum kommt es beim P-Regler zu einer bleibenden Regeldifferenz?

@ Interessante Links

- christiani-berufskolleg.de

Prüfung

25. $R_1 = 1\ \text{k}\Omega$; $R_2 = 4{,}7\ \text{k}\Omega$; $R_3 = 3{,}2\ \text{k}\Omega$; $R_4 = 1\ \text{k}\Omega$;

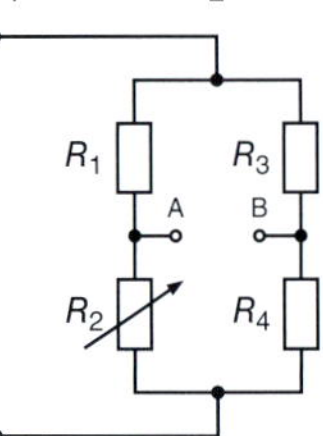

a) Welche Spannung kann zwischen den Punkten A und B gemessen werden?
b) Auf welchen Wert muss R_2 eingestellt werden, damit keine Spannung zwischen A und B auftritt?

26. Worauf ist beim Betrieb von ungeerdeten Steuerstromkreisen zu achten?

27. Unterscheiden Sie bei zusätzlichen Stromkreisen zwischen Redundanz und Diversität.

28. Beschreiben Sie die Funktion der dargestellten Sicherheitsschaltung.

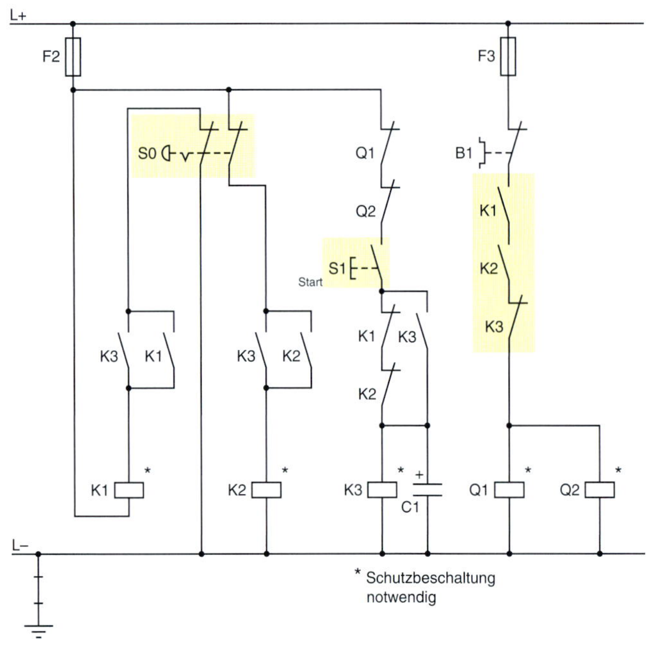

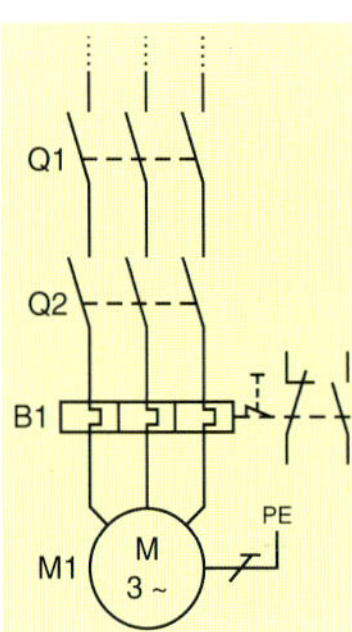

29. Welche Gefahr geht von einem Querschluss aus?
Wie kann ein Querschluss verhindert werden?

30. Sie sollen eine Füllstandsmessung in einem Silo mit Schüttgut realisieren.
Welche technischen Möglichkeiten bieten sich an?

@ Interessante Links
- christiani-berufskolleg.de

Prüfung

Aufgabensatz 8

1. Ein Transformator wird mit einem 45-kW-Drehstrommotor (η = 0,93; cos φ = 0,86) und einer 76-kW-Drehstromheizung belastet.

Bestimmen Sie die Wirkleistungsabgabe des Trafos.

2. Worauf ist bei Anschluss eines Spannungswandlers zu achten?

3. Was versteht man unter einer frequenzproportionalen Spannungsanpassung bei einem Frequenzumrichter?

4. Erläutern Sie die Kennlinie (Frequenzumrichter).

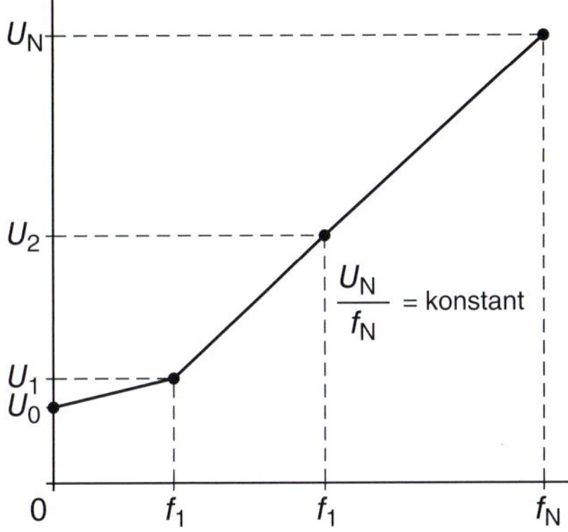

5. Was versteht man unter einer Tandemschaltung?
Kann sie zur Verhinderung des stroboskopischen Effekts eingesetzt werden?

6. Welche Aussage machen die dargestellten Symbole?

7. Wie groß ist die Nachstellzeit bei der dargestellten Sprungantwort?

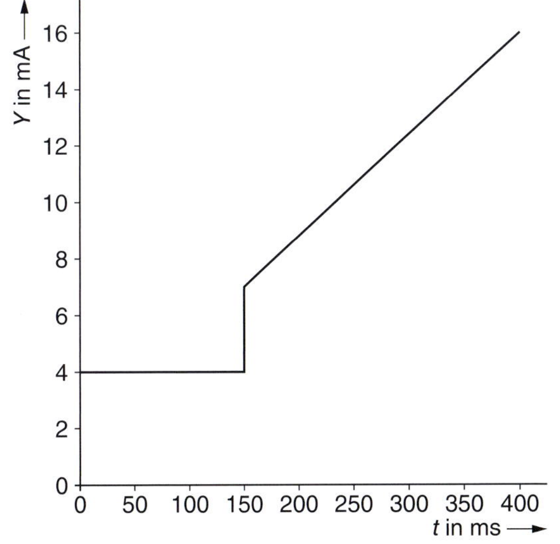

@ Interessante Links

- christiani-berufskolleg.de

Prüfung

8. Welcher Regler verursacht eine bleibende Regeldifferenz?

9. Ein Bussystem verwendet eine RJ45-Schnittstelle.
Um welches Bussystem handelt es sich?

10. Wer trägt letztlich die Verantwortung für die Arbeitssicherheit im Betrieb?

11. Aus welchen drei Elementen besteht ein KNX-Teilnehmer?

12. Was ist kennzeichnend für ein Feldbussystem?

13. Ein PT1000 wird von einem Strom 1 mA durchflossen, $\alpha = 3{,}85 \cdot 10^{-3} \frac{1}{K}$.
Welcher Spannungsfall tritt bei 50 °C am Sensor auf?

14. Darf ein Drehstrommotor kompensiert werden, wenn er über einen Frequenzumrichter mit Zwischenkreis betrieben wird?

15. Ein Transformator ist für die Primärspannungen U_1 = 230 V und 110 V durch Umschaltung einsetzbar. Die Sekundärspannung beträgt 27 V, die sekundäre Windungszahl 210 Windungen.
Welche primäre Windungszahl ist insgesamt notwendig, wenn der Wirkungsgrad zu 100 % angenommen wird?

16. Ein Transformator hat eine relative Kurzschlussspannung von 70 %.
Welche Aussage können Sie über das Betriebsverhalten des Transformators machen?

17. Beschreiben Sie die Arbeitsweise der Ablaufkette in GRAFCET.

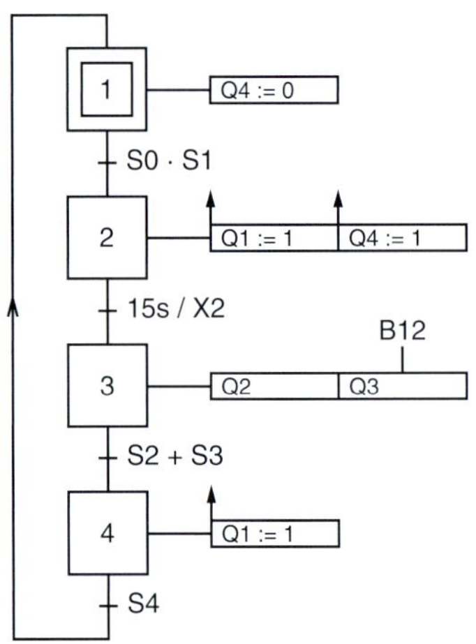

18. Ein Drehstrommotor nimmt im Bemessungsbetrieb die Wirkleistung 20,55 kW bei einem Leistungsfaktor von cos φ_1 = 0,84 auf. Durch die in Dreieck geschalteten Kondensatoren soll der Leistungsfaktor auf cos φ_2 = 0,96 verbessert werden.
Welche Blindleistung muss von den Kondensatoren insgesamt geliefert werden?

19. Vorn welchen Faktoren hängen die Folgen eines Personenschadens bei elektrischen Unfällen ab?

20. Ein Drehstrommotor 400 V, 15 kW, 1460 1/min, 29 A, cos φ = 0,84, Wirkungsgrad 90 % wird bei Umgebungstemperatur von 25 °C mit einer Leitung H07VV-U 5G in Rohr auf Wand angeschlossen. Die Leitungslänge beträgt 52 m.

@ Interessante Links

- christiani-berufskolleg.de

Prüfung

a) Bestimmen Sie den Mindestquerschnitt der Leitung.

b) Welche Strombelastbarkeit hat die Leitung?

c) Welcher Spannungsfall tritt bei Bemessungsleistung des Motors auf der Leitung auf? Welche Schlussfolgerung ziehen Sie daraus?

21. Erklären Sie die Begriffe Abnutzung und Zuverlässigkeit.

22. Beschreiben Sie die Vorgehensweise bei der Fehlersuche.

23. Welche Aussage macht die Darstellung?

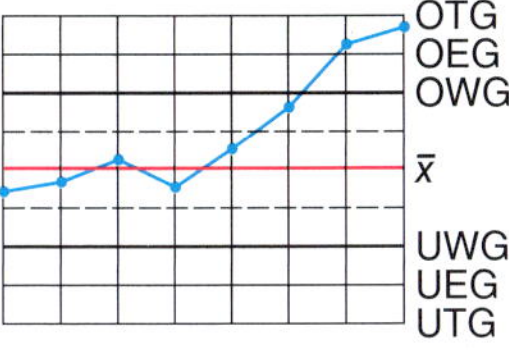

24. Welche Gefährdungen sind dargestellt? Wie kann Abhilfe geschaffen werden?

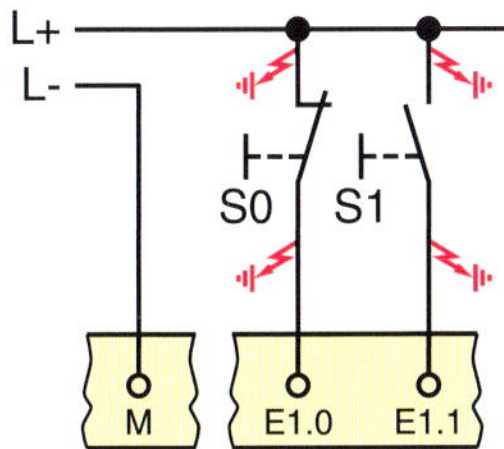

Ungeerdeter Betrieb

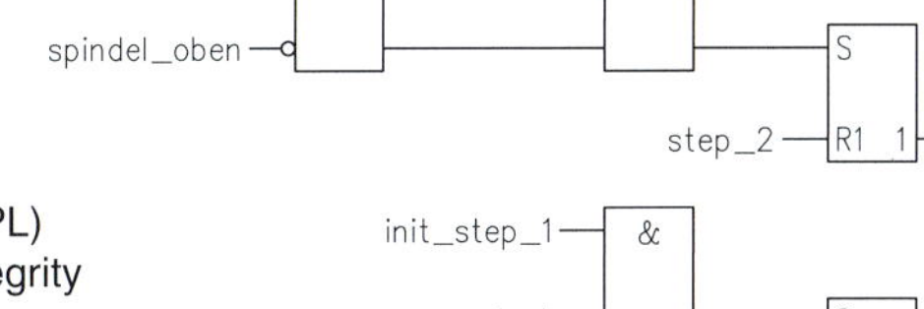

25. Beschreiben Sie den Begriff Performance Level (PL) sowie den Begriff Safety Integrity Level (SIL).

Wie erfolgt die Sicherheitsbeurteilung von Steuerungen?

26. Analogeingang 0 bis 20 mA, Auflösung 10 Bit.

Ermittel Sie die darstellbaren Zahlenwerte.

27. Dargestellt ist eine lineare Ablaufsteuerung mit SR-Speichern.

Stellen Sie die Steuerung in GRAFCET dar.

@ Interessante Links

- christiani-berufskolleg.de

Prüfung

28. Stellen Sie die Befehle in Makroform dar.

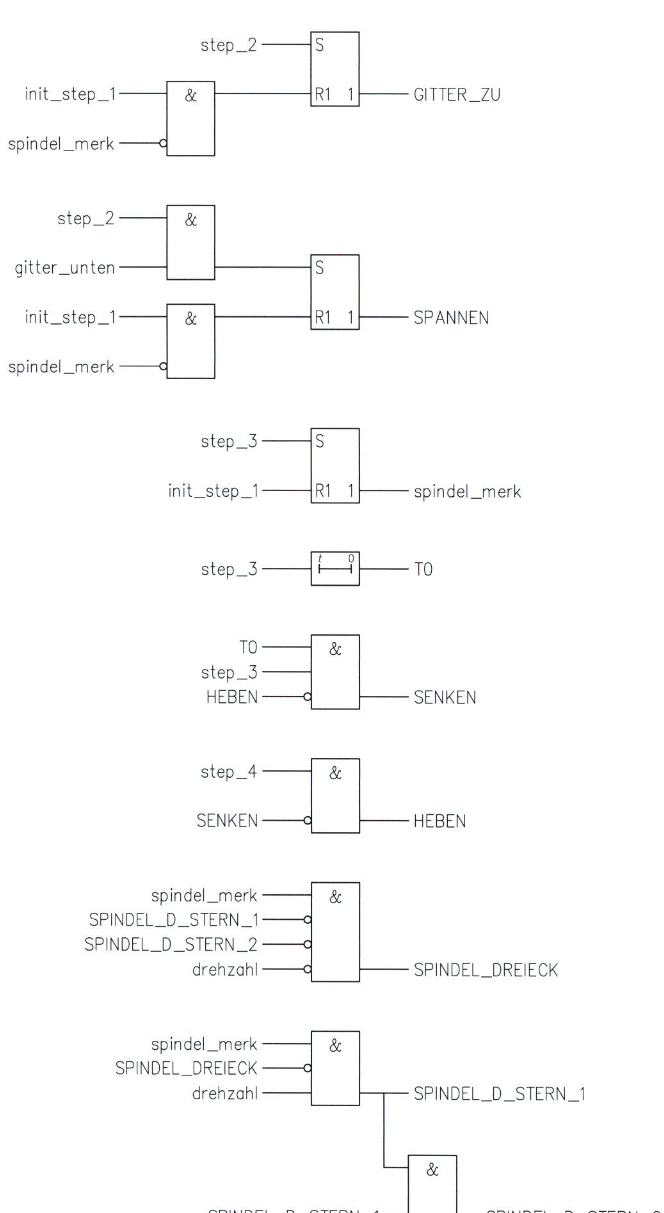

29. Die 15 Leuchtmelder einer Bedieneinheit haben bei 24 V jeweils die Leistung 2 W. Sie werden durch LED-Melder 24 V/0,26 W ersetzt.

Berechnen Sie die prozentuale Energieeinsparung.

30. Beschreiben Sie die Befehlswirkung. Skizzieren Sie den zugehörigen Funktionsplan.

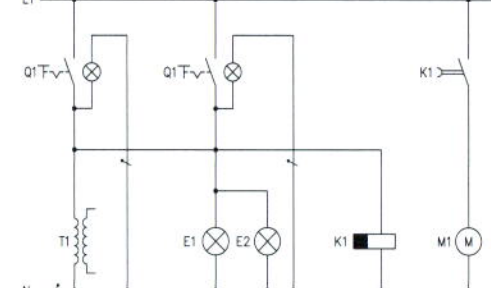

@ Interessante Links

- christiani-berufskolleg.de

Prüfung

Aufgabensatz 9

1. Eine Leuchte trägt die dargestellten Symbole. Welche Bedeutung haben die Symbole?

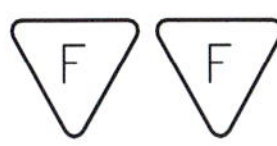

2. Welche Aufgabe haben unterbrechungsfreie Stromversorgungen?
Wie werden solche Stromversorgungen realisiert?

3. Zu welchem Betriebsmittel gehört die Kennline.
Welche Aussage macht die Kennlinie?

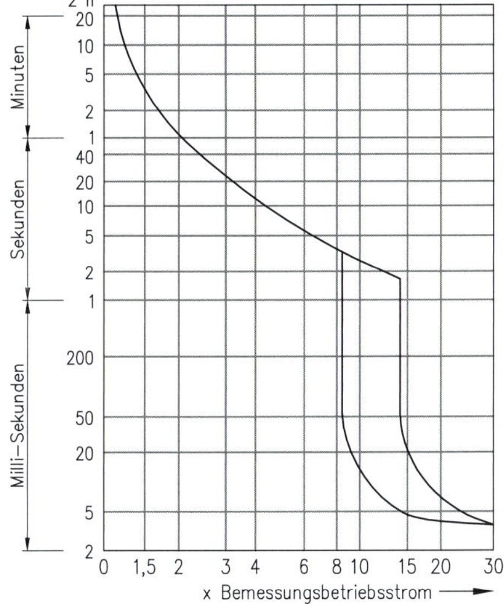

4. Mit dem Taster S1 soll das Hauptschütz Q1 abwechselnd ein- und ausgeschaltet werden.

Die dargestellte Schaltung ist unvollständig.

Vervollständigen Sie die Schaltung und entwickeln Sie den zugehörigen Funktionsplan.

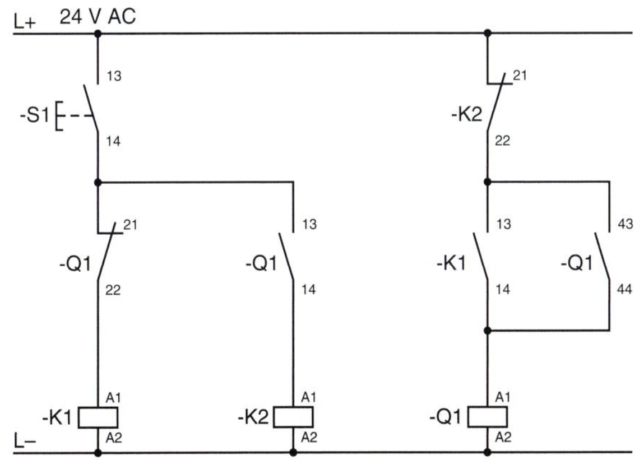

@ Interessante Links

• christiani-berufskolleg.de

Prüfung

5. Dargestellt ist das Signal-Zeit-Diagramm eines Multifunktionsrelais.
Welche Funktion ist hier dargestellt?

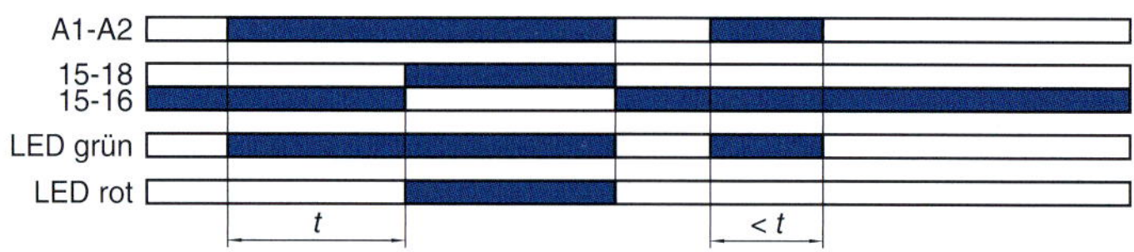

6. Beschreiben Sie die Funktion der Schaltung.

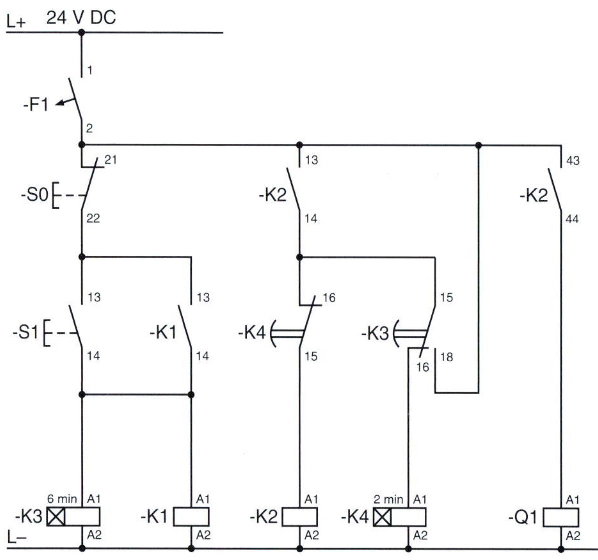

7. Im TN-System fordert VDE den zusätzlichen Schutz durch RCD mit $I_{\Delta n} \leq 30$ mA an Orten mit erhöhter Stromempfindlichkeit.

Welchen Einfluss hat der Widerstand R auf die Stromempfindlichkeit des Menschen mit dem Körperwiderstand $R_K = 1\ \Omega$?

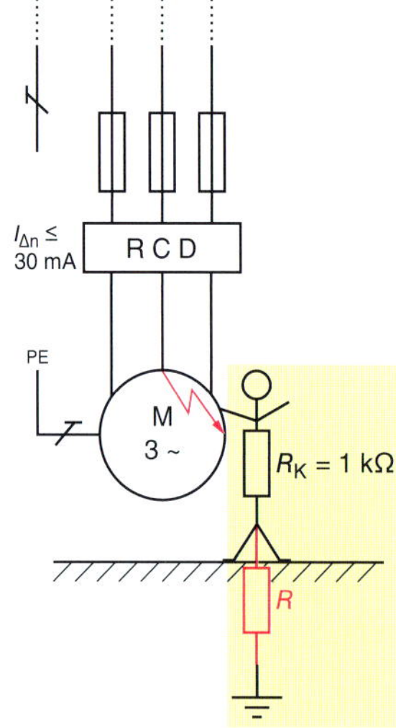

@ Interessante Links

- christiani-berufskolleg.de

Prüfung

8. Leistungsschild eines Drehstrommotors.

a) Ist der Motor für Stern-Dreieck-Anlauf geeignet?

b) Welche Wirkleistung entnimmt der Motor dem Netz?

c) Welche Blindleistung nimmt der Motor auf?

d) Welches Bemessungsmoment kann der Motor an der Welle abgeben?

e) Wie groß ist das Drehmoment des Motors bei Sternanlauf?

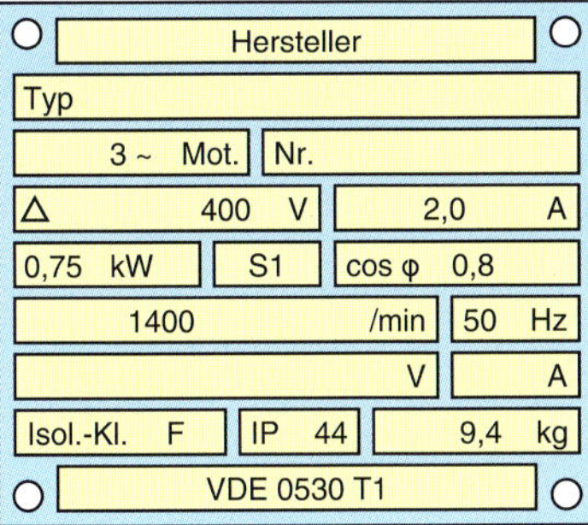

9. Leistungsschild eines Elektromotors.

a) Um welchen Motor handelt es sich?

b) Auf welchen Wert stellen Sie die Motorschutzeinrichtung ein?

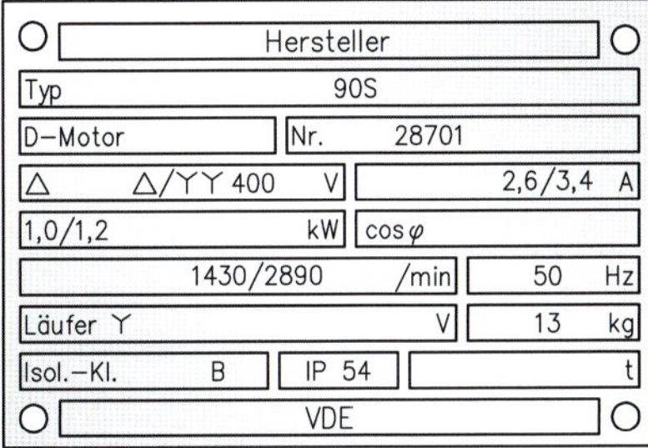

10. a) Um welche Schaltung handelt es sich?

b) Warum wird der Motorschutz „durchgeschliffen"?

c) Motorleistung 250 W: Wählen Sie C_A und C_B.

d) Warum wird C_A über Q2 geschaltet?

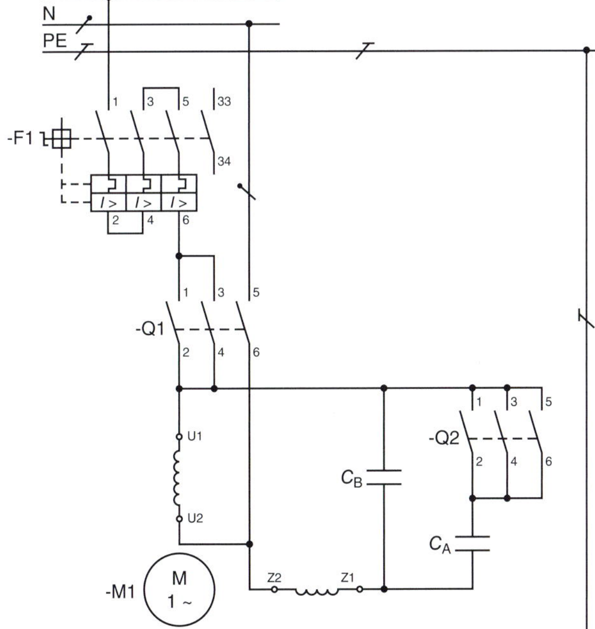

Prüfung

11. Ein Kondensator wird in Dreieckschaltung an 400 V/50 Hz vom Strom 12,8 A durchflossen. Wir groß ist die Kondensatorkapazität?

12. Eine Sicherheitsbeleuchtungsanlage besteht aus 32 Glühlampen 24 V/10 W. Die Anlage soll mindestens 4 Stunden aus einem Akkumulator gespeist werden.

Welche Kapazität muss der Akkumulator mindestens haben?

13. Bezeichnen Sie die mit (1) bis (4) bezeichneten Fehlerarten.

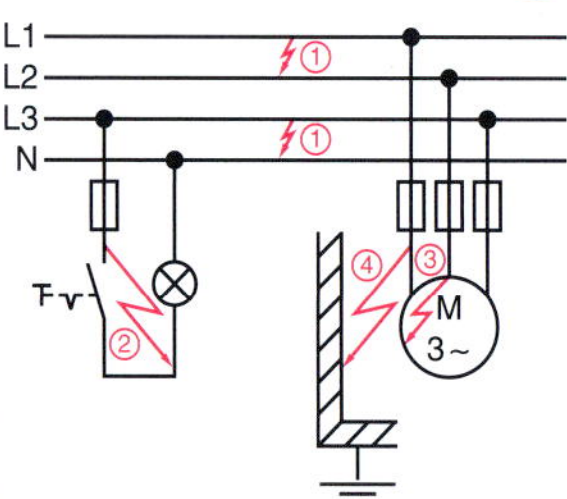

14. Erläutern Sie die Aussage der Kennlinie.

Ein Mensch ist 40 ms einem Strom von 30 mA ausgesetzt. Welche Wirkung hat das?

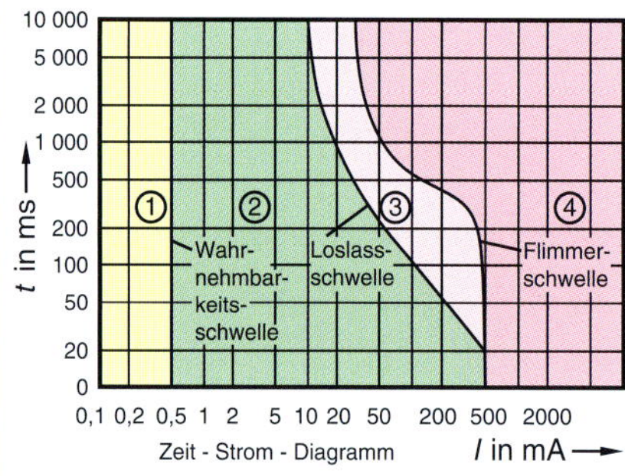

Zeit - Strom - Diagramm

15. Digitalanzeige 4 stellen (max. Anzeige 999.9 V).
Anzeigeumfang 9999 Digit, je 0,1 V.
Fehler ± 0,5 % ± 4 Digits.
Die Anzeige beträgt 400 V.

Zwischen welchen Werten liegt der tatsächliche Messwert?

16. Welches Betriebsmittel ist dargestellt?
Welche Bedeutung hat die Farbgebung rot-gelb?
Wie erfolgt die Beachtung der Sicherheitsregel „Gegen Wiedereinschalten sichern"?
Was wird durch dieses Betriebsmittel bewirkt?
Was sind ausgenommene Stromkreise? Wie sind sie zu kennzeichnen?

17. Angabe bei einem Gleichrichter: B80 C 1500/1000.

Was bedeutet die Angabe?

18. Welchen Vorteil hat ein Bus mit Lichtwellenleitern?

@ Interessante Links

- christiani-berufskolleg.de

Prüfung

19. Worauf achten Sie bei der Einstellung der Motorschutzeinrichtung?

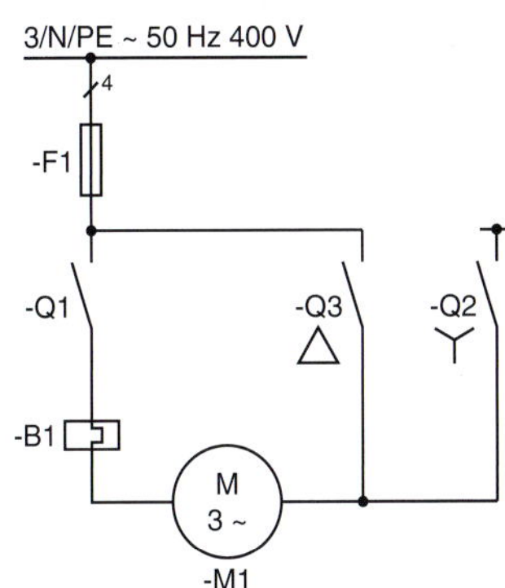

20. Die Stromschleife hat bei Körperschluss einen Widerstand von 1,6 Ω. Der Verbraucher ist mit Schmelzsicherungen 16 A gG abgesichert. Netz: 400 V/230 V/50 Hz.

a) Wie groß ist der Fehlerstrom?
b) Nach welcher Zeit spricht die Schmelzsicherung an?
c) Beurteilen Sie die Zeit.
d) Was ist zu tun, wenn die Zeit zu groß ist?

21. Welche Aufgabe hat die Schaltung?

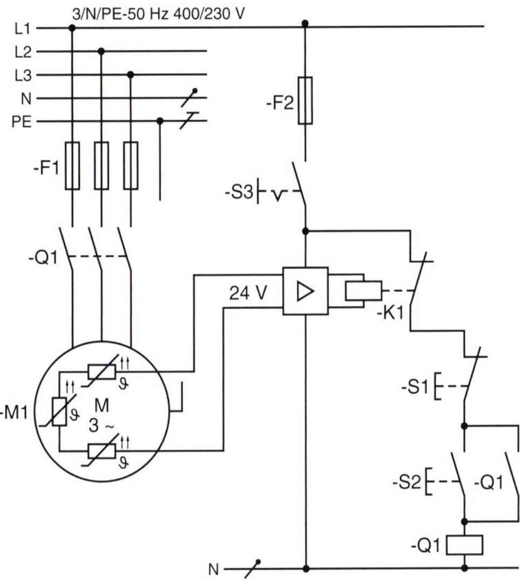

22. Bestimmen Sie aus der Kennlinie die Parameter des Sanftanlaufgeräts.

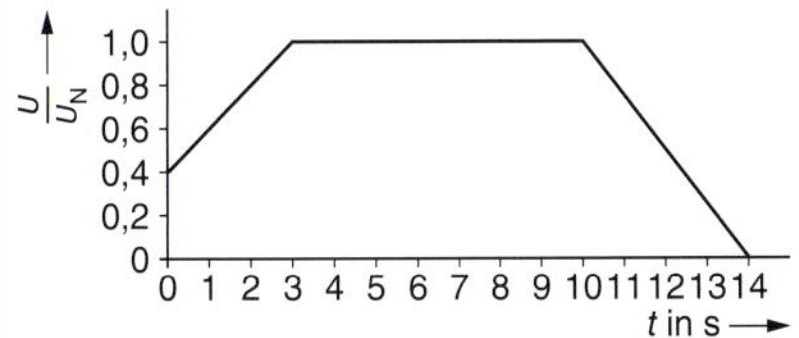

23. Beschreiben Sie Aufbau und Wirkungsweise eines Schaltnetzteils. Worin besteht die Besonderheit von Schaltnetzteilen?

@ Interessante Links

- christiani-berufskolleg.de

Prüfung

24. Ein 250-kVA-Transformator hat im Leerlauf eine Leistungsaufnahme von 1900 V und im Kurzschlussversuch 2750 W.

Bestimmen Sie den Wirkungsgrad des Transformators bei voller Belastung und cos $\varphi = 1$.

25. Eine Elektroheizung wird über eine Schwingungspaketsteuerung mit Nullspannungsschalter betrieben. Die installierte Heizleistung beträgt 2400 W.
t_{ein} ist 2/3 der Gesamtzeit T.

Bestimmen Sie die mittlere Leistung.

26. Der Proportionalbeiwert K_P wird bei einem P-Regler verringert.

Welche Folge hat das?

27. Anschluss eines Temperatursensors an ein digitales Steuergerät.

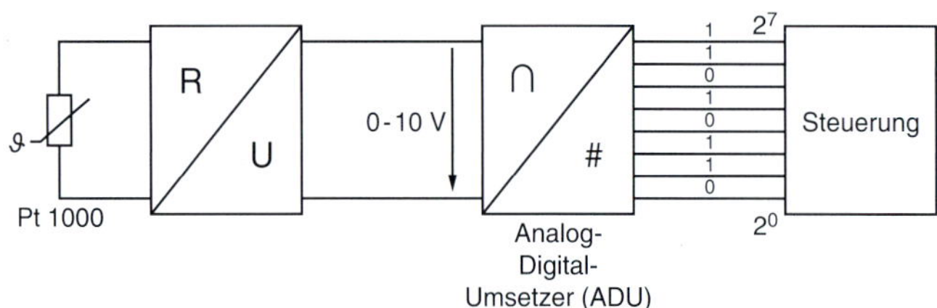

Welche Spannung liegt am Eingang des Analog-Digital-Umsetzers an?

28. Bei einer zweistufigen Elektroheizung für Drehstrom besteht jeder Strang aus zwei Widerständen. Die einzelnen Widerstandswerte sind gleich groß.

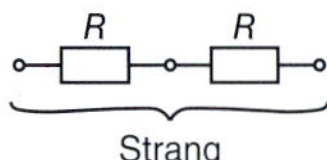

Entwickeln Sie die Schaltung.

29. Das dargestellte LC-Glied soll die Frequenz $f = 5$ kHz kurzschließen.

Wie groß muss dann C sein?

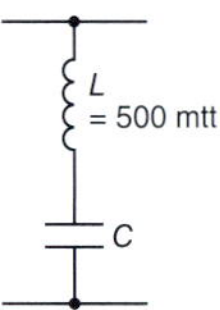

30. Durch einen Fehler wird der Neutralleiter an der gekennzeichneten Stelle unterbrochen.

Welche Folge hat das?

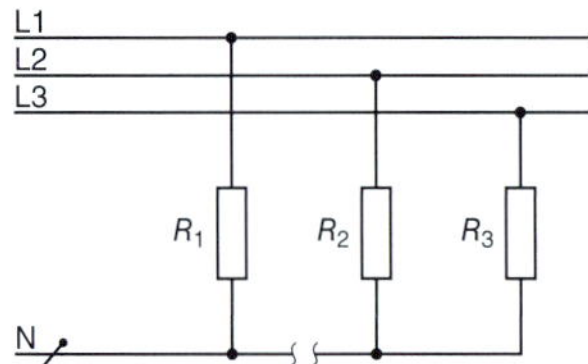

@ Interessante Links

- christiani-berufskolleg.de

Prüfung

Aufgabensatz 10

1. Stahl ist eine Eisen-Kohlenstoff-Legierung.

a) Wie hoch ist der prozentuale Anteil des Kohlenstoffs?
b) Wie verändert sich die Härte des Stahls mit steigendem Kohlenstoffgehalt?

2. Die Grundplatte einer elektromechanischen Baugruppe besteht aus dem Stahl „S 235 JR".

a) Was bedeutet diese Werkstoffbezeichnung?
b) Wie hoch ist die Zugfestigkeit dieser Stahlsorte?
c) Für welche Anwendungen wird diese Stahlsorte üblicherweise eingesetzt?

3. Zur Verbesserung der Korrosionsbeständigkeit der Grundplatte soll der Werkstoff „X5 Cr Ni 18-10 eingesetzt werden.

a) Geben Sie die chemische Zusammensatzung dieses Werkstoffs an.
b) Bestimmen Sie die Werkstoff-Nummer.
c) Wie hoch ist die Zugfestigkeit?
d) Wie verhält sich diese Stahlsorte bei Flächenkorrosion und wie bei Kontaktkorrosion?

4. Welche Anteile an Chrom müssen bei einem als korrosionsbeständig bezeichneten Stahl mindestens enthalten sein?

5. Für die Herstellung von Bolzen werden oft Vergütungsstähle eingesetzt.
a) Was bedeutet die Bezeichnung „Vergütungsstahl"?
b) Welche besonderen Eigenschaften besitzen diese Stähle?
c) Nennen Sie mindestens drei Vergütungsstähle und deren jeweilige Anwendungen.

6. Was bedeuten folgende Werkstoffbezeichnungen:

a) C 45
b) 1.4401
c) EN-GJL-200
d) Al 99,5
e) 3.5200

7. Für die Einhausung eines Elektroaggregats werden Bleche aus Aluminium verwendet.

a) Nennen Sie mindestens drei Vorteile von Aluminium im Vergleich zu Stahl.
b) Erläutern Sie die Werkstoffbezeichnung „EN AW-5754".
c) Berechnen Sie das Gesamtgewicht von 4 Blechen mit folgenden Maßen:
600 mm × 2000 mm × 1,2 mm.

8. Nennen Sie mindestens 2 Gründe, warum Kupfer als Material für Stromleitungen sehr gut geeignet ist.

9. Für eine Baugruppe wird folgender Werkstoff benötigt: Mg Al 3 Zn.

a) Um welches Material handelt es sich?
b) Welche besonderen Eigenschaften besitzt dieser Werkstoff?

10. Bestimmen Sie für folgende Werkstückmaße Nennmaß, Mindest- und Höchstmaß und die Toleranz:

a) $75^{-0,1}$
b)120 DIN ISO 2768-1-m
c) 20 h7
d) 38 K9

11. Bestimmen Sie das kleinste und das größte Spiel für die Passung 125 H7/g6.

12. Was versteht man unter dem „Passungssystem Einheitswelle"?

13. Erläutern Sie den Begriff „Übergangspassung".

@ Interessante Links

- christiani-berufskolleg.de

Prüfung

14. Wie groß ist die Messgenauigkeit

a) eines Messschiebers?
b) einer Messschraube?

15. Was versteht man beim Prüfen unter der Bezeichnung „persönlicher Messfehler"?

16. Welche Prüfgeräte sind hier abgebildet?

a)

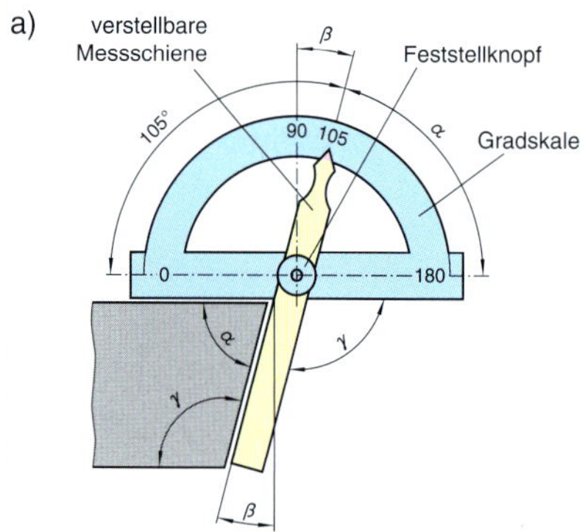

b)

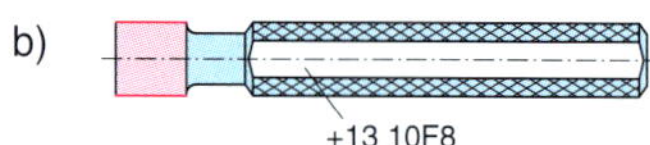

17. Die nach nebenstehender Zeichnung hergestellten Wellen müssen auf ihre Maßhaltigkeit geprüft werden.

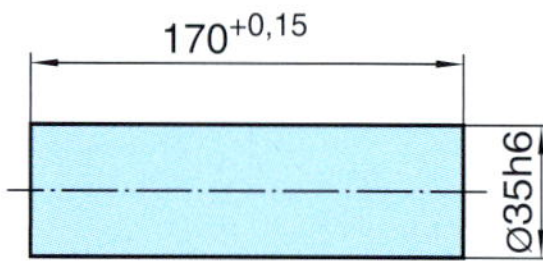

a) Bestimmen Sie für beide Maße die jeweiligen Mindest- und Höchstwerte.
b) Mit welchen Messgeräten kann der Wert des Durchmessers gemessen werden?
c) Mit welcher Lehre kann der Durchmesser überprüft werden?
d) Welchen Vorteil bietet der Einsatz einer Lehre?
e) Bestimmen Sie das minimale und maximale Spiel dieser Welle in einer Bohrung mit dem Durchmesser 35 F8.

18. Was bedeuten folgende Zeichen?

a) (Oberflächensymbol mit Kreis)

b) √Ra 6,3

19. Erläutern Sie die folgenden Schraubenbezeichnungen:

a) DIN EN ISO 7046-1-M6 × 25 – 8.8
b) DIN EN ISO 4014 – M12 × 1,25 × 80 – 5.6

20. Was versteht man unter der Steigung eines Gewindes?

21. Zur Befestigung einer Abdeckung benötigen Sie eine Senkschraube mit Innensechskant, Größe M10, Länge 60 mm, Festigkeitsklasse 8.8.

a) Wie lautet die vollständige Normbezeichnung dieser Schraube?
b) In welchen Festigkeitsklassen ist diese Schraube erhältlich?

22. Auf einer Schraube finden Sie die Angabe „A2-70".
Was bedeutet diese Bezeichnung?

@ Interessante Links
- christiani-berufskolleg.de

Prüfung

23. Benennen Sie den Hauptvorteil und den üblichen Einsatzbereich von Blechschrauben.

24. Bestimmen Sie für eine Schraube
DIN EN ISO 4017 – M10 × 70 – 8.8 eine passende Sechskantmutter (mit vollständiger Angabe der Normbezeichnung).

25. Nennen Sie mindestens zwei Vorteile für Hutmuttern.

26. Bei einem Gewinde finden Sie die Bezeichnung Tr 24 × 5.

a) Um welche Gewindeart handelt es sich?
b) Wozu werden solche Gewindearten üblicherweise eingesetzt?

27. Erklären Sie die Funktionsweise und den Einsatzbereich von Federringen.

28. Erläutern Sie die Herstellung eines Innengewindes von Hand.

29. Von welchen Einflussgrößen ist die Mindesteinschraubtiefe einer Schraube abhängig?

30. Bestimmen Sie die Schraubenform und den Anwendungsbereich folgender Schrauben:

a) 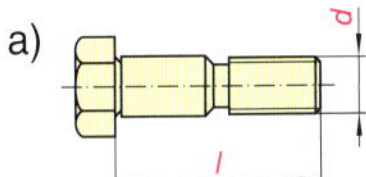

b) 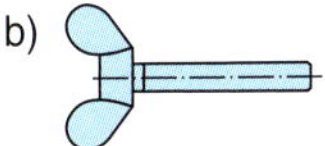

Aufgabensatz 11

1. Die für eine Sechskantschraube M24, Festigkeitsklasse 5.6, zulässige Belastung soll höchstens 25 % der zulässigen Spannung betragen.
Mit welcher Zugkraft darf die Schraube maximal belastet werden?

2. Eine Schraube M16 × 100 - 8.8 ist mit einer Vorspannkraft von 40 kN belastet.

a) Wie hoch ist die maximale Zugspannung in der Schraube?
b) Wie groß ist die Sicherheit gegen Bruch?

3. Mit einem Schraubenschlüssel (Länge 35 cm) und einer Kraft von 280 N wird eine Schraube angezogen.
Wie hoch ist das Anzugsdrehmoment?

4. Eine Schraube soll mit einem Drehmoment von 320 Nm angezogen werden.

a) Bestimmen Sie die dazu notwendige Kraft bei einer Schraubenlänge von 550 mm.
b) Was könnte mit der Verbindung passieren, wenn das erforderliche Anzugsdrehmoment nicht erreicht wird?
c) Mit welchen technische Mitteln kann ein korrektes Anzugsdrehmoment sichergestellt werden?

5. Zwei Flachstähle sind mit drei Schrauben miteinander verbunden.
Welche Querkraft F_R kann bei einer Vorspannkraft von 50 kN pro Schraube und einer Haftreibungszahl von 0,25 übertragen werden?

6. Erklären Sie den grundlegenden Unterschied zwischen dem Fügen von Werkstücken durch Schweißen und durch Löten.

7. Welche Funktion hat das Schutzgas beim Schutzgasschweißverfahren?

@ **Interessante Links**
- christiani-berufskolleg.de

Prüfung

8. Bei welchen zu verschweißenden Materialien wird üblicherweise das WIG-Verfahren eingesetzt?

9. Erläutern Sie folgende Schweißnahtbemaßungen:

a)

b)

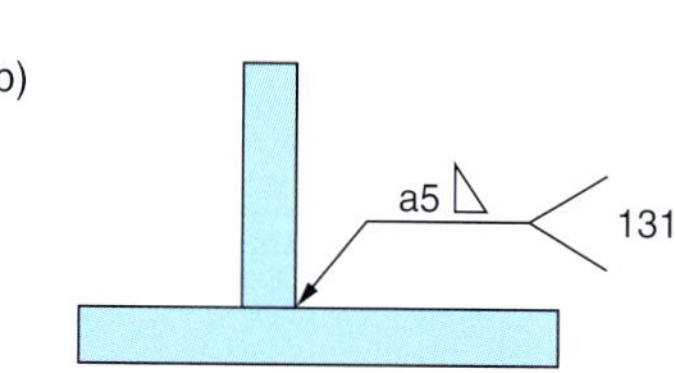

10. Welche Aufgabe haben Flussmittel beim Löten?

11. Erläutern Sie die Unterschiede zwischen Weich- und Hartlöten.

12. Was versteht man beim Kleben unter „Adhäsion"?

13. Welche Arbeitsschritte sind üblicherweise zur Vorbereitung einer Klebeverbindung erforderlich ?

14. Nennen Sie mindestens drei Vorteile des Klebeverfahrens im Vergleich zum Schweißverfahren.

15. Zwei duroplastische Kunststoffplatten sollen miteinander verklebt werden.
Welche Kleberart ist geeignet?

16. Wie erfolgt die Kraftübertragung bei einer Bauteilverbindung mit Warmnietung:
Kraft-, Form- oder Stoffschlüssig?

17. Nennen Sie einige Anwendungsbereiche von Falzverbindungen.

18. Erläutern Sie den Unterschied zwischen lösbaren und unlösbaren Verbindungen.

19. Nennen Sie mindestens drei Beispiele für formschlüssige Verbindungen.

20. Was versteht man unter einer beweglichen Verbindung?

21. Die Abbildung zeigt die Verbindung eines Antriebsmotors mit einem Zahnrad.

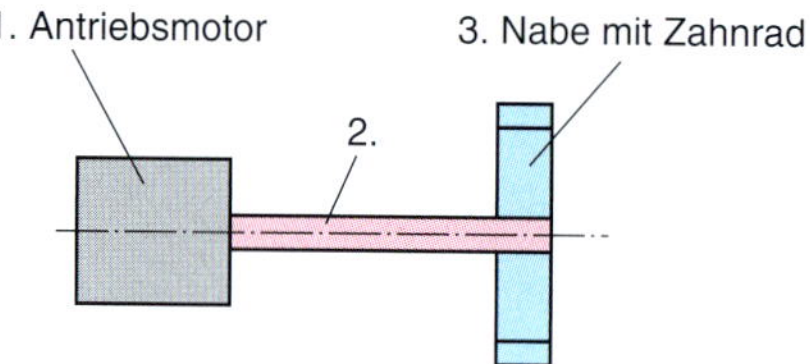

a) Handelt es sich bei dem Bauteil 2 um eine Achse oder um eine Welle (Begründung)?
b) Welches ist die Hauptbelastungsart dieses Bauteils?
c) Nennen Sie mindestens drei Möglichkeiten, um Bauteil 2 kraftschlüssig mit dem Bauteil 3 (Nabe) zu verbinden.

22. Beschreiben Sie den Aufbau und die Funktion folgender Welle-Nabe-Verbindungen:
a) Kegelverbindung
b) Klemmverbindung

@ Interessante Links

- christiani-berufskolleg.de

Prüfung

23. Welche Vorteile hat eine Vielkeilwelle im Vergleich zu einer Passfederverbindung (mindestens zwei Vorteile nennen)?

24. Wie wird eine Welle-Nabe-Verbindung mit Passfeder montiert?

25. Was bedeutet folgende Bezeichnung: Passfeder DIN 6885 - A40 × 12 × 55?

26. Erklären Sie die Herstellung einer Querpressverbindung.

27. Die in Aufgabe 21 abgebildete Welle ist in einem Getriebe eingebaut. Im Betriebszustand erwärmt sich die Welle von 20 °C auf 65 °C.

Berechnen Sie die dadurch verursachte Längen- und Durchmesserveränderung, wenn die Welle aus

a) unlegiertem Stahl
b) aus Aluminium

besteht.

28. Aus welchen drei Hauptbauteilen bestehen alle Wälzlager?

29. Welche Aufgaben haben Schmiermittel bei Wälzlagern?

30. Welchen Vorteil haben Wälzlager mit Rollenkörper im Vergleich zu Wälzlagern mit Kugelkörper?

Aufgabensatz 12

1. Erläutern Sie folgende Lagerbezeichnungen:

a) DIN 5412 – NJ 215
b) DIN 630 – 1209

2. Was versteht man unter der „Ermüdung“ eines Wälzlagers?

3. Bei einer Lagerbezeichnung finden Sie die Angabe „Lagerluft C3“.

a) Erklären Sie den Begriff Lagerluft.
b) Was bedeutet die Angabe C3?

4. Eine Getriebewelle ist mit drei Wälzlagern ausgestattet.

Wie viele der Lager werden als Festlager, wie viele als Loslager ausgeführt (Begründung)?

5. Erklären Sie die Funktion

a) der Lagermontage mit einer Schlagbüchse.
b) der thermischen Lagermontage.
c) der Lagerdemontage mit einer mechanischen Abziehvorrichtung.

6. In welcher Richtung wirkt die zu tragende Kraft bei einem Axiallager?

7. Wie lautet die Normbezeichnung für einreihige Radial-Schrägkugellager?

8. Erläutern Sie den Aufbau und die Funktion von Gleitlagern.

9. Welche Vorteile haben Wälzlager im Vergleich zu Gleitlagern?

10. In Gleitlagern werden oft Buchsen aus Kunststoff eingesetzt.

a) Warum besitzen solche Buchsen eine Notlaufeigenschaft?
b) Was bedeutet folgende Bezeichnung? Buchse DIN 1850 – S20 A20

@ Interessante Links

• christiani-berufskolleg.de

Prüfung

11. Welchen Vorteil bietet die Verwendung eines Keilriemens im Vergleich zu einem Flachriemen (Begründung)?

12. Wodurch entsteht bei einem Flachriementrieb die relativ hohe Belastung der Lagerstellen?

13. In einem Getriebe soll das Drehmoment von der Welle 1 (Antriebsseite) auf die parallele Welle 2 (Abtriebsseite) übertragen werden (siehe Abbildung). Die Drehrichtung beider Wellen soll dabei gleich sein.

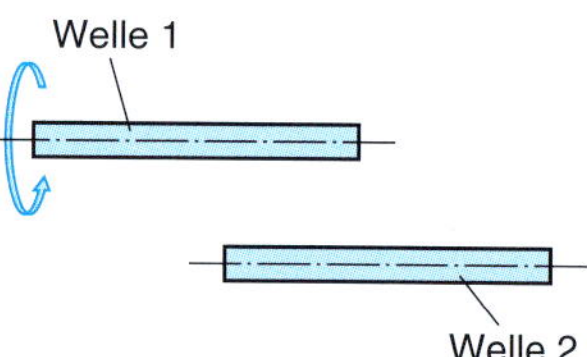

a) Welche generellen technischen Möglichkeiten bestehen, um das Drehmoment von Welle 1 auf Welle 2 zu übertragen?
b) Welche Möglichkeit würden Sie wählen, wenn sehr hohe Drehmomente übertragen werden müssen?

14. Nennen Sie die besonderen Merkmale und Anwendung von

a) Zahnriemen
b) Keilrippenriemen

15. Ein Riementrieb besteht aus zwei Riemenscheiben mit folgenden Durchmessern: Scheibe 1 (Antriebsseite) = 172 mm, Scheibe 2 = 500 mm.

a) Wie hoch ist die Übersetzung des Getriebes?
b) Wie hoch ist die Abtriebsdrehzahl bei einer Motordrehzahl von1160 1/min?
c) Welchen Durchmesser müsste die Scheibe 2 haben, um eine Ausgangsdrehzahl von 350 1/min zu erreichen?
d) Bestimmen Sie die maximale Umfangsgeschwindigkeit der Scheibe 1 und die Riemengeschwindigkeit für beide Übersetzungen.

16. Nennen Sie mindestens drei Vorteile und drei Nachteile von Kettentrieben im Vergleich zu Riementrieben.

17. Welch Auswirkungen kann eine nicht ausreichende Schmierung der Kette haben?

18. Bei einem Kettentrieb wird ein großer Durchhang der Kette festgestellt.

a) Wie groß sollte der Durchhang üblicherweise sein?
b) Was kann bei einem zu großen Durchhang passieren?

19. Erläutern Sie den Unterschied zwischen Stirnrad- und Kegelradgetrieben.

20. Welchen Vorteil hat eine Pfeilverzahnung gegenüber einer Schrägverzahnung?

21. Welche Zahnradgetriebeausführung ermöglicht hohe Übersetzungen und Selbsthemmung?

22. Ein Zahnradgetriebe ist mit einer Tauchschmierung ausgestattet.

a) Beschreiben Sie die Funktion dieser Schmierungsart.
b) Warum ist die exakte Einhaltung der einzufüllenden Schmierölmenge wichtig?
c) Welche Auswirkungen hat eine zu hohe Viskosität des Schmieröls?
d) Welche Vorteile würde eine Druckumlaufschmierung bieten?

23. Zur Abdichtung der drehenden Wellen werden oft Radial-Wellendichtringe eingesetzt.

a) Was bedeutet die Bezeichnung: DIN 3760 - A45 × 60 × 8 - NB?
b) Welche anderen Werkstoffe können für solche Dichtungen eingesetzt werden?
c) Ist diese Art der Abdichtung verschleißbehaftet oder verschleißfrei (Begründung)?

@ Interessante Links

- christiani-berufskolleg.de

Prüfung

24. Ein einstufiges Stirnradgetriebe mit einer Übersetzung von 4 hat ein angetriebenes Rad mit dem Durchmesser von 90 mm.

a) Welchen Durchmesser hat das zweite Zahnrad?
b) Welche Zähnezahlen haben die Zahnräder bei einem Modul von 6?
c) Wie groß ist der Achsabstand der Zahnräder?

25. Berechnen Sie die Zähnezahl des zweiten Rads eines einstufigen Stirnradgetriebes (Zähnezahl Rad 1 = 20, Modul = 4, Achsabstand = 160 mm).

26. In der Abbildung ist ein zweistufiges Stirnradgetriebe dargestellt.

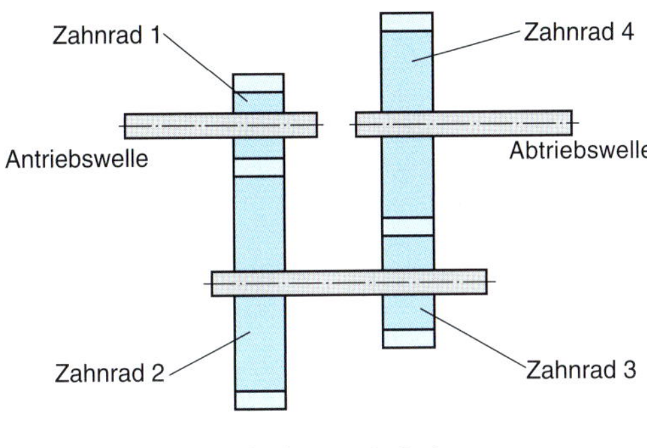

Folgende Werte sind gegeben:
Durchmesser: Zahnrad 1 = 35 mm, Zahnrad 2 = 105 mm, Zahnrad 3 = 4 mm

a) Wie ist der Kraftfluss in diesem Getriebe?
b) Wie groß ist der Durchmesser des vierten Zahnrads (Achsabstand zwischen Rad 3 und 4 ist gleich groß dem Achsabstand zwischen Rad 1 und 2)?
c) Wie groß ist der Modul des zweiten Zahnrads bei einer Zähnezahl von 21?
d) Bestimmen Sie die Übersetzungen der ersten und zweiten Stufe und die Gesamtübersetzung.
e) Welche Eingangsdrehzahl ist notwendig, um eine Ausgangsdrehzahl von 230 1/min zu erreichen?

27. Beschreiben Sie die Funktionsweise eines Zahnstangengetriebes.

28. Die Abbildung zeigt ein Getriebe mit stufenlos verstellbarer Übersetzung.

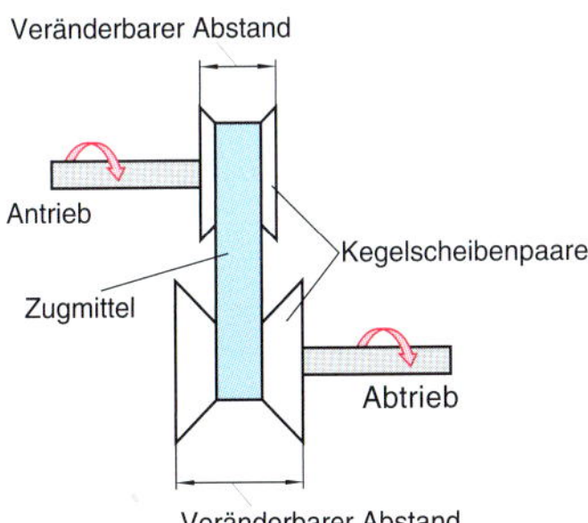

Erläutern Sie die Funktionsweise dieses Getriebes.

29. Welche grundsätzlichen Unterschiede bestehen im Aufbau und der Funktion von starren und elastischen Kupplungen.

30. Welche Auswirkungen könnte eine fehlerhafte Wellenausrichtung bei starren Kupplungen haben?

Interessante Links

- christiani-berufskolleg.de

Sachwortverzeichnis

C

D

G

H

N

O

P

T

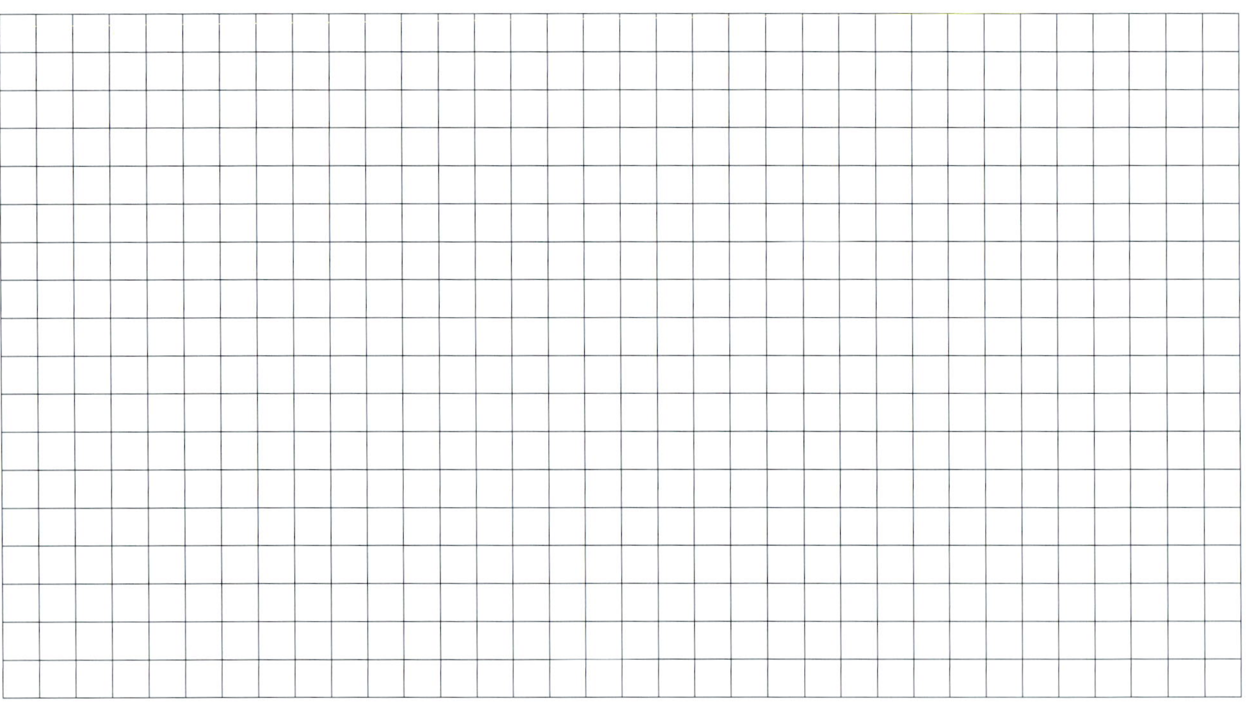